LE SYSTÈME SOLAIRE

Préface de Hubert CURIEN

Recueil de textes édité sous la direction de
Jean-François MINSTER

BIBLIOTHÈQUE POUR LA SCIENCE
Édition : Pour la Science S.A.R.L. — Diffusion : Librairie Belin
8, rue Férou 75006 Paris

POUR LA
SCIENCE Édition française de SCIENTIFIC AMERICAN

La revue scientifique mensuelle POUR LA SCIENCE
publie aussi une collection d'ouvrages :
« La Bibliothèque POUR LA SCIENCE »

LA REVUE « POUR LA SCIENCE »

Dans une présentation très illustrée et élégante, la revue POUR LA SCIENCE vous propose chaque mois des informations d'excellent niveau dans toutes les directions nouvelles de la science.
C'est la revue écrite par des chercheurs qui s'adressent au grand public.
Chaque mois chez votre marchand de journaux ou sur abonnement (demandez le tarif à Pour la Science — 8, rue Férou Paris 75006).

LA BIBLIOTHÈQUE « POUR LA SCIENCE »

Chaque ouvrage, de grand format, très illustré, est consacré à un sujet d'activité ou à un grand thème de réflexion :

- Les Phénomènes naturels (cartonné)
- La Dérive des continents (cartonné)
- L'Évolution (nouvelle édition cartonnée, revue et augmentée)
- Hérédité et manipulations génétiques (cartonné)
- Sons et musique (cartonné)
- Les sociétés animales (cartonné)
- Les progrès des mathématiques (cartonné)
- La physiologie des animaux (cartonné)
- Histoires de machines (cartonné)
- Les tremblements de terre (cartonné)

au format 18 × 23 cm :

- Haha ou l'éclair de la compréhension mathématique (broché) par M. Gardner
- La magie des paradoxes (broché) par M. Gardner
- Math' Festival (cartonné) par M. Gardner
- Math' Circus (cartonné) par M. Gardner
- Tempêtes sur l'échiquier (cartonné), par François Le Lionnais

Demandez le catalogue de la bibliothèque « POUR LA SCIENCE » à la revue « POUR LA SCIENCE » (8, rue Férou Paris 75006)

Couverture : La couronne solaire observée de l'espace
(Photo NASA, Goddard Space Flight Center)

ISBN 2-902918-21-6

SOMMAIRE

PRÉFACE

Trois interrogations fondamentales sous-tendent les recherches sur le système solaire : quelle en est l'origine, quelle en fut l'évolution, pourquoi et comment la vie y est-elle née ? Et selon que l'on s'attache à trouver une réponse, au moins partielle, au moins plausible à l'une ou l'autre de ces questions, c'est plus spécifiquement vers tel ou tel des objets du système que l'on porte son attention.

Veut-on comprendre l'origine du système solaire et montrer qu'il est le résultat de la condensation d'une masse primitive de gaz et de poussières qui s'étendait sur des distances 1 000 fois supérieures à celle qui sépare actuellement du Soleil la planète la plus lointaine ? Les recherches doivent alors s'orienter vers les composantes du système qui, ayant peu évolué, sont des reliques des temps les plus anciens. Les astéroïdes et les comètes figurent en bonne place dans cette famille. Les météorites sont aussi des messagers fort estimés et d'autant plus précieux que leur collecte est, certes aléatoire, mais quasi-gratuite.

Le caractère le plus remarquable de l'évolution des objets planétaires est la diversité. Chaque planète a son histoire, bien différente de celle des autres. Chacune pose aux chercheurs un problème spécifique et l'énigme centrale réside dans cette variété : pourquoi les planètes, issues d'une même nébuleuse présolaire primitive, ont-elles connu des sorts aussi divers ? Vénus, la Terre et Mars sont devenus trois corps de faciès et de comportement essentiellement distincts. Les évolutions qui les ont affectés sont si profondes qu'elles ont apparemment effacé les traces de l'état d'origine ; ce ne sont pas ces planètes qui nous renseigneront beaucoup sur cet état. Mais la comparaison de leur triple histoire est devenue d'autant plus fascinante que Vénus et Mars sont maintenant à la portée de notre main ou, au moins, de celle de nos robots.

Pourquoi la Terre est-elle vivante ? Voilà la troisième et la plus fascinante des énigmes planétologiques. Nous cherchons : à comprendre les raisons qui font que, de deux mondes nés jumeaux, tels que Vénus et la Terre, l'un est hostile à la vie alors que l'autre en est le berceau, à trouver les causes de ces différences, à expliquer comment sur cette Terre très singulièrement privilégiée la vie est née de ces molécules prébiotiques dont on sait maintenant qu'elles existent un peu partout dans l'Univers.

Si les chances de progresser utilement dans ce maquis de questions sauvages sont désormais raisonnablement bonnes, c'est que la planétologie est l'exemple sans doute le plus typique de ces sciences auxquelles l'éclosion d'une technique nouvelle donne un élan décisif. L'étude des objets du système solaire, qui avait été quelque peu distancée par les grandes échappées de l'astrophysique, se trouve maintenant en avant de la course : l'ère spatiale est, pour les physiciens solaires et planétaires, un temps nouveau. Ce n'est pas aux lecteurs de ce livre qu'il est nécessaire d'insuffler un enthousiasme qui les a déjà fait vibrer, j'en suis sûr, à la publication des récents succès des grandes missions planétaires. On en a appris beaucoup plus sur la nature physique et chimique du système solaire au cours des dix dernières années qu'on avait pu le faire depuis le début des temps civilisés.

Que nous réserve le futur ? Doit-on, comme Paul Valéry, craindre que « l'avenir, comme le reste, ne soit plus ce qu'il était » ? Le temps des grandes missions spatiales est-il maintenant passé ? Les savants pourront-ils encore disposer, bon an mal an, des quelques milliards de dollars qui leur ouvrent les portes de l'espace ? Le subtil équilibre mondial des facteurs économiques obéit à des lois plus complexes et moins connues encore que celles qui président aux destinées de la matière. Mais qui pourrait croire que les hommes renoncent à étancher leur soif de connaissance ?

Quel que soit notre optimisme, nous devons cependant admettre que, dans le mouvement de balancier qui régit très généralement nos activités les plus dispendieuses, et auquel les activités spatiales auraient bien de la chance de se soustraire, nous sommes certainement passés par un point haut, et que nous avons abordé un temps où les choix s'imposent avec une nécessité plus impérieuse. Choix plus faciles d'ailleurs, convenons-en, puisqu'ils sont plus éclairés. Certains sont dictés par le calendrier astronomique : nous serions impardonnables si nous manquions le rendez-vous avec la comète de Halley qui espace ses visites de 76 ans. D'autres s'imposent à la lumière des résultats déjà acquis : l'atmosphère de Vénus, la tectonique de Mars sont, par exemple, deux sujets d'étude dont tout concourt à faire des priorités. La technologie est d'ailleurs mûre pour nous permettre de fabriquer des ballons qui flotteraient au-dessus de Vénus et des véhicules assez spéciaux pour rouler sur le sol de Mars.

En un temps où la pluridisciplinarité est un sauf-conduit de fort bon usage sur les chemins du monde de la recherche, il n'est pas inutile sans doute d'ajouter ici quelques commentaires traitant des relations de plus en plus fécondes entre les sciences de la terre et celles qui traitent du système solaire. Ce serait pousser un peu loin l'argument que de prétendre, par exemple, que la connaissance de la dynamique et de la photochimie de l'atmosphère de Vénus fera progresser significativement nos méthodes de traitement des problèmes météorologiques terrestres. Mais il est sûr que la science planétaire pose des questions nouvelles qui ne peuvent laisser les géologues indifférents. Les méthodes d'approche sont identiques ou complémentaires et, comme les techniques de mesure sont beaucoup plus difficiles à mettre en œuvre sur Mars ou sur Vénus que sur la Terre, il est certain aussi que les progrès réalisés pour la mise en œuvre des engins « spatialisés » bénéficient immédiatement aux applications terrestres.

Le Soleil est au centre : nous ne saurions l'oublier. Notre intérêt à le mieux connaître est impératif. Il faut l'observer dans tous ses détails et sous tous ses angles. Ne va-t-on pas bientôt l'épier à partir de sondes, ou au moins d'une sonde, en dehors de l'écliptique ? Chaque fait nouveau, chaque nouvelle découverte est l'occasion d'affiner ou de remettre en cause les modèles structuraux qui, de l'observation externe, nous permettent d'induire les propriétés internes de l'astre.

À l'étude du Soleil objet est conjuguée celle des effets des rayons qu'il émet. Les radiations électromagnétiques solaires induisent un jeu complexe de réactions photochimiques qui font des atmosphères et des surfaces planétaires un laboratoire de chimie à grande échelle : si nous n'y sommes pas maîtres des paramètres, nous pouvons y glaner bien des idées nouvelles. Le vent solaire et son influence sur l'environnement neutre et ionisé des planètes, en présence d'un champ magnétique éventuel, constitue un objet d'étude aux ressources quasi-infinies dans leur variété. Ces quelques exemples, succinctement évoqués, permettent aussi d'affirmer, en usant du langage moderne, que l'astronomie est une science bien « intégrée » : elle conjugue avec bonheur l'étude des objets et celle de leurs interactions dans les systèmes qu'ils composent.

Une préface n'a pas d'autre objet que mettre le lecteur en appétit. Je serais bien immodeste de préjuger des vertus apéritives de mes propos mais je puis, sans réserve, vous assurer que l'ouvrage que voici est composé de manière à satisfaire les gourmets.

Hubert Curien
Président du Centre National
d'Études Spatiales

1

LA GENÈSE DU SYSTÈME SOLAIRE

Le premier chapitre de ce livre est consacré à la formation du système solaire. Schématiquement, deux grands processus physiques interviennent au cours de cette formation : l'effondrement gravitationnel et les collisions. Le premier processus est décrit par A. Cameron ; très rapide, il est probablement prédominant pour la formation du Soleil et des planètes géantes. En revanche, les planètes internes se formeraient plutôt par agglomération de « microplanètes », petits corps de moins de 20 kilomètres de diamètre ; G. Wetherill explique comment, par collision, ces objets ont fini par donner des planètes.

La chimie, en particulier celle des météorites, mais aussi les propriétés globales des planètes, doivent être également compatibles avec la description des modes de formation du système solaire. J. Lewis présente le modèle de « condensation à l'équilibre » d'une nébuleuse de composition égale à la composition actuelle de la surface du Soleil. Il apparaîtra au lecteur qu'un tel modèle de « chimiste » est incompatible avec celui des « physiciens » : dans le modèle exposé par J. Lewis, on refroidit une nébuleuse gazeuse très chaude, tandis que les physiciens tendent à réchauffer un nuage de gaz et de poussière.

L'examen des compositions isotopiques des différents éléments du système solaire permet de mieux comprendre comment celui-ci s'est formé. Ce sont les hétérogénéités isotopiques initiales du système solaire qui permettent d'estimer quand et comment notre nébuleuse a subi ses dernières « contaminations » par des éléments fraîchement formés dans les étoiles voisines. D. Schramm et R. Clayton donnent une image possible de ces contaminations. Ce sont aussi des mesures de composition isotopique qui permettent de dater les différents objets et les étapes de l'évolution des planètes. J.F. Minster explique quelle est la signification de ces « âges ».

Enfin, le système solaire a-t-il évolué depuis sa formation ? Est-il possible de considérer les orbites actuelles des planètes comme celles des objets primitifs qui se sont formés alors ? Les forces d'attraction gravitationnelle sont pratiquement les seules forces qui jouent un rôle significatif des trajectoires. Elles sont à l'origine des résonances orbitales et des forces de marée dont les mécanismes et les effets sont décrits par A. Cazenave et A. Brahic.

J.F.M.

L'origine et l'évolution du système solaire

On admet généralement que le Soleil et les planètes se sont formés à partir d'un disque de gaz et de poussières en rotation, il y a quelque 4,6 milliards d'années. Les détails de cette formation font encore l'objet de recherches actives.

par A. Cameron

Très loin du centre de notre Galaxie spirale, sur l'un de ses bras recourbés, un vaste nuage de gaz et de poussières s'est contracté il y a 4,6 milliards d'années au sein de l'espace interstellaire. Ce nuage s'est ensuite effondré sur lui-même et, tournant de plus en plus rapidement, il a pris la forme d'un disque. Au bout d'un certain temps, un corps s'est rassemblé au centre de ce disque, un corps si massif, si dense et si chaud que son combustible nucléaire est entré en fusion et qu'il devint une étoile : le Soleil. A une certaine époque, les particules de poussière environnantes se sont agglomérées pour former des planètes en orbite autour du Soleil et des satellites en orbite autour de certaines de ces planètes.

Voilà, exposée dans ses grandes lignes, l'hypothèse nébulaire de l'origine du système solaire, hypothèse dont l'idée centrale a été émise il y a plus de 300 ans. Cette théorie apparaît relativement simple et, intuitivement, elle se comprend bien, même pour des profanes. D'ailleurs, la plupart des astronomes admettent aujourd'hui l'une ou l'autre des différentes versions de cette théorie. Et pourtant, à l'exception de ces grandes lignes, il n'existe guère de consensus entre ceux qui étudient l'origine et l'évolution du système solaire. Nous ne possédons toujours pas de théorie admise par tous et qui puisse expliquer comment s'est formée la nébuleuse solaire primitive, comment et quand le Soleil a commencé à briller, comment et quand les planètes se sont rassemblées à partir de poussières tourbillonnantes.

C'est René Descartes qui émit le premier (en 1644) l'idée d'une nébuleuse solaire primitive, c'est-à-dire d'un disque de gaz et de poussières en rotation qui aurait été à l'origine des planètes et de leurs satellites. Un siècle plus tard (en 1745), Georges Louis Leclerc de Buffon proposa une seconde théorie : un corps très massif (une comète pensait-il) serait passé à proximité du Soleil et lui aurait arraché le matériel constitutif des planètes et de leurs satellites. Toutes les théories émises au cours des deux siècles suivants se rattachent plus ou moins à l'une de ces conceptions de base : soit celle de Descartes (théorie moniste) qui voit à l'origine du Soleil et des planètes un phénomène unique, soit celle de Buffon (théorie dualiste) qui y voit le résultat de deux épisodes successifs ; suivant les époques, la préférence est allée tantôt vers l'une, tantôt vers l'autre de ces hypothèses. Parmi les premières théories monistes, les plus significatives furent celles d'Emmanuel Kant et de Pierre Simon de Laplace qui, partant de l'idée originale de Descartes, montrèrent qu'un nuage de gaz et de poussières se contractant pour former le Soleil devait tourner sur lui-même de plus en plus vite, en raison de la conservation de son mouvement angulaire : toute diminution du rayon d'une masse en rotation doit être compensée par une augmentation de la vitesse de rotation de cette masse. Laplace suggéra qu'une série d'anneaux se seraient séparés de l'ensemble en contraction et que les planètes et les satellites se seraient formés à partir de la poussière de ces anneaux. À la fin du XIXe siècle, l'incapacité dans laquelle on se trouvait d'expliquer l'accrétion de matière sous forme de planètes à l'aide de cette théorie nébulaire remit en faveur les théories dualistes. Aujourd'hui, on a généralement abandonné ces théories : en effet, il semble à peu près sûr que la plus grande partie du matériel qui aurait pu être arraché au Soleil par une autre étoile (par exemple), serait retombé dans le Soleil ou se serait dispersé dans l'espace avant que de quelconques condensats solides n'aient pu s'agglomérer pour former les planètes.

L'une des raisons principales expliquant cette grande diversité des premières théories de l'origine du système solaire est le manque de données de l'observation, c'est-à-dire de faits devant être expliqués par toute théorie. La géologie n'ayant pas conservé de vestiges de l'histoire des premières centaines de millions d'années de la Terre, elle ne pouvait donc pas fournir de renseignements sur l'environnement dans lequel était né ce spécimen de planète ; d'autre part, les possibilités limitées des télescopes de cette époque restreignaient le nombre des données astronomiques. Les premières théories n'avaient donc à expliquer qu'un petit nombre de faits : l'augmentation régulière des distances entre deux orbites planétaires successives (suivant la loi de Bode), le fait que les mouvements orbitaux et les spins des planètes tendent à avoir le même sens de rotation ; enfin, le fait que le Soleil, s'il représente — et de loin — la fraction la plus importante de la masse du système solaire, n'est responsable que d'une petite partie du moment angulaire total. Ces quelques observations imposent peu de contraintes théoriques et ainsi les théories purent proliférer.

De nouvelles données, de nouvelles contraintes

Cette situation a profondément changé ces 30 dernières années. Nous disposons d'une grande quantité de nouvelles informations qui imposent à toute théorie des contraintes supplémentaires et sévères. Ces connaissances nouvelles proviennent essentiellement de recherches récentes sur les météorites et de données renvoyées vers la Terre par les vaisseaux spatiaux expédiés en direction des autres corps du système solaire.

Les météorites sont des échantillons de matériau primitif du système solaire. Ce sont manifestement des fragments de corps relativement petits qui se sont brisés lors de collisions en envoyant de nombreux fragments sur de nouvelles orbites qui devaient finalement croiser la Terre. Ces météorites nous apportent, piégés dans leur intérieur, des échantillons des gaz de la nébuleuse solaire. L'étude détaillée de leur minéralogie nous renseigne sur les températures et les pressions qui régnaient au sein de la nébuleuse à l'époque où ses grains individuels furent soumis à des réactions chimiques avec les gaz. Les abondances relatives des produits de désintégration radioactive piégés à l'intérieur des météorites nous permettent d'évaluer depuis combien de temps les éléments originels qui ont engendré certains de ces isotopes radioactifs se sont rassemblés pour former les corps parents de ces météorites.

L'un des objectifs scientifiques principaux du programme de sondes spatiales était de mieux comprendre l'origine du système solaire, et ce programme a déjà porté ses fruits. Les mesures effectuées à partir des vaisseaux spatiaux nous ont permis de mieux connaître les rayons et les masses des planètes, d'en déduire une valeur précise de leur densité moyenne et des informations sur leur composition chimique interne. L'étude de la différence entre les potentiels gravitationnels d'une planète et ceux d'une sphère parfaitement uniforme nous donne les contraintes sur le degré de variation de la densité au sein de cette planète. Savoir si une planète possède ou non un champ magnétique propre nous renseigne sur sa dynamique interne. Les données des vaisseaux spatiaux sur la composition de l'atmosphère d'une planète nous fournissent des indications sur les gaz qui ont été incorporés à cette planète et sur les interactions chimiques pouvant exister entre l'atmosphère et la surface de celle-ci. En examinant les photographies extraordinairement détaillées de surfaces planétaires solides que nous envoient les vaisseaux spatiaux, nous pouvons savoir comment ont opéré le volcanisme et d'autres phénomènes géologiques sur d'autres planètes. La densité des cratères nous renseigne sur les derniers stades d'accrétion de la planète ainsi que sur le nombre de petits corps qui ont « erré » à travers le système solaire.

Les progrès intervenus en astrophysique ces 30 dernières années imposent d'autres contraintes. Nous savons maintenant que notre Galaxie dans son ensemble est deux à trois fois plus âgée que le système solaire ; nous avons ainsi de bonnes raisons de penser que les conditions qui règnent à l'heure actuelle dans la galaxie ne sont pas très différentes de celles dans lesquelles s'est formé le système solaire. Dans certaines régions de notre Galaxie, des étoiles se sont formées dans un passé récent et sont probablement encore en train de se former. Cela nous donne des informations importantes dans la mesure où nous pensons que le Soleil et la nébuleuse solaire se sont formés au cours d'un même processus d'ensemble. Nous avons beaucoup appris sur la naissance et la mort des étoiles, sur la façon dont apparaissent les éléments chimiques dans des réactions nucléaires au sein d'étoiles en fusion, sur l'agglomération de ces éléments en minuscules grains de poussière interstellaire, sur la façon dont ces grains se rassemblent pour former dans le ciel ces taches sombres qui masquent la lumière qu'émettent en notre direction les étoiles lointaines. Ces grains de poussière et les gaz interstellaires qui les accompagnent constituent la matière première de la nébuleuse solaire. Nous allons maintenant tenter de réunir tous ces éléments d'information en un tableau cohérent de la formation du système solaire.

La formation des galaxies

Les galaxies se forment quand du gaz — essentiellement de l'hydrogène — se contracte au sein de l'espace intergalactique. C'est ainsi qu'a commencé à prendre forme notre Galaxie, des milliards d'années avant la formation du système solaire. Le gaz ainsi contracté engendra une première génération d'étoiles ; ces étoiles restent encore réparties de façon sphérique autour du centre de notre Galaxie, témoignage de la forme originelle à peu près sphérique de cette dernière. Après la formation de ces premières étoiles, le gaz résiduel, en raison de son moment angulaire intrinsèque, se stabilisa sous la forme d'un disque mince qui constitue un trait caractéristique de toute galaxie spirale, et d'autres générations d'étoiles se formèrent à partir du gaz de ce disque. Les plus massives d'entre elles évoluèrent rapidement, engendrant des éléments lourds qui furent éjectés dans le gaz interstellaire. Une partie de ces éléments lourds se condensèrent sous forme de grains minuscules : la poussière interstellaire. Quand suffisamment d'étoiles se furent formées dans le plan central de la galaxie, leur mouvement devint instable, ce qui leur permit de se rassembler pour former les bras spiraux.

Ces bras correspondent à des augmentations locales de la densité de population stellaire dans le disque ; ce sont des structures permanentes qui tournent autour du centre de la galaxie, mais le

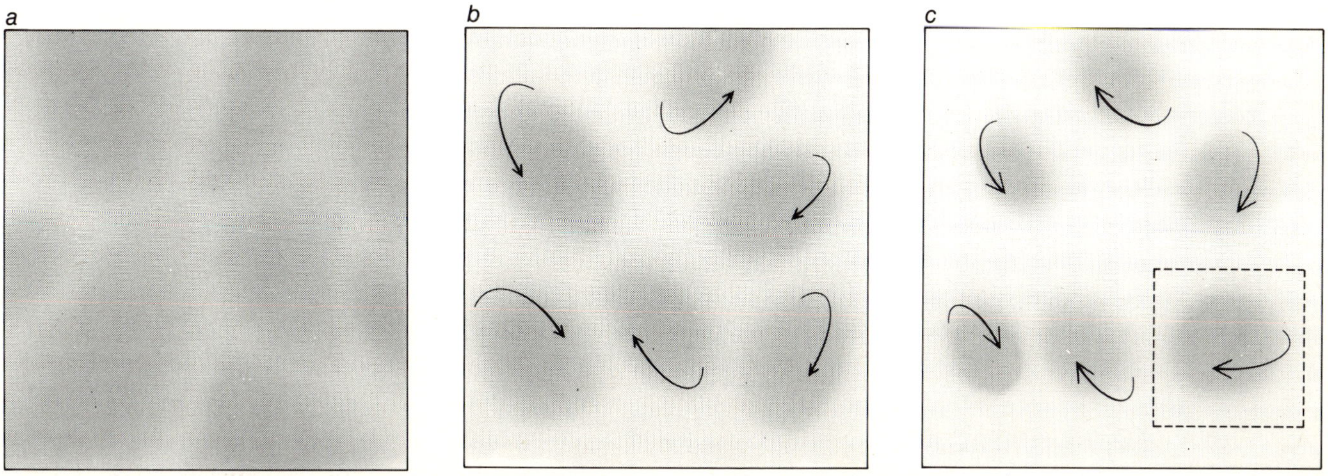

1. LES GALAXIES SE SONT FORMÉES au sein du gaz primordial ténu et en expansion (constitué essentiellement d'hydrogène, avec de l'hélium) lorsque des régions de densité quelque peu plus élevée *(a)* se sont contractées gravitationnellement pour former des protogalaxies *(b)* ; ces dernières tournent sur elles-mêmes sous l'effet d'ensemble des tourbillons de gaz qu'elles renferment. En continuant à se contracter, elles tournent de plus en plus vite *(c)*. L'une de ces protogalaxies *(rectangle)* était la nôtre.

matériel qui les constitue est constamment renouvelé : une étoile ne passe que la moitié environ de sa vie dans un bras avant de se déplacer vers le bras suivant. Tout comme les étoiles, le gaz et la poussière interstellaires passent à peu près autant de temps dans un bras qu'à traverser les vastes étendues qui séparent deux bras successifs ; il en résulte que la densité de gaz et de poussières augmente considérablement dans un bras spiral. Grâce à l'étude d'autres galaxies que la nôtre, nous savons que c'est dans ces bras spiraux à densité élevée que se forment les nouvelles étoiles des galaxies spirales.

Des différences de pressions s'établissent au sein du gaz, peut-être à la suite de l'explosion d'une supernova voisine ; le gaz quitte les régions à forte pression mais, en se déplaçant, il peut avoir tendance à s'accumuler autre part. Des nuages de gaz non ionisé à haute densité s'accumulent alors ; leur masse est comprise entre plusieurs centaines et plusieurs milliers de fois la masse du Soleil. La tendance qu'a le nuage à se contracter sous l'effet des forces gravitationnelles est contrebalancée par une tendance à l'expansion due à la pression interne du gaz dans le nuage ; en général, la pression interne est plus forte que la gravitation, écartant ainsi tout risque d'effondrement du nuage. Il arrive cependant qu'une variation brutale de pression — liée à un événement violent survenant dans le voisinage, comme l'explosion d'une supernova, la formation d'une étoile massive ou un réarrangement à grande échelle du champ magnétique interstellaire — confère à ce nuage une densité très supérieure à la normale. Dans ces conditions tout à fait rares, la gravité peut l'emporter sur la pression interne, de sorte que le nuage s'effondre sur lui-même pour former une étoile. Au cours de cet effondrement gravitationnel, les grains interstellaires préservent l'intérieur du nuage de l'échauffement dû au rayonnement émis par les étoiles environnantes. La température du nuage diminue et sa pression interne devient moins efficace ; le nuage se fragmente alors en nuages plus petits, lesquels vont à leur tour se briser en fragments encore plus petits. Quand l'un de ces fragments parvient jusqu'au terme de son effondrement, il a pris la forme d'un disque aplati, froid à la périphérie et très chaud au centre : une nébuleuse solaire primitive.

La nébuleuse solaire primitive

Quelle est la nature de la nébuleuse solaire primitive et comment a-t-elle évolué ? Quand le Soleil s'est-il formé ? Pourquoi existe-t-il des planètes ? Comment ont-elles pris forme ? On peut aboutir à des représentations très différentes de la nébuleuse solaire et de son évolution selon l'estimation que l'on fait de sa taille. En général, on obtient ce type d'estimations en remontant dans le temps à partir de la masse actuelle des planètes. Expliquons maintenant ce genre de raisonnement.

Nous pouvons, de manière très schématique, répartir les matériaux constituant les planètes en trois catégories, en fonction de leur volatilité : les roches, les glaces et les gaz. Les constituants principaux des matériaux rocheux sont le fer et des oxydes et silicates de magnésium et d'autres métaux, en particulier l'aluminium et le calcium. Tous ces éléments auraient été sous forme solide aux pressions caractéristiques de la nébuleuse solaire primitive et à des températures comprises entre 1 000 et 1 800 kelvins. Les quatre planètes internes (Mercure, Vénus, la Terre et Mars), la Lune ainsi qu'au moins deux des principaux satellites de Jupiter sont essentiellement constitués de matériaux rocheux. Les solides rocheux représentent environ 0,44 pour cent en masse du matériau qui a donné naissance au Soleil ; ainsi, la masse actuelle d'une planète rocheuse représente environ 0,44 pour cent de la fraction « parente » de la nébuleuse solaire primitive, le reste de cette fraction ayant été « perdu » parce que trop volatil pour avoir été incorporé à la planète.

À des températures inférieures à 160 kelvins, l'eau de la nébuleuse devait être sous forme de glace. L'ammoniac et le méthane ne sont solides qu'à une température quelque peu inférieure. Les glaces représentent 1,4 pour cent en masse du matériau qui a formé le Soleil. Les mélanges roches-glace constituent la plus grande partie de la masse d'Uranus et de Neptune, une partie de la masse de Saturne et de Jupiter. (Ils constituent également le gros de la masse de la plupart des satellites des planètes externes et des comètes.) En suivant le même raisonnement que pour les planètes internes, nous pouvons admettre que les roches et la glace contenues à l'heure actuelle dans ces corps représentent 1,4 plus 0,44 pour cent, soit 1,84 pour cent de la fraction de nébuleuse qui a donné naissance à ces corps.

Les éléments très volatils — l'hydrogène et les gaz rares comme l'hélium et le néon — seraient restés sous forme gazeuse à toutes les températures susceptibles d'avoir été atteintes dans la nébuleuse solaire primitive. Ces gaz ne sont incorporés dans des corps du système solaire que dans la mesure où ils ont été retenus dans des atmosphères planétaires par la gravité ou, dans le cas de l'hydrogène, intégrés à des composés chimiques comme l'eau. (Une très petite quantité d'hélium provient de la désintégration d'éléments radioactifs.) Morris Podolak et moi-même avons analysé la structure des planètes externes. Nous avons trouvé que l'hydrogène et l'hélium représentaient, en masse, environ 15 pour cent d'Uranus, 25 pour cent de Neptune, les deux tiers de Saturne et les quatre cinquièmes de Jupiter. Pour toutes ces planètes, il faut tenir compte des constituants gazeux si l'on veut établir la masse actuelle des roches et des glaces.

Ainsi, en partant des masses des matériaux rocheux et des mélanges roches-glaces des planètes et en ajoutant à ces masses celles des constituants manquants parce que trop volatils pour se condenser, on peut estimer une masse minimale de la nébuleuse solaire, c'est-à-dire une masse suffisante pour expliquer la formation des planètes. Cette masse minimale est égale à environ trois pour cent de la masse du Soleil *(voir la figure 4)*. Des estimations antérieures aboutissaient à une masse beaucoup plus petite — moins d'un pour cent de celle du Soleil — car les masses des roches et des glaces de Jupiter et de Saturne étaient sous-estimées.

Cette valeur estimée de trois pour cent est, de façon sûre, un minimum : en effet, on a admis que les planètes ont collecté avec une efficacité totale tout le matériel qui se trouvait condensé sur chaque orbite planétaire dans la nébuleuse solaire. En fait, pour deux types de solides, ce processus de « ramassage » pourrait avoir été tout à fait inefficace. Considérons d'abord les minuscules grains de poussière interstellaire (leur diamètre est de l'ordre du micromètre) qui n'ont pas été vaporisés quand le fragment de nuage gazeux s'est effondré sur lui-même. L'épaisseur du disque nébulaire devait être d'au moins une

a

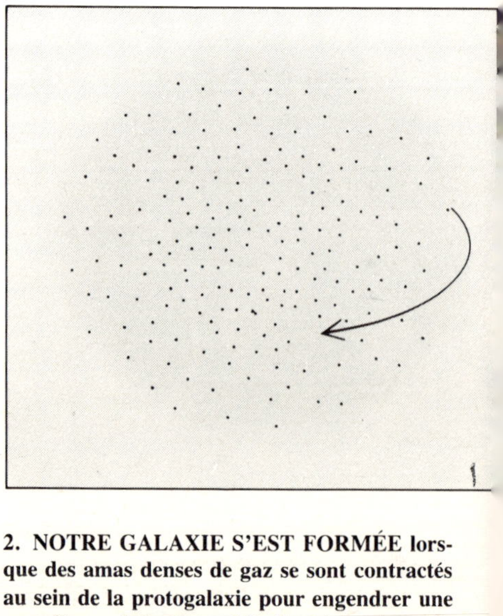

2. NOTRE GALAXIE S'EST FORMÉE lorsque des amas denses de gaz se sont contractés au sein de la protogalaxie pour engendrer une première génération d'étoiles *(a)*. Avec le temps, le gaz résiduel s'est stabilisé sous

unité astronomique (la distance moyenne entre la Terre et le Soleil), ce qui est gigantesque comparé à la taille des planètes qui se sont condensées dans le plan central du disque. Les effets de traînée gazeuse devaient empêcher une grande partie de ces petits grains de s'accumuler à une vitesse significative dans le plan central du disque ; d'autre part, si une grande partie du gaz s'était dissipé vers le centre pour former le Soleil, les grains auraient été entraînés par la chute du gaz et n'auraient jamais pu être incorporés aux planètes.

Une nébuleuse solaire très massive

Considérons maintenant des corps plus gros, dont le diamètre est de l'ordre du centimètre ou du mètre : ces corps devaient tomber rapidement, à travers le gaz, en direction du plan central, mais il se pourrait, néanmoins, qu'ils n'aient pas été incorporés aux planètes. En effet, en raison de la différence existant entre les forces centrifuges qui s'exercent sur des corps solides et celles qui s'exercent sur un gaz, les corps solides devaient tourner autour de l'axe de rotation de la nébuleuse beaucoup plus rapidement que le gaz environnant. Ces corps solides devaient donc se déplacer dans le gaz avec une vitesse relative atteignant plusieurs centaines de kilomètres à l'heure ; un « vent debout » d'une telle vitesse devait incurver leur trajectoire, de sorte qu'ils devaient « tomber » en spirale vers l'axe de rotation central, quittant ainsi la région de formation des planètes. Les phénomènes que nous venons d'examiner expliquent donc que la masse de la nébuleuse solaire primitive pourrait avoir été très supérieure à trois pour cent de la masse du Soleil.

La plupart des théories du système solaire élaborées au cours des 30 dernières années comportent l'une ou l'autre version de l'hypothèse d'une masse minimale de la nébuleuse solaire. Mais ce concept présente une lacune majeure : on admet en effet que le Soleil lui-même s'est formé directement au cours du processus d'effondrement gravitationnel et que la nébuleuse solaire primitive s'est formée de façon indépendante autour de lui ; or, une simple évaluation du moment angulaire qui devait être contenu dans le fragment de nuage en effondrement gravitationnel montre qu'il est impossible que la quasi-totalité de ce fragment se soit simplement effondré sur lui-même pour former directement le Soleil, en laissant une petite « bordure » de nébuleuse pour la formation des planètes. Au contraire, la masse de la nébuleuse devait être répartie sur plusieurs dizaines d'unités astronomiques. La nébuleuse solaire elle-même devait contenir beaucoup plus d'une masse solaire de matériau — probablement environ deux masses solaires — et, à l'origine, elle ne devait pas comporter de soleil sur son axe de rotation central. Nous allons tout d'abord expliquer pourquoi le moment angulaire devait être important, puis nous montrerons en quoi cela implique que la nébuleuse solaire n'était pas minimale mais au contraire très massive.

Les fortes variations de pression qui sont à l'origine de la contraction rapide du nuage interstellaire originel, jusqu'à la limite de l'effondrement gravitationnel, ont dû provoquer de violentes turbulences au sein des gaz du nuage. Des mouvements de cisaillement à grande échelle se sont alors établis — des tourbillons se superposant aux tourbillons — sur une large gamme de tailles et dans de nombreux plans et directions de l'espace. Lorsqu'un fragment se retrouvait isolé d'un tel nuage turbulent, il avait tendance à tourner sur lui-même sous l'influence des plus gros des tourbillons qu'il renfermait. La masse d'un fragment, sa vitesse de rotation et son rayon se combinent pour conférer à celui-ci un certain moment angulaire ; ce moment doit être conservé : c'est pourquoi au fur et à mesure que le fragment se contractait, il tournait plus vite. Cependant, le Soleil tourne très lentement : en dépit de sa masse importante, il ne représente que deux pour cent du moment angulaire du système solaire. L'essentiel du moment angulaire originel des grandes quantités de gaz qui se sont rassemblées pour former le Soleil doit donc avoir été transporté vers l'extérieur du système ; ainsi une très grosse partie de la nébuleuse primitive a dû rester à grande distance du Soleil et prendre en charge ce moment angulaire.

Une autre observation nous incite à postuler l'existence d'une nébuleuse solaire très massive : les étoiles jeunes ont tendance à perdre de la masse à une vitesse prodigieuse au début de leur vie ; cette perte de masse survient au cours d'une étape appelée phase T-Tauri, sur laquelle nous reviendrons un peu plus en détail dans la suite de cet article. En additionnant la masse qui est restée dans la nébuleuse solaire et qui n'a jamais fait partie du Soleil et la masse qui était contenue dans le Soleil mais qui s'est échappée lors de la phase T-Tauri, on arrive facilement à une valeur égale à une masse solaire.

À l'aide de ce type de raisonnement, c'est-à-dire en faisant des projections à partir de ce que l'on connaît des principes de la formation des étoiles et non plus en « remontant » à partir des masses des planètes actuelles, Milton Pine et moi-

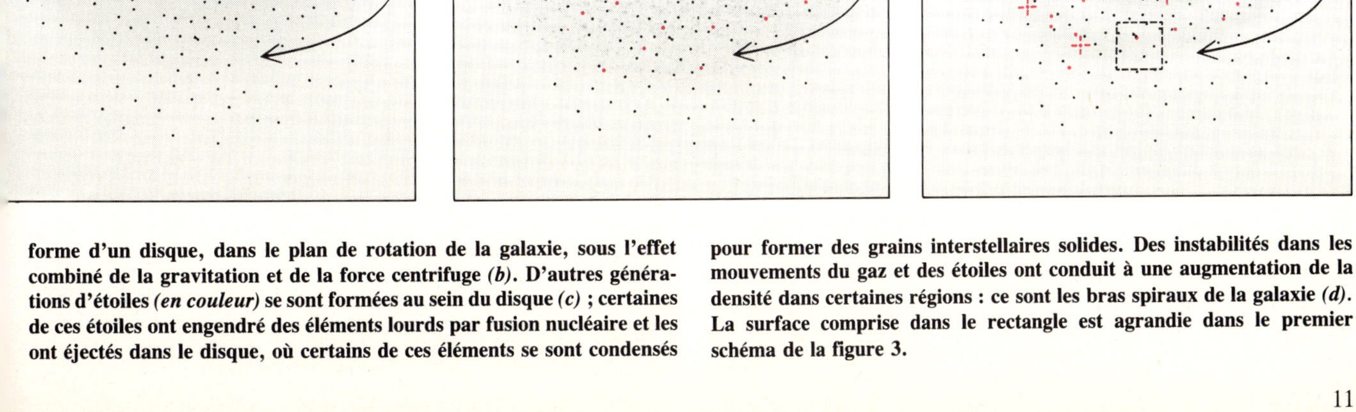

forme d'un disque, dans le plan de rotation de la galaxie, sous l'effet combiné de la gravitation et de la force centrifuge *(b)*. D'autres générations d'étoiles *(en couleur)* se sont formées au sein du disque *(c)* ; certaines de ces étoiles ont engendré des éléments lourds par fusion nucléaire et les ont éjectés dans le disque, où certains de ces éléments se sont condensés pour former des grains interstellaires solides. Des instabilités dans les mouvements du gaz et des étoiles ont conduit à une augmentation de la densité dans certaines régions : ce sont les bras spiraux de la galaxie *(d)*. La surface comprise dans le rectangle est agrandie dans le premier schéma de la figure 3.

même avons élaboré des modèles numériques de la nébuleuse solaire massive. Ces modèles s'étendaient sur un rayon de 100 unités astronomiques environ et contenaient deux masses solaires de matériau.

Le modèle de l'accrétion

Dans un modèle type, la température variait de 3 000 kelvins au voisinage de l'axe de rotation jusqu'à quelques centaines de kelvins dans la région de formation des planètes. Ces températures sont très supérieures à celles qui caractérisent l'effondrement gravitationnel du nuage interstellaire originel ; elles s'établissent au cours des derniers stades de compression du gaz, une fois que la densité de celui-ci devient suffisamment élevée pour freiner l'émission de rayonnement permettant un refroidissement. L'émission de ce rayonnement, cependant, n'est empêchée qu'au cours des dernières étapes, rapides, de l'effondrement ; dès que le gaz cesse de se contracter, c'est-à-dire dès que la nébuleuse solaire primitive est formée, le rayonnement peut s'échapper relativement rapidement, de sorte que, dans la région de formation des planètes, la nébuleuse perdra la majeure partie de son énergie thermique en quelques centaines ou quelques milliers d'années seulement.

Un temps de refroidissement aussi court (court comparé au temps requis pour la formation du Soleil et des planètes) pose un problème pour le modèle de la nébuleuse solaire massive. En effet, cette nébuleuse, en se refroidissant, va s'aplatir pour former un disque mince ; or, on a montré qu'un disque mince est dynamiquement instable : il tend à se déformer en une sorte de barre. (Ce type de déformation pourrait bien être le mécanisme par lequel se forment les étoiles doubles rapprochées, mais cela ne s'est évidemment pas produit dans le cas du système solaire.)

Le modèle de la nébuleuse massive pose un autre problème d'échelle de temps. Un processus important pour le transport du moment angulaire à partir de l'axe de rotation central (ce qui permet aux gaz de se contracter vers cet axe) est constitué vraisemblablement par un système de courants méridiens rapides : il s'agit de courants de gaz qui s'écoulent dans un plan parallèle à l'axe de rotation et à angle droit avec le plan central de la nébuleuse. M. Pine et moi-même avons estimé que le temps caractéristique pour le transport vers l'extérieur du moment angulaire perdu par les régions internes de la nébuleuse solaire primitive ne devait pas dépasser quelques milliers d'années. John Stewart de l'Institut de Physique et d'Astrophysique Max Planck à Munich a montré que la turbulence devait jouer un rôle important au sein d'une nébuleuse solaire primitive et pouvait transporter encore plus rapidement le moment angulaire.

Le temps de refroidissement et le temps de transport du moment angulaire apparaissent tous deux trop petits par rapport au temps requis pour l'accrétion

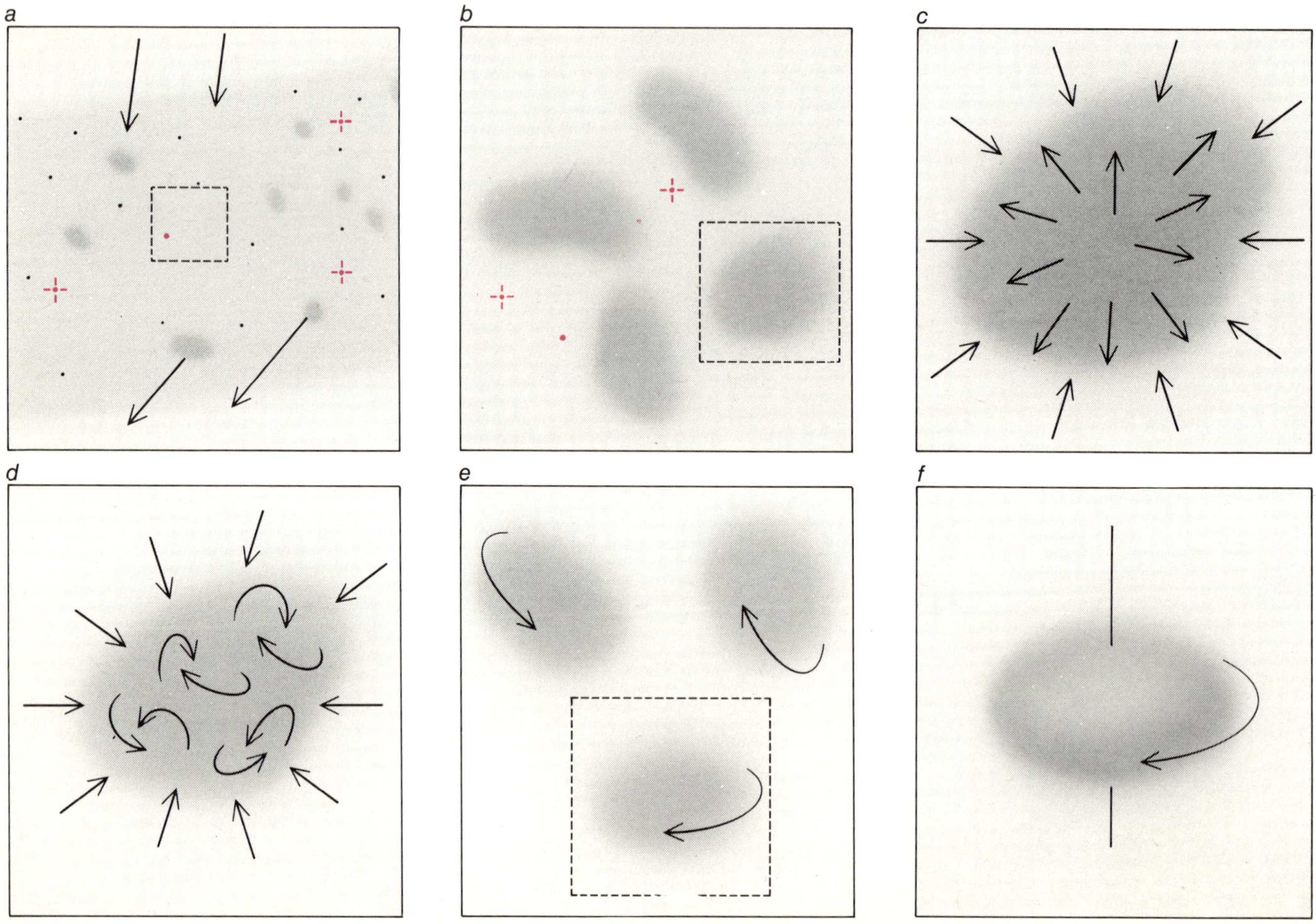

3. LE SYSTÈME SOLAIRE A PRIS FORME dans un bras spiral, à peu près aux deux-tiers de la distance au centre de la galaxie. Les étoiles, le gaz et les grains de poussière se déplacent à travers le bras et des étoiles jeunes y naissent ; des étoiles massives, à courte durée de vie, silhouettent ces bras *(a)*. L'explosion d'une supernova ou la naissance d'une étoile massive créent des instabilités qui concentrent des nuages de gaz à forte densité *(b)*. Les forces gravitationnelles contractent le nuage, mais la pression interne de ce dernier s'oppose à cette contraction *(c)*. Si la masse du nuage est suffisante, le nuage s'effondre sur lui-même *(d)*. Cet effondrement gravitationnel engendre de violents tourbillons dans le gaz *(flèches incurvées)* qui fragmentent le nuage *(e)* ; chacun de ces fragments tourne sur lui-même suivant un mouvement imposé par ses tourbillons. L'un de ces fragments tourne plus rapidement et son gaz se stabilise pour former un disque : c'est la nébuleuse solaire primitive *(f)*.

de la nébuleuse solaire. Après qu'un fragment s'est séparé du nuage interstellaire, sa région centrale est vraisemblablement plus dense et s'effondrera donc plus rapidement que les autres régions. Ainsi une petite nébuleuse solaire se formera d'abord à la fin de l'effondrement de cette région centrale ; puis cette nébuleuse grossira par accrétion du reste du fragment, ceci pendant une période — vraisemblablement entre 10 000 et 100 000 ans — beaucoup plus longue que les temps de refroidissement et de transport du moment angulaire tels que nous les avons estimés.

Ces considérations m'ont conduit à une nouvelle conception de la nébuleuse solaire primitive. Pour cela, il nous faut construire non plus un modèle simple mais une suite évolutive de modèles dont le point de départ serait une petite nébuleuse solaire grossissant par accrétion durant peut-être 30 000 ans. Dans ce cas, le temps nécessaire à la redistribution du moment angulaire reste court par rapport au temps d'accrétion, de sorte que ce n'est pas au début de la période d'accrétion que l'essentiel de la masse se rassemble au centre pour former le Soleil, mais tout au long de cette période ; au cours de cette période, la masse de la nébuleuse qui se trouve dans la région de formation des planètes reste une fraction relativement petite d'une masse solaire. Pour ce qui est du refroidissement, le gaz qui s'accrète est brutalement freiné lorsqu'il heurte la surface de la nébuleuse ; l'énergie de sa chute est transformée en chaleur qui est rayonnée dans l'espace à partir de la surface. Au cours des dernières phases de l'accrétion, ce processus maintient les couches superficielles, dans la région de formation des planètes, à une température de l'ordre de quelques centaines de degrés ; la température de l'intérieur doit être relativement plus élevée. Dans le même temps, le transfert régulier de masse en direction de l'axe de rotation réduit les instabilités dynamiques au sein de la nébuleuse.

Ainsi, les deux représentations de la nébuleuse solaire primitive obtenues, l'une à partir des masses actuelles des planètes et l'autre, à partir des principes de la formation des étoiles, semblent converger pour donner un modèle intermédiaire de la nébuleuse solaire originelle. Dans ce modèle, un peu plus d'une masse solaire s'est rassemblée autour de l'axe de rotation de la nébuleuse, mais on ne peut pas encore y reconnaître le Soleil. Cette masse est entourée par un disque de gaz et de poussière représentant peut-être un dixième de masse solaire. Plus loin, au-delà de la région de formation des planètes, d'autres masses considérables sont encore en train de tomber en direction de la nébuleuse solaire.

Planète	Masse actuelle (en pourcentage de masse solaire)	Masse majorée (en pourcentage de masse solaire)
Mercure	0,000017	0,004
Vénus	0,000245	0,056
Terre	0,000304	0,07
Mars	0,000032	0,007
Jupiter	0,09547	1,5
Saturne	0,02859	0,77
Uranus	0,00436	0,27
Neptune	0,00524	0,27
Pluton	0,00025 (?)	0,06 (?)
Total (masse minimale de la nébuleuse solaire)		3,007

4. LA MASSE MINIMALE DE LA NÉBULEUSE SOLAIRE est estimée en faisant la somme des quantités de matière solaire qui devaient être présentes au départ *(colonne de droite)* pour rendre compte de la masse actuelle de chacune des planètes *(colonne du milieu)*. La masse de la nébuleuse ainsi estimée est égale à trois pour cent de la masse du Soleil.

La formation des planètes

Les planètes ont été créées par l'accumulation de grains de poussière interstellaire et, dans le cas des planètes externes, par l'attraction et la rétention des gaz. La formation de la matière solide aurait débuté dans le nuage de gaz en effondrement gravitationnel. Des tourbillons dans le gaz auraient accéléré les grains interstellaires jusqu'à ce que leurs vitesses relatives soient suffisantes pour qu'ils entrent en collision les uns avec les autres. Comme ces grains ont été formés dans les étoiles puis éjectés dans l'espace interstellaire où des glaces et d'autres constituants volatils se sont condensés sur leur surface, ils avaient vraisemblablement une structure plutôt « pelucheuse ». Il ne serait donc pas étonnant que de telles particules se soient collées les unes aux autres lors de leurs collisions, pour former des amas compacts. Au bout d'un certain temps, ces amas devaient entrer en collision les uns avec les autres, tantôt s'agglutinant pour donner des amas plus gros, tantôt se fragmentant en amas plus petits. À la fin de la formation de la nébuleuse, de nombreux amas avaient probablement atteint des tailles de l'ordre du millimètre ou du centimètre.

Des amas de cette taille pouvaient alors traverser le gaz pour se diriger vers le plan médian de la nébuleuse, ceci en quelques dizaines ou quelques centaines d'années. Leur vitesse étant fonction de leur taille, de nouvelles collisions devaient alors provoquer un accroissement de leur taille et accélérer leur chute vers le plan central. À ce stade cependant, à moins d'avoir pu grossir de façon importante, ils auraient été rapidement perdus pour les régions internes de la nébuleuse solaire, sous l'effet de la traînée gazeuse que nous avons mentionnée plus haut.

C'est pourquoi l'un des processus déterminants de la formation des planètes pourrait bien être un mécanisme proposé par Peter Goldreich de l'Institut de Technologie de Californie et William Ward de l'Université Harvard : en effet, ce mécanisme engendrerait ces corps plus gros. Ces chercheurs ont montré que s'il existe une mince couche de solides condensés dans le plan médian de la nébuleuse, présentant de très faibles vitesses relatives entre les particules, un puissant mécanisme d'instabilité gravitationnel fragmentera cette couche mince en corps de tailles comparables à celles des astéroïdes : quelques kilomètres ou quelques dizaines de kilomètres de diamètre. Ce mécanisme d'instabilité agit progressivement, attirant ces corps au sein d'amas assez lâches qui en contiennent des centaines ou des milliers. Ces amas restent lâches en raison du moment angulaire important des corps constitutifs qui les fait tourner autour de centres de gravité communs. Néanmoins, quand deux amas s'approchent l'un de l'autre, ils s'entremêlent et le champ gravitationnel instable de l'amas combiné provoque une détente dynamique brutale du mouvement des corps, de sorte qu'un grand nombre d'entre eux s'agglutinent pour former des noyaux autour desquels les autres corps tournent en orbite (quoique certains de ces corps soient perdus). Les amas interagissent gravitationnellement sur de très grandes distances ; les perturbations mutuelles augmentent progressivement les vitesses relatives des amas, provoquant ainsi de nouvelles collisions qui engendrent des corps encore plus gros.

Le mécanisme d'instabilité de Goldreich-Ward pourrait être une première étape très efficace du processus d'accumulation des corps planétaires. Les phases ultérieures de ce processus sont encore très spéculatives et étaient certainement différentes d'une région à l'autre de la nébuleuse solaire. En effet, les grains interstellaires dont l'agrégation amorce le processus d'accumulation sont ceux qui n'ont pas été vaporisés par la chaleur de la nébuleuse ; leurs matériaux constitutifs, et donc les matériaux des corps plus gros auxquels ils se sont incorporés, devaient être différents suivant leur distance le long du gradient de température : des métaux, des oxydes et des silicates dans la région des planètes internes ; plus loin, des composés rocheux du même type et de la glace ; enfin, plus loin encore, des matériaux rocheux, de la glace, du méthane et de l'ammoniac congelés.

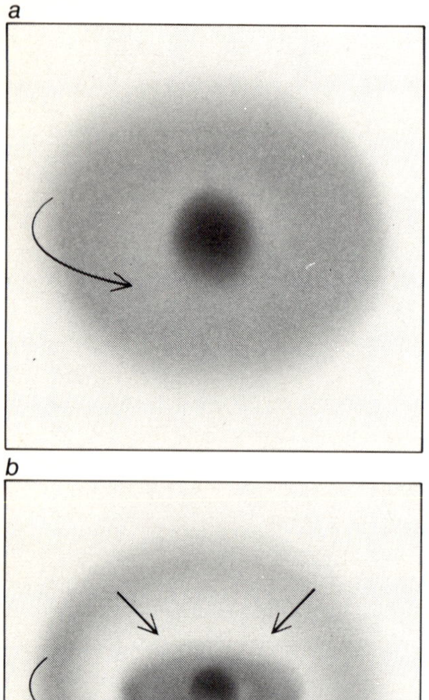

5. DANS LE MODÈLE DE L'ACCRÉTION de la nébuleuse solaire primitive, une région centrale du fragment de nuage s'effondre plus vite que le reste *(a)*. Elle engendre une petite nébuleuse solaire : une masse centrale, qui n'est pas encore le Soleil, entourée d'un disque de gaz et de poussières ; à la périphérie de cet ensemble est concentré un surcroît de gaz et de poussières *(b)*. La petite nébuleuse solaire grandit alors par accrétion durant une longue période *(c)*.

Dans le cas des planètes internes, de taille relativement petite, l'augmentation progressive de taille est peut-être une simple question de collisions et d'agrégations successives de corps rocheux. Dans le cas des planètes externes, d'autres considérations entrent en jeu. Fausto Perri et moi-même avons envisagé le comportement de la nébuleuse solaire primitive lorsqu'elle renferme un gros noyau planétaire en train de croître : au fur et à mesure que la masse de ce noyau augmente, le gaz de la nébuleuse solaire, sous l'effet de la gravitation, se concentre autour du noyau. Le noyau continuant à croître, la masse de gaz concentré augmente encore plus rapidement que la masse du noyau lui-même. À un certain moment, le noyau atteint une taille critique (qui dépend des conditions de température régnant dans le gaz environnant) ; le gaz devient alors hydrodynamiquement instable et s'effondre sur le noyau planétaire.

Les constituants principaux de Jupiter et de Saturne sont l'hydrogène et l'hélium contenus dans leur atmosphère et nous pensons que c'est par ce processus de concentration et d'effondrement que ces planètes ont acquis la plus grande partie de leur masse. L'hydrogène et l'hélium représentent une plus petite fraction de la masse d'Uranus et de Neptune, ce qui semblerait indiquer que leur noyau n'a jamais atteint la taille critique provoquant l'effondrement hydrodynamique. Ces deux planètes ont néanmoins atteint une taille suffisante pour retenir une grande partie de l'hydrogène et de l'hélium concentrés autour de leur noyau. D'autre part, les planètes internes sont peut-être trop petites pour avoir provoqué la concentration d'une grande partie du gaz nébulaire.

Lorsque des effondrements se sont produits pour former Jupiter et Saturne, la conservation locale du moment angulaire dans le gaz nébulaire aurait provoqué l'aplatissement de ce dernier sous forme d'un disque entourant le noyau planétaire. Le temps passant, les deux planètes auraient « balayé » pratiquement tout le gaz se trouvant dans leur voisinage. On peut alors se les représenter comme des versions miniaturisées de la nébuleuse solaire primitive : un noyau central composé de roches et de glace condensées remplacerait le Soleil, tandis que le disque de gaz entourant le noyau serait l'analogue de la nébuleuse solaire. Ces deux grosses planètes possèdent tout un cortège de satellites réguliers qui représentent une masse considérable ; ces satellites se sont vraisemblablement formés à partir d'un disque gazeux selon des processus tout à fait analogues à ceux qui ont formé les planètes au sein de la nébuleuse solaire.

Les comètes

Toute théorie de l'origine et de l'évolution du système solaire doit, d'une manière ou d'une autre, rendre compte des comètes qui en sont les membres les plus spectaculaires mais aussi les moins bien compris. Jan Oort de l'Observatoire de Leyde a suggéré que les comètes occupaient un immense espace, centré sur le Soleil et commençant bien au-delà des planètes externes pour s'étendre sur une distance de peut-être 100 000 unités astronomiques. La masse totale des comètes dans ce vaste « nuage de Oort » serait comprise entre une et mille masses terrestres, ce qui représenterait entre 10^{12} et 10^{15} comètes. Les comètes que nous voyons sont celles — rares — dont les paramètres orbitaux ont été perturbés par le passage d'une étoile qui les a fait « plonger » en direction du centre du système solaire.

Une comète est une « boule de neige sale », c'est-à-dire un agrégat de glace et de roches, selon un modèle proposé en 1950 par Fred Whipple de l'Université Harvard. Quand une comète s'approche du Soleil, elle commence à se sublimer sous l'effet de la chaleur. Elle libère ainsi des gaz et des poussières, engendrant la chevelure et la queue si caractéristiques. Des analyses de la queue montrent que les molécules qui sont vaporisées sont essentiellement des molécules d'eau, mais comprennent également des composés organiques « exotiques ». La poussière, dont une partie se trouve retenue dans la haute atmosphère terrestre, est constituée d'amas pelucheux de matériaux rocheux à grain fin. En d'autres termes, une comète est apparemment un assemblage de grains interstellaires.

Les comètes ont deux origines possibles : ou bien elles se sont formées dans la nébuleuse solaire puis, d'une manière ou d'une autre, ont été éjectées dans le nuage de Oort, ou bien elles se sont formées dans le nuage de Oort lui-même. Au départ, J. Oort suggérait qu'elles se seraient formées au voisinage de Jupiter ; le champ gravitationnel de cette planète les aurait envoyées sur de très grandes orbites qui auraient ensuite été arrondies par des perturbations stellaires. Cette hypothèse requiert la formation d'une quantité prodigieuse de comètes : en effet, il y aurait eu beaucoup plus de comètes éjectées hors du système solaire que retenues dans le nuage de Oort. De plus, étant donné les températures qui devaient régner au voisinage de Jupiter, il semble improbable que des molécules plus complexes que les molécules d'eau aient pu exister sous forme solide. En revanche, des glaces plus complexes peuvent exister plus loin dans la nébuleuse, ce qui a conduit F. Whipple et d'autres chercheurs à suggérer que les comètes se seraient formées au voisinage d'Uranus et de Neptune et auraient été envoyées dans le nuage de Oort par les champs gravitationnels de ces planètes. Cette hypothèse cependant ne répond qu'à l'une des objections faites à l'hypothèse de Oort.

Mon propre sentiment est que les comètes se sont probablement formées au sein même du nuage de Oort. Il est vrai que le gaz du fragment de nuage qui engendra la nébuleuse solaire primitive n'a jamais été, à pareille distance du

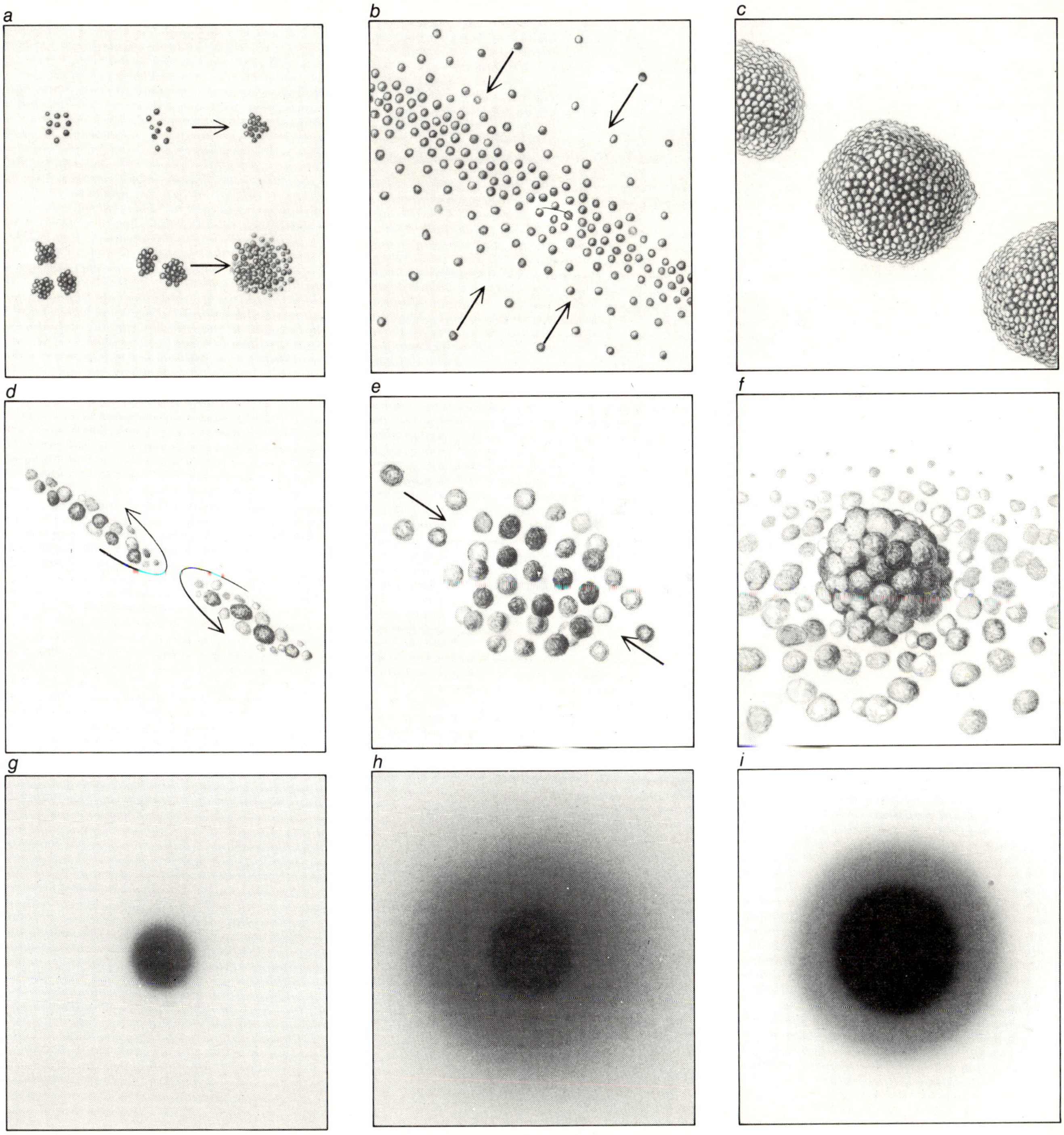

6. LES PLANÈTES COMMENCENT À SE FORMER quand des grains de poussière interstellaire entrent en collision et se collent les uns aux autres, formant des agrégats de plus en plus gros *(a)*. Ces agrégats tombent en direction du plan central de la nébuleuse *(b)* où ils forment un disque diffus. Les instabilités gravitationnelles rassemblent ce matériau en milliers de corps de la taille d'un astéroïde *(c)* qui se regroupent en amas *(d)*. Quand ces amas entrent en collision, leurs matériaux se mélangent *(e)*, leurs champs gravitationnels se « relâchent » et les amas forment alors des noyaux solides, éventuellement entourés de corps en orbite *(f)*. Ces phénomènes continus d'accrétion et de consolidation peuvent aboutir à la création d'un corps ayant la taille d'une planète *(g)*. Si le noyau grossit, il peut, par gravité, concentrer du gaz provenant de la nébuleuse *(h)*. Un noyau suffisamment grand peut provoquer l'effondrement gravitationnel du gaz : il se forme alors une enveloppe dense constituant la majeure partie de la masse de la planète *(i)*. Ce mécanisme a été proposé par P. Goldreich et W. Ward.

centre, suffisamment dense pour que les grains interstellaires aient pu s'accréter pour former des corps de cette taille ; mais il existe une autre possibilité. La plupart des étoiles de la galaxie sont beaucoup moins massives que le Soleil, ce qui incite à penser que la fragmentation d'un nuage de gaz se poursuit parfois jusqu'à la formation de fragments de moins d'un dixième de masse solaire. Cette fragmentation a pu se poursuivre encore plus loin. De petits fragments pourraient avoir été liés par la gravitation à la nébuleuse solaire primitive, sur des orbites traversant la région du nuage de Oort. Ces fragments auraient formé des disques assez grands et très froids, sites convenant parfaitement à la formation des comètes. Lorsque ces disques furent finalement chauffés par le rayonnement ultraviolet émis par les étoiles externes, les gaz se seraient dispersés, laissant les comètes sur des orbites solaires *(voir la figure 7)*.

Le grand nettoyage

Après la formation des planètes, une bonne partie du gaz de la nébuleuse solaire a dû rester en orbite autour du Soleil, en compagnie d'une multitude de petits corps et d'une grande quantité de poussière mal consolidée. Actuellement, il ne reste en orbite que les planètes et les astéroïdes, avec très peu de poussière et pratiquement pas de gaz. Comment le système solaire a-t-il été nettoyé ? Ainsi que nous l'avons mentionné plus haut, les étoiles jeunes passent par un stade caractéristique qu'on appelle la phase T-Tauri, durant laquelle elles éjectent de la matière à une vitesse prodigieuse : cette vitesse peut atteindre une masse solaire par million d'années ! Nous avons toutes les raisons de penser que le Soleil est passé par une phase identique et que le « vent » violent de cette masse éjectée a dissipé les restes de la nébuleuse solaire en entraînant le gaz résiduel dans l'espace. Ce vent solaire originel aurait également débarrassé les planètes internes de tous les résidus d'une quelconque atmosphère primitive d'hydrogène et d'hélium provenant de la nébuleuse solaire primitive ; les planètes externes quant à elles ont dû se former suffisamment tôt pour capturer leur hydrogène et leur hélium avant que le vent solaire n'ait commencé à souffler. En outre, si l'accrétion de gaz provenant du fragment de nuage originel se poursuivait encore, elle aurait été stoppée par le vent, les gaz étant réinjectés dans l'espace interstellaire.

Qu'est-ce qui a provoqué le déclenchement du vent T-Tauri ? Pourquoi celui-ci n'a-t-il pas balayé la nébuleuse solaire primitive longtemps avant que le Soleil ne devienne aussi grand ? Les réactions thermonucléaires de l'hydrogène, qui constituent une fournaise stellaire, ne sont amorcées que sous des conditions extrêmes de haute température et haute

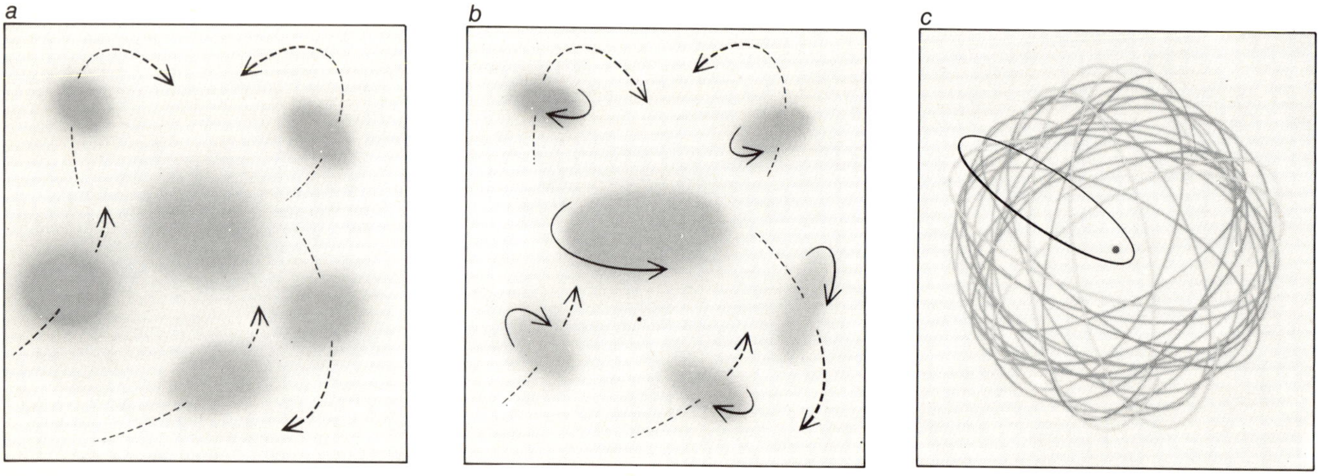

7. LES COMÈTES SE SONT PEUT-ÊTRE FORMÉES à partir de petits fragments de nuage qui étaient auparavant en orbite autour du fragment plus gros qui devait devenir la nébuleuse solaire *(a)*. Comme cette dernière, les petits fragments tournaient sur eux-mêmes pour former des disques dans lesquels les comètes se seraient accumulées, tout comme les planètes *(b)*. Il est possible que la lumière des étoiles environnantes ait dissipé les gaz de ces « nébuleuses cométaires », laissant les comètes sur de gigantesques orbites autour du Soleil *(c)*. De temps en temps, le passage d'une étoile perturbe l'orbite d'une comète et la comète passe au voisinage du Soleil.

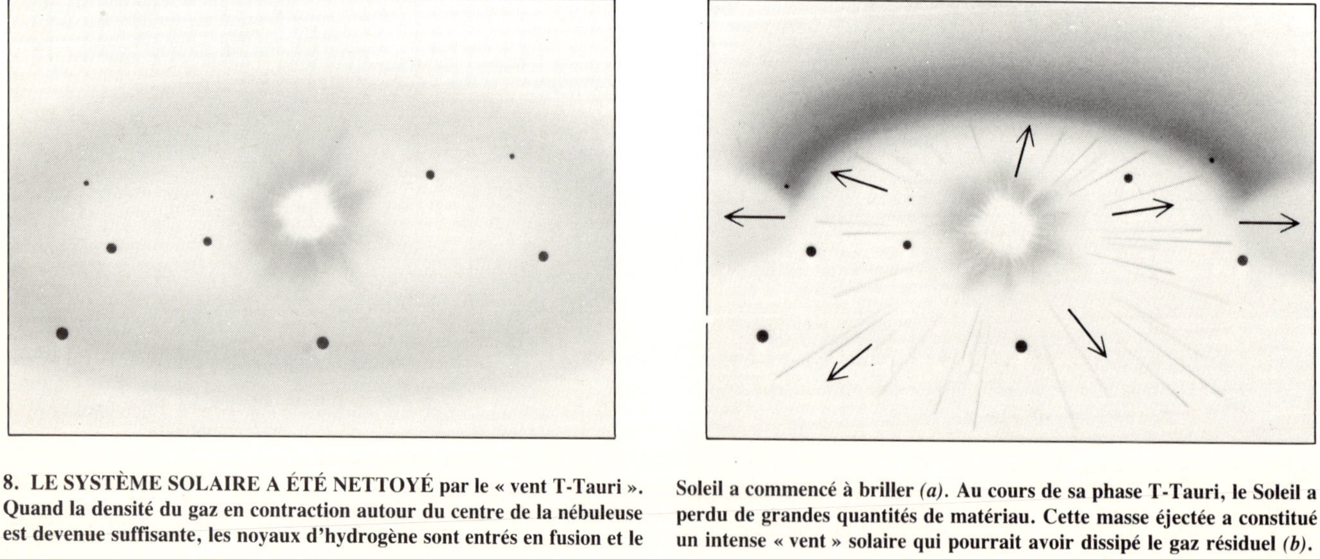

8. LE SYSTÈME SOLAIRE A ÉTÉ NETTOYÉ par le « vent T-Tauri ». Quand la densité du gaz en contraction autour du centre de la nébuleuse est devenue suffisante, les noyaux d'hydrogène sont entrés en fusion et le Soleil a commencé à briller *(a)*. Au cours de sa phase T-Tauri, le Soleil a perdu de grandes quantités de matériau. Cette masse éjectée a constitué un intense « vent » solaire qui pourrait avoir dissipé le gaz résiduel *(b)*.

densité. F. Perri et moi-même avons calculé que la température régnant dans la nébuleuse solaire primitive était si basse qu'un échauffement dû à la compression du gaz ne pouvait pas embraser le Soleil avec une densité centrale comparable à celle qu'a le Soleil aujourd'hui ; la densité devait être au moins 100 fois plus élevée qu'actuellement. Ce n'est que dans ces conditions que le Soleil aurait pu acquérir son actuelle configuration ; la fusion thermonucléaire aurait alors pu s'amorcer et le vent violent T-Tauri commencer à souffler. Pour qu'une telle densité soit atteinte, il a fallu qu'une énorme masse s'accumule. En d'autres termes, étant donné la température originelle de la nébuleuse, le Soleil a dû atteindre une grande masse avant de pouvoir être un soleil.

Après que le Soleil eut commencé à briller et que le vent T-Tauri eut balayé le gaz, tout était prêt pour le nettoyage final de l'espace interplanétaire et l'achèvement de la formation des planètes. Les orbites de la plupart des petits corps du système solaire (autres que les astéroïdes dans leur ceinture isolée) auraient été constamment modifiées par des perturbations planétaires. Au bout de quelques centaines de millions d'années, la majorité de ces petits corps ont dû, soit entrer en collision avec l'une des planètes (les surfaces de Mercure, de la Lune et de Mars portent encore les cicatrices de ce bombardement final), soit être éjectés hors du système solaire par une planète géante, en général Jupiter.

Les petites particules de poussière furent soumises à des forces encore plus importantes que les perturbations gravitationnelles : les effets de la lumière solaire. Les photons qu'absorbent ces particules ne transportent pas de moment angulaire ; en revanche, les photons qu'elles émettent emportent une partie du moment angulaire du mouvement orbital des particules. Ainsi, la lumière solaire agit comme un milieu résistant pour les particules, en les contraignant à tomber en spirale en direction du Soleil. Les corps plus gros (jusqu'à un kilomètre de diamètre) sont également perturbés par la lumière solaire, mais de manière différente : quand un corps de ce type tourne sur lui-même, la température d'une portion de sa surface augmente tant que cette surface se trouve du côté éclairé par le Soleil et diminue quand elle se trouve sur la « face cachée ». Ainsi, l'un des hémisphères du corps émet considérablement plus de rayonnement que l'autre hémisphère. Cela donne lieu à une poussée préférentielle qui peut perturber l'orbite du corps en direction du Soleil ou à l'opposé, suivant le sens de rotation du corps. Ces corps seront éventuellement entraînés à proximité de l'une des planètes où ils seront soit absorbés par collision, soit éjectés hors du système solaire. Ainsi, la lumière solaire pourrait avoir agit, de différentes façons, comme un balai pour éliminer la majeure partie des petits débris abandonnés lors de la formation du système solaire.

Le tableau que je viens d'exposer, s'il est incomplet, est cohérent. Cependant, un grand nombre de ses détails restent très spéculatifs et il est probable que l'essentiel en sera à remanier lorsque de nouvelles données permettront de vérifier les théories actuelles. Dans le choix et l'agencement des faits, des idées et des hypothèses, j'ai été nécessairement fortement influencé par mes convictions personnelles. Que le lecteur soit averti que d'autres lui auraient peut-être proposé un tableau tout à fait différent ! Nous sommes encore loin d'avoir répondu à ces questions vieilles comme le monde.

La formation de la Terre par accrétion de planétoïdes

Les planètes rocheuses situées à l'intérieur du système solaire se seraient formées par accrétion, dans un essaim de petits corps célestes subissant des collisions mutuelles pendant leur mouvement autour du Soleil. Ce processus peut être simulé sur ordinateur.

par George Wetherill

Pour comprendre parfaitement la formation de la Terre, il faut d'abord savoir comment le Soleil s'est condensé à partir d'un nuage de gaz et de poussière et comment une petite partie de la matière du nuage s'est rassemblée sous forme de planète au lieu de tomber sur le Soleil. Il est difficile de comprendre ce processus. En effet, les simulations numériques réalisées ces dernières années montrent que si la nébuleuse solaire était assez dense pour subir un effondrement gravitionnel, il aurait dû se former un grand nombre de systèmes multistellaires et non une étoile unique. Même si nous comprenions la condensation du Soleil, nous n'en saurions guère plus sur l'origine des planètes internes telluriques (Mercure, Vénus, la Terre et Mars). La masse totale des planètes telluriques ne représente que 0,005 pour cent de la masse du Soleil. En réalité, la description d'un phénomène aussi complexe que la formation de la Terre ne peut découler d'une simple connaissance des propriétés générales de la nébuleuse solaire. D'autres données sont nécessaires.

Une autre approche semble plus prometteuse. En dépit de la complexité des événements survenus au moment de la formation du système solaire, il n'y a que deux processus qui peuvent conduire à la formation d'une planète tellurique : soit ces planètes résultent d'effondrements gravitationnels intervenus au sein de concentrations locales de gaz et de poussière dans la nébuleuse protosolaire, soit elles ont été créées par accrétion d'un ensemble d'objets de petite taille (planétoïdes) condensés auparavant à partir du gaz et des poussières du nuage protosolaire. Grâce à des simulations de ces deux processus, les astrophysiciens ont progressé dans la compréhension de l'origine du système solaire. Désormais, on peut préciser les conditions physiques initiales qui peuvent conduire à la formation des planètes dans la nébuleuse solaire et de les distinguer des conditions qui ne permettent pas une telle formation. De même, on peut estimer, pour chacune de ces hypothèses, certaines propriétés primordiales comme par exemple la température de la Terre au moment de sa création. Une comparaison avec les données géologiques disponibles devrait permettre de déterminer les conditions les plus probables ayant abouti à la formation des planètes telluriques.

Cet article résume nos connaissances actuelles sur la formation des planètes par accrétion de planétoïdes. Il est trop tôt pour affirmer que la Terre s'est formée de cette façon plutôt que par effondrement gravitationnel. Cependant, il semble probable que les planètes telluriques ont été formées à partir de l'accumulation de planétoïdes. Dans ce cas, les simulations numériques montrent que le processus d'accrétion a duré une centaine de millions d'années et que la Terre était alors si chaude que l'intérieur était presque entièrement en fusion.

Le mécanisme de coalescence

La première question qui se pose quand on envisage la création des planètes par accrétion de planétoïdes est de savoir si deux corps entrant en collision peuvent fusionner pour former un corps plus gros. Il est clair qu'une collision ne conduit pas toujours à une coalescence. Par exemple, si deux blocs rocheux d'un mètre de diamètre entrent en collision à une vitesse relative de 1 000 kilomètres à l'heure (300 mètres à la seconde), ils éclatent et volent en éclats. Ce n'est

1. LA CRÉATION DES PLANÈTES TELLURIQUES par un processus d'accrétion entre des petits corps célestes, les planétoïdes, entrant en collision a été simulée sur ordinateur par Larry Cox. Le modèle considère à l'origine un essaim de 100 planétoïdes de même masse. Conformément aux lois de Képler, chaque planétoïde décrit une orbite elliptique autour du Soleil. Chaque orbite est caractérisée par deux paramètres : son demi-axe principal *(figure du haut)* et son excentricité *(figure du bas)*. Le demi-axe principal mesure la distance entre l'orbite et le Soleil; il est exprimé en unités astronomiques ou U.A. (Une U.A. représente la distance moyenne entre la Terre et le Soleil soit approximativement 1,5 × 10⁸ kilomètres.) L'excentricité mesure l'écart entre une orbite elliptique et une orbite circulaire. Une excentricité nulle correspond à un cercle alors qu'une excentricité égale à un caractérise une parabole : le demi-axe principal est alors infini. Bien que les paramètres initiaux des orbites soient engendrés aléatoirement, on a fixé à 0,15 la plus grande excentricité initiale et la gamme des demi-axes principaux fut choisie entre 0,5 et 1,5 U.A. Le modèle simulé est à deux dimensions; ainsi, toutes les orbites se trouvent dans un même plan. Les probabilités de collisions entre planétoïdes sont donc plus fortes que dans un espace à trois dimensions. Le processus d'accrétion ne dure alors que 61 000 ans. Dans chaque graphique, les petits carrés indiquent des collisions qui provoquent la coalescence des planétoïdes. Les brutales discontinuités associées à certains carrés traduisent de brusques variations d'excentricité *(graphique du bas)*. En fin de processus, il ne reste que six planètes distinctes. La planète la plus proche du Soleil est en fait un planétoïde qui n'est jamais entré en collision avec un autre objet, bien que les péripéties de son histoire montrent que son orbite fut souvent perturbée par le passage d'autres planétoïdes. Les cinq autres planètes sont plus grosses. On peut les baptiser Mercure, Vénus, la Terre, la Lune et Mars. Le succès de cette modélisation s'explique par les ressemblances (masse, orbite) entre notre Terre et les objets formés. L'axe des temps est gradué, de sorte qu'un même nombre d'événements (collisions et passages proches) occupent partout le même intervalle.

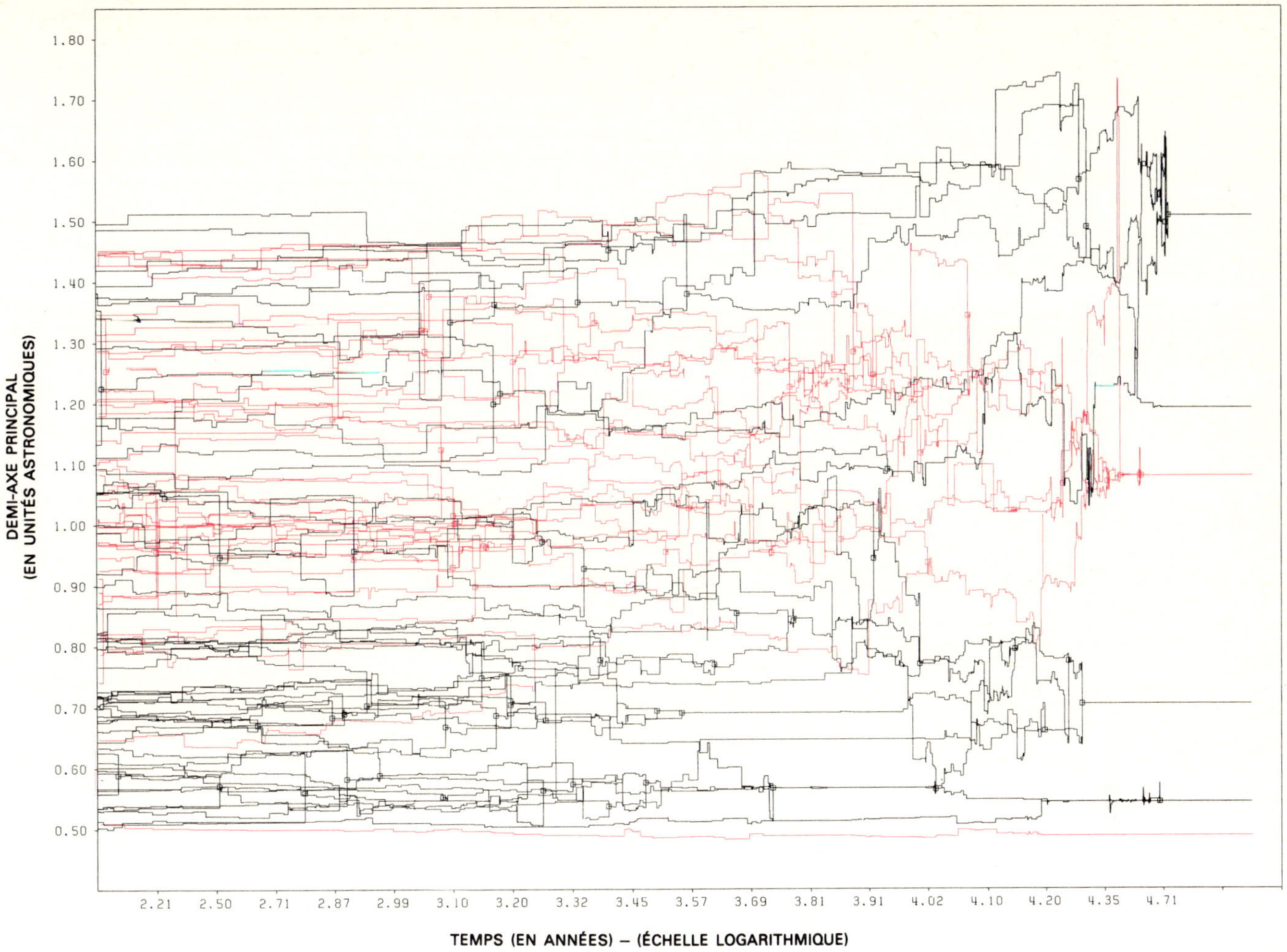
DEMI-AXE PRINCIPAL
(EN UNITÉS ASTRONOMIQUES)
1.80
1.70
1.60
1.50
1.40
1.30
1.20
1.10
1.00
0.90
0.80
0.70
0.60
0.50
2.21
2.50
2.71
2.87
2.99
3.10
3.20
3.32
3.45
3.57
3.69
3.81
3.91
4.02
4.10
4.20
4.35
4.71
TEMPS (EN ANNÉES) – (ÉCHELLE LOGARITHMIQUE)

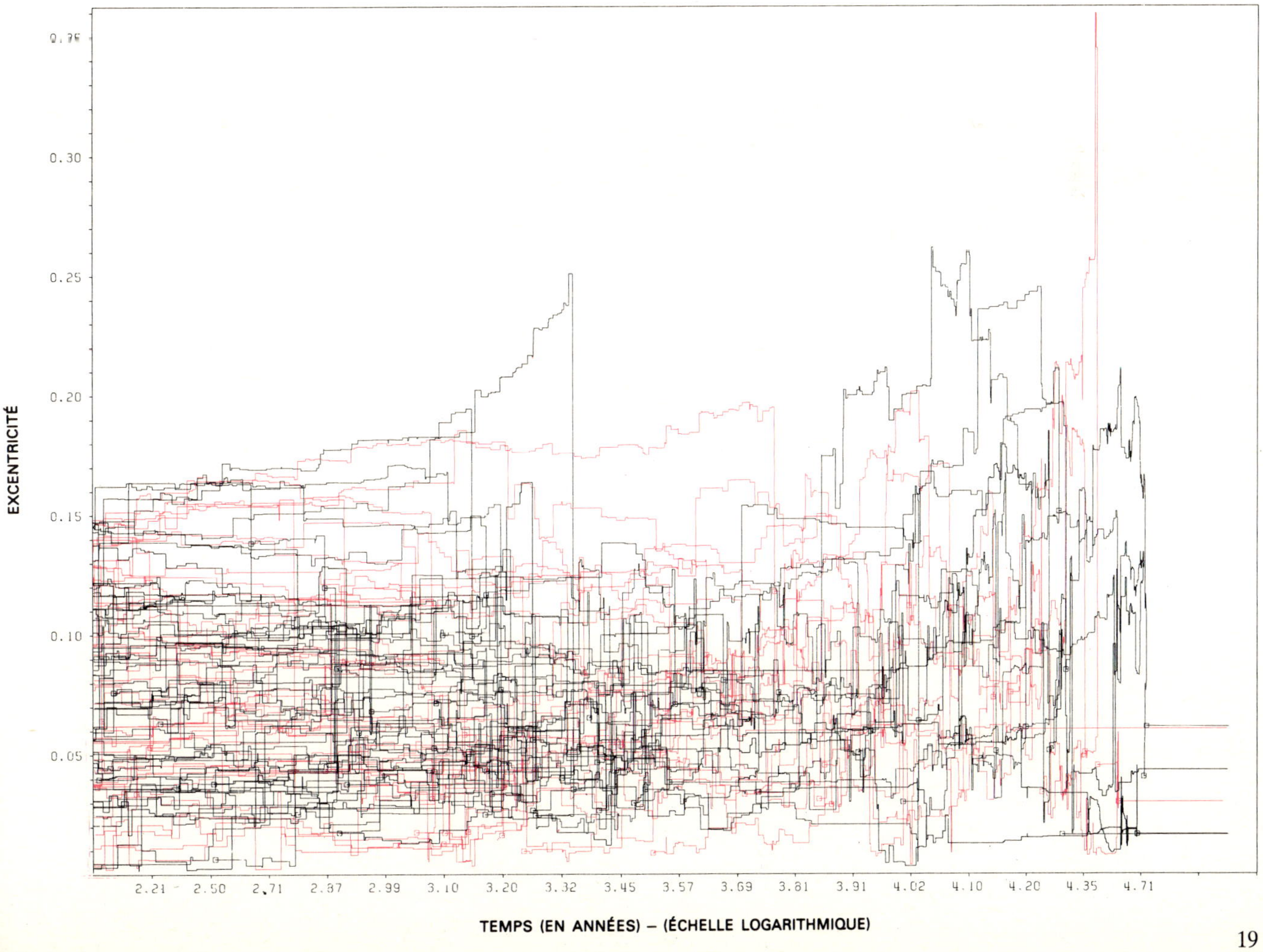
EXCENTRICITÉ
0.30
0.25
0.20
0.15
0.10
0.05
2.21
2.50
2.71
2.87
2.99
3.10
3.20
3.32
3.45
3.57
3.69
3.81
3.91
4.02
4.10
4.20
4.35
4.71
TEMPS (EN ANNÉES) – (ÉCHELLE LOGARITHMIQUE)

donc pas de cette manière que peuvent naître les planètes telluriques.

En revanche, si le choc a lieu à vitesse plus faible, une coalescence des objets est possible; mais quelle doit être cette vitesse? Pour répondre à cette question, nous devons préciser la notion de vitesse de libération gravitationnelle. On appelle vitesse de libération gravitationnelle la vitesse relative minimale nécessaire pour que deux objets échappent à leur attraction gravitationelle mutuelle. Ainsi, pour vaincre l'attraction terrestre, la vitesse d'un projectile lancé de la surface (une fusée par exemple) doit dépasser 11 kilomètres par seconde. Pour échapper à l'attraction de la Lune, une vitesse de 2,4 kilomètres par seconde est suffisante. Si deux planétoïdes entrent en collision avec une vitesse correspondant exactement à leur vitesse de libération et si aucune énergie n'est perdue au moment de la collision, ces objets possèdent juste assez d'énergie pour rebondir et reprendre leur course indépendemment.

En réalité, les planétoïdes perdraient de l'énergie lors du choc car

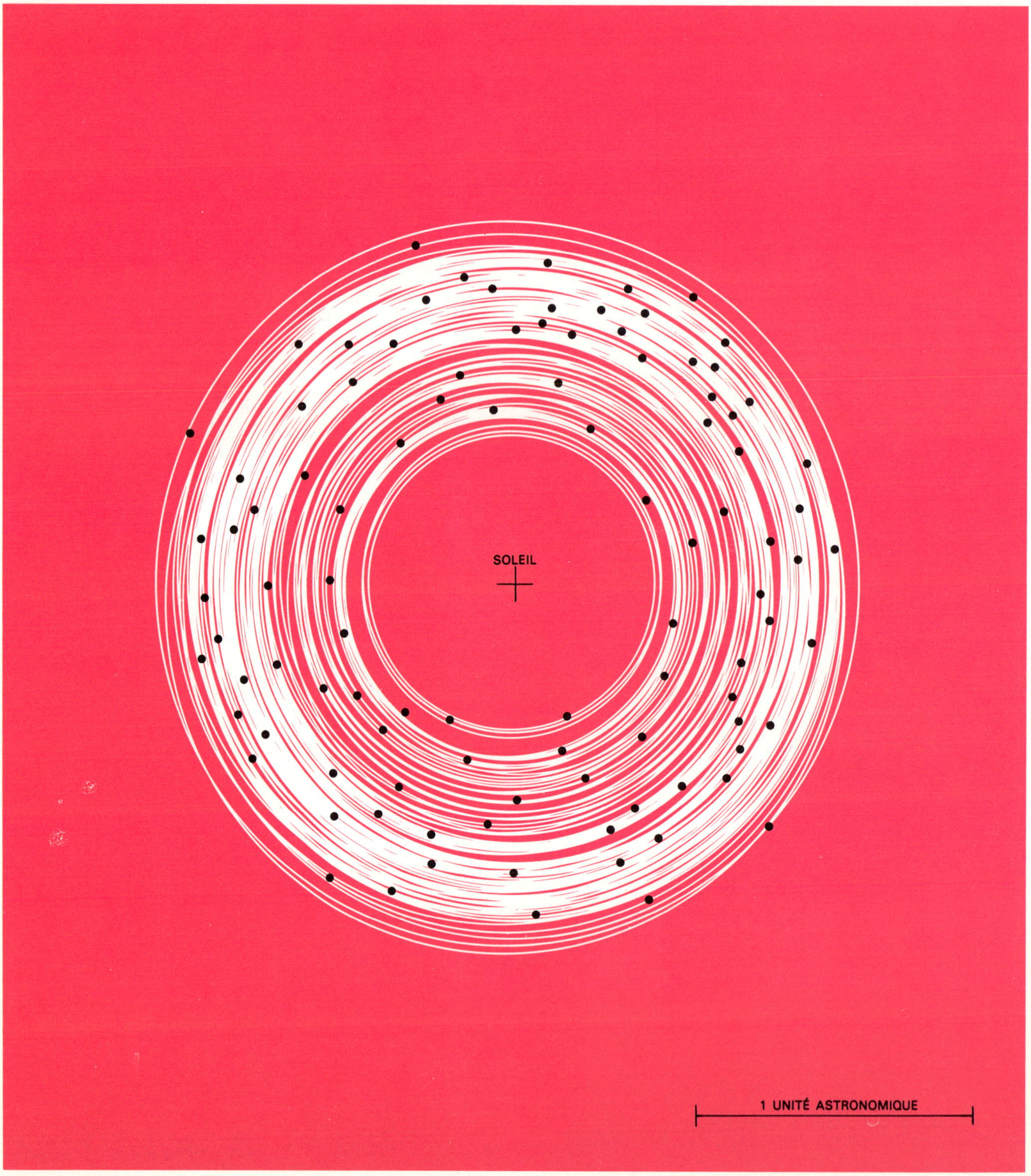

2. CETTE SIMULATION À TROIS DIMENSIONS de la formation des planètes telluriques commence également avec 100 planétoïdes de 1,2 × 10^{26} grammes chacun. La masse totale du système (soit 1,2 × 10^{28} grammes) est égale à celle des planètes internes (de Mercure jusqu'à Mars) plus celle de leurs satellites. Les paramètres initiaux des orbites ont été déterminés au hasard. La figure montre la trace des orbites de départ, mais elle n'indique pas leur inclinaison. Puisque les planétoïdes se seraient formés dans une fine couche de poussière occupant le plan central de la nébuleuse protosolaire, l'inclinaison des orbites devait être inférieure à cinq degrés.

les objets se déformeraient et éclateraient même quand la déformation deviendrait trop forte. L'énergie perdue serait dissipée sous forme de chaleur. Deux planétoïdes entrant en collision avec une vitesse relative égale à leur vitesse de libération ne pourraient plus reprendre leur marche indépendante et leurs débris se combineraient pour former un objet unique plus important. D'après les expériences réalisées par William Hartmann de l'Institut des sciences planétaires de Tucson en Arizona et les calculs effectués par Thomas Ahrens et John O'Keefe de l'Institut de technologie de Californie, deux planétoïdes parviennent même à fusionner lorsque la vitesse d'impact est deux fois, voire trois fois supérieure à la vitesse de libération. Ce raisonnement peut être généralisé dans certaines conditions. La vitesse d'impact de deux objets est égale à la somme des vitesses relatives quand les objets étaient éloignés, plus la vitesse acquise pendant qu'ils se rapprochaient l'un de l'autre en réponse aux forces d'attraction gravitationnelle mutuelle. Si la vitesse d'impact était

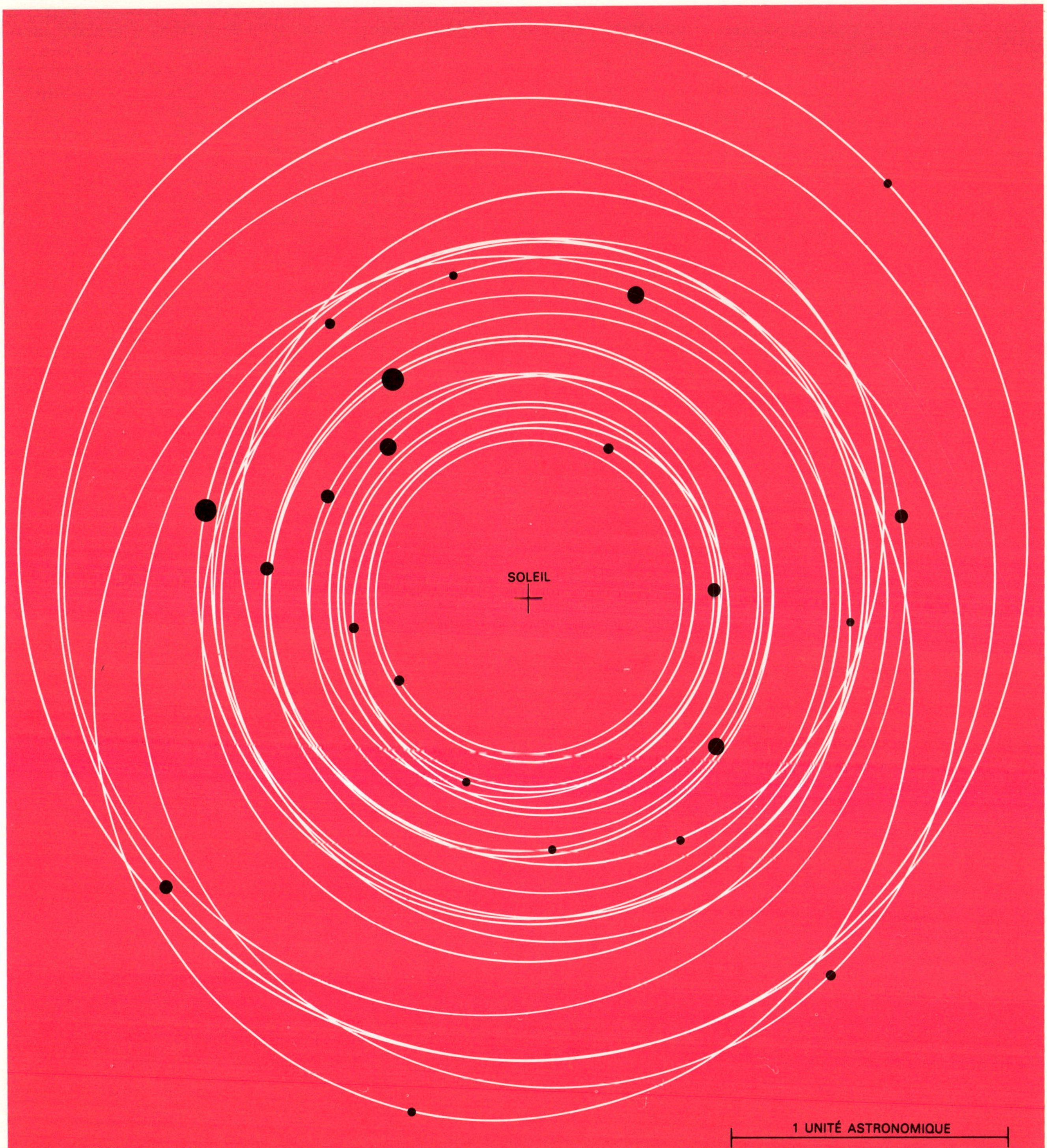

3. CE STADE INTERMÉDIAIRE indique l'état des planètes telluriques 30,2 millions d'années après le début du processus d'accrétion. Il ne reste plus que 22 planétoïdes ayant des orbites plus elliptiques. Leurs vitesses relatives sont également plus importantes. En outre, les distances par rapport au Soleil ont changé : les orbites les plus internes sont plus proches du Soleil alors que les orbites périphériques sont plus éloignées. L'inclinaison des orbites a réduit considérablement la fréquence des collisions, comparée à celle des passages proches. Il faut ainsi plusieurs dizaines de millions d'années avant que le processus d'accrétion s'achève.

égale à deux fois la vitesse de libération, la vitesse relative, quand les objets étaient éloignés, représentait $\sqrt{3}$ (soit environ 1,7) fois la vitesse de libération. Si la vitesse d'impact est le triple de la vitesse de libération, la vitesse relative à grande distance était de $2\sqrt{2}$ (environ 2,8) fois la vitesse de libération. Par conséquent, si des objets ne fusionnent que lorsque leur vitesse relative au moment du choc est inférieure à deux ou trois fois la vitesse de libération, le processus affectera des objets dont les vitesses relatives, bien avant la collision, étaient comprises dans la même gamme de valeurs.

Certaines simulations de la formation des planètes à partir de planétoïdes considèrent la vitesse relative de n'importe quel couple de planétoïdes comme un paramètre indépendant. On pourrait alors faire en sorte que les valeurs de ce paramètre soient suffisamment basses pour que les planétoïdes entrant en collision se combinent toujours pour constituer des objets plus gros. Cette règle est cependant inexacte : la vitesse relative peut s'avérer trop faible. Les lois du mouvement des planètes, formulées par Johannes Kepler, indiquent que l'orbite d'un corps tournant autour du Soleil a la forme d'une ellipse. La vitesse d'un corps céleste, en n'importe quel point de son orbite, est déterminée par la taille et la forme de l'ellipse : par conséquent, la vitesse relative de deux objets gravitant autour du Soleil est importante sauf dans les cas où les deux orbites ont des tailles, des formes et des orientations semblables. Puisque l'accrétion nécessite une vitesse relative assez faible, seuls quelques planétoïdes ayant des orbites voisines pourront fusionner et seule une petite fraction des planétoïdes pourra s'accumuler et croître par accrétion; la formation des planètes ne sera achevée que lorsque tous ces planétoïdes auraient fusionné; les parties internes du système solaire ressembleraient alors davantage aux anneaux de Saturne qu'à un ensemble de quatre planètes de type terrestre, en mouvement dans un espace par ailleurs vide.

L'option consistant à choisir une vitesse relative proche de la vitesse de libération s'avère la meilleure stratégie pour simuler les collisions de planétoïdes. Dans l'optimisation ainsi réalisée par le calcul, d'une part les conditions de coalescence sont remplies et d'autre part le nombre des objets impliqués est maximal. Cependant, un autre problème surgit : au fur et à mesure que la taille des objets augmente, la vitesse de libération s'accroît. Pour des objets homogènes, la vitesse de libération est proportionnelle au rayon : si un planétoïde d'un mètre de rayon a une vitesse de libération de 0,15 centimètre par seconde, cette vitesse sera de 1,5 mètre par seconde pour un planétoïde d'un kilomètre de rayon et de 1,5 kilomètre par seconde pour un objet de 1 000 kilomètres de rayon. Chaque planétoïde peut continuer à croître par accrétion s'il entre en collision avec un autre objet dont la vitesse n'excède pas deux à trois fois la vitesse de libération. Par conséquent, la vitesse relative des planétoïdes doit augmenter proportionnellement à leur taille et à leur vitesse de libération pour que le phénomène de coalescence se poursuive dans des conditions optimales.

Une hypothèse essentielle

L'hypothèse selon laquelle les vitesses relatives des planétoïdes croissent naturellement comme les vitesses de libération fut introduite en 1950 par L. Gurevich et A. Lebedinskii de l'Institut de géophysique appliquée de Moscou. Cette idée fut largement développée par un de leurs collaborateurs, Victor Safronov, durant les années 1960. Son travail était analytique; il obtint une suite d'expressions mathématiques décrivant par exemple l'évolution de la vitesse relative moyenne des objets composant un essaim de planétoïdes. Son modèle le plus simple décrit l'essaim en l'absence de frottements causés par le gaz de la nébuleuse solaire.

Les vitesses relatives des planétoïdes dépendent d'un équilibre entre deux forces antagonistes. Lorsque deux objets passent à proximité l'un de l'autre (sans entrer en collision), l'attraction gravitationnelle perturbe leurs orbites. Cette perturbation modifie la vitesse relative avec laquelle chaque planétoïde rencontre ensuite d'autres objets qui se déplacent sur des orbites sécantes. La vitesse relative après un passage proche est quelquefois supérieure à ce qu'elle aurait été sans cette collision manquée; quelquefois, elle devient inférieure. Cependant, le résultat global se traduit par une augmentation de la valeur moyenne des vitesses relatives. Les collisions ont en revanche un effet inverse : sous l'effet des impacts, les orbites des planétoïdes deviennent de plus en plus circulaires, donc de plus en plus semblables les unes aux autres; les vitesses relatives tendent alors à diminuer. A tout instant, l'accroissement des vitesses résultant des passages proches est contrebalancé par la diminution des vitesses due aux collisions.

On peut examiner avec plus de détails chacun de ces effets en utilisant les lois de Newton sur le mouvement des corps et la théorie de la marche au hasard qui décrit bien la nature aléatoire des interactions entre planétoïdes. Pour de petites perturbations, comme celles causées par des passages proches, les variations de vitesse d'un petit objet (le « projectile ») qui approche d'un corps plus gros (la « cible ») dépendent de $\sqrt{M/D}$, où M est la masse de la cible et D la distance minimale entre le projectile et la cible. Pour des passages très proches, la distance est de l'ordre du rayon R de la cible. Comme la masse M dépend de R^3, l'expression $\sqrt{M/D}$ peut alors s'écrire $\sqrt{R^3/R}$, ou simplement R. En conséquence, la variation de vitesse du projectile est directement proportionnelle, comme la vitesse de libération, au rayon de la cible. Corrolaire immédiat, l'accroissement des vitesses relatives résultant d'un grand nombre de passages proches s'accompagne d'une augmentation de la vitesse de libération en raison de la coalescence des objets.

Des croisements à plus grande distance perturbent aussi les orbites des planétoïdes. En fait, l'effet gravitationnel de la cible se fait sentir à l'intérieur d'une sphère, centrée sur la cible, et appelée sphère d'influence gravitationnelle. A l'intérieur de ce volume, le mouvement du projectile est régi par le champ gravitationnel de la cible; au-delà, le mouvement est dominé par le champ gravitationnel du Soleil. Quand on fait la moyenne des variations de vitesse résultant des interactions lointaines dans la sphère d'influence d'un planétoïde cible (jusqu'à une distance correspondant à environ 75 fois le rayon de la cible), on constate qu'une proportion à peu près constante des variations de vitesse observées résulte de croisements entre des objets séparés par une distance égale au rayon de la cible. Par conséquent, les gains de vitesse dus aux passages lointains augmentent aussi avec la vitesse de libération.

L'augmentation de vitesse due aux rencontres (pour toutes les distances comprises entre un et 75 fois le rayon de la cible) est supérieure au ralentissement dû aux collisions. L'accroissement de la section efficace de chaque cible augmente la fréquence des collisions, mais en même temps, la masse de la cible devient plus importante et celle-ci étend sa sphère d'influence. Les probabilités de perturbations d'orbite se trouvent donc accrues dans les mêmes proportions. Le résultat final de tous ces changements est remarquable puisque l'évolution de la vitesse relative de l'essaim de planétoïdes suit celle de la vitesse de libération. En outre, en prenant des valeurs plausibles pour les pertes d'énergie au moment des collisions, on constate que la vitesse relative moyenne de deux objets de l'essaim est voisine de la vitesse de libération. C'est juste ce qu'il faut pour que les planétoïdes continuent à fusionner pendant que la taille de chaque objet augmente.

Au début du processus (tel que l'a modélisé V. Safronov), les planétoïdes sont petits. Chaque objet a un rayon de quelques kilomètres; la vitesse de libération est faible et la vitesse relative est proche de la vitesse de libération. Seuls des objets ayant des orbites semblables peuvent entrer en collision et fusionner; ces accrétions se déroulent dans la zone occupée aujourd'hui par les planètes internes du système solaire. Au fur et à mesure que les planétoïdes croissent, les vitesses de libération augmentent. Le processus d'accrétion se poursuit cependant car les vitesses relatives restent proches des vitesses de libération. Conformément aux lois de Kepler, l'accroissement des vitesses relatives engendre une augmentation de l'excentricité des orbites; autrement dit, chaque orbite devient de plus en plus elliptique. Cette évolution accroît la zone d'influence de chaque planétoïde (interactions avec des objets plus éloignés du Soleil). Pour un planétoïde donné, le nombre de collisions possibles reste donc constant, bien que le nombre total d'objets diminue et que les objets soient de plus en plus espacés.

L'application du modèle

Que reste-t-il à comprendre pour transposer ce modèle à la Terre et aux autres planètes internes? On peut s'interroger sur la manière dont se formèrent les petits planétoïdes qui apparaissent au début du modèle de V. Safronov. Pour beaucoup d'astrophysiciens, ce point ne constitue plus un problème majeur. Selon Stuart Weidenschilling, les attractions électriques faibles appelées forces de Van der Waals auraient permis à des

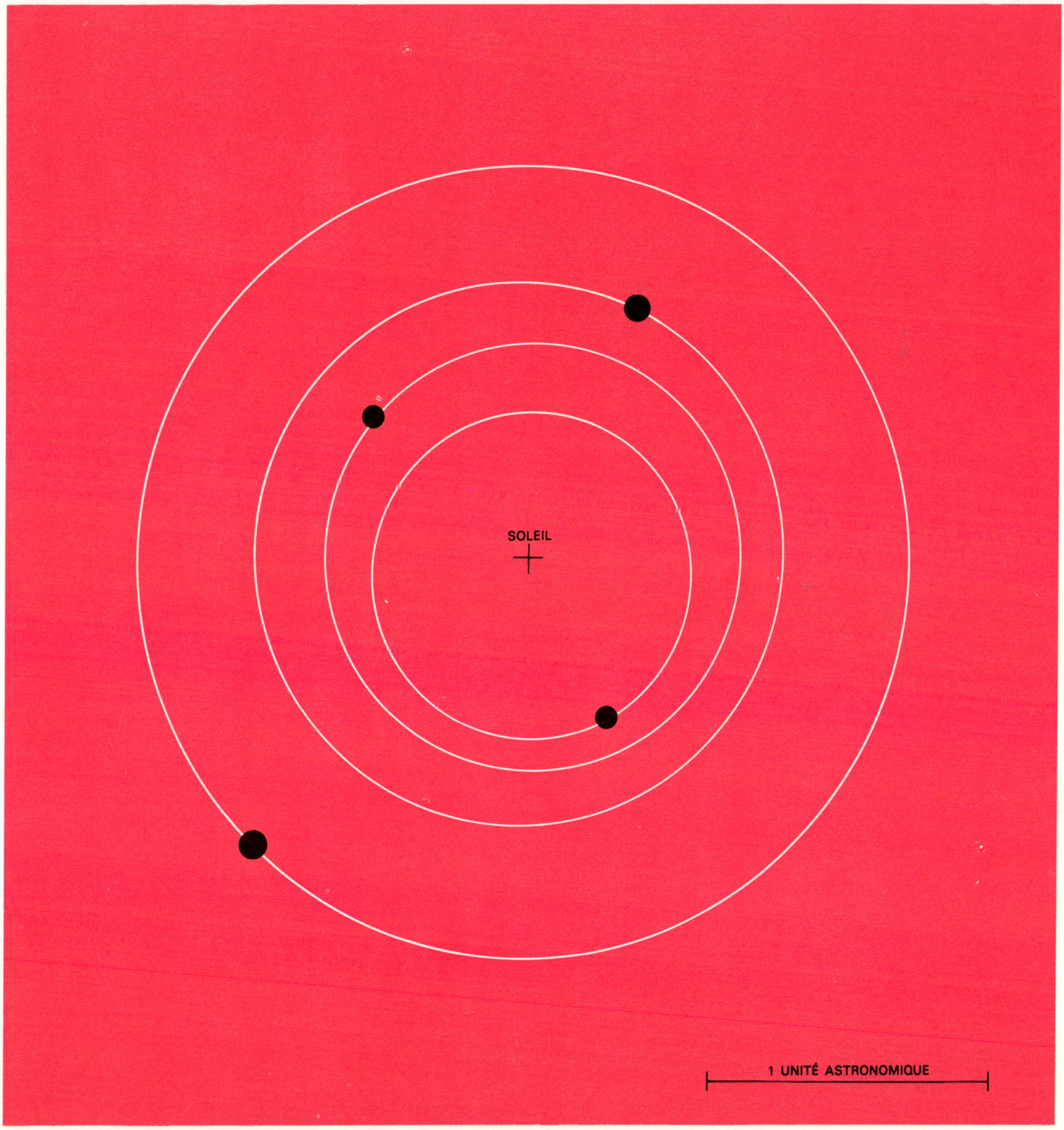

4. DANS LE STADE FINAL de la simulation, on aboutit à quatre planètes isolées sur des orbites presque circulaires. Tous les planétoïdes ont fusionné. La plus grosse planète *(la quatrième en partant du Soleil)* est formée par la coalescence de 54 planétoïdes. Bien que cette figure montre l'aspect du système solaire 441 millions d'années après le déclenchement du processus d'accrétion, la formation des quatre planètes restantes était achevée avant. Après 79 millions d'années, il restait 11 objets et six seulement au bout de 151 millions d'années. La Terre se serait donc formée en une centaine de millions d'années.

grains de poussière de la nébuleuse solaire de se combiner pour former des objets d'un centimètre de diamètre. La nébuleuse proto-solaire étant en rotation, les frottements du gaz sur ces objets auraient poussé ces noyaux de condensation dans le plan équatorial de la nébuleuse (le plan central est perpendiculaire à l'axe de rotation de la nébuleuse) pour donner naissance à une fine couche de poussière. Certains des objets auraient alors grossi grâce aux collisions. Quand les plus gros d'entre eux eurent atteint un mètre de diamètre environ, les forces de gravitation auraient rendu instable l'accumulation de matière dans cette couche de poussière. Les corps et la poussière restants se seraient alors agglomérés pour donner naissance à des planétoïdes d'un kilomètre de diamètre. Ce processus a été décrit à maintes reprises depuis 30 ans. Il explique la formation des planétoïdes nécessaires à la théorie de V. Safronov. D'après les estimations effectuées, le nombre de ces planétoïdes devait approcher 10^{13}, si l'on veut expliquer la formation des planètes telluriques avec le modèle d'accrétion.

D'autres problèmes sont moins faciles à régler. Le modèle le plus simple de V. Safronov envisage un essaim de planétoïdes composé initialement d'objets ayant tous la même masse. En 1962, V. Safronov généralisa ses conclusions en considérant un essaim composé d'objets de masses différentes. Il démontra ainsi que la vitesse relative ne peut équilibrer la vitesse de libération des plus gros objets que dans le cas où ces derniers renferment la plus grande partie de la masse du système. Dans cette hypothèse, les plus petits objets se brisent lors des chocs, mais les plus gros continuent à croître. Toutefois, il est possible que si le système se développe à partir d'un grand nombre de tout petits planétoïdes, la masse ne parvienne jamais à se concentrer dans les plus gros objets. Pour traiter cette question il serait nécessaire de calculer simultanément l'évolution des vitesses relatives et de la répartition des masses; malheureusement, la théorie de V. Safronov ne se prête pas à un tel calcul.

Les premiers stades d'accrétion

Richard Greenberg et plusieurs de ses collaborateurs ont effectué d'importants calculs concernant ce problème. Leur travail se limite aux premières étapes d'accrétion dans un essaim de planétoïdes, en commençant au moment où la plus grande partie de la masse du système se trouve dans des planétoïdes d'un mètre de diamètre environ. Les vitesses relatives de ces objets ne sont que de quelques mètres par seconde, valeur proche des vitesses de libération. D'après les calculs de R. Greenberg, certains des objets entrent en collision et se fusionnent. Au bout de 15 000 ans environ, quelques planétoïdes ont atteint un diamètre d'une centaine de kilomètres. Cependant, la plus grande partie de la masse se trouve encore dans les petits planétoïdes. Comme l'indiquent les résultats de V. Safronov, il y a trop peu de gros objets pour accroître la vitesse relative et surmonter le freinage dû aux collisions.

La façon dont les choses évoluent ensuite est cruciale. La vitesse relative de tous les objets ayant jusqu'à huit kilomètres de diamètre augmente; néanmoins, tant que les faibles valeurs initiales persistent, les premiers planétoïdes atteignant un diamètre de 100 kilomètres disposent d'un avantage gravitationnel capital sur leurs voisins plus petits. Ainsi, lorsqu'un petit planétoïde rencontre un de ces gros objets avec une vitesse pourtant inférieure à la vitesse de libération, les perturbations dans la trajectoire du petit planétoïde peuvent se révéler telles qu'une collision se produit alors que rien dans la géométrie des orbites ne la laissait prévoir : c'est un phénomène de focalisation gravitationnelle. Celle-ci accroît la section efficace de choc des objets les plus massifs qui cesse alors d'être proportionnelle à R^2 pour devenir proportionnelle à R^4 (R étant le rayon du plus gros objet).

Si la focalisation gravitationnelle est suffisamment importante, les premiers objets massifs qui se forment capturent les objets plus petits et empêchent la formation d'objets de taille intermédiaire. La distribution des tailles des planétoïdes présente alors deux pics, l'un correspondant aux gros objets et l'autre aux petits qui n'ont pas encore été absorbés. Les

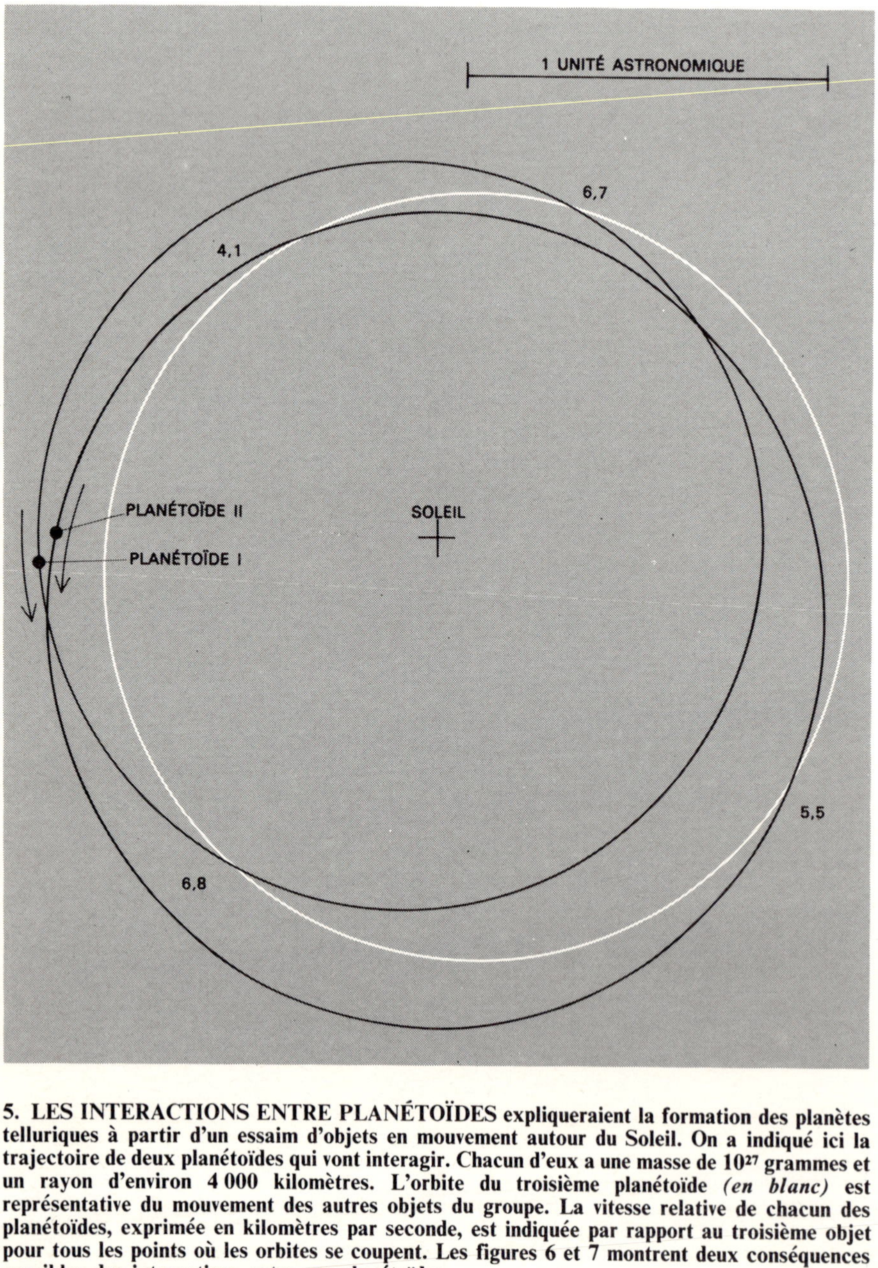

5. LES INTERACTIONS ENTRE PLANÉTOÏDES expliqueraient la formation des planètes telluriques à partir d'un essaim d'objets en mouvement autour du Soleil. On a indiqué ici la trajectoire de deux planétoïdes qui vont interagir. Chacun d'eux a une masse de 10^{27} grammes et un rayon d'environ 4 000 kilomètres. L'orbite du troisième planétoïde *(en blanc)* est représentative du mouvement des autres objets du groupe. La vitesse relative de chacun des planétoïdes, exprimée en kilomètres par seconde, est indiquée par rapport au troisième objet pour tous les points où les orbites se coupent. Les figures 6 et 7 montrent deux conséquences possibles des interactions entre ces planétoïdes.

gros objets suivent des orbites pratiquement circulaires car aucune perturbation n'a modifié l'excentricité de leurs trajectoires autour du Soleil; l'impact des petits planétoïdes tend même à renforcer ce caractère.

Si ce phénomène continue, les gros planétoïdes piègent la plus grande partie de la masse du système. Il devient alors difficile de former un système planétaire type puisque ces gros objets suivent des orbites qui ne se coupent pas et le long desquelles ils collectent les derniers petits planétoïdes. On aboutit à un système d'environ 5 000 planètes mineures ayant chacune un diamètre d'environ 1 000 kilomètres. Le système pourrait ensuite engendrer un ensemble de planètes terrestres si les interactions gravitationnelles à grande distance entre les milliers de planètes mineures parvenaient à accroître suffisamment l'excentricité des orbites pour que le phénomène d'accrétion reprenne. Toutefois, cette évolution n'est pas concevable dans la théorie de V. Safronov.

D'autres difficultés résident dans la manière dont V. Safronov et R. Greenberg traitent le problème. Leur modèle revient à considérer que les planétoïdes se déplacent en ligne droite, comme des molécules en théorie cinétique des gaz. Ainsi, V. Safronov a étudié le mouvement des planétoïdes dans une région de l'espace entourant un planétoïde témoin. Avec ces hypothèses, on peut décrire les vitesses relatives des planétoïdes comme s'il s'agissait des particules d'un gaz contenu dans une enceinte. Cette méthode interdit en revanche le traitement de tous les phénomènes qui dépendent de la distance entre le Soleil et les planétoïdes.

Les interrogations fondamentales sur la validité des simplifications de V. Safronov concernent l'équilibre entre l'accroissement des vitesses dû aux perturbations mutuelles et la diminution des vitesses résultant des collisions. Ces hypothèses pourraient en effet se révéler erronées dans le cadre de la théorie héliocentrique. Après tout, la vitesse d'un corps en orbite héliocentrique dépend de sa distance au Soleil, d'où une relation entre la distribution radiale des planétoïdes et leur vitesse relative. Cette relation n'a pas d'équivalent dans la théorie cinétique des gaz.

Les simulations sur ordinateur

Nous avons effectué des simulations sur ordinateur qui permettent peut-être de régler ce problème. Les calculs commencent avec un groupe de 100 objets de même masse, parcourant des orbites héliocentriques de faible excentricité. Les modifications d'orbite dues aux passages proches et aux collisions sont faibles mais nombreuses. Chaque perturbation est estimée et les nouvelles orbites sont calculées. La vitesse relative et l'excentricité ont d'abord tendance à augmenter rapidement, puis cette croissance diminue et finalement elles atteignent des limites proportionnelles à leur vitesse de libération. On retrouve ainsi un des résultats de V. Safronov. Si les orbites initiales ont une forte excentricité, les modifications se déroulent à rebours : la vitesse relative, grande au départ, décroît peu à peu avant de se stabiliser à la même valeur que celle obtenue dans le cas d'orbite initiale de faible excentricité.

En régime d'équilibre, les vitesses relatives déterminées par le calcul numérique sont égales aux deux tiers de la valeur prévue par la théorie de V. Safronov. Cet accord approximatif est relativement satisfaisant. La relation entre la vitesse relative et la vitesse de libération est confirmée de même que la tendance du système à s'autoréguler : ainsi, les vitesses relatives restent comprises dans une fourchette qui favorise la coalescence des planétoïdes.

Cette simulation numérique fait plus que confirmer les résultats passés. Au cours des calculs, on assiste notamment à la dispersion d'un groupe de planétoïdes initialement confiné sur des orbites très proches; après cet épisode, les divers objets du groupe parcourent des orbites situées dans une importante fourchette de distance par rapport au Soleil. Chaque planétoïde participe à cette expansion : il se déplace, arrivant tantôt près du bord interne, tantôt près du bord externe de l'amas, mais restant le plus souvent près du centre. En fait, chaque planétoïde accomplit une marche aléatoire par rapport au Soleil. En outre, les oscillations orbitales de chaque planétoïde augmentent les chances de collisions avec des corps célestes éloignés. Il n'est donc pas nécessaire de compter uniquement sur l'excentricité des orbites pour engendrer des rencontres entre planétoïdes. Bien que ces migrations n'éliminent pas les risques de formation d'un grand nombre de planètes trop petites, elles tendent néanmoins à les minimiser.

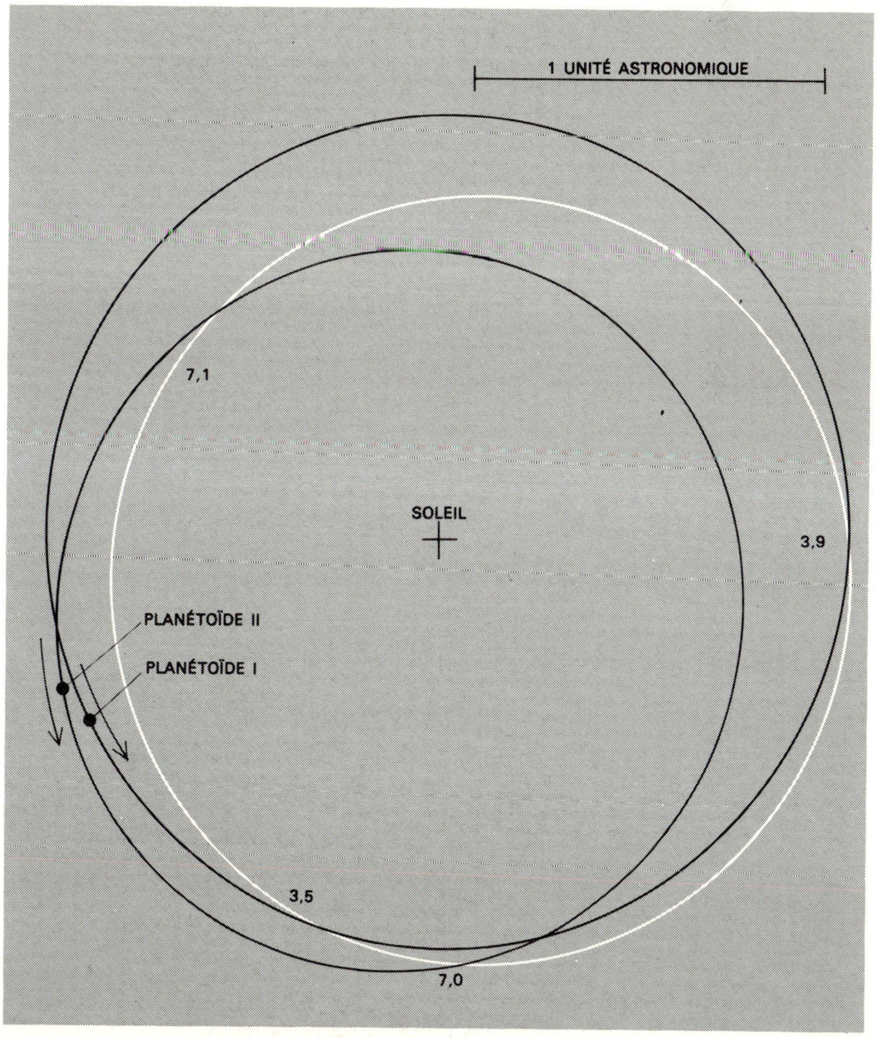

6. UN PASSAGE PROCHE modifie les orbites respectives des deux planétoïdes. La vitesse du planétoïde I (mesurée par rapport à celle du planétoïde qui ne participe pas à l'interaction) a diminué alors que celle du planétoïde II a augmenté. De telles interactions augmentent la vitesse relative des planétoïdes. Dans cette figure, les deux planétoïdes se sont rapprochés jusqu'à une distance égale à trois fois leur rayon.

Jusqu'ici les simulations furent limitées au cas de corps de même masse. Nous avons simplement déterminé la répartition des vitesses relatives à l'équilibre dans un ensemble de planétoïdes qui subissent des collisions mais ne grossissent pas. (Les programmes calculent les nouvelles orbites des corps célestes après collision, mais ils ne prévoient pas la possibilité d'une coalescence.) Nous mettons actuellement au point des modèles permettant de prendre en compte des planétoïdes de masse différente.

Le problème central consiste à comprendre pourquoi, à partir d'un ensemble de planétoïdes, quatre corps (les planètes telluriques) et non trois, cinq ou tout autre nombre, se sont finalement formés. Encore une fois, nous nous trouvons confrontés à des processus antagonistes. L'amortissement dû aux collisions tend toujours à parachever la croissance planétaire en isolant les éléments les plus gros sur des orbites quasi circulaires. Les perturbations gravitationnelles ont en revanche un effet inverse : elles augmentent l'excentricité des orbites et déplacent radialement les planétoïdes, ce qui facilite les collisions et entretient le processus de coalescence. Finalement, quand tous les corps importants se trouvent sur des orbites non sécantes et que tous les petits objets recoupant ces orbites ont été éliminés, la tendance évolutive conduisant vers des orbites quasi circulaires l'emporte. A moins d'introduire dans le modèle des interactions gravitationnelles à grande distance, aucune collision ne peut plus se produire : reste alors à savoir combien de gros corps se sont ainsi formés.

Combien de planètes?

Larry Cox de l'Institut de Technologie du Massachusetts a effectué une série de calculs numériques simplifiés sur la croissance simultanée de plusieurs planètes. A l'origine, il considère 100 objets de même taille dont les orbites sont réparties de façon aléatoire dans la région du système solaire occupée actuellement par les quatre planètes telluriques. Le modèle de L. Cox tient compte des perturbations, des collisions et des fusions qui interviennent ensuite au cours du temps. En fin de calcul, on reste seulement avec des objets placés sur des orbites non sécantes. Quels sont alors les points communs (taille, répartition) entre cet ensemble de corps et les planètes telluriques du système solaire?

Selon L. Cox, la réponse dépend des excentricités initiales. Si les planétoïdes parcourent initialement des orbites assez elliptiques, la ressemblance finale avec le système solaire réel est très forte. Dans une des simulations, le nombre final de planètes était de six; l'une d'entre elles était un planétoïde très proche du Soleil, quant aux autres planètes, on pourrait les baptiser, avec un peu d'imagination, Mercure, Vénus, Terre, Lune et Mars.

Quand on choisit des excentricités initiales plus faibles (plus conformes aux travaux de V. Safronov), il se forme alors dix planètes. Dans une certaine mesure, l'influence de l'excentricité résulte de la méthodologie de calculs de L. Cox : en effet, ses simulations se limitent à des mouvements à deux dimensions. Dans ce système solaire, les orbites des planétoïdes se coupent souvent (il y a « plus de place » à trois dimensions); c'est pourquoi la probabilité d'amortissement par collision est supérieure à ce qu'elle serait dans un modèle tridimensionnel. Les simulations à trois dimensions que j'ai effectuées confirment cette idée. L'amortissement par collision serait en outre plus important dans un essaim de planétoïdes composé initialement d'objets de tailles différentes. Dans une estimation numérique réalisée avec des objets de masse identique, il faudrait tenir compte, d'une façon ou d'une autre, du surcroît de collisions provoquées par la plus grande fréquence des passages proches : nous nous efforçons actuellement d'intégrer cette correction dans nos calculs.

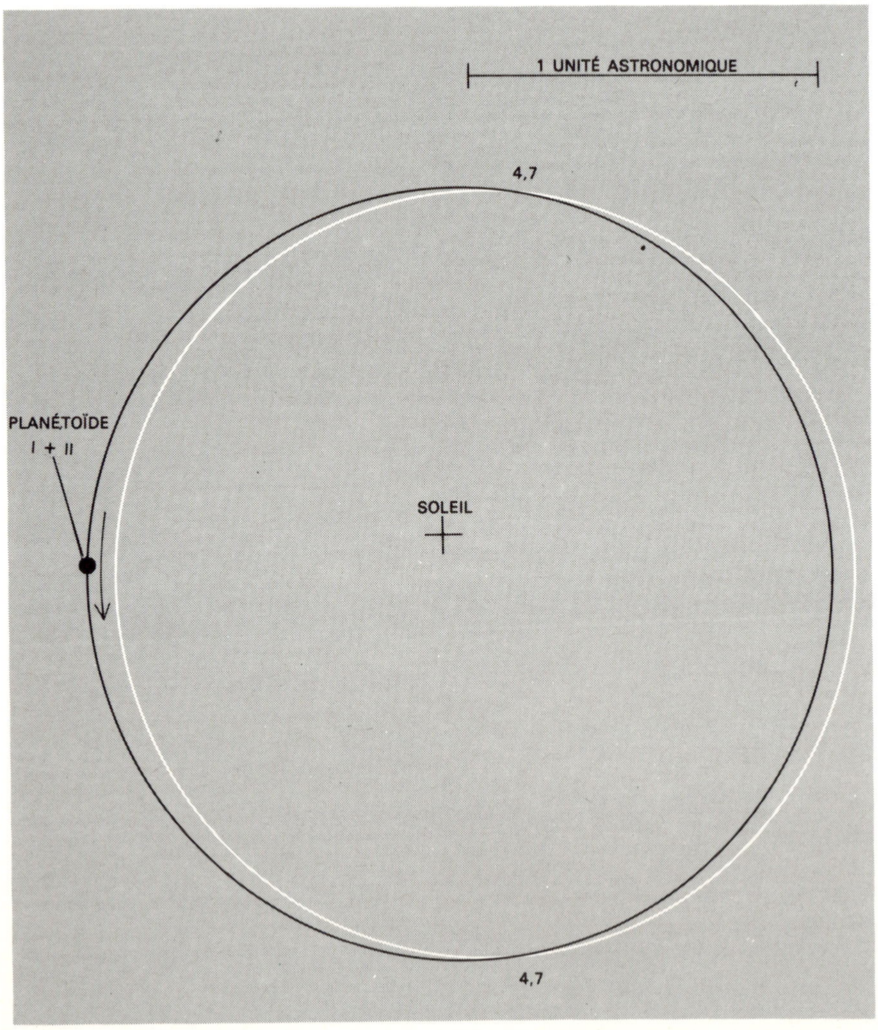

7. UNE COLLISION entre deux planétoïdes entraîne la formation d'un objet unique décrivant une orbite moins elliptique. La vitesse de cet objet est mesurée par rapport au planétoïde qui n'a pas participé à la collision. En moyenne, les collisions réduisent les vitesses relatives des planétoïdes. En outre, les planétoïdes ont tendance à devenir de plus en plus isolés puisque la probabilité de rencontre avec d'autres objets diminue quand l'orbite devient circulaire.

Le rôle des gaz

Pour comprendre parfaitement les modalités de formation des planètes telluriques à partir des planétoïdes, il faut nécessairement étudier un autre aspect du problème : la création de planètes solides dans un milieu interplanétaire gazeux. Après tout, l'essentiel de la masse du système solaire est composé d'hydrogène et d'hélium. Ces substances gazeuses, particulièrement volatiles, sont les constituants principaux de Jupiter et de Saturne. Hydrogène et hélium étaient particulièrement abondants dans la nébuleuse protosolaire. Nous avons déjà mentionné leur rôle quand nous avons décrit la formation des planétoïdes d'un kilomètre de diamètre à partir des grains de poussière cosmique. Comme l'hydrogène et l'hélium ne sont plus les éléments majeurs des planètes telluriques actuelles, ces substances se sont échappées à un moment ou à un autre des régions occupées aujourd'hui par ces planètes. Furent-elles balayées par le vent solaire, peut-être alors beaucoup plus violent? De toute façon, la présence de ces gaz dut influencer au moins les premières phases de formation des planètes telluriques. D'autres forces auraient ensuite agi sur les planétoïdes quand ces derniers se déplaçaient à travers un milieu gazeux dense. L'importance de ces forces dépend de la densité du milieu, laquelle dépend à son tour du champ de gravitation des planétoïdes et des planètes en cours de formation. Les simulations intégrant ces données sont plus difficiles à établir que celles négligeant la présence du gaz. Pourtant, l'influence du milieu a été prise en compte dans des modèles analytiques élaborés par l'équipe de Chushiro Hayashi à l'Université de Kyoto. Ces travaux ne portent pas uniquement sur les premières phases de la croissance planétaire (les phases décrites par R. Greenberg) mais aussi sur les phases ultérieures pendant lesquelles se formèrent des objets ayant la taille de la Lune ou davantage.

L'importance des frottements dus au gaz interplanétaire dépend avant tout de la surface des corps en contact avec le gaz. Les changements de vitesse résultant de ces frottements sont cependant moindres pour les objets massifs en raison de l'inertie liée au mouvement de ces corps; l'effet d'un milieu gazeux se révèle donc plus important sur de petits planétoïdes; si l'objet est suffisamment petit, son orbite devient peu à peu circulaire (un corps placé sur une orbite circulaire rencontre un minimum de résistance de la part du gaz). En outre, le planétoïde se rapproche lentement du Soleil en décrivant une spirale. Au début, ce mouvement spiralé facilite les collisions et la croissance du planétoïde, mais plus la masse du planétoïde augmente, moins l'effet des frottements se fait sentir. Au fur et à mesure que la masse des planétoïdes s'accroît, la vitesse de descente vers le Soleil diminue.

On devrait aboutir à un groupe d'objets tournant sur des orbites presque circulaires et isolées les unes des autres. Cependant, on a négligé jusqu'ici les perturbations gravitationnelles entre planétoïdes. Ces perturbations, qui augmentent avec la dimension des objets en orbite, accroissent la vitesse des planétoïdes par rapport au milieu gazeux, renforçant d'autant l'effet des frottements puisque ces derniers sont pratiquement proportionnels au carré de la vitesse. Les planétoïdes ainsi plongés dans un milieu interplanétaire gazeux continuent à décrire des orbites spiralées et à rencontrer d'autres objets même quand leur diamètre est grand (jusqu'à 1 000 kilomètres environ).

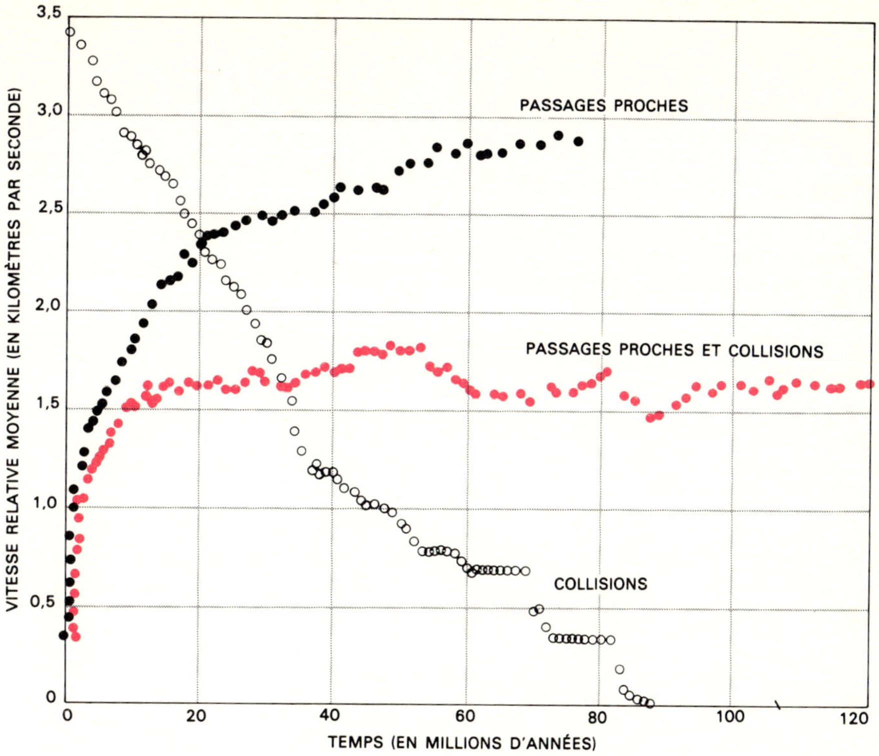

8. LA VITESSE RELATIVE MOYENNE dans un groupe de planétoïdes à un moment donné est déterminée par un équilibre entre deux effets opposés : les passages proches tendent à augmenter les vitesses relatives alors que les collisions ont l'effet inverse. Ce graphique indique les résultats obtenus pour un groupe de 100 planétoïdes. Chacun d'eux a, au départ, une masse de 9 × 10²⁴ grammes et un rayon de 830 kilomètres. Les orbites initiales ont une faible excentricité. Après chaque collision ou après chaque passage proches, les orbites des corps ayant interagi sont recalculées par ordinateur. On a distingué ici l'influence des passages proches et des collisions. Lorsqu'on combine les deux types d'interactions, la vitesse moyenne se stabilise autour de 1,6 kilomètre par seconde.

Dans les modèles de C. Hayashi, des objets de 2 000 kilomètres de diamètre apparaissent en 10 000 ans. Ensuite, l'évolution du mécanisme n'est pas claire. Le milieu gazeux n'exerce plus guère d'effet sur les premiers gros objets qui se forment. Ces derniers décrivent des orbites de faible excentricité, isolées les unes des autres. La masse restante est piégée dans des objets de petite taille tournant sur des orbites à forte excentricité ou spiralées. Si ces corps se heurtent et s'agglutinent de manière à créer des planétoïdes ayant entre 100 et 2 000 kilomètres de diamètre, les interactions gravitationnelles résultantes tendent à augmenter les vitesses relatives par rapport au milieu gazeux. L'accroissement des frottements accentuant le caractère spiralé des orbites, les petits planétoïdes restants peuvent se déplacer radialement jusqu'à recouper les orbites des plus gros objets, embryons des futures planètes. Toutefois, quand un des objets accomplissant ce mouvement radial grossit trop, il acquiert une orbite circulaire et se tranforme en protoplanète. Si le phénomène se répète, on obtient un ensemble de planètes trop nombreuses et trop petites.

Il est difficile d'évaluer la probabilité de tels événements. C. Hayashi a déterminé la composition de l'atmosphère primitive pour chaque planète tellurique nouvellement créée. Ces atmosphères, constituées à partir des gaz de la nébuleuse solaire, comprenaient une certaine proportion de gaz inertes comme l'argon 36. On peut mesurer aujourd'hui la concentration de ces gaz dans les roches terrestres; dès lors, il est possible de savoir directement si la Terre a été créée au sein d'un milieu gazeux sans avoir à recourir aux théories et aux modèles informatisés.

Les hypothèses raisonnables

La plupart des géologues préféreraient disposer d'une véritable description de la Terre primitive plutôt que de lire un rapport contenant des données physiques et des modèles de traitement par ordinateur. Ils devront être patients. Cependant, même dans l'état actuel des connaissances, on peut sélectionner parmi la foule des hypothèses quelques modèles qui paraissent plus probables. La température initiale de la Terre constitue un bon et un mauvais exemple d'un critère de choix. C'est un bon exemple dans la mesure où les deux principales théories de formation de la Terre prédisent que la température initiale du globe terrestre était élevée; c'est un mauvais exemple parce que cette température est trop forte pour ne pas introduire certaines contradictions dans l'évolution calculée de la Terre.

Considérons tout d'abord les modèles d'accrétion des planètes telluriques à partir des planétoïdes et en l'absence de gaz. Pendant les premières phases de cette accrétion, certains planétoïdes de quelques kilomètres de diamètre deviennent des corps dont le diamètre varie entre 100 et 1 000 kilomètres. Cette croissance se fait aux dépens de leurs voisins plus petits. De tels objets se forment dans toute la partie interne du système solaire occupée actuellement par les planètes telluriques. Cependant, aucun d'entre eux n'a plus de chances qu'un autre d'être l'embryon d'une future planète; comme l'indique V. Safronov : « tous les planétoïdes naissent égaux ». Peu de planétoïdes acquièrent ensuite une vitesse suffisante pour échapper à l'attraction du système solaire, dont les régions internes sont pourtant aujourd'hui désespérément vides, si l'on excepte les planètes telluriques et leurs satellites. Par conséquent, tous les planétoïdes participèrent à la formation des planètes et les étapes ultimes du processus se caractérisèrent par des chocs titanesques entre des objets de grande taille, se déplaçant à grande vitesse.

Comme l'a mentionné Joseph Barrell dès 1918, en cas de choc entre des objets de grande taille, une bonne part de l'énergie de collision reste piégée à l'intérieur de la planète en formation. Les fragments provenant de la collision s'agglutinent à la planète naissante et leur énergie cinétique se trouve ainsi capturée. Il faudrait des millions d'années pour que la chaleur dégagée par la collision traverse un millier de kilomètres de roches terrestres (quelques mètres de terre suffisent à préserver un bloc de glace pendant tout un été); en fait, la chaleur est enterrée avec les débris de la collision. L'énergie thermique rayonnée dans l'espace par ces fragments projetés par la collision est la seule énergie susceptible d'être libérée immédiatement après la collision. Cette énergie est nécessairement faible puisque ces fragments retombent très vite sur le planétoïde. Des calculs sur l'effet thermique des collisions montrent que des objets accrétés gros comme la Lune devraient fondre et devenir plus ou moins pâteux, alors que même des planètes de la taille de la Terre seraient en permanence partiellement fondues.

La création de la Terre dans un milieu gazeux implique également des collisions entre gros planétoïdes. C. Hayashi a montré qu'en présence d'un milieu gazeux, chaque planète naissante attire autour d'elle une atmosphère primitive épaisse. La compression de cette atmosphère sous l'effet de l'attraction gravitationnelle de la planète en cours d'accrétion devrait chauffer la surface à une température plus élevée que la température de fusion des roches et cela bien avant que la planète atteigne une taille terrestre.

Hormis l'accrétion de planétoïdes, quelles sont les autres hypothèses que nous pouvons envisager pour expliquer la formation de la Terre? Le choix est limité puisqu'il n'existe qu'une autre explication plausible : l'apparition d'une instabilité gravita-

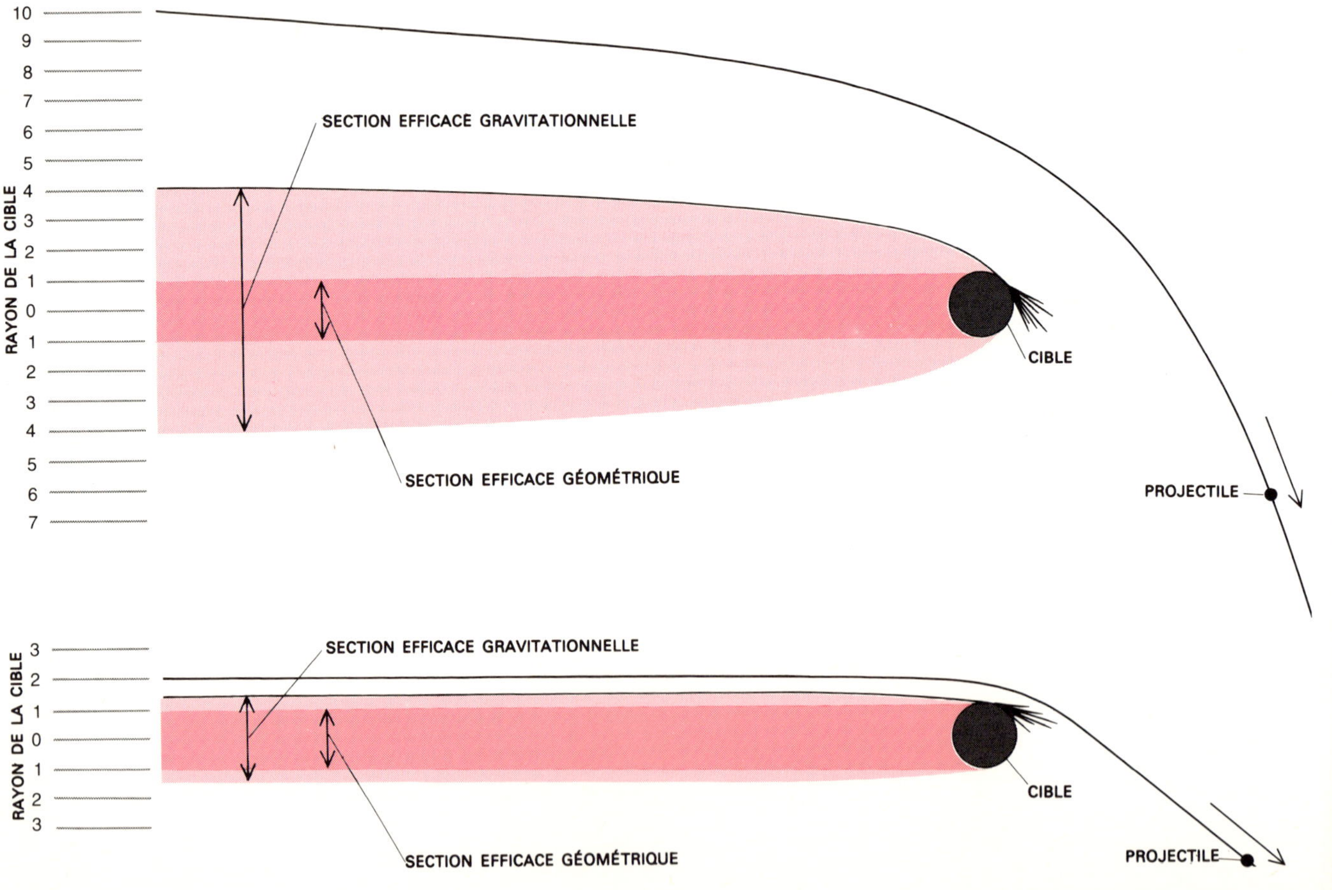

9. LA FOCALISATION GRAVITATIONNELLE permet à un gros planétoïde de capturer de petits objets, même s'ils se trouvent sur des orbites ne conduisant pas à une collision directe. Dans la figure du haut, la vitesse des deux petits objets (les « projectiles ») par rapport au gros planétoïde (la « cible ») est de 1,45 kilomètre par seconde. Un des objets entre en collision avec la cible. En l'absence du champ gravitationnel induit par la cible, ce projectile serait passé à une distance égale à 4,1 fois le rayon de la cible. Dans les mêmes conditions, le second objet serait passé à une distance correspondant à 16 fois le rayon de la cible. Or, sous l'effet des forces d'attraction, sa trajectoire est courbée en forme d'hyperbole et le projectile se rapproche à moins de dix fois le rayon de la cible. Dans la figure du bas, la vitesse relative de chacun des projectiles est de 5,8 kilomètres par seconde. L'influence de la focalisation est moindre. Dans les modèles de formation des planètes telluriques, la focalisation gravitationnelle serait à l'origine d'une configuration finale caractérisée par un grand nombre de petites planètes réparties sur des orbites non sécantes. Le planétoïde cible a ici une masse de 10^{27} grammes et un rayon de 3 970 kilomètres; les perturbations gravitationnelles induites sur la cible sont négligeables.

tionnelle très importante dans la nébuleuse solaire, la Terre se formant alors par effondrement gravitationnel. A. Cameron du Centre d'astrophysique de l'Observatoire de l'Université d'Harvard a montré que ce processus impliquait aussi une température initiale élevée.

Les ségrégations chimiques

Depuis plusieurs décennies, de nombreux scientifiques dont Harold Urey, William Rubey et A. Vinogradov ont combattu l'hypothèse de la température initiale élevée. Leur position a récemment été confortée par les travaux de A. Ringwood de l'Université d'Australie. Selon ces chercheurs, la Terre se comporte comme une grande usine chimique. Quand une partie de ses constituants atteint une température donnée, certaines substances se concentrent dans des magmas fondus alors que d'autres restent dans les parties solides. Des ségrégations chimiques identiques se produisent ensuite entre les phases liquides et solides des magmas en cours de cristallisation. Ces séparations chimiques répétées (cristallisations fractionnées) expliquent les différences de composition entre l'écorce continentale et le fond des océans. Si au début de son histoire la Terre avait été partiellement fondue, les ségrégations chimiques à l'origine des continents devraient être achevées depuis longtemps : l'écorce continentale devrait donc être beaucoup plus vaste et aucune portion nouvelle ne devrait se former actuellement.

Alors, pourquoi la différenciation chimique de l'écorce continentale continue-t-elle aujourd'hui? A cette question très intéressante, on ne peut malheureusement répondre que de façon très vague. La chaleur engendrée aujourd'hui dans les profondeurs de la Terre par les désintégrations nucléaires des isotopes à longue période est transportée vers la surface par un mouvement de convection qui brasse le manteau terrestre. On pense actuellement que seule une petite partie des roches mantelliques serait fondue; en outre, on sait qu'une faible proportion de matière fondue favorise les ségrégations chimiques : les ions de grande taille (le potassium par exemple) quittent facilement les réseaux cristallins pour s'accumuler dans les liquides magmatiques. En revanche, quand une roche subit une fusion totale, aucune ségrégation chimique n'intervient puisque tous les composants se retrouvent dans le liquide.

Selon les calculs, les collisions de planétoïdes seraient thermiquement 1 000 fois plus efficaces que la radioactivité des roches du manteau. Par conséquent, quand la Terre s'est formée, la convection devait y être beaucoup plus intense. Une plus grande partie des roches étaient alors en fusion et les transferts thermiques se faisaient davantage par convection que par conduction au travers des roches solides. Si le mouvement de convection était rapide, la ségrégation chimique était limitée et la différence de densité entre les roches cristallisant en surface et celles restant en profondeur devait être faible. L'écorce terrestre ainsi créée pouvait donc être facilement réentraînée dans le manteau. Pour engendrer les roches légères caractéristiques des continents, peut-être faut-il une tectonique globale mettant en jeu des processus lents et une proportion réduite de matière fondue dans le manteau? Cette double condition serait également nécessaire pour assurer la pérénité des continents.

Les diverses théories astronomiques décrites dans cet article permettent d'évaluer une autre quantité importante sur le plan géologique : le temps mis par la Terre pour se former. 100 000 ans auraient suffi pour créer notre planète à la suite d'une instabilité gravitationnelle dans la nébuleuse solaire. En revanche, l'accrétion de planétoïdes, en l'absence d'un milieu gazeux, aurait exigé 100 millions d'années, même si au bout de 20 millions d'années, la moitié de la masse globale était déjà rassemblée. Bien qu'on comprenne moins bien les mécanismes d'accrétion en présence d'un milieu gazeux, l'ordre de grandeur du phénomène devrait rester le même.

Contrairement à toutes ces prévisions, les concentrations relatives des divers isotopes de plomb dans les minerais terrestres actuels montrent que la formation de la Terre s'est étalée sur une période de temps beaucoup plus longue. En choisissant l'interprétation des données la plus simple et en supposant que la Terre était chaude au moment de sa formation, on estime la durée du processus à 200 millions d'années. Comme les modèles théoriques d'accrétion ou d'effondrement gravitationnel sont en contradiction avec l'interprétation la plus simple des données isotopiques, peut-être faut-il envisager une interprétation plus complexe mais néanmoins plausible. La vigueur d'une science ne se mesure-t-elle pas souvent à l'étroitesse des interactions entre théorie et observation?

Jusqu'à présent, la plupart des géologues considéraient les théories sur l'origine de la Terre comme le fruit de spéculations outrancières et d'amusements innocents; ces théories deviennent aujourd'hui des constructions sérieuses. Le recours à des hypothèses sur l'origine de la Terre s'avère souvent nécessaire au cours de nombreuses recherches géologiques ou pendant l'élaboration des programmes des missions spatiales. La compréhension de ce processus devient donc un impératif pressant.

La chimie du système solaire

Le Soleil, les planètes et les autres corps du système solaire se sont formés à partir d'un nuage de poussière et de gaz. Dans ce nuage, quels types de processus de formation des planètes sont-ils compatibles avec leurs compositions actuelles ?

par John Lewis

L'ère de l'exploration spatiale, avec l'atterrissage de vaisseaux sur la Lune, Vénus et Mars, les missions de survol de Mercure, Vénus, Mars, Jupiter et Saturne, a considérablement accru nos connaissances sur la composition des planètes et de leurs satellites, ainsi que sur l'évolution du système solaire. Néanmoins, dans notre compréhension moderne de la composition du système solaire, les recherches antérieures sont loin d'être négligeables. Elles ont commencé dans les années 1930 avec les travaux de Rupert Wildt sur la physique et la chimie des planètes joviennes : Jupiter, Saturne, Uranus et Neptune. Ces travaux ont mis en évidence que l'atmosphère de Jupiter contient, en grande quantité, de l'ammoniac (NH_3) et du méthane (CH_4) sous forme gazeuse, et donné de bonnes raisons de penser que l'ensemble de ces planètes était en grande partie composé d'hydrogène.

Il y eut, aux environs de 1950, une seconde période de recherche intensive sur la nature chimique du système solaire. À cette époque, Harrison Brown proposa de répartir les objets du système solaire en trois classes, suivant leur densité et leur composition chimique. Dans la première se trouvaient les objets rocheux comme les planètes telluriques (analogues à la Terre), leurs satellites, les astéroïdes et les météorites. Dans la seconde, les objets formés à la fois de matériaux rocheux et de glaces, par exemple les noyaux des comètes et les satellites des planètes externes. Enfin, la troisième classe regroupait le Soleil et les planètes externes, essentiellement constitués de matière à l'état gazeux. À l'époque où H. Brown proposait cette répartition, Gerard Kuiper et Harold Urey travaillaient à des théories complexes de l'origine du système solaire. H. Urey souligna l'importance des météorites en tant qu'indices de l'origine des planètes et calcula les zones de stabilité des équilibres chimiques pour de nombreuses phases minérales des météorites. Depuis, l'étude détaillée des échantillons, les spectres obtenus sur les comètes et les nombreuses photographies qui ont été faites de la Lune et des planètes à partir des vaisseaux spatiaux, ainsi que nos connaissances sur la géologie terrestre, ont beaucoup contribué à élaborer la vision générale que nous avons aujourd'hui du système solaire et de son origine.

La nébuleuse solaire

Le système solaire n'est pas un mélange homogène d'éléments chimiques. Il existe une tendance générale, au fur et à mesure que l'on s'éloigne du Soleil, à un enrichissement en éléments volatils (c'est-à-dire facilement évaporés) par rapport aux éléments non volatils. Cette tendance générale apparaît comme un argument en faveur de l'hypothèse selon laquelle les planètes joviennes et les autres corps du système solaire externe se seraient formés à basse température, alors que les planètes telluriques se seraient formées à haute température. Suivant cette hypothèse, c'est un grand nuage de poussière et de gaz, la nébuleuse solaire, qui a donné le système solaire. Le centre de cette nébuleuse était chaud (plusieurs milliers de kelvins) et sa périphérie froide (quelques dizaines de kelvins).

Une telle différence de température implique qu'il existait une variation radicale de la composition de la poussière en fonction de la distance au centre de la nébuleuse. Dans le voisinage du protosoleil, au centre, tous les matériaux auraient été évaporé. À environ 30 millions de kilomètres du protosoleil (soit à peu près 1/5 de l'actuelle distance Terre-Soleil), des matériaux non volatils en très petit nombre pourraient s'être condensés en particules solides. À partir de cette distance jusqu'à l'emplacement actuel de la ceinture d'astéroïdes, la poussière aurait été composée au départ de grains de matériel rocheux avec un contenu en substances volatiles très limité. Au-delà, la nébuleuse aurait été assez froide pour permettre la condensation en glaces de substances volatiles telles que l'eau, l'ammoniaque et le méthane, formant ainsi des particules solides.

On pense que le Soleil s'est formé quand la nébuleuse s'est réchauffée et que son centre, devenu instable, s'est effondré sous l'effet de sa propre force de gravitation. Pour les planètes joviennes massives, on peut soit envisager un mécanisme analogue, soit supposer qu'il existait au départ un noyau de matériel rocheux et de glaces, celui-ci étant assez gros pour capturer, par attraction gravitationnelle, une masse importante de matériel gazeux indifférencié ; on comprend alors que leur composition ressemble à celle du Soleil.

La composition des planètes telluriques et des objets analogues varie de manière significative avec la distance au Soleil. Il existe un modèle conceptuel simple qui peut expliquer une telle variation : c'est l'hypothèse de la condensation à l'équilibre. Si l'on suppose que la composition des matériaux solides (qui se sont ensuite agglomérés, donnant planètes, satellites, astéroïdes et comètes) est réglée par un équilibre chimique entre le gaz et la poussière, on peut alors calculer la relation qui existe entre cette composition et la température de formation ; mais il faut bien sûr connaître, pour établir cette relation, l'abondance relative des différents éléments chimiques qui composaient la nébuleuse primitive.

Il n'y a pratiquement que l'étude des corps du système solaire qui nous renseigne sur les abondances des éléments dans la Galaxie ; cela dit, le Soleil ressemble suffisamment aux autres étoiles pour que l'on puisse supposer que la composition du système solaire est représentative de la composition de la majorité des systèmes stellaires. Les observations sur le Soleil montrent que si l'on pouvait analyser un échantillon quelconque de son contenu, il serait, pour 99,996 pour cent de sa masse, constitué de seulement 15 éléments dont le moins abondant (le nickel) le serait encore plus que les 80 suivants réunis.

Dans le cadre de ce modèle de condensation à l'équilibre, on peut envisager deux possibilités. Le premier cas est celui d'une agglomération homogène (on dit une « accrétion »), postérieure à la condensation. Selon ce modèle, on suppose qu'il n'y a pas eu de variation importante de la température à l'endroit où le matériel solide s'agglomérait par accrétion à la surface des futures planètes. Ce sera le cas si cette accrétion a été rapide par rapport à l'évolution de la température de la nébuleuse, ou si la composition du matériel solide a été réglée par sa température à la fin de son interaction avec les gaz de la nébuleuse ; après la fin de cette interaction, les gaz se seraient dissipés tandis que les matériaux solides auraient été accrétés peu à peu, donnant des planètes de compositions homogènes. L'important est que la composition du gaz et des poussières déterminerait l'équilibre chimique entre les gaz et les produits de condensation.

Mais on peut aussi imaginer qu'accrétion et condensation ont été simultanées. Le refroidissement de la nébuleuse aurait été rapide par rapport à l'agglomération du matériau solide à la surface des planètes. Dans ce cas, on n'aurait eu équilibre qu'entre la surface de la planète et le gaz de la nébuleuse. Comme c'est la température qui détermine la composition du matériel condensé, la planète aura une structure en couches superposées (en pelure d'oignon), chacune de ces couches ayant une composition différente. Comme le premier modèle implique un équilibre total entre les grains composant une planète donnée et le gaz de la nébuleuse au moment de la formation de cette planète, nous baptiserons le premier modèle du nom de « condensation à l'équilibre ». Le second cas est celui de « l'accrétion hétérogène ». Il faut préciser que ces deux modèles ne sont que des cas limites. La vérité peut se situer entre les deux, mais comme à priori rien ne nous pousse à en choisir un plutôt que l'autre, il est nécessaire d'examiner les conséquences de chacun d'entre eux.

Les conséquences sont très différentes (voir la figure 1) : dans le cas d'une condensation à l'équilibre partant d'une

KELVINS	MODÈLE DE CONDENSATION À L'ÉQUILIBRE	MODÈLE D'ACCRÉTION HÉTÉROGÈNE
1 600	1. Condensation des oxydes réfractaires comme les oxydes de calcium (CaO) d'aluminium (Al_2O_3) et aussi des oxydes de titane et de terres rares.	1. Condensation des oxydes réfractaires comme les oxydes de calcium (CaO), d'aluminium (Al_2O_3) et aussi des oxydes de titane et de terres rares.
1 300	2. Condensation de l'alliage fer-nickel.	2. Condensation de l'alliage fer-nickel.
1 200	3. Condensation de l'enstatite ($MgSiO_3$).	3. Condensation de l'enstatite ($MgSiO_3$).
1 000	4. Réaction du sodium (Na)avec l'oxyde d'aluminium (Al_2O_3) et les silicates pour former des feldspaths et les minéraux associés. Dépôt du potassium et des autres métaux alcalins.	4. Condensation de l'oxyde de sodium (Na_2O) et des oxydes des autres métaux alcalins aux alentours de 800 kelvins.
680	5. Réaction du sulfure d'hydrogène gazeux (H_2S) sur le fer métal pour donner de la troïlite, minéral soufré (FeS).	
1 200 — 490	6. Oxydation progressive du fer métal en excès formant de l'oxyde ferreux (FeO), lequel réagit à son tour avec l'enstatite pour donner de l'olivine (Fe_2SiO_4 et Mg_2SiO_4).	
550	7. Combinaison de la vapeur d'eau (H_2O) avec les minéraux contenant du calcium, pour donner de la trémolite.	
425	8. Combinaison de la vapeur d'eau avec l'olivine pour donner de la serpentine.	
175	9. La vapeur d'eau se condense en glace.	5. La vapeur d'eau se condense en glace (H_2O).
150	10. Réaction de l'ammoniac gazeux (NH_3) avec la glace pour former l'hydrate solide (NH_3, H_2O).	6. Condensation de l'hydrosulfure d'ammonium (NH_4HS).
120	11. Réaction partielle du méthane gazeux avec la glace donnant l'hydrate solide (CH_4, $7H_2O$).	7. Condensation de la glace d'ammoniac (NH_3).
65	12. Condensation de l'argon et du méthane résiduel en argon et méthane solide.	8. Condensation de l'argon solide (Ar) et du méthane.
20	13. Condensation du néon (Ne) et de l'hydrogène aboutissant à une condensation à 75 pour cent de l'ensemble du matériel solaire.	9. Condensation du néon (Ne) et de l'hydrogène aboutissant à une condensation à 75 pour cent de l'ensemble du matériel solaire.
~ 1	14. Condensation de l'hélium en hélium liquide.	10. Condensation de l'hélium en hélium liquide.

1. LES PRINCIPALES RÉACTIONS qui ont eu lieu lors de la formation du système solaire, suivant deux hypothèses différentes, sont indiquées ici en relation avec la température de la nébuleuse solaire primitive. Le modèle de condensation à l'équilibre suppose que la nébuleuse s'est refroidie très lentement pendant la période de formation des planètes, tandis que le modèle d'accrétion hétérogène suppose que la nébuleuse s'est refroidie rapidement par rapport au taux de formation des planètes. Ces deux postulats conduisent à des prédictions radicalement différentes de la composition des planètes et de leur satellites. Du point de vue de l'auteur, c'est un modèle de condensation à l'équilibre qui décrit de manière la plus appropriée les planètes du système solaire. Les zones colorées indiquent, dans ces hypothèses, deux stades qui n'ont probablement pas été atteints, la température n'étant jamais tombée aussi bas.

OBJET	DISTANCE AU SOLEIL (EN MILLIONS DE KILOMÈTRES)	DIAMÈTRE (EN MILLIERS DE KILOMÈTRES)	MASSE (TERRE =
SOLEIL	—	1 395	343 000
MERCURE	58	4,8	0,1
VÉNUS	108	12,2	0,8
TERRE	150	12,7	1,0
MARS	228	6,7	0,1
JUPITER	782	143	317,8
SATURNE	1 435	122	95,2
URANUS	2 880	52	14,5
NEPTUNE	4 520	48	17,2
PLUTON	6 080	4	< 0,

OMBRE DE ATELLITES	DENSITÉ (EAU = 1)	PÉRIODE DE ROTATION (EN JOURS)	RÉVOLUTION AUTOUR DU SOLEIL (EN ANNÉES)	TEMPÉRATURE MOYENNE (EN KELVINS)	GRAVITÉ (TERRE = 1)
—	1,4	27	—	5 800	28
0	5,4	58,65	0,24	~ 600	0,37
0	5,1	— 243	0,62	750	0,89
1	5,5	1	1,00	180	1,00
2	3,9	1	1,88	140	0,38
15	1,3	0,4	11,86	128	2,65
21	0,7	0,4	29,48	105	1,14
5	1,0	0,4	84,01	70	0,96
2	1,7	0,6	164,79	55	1,53
1	< 1,7	6,4	248,4	?	?

température de 2 000 kelvins dans la nébuleuse, les premiers condensats seraient des composés réfractaires contenant des oxydes de calcium (CaO), d'aluminium (Al_2O_3), de titane et de terres rares. Puis, après refroidissement de la nébuleuse jusqu'à environ 1 500 kelvins, il pourrait se condenser un alliage fer-nikel analogue à celui que l'on trouve dans les météorites. Cette étape serait suivie de la condensation d'enstatites ($MgSiO_3$), puis de divers minéraux comme les feldspaths, qui incorporent le sodium, le potassium et les autres métaux alcalins. Au dessous de 680 kelvins, le fer métal, attaqué par le sulfure d'hydrogène gazeux (H_2S), donnerait de la troïlite (FeS). Le fer métal résiduel, oxydé ensuite progressivement, donnerait des minéraux tels que l'olivine puis celle-ci, réagissant à une température plus basse avec de la vapeur d'eau, de la serpentine. Enfin, à partir de 170 kelvins, on aurait condensation de la vapeur d'eau en glace, celle-ci pouvant interagir soit avec l'ammoniac pour former un composé hydraté NH_3-H_2O, soit, au dessous de 100 kelvins, avec le méthane gazeux pour former un autre hydrate, CH_4-$7H_2O$. Ce serait ensuite au tour de l'argon, puis du méthane restant de se condenser si la température descendait jusqu'à 60 kelvins et, au cas où elle atteindrait 10 kelvins, au tour du néon et de l'hydrogène. Enfin, et dans un cas extrême (moins de un kelvin), l'hélium lui-même pourrait se condenser. Nous n'avons jusqu'à présent aucune preuve d'un refroidissement aussi poussé de la nébuleuse.

En quoi cette succession d'événements diffère-t-elle de celle qui résulte de la seconde hypothèse, celle de l'accrétion hétérogène ? Une importante différence réside déjà dans le fait qu'on ne peut obtenir par accrétion hétérogène les minéraux qui ne se forment que par des réactions chimiques entre le gaz et un minéral préexistant. On ne peut pas, par exemple, envisager l'oxydation du fer métal par la vapeur d'eau ou le sulfure d'hydrogène, ni les réactions entre la glace et l'ammoniac ou le méthane qui

2. DONNÉES SUR LES PLANÈTES, y compris les informations recueillies par les vaisseaux spatiaux et les observations à partir de la Terre. Ces données sont mises en regard d'un schéma qui illustre la taille relative de ces planètes. Le signe moins devant la période de rotation de Vénus indique que celle-ci tourne en sens inverse par rapport aux autres planètes. Les explorations spatiales en direction de Jupiter et de Saturne ont accru le nombre de leurs satellites connus. Des anneaux ont été découverts autour de Jupiter par les missions *Voyager 1* et *2* en 1979 et 1980. Des anneaux ont été découverts autour d'Uranus en 1977.

aboutissent aux hydrates NH_3-H_2O et CH_4-$7H_2O$. La séquence de réactions chimiques dans le cas de l'accrétion hétérogène est donc beaucoup plus simple que dans celui de la condensation à l'équilibre.

On aurait, au départ, de manière identique dans les deux hypothèses, condensation des oxydes réfractaires, de l'alliage fer-nikel et de l'enstatite ; mais ensuite nous aurions, dans le modèle de l'accrétion hétérogène, condensation de l'oxyde de sodium (Na_2O), puis de l'eau, de l'hydrosulfure d'ammonium (NH_4SH) et de l'ammoniac ; enfin, du méthane et de l'argon se condenseraient. Là non plus il ne paraît pas raisonnable d'envisager une température assez basse pour condenser l'hydrogène et l'hélium. Il est, en tous cas, évident que la relation entre la température et la composition ou la densité du matériau formé sera tout à fait différente de celle que prévoit le modèle de condensation à l'équilibre.

Nous pouvons essayer de confronter nos deux modèles avec la réalité. Nous avons beaucoup d'informations sur la composition et la structure d'au moins une planète : la Terre. Quel est le modèle qui rend le mieux compte de sa composition ? D'autre part, chacun des deux modèles prédit le contenu en éléments volatils du matériel planétaire ; en est-il un qui prévoit mieux que l'autre ce que nous savons des atmosphères planétaires ? Enfin, l'importante information contenue dans les plus anciennes et les plus primitives des météorites, les chondrites carbonées, nous permet-elle de trancher entre ces deux modèles ?

Ce qu'apportent les météorites et les planètes

Envisageons d'abord le cas des chondrites carbonées. Elles nous poussent fortement à préférer le processus de condensation à l'équilibre. À la différence de celui de la croûte terrestre, le matériau de certaines chondrites carbonées n'a été ni fondu, ni fortement chauffé et n'est pas différencié : il est primitif. La minéralogie et la répartition des concentrations dans ces objets formés avant les planètes sont directement observables. Un minéral qu'on trouve dans à peu près toutes les météorites est la troïlite, FeS. Or, si c'est un élément important de la succession de composés formés par la condensation à l'équilibre, ce minéral n'apparaît pas parmi ceux formés au cours de l'accrétion hétérogène. Il en va de même pour le pyroxène et l'olivine qui sont, après la troïlite, les minéraux les plus fréquents dans les météorites ; ils contiennent en général 5 à 20 pour cent d'oxyde ferreux (FeO) et celui-ci est un composé essentiel de la séquence de condensation à l'équilibre.

Les chondrites carbonées sont riches en matériaux volatils et contiennent en particulier une grande quantité d'eau liée à la structure de certains minéraux comme la serpentine. Il est intéressant de noter qu'on ne voit pas de différences entre les spectres d'un grand nombre d'astéroïdes et ceux, pris en laboratoire, des chondrites carbonées. C'est bien ce que prévoit le cas d'une condensation à l'équilibre. Enfin, ces météorites sont extrêmement homogènes : loin d'être séparé en de nombreuses phases minérales bien distinctes, leur matériel a plutôt tendance à être remarquablement bien mélangé.

Il faut cependant admettre que toutes les météorites ne sont pas aussi homogènes. Il en existe certaines où l'on rencontre des agrégats centimétriques de minéraux réfractaires riches en aluminium, calcium et titane. Ces minéraux sont justement parmi ceux qui ont pu se former par condensation à haute température d'une nébuleuse initiale. Ces agrégats réfractaires sont englobés dans une matrice composée de minéraux formés à plus basse température. Or, les minéraux réfractaires auraient réagi avec le gaz de la nébuleuse dans le cas d'une condensation à l'équilibre. On a donc là un exemple à petite échelle d'une accrétion hétérogène.

Cependant, si l'on étudie la météorite à l'échelle de la dizaine de centimètres, on s'aperçoit qu'elle est de composition relativement homogène, voisine de celle de la nébuleuse. Il semble donc qu'à grande échelle, l'accrétion crée des objets homogènes. La présence de minéraux (comme le sulfure de fer) formés à relativement basse température par réaction entre des grains et le gaz de la nébuleuse, indique que ces grains ne se sont pas agglomérés avant que ces réactions ne puissent avoir lieu, c'est-à-dire que la température soit suffisamment basse ; la condensation aurait donc eu lieu au moins partiellement à l'équilibre ; examinons maintenant ce que l'on peut déduire, à encore plus grande échelle, des compositions des planètes dans leur ensemble.

On interprète beaucoup plus facilement les données des atmosphères planétaires à partir du processus de condensation à l'équilibre qu'à partir de celui d'accrétion hétérogène. Des planètes formées par accrétion hétérogène ne contiendraient pas du tout d'éléments volatils avant que l'eau ne se condense, alors qu'après que la température a diminué au-dessous du point de congélation de l'eau, le matériel condensé serait de l'eau pour plus de 60 pour cent ! D'un autre côté, le modèle de condensation à l'équilibre prédit la bonne quantité d'eau pour la Terre, tout en laissant Vénus relativement aride ; il prédit aussi un contenu en eau de Mars six fois supérieur à celui de la Terre.

Chacun de ces deux modèles donne la bonne quantité de carbone planétaire. En revanche, l'oxygène nécessaire à la formation du dioxyde de carbone des planètes internes devrait apparemment provenir de l'oxyde ferreux. Si le modèle de condensation à l'équilibre prédit une quantité suffisante d'oxyde de fer en regard du dioxyde de carbone observé sur Vénus, la Terre et Mars, il n'en va pas de même pour le modèle d'accrétion hétérogène où il est totalement absent de la séquence des réactions chimiques.

Enfin, l'ensemble des propriétés physico-chimiques importantes de la Terre penche en faveur du modèle de conden-

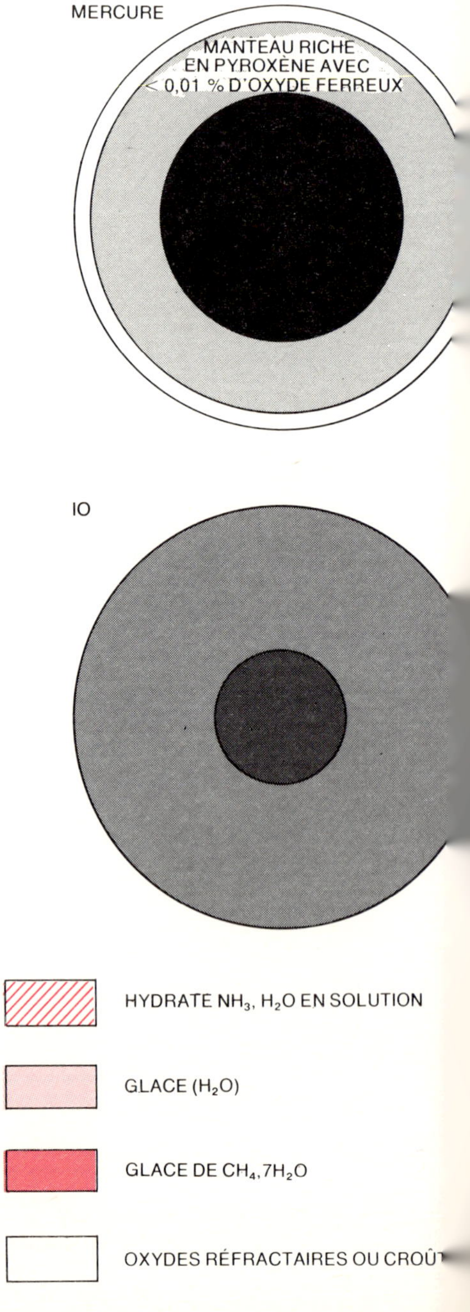

sation à l'équilibre. Sa composition chimique globale diffère peu de celle des chondrites carbonées riches en fer. Malheureusement pour ceux qui s'intéressent à ces problèmes, 99 pour cent du matériau constituant la Terre sont contenus dans le manteau et le noyau et non dans la croûte ; on doit se contenter d'hypothèses sur leur composition, à partir d'observations indirectes comme la densité totale ou les vitesses de propagation des ondes sismiques.

On admet généralement pour le manteau terrestre une composition à base d'oxydes de magnésium (MgO), de silicium (SiO_2) et de fer (FeO), ce dernier représentant à peu près 10 pour cent du total. Deux couches distinctes composeraient ce manteau : une couche supérieure, essentiellement formée de silicates de fer et de magnésium, et une couche inférieure, formée d'un mélange d'oxydes de fer et de magnésium.

Le noyau comporterait aussi deux parties : la graine interne, ne correspondant qu'à 1 pour cent de la masse terrestre et dont la densité est à peu près celle d'un alliage fer-nikel solide sous une pression énorme, et le noyau liquide, dont la densité serait nettement plus faible que celle du fer liquide seul, à la même pression, indiquant ainsi la présence probable d'un autre élément plus léger mélangé avec celui-ci. On pense généralement à du silicium ou à du soufre. Le fait que seul le modèle de condensation à l'équilibre prédise une abondance suffisante de soufre pour expliquer cette trop faible densité du noyau externe semble une coïncidence remarquable.

Structure interne des planètes

Nous devons admettre, à partir de ces données sur les météorites et les planètes, que le modèle de condensation à l'équilibre reproduit bien la diversité des compositions des objets du système solaire. Envisageons maintenant les processus physiques et chimiques qui interviennent à l'intérieur des planètes et essayons de voir quels types de structures internes pourraient s'être élaborés dans leurs corps parents.

Le problème le plus simple est de savoir en quoi la structure interne actuelle des objets différenciés en un noyau et un manteau, comme la Terre, dépend de leur température de formation. (Les petits corps comme les météorites et les astéroïdes, n'ayant jamais été

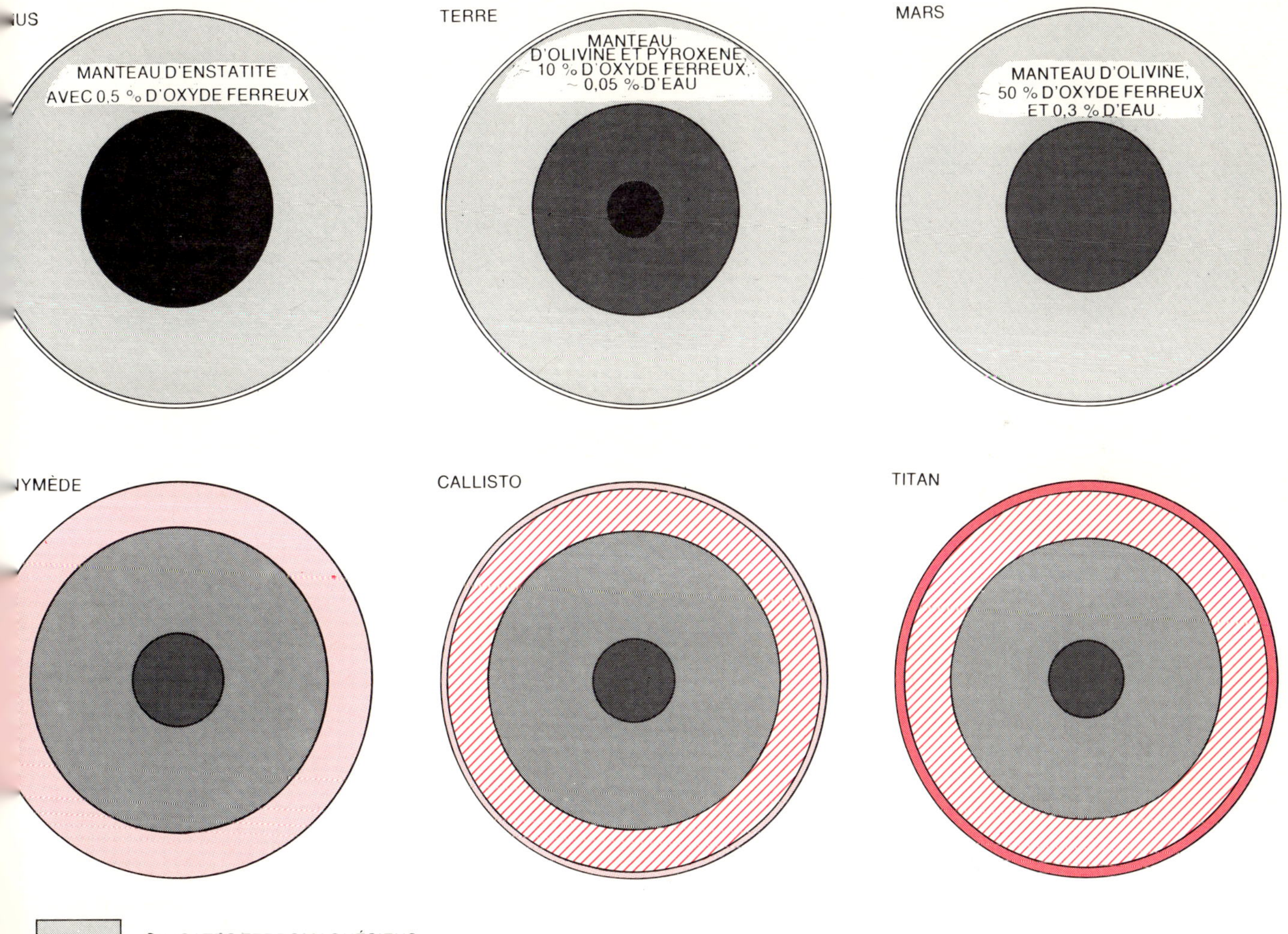

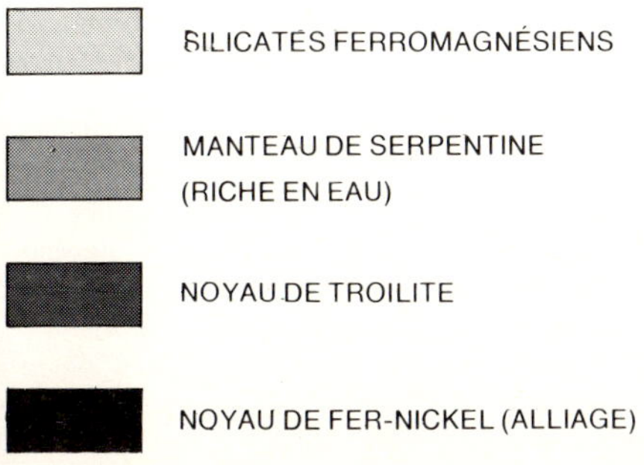

3. CES COUPES de divers objets du système solaire, telles que les prévoit le modèle de condensation à l'équilibre, sont en accord avec ce que l'on sait de la Terre et des autres planètes. Io, Ganymède et Callisto sont trois des quatre plus gros satellites de Jupiter et Titan le plus gros satellite de Saturne. Le manteau « aqueux » de serpentine contient une grande quantité d'eau, intégrée à la structure même des minéraux. La limite entre le manteau inférieur et le manteau supérieur de la Terre n'est pas représentée car elle correspond à un changement de structure minérale et non à un changement de composition chimique.

assez chauds pour se différencier, seraient de toute évidence restés sous forme d'un mélange homogène de leurs constituants.) Pour répondre à cette question, nous devons reprendre les étapes du processus de condensation à l'équilibre alors que la température de la nébuleuse se refroidissait à partir de 2 000 kelvins.

Les premiers minéraux formés, les oxydes réfractaires, auraient engendré une catégorie de protoplanètes à forte concentration en calcium, aluminium, titane et terres rares. Ces protoplanètes auraient également été riches en uranium et thorium et, par conséquent, chauffées par la désintégration radioactive de ces éléments, jusqu'à des températures telles que les oxydes réfractaires atteignent leurs points de fusion, bien que ceux-ci soient très élevés. L'intérieur actuel d'un corps massif de ce type serait extrêmement homogène et ne comprendrait ni soufre, ni fer, ni oxydes de fer. Don Anderson a proposé que la Lune était un représentant de ce type de composition. Mais alors, pour expliquer la composition que nous lui connaissons, il faudrait admettre que la Lune ait été contaminée de manière importante par des sulfures et des oxydes de fer.

La seconde classe de composition planétaire serait constituée de protoplanètes formées juste après la condensation de l'alliage fer-nikel dans la nébuleuse solaire. Après leur différenciation, ces objets auraient une fine croûte d'oxydes minéraux reposant directement sur un noyau métallique massif : ils ne sont pas représentés aujourd'hui dans le système solaire.

Les protoplanètes de la troisième classe se seraient formées lorsque la nébuleuse aurait atteint une température assez basse pour que l'enstatite puisse se condenser. Les silicates domineraient la composition chimique d'une planète née à ce moment-là. Une croûte d'oxydes

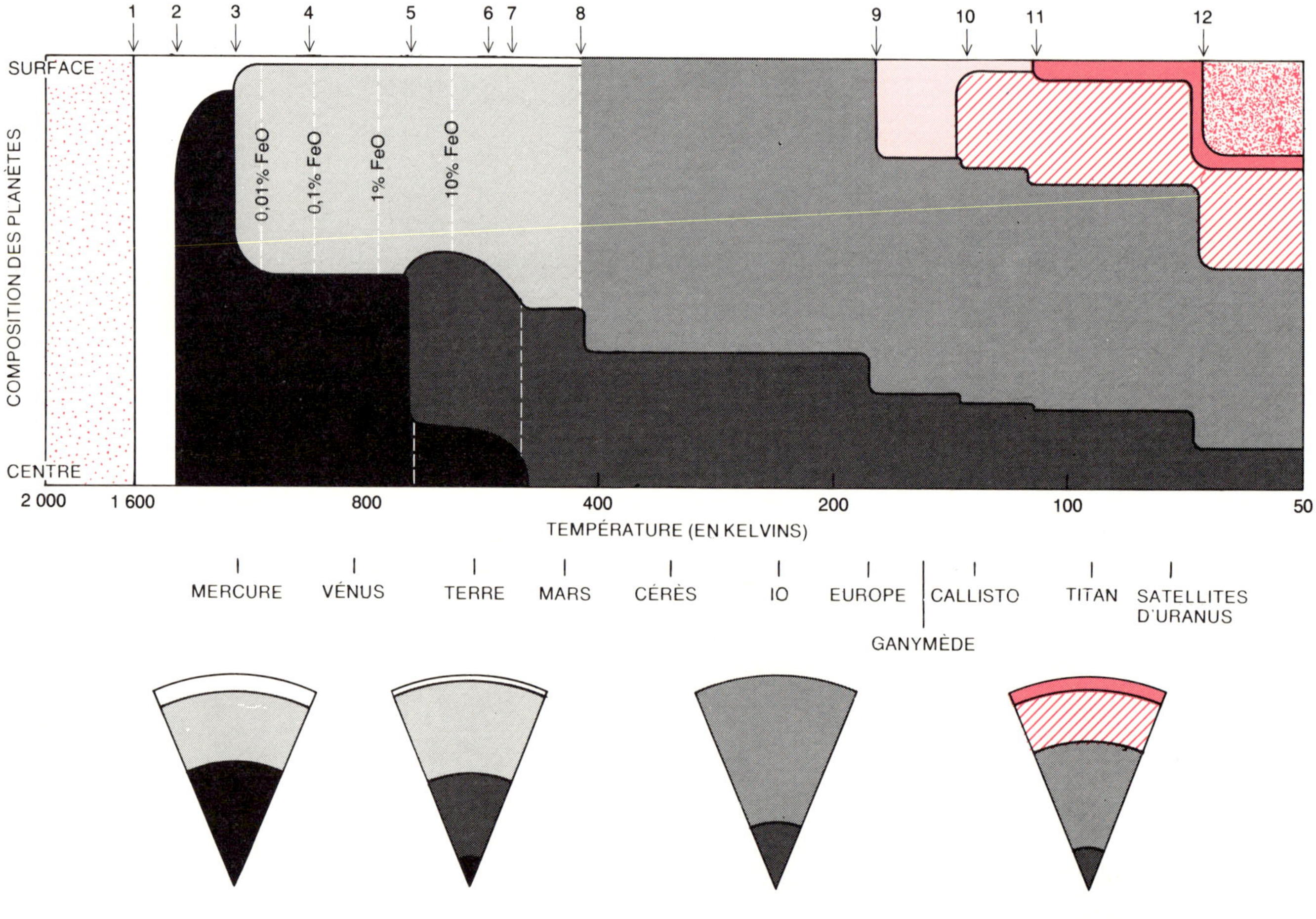

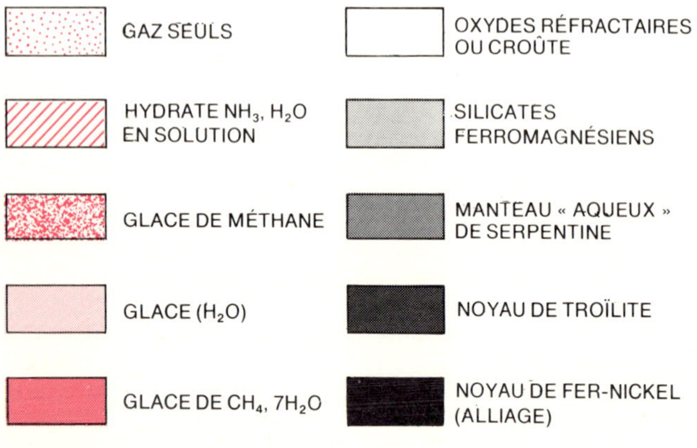

4. LE MODÈLE DE CONDENSATION À L'ÉQUILIBRE pour la formation du système solaire est ici comparé au modèle d'accrétion hétérogène *(voir la figure 5)*. Le bord gauche du diagramme, correspondant à une température de 200 degrés kelvins, représente l'intérieur de la nébuleuse solaire tandis que le bord droit, à 50 degrés kelvins, correspond à une distance qui est à peu près 30 fois celle de la Terre au centre de la nébuleuse. Les nombres au-dessus du schéma indiquent la température des 12 principales réactions que prévoit l'hypothèse de condensation à l'équilibre. En dessous, sont représentées les températures auxquelles se seraient formés certains objets du système solaire. Sur l'axe vertical on a représenté la composition interne de ces objets, prise à partir de leur centre *(en bas)* jusqu'à leur surface *(en haut)* dans l'hypothèse de condensation à l'équilibre. Les sections partielles situées en dessous montrent l'aspect intérieur de quatre objets du système solaire (Mercure, la Terre, Io et Titan) qui se sont formés à des températures différentes. FeO est l'oxyde ferreux. La petite zone de noyau composée d'alliage fer-nickel représente le noyau interne solide de la Terre, tandis que celle composée de troïlite représente le noyau externe fondu.

minéraux aurait formé une fine couche à la surface d'un manteau riche en pyroxènes et contenant très peu d'oxyde ferreux (moins de 0,01 pour cent). La planète Mercure appartiendrait à cette classe.

Les protoplanètes de la quatrième classe auraient différé de celles de la troisième classe en ce que leur croûte aurait retenu des métaux alcalins, ayant ainsi, à son plus faible contenu en éléments volatils près, une composition chimique analogue à celle de la croûte terrestre. On aurait vraisemblablement 0,5 pour cent d'oxydes ferreux dans le manteau de ces corps qui pourraient être représentés par Vénus.

Les protoplanètes de la cinquième classe auraient incorporé le soufre dans de la troïlite (sulfure de fer), la fusion de celle-ci aurait donné naissance à un noyau externe dense, correspondant vraisemblablement à l'essentiel de la masse nucléaire par rapport au métal solide. Le manteau, formé d'olivine et de pyroxènes, aurait contenu au moins 2 pour cent d'oxydes ferreux. Cette classe n'est pas représentée dans le système solaire actuel, si ce n'est peut-être dans les météorites.

La sixième classe comprendrait les protoplanètes formées après que la température de la nébuleuse a été assez basse (environ 600 kelvins) pour que l'eau puisse être retenue dans la structure cristalline de minéraux tels que la trémolite. L'eau aurait pu constituer jusqu'à 0,3 pour cent de la masse de ces corps. La Terre, avec son noyau riche en soufre, son manteau renfermant environ 10 pour cent d'oxydes ferreux et un contenu en eau d'environ 0,05 pour cent, appartient à cette catégorie.

Mars et au-delà

On aurait, dans la septième classe, les protoplanètes formées après oxydation

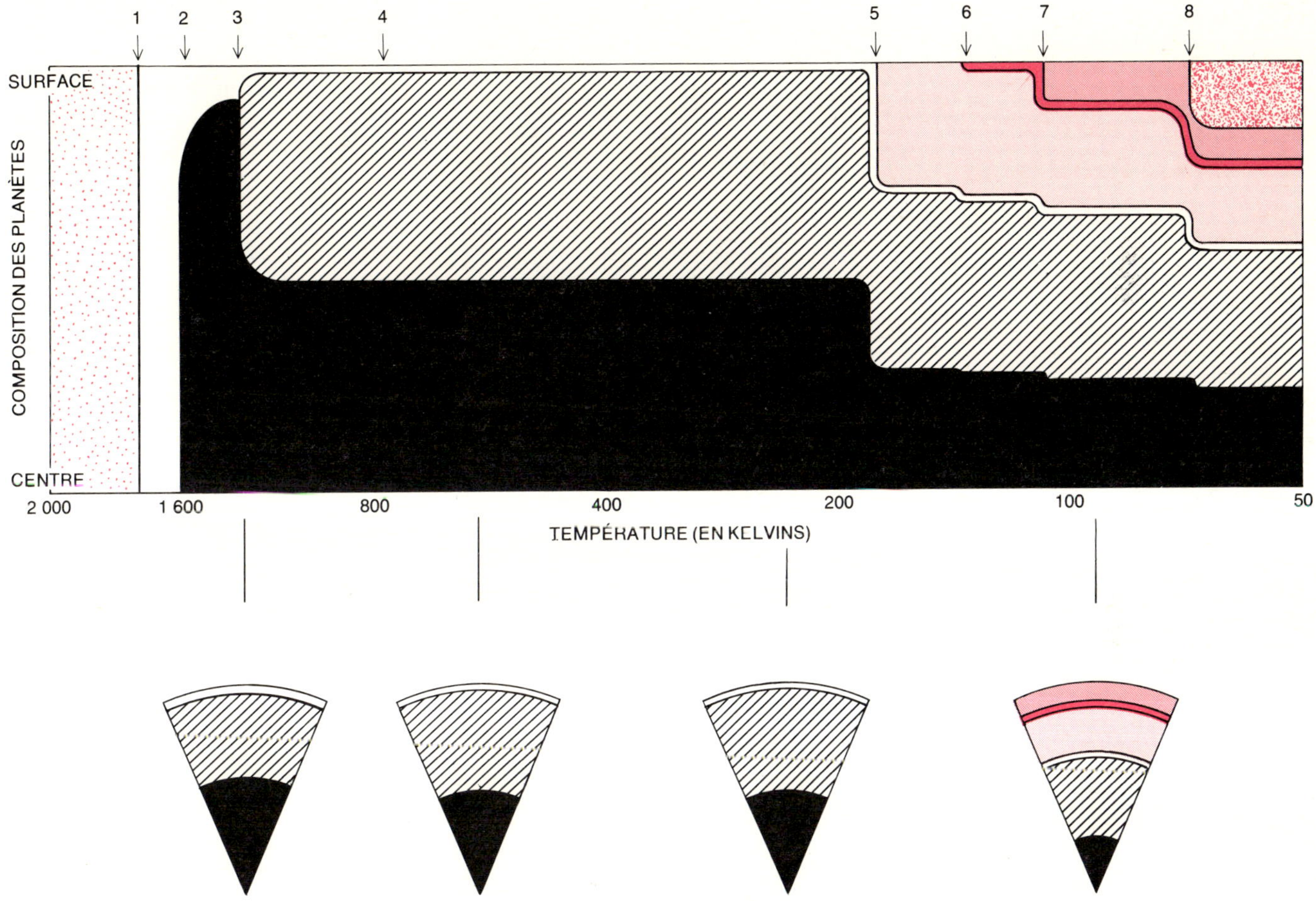

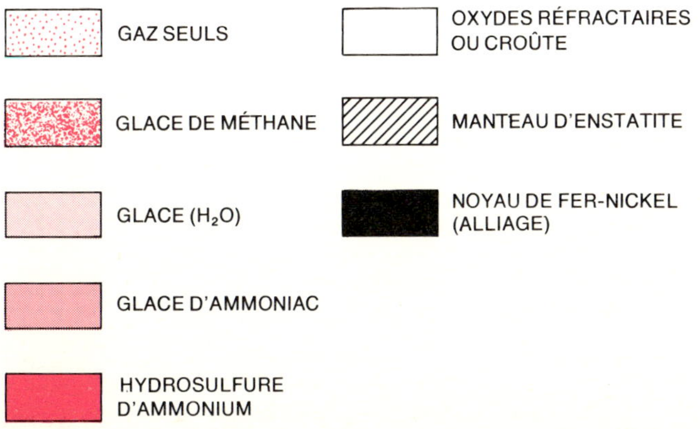

5. LE MODÈLE D'ACCRÉTION HÉTÉROGÈNE pour la formation des planètes du système solaire prédit des compositions des planètes très différentes de ce que l'on observe, compte tenu de leurs températures de formation. Ce diagramme se lit de manière analogue à celui de la figure 5. Il montre les huit réactions principales du modèle d'accrétion hétérogène *(en haut)*. Les sections situées en dessous montrent les aspects intérieurs qu'auraient eu des planètes formées, suivant les lois de l'accrétion hétérogène, aux températures auxquelles se sont formées Mercure, la Terre, Io, et Titan, si l'on en croit le modèle de condensation à l'équilibre. Mercure, formée dans ces conditions, aurait eu une structure identique à sa structure actuelle. La Terre, elle, aurait eu un manteau d'enstatite et un noyau solide d'alliage fer-nikel, une prévision que ne corroborent par les données des ondes sismiques. Io, aurait eu la même composition que Vénus, la Terre et les astéroïdes, bien que tous ces objets se soient formés à des températures et des distances au Soleil radicalement différentes. Titan aurait eu une demi-douzaine de couches de compositions différentes, superposées en pelures d'oignon.

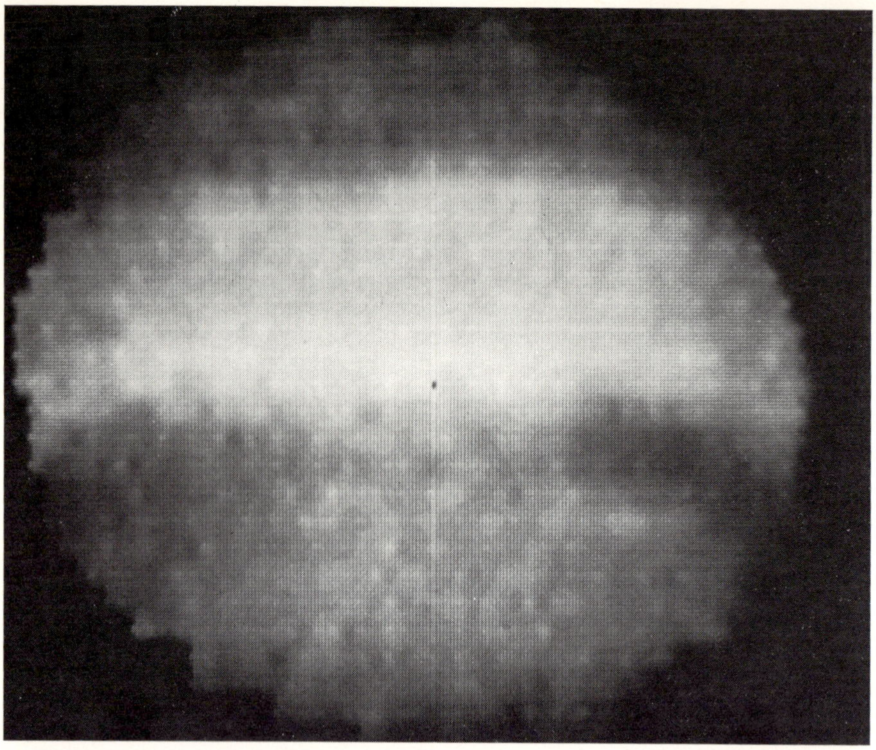

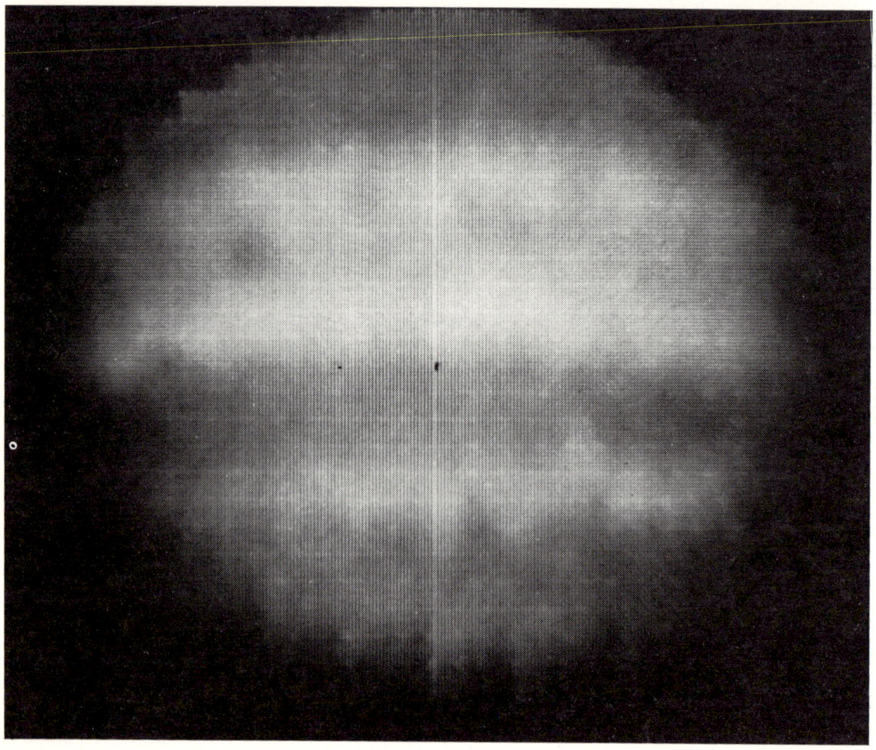

6. CES CARTES DE CHALEUR DE JUPITER ont été faites à deux longueurs d'ondes différentes, à partir de *Pioneer 10*, dans le cadre de l'expérience de radiométrie infrarouge menée sous la direction de Guido Munch. Le radiomètre est un télescope à réflexion avec une ouverture de 7,5 centimètres, fixé de manière rigide sur le vaisseau. Les mouvements combinés de ce dernier, en rotation et le long de sa trajectoire en passant près de Jupiter, ont permis au radiomètre de prendre des plans successifs de la planète et de reconstituer son image. La photographie du haut, prise avec une longueur d'onde de 20 micromètres, est une visualisation de la chaleur émise à 40 kilomètres au-dessous de la limite supérieure de l'atmosphère de Jupiter. La photographie du bas, faite avec une longueur d'onde de 40 micromètres, illustre la chaleur émise à 50 kilomètres au-dessous de la limite supérieure de l'atmosphère. Les deux photographies ont été prises le 3 décembre 1973, alors que le vaisseau se trouvait le plus proche de la planète. La température des zones les plus chaudes *(en clair)* était de huit degrés plus élevée que celles des plus froides *(en sombre)*. Ces zones les plus chaudes correspondent aux ceintures sombres de Jupiter, tandis que les plus froides correspondent aux ceintures brillantes. C'est près de l'équateur que la planète est la plus chaude ; on estime sa température moyenne aux alentours de 128 kelvins. Elle émet plus de deux fois la quantité d'énergie thermique qu'elle reçoit du Soleil, ceci confirmant les observations faites à partir la Terre qui tendent à montrer que la planète est, elle-même, une source de chaleur.

totale du fer métal. De telles planètes contiendraient environ 0,3 pour cent d'eau et leur manteau d'olivine serait riche en oxyde ferreux, peut-être jusqu'à 50 pour cent de la composition totale. Leur noyau serait de la troïlite, solide ou liquide, sans fer métal. Elles ressembleraient d'assez près à Mars.

Les protoplanètes de la huitième classe se seraient formées à une température assez basse pour que, dans leur manteau, l'olivine se soit combinée avec les radicaux hydroxyles de la nébuleuse. Le contenu en eau de ce manteau « aqueux » de serpentine serait impressionnant : environ 14 pour cent en masse. La différence de densité entre les matériaux de la croûte et du manteau aurait à peu près disparu, mais il est possible qu'il ait existé un noyau de sulfure ferreux. La différenciation d'un corps parent homogène de cette composition aurait pu être suffisante pour former un noyau, même à la température assez basse de 400 kelvins, en raison du point de fusion peu élevé des silicates riches en eau ; certains astéroïdes appartiennent peut-être à cette huitième classe. Des calculs reposant sur les points de fusion connus des silicates montrent qu'il est possible que de tels petits objets aient été suffisamment chauffés par désintégration radioactive interne pour qu'il y ait eu différenciation dans leur faible champ gravitationnel. Si les astéroïdes sont en fait semblables aux chondrites carbonées, il est possible que les chondrites ordinaires, moins riches en eau et moins oxygénées, se soient formées entre les orbites de la Terre et de Mars et non dans la ceinture d'astéroïdes.

Les protoplanètes de la neuvième classe, formées au-dessous de la température de condensation de l'eau, contiendraient de la glace. Dans un tel corps, le contenu aqueux, tant en glace que sous forme liée à des structures minérales, atteindrait 60 pour cent en masse. La densité résultante serait assez faible, voisine de 1,7 gramme par centimètre-cube, soit moins d'un tiers de la densité terrestre. Le satellite le plus gros de Jupiter, Ganymède, pourrait appartenir à cette classe.

Les protoplanètes de la dixième classe auraient retenu de l'ammoniaque sous forme d'hydrate solide (NH_3-H_2O). Un mélange entre cet hydrate et de la glace commencerait à fondre à basse température : 173 kelvins. Celle-ci n'est supérieure que de quelques degrés à celle que l'on observe dans la journée à la surface du second plus gros satellite de Jupiter, Callisto. Si une protoplanète de cette classe avait été suffisamment chauffée par désintégration radioactive interne pour se différencier, elle aurait été constituée d'un manteau profond liquide, formé d'une solution d'ammoniac et d'eau, surmonté d'une fine couche de glace. Durant cette différenciation, un noyau de sulfures, d'oxydes et de silicates hydratés se serait formé, à la manière d'un sédiment, le résultat final étant une boule formée de couches superposées de boue et de neige fondue.

Les protoplanètes de la onzième classe contiendraient du méthane pour environ 4 pour cent de leur masse. La chaleur produite par radioactivité aurait fondu l'hydrate solide CH_4-$7H_2O$, libérant du méthane gazeux et formant ainsi une atmosphère. La différenciation aurait engendré une croûte solide d'hydrates. Un bon candidat pour cette classe est le plus gros satellite de Saturne, Titan, dont l'atmosphère massive est riche en méthane.

Les protoplanètes de la douzième et dernière classe auraient retenu le méthane solide, la température de la nébuleuse atteignant 50 kelvins. Étant donné que le carbone est presque aussi abondant que l'oxygène dans le système solaire et que la densité du méthane, solide ou liquide, est très faible, environ 0,6 gramme par centimètre cube, la densité d'une telle planète ne dépasserait pas un gramme par centimètre cube. On a mesuré sur plusieurs des petits satellites de Saturne une densité voisine de un gramme par centimètre cube. Il est tout à fait possible aussi que certains des satellites d'Uranus ou de Neptune appartiennent à cette classe, mais il faudrait, avant toute affirmation, mesurer leurs masses et leurs rayons grâce à des missions spatiales.

J'ai mentionné les satellites de Jupiter, Saturne, Uranus et Neptune et non les planètes elles-mêmes ! L'absence des planètes joviennes dans les classes de composition est explicable. Ainsi que nous l'avons vu, ces classes reposent sur la température de formation du matériel protoplanétaire, suivant le modèle de condensation à l'équilibre. Or, la composition de Jupiter et de Saturne est essentiellement la même que celle du Soleil. Elles peuvent donc s'être formées n'importe où dans la nébuleuse et ce, sans grande dépendance vis-à-vis de la température, pourvu qu'elles aient eu un noyau protoplanétaire suffisamment massif pour retenir, par gravitation, une grande masse de matériel solaire indifférencié. Si Uranus, Neptune et Pluton ne rentrent pas dans cette liste, c'est tout simplement que leur composition est trop mal connue.

La vérité des modèles

Un résultat important de la séquence de réactions que je viens d'examiner est que les densités des planètes internes, comme leur chimie, peuvent être interprétées comme une conséquence directe de leur température de formation, en liaison avec leur distance au Soleil. On a souvent proposé, par analogie avec une hypothèse sur la formation des météorites, de voir dans la variation de densité qui existe entre les planètes telluriques, le résultat d'un processus physique qui aurait fractionné leur matériel de manière telle que les métaux se soient agglomérés préférentiellement dans un cas (Mercure) et les silicates dans les autres cas. Une accrétion préférentielle de ce type, telle qu'on l'observe dans les météorites, pourrait provenir de différences dans les propriétés magnétiques ou électriques du matériel aggloméré, ou de sa plus ou moins bonne adhérence à la surface des protoplanètes. Comme la séquence de réactions du modèle de condensation à l'équilibre entraîne de manière évidente la haute densité de Mercure, nous sommes incités à rejeter l'idée d'un quelconque processus de fractionnement ayant affecté les planètes. Celles-ci sont tellement massives que c'est par gravitation — un processus qui n'est pas du tout sélectif — qu'elles ont dû accumuler leur matériel, la composition de celui-ci n'ayant été déterminée que par la température. En revanche, les corps parents des météorites de masse bien inférieure (jusqu'à 10^{-12} fois celle des planètes) n'auraient eu qu'un faible champ gravitationnel. Ils n'auraient aggloméré leur matériel que grâce à des forces sélectives d'interaction entre particules, comme le magnétisme. De cette manière, il n'y a plus de paradoxe.

En résumé, le modèle de condensation à l'équilibre rend très efficacement compte de la corrélation entre la densité ou le contenu en éléments volatils du matériel solide du système solaire et la température à laquelle ce matériel s'est formé. Ce modèle permet aussi de nombreuses prédictions quantitatives qui peuvent être testées en laboratoire, par des observations astronomiques ou par des sondages planétaires. En ne faisant intervenir qu'une seule suite de réactions chimiques, nous pouvons relier des choses apparemment aussi différentes que la composition globale du système solaire, la structure interne des planètes et le contenu en éléments volatils de ces planètes.

Le résultat le plus frappant de cette approche est peut-être néanmoins l'idée sous-jacente d'une relation étroite entre tous les objets du système solaire. On voit qu'il y a de fortes chances pour que les planètes se soient formées à partir d'un milieu de composition uniforme. On voit aussi que dans l'ensemble du système solaire, se sont les mêmes processus qualitatifs de condensation et d'accrétion qui interviennent et ce, sensiblement de la même manière. La présence ou l'absence de gaz soufrés dans l'atmosphère de Vénus, la densité du noyau de Mars, la conductivité électrique du manteau de Callisto, la pression atmosphérique à la surface de Titan, les rayons et les masses des satellites d'Uranus..., tous ces éléments influent sur la compréhension que nous avons de l'origine, de la composition et de la structure interne de notre propre planète. En géologie, on a pu constater combien il importe d'étudier l'origine de tous les éléments chimiques si l'on veut comprendre l'origine d'un seul d'entre eux ; on a dû étudier l'ensemble de la tectonique pour comprendre l'origine d'une montagne spécifique. Nous devons être prêts maintenant à déduire, de l'étude comparée des planètes, quels sont les processus qui les affectent et comment elles évoluent. C'est avec ce type d'investigations qu'il nous est possible d'apprendre pour la première fois comment la Terre s'est formée, a évolué et a acquis sa température actuelle.

À longue échéance, un autre avantage de ces études comparatives sera de nous donner une idée de la fréquence avec laquelle des planètes on pu se former autour d'autres étoiles de notre Galaxie, et de leur composition éventuelle. Étant donné qu'on ne voit pas de différences entre la composition de la plupart des étoiles et celle du Soleil et que les théories actuelles de l'origine du système solaire nous incitent à croire que la formation des planètes n'est qu'une conséquence secondaire normale de la formation des étoiles, il ne serait pas surprenant de découvrir qu'il existe des planètes analogues à celles du système solaire dans notre Galaxie et dans les autres galaxies spirales. Il est intéressant de se demander s'il existe effectivement ou non, dans d'autres systèmes planétaires, des planètes appartenant à des classes de composition non représentées dans le nôtre. On peut imaginer une planète composée de fer et d'oxydes réfractaires beaucoup plus dense que Mercure, ou bien une planète ressemblant beaucoup à la Terre, mais sans eau. On peut aussi envisager une véritable planète composée de matériel riche en éléments volatils, comme celui dont on suppose que sont formés les astéroïdes.

Une décennie d'exploration planétaire nous a permis de mieux comprendre la planète sur laquelle nous vivons. Si bien des questions se posent encore, il faut comprendre que la totalité des données acquises au cours de ces explorations n'est pas encore dépouillée et que dans les années à venir, bien des points concernant la Terre et le système solaire devraient pouvoir être élucidés à partir des données existantes.

L'effet des marées dans le système solaire

L'influence faible mais irréversible des marées fait évoluer le système solaire vers des configurations stables. L'étude des phénomènes liés aux marées permet de retracer une partie de l'histoire du système solaire.

par Anny Cazenave et André Brahic

Qui ne connaît le mouvement d'avance et de retrait de l'océan? On sait depuis Newton que ces marées sont dues à l'action de la Lune et, à un moindre degré, au Soleil. Plus généralement, les phénomènes de marées, c'est-à-dire les déformations mutuelles de deux corps en orbite l'un autour de l'autre, jouent un rôle important en mécanique céleste : la dissipation sous forme de chaleur, lors des frottements engendrés par les déformations, de l'énergie mécanique associée aux deux corps en interaction, entraîne des modifications importantes de leurs périodes de révolution et de rotation; dans le système solaire, l'orbite des planètes est en fait peu modifiée par les effets de marée dus au Soleil. Par contre, les mouvements des satellites des planètes ont souvent été profondément affectés par les marées. C'est par exemple à cause des marées, phénomènes qui semblent secondaires, que nous observons, de la Terre, toujours la même face de la lune.

Le système solaire

Notre système solaire a une structure relativement simple. Si on pouvait l'observer de l'extérieur, on remarquerait qu'autour de l'étoile centrale, le Soleil, les différents objets qui composent ce système se déplacent dans un disque, appelé plan moyen du système solaire (ou plan de l'écliptique). Autour du Soleil gravitent neuf planètes et autour de ces planètes gravitent des corps solides plus petits : les satellites. Il est d'usage de diviser les planètes en deux groupes : les planètes telluriques (Mercure, Vénus, la Terre et Mars), de taille et de composition proches de celles de la Terre, et les planètes géantes (Jupiter, Saturne, Uranus et Neptune), beaucoup plus grandes et massives que les planètes telluriques et de composition très différente (elles sont riches en glaces et en composés gazeux de l'hydrogène, alors que les planètes telluriques sont surtout composées de roches silicatées et de fer). Entre ces deux catégories de planètes, on trouve les astéroïdes : des milliers de petits corps rocheux, gravitant entre Mars et Jupiter. Leur taille varie entre quelques kilomètres et quelques centaines de kilomètres mais leur masse totale ne dépasse pas un millième de la masse de la Terre. Au-delà de Neptune, Pluton qui par sa taille ressemblerait plutôt à notre Lune mais qui est de composition très différente, se démarque fortement des huit premières planètes. En dehors des planètes les plus proches du Soleil (Mercure et Vénus), toutes les planètes ont des satellites, même Pluton et peut-être même certains astéroïdes. Jupiter et Saturne en possèdent le plus grand nombre.

Ce qui frappe le plus dans notre système solaire, c'est sa régularité : les planètes gravitent approximativement dans le même plan moyen (seules Mercure et Pluton s'en écartent quelque peu), sur des orbites à peu près circulaires. Leur révolution autour du Soleil s'effectue dans le sens inverse des aiguilles d'une montre (sens direct) qui est aussi le sens de rotation du Soleil sur lui-même. A l'exception de Mercure et de Vénus, toutes les planètes, y compris les astéroïdes, tournent sur elles-mêmes en quelques heures, cette rotation s'effectuant en général dans le même sens que leur mouvement de révolution autour du Soleil (mais il y a deux exceptions : Vénus encore, et Uranus). Cette régularité dans le mouvement des planètes se retrouve pour les satellites des grandes planètes (*voir la figure 2*). Le fait que les planètes gravitent toutes dans le même plan et dans le même sens autour du Soleil a été reconnu depuis fort longtemps. Cette particularité, interprétée comme résultant des processus de formation du système solaire, est une donnée fondamentale des théories sur l'origine et la formation de ce système.

L'étude du mouvement des objets de notre système solaire est fondée sur la théorie de la gravitation de Newton : deux corps s'attirent proportionnellement à leur masse et en raison inverse du carré de leur distance; les lois empiriques énoncées par Kepler au XVIIe siècle rendent compte de façon suffisamment précise du mouvement des planètes. Néanmoins, les mouvements réels des planètes sont fort complexes car chacune d'elles est perturbée par toutes les autres. Il n'en reste pas moins que ces perturbations mutuelles ne semblent pas avoir d'influence sur l'évolution à long terme des orbites des planètes (les écarts par rapport aux mouvements moyens étant essentiellement de nature périodique). Toutes les simulations effectuées pour décrire l'histoire passée des mouvements des planètes indiquent une grande stabilité du système. Bien que les résultats de ces simulations soient seulement représentatifs des quelques derniers millions d'années et que la stabilité sur une échelle de temps de plusieurs milliards d'années ne soit pas prouvée, la majorité des scientifiques admet que la configuration actuelle du système solaire est grosso-modo celle qu'elle avait acquise dans les quelques millions d'années qui suivirent sa formation, il y a 4,5 milliards d'années.

Il s'agit là de configuration d'ensemble (orbites des planètes); une observation plus fine montre qu'il existe néanmoins une lente évolution irréversible (parce que dissipative) due au phénomène de marée. Pour l'astrophysicien, les marées sont des phénomènes généraux qui résultent de la déformation des corps célestes sous l'influence des forces de gravitation. Ce phénomène a altéré les vitesses de rotation de certaines planètes et changé considérablement les orbites, les vitesses et la direction des axes de rotation de nombreux satellites de planètes. Ce sont les principaux effets de marées sur le mouvement des planètes et de leurs satellites que nous nous proposons de décrire car ils sont responsables des changements les plus notables ayant affecté notre système solaire depuis le début de son histoire.

Le système Terre-Lune

En examinant les dates des éclipses de Lune dans l'Antiquité et les observations faites au XVIIe siècle, l'astronome anglais Halley émit en 1695 l'idée que le mouvement de révolution de la Lune autour de la Terre ne devait pas être uniforme : en effet, les éclipses apparaissaient à des instants légèrement décalés par rapport à ceux prévus par la théorie. Un demi-siècle plus tard, Dunthorne, en réanalysant ces mêmes observations, fit la première détermination quantitative d'une modification du mouvement orbital de la Lune par rapport aux lois de Képler. C'est à peu près à la même époque que Kant, qui ignorait toutefois les résultats de ces observations, imagina que les marées, c'est-à-dire les déformations créées par l'attraction gravitationnelle de la Lune sur la Terre, devaient produire des frottements internes et donc dissiper de l'énergie. Kant concluait que la Terre devait être freinée progressivement dans son mouvement de rotation sur elle-même. Pour un observateur terrestre, un ralentissement de la rotation de la Terre devait se traduire par une accélération apparente du mouvement de révolution de la Lune ; jusqu'à la fin du XIXe siècle, l'accélération anormale de la Lune fut tour à tour attribuée au freinage de la rotation de la Terre et à des insuffisances dans les théories du mouvement de la Lune. Toutefois, après une amélioration considérable de ces dernières et la prise en compte de l'influence des autres planètes, il fallait bien se rendre à l'évidence : on observait encore une accélération résiduelle du mouvement orbital de la Lune, non expliquée par la théorie de la gravitation. C'est Darwin, à la fin du siècle dernier, qui donna la première explication correcte de l'effet des marées et de ses conséquences sur la rotation de la Terre et sur le mouvement orbital de la Lune.

Comme tous les corps du système solaire, la Terre n'est pas rigide : la Terre est constituée d'un noyau central de fer liquide, avec une petite partie solide au centre et d'un manteau formé de silicates surmonté d'une pellicule superficielle cassante, la croûte. Enfin au-dessus, il y a les océans et l'atmosphère. Sous l'effet de l'attraction de la Lune, la Terre se déforme périodiquement : ce sont les marées. Si les marées dans les océans sont des phénomènes visibles, on sait moins que la Terre se déforme elle aussi dans son ensemble au même rythme que les océans. A l'équateur l'amplitude des déformations périodiques du sol peut atteindre 30 centimètres, ces déformations s'accompagnent de frottements dans les océans et entre les différentes couches du manteau terrestre. Les marées se manifestent avec un certain retard par rapport à leur cause, le passage de la Lune; ce retard est d'environ dix minutes pour les « marées solides » et atteint parfois plusieurs heures pour les marées océaniques. En raison des frottements, une partie de l'énergie associée aux déformations se dissipe en chaleur. Cette énergie dissipée dimi-

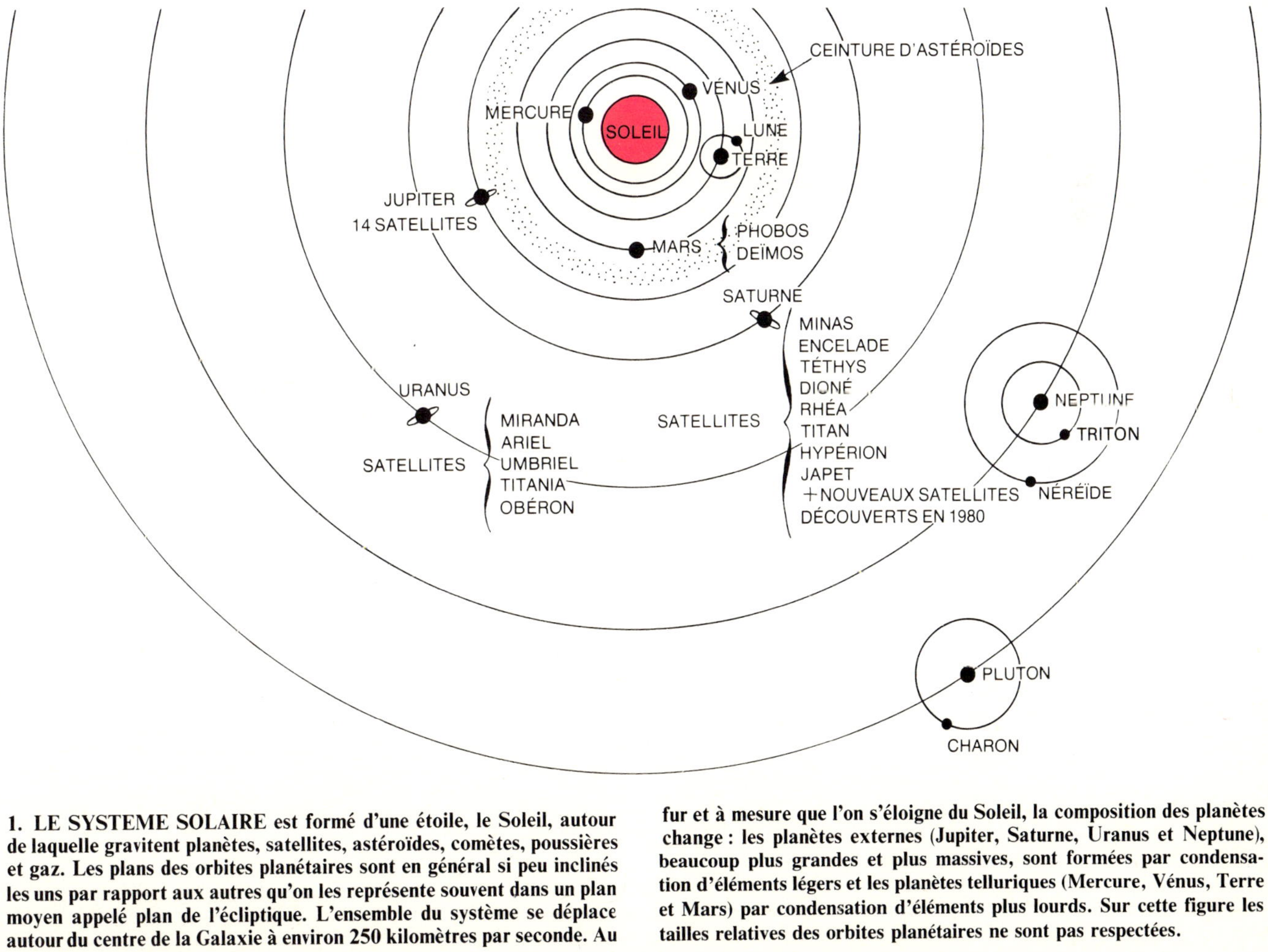

1. LE SYSTEME SOLAIRE est formé d'une étoile, le Soleil, autour de laquelle gravitent planètes, satellites, astéroïdes, comètes, poussières et gaz. Les plans des orbites planétaires sont en général si peu inclinés les uns par rapport aux autres qu'on les représente souvent dans un plan moyen appelé plan de l'écliptique. L'ensemble du système se déplace autour du centre de la Galaxie à environ 250 kilomètres par seconde. Au fur et à mesure que l'on s'éloigne du Soleil, la composition des planètes change : les planètes externes (Jupiter, Saturne, Uranus et Neptune), beaucoup plus grandes et plus massives, sont formées par condensation d'éléments légers et les planètes telluriques (Mercure, Vénus, Terre et Mars) par condensation d'éléments plus lourds. Sur cette figure les tailles relatives des orbites planétaires ne sont pas respectées.

nue l'énergie cinétique de rotation de la Terre qui, par suite, ralentit progressivement (et la durée du jour augmente de deux millièmes de seconde par siècle).

Deux lois régissent les phénomènes mécaniques : la conservation de l'énergie et la conservation du moment cinétique. Le moment cinétique d'un corps en rotation est égal au produit de la vitesse de chaque masse ponctuelle du corps par la distance de cette masse à l'axe de rotation.

On peut considérer en première approximation que le système Terre-Lune est isolé dans l'espace; son moment cinétique total, c'est-à-dire la somme du moment cinétique orbital et du moment cinétique de rotation, se conserve : la diminution du moment cinétique de rotation de la Terre due aux marées est alors compensée par une augmentation simultanée du moment cinétique orbital de la Lune autour de la Terre : ceci se traduit par une augmentation graduelle de la distance Terre-Lune, d'environ trois centimètres par an actuellement et par une diminution de la vitesse orbitale de la Lune qui résulte, en raison de la troisième loi de Kepler, de l'augmentation de la distance Terre-Lune. Les observations du mouvement de la Lune (mesurées de la Terre) ne permettent pas de séparer l'accélération lunaire apparente due au freinage de la rotation terrestre de la décélération orbitale réelle de la Lune (c'est d'ailleurs parce que le premier effet l'emporte sur le second, que l'on observe en fait une accélération). La part due au freinage de la rotation de la Terre peut facilement être déduite des observations du mouvement apparent d'autres corps du système solaire, comme le Soleil et Mercure. On peut alors évaluer la décélération réelle du mouvement orbital de la Lune. Les estimations les plus récentes sont fondées sur deux approches indépendantes; il s'agit, d'une part, du réexamen des meilleures observations d'éclipses dans l'Antiquité et au Moyen Age, des meilleures observations modernes du mouvement de la Lune (passage de la Lune au méridien de l'observateur, occultations d'étoiles par la Lune) et, d'autre part, de l'analyse des mesures très précises de la distance Terre-Lune obtenue depuis 1969 par les méthodes Laser-Lune. Depuis que les astronautes des missions Apollo ont déposé sur la Lune des miroirs permettant de réfléchir les rayons laser envoyés de la Terre, on peut mesurer directement la variation de distance Terre-Lune : le temps aller-retour de l'impulsion laser multiplié par la vitesse de la lumière donne en effet la distance Terre-Lune (actuellement 384 000 kilomètres) à quelques centimètres près.

Ces deux types de mesure donnent des résultats en excellent accord et indiquent que le passage de la Lune en un point du ciel retarde de 47 secondes par siècle. Toutefois, cette valeur n'est représentative que de la toute dernière phase de l'histoire du système Terre-Lune : environ 3000 ans, en comparaison des 4,5 milliards d'années de vie commune probable!

Il est néanmoins possible de remonter un peu plus loin dans le passé

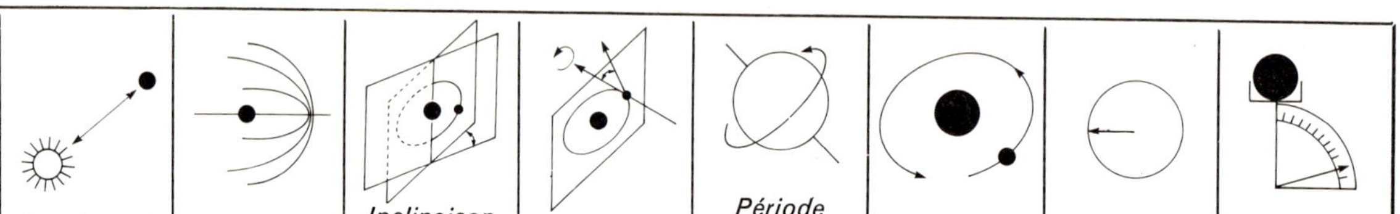

Planètes	*Demi grand axe en U. A.*	*Excentricité*	*Inclinaison sur l'écliptique en degrés*	*Obliquité en degrés*	*Période de rotation en jours ou heures terrestres*	*Période orbitale de révolution*	*Rayon km*	*Densité*
Mercure	0,38	0,206	7°	0°	59 jours	88 jours	2 440	5,5
Vénus	0,72	0,007	3° 4	180°	243 jours	224 jours	6 050	5,2
Terre	1	0,017	—	23° 5	1 jour	365 jours	6 378	5,5
Mars	1,52	0,093	1° 85	25°	24,5 h	687 jours	3 390	3,9
Jupiter	5,2	0,018	1° 3	3°	9,6 h	11 ans	71 400	1,3
Saturne	9,5	0,056	2° 5	26°	10,2 h	29 ans	60 000	0,7
Uranus	19,2	0,046	0° 8	98°	12-24 ?	84 ans	26 000	1,0
Neptune	30,1	0,01	1° 8	28°	~ 15 h ?	164 ans	24 300	1,7
Pluton	39,6	0,25	17° 2		~ 6 jours ?	248 ans	~ 2 000	< 1,7

2. LA FORME DE L'ORBITE d'une planète se rapproche d'autant plus du cercle que l'excentricité a une valeur faible : c'est un nombre qui vaut 0 pour le cercle, qui prend une valeur entre 0 et 1 pour les ellipses, vaut 1 pour la parabole et devient supérieur à 1 lorsqu'il s'agit d'une hyperbole. En plus de l'excentricité, l'orbite est caractérisée par son demi grand axe. Ce nombre s'exprime en unités astronomiques (UA) et cette unité correspond à la distance de la Terre au Soleil, soit 149 millions de kilomètres.

grâce à certains organismes marins qui ont la propriété de croître en formant des anneaux concentriques de telle sorte qu'on dispose de repères pour les jours et les saisons. On a découvert il y a vingt ans que les coraux fossiles âgés de plusieurs centaines de millions d'années comptaient, pendant un cycle annuel, un nombre d'anneaux de croissance diurnes très nettement supérieur à 365. Comme on pense que le rythme biologique de ces organismes relativement simples n'a pas varié depuis cette époque, on en conclut que le nombre de jours dans l'année était plus grand dans le passé qu'il ne l'est aujourd'hui. Comme la durée de l'année n'a pas varié (on verra plus loin qu'une telle hypothèse est justifiée), on doit conclure que c'est la durée du jour qui a changé : il y a 350 millions d'années, l'année comptait 400 jours et le jour durait 22 heures. Il semble qu'il y ait également une variation du nombre de mois lunaires (période de révolution de la Lune autour de la Terre) dans l'année, compatible avec le fait que la Lune était, dans le passé, plus proche de la Terre.

Si les rythmes de croissance des coraux sont à présent bien compris et si leur utilité pour l'histoire passée de la rotation de la Terre et de l'orbite lunaire est démontrée, ce n'est pas encore le cas pour tous les organismes marins, en particulier les nautiles. Récemment, des chercheurs ont cru déceler dans la croissance des nautiles (de gros coquillages en forme spirale vivant dans les mers chaudes) des cycles diurnes et mensuels. En étudiant des nautiles fossiles, les auteurs ont prétendu que le mois lunaire comptait neuf jours il y a 300 millions d'années et en ont déduit que la Lune s'éloignait de la Terre à la vitesse d'environ un mètre par an à cette époque! On peut montrer facilement que ce résultat surprenant est inexact et que l'utilisation des rythmes biologiques des nautiles peut conduire à des interprétations erronées.

Au cours des quelques dernières années, les océanographes ont pu modéliser sur ordinateur les principales ondes de marées océaniques. Cette modélisation qui nécessite des ordinateurs très puissants, consiste à calculer en tout point de la surface océanique, la hauteur et l'intervalle de temps (ou déphasage) qui séparent la marée haute du passage de la Lune; ces calculs prennent en compte la force génératrice des marées, les forces de frottement au fond des océans, la topographie sous-marine, la distribution océans-continents, et le fait que la partie solide de la Terre se déforme élastiquement. Une fois que la marée océanique est connue globalement, la quantité d'énergie dissipée s'en déduit facilement. En évaluant l'énergie dissipée dans les marées océaniques, on peut assurer que moins de dix pour cent de l'énergie est dissipée par les marées du manteau terrestre.

Une autre approche, utilisant les satellites artificiels proches de la Terre, s'est développée depuis peu et s'avère très féconde. Le principe est simple : le renflement de la marée océanique provoque des perturbations périodiques de la trajectoire du satellite; ces perturbations de l'orbite sont évidemment très petites et ne dépassent pas quelques mètres alors que celles dues au champ de gravitation de la Terre, en particulier due à sa forme aplatie, peuvent atteindre plusieurs kilomètres, mais on sait bien maintenant tenir compte de ces dernières. Par ailleurs, les techniques nouvelles de poursuite des satellites artificiels, au moyen de lasers, par exemple, nous permettent de mettre en évidence les tout petits écarts

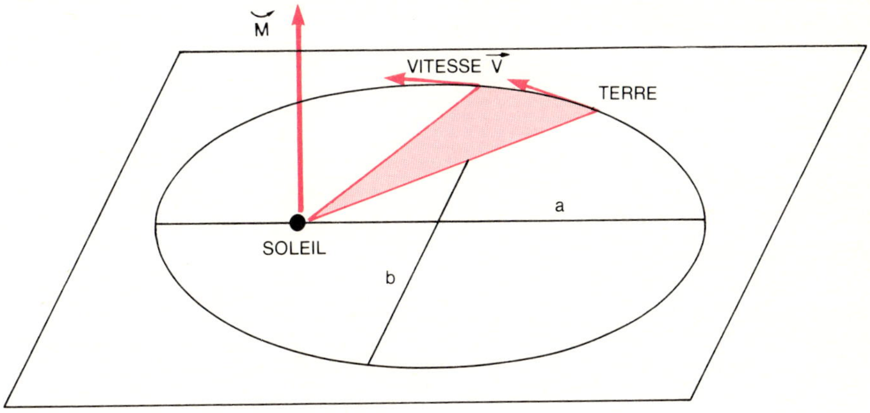

3. LES TROIS LOIS DE KEPLER décrivent le mouvement de deux corps en interaction gravitationnelle. La première loi indique que l'orbite des planètes sont des ellipses. La seconde loi exprime que l'aire *(en rouge)* balayée par unité de temps est constante, ce qui traduit l'invariance du moment cinétique *M*, produit de la vitesse par le rayon vecteur joignant le Soleil à la Terre. La troisième loi énonce que le carré de la période de révolution est proportionnel au cube du grand diamètre *a* de l'ellipse.

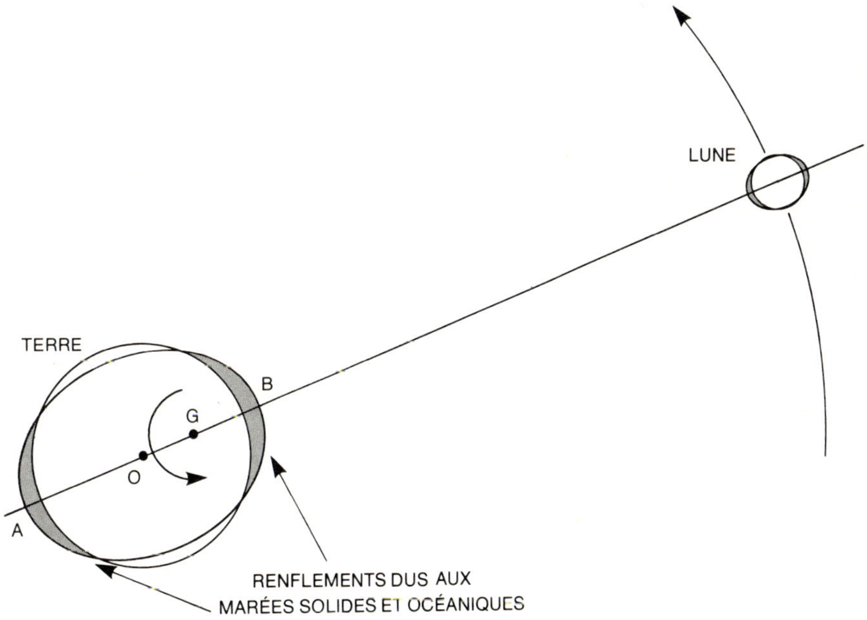

4. LA TERRE ET LA LUNE tournent autour d'un point, le centre de gravité *G* de ces deux corps, très proche du centre *O* de la Terre. La Lune exerce sur chaque particule de la Terre une force — ou ce qui est équivalent, une accélération — d'autant plus grande que la particule est plus proche de la Lune. Par suite d'un des théorèmes de base de la mécanique (la composition des accélérations) l'accélération de chaque particule dans un repère lié à la Terre est une accélération « différentielle »; c'est la différence entre l'accélération produite sur la particule et celle exercée sur le centre de masse de la Terre. Il en résulte que deux points diamétralement opposés et situés sur l'axe Terre-Lune, comme *A* et *B*, subissent, par rapport au centre de masse de la Terre, des accélérations de même grandeur mais de sens opposés. Deux bourrelets diamétralement opposés apparaissent alors. Il en est de même sur la Lune. Comme la Terre tourne sur elle-même en 24 heures, tous les points de déformation maximale tels que *A* et *B* font le tour de la Terre en 24 heures, ce qui donne une marée toutes les 12 heures (le raisonnement est dû à Newton). Les marées océaniques sont des phénomènes bien connus mais il existe aussi des marées solides dues aux déformations du manteau terrestre.

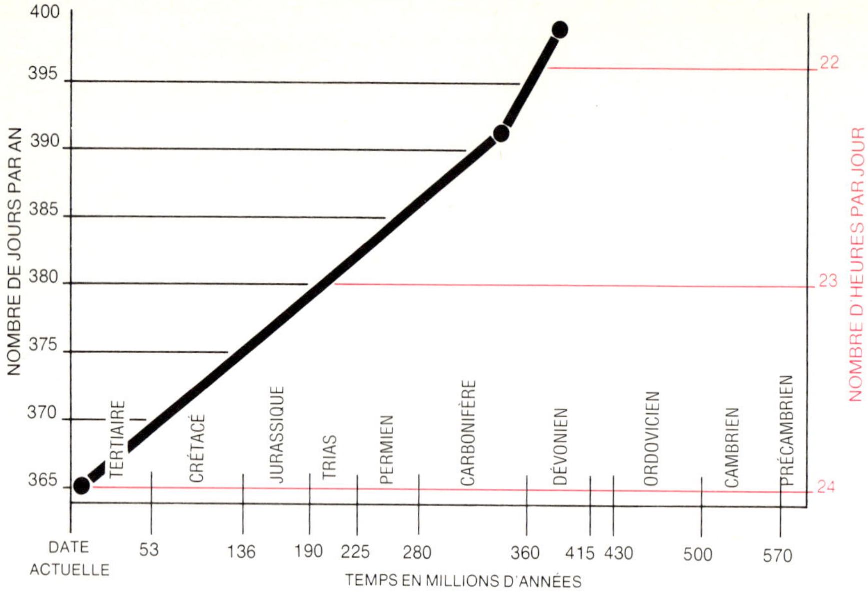

5. LA DUREE DU JOUR a changé au cours des âges : cette variation traduit le ralentissement de la période de rotation de la Terre dû aux effets des marées lunaires. La durée du jour au Carbonifère (22,2 heures) et au Dévonien (21,9 heures) a été mesurée par la croissance annuelle des coraux. Les jours étaient alors plus courts mais la durée de l'année reste constante car les interactions de marées entre la Terre et le Soleil sont trop faibles pour modifier l'année.

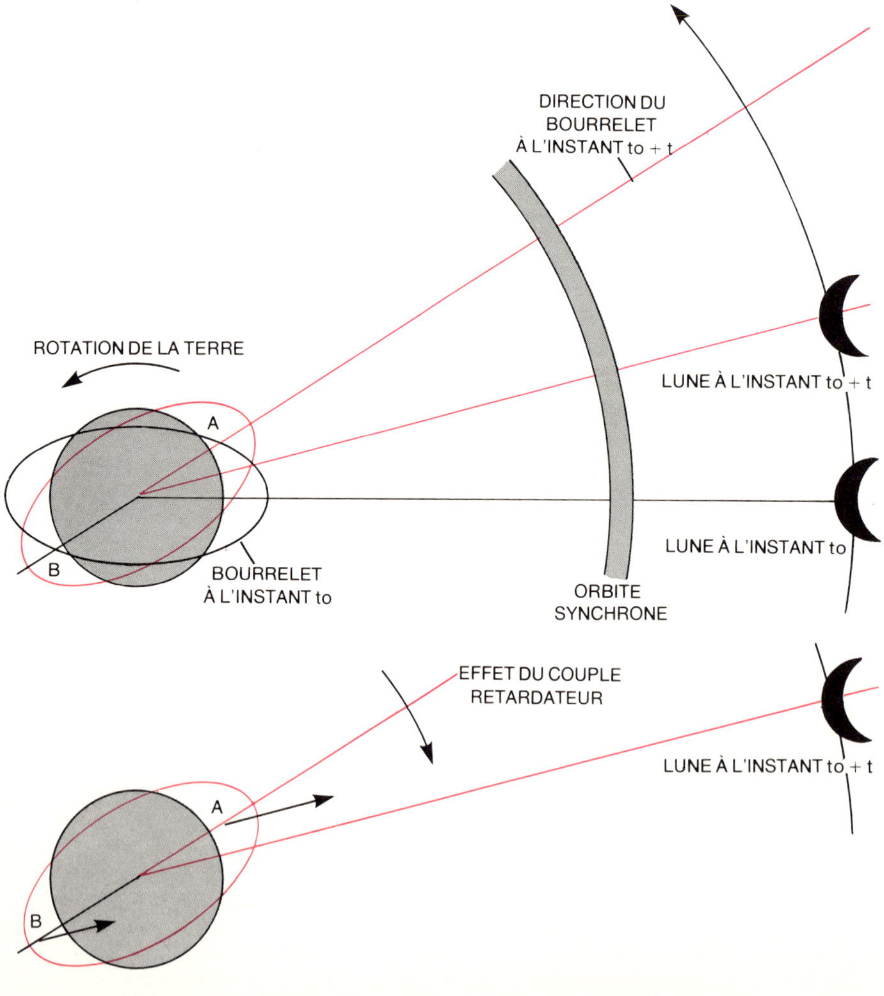

6. LES FRICTIONS INTERNES dans les masses déformables de la Terre (océans et manteau) font que les déformations sont en retard par rapport au passage de la Lune. Entraîné par la rotationde la Terre, plus rapide que le mouvement de la Lune sur son orbite extérieure à la limite synchrone, le bourrelet des marées est décalé par rapport à la direction Terre-Lune et la Lune exerce alors un couple sur le bourrelet (qui attire plus fortement la partie *A*, plus proche que la partie *B* plus éloignée). Ce couple tend à ramener l'axe du bourrelet dans la direction Terre-Lune en freinant la rotation de la Terre. Le bourrelet exerce un couple égal mais opposé sur la Lune qui décélère sur son orbite et le rayon de l'orbite lunaire grandit.

créés par les marées océaniques sur le mouvement du satellite. De ces écarts, on déduit une amplitude et un déphasage moyen des marées océaniques qui permettent d'évaluer directement la quantité d'énergie dissipée dans les océans : les résultats sont en excellent accord avec la valeur déduite de l'observation du mouvement de la Lune. En fait mesurer la décélération orbitale de la Lune, le freinage de la rotation de la Terre ou la quantité d'énergie dissipée est bien sûr équivalent.

Histoire de l'orbite lunaire

La quantité d'énergie dissipée par les marées océaniques dépend fortement de la profondeur des océans, de la forme des continents et surtout de leur répartition sur le globe. Or, les continents actuels avaient un tout autre emplacement dans le passé et ils étaient rassemblés en un continent unique il y a 250 millions d'années. Cette configuration groupée donne lieu à une bien plus faible dissipation d'énergie, comme le montrent les simulations numériques réalisées récemment par J. Sunderman à l'Université de Hambourg et P. Broche à l'Université de Bonn. La raison physique qui sous-tend les résultats des simulations numériques n'est pas encore bien connue. Intuitivement, on peut penser qu'avec une seule masse continentale il y a moins d'énergie dissipée dans les océans qu'avec plusieurs masses. Ceci suggère que l'énergie dissipée dans le phénomène de marées a certainement beaucoup varié au cours de l'histoire du système Terre-Lune. Si le taux d'énergie dissipée aujourd'hui avait été le même dans le passé, la Lune aurait dû se trouver à moins de 60 000 kilomètres de distance de la Terre, il y a 1,5 milliard d'années (elle se trouve aujourd'hui à 384 000 kilomètres). Une telle proximité à une date, sinon récente, du moins peu lointaine, aurait dû laisser des empreintes géologiques catastrophiques sur les surfaces terrestres et lunaire (fusion des roches superficielles en raison de l'échauffement résultant des gigantesques marées mutuelles, par exemple) dont on ne voit pas trace aujourd'hui. Les roches lunaires les plus jeunes sont âgées d'au moins trois milliards d'années. Par ailleurs, on a découvert sur Terre des stromatolites (restes fossiles de structures calcaires déposées par les algues et les bactéries, au rythme des marées) âgées de plus de 2,8 milliards d'années; cela nous prouve que les marées lunaires existaient déjà à cette époque et même probablement bien avant.

Retracer l'histoire de l'orbite lunaire dans le passé est donc une entreprise hasardeuse, surtout si on veut en fixer l'échelle de temps. On peut néanmoins caractériser qualitativement les principales étapes de cette histoire. Ainsi, la Lune était plus proche de la Terre dans le passé et la Terre tournait plus vite sur elle-même.

L'étude de l'histoire des variations de la distance Terre-Lune conduit à s'interroger sur l'origine de la Lune : le calcul de l'évolution de l'orbite lunaire nous indique qu'il y a eu une distance minimale d'approche de la Terre par la Lune — de l'ordre de deux à trois rayons terrestres —, l'orbite lunaire n'étant alors pas contenue dans le plan de l'équateur terrestre. En poussant encore plus loin l'extrapolation dans le passé, il apparaîtrait qu'avant cette étape d'approche minimale, l'inclinaison (angle entre le plan de l'orbite de la Lune et un plan de référence) et l'excentricité (écart par la trajectoire circulaire) étaient plus grandes et que la distance Terre-Lune était plus importante. Cette étape, si elle a effectivement existé, suggère que la Lune se serait formée quelque part ailleurs dans le système solaire, à grande distance de la Terre, puis aurait été capturée dans son champ de gravitation.

L'hypothèse de capture pose néanmoins d'insurmontables problèmes : en passant à seulement deux ou trois rayons terrestres, la Lune aurait dû se briser en raison des énormes déformations qu'elle aurait subies; cette distance correspond à la limite de Roche où les forces dues aux marées entraînent une dislocation du satellite (*voir figure 14*). D'autre part, pour être capturée, la Lune doit être freinée, ce qui implique une importante dissipation d'énergie. La chaleur dégagée dépend de la configuration de capture et conduit à une fusion notable de la Lune, difficile à expliquer. On peut imaginer qu'un troisième corps soit intervenu pour favoriser la capture de la Lune, la dissipation d'énergie étant utilisée pour isoler le couple par rapport au troisième corps. L'objection majeure à l'hypothèse de capture concerne la composition même de la Lune : la Lune a une densité moyenne de 3,34 (très similaire à la densité du manteau supérieur de la Terre, égale à 3,3 — 3,4), ne contient qu'une très faible proportion de fer par rapport aux autres planètes terrestres et est à peu près dépourvue d'éléments volatils. En revanche, ces densités similaires pourraient faire penser que la Lune est issue de la Terre primitive

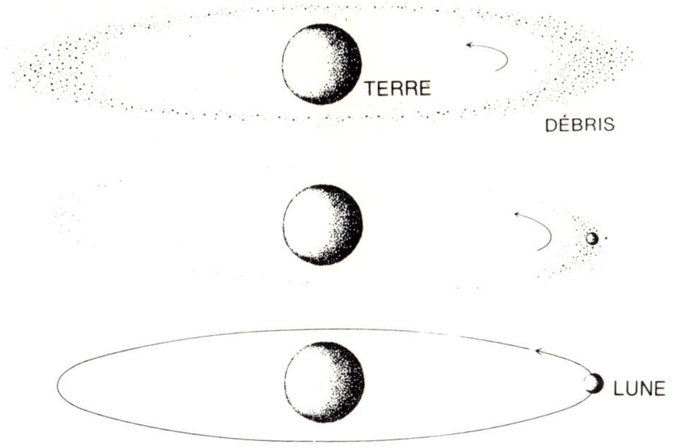

7. HYPOTHESE D'ACCRETION : la Lune se serait formée en même temps ou juste après la Terre à partir de matériaux de composition variée en orbite autour de la proto-Terre. Les effets de marée expliquent alors son évolution ultérieure.

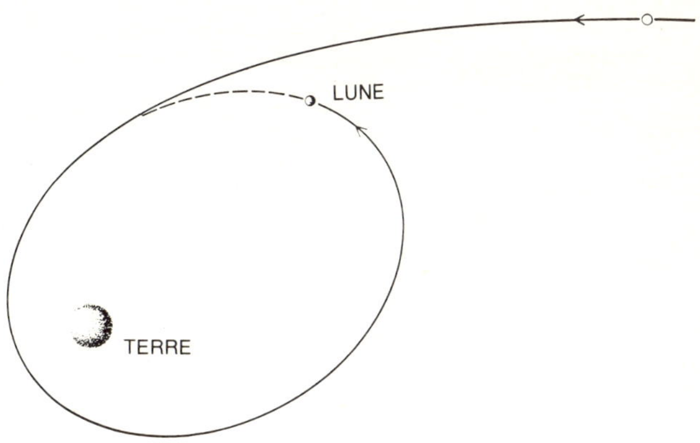

8. HYPOTHESE DE CAPTURE : la Lune aurait été capturée par le champ gravitationnel de la Terre et placée sur une orbite elliptique. Pour être ainsi capturée, la Lune a dû être freinée ce qui implique une importante dissipation d'énergie.

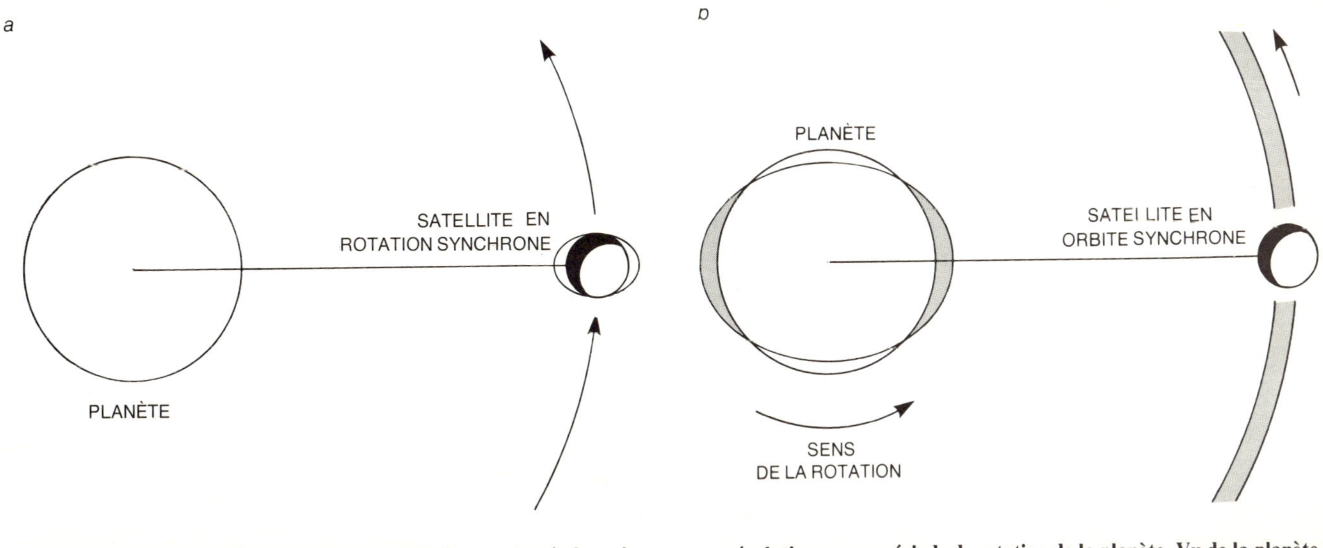

9. QUAND LE BOURRELET DE MAREES est orienté dans la direction planète-satellite au cours du mouvement de la planète et du satellite, aucun couple n'apparaît. Sur la figure *a*, on a représenté un satellite en rotation synchrone (tel que la Lune). Ce satellite présente toujours la même face à la planète et sa rotation est stable. Sur la figure *b*, on examine l'effet des marées de la planète dues à un satellite en orbite synchrone. Comme dans le cas *a*, le bourrelet de marée sur la planète est orienté selon la direction planète-satellite et aucun couple n'apparaît. A cette distance critique le satellite effectue exactement une révolution en une période de rotation de la planète. Vu de la planète, le satellite occupe une position fixe dans le ciel puisqu'il se déplace à la même vitesse que l'observateur par rapport aux étoiles. Pour la Terre, cette orbite synchrone se situe à 36 000 kilomètres de la surface et c'est là que l'on place les satellites de télécommunication chargés de retransmettre des informations à une même région du globe. Un satellite orbitant en deçà réapparaîtra plusieurs fois dans le ciel au cours d'une rotation diurne, c'est le cas de Phobos qui effectue un peu plus de trois révolutions pendant un jour martien.

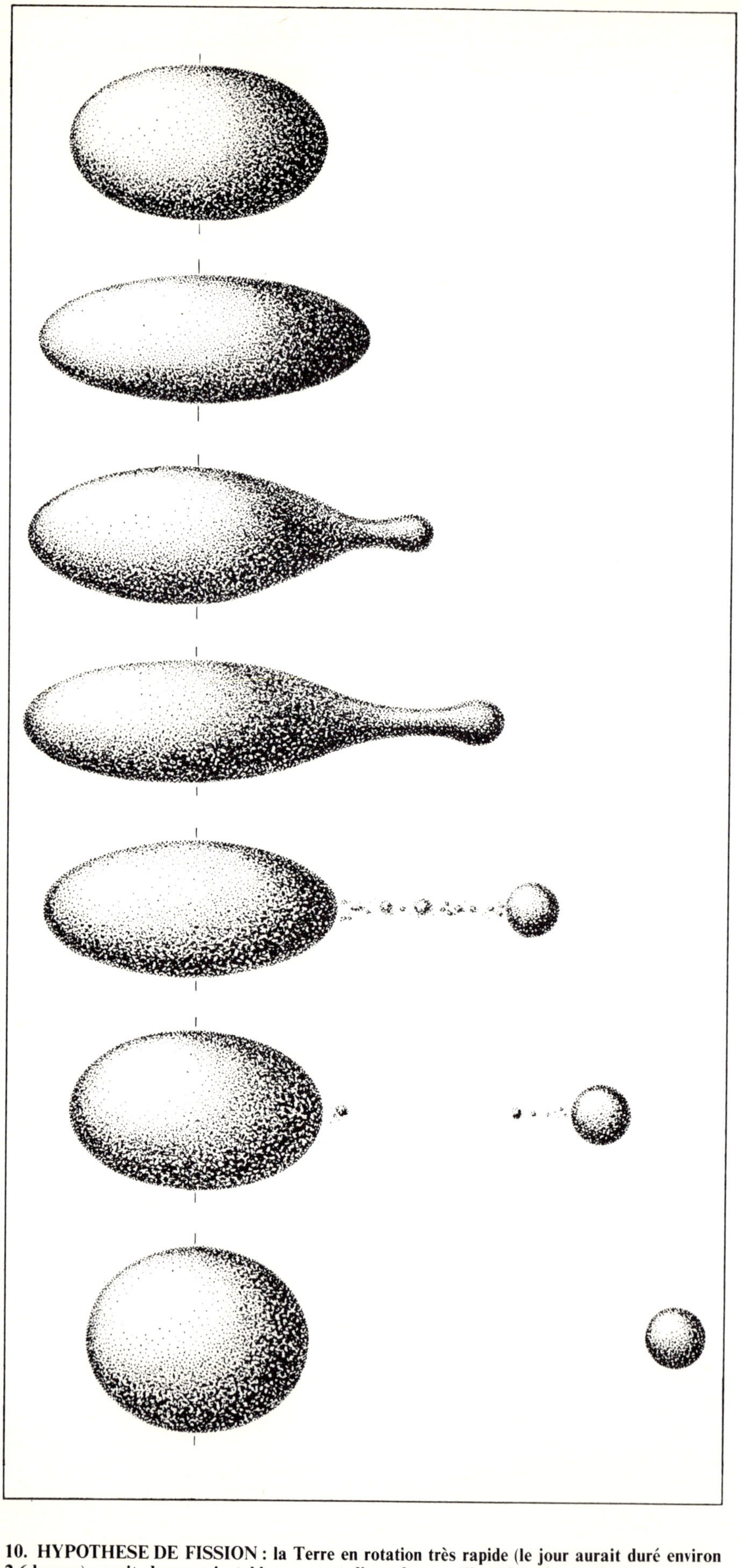

10. HYPOTHESE DE FISSION : **la Terre en rotation très rapide (le jour aurait duré environ 2,6 heures) serait devenue instable, passant d'une forme ellipsoïdale à une forme en poire. Finalement, l'extrémité de la poire se serait scindée pour former la Lune. Néanmoins ce scénario se heurte à plusieurs objections, en particulier celle du moment cinétique initial du système Terre-Lune, plus grand que le moment actuel.**

par fission. Cette hypothèse se heurte elle aussi à des difficultés majeures : pour que la Lune puisse se détacher de la Terre il aurait fallu que le mouvement cinétique total soit plusieurs fois plus élevé que le moment cinétique actuel. D'autre part, la séparation lors de la fission donnerait naissance à une Lune plus massive que la Lune actuelle. L'absence d'éléments volatils et de fer semble également exclure une forma-tion au voisinage immédiat de la Terre, par accumulation de planétoïdes identiques à ceux qui auraient formé la Terre.

De nombreuses variantes aux trois hypothèses classiques de l'origine de la Lune : (*1*) capture, (*2*) fission à partir d'une Terre en rotation très rapide, (*3*) formation par agglomération de particules en orbite (accrétion), ont été proposées ces dernières années. Ces théories doivent expliquer les caractéristiques dynamiques et l'histoire de l'orbite lunaire, et rendre compte des caractéristiques géochimiques, bien établies depuis les missions Apollo (les hypothèses 2 et 3, par exemple, impliquent pour des raisons dynamiques une inclinaison initiale nulle sur l'équateur terrestre, et les hypothèses 1 et 3 n'expliquent pas pourquoi la Lune est dépourvue de fer...). Si certaines théories apparaissent ingénieuses mais parfois « ad hoc », il y a malgré tout un certain consensus chez la plupart des géophysiciens pour favoriser aujourd'hui l'hypothèse d'une origine commune de la Terre et de la Lune. En même temps que progressera notre connaissance des mécanismes de formation des planètes et de leurs satellites, on devrait bientôt mieux comprendre les problèmes associés à l'origine de la Lune, aussi bien du point de vue dynamique que cosmochimique.

Phobos, Deimos et Triton

On sait depuis quelques dizaines d'années, que Phobos, le plus proche des satellites de Mars, se rapproche de la surface de la planète à la vitesse d'environ quatre centimètres par an. Ce mouvement, essentiellement dû aux effets de marées, devant aller en s'accélérant : Phobos devrait bientôt finir sa vie et s'écraser sur Mars dans moins de 30 millions d'années, à moins qu'il ne se brise avant en une multitude de débris quand les forces de marées créées par Mars dans Phobos deviendront si grandes que la cohésion interne du satellite ne sera plus assurée. Pour un corps comme Triton dont la révolution s'effectue autour de Neptune en sens rétrograde (en sens inverse de la rotation de Neptune sur elle-même), une fin analogue est attendue, mais cela demandera plus longtemps.

A chaque planète est associée une orbite synchrone où la vitesse de révolution d'un satellite sur cette orbite est égale à la vitesse de rotation sur elle-même de la planète. L'orbite actuelle de Phobos est située en-deçà de l'orbite synchrone pour Mars et de ce fait a une vitesse orbitale plus importante que la rotation de Mars sur elle-même. Dans ce cas (*voir figure 11*), le renflement de marée créé par Phobos sur Mars est en retard sur le mouvement du satellite : il s'ensuit que contrairement au cas de la Lune, une partie du moment cinétique orbital de Phobos est utilisée pour accélérer la rotation de Mars sur elle-même; le mouvement de Phobos est accéléré et selon la troisième loi de Képler le rayon de l'orbite diminue. En fait, tous les satellites en-deçà de l'orbite synchrone (comme Phobos) tendent par le phénomène de marées à tomber sur la planète principale et tous les satellites au-delà de l'orbite synchrone (comme la Lune) à s'en éloigner. Néanmoins, si l'orbite du satellite est excentrique, l'évolution est différente. Dans ce cas, l'effet du renflement de marées créé par le satellite sur la planète est maximum, au voisinage du périastre, donc à l'intérieur de l'orbite synchrone et ainsi, en moyenne, on aura le même effet que si toute l'orbite était située à l'intérieur de l'orbite synchrone : diminution progressive du rayon de l'orbite, accompagnée d'une diminution de l'excentricité. Il s'agit finalement d'un mécanisme qui régularise les orbites.

Phobos et Deimos, découverts par Hall il y a tout juste un siècle, ont été abondamment observés, récemment, au cours des missions américaines d'exploration de Mars (Mariner 9 en 1971-1972 et Viking en 1976-1977). De contours très irréguliers, ces objets ont une forme grossièrement ellipsoïdale et mesurent respectivement 27 kilomètres, pour Phobos, et 15 kilomètres pour Deimos, dans leur plus grande longueur. Malgré une épaisse couche de poussière recouvrant leur surface, Phobos et Deimos sont piquetés de cratères d'impacts dont le plus grand sur Phobos, le cratère Stickney, atteint dix kilomètres de diamètre. Sur Phobos encore, les images à très haute résolution ont révélé une série de sillons parallèles d'une centaine de mètres de largeur, résultat probable d'un gigantesque impact dont l'une des traces est peut-être le grand cratère Stickney.

Comme pour la Lune, l'évolution des orbites de Phobos et Deimos, nous permet de mieux comprendre leur origine. L'aspect très sombre de leur surface (moins de cinq pour cent de la lumière est réfléchie) et leur très faible densité (de l'ordre de deux) suggèrent très fortement que Phobos et Deimos sont composés de la matière la plus primitive (dénommée chondrite carbonée) existant dans le système solaire et qui ne peut se former qu'à très basse température, c'est-à-dire environ deux fois plus loin du Soleil que n'est situé Mars. Comme les astéroïdes Phobos et Deimos ont une forme très irrégulière : leur composition présumée est un indice sérieux en faveur d'une origine dans la ceinture des astéroïdes (dont on connaît la nature), suivie d'une capture par Mars à une époque plus ou moins reculée. Une telle origine s'accorde bien avec l'histoire de l'évolution orbitale de ces

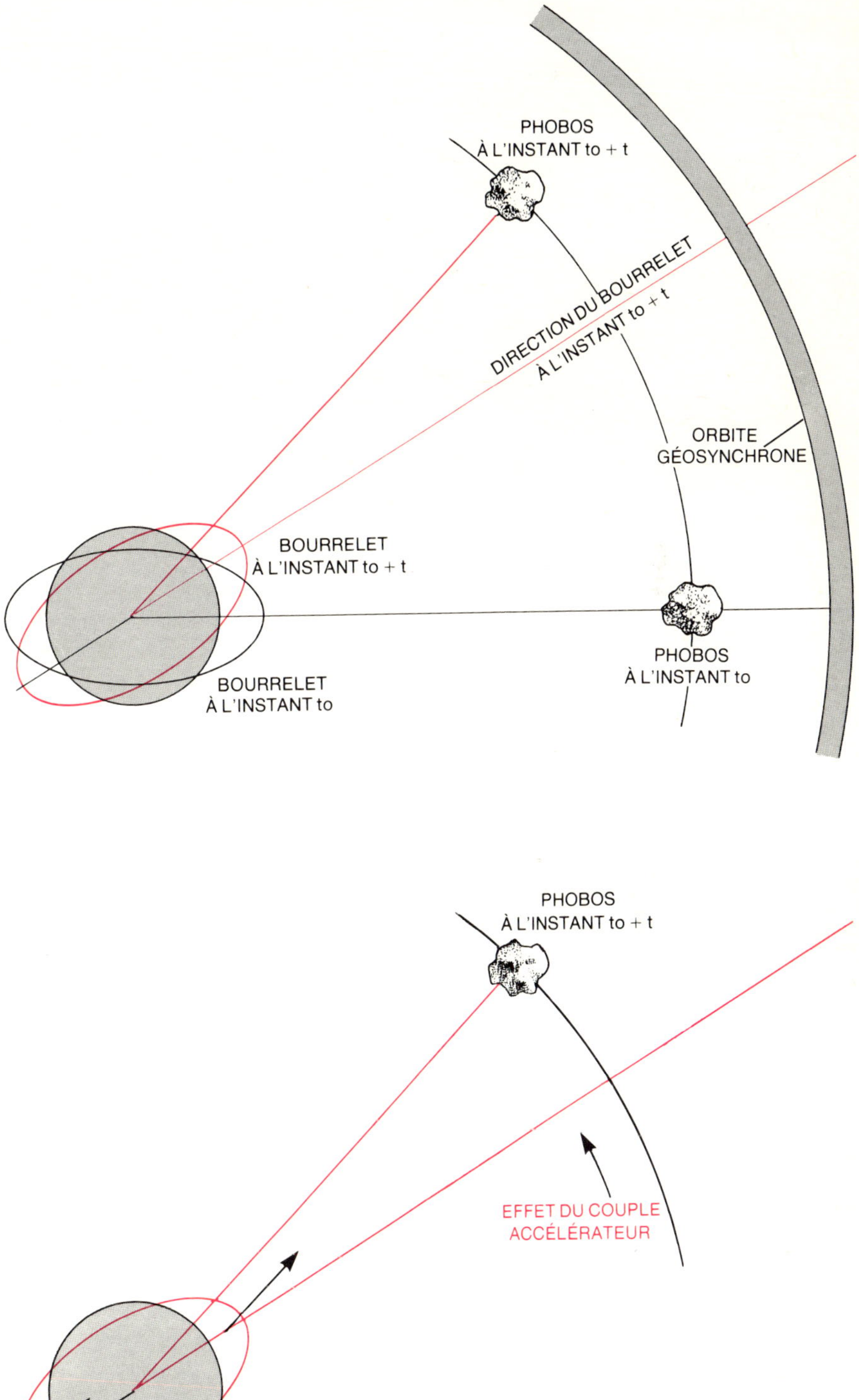

11. LES MAREES SUR MARS, dues à son satellite Phobos, ont pour effet d'accélérer le mouvement de rotation de Mars. En effet, Phobos (à l'intérieur de l'orbite synchrone) se déplace plus vite sur son orbite que le bourrelet de Mars n'est entraîné par la rotation de la planète. Le couple exercé par le satellite sur le bourrelet aura tendance à ramener celui-ci dans la direction planète-satellite, donc à accélérer la rotation de la planète et, par conservation du moment cinétique, à réduire le moment cinétique orbital du satellite : le rayon de l'orbite diminue et le satellite accélère sur son orbite; il devrait dans environ 30 millions d'années tomber sur Mars.

objets. Compte tenu de l'évolution actuelle observée de l'orbite de Phobos, il est possible d'en retracer, avec plus ou moins de certitude, l'histoire : dans le passé, Phobos était à plus grande distance de Mars, sur une orbite très fortement excentrique, avec une inclinaison pratiquement nulle sur le plan de l'écliptique. Des études théoriques suggèrent que l'excentricité initiale devait être proche de l'unité (celle d'une orbite parabolique). Phobos aurait été initialement un astéroïde en orbite autour du Soleil puis aurait été capturé par Mars.

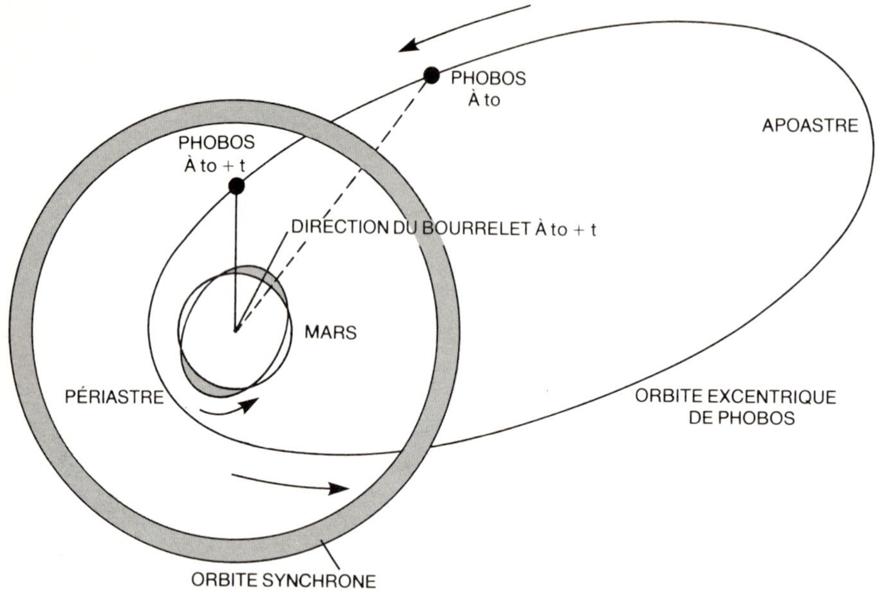

12. DANS LE PASSE, PHOBOS gravitait autour de Mars selon une orbite très excentrique. L'effet du bourrelet de Mars dû aux marées était maximal au voisinage du périastre donc à l'intérieur de l'orbite synchrone : en moyenne l'effet était analogue à celui obtenu si toute l'orbite avait été située à l'intérieur de l'orbite synchrone : diminution progressive du rayon de l'orbite et de l'excentricité.

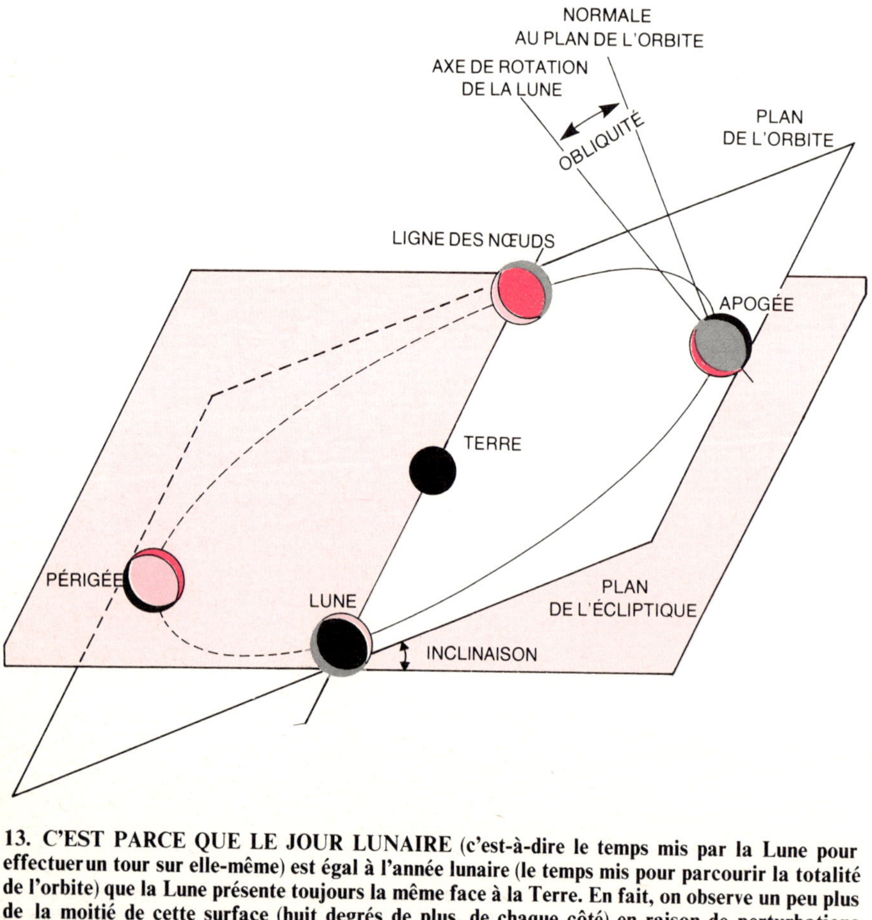

13. C'EST PARCE QUE LE JOUR LUNAIRE (c'est-à-dire le temps mis par la Lune pour effectuer un tour sur elle-même) est égal à l'année lunaire (le temps mis pour parcourir la totalité de l'orbite) que la Lune présente toujours la même face à la Terre. En fait, on observe un peu plus de la moitié de cette surface (huit degrés de plus, de chaque côté) en raison de perturbations gravitationnelles. L'obliquité (angle de l'axe de rotation de la Lune avec la normale à l'orbite) est ici égale à sept degrés et l'inclinaison de l'orbite lunaire sur l'écliptique est de cinq degrés.

Evolution des rotations des satellites naturels

Les effets de marées dans le système solaire n'ont pas uniquement pour conséquence de modifier la rotation des planètes et l'orbite des satellites. Tout comme la rotation d'une planète est modifiée par les marées créées par les satellites, la rotation propre de ce satellite est modifiée par les marées créées dans le satellite par la planète principale.

L'influence des phénomènes de marées sur l'évolution des mouvements dépend de la masse du corps qui crée la marée et de la structure interne du corps déformé (plus précisément de sa résistance aux déformations et de la quantité d'énergie qu'il est capable de dissiper). La masse de la planète étant beaucoup plus grande que la masse du satellite (dans le rapport environ 100 pour le système Terre-Lune et quelques 10^7 dans le cas des systèmes de Jupiter et Saturne), on peut s'attendre à ce que la rotation des satellites naturels évolue, beaucoup plus vite que la rotation de la planète principale, vers un état où la période de rotation du satellite sur lui-même est égale à la période de sa révolution autour de la planète. C'est un état d'équilibre stable. En effet, si la vitesse de rotation du satellite est telle que l'axe des bourrelets dus au phénomène de marée sur le satellite est aligné avec la ligne joignant le satellite à la planète, il n'y a plus de couple tendant à rétablir l'alignement et pas de changement de la vitesse de rotation du satellite. La Lune, comme beaucoup d'autres satellites naturels, est en rotation synchrone autour de la Terre : la Lune tourne d'un tour sur elle-même lorsqu'elle décrit la totalité de son orbite autour de la Terre : c'est pour cela qu'elle présente toujours la même face à la Terre.

Si la Lune avait à l'origine une rotation de période deux à trois heures, le temps nécessaire pour atteindre le synchronisme serait alors inférieur à trois millions d'années, et sans doute seulement de l'ordre de quelques milliers d'années pour certains satellites de Jupiter (les satellites galiléens). Sur la quarantaine de satellites naturels actuellement connus dans le système solaire (y compris les petits satellites de Jupiter et de Saturne découverts depuis un an, et le satellite de Pluton), 23 sont présumés en état de rotation synchrone, et pour 13 d'entre eux, le synchronisme a été effectivement observé : outre la Lune, il s'agit des satellites de Mars, des satellites galiléens, de cinq satellites de Saturne

(Encelade, Téthys, Dioné, Rhéa et Japet) et enfin Triton. Titan, le plus gros satellite de Saturne, est sans doute en rotation synchrone mais la présence d'une atmosphère qui masque sa surface empêche toute mesure de sa vitesse de rotation.

Le Soleil crée aussi des marées

Si les satellites des planètes ont eu leur rotation freinée par les effets de marées, les planètes, en tant que satellites du Soleil, auraient dû en principe subir le même sort. Nous avons vu que la Lune était responsable du freinage de la rotation de la Terre, mais le Soleil contribue aussi à ce freinage pour environ 25 pour cent. Avant que le synchronisme soit atteint, le Soleil sera sans doute devenu une géante rouge qui aura vaporisé la Terre.

En fait, le freinage par les marées ne dépend pas seulement des masses mais aussi des distances des objets concernés (il varie en $1/d^6$ où d est la distance). Ainsi pour les planètes, l'effet des marées solaires s'affaiblit fortement au fur et à mesure que l'on s'éloigne du Soleil. Sur Mars, le freinage est déjà complètement négligeable : il l'est a fortiori pour les planètes géantes dont les rotations actuelles, rapides, témoignent d'une absence de freinage depuis leur formation. Pour ces dernières, un autre aspect est à considérer : leur composition chimique et leur structure physique font qu'elles dissipent beaucoup moins d'énergie dans les marées : Jupiter dissipe environ 1 000 fois moins d'énergie que la Terre, indépendamment de toute considération de distance et de masse. Il est donc très improbable que les satellites des planètes géantes aient pu ralentir les rotations de ces dernières, comme nous le confirme d'ailleurs l'observation. Seules les planètes terrestres, parce qu'elles ont un comportement viscoélastique, sont candidates au synchronisme. Pourtant aucune d'entre elles n'a atteint cet état de synchronisme. De plus, on peut montrer que les marées solaires n'ont pas du tout modifié les orbites des planètes même pour les plus proches du Soleil comme Mercure et Vénus; c'est pourquoi la durée de l'année n'a pas changé au cours du temps.

La période de rotation de Mercure, égale à 59 jours, est exactement égale aux deux tiers de sa période orbitale autour du Soleil (égale à 88 jours). Ce rapport entre les mouvements de rotation et de révolution autour du Soleil correspond à une valeur stable. Le ralentissement de la rotation d'une planète sous les effets de marée fait que le rapport de la période de la vitesse de rotation à la période de révolution varie continûment. Lors de cette variation, le rapport passe par une série d'états plus ou moins stables correspondant à des valeurs rationnelles simples (... 2/3, 1/2, 1). A chaque rapport rationnel est associé un phénomène de résonance.

Sous certaines conditions, ce rapport ne varie plus et la vitesse de rotation se stabilise à une valeur donnée, commensurable avec la vitesse de révolution. La rotation de Mercure s'est figée aux deux tiers de sa période de révolution parce que deux conditions sont remplies : une orbite très elliptique et une distribution de masses internes fortement dissymétrique dans le plan équatorial de la planète. Il faut noter toutefois que la rotation synchrone autour du Soleil constitue une étape ultérieure que Mercure atteindra peut-être le jour où la disparition de l'un des deux handicaps autorisera à nouveau le freinage de sa rotation.

Vénus, dont la rotation très lente s'effectue en 243 jours, semble avoir dépassé l'étape réputée infranchissable de la rotation synchrone (égale à 224 jours); en fait, la situation est différente : sa rotation et son mouvement de révolution sont de sens opposé. En d'autres termes, cela signifie que l'obliquité de Vénus (l'inclinaison du plan équatorial sur le plan de l'orbite) est supérieure à 90°. En fait, cette obliquité est très exactement égale à 180°, ce qui suggère que cette valeur n'est pas miraculeuse mais qu'elle constitue une position d'équilibre pour l'axe de rotation de Vénus. Pour atteindre cet équilibre, Vénus a dû évoluer, et l'on peut se demander quel était l'état initial. Dans cet état initial, Vénus était probablement comme les autres planètes en rotation directe et il faut détailler le processus physique conduisant au basculement. Les phénomènes de marée modifient l'obliquité de la planète : en général, les marées solides ramènent l'obliquité à une valeur nulle mais, dans le cas de Vénus, il semble que les marées atmosphériques aient pu faire complètement basculer l'axe de rotation (en un temps de l'ordre d'un milliard d'années). On ne peut évidemment exclure que Vénus ait eu à l'origine une rotation rétrograde. C'est sans doute le cas d'Uranus, dont l'équateur et le plan de l'orbite des satellites sont inclinés de 98° sur l'orbite; Uranus a basculé sous l'action de phénomènes sans rapport avec les marées, par exemple l'impact d'un gros corps lors de la formation par accrétion. Toutefois, la rotation très ralentie de Vénus et la position particulière de son axe de rotation militent en faveur d'une évolution progressive : le passage, sans discontinuité, à la rotation synchrone étant rendu possible par une rotation déjà rétrograde.

Marées d'origine thermique

Les phénomènes de gravitation sont négligeables sur les faibles masses gazeuses entourant les planètes : en revanche, ces masses gazeuses peuvent, dans la haute atmosphère (pour la Terre la région où se trouve l'ozone) absorber les radiations solaires. De plus, le phénomène de refroidissement de l'atmosphère terrestre par rayonnement infrarouge, phénomène constant et uniforme, décale la zone de plus haute température vers les régions qui sont déjà passées en face du Soleil. Parallèlement, la zone de plus faible température est décalée vers les régions qui

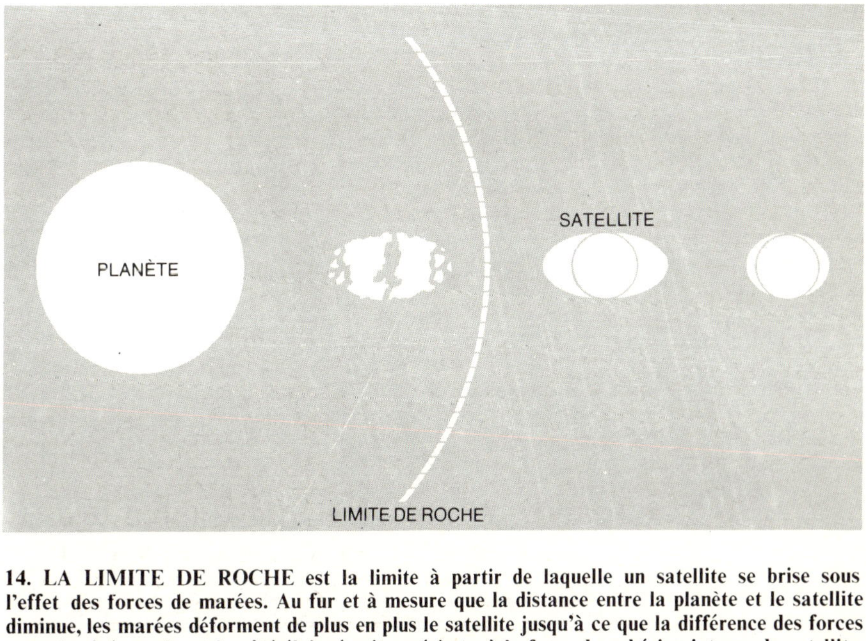

14. LA LIMITE DE ROCHE est la limite à partir de laquelle un satellite se brise sous l'effet des forces de marées. Au fur et à mesure que la distance entre la planète et le satellite diminue, les marées déforment de plus en plus le satellite jusqu'à ce que la différence des forces entre le côté proche et le côté éloigné soit supérieure à la force de cohésion interne du satellite. Lorsqu'un satellite est en-deçà de l'orbite synchrone, les marées tendent à rapprocher le satellite de la planète jusqu'à ce qu'il atteigne la limite de Roche.

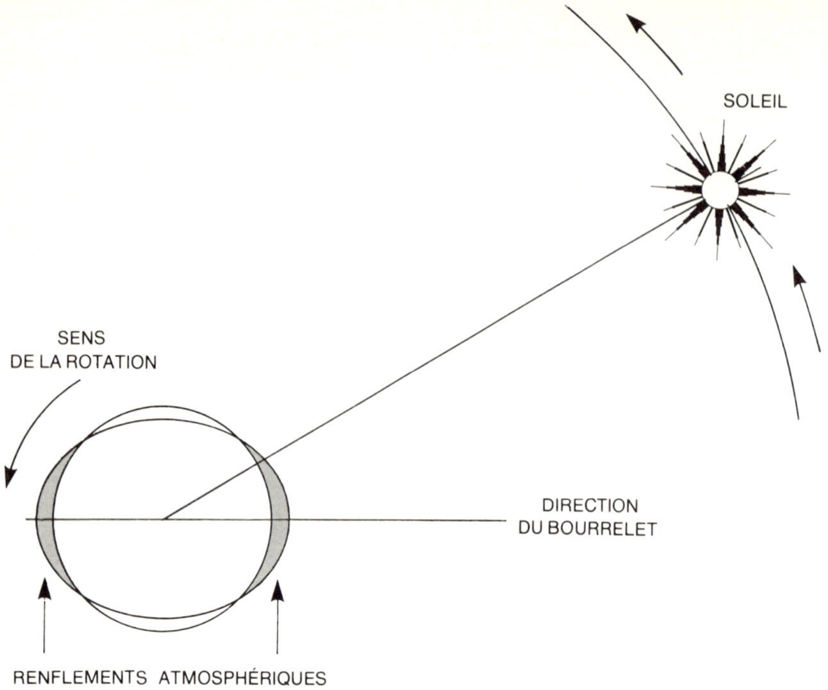

15. LES MAREES ATMOSPHERIQUES apparaissent lorsque l'atmosphère d'une planète est suffisamment dense pour absorber l'énergie solaire : le côté de l'atmosphère le plus proche du Soleil s'échauffe. Le refroidissement par rayonnement infrarouge, uniforme et constant, décale les zones de plus hautes et plus basses températures. Aux basses températures, la densité d'un gaz (qui varie en raison inverse de la température) est élevée et les zones de haute densité (les bourrelets de densité) sont en avance sur le passage du Soleil. L'attraction du Soleil sur ces bourrelets crée alors un couple qui tend à accélérer la rotation de la planète.

ne sont pas encore passées en face du Soleil. Comme la densité d'un gaz varie en raison inverse de la température, cela signifie que la zone de plus grande densité se trouve avant « midi » et donc que l'axe des bourrelets se trouve en avance sur le passage du Soleil d'environ une vingtaine de degrés. L'existence sur Vénus d'une atmosphère très dense et capable d'absorber l'énergie lumineuse émise par le Soleil laisse penser que l'influence du Soleil sur cette atmosphère a pu jouer, et joue encore, un rôle décisif dans l'histoire de cette planète. Comparées aux marées solides et océaniques, les marées atmosphériques ont des effets très différents sur la rotation d'une planète : au lieu de la ralentir, elles l'accélèrent et augmentent l'obliquité, transformant ainsi une rotation directe en rotation rétrograde. Parce qu'il y a apport d'énergie (l'énergie rayonnante du Soleil) — et non dissipation — le renflement atmosphérique est en avance sur le passage du Soleil, d'où l'existence d'un couple qui accélère la rotation de la planète *(voir figure 15)*. Ce couple est cependant plus faible que celui, opposé, dû aux marées solides.

Sur Vénus, il est très vraisemblable que l'importance relative des marées atmosphériques et solides au cours du temps a pu permettre le basculement de l'axe de rotation par les marées atmosphériques et un freinage efficace de la vitesse de rotation par les marées solides. Vénus a pu ainsi franchir le stade de rotation synchrone (qui ne constitue plus une position d'équilibre en cas de rotation rétrograde) et se stabiliser dans la position actuelle. Notons en passant que sur Terre où l'atmosphère est 100 fois moins dense l'effet des marées atmosphériques est complètement négligeable devant le freinage causé par les marées océaniques.

Io

Parmi les récentes découvertes en astronomie, peu ont égalé l'impact de la découverte d'immenses éruptions volcaniques à la surface du satellite de Jupiter, Io, par la sonde Voyager le 5 mars 1979. Trois jours auparavant, un article de Peale, Cassen et Reynolds paru dans la revue Science prédisait, à partir d'un calcul théorique des effets de marée de Jupiter, la possibilité de volcanisme sur Io.

Io a environ la taille et la masse de la Lune. La plupart des scientifiques s'attendaient à observer sur les photographies de Voyager un corps géologiquement mort et fortement cratérisé à sa surface, comme la Lune. Io est en orbite à 422 000 kilomètres de Jupiter (à peu près la distance Terre-Lune); à cette distance, l'influence gravitationnelle de Jupiter déforme Io pour lui donner une forme très légèrement allongée (un peu comme un ballon de rugby) avec le grand axe pointant vers Jupiter. Si l'orbite de Io était parfaitement circulaire, comme l'indiquent les tables numériques, la déformation par effet de marée ne constituerait pas un mécanisme de chauffage de Io. Peale et ses collègues se sont aperçus que l'excentricité était seulement nulle en moyenne sur une longue échelle de temps et qu'à tout instant les perturbations gravitationnelles des autres satellites Europe et Ganymède déformaient très légèrement l'orbite de Io qui n'était plus exactement circulaire; au cours de chaque révolution, la distance entre Io et Jupiter change légèrement et la force de marée de Jupiter varie également. Cet effet fournit assez de chaleur pour fondre tout l'intérieur de Io (il est 100 fois plus efficace que la radioactivité naturelle de Io) et provoque une activité volcanique à la surface. Les images de Voyager ont en effet révélé en Mars 1979 huit volcans en activité avec de gigantesques nuages à plus de 200 kilomètres de la surface et de nombreuses coulées de laves.

Les marées dans l'Univers

En fait, aussi bien les étoiles que les galaxies subissent des phénomènes de marée. Au moins une étoile sur deux est membre d'un système binaire et certains de ces systèmes sont très serrés. Les étoiles de ces systèmes binaires serrés sont déformées par les marées et ont la forme d'ellipsoïdes de révolution dont les grands axes sont alignés. Les étoiles étant relativement massives, les marées stellaires peuvent être importantes : elles entraînent le même genre d'effet que dans le système Terre-Lune, c'est-à-dire synchronisation des périodes de rotation des étoiles avec leur période orbitale et circularisation des orbites. Dans certains cas, les étoiles sont si proches et les effets de marée si forts que de la matière est échangée entre les deux composantes; ces effets de marée jouent alors un rôle important non seulement sur l'orbite relative des deux étoiles, mais aussi sur leur évolution.

Une galaxie est un système de milliards d'étoiles et de matière diffuse liées entre elles par la force gravitationnelle mutuelle des composantes. Dans ce sens, une galaxie peut être assimilée à un corps fluide et deux galaxies voisines seront déformées par l'effet des marées. On observe souvent des galaxies très difformes et de nombreux chercheurs interprètent toutes ces variétés par un mécanisme commun : le passage d'une galaxie dans le voisinage proche d'une autre galaxie peut « déformer » les deux galaxies; de par leur portée, leur généralité et leurs effets notables, les marées constituent un processus majeur d'évolution en mécanique céleste et en dynamique stellaire.

L'âge du système solaire

On connaît aujourd'hui la chronologie de la formation du système solaire : condensation des poussières du nuage protosolaire, agglomération et enfin formation de ses différents éléments, dont la Terre, il y a quelque 4,5 milliards d'années.

par Jean-François Minster

L'homme s'est de tout temps interrogé sur l'âge et l'origine de l'Univers et plus spécifiquement du système solaire. Ces questions sont aujourd'hui partiellement résolues par des méthodes scientifiques essentiellement physiques et chimiques. De plus, des données indépendantes, recueillies par la cosmochimie, sont suffisamment précises pour qu'on puisse aujourd'hui retracer en détail la naissance du système solaire, voici 4,5 milliards d'années.

Jusqu'au XIXe siècle, l'image du monde, du moins pour les Occidentaux, découlait de l'Ancien Testament. La Genèse correspondait à un événement précis dont l'âge avait une signification bien nette. Ainsi, un moine anglais vivant au XVIe siècle, remontant les générations de l'Ancien Testament, avait déterminé à un jour près l'âge de la Terre, égal, d'après lui, à 5 738 ans.

Au XIXe siècle, avec les progrès des sciences naturelles et de la géologie, on a compris que la Terre devait être plus vieille. Deux écoles apparurent : les physiciens, avec Lord Kelvin, calculaient qu'il avait fallu environ deux cents millions d'années à la Terre pour se refroidir à partir d'un magma initial en fusion; Charles Darwin et les tenants de la théorie de l'évolution des espèces maintenaient qu'il avait fallu beaucoup plus longtemps pour que cette évolution ait pu se produire. Le conflit ne fut résolu qu'à la suite des découvertes de la radioactivité naturelle par Henri Becquerel en 1896 ; Pierre Curie et Laborde en 1903, montrèrent que le phénomène de la radioactivité dégageait de la chaleur et Lord Raleigh découvrit que la radioactivité était présente dans toutes les roches; la décomposition de l'uranium 235, de l'uranium 238 et du potassium 40 chauffait la Terre : celle-ci pouvait donc être beaucoup plus vieille que ne le prédisait Lord Kelvin, puisqu'elle abritait une importante source de chaleur interne.

Historique

E. Rutherford eut le premier l'idée que cette radioactivité pouvait servir à déterminer les différents « âges » géologiques. A partir de cette intuition géniale, la radiochronologie s'est développée pour devenir pratiquement la seule méthode permettant de déterminer de façon absolue l'âge des différents phénomènes géologiques.

Parallèlement, les astrophysiciens ont précisé l'histoire de la formation du système solaire. Cette histoire est importante pour connaître les phénomènes géologiques liés à la formation du Soleil et pouvoir interpréter les indications radiochronologiques. Une étoile se forme lorsqu'un nuage de gaz et de poussière interstellaire, constitué principalement d'hydrogène et d'hélium, se contracte sous l'effet de sa propre masse ou sous l'action de forces de compression extérieures. Lorsque l'énergie gravitationnelle ainsi emmagasinée a échauffé suffisamment le nuage, les réactions thermonucléaires de fusion de l'hydrogène en hélium démarrent en son centre. Cette réaction est une source importante d'énergie : le nuage devient une étoile.

L'étoile elle-même évolue dans le temps : la température et la pression atteignent des valeurs élevées, permettant de nouvelles réactions nucléaires qui forment des éléments plus lourds; c'est la nucléosynthèse. Ces étoiles contaminent le milieu interstellaire en émettant des noyaux lourds par deux processus. Un processus lent, l'émission de vent stellaire consistant en un flux de particules qui s'échappent de l'étoile, ou un processus explosif, la transformation ultime d'une étoile en supernova. Ainsi, une étoile libère dans le milieu interstellaire des éléments lourds, principalement les éléments les plus stables de la classification périodique des éléments, dont le noyau comprend une vingtaine de protons, tels le fer.

Le Soleil est une étoile de seconde génération, c'est-à-dire une étoile qui s'est formée après que l'essentiel de la galaxie se fut constitué; le nuage de gaz et de poussière qui lui a donné

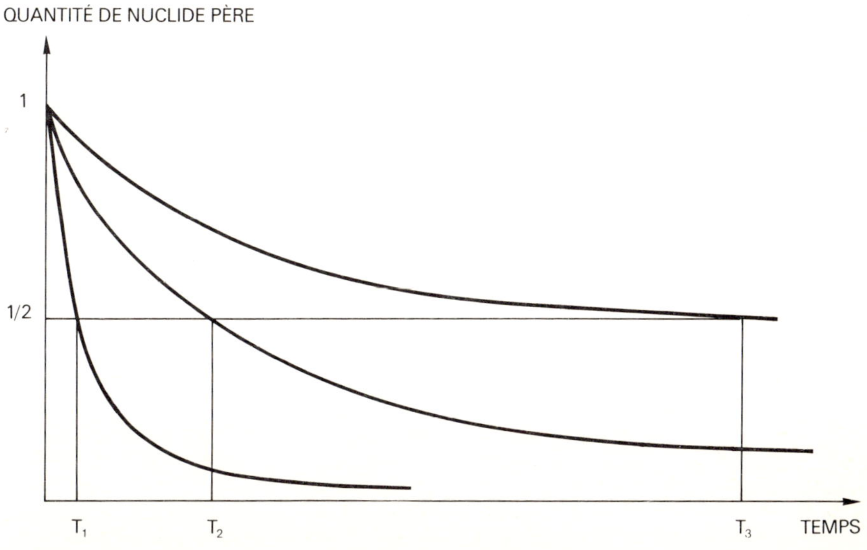

1. LA PÉRIODE D'UNE DÉSINTÉGRATION RADIOACTIVE est le temps qu'il faut à la moitié des nuclides pères pour donner des nuclides fils; les périodes T_1, T_2 et T_3 correspondent à trois nuclides différents. La datation radiochronologique consiste à mesurer les quantités de nuclide père et de nuclide fils contenues dans un matériau pour connaître son âge. Pour mesurer l'âge avec précision, il faut choisir un nuclide dont la période soit de l'ordre de grandeur de l'âge présumé.

naissance contenait donc déjà des éléments lourds. Le système solaire semble s'être formé à partir de ce nuage « protosolaire » dont les concentrations en divers éléments sont proches de celles que l'on observe aujourd'hui dans le Soleil et ses planètes. Une différence fondamentale entre le nuage protosolaire et notre système planétaire est que le nuage était un milieu ouvert qui accumulait des éléments et des grains de matière nouvellement formés par la nucléosynthèse dans le reste de la galaxie, tandis que le système solaire actuel est pratiquement isolé de son environnement interstellaire.

La création du système solaire semble avoir duré un temps assez bref, de l'ordre de quelques dizaines de millions d'années. L'âge du système solaire est donc l'âge de sa formation à partir du nuage constituant la nébuleuse. Toutefois, cette formation a été relativement complexe et on devra toujours préciser quelle est la phase du processus de création que l'on date.

Les modèles astrophysiques permettent aussi de dater une étoile : une étoile se forme rarement seule; un nuage de gaz et de poussière assez important se sépare en plusieurs fractions, chacune d'elles constituant une étoile; ces étoiles peuvent être de masse différente et subir des évolutions variées. En effet, une étoile a d'autant plus d'énergie et brûle d'autant plus vite son hydrogène qu'elle est initialement plus massive. Après un certain temps de vie, les étoiles se transforment en géantes rouges. En fonction de la masse des étoiles qui se transforment en géantes rouges, on peut calculer leur âge et par conséquent celui de toutes les étoiles créées simultanément. Malheureusement, cette méthode n'est pas applicable ici car il semblerait que le Soleil ne fasse pas partie d'un amas d'étoiles. La seule chose que l'on puisse calculer est la durée de vie du Soleil dans son état actuel, qui est de l'ordre de dix milliards d'années.

La datation radiochronologique

Par unité de temps, un noyau radioactif (nuclide père) a une certaine probabilité de se désintégrer pour donner un autre noyau atomique (nuclide fils) par émission (ou capture) d'un électron, d'un photon ou d'un noyau d'hélium. Les désintégrations radioactives ne se font pas toutes à la même vitesse et on appelle période, ou demi-vie, le temps nécessaire pour que la moitié d'une quantité donnée d'un nuclide radioactif père se désintègre en nuclide fils *(voir figure 1)*. On conçoit que si cette période ou cette probabilité de transformation est constante dans le temps pour un nuclide donné, on pourra déterminer, en mesurant les concentrations du fils et du père, la date du début d'émission du noyau radioactif père. On peut raisonnablement penser que ces probabilités de transformation, liées à des transformations du noyau peu sensibles aux effets de température et de pression et à toute autre influence, n'ont effectivement pas varié au cours des âges. La concordance des âges géologiques obtenus sur la base de désintégrations radioactives de natures différentes (β^-, α), et donc liés à des phénomènes et des grandeurs physiques différents (interaction faible et interaction électrique) semble confirmer l'invariabilité de la constante de désintégration.

En partant, dans un système donné, c'est-à-dire une roche, une montagne, etc., de la quantité de nuclide père et de nuclide fils et en connaissant d'autre part la quantité initiale de nuclide fils, on peut déterminer un âge, c'est-à-dire le temps qu'a mis le père pour se désintégrer en fils. Cette mesure peut être cependant délicate; elle repose sur la mesure de la variation relative de la quantité de fils, laquelle dépend directement du rapport d'abondance du père et du fils. Si le père est très abondant, la variation relative de la concentration en fils sera importante et aisément mesurable; en revanche, si le père est peu abondant, peu de noyaux-fils apparaîtront et la datation sera imprécise. De plus, cette détermination d'âge n'a de sens que si, au cours du temps, il n'y a pas eu d'apport ou de perte du père ou du fils. Cela s'exprime en disant que le système étudié reste fermé ou isolé de toute influence extérieure.

En termes plus mathématiques, les concentrations en père et les concentrations en fils sont reliées par l'équation : $F = F_o + P(e^{\lambda t} - 1)$, où F et P sont respectivement les concentrations du fils et du père à l'instant t, F_o la concentration initiale, t le temps et λ la probabilité de désintégration radioactive par unité de temps.

La détermination de l'âge d'une roche dépend ainsi d'un paramètre généralement inconnu, la quantité initiale F_o de nuclide fils. Sans connaître cette quantité initiale, la détermination

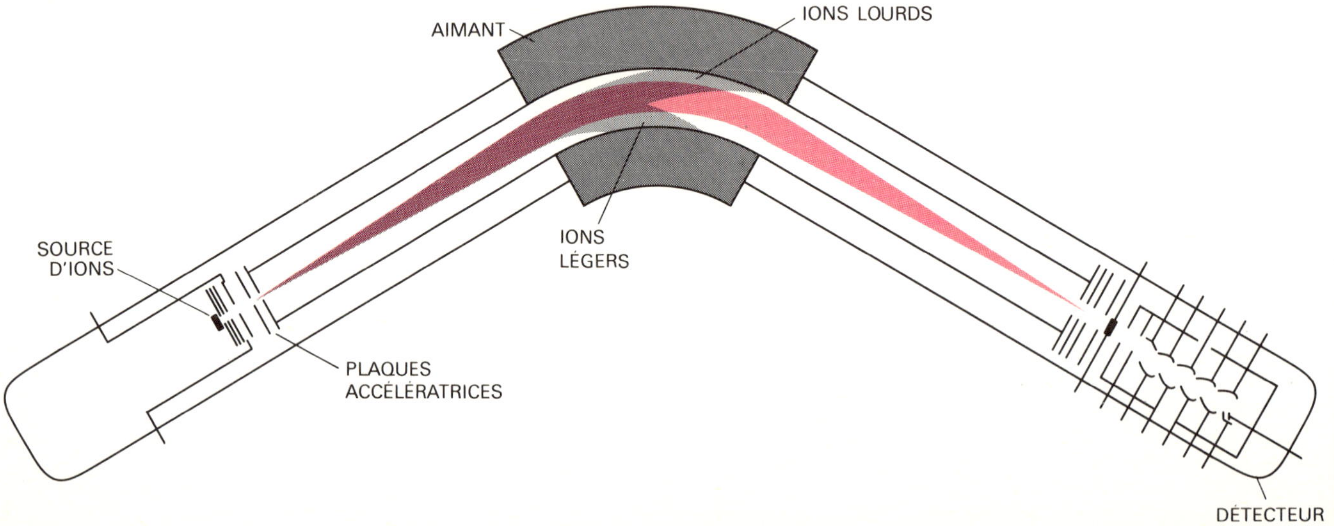

2. LA SPECTROMÉTRIE DE MASSE est fondée sur la déviation des particules chargées dans un champ magnétique. L'élément dont on veut analyser la composition isotopique est préalablement séparé et purifié par voie chimique. Introduit dans la source du spectromètre de masse, il est ionisé, par exemple par thermo-ionisation s'il est solide, ou par un flux d'électrons s'il est sous forme gazeuse. Un ensemble de plaques portées à un potentiel élevé accélère et focalise le faisceau d'ions. Dans le champ magnétique, le faisceau est dévié suivant une trajectoire qui dépend de l'énergie des ions et donc de leur masse; les ions les plus lourds sont moins déviés que les ions les plus légers. Pour une valeur connue du champ magnétique, les ions d'une masse donnée suivent une trajectoire les menant à travers une fente objet, derrière laquelle est placé le système d'enregistrement, qui est ici un multiplicateur d'électrons. En faisant varier l'intensité du champ magnétique, on pourra enregistrer successivement l'abondance des éléments de masses différentes constituant le faisceau d'ions et mesurer les rapports d'intensité des signaux obtenus, ce qui donnera, pour un élément donné, les rapports isotopiques.

est néanmoins possible dans un cas simple : si, par exemple, on dispose de deux parties de l'échantillon pour lesquelles les rapports d'abondance P/F sont différents mais dont les abondances initiales en nuclide fils F_0 étaient identiques. En fait, comme on le verra par la suite, cette identité des abondances initiales F_0 est généralement une identité des rapports isotopiques F_0/D où D est un isotope non radiogénique de F_0. Un système de deux équations du type précédent à deux inconnues permet alors de déterminer simultanément cette abondance initiale et l'âge de l'échantillon. Toujours sans connaître la concentration initiale en nuclide fils, on peut également procéder par recoupement dans le cas où on analyse plusieurs parties de l'échantillon : on suppose que les teneurs initiales en nuclide fils étaient les mêmes et on vérifie par recoupement après analyse et calculs que tous les âges calculés et les abondances initiales sont compatibles deux à deux. Si cette hypothèse est vérifiée, on peut dater l'élément.

Quand on date une roche, on mesure l'âge de la dernière modification de concentration due à des phénomènes physico-chimiques, (on dit souvent le dernier « fractionnement »), ayant affecté le père et le fils. Cette dernière modification est appelée la « fermeture » du système. Un « âge » étant mesuré, toute la difficulté des méthodes radiochronologiques est de savoir à quel événement géologique il correspond. La mesure des concentrations isotopiques donne un âge mais il faut savoir la nature de l'événement correspondant à la mesure de cet âge c'est-à-dire, soit l'âge de la formation de la roche (fusion), soit l'âge de sa mise en place, soit l'âge de sa cristallisation, soit l'âge d'un événement postérieur comme une période de métamorphisme (transformation de la roche sous l'influence de la température et de la pression). De plus, on ne peut parler d'âge que lorsqu'on se réfère à un événement précis, qui dure un intervalle de temps relativement bref par rapport au temps qui s'est écoulé depuis qu'il a eu lieu. Quand on étudie les phénomènes naturels, on est souvent amené à choisir conventionnellement et parfois arbitrairement, un instant particulier du phénomène pour définir son âge. Jacques Monod s'était demandé, à propos de problèmes d'avortement, comment on pourrait définir l'âge d'un homme. L'âge doit-il être pris à partir de la conception, — de date toujours incertaine —, à partir de la naissance, au moment de la création de certains organes intermédiaires, ou peut-on remonter plus loin dans l'espèce humaine? De façon générale, la précision de la datation d'un phénomène sera toujours naturellement limitée par la durée de l'établissement du phénomène.

Dans les échantillons géologiques, le système peut être une roche et les différentes parties du système sont alors les minéraux existant dans la roche. L'âge correspondant aux différents minéraux constituant la même roche est l'âge dit « interne ». Le système peut aussi être un groupe de roches provenant d'un même ensemble géologique; dans ce cas, les parties sont les différentes roches et l'âge est appelé l'âge « roches totales ». Dans les deux cas. une datation n'est possible que si l'abondance initiale du nuclide fils est homogène. La répartition initiale du nuclide fils n'est en général pas la même dans toutes les roches du système considéré, car elle dépend de l'affinité chimique de l'élément correspondant au nuclide pour les divers constituants des roches en présence. Ainsi, pour le couple ^{87}Rb-^{87}Sr, le strontium est plus abondant, dans certains minéraux comme l'apatite et le diopside, que dans d'autres tels que l'olivine ou l'orthopyroxène. Peut-on alors dater ces systèmes, en dépit de l'hétérogénéité initiale? C'est possible en ne considérant plus les abondances absolues F du nuclide fils mais les rapports isotopiques de la concentration F de ce nuclide et de celle d'un autre isotope D stable et non radiogénique du nuclide fils, c'est-à-dire un isotope D qui ne peut provenir de la transmutation d'un nuclide radioactif père et qui ne se transforme pas lui-même (la concentration de l'isotope D reste constante dans le temps). On mesure alors la variation du rapport isotopique F/D de l'élément chimique considéré; la condition de fermeture est inchangée mais la condition initiale est maintenant l'homogénéité isotopique F_0/D de tous les éléments du système. Cette condition est généralement réalisée : les affinités chimiques de deux isotopes d'un même élément sont quasi identiques et il n'existe généralement pas de ségrégation isotopique en fonction du site ou du minéral.

Mesure des concentrations de radioisotopes

Les couples de nuclides utilisables en radiochronologie sont en nombre assez limité. Il faut, d'une part, que la période d'un couple père-fils soit suffisamment longue pour que l'élément père n'ait pas disparu en un temps court par rapport à l'âge du matériau et, d'autre part, que cette même période soit suffisamment courte pour que les

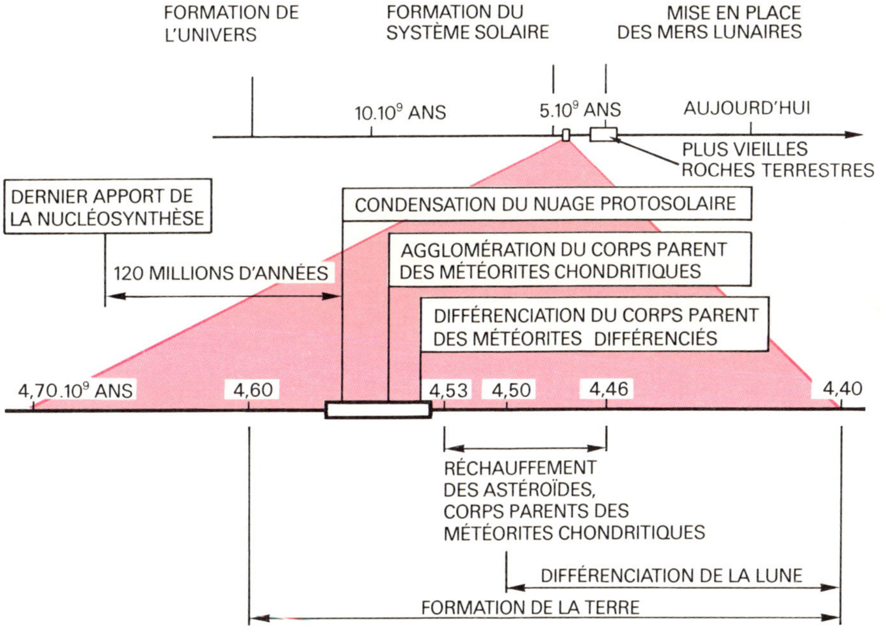

3. LA FORMATION DU SYSTÈME SOLAIRE est un phénomène rapide à l'échelle de l'histoire de l'Univers. Trois périodes se succèdent dans un intervalle de temps très court (150 à 200 millions d'années). En premier vient la condensation du nuage protosolaire durant laquelle la matière du nuage se rassemble autour des grains hérités des super novae voisines. C'est un phénomène très bref; les données radiochronologiques indiquent un intervalle de condensation voisin de 10 à 15 millions d'années, mais des calculs théoriques récents laissent penser que ce phénomène serait encore plus rapide. L'agglomération des planètes, au cours de laquelle la matière condensée du nuage proto-solaire se rassemble à froid pour former de petits astéroïdes, survient peu de temps après la condensation. Pour certains auteurs, les deux phénomènes seraient même contemporains. La désintégration d'isotopes radioactifs comme ^{26}Al provoque l'échauffement puis la fusion des planètes les plus importantes. Après cette homogénéisation globale, il se produit un lent refroidissement de ces planètes; les éléments chimiques se combinent pour former des minéraux qui, sous l'effet des forces de gravité, se regroupent pour former le noyau, le manteau et la croûte, donnant ainsi naissance à une planète différenciée. Dans le cas des petites planètes, corps parents des météorites différenciées, les trois étapes — condensation, agglomération et différenciation — se succèdent en dix millions d'années. Pour les grosses planètes (Terre, Lune), la différenciation dure moins d'une centaine de millions d'années.

variations de concentration en isotopes fils soient mesurables. De plus *(voir figure 4)*, on date une roche en fonction des diverses valeurs des concentrations du fils et du père pour les différents constituants de la roche et c'est la pente de la droite obtenue qui détermine l'âge; ce procédé n'est pas mystérieux : ce n'est qu'une méthode graphique pour résoudre l'équation de filiation entre le fils et le père pour différentes concentrations mais pour le même rapport isotopique initial. Rappelons que l'on mesure en général les concentrations du nuclide père P et du nuclide fils F divisées par les concentrations en isotope non radioactif D du nuclide fils.

Il convient donc qu'on ait le plus possible de points sur cette droite et par conséquent que les valeurs de F et de P diffèrent notablement dans les différents constituants de la roche. Enfin, il faut que la concentration du père soit suffisante pour faire naître, au cours du temps, des variations mesurables du fils et que la valeur absolue de la concentration des deux isotopes soit assez importante pour qu'un dosage soit possible. En extrapolant la droite pour une concentration nulle en nuclide père, on obtient le rapport isotopique initial entre le nuclide fils radiogénique *(F)* et son isotope non radiogénique *(D)*. Aujourd'hui, la précision des mesures est si bonne qu'il est possible d'avoir une résolution de quelques millions d'années pour des événements vieux de 4 milliards d'années.

L'ensemble des couples père-fils utilisés en radiochronologie est indiqué sur la figure 5 ainsi que les périodes associées. Tous ces nuclides, à l'exception du potassium, sont peu abondants dans la nature : ils n'existent qu'à l'état de traces et la mesure de leur abondance est difficile. Le seul appareil de mesure utilisable est le spectrographe d'Aston *(voir figure 2)*, inventé il y a une cinquantaine d'années et considérablement perfectionné depuis, notamment à l'occasion des analyses des échantillons lunaires. On atteint aujourd'hui pour certains éléments des sensibilités de 10^{-12} gramme et sur une quantité de 10^{-8} gramme, une précision de 10^{-3}.

Pour connaître l'abondance d'un élément, on utilise la méthode de « dilution isotopique ». Cette élégante méthode évite de faire un dosage absolu, toujours difficile, de la concentration d'un élément; on obtient cette concentration par une mesure relative. Nous expliquerons cette méthode sur un exemple : le dosage de ^{87}Rb, nuclide père, en présence de ^{85}Rb isotope non radiogénique. On mesure dans l'échantillon le rapport isotopique ^{87}Rb/^{85}Rb. On mélange ensuite une quantité connue de l'échantillon à doser avec une quantité connue de traceur dont la composition isotopique est également connue. En mesurant le rapport isotopique ^{87}Rb/^{85}Rb du mélange total, on en déduit l'abondance de ^{87}Rb dans l'échantillon initial.

La grande difficulté de ces mesures est d'arriver à séparer proprement et efficacement les éléments de la roche à étudier pour les analyser au spectromètre de masse. Pour doser à de si faibles concentrations certains éléments, les niveaux de propreté nécessaire sont impressionnants : dans un cas extrême, il ne faut pas introduire dans l'échantillon plus de 10^{-11} gramme de plomb

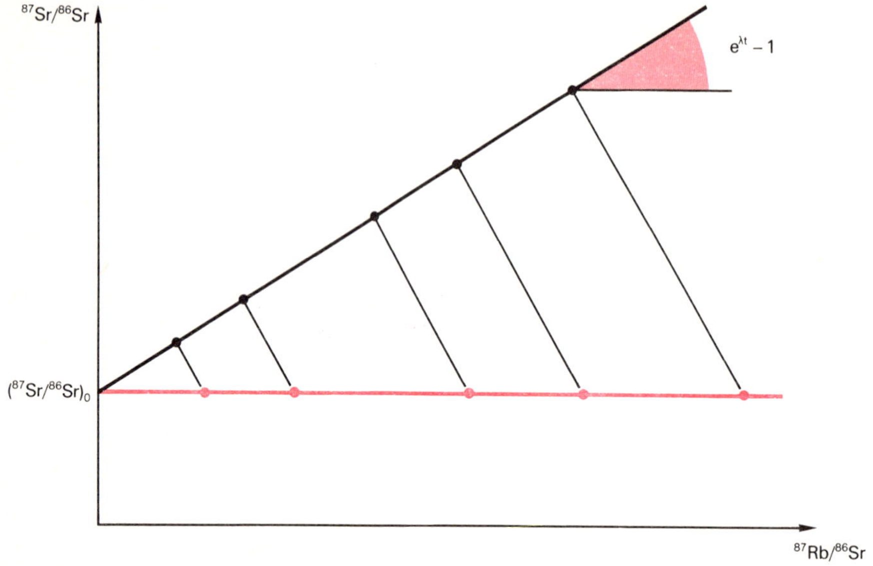

4. DANS CE DIAGRAMME D'ÉVOLUTION DU STRONTIUM, on porte le rapport isotopique actuel ^{87}Sr/^{86}Sr du strontium en fonction du rapport de concentration actuel du nuclide père ^{87}Rb et de l'isotope stable et non radiogénique ^{86}Sr du strontium. A l'instant initial, toutes les parties du système étudié ont la même composition isotopique (^{87}Sr/^{86}Sr), mais des rapports d'abondances ^{87}Rb/^{86}Sr différents *(ligne en couleur)*. Avec le temps, le nuclide père ^{87}Rb décroît et produit un nuclide fils ^{87}Sr, tandis que ^{86}Sr reste constant ; les points représentatifs des différentes parties du système se déplacent sur des droites parallèles *(en trait fin)* mais restent alignés *(droite en trait fort)* avec le point d'abscisse nulle dont l'ordonnée représente le rapport isotopique initial. Ce point correspondrait à une partie du système ne contenant pas du tout de père et qui garderait donc la composition isotopique initiale du fils.

PÈRE		FILS	TYPE DE DÉSINTÉGRATION	PÉRIODE EN ANNÉES	ABONDANCE DU PÈRE (ppm)	ABONDANCE DU FILS (ppm)
K^{40}	→	Ar^{40}	β^+	$1,2.10^9$	0,059	518.10^{-8} cc/g
Rb^{87}	→	Sr^{87}	β^-	50.10^9	0,57	0,75
Sm^{147}	→	Nd^{143}	α	106.10^9	0,031	0,070
Re^{187}	→	Os^{187}	β^-	43.10^9	0,019	0,0082
Th^{232}	→	Pb^{208}	$6\,\alpha$	14.10^9	0,040	1,75
U^{235}	→	Pb^{207}	$7\,\alpha$	$0,7.10^9$	0,000073	0,68
U^{238}	→	Pb^{206}	$8\,\alpha$	$4,5.10^9$	0,010	0,71
I^{129}	→	Xe^{129}	β^-	$1,7.10^7$	$0,06.10^{-4}$	$0,20.10^{-8}$ cc/g
Al^{26}	→	Mg^{26}	β^+	$7,4.10^5$	$0,0043.10^{-5}$	10,7 %
Pu^{244}	→	Xe Fission	(α)	8.10^7	0,00036	$0,74.10^{-8}$ cc/g

5. LES COUPLES DE NUCLIDES utilisés pour l'étude de la chronologie du système solaire sont en nombre assez limité. Les premiers sont des nuclides radioactifs d'assez longue période, existant encore à l'heure actuelle. On a porté dans les deux dernières colonnes les abondances actuelles en parties par million de ces nuclides, dans les météorites chondritiques. Pour ^{40}Ar et ^{129}Xe, qui sont des gaz, on a porté leur abondance en centimètres cubes par gramme de roche. Tous ces nuclides sont à l'état de traces dans les chondrites. De plus, à l'exception du potassium, ils sont tous isotopes d'éléments eux-mêmes présents à l'état de traces. Les trois derniers sont des nuclides de plus courtes périodes dont l'existence, au début de l'histoire du système solaire, a été clairement mise en évidence. L'abondance des nuclides pères correspond à l'abondance estimée au moment de la condensation du système solaire, à partir d'un nuage de gaz et de poussière, il y a 4,55 millions d'années.

en impuretés, quantité qui représente moins d'un cent millième de ce qui sort du pot d'échappement d'une voiture qui fait un mètre dans la rue!

Datation du système solaire

Pour déterminer la date de la création du système solaire, on se heurte à la difficulté d'établir une corrélation entre l'événement modifiant les concentrations chimiques ou les compositions isotopiques et l'événement géologique. La première question est de savoir si le cortège planétaire et le Soleil ont été formés à la même époque à partir de la même matière. On peut aujourd'hui raisonnablement affirmer que le matériel constituant le cortège planétaire provient du milieu interstellaire : les planètes ne résultent pas du refroidissement de petites étoiles qui auraient donné des astres morts. Cela posé, le matériel du cortège planétaire a-t-il été progressivement piégé par l'attraction gravitationnelle du Soleil déjà formé ou provient-il du même nuage que le Soleil? La radiochronologie va nous permettre de répondre à cette question : l'ensemble du système solaire, Soleil et planètes, s'est, selon toute vraisemblance formé pendant un intervalle de temps assez court, quelques dizaines de millions d'années, à partir du même nuage intersidéral protosolaire.

En matière de datation, un second problème consiste à choisir les échantillons représentatifs de cette formation. L'évolution du magma terrestre et lunaire, surtout terrestre, remet les horloges radiochronologiques « à zéro » en mélangeant les roches et leurs constituants; c'est pour cette raison qu'on préfère étudier les météorites, meilleurs témoins de la naissance du système solaire.

Il serait faux de croire que les météorites sont rarissimes. L'étude des dépôts de poussières cosmiques dans les glaces polaires a montré qu'il tombe chaque jour sur Terre une centaine de tonnes de poussière et de météorites! Ces météorites semblent provenir d'une ceinture d'astéroïde en orbite autour du Soleil et située entre Mars et Jupiter. C'est la détermination des trajectoires des météores dans l'atmosphère qui a permis de déduire leur point de départ.

Lorsqu'un objet arrive dans l'atmosphère, il émet une traînée lumineuse et explose parfois avant d'arriver au sol; les débris du météore sont recherchés sur le terrain et il faut évidemment les distinguer des roches environnantes. Les critères de reconnaissance les plus simples sont une croûte de fusion à la surface de l'objet (résultat de l'échauffement lors de la traversée de l'atmosphère) et la présence de fer à l'état métallique. Lorsque l'on trouve du fer à l'état métallique dans une roche, on peut être certain qu'il provient d'une météorite. Les premières traces de sidérurgie, par exemple chez les Égyptiens, *(voir figure 7)* ont été fondées sur l'utilisation du fer des météorites. Ce qui est étonnant, c'est qu'il semble que les Égyptiens aient su que ces météorites provenaient du ciel! La chute des grosses météorites sur Terre laisse des traces qui subsistent longtemps : les cratères d'impact. Un des plus frappants est le « Meteor Crater » de l'Arizona créé par un météore de fer, appelé Canyon Diablo *(voir figure 6)*. Il existe une catégorie spéciale de météorites utilisées pour la datation du système solaire : ce sont les chondrites, ainsi nommées parce que la plupart contiennent des chondres, c'est-à-dire de petites sphères silicatées du même matériau que la roche mais qui témoignent d'un phénomène de fusion. Les chondrites ont une composition chimique assez uniforme, très proche de celle de la surface du Soleil et des matériaux interstellaires libérés par la surface des étoiles. On tend donc à penser que ces météorites sont les témoins de la condensation du nuage de gaz initial. Les conditions de cette condensation sont encore peu connues et n'ont sûrement pas été uniformes dans la nébuleuse initiale. Il s'ensuit qu'il existe, en seconde approximation, des différences chimiques systématiques entre les chondrites, tant en éléments majeurs qu'en traces. Ces différences permettent de subdiviser les chondrites en plusieurs groupes de composition chimique plus homogène correspondant chacun à des conditions spécifiques de condensation de la nébuleuse protosolaire.

Après la condensation, les grains résultant de cette condensation et les grains éventuellement préexistants, s'agglomèrent pour former l'objet planétaire. On pense généralement que les chondrites d'un même groupe proviennent toutes du même objet planétaire, le corps « parent », de la taille d'un astéroïde (quelques centaines de kilomètres de diamètre). Les grains préexistants ont peut-être été formés par

6. CRATÈRE D'IMPACT causé par la chute d'une météorite, la météorite Canyon Diablo, en Arizona. Cette météorite aurait pesé deux millions de tonnes et le cratère a plus d'un kilomètre de diamètre. Tout autour, on distingue des rochers éjectés au moment de l'impact.

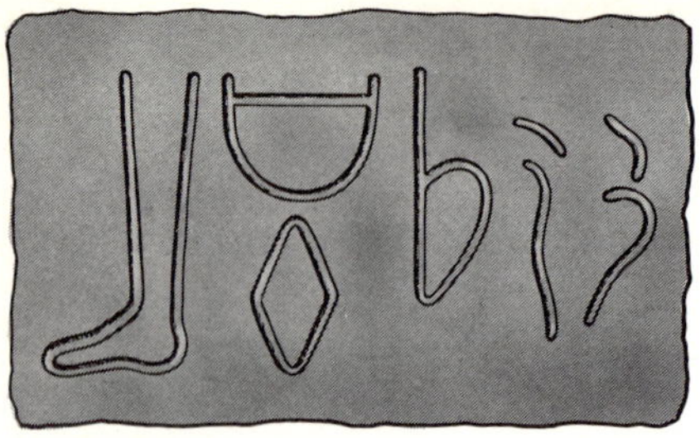

7. HIÉROGLYPHE D'UNE MÉTÉORITE signifiant « fer tombé du ciel ». On a découvert, en Egypte, quelques outils façonnés à partir de fer météoritique, entre la période préhistorique (3100 av. J.C.) et la XVIIIe dynastie (1580-1314 av. J.C.).

des explosions de supernovae, évidemment en dehors du système solaire; leur composition isotopique peut donc différer de celle des constituants formés à partir du gaz du nuage protosolaire. En effet, leur composition ne correspond pas à la composition cosmique moyenne qui est celle du gaz mais résulte des conditions particulières de la nucléosynthèse dans la supernova où ils se forment. La présence de tels grains peut donc rendre inexacte la condition d'homogénéité isotopique initiale. Afin de conclure quant à leur existence dans le sein de la nébuleuse protosolaire, il faut étudier les variations d'abondances isotopiques des différents éléments et s'assurer que de telles anomalies isotopiques n'ont pu être formées *in situ* au cours de l'histoire du système solaire; certains éléments, actuellement présents dans le système solaire et probablement issus du nuage protosolaire, présentent en effet des écarts parasites de composition isotopique autres que ceux qui résultent des transformations radioactives non perturbées permettant la datation. A quoi ces écarts peuvent-ils être dus? Ils peuvent résulter de l'influence du bombardement cosmique qui induit des mutations en provoquant l'éclatement du noyau atomique : on appelle ce phénomène la spallation. Par ailleurs, certains phénomènes naturels, évaporation, diffusion, provoquent des variations parasites de composition isotopique : les isotopes légers s'évaporent, par exemple, plus vite que les isotopes plus lourds. Cette ségrégation apparaît plus nettement pour les éléments légers (hydrogène, carbone, oxygène, etc.) pour lesquels l'écart de masse entre différents isotopes par rapport à la masse du noyau, est plus important que pour les éléments plus lourds (c'est sur la base de cette différence de masse du nuclide qu'on enrichit certains matériaux nucléaires).

Ces anomalies sont intéressantes car elles témoignent d'hétérogénéités du système protosolaire. En 1964, J. H. Reynolds, de l'Université de Berkeley, démontrait pour la première fois l'existence d'une variation inexpliquée de la composition isotopique du xénon dans les météorites. En 1969, on s'est aperçu d'autre part, que certains météorites étaient anormalement riches en ^{22}Ne et, plus récemment, R. N. Clayton a observé que la composition isotopique de l'oxygène était également variable. Prenons pour exemple les variations de composition isotopique en oxygène de certains échantillons. L'oxygène existe sous trois formes isotopiques ^{16}O, ^{17}O et ^{18}O. Lors de tout phénomène physique, le fractionnement isotopique est approximativement proportionnel à l'écart de masse. La variation de rapport isotopique ^{18}O/^{16}O sera deux fois plus grande que la variation isotopique de ^{17}O/^{16}O. On représente, pour différents échantillons, *(voir figure 8)* les rapports isotopiques ^{17}O/^{16}O et ^{18}O/^{16}O sur deux axes de coordonnées et on remarque qu'en fonction de leur provenance, les concentrations de divers échantillons s'alignent sur des droites parallèles, de pente 1/2, non confondues; cela signifie que les concentrations isotopiques initiales en ^{17}O (et en ^{18}O) diffèrent selon les familles d'échantillons, ce qui témoigne d'un passé spécifique à chaque famille. Il existe cependant des exceptions : les chondrites carbonées, qui s'alignent sur une droite de pente 1 et qui peuvent résulter d'un mélange en proportions variables.

L'âge du système solaire

Maintenant que l'on a établi que différents groupes de chondrites ont une composition isotopique initiale homogène, on peut les utiliser pour la datation. On examinera alors les différents types de chronomètres utilisés. Quand le nuclide fils est un gaz, il est facilement libéré par la roche; le système n'est pas fermé; on ne peut ainsi utiliser, sans précautions, comme chronomètres, les transmutations faisant intervenir un tel nuclide fils : c'est le cas des chronomètres $^{40}K \rightarrow {}^{40}Ar$ et (U-Th) $\rightarrow$ ^{4}He.

Le couple $^{87}Rb \rightarrow {}^{87}Sr$, qui ne souffre pas de cet inconvénient, est d'emploi plus facile et donne de bons résultats. La dernière détermination « roches totales », réalisée par l'auteur au laboratoire de géochimie et cosmochimie de l'Institut de Physique du Globe sur une dizaine de météorites chondritiques, donne un âge égal à $4{,}52 \pm 0{,}05$ milliards d'années. Les couples $^{238}U \rightarrow {}^{206}Pb$, $^{235}U \rightarrow {}^{207}Pb$ et $^{232}Th \rightarrow {}^{208}Pb$ méritent une considération particulière. Pour les deux premiers couples, en effet, les deux nuclides pères et les deux nuclides fils sont respectivement isotopes d'un même élément. On peut coupler ces deux chronomètres et mesurer un âge par les seules variations du rapport isotopique du plomb ^{206}Pb/^{207}Pb. A la fermeture du système, fermeture que l'on souhaite dater, les concentrations isotopiques de ^{206}Pb et ^{207}Pb sont imposées par l'environnement (rapport isotopique initial); à partir de cet instant, ce rapport ^{206}Pb/^{207}Pb évolue selon une courbe, fonction des concentrations initiales en éléments pères (^{235}U et ^{238}U) et fils (^{207}Pb et ^{206}Pb) et des constantes de désintégration radioactive de chaque couple. On appelle cet âge, un âge « plomb-plomb ». Cet âge n'a de sens que si le système est resté fermé pour les couples uranium-plomb. Si cette condition est respectée, on dit d'un âge U-Pb qu'il est concordant. Comme on n'a, dans cette méthode que des rapports isotopiques à mesurer, on obtiendra des âges plus précis que par les autres méthodes. L'inconvénient majeur de ce chronomètre est analytique : il faut prendre des précautions particulièrement rigoureuses, pour éviter les pollutions par les aérosols de plomb tétra-éthyle rejetés par les véhicules automobiles. Une méthode identique existe avec le couple ^{232}Th-^{208}Pb (en se désintégrant, le ^{232}Th produit du ^{208}Pb) : le fractionnement chimique de l'uranium et du thorium dans la nature, est pratiquement négligeable : on dispose donc également d'un chronomètre ^{208}Pb/^{206}Pb, fonctionnant sur le même principe que le chronomètre ^{206}Pb/^{207}Pb. On doit aussi vérifier la « concordance » des âges U-Pb et ^{232}Th-^{208}Pb. On calcule pour toutes les chondrites des différents groupes un âge plomb-plomb de $4{,}54 \pm 0{,}02$ milliards d'années. On obtient donc un âge identique par les deux chronomètres ^{87}Rb-^{87}Sr et U-Pb, de l'ordre de 4,54 milliards d'années.

Malheureusement, cet âge ne coïncide pas nécessairement avec la condensation des météorites : la signification de l'âge est, rappelons-le, le dernier fractionnement chimique père/fils ou la dernière réhomogénéisation isotopique de l'élément fils qui change le rapport F_0/D initial et par conséquent la droite sur laquelle s'alignent les différentes roches, droite dont la pente détermine l'âge de l'échantillon. Pour savoir si cet événement est un témoin de la condensation initiale il faudrait s'assurer qu'il n'y a pas eu de fractionnement ultérieur, tel qu'un réchauffement provoquant la diffusion d'un des éléments. La minéralogie des chondrites montre que certaines se sont recristallisées, ce qui est bien dommage, car cette recristallisation introduit une certaine incertitude dans les résultats.

Pour lever cette incertitude on peut avoir recours à l'analyse des inclusions des météorites carbonées; ces inclusions se présentent sous la forme de globules, souvent de couleur rosée. Elles sont riches en éléments réfractaires (calcium, aluminium, titane) qui se condensent à haute température (1 200 °C environ). Ces minéraux sont des témoins inaltérés de la condensation initiale; on a vu que pour l'oxygène, la condition d'homogénéité isotopique initiale n'était pas satisfaite dans ces inclusions. On essaie de dater ces inclusions à l'aide d'autres éléments en espérant qu'ils satisfont à la condition d'homogénéité isotopique initiale que l'on pourrait vérifier *a posteriori*. Les « âges » uranium-plomb et ^{87}Rb-^{87}Sr des inclusions des météorites carbonées ont été effectivement déterminés. La meilleure précision s'obtient avec la méthode « plomb-plomb » : l'âge obtenu est de $4{,}555 \pm 0{,}005$ milliards d'années. Les inclusions donnent également le rapport initial du strontium dans la nébuleuse au moment de leur condensation :

$$^{87}Sr/^{86}Sr = 0{,}69877 \pm 0{,}00005.$$

Avec ces mesures, nous connaissons l'âge de la condensation à 20 millions d'années près; or des calculs théoriques indiquent qu'un tel processus se déroule en quelques milliers d'années. Peut-on obtenir une meilleure précision?

La résolution d'un chronomètre radiochronologique augmente quand la période du nuclide père décroît, les variations de composition relatives du nuclide fils étant alors plus rapides. Au début du système solaire, la nucléosynthèse avait fabriqué des nuclides à courte période de désintégration : depuis, les éléments pères ont tous disparu et seuls les éléments fils subsistent. On ne peut donc plus les utiliser pour mesurer un âge absolu. En revanche, comme on le verra, la mesure de la variation de la composition isotopique du nuclide fils peut servir à déterminer une chronologie relative. On a mis en évidence qu'il existait trois nuclides de ce type, au début de l'histoire du système solaire : ^{26}Al, ^{129}I et ^{244}Pu. Nous évoquerons les problèmes liés à ^{26}Al plus loin; quant aux deux autres, seul ^{129}I a pu être utilisé de façon fiable pour des mesures radiochronologiques. Le plutonium 244 est cependant très important : on observe notamment des traces de sa fission (cicatrices laissées par le trajet des produits de fusion) dans les minéraux des météorites; ces traces disparaissent facilement avec un léger réchauffement et leur survivance est la preuve de la décroissance *in situ* du ^{244}Pu. Du nombre des traces on peut déduire le nombre de nuclides pères qui se sont désintégrés et par conséquent l'âge limite inférieur pour le dernier réchauffement.

L'iode 129 se désintègre en xénon 129; depuis 1960, on a découvert des excès de xénon 129 dans les météorites. A cette époque, Reynolds et ses collaborateurs mirent au point une technique astucieuse permettant d'analyser ces variations. L'iode possède un autre isotope stable : l'iode 127. On place la météorite à étudier dans une pile nucléaire; sous l'effet des radiations, l'iode 127 se transforme en xénon 128 et ce nuclide reste dans les sites minéralogiques occupés précédemment par l'iode 127. En la chauffant par palier de température, on dégaze la météorite.

Si les nuclides ^{129}Xe résultent de la décroissance *in situ* de ^{129}I, ils sont dans des sites minéralogiques identiques à ceux de ^{127}I et les spectres de dégazage des nuclides ^{129}Xe et ^{128}Xe sont alors identiques. On n'examine que les parties des spectres de dégazage où il existe une corrélation entre ^{129}Xe et ^{128}Xe, cette corrélation témoignant d'une localisation identique dans la météorite. Avec le rapport $^{129}Xe/^{128}Xe$, on calcule le rapport $^{129}I/^{127}I$ de la météorite lors du dernier épisode de fractionnement Iode/Xénon.

La méthode ^{129}I-^{129}Xe a été utilisée dans les météorites pour déterminer une chronologie relative; les variations du rapport $^{129}I/^{127}I$ donnant un âge relatif par rapport à une chondrite étalon : la météorite de Bjurböle. On observe alors que le dernier fractionnement iode/xénon s'est produit dans un intervalle de temps de 15 millions d'années pour la plupart des météorites *(voir figure 11)*. Il faut situer cet intervalle dans l'histoire du système solaire. Cet ultime fractionnement iode/xénon pourrait avoir eu lieu, soit durant la condensation du nuage protosolaire, soit, après, à la faveur d'un réchauffement ultérieur. On pense généralement que le ^{129}Xe est le témoin de la phase initiale de condensation du nuage protosolaire. Cette condensation *(voir figure 10)* s'est faite par abaissement de la température entre 1 500 °C et 200 °C. Le xénon qui provient de la désintégration de ^{129}I reste piégé quand la température est inférieure à 1 000 °C. Il n'est donc pas affecté par le réchauffement ultérieur du corps parent. On pense donc que cet intervalle de 15 millions d'années correspond à la condensation du nuage protosolaire. Très récemment on a proposé une interprétation plus fine de ces données, limitant l'intervalle de condensation à trois millions d'années.

L'âge de la condensation du matériel qui a donné naissance aux chondrites étant maintenant acquis, qu'en est-il des planètes? Au cours de la formation du système solaire, les grains déjà présents dans la nébuleuse planétaire et les grains nouvellement condensés se sont agglomérés pour donner naissance aux planètes. De nombreux modèles décrivent cette agglomération : elle a pu durer un intervalle de temps compris

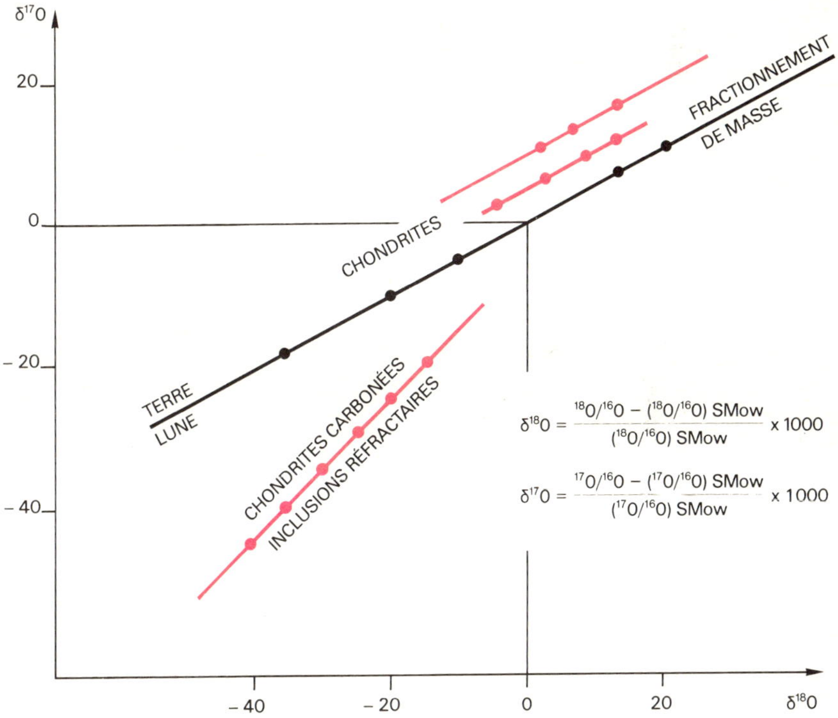

8. LA COMPOSITION ISOTOPIQUE DE L'OXYGÈNE et des éléments légers varie de façon sensible au cours de tous les phénomènes naturels, par suite d'un fractionnement de masse. L'oxygène a trois isotopes ^{16}O, ^{17}O et ^{18}O. Lors de phénomènes physiques, ces trois isotopes ont un comportement légèrement différent dû à leur différence de masse. Il s'ensuit des variations assez faibles des rapports isotopiques $^{17}O/^{16}O$ et $^{18}O/^{16}O$, approximativement proportionnelles aux écarts de masses (égal à 1 pour $^{17}O/^{16}O$ et à 2 pour $^{18}O/^{16}O$). On étudie généralement ces compositions isotopiques en les comparant à une valeur standard qui est celle de l'eau de mer (SMOW). Dans un diagramme où l'on porte $\delta^{17}O$ en fonction de $\delta^{18}O$, les compositions isotopiques d'oxygène d'un système de composition initiale homogène vont s'aligner sur une droite de pente 1/2. A l'inverse, le non respect d'une loi de ce type implique une hétérogénéité isotopique initiale, car on ne connaît pas de processus ayant eu lieu dans le système solaire qui ait pu modifier la composition isotopique de l'oxygène, autrement que selon cette loi. On voit sur la figure que les compositions isotopiques de l'oxygène d'échantillons terrestres et lunaires sont alignées sur une droite de pente 1/2. En revanche, les données concernant les différents groupes de chondrites définissent des droites parallèles mais distinctes, impliquant une hétérogénéité isotopique initiale entre les différents sites de formation des objets du système solaire. Si l'on examine les compositions isotopiques de l'oxygène dans les inclusions réfractaires des météorites carbonées, on observe un alignement le long d'une droite de pente 1. Un tel comportement simple peut s'expliquer par une absence de fractionnement de masse et par un mélange de deux composants de compositions initiales différentes.

entre quelques milliers d'années et quelques dizaines de millions d'années. Cette agglomération a pu se faire en une seule étape pour donner des planètes de la taille de celles que l'on observe aujourd'hui ou bien progressivement, des astéroïdes étant d'abord créés puis se groupant ensuite en planètes. Quels sont les renseignements qu'apporte la radiochronologie sur ce problème? Nous examinerons successivement le problème de l'âge des gros objets (la Terre et la Lune) et celui de plus petits objets, les corps parents de certaines météorites différenciées.

L'étude de l'âge de la Terre.

Les seuls échantillons accessibles de la croûte terrestre ont été soumis à un fractionnement chimique continu au cours des temps géologiques. De plus, la croûte terrestre reçoit des apports continus de magma en provenance du manteau supérieur, principalement au voisinage des rides où a lieu l'expansion des fonds océaniques. C'est pourtant à partir d'échantillons actuels de la croûte que Clair Patterson et ses collaborateurs ont obtenu pour la première fois un âge de la Terre proche de la valeur admise aujourd'hui : l'âge ainsi obtenu était de $4{,}55 \pm 0{,}07$ milliards d'années. On ne peut minimiser la très grande valeur de ce travail, mais sa légitimité est contestable car la théorie de la tectonique des plaques montre que la croûte terrestre est un milieu ouvert auquel cette datation ne s'appliquait pas. De plus la différenciation terrestre (ségrégation des éléments dans le noyau, le manteau et la croûte terrestre) s'est accompagnée d'un fractionnement chimique, en particulier de l'uranium et du plomb. Afin de tracer l'histoire du fractionnement chimique de la croûte, on a alors essayé d'étudier l'évolution de la composition du plomb dans la croûte terrestre au cours des temps géologiques. Pour cela, on a analysé des galènes d'âge connu. (La galène est un sulfure de plomb existant à l'état naturel dans certains filons.) Ces galènes sont intéressantes à un double point de vue; d'une part elles sont très riches en plomb et témoignent, pense-t-on, de la composition isotopique du plomb au moment de leur formation; d'autre part ces galènes contenant très peu d'uranium et de thorium, le rapport isotopique du plomb qu'elles contiennent ne varie guère au cours des temps, ce qui fait qu'on mesure aujourd'hui le même rapport qu'à l'époque de leur formation. La plus vieille galène connue a un âge de 3,3 milliards d'années. En comparant l'évolution de la composition isotopique du plomb dans la croûte terrestre et en combinant les résultats avec les mesures de composition initiale du plomb faites sur les météorites, on détermine un âge de différenciation de la Terre égal à $4{,}44 \pm 0{,}1$ milliards d'années.

On peut également étudier l'évolution du plomb dans le manteau terrestre : pour cela, on détermine, à partir de l'étude de différents massifs de roches de composition basaltique d'âge connu ou déterminé, la composition isotopique en plomb qui était celle de la source mantellique de ces massifs au moment de leur mise en place. Les plus vieux massifs utilisés pour cette étude ont un âge de 3,6 milliards d'années. Une extrapolation analogue à celle faite sur les galènes donne un âge compris entre 4,4 et 4,6 milliards d'années. L'âge de la condensation du nuage protosolaire obtenu à partir de l'étude des chondrites et l'âge de la différenciation de la Terre, semblent ainsi très proches; l'agglomération de notre planète semble s'être produite très peu de temps après la condensation du nuage protosolaire.

Depuis huit années, un autre objet planétaire est accessible à la mesure : c'est la Lune. La surface de la Lune se compose de montagnes anorthositiques (c'est-à-dire de roches constituées à plus de 90 % par un feldspath de la famille des plagioclases calciques) et de mers basaltiques. L'âge de ces montagnes est très difficile à mesurer; les impacts météoritiques ont profondément bouleversé les systèmes radiochronologiques (réchauffement et homogénéisation partielle due à l'impact).

L'étude des échantillons provenant des mers basaltiques est plus simple. Leurs « âges internes » déterminés à partir des minéraux d'une lave, se répartissent sur des isochrones qui ont entre 3,9 et 3,2 milliards d'années; en revanche, avec l'isochrone « roche totale », c'est-à-dire en prenant pour échantillon des laves lunaires, on obtient un âge de 4,4 milliards d'années. Les premières mesures datent la mise en place et la cristallisation de ces mers; la seconde correspond à la différenciation chimique majeure subie par la Lune. On pense maintenant connaître assez bien ce processus de différenciation. A cette époque, dans le manteau lunaire encore en fusion, commencèrent à précipiter deux minéraux : le plagioclase et l'olivine. Le premier minéral se rassembla, par flottation, constituant ainsi la croûte anorthositique, tandis que se formaient des concentrations minérales riches en olivine (cumulats) sombrant à la partie inférieure du manteau; entre les deux couches, un liquide résiduel très différencié fit ultérieurement éruption en surface pour donner les mers basaltiques. C'est cette différenciation que l'on date à 4,4 milliards d'années. Des fragments de cumulats

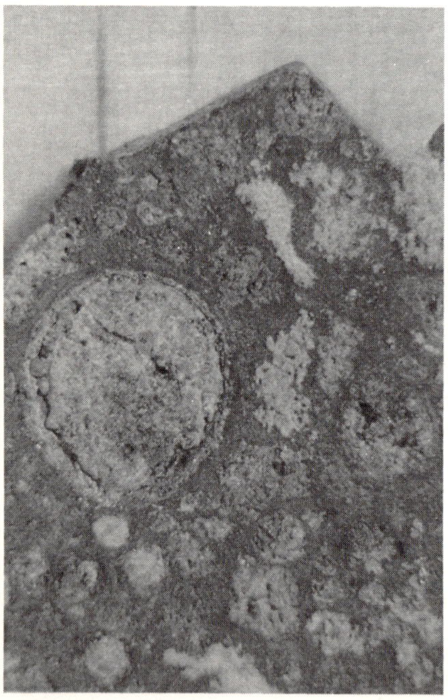

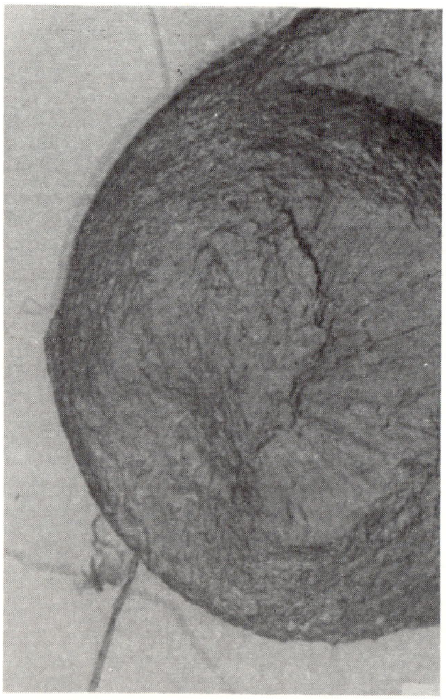

9. LES CHONDRITES sont ainsi nommées car la plupart contiennent des chondres, sphères silicatées résultant d'un phénomène de fusion. La figure de droite montre un chondre de la météorite de Tieschitz, photographié à l'aide du microscope électronique à balayage du BRGM, Bureau de la Recherche Géologique et Minière d'Orléans, le grossissement est de × 60. Apparaissent clairement sur cette photographie la couche extérieure, à l'aspect fondu et la structure interne, fibroradiée, de ce type de chondre. La photographie de gauche représente une tranche sciée de la météorite carbonée d'Allende, tombée en 1968 au Mexique, prise en éclairage oblique. Le grossissement est de × 3,2. Le gros élément circulaire est un chondre, noyé dans une matrice assez sombre relativement riche en carbone et en éléments volatils. Les petits points brillants situés sur le pourtour du chondre sont des sulfures. Certains d'entre eux semblent être les minéraux hôtes des anomalies de compositions isotopiques de xénon observées dès 1964 à Berkeley par J. H. Reynolds. Les taches très blanches sont des inclusions réfractaires, dont on distingue ici 2 types : certaines sont à grains très fins, tandis que d'autres sont plus grossières. Ces inclusions ont une minéralogie qui semble être le résultat inchangé de la condensation à haute température du gaz de la nébuleuse protosolaire. Ces photographies ont été aimablement prêtées par Mme Christophe Michel-Lévy, du Laboratoire de minéralogie de l'Université Pierre et Marie Curie.

d'olivine ont été ramenés en surface à la suite d'impacts météoritiques : leur âge est de 4,50 ± 0,09 milliards d'années. L'agglomération de la Lune s'est donc produite peu de temps après la condensation du nuage protosolaire mais, comme dans le cas de la Terre, il est encore impossible de préciser l'intervalle séparant la condensation, de l'agglomération. Pour étudier cette phase d'agglomération, nous devons avoir recours aux météorites différenciées. Les météorites peuvent schématiquement se diviser en deux ensembles : les chondrites, dont nous avons parlé précédemment et les météorites différenciées qui sont, soit enrichies, soit appauvries en certains éléments en raison d'un important fractionnement chimique. On considère que ces météorites différenciées proviennent du manteau (météorites à composition basaltique) et du noyau (météorites métalliques) de petites planètes aujourd'hui disparues.

Jean-Louis Birck, du laboratoire de géochimie et cosmochimie de Paris a montré que, contrairement aux échantillons des mers lunaires, les météorites de composition basaltique ne présentent pas de discordance entre les isochrones « âge interne » et l'isochrone « roche totale »; ces isochrones sont confondues et donnent un âge de 4,55 milliards d'années. Dans ces petites planètes, la différenciation et la mise en place de ces produits basaltiques s'est donc faite très vite.

Les échantillons de météorites différenciées, étudiés jusqu'à aujourd'hui, présentent des rapports isotopiques initiaux du strontium compris entre 0,69900 ± 0,00005 et 0,69930 ± 0,00015. Si l'on admet qu'avant leur différenciation, ces petites planètes avaient la composition des météorites chondritiques (rapport isotopique initial du strontium dans les chondrites : 0,69877 ± 0,00005) et que toutes ces météorites condensèrent en même temps, on peut utiliser les variations du rapport $^{87}Sr/^{86}Sr$ pour calculer l'intervalle de temps séparant la condensation du nuage protosolaire (l'agglomération des planètes étant quasi simultanée) et la différenciation des petites planètes parentes des météorites différenciées : on obtient un intervalle de l'ordre de 10 millions d'années.

En 1958, Harold Urey s'est demandé comment ces petites planètes avaient pu se différencier, c'est-à-dire se séparer en trois éléments principaux : noyau, manteau et croûte. On sait calculer les dimensions de ces planètes. Ce sont des objets de l'ordre de 200 kilomètres de rayon. Au moment de l'agglomération de ces planètes, la matière est froide (environ 200 °C); comment expliquer alors le réchauffement des planètes, après leur agglomération, réchauffement indispensable pour produire une différenciation chimique importante? Les sources d'énergie les plus importantes sont l'énergie gravitationnelle emmagasinée lors de l'agglomération et les désintégrations radioactives de ^{40}K, ^{235}U et ^{238}U; malheureusement, toutes ces sources sont trop faibles pour fondre de petits objets, comme les corps parents des météorites, car la chaleur dégagée y diffuse trop vite vers l'extérieur, à travers la surface de l'astre.

C'est tout récemment que G. W. Wasserburg et ses collaborateurs de l'Institut de Technologie de Californie, ont montré que ce réchauffement était dû à la chaleur dégagée par la désintégration radioactive de ^{26}Al. Ce nuclide radioactif, de faible période de vie (730 000 ans), est une formidable source de chaleur. La concentration en ^{26}Al, déduite des anomalies de composition isotopique du magnésium des inclusions réfractaires, semble voir été suffisante pour fondre tous les objets de rayon supérieur à 1 kilomètre.

La présence de ^{26}Al dans le nuage protosolaire soulève un autre problème; pour qu'un élément de période aussi courte puisse subsister, il faut que sa fabrication soit quasi contemporaine de la condensation. Peut-on estimer l'âge de fabrication des éléments, notamment ^{26}Al, qui composent le système solaire? Nous allons montrer comment on aborde ce problème sur un exemple précis : l'âge de fabrication de l'uranium. Actuellement, le rapport $^{238}U/^{235}U$ est égal à 137,88; or, les études astrophysiques indiquent que la nucléosynthèse produit un rapport isotopique voisin de 1 (0,7 à 1,2 selon les auteurs). En tenant compte des vitesses de désintégration, il faudrait alors 6 milliards d'années pour obtenir le rapport actuel. La nucléosynthèse se produit dans les supernovae et l'on sait que leur nombre, maximum au début de l'univers, il y a 15 milliards d'années, décroît peu à peu. Pendant les 5 milliards d'années précédant la condensation du système solaire, le nuage protosolaire s'est constamment enrichi en uranium de rapport isotopique égal à 1. Néanmoins, au moment de la fermeture du système solaire, le rapport isotopique de l'uranium était supérieur à 1 car ^{235}U se désintègre plus vite que ^{238}U. En fonction du rapport isotopique actuel on peut seulement affirmer que l'âge de fermeture du système solaire est inférieur à 6 milliards d'années.

En utilisant des nuclides à courtes périodes de désintégration, on peut mieux dater le dernier apport au nuage protosolaire. En effet, l'accumulation dans le nuage de nuclides à courtes périodes, par apport de la nucléosynthèse, est négligeable, ces nuclides s'étant

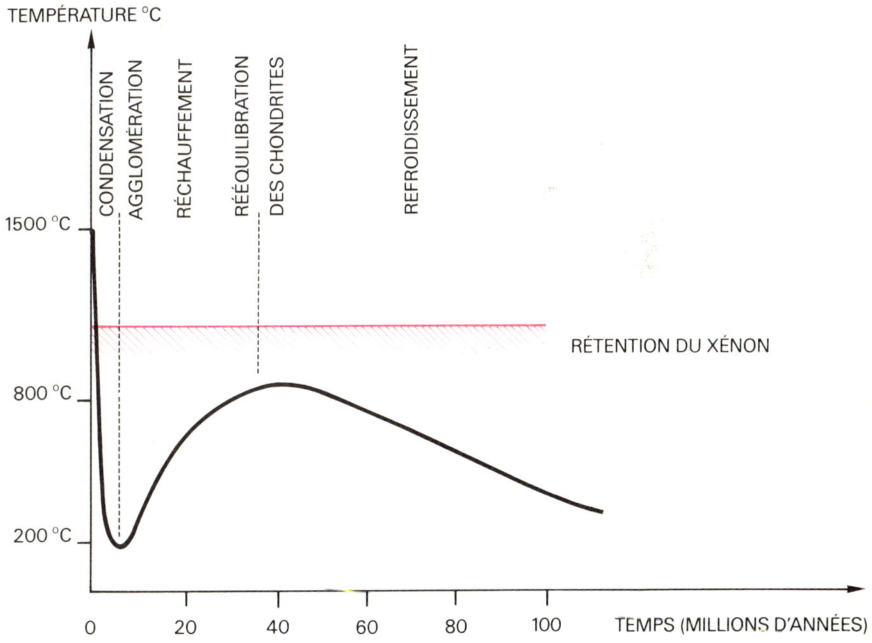

10. UNE ÉVOLUTION THERMIQUE POSSIBLE, au cœur d'un corps parent de chondrites, peut se décrire en trois étapes. Lors de la première étape, la température dans la nébuleuse proto-solaire décroît très rapidement et provoque la condensation du gaz. Les matériaux réfractaires condensent vers 1500 °C et on pense les avoir identifiés dans les inclusions blanches des chondrites carbonées. Les matériaux les plus volatils présents dans les chondrites condensent vers 200 °C. A cette température, les condensats s'agglomèrent en objets planétaires. Ces objets se réchauffent alors : ce réchauffement est permis par l'énergie gravitationnelle libérée lors de l'agglomération pour les gros objets, comme les planètes; pour les petits objets, comme les corps parents des chondrites qui ont 200 kilomètres de rayon environ, d'autres sources de chaleur sont nécessaires, comme la désintégration de ^{26}Al. La température maximale atteinte au cœur de tels objets est de 800 °C environ. L'objet se refroidit ensuite en irradiant son énergie dans l'espace. La vitesse de refroidissement et la température maximale atteinte sont estimées d'après des critères d'équilibre minéralogique et d'après des datations radiochronologiques. Il semble que le xénon soit retenu dans les sites minéralogiques où est présent l'iode 129 à partir de températures de l'ordre de 1 100 °C *(zone colorée)*. La rétention du xénon, à partir de laquelle démarre le chronomètre ^{129}I-^{129}Xe ne peut donc être remise à zéro lors du réchauffement des chondrites. Cette rétention semble alors remonter à la condensation de la nébuleuse.

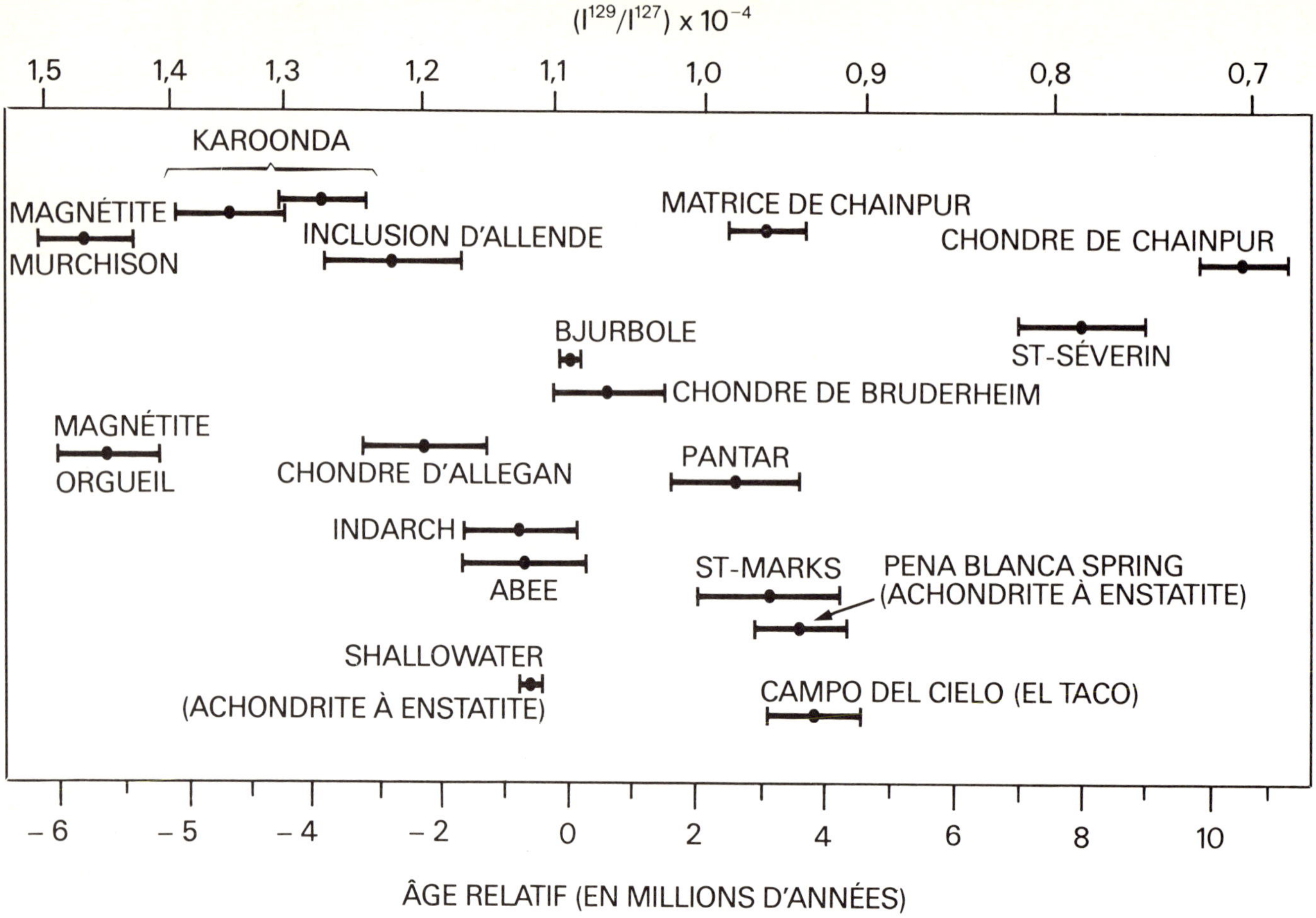

11. LA CHRONOLOGIE FINE DES MÉTÉORITES est fondée sur la décroissance du nuclide ^{129}I aujourd'hui éteint, en ^{129}Xe. La détermination de la variation de l'abondance actuelle de ^{129}Xe en fonction de l'abondance de l'isotope stable ^{127}I de ^{129}I permet de déterminer le rapport $^{129}I/^{127}I$ au moment de la fermeture du système ^{129}I-^{129}Xe. On pense que cet événement remonte à la condensation du système solaire. Les variations du rapport $^{129}I/^{127}I$, dans les météorites, peuvent servir de chronomètre relatif. On a choisi comme météorite de référence la chondrite de Bjurböle. Sur la figure on a indiqué en haut le rapport $^{129}I/^{127}I$ dans les météorites et en bas la correspondance en temps de condensation relatif à Bjurböle. L'ordonnée n'a pas de signification. Les âges ^{129}I-^{129}Xe d'un grand nombre de chondrites incluant les inclusions réfractaires de météorites carbonées (Allende), des chondres, des chondrites déséquilibrées (Chainpur, Bjurböle) et des chondrites recristallisées (Saint Séverin) définissant un intervalle de condensation de 15 millions d'années. Un modèle récent, comprenant 2 étapes de condensation des chondrites, ramène cet intervalle à 3 millions d'années. Des Météorites différenciées (Shallowater, Pena Blanca Spring) et des inclusions silicatées de météorites de fer (Campo del Cielo) ont des âges ^{129}I-^{129}Xe qui sont compris dans cet intervalle. Ce résultat est un argument supplémentaire en faveur d'une différenciation très rapide des corps parents ayant donné naissance à ces météorites différenciées.

désintégrés au fur et à mesure de leur apparition. On ne tient alors compte que de l'apport final à l'instant de fermeture du système solaire. On sait alors calculer le rapport isotopique au moment de la fermeture et, en le comparant à celui de la condensation, on en déduit l'intervalle de formation du système solaire. A l'aide du ^{244}Pu et de ^{129}I, on avait pu estimer à 120 millions d'années l'intervalle séparant la nucléosynthèse de ces éléments de leur incorporation dans les météorites.

On reliait cet intervalle de temps à des phénomènes astronomiques : le système solaire (tout comme l'était avant lui, le nuage protosolaire) est en orbite autour du centre de notre galaxie. Celle-ci se présente sous forme d'un noyau dense à partir duquel divergent deux bras spirales. Dans ces bras, la concentration des supernovae est plus élevée et les distances interstellaires sont plus courtes. Le temps de passage d'un bras à l'autre, pour le système solaire, est de 120 millions d'années. On pensait alors que les derniers apports de la nucléosynthèse avaient eu lieu au cours du passage dans le premier bras de la galaxie; puis, lors du passage dans le second bras, sous l'effet d'un phénomène de compression, le nuage protosolaire s'était condensé.

Cependant, comment ^{26}Al, dont la période est de 0,75 million d'années, aurait-il pu subsister pendant 120 millions d'années? Il nous faut admettre que ^{26}Al est apparu juste avant la condensation du nuage. Par quel *Deus ex machina* cet aluminium a-t-il pu apparaître? Il aurait pu être fabriqué à l'intérieur du système solaire lors d'une phase de type « T Tauri » pendant laquelle le Soleil émet un flux intense de matière. Sous l'effet de ce violent vent solaire, ^{26}Al se serait formé par irradiation de protons sur le magnésium. On n'a cependant pas trouvé d'autres traces de cette irradiation primitive. On peut l'expliquer aussi par un apport extérieur. Cet apport qui expliquerait également les hétérogénéités isotopiques du nuage protosolaire aurait eu lieu sous forme de gaz ou de grain en provenance d'une supernova toute proche; l'onde de choc de l'explosion de la supernova pouvant, selon certains auteurs, déclencher le processus de condensation du nuage protosolaire.

Ainsi, le problème de ^{26}Al remet en question l'image simple que nous avons de la formation du système solaire. Les résultats de datation obtenus par la radiochronologie restent acquis mais les détails de l'interprétation seront peut-être révisés en fonction de nouvelles données sur les hétérogénéités isotopiques dans le système solaire.

Une supernova a-t-elle engendré le système solaire?

Les isotopes découverts dans quelques météorites primitives sont probablement des vestiges d'une étoile massive qui aurait explosé près du système solaire en création, environ un million d'années avant la formation de ces météorites.

par David Schramm et Robert Clayton

L'explosion d'une étoile donne une supernova; c'est un événement rare. Parmi les 100 milliards d'étoiles de notre galaxie, on ne compte approximativement que trois supernovae par siècle. Bien qu'elles soient rares, les supernovae sont pourtant à l'origine du système solaire : la poussière et le gaz, qui constituaient l'essentiel des matériaux qui se sont condensés pour former le Soleil et les Planètes, furent éjectés par des supernovae au cours des quelques milliards d'années qui ont précédé cette naissance. On pense aujourd'hui qu'une de ces supernovae a joué un rôle particulièrement important : une étoile massive a explosé au voisinage du système solaire alors que la matière qui le compose aujourd'hui se condensait.

Ce sont les études des éléments chimiques dans les météorites et en particulier la détermination des concentrations des différents isotopes de certains éléments, qui permettent d'avancer cette hypothèse : en effet, la proportion de certains isotopes dans les échantillons des météorites les plus primitives diffère de la proportion de ces mêmes isotopes dans les roches terrestres, lunaires ou qui proviendraient de tout autre échantillon du système solaire. On peut expliquer ces anomalies en supposant qu'une certaine quantité de matière provenant d'une supernova a été injectée dans le système solaire tout au plus quelques millions d'années avant la solidification des météorites. Il existe de bonnes raisons de croire que le lien étroit entre la supernova et la naissance du système solaire n'est pas fortuit. La secousse provoquée par l'explosion de cette étoile aurait déclenché l'effondrement gravitationnel du nuage diffus de gaz et de poussière qui donna naissance au Soleil et à son système planétaire.

Les isotopes sont des atomes ayant le même nombre de protons; ils représentent le même élément chimique et ne diffèrent que par leur nombre de neutrons. L'oxygène, par exemple, a trois isotopes non radioactifs qui ont tous 8 protons, mais 8, 9 et 10 neutrons. Les isotopes sont généralement identifiés par le symbole de l'élément et le numéro de masse atomique; ce dernier n'est autre que la somme des nombres de protons et de neutrons. Ainsi, les isotopes stables de l'oxygène sont l'^{16}O, l'^{17}O et l'^{18}O.

On dit souvent que les isotopes d'un élément sont chimiquement identiques. Il est certain qu'aucun processus chimique ne peut changer un isotope en un autre, pas plus qu'il ne peut changer un élément en un autre (la « transmutation » des alchimistes). Ainsi, en première approximation, les isotopes d'un même élément ne se distinguent pas les uns des autres dans les réactions chimiques. Au cours de la formation des minéraux, par exemple, alors que l'on observe une ségrégation entre les différents éléments chimiques, les isotopes d'un même élément ne se séparent pas. Leur séparation ne peut résulter que d'un processus difficile et coûteux en énergie.

Cette équivalence chimique n'est toutefois qu'une approximation : la plupart des isotopes présentent en réalité des propriétés chimiques légèrement différentes. Ces différences résultent uniquement de la masse atomique qui influe sur la thermodynamique des réactions chimiques; l'effet est rarement très important mais il peut être significatif. Dans les sédiments marins par exemple, la proportion d'isotopes lourds de l'oxygène varie en fonction de la température; en déterminant ces proportions, on peut déduire la température des anciens océans.

La ségrégation chimique des isotopes est régie par une règle simple : tout accroissement du rapport des concentrations d'^{17}O et d'^{16}O lors d'un processus chimique entraîne un accroissement double du rapport $^{18}O/^{16}O$ car ces variations sont proportionnelles à la différence de masse entre les isotopes. Grâce à cette relation, on peut soustraire les effets du fractionnement chimique et déterminer la « vraie » concentration isotopique.

Si l'on tient compte de cet effet, les concentrations relatives des isotopes sont remarquablement constantes L'oxygène terrestre contient 99,756 % d'^{16}O, 0,039 % d'^{17}O et 0,205 % d'^{18}O. On mesure ces mêmes concentrations isotopiques « vraies » dans l'oxygène de l'atmosphère, dans l'eau de mer, dans les sédiments et dans les roches volcaniques. Bien sûr, la quantité d'oxygène varie notablement d'une substance à l'autre, mais la répartition relative des isotopes reste toujours la même.

On a également mesuré les concentrations relatives des différents isotopes de l'oxygène et des autres éléments sur les échantillons lunaires : elles sont les mêmes que sur Terre. D'après la théorie de la formation du système solaire la plus couramment admise, la répartition isotopique est la même sur les autres planètes : le système solaire est issu de l'effondrement gravitationnel d'un nuage diffus de gaz et de poussières en rotation, constitué essentiellement d'éléments légers préexistants, l'hydrogène et l'hélium, et d'une petite quantité d'éléments lourds apportés par les supernovae.

Les répartitions isotopiques et la composition chimique des matières éjectées par les différentes supernovae n'étaient pas nécessairement identiques. En fait, il est vraisemblable que chaque supernova a émis un mélange spécifique d'isotopes et d'éléments chimiques. Cependant, une fois dans le nuage, tous ces apports ont été brassés. A l'époque où le nuage s'est condensé pour former le système solaire, la composition isotopique s'était déjà homogénéisée et était égale à la moyenne des compositions de tous ces débris de supernovae. La découverte récente de matériaux ayant une répartition isotopique différente de celle du système solaire montre qu'au moins une supernova a explosé plus tard que les autres, trop tard pour que la matière qu'elle a éjectée ait eu le temps de se mélanger au reste.

Bien que peu altérées par les réactions chimiques, les concentrations isotopiques anormales ne peuvent persister aujourd'hui que dans des matériaux qui n'ont subi que peu de transformations chimiques; en effet, le mélange des matériaux de provenances différentes, présents dans le nuage protosolaire, s'est inlassablement poursuivi dans les planètes les plus actives. Supposons, par exemple, que dans la région du nuage où s'est formée la Terre, 1 % de l'oxygène ait eu une composition isotopique anormale; on aurait pu en trouver des traces localisées à l'époque où la planète s'est formée, il y a 4,6 milliards d'années, mais on ne peut plus aujourd'hui détecter cette anomalie isotopique : l'oxygène de l'atmosphère, de l'eau, des roches, des organismes vivants entre dans tout un jeu de cycles chimiques. Comme tous les isotopes réagissent chimiquement de façon quasi identique, l'oxygène « anormal » se mélange parfaitement bien à l'oxygène normal et devient par conséquent indécelable. Les anomalies ne peuvent ainsi être décelées par les seules mesures d'échantillons terrestres mais elles pourraient être mises en évidence par la comparaison de la composition isotopique de l'oxygène sur Terre et sur une autre planète.

Les comètes, probablement très peu altérées par des processus chimiques, seraient le matériau d'étude idéal pour rechercher des différences de répartition isotopique; ces comètes sont malheureusement à peu près inaccessibles et nous devons nous rabattre sur les météorites. Celles-ci n'ont apparemment jamais formé d'agrégats suffisamment grands pour que des cycles géochimiques y prennent naissance et elles contiennent des matériaux dans l'état où ils étaient au début du système solaire. Les météorites classées parmi les plus anciennes sont les chondrites carbonées;

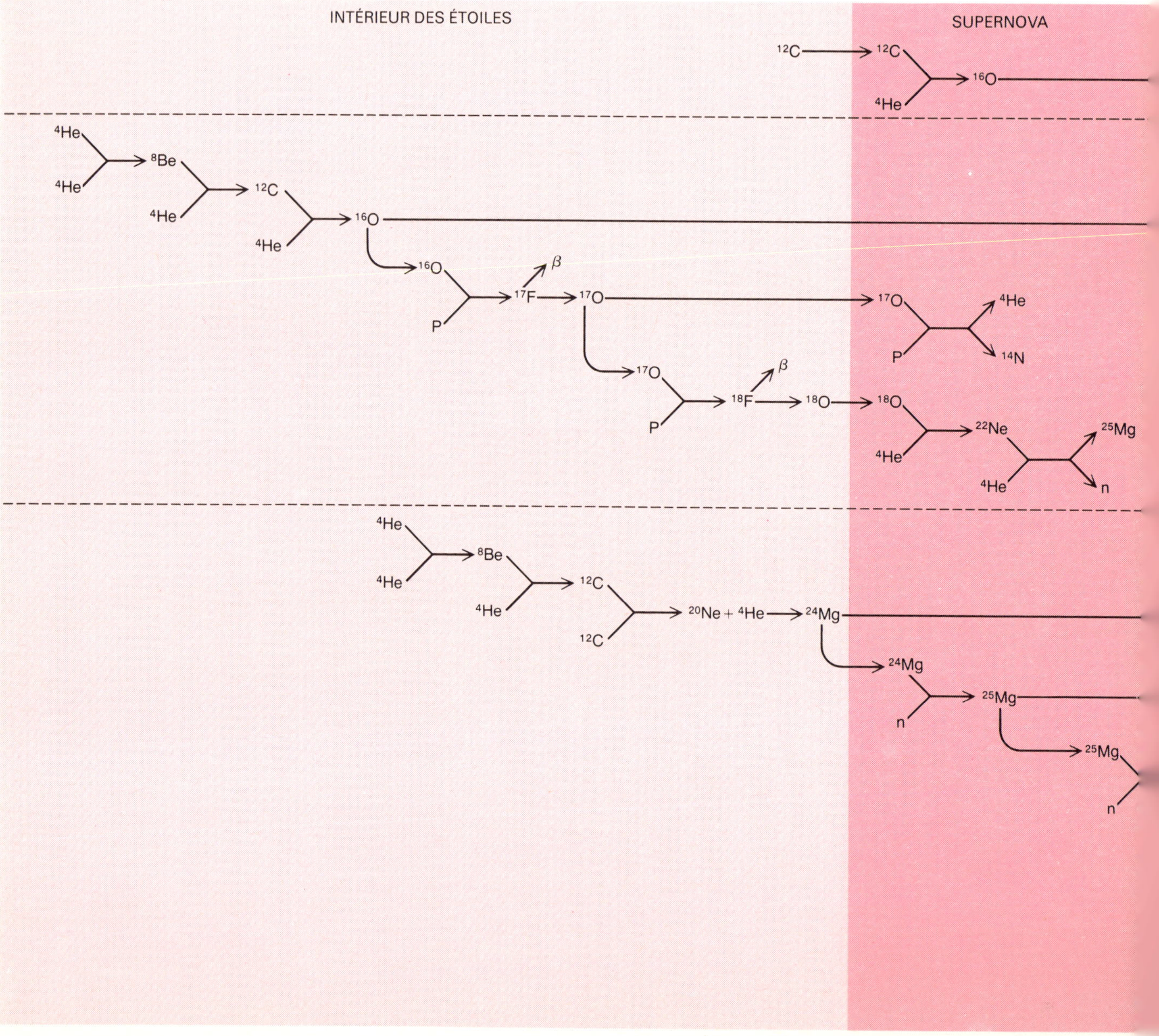

1. LA SYNTHÈSE DES ÉLÉMENTS pour lesquels on a observé une composition isotopique anormale n'a pu se faire que dans des réactions nucléaires, soit au cœur d'une étoile massive, soit au cours de son explosion. Dans les deux cas, il faut qu'une supernova ait éjecté ces matériaux. Après leur éjection, les noyaux instables peuvent continuer à se transformer par désintégration spontanée. On a représenté pour deux éléments, l'oxygène et le magnésium, quelques séquences de réactions types. Les isotopes que l'on trouve en plus grande quantité, l' ^{16}O et le ^{24}Mg, occupent une place importante dans la plupart des processus de nucléosynthèse : c'est une des raisons de leur abondance. Les autres isotopes sont synthétisés au cours de processus plus marginaux. L'oxygène 17 et l'oxygène 18 sont formés dans des étoiles, au cours d'un cycle de réactions dont le produit final est l'^{4}He. Toutefois, les noyaux d'^{17}O et d'^{18}O ne peuvent survivre longtemps aux hautes températures qui règnent dans les supernovae. L'^{17}O est un noyau fragile qui peut se casser de différentes manières et l'^{18}O absorbe facilement un noyau d'hélium pour donner le néon 22. Quelques noyaux d'^{17}O et d'^{18}O arrivent à s'échapper de l'étoile et sont emportés par le vent stellaire (non représenté), mais l'oxygène expulsé par une supernova est essentiellement constitué d'oxygène 16. Le ^{25}Mg et le ^{26}Mg peuvent se former pendant une supernova quand un noyau de ^{24}Mg (que l'on trouve en grande quantité) capture un neutron. Certains de ces isotopes peuvent engendrer l'^{27}Al, le seul isotope stable de l'aluminium. D'autres réactions, telles que l'absorp-

elles comprennent du carbone et de petites inclusions appelées chondres, témoins d'une fusion passée. On pense que les chondrites carbonées se sont solidifiées très tôt dans l'histoire du système solaire et sont restées inaltérées depuis cette époque.

La plupart des anomalies isotopiques ont d'abord été observées dans des matériaux provenant d'une seule chondrite carbonée tombée en 1969 près de Pueblito de Allende, petit village du nord du Mexique; cette chondrite est connue sous le nom de météorite d'Allende. On a découvert, depuis, des anomalies semblables dans d'autres chondrites carbonées, ce qui montre qu'elles ne sont pas spécifiques à la météorite d'Allende, mais qu'elles existent probablement dans toutes les météorites de ce type. On peut se demander pourquoi les études antérieures n'ont pas mis en évidence ces anomalies isotopiques; c'est probablement en partie parce que la météorite d'Allende était beaucoup plus grande que les autres chondrites carbonées et contenait donc une plus grosse quantité de matière analysable. La météorite d'Allende s'est cassée en un grand nombre de morceaux, la plupart gros comme le poing, mais initialement, elle devait peser plus de 2 tonnes. Un autre élément de réponse réside dans le fait qu'au moment où la météorite d'Allende est tombée, plusieurs laboratoires s'équipaient pour analyser les échantillons lunaires rapportés par les vols Apollo. On a pu mesurer les rapports isotopiques de la météorite d'Allende avec une précision meilleure que pour les météorites antérieures. D'un autre côté, on aurait pu déceler ces phénomènes quelques années plus tôt si les mêmes laboratoires n'avaient pas concentré tous leurs efforts sur l'étude des échantillons lunaires.

La première anomalie découverte fut celle de la répartition isotopique de l'oxygène. Elle fut mise en évidence en 1973 par l'un d'entre nous, Robert Clayton, en collaboration avec Toshiko Mayeda et Lawrence Grossman, de l'Université de Chicago. L'oxygène est un élément très répandu (il entre dans la composition de la plupart des minéraux), et la détermination des concentrations isotopiques de l'oxygène dans toute une gamme de matériaux du système solaire était un travail de routine. L'hypothèse d'un nuage protosolaire entièrement homogène était en accord avec toutes les mesures antérieures; la découverte d'une répartition isotopique différente dans quelques échantillons de la météorite d'Allende fut un coup de tonnerre dans un ciel clair.

On a déterminé les rapports isotopiques à l'aide d'un spectromètre de masse; cet appareil sépare les différents atomes selon leur masse. Dans un premier temps, l'oxygène est séparé des autres matériaux de la météorite par un procédé chimique; puis les atomes d'oxygène sont ionisés afin d'être accélérés. Les ions obtenus sont ensuite soumis à un champ magnétique qui a pour effet de les dévier différemment selon leur masse. Un détecteur d'ions placé derrière l'aimant compte le nombre d'atomes de chaque isotope.

Comme nous l'avons déjà mentionné, l'oxygène terrestre est constitué par plus de 99 % d'^{16}O, les isotopes plus lourds n'existant qu'à l'état de traces. Dans la météorite d'Allende, la proportion d'^{16}O s'est révélée encore plus importante. La comparaison des différents rapports isotopiques montra que cet écart ne pouvait être imputé à un fractionnement chimique car il n'était pas proportionnel à la différence de masse. En fait, le rapport des concentrations d'^{17}O et d'^{18}O restait inchangé. L'oxygène de la météorite semblait être un mélange de deux constituants, l'un ayant la composition isotopique du système solaire, l'autre étant de l'^{16}O pur. Dans certains échantillons, ce dernier isotope représentait jusqu'à 5 % de l'oxygène total.

Comme l'^{16}O est déjà l'isotope le plus abondant de l'oxygène, une augmentation de 5 % ne change pas beaucoup la répartition isotopique en ^{16}O qui passe de 99,756 % à 99,768 %. Cependant, la concordance des résultats obtenus sur différents matériaux montre que cette petite différence doit être considérée comme significative. Cela implique que le nuage protosolaire n'était pas entièrement homogène et que certaines de ses parties avaient une composition isotopique différente. Si l'^{16}O en excès avait été sous forme gazeuse, il se serait mélangé avec le reste du nuage et aurait été très vite dilué; l'oxygène de composition anormale s'est plus probablement intégré au nuage protosolaire sous forme de grains solides.

On peut formuler deux hypothèses quant à l'origine de ces grains. Il pourrait s'agir de grains préexistants, et, en effet, tous les grains interstellaires pourraient avoir une composition isotopique différente de celle du gaz interstellaire. Cette différence ne saurait être détectée dans les autres constituants du système solaire, rendus homogènes par un brassage du gaz et des solides. Selon une seconde hypothèse, on peut imaginer que la plus grande partie du gaz et des grains de poussière présents dans le nuage avait une composition isotopique identique et que seuls quelques grains anormaux s'ajoutèrent au reste, trop tard pour que les processus de mélange puissent réhomogénéiser le nuage. Ces grains auraient été préservés dans certaines météorites, tandis qu'ils auraient été chimiquement décomposés et que leurs éléments auraient été recombinés sur la Terre et les autres planètes. Comme nous le verrons ultérieurement, il existe de fortes présomptions en faveur de la seconde hypothèse, mais la seule considération des isotopes de l'oxygène ne permet pas de faire un choix définitif entre ces deux possibilités.

Il convient de remarquer que les isotopes de l'oxygène ne portent aucune information sur la date à laquelle les grains anormaux se sont formés; les trois isotopes de l'oxygène sont stables et une répartition isotopique anormale (telle que 100 % d'^{16}O) pourrait avoir été « gelée » dans quelques grains de poussière, des centaines de millions d'années avant que ceux-ci ne soient incorporés au système solaire. Pour expliquer ces observations, il n'y a qu'une seule condition à respecter : il ne faut pas que les grains aient pu se mélanger entièrement aux restes des matériaux du système solaire.

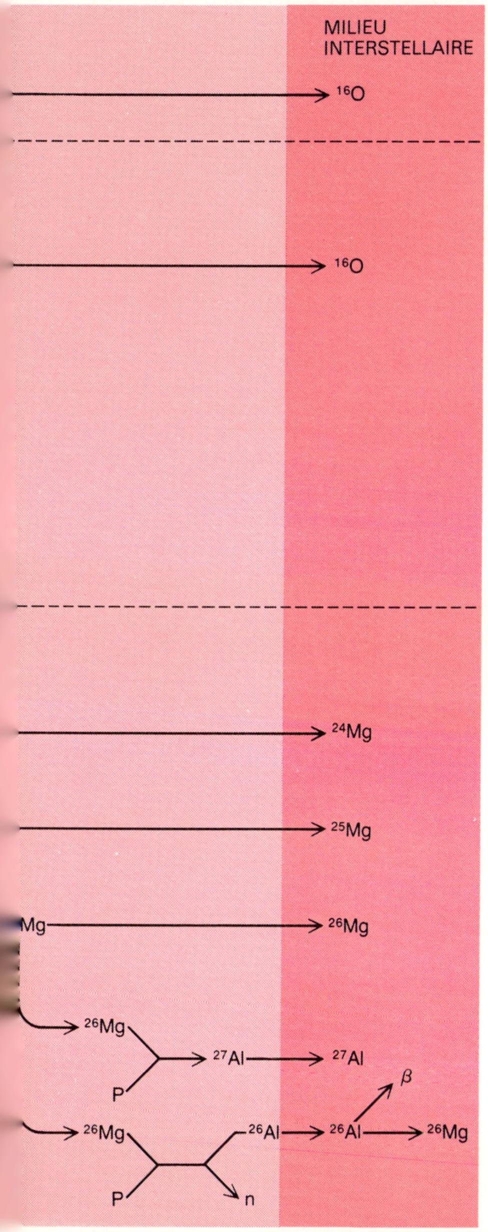

tion d'un proton avec émission simultanée d'un neutron, produisent en petite quantité l'isotope radioactif ^{26}Al. Cet isotope, essentiellement produit dans les supernovae, se désintègre avec une durée de vie de 720 000 ans pour donner le ^{26}Mg. L'excès de ^{26}Mg dans une météorite, prouve que la météorite s'est condensée au plus tard 1 million d'années après l'explosion de la supernova; si l'intervalle de temps avait été plus grand, tous les noyaux d'aluminium 26 auraient été désintégrés.

Il nous faut parler ici d'une autre anomalie isotopique de la météorite d'Allende qui, elle, peut être datée. On peut aujourd'hui démontrer qu'au moment de sa formation, la météorite contenait une certaine quantité de l'isotope radioactif de l'aluminium : l'^{26}Al. La preuve en a été fournie par les expériences de Typhoon Lee, Dimitri Papanastassiou et Gerald Wasserburg.

L'aluminium n'a qu'un seul isotope stable constitué de 13 protons et 14 neutrons; son numéro de masse atomique est 27. L'aluminium terrestre est en totalité de l'^{27}Al. L'aluminium 26, qui a 13 protons et 13 neutrons, a une durée de vie de 720 000 ans, ce qui signifie qu'à la fin de cette période, la moitié des atomes de l'^{26}Al se sont désintégrés. La désintégration se fait par émission β^+ : un positron (ou antiélectron) et un neutrino sont émis et un proton du noyau est changé en neutron. Dans ce processus, le numéro de masse atomique reste le même, mais le nouveau noyau est constitué de 12 protons et 14 neutrons; c'est le noyau de magnésium 26, un isotope stable.

Supposons qu'une certaine quantité d'^{26}Al ait été introduite dans le nuage protosolaire juste avant la condensation des chondrites carbonées. L'^{26}Al et l'^{27}Al ont les mêmes propriétés chimiques et le rapport de leur concentration devrait être le même dans tous les matériaux contenant de l'aluminium. Toutefois, après les 4,6 milliards d'années qui se sont écoulées depuis la formation du système solaire, la totalité de l'^{26}Al s'est transformée en ^{26}Mg. Si une roche n'a jamais fondu ou subi quelqu'autre processus pouvant séparer les éléments, la mesure actuelle de la quantité de ^{26}Mg permet d'en déduire celle de l'^{16}Al, présente initialement.

En pratique, la mesure n'est pas aussi simple car presque tous les minéraux contiennent du magnésium d'une autre provenance; en fait, le magnésium est beaucoup plus abondant que l'aluminium. Il existe 3 isotopes stables du magnésium de numéros de masse atomique 24, 25 et 26. La répartition isotopique normale est 78,99 % de ^{24}Mg, 10 % de ^{25}Mg et 11,01 % de ^{26}Mg. Ainsi, le ^{26}Mg créé par désintégration de l'^{26}Al ne se signale que comme un excès par rapport à la concentration normale de cet isotope.

Ce sont précisément des excès de ce type que Lee, Papanastassiou et Wasserburg ont découverts dans la météorite d'Allende. Dans certains échantillons, le pourcentage de ^{26}Mg était égal à 11,5 alors que le pourcentage normal est 11,01. Des anomalies aussi importantes n'ont été observées que dans des matériaux tels que l'anorthite, riches en aluminium et pauvres en magnésium; la plupart des autres anomalies étaient beaucoup plus petites.

Le fractionnement chimique n'est pas la cause de l'excès de ^{26}Mg : si c'était le cas, on aurait dû observer un excès similaire, quoique plus faible de ^{25}Mg. Toutefois, il restait à démontrer que l'excès de ^{26}Mg provenait précisément de la désintégration de l'^{26}Al, car plusieurs autres réactions nucléaires peuvent donner le même résultat. On a pu néanmoins établir l'origine de ^{26}Mg en comparant l'excès de ^{26}Mg avec le rapport des concentrations chimiques d'aluminium et de magnésium dans chaque grain minéral. Une relation simple relie ces quantités : plus le rapport Al/Mg est grand et plus l'excès de ^{26}Mg l'est aussi. Si le ^{26}Mg provenait d'une autre source que l'^{26}Al, il n'existerait aucune corrélation de ce type. Cette corrélation permet même d'estimer la quantité d'^{26}Al originellement présente : il semble qu'elle ait été faible, environ 1 atome pour 20 000 atomes de l'isotope stable d'^{27}Al.

La découverte de l'excès de ^{26}Mg a été particulièrement importante car elle a permis de dater la création du matériau anormal : comme l'^{26}Al est radioactif, il a nécessairement été incorporé dans les minéraux, il y a au plus quelques durées de vie, c'est-à-dire, au plus, quelques millions d'années après sa création. Si l'intervalle de temps avait été plus grand, tout l'^{26}Al se serait transformé en ^{26}Mg qui se serait mélangé librement avec le reste du magnésium et il n'existerait pas de corrélation entre l'aluminium et le magnésium. La conclusion la plus plausible est que l'^{26}Al s'est formé dans une supernova tout au plus quelques millions d'années avant la formation du système solaire. Comme on estime que la condensation d'une étoile de la taille du Soleil prend environ 10 millions d'années, les deux événements furent presque simultanés à l'échelle de temps de la formation des étoiles.

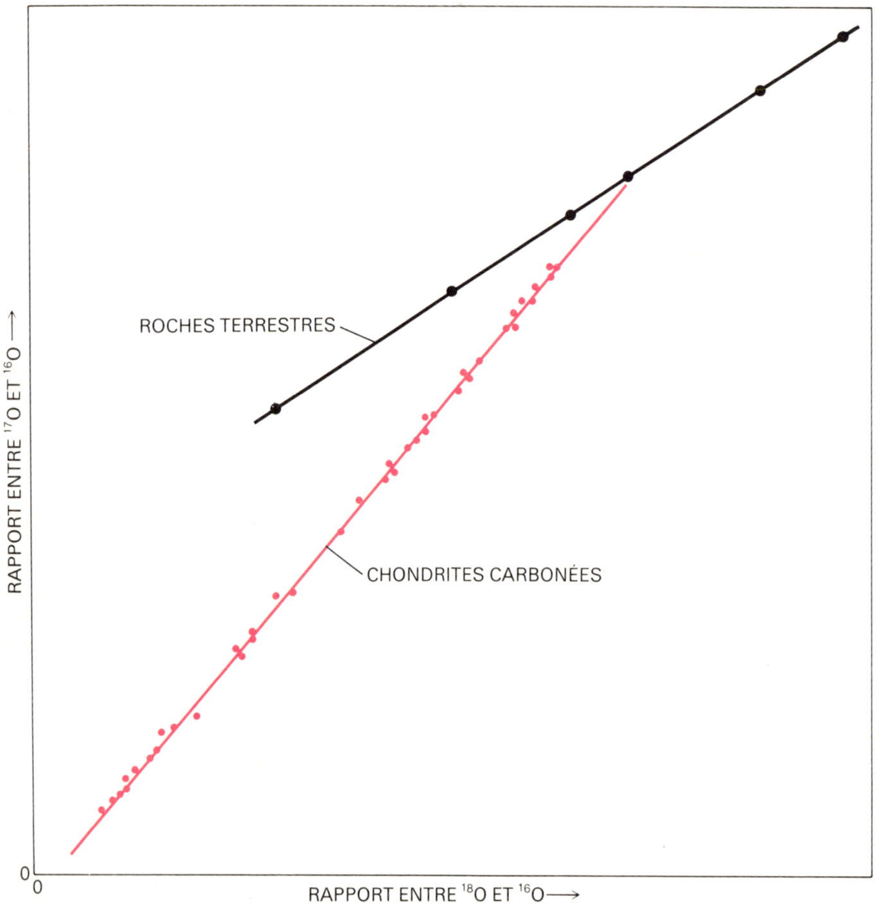

2. LES ISOTOPES DE L'OXYGÈNE dans beaucoup d'échantillons de météorites ont une répartition notablement différente de celle que l'on trouve dans les roches terrestres. Des processus chimiques peuvent altérer légèrement tous les rapports isotopiques, mais la modification est toujours proportionnelle à la masse atomique des isotopes. C'est la raison pour laquelle la composition isotopique de l'oxygène de la Terre n'est pas parfaitement uniforme, mais les variations suivent une règle simple : quand le rapport de l'^{17}O sur l'^{16}O augmente d'une unité, le rapport de l'^{18}O sur l'^{16}O sera accru de deux unités, parce que la différence entre les masses est deux fois plus grande. Ainsi, la courbe de ces deux rapports *(en couleur)* est une droite de pente 1/2. Dans les météorites appelées chondrites carbonées, dont fait partie la météorite d'Allende, on observe une relation différente. Dans ces spécimens, si le rapport de l'^{17}O sur l'^{16}O est augmenté d'une unité, il en est de même du rapport de l'^{18}O sur l'^{16}O; en d'autres termes, la droite a une pente égale à 1 *(en noir)*. Ces résultats amènent à penser que les chondrites carbonées sont un mélange de deux constituants : l'un est l'oxygène terrestre normal, l'autre est de l'oxygène 16 à l'état pur; ce dernier s'est inséré dans des proportions variables pouvant atteindre 5 %. L'hypothèse la plus raisonnable est que cet oxygène 16 s'est formé dans une supernova qui a explosé trop tard pour que les débris aient eu le temps de se mélanger au reste du nuage protosolaire.

D'autres interprétations ont été proposées mais elles ne rendent pas compte de l'ensemble des résultats; par exemple l'^{26}Al pourrait avoir été éjecté d'une supernova bien avant la formation du système solaire et se serait condensé immédiatement avec d'autres éléments sous forme de grains solides qui, plus tard, se seraient incorporés sans altération aux météorites. Mais la radioactivité de l'^{26}Al aurait alors cessé avant la formation du système solaire et la relation macroscopique entre l'aluminium et le magnésium ne pourrait exister. L'anomalie de l'^{26}Al est uniforme à l'échelle du centimètre cube et il est peu vraisemblable que des grains primordiaux aient pu être aussi gros. De plus, les répartitions isotopiques d'autres éléments contenus dans les grains concordent avec celles du système solaire. Une supernova ne peut avoir fabriqué simultanément de l'^{26}Al et tous les autres éléments dans des compositions isotopiques semblables à celles du nuage protosolaire.

Une autre possibilité serait que l'^{26}Al se soit formé dans le nuage protosolaire lui-même au cours des quelques millions d'années qui précédèrent la condensation des grains. Cela serait possible au cours d'une phase d'irradiation inverse de ce nuage. Malheureusement, on ne connaît pas de source possible pour une telle irradiation et, de plus, elle engendrerait d'autres anomalies que l'on n'observe pas.

Pour comprendre pourquoi une supernova est la source la plus plausible de l'^{26}Al et de beaucoup d'autres isotopes, il faut considérer la genèse des éléments chimiques. Le « big bang » qui créa l'Univers il y a 15 ou 20 milliards d'années n'a engendré qu'une faible nucléosynthèse : la matière créée à cet instant initial était principalement constituée d'hydrogène et d'hélium et peut-être de traces de quelques autres éléments légers tels que le lithium. Tous les éléments plus lourds de l'Univers ont été formés au cours des différentes étapes du cycle d'évolution des étoiles.

L'une des premières étapes de la nucléosynthèse stellaire est la fabrication d'hélium par fusion d'atomes d'hydrogène. Cela peut se produire par fusion directe de noyaux d'hydrogène ou au cours d'un cycle plus complexe où différents isotopes du carbone, de l'azote et de l'oxygène jouent le rôle de catalyseurs. Dans une étape ultérieure qui requiert une température plus élevée, les noyaux d'hélium fusionnent pour donner naissance à des éléments plus lourds, lesquels fusionnent à leur tour pour donner des noyaux de plus en plus lourds. De telles fusions engendrent préférentiellement des noyaux dont le numéro de masse est un multiple de celui de l'^{4}He. Le premier d'entre eux, le béryllium 8 est instable et se désintègre s'il n'absorbe pas un autre noyau d'hélium, mais tous les autres isotopes sont abondants : ce sont le carbone 12, l'oxygène 16, le néon 20, le magnésium 24 et le silicium 28. Quand des températures plus élevées sont atteintes, d'autres réactions de fusion se produisent. Au plus hautes températures ordinairement atteintes dans les étoiles, les noyaux d'hélium sont arrachés à certains noyaux de silicium et fusionnent avec d'autres noyaux de silicium; on peut fabriquer ainsi des noyaux aussi lourds que celui du fer qui contient 26 protons.

Toutes les réactions de fusion nucléaire ont en commun une caractéristique : elles libèrent de l'énergie. Dans tous les cas, le noyau lourd est plus stable que le noyau léger à partir duquel il a été formé et la fusion dégage de la chaleur. Toutefois, la séquence doit s'arrêter au fer car c'est le noyau le plus stable de

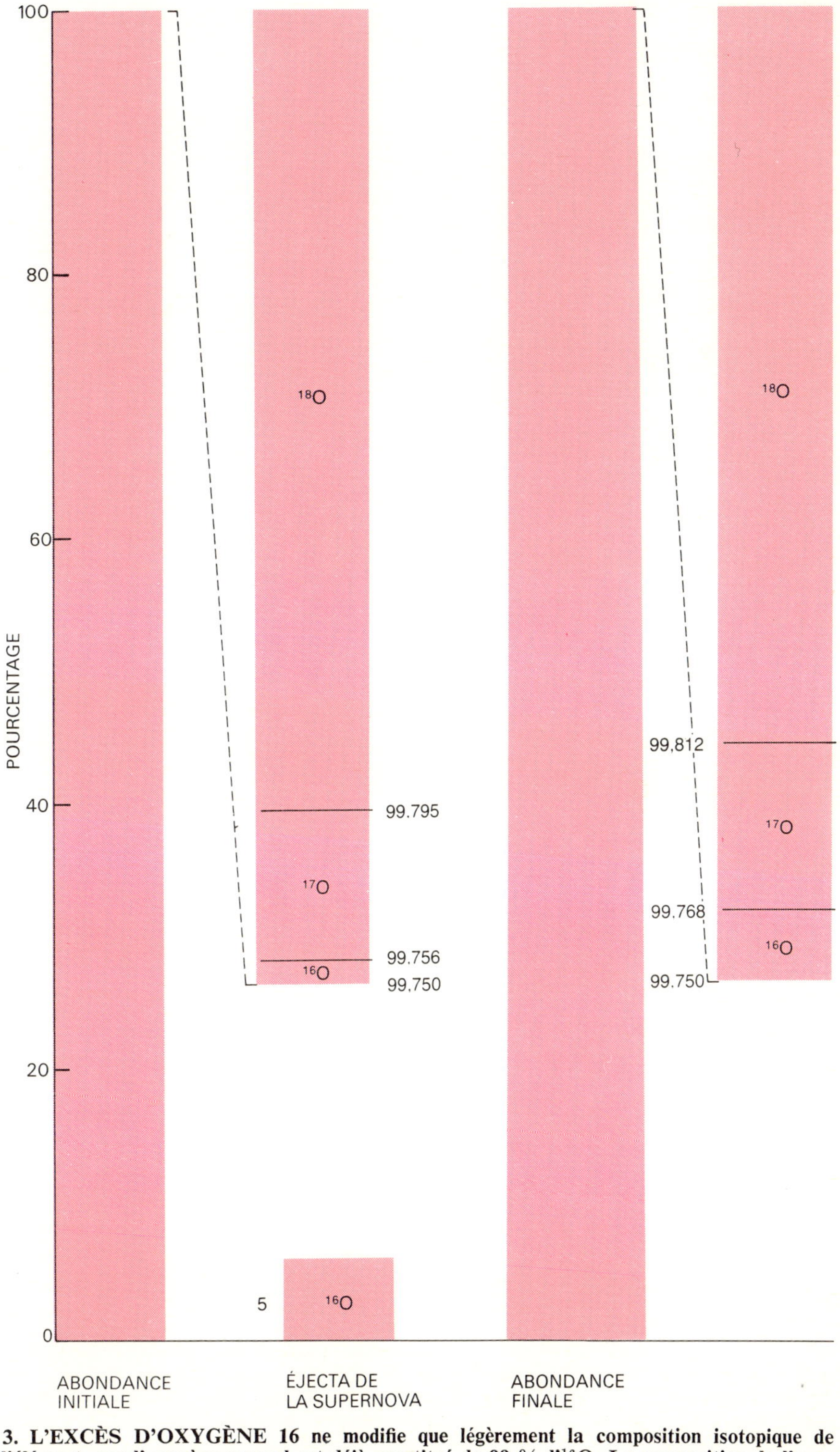

3. L'EXCÈS D'OXYGÈNE 16 ne modifie que légèrement la composition isotopique de l'élément, car l'oxygène normal est déjà constitué de 99 % d'^{16}O. La composition de l'oxygène terrestre (corrigée du fractionnement chimique) est indiquée à gauche, les derniers 0,25 % étant représentés à une échelle dilatée. En mélangeant ce gaz à 5 % d'oxygène 16 pur, la proportion d'^{16}O passe simplement de 99,756 % à 99,768 %. Bien que cette augmentation soit faible, elle est significative, car les fluctuations naturelles de ces grandeurs sont encore faibles.

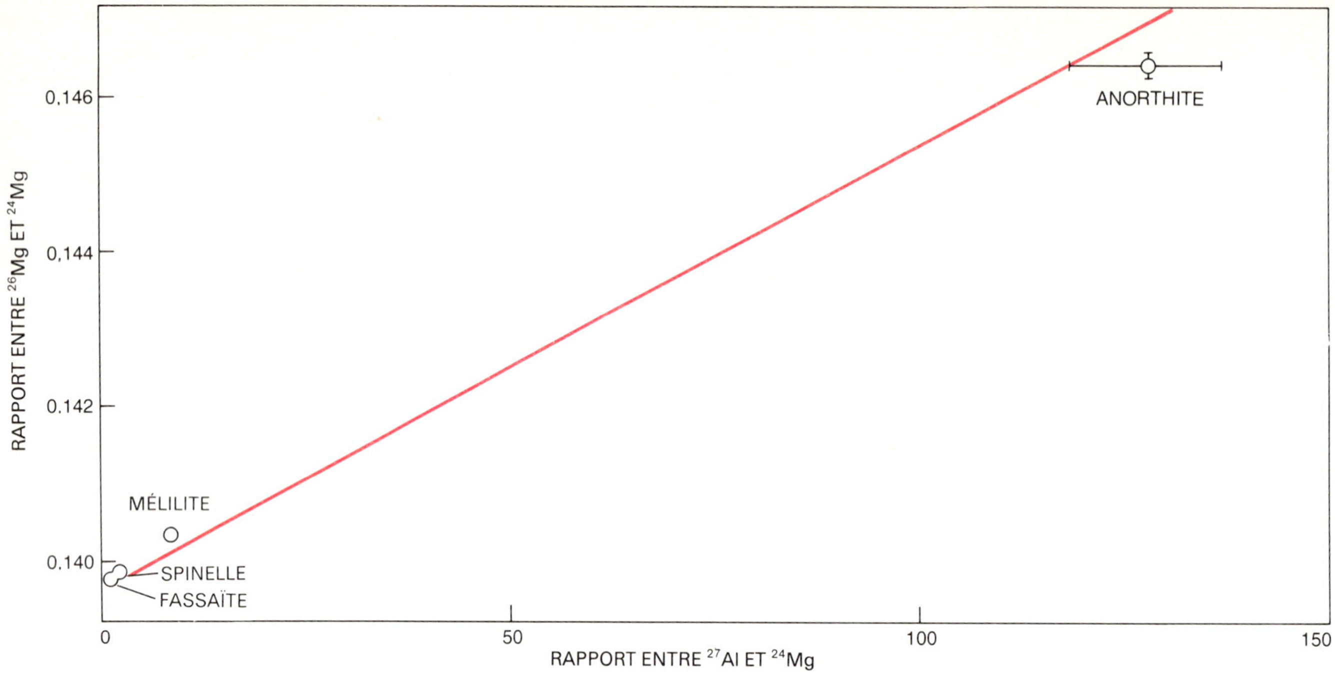

4. L'EXCÈS DE MAGNÉSIUM 26 dans la météorite d'Allende est le produit de la désintégration de l'aluminium 26. Les résultats présentés ici ont été obtenus à partir de minéraux contenus dans une seule inclusion de la météorite d'Allende. Le magnésium terrestre normal est composé de 78,99 % de ^{24} Mg, 10 % de ^{25} Mg et 11,01 % de ^{26}Mg; le rapport ^{26}Mg sur ^{24}Mg est donc 0,139. Certains des minéraux de la météorite ont un rapport semblable, en particulier la fassaïte et la spinelle. La mélilite présente un léger excès en ^{26}Mg; il devient substantiel dans l'anorthite. La clef de l'origine de l'excès de magnésium 26 est fournie par sa corrélation étroite avec le contenu du minéral en aluminium (exprimée quantitativement par le rapport ^{27}Al/^{24}Mg). Fassaïte et spinelle contiennent toutes deux de l'aluminium et du magnésium, mais le magnésium est si abondant que le petit excès de ^{26}Mg provenant de l'^{26}Al n'est pas observable. La mélilite, riche en aluminium mais pauvre en magnésium, et l'anorthite, riche en aluminium mais pratiquement démunie de magnésium, ont un grand rapport ^{26}Mg sur ^{24}Mg : l'enrichissement isotopique est proportionnel au rapport des concentrations chimiques d'aluminium et de magnésium. A partir du coefficient de proportionnalité, ou de la pente de la droite sur le graphique, on peut calculer la quantité initiale d'^{26}Al : l'aluminium de cette inclusion de la météorite d'Allende contenait un atome d'^{26}Al pour 20 000 atomes d'^{27}Al.

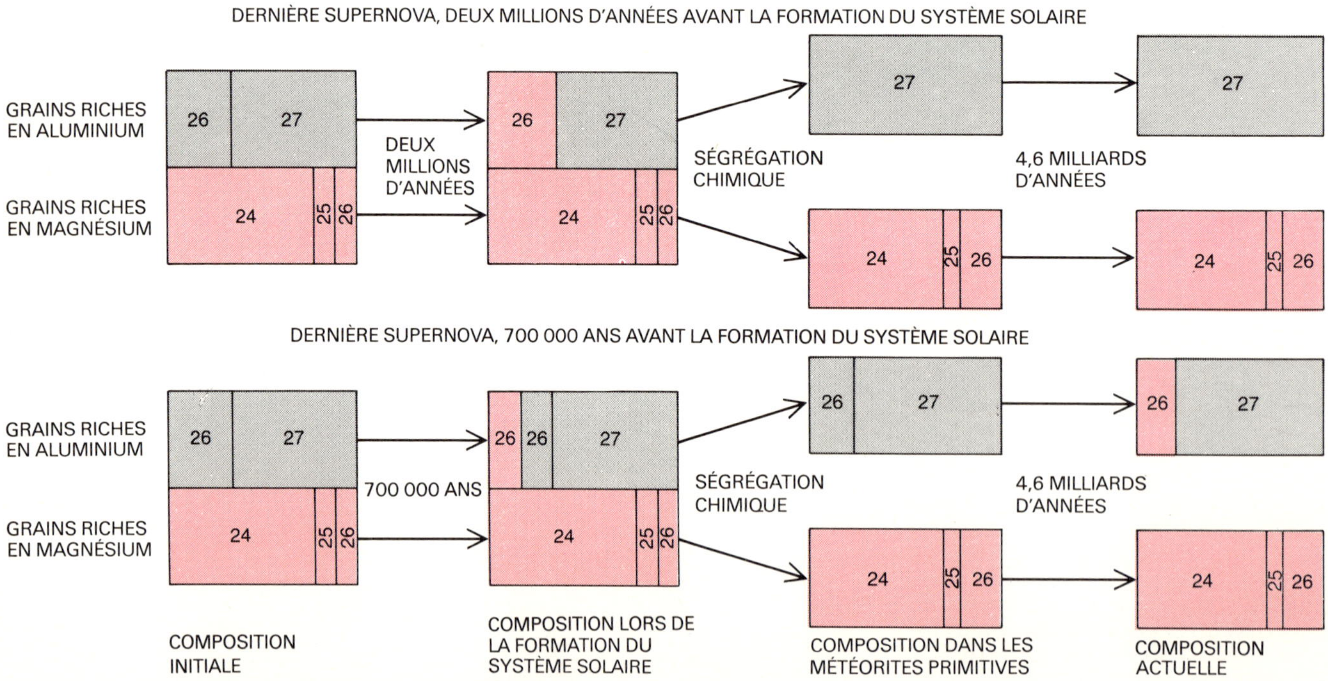

5. LA DÉSINTÉGRATION DE L'ALUMINIUM 26 permet de dater la supernova qui a produit cet isotope. Puisque les noyaux d'^{26}Al ont une durée de vie de 720 000 ans seulement, peu d'entre eux survivent plus de deux millions d'années. Si la dernière supernova ayant contribué à la formation du système solaire avait explosé plus de deux millions d'années avant la condensation de ce dernier, pratiquement tous les noyaux d'^{26}Al se seraient désintégrés avant d'avoir eu le temps d'être piégés dans des corps solides. Lors de la condensation, l'aluminium *(en gris)* et le magnésium *(en rose)* auraient été séparés et nous n'aurions pu déceler aucune anomalie isotopique. En revanche, dans le cas où cette supernova aurait explosé un peu plus tard, une partie non négligeable de l'isotope radioactif, aurait pu être préservée jusqu'au moment où les météorites se sont solidifiées. Au moment de la séparation chimique des divers éléments, lors de la condensation, cette partie est restée avec le reste de l'aluminium, et quand, finalement, elle s'est désintégrée dans la météorite, elle n'a plus été soumise à des fractionnements chimiques. Ainsi, ce n'est que dans le cas où la supernova a explosé assez tard que l'excès de ^{26}Mg dans les roches riches en aluminium a pu apparaître. La quantité d'^{26}Al est ici exagérée pour plus de clarté.

tous. L'éjection dans l'espace interstellaire de ces matériaux fabriqués au cœur d'étoiles massives ne peut se faire qu'au cours de l'explosion d'une étoile, donnant une supernova. De plus, beaucoup d'autres éléments, entre le carbone et le fer, ne se forment que dans les conditions extrêmes qui n'existent que dans les supernovae elles-mêmes.

Seules les étoiles au moins 6 fois plus lourdes que le Soleil évoluent vers des supernovae. Quand une telle étoile a épuisé ses réserves de carburant pour la fusion nucléaire, elle se stratifie. Au cœur, on trouve le fer et le nickel, puis une couche de silicium avec des traces de magnésium et d'oxygène, une couche d'oxygène, une couche de néon et une couche de carbone contenant aussi de l'oxygène, du néon et du magnésium. A la périphérie, on trouve les éléments légers : de l'hélium (avec des traces de carbone 12) et une enveloppe extérieure d'hydrogène.

On ne connaît pas encore très bien la nature exacte de l'instabilité responsable de l'explosion d'une étoile. Par un moyen ou un autre, l'énergie qui entretenait une pression interne suffisante dans le noyau de fer et de nickel quitte cette région centrale pour s'éloigner vers les couches périphériques. C'est pourquoi le cœur s'effondre sous l'effet de sa propre attraction gravitationnelle (pour former une étoile à neutrons ou peut-être un trou noir) tandis que les couches externes sont propulsées à grande vitesse dans l'espace. L'explosion est tellement exothermique que, pendant un court instant, certaines supernovae brillent plus que des galaxies tout entières.

Durant l'explosion, la matière éjectée est portée à une température de plusieurs milliards de degrés, ce qui permet des réactions nucléaires qui n'existent nulle part ailleurs dans l'Univers (excepté dans des accélérateurs de particules spécialement conçus à cet effet). Il en résulte un flux intense de particules, parmi lesquelles des neutrons, des protons et des noyaux d'hélium. Les neutrons jouent un rôle particulièrement important dans la synthèse des éléments lourds : un noyau de fer, par exemple, peut absorber un grand nombre de neutrons et créer un isotope lourd du fer, extrêmement instable, qui se désintègre ensuite par émission β^-. Pour les éléments plus lourds que le plomb et le bismuth et pour quelques éléments plus légers, les neutrons doivent être absorbés rapidement les uns à la suite des autres.

L'aluminium 26 est formé dans la couche de carbone des supernovae. Le magnésium 24 s'accumule dans cette région grâce à la fusion de paires d'atomes de carbone et les isotopes plus lourds du magnésium sont ensuite formés par absorption de neutrons. L'^{26} Al peut être fabriqué quand un noyau de ^{26}Mg absorbe un proton et émet immédiatement un neutron. Une autre méthode de production est la séquence commençant avec le ^{24}Mg, qui absorbe un neutron pour donner le ^{25}Mg, puis un proton pour donner l'^{26}Al. Beaucoup de réactions semblables, produisant les mêmes éléments, ont lieu au voisinage de l'étoile, juste avant et pendant son explosion en supernova. Ces procédés de fabrication de l'^{26}Al ne sont pas les chemins les plus habituels de la nucléosynthèse mais cela n'est pas étonnant car ni l'^{26}Al ni même l'^{27}Al ne sont des noyaux particulièrement abondants.

Les mécanismes de ce type n'ont lieu que dans les supernovae; ils sont responsables de la formation de la plupart des éléments, entre le carbone et le fer, qui ne sont pas des multiples de l'^{4}He. Il y a toutefois quelques exceptions dont les plus importantes sont l'^{17}O et l'^{18}O. Ces isotopes peuvent être élaborés dans des supernovae (par exemple quand l'^{16}O capture un neutron) mais ils ne survivent pas assez longtemps pour pénétrer dans le milieu interstellaire. L'^{17}O est un noyau fragile et, à la température des supernovae, il se casse plus vite qu'il ne se forme. L'^{18}O est légèrement plus stable, mais il absorbe facilement un noyau d'hélium et la plus grande partie de cet isotope de l'oxygène est transformée en ^{22}Ne.

Les isotopes lourds de l'oxygène qui existent dans le système solaire proviennent probablement de l'enveloppe externe d'étoiles en fin d'évolution, les géantes rouges. C'est là (et dans d'autres étoiles) que sont formés l'^{17}O et l'^{18}O, comme produits intermédiaires de la fusion de l'hydrogène dans le cycle du carbone. Dans une géante rouge, l'^{17}O

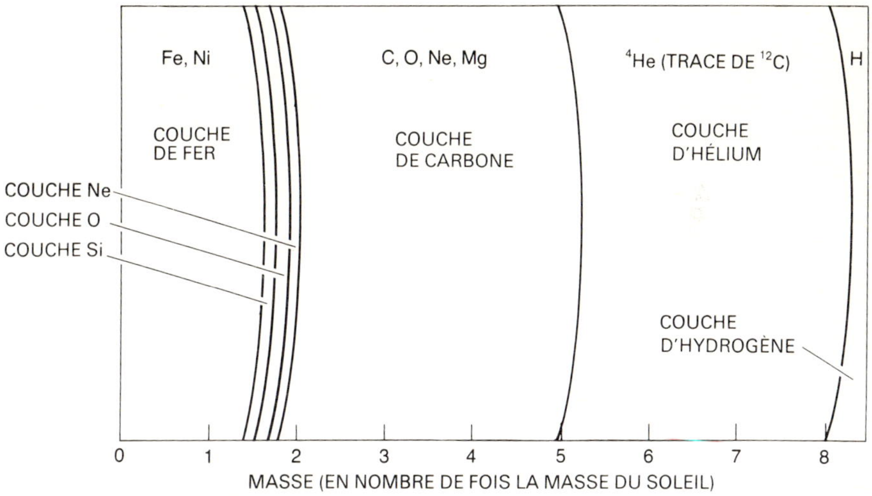

6. UNE SUPERNOVA, juste avant son explosion, est stratifiée en différentes couches, ici mesurées en fonction de leur masse, l'unité de masse étant la masse du Soleil. La structure est celle correspondant à une étoile ayant une masse égale à 22 fois la masse du Soleil; à ce stade de son évolution, la supernova aurait dû perdre une partie de sa masse initiale à cause du vent stellaire, mais on ne connaît pas l'étendue exacte de la couche d'hydrogène en surface. L'étoile explose quand le noyau de fer et de nickel s'effondre, libérant ainsi une énergie qui souffle les couches externes. En raison de la différence de température et de composition, chaque couche fournit un type d'isotopes qui lui est spécifique et que l'on retrouve dans les produits éjectés. Vraisemblablement, l'aluminium 26 vient uniquement de la couche de carbone, tandis que les éléments lourds, du silicium jusqu'au nickel, viennent des couches plus profondes.

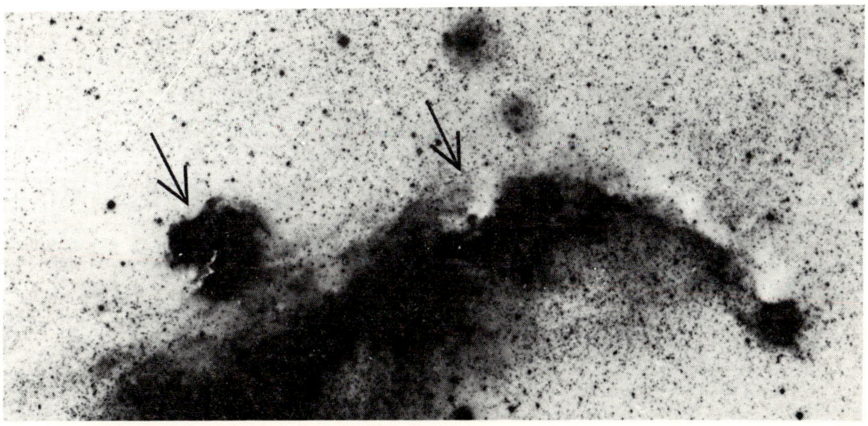

7. LA FORMATION D'UNE ÉTOILE peut ici être observée à la périphérie d'un reste de supernova en expansion : la nébuleuse brillante qui apparaît en noir sur cette photographie prise en négatif se trouve dans la constellation de Canis Major. Les flèches repèrent les régions où les produits éjectés par la supernova rentrent en collision avec la matière du milieu interstellaire; dans ces zones, on a découvert des concentrations d'étoiles jeunes et brillantes. La condensation des étoiles peut être imputée aux ondes de choc résultant de la supernova.

et l'^{18}O peuvent éviter d'être exposés aux températures élevées, qui entraîneraient leur destruction, en s'échappant dans le vent stellaire, continuellement alimenté par l'atmosphère de l'étoile. Ce mécanisme ne peut pas rendre compte de la fabrication d'une grande quantité d'^{17}O et d'^{18}O, mais suffit pour expliquer l'existence de traces de ces deux isotopes. Tout l'^{17}O et la plupart de l'^{18}O du nuage protosolaire furent probablement fabriqués de cette manière.

Il est remarquable que l'on puisse expliquer les anomalies de l'oxygène en même temps que celles du magnésium, par l'introduction de matériaux ne provenant que d'une seule couche de supernova : celle de carbone. C'est la plus externe des zones contenant des éléments plus lourds que l'hydrogène et l'hélium. L'^{26}Al n'est fabriqué que dans la couche de carbone; on y trouve aussi de l'^{16}O mais il n'y a pas d'^{17}O et probablement pas d'^{18}O.

Avant la découverte de l'excès de ^{26}Mg dans la météorite d'Allende, on pensait que quelques autres anomalies isotopiques résultaient de la désintégration d'éléments radioactifs disparus. Il y a plus de dix ans, John Reynolds et ses collègues de l'Université de Californie à Berkeley ont découvert dans quelques météorites des traces d'un gaz inerte, le xénon, dont la répartition isotopique était anormale. On a pu prouver que l'excès de ^{129}Xe dans ces météorites résultait de la désintégration de l'iode 129. Dans ces météorites, les proportions de quatre isotopes plus lourds (^{131}Xe, ^{132}Xe, ^{134}Xe et ^{136}Xe) montrent qu'ils ont été formés par fission spontanée du plutonium 244.

L'iode et le plutonium sont fabriqués exclusivement dans les supernovae. On a pu déduire de la durée de vie des isotopes ^{129}I (17 millions d'années) et ^{244}Pu (82 millions d'années) le temps qui s'est écoulé entre la formation de l'iode et du plutonium et la capture du xénon dans les météorites. Les isotopes radioactifs sont apparus environ 100 millions d'années avant que les météorites ne se condensent. Il est clair qu'ils ne peuvent avoir la même origine que les anomalies du magnésium.

L'intervalle de 100 millions d'années séparant les deux supernovae qui ont ainsi arrosé le nuage protosolaire, s'explique bien par une hypothèse attrayante mais encore conjecturale. Dans le disque de notre galaxie, les étapes essentielles de la formation des étoiles sont associées aux bras spiraux qui apparaissent lumineux précisément parce que les étoiles jeunes y sont concentrées. On pense que les bras spiraux sont des ondes de densité qui se propagent autour du centre de la galaxie un peu comme les compressions et les dilatations qui constituent une onde sonore. La compression engendre l'effondrement en étoiles des nuages de poussière et de gaz; les étoiles les plus massives ne vivent que quelques millions d'années avant d'exploser sous forme de supernovae. Le point particulièrement important est le fait qu'une onde de densité traverse une région donnée de la galaxie à peu près une fois tous les 100 millions d'années, de sorte que la majeure partie de l'apport d'éléments lourds au gaz interstellaire doit se faire au même rythme.

Une objection évidente vient à l'esprit. En effet, s'il n'est pas étonnant que l'^{16}O et l'^{26}Al, fabriqués par la première supernova, n'aient pas laissé de traces dans les météorites, l'^{16}O ayant eu tout le temps de se brasser avec l'oxygène qui existait déjà et tous les atomes d'^{26}Al s'étant désintégrés avant la

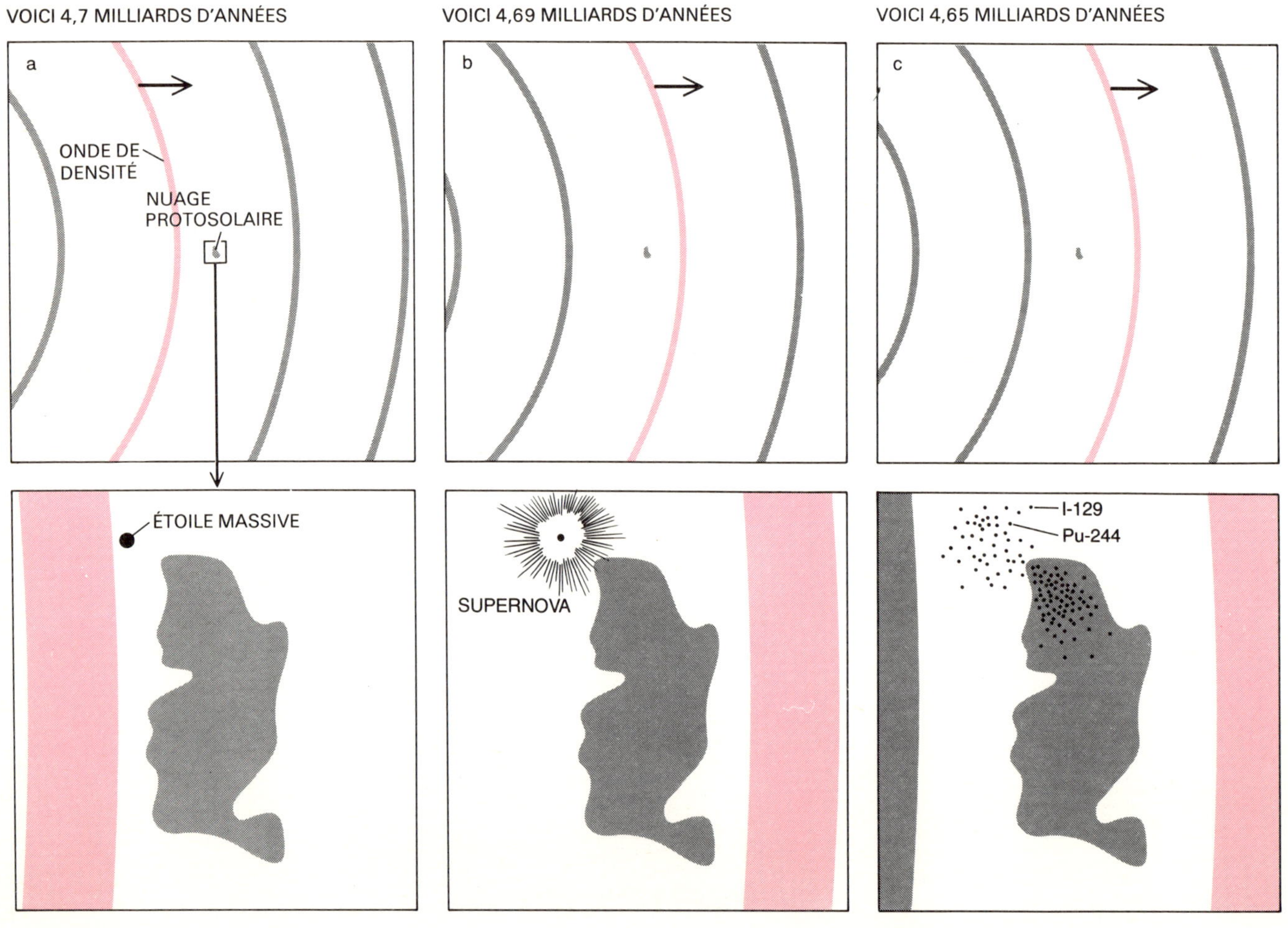

8. LES ONDES DE DENSITÉ associées à la structure spirale de la galaxie provoquent périodiquement des formations d'étoiles lorsqu'elles entrent dans une région donnée de la galaxie, une fois tous les 100 millions d'années. Les anomalies isotopiques dans les météorites semblent renfermer les vestiges du passage de deux ondes de densité successives. Il y a environ 4,7 milliards d'années *(a)*, une onde a donné naissance aux étoiles, dont une au moins avait une masse importante, au voisinage du nuage de gaz et de poussière qui a donné naissance au système solaire. Cette étoile a évolué en une supernova *(b)* qui a injecté une grande quantité de matériaux nouveaux dans le nuage *(c)*. Parmi les isotopes expulsés se trouvaient l'iode 129 (d'une durée de vie de 17 millions d'années) et le plutonium 244 (d'une durée de vie

condensation du système solaire, il est toutefois troublant qu'on n'ait pu détecter aucune trace d'^{129}I ou de ^{244}Pu venant de la seconde supernova. Ce fait n'a jamais reçu d'explication satisfaisante, mais deux possibilités retiennent l'attention. Il convient d'abord de remarquer que les isotopes d'^{129}I et de ^{244}Pu se forment uniquement par capture de neutrons rapides. Ce processus n'est pas encore bien connu et il est possible qu'il n'apparaisse pas dans toutes les supernovae. S'il n'est pas entré d'^{129}I et de ^{244}Pu dans le nuage protosolaire après la dernière supernova, c'est peut-être parce qu'aucun de ces noyaux ne s'est formé lors de cette explosion. L'autre possibilité est que seules les couches externes de la dernière supernova ont pu pénétrer dans le nuage protosolaire, alors que les éléments lourds ne pouvaient venir que des couches internes.

En plus de ces anomalies dues à des éléments radioactifs éteints, on a recensé d'autres anomalies concernant certains isotopes stables du xénon et deux autres gaz rares : le krypton et le néon. Ces découvertes ne sont pas complètement expliquées, même si ces anomalies, en particulier celles du néon (découvertes en 1972 par David Black de la NASA), requièrent une réaction nucléaire survenant en dehors du système solaire.

On a découvert d'autres répartitions isotopiques anormales dans la météorite d'Allende. Dans les minéraux de cette météorite, les excès de ^{26}Mg et d'^{16}O ne sont pas fortement corrélés : un grain qui a un excès important d'^{16}O n'aura pas nécessairement un excès important de ^{26}Mg, car le ^{26}Mg n'est en excès que dans les minéraux riches en aluminium. Cependant, deux échantillons de la météorite d'Allende contiennent à la fois un excès important d'^{16}O et de ^{26}Mg mais ces anomalies ont un caractère quelque peu différent des écarts isotopiques observés dans le reste de la météorite. L'effet est en partie imputable à une réaction nucléaire, mais il y a eu aussi un fractionnement chimique important : environ dix fois supérieur à celui des autres échantillons. Dans ces échantillons, il existe une répartition isotopique inhabituelle non seulement pour l'oxygène et le magnésium mais aussi pour le silicium, le calcium, le strontium, le baryum, le néodyme et le samarium. En fait, la composition isotopique de tous les éléments qui ont été examinés dans ces échantillons s'est révélée anormale. L'explication la plus plausible est que cet échantillon a reçu de la dernière supernova une quantité exceptionnellement grande de matière qui s'est condensée avant d'avoir eu le temps de se mélanger aux autres parties du nuage protosolaire. En particulier, l'échantillon peut avoir été contaminé par un fragment non négligeable de matière provenant de la couche de carbone de la supernova.

La rareté des supernovae pourrait faire penser que la probabilité que l'une d'elles explose juste au moment et à l'endroit où s'est formé le système solaire est extrêmement faible. Mais il se peut que l'association étroite entre les deux événements ne soit pas une pure coïncidence; au contraire, des calculs théoriques et l'observation de restes éloignés de supernovae suggèrent que l'explosion a dû contribuer à la création du système solaire.

Les calculs théoriques montrent qu'un nuage isolé de poussière et de gaz suffisamment diffus, avec une masse comparable à celle du Soleil, ne peut s'effondrer sous l'effet de sa propre gravitation en l'absence d'un stimulus

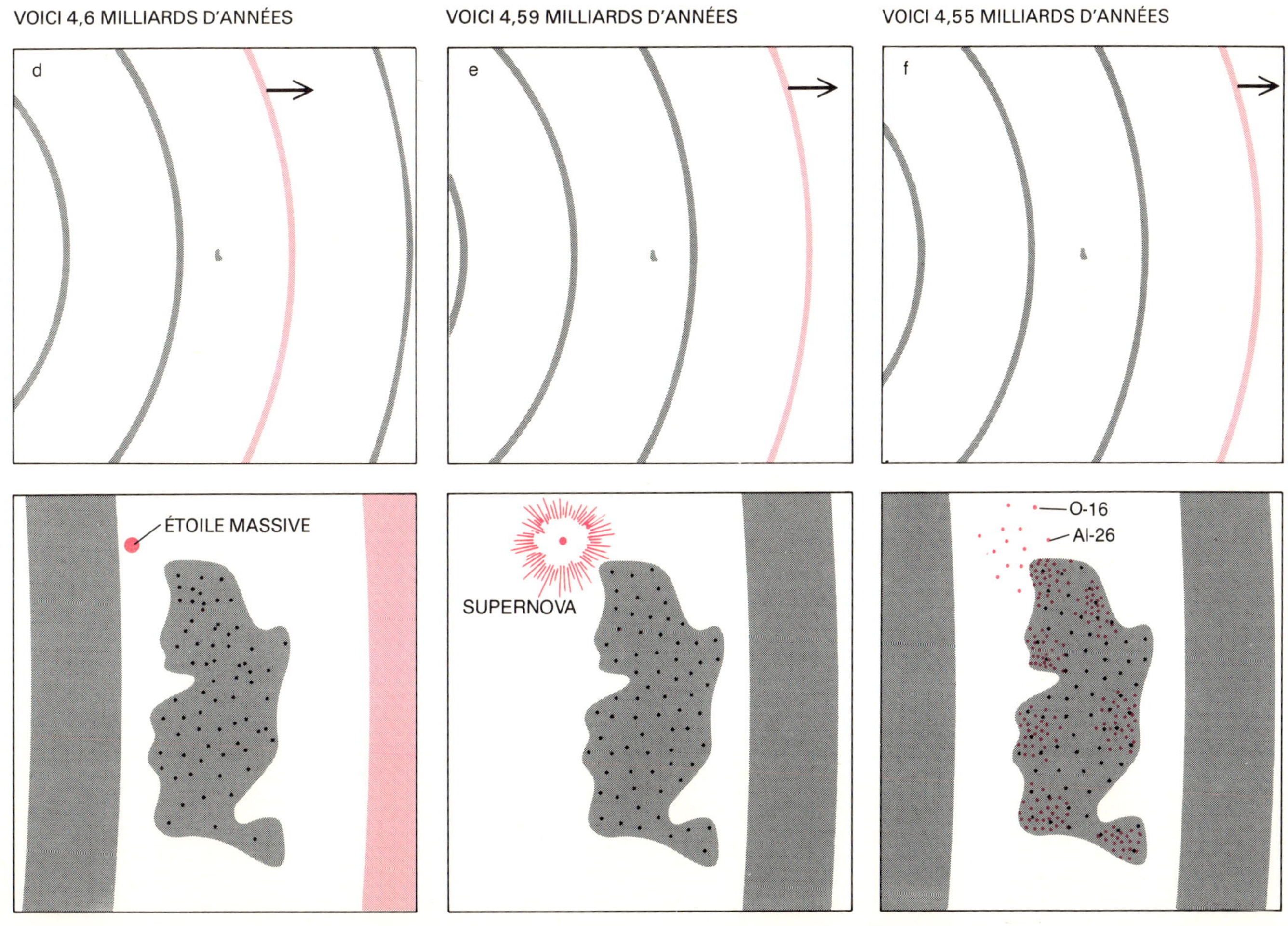

de 82 millions d'années) dont une fraction a survécu jusqu'à la formation du système solaire. Cette fraction a pu être détectée dans des météorites grâce aux produits de la désintégration de l'^{129} I et du ^{244}Pu, dont les isotopes du xénon. Il y a environ 4,6 milliards d'années, une autre onde traversait la même région et une autre génération d'étoiles surgissait *(d)* et parmi elles une étoile située probablement à moins de 60 années-lumière du nuage protosolaire. L'explosion *(e)* de cette étoile a fourni au nuage un autre apport en isotopes *(f)* et parmi eux l'aluminium 26. Comme il s'agit d'un isotope de courte durée de vie, on pense que le nuage a dû se condenser peu après cet apport, l'explosion de la supernova ayant sans doute provoqué cette condensation de la matière.

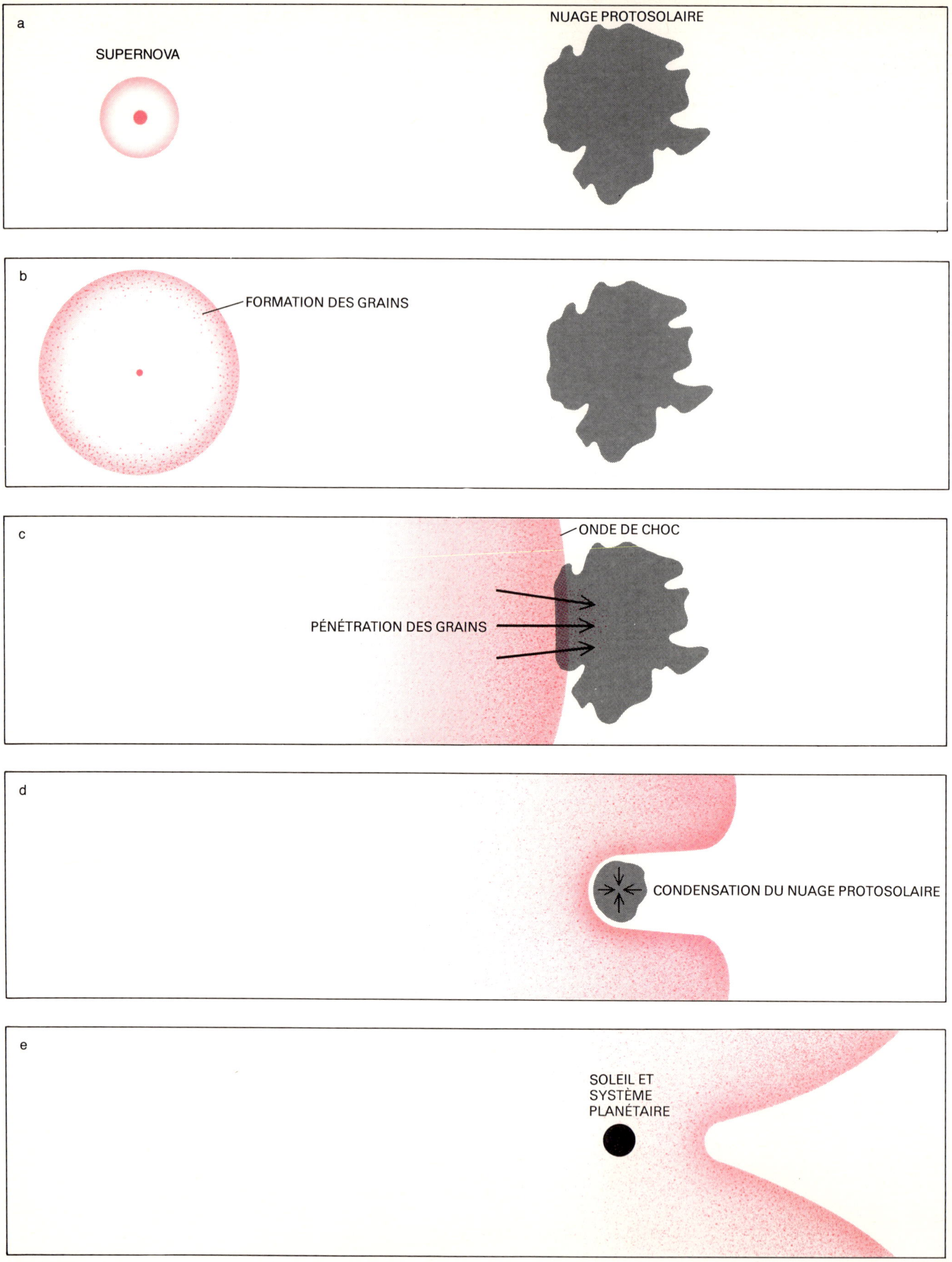

9. L'ONDE DE CHOC résultant de l'explosion d'une supernova proche peut avoir fourni les forces de compression nécessaires à la contraction du nuage diffus de gaz et de poussière, pour donner le Soleil et son système planétaire. Tout d'abord, le nuage de matière éjecté par la supernova devait être sous forme gazeuse *(a)* mais il y a de bonnes raisons de croire que des grains constitués de minéraux réfractaires se sont condensés très tôt *(b)*. Quand, dans son expansion, le reste de supernova a rencontré le nuage protosolaire *(c)*, il se peut qu'une partie des grains ait pénétré dans le nuage comme des boulets de canon, y introduisant ainsi les anomalies isotopiques observées aujourd'hui. En revanche, la plus grande partie du gaz a dû entourer le nuage, le comprimant *(d)* jusqu'à ce qu'il atteigne la densité critique au-delà de laquelle il s'effondre sous l'effet de ses propres forces gravitationnelles pour former une nouvelle étoile *(e)*.

externe. Les forces gravitationnelles sont inversement proportionnelles au carré de la distance, de sorte que l'énergie de cohésion dans un nuage de gaz et de poussière fine est en grande partie déterminée par la densité. Tant que la densité n'excède pas une certaine valeur critique, la pression interne du gaz suffit à empêcher l'effondrement du nuage; mais lorsque la densité critique est atteinte, l'effondrement est spontané.

La nécessité d'un stimulus initial est un vieux problème de la théorie de la formation des étoiles; il y a plus de trente ans déjà que l'on a avancé l'hypothèse selon laquelle l'explosion d'une étoile proche pourrait fournir la compression nécessaire. Ce point a été envisagé en particulier par Fred Hoyle et E. Öpick; plus récemment, Paul Woodward, à l'Université de Californie, a montré que les ondes de choc en expansion engendraient une compression suffisante pour former une étoile. Lorsque le front de l'onde de choc traverse un nuage de gaz diffus, le nuage est comprimé et diminue de volume; ces calculs peuvent s'appliquer au cas particulier d'une onde de choc créée par une supernova et heurtant un nuage de gaz interstellaire.

William Herbst et George Assousa, de l'Institut Carnegie de Washington ont récemment pris des photographies qui semblent montrer ce processus en action : il s'agit de photographies de nébuleuses en expansion que des supernovae localisées ailleurs dans la galaxie ont laissées derrière elles. A la périphérie de ces restes de supernovae, William Herbst et George Assousa ont mesuré des concentrations importantes d'étoiles jeunes et brillantes.

On peut évaluer la distance qui séparait le nuage protosolaire de la supernova qui a précipité son effondrement, en se fondant sur l'énergie requise pour la compression, sur la dilution des anomalies isotopiques et sur le volume qu'occupent les étoiles en formation, y compris celles observées par William Herbst et George Assousa. La meilleure estimation de la distance entre la supernova et le système solaire est de 60 années-lumière, ce qui fait de la supernova l'une des étoiles les plus proches du nuage. Il n'y a aucun espoir d'identifier aujourd'hui dans le ciel les vestiges du cœur de cette supernova : l'explosion l'a probablement propulsée à grande vitesse très loin du système solaire. De plus, il y a eu quelque 40 ou 50 ondes de densité dans la galaxie depuis lors, chacune d'elles faisant naître une autre génération d'étoiles et de supernovae.

On comprend mieux comment ont survécu des minéraux dont les isotopes peuvent être attribués à une supernova particulière, si on suppose que ces isotopes sont entrés dans le système solaire sous forme de grains solides plutôt que sous forme gazeuse. Les gaz se mélangent si vite que des répartitions isotopiques disparates se seraient uniformisées en moins d'un million d'années. De plus, Steven Margolis, de l'Université de Chicago, a récemment montré que les grains ont plus de chances que les gaz de pénétrer dans le nuage protosolaire : les grains entrent comme des boulets de canon dans le nuage alors que les gaz provenant de la supernova entourent sa périphérie. Une fois dans le nuage, les grains ont tendance à se grouper, augmentant ainsi la probabilité de détection de l'anomalie isotopique, bien que la masse totale de matière fournie par la dernière supernova ait été faible, comparée à celle du système solaire.

Tout cela n'a de sens que si des grains se forment effectivement dans les supernovae. Steven Margolis et Sydney Falk, de l'Université de Chicago, ainsi que James Lattimer, de l'Université d'Illinois, ont montré que des grains solides se condensent dans un modèle type d'explosion de supernova. Les grains ne se forment pas durant l'explosion elle-même mais au sein de la nébuleuse en expansion, alors qu'elle se refroidit. Ils proviennent des couches internes où se trouvent les éléments lourds; les premiers grains qui se solidifient à la plus haute température sont ceux qui ont le plus grand excès d'^{16}O. De tels minéraux réfractaires sont les premiers à se former et comptent parmi ceux qui résisteront le mieux à la vaporisation. Il n'est pas raisonnable de penser que tous les grains minéraux trouvés dans les météorites ont été fabriqués dans la supernova et qu'ils sont, depuis, restés intacts. Même les chondrites carbonées ont subi une vaporisation, des processus de fusion ou des processus chimiques. Néanmoins, dans les grains récents, une proportion importante de matière peut provenir de la supernova.

Les mesures de composition isotopique, combinées à d'autres informations, permettent d'élaborer un récit des événements qui ont donné naissance au système solaire. Quelques chapitres de ce récit sont nécessairement spéculatifs, en particulier la conclusion qu'une supernova a provoqué l'effondrement du nuage protosolaire; les anomalies isotopiques ne permettent en aucune façon de l'affirmer et ne font que montrer la quasi-coïncidence des deux événements dans l'espace et dans le temps. L'hypothèse d'une relation causale semble toutefois plus plausible qu'un pur hasard.

Au moment de la formation du système solaire, la galaxie évoluait depuis au moins 7 milliards d'années, voire peut-être 15 milliards d'années, de sorte qu'il y avait déjà eu bien des générations d'étoiles. Pendant tout ce temps la poussière et le gaz, abondant dans le plan de la galaxie, ont été enrichis en éléments lourds venant de la nucléosynthèse stellaire et des supernovae issues de ces diverses générations d'étoiles. On est en droit de penser que la composition du gaz et de la poussière était uniforme dans toute la région où le système solaire a pris forme, en raison du brassage de tous les apports des nombreuses supernovae et d'autres sources.

Il y a environ 4,7 milliards d'années, une des nombreuses ondes de densité associées à la structure spirale de notre Galaxie traversa cette région. Elle provoqua la formation de plusieurs étoiles dont quelques-unes très massives. Celles-ci consumèrent rapidement leur source d'énergie nucléaire et explosèrent en supernovae. Au moins une des supernovae de cette génération créa l'iode 129 et le plutonium 244 dont une partie pénétra dans le nuage protosolaire. Il ne fait aucun doute que l'aluminium 26 a aussi été créé mais il s'est désintégré dans les quelques millions d'années qui ont suivi. Les isotopes stables et les produits de la désintégration des éléments radioactifs de faible durée de vie tels que l'^{26}Al se sont mélangés au nuage et n'ont pas laissé de trace.

Environ 100 millions d'années plus tard, autrement dit il y a 4,6 milliards d'années, une autre onde de densité est passée et une autre génération d'étoiles massives a vu le jour. A cette époque, une supernova a explosé à une distance d'environ 60 années-lumière du nuage protosolaire; elle peut d'ailleurs avoir été formée à partir du même nuage. Ni iode, ni plutonium venant de cette supernova ou d'une autre de sa génération n'ont été incorporés au système solaire et il semble donc que la supernova la plus proche ait été l'une des premières de sa génération. L'aluminium 26, l'oxygène 16 et d'autres noyaux formés ont atteint le nuage en même temps que l'onde de choc qui a provoqué son effondrement et donné naissance à une étoile et son système planétaire. Dans la plupart des matériaux du jeune système solaire, les réactions chimiques ont effacé toute trace de la supernova. Ce n'est que dans les objets les plus petits et les plus froids, les météorites, que les répartitions isotopiques spécifiques ont été sauvegardées. Certains de ces objets se sont condensés suffisamment tôt pour que la radioactivité de l'aluminium 26 laisse une empreinte.

Les mots « nova » et « supernova » sont dérivés du latin *stella nova :* « nouvelle étoile ». Ce terme descriptif fut choisi à l'époque où le phénomène était perçu comme l'apparition soudaine d'une étoile à un endroit où il n'y avait rien de visible. Le nom est devenu impropre et légèrement paradoxal depuis que l'on sait qu'une supernova correspond non pas à la création d'une étoile mais à sa mort violente. Aujourd'hui cependant, la tendance de l'histoire de notre compréhension du monde semble indiquer qu'une supernova a présidé à la naissance d'au moins une étoile : le Soleil.

2

LES PLANÈTES ACTIVES ET LES PLANÈTES GÉANTES

Commençons l'étude des planètes. Pour cela, il paraîtrait naturel de les considérer dans l'ordre de leur distance au Soleil. Mais la « planétologie comparée », cette science née avec les missions interplanétaires, suggère une autre classification. Parmi les objets internes, les deux plus petits, Mercure et la Lune, n'ont pas d'atmosphère et sont inactifs depuis longtemps. Les trois plus gros, Vénus, la Terre et Mars, possèdent une atmosphère et sont géologiquement actifs, ou l'ont été récemment. Les grosses planètes externes, Jupiter, Saturne, Uranus et Neptune, malgré d'importantes différences, sont caractérisées par d'épaisses enveloppes gazeuses. Enfin, les « petits corps » que sont les astéroïdes, les comètes et les satellites des planètes, s'avèrent à l'étude aussi variés que les planètes.

On pense que les atmosphères des planètes internes sont « secondaires » ; elles seraient dues au dégazage des planètes au cours de leur formation et de leur différenciation ; les atmosphères des planètes géantes étaient jusqu'à présent considérées comme primaires, directement extraites de la nébuleuse solaire (voir l'article de A. Cameron). Les sondes *Voyager* ont cependant montré qu'elles étaient aussi différenciées, c'est-à-dire qu'elles avaient évolué, et que cette évolution se poursuivait peut-être encore. De même, on pensait que la source d'énergie de l'activité magmatique des planètes était l'énergie de désintégration des éléments radioactifs qu'elles contenaient et que cette activité était principalement liée à la taille des objets. Les sondes *Voyager* ont cependant révélé des exceptions : certains satellites de Jupiter et de Saturne, Io surtout, sont actuellement actifs par suite des forces de marée exercées par ces planètes géantes.

Devant ce foisonnement d'objets, de processus et d'effets différents, il devient difficile de classer les planètes. Nous avons ici distingué deux grands groupes : les objets qui possèdent une atmosphère et présentent généralement une activité magmatique récente sont décrits dans ce chapitre. Les planètes mortes et les petits corps seront abordés dans le chapitre suivant.

Ce chapitre concerne d'abord Vénus, la Terre et Mars. Ces planètes sont fascinantes par la variété des processus géophysiques qui s'y déroulent et par la diversité des disciplines concernées par leur étude. C'est pour ces planètes que la notion de « planétologie comparée » s'applique le mieux et que l'on comprend comment les différentes conditions initiales ou leur environnement font qu'un facteur domine plutôt qu'un autre. G. Pettengill, D. Campbell et H. Masursky montrent l'utilité des études radar pour dresser une carte de la surface de Vénus, malgré la couverture nuageuse qui la masque. On notera les problèmes de tectonique, de volcanisme et de structure interne posés par la simple observation de la surface. C. Allègre explique comment l'exploration des planètes — et surtout de la Lune — permet de raconter l'histoire primitive de la Terre et de son atmosphère. R. Arvidson, A. Binder et K. Jones décrivent la surface de Mars. Cette planète est aujourd'hui la seule où l'on observe des effets d'érosion fluviale, éolienne et glacière comparables à ceux que l'on étudie sur la Terre. En outre, comme Mars est aujourd'hui presque inactive, il est passionnant de se demander quand et comment le volcanisme et la tectonique qui l'ont modelée ont pu avoir lieu. Le deuxième domaine commun à ces trois planètes, celui de l'atmosphère, pose des questions aussi intéressantes que les objets eux-mêmes. G. Schubert et C. Covey en décrivent un aspect, celui de la dynamique, et en montrent les différences essentielles. Enfin, nous savons tous qu'une intense activité biologique règne à la surface de la Terre. Bien qu'*a priori* une activité semblable n'existe pas ailleurs dans notre système solaire, on peut se demander si des molécules organiques complexes, une chimie prébiotique ou même une vie embryonnaire n'ont pu se développer sur quelque planète. N. Horowitz décrit les expériences d'analyse organique, de nutrition et de pyrolise que l'on avait imaginées pour la mission *Viking* sur la surface de Mars. Appliquées à un environnement différent, ces expériences se sont révélées ambiguës.

En ce qui concerne les planètes géantes, A. Ingersoll compare la structure interne de Jupiter et de Saturne ainsi que la composition et la dynamique de leur atmosphère. On verra en particulier que l'absence de surface « solide » peut avoir des conséquences surprenantes sur les bilans thermiques de ces atmosphères.

Les systèmes d'anneaux sont un autre élément commun aux planètes externes ; ceux de Saturne restent, même après *Voyager*, les plus beaux objets du système solaire. J. Pollack et J. Cuzzi décrivent leur formation et leur survie. Leur existence permet de concevoir comment les satellites des planètes se sont formés. Enfin, T. Owen présente les résultats de *Voyager 2* sur Titan, le plus gros satellite de Saturne. On éprouve un curieux mélange de déception et d'étonnement devant l'aspect terne et impénétrable de sa surprenante atmosphère d'azote et de méthane.

Ces articles décrivent les grandes missions spatiales qui ont eu lieu dans les années 1970-1980 *(Mariner, Venera, Viking, Pioneer-Venus, Pioneer 10, Pioneer 11, Voyager 1 et Voyager 2)*, et qui ont permis de débroussailler l'étude des planètes. Ils décrivent aussi les missions envisagées. « Galiléo » devrait envoyer une sonde dans l'atmosphère de Jupiter. Une autre sonde en orbite étudierait la surface des nuages, les anneaux et les satellites de cette planète. Malheureusement, l'avenir de la mission franco-soviétique « Venera-Halley », comme celui de la mission radar américaine « Voir », reste incertain.

J.F.M.

La surface de Vénus

Masquée par des nuages, la surface de Vénus est connue grâce aux observations radar effectuées de la Terre et d'un vaisseau spatial en orbite autour de cette planète. Selon les données recueillies, la géologie de Vénus serait intermédiaire entre celle de la Terre et celle de Mars.

par Gordon Pettengill, Donald Campbell et Harold Masursky

Pendant les quinze dernières années, la surface de Vénus, perpétuellement cachée par une épaisse couverture nuageuse, a été explorée au moyen de signaux radar émis à partir de stations terrestres. Depuis un an et demi, nous disposons aussi de données recueillies par un vaisseau spatial en orbite autour de Vénus. Grâce à cette cartographie radar, nous savons aujourd'hui que la surface de la planète présente des structures géologiques dont certaines évoquent des cratères d'impacts, tandis que d'autres témoignent d'un volcanisme ou d'une activité tectonique interne. Les caractéristiques de l'orbite et de la rotation de la planète font qu'un peu moins d'une demi-hémisphère seulement de Vénus est directement observable de la Terre. En revanche, la sonde spatiale a exploré toutes les régions situées entre le 47e degré de latitude Nord et le 63e degré de latitude Sud. Dans cette zone, qui recouvre 93 pour cent de la surface de la planète, la sonde spatiale a mesuré les reliefs à 200 mètres près. D'après les observations recueillies, Vénus est remarquablement plate : 60 pour cent des régions ont une altitude comprise dans un intervalle de 1 000 mètres. Seule une montagne, le Mont Maxwell, s'élève à 11 000 mètres au-dessus des plaines environnantes, surpassant ainsi le Mont Everest. Le Mont Maxwell pourrait être un bouclier volcanique.

Dès que les premiers télescopes eurent montré que Vénus n'était pas seulement un astre brillant mais une planète recouverte de nuages, l'imagination humaine eut tôt fait de peupler la surface de Vénus de créatures analogues à des Dinosaures vivant dans des marais et baignant dans une atmosphère de vapeur. Puisque la distance de Vénus au Soleil ne représente que 0,7 fois la distance de la Terre au Soleil, on pouvait donc supposer que Vénus était notablement plus chaude que notre Globe et que les nuages étaient constitués de vapeur d'eau. Puis, lorsque les études spectroscopiques eurent démontré que l'atmosphère vénusienne renfermait surtout du gaz carbonique et pratiquement aucune trace de vapeur d'eau, la plupart de ces idées fantaisistes s'évanouirent rapidement. Cependant, l'une d'elles survécut car les mesures du rayonnement thermique de la planète (dans le domaine des longueurs d'onde radio suffisamment longues pour traverser la couverture nuageuse) ont montré que la température de la surface de Vénus atteignait 475 °C.

La rotation de Vénus

Vers 1960, on a construit des radars assez puissants pour détecter, de la Terre, les échos réfléchis sur Vénus. Les impulsions radar de longueurs d'onde comprises entre 12 et 70 centimètres traversaient l'atmosphère de la planète et témoignaient de l'existence d'une surface réfléchissante solide. La résolution des premiers radars n'était pas suffisante pour nous renseigner avec précaution sur le rayon de Vénus. Ils fournirent cependant les premières indications sur le facteur de réflexion et la rugosité moyenne de la surface (pour les longueurs radar). Le facteur de réflexion, proche de 15 pour cent, est identique à celui de nombreuses roches terrestres.

En travaillant sur des observations radar réalisées en 1961, William Smith de l'Institut de Technologie du Massachusetts mit en évidence un élargissement des échos renvoyés par Vénus. Si Vénus était en rotation, les composantes du signal radar réfléchies par différentes parties de la surface devaient revenir avec des décalages Doppler différents. Les signaux radar réfléchis par des surfaces qui s'approchent de l'observateur sont décalés vers les hautes fréquences tandis que ceux réfléchis sur des surfaces qui s'éloignent sont décalés vers les basses fréquences. En conséquence, le spectre de l'écho radar est élargi par rapport au signal initial. Selon W. Smith, l'élargissement spectral des échos radars était faible et diminuait encore, semblait-il, lorsque Vénus passait entre la Terre et le Soleil.

A cette époque, on ne savait rien sur la rotation de Vénus. En se fondant sur ses propres observations, W. Smith émit l'hypothèse d'une rotation rétrograde, c'est-à-dire inversée par rapport au sens de révolution de la planète autour du Soleil. Un an et demi plus tard, en 1962, Roland Carpenter et Richard

1. CETTE IMAGE RADAR de la surface de Vénus a été obtenue grâce aux observations faites, en 1975 et en 1977, à l'Observatoire d'Arecibo (Porto Rico) au moment de la conjonction inférieure. Ce phénomène astronomique se reproduit tous les 19 mois. La distance Terre-Vénus est alors minimale et Vénus présente presque toujours la même face devant la Terre. Seule une région couvrant un peu moins d'un hémisphère (et centrée autour du 320e degré de longitude Est) put être correctement cartographiée. La bande noire le long de l'équateur correspond à des zones dans lesquelles on était incapable, à l'époque, de résoudre les échos radars. Ces données sont aujourd'hui décodées grâce à de nouvelles méthodes d'analyse. En raison de la position et des mouvements relatifs des planètes, l'hémisphère Nord était plus visible, comme l'indique nettement cette projection de Mercator. L'échelle des brillances est proportionnelle à l'irrégularité de la surface, pour des hétérogénéités centimétriques. Aux basses latitudes, les zones pentues de quelques mètres modifient aussi l'écho réfléchi. La résolution horizontale varie entre 10 et 20 kilomètres. (Un degré de latitude vénusienne représente 160 kilomètres.) La zone très claire *(en haut à droite)* correspond au Mont Maxwell. La région lumineuse, juste au Nord de l'équateur *(au milieu et à gauche)* est appelée Bêta. Ces deux zones renvoient des échos radar très puissants qui saturent presque les dispositifs de réception. Des images plus détaillées (obtenues en réduisant le contraste) de ces deux zones sont reproduites sur les figures 8 et 9.

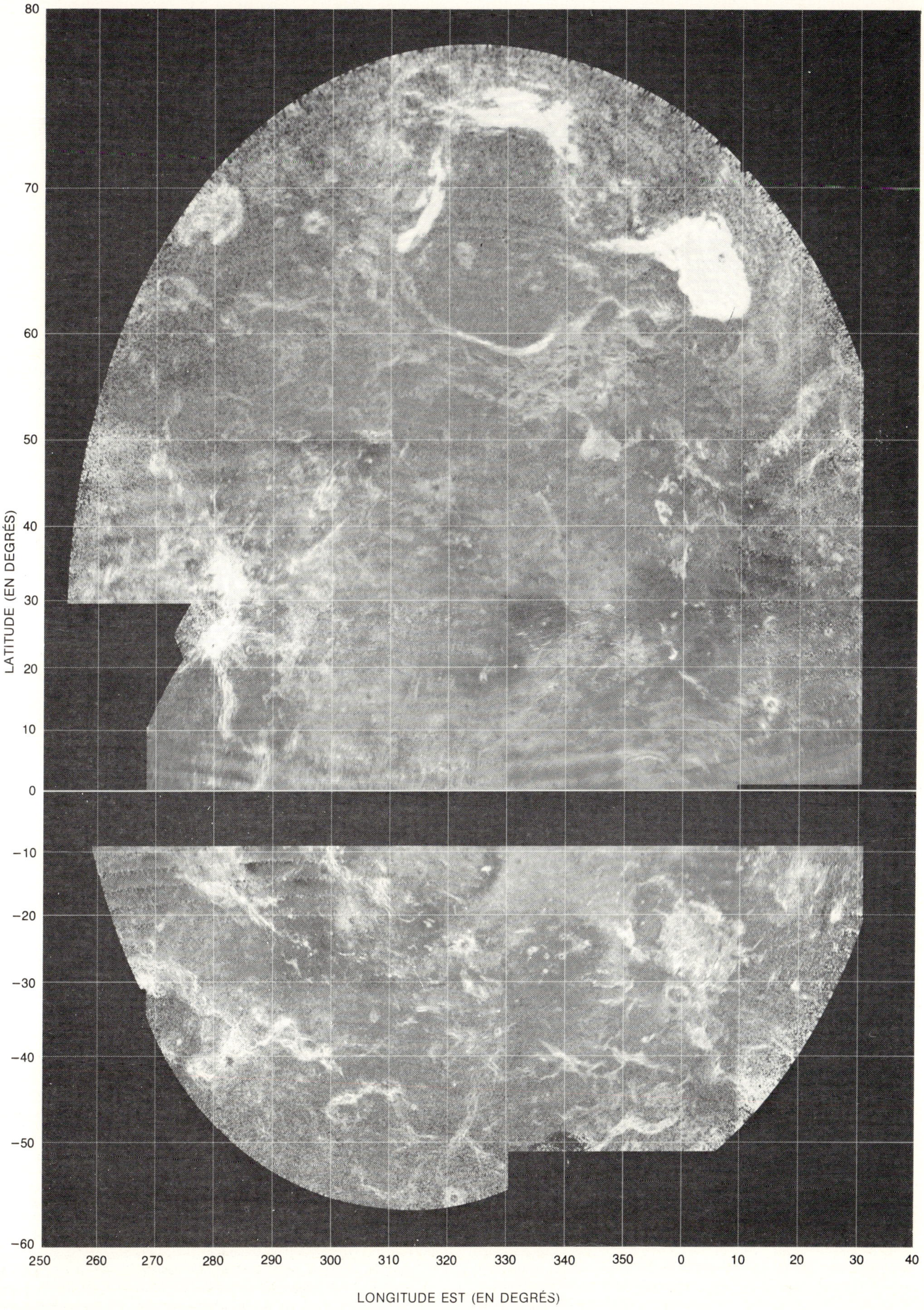

LATITUDE (EN DEGRÉS)
80
70
60
50
40
30
20
10
0
−10
−20
−30
−40
−50
−60
250
260
270
280
290
300
310
320
330
340
350
0
10
20
30
40
LONGITUDE EST (EN DEGRÉS)

Goldstein du *Jet Propulsion Laboratory* en Californie montrèrent que la vitesse de rotation de Vénus était très lente. En effet, la période est égale à environ 240 jours terrestres et le mouvement rétrograde.

D'autres progrès importants furent accomplis après la construction de l'antenne radar d'Arecibo à Porto-Rico. Cette antenne de 300 mètres de diamètre fonctionne à une longueur d'onde de 70 centimètres. Une seconde antenne radar, destinée à l'observation des sondes spatiales fut installée à Goldstone en Californie; cette deuxième antenne a un diamètre de 64 mètres et émet à une longueur d'onde de 12,5 centimètres. Enfin, la station radar de Haystack au Massachusetts possède une antenne de 43 mètres émettant à une longueur d'onde de 3,8 centimètres. En 1966, l'exactitude des mesures de télémétrie radar réalisées avec ces

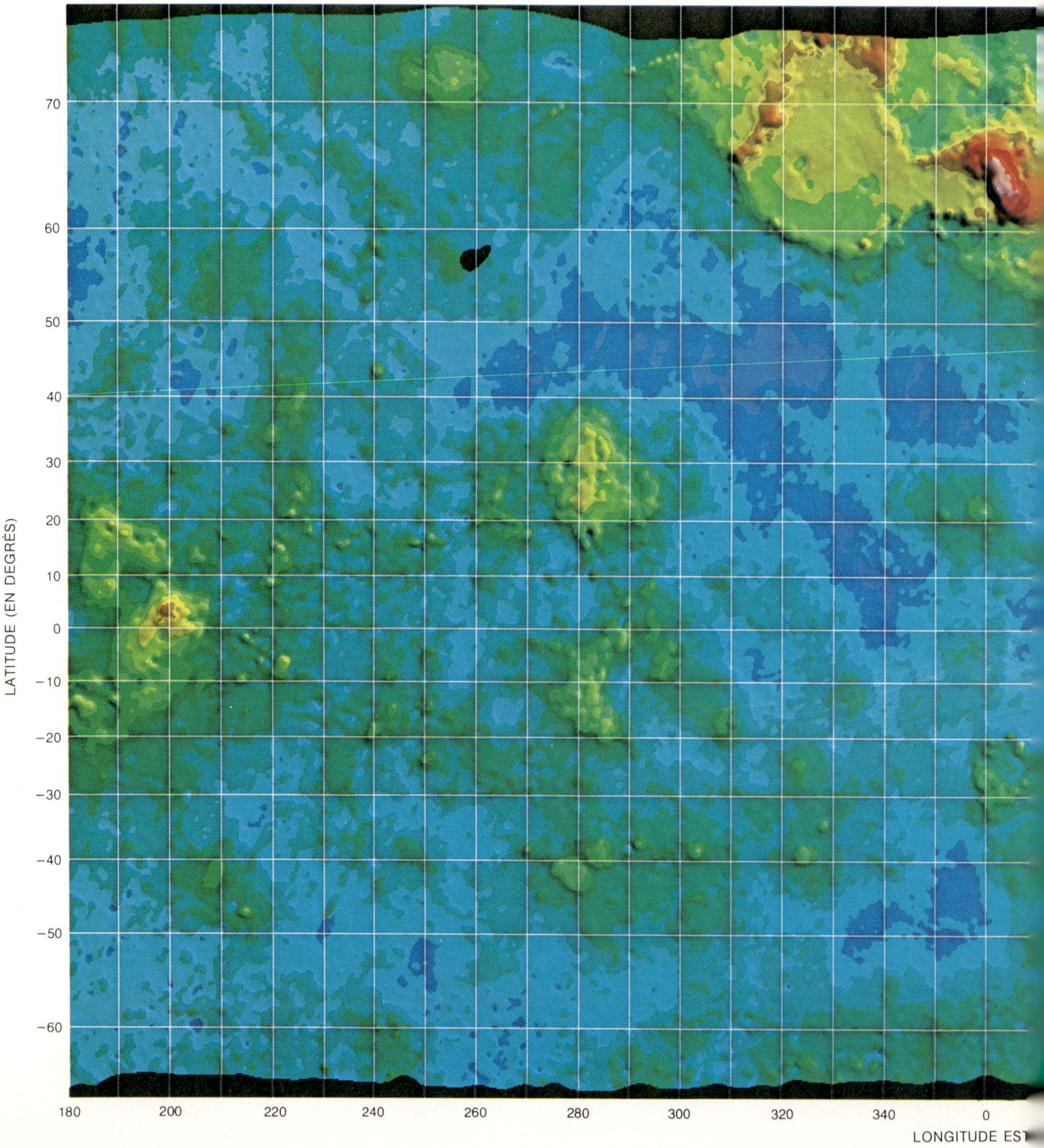

2. LA TOPOGRAPHIE DE LA SURFACE DE VÉNUS a été étudiée par *Pioneer Venus 1*, un petit vaisseau spatial mis en orbite autour de la planète le 4 décembre 1978. Un altimètre radar embarqué dans la sonde mesurait l'altitude de la surface de Vénus chaque fois que le satellite survolait la planète à moins de 4 700 kilomètres de distance. La sonde décrivait une orbite très elliptique, passant à 150 kilomètres de Vénus au périastre, avant de s'éloigner à plus de 66 000 kilomètres à l'apoastre. Cette orbite a permis de cartographier 93 pour cent de la surface totale de l'astre, entre le 74ᵉ degré de latitude Nord et le 63ᵉ degré de latitude Sud. Cette reconstitution en relief, réalisée par ordinateur, est obtenue en modulant les couleurs, comme si le Soleil éclairait la surface à partir du coin supérieur droit. Par cette astuce, on fait ressortir les pentes abruptes. Le rayon moyen de Vénus est de 6051,4 kilomètres. Les régions situées à ce niveau de référence sont

instruments approchait un kilomètre, soit une précision égale au cent millionième de la distance Terre-Vénus. Certains d'entre nous effectuèrent de telles mesures grâce aux installations d'Arecibo et d'Haystack. En collaboration avec Irvin Shapiro, nous sommes même parvenus à estimer le rayon moyen de Vénus : il avoisine 6 050 kilomètres. Au fur et à mesure que nos connaissances sur les mouvements de la Terre et de Vénus progressaient grâce à de longs enregistrements en continu, il devint possible de détecter des variations loales du rayon de Vénus.

Ces diverses mesures du rayon de Vénus eurent une retombée inattendue : elles permirent de calculer la pression atmosphérique à la surface de la planète. Cette détermination prouve combien il est fécond de rapprocher des techniques de mesures n'ayant apparemment aucun lien

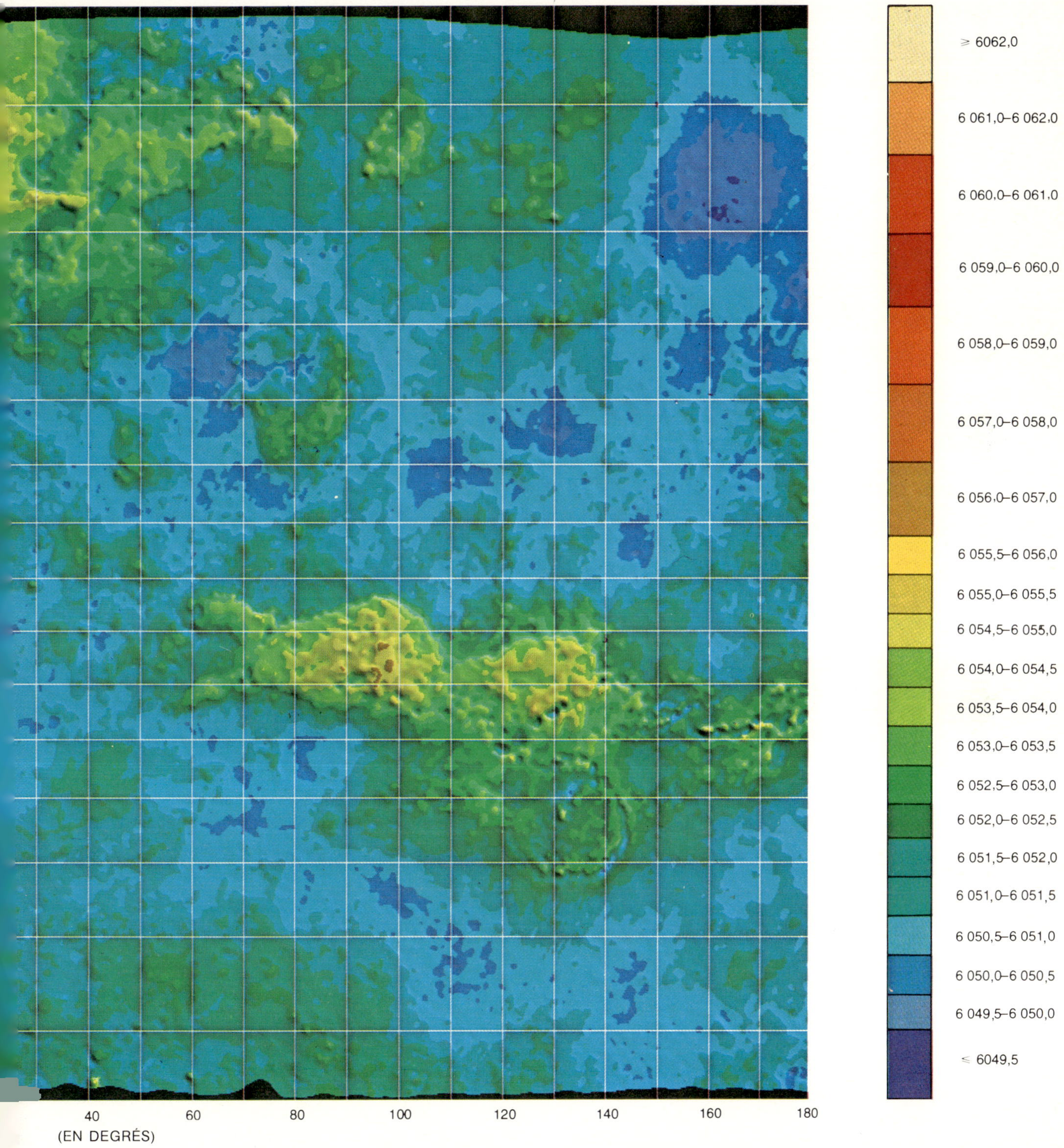

figurées en bleu-vert. Les zones les plus profondes sont représentées en violet. Ces régions, où le rayon planétaire est inférieur à 6049,5 kilomètres, recouvrent moins de 1 pour cent de la surface cartographiée. Les couleurs changent tous les 500 mètres jusqu'au brun qui correspond à un rayon de 6 056 kilomètres. Au-delà, chaque couleur recouvre un intervalle de 1 000 mètres. La précision des mesures est de 200 mètres environ. La petite zone noire *(en haut à gauche)* sera complétée ultérieurement grâce aux données recueillies par *Pioneer Venus 1.* Le point culminant (juste au-dessus du niveau des 6 062 kilomètres) se trouve dans le secteur du Mont Maxwell. Il correspond au point blanc dans la zone rose *(en haut et au milieu).* Cette montagne de 11 000 mètres dépasse l'Everest de près de 2 000 mètres. La région comprise entre le 260ᵉ degré et le 30ᵉ degré de longitude Est correspond aux zones étudiées par imagerie radar dans la figure 1.

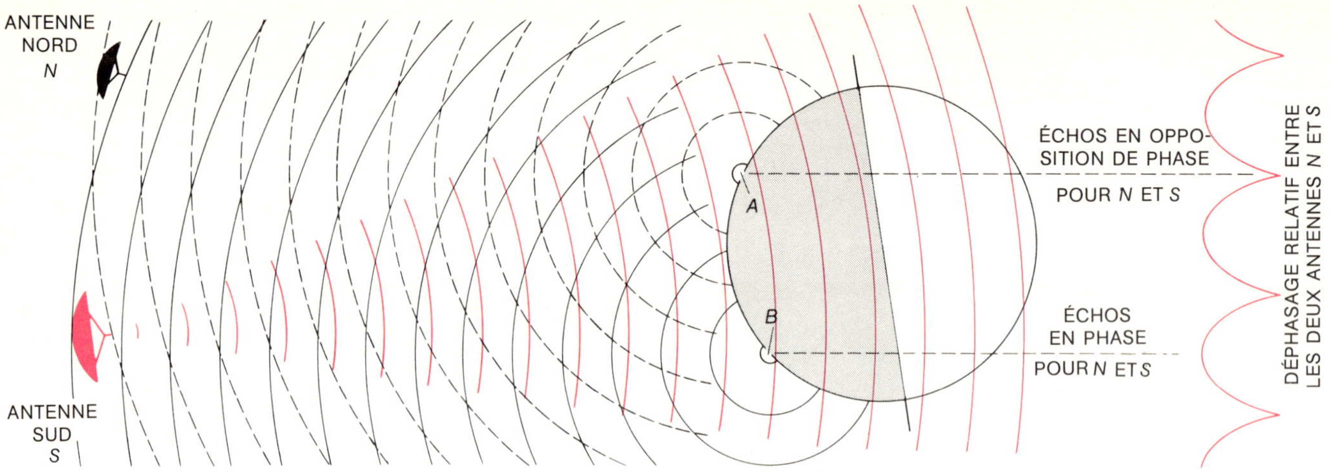

3. LA CARTOGRAPHIE RADAR de Vénus utilise l'interférométrie pour distinguer les échos renvoyés par deux surfaces distinctes. Les signaux sont émis par le radiotélescope d'Arecibo, dont l'antenne mesure près de 300 mètres. Le signal a une longueur d'onde de 12 centimètres et une puissance de 400 watts. Le signal incident *(en couleur)* consiste en une série d'ondes électromagnétiques modulées en phase, émis pendant cinq minutes. Quand le signal renvoyé par la surface de Vénus revient après un voyage d'environ cinq minutes, la durée exacte du temps aller-retour est calculée en recherchant la modulation de phase caractéristique du signal incident. L'écho est enregistré simultanément par deux antennes : celle d'Arecibo *(S)* et une antenne passive de 30 mètres *(N)* située à dix kilomètres au Nord d'Arecibo. Pour les points de la surface de Vénus, comme *B*, pour lesquels les distances aller-retour *SBS* et *SBN* diffèrent d'un nombre exact de longueur d'onde, les échos reçus sont en phase sur les deux antennes. Pour d'autres points, comme *A*, les trajets diffèrent d'un nombre impair de demi-longueur d'onde; les échos reçus sont alors en opposition de phase. Lorsque les échos captés par les deux antennes sont associés de manière cohérente, avec un ajustement adapté des phases relatives, on parvient à supprimer les signaux renvoyés par *A* ou *B*. Dans la situation représentée ici, les signaux *A* sont éliminés et seuls les signaux *B* subsistent.

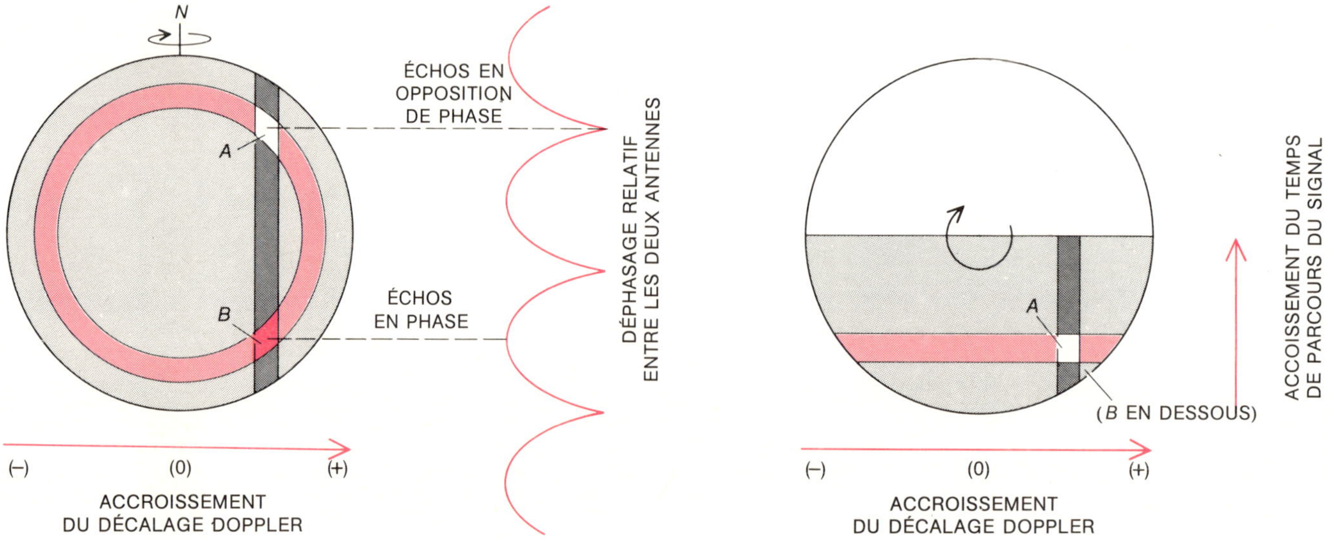

4. LA ROTATION DE VÉNUS engendre un effet Doppler dans l'écho radar. Les signaux renvoyés par les zones qui se rapprochent de l'observateur (ici les stations radar) sont décalés vers les hautes fréquences tandis que ceux réfléchis par les zones qui s'éloignent sont déplacés vers les basses fréquences. Les deux sites *A* et *B* produisent des échos ayant le même temps de trajet et le même décalage Doppler. L'intensité de la dispersion à partir de deux régions comme *A* et *B* est établie en analysant l'écho pour extraire les composants ayant le même temps de parcours et le même décalage Doppler. Quand les échos *A* sont éliminés par interférométrie, *B* reste seul visible.

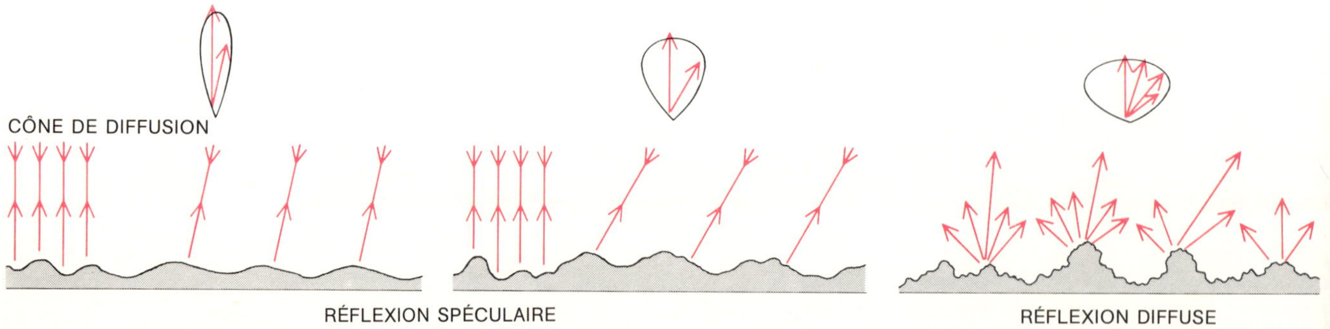

5. LES CARACTÉRISTIQUES SUPERFICIELLES peuvent être déduites de la répartition des échos radar en fonction de l'angle de réflexion. Lorsque la surface est peu ondulée (à l'échelle des longueurs d'onde radar utilisées), l'énergie du signal radar renvoyé se concentre uniquement dans les échos engendrés par les réflecteurs perpendiculaires à l'axe du faisceau incident. Lorsque la surface est faiblement vallonnée *(à gauche)*, l'énergie se répartit dans un cône très peu ouvert. Lorsque la pente des reliefs devient plus raide *(au centre)*, le cône de dispersion s'ouvre davantage. Une surface très accidentée renvoie des échos dont l'intensité ne dépend pratiquement pas de l'angle d'observation.

entre elles. L'un des buts de la mission *Mariner 5* lancée en 1967 était d'observer la réfraction des signaux radio dans l'atmosphère de Vénus lorsque le satellite passait derrière la planète. Grâce à ces mesures de réfraction, Arvydas Kliore et ses collègues au *Jet Propulsion Laboratory* calculèrent la pression et la température de l'atmosphère en fonction de la distance par rapport au centre de la planète. Cependant, la forte réfraction et la forte absorption des couches basses et denses de l'atmosphère de Vénus empêchèrent les mesures aux basses altitudes où la pression dépasse quelques bars.

C'est en tenant compte de la température superficielle (mesurée d'après les émissions radio) et de la localisation précise de la surface (grâce à nos mesures radar de distance) qu'il fut enfin possible d'extrapoler les mesures de pression et de température jusqu'à la surface de Vénus. La composition de l'atmosphère près de la surface était la principale source d'incertitude. En admettant une prédominance de gaz carbonique, A. Kliore et ses collègues estimèrent que la pression à la surface de Vénus atteignait presque cent fois la pression à la surface de la Terre. Cette prédiction fut vérifiée grâce aux mesures effectuées directement par certaines sondes soviétiques et américaines qui traversèrent l'atmosphère de Vénus avant de s'écraser à la surface de l'astre.

Une exploration détaillée

La chaleur, la sécheresse et l'énorme pression atmosphérique confèrent à la surface de Vénus des caractéristiques uniques dans le système solaire. Cependant, comment examiner en détail cette surface lointaine, embrumée et inhospitalière, presque aussi étendue que celle de la Terre? Le moyen le plus simple était encore d'utiliser le radar, mais il fallait pour cela étendre et accroître la sensibilité des techniques qui avaient permis de déterminer avec succès le rayon de la planète et sa période de rotation.

Puisque les points situés à la surface d'un astre rigide en rotation ont des déplacements parfaitement prévisibles on peut corréler, pour une position particulière d'un point de la surface, la durée du trajet aller et retour d'une composante du signal radar et le décalage Doppler de l'écho réfléchi. L'analyse des données par ordinateur permet de dresser la carte des variations de la dispersion des signaux radar sur une grande partie de la surface de la planète, à la seule condition que le système radar ait une sensibilité suffisante pour la résolution désirée.

Nous avons utilisé pour nos recherches l'antenne de 300 mètres d'Arecibo. Le signal émis était formé d'une succession d'ondes sinusoïdales, modulée en phase selon une règle précise (voir *Les radars*, par Michel Carpentier, *Pour la Science* n° 33, juillet 1980). Chaque signal durait cinq minutes. Grâce aux différentes modulations de phase, qui sont en quelque sorte des points de repères, nous avons pu mesurer avec précision la durée du trajet aller et retour du signal. Lorsque le faisceau radar atteint Vénus, son diamètre représente environ deux fois celui de la planète. Les échos radar sont enregistrés simultanément par l'antenne d'Arecibo (l'émission est alors interrompue) et par une autre antenne plus petite, de 30 mètres de diamètre, située à une dizaines de kilomètres au Nord de l'antenne principale. On détermine les décalages Doppler en analysant le spectre de fréquence des signaux réfléchis. On calcule par ordinateur les différences de phase entre les composantes correspondantes de l'écho reçu par les deux antennes afin d'identifier et de localiser les endroits où se sont produites les réflexions radar.

Quelles propriétés influent sur la dispersion des ondes électromagnétiques? Si la surface est lisse, à l'échelle de la longueur d'onde utilisée, la réflexion est spéculaire, c'est-à-dire semblable à la réflexion sur un miroir. On peut se représenter le faisceau radar comme celui d'un projecteur. Si le faisceau réfléchi est capté par l'antenne servant à l'émission du signal, on n'observera de réflexions spéculaires que pour les surfaces lisses disposées perpendiculairement à la direction de propagation du faisceau radar incident. Aux longueurs d'onde utilisées, la Lune, Mercure, Vénus et Mars se présentent comme une juxtaposition de multiples facettes orientées au hasard et dont les dimensions s'échelonnent entre quelques longueurs d'onde et des centaines, voire des milliers de fois la longueur d'onde du signal incident. Il en serait de même pour de nombreuses régions terrestres, non recouvertes par de l'eau ou de la végétation.

Dans les échos provenant des planètes telluriques, la réflexion spéculaire domine lorsque l'incidence du faisceau radar est approximativement perpendiculaire à la surface de l'astre. Ce phénomène ressemble au scintillement du Soleil qui étincelle sur les flancs des vaguelettes à la surface d'un plan d'eau. La puissance du signal réfléchi décroît à mesure que la direction d'incidence s'éloigne de la normale aux surfaces spéculaires. Cependant la puissance totale du signal réfléchi dépend surtout du facteur de réflexion de la surface.

Les irrégularités de surface (arêtes

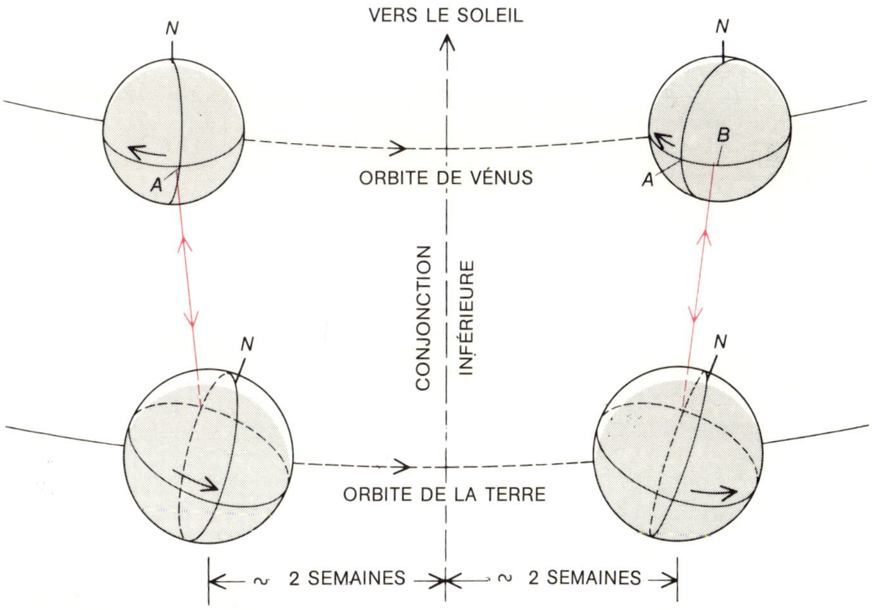

6. LES OBSERVATIONS À HAUTE RÉSOLUTION de la planète Vénus sont limitées à une période de quatre semaines, centrée autour de la date de conjonction inférieure, quand Vénus est alignée avec la Terre et le Soleil. Durant cette période, la distance Terre-Vénus est minimale. L'intensité des échos radar diminuant comme la puissance quatrième de la distance, les mesures doivent s'effectuer obligatoirement quand les deux planètes sont les plus proches. Cette conjonction astronomique favorable se reproduit tous les 19 mois. Puisque Vénus est animée d'un mouvement de rotation rétrograde (chaque rotation dure 243 jours), elle tourne de 42 degrés de l'Est vers l'Ouest (soit 1,5 degré par jour) par rapport aux étoiles, durant les quatre semaines favorables aux observations. Pour un observateur terrestre, un tiers de cette rotation est occulté en raison du mouvement de Vénus par rapport aux étoiles (Vénus se déplace d'Est en Ouest). Ainsi, deux semaines après la conjonction inférieure, un point de la surface de Vénus, *A*, quand il est vu de la Terre, a tourné de 27 degrés seulement vers l'Est par rapport au point *B*, sa position initiale au moment de la conjonction.

à bords vifs, reliefs plus petits que la longueur d'onde du rayonnement incident) engendrent une diffusion du faisceau qui se traduit par un étalement du faisceau réfléchi. Pour des directions d'incidence faisant un angle de plus d'une vingtaine de degrés avec la verticale locale, la réflexion diffuse due aux petites irrégularités est souvent plus importante que la réflexion spéculaire. Par conséquent, les observations radar aux longueurs d'onde décimétriques montrent principalement les structures superficielles d'échelle métrique lorsque la direction d'incidence est à moins de dix degrés de la verticale, alors qu'elles détectent surtout des défauts superficiels centimétriques lorsque l'incidence devient plus oblique. En définitive, les variations des signaux radar réfléchis traduisent principalement des modifications géométriques de la surface, plutôt que des changements du facteur de réflexion (facteur qui dépend des discontinuités diélectriques entre la surface et l'atmosphère de la planète).

Les images radar de Vénus réalisées de la Terre sont tracées à partir d'observations correspondant à des angles de dispersion très divers. L'axe de rotation de Vénus est presque toujours perpendiculaire à la ligne de visée depuis la Terre. Ainsi, les données relatives aux hautes latitudes vénusiennes correspondent à de grands angles d'incidence : les variations de la structure superficielle révélées par ces données sont donc de dimensions inférieures à une longueur d'onde. Aux plus basses latitudes, la direction du faisceau radar est presque perpendiculaire à la surface de l'astre : les caractéristiques du rayonnement réfléchi dépendent alors de changements topographiques dont les dimensions sont supérieures à une longueur d'onde. Au voisinage des pôles de la planète, l'observation est gênée par l'épaisseur croissante de l'atmosphère qui entraîne une absorption du signal radar. De plus, la réflexion des ondes électromagnétiques devient très faible lorsque l'incidence est rasante, ce qui atténue d'autant la puissance des échos provenant des régions situées à de hautes latitudes.

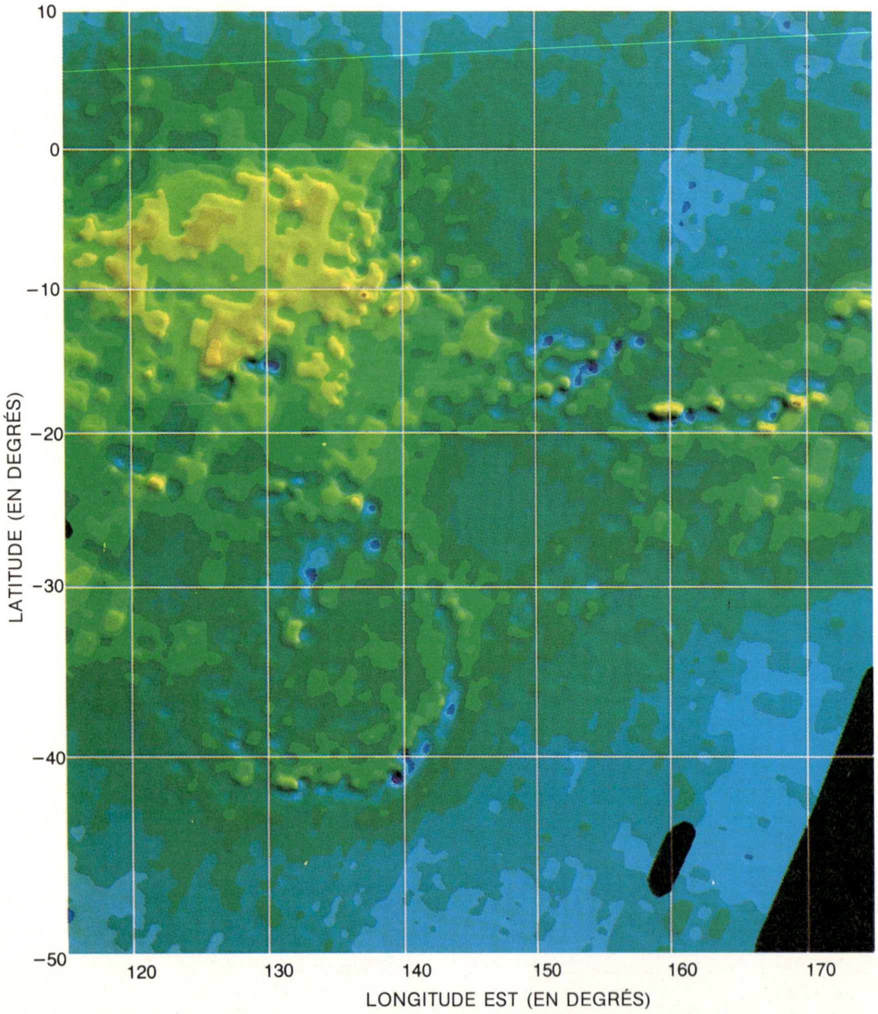

7. LA RÉGION ORIENTALE D'APHRODITE est représentée ici à partir des données recueillies par l'altimètre radar de *Pioneer Venus 1*. Les méthodes utilisées pour tracer cette carte topographique sont indiquées sur la figure 13. Cette région est particulièrement chaotique. A droite de la zone centrale, on distingue une série de vallées étroites, bordées de montagnes allongées. Ces structures topographiques résulteraient des mouvements tectoniques de la croûte sous-jacente. Une structure annulaire (centrée par 35 degrés de latitude Sud et 135 degrés de longitude Est) occupe la partie Sud-Est du cliché. Ce gigantesque anneau de 1 800 kilomètres de diamètre serait peut-être les restes d'un cratère d'impact météoritique.

Par monts et par vaux

Au cours de sa rotation, Vénus ne présente pas toujours la même face devant la Terre. Par conséquent, on pourrait espérer dresser avec le temps une carte de toute la surface de Vénus. Malheureusement ce n'est pas le cas. La quantité d'énergie électromagnétique qui frappe la cible et la proportion de cette énergie qui est renvoyée vers la Terre sous forme d'écho radar décroissent l'une et l'autre en fonction inverse du carré de la distance Terre-Vénus. Ainsi, l'intensité de l'écho, pour une énergie d'émission donnée, varie comme l'inverse de la quatrième puissance de la distance. Les observations à haute résolution ne sont donc possibles que durant quelques mois pendant la conjonction inférieure, lorsque Vénus est alignée avec la Terre et le Soleil. La distance Terre-Vénus est alors minimale. Un tel événement se reproduit tous les 19 mois. A ce moment, l'effet combiné de la rotation rétrograde de Vénus et de son déplacement vers l'Ouest dans le ciel font que le point de Vénus situé face à la Terre (juste sur le segment joignant le centre des deux planètes) se déplace de moins de 0,8 degré par jour. La rotation apparente est presque nulle pendant la période d'observation la plus favorable. On pouvait espérer découvrir des régions différentes de Vénus, d'une conjonction à l'autre, mais cet espoir fut déçu : Vénus, vue de la Terre, fait presque exactement quatre tours sur elle-même entre deux conjonctions successives. Est-ce là une particularité accidentelle, ou une conséquence de la dynamique des orbites? Les astronomes en discutent encore.

Pour les régions de la surface de Vénus dont on peut dresser une carte précise à partir des observations réalisées à Arecibo, la résolution des images radar est comprise entre 10 et 20 kilomètres *(voir la figure 1)*. Les parties claires représentent des zones où le faisceau radar est fortement diffusé donc des régions dont le relief est tourmenté. La grande région extrêmement claire centrée à 65 degrés de latitude Nord et 5 degrés de longitude Est correspond au Mont Maxwell (du nom du physicien James Clerk Maxwell). On l'avait remarquée quelques années auparavant lors des premières observations radar à faible résolution. Lorsqu'on examine le secteur du Mont Maxwell sur des images moins contrastées révélant plus de détails, on découvre une sorte de cavité presque circulaire et un ensemble de structures orientées Nord-Ouest/Sud-Est *(voir figure 8)*. À l'Ouest du Mont Maxwell, on distingue une structure en forme de poire ayant un rebord sombre (donc une surface lisse) appelée le plateau Lakshmi, du nom d'une déesse Hindoue. La planète portant elle-même le nom d'une déesse, les astronomes donnent aux structures topographiques vénusiennes des noms féminins; les seules exceptions sont le Mont Maxwell et les noms de deux autres lieux en usage depuis plus de dix ans.

D'étranges anneaux

Deux autres figures claires apparaissent nettement : l'une, appelée Alpha, sur le méridien zéro à environ 25 degrés de latitude Sud, l'autre, Bêta, centrée à environ 25 degrés de latitude Nord et 283 degrés de longitude Est. Sur des vues plus détaillées d'Alpha (avec une résolution de cinq kilomètres seulement), on note la présence d'un ensemble de structures remarquablement orientées Nord-Ouest/Sud-Ouest. Ces structures ressemblent aux structures faillées du Sud-Ouest des États-Unis. Au Sud-Ouest d'Alpha, à 35 degrés Sud et presque exactement sur le méridien zéro, les astronomes ont découvert une structure annulaire ayant une zone centrale claire. Cette morphologie évoque les cratères d'impact visibles sur la Lune et sur Mercure. La structure dénommée Ève (ou du moins la zone centrale claire) deviendra probablement le point de référence du système officiel des longitudes sur Vénus.

Bêta est une structure radiée orientée Nord-Sud. D'après les observations radar faites par R. Goldstein, la région centrale est une vaste montagne en forme de bouclier avec une petite dépression sommitale. Selon Stephen Saunders et Michael Malin du *Jet Propulsion Laboratory*, cette structure correspondrait à un bouclier volcanique. Avec ses 1 000 kilomètres de large, Bêta serait comparable aux énormes volcans martiens.

Juste au Nord de l'équateur, à environ 355 degrés de longitude Est, il existe un long sillon arqué s'étendant sur environ 1 000 kilomètres. Cette structure se trouvant presque dans l'axe du faisceau radar incident, les variations d'intensité des échos proviennent principalement de grandes régions en pente de la topographie locale. Cette structure comprend en fait deux arêtes parallèles, haute chacune d'environ 2 000 mètres et séparée par une vallée de 90 kilomètres de large. La ligne de plus grande pente, perpendiculaire aux arêtes, est inclinée de six degrés par rapport à l'horizontale, un angle important pour une structure aussi étendue. Il n'existe pas sur la Terre de structure analogue, ce qui fait que son origine reste mystérieuse.

Un examen attentif des images radar obtenues de la Terre révèle plus d'une vingtaine de structures annulaires, peut-être des cratères d'impact fortement érodés ou des traces de volcanisme? Barbara Burns de l'Observatoire d'Arecibo a tracé la courbe de répartition de ces structures en fonction de leur nombre et de leur diamètre. Puis elle a comparé ce graphe aux données obtenues pour d'autres planètes et pour la Lune. Sur les objets dont la surface est directement visible, la répartition des cratères dans certains secteurs sélectionnés s'accorde avec les estimations du nombre de cratères produits par les chutes d'astéroïdes depuis l'origine du système solaire. Lorsque la répartition des cratères visibles s'écarte de ces estimations, on en déduit que des phénomènes géologi-

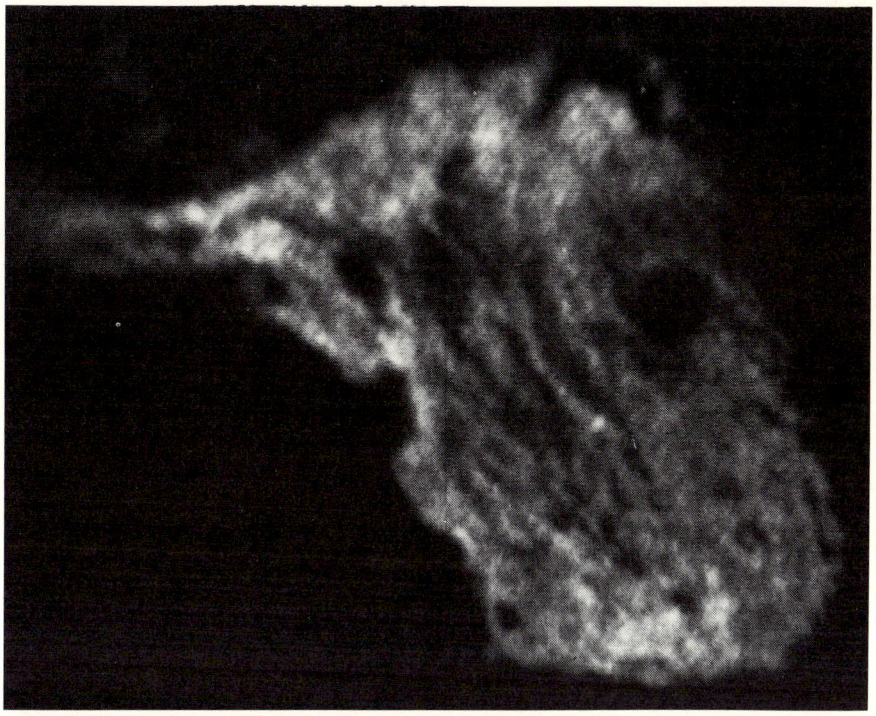

8. CETTE IMAGE DU MONT MAXWELL est obtenue grâce au radiotélescope d'Arecibo (Porto Rico). Par rapport aux cartes générales *(voir la figure 1)*, les contrastes sont volontairement réduits de manière à distinguer les détails internes de la structure. La résolution est d'environ 10 kilomètres. La région du Mont Maxwell mesure 750 kilomètres du Nord au Sud et renferme le point culminant de la surface de Vénus (environ 11 000 mètres au-dessus du niveau moyen). Cette région comporte un ensemble de structures orientées Nord-Ouest/Sud-Est. Le cratère circulaire *(à droite du centre)* pourrait être partiellement rempli par de la lave.

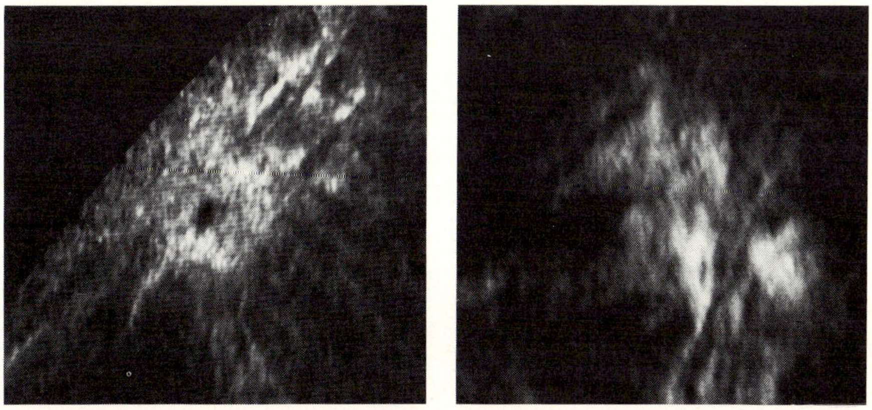

9. LA RÉGION BÊTA, elle aussi cartographiée de la Terre, renfermerait deux montagnes volcaniques. Le Mont Theia *(à gauche)* a la forme d'un cône aplati aux pentes douces. Haut de 5 000 mètres, c'est peut-être un bouclier volcanique. La région centrale sombre correspondrait à la caldeira sommitale. La partie sombre dans l'angle supérieur gauche du cliché n'a pas encore été cartographiée. Le Mont Rhéa *(à droite)* est situé immédiatement au Nord du Mont Theia. Ce serait lui aussi une structure volcanique. Cependant, le large sillon qui traverse le centre de cette région rend cette interprétation incertaine.

ques (érosion, volcanisme) ont remodelé la surface de l'astre et effacé les cratères d'impact.

D'après l'analyse de Barbara Burns, le nombre de cratères vénusiens ayant un diamètre supérieur à 80 kilomètres est très voisin du modèle théorique décrivant les chutes d'astéroïdes depuis la fin de l'ère précambrienne (entre 600 millions et un milliard d'années). Sur Vénus, on devrait trouver beaucoup moins de cratères inférieurs à 20 kilomètres car les météorites les plus petites brûlent dans l'atmosphère dense qui entoure la planète. On ne peut toutefois pas vérifier cette hypothèse puisque toutes les structures ayant un diamètre inférieur à 20 kilomètres sont indétectables avec les techniques actuelles, sauf dans quelques régions de faibles dimensions correspondant à des conditions d'observation particulières. Les cartes disponibles montrent cependant que le nombre de structures annulaires ayant entre 20 et 80 kilomètres de diamètre est nettement inférieur aux prévisions. Cet écart n'est pas absolument convaincant puisqu'il peut s'expliquer assez simplement par des difficultés d'identification des signaux radar.

Si le nombre de grands cratères semble en accord avec les prédictions, les structures annulaires observées sur Vénus diffèrent néanmoins des sructures comparables visibles sur la Lune, sur Mercure et sur Mars. Il faut donc rester prudent avant d'affirmer que ces structures vénusiennes sont bien des cratères d'impact. Les profils topographiques de certaines régions de Vénus, réalisés de la Terre, révèlent l'existence de quelques traits caractéristiques des périphéries de structures d'impact en tenant compte du fait que la surface de l'astre est très chaude et qu'elle peut subir des déformations plastiques. Cependant, beaucoup de structures annulaires découvertes sur Vénus n'ont pas un contour parfaitement circulaire et l'importance des irrégularités à petite échelle est plus grande que ce que l'on connaît pour des cratères d'impacts sur d'autres corps célestes. Pour comprendre la morphologie de ces cratères, il faudrait disposer de meilleurs modèles physiques qui décrivent les propriétés mécaniques de surfaces très chaudes et qui soient capables de prédire les effets aérodynamiques d'une atmo-

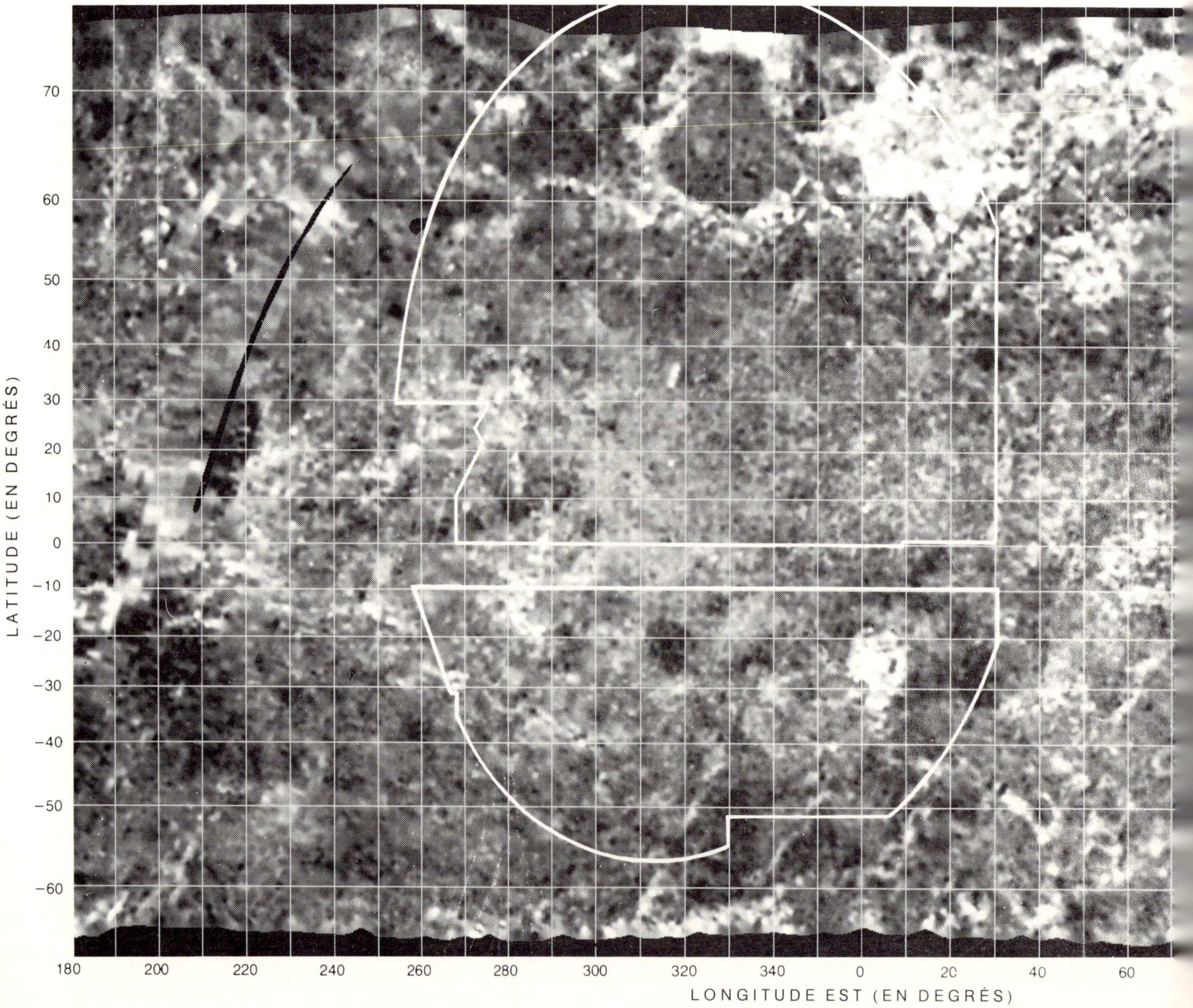

10. L'INCLINAISON DES RELIEFS de l'ordre du mètre est estimée grâce aux données radar utilisées pour tracer la carte topographique *(voir la figure 2)*. Sur cette image, les zones sombres correspondent aux régions dont la pente moyenne est inférieure ou égale à un degré. Les régions claires représentent les zones inclinées à plus de dix degrés par rapport à l'horizontale vénusienne. La région marquée par un arc de cercle noir *(en haut à gauche)* sera étudiée grâce aux données recueillies à la fin de la mission, au début 1981. En général, les régions continentales qui sont les plus hautes présentent les pentes les plus raides. Le plateau Lakshmi, à l'Ouest du Mont Maxwell, se distingue

sphère dense sur la répartition de la matière éjectée par un impact météoritique ou par une explosion volcanique. Même sans modèles, la genèse de ces structures annulaires pourrait être éclaircie avec des imageries radar ayant une meilleure résolution.

La topographie vénusienne

Les observations radar réalisées de la Terre ne nous renseignent guère sur les reliefs de la surface de Vénus. R. Goldstein et ses collègues ont réussi à mettre en œuvre l'interférométrie multistations et ont déterminé le relief de plusieurs petits secteurs de la planète. En outre, plusieurs équipes avaient préalablement déterminé quelques éléments de topographie directement par mesure radar des distances. Toutefois, ces deux types de mesures sont confinés aux régions équatoriales et ne sont d'aucun secours pour connaître la nature des grandes structures que l'on observe sur les images radar de Vénus. Pour interpréter et comprendre la nature, l'origine et l'évolution de ces structures, il était essentiel de connaître la topographie locale.

C'est pourquoi la NASA a accepté d'installer un petit altimètre radar à bord du vaisseau spatial *Pioneer Venus 1* mis en orbite autour de Vénus le 4 décembre 1978. Le radar mesure l'altitude du vaisseau spatial; simultanément, on calcule de la Terre la position du vaisseau et l'on établit son orbite par rapport au centre de masse de Vénus. En retranchant l'altitude du vaisseau de sa distance au centre de masse, on obtient le rayon de la planète à l'aplomb du point de mesure. Bien que cette expérience spatiale n'ait pas une résolution aussi bonne que les meilleures observations faites sur Terre, elle donne une représentation presque complète de la topographie de Vénus avec une précision verticale d'environ 200 mètres et une couverture au sol de 100 kilomètres.

Le but de la mission *Pioneer Venus 1* était l'exploration de l'atmosphère et de l'ionosphère de la planète. Afin d'optimiser les conditions de mesures, le vaisseau fut placé sur une orbite à forte excentricité, passant à 150 kilomètres de la surface au périastre (ce qui permettait une analyse directe de l'atmosphère) et

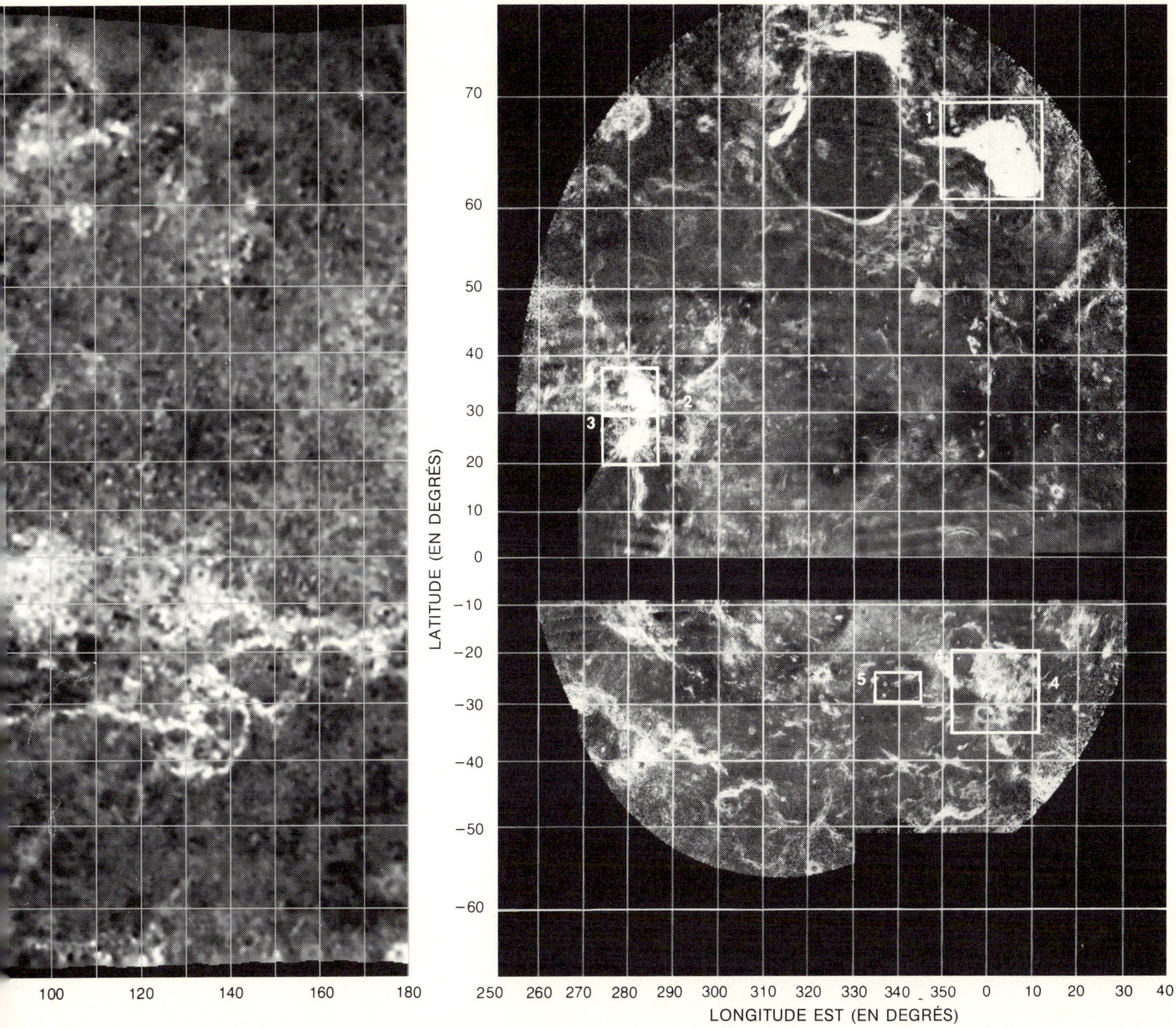

néanmoins par une topographie très plate. La région délimitée en blanc correspond aux parties de Vénus cartographiées de la Terre grâce aux installations d'Arecibo. La carte obtenue est reproduite à droite à la même échelle. On constate la grande ressemblance des deux images. Les hétérogénéités à petite échelle, visibles sur l'image obtenue de la Terre, se doublent en beaucoup d'endroits d'hétérogénéités plus grandes qui apparaissent en clair sur l'image prise par satellite. Les rectangles blancs *(à droite)* entourent cinq régions particulières : *(1)* le Mont Maxwell, *(2)* le Mont Rhea et *(3)* le Mont Theia dans la région Bêta, *(4)* la région Alpha et *(5)* trois structures annulaires.

s'éloignant à plus de 66 000 kilomètres à l'apoastre (ce qui permettait d'obtenir des images très étendues de l'atmosphère supérieure aux longueurs d'onde visibles, infrarouges et ultraviolettes). Le plan de l'orbite était incliné de 74 degrés sur l'équateur de Vénus, de sorte que les régions comprises entre les pôles et les 74e parallèles de latitude Nord et Sud ne furent pas couvertes par les mesures d'altimétrie radar. En outre, les mesures devenaient impossibles dès que l'altitude du vaisseau spatial dépassait 4 700 kilomètres, l'intensité de l'écho réfléchi étant alors trop faible. Enfin, dernière contrainte, la position du périastre (à environ 17 degrés de latitude Nord) limitait aux 63 degrés de latitude Sud la zone d'étude. Au-delà l'altitude du vaisseau spatial ne permettait plus la moindre mesure. La région couverte (entre le 74e degré de latitude Nord et le 63e degré de latitude Sud) représentait néanmoins 93 pour cent de la surface de Vénus. Grâce à la rotation de la planète par rapport au plan de l'orbite du vaisseau spatial, la surface de Vénus défilait lentement devant le satellite; la période de révolution de ce dernier était de 24 heures. Entre deux passages au périastre, Vénus avait tourné de 1,5 degré. Au bout de 243 jours, la planète avait donc effectué un tour complet.

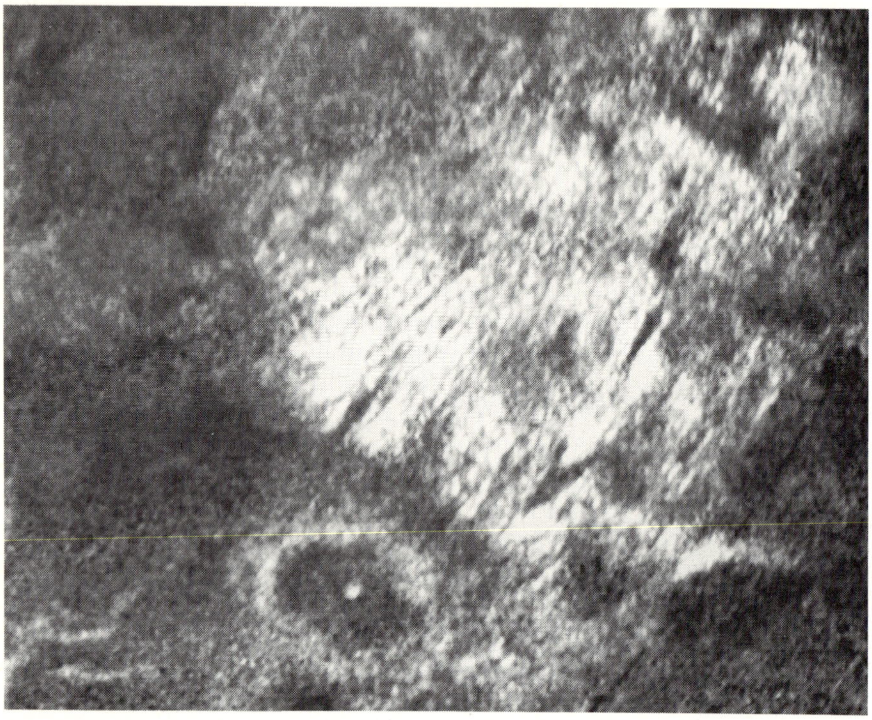

11. LA RÉGION ALPHA est vue ici avec une résolution de 8 kilomètres. Ce cliché a été obtenu par imagerie radar depuis la Terre. Les longues stries parallèles orientées Nord-Est/Sud-Ouest évoquent les successions de bassins faillés que l'on trouve dans le Névada et les régions Sud-Ouest des Etats-Unis. La structure annulaire dénommée Eve a environ 200 kilomètres de diamètre et représente probablement les vestiges d'un ancien cratère d'impact. Plusieurs astronomes proposèrent même d'utiliser la tache blanche au centre de la structure annulaire comme point de référence des longitudes sur Vénus. Ce point caractéristique est situé sur le 32e parallèle, au Sud de l'équateur vénusien.

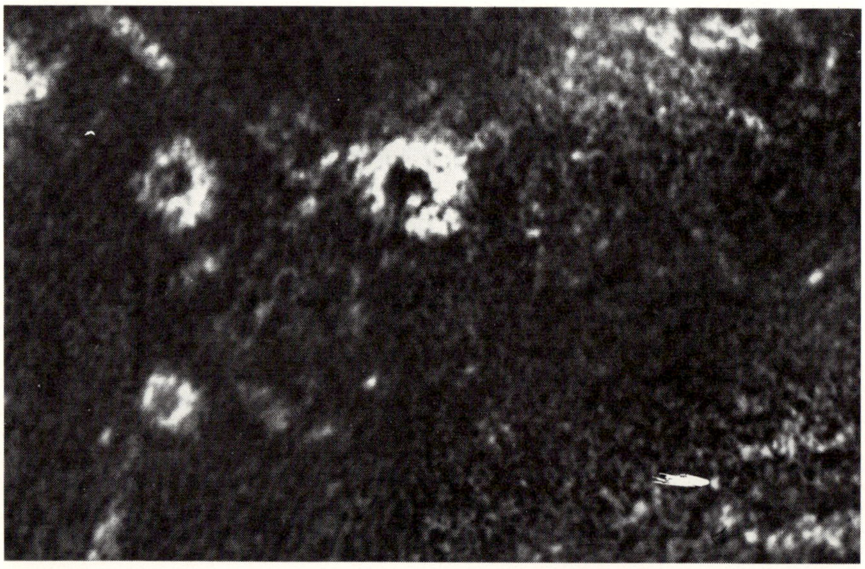

12. TROIS STRUCTURES ANNULAIRES apparaissent à 1 500 kilomètres à l'Ouest d'Alpha. La plus grande mesure environ 100 kilomètres de large. Pour certains ce seraient d'anciens cratères météoritiques. Cependant, la largeur inhabituelle des régions accidentées qui bordent le cratère et le profil topographique d'ensemble sont très différents de ce que l'on connaît sur d'autres planètes ou sur la Lune. L'hypothèse des cratères d'impact reste donc très controversée.

L'examen des données altimétriques révèle une différence frappante entre l'aspect général de Vénus et celui de la Terre. La Terre, en raison de sa vitesse de rotation relativement rapide, a un rayon équatorial supérieur d'une vingtaine de kilomètres au rayon polaire. Pour Vénus, dont la vitesse de rotation est 243 fois plus faible, la différence de rayon devrait être négligeable, si la surface était homogène et si l'ensemble de la planète était en équilibre gravitationnel : la mission *Pioneer Venus 1* a confirmé cette hypothèse. 80 pour cent de la surface explorée a une altitude comprise dans un intervalle de 2 000 mètres; pour 60 pour cent des reliefs vénusiens, la différence d'altitude est même inférieure à 1 000 mètres. Vénus comporte plusieurs « continents » qui s'élèvent à plus de 2 000 mètres au-dessus de l'altitude moyenne de la surface de Vénus (qui correspond à un rayon de 6051,4 kilomètres). Cependant ces continents ne représentent que 5 pour cent de la surface totale explorée. Sur Terre, les régions continentales couvrent 35 pour cent de la surface et les aires océaniques 65 pour cent. L'altitude moyenne des régions continentales terrestres n'est guère supérieure à celle des continents vénusiens; cependant, sur Terre, une grande partie des fonds océaniques se trouve entre 5 et 6 kilomètres sous le niveau de la mer.

Lorsqu'on compare la carte de Vénus obtenue avec l'altimètre de *Pioneer Venus 1* et l'imagerie radar obtenue de la Terre, on constate que les régions situées en altitude paraissent en général plus tourmentées. Ainsi, la région du Mont Maxwell, la plus tourmentée vue de la Terre, correspond au point culminant de la surface de Vénus : elle culmine à plus de 11 000 mètres au-dessus du niveau moyen du sol vénusien. Le plateau Lakshmi est une exception à cette règle : bien que son altitude soit comprise entre 2 500 et 3 000 mètres, il correspond à l'une des zones les plus plates de toute la planète. Ce plateau est bordé au Nord et à l'Ouest par des chaînes de montagnes assez élevées. L'ensemble de cette zone continentale est appelé Ishtar (du nom de la déesse babylonienne de l'amour). L'autre grande région continentale, dénommée Aphrodite (l'équivalent d'Ishtar dans le panthéon grec) est située juste au Sud de l'équateur, entre le 70ᵉ et le 140ᵉ degré de longitude Est. Aphrodite n'est pas aussi élevée qu'Ishtar mais couvre une superficie deux fois plus grande.

Des signes d'activité

Puisqu'on trouve sur Vénus des structures comparables aux continents terrestres, il est naturel de se demander si ces hautes régions sont en équilibre gravitationnel avec les zones environnantes. Cet équilibre, dit isostasique, est fondé sur le principe d'Archimède. Les parties en relief ont une densité moindre et flottent sur les formations avoisinantes à la manière des icebergs sur la mer. Ainsi, les continents terrestres surplombent les bassins océaniques d'une hauteur qui dépend avant tout de la densité et de l'épaisseur des roches continentales. Pour vérifier dans quelle mesure les principes de l'isostasie sont respectés sur Vénus, on étudie les petites perturbations de la trajectoire du vaisseau spatial lorsqu'il survole les grandes structures continentales vénusiennes. Selon William Sjogren qui a examiné les modifications du champ gravitationnel au-dessus d'Ishtar et d'Aphrodite, ces régions auraient atteint l'état d'équilibre gravitationnel.

Si l'existence d'un équilibre gravitationnel explique les grands traits de la topographie de Vénus, nous sommes contraints d'admettre d'importantes différences de densité entre les divers matériaux de la croûte vénusienne. De tels écarts ne pourraient résulter que de processus de différenciation. Sur Terre, la différenciation entre croûte océanique et croûte continentale est la conséquence d'une série de fusions à grande échelle à l'intérieur du globe. La présence sur Vénus d'une atmosphère très dense, riche en gaz carbonique et en argon, plaide en faveur d'un dégazage considérable, fruit d'une intense activité magmatique interne. Enfin, la découverte d'une importante radioactivité superficielle par les sondes soviétiques *Venera* constitue un autre indice de différenciation chimique sur Vénus.

Les régions situées à l'Est d'Ishtar et d'Aphrodite ont un relief assez compliqué. La région à l'Est et au Sud-Est d'Aphrodite est particulièrement chaotique. Dans ce secteur, les astronomes ont repéré certains signes d'activité tectonique. Une structure presque circulaire de 1 800 kilomètres de diamètre, centrée à 35 degrés de latitude Sud et 135 degrés de longitude Est, serait un vestige d'un ancien cratère d'impact gigantesque *(voir la figure 7)*.

Dans la région au Nord du 20ᵉ degré de latitude Sud, entre le 150ᵉ et le 175ᵉ degré de longitude Est, une autre structure encore plus remarquable témoigne d'une activité tectonique; pour l'instant, c'est même la meilleure preuve de l'existence d'une dynamique interne sur Vénus. Il s'agit d'une longue vallée, grossièrement rectiligne, bordée de reliefs abrupts qui atteignent près de 4 000 mètres. Par endroit, on observe un décalage latéral qui évoque l'action des failles transformantes sur les dorsales océaniques terrestres.

Intéressons-nous maintenant à un autre aspect de la surface de Vénus telle qu'elle nous apparaît à travers les observations radar. Nous avons cherché à corréler l'étalement dans le temps des échos radar à incidence quasi-verticale reçus par l'altimètre de *Pioneer Venus 1* et les mesures à incidence oblique de l'énergie renvoyée durant les observations réalisées à partir de la Terre. La première série de données nous renseigne sur l'inclinaison moyenne de facettes réfléchissantes ayant des dimensions d'un mètre ou plus. Les valeurs moyennes de la pente furent estimées d'après les observations radar du vaisseau spatial. Ces mesures étaient réalisées en même temps que l'analyse topographique et avec la même résolution. Lorsque ces résultats sont représentés avec des nuances de gris, ils fournissent des cartes généralement très proches des imageries à échelle centimétrique obtenues à partir de la Terre *(voir la figure 10)*.

Cette similitude traduit probablement l'existence d'hétérogénéités superficielles dont les dimensions varient de quelques centimètres à plusieurs mètres. Il existe cependant une exception au Nord-Est du Mont Maxwell. Dans ce secteur, les composantes centimétriques (de l'image obtenue de la Terre) et les composantes métriques (de l'image obtenue à partir du vaiseau spatial) montrent une répartition totalement différente.

Grâce à l'ensemble des données actuellement disponibles, nous commençons à nous faire une idée de l'évolution géologique de Vénus. Cette

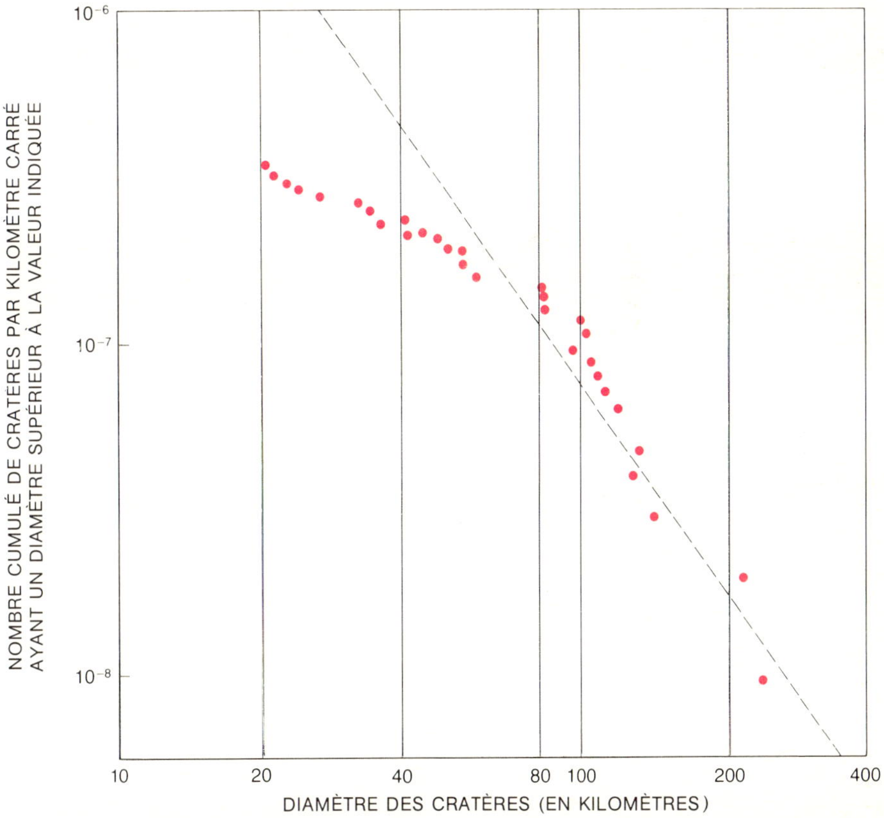

13. LA RÉPARTITION des structures annulaires sur Vénus est conforme au modèle théorique invoquant une origine météoritique *(lignes en pointillés)*. Un grand nombre de ces cratères d'impact se seraient formés depuis 600 millions ou un milliard d'années. Ce modèle dérive des observations et des dénombrements réalisés sur Mars, Mercure et la Lune. La correspondance est bonne pour toutes les structures ayant plus de 80 kilomètres de diamètre. L'absence de cratères ayant moins de 20 kilomètres s'expliquerait par la destruction des plus petits météores au cours de leur traversée de l'atmosphère de Vénus, particulièrement dense. Cependant, cela n'explique pas la divergence entre les données réelles et le modèle théorique pour toutes les structures annulaires comprises entre 20 et 80 kilomètres.

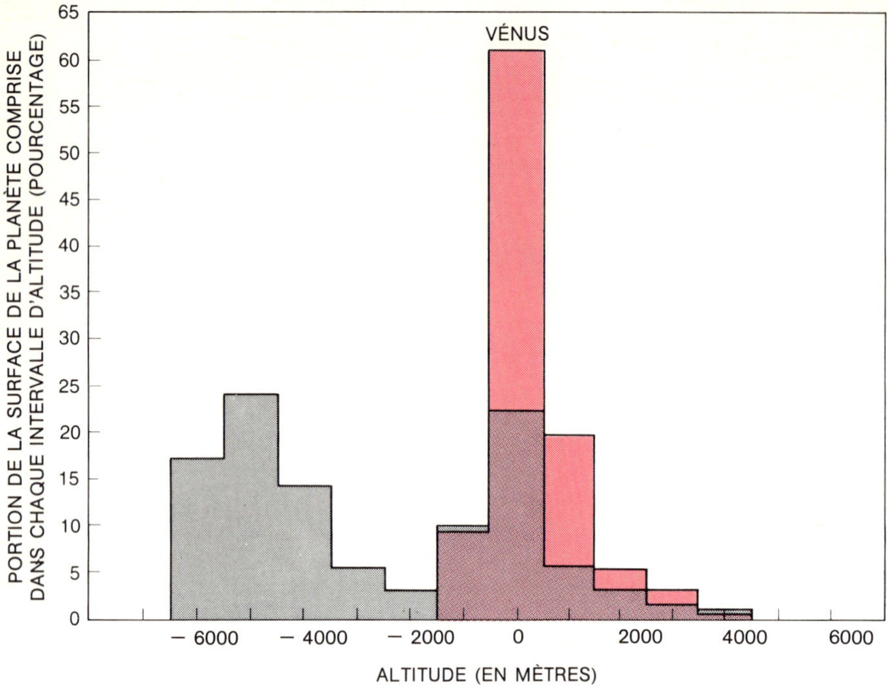

14. LA COMPARAISON DES RELIEFS sur Vénus *(en couleur)* et sur la Terre *(en noir)* met en évidence de profondes différences entre les deux planètes. L'échelle des hauteurs est divisée en intervalles de 1 000 mètres (de — 500 à + 500 mètres, de + 500 à + 1 500 mètres...). Pour établir le diagramme, on calcule la superficie de toutes les régions situées à ces altitudes et l'on exprime les résultats en pourcentage par rapport à la surface totale de la planète. Sur Vénus, les hauteurs sont mesurées à partir d'un niveau de référence situé sur une sphère ayant comme rayon le rayon planétaire moyen, soit 6 051,4 kilomètres. Sur Terre, le zéro de référence correspond au niveau moyen des mers. La dualité des reliefs terrestres ressort nettement de cette représentation. Les régions océaniques, qui couvrent 65 pour cent de la surface, sont situées en moyenne à — 5 000 mètres. Les 35 pour cent restants représentent les aires continentales. Sur Vénus, 60 pour cent de la surface sont situées à une altitude comprise entre + 500 et — 500 mètres du niveau de référence.

planète, d'une taille équivalente à la Terre, a été modelée en surface par un ensemble de phénomènes analogues à ceux agissant sur Terre, hormis l'érosion par la pluie. Contrairement à ce qu'il est advenu sur notre Globe, les mouvements relatifs de vastes plaques crustales ne paraissent pas avoir joué un rôle déterminant dans l'évolution de la surface de Vénus. En outre, la répartition (et vraisemblablement la quantité) des matériaux continentaux semble être très différente sur Terre et sur Vénus. Si les structures annulaires détectées par imagerie radar sont effectivement d'anciens cratères d'impact, nous pourrons en déduire que la plus grande partie de la surface de Vénus est âgée d'au moins un milliard d'années. Dans ce cas, la Terre et Vénus auraient subi une évolution géologique analogue mais à des degrés différents, Vénus étant moins évoluée que la Terre. Contrairement à Mercure ou à la Lune, Vénus n'aurait pas conservé aussi bien les stigmates des premiers stades de son évolution.

Plusieurs questions restent encore sans réponse. Quelle est la part relative des trois phénomènes géologiques majeurs (impacts météoritiques, volcanisme, tectonique des plaques) ayant apparemment modelé la surface de Vénus? Vénus renferme-t-elle, comme la Terre, un noyau central liquide de fer-nickel? Existe-t-il sur Vénus des traces traduisant des mouvements de convection dans le manteau sous-jacent? Les volcans rejettent-ils encore des substances volatiles dans l'atmosphère vénusienne? Ces premières études radar, relativement simples, nous ont permis de percer le mystère de la couverture nuageuse de Vénus et elles nous ont fourni la première image synthétique de la surface de l'astre. Malgré tous nos efforts, la résolution reste encore trop faible pour répondre à de nombreuses interrogations. Pour aller au-delà nous devons obtenir de meilleures images ayant une résolution de quelques centaines de mètres de mieux comparables à celles recueillies par *Mariner 9* au-dessus de Mars.

La NASA envisage de lancer, dans les dix prochaines années, un vaisseau spatial muni d'un radar sophistiqué à grand champ (projet VOIR, *Venus Orbiting Imaging Radar*). La sonde serait placée sur une orbite circulaire basse autour de Vénus. Ce projet permettrait une cartographie complète de la surface de Vénus avec une résolution de 500 mètres, comparable à celle obtenue en imagerie optique par *Mariner 9*.

Avec une telle résolution, nous pourrons sans ambiguïté faire la part relative des structures volcaniques et tectoniques, définir les principales unités géologiques à la surface de Vénus et déterminer leurs âges relatifs. Grâce aux nombreux progrès des techniques d'imagerie radar utilisées pour l'étude de la surface des planètes, nous pouvons espérer avancer avec succès dans la compréhension de l'histoire géologique de Vénus.

L'atmosphère de Vénus

Après dix ans d'exploration par sonde spatiale, nous savons que l'atmosphère de Vénus est presque entièrement composée de gaz carbonique. Des nuages d'acide sulfurique y sont poussés par des vents atteignant 360 kilomètres à l'heure.

par Gerald Schubert et Curt Covey

Il y a encore quelques dizaines d'années, nous ne savions rien de l'atmosphère de Vénus. Trois siècles d'observations optiques avaient seulement montré que la planète était enveloppée d'une couverture nuageuse continue, apparemment uniforme et sans caractéristiques nettes. Aujourd'hui, les progrès des techniques nous permettent d'observer Vénus, de la Terre : les observations faites dans l'ultraviolet révèlent ainsi la présence de structures au sein des nuages de Vénus. En outre, depuis 1967, une série de sondes interplanétaires ont réalisé des observations à proximité de la planète; 13 sondes ont pénétré, en profondeur, dans l'atmosphère de Vénus avant que la chaleur ambiante ne les détruise. Deux engins de la série *Venera*, lancés par les Soviétiques, ont fonctionné assez longtemps pour transmettre des données sur la surface de l'astre où la température annuelle moyenne atteint 460 °C : de quoi fondre certains métaux comme le zinc. Un engin américain, la sonde spatiale *Pioneer*, arrivé à proximité de Vénus en décembre 1978, continue à tourner autour de la planète et à envoyer des informations vers la Terre.

Aujourd'hui, on sait que l'atmosphère de Vénus est constituée à 96 pour cent de gaz carbonique. Le faible pourcentage restant est constitué d'azote et de trace d'autres substances, comme la vapeur d'eau. L'atmosphère de Vénus est 90 fois plus massive que l'atmosphère terrestre, de sorte que la pression à la surface de cette planète dépasse 90 fois la pression atmosphérique terrestre, ce qui équivaut à la pression hydrostatique qui règne à 1000 mètres de profondeur dans les océans. Les nuages présents dans l'atmosphère de Vénus forment des couches continues, étagées entre 45 et 60 kilomètres d'altitude; à titre de comparaison, la Terre est en moyenne à moitié recouverte par des nuages dont l'altitude est souvent inférieure à dix kilomètres (les avions long-courriers volent au-dessus des nuages). Sur Vénus, les chercheurs distinguent trois couches nuageuses en fonction de la concentration et de la taille des particules en suspension. Selon l'hypothèse la plus couramment admise, les particules diffèrent d'une couche à l'autre mais les seules particules identifiées jusqu'à présent sont des goutelettes liquides composées d'acide sulfurique et d'un peu d'eau.

Les vents de Vénus sont essentiellement régis par une circulation planétaire d'Est en Ouest qui atteint une vitesse de 100 mètres par seconde, soit 360 kilomètres à l'heure au sommet des couches nuageuses. A cette vitesse, un élément de l'atmosphère accomplirait une révolution complète autour de Vénus en 96 heures, soit quatre jours terrestres. La planète tourne également sur elle-même, d'Est en Ouest, mais elle met 243 jours terrestres pour accomplir une révolution. L'atmosphère de Vénus est donc en rotation ultra-rapide (mouvement de « super-rotation ») : le sommet des nuages se déplace 60 fois plus vite que la planète. Au contraire, la Terre tourne d'Ouest en Est et l'atmosphère terrestre, considérée globalement, tourne de façon synchrone.

Les recherches consacrées à l'atmosphère de Vénus changent maintenant d'objectif. Le but ne consiste plus à découvrir la physionomie de l'atmosphère, mais à expliquer pourquoi l'atmosphère vénusienne est si différente de l'atmosphère terrestre, alors que Vénus et la Terre se ressemblent par la taille et la masse.

La canicule vénusienne

Les variations de température en fonction de l'altitude caractérisent assez bien l'atmosphère d'une planète. En employant ce critère, on distingue deux parties dans l'atmosphère de Vénus. Dans les régions basses, situées entre la surface et une centaine de kilomètres d'altitude, la température diminue avec l'altitude. Cette partie est appelée la troposphère, par analogie avec les couches basses de l'atmosphère terrestre (jusqu'à 10 000 mètres) où la température décroît également avec l'altitude. Dans la plus grande partie de la troposphère de Vénus, la température diminue d'environ 10 °C par kilomètre. En surface, la température varie peu, de jour comme de nuit. En fait, il faut effectuer des mesures au sommet des nuages pour détecter des changements journaliers. En effet, la basse atmosphère est si dense qu'elle possède une grande inertie thermique : elle peut donc emmagasiner une énorme quantité de chaleur. Pour la même raison, il n'existe pas sur Terre de différence notable entre les températures diurne et nocturne des océans.

Le simple fait que Vénus soit plus proche du Soleil que la Terre n'explique pas les températures très élevées régnant sous la couverture nuageuse. En outre, cette dernière, qui est plus continue et plus réfléchissante que l'atmosphère terrestre, protège beaucoup plus efficacement la planète des radiations solaires. De plus, comme l'ont révélé les sondes *Pioneer* et *Venera*, seul un faible pourcentage des radiations absorbées par Vénus pénètre dans les nuages, traverse la basse atmosphère et atteint la surface. En dépit de cela, la planète reste chaude : cette apparente contradiction s'explique facilement. La chaleur solaire absorbée par la surface de la planète est réémise sous forme de rayonnement infrarouge; or certains constituants de l'atmosphère comme le gaz carbonique, l'anhydride sulfureux, la vapeur d'eau et les particules en suspension dans les nuages sont transparents au rayonnement solaire mais absorbent efficacement le rayonnement infrarouge et, ainsi, la chaleur est piégée dans la troposphère qui est donc chauffée par effet de serre.

La troposphère vénusienne est surmontée d'une haute atmosphère assez ténue. Le jour, la haute atmosphère est chauffée directement par les rayonnements ultraviolets provenant du Soleil et, par conséquent dans cette zone, la température augmente avec l'altitude. Un tel accroissement de température s'observe également dans la haute atmosphère terrestre, d'où le nom de thermosphère donné à cette couche chaude. La thermosphère terrestre est présente de jour comme de nuit, car la rotation à grande échelle de l'atmosphère et de la planète entraîne les couches supérieures de l'atmosphère chauffées durant le jour vers la face nocturne de la planète. Sur Vénus cependant, la thermosphère disparaît pendant la nuit car la haute atmosphère se refroidit très rapidement après le coucher du Soleil et les températures y descendent bien au-dessous de celles de la troposphère. La disparition nocturne de la thermosphère de Vénus fut découverte grâce à la mission *Pioneer*, mais on n'a pas encore expliqué pourquoi sur Vénus les mécanismes de transfert thermique n'assurent pas, comme sur Terre, la pérennité nocturne de la thermosphère. La haute atmosphère de Vénus tourne assez rapidement pour transporter de grandes quantités de chaleur vers la face nocturne de la planète, mais une partie de cette chaleur est perdue; c'est pourquoi nous avons baptisé du nom de cryosphère la haute température de la face nocturne. Cette couche constitue la partie la plus froide de l'atmosphère vénusienne.

Contrairement à l'atmosphère terrestre, l'atmosphère de Vénus est chaude à la base et froide au sommet; sur Terre, la situation est inverse car la basse atmosphère n'est pas suffisamment massive pour que l'effet de serre soit important. Une seconde différence notable (*voir la figure 3*) entre les deux atmosphères réside dans l'existence sur Terre d'une région moyenne où la température de l'atmosphère atteint un maximum local; le chauffage de cette région résulte de l'absorption des rayonnements ultraviolets du Soleil par une couche riche en ozone.

Les variations de température

Dans la troposphère de Vénus, les variations horizontales de température sont beaucoup moins importantes que les variations verticales. Les plus grandes différences de température détectées en latitude par les sondes *Pioneer* se situent au niveau des hautes couches nuageuses. Ainsi, la sonde latérale qui a pénétré dans l'atmosphère à une latitude de 60 degrés, a mesuré des températures inférieures de 10 à 20 °C à celles relevées par trois autres sondes *Pioneer*. Les températures les plus élevées furent enregistrées par une sonde traversant l'atmosphère près de l'équateur. L'explication de ces écarts de température sur Vénus est identique à celle proposée sur Terre : dans les régions équatoriales, le rayonnement solaire pénètre presque verticalement dans l'atmosphère; par conséquent, le flux d'énergie solaire par unité de surface est plus important près de l'équateur qu'aux pôles. Sur Vénus, l'énergie solaire incidente est absorbée principalement dans les zones supérieures des nuages.

Entre 70 kilomètres et 100 kilomètres d'altitude (les premières couches de la haute atmosphère de Vénus), le gradient de température est inversé par rapport au gradient dans les couches plus basses : à ces altitudes, les régions polaires sont généralement plus chaudes que les régions équatoriales. Cette inversion, découverte pendant la mission *Pioneer*, n'a pas encore reçu d'explication. On connaît sur Terre une inversion identique du gradient de température : le pôle hivernal (Nord ou Sud selon la période de l'année) est ainsi la région la plus chaude de l'atmosphère moyenne. Ici également, on ne connaît pas la cause de ce phénomène.

Dans la troposphère de Vénus, les variations de température en fonction de la longitude sont beaucoup moins importantes que les variations en fonction de la latitude. Ces constatations s'appuient sur les mesures effectuées par deux autres sondes *Pioneer* qui ont pénétré dans l'atmosphère de Vénus à la même latitude (30 degrés Sud), mais au-dessus de régions séparées par plus de 110 degrés de longitude. Pour une même altitude, les températures mesurées par les deux sondes ne diffèrent jamais de plus de 5 °C. Dans la basse atmosphère (jusqu'à 10 ou 20 kilomètres d'altitude), la faible différence de température résulte de l'inertie thermique : la basse atmosphère est si massive qu'elle retient la plus grande partie de sa chaleur, même pendant les longues périodes de temps passées dans l'obscurité. A plus haute altitude, dans la troposphère, la circulation générale d'Est en Ouest assure un transfert rapide de la chaleur autour de la planète et atténue le gradient de température.

Bien que les différences horizontales de température soient faibles, elles doivent néanmoins engendrer des mouvements atmosphériques. A cet égard, le gradient en latitude est particulièrement important. L'énergie solaire pénétrant dans l'atmosphère de Vénus réchauffe davantage les régions équatoriales que les régions polaires. Cependant, l'énergie renvoyée dans l'infrarouge par la planète a virtuellement la même valeur à toutes les latitudes. Ce déséquilibre entre l'énergie solaire captée et l'énergie infrarouge émise devrait provoquer un refroidissement rapide aux pôles et un échauffement à l'équateur s'il n'existait pas de mouvements atmosphériques à grande échelle qui transportent la chaleur de l'équateur aux pôles de Vénus. De tels mouvements sont également présents sur Terre, bien qu'aux pôles le déséquilibre entre le rayonnement capté et le rayonnement émis soit moins important que sur Vénus.

Les transferts de chaleur

Comment la chaleur transite-t-elle sur Vénus entre l'équateur et les pôles? Par analogie avec les modèles convectifs classiques, les couches inférieures de la basse atmosphère présentes aux latitudes équatoriales devraient effectuer un mouvement ascendant et être remplacées par des couches adjacentes venant des régions situées au Nord et au Sud. De cette façon, un courant permanent finirait par s'établir, courant grâce auquel l'atmosphère rejoindrait les pôles à haute altitude en transportant la chaleur en excès dans les régions équatoriales. Après avoir réchauffé les régions polaires, le courant plongerait vers la surface de Vénus et retournerait vers l'équateur en suivant la surface de la planète.

On appelle cellule de Hadley une circulation Nord-Sud de ce type et il semblerait que des cellules de Hadley paraissent se former sur Vénus au niveau des nuages. En effet, des photographies en ultraviolet, réalisées en 1974 par la sonde américaine *Mariner 10*, montrent qu'aux sommets des nuages les vents sont dirigés vers les pôles alors que les mesures effectuées

1. LES VENTS DOMINANTS SUR VÉNUS apparaissent sur cette série de photographies de la planète, prises en lumière ultraviolette. Ces photographies ont été réalisées pendant plusieurs jours consécutifs par la sonde *Pioneer*, en décembre 1978. Sur la première photographie, prise le 15 février 1979, une structure en forme de *Y* s'ouvre vers l'Ouest de la planète *(à gauche de la photographie)*. La barre du *Y* forme une large bande sombre s'étendant le long de l'Équateur. Sur la seconde photographie, la fourche du *Y* se situe près du bord occidental de la planète. Sur la troisième photographie, elle a disparu, tandis que sur la quatrième, les bras réapparaissent. Sur le cinquième cliché, fait le 19 février, le *Y* complet est de nouveau visible. L'atmosphère de Vénus est par conséquent animée d'un mouvement de rotation dirigé d'Est en Ouest. Ce mouvement, qui pousse l'ensemble des formations nuageuses autour de la planète avec une périodicité de quatre jours seulement, correspond à la circulation atmosphérique générale. Vénus tourne également sur elle-même d'Est en Ouest, toutefois, la rotation de l'astre est plus de 60 fois plus lente que celle des formations atmosphériques. La sixième photographie montre Vénus le 20 février 1979.

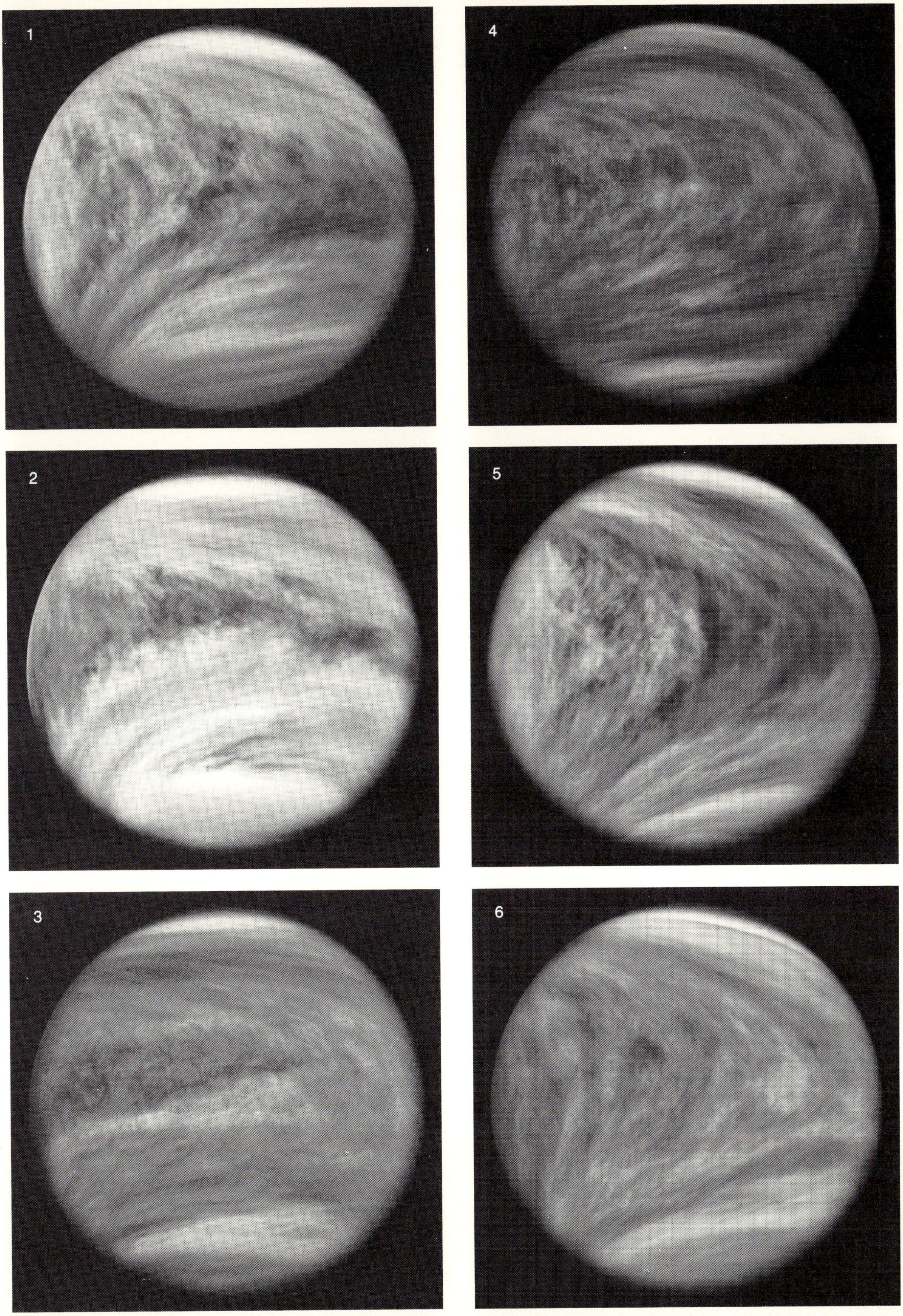
1
2
3
4
5
6

par toutes les sondes *Pioneer* indiquent, à la base des nuages, la présence de vents dirigés vers l'équateur. Une cellule de Hadley existerait donc au niveau de la couverture nuageuse de Vénus, peut-être parce que la plus grande partie de l'énergie solaire incidente est absorbée dans cette zone. La cellule s'étendrait de l'équateur aux pôles, car la lente rotation de la planète dévie assez peu la circulation atmosphérique générale de sa trajectoire Nord-Sud. Sur Terre, la cellule de Hadley se situe juste au-dessus de la surface, car c'est là que la plus grande partie de l'énergie solaire est absorbée. Comme la Terre tourne vite, la cellule de Hadley ne s'étend

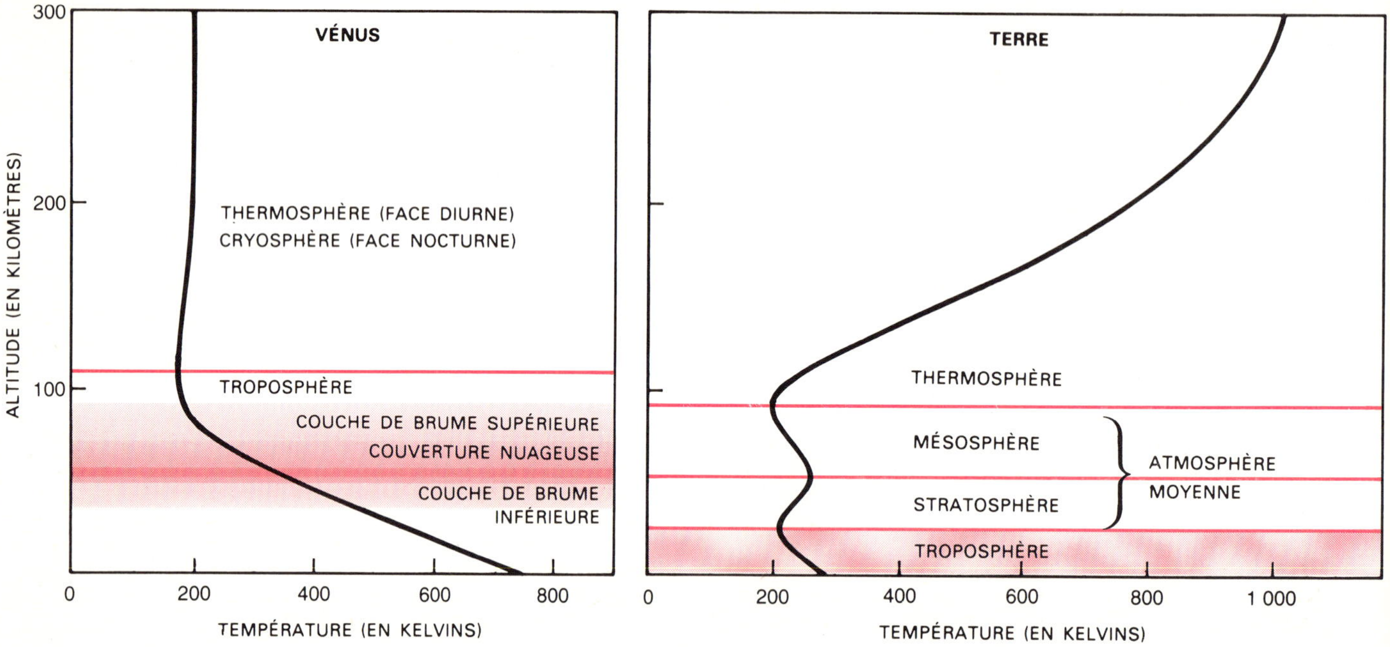

2. LES PROFILS DE TEMPÉRATURE de l'atmosphère de Vénus, de la Terre et de Mars sont comparés sur ces graphiques. L'atmosphère de Vénus *(à gauche)* est divisée en deux parties. Dans les couches inférieures, la troposphère, l'atmosphère est chauffée principalement par effet de serre (piégeage de la chaleur réémise par la surface de l'astre). La température diminue alors avec l'altitude. Dans les couches supérieures, la thermosphère, l'atmosphère est chauffée directement par l'absorption du rayonnement solaire; la température augmente donc avec l'altitude. Ce profil thermique de l'atmosphère de Vénus représente une moyenne des mesures diurnes et nocturnes. La thermosphère de Vénus disparaît la nuit et la température de l'atmosphère diminue alors avec l'altitude. L'atmosphère de Mars *(à droite)*

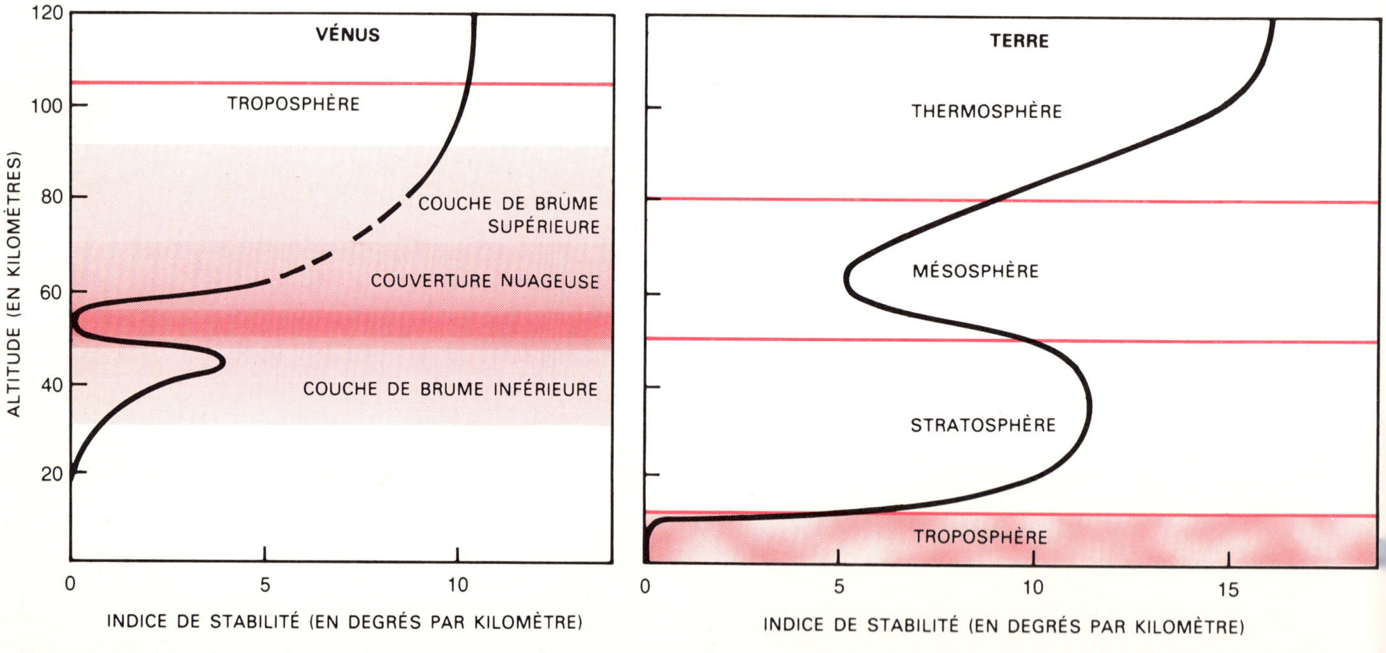

3. LES PROFILS DE STABILITÉ de l'atmosphère de Vénus, de la Terre et de Mars indiquent le degré de résistance à la convection de l'atmosphère en fonction de l'altitude. Une région de l'atmosphère, quelle que soit son altitude, doit supporter le poids des couches sus-jacentes. Puisque la pression atmosphérique diminue avec l'altitude, quand un élément de l'atmosphère se déplace verticalement, il se dilate et par conséquent il se refroidit. Si le gradient de refroidissement adiabatique (le refroidissement causé seulement par la baisse de pression) est supérieur au gradient de température atmosphérique, l'élément ascendant se refroidit plus vite que l'atmosphère environnante et tend à redescendre vers son niveau de départ. Dans ce cas, l'atmosphère est stable vis-à-vis de la convection. En revanche, si le gradient adiabatique est inférieur au gradient de température, l'élément ascendant reste plus chaud que l'atmosphère environnante et, du fait de sa légèreté, il continue à s'élever. L'atmosphère est alors instable. Ces schémas indiquent la différence entre le gradient adiabatique et le gradient de température. Quand l'indice de stabilité est positif, l'atmosphère est stable; quand il devient nul, des instabilités apparaissent. Les valeurs négatives sont nécessairement limitées dans le temps, car la convection tend à restaurer un nouvel équilibre. Sur

pas au-delà des latitudes moyennes; plus au Nord, les transferts de chaleur vers les pôles sont remplacés par des mouvements tourbillonnaires complexes appelés courants barocliniques.

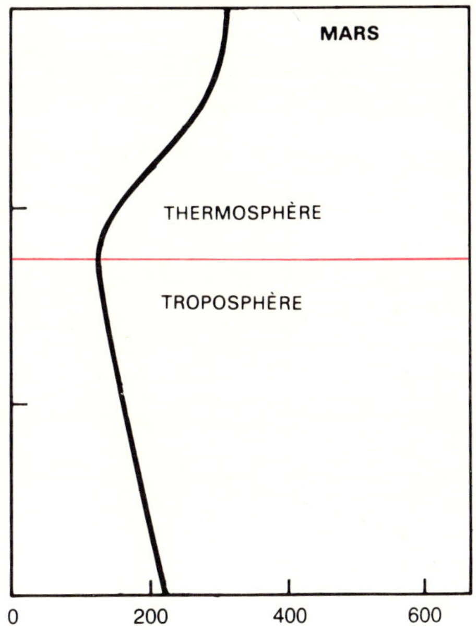

présente les mêmes divisions. L'atmosphère terrestre *(au milieu)* est plus complexe. Elle comporte une couche moyenne dans laquelle la température atteint un maximum local dû à l'absorption des rayonnements ultraviolets par une couche riche en ozone.

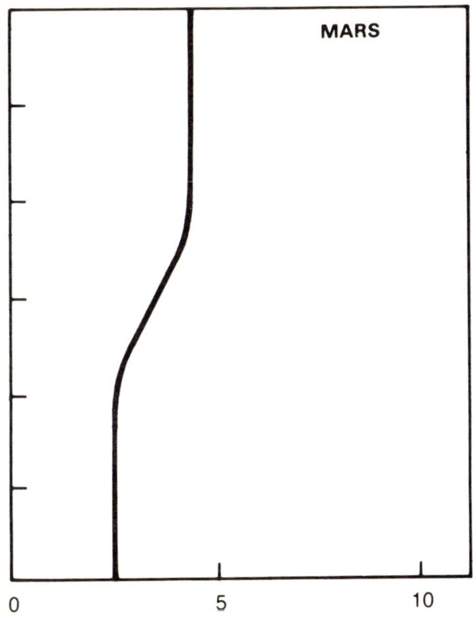

Terre, la stabilité de la stratosphère confine les mouvements convectifs (en l'occurrence les nuages) à la troposphère. Sur Vénus, le modèle est semblable, bien qu'une couche relativement stable existe sous la couverture nuageuse. Sur Mars, l'atmosphère est trop mince pour qu'une instabilité convective se développe. Les données sur l'atmosphère de Vénus et de Mars ont été recueillies par des sondes spatiales soviétiques et américaines.

Puisqu'une petite fraction de l'énergie solaire atteignant Vénus est absorbée à la surface de la planète et puisque cette énergie est emmagasinée principalement dans les régions équatoriales, cette chaleur doit être également évacuée vers les pôles par transfert thermique. Toutefois, il est peu probable que la cellule de Hadley, située au niveau des nuages, participe à ce transfert. Le gradient adiabatique est le facteur essentiel à prendre en compte pour l'analyse de la circulation dans une cellule de Hadley. Ce gradient résulte du refroidissement ou du réchauffement subi par un élément atmosphérique (un volume gazeux témoin) en fonction de l'expansion ou de la contraction des gaz due aux mouvements ascendants ou descendants de cet élément et sans que celui-ci échange de la chaleur avec le milieu extérieur (l'expansion est adiabatique). Si par exemple l'élément témoin se déplace vers le haut, il pénètre dans une zone où la pression est plus basse et, par conséquent, il se dilate et se refroidit. La chaleur contenue dans cet élément étant alors répartie dans un volume plus grand, ce dernier peut être désormais plus froid que l'atmosphère environnante. Dans ce cas, l'élément témoin deviendra plus lourd que le milieu ambiant et il tendra à s'enfoncer pour regagner son niveau de départ. Dans ces conditions, l'atmosphère est stable. D'autres situations peuvent apparaître : l'élément de volume témoin, en dépit du refroidissement adiabatique, peut être encore plus chaud que l'atmosphère environnante; dans ce cas, il continuera à s'élever en altitude. L'atmosphère est alors instable et les bouleversements que cette instabilité crée favorise les transferts de chaleur par convection. Ainsi, pour évaluer la stabilité d'une atmosphère, on compare deux variables (deux gradients); les variations de température en fonction de l'altitude et les variations de température causées par le refroidissement adiabatique. Partout où ces dernières s'avèrent les plus faibles, l'atmosphère est instable. Quand on analyse l'atmosphère de Vénus de cette façon, on découvre l'existence d'une couche très stable de quelque 20 kilomètres d'épaisseur, juste au-dessous des nuages. Puisque les mouvements verticaux disparaîtraient dans cette couche, l'existence d'une seule cellule de Hadley entre la surface et les nuages semble improbable.

Une cellule de Hadley distincte pourrait fonctionner près de la surface, mais la présence d'une telle cellule est encore discutée. Les vents Nord-Sud mesurés dans la basse atmosphère par les sondes *Pioneer* sont faibles; leur vitesse ne dépasse pas quelques mètres par seconde et leur direction ne traduit pas l'existence d'une circulation à grande échelle. Si une cellule de Hadley existe en profondeur dans l'atmosphère de Vénus, la circulation moyenne Nord-Sud au sein de celle-ci devrait résulter de la superposition d'au moins trois cellules de Hadley, car la cellule située au niveau des nuages et la cellule proche de la surface devraient être séparées par une troisième cellule en rotation inverse. Si la cellule de Hadley la plus profonde n'existe pas, l'énergie solaire qui pénètre jusqu'en surface doit être transportée vers les pôles par un ensemble de mouvements tourbillonnaires.

La circulation atmosphérique

Puisque Vénus tourne lentement sur elle-même, la circulation Nord-Sud devrait constituer la quasi-totalité de la circulation atmosphérique générale. Aussi, les différences saisonnières doivent être insignifiantes car l'orbite elliptique de Vénus est très proche d'une orbite circulaire et la planète reste donc à une distance presque constante du Soleil. En outre, l'axe de rotation de Vénus est quasiment perpendiculaire au plan de l'orbite : ainsi, pour une latitude donnée, le flux d'énergie solaire emmagasiné varie très peu durant l'année.

D'une manière surprenante, les observations réalisées contredisent l'existence d'un modèle simple de circulation atmosphérique. La circulation moyenne Nord-Sud est éclipsée par le puissant vent Est-Ouest qui balaie les régions situées entre 10 et 90 kilomètres d'altitude au moins. La vitesse du vent Est-Ouest augmente avec l'altitude, jusqu'à la couverture nuageuse; elle atteint 30 mètres par seconde, à une altitude de 30 kilomètres et 100 mètres par seconde, au niveau des nuages plafonnant à 60 kilomètres. A cette vitesse, le mouvement de super-rotation ultra-rapide de l'atmosphère dure quatre jours; on suit ce mouvement grâce aux traceurs détectés en lumière ultraviolette dans les nuages de Vénus. En outre, au niveau de la couverture nuageuse, la superposition de la circulation Est-Ouest et de la circulation de Hadley, plus faible, crée un vortex qui converge vers chaque pôle. Ce vortex fut identifié pour la première fois sur une reconstitution photographique du pôle Sud réalisée, en 1978, par Verner Suomi et Sanjay Limaye de l'Université du Wisconsin à partir de clichés en lumière ultraviolette pris par *Mariner 10* à des latitudes proches de l'Équateur.

Des observations faites de la Terre ont montré que des structures à grande échelle de l'atmosphère vénusienne effectuaient une rotation autour de la planète avec une périodicité voisine de quatre jours. Ces observations mettaient en évidence de façon claire la super-rotation Est-Ouest. Les structures étaient repérées grâce aux clichés ultraviolets de

Vénus. Toutefois, tant que les sondes *Venera* et *Pioneer* ne mesurèrent pas directement la vitesse des vents sur Vénus, l'origine de ces mouvements restait problématique : s'agissait-il de la trace d'un mouvement d'ensemble de l'atmosphère vénusienne ou bien résultaient-ils de la propagation d'un ébranlement dans une atmosphère par ailleurs tranquille? Aujourd'hui, les spécialistes pensent que les structures à grande échelle repérées dans l'atmosphère de Vénus traduisent bien un mouvement planétaire et que les ébranlements se propagent lentement par rapport à la vitesse de rotation de l'atmosphère. Le vent soufflant d'Est en Ouest est le moteur qui entraîne les structures atmosphériques autour de Vénus.

La nature précise des ondes planétaires reste difficile à déterminer, d'autant que les éléments chimiques responsables de l'absorption des rayonnements ultraviolets et, en conséquence, de la formation des structures visibles à grande échelle, n'ont pas tous été identifiés. Si l'absorption des rayonnements électromagnétiques de courtes longueurs d'onde (dans le domaine ultraviolet) est souvent attribuée à l'anhydride sulfureux, l'absorption aux plus grandes longueurs d'onde demeure inexpliquée. L'élément absorbant ne peut pas être l'acide sulfurique, le principal constituant des nuages de Vénus, car ce corps est transparent dans l'ultraviolet. Les éléments absorbants ont peut-être tendance à se concentrer sous le sommet des nuages, au sein des zones brillantes dans l'ultraviolet. Les mouvements verticaux induits par le passage d'une onde planétaire engendreraient alors les contrastes détectés sur les clichés ultraviolets de Vénus : portés à des altitudes plus élevées, les éléments responsables de l'absorption des rayonnements ultraviolets provoqueraient un obscurcissement de certaines parties de l'image.

On ne sait pas très bien jusqu'à quelle altitude la circulation atmosphérique de période de quatre jours se maintient. Les données transmises par *Pioneer* montrent que la vitesse du vent atteint 150 mètres par seconde vers 70 kilomètres d'altitude et, qu'ensuite, elle diminue avec l'altitude, entre 70 et 90 kilomètres. Au-dessus de 150 kilomètres, la circulation atmosphérique de Vénus a été mesurée seulement par des méthodes indirectes, grâce par exemple à un spectromètre de masse installé à bord de la sonde *Pioneer*. Cet appareil mesure la densité de corps chimiques comme l'azote, le gaz carbonique et l'hélium dans les hautes couches de l'atmosphère. En outre, la sonde, dont le mouvement est suivi de la Terre, décrit une orbite spirale très serrée autour de Vénus. Les changements d'orbite proviennent du ralentissement de l'engin et dépendent donc de la densité de l'atmosphère de Vénus. En utilisant ces deux méthodes, on a montré que les régions les moins denses de la haute atmosphère se situaient bien à l'Ouest du point opposé au Soleil sur la face nocturne de la planète.

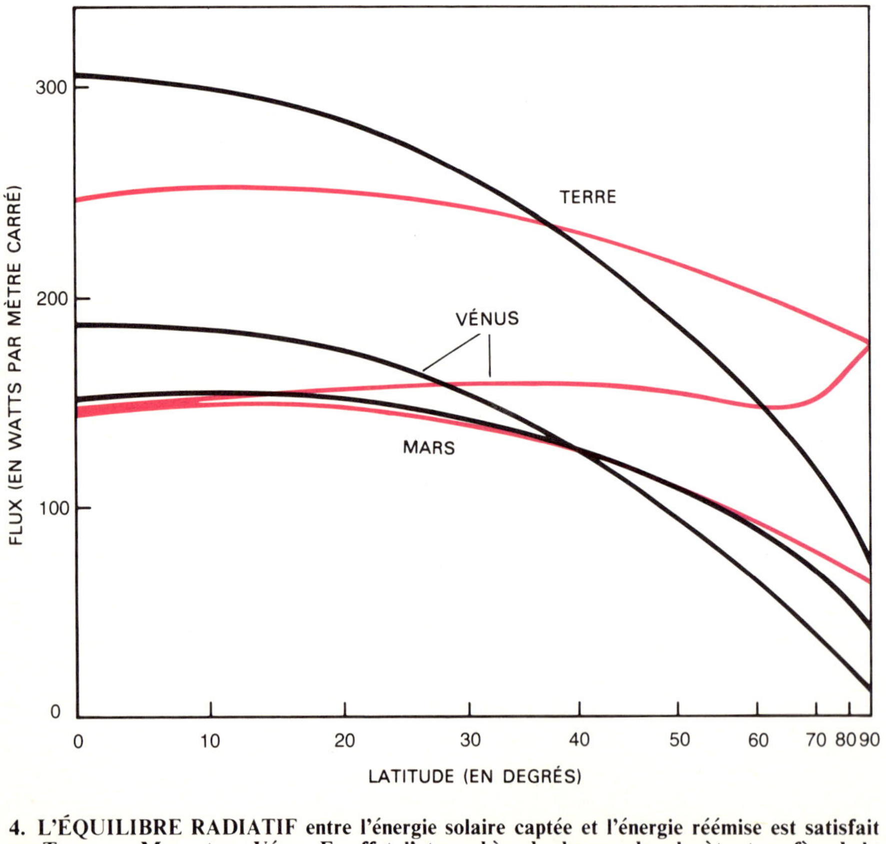

4. L'ÉQUILIBRE RADIATIF entre l'énergie solaire captée et l'énergie réémise est satisfait sur Terre, sur Mars et sur Vénus. En effet, l'atmosphère de chacune des planètes transfère de la chaleur des régions équatoriales vers les régions polaires. A l'Équateur, la quantité de rayonnement reçue du Soleil *(lignes noires)* dépasse la quantité réémise sous forme de rayonnement infrarouge *(lignes colorées)*. L'excédent thermique est transporté vers les pôles. Aux pôles, la quantité de rayonnement émis par la planète excéderait la quantité de rayonnement reçue si l'on ne tenait pas compte des transferts thermiques. Comme sur Mars, l'équilibre radiatif n'a pas été mesuré avec suffisamment de précision, les courbes concernant cette planète sont hypothétiques. Sur cette planète, l'écart entre la courbe représentant le rayonnement incident et la courbe représentant le rayonnement réémis est minime car l'atmosphère est trop ténue pour piéger beaucoup de chaleur.

L'origine des circulations

Cette découverte nous oblige à modifier une hypothèse antérieure. Avant le lancement des sondes *Pioneer*, de nombreux chercheurs croyaient que l'échauffement des zones de la haute atmosphère situées face au Soleil, exerçait une action déterminante sur la circulation atmosphérique générale de Vénus. Dans le cadre de cette hypothèse, une partie de la haute atmosphère s'élèverait dans la région faisant face au Soleil, puis s'écoulerait vers la face nocturne de la planète en perdant progressivement de l'altitude. Ce modèle de circulation générale était donc symétrique par rapport à une ligne joignant le centre du Soleil au centre de Vénus. Les mesures effectuées par les sondes *Pioneer* nous ont obligé à élaborer un modèle plus complexe, dans lequel une super-rotation ultra-rapide Est-Ouest dévie le courant descendant de la circulation générale.

Pourquoi la circulation dominante à toutes les altitudes est-elle une rotation ultra-rapide dirigée vers l'Ouest? Ceci reste encore un grand mystère. On s'attendrait à observer un mouvement de rotation de l'atmosphère plus ou moins synchrone avec celui du corps solide sous-jacent. Si le mouvement est plus rapide, il faut imaginer un mécanisme par lequel le moment angulaire est transféré verticalement à partir de la surface de la planète, car, quel que soit le modèle envisagé, c'est la surface de la planète qui doit pousser l'atmosphère.

L'effet de « flamme mobile » représente un des mécanismes pouvant rendre compte du transfert ascendant du moment angulaire. Imaginons un récipient contenant un fluide chauffé par une flamme initialement immobile. Après un certain laps de temps, une cellule de convection se développe au sein du fluide qui s'élève directement au-dessus de la flamme avant de redescendre autour d'elle. Puisque la flamme est fixe, les deux limbes ascendant et descendant de la cellule de convection sont verticaux. Si on déplace la flamme vers la droite de façon régulière, le bas de la cellule de convection se décale lui aussi vers la droite. Les flancs de la cellule s'inclinent et le fluide monte d'abord vers la gauche, avant de descendre vers la droite. Des expériences de laboratoire, réalisées en employant un anneau de fluide, ont montré que ces effets se renforcent mutuellement et que l'ensemble du fluide se dirige vers la gauche : ainsi, le fluide s'écoule dans une direction opposée au déplacement de la flamme.

Puisque la rotation de Vénus s'effectue vers l'Ouest, le mouvement apparent du Soleil dans le ciel est Ouest-Est. Un effet de flamme mobile engendré par ce déplacement apparent du Soleil est peut-être à l'origine de la super-rotation ultra-rapide vers l'Ouest de l'atmosphère de Vénus. Toutefois, le Soleil chauffe l'atmosphère de Vénus par-dessus et non par-dessous; en outre, la situation est compliquée par l'action des couches stables de l'atmosphère qui tendent à freiner la formation des cellules de convection. La couche située au-dessous des nuages illustre ce rôle de verrou. D'après une reconstitution effectuée par l'un d'entre nous (G. Schubert) en association avec Richard Young, les cellules de convection hypothétiques sur Vénus n'ont pas simplement tendance à s'incliner, mais leur coupe verticale a une forme de boomerang. Selon les calculs, de telles cellules pourraient communi-

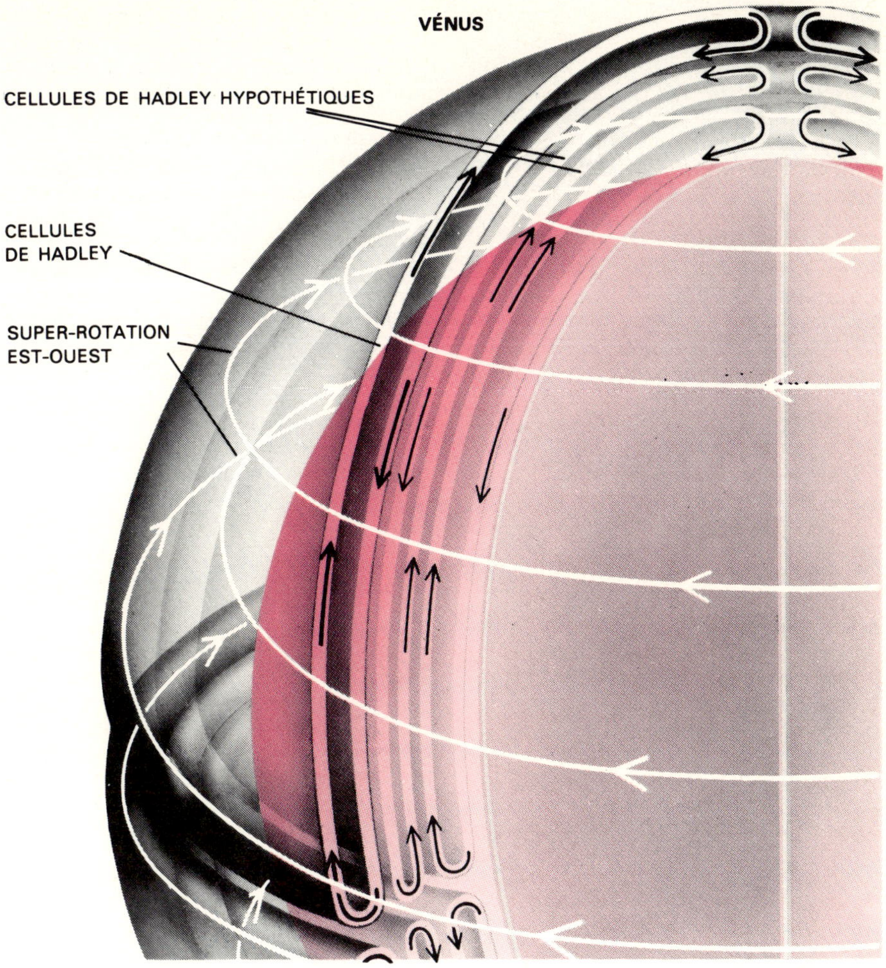

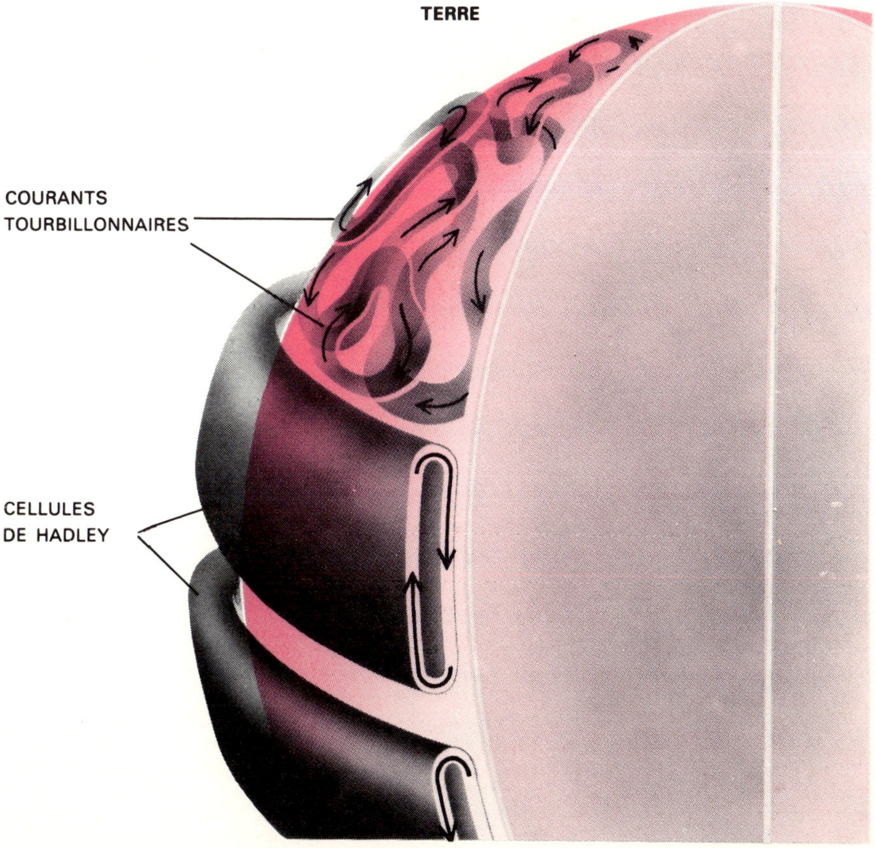

5. LA CIRCULATION DES VENTS dans la basse atmosphère de Vénus diffère notablement de celle rencontrée sur Terre. Sur Vénus *(en haut)*, les données enregistrées par les sondes spatiales indiquent qu'au niveau des nuages (vers 60 kilomètres d'altitude environ), la circulation atmosphérique, qui prend naissance au-dessus des régions équatoriales, se dirige vers les pôles, s'enfonce près de ceux-ci avant de revenir vers l'Équateur. Ce modèle de circulation, désigné sous le nom de cellule de Hadley, explique les transferts de chaleur vers les pôles. Cette chaleur est apportée par le Soleil et emmagasinée dans les nuages. Sur ce dessin, on a représenté trois cellules de Hadley superposées, mais le nombre est hypothétique. La cellule la plus proche de la surface transporterait la chaleur dans la basse atmosphère; la couche stable située juste au-dessous des nuages empêcherait la chaleur stockée près de la surface de s'élever jusqu'aux nuages. Si la cellule inférieure existe réellement, il doit aussi exister une cellule médiane coincée entre les deux autres et animée d'un mouvement de rotation inverse. Le courant Nord-Sud dû aux cellules de Hadley a une vitesse de quelques mètres par seconde seulement. Le déplacement Est-Ouest surimposé à ce mouvement *(lignes blanches)* atteint en revanche 100 mètres par seconde au niveau de la couverture nuageuse. Sur Terre *(en bas)*, une cellule de Hadley existe près du sol. Elle se prolonge jusqu'aux latitudes moyennes seulement; au-delà, le mouvement de rotation terrestre interrompt son cheminement Nord-Sud. A partir de là, les transferts thermiques vers les pôles sont dus à un ensemble changeant de mouvements tourbillonnaires.

quer à l'atmosphère un net mouvement de rotation vers l'Ouest.

Peter Gierasch de l'Université Cornell a envisagé une autre hypothèse selon laquelle la circulation de Hadley assure le transfert du moment angulaire dans l'atmosphère. Dans ce contexte, un élément de l'atmosphère s'élevant au-dessus de l'équateur emporte avec lui un moment angulaire correspondant à celui de la surface sous-jacente, puis, quand cet élément se déplace vers le pôle dans une cellule de Hadley, il cède une partie de son moment à l'atmosphère environnante. Ensuite, quand cet élément revient près de la surface, il acquiert un certain moment angulaire et ainsi de suite. Ce cycle est peut-être possible malgré la superposition d'au moins trois cellules de Hadley. Une analyse des photographies en ultraviolet réalisées pendant le survol de Vénus par *Mariner 10*, en 1974, montre qu'aux latitudes comprises entre 40 et 45 degrés, les formations nuageuses se déplacent vers l'Ouest plus vite qu'elles ne le feraient si l'atmosphère avait un mouvement de rotation rigide, à l'instar d'un corps solide. Pour William Rossow et ses collègues de l'Institut Goddard, le moment angulaire transféré verticalement par la circulation de Hadley serait à l'origine d'un courant atmosphérique ultra-rapide. Les turbulences entourant ce courant seraient, en outre, responsables de la dispersion du moment angulaire dans l'atmosphère; toutefois, les données recueillies par *Pioneer* n'ont pas confirmé l'existence d'un tel courant.

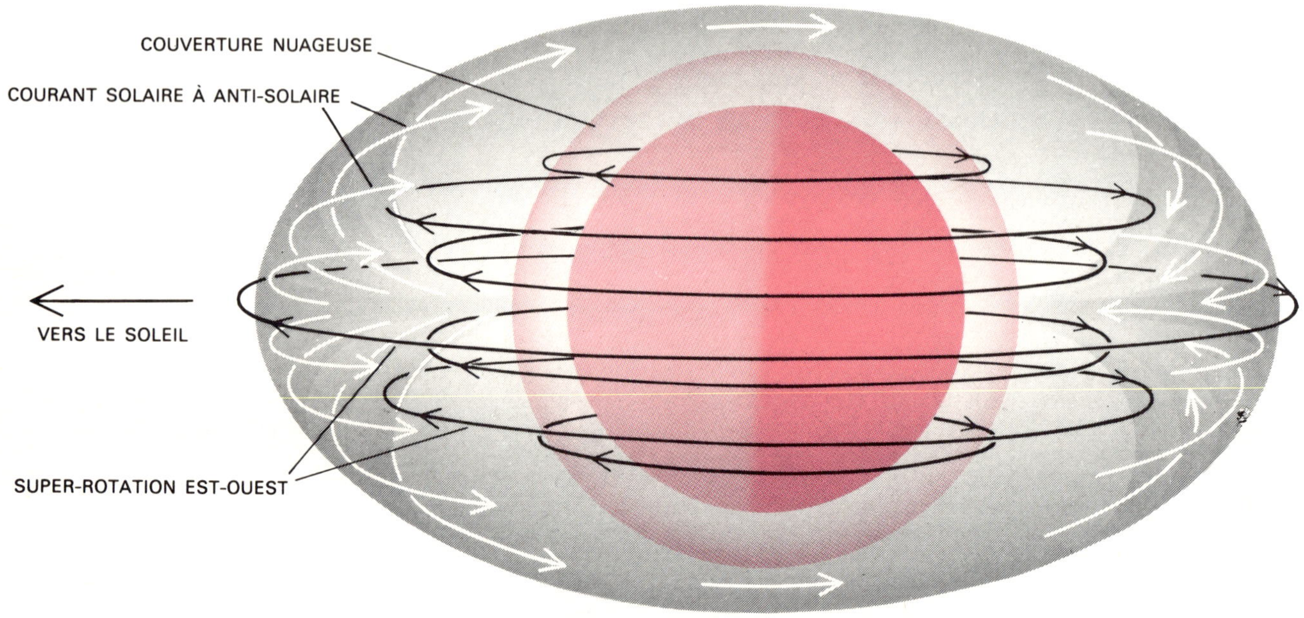

6. LES VENTS qui brassent la haute atmosphère de Vénus résultent, semble-t-il, de la superposition de deux déplacements : un mouvement général de rotation orienté Est-Ouest *(flèches noires)* et une circulation symétrique *(flèches blanches)* dans laquelle les masses atmosphériques s'élèvent au-dessus de la face diurne de la planète et redescendent ensuite vers la face nocturne. Bien que les vents n'aient pas été mesurés directement dans la haute atmosphère, cette superposition est corroborée par diverses données indiquant que la densité de la haute atmosphère est minimale en un point de la face nocturne situé bien à l'Ouest du point opposé à la direction du Soleil. Tout se passe comme si le courant descendant était dévié par la super-rotation orientée de l'Est vers l'Ouest.

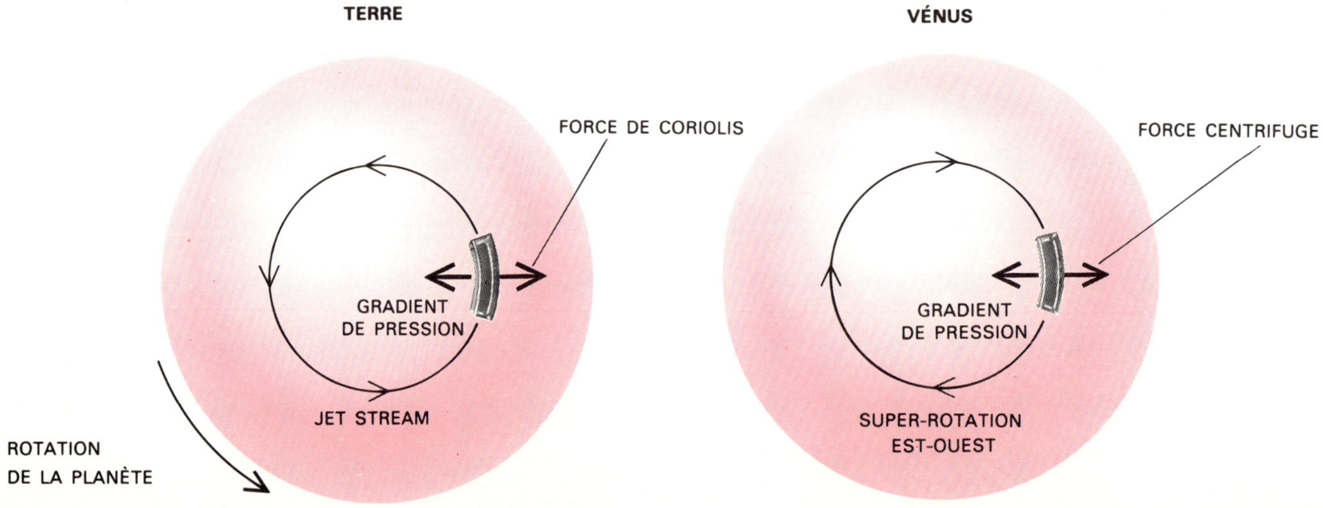

7. L'ÉQUILIBRE DES FORCES à l'origine des mouvements atmosphériques sur une planète en rotation rapide (comme la Terre, Mars, Jupiter et Saturne) diffère de l'équilibre qui s'établit sur une planète en rotation lente (comme Vénus). Dans chaque cas, l'excès de chaleur dû à l'absorption du rayonnement solaire dans les régions équatoriales de la planète engendre un gradient de pression qui pousse l'atmosphère vers les pôles. Sur Terre *(à gauche)*, les forces liées à ce gradient de pression sont surtout contrecarrées par la force de Coriolis : cela se traduit par une déflexion des masses d'air, perpendiculairement à leur trajectoire initiale, car celles-ci se déplacent sur une sphère en rotation. Le jet-stream terrestre résulte d'un tel équilibre; la force de Coriolis propulse les masses d'air vers l'Équateur et neutralise le gradient de pression qui les pousse en direction des pôles. On parle alors d'équilibre géostrophique. Sur Vénus *(à droite)*, la force de Coriolis est négligeable. La super-rotation Est-Ouest crée une force centrifuge qui équilibre le gradient de pression orienté vers les pôles et repousse les masses atmosphériques loin de l'axe de rotation planétaire. Cette situation est appelée équilibre cyclostrophique.

Une chose est certaine : les mouvements de l'atmosphère de Vénus résultent d'un équilibre de forces fondamentalement différent de celui connu sur Terre, sur Mars, ou même sur Jupiter et sur Saturne. La rotation lente de Vénus explique ces différences. Sur n'importe quelle planète, les transferts de chaleur vers les pôles correspondent à un gradient de pression atmosphérique : la pression est plus élevée à l'équateur qu'aux pôles. Sur une planète en rotation rapide comme la Terre, le déplacement de l'atmosphère vers les pôles est équilibré par la force de Coriolis, c'est-à-dire par l'entraînement de l'atmosphère parallèlement au mouvement de la planète. Les deux déplacements étant perpendiculaires, il en résulte une déflexion des courants atmosphériques (les alizés terrestres par exemple). Pour un observateur extérieur placé à une certaine distance de la planète, ce mouvement apparaît comme une rotation du système des coordonnées en longitude et latitude de la planète sous-jacente. Un observateur situé sur la planète n'observe pour sa part que la direction des vents atmosphériques.

La force de Coriolis agissant sur un élément de volume est proportionnelle à la vitesse de déplacement de l'élément. Puisque Vénus tourne lentement, la force de Coriolis est négligeable. En fait, comme l'a indiqué Conway Leovy de l'Université de Washington, la dérive polaire des masses atmosphériques est équilibrée par la force centrifuge due à la super-rotation Est-Ouest qui tend à repousser ces masses loin de l'axe de rotation planétaire et par conséquent, vers l'équateur. Puisque la force centrifuge dépend du carré de la vitesse de rotation, son action est fondamentalement différente de celle liée à la force de Coriolis.

L'équilibre des forces

Les photographies en ultraviolet de l'atmosphère de Vénus montrent une diversité de formations atmosphériques qui s'expliquent probablement par le déséquilibre inhabituel entre les forces en présence. Les plus grandes formations sont des structures à l'échelle planétaire; ce sont elles qui révélèrent d'ailleurs la circulation générale Est-Ouest dont la période est de quatre jours. Nous avons déjà mentionné l'association entre ces structures et les ondes planétaires. Ces ondes se propagent sans doute aussi bien verticalement qu'horizontalement; elles peuvent donc simultanément transférer le moment angulaire vers la partie supérieure de l'atmosphère et jouer un rôle dans le déclenchement de cette circulation générale. A plus petite échelle, certaines photographies réalisées par *Pioneer* montrent des trains d'ondes. Sur l'un des clichés, ces ondes dessinent des bandes sombres d'un millier de kilomètres, séparées par 200 kilomètres environ. Ces ondes ont été observées dans l'hémisphère Sud et elles se déplaçaient obliquement par rapport aux parallèles vénusiens.

Des structures polygonales sont aussi visibles sur quelques-unes des photographies réalisées en ultraviolet. Il s'agit sans aucun doute de cellules de convection. Tant que nous ignorerons la nature exacte des agents atmosphériques responsables de l'absorption des rayonnements ultraviolets, rien ne permettra d'affirmer que le centre sombre de chaque cellule marque une zone où l'atmosphère monte et les bords brillants de la cellule, l'endroit où cette atmosphère s'enfonce : en effet, rien n'interdit d'imaginer un modèle inverse. Quoi qu'il en soit, les cellules de convection sont situées principalement dans la partie de l'atmosphère faisant face au Soleil ou à l'Ouest (dans le sens de la circulation atmosphérique générale) de cette région. Ici, l'absorption du rayonnement solaire est apparemment suffisante pour induire la convection près du sommet des nuages. Une analyse de l'atmosphère vénusienne, établie à partir de mesures faites par des sondes *Pioneer* pénétrant dans l'atmosphère de Vénus au petit matin révèle la présence d'une couche instable de dix kilomètres d'épaisseur environ, située au-dessous des sommets nuageux. Cette couche, qui est génératrice de tourbillonnements convectifs, s'épaissit durant la matinée, de sorte que, l'après-midi,

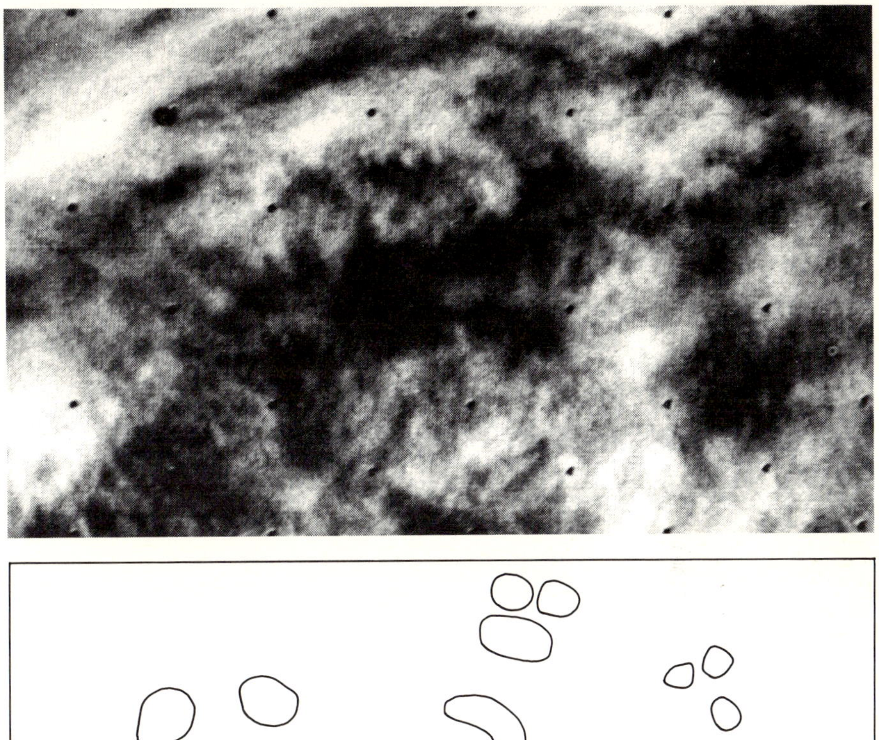

8. DES CELLULES À BORD BRILLANT sont visibles sur la face diurne de Vénus. Elles apparaissent sur cette photographie en ultraviolet prise par la sonde *Mariner 10* quand elle survola la planète en 1974. Chaque cellule mesure quelques centaines de kilomètres de large et certaines ont une forme nettement polygonale; on pense qu'il s'agirait de cellules convectives. Les mouvements de convection seraient induits par l'énergie solaire absorbée près du sommet des nuages. Des recherches ultérieures permettront vraisemblablement d'identifier tous les composants présents à l'état de traces dans l'atmosphère de Vénus. Ces composants, à cause de leur plus ou moins grand pouvoir absorbant dans l'ultraviolet, sont responsables des structures atmosphériques visibles sur ces clichés. La carte *(en bas)* montre la position des principales cellules de convection repérées sur le cliché.

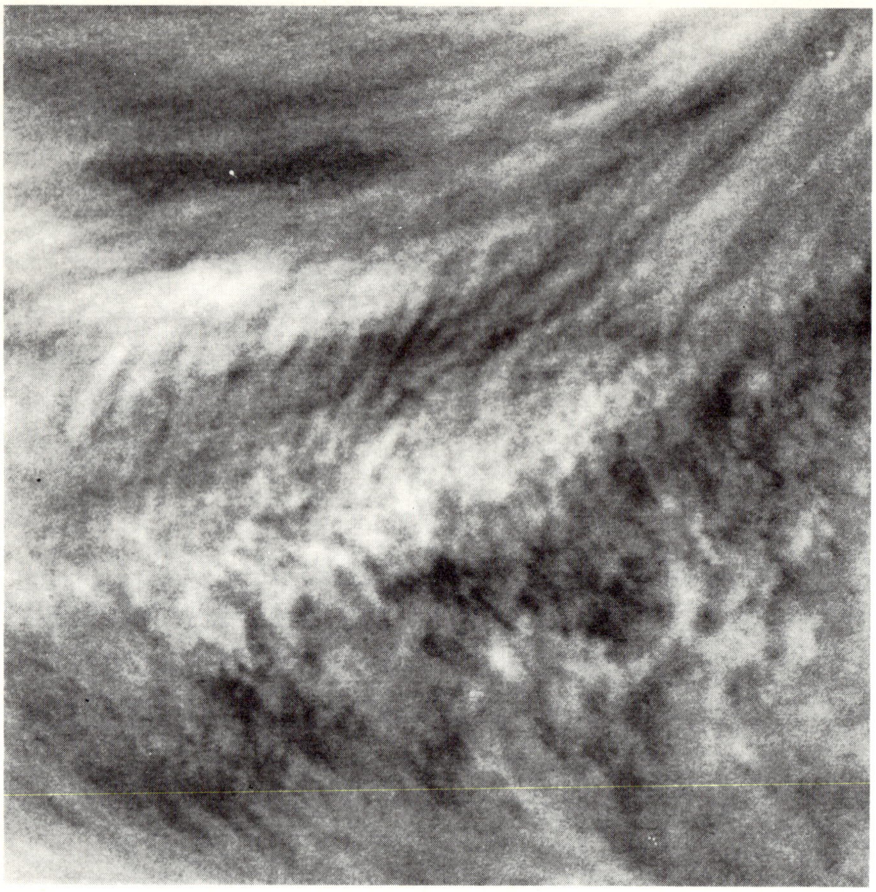

9. DE PETITES ONDES ATMOSPHÉRIQUES apparaissent sur les photographies en ultraviolet prises par la sonde *Pioneer* qui est en orbite autour de Vénus. Ces ondes se présentent sous la forme d'un ensemble de lignes obliques sombres, au centre de l'image. Chacune d'elles mesure approximativement 1 000 kilomètres de long. Ces lignes sont séparées par une distance de 200 kilomètres environ.

les sommets des cellules convectives émergent au-dessus des nuages.

Les ondes et les cellules de convection sont deux exemples de mouvements turbulents, c'est-à-dire des variations à court terme superposées à un état moyen de l'atmosphère. De tels mouvements, de toute dimension et à toute altitude, peuplent l'atmosphère de Vénus. Les photographies en ultraviolet, mais aussi les mesures de température et de vitesse du vent, effectuées par les sondes *Pioneer*, confirment l'existence de ces mouvements. L'atmosphère de Vénus apparaît donc étonnamment agitée, même sur des périodes de temps très longues (plusieurs mois ou plusieurs années). Cette variabilité atmosphérique à long terme se traduit par exemple par une modification apparente de la circulation générale Est-Ouest. Depuis que la sonde *Pioneer* a pénétré dans l'atmosphère de Vénus, en décembre 1978, l'atmosphère, au niveau des nuages, s'est toujours comportée comme un corps solide en rotation. Toutefois, quand *Mariner 10* approcha Vénus, quatre ans auparavant, les régions de l'atmosphère situées aux latitudes moyennes tournaient plus vite que les autres. (Cet écart traduit l'existence du courant rapide signalé précédemment.) L'origine de tels changements reste difficile à comprendre quand on considère la stabilité dans le temps du flux de rayonnement solaire et le caractère assez peu accidenté de la surface de la planète (voir *La surface de Vénus* par G. Pettengill, D. Campbell et H. Masursky).

L'exploration de l'atmosphère de Vénus a déjà révélé une température superficielle très élevée, une superrotation ultra-rapide Est-Ouest, l'existence de cellules de Hadley au niveau des nuages, la présence de vortex polaires, d'une cryosphère sur la face nocturne de l'astre et de zones chaudes au-dessus des nuages. De nombreuses études restent cependant à entreprendre pour percer tous les mystères de l'atmosphère qui entoure cet astre.

Les premiers jours de la Terre

Les enseignements des missions d'observation vers les planètes du système solaire, les progrès des méthodes d'analyse isotopique des échantillons géologiques et une compréhension affinée de la tectonique des plaques permettent d'aborder scientifiquement un sujet tabou : l'enfance de la Terre.

par Claude Allègre

Toutes les communautés humaines ont leurs tabous. Tabous sous forme d'objets ou d'êtres vivants, mais plus encore tabous sous forme de sujets, de concepts, d'idées ou de domaines de pensée. Les ethnologues font de ces interdits des critères pour comprendre les structures mentales et les évolutions des sociétés. On sait le rôle fondamental que Freud a fait jouer au tabou dans les fondements de la psychanalyse. Roland Barthes a montré comment la traduction de ces tabous dans le langage modifiait ce dernier, le déformait et finissait par rétroagir sur la pensée elle-même. L'action devient alors guidée par un imaginaire hérité d'ailleurs.

La communauté géologique n'échappe pas à ces règles. Elle a ses thèmes favoris, ses totems, ses tabous. Pour paradoxal que cela puisse paraître le tabou le plus solidement implanté dans la pensée géologique est celui qui touche à la formation de la Terre et à son évolution primitive. Le géologue classique ne se préoccupe pas de ce problème qu'il considère comme étant du ressort de la religion, de la poésie ou de l'astrophysique. Une géologie qui s'aventure vers des rivages aussi incertains paraît s'éloigner de l'observation des roches, du lever des cartes géologiques, des faits et des observations solides, donc de la démarche scientifique elle-même.

Laissons l'analyse sociologique des causes de cette attitude pour en observer les effets. Cette répulsion pour l'évolution primitive de la Terre a été telle que l'étude des terrains précambriens, c'est-à-dire les archives géologiques les plus anciennes, a été systématiquement négligée ; or ces terrains représentent à eux-seuls 3,5 milliards d'années d'histoire géologique. La géologie s'est systématiquement cantonnée dans les 200 derniers millions d'années ignorant ainsi les neuf-dixièmes de l'histoire de la Terre ! Les livres de géologie sont à cet égard extrêmement évocateurs. Dix pages au mieux sur les quatre premiers milliards d'années, 200 pages sur les derniers trois cents millions. Une telle ignorance déforme la vision géologique. Non seulement elle néglige l'étude des terrains anciens pour eux-mêmes, mais elle semble impliquer que la dynamique terrestre a toujours été ce qu'elle est actuellement, c'est-à-dire que son régime est stationnaire.

D'après ce postulat, ce que nous observons aujourd'hui serait valable pour les temps les plus reculés, le régime tectonique actuel existerait depuis l'orée de l'histoire géologique et il serait donc inutile d'étudier le passé lointain si difficile à saisir et il serait suffisant d'approfondir les époques récentes !

Or cette vision est non seulement dogmatique, et admet a priori un résultat qui doit être prouvé, mais fausse, car elle occulte totalement un concept qui apparaît comme tout à fait fondamental dans les sciences de la Nature, celui d'évolution temporelle. Non seulement la surface de la Terre et la dynamique terrestre ont évolué mais la géologie des temps de l'Archéen (la période géologique la plus ancienne de l'ère précambrienne) a ses originalités propres : la géologie actuelle n'est que le résultat d'une évolution, évolution qui débute avec les premiers instants de la formation de la Terre. Le problème de la Genèse n'apparaît pas comme une question exogène au raisonnement géologique, mais comme une interrogation logique, que l'on se pose lorqu'on cherche à déchiffrer les vieilles archives des terrains archéens. Comme le spécialiste des civilisations anciennes qui cherche constamment à remonter le temps, le géologue de l'Archéen s'interroge sur le développement primitif du globe car il en rencontre des traces ou des témoignages dans son travail quotidien.

D'un autre point de vue, il faut noter que le refus des géologues d'étudier l'origine de la Terre a relégué ce problème dans des domaines purement spéculatifs. Or si les géologues ont les moyens de l'aborder à partir de faits, d'observations, de témoignages, de reliques, de mesures, la plupart ne le font pas ; d'autres l'abordent à partir de scénarios conçus a priori sans se soucier si les modèles ainsi développés sont compatibles avec les observations géologiques.

L'actualité de l'histoire géologique primordiale

Cette attitude négative a grandement évolué au cours des dernières décennies et nombres de géologues veulent aujourd'hui comprendre comment la Terre est née, comment elle s'est dévelopée, bref, osent aborder le tabou de la genèse. En cela ils ne sont que les héritiers des fondateurs de la géologie qui, de Hutton à Lyell. au XIXe siècle, ont mis à mal les croyances religieuses sur la genèse en jetant les fondements de la géologie. Après ces joutes éprouvantes et violentes, la géologie s'était tenue éloignée des sujets à trop grandes implications métaphysiques. Elle y revient aujourd'hui. Cette approche, née après la dernière guerre sous l'impulsion du géochimiste Harold Urey et de l'Ecole de Chicago s'est surtout développée après l'exploration lunaire des années 1970 et grâce à l'éclosion de la géochimie moderne.

Depuis longtemps les géochimistes, cherchant à comprendre la répartition des éléments chimiques, se sont posé la question de leur origine, de la formation des planètes et de ses transformations.

Leur mode de pensée les avait sensibilisés au problème de la genèse. Mis en présence sur la Lune de roches vieilles de 4,5 à 3,2 milliards d'années, ils sont entraînés à s'interroger plus avant. La recherche d'une référence synchronique les conduit naturellement à s'intéresser aux époques anciennes de la Terre. La problématique explicative les invite à remonter le temps et donc à se plonger dans l'épisode de la formation des planètes. Planétologie comparée et planétogenèse sont des problèmes qui deviennent actuels.

Par ailleurs, l'exploration lunaire a permis le développement de méthodes et de techniques très puissantes qui permettent de reconstituer des événements anciens même lorsque ces derniers n'ont laissé que des témoignages infimes, et indéchiffrables par les méthodes de la géologie traditionnelle. Ce sont essentiellement les méthodes chimiques d'analyses ponctuelles et les méthodes d'analyses isotopiques qui permettent non seulement de dater les roches mais de reconstituer l'histoire des assemblages atomiques contenus dans les minéraux ou les fluides naturels. C'est donc à partir de mesures expérimentales faites sur des objets naturels que nous tenterons de reconstituer l'histoire primitive de la Terre. Notre démarche sera donc celle de l'historien qui cherche à décoder des messages fossiles pour faire revivre le passé. Ces messages ne sont pas des témoignages humains mais naturels (« les pierres qui parlent ») ; toutefois la démarche est analogue à celle des sciences humaines, avec ses méthodes reconstitutives, ses informations perdues à jamais, ses incertitudes, ses limitations.

Pour cette reconstitution l'observation des conditions actuelles reste néanmoins fondamentale. Tout comme la sociologie et l'économie sont des auxiliaires indispensables pour l'historien, l'étude de la géodynamique actuelle et la géophysique sont des outils précieux pour toute reconstitution géologique. Comme nous le verrons plus loin, les progrès faits dans la compréhension de l'histoire récente de la Terre, synthétisés sous le vocable de tectonique des plaques, ont une influence directe sur la reconstitution des conditions initiales de l'histoire de la Terre. On peut donc dire que les progrès que nous avons faits depuis quelques années dans ce domaine sont provoqués en amont par l'exploration des planètes du système solaire, en

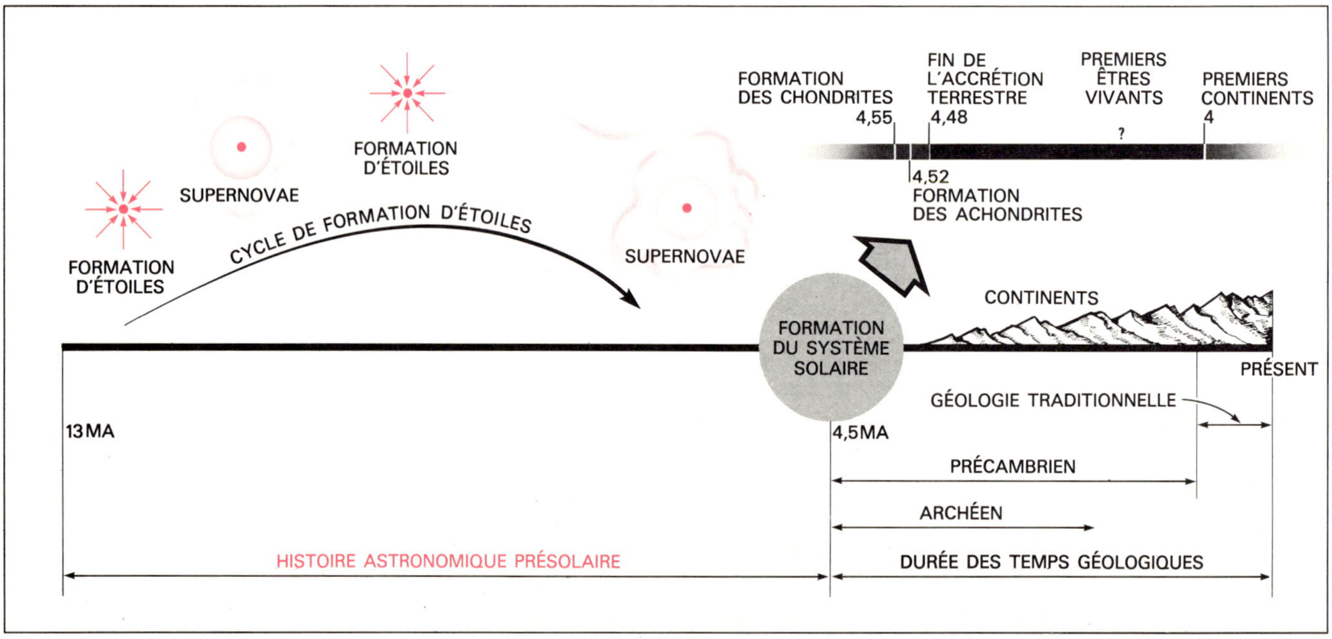

1. L'HISTOIRE DU SYSTÈME SOLAIRE est caractérisée par une naissance de courte durée (quelque dizaines de millions d'années il y a 4,5 milliards d'années) ; elle fut précédée par une longue gestation pendant laquelle se formèrent, en vagues successives, les galaxies et les étoiles. La durée des temps géologiques est de l'ordre de quatre milliards d'années (l'âge des restes des plus vieux continents) et l'on ne s'est encore vraiment intéressé qu'aux 200 derniers millions d'années.

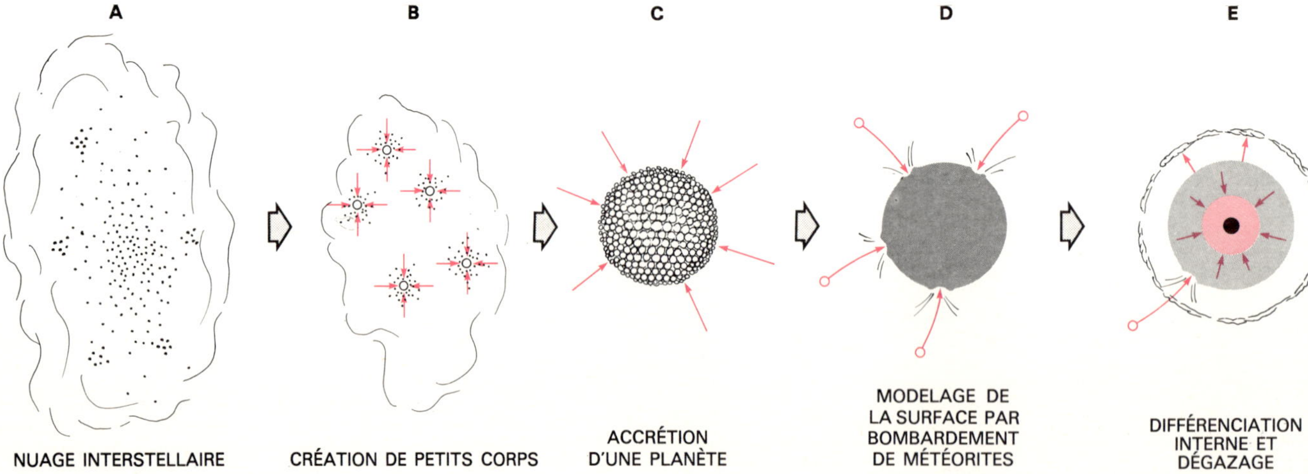

2. LA FORMATION DES CORPS PLANÉTAIRES s'effectue selon un scénario précis. À partir d'un nuage de gaz et de poussière (*A*) les petits corps célestes s'agglomèrent (*B*) puis se regroupent en planètes (*C*). Une fois formée la planète est encore soumise à un bombardement météoritique intense (*D*) : c'est la fin de l'accrétion des petits corps. Ensuite (*E*) l'intérieur de la planète se différencie, ce qui s'accompagne d'un dégazage créant l'atmosphère planétaire initialement riche en gaz carbonique.

aval par la tectonique des plaques, les deux approches étant liées par l'approche géochimique. C'est là une illustration du caractère global et composite de la Nouvelle Géologie.

Chronologie et histoire primitive

Il faut savoir d'entrée de jeu que nous allons tenter de reconstituer des événements qui ont eu lieu il y a 4,55 milliards d'années. On sait en effet avec certitude que c'est vers cette date que le système solaire s'est constitué tel que nous le connaissons aujourd'hui : avec son étoile centrale le Soleil, ses planètes, ses petits corps. On sait également que c'est au cours de cette période que la Terre et la Lune se sont formées et ont acquis la composition chimique que nous leur connaissons aujourd'hui.

Comment connaît-on cette date avec autant de précision ? Les méthodes de datation modernes sont fondées sur la radioactivité. Une population d'isotopes radioactifs se désintègre selon une loi statistique mais extrêmement rigoureuse. A chaque unité de temps une proportion fixe de la population se détruit et produit une certaine quantité d'un nouvel isotope fils. Ainsi, par exemple, le ^{87}Rb se désintègre et engendre du ^{87}Sr. Cette transmutation à taux fixe joue le rôle de chronomètre. Si l'on connaît la quantité d'isotopes fils (^{87}Sr dans notre exemple) produit, on connaît la quantité d'isotope père désintégrée (^{87}Rb). Si l'on connaît le taux de désintégration, le rapport isotope fils/isotope père fournit l'époque depuis laquelle le processus a opéré, c'est-à-dire l'intervalle de temps pendant lequel l'isotope père radioactif s'est trouvé enfermé dans une « boîte étanche », cette boîte étant un minéral ou une roche. On obtient alors l'âge ^{87}Rb-^{87}Sr d'un minéral ou d'une roche donnée. On possède plusieurs de ces chronomètres de longue période. Ce sont les couples ^{40}K-^{40}A, ^{187}Re-^{187}Os, ^{147}Sm-^{143}Nd, ^{238}U-^{206}Pb, ^{235}U-^{207}Pb, ^{232}Th-^{208}Pb ; chacun permet une datation indépendante. Pour cela on mesure l'abondance des isotopes pères et fils à l'aide de techniques de spectrométrie de masse qui sont extrêmement précises puisqu'il est possible de déterminer les rapports isotopiques avec une précision du 1/10 000e et par suite de mesurer des âges de 4,55 milliards d'années à quelques millions d'années près. On vérifie les résultats obtenus en mesurant les proportions isotopiques soit dans les mêmes minéraux (ou roches) par plusieurs méthodes indépendantes soit en mesurant des minéraux différents d'une même roche par la même méthode.

Il est ainsi possible, sur ce principe, de dater les météorites. Une grande proportion de ces roches qui tombent du ciel possèdent une propriété particulièrement intéressante pour les chimistes qui étudient le cosmos : leur composition chimique est voisine de celle de la couronne solaire (l'atmosphère gazeuse entourant le Soleil). Ces météorites primitives sont appelées chondrites et elles représentent 80 pour cent des chutes. La datation très précise des chondrites a été faite par de nombreuses méthodes (^{87}Rb-^{87}Sr, ^{238}U-^{206}Pb, ^{187}Re-^{187}Os). L'âge le plus précis obtenu ces dernières années par le groupe de Paris est de $4,555 \cdot 10^9 \pm 0,005$. C'est l'âge le plus vieux jamais obtenu sur des objets rocheux du système solaire. Ce résultat est obtenu à la fois sur les minéraux de certaines chondrites et sur les chondrites considérées dans leur ensemble. Les chondrites sont à la fois les objets les plus vieux et les plus primitifs. On comprend donc leur immense intérêt, à la fois comme instrument de référence et comme témoin des premiers instants du système solaire. Les chondrites sont constituées d'un agglomérat de minéraux ; certains ont fondu en petites gouttes que l'on appelle des chondres, d'où le nom de chondrites, d'autres englobent les chondres en constituant une pâte amorphe que l'on appelle la matrice. Chondres et matrice sont âgées de 4,555 milliards d'années. On admet donc que cet âge correspond à l'époque où les poussières primitives et le nuage présolaire primaire se sont agglomérés pour donner les premiers corps rocheux.

Il existe d'autres météorites qui, à l'inverse des chondrites, ont des compositions chimiques très éloignées de celle de la couronne solaire. Ce sont des objets chimiquement très différenciés, c'est-à-dire des objets où les transformations chimiques et mécaniques à l'intérieur du corps parent ont entraîné une ségrégation des minéraux donnant naissance à des constituants minéralogiques séparés bien caractérisés. Ainsi on connaît deux types de ces objets, les achondrites, roches très analogues aux basaltes et aux roches ignées terrestres et les météorites de fer qui sont des alliages de fer-nickel. Les uns et les autres sont le résultat de transformations du type de celles qui ont lieu dans la Terre primitive. Ces processus de différenciation se sont produits dans de petites « planètes » du système solaire aujourd'hui éclatées. L'étude de la différenciation de ces corps planétaires, dont on possède des échantillons variés, nous aide à comprendre les processus qui ont présidé à la différenciation terrestre. On sait, mais par des méthodes indirectes, que le noyau terrestre est formé de fer, que le manteau est ultramafique et que la croûte est basaltique sous les océans, granitique sous les continents. On est donc tenté de faire l'analogie noyau terrestre = météorites de fer, manteau terrestre = chondrites auxquelles on aurait enlevé leur partie métallique, croûte océanique = achondrites basaltiques. La nature est même très clémente puisqu'il existe des météorites appelées pallasites formées par moitié d'une partie métallique, moitié d'une partie ultramafique et qui représenteraient, pour certains, l'interface noyau-manteau. Cet interface est, pour la Terre, situé 2900 kilomètres sous nos pieds, donc bien inaccessible. La datation de ces météorites différenciées nous montre qu'elles sont un petit peu plus jeunes que les chondrites et qu'elles se sont formées 20 millions d'années après elles. On peut donc raisonnablement en conclure que la différenciation chimique de ces petits corps a eu lieu peu de temps après l'agglomération des chondrites : le double processus, accrétion de la matière solide – différenciation chimique a donc eu lieu très rapidement pour les petits corps parents des météorites. (L'accrétion est l'augmentation de masse d'un corps astral résultant de l'attraction gravitationnelle des constituants qui l'entourent, laquelle est due à la masse de ce corps.)

Peut-on extrapoler ce résultat aux planètes ? Sans doute, en examinant les bilans thermiques de celles-ci car toute différenciation est un effet de température liée à la chaleur produite dans les corps astraux. On pourrait penser, d'une part, que les planètes ayant un rapport volume/surface beaucoup plus élevé que les petits corps, leur énergie créée et conservée sera bien supérieure, tant par radioactivité que par accrétion, et donc que leur différenciation devrait être aussi très précoce. D'un autre côté, on peut penser que l'accrétion de l'ensemble d'une grosse planète risque de durer

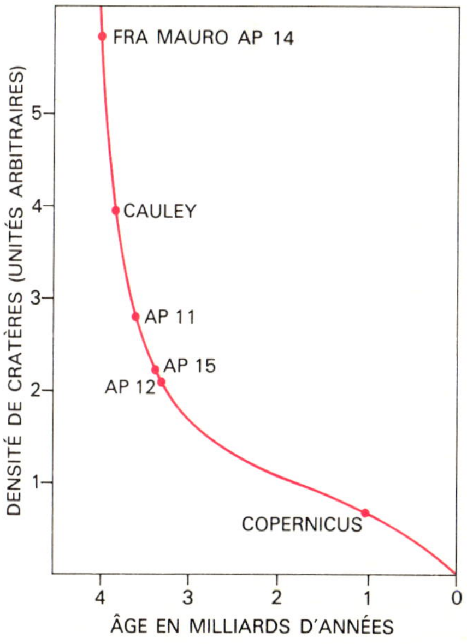

3. LA DENSITÉ DES CRATÈRES lunaires décroît exponentiellement en fonction de leur âge ; le diamètre des météorites (dont les impacts créaient ces cratères) pouvait atteindre 100 kilomètres et une masse égale à celle d'un continent terrestre. Sur Terre la géologie active a effacé les traces des bombardements de météorites.

plus longtemps que l'accrétion d'un petit corps et que sa différenciation va être ainsi « tardive ». Qu'en est-il ?

Il n'existe sur Terre aucune roche plus vieille que quatre milliards d'années. Celles qui se sont formées entre 4,5 et 4 milliards d'années ont été détruites soit par l'érosion, soit par engloutissement dans le manteau (subduction), soit par anatexis (elles ont été refondues pour donner naissance à de nouvelles roches). La Terre, à l'inverse des petits corps et même de la Lune, est une planète géologiquement active, elle modifie donc constamment sa surface, elle détruit les témoignages anciens pour les remplacer par de nouvelles structures et ceci d'une manière continue.

Néanmoins, on peut dater la Terre ou plus exactement on peut dater, d'une part l'époque de la différenciation manteau-noyau, d'autre part, l'époque d'accrétion de la Terre. La première datation se fait avec les isotopes du plomb en utilisant pour cela une série de roches issues du manteau à des époques différentes et en cherchant l'époque où elles avaient une composition isotopique commune. On obtient un âge de 4,50 milliards d'années. La seconde datation concernant la date d'accrétion de la Terre à partir de planétoïdes est plus délicate et utilise une méthode dont nous n'avons pas parlé encore et qui est fondée sur la radioactivité éteinte de l'iode 129. Cet isotope existait au début du système solaire mais sa période est tellement courte qu'il est mort aujourd'hui. Son témoignage est codé dans la composition isotopique du xénon car en se désintégrant l'iode 129 produit du xénon 129. L'excès de xénon 129 dans l'atmosphère terrestre et dans le manteau par rapport à la référence solaire (que l'on obtient par l'analyse du vent solaire) montre que la Terre, s'est formée dans un intervalle de 60 millions d'années après « l'âge des chondrites ». La réponse à la question posée est donc que l'extrapolation aux planètes telluriques des résultats obtenus sur les petits corps est probablement licite. La Lune, de taille intermédiaire, est donc un test. Sans nous étendre beaucoup, disons que les résultats des analyses isotopiques de plomb sur la Lune ne sont pas en contradiction avec le modèle proposé.

Nous voyons donc que dans le petit intervalle de 4,49 et 4,55 millions d'années, les planètes telluriques et la Terre se sont accrétées puis différenciées (*voir la figure 1*). Nous avons vu quel genre de scénario on pouvait imaginer pour la formation des planètes. Examinons à présent quel pouvait être le paysage terrestre à cette époque.

Le bombardement météoritique

Dans les premiers temps de son histoire, notre planète subit le bombardement continu d'astéroïdes de dimension allant de 30 kilomètres à quelques mètres de diamètre. Venant de toutes directions, ces projectiles criblaient la surface de notre planète la transformant en un champ de bataille après l'action continue de l'artillerie lourde. Chaque impact créait un cratère. Les gros météores créaient des bassins de la dimension du Bassin de Paris ou d'Aquitaine, de plus modestes se contentaient de former des cratères semblables au *Meteor crater* de l'Arizona, les petits projectiles beaucoup plus nombreux que les gros assuraient le développement de myriades de pustules de dimensions métriques. Naturellement chaque structure d'impact, une fois créée, était elle-même soumise au bombardement ultérieur qui en détruisait les bords et toute la géométrie. Sous l'influence de ce jeu de massacre, la surface de la Terre devint rapidement un terrain cahotique et poussiéreux. Les débris de roches, les brèches, les éboulis s'amoncelèrent au bas des pentes et la surface terrestre apparaissait sans doute comme un chantier de démolition. Cette apocalypse a duré près de 500 millions d'années mais avec une intensité rapidement décroissante.

Cette description que le lecteur aura peut-être trouvée présomptueusement précise n'est pas œuvre d'imagination mais correspond à l'image que viennent de nous livrer dix ans d'exploration planétaire. Lorsque le 14 juillet 1979 Neil Armstrong pose son pied sur la Lune, c'est un paysage désolé qui lui fait face ; son pied s'enfonce dans un sol meuble formé d'une poussière grise, des fragments rocheux jonchant le sol de-ci de-là. Dans le satellite, Conrad photographie frénétiquement la surface de la Lune, sous tous les angles et toutes les longueurs d'onde. Ces deux visions révèlent une même réalité : la surface de la Lune est criblée de cratères d'impact. Ces impacts ont broyé, déchiqueté, arraché des fragments de roches et des poussières à un sol de nature volcanique. L'étude de ces cratères va être faite avec minutie. Ils ont tous une structure analogue : un relief circulaire domine une dépression centrale remplie à demi de débris, au centre de laquelle s'élève un petit monticule. À l'entour du cratère une nappe irrégulière de débris de dimensions diverses recouvre le sol : c'est la zone d'influence du cratère. On peut imaginer aussi qu'une série de cratères à la périphérie d'une surface commune va créer une superposition de couches d'ejecta créant une véritable stratigraphie d'impact. La dimension de ces cratères est de quelques mètres à 60 kilomètres. Le décompte de la fréquence des cratères a permis de mettre en évidence une relation très générale entre la fréquence des cratères et leur diamètre. En première approximation, on peut dire que le nombre de cratères augmente géométriquement avec la décroissance du diamètre. En d'autres termes chaque fois que nous détectons un gros cratère, nous savons qu'il est accompagné d'une myriade de cratères de dimensions inférieures.

L'étude théorique des phénomènes de cratérisation a pu être menée grâce à des expériences sur modèles réduits dans lesquels on a bombardé des substrats de natures diverses à l'aide de projectiles lancés par des canons à des vitesses variées. Gault, de l'Ames Research Center de la NASA, a été un pionnier dans ce type d'études, spectaculaires mais extrêmement arides. On a pu montrer que le diamètre d'un cratère était lié à la masse du projectile incident et à sa vitesse, donc relier directement le diamètre D d'un cratère à l'énergie d'impact E ($D = 0,119\ E^{1/3,4}$).

En s'appuyant sur de telles expériences nous pouvons déterminer les caractéristiques des projectiles liées aux cratères lunaires observés. D'un autre

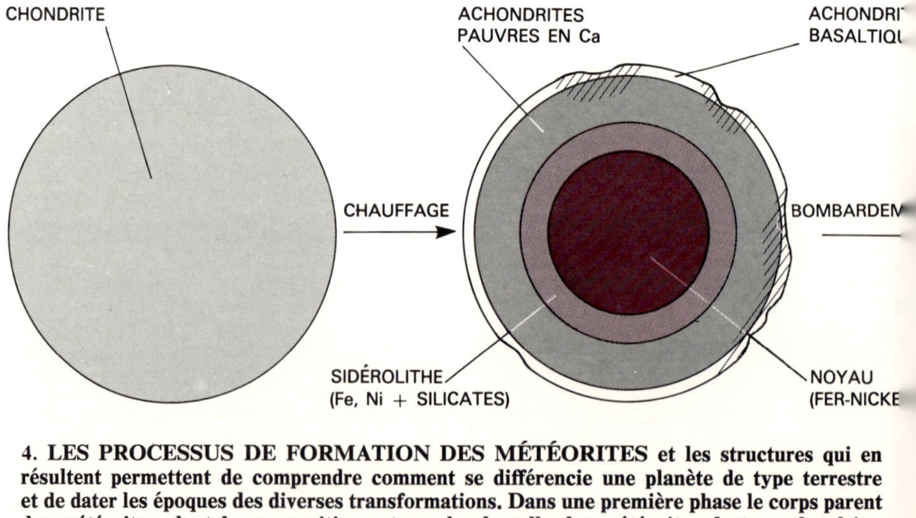

4. LES PROCESSUS DE FORMATION DES MÉTÉORITES et les structures qui en résultent permettent de comprendre comment se différencie une planète de type terrestre et de dater les époques des diverses transformations. Dans une première phase le corps parent des météorites, dont la composition est proche de celle des météorites de type chondrite, est chauffé par les désintégrations radioactives et il se différencie sous l'effet de la gravité.

côté, la densité de cratérisation devient très vite une méthode de chronologie relative fondée sur le principe simple suivant : une région qui a une densité de cratères supérieure à une région est géologiquement plus vieille. Des complications diverses apparaissent dans une telle méthode ; il faut tenir compte notamment d'une certaine saturation sur les terrains très bombardés, mais ces difficultés ont été surmontées et cette méthode permet de bien établir la chronologie relative d'une planète donnée. Appliquée à la Lune, elle montre immédiatement que les montagnes lunaires sont abondamment cratérisées et présentent une allure cahotique alors que les mers présentent une surface beaucoup plus lisse : la densité de cratères y est beaucoup plus faible. La chronologie radio-active des roches lunaires et des diverses mers a permis de quantifier ces observations. En portant la densité de cratères en fonction de l'âge *(voir la figure 3)*, on constate que le taux de bombardement a décru exponentiellement : cette décroissance très forte entre 4,55 milliards et disons 3 milliards d'années était complètement inattendue avant le programme Apollo et constitue sans nul doute l'un de ses résultats majeurs.

Ainsi le bombardement primitif était très intense. La relation diamètre-fréquence nous invite donc à penser qu'il existait à cette époque des impacts gigantesques. Quels en sont les témoignages ? L'observation de la forme des mers lunaires à contours circulaires emboîtés fournit la réponse. Les basaltes lunaires se sont épanchés dans des dépressions créées par de gigantesques impacts de près de 1000 kilomètres de diamètre. L'application des formules précédentes conduit à voir que les projectiles qui les ont créés avaient des diamètres de 100 kilomètres et qu'ils ont excavé des quantités de matière de l'ordre de 10^{24} grammes, soit à peu près la masse de la croûte continentale d'Amérique du Nord. Ainsi un impact de cette taille est-il suffisant pour pulvériser un continent ! On voit donc qu'à cette échelle les impacts ont un rôle absolument fondamental et qu'ils déterminent d'une manière prépondérante la survie de telle ou telle structure à la surface d'une planète. Mais ce rôle joué par les impacts est-il vraiment général dans le système solaire ?

L'exploration de Mercure, puis de Mars, des satellites de Jupiter et de Saturne a fourni une réponse positive à cette question. Mercure est criblé de cratères d'impacts, et en fait une photographie de la surface de cette planète se distingue peu de celle de la Lune même pour un œil un peu exercé. On peut y voir aussi l'existence de larges bassins circulaires comparables aux mers lunaires. Mars présente aussi une surface cratérisée de même que ses satellites Phobos et Deïmos. Parmi les satellites de Jupiter, si Io et son volcanisme flamboyant ne présente que peu de signe de cratères, en revanche Callisto et Europe en sont criblés ; certains cratères évoquent les immenses bassins lunaires *(voir la figure 5)*. Plus récemment les satellites de Saturne comme Mimas ont eux aussi montré l'existence de cratères indiscutables. Sur la Terre même, où pourtant l'érosion et la tectonique transforment inexorablement la surface de la planète, on a identifié maintenant près de 40 cratères. Le radar d'Arecibo a pu détecter une dépression circulaire à la surface de Vénus : certains croient que c'est un cratère. D'un bout à l'autre du système solaire, la cratérisation a été la règle. Comme nous l'avons vu sur l'exemple lunaire, ce jeu des collisions a été très intense il y a 4,55 milliards d'années et son intensité a décru très rapidement.

Nous voilà donc autorisés à admettre qu'au moment où la Terre naissait, elle était aussi victime de ce bombardement dévastateur et nous pouvons utiliser les analogies que nous offre la planétologie comparée pour décrire le déroulement de ce phénomène. Sur Terre les témoignages anciens ont disparu : la géologie active de notre planète a effacé les traces de cette activité primitive.

Continents et océans : la géodynamique archaïque

La surface de la Terre actuelle se compose de deux unités fondamentalement différentes. Les océans, dont le plancher est formé de basaltes et les continents formés de granites. Le plancher océanique est créé au niveau des « dorsales » et disparaît dans le manteau au niveau des zones de subduction. Ce phénomène création-destruction est continu. La durée de vie moyenne d'un plancher océanique à la surface de la Terre est de 200 millions d'années environ. Les continents au contraire sont constitués de matériaux « légers » : ils « flottent » sur le manteau plus dense et restent à la surface de la Terre. Etant les seuls témoins intégrés de l'histoire du Globe, ils en constituent la mémoire.

De nos jours, la surface de la Terre est animée de mouvements permanents qui entraînent les continents et provoquent leur dérive. Ces mouvements ont des vitesses de l'ordre du centimètre par an et les panneaux de surface qui se déplacent sous forme d'unités rigides sont appelés plaques. L'ensemble du dispositif dynamique est ce que l'on appelle la Tectonique des Plaques. En fait, les mouvements des plaques à la surface ne font que traduire (d'une manière qui n'est d'ailleurs pas simple) des mouvements internes de vaste amplitude dont le manteau est le siège. Quel est le moteur de ces mouvements de convection ? Sans aucun doute la radio-activité du Globe. Le manteau

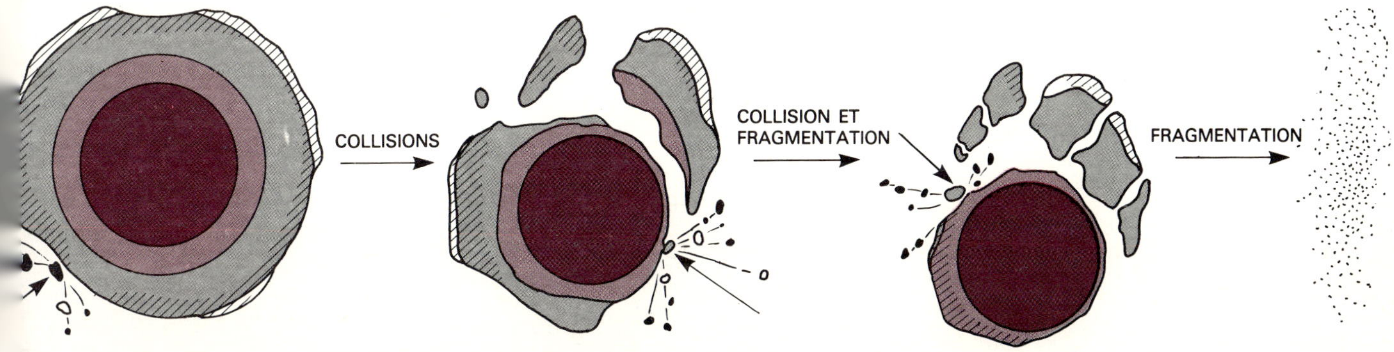

Les phases minérales les plus lourdes, les alliages fer-nickel, se rassemblent près du centre. Autour de ce noyau, on trouve à la périphérie une couche de sidérolithe (alliage fer-nickel et silicates) puis un ensemble de roches silicatées : achondrites pauvres en calcium et achondrites basaltiques. Les météorites arrivent sur Terre après la fragmentation du corps parent. Leurs propriétés géochimique et géophysique proches de celles des éléments du globe terrestre permettent par analogie de reconstituer l'histoire et la composition du globe terrestre. Les principaux types de météorites sont rassemblés sur la figure 13.

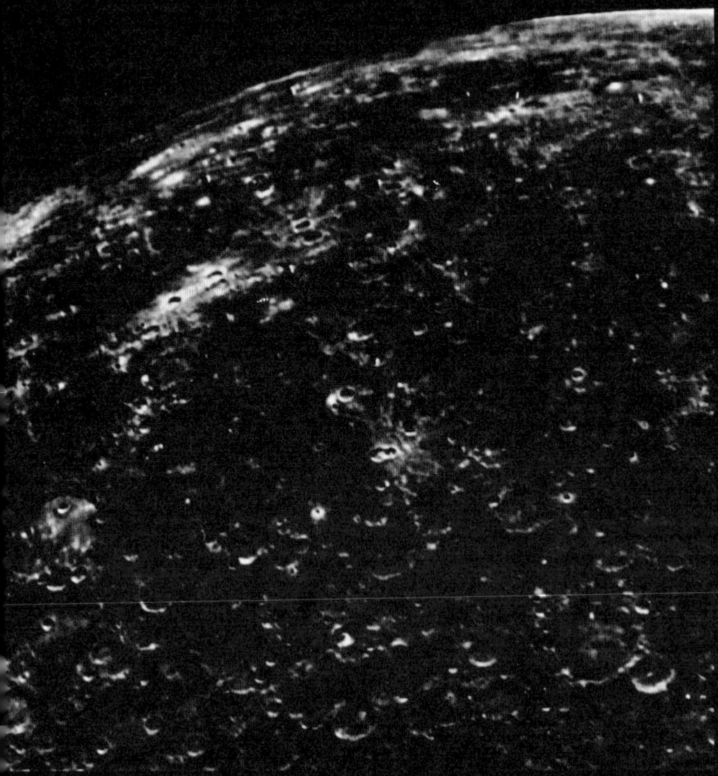

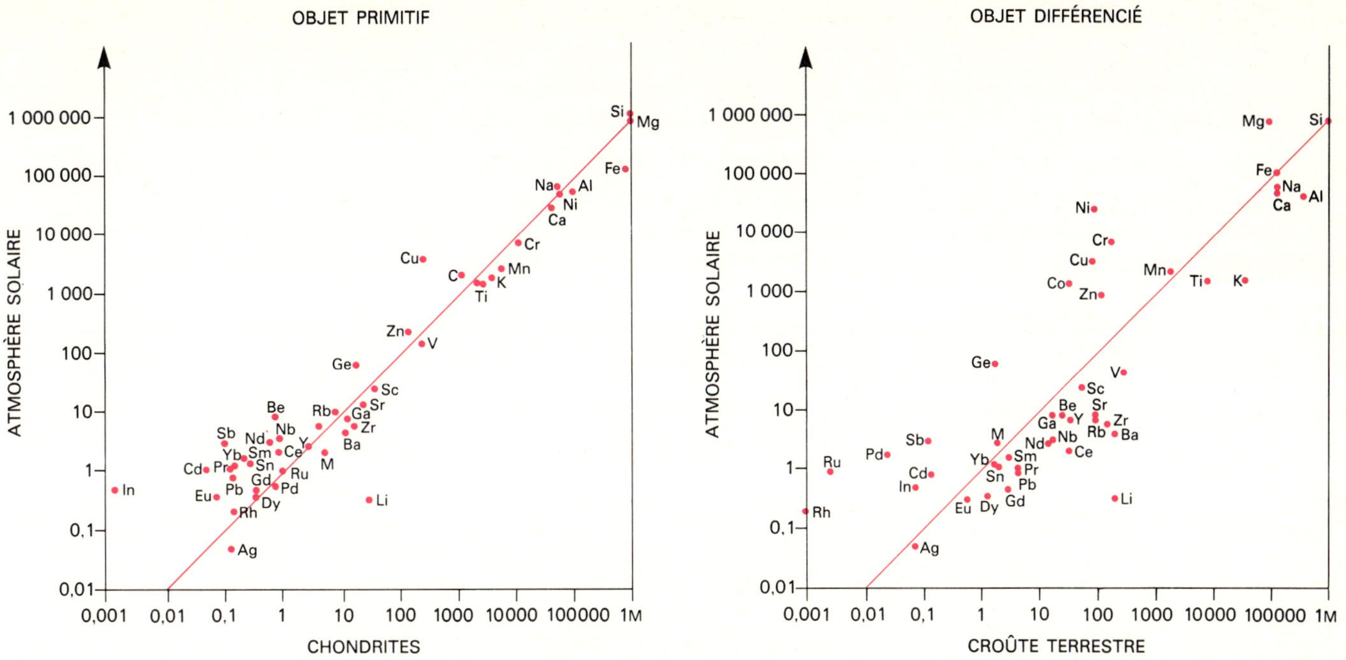

5. DANS UN OBJET PRIMITIF (NON DIFFERENCIÉ) l'abondance des éléments chimiques est à peu près identique à celle dans l'atmosphère solaire (en excluant les éléments gazeux). Dans un objet différencié comme la croûte, la ségrégation chimique entre noyau, manteau et croûte introduit d'importantes différences de concentrations par rapport à l'atmosphère solaire (études de Wood).

terrestre contient en petites quantités des éléments radioactifs de longue période : le potassium 40, l'uranium 235, l'uranium 238, le thorium 232. Chaque désintégration de ces isotopes dégage une certaine quantité de chaleur. La différence de température ainsi créée entre le manteau profond et la surface est le moteur de vastes mouvements de convection dont les amplitudes sont de plusieurs milliers de kilomètres. Certes la période de désintégration de ces isotopes est longue et donc chaque isotope n'est pas énergétiquement extrêmement efficace, mais la masse du manteau est de 4 . 10^{27} grammes et au total les quantités d'énergie ainsi dégagées sont considérables.

On peut alors se poser la question de savoir dans quel état était ce système de chauffage il y a 4,5 milliards d'années ? Par suite de leur désintégration, l'abondance des éléments radioactifs décroît au cours des temps. Ainsi on peut calculer que l'uranium 235 était 90 fois plus abondant il y a 4,55 milliards d'années qu'aujourd'hui. Le potassium 40 était dix fois plus abondant. Au total, la chaleur dégagée par les éléments radioactifs de longue période terrestre était cinq fois supérieure à ce qu'elle est aujourd'hui. Ceci est un chiffre minimum car une partie non négligeable des éléments radioactifs est aujourd'hui stockée dans la croûte continentale à la surface et ne participe pas vraiment au chauffage efficace de la convection. En outre, à ces radio-isotopes de longue période, il faut ajouter des éléments à vie courte : comme l'iode 129 que nous avons évoqué, ou des éléments tel Al^{26} ou Pu^{244}. Synthétisés peu de temps avant la formation du système solaire, ils se sont désintégrés rapidement et ont aujourd'hui disparu. On ne les détecte que parce qu'ils ont fabriqué des isotopes fils comme le Mg^{26} ou les isotopes du xénon Xe^{134}, Xe^{136}. Mais en fait on ignore quelle était exactement leur abondance ; ceci étant, la chaleur qu'ils produisaient s'ajoutait sûrement à celle crée par les éléments de longue période.

Cette source additionnelle de chaleur (par rapport à la simple radioactivité de longue période) n'est pas unique. Une autre source de chaleur résulte de la ségrégation du noyau. Le noyau terrestre formé par un alliage de fer-nickel est composé d'une graine solide entourée d'une calotte sphérique liquide. Ce noyau externe est animé de mouvements de convection. Ces mouvements de convection dont Jean-Louis Le Mouel et son équipe viennent de montrer que la vitesse était de l'ordre de grandeur du mètre par an, sont à l'origine du champ magnétique terrestre. On a imaginé que pour faire marcher cette dynamo la source d'énergie est le refroidissement du noyau qui laisse cristalliser en son centre un solide. Or on sait que la cristallisation d'un solide dégage une certaine quantité de chaleur, dite chaleur latente. Ce dégagement de chaleur interne serait donc le moteur de la dynamo centrale. Les mouvements de convection interne pourraient de ce fait transférer une certaine quantité de chaleur de la graine centrale à l'interface noyau-manteau et de ce fait chauffer ce dernier par en dessous !

À cette source de chaleur que constitue la cristallisation de la graine centrale, la ségrégation du noyau lui-même, c'est-à-dire sa formation à partir d'un milieu initial homogène, a sans nul doute constitué une source de chaleur considérable. En fait, le calcul montre que si la formation du noyau a eu lieu très rapidement, l'énergie dégagée par ce processus (transformation d'énergie potentielle en énergie thermique) aurait été capable de fondre la Terre entière. À cette source on peut en ajouter une autre de même type mais liée à l'histoire primitive de la planète. Lorsqu'à partir d'un nuage de poussières et de gaz, la Terre s'est agglomérée pour donner naissance d'abord à des roches grosses comme le poing, puis à de gros rochers, et finalement à la grosse boule que nous connaissons, le processus a dégagé de la chaleur. Dans le langage des physiciens, on peut dire là encore que l'énergie potentielle s'est transformée en énergie thermique, la transformation s'opérant au cours des multitudes de petites collisions liées au processus d'accrétion.

Parallèlement, tous ces objets mis dans l'espace rayonnaient de la chaleur en suivant la loi de Stephan. Le bilan énergétique global dépend donc de la vitesse d'accrétion. Si l'accrétion est très lente, la dissipation d'énergie équilibre sa création et le processus ne crée pas de chaleur excédentaire. Si au contraire l'accrétion est rapide alors se crée une énergie thermique importante car les corps n'ont pas le temps de se refroidir par radiation. Ainsi peut s'accumuler à l'intérieur de la planète une énergie

6. LA CRATÉRISATION, due à l'impact des météorites est un phénomène général dans le système solaire. Les exemples de la page ci-contre sont : en haut et à gauche Mercure, en haut et à droite la Lune, en bas et à gauche Mars et en bas et à droite Théthys, un satellite de Saturne.

thermique considérable. En revanche, la perte énergétique par rayonnement (en puissance quatrième de la température) assure à la surface une température toujours très basse créant par là même un gradient thermique important entre intérieur et surface.

On voit donc que théoriquement on a toutes les raisons de penser qu'à la radioactivité de longue période s'est ajoutée une chaleur initiale importante. Cette idée est confirmée par l'analyse que Dan McKenzie, de l'Université de Cambridge, a faite du flux de chaleur actuel. Observant la quantité de chaleur dégagée par le Globe il la compare à celle créée par la radioactivité actuelle. Il constate alors qu'il faut admettre que la moitié de ce dégagement de chaleur résulte de la dissipation de la chaleur primitive stockée. Suivant ce raisonnement on doit donc supposer que la création de chaleur il y a 4,44 . 10^9 ans était de 10 à 30 fois supérieure à la création de chaleur actuelle. Il est donc certain que la convection, donc l'activité géologique interne de la Terre, était bien supérieure à ce que nous observons aujourd'hui. Comment cette activité se traduisait-elle en surface ?

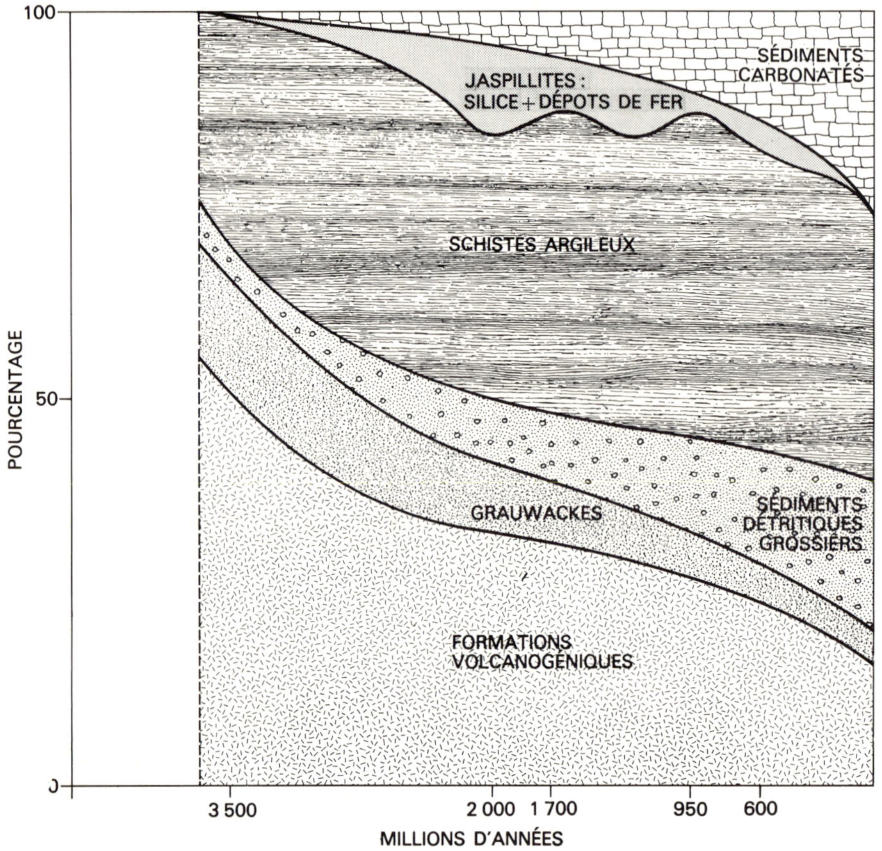

7. PROPORTIONS ACTUELLES à la surface des continents des sédiments de diverses origines en fonction de leur âge. Ces courbes révèlent que les sédiments carbonatés ont une durée de vie plus brève que les autres types de sédiments car ils résistent moins bien à l'érosion. L'extrapolation de ces courbes indique que les premiers sédiments étaient principalement d'origine volcanique.

8. LA SURFACE DES CONTINENTS DÉCROÎT EN FONCTION DE LEUR ÂGE : ce n'est pas parce que les continents se formaient plus lentement pendant l'enfance et l'adolescence de la Terre mais parce que les continents créés alors ont été recyclés par l'érosion, l'activité volcanique et la tectonique des plaques.

« Spreading » et volcanisme

A l'époque actuelle, on observe au niveau des dorsales océaniques la création de la lithosphère. Cette lithosphère est formée d'une partie supérieure basaltique et d'une partie inférieure péridotitique. La partie basaltique est le produit de fusion des péridotites, qui s'est ségréguée lors d'une migration différentielle vers le haut. Ainsi la lithosphère dite « océanique » contient une croûte à sa partie supérieure. Cette ségrégation d'un liquide basaltique entraîne au niveau des dorsales un volcanisme sous-marin important et extrêmement fréquent.

L'enfoncement des plaques lithosphériques dans le manteau, comme c'est le cas dans les arcs insulaires qui bordent le continent asiatique ou à la proximité du continent Sud américain, provoque un volcanisme abondant. C'est le volcanisme des zones de subduction dont on connaît le caractère explosif. La genèse exacte de ce volcanisme est encore mal comprise mais tout le monde s'accorde pour y voir la conséquence de la subduction. Que peut-on imaginer pour les périodes primitives ? Au niveau des zones de remontée que nous continuerons d'appeler dorsales, le volcanisme était probablement important. Ce volcanisme était-il de type basaltique comme aujourd'hui ? La fusion des roches ultrabasiques fournit des basaltes lorsque le degré de fusion ne dépasse pas 30 pour cent. Lorsque le degré de fusion augmente, on obtient des liquides ultrabasiques. De plus, pour produire des basaltes il faut qu'il existe une ségrégation entre le liquide produit et le solide source, car sinon la recristallisation de l'ensemble reconstitue le solide ultrabasique initial. Basalte signifie donc faible degré de fusion et ségrégation. En était-il ainsi dans les temps primitifs ?

La première tendance est d'admettre qu'il en était bien ainsi car on n'entrevoit pas de raison majeure pour infirmer ce scénario. La Lune nous montre l'existence de vastes bassins formés de laves basaltiques dont les épanchements datent de 3,8 à 3,2 milliards d'années. De tels bassins volcaniques existent aussi sur Mars et sur Mercure mais on ne connaît pas leur âge exact. Les météorites achontritiques de type eucrite sont des laves basaltiques qui ont pris naissance sur de petits « corps parents » dont la taille ne dépassait pas 500 kilomètres de rayon. Nous avons vu que ces laves s'étaient formées il y a 4,55 milliards d'années, ce qui atteste l'existence d'un volcanisme à l'orée des temps géologiques. Si un tel volcanisme existait sur un petit corps, à plus forte raison existait-il sur une planète de la taille de celle de la Terre où l'énergie interne était beaucoup plus importante. Toutes ces informations concourent donc à nous faire penser que les bassins basaltiques se formaient à cette époque. Toutefois, un fait d'observation nous oblige à nous interroger sur cette conclusion. Les terrains les plus anciens (d'âge supérieur à 2,5 milliards d'années) de la surface terrestre nous montrent l'existence associée avec des basaltes de laves de composition ultrabasique que l'on appelle komatiites. Or ces komatiites n'existent pas dans les terrains récents et sont spécifiques de l'Archéen. De là on peut être tenté de conclure que dans les temps encore plus reculés, ces laves ultrabasiques étaient les plus abondantes et que les dorsales et les grandes subductions produisaient essentiellement de telles laves. L'activité initiale aurait donc surtout fabriqué des épanchements ultrabasiques, chimiquement identiques au manteau et peu de laves différenciées par rapport à ce dernier. Le problème n'est pas à l'heure actuelle résolu et il faut se garder de tout dogmatisme dans cette affaire. Toutefois, on tend à penser actuellement que les komatiites archéennes sont plutôt typiques des zones de subduction que des dorsales. Dans ce cadre on pourrait imaginer l'existence d'un volcanisme basaltique aux dorsales et d'un volcanisme ultrabasique dans les zones de subduction.

Quoiqu'il en soit, on peut essayer de voir quel était le style de ce volcanisme. Il semble aujourd'hui bien établi qu'il existe une relation entre l'épaisseur de la lithosphère (partie rigide située près de la surface du globe) et l'altitude du volcanisme. Plus la lithosphère est épaisse, plus les volcans sont élevés. Ainsi, sur les dorsales océaniques où l'épaisseur de la lithosphère est nulle, les reliefs volcaniques sont peu importants ; à l'inverse dans les zones de subduction péricontinentale comme la cordillère des Andes, beaucoup de grands sommets sont des volcans. À l'époque primitive la lithosphère était sans doute assez fine, car, comme nous l'avons dit, l'intérieur du Globe était beaucoup plus chaud. Les laves étaient sans doute plus basiques (et peut être même ultrabasiques) et donc elles avaient des viscosités faibles. On peut donc en conclure que les émissions volcaniques étaient de type coulées fluides, comme on observe dans les trapps du Dekkan aux Indes, ou sur les mers lunaires. Mais il est probable qu'il existait en outre des éruptions extrêmement violentes dans les zones de subduction (ou ce qui en était l'équivalent). On trouve en effet dans les terrains archéens, par exemple dans la ceinture d'Abitibi au Québec datée de 2,7 milliards d'années, des dépôts volcaniques dont les caractéristiques sont très voisines de celles que l'on peut observer autour de la Montagne Pelée en Martinique. Ces dépôts archéens sont les témoignages d'un volcanisme où alternent éruptions, émissions de laves et peut-être nuées ardentes. Le caractère explosif d'un volcan est fonction directe de sa teneur en gaz dissous. Or, dans les périodes les plus reculées de l'histoire de la Terre, le manteau était moins « dégazé » qu'aujourd'hui, la convection était plus active et entraînait donc une plus grande quantité de laves altérées dans le manteau, la teneur en éléments volatiles (H_2O, CO_2) des magmas était donc supérieure à ce qu'elle était aujourd'hui ou à l'Archéen. La logique nous invite donc à extrapoler les observations et à admettre qu'il existait une activité volcanique intense et de type explosive dans ce qui était, à l'époque, l'équivalent des zones de subduction actuelles.

Nous l'avons déjà dit, les continents constitués de matériaux légers riches en silice flottent à la surface du Globe et ne sont donc jamais digérés dans le manteau. On sait aujourd'hui qu'ils se forment d'une manière continue au cours des temps géologiques : chaque période orogénique, en même temps qu'elle plisse une région de la surface terrestre pour créer des montagnes, fabrique une certaine quantité de roches granitiques et métamorphiques et donc engendre une certaine quantité de continents. Ainsi les continents s'accroissent-ils par adjonctions successives de segments de plus en plus jeunes. La question qui se pose est de savoir comment ce processus a débuté, quand les premiers continents se sont formés et quelles étaient leurs dimensions initiales.

Les continents primitifs

Avant d'aborder ce problème, il faut savoir que si les continents sont insubmersibles, ils n'en sont pas pour autant indestructibles. L'érosion rabote les montagnes et réduit donc leur épaisseur. La collision continentale, comme celle qui a lieu entre l'Inde et l'Asie, épaissit la croûte continentale et diminue sa surface : elle aussi fait disparaître des continents, en volume et en surface. A cela se superpose ce que l'on englobe sous des termes tels que polytectonique, ou recyclage, ou rejuvénation crustale. Dans les phénomènes orogéniques un segment continental est replissé, métamorphisé, parfois refondu et se trouve alors incorporé à un segment orogénique beaucoup plus jeune que ce qu'il était initialement. Ainsi par exemple en France dans les Pyrénées et les Alpes un segment important d'âge hercynien (300 millions d'années environ) a-t-il été repris en cours de l'orogenèse alpine (60-25 millions d'années et incorporé comme tel dans la chaîne qui porte ce nom. Ainsi dans l'Ouest des Etats-Unis un segment précambrien de 1,7 milliard d'années a-t-il été incorporé dans l'orogenèse névadienne (–120 millions d'années) ou laramienne (–65 millions d'années). Certains vestiges ont gardé quelques caractères qui nous permettent de dire que leur âge primaire était hercynien ou précambrien mais d'autres ont été tellement transformés que leur âge d'origine reste difficile à déterminer par les moyens de la géologie traditionnelle. Les continents anciens perdent ainsi pro-parte leur identité pour être incorporés à des segments beaucoup plus récents, réduisant d'autant les témoignages du passé. De là naît l'idée que les segments orogéniques ne pourraient être que des remobilisations suc-

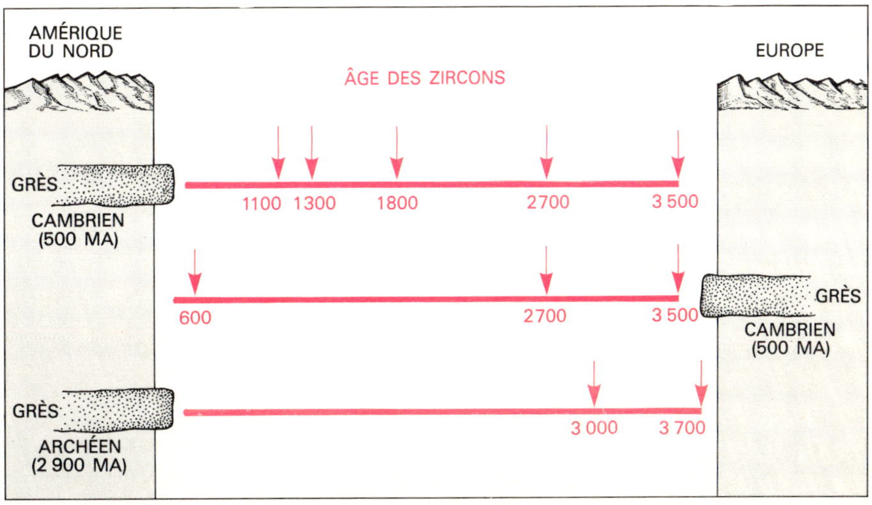

9. LA « MÉMOIRE » DES CONTINENTS est constituée par les zircons insensibles aux intempéries géologiques. On a daté ces zircons dans des grès anciens et aucun d'eux n'est plus vieux que 3 700 millions d'années, ce qui semble indiquer qu'il n'existe aucune trace d'un continent primitif d'âge supérieur à quatre milliards d'années.

cessives d'un continent primitif différencié à l'aube des temps géologiques !

Lorsque l'on cartographie de grandes régions à la surface de la Terre et que l'on affecte à chacune d'elle l'âge déterminé par les méthodes radioactives, il est possible de faire un histogramme surface-âge. La fréquence d'apparition d'une province d'âge donné décroît avec cet âge. Pendant longtemps on a cru que ceci n'était que la manifestation d'un taux de création de continent croissant avec le temps. On sait aujourd'hui qu'il n'en est rien et que cette distorsion n'est que l'effet du recyclage. Plus une province d'âge est jeune et plus elle a de chance d'avoir été préservée. Se pose alors la question de l'âge du plus vieux morceau de continent ? Mais immédiatement aussi la question plus embarrassante de savoir s'il n'y a pas eu un continent plus ancien mais que le temps n'a pas conservé ?

Les plus vieilles roches continentales du monde se trouvent situées face à face, au Grœnland occidental, dans le Labrador septentrional. On trouve là un complexe de roches métamorphisées et plissées en tout point comparables aux complexes de gneiss beaucoup plus jeunes que l'on connaît dans les périodes récentes, par exemple au complexe du Massif du Canigou dans les Pyrénées Orientales qui, lui, est âgé de 500 à 300 millions d'années. Dans ces complexes de gneiss que l'on appelle d'Amitsoq près de la petite ville de Goothab au Grœnland et gneiss d'Hebron du Labrador Nord, on trouve des formations rocheuses âgées de 3,65 milliards d'années. Ces formations reliques ont été datées par l'équipe anglaise d'Oxford de Steve Moorbath. Au voisinage de ces formations géologiques le complexe d'Isua contient un conglomérat dont les éléments sont des roches acides métamorphisées. Avec Annie Michard, aujourd'hui à Nancy, Joël Lancelot, aujourd'hui à Montpellier, et Steve Moorbath nous avons pu dater ces roches à 3,78 milliards d'années. Jusqu'à ce jour ce sont les plus vieilles roches continentales terrestres.

Ce résultat représente-t-il vraiment la réalité ? Le temps n'a-t-il pas irréversiblement effacé ce qui aurait été notre plus beau document, à savoir la roche datant de l'époque de la genèse ? Cherchons à répondre à cette question difficile en utilisant diverses approches.

Le silicate de zirconium appelé « zircon » est un minéral très courant dans les roches granitiques et gneissiques, roches caractéristiques des continents. Il se forme pendant les périodes de granitisation et de métamorphisme, périodes qui sont celles où se fabriquent les morceaux de croûte continentale : Une fois formé, ce zircon est très résistant aux « intempéries géologiques ». L'érosion chimique superficielle le laisse intact, le métamorphisme léger le laisse inaltéré, le métamorphisme intense ou la granitisation ne le détruisent que partiellement en laissant subsister au cœur même du minéral une relique de son histoire ancienne.

Or, il est possible aujourd'hui de déterminer l'âge d'un seul grain de zircon et même d'une fraction de grain de zircon : ceci a été rendu possible grâce aux progrès techniques considérables faits ces dernières années à Paris dans la mesure précise de la composition isotopique de microquantités de plomb. Il y a dix ans il fallait 10^3 à 10^4 grains de zircons pour faire une mesure ; aujourd'hui une fraction de grain suffit ! il est donc possible d'étudier une population de zircons détritiques contenus dans un grès (sable fossile) et de chercher à reconstituer quels étaient les âges des continents voisins dont l'altération a permis de former le grès considéré. Nous avons pu montrer que lorsque l'on étudie un grès cambrien (âgé de 550 millions d'années) de l'état de New York on trouve des zircons d'âge 1000, 1300, 1800, 2700 millions d'années et quelques grains de 3400 millions d'années, alors qu'un grès cambrien du Sud du Massif Central nous livre des âges de 600, 2700 et 3400 millions d'années. Nous voyons là, d'une part une signature régionale caractéristique, mais également un héritage de très vieux zircons qui survivent aux intempéries à travers les millions d'années d'histoire géologique et plusieurs cycles d'érosion, de transport et de sédimentation ! Puisque les zircons sont si résistants on peut penser que lorsque l'on examine des grès d'âge de 2500 à 3000 millions d'années, on va retrouver les reliques les plus primitives

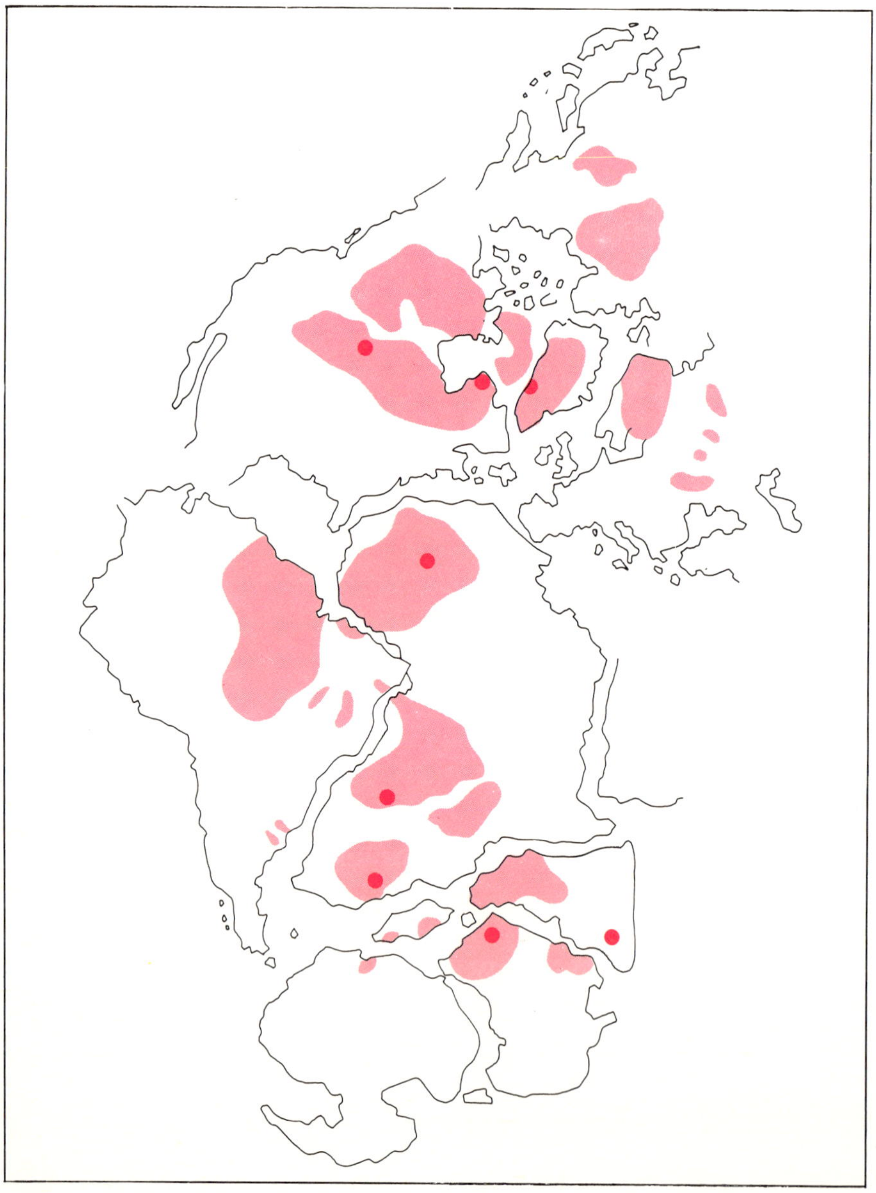

10. LES VIEUX NOYAUX DE ROCHES d'âge supérieur à 2,7 milliards d'années sont représentés en couleur sur ce globe terrestre reconstitué (la Pangée). Les disques de couleur indiquent les lieux où il existe des roches de 3,5 milliards d'années ou plus. Les fragments de la Pangée, c'est-à-dire les continents actuels n'ont commencé à s'éloigner qu'il y a 200 millions d'années.

des premiers continents. L'expérience a été faite, et jusqu'à présent, les grès anciens n'ont jamais donné d'âge plus ancien que 3600-3700 millions d'années, soit l'âge des plus anciennes roches trouvées à l'affleurement. La quête n'est certes pas terminée, mais là encore rien n'indique l'existence d'un grand continent primitif d'âge supérieur à quatre milliards d'années.

Le dernier argument est plus indirect encore. Lorsqu'on enlève une portion de continent au manteau, on enlève préférentiellement de l'uranium, du thorium, du rubidium, du potassium, etc. car ces éléments sont enrichis près de 10 000 fois plus dans la croûte continentale que dans le manteau. On laisse donc un manteau appauvri en ces éléments. Cet appauvrissement est testé par les rapports isotopiques tels $^{206}Pb/^{204}Pb$ ou $^{87}Sr/^{86}Sr$, qui sont les fossiles chimiques de la variation des rapports U/Pb ou Rb/Sr. Il est donc possible de dater les époques d'appauvrissement ou plus exactement la loi d'extraction de la croûte continentale en étudiant la variation des rapports isotopiques $^{87}Sr/^{86}Sr$ ou $^{206}Pb/^{204}Pb$ du manteau au cours des temps géologiques. Cette étude nous indique que les continents ont été extraits du manteau de manière continue et que, s'il existait des continents primitifs, ces derniers devaient être très petits.

Nous arrivons donc par des moyens divers à l'opinion convergente selon laquelle il n'existait pas de grands continents pendant l'histoire primitive de la Terre.

L'histoire primitive de la Terre était caractérisée par un abondant volcanisme basique et par l'absence de continents. Si ces derniers tendaient à se former, ils étaient détruits immédiatement et ré-engloutis dans le manteau. On peut penser que cette destruction était le résultat du jeu combiné des bombardements et de la convection mantélique très rapide qui régnait alors. Sans continent il n'y avait donc ni chaîne de montagnes, ni zone de bassins épicontinentaux, ni permanence à la surface du Globe. Tout venait du manteau et y retournait très vite !

Différenciation et dégazage du noyau terrestre

Comme nous l'avons déjà évoqué, les météorites différenciées se composent de météorites de fer et de météorites de type achondrite, c'est-à-dire de type roches ignées. Les météorites primitives sont les chondrites et se composent de deux parties : une trame silicatée et des parties métalliques composées d'alliage fer-nickel.

La Terre est constituée d'enveloppes. Autour d'un noyau fer-nickel se moule une enveloppe silicatée dont la minéralogie est proche des constituants des chondrites. Les roches que l'on peut ramasser en surface sont pour une grande proportion des roches ignées différenciées. De là vient l'idée qu'à partir d'une matière primitive constituée par les chondrites se différencie un noyau riche en fer-nickel laissant un manteau silicaté résiduel. Ce modèle peut être testé grâce à l'étude des éléments tels le nickel et le cobalt qui ont plus d'affinités chimiques pour le fer métal que les silicates et que l'on appelle les éléments sidérophiles. On constate que ces éléments sont appauvris dans le manteau terrestre.

Le noyau s'est bien formé aux dépens du manteau, mais ce noyau n'est pas constitué de fer-nickel pur. Les mesures fondées sur la propagation des ondes sismiques nous indiquent que ses diverses propriétés physiques ne correspondent pas exactement à celles de l'alliage Fe-Ni aux pressions et températures correspondantes et qu'il faut admettre la présence d'un élément léger dans l'alliage. Silicium, oxygène et soufre sont trois candidats évidents et non mutuellement exclusifs puisqu'on les observe tous les trois dans les météorites de fer. Effectivement on observe que des éléments chalcophiles, c'est-à-dire ayant une affinité élevée pour le soufre, sont appauvris dans le manteau ; il en est ainsi pour le cuivre et pour le plomb. Or, trois isotopes de cet élément sont le produit de désintégration des isotopes de l'uranium et du thorium. L'évolution des rapports isotopiques du plomb comparée à celle du strontium permet (par un raisonnement qui sort du cadre de cet exposé) de montrer que l'extraction du plomb par le noyau s'est effectuée surtout au cours des 50 premiers millions d'années de l'histoire de la Terre. La différenciation du noyau a donc eu lieu au cours de cette histoire primitive. Les conséquences énergétiques de cette différenciation ont été évoquées et comme nous l'avons dit, sont fondamentales, puisque ce processus a contribué à créer une Terre chaude au début de son histoire.

Les planètes proches du Soleil, à l'inverse des planètes géantes, ont des atmosphères gazeuses ou liquides extrêmement ténues. Ces atmosphères ont une influence capitale sur la morphologie externe des planètes. L'interaction planète solide fluides externes détermine la forme et la distribution des reliefs. Des mouvements et des variations de ces enveloppes externes dépendent le climat et ses variations.

Si l'origine primaire des atmosphères des planètes géantes ne fait pas de doute, celle de la Terre est plus controversée. S'agit-il d'une atmosphère agglomérée autour de la Terre solide à l'époque, que l'on appelle primaire, où la planète s'est formée ou au contraire l'atmosphère terrestre résulte-t-elle du dégazage progressif de l'intérieur du Globe (c'est ce que l'on appelle l'origine secondaire de l'atmosphère) ? Il suffit d'observer un volcan pour constater qu'il dégage une quantité impressionnante de gaz. L'analyse de ces gaz montre qu'ils sont constitués d'un mélange de $\mathbf{H_2O}$, $\mathbf{N_2}$, CO_2, SO_2, SH_2 et de gaz rares. On pense qu'une partie de ces gaz provient du manteau et va s'additionner à l'atmosphère et donc en augmenter continuellement le volume. De là naît l'idée que l'atmosphère est formée par le dégazage du Globe parallèlement à la différenciation. Ce point de vue est parfaitement en accord avec l'idée que le manteau constituant la Terre primitive ne contenait qu'une faible proportion d'éléments volatils. Ces derniers ne s'étaient pas accrétés avec la Terre. Seule une petite proportion d'entre eux ont été incorporés à la Terre par solubilisation partielle dans les réfractions ou par adsorption sur les grains. Ainsi a été incorporée une faible proportion de gaz à l'intérieur du Globe. Cette affirmation résulte des nombreuses analyses effectuées sur les matériaux terrestres de diverses natures et qui montrent un appauvrissement en éléments volatifs lorsqu'on les compare avec les chondrites carbonées. Il est donc admis aujourd'hui que l'atmosphère terrestre est une atmosphère secondaire.

Dans ce cadre du dégazage de l'intérieur du Globe, il est capital d'en connaître la cinétique. On peut imaginer en effet que l'atmosphère s'est essentiellement formée au début de l'histoire de la Terre. Dans cette hypothèse l'âge moyen de l'atmosphère sera de 4,55 milliards d'années. A l'inverse, on peut penser que l'atmosphère s'est accumulée tout au long des temps géologiques à une vitesse à peu près constante. Dans ce cas, l'âge moyen de l'atmosphère terrestre sera par exemple de 2,3 milliards d'années. Naturellement, on peut imaginer toutes les combinaisons entre ces extrêmes et admettre qu'une proportion résulte du dégazage initial alors que le complément s'est accumulé au cours des temps géologiques. L'âge moyen de l'atmosphère traduira donc la contribution respective de chaque phénomène.

On peut déterminer cet âge moyen de l'atmosphère en utilisant les isotopes des gaz rares qui proviennent de la désintégration radioactive d'isotopes de longue période. On peut donc dater l'atmosphère exactement comme l'on date une roche. Récemment nous avons pu dater d'une manière très précise l'atmosphère terrestre en utilisant les radioactivités éteintes de l'I^{129} et du Pu^{244} qui se désintègrent en produisant des isotopes du xénon, ce dernier élément des gaz rares s'accumulant dans l'atmosphère. L'I^{129} et le Pu^{244}, deux éléments de périodes respectivement 17 et 80 millions d'années, existaient au début de l'histoire du système solaire et en se désintégrant ont produit du Xe^{129} pour l'I^{129} et des $Xe^{132, 134, 136}$ pour le Pu^{244}, cette dernière désintégration étant une fission spontanée. Lorsqu'on mesure la composition isotopique du xénon de l'atmosphère et du manteau terrestre on constate qu'ils sont tous deux enrichis en isotope 129 et 132, 134, 136, par rapport à la composition du Soleil, le manteau étant plus enrichi que l'atmosphère. De ces données, on déduit que l'atmosphère terrestre correspond à un dégazage de 90 pour cent du manteau et que ce dégazage s'est effectué dans les cent premiers millions d'années (ou moins) de l'histoire de la Terre. Cette déduction est confirmée par l'analyse isotopique de l'argon, autre gaz rare mais plus léger, contenu dans l'atmosphère terrestre et dont l'isotope ^{40}A est le produit de désintégration de ^{40}K. Si les gaz rares ont été dégazés très tôt, il faut sans doute admettre que les autres composants de l'atmosphère ont subi le même sort et que l'atmosphère terrestre s'est formée très tôt dans l'histoire de la Terre. Quelle était alors sa composition chimique ?

Les sondes américaines et soviétiques qui ont exploré les planètes Mars et Vénus au cours des dernières années nous ont permis d'avoir une idée assez précise de la composition des atmosphères de ces deux planètes. Or si l'abondance absolue des composants gazeux est très différente, puisque l'atmosphère est ténue sur Mars ($P = 0{,}006$ atmosphère) et très dense sur Vénus ($P = 70$ atmosphères), la composition relative de ces deux atmosphères est très semblable. Le CO_2 est le gaz dominant, l'azote est très surbordonné, puis viennent ensuite les gaz rares (Ar, He, Xe, Kr, dans l'ordre). L'oxygène est peu abondant. L'eau est dans les deux cas en très faible proportion. Une telle composition semble à première vue très différente de ce que l'on observe sur Terre où, comme on le sait, N_2 est le gaz dominant suivi de l'oxygène, les gaz rares venant ensuite, le CO_2 et l'eau étant en faible quantité.

La Terre apparaît comme très anormale par rapport à ses planètes sœurs ! En était-il de même pour l'atmosphère primitive ou bien l'atmosphère actuelle est-elle due à une lente maturation au cours des temps géologiques ? Lorsqu'on analyse les gaz qui sortent du manteau terrestre actuellement, par exemple en analysant les inclusions fluides contenues dans les basaltes, on constate que leur composant dominant est le CO_2 suivi de l'azote. Le manteau terrestre est donc de composition très voisine de l'atmosphère de Vénus et Mars. Si l'on admet que les atmosphères sont créées par dégazage des manteaux planétaires, pour ce qui est de la Terre il y a contradiction. Comment une atmosphère riche en N_2 pourrait-elle résulter du dégazage d'un manteau riche en CO_2 ?

La Terre diffère aussi des autres planètes telluriques par l'existence à sa surface d'une enveloppe liquide d'eau. Cette enveloppe appelée hydrosphère comprend l'ensemble des mers et des océans, les calottes glaciaires, les rivières et eaux souterraines. Cette hydrosphère est animées de mouvements incessants et de transport de masse. La cause de ces transports est essentiellement le cycle des échanges hydrosphère-atmosphère avec ses trois termes évaporation-transport-précipitation auxquels s'ajoutent les interactions mécaniques océan-atmosphère. L'eau est un agent chimique redoutable et de ce fait l'hydrosphère joue un rôle de premier plan dans l'évolution de la surface terrestre. L'érosion chimique est la cause essentielle de l'érosion des reliefs, phénomène qui aurait tendance à transformer la surface terrestre en une boule lisse et à « transporter » les matériaux des reliefs dans les dépressions. Ce phénomène est compensé par les processus internes qui sont les régulateurs en créant les reliefs. D'un point de vue physico-chimique, l'interaction entre l'hydrosphère et la surface

11. LE VOLCANISME ÉTAIT INTENSE au début de l'histoire du globe : la surface de la Terre était probablement recouverte en maints endroits de coulées de lave semblables à celle de cette photographie (coulée de lave de Surtacy en Islande du 20 avril 1964).

solide est essentiellement dominée par les propriétés de solubilisation des éléments majeurs de l'écorce terrestre et de leurs composés chimiques. Parmi les composés qui précipitent facilement dans les conditions de la surface, le carbonate de calcium (CO_3Ca) est certainement le plus courant. En pratique, de nos jours, cette précipitation se fait surtout par l'intermédiaire des êtres vivants fabricants de coquilles, mais en théorie la précipitation chimique directe est possible. Ce phénomène conduit à la formation d'une roche extrêmement abondante à la surface terrestre : le calcaire (et sa cousine la dolomie $(CO_3)_2$ (CaMg)). Les calcaires constituent actuellement une masse estimée à 3,5. 10^{23} grammes soit plus du dixième de toutes les formations sédimentaires connues à la surface du Globe. Certains sont au fond des océans, d'autres à la surface, d'autres enfouis en profondeur dans les bassins sédimentaires. Il est bien connu que les calcaires stockent une quantité importante de CO_2 : lorsque l'on décompose un calcaire en le chauffant, on produit de la chaux CaO et du CO_2. On peut alors calculer la quantité totale de CO_2 stockée dans les concrétions calcaires et les ajouter à l'atmosphère terrestre. On constate alors que le CO_2 ainsi libéré devient le constituant principal de notre atmosphère. La paradoxe souligné plus haut est alors résolu. La composition de l'atmosphère terrestre « totale », c'est-à-dire y compris le CO_2 stocké dans les calcaires, est bien identique à celle de Vénus ou de Mars. Mais si l'on forme une telle atmosphère en quelques millions d'années comme nous l'avons dit, alors il faut admettre que la pression à la surface de la Terre était de 20 atmosphère au moins ! Dans ces conditions, une atmosphère riche en CO_2 absorbe très efficacement le rayonnement solaire qui se trouve piégé entre le sol et l'atmosphère riche en CO_2. On sait que cet effet de serre est responsable de la température élevée à la surface de Vénus (450 degrés). Or si une telle température avait été atteinte sur la Terre, aucun océan liquide n'aurait pu s'y maintenir, aucun calcaire n'aurait pu se former et donc la vie n'aurait pu y apparaître pas plus que son changement de composition chimique.

Il faut donc admettre qu'un mécanisme régulateur a joué un rôle dès le début pour empêcher l'accumulation de cette atmosphère considérable. Ce phénomène est sans doute la précipitation des calcaires dans une hydrosphère en cours de formation. Dégazée du manteau en même temps que les autres gaz, l'eau arrive à la surface de cette atmosphère CO_2-H_20 sans doute acide, car contenant une proportion importante d'acide sulfurique ($SO_3 + H_2O \rightarrow H_2SO_4$) et peut-être d'acide chlorhydrique dégagé par les volcans ; cette eau attaque les roches basiques et ultrabasiques et solubilise le calcium. En d'autres endroits plus basiques, le calcium précipite sous forme de carbonate de calcium et le pompage du gaz carbonique débute. La température est sans nul doute élevée, un ordre de grandeur de 70 degrés est raisonnable et cette valeur active les mécanismes considérés, aussi bien l'altération des basaltes et des péridotites que la précipitation des calcaires. La chimie de ce proto-océan ressemble beaucoup plus à des conditions qui règnent aujourd'hui près des sources chaudes qu'à celles régnant dans l'océan actuel. Petit à petit l'océan fixe ainsi le gaz carbonique et empêche la pression atmosphérique d'atteindre des valeurs trop élevées. Le phénomènes se poursuit pendant dix millions d'années. À cela s'ajoute le fait qu'une partie des calcaires ainsi formés sont entraînés avec les mouvements de convection et réinjectés dans le manteau où ils vont reconstituer le stock de CO_2 qui s'est échappé dans l'atmosphère. À l'inverse l'eau continue de s'accumuler à la surface pour graduellement constituer l'hydrosphère telle que nous la connaissons aujourd'hui. Ainsi après dix millions d'années la Terre était-elle recouverte d'un océan. Et effectivement dès les premières formations géologiques connues à 3,7 milliards d'années, on trouve des témoins calcaires abondants.

Examinons plus après quelle pouvait être la composition de cette atmosphère : elle était sûrement de nature réductrice et ceci nous est attesté par des observations géologiques diverses. La première provient des gisements d'uranium détritiques du Witwatersand, en Afrique du Sud ; âgés de 3,4 milliards d'années ils contiennent des minerais d'uranium uranimite dont la forme atteste qu'ils ont été transportés de manière mécanique. L'uranimite est en effet instable et soluble dans les conditions oxydantes. On trouve de même de la pyrite détritique, elle aussi instable en conditions oxydantes. De tels dépôts détritiques n'existent pas ultérieurement dans l'histoire géologique et sont donc spécifiques des temps anciens. La seconde raison est qu'à la surface terrestre le fer n'est soluble qu'à l'état de valence 2. A l'état Fe^{3+} il précipite immédiatement sous forme d'hydroxyde ferrique. Or dans l'Archéen, c'est-à-dire avant deux milliards d'années, on trouve des minerais de fer associés à des précipitations siliceuses dont l'origine par précipitation chimique n'est pas douteuse. Le transport n'a pu que se produire à l'état Fe^{2+}. Ceci impliquait donc une atmosphère rédutrice déterminant à son tour le même caractère pour les eaux douces, agent de transport. L'arrivée dans le milieu marin basique a causé la précipitation de l'hydroxyde ferreux en même temps que celle de la silice ; d'où l'association observée aujourd'hui.

À ces deux déductions logiques, il faut ajouter celles tirées de l'analyse des gaz qui s'échappent aujourd'hui du manteau et qui nous montrent la présence de méthane (CH_4) et d'un peu d'ammoniaque (NH_3). Mettant ces deux observations en rapport, on peut logiquement en déduire que l'atmosphère primitive était réductrice. L'oxygène serait apparu d'abord par des réactions photochimiques. Dès l'apparaition de la photosynthèse et des premiers êtres vivants, le taux de production de ce composé se serait accéléré.

Quel que soit le mécanisme exact de cette création, mécanisme intimement lié aux théories de l'apparition de la vie, nous voulons insister sur le fait que les observations et les mesures effectuées sur les formations géologiques (par exemple sur les gisements de fer ou sur les silifications précambriennes) permettront, dans le futur, de suivre l'évolution de la composition de cette atmosphère primitive et donc de préciser dans le temps les conditions d'apparition de la vie. En résumé, pendant les premiers millions d'années la Terre avait une atmosphère dont la pression n'était, tout au plus, que de une ou deux atmosphères, dont le caractère réducteur était prononcé, et dont la richesse en CO_2

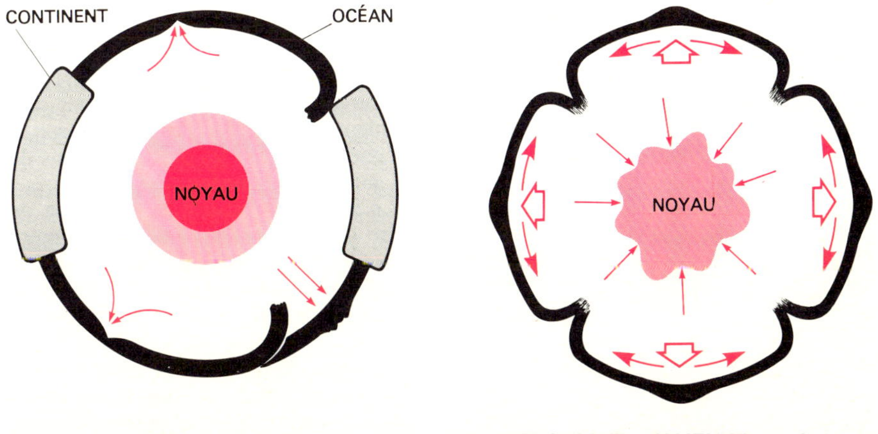

12. TECTONIQUE ACTUELLE ***(à gauche)*** **ET TECTONIQUE ANCIENNE** ***(à droite)*** **: dans les premiers âges du globe terrestre, les cellules de convection étaient plus petites, le transfert thermique plus rapide et les portions de croûte formées disparaissaient rapidement dans le manteau.**

La surface de Mars

Les photographies orbitales et celles prises au sol par la sonde Viking, *permettent de mieux comprendre comment la surface de Mars a été modelée par les volcans, les impacts de météorites, l'eau et le vent.*

par Raymond E. Arvidson, Alan B. Binder et Kenneth L. Jones

Voilà déjà presque une année martienne que les deux modules *Viking* se sont posés sur la surface de Mars; les deux satellites de *Viking* sont en orbite autour de Mars et photographient la planète depuis un peu plus longtemps. Depuis que les deux modules se sont posés sur Mars, durant l'été 1976, ils ont accumulé des données sur l'atmosphère de la planète, son relief et la structure de son sol. Pendant ce temps, les satellites analysaient la teneur en vapeur d'eau de l'atmosphère, enregistraient les températures au sol et photographiaient la surface avec une clarté et une finesse sans précédent.

L'ensemble des photographies et des analyses effectuées par les quatre engins spatiaux révèlent que l'histoire de la planète Mars n'est pas aussi simple qu'on le croyait. Ces photographies nous enseignent que même les plus anciens cratères ont été modifiés par l'activité volcanique; elles nous prouvent que, dans un lointain passé, l'eau a joué un rôle important dans la topographie martienne et que, depuis lors, des vents d'une extrême violence ont modifié la physionomie superficielle de la planète. Curieusement, l'érosion engendrée par ces vents n'a pas été très importante. En apparence, la surface de Mars ressemble davantage à certains déserts volcaniques terrestres qu'à la surface entièrement criblée de cratères de la Lune; toutefois, sur les clichés, Mars qui apparaissait comme un monde principalement recouvert de petites dunes, semble quasiment dépourvu de sable. La mission *Viking* a aussi fourni des témoignages qui ont à la fois renforcé et modifié les hypothèses émises après les expéditions de *Mariner 9*, en 1971 et 1972, sur l'atmosphère et le climat de la planète Mars et sur son origine.

Mars avant Viking.

Mariner 9 avait photographié la quasi-totalité de la surface de Mars avec une résolution de quelques kilomètres; seule une toute petite partie de la planète avait été photographiée avec une résolution de quelques centaines de mètres. En examinant la totalité de la surface de Mars balayée par *Mariner 9*, on concluait alors que la planète était divisée en deux hémisphères nettement différenciés : un hémisphère sud fortement accidenté, criblé de cratères et sillonné de longues dépressions semblables à d'énormes canaux et un hémisphère nord présentant quelques cratères épars de volcans éteints. On pouvait, de façon approximative, séparer ces deux hémisphères par un grand cercle formant avec l'équateur un angle d'une trentaine de degrés.

Les cratères de l'hémisphère sud ont des tailles variées, le plus grand étant le bassin d'Hellas, d'environ 1 600 kilomètres de diamètre. La densité de cratères dans certaines régions est comparable à celle des hautes terres fortement éclairées de la Lune. Lors des différentes missions *Apollo*, on a daté quelques échantillons de sol et de roches, prélevés sur ces hauts plateaux lunaires. Leurs âges indiquent que la plupart des cratères ont été formés il y a 4 à 4,5 milliards d'années environ. A cette époque, la Lune était soumise à un intense bombardement de débris interplanétaires résultant de la formation du système solaire. Étant donné que la densité des cratères de Mars est comparable à celle de la Lune, on peut supposer que ces cratères ont approximativement le même âge. En d'autres termes, près de la moitié de la surface de Mars serait constituée de terrains très anciens dont la plupart n'auraient pas été modifiés depuis quelque 4 milliards d'années.

Mariner 9 révéla en outre que les régions martiennes de l'hémisphère nord, où les cratères sont nettement moins nombreux, sont des plaines que la lave avait partiellement recouvertes à plusieurs reprises après l'arrêt du bombardement de météorites. Les quelques cratères situés dans ces plaines indiquent les impacts d'astéroïdes égarés ou de comètes. Bien qu'il n'existe encore aucun moyen d'établir avec certitude l'âge de ces plaines, comme la densité des cratères varie considérablement d'une région à l'autre, on peut évaluer cet âge entre quelques centaines de millions d'années et quelques milliards d'années.

Les canaux de Mars, dont *Mariner 9* a rapporté des photographies très détaillées, semblent prouver que le climat actuel de la planète est totalement différent de celui qui y régnait dans le passé. Si toute l'eau contenue aujourd'hui dans l'atmosphère de Mars pouvait être condensée en un seul point, on obtiendrait un volume d'eau qui n'excéderait pas celui des lacs du Bois de Boulogne. En fait, la quantité d'eau contenue actuellement dans l'atmosphère est trop faible pour qu'il puisse pleuvoir sur Mars.

A l'époque où les modules *Viking* se posèrent sur Mars, la plupart des spécialistes étaient convaincus que les plus grands canaux (pouvant atteindre quelques dizaines de kilomètres de large) avaient été creusés par l'eau provenant de la fonte des glaces se trouvant sous la surface. On a même pensé que la glace était un reliquat de l'atmosphère beaucoup plus dense, dont Mars devait être entourée il y a quelques milliards d'années. Selon les calculs effectués par Fraser P. Fanale au Jet Propulsion Laboratory de l'Institut de Technologie de Californie, l'atmosphère de Mars a pu contenir, à l'origine, de l'ammoniac et du méthane en plus du gaz carbonique et de la vapeur d'eau. Mais d'après James B. Pollack, du Ames Research Center de la N.A.S.A., une telle atmosphère aurait eu tendance à absorber les rayonnements infrarouges par « effet de serre ». Cette atmosphère aurait donc été suffisamment chaude pour conserver une quantité importante de vapeur d'eau. Puis plusieurs réactions chimiques auraient chassé l'ammoniac et le méthane de l'atmosphère. Celle-ci serait donc devenue plus perméable aux rayonnements infrarouges. En conséquence, l'atmosphère se serait refroidie et la vapeur d'eau qu'elle contenait se serait condensée, donnant lieu à des précipitations; l'eau se serait alors concentrée dans les régions polaires ainsi que dans les fissures de la croûte et dans le régalithe (couche meuble recouvrant la croûte).

Grâce à *Mariner 9*, on a également pu établir que les deux pôles de Mars étaient recouverts de glace et de poussières accumulées par les vents sur une épaisseur de plusieurs kilomètres. Dans les gisements les plus anciens, la glace et les poussières sont mélangées alors que, dans les plus récents, elles forment des couches distinctes de plusieurs dizaines de mètres d'épaisseur.

La grande quantité de poussières renfermée dans ces gisements prouve incontestablement qu'à une certaine époque, l'atmosphère de Mars était plus dense qu'elle ne l'est aujourd'hui car de telles quantités de matière ne pourraient être transportées aux pôles par l'atmosphère peu dense d'aujourd'hui. En fait, le phénomène le plus récent est l'érosion partielle des gisements par le vent, qui balaye les débris loin des pôles pour recouvrir d'un manteau une grande partie de la surface aux latitudes élevées. La stratification des gisements donne à penser que, si dans le passé, le climat de Mars était différent, il était aussi sujet à des modifications périodiques.

A partir des photographies prises par *Mariner 9*, toute une série d'hypothèses tentèrent d'expliquer l'origine des dépôts polaires. Certains chercheurs pensent que ces dépôts de glace et de poussières se seraient surtout accumulés à une époque lointaine, quand l'atmosphère martienne était plus dense. D'autres estiment que les dépôts polaires se sont formés tout au long de l'histoire de Mars et que cette formation était fonction de la quantité de rayonnement solaire reçue par la planète, principalement aux pôles. Des calculs effectués par Carl Sagan et ses collègues de l'Université Cornell, ainsi que par William K. Hartmann, du « Planetary Science Institute de Flagstuff » (Arizona), montrèrent que la quantité de chaleur reçue par la planète aurait pu varier suffisamment, en fonction des fluctuations de l'intensité lumineuse solaire, pour satisfaire l'hypothèse précédente. On pense que de telles variations ne peuvent se produire que sur des périodes allant de un à cent millions d'années.

William R. Ward, du Jet Propulsion Laboratory, démontra en outre que l'inclinaison de l'axe de rotation de Mars variait considérablement au cours du temps, en raison de l'attraction que le Soleil exerce sur le renflement équatorial de la planète. Actuellement, l'axe de rotation de Mars fait un angle d'environ 25° avec la verticale au plan de révolution de la planète Mars par rapport au Soleil. Cependant, au cours d'une période variant de 100 000 ans à un million d'années, l'inclinaison de l'axe varie entre 15° au minimum et 35° au maximum. Pour compliquer le tout, les calculs récents de W. Ward, Joseph A. Burns, de Cornell et O. Brian Toon, du Ames Research Center, montrent que l'inclinaison de l'axe a peut-être atteint 45° à une période fort lointaine, avant la formation de l'immense bombement volcanique de Tharsis.

Un radiomètre, installé à bord du premier engin spatial *Mariner 7*, montra que les calottes de glace saisonnières de Mars étaient faites de gaz carbonique gelé. Il semblerait probable que la calotte glaciaire résiduelle, subsistant en été soit, elle aussi, composée de gaz carbonique solidifié. Si la calotte glaciaire permanente est véritablement composée de gaz carbonique solide, une augmentation relativement faible de la température atmosphérique suffirait à élever la pression atmosphérique martienne de sa valeur actuelle (de 2 à 10 millibars environ) à une valeur située entre 30 millibars et un bar; cette dernière valeur correspond sur Terre à la pression atmosphérique au niveau de la mer. L'estimation de 30 millibars, calculée par Bruce C. Murray et ses collègues de l'Institut de Technologie de Californie, était fondée sur la quantité de rayonnement solaire reçue par les calottes glaciaires lorsque l'axe de rotation de Mars atteignait son inclinaison maximale de 35°. On supposait aussi que l'atmosphère apportait une certaine quantité de chaleur jusqu'aux pôles. L'estimation d'un bar, calculée par Sagan et ses collaborateurs, était une limite supérieure résultant d'un « effet de serre » divergent : une augmentation initiale de température conduirait à une élévation de la pression atmosphérique, ce qui rendrait possible le transport d'une quantité de chaleur plus importante vers les pôles qui, à leur tour, évaporeraient beaucoup plus de gaz carbonique solide, etc.

Au cours de périodes plus chaudes, ou

1. UNE COULÉE DE DÉBRIS entourant le cratère Arandas, de 25 kilomètres de diamètre, a été photographiée le 22 juillet 1976 par le satellite *Viking 1*. Bien que la couronne du cratère soit bien délimitée, les matériaux semblent avoir débordé du cratère au lieu d'avoir été éjectés lors de l'impact du météorite à la surface. En haut à gauche, la coulée semble avoir été déviée et incurvée autour d'un petit cratère. Les fissures radiales que l'on aperçoit à la surface de la coulée peuvent y avoir été creusées pendant les dernières phases du processus d'impact. Cette coulée a probablement été créée lorsque la chaleur engendrée par l'impact du météorite fit fondre la glace sous la surface; l'eau et la vapeur d'eau auraient alors charrié des matériaux loin du cratère, en une coulée homogène.

quand les pôles de Mars étaient plus directement orientés vers le Soleil qu'ils ne le sont à présent, la densité de l'atmosphère martienne aurait été plus élevée; beaucoup plus de poussières auraient alors été arrachées au voisinage de l'Équateur et transportées vers les pôles. L'atmosphère se serait ensuite refroidie au-dessus des pôles puis condensée pour former la calotte glaciaire, en entraînant les poussières en suspension. Cependant, durant des périodes plus froides, la quantité de l'atmosphère condensée aux pôles aurait été telle que, dans les régions équatoriales, les résidus gazeux, devenus trop peu importants, auraient transporté beaucoup moins de poussière vers les pôles.

Les observations des satellites Viking.

Les satellites *Viking*, qui commencèrent à étudier Mars dès le début de l'été 1976, ont obtenu des photographies beaucoup plus nettes que *Mariner 9*. Cette différence de qualité est due, en grande partie, au fait que *Mariner 9* est arrivé aux abords de Mars au moment où la planète était encore enveloppée dans une tempête de poussière. Une fois la tempête calmée, il restait néanmoins suffisamment de poussières en suspension dans l'atmosphère pour voiler la surface de Mars pendant plusieurs mois terrestres. Les satellites *Viking* réalisèrent les premiers clichés de la planète au moment où l'atmosphère martienne s'était relativement éclaircie. De plus, bien que les satellites *Viking* aient été dotés d'appareils photographiques munis de systèmes Vidicon, analogues à ceux de *Mariner 9*, leur résolution était nettement meilleure.

Les photographies prises par les satellites *Viking* montrent que la majeure partie de la surface de Mars présente des détails topographiques très marqués :

2. LE GIVRE DE MARS fut photographié par le module de *Viking 2* aux environs de midi (heure locale) le 13 septembre, période correspondant à la fin de l'hiver sur l'hémisphère nord de Mars. Le module se trouve à Utopia Planitia, à 48° de latitude. La vue, prise de la plate-forme de l'engin, est orientée vers le sud-ouest. Les taches blanches que l'on distingue à la base des rochers sont de la glace. Il s'agit probablement du résidu d'une mince couche de glace, peut-être mélangée à un composé dans lequel la glace carbonique est emprisonnée dans de l'eau solidifiée. Le givre s'est lentement accumulé au début de l'hiver tandis que l'eau passait de l'hémisphère sud à l'hémisphère nord. Une analyse de la couleur du sol montre que ce givre recouvrait déjà la surface au moins cent jours avant cette photographie.

coulées de laves et cônes de cratères forment des reliefs tranchés. Des coulées de laves sont visibles même dans les zones de cratères les plus anciennes. A partir de ces dernières caractéristiques, Michael H. Carr, de l'U.S. Geological Survey et ses collègues, ont déduit que la plupart des anciennes régions, parsemées de cratères (même dans l'hémisphère sud), avaient été recouvertes par la lave, tout au début de l'histoire de Mars. Un tel nivellement volcanique expliquerait pourquoi même la région de Mars où les cratères sont les plus nombreux apparaît relativement lisse, comparée aux hautes terres montagneuses de la Lune.

La netteté du relief des anciennes régions martiennes indique aussi qu'au cours de l'histoire de la planète, les effondrements de roches ont été rares

3. « BIG JOE » est le nom donné au grand rocher sombre que l'on aperçoit au centre droit de cette photographie prise par le module de *Viking 1* à midi (heure locale), le 23 août 1976. Ce bloc de près de deux mètres de diamètre est situé à environ 10 mètres du module; c'est un des nombreux blocs que l'on aperçoit reposant sur des dunes à surface finement granulée. Il est probable que Big Joe était initialement recouvert de matériaux de charriage, dont une partie semble encore adhérer au sommet, formant une couche ocre. La photographie a été prise pendant l'été de l'hémisphère nord, une saison connue pour la rareté de ses tempêtes de poussières; la couleur ocre du ciel est pourtant due aux particules de poussières en suspension. Au centre de la photographie, on aperçoit le bombement d'un cratère d'impact qui se dessine sur l'horizon, à quelque 300 mètres du module. Les nombres qui encadrent la photographie servent à l'interprétation. Les nombres qui se trouvent dans la colonne verticale, à l'extrême gauche, indiquent, en degrés, l'angle (positif ou négatif) de visée par rapport au plan horizontal; les nombres situés sur la ligne horizontale supérieure et séparés par une barre oblique, indiquent, en degrés, l'azimut, d'une part relativement au système de coordonnées de l'appareil photographique, d'autre part relativement à celui du module. L'azimut du nord franc est à 130°. Les autres nombres de la photographie font référence aux lignes de balayage qui ont construit l'image.

et donc l'éparpillement des débris peu important. La seule preuve existante d'une érosion éolienne à grande échelle provient de certaines régions formées de couches sédimentaires très anciennes, comme à proximité des pôles. Il est vraisemblable que les dépôts polaires ne sont que partiellement consolidés et qu'ils sont donc aisément érodés par le vent.

Les satellites *Viking* ont également montré que les plaines du nord, situées à des latitudes élevées, ne sont pas que de simples couches de débris. Ce sont des formations complexes, constituées par des coulées de lave et des couches de poussières accumulées puis partiellement balayées par les vents. Les appareils photographiques des satellites nous permirent de découvrir, plus près du pôle nord, d'immenses champs de dunes ceinturant la calotte glaciaire résiduelle; les dunes semblent être constituées de particules de la taille de grains de sable (entre 0,1 et plusieurs millimètres de diamètre). Ces particules sont trop grosses et trop lourdes pour rester en suspension et être transportées par l'atmosphère raréfiée, mais elles sont suffisamment petites et suffisamment légères pour que le vent puisse les faire rouler et les soulever sur de courtes distances. En revanche, les particules de poussière, dont le diamètre est inférieur à 0,1 millimètre, peuvent être transportées dans l'atmosphère, compte tenu de leur poids et de leur volume.

La masse des débris des plaines septentrionales et des dunes proches des pôles semble formée de matériaux arrachés par l'érosion aux dépôts polaires eux-mêmes. Au cours de l'érosion, les poussières formant ces dépôts ont été emportées par le vent et le sable s'est accumulé pour former des dunes près des pôles. On explique cependant mal pourquoi les dépôts polaires faits de poussière semblent produire à la fois des poussières et du sable. Il se peut

4. CHRYSE PLANITIA, le site du module de *Viking 1*, est une plaine ondulée, jonchée de blocs rocheux. On aperçoit, au centre et à droite, plusieurs affleurements de roches enfouies dans le sol. Juste au-dessous, on peut voir de petits dépôts rectilignes ou des traînées sédimentaires qui s'étendent à partir des rochers. Les traînées sont orientées nord-sud. Tout en haut et à gauche, on voit un immense champ de roches erratiques où les sédiments se sont accumulés à l'époque où les vents étaient également dirigés nord-sud. La vue panoramique donne l'impression que la direction des traînées se modifie selon l'azimut. Le centre de la photographie est orienté vers le sud-est. La totalité de la photographie couvre un angle de 160° en azimut. Une explication sur la technique photographique de *Viking* paraît s'imposer : un miroir installé dans l'objectif balaye le paysage au fur et à mesure de la prise de vue. Une photographie est donc formée

que les particules de la taille de grains de sable soient en fait des agrégats de poussières soudées par des oxydes, des sels ou peut-être même de la glace.

Les données fournies par les radiomètres des satellites *Viking* et interprétées par Hugh H. Kieffer et par ses collègues, de l'Université de Californie de Los Angeles, montrent que, pendant l'été, la température qui règne sur la calotte polaire résiduelle du Nord est d'à peu près 205 °K (soit —68 °C), ce qui est surprenant : en effet, la pression atmosphérique à la surface de Mars n'étant que d'environ 6 millibars, la calotte permanente de gaz carbonique solide ne peut se maintenir que si la température est inférieure à 148 °K. Même si la glace formant cette calotte était constituée d'un composé élastique dans lequel la glace carbonique était emprisonnée dans de l'eau à l'état solide, elle ne pourrait exister quand la température dépasse 155 °K. Le seul « condensé » qui puisse rester stable à 205 ° K est l'eau glacée.

Crofton B. Farmer et ses collaborateurs du Jet Propulsion Laboratory ont analysé les données spectrométriques enregistrées par les satellites *Viking :* les résultats étayent fortement l'hypothèse selon laquelle la calotte polaire résiduelle serait entièrement constituée de glace (eau solidifiée). En effet, ces chercheurs ont découvert que pendant l'été, dans les régions septentrionales de Mars, la quantité de vapeur d'eau dans l'atmosphère est telle que la température doit être supérieure à 200 °K.

Les résultats des observations de la calotte résiduelle du pôle Sud, faites pendant l'été, sont très difficiles à interpréter en raison de la présence d'un immense nuage de poussière, qui a sans doute sensiblement modifié les températures atmosphériques. Malgré l'ambiguïté des mesures de température, la calotte glaciaire résiduelle du sud est

de dizaines de clichés juxtaposés formant une « mosaïque ». La topographie des lieux est telle que la ligne d'horizon n'est distante que de quelques dizaines de mètres sur la gauche, tandis qu'elle se trouve à plusieurs kilomètres à droite. Dans la partie inférieure de l'image, le sol n'est pas à plus de deux mètres de l'appareil photographique. On peut avoir une idée de l'échelle, grâce à la taille de l'instrument utilisé pour prélever des échantillons, l'objet cylindrique brillant que l'on aperçoit sur le sol dans la partie inférieure centrale de la photographie; il mesure 10 centimètres de long. En bas et à droite, on voit l'un des pieds à amortisseurs du module et, sur la gauche, d'autres parties de l'engin. Sous le vaisseau, les matériaux meubles ont été soufflés par les rétrofusées, dénudant une croûte dure et fissurée; quelques morceaux de cette croûte sont visibles à gauche de l'instrument qui a servi au prélèvement des divers échantillons.

probablement constituée elle aussi d'eau gelée. Il y a peu de chances que cette calotte soit faite de gaz carbonique à l'état solide.

La présence préalable d'eau à l'état solide aux deux pôles vient renforcer l'hypothèse selon laquelle l'eau a joué un très grand rôle dans l'histoire de la planète Mars. En outre, les photographies prises par les satellites *Viking* révèlent que les canaux de Mars sont beaucoup plus nombreux que ce que les photographies de *Mariner 9* laissaient supposer. Ils forment des ramifications très petites et constituent un système d'écoulement des eaux bien plus organisé que ce que l'on avait pu apercevoir auparavant. L'écoulement des eaux de pluie provenant de l'ancienne atmosphère (plus dense) a pu sculpter quelques-uns de ces enchevêtrements de canaux. Les autres canaux auraient pu se former par la fonte des glaces souterraines lors d'une élévation de température due à l'activité volcanique. Cette fonte des glaces aurait provoqué des affaissements de terrain, permettant ensuite à l'eau de s'écouler librement. Dans ce cas, la formation de canaux serait intimement liée à l'histoire thermique de la planète.

L'examen des clichés a également permis de confirmer la mystérieuse présence d'eau gelée dans la croûte planétaire et le régolithe de Mars : on aperçoit d'étranges plates-formes, des remparts et des bosses caractéristiques des matériaux éjectés par beaucoup de grands cratères. On pense que sur la Lune, les éjectats des cratères d'impact sont des blocs rocheux qui ont été soulevés à la suite du choc et sont retombés sur le sol, creusant ainsi des myriades de cratères d'impact secondaires. Sur Mars, les couches d'éjectats entourent les cratères d'impact presque comme s'il s'agissait de coulées solidifiées. L'explication la plus probable est que la chaleur dégagée par le choc a provoqué la fonte et la vaporisation de la glace emprisonnée dans la croûte; l'eau et la vapeur auraient alors transporté les éjectats loin du cratère, en un flot rampant de débris. Sur quelques photographies, on peut même apercevoir les endroits où la coulée a contourné les obstacles qui se trouvaient sur son chemin.

On est maintenant convaincu du rôle important joué par l'eau dans l'histoire

5. UTOPIA PLANITIA, le site du module de *Viking 2*, ressemble superficiellement à Chryse Planitia par l'aspect de son sol jonché de blocs rocheux. Cependant, le terrain est remarquablement plat et l'horizon est distant de plusieurs kilomètres. L'échelle est donnée par le gros rocher du centre, situé à 2,75 mètres du module et mesurant 35 centimètres de large. Une nette dépression, en forme de cuvette,

de Mars. Cependant, le fait que la glace prédomine sur le gaz carbonique solide limite considérablement les fluctuations climatiques passées. Une calotte glaciaire soumise à davantage de rayonnement solaire commencerait à se sublimer, la glace se transformant directement en vapeur d'eau. L'eau à l'état liquide ne pourrait exister sur Mars que si la température de son atmosphère augmentait au moins de 70 °K. Il est peu probable qu'une augmentation de température aussi brutale se soit produite, même en supposant que la luminosité solaire ait atteint sa valeur maximale ou que l'inclinaison de l'axe de la planète ait atteint l'angle maximal. Si la plupart des anciennes régions de Mars sont si bien conservées c'est que les conditions atmosphériques n'ont guère varié au cours de l'histoire de la planète. Il paraît vraisemblable que la plus grande partie des dépôts polaires se sont formés très tôt et que, depuis, ils ont été soumis à l'érosion éolienne. Cependant, le moment et le pourquoi de leur formation, de même que l'histoire d'une atmosphère ancienne plus dense, soumise à l'effet de serre, demeurent encore un mystère.

Le module de *Viking 1* se posa sur les pentes situées à l'ouest d'une région dénommée Chryse Planitia (22,5 ° de latitude nord, 47,8 ° de longitude ouest). Vu d'en haut, le site d'atterrissage ressemble beaucoup à la surface d'une mer lunaire. Il s'agit d'une plaine volcanique peu accidentée, où les cratères sont peu abondants; elle est traversée par une série de chaînes plissées. Les rebords du cratère semblent assez anciens et les chaînes plissées paraissent bien préservées. Ici, l'érosion a dû être faible ou limitée à quelques mètres tout au plus, car la structure des couches d'éjectats et des dunes ne semble pas avoir été sensiblement modifiée.

Le site d'atterrissage se trouve à quelque 130 kilomètres à l'est de Lunae Planum, l'une des plaines de Mars où la densité de cratères est la plus importante. Lunae Planum se trouve à un niveau plus élevé (1 kilomètre environ) que Chryse Planitia et la frontière séparant les deux régions est constituée par un escarpement irrégulier. Un certain nombre des grands canaux qui sillonnent Lunae Planum, traversent l'escarpement et s'étendent vers l'est à travers Chryse Planitia, en direction

d'environ un mètre de diamètre et 10 centimètres de profondeur, se découpe horizontalement vers le centre de l'image. Des dépôts rectilignes ou des veines s'étirent sous le vent des rochers, à l'extrême gauche, approximativement dans la même direction qu'à Chryse Planitia. Le plateau lumineux qui s'étend à l'horizon, vers la droite, se trouve à peu près dans la même direction que le grand cratère de Mie.

du site d'atterrissage. Très probablement, ces canaux ont été creusés par de l'eau courante provenant de la glace emprisonnée dans le sol de Lunae Planum. La chaleur engendrée par les activités volcaniques et géothermiques a fait fondre une partie de la glace enfouie dans le sol; de l'eau est donc remontée vers la surface, formant un ou plusieurs flots torrentiels qui se frayèrent un chemin au travers des gisements de Lunae Planum et se déversèrent dans Chryse Planitia. Le flot arrivant de Lunae Planum ouvrit des brèches dans plusieurs dunes et plusieurs cratères, à l'est du site d'atterrissage.

La surface de Chryse Planitia.

En confrontant les photographies prises d'une part par le module de *Viking 1* et, d'autre part, par les satellites *Viking*, on a pu déduire que le module s'est posé sur le flanc d'une crête découpée. Vu du module, le site ressemble étrangement à certains déserts terrestres de pierres, notamment à ceux qui sont parsemés de roches volcaniques. C'est un paysage peu accidenté, de couleur ocre, jonché de blocs rocheux et parsemé de petites dunes de matière finement granulée. A moins de 30 mètres du vaisseau, on aperçoit plusieurs affleurements rocheux. On ne voit sur les photographies prises à partir du module aucune preuve matérielle de l'inondation provenant de Lunae Planum : aucune trace d'érosion, aucun canal, ni aucun dépôt sédimentaire. Apparemment, soit l'inondation n'a jamais atteint le site d'atterrissage, soit toutes les traces de son passage ont été effacées par le temps. Il se pourrait aussi que la surface ait subi tellement de modifications depuis l'inondation, qu'on ne puisse plus discerner aucun témoignage de la présence d'eau courante.

Cette ressemblance du site d'atterrissage avec les déserts terrestres de pierres avait de quoi déconcerter les nombreux chercheurs à qui les photographies orbitales avaient révélé l'apparence plutôt lunaire de Chryse Planitia. Vue du ciel, cette région est caractérisée par ses cratères. Au sol, on ne peut distinguer à proximité immédiate du module que quelques cratères. En se fondant sur le nombre des grands cratères visibles des satellites, Edward A. Guinness Jr., de l'Université de Washington, avait calculé que si Mars était semblable à la Lune, on pourrait apercevoir à partir du module quelque 35 cratères dont les diamètres seraient compris entre 25 et 50 mètres.

Dès 1970, Donald E. Gault et Barrett S. Baldwin Jr., du Ames Research Center, avaient prévu que Mars comporterait peu de cratères de moins de 50 mètres de diamètre. Leurs calculs montraient que, bien que l'atmosphère martienne soit ténue, elle n'en était pas moins suffisamment dense pour désintégrer les petits météorites qui y pénétraient. Par conséquent, la surface de Mars n'était pas soumise à un bombardement incessant de débris qui auraient labouré sa couche superficielle. La seule population importante de cratères de diamètres inférieurs à 50 mètres, serait les cratères secondaires engendrés par l'impact des débris éjectés pendant la formation d'un grand cratère (de diamètre égal à quelques dizaines de kilomètres). La surface de la Lune, au contraire, est criblée de cratères de toutes dimensions et l'impact de petits objets pendant des millions d'années a donné à son sol une structure granuleuse. Sur Mars, de puissants impacts auraient enfoncé la surface et répandu sur celle-ci une couche discontinue de blocs rocheux de taille relativement importante, comme on peut le voir à l'endroit du site d'atterrissage. Mais la formation du sol de Mars semble avoir subi d'autres modifications.

Outre les blocs rocheux et les affleurements visibles sur le sol de Chryse Planitia, on distingue des traînées de matière finement granulée à l'abri des blocs rocheux : ces traînées ont plusieurs centimètres d'épaisseur et une longueur variant de 10 centimètres à un mètre. En direction nord-est du module, on aperçoit une grande quantité de petites dunes au milieu d'un champ de blocs erratiques; ces dunes se sont probablement formées lorsque les matériaux transportés par les vents ont été arrêtés par les blocs suffisamment hauts pour réduire localement la vitesse du vent. Plusieurs dunes assez grosses se présentent en feuilles ou en strates. Sur Terre, ces strates ne sont habituellement pas visibles tant que les dunes se forment ou se déplacent : ce n'est que lorsque la dune s'est solidifiée ou a été fixée par la végétation, que l'érosion éolienne peut mettre à nu ces strates. Il semble que les dunes observées sur Mars se soient formées depuis déjà un certain temps et qu'elles se soient sédimentées avant d'être érodées, depuis peu.

En général, les grands axes des sillons tracés par le vent, derrière les blocs

6. DEUX DUNES recouvertes de matière finement granulée se trouvent à 15 mètres du module de *Viking 1*. La dune de droite est formée d'une matière plus sombre que la dune de gauche. Les spectres de la dune sombre montrent qu'il s'agit d'une matière dont on n'a pas trouvé d'autre exemple dans aucun des deux sites. Tous les autres sols, recouvrant les régions à proximité des modules, sont parfaitement identiques. L'analyse a montré qu'il s'agit probablement des mêmes sols que ceux qui prédominent dans les régions plus claires de Mars.

rocheux, sont presque tous dirigés plein sud. Les photographies prises par *Mariner 9* des régions situées juste au nord du site d'atterrissage, montrent que les grands sillons partant des cratères pointent eux aussi vers le sud. Ces emplacements des sillons semblent indiquer que, pendant leur période de formation, les vents dominants près de la surface soufflaient du nord vers le sud. En outre, la configuration des couches superficielles recouvrant les dunes indique que, quand celles-ci se sont formées, la direction du vent était également nord-sud.

Une autre particularité du site a été mise en évidence au moment de l'atterrissage. A partir du vaisseau, le souffle des rétrofusées dispersa une partie de la couche meuble, dénudant ainsi une portion de la croûte du sol qu'il entama pour former un motif de forme polygonale. Un tel sol, dont la surface est durcie et vitrifiée, ressemble beaucoup à certains gisements de caliche du sud-ouest des États-Unis et du Mexique. Sur Terre, une telle croûte solide se forme lorsque des solutions diluées de sels remontent à la surface : l'eau s'évapore et les sels, ainsi que d'autres substances, s'amassent juste au-dessous de la surface. Il est probable qu'un phénomène identique a eu lieu sur Mars.

On ne sait cependant pas si, sur Mars, l'eau provient de pores relativement importants situés sous la surface ou s'il s'agit de fines pellicules d'eau entre des grains de matière. Il est plus probable que ce sont de minces pellicules d'eau, car les variations de la teneur en vapeur d'eau de la basse atmosphère laissent penser qu'il s'opère des échanges d'eau réguliers entre la surface et l'atmosphère.

On a obtenu la meilleure preuve de la présence de sels dans la croûte dure de la surface martienne en prélevant des échantillons de sol à proximité du module et en analysant la composition chimique de ceux-ci à l'aide du spectromètre à fluorescence X qui se trouvait à bord de l'appareil. Priestley Toulmin III, de l'U.S. Geological Survey et les membres de cette équipe de spécialistes des rayons X, trouvèrent que la concentration en sulfure, élément très répandu dans les sels minéraux, était un peu plus élevée dans les blocs que dans la couche meuble. Ces blocs, abondamment éparpillés autour du module, sont probablement des fragments de la croûte dure qui a été disloquée par le vent et par l'atterrissage.

La surface d'Utopia Planitia.

Le choix du terrain d'atterrissage du module de *Viking 2* a été dicté par le désir des chercheurs de trouver une région qui soit d'une part nettement différente de celle où s'était posé le module de *Viking 1* et d'autre part suffisamment peu accidentée pour que l'atterrissage soit possible. La préoccupation essentielle, néanmoins, était de trouver un endroit riche en vapeur d'eau, de façon à optimiser les possibilités de découvrir des traces de vie. On a choisi la région d'Utopia Planitia qui fait partie du manteau de débris des vastes plaines de l'hémisphère nord. Les observations orbitales révélèrent une surface sillonnée de fissures qui découpaient le sol en polygones de plusieurs kilomètres de côté. Le site d'atterrissage (48 ° de latitude nord, 22,5 ° de longitude ouest) se trouve à 200 kilomètres au sud-ouest du gigantesque cratère de Mie, de 100 kilomètres de diamètre.

Peu après que le module de *Viking 2* se fut posé sur la surface, on se rendit compte que, vus du sol, les sites d'atterrissage des deux modules semblaient identiques : la surface était une plaine caillouteuse formée d'une couche superficielle très dure. Cependant, la ressemblance s'arrêtait là. Le module de *Viking 2* s'était posé sur une plaine monotone dont le relief était essentiellement constitué de dépressions en forme de canaux, découpant le terrain en polygones. On ne pouvait discerner aucun affleurement de couches rocheuses, mais on voyait, à leur place, des blocs

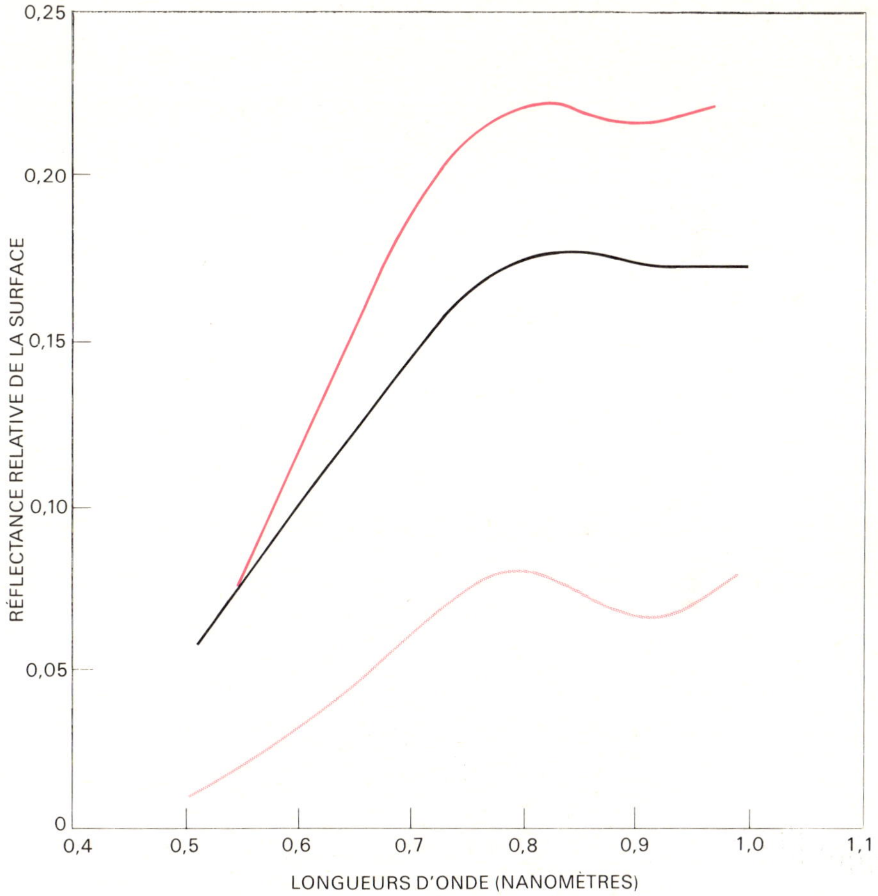

7. LES SPECTRES DE RÉFLECTANCE sont indiqués pour la dune brillante et pour la dune sombre, situées sur le site de *Viking 1*, ainsi que pour la tranchée creusée par l'appareil de prélèvement. Les spectres ont été obtenus au Langley Research Center de la N.A.S.A., grâce à une technique spéciale imaginée par Friedrich O. Huck et Stephen K. Park. Les spectres indiquent le pourcentage de lumière réfléchie pour des longueurs d'onde comprises entre 0,5 micron (dans le bleu) et 1 micron (dans l'infrarouge proche). La dune brillante *(couleur foncée)* et la tranchée *(couleur claire)* ont des spectres similaires. Toutes les deux ont une bande d'absorption qui se situe vers 0,93 micron, ce qui imlpique que leur composition est identique. Elles ne se différencient que par l'intensité de la lumière réfléchie. (A vrai dire, cette différence était prévisible car le sol de la tranchée a été remué lorsqu'elle a été creusée; de ce fait, la microphotographie du sol a été modifiée, augmentant son pouvoir de diffusion et son opacité et diminuant sa réflectance.) Le spectre de réflectance de la dune sombre *(en noir)* a cependant une forme différente. On ne trouve plus de bande d'absorption à 0,93 micron, ce qui rend la courbe plus plate, mais il existe peut-être une bande d'absorption large aux environs de 1 micron. La différence entre les dunes brillantes et les dunes sombres est comparable à celle qui existe entre les régions lumineuses et les régions obscures de Mars, telles qu'on les voit de la Terre.

rocheux et des galets, partiellement recouverts d'une gangue finement granuleuse, ou posés directement sur ces fins granulats. Bien que l'on puisse trouver d'autres explications de cet aspect du site d'atterrissage, il semble probable que le module de *Viking 2* se soit posé sur une bosse constituée par les débris expulsés du cratère de Mie. Dans les coulées de débris que l'on trouve sur la Terre, de lourds rochers sont d'habitude transportés jusqu'au sommet de la coulée, laissant derrière eux un champ de pierrailles partiellement recouvertes d'une gangue granuleuse.

Les dépressions en forme de cuvettes, que l'on aperçoit à partir du module de *Viking 2* ont environ un mètre de diamètre et 10 centimètres de profondeur; leurs bords sont légèrement relevés. Les cuvettes visibles du module sont beaucoup plus petites que celles aperçues des satellites, mais il est probable qu'elles ont une origine identique. Ces cuvettes, compte tenu de leur taille et de leur forme, sont assez semblables à certaines formations géologiques que l'on trouve dans les régions froides de notre planète. Sur Terre, ces formations géologiques se dessinent sur les sols glacés où les basses températures contractent et fissurent le roc; habituellement, ces fissures tracent sur le sol des formes polygonales. Au printemps, la glace fond et les fissures se remplissent d'eau. A la décrue, l'eau gèle et l'hiver suivant, la glace, qui est plus fragile que le sol gelé, se brise selon les mêmes formes polygonales. Les cycles répétés d'un tel processus aboutissent finalement à la création d'un terrain découpé par des cuvettes polygonales pleines de glace.

Si l'on suppose que ce phénomène se produit actuellement sur Mars, on se heurte au problème suivant : les températures régnant à Utopia Planitia sont toujours au-dessous du point de congélation de l'eau. Benton C. Clark, de la Martin Marietta Corporation, a estimé que, même si la glace renfermait des sels, le point de solidification de la solution ne serait abaissé que de 10 à 20 °K par rapport au point de liquéfaction de l'eau pure. Aux températures enregistrées à Utopia Planitia, il serait donc tout à fait impossible que la glace puisse fondre.

Les motifs dessinés sur le sol peuvent avoir été engendrés par un autre processus : la dessiccation des argiles. Les argiles, qui sont les principaux constituants des échantillons de sol martien prélevés aux sites d'atterrissage, peuvent se dilater et se contracter de 20 % suivant qu'ils absorbent ou rejettent de l'eau. Si le sol, sur lequel le module de *Viking 2* s'est posé, a été, à un moment donné, complètement imbibé d'eau puis entièrement asséché, des craquelures ont pu se former, créant ainsi des cuvettes de formes polygonales.

On peut apercevoir quelques petites traînées qui s'étendent, à l'abri du vent, à partir de blocs rocheux jonchant le site du module de *Viking 2*, tout comme elles le faisaient dans le site où s'était posé le module de *Viking 1*. En outre, plusieurs petites dunes occupent le fond d'une large cuvette située juste devant le module. Ici encore, la structure des dunes indique que les vents dominants soufflent, approximativement, du nord vers le sud. Ainsi, l'influence éolienne pourrait avoir été la même à Chryse Planitia et à Utopia Planitia. Puisque les deux sites sont séparés par 180 ° de longitude, il est probable qu'il s'agit d'un système général de vents. Il est vraisemblable que ces deux structures d'origine éolienne, les traînées et les dunes, ont été façonnées pendant les tempêtes de poussière, alors que la distance entre Mars et le Soleil était minimale et sous l'action de courants atmosphériques nord-sud dans l'hémisphère nord. Cependant, les stations météorologiques des modules de *Viking*, qui surveillaient les vents pendant les tempêtes de poussières de 1977, n'ont relevé aucune prédominance nord-sud des courants atmosphériques.

Le sol de Mars.

Les spectromètres à fluorescence X, installés sur chaque module, ont analysé des échantillons de sol et ont déterminé l'abondance d'éléments dont le nombre atomique est supérieur à 11 (correspondant au sodium). Après avoir examiné toutes les données, Toulmin et ses collaborateurs ont montré que la composition globale du sol est identique dans les deux sites. La composition du sol n'est comparable à aucun minerai ou type de roche connu, ce qui tend à prouver qu'il s'agit d'un mélange complexe.

La surface de Mars semble être constituée d'un sol tirant son origine de roches pyrogènes ultrabasiques ou mafiques, (de MaFe Magnésium-Fer); ces types de roches sont cristallisées à partir d'un mélange en fusion riche en magnésium et en fer. Comparées à des roches terrestres, elles sont riches en magnésium, en fer et en calcium et pauvres en potassium, en silicium et en aluminium. Cette composition correspondrait à celle des matériaux provenant d'une fusion partielle du manteau de Mars, c'est-à-dire de la couche profonde enfouie sous la croûte.

Il est probable que le sol analysé par les spectromètres de *Viking* est un composé de minerais argileux riches en fer, d'hydroxydes de fer et de minerais riches en soufre et en carbone. Une telle déduction est compatible avec les résultats des expériences qu'on a réalisées à l'aide d'un dispositif installé dans chaque module, combinant un spectromètre de masse et un chromatographe en phase gazeuse; ce dispositif a montré qu'en chauffant des échantillons de sol, ceux-ci libéraient de la vapeur d'eau et du gaz carbonique. Le sol contient environ 1 % d'eau (en poids), dont une partie est probablement contenue dans des minéraux hydratés.

Sur Terre, les minéraux ultrabasiques subissent l'action chimique de l'eau et donnent naissance à des sols argileux, riches en fer. Le même type de phénomène aurait pu se produire sur Mars à l'époque où il y avait encore de l'eau en abondance. Il est possible aussi qu'une partie du sol se soit formée lorsque les magmas brûlants pénétrèrent dans la croûte et le régolithe chargés de glace : leur éruption et leur explosion auraient formé des tufs argileux. De plus, en présence d'une quantité suffisante d'eau, la chaleur due aux impacts aurait été, à elle seule, capable de transformer les roches volcaniques en argiles.

Une autre hypothèse, assez curieuse, a été proposée par Robert L. Huguenin, de l'Université du Massachusetts. Celui-ci pense que le sol résulterait en grande partie d'une oxydation des roches, activée par les rayonnements ultraviolets. Les rayonnements ultraviolets en provenance du Soleil ne sont pas absorbés par l'atmosphère martienne, celle-ci ne possédant pas de couche d'ozone. En présence de petites quantités de vapeur d'eau, de tels rayonnements peuvent décomposer les minerais de silicate d'aluminium en provoquant un déplacement d'ions vers la surface (par exemple d'ions ferreux). On ne sait pas encore dans quelle mesure une partie du sol résulterait effectivement d'un tel phénomène.

Sur la houe faisant partie de la pelle destinée à prélever des échantillons du sol, on a installé deux aimants : l'un était soudé à la surface de la houe, tandis que l'autre était noyé dans le métal, de façon que sa puissance réelle soit le douzième de celle du premier. Dans les deux sites, les mêmes quantités de matière ont adhéré aux deux aimants, une fois la houe enfoncée dans le sol. D'après Robert B. Hargraves, de l'Université de Princeton et David W. Collinson, de l'Université de Newcastle sur la Tyne, si des quantités égales de matériaux ont adhéré aux deux aimants c'est que trois à sept pour cent environ des matériaux (en poids) devaient être magnétiques. Si le sol ne contenait qu'une très faible proportion de matériaux magnétiques, aucun agrégat n'aurait adhéré à l'aimant le plus faible. On a donc conclu que le sol de Mars contenait d'importantes quantités de matériaux magnétiques.

La couleur des minerais adhérant aux aimants est la même que celle de la surface, ce qui indique que les minerais magnétiques sont recouverts ou colorés par les mêmes matériaux que ceux qui teintent le sol de Mars. Il est fort probable que ces minerais sont de la magnétite ou de la maghémite, qui sont toutes deux des oxydes de fer et des composés métalliques de fer et de nickel. La magnemite a une couleur brune tirant sur le jaune ou sur le rouge et contribuerait fortement à colorer le sol de Mars. L'abondance de minerais magnétiques et leur nature présumée concordent avec leur origine probablement ultrabasique, comme c'est le cas pour les basaltes.

Les appareils photographiques des modules de *Viking* ont pris des clichés de la surface et du ciel dans six portions du spectre, allant d'environ 0,5 micron (dans le bleu) à 1 micron (dans l'infrarouge proche). Pour réaliser ces photographies en couleur, on a commencé par déterminer le rayonnement spectral de Mars pour chaque région; on a évalué la nuance, l'intensité et la saturation de la couleur, dans la fourchette de longueurs d'onde perceptibles par l'œil humain. La luminosité à la surface de Mars est déterminée par les radiations solaires, par la réflectance du sol et par la lumière diffusée par l'atmosphère. Les photographies en couleur nous montrent une surface ocre. Si l'on élimine les effets de l'atmosphère sur la couleur, la couleur du sol vire au brun.

Les spectres de réflectance en différents points du sol sur les deux sites, obtenus grâce aux données fournies par les appareils photographiques, sont remarquablement identiques et semblent

8. CES GROS PLANS DE ROCHES MARTIENNES illustrent la diversité des roches qui se trouvent sur Mars. Les deux photographies du haut montrent des roches provenant de Chryse Planitia; les deux photographies du bas, des roches d'Utopia Planitia. La roche en haut et à gauche mesure environ 25 centimètres de long; son aspect moucheté et alvéolé rappelle certaines roches volcaniques terrestres, usées par les vents. En bas et à gauche, on peut voir la croûte solide mise à nu par le souffle des rétrofusées. En haut et à droite, il s'agit sans doute d'une roche volcanique d'environ 20 centimètres de diamètre. On aperçoit, d'un côté de cette roche, un petit fossé creusé par le vent; un petit monticule de matériaux accumulés par le vent apparaît de l'autre côté. Les trous de forme allongée que l'on voit dans le sol ont été provoqués par les mottes éjectées lors de l'atterrissage. Le rocher, en bas et à gauche, est un bloc rectangulaire d'environ 40 centimètres de large. Sa forme angulaire révèle qu'il a sans doute subi une série de fractures, formant des angles droits les unes avec les autres. Des matériaux erratiques sont visibles à l'arrière-plan, ainsi qu'une roche de forme conique qui a vraisemblablement été modelée par l'érosion éolienne. Le rocher en forme de cacahuète, en bas et à droite, est probablement un morceau de lave d'environ 30 centimètres de large. Les alvéoles de sa surface pourraient avoir été créés par l'échappement de gaz dissous à l'intérieur sous forme de bulles ou de vacuoles; ils pourraient être aussi des poches renfermant un minerai plus malléable et plus facilement érodé. Les sites d'atterrissage présentent une grande variété de formes rocheuses, érodées ou anciennes, la plupart semblant être d'origine volcanique.

ne varier qu'en fonction de l'éclairage. Ces spectres ont le même aspect que ceux qu'on avait obtenus de la Terre, pour les régions fortement éclairées de Mars. On pense que ces régions sont recouvertes d'une couche granuleuse résultant d'une transformation chimique du sol. Ce phénomène trouve une explication qui est compatible avec les données acquises : la plupart des échantillons de sol se trouvant dans les zones d'atterrissage et prélevés aux fins d'analyses, sont teintés par un colorant que le vent a brassé sur toute la surface de Mars.

La seule région de terrain visible depuis les sites d'atterrissage dont le spectre de réflectance différait fortement de celui des autres régions, était une dune située à environ 15 mètres du module de *Viking 1.* Il pourrait s'agir d'un relief résiduel nettement plus sombre que le sol environnant, resté en place après que le vent eut transporté les particules de matières colorées, beaucoup plus mobiles. Le spectre de cette dune sombre est semblable aux spectres des zones obscures de Mars, obtenues de la Terre. La dune est probablement composée de roches volcaniques dégradées, riches en fer, qui se sont fragmentées en fines particules. Ainsi, malgré l'importance des ressemblances entre les sols des deux sites, des différences subsistent : elles rappellent, à une plus petite échelle, la distinction désormais classique entre les régions lumineuses et les régions sombres de Mars, observées de la Terre.

La plupart des roches et des affleurements rocheux que révèlent les photographies prises par les modules paraissent plus sombres que le sol sur lequel ils reposent; cependant, une fois soumises au même éclairage, les roches apparaissent pour la plupart plus claires que le sol. Sur la majorité des photographies, l'angle formé par le Soleil, la surface et l'appareil photographique, est plus grand lorsqu'il s'agit des faces des rochers que lorsqu'il s'agit du sol. De ce fait, les rochers paraissent beaucoup moins brillants. Les spectres des rochers et du sol ont à peu près la même allure générale, ce qui prouve que les rochers sont recouverts d'une couche lisse ou d'une pellicule de matière dont la composition est identique à celle du sol. L'aspect général de la plupart des rochers indique qu'ils sont d'origine volcanique, bien que quelques-uns aient été fortement érodés par le vent. La plupart des roches du site de *Viking 2* et certaines de celles du site de *Viking 1*, sont criblées d'alvéoles, comme les scories de lave existant sur Terre. Sous l'effet des pressions importantes qui règnent à grande profondeur, les gaz dissous dans la lave sont libérés quand la lave atteint la surface et forment des poches de gaz. Quand la roche en fusion se refroidit et se solidifie, les poches subsistent sous forme de bulles ou de vacuoles. Malheureusement, il est extrêmement difficile de distinguer les alvéoles ainsi créés de ceux dus à l'érosion éolienne dans des minerais plus meubles.

En comparaison avec les déserts existant sur Terre, l'un des aspects les plus curieux de ces deux sites d'atterrissage (et probablement de Mars en général) est l'absence de sable. Après examen des photographies des bords des tranchées, creusées par les instruments pour prélever des échantillons du sol, Henry J. Moore II, de l'U.S. Geological Survey, a conclu à l'absence de sable. Les résultats obtenus indiquent que les petites particules existant sur Mars ont, pour la plupart, une taille inférieure à 0,1 millimètre. L'érosion de telles particules est très difficile en surface et une fois érodées, celles-ci seraient probablement transportées au loin par les vents.

Les vents de Mars.

Il existe probablement sur Mars des particules de la taille de grains de sable dans les dunes qui ceinturent les calottes glaciaires; il se pourrait même que de telles particules aient formé la dune sombre qui se trouve sur le site du module de *Viking 1*, ainsi que des parties des régions obscures qui recouvrent les latitudes moyennes de l'hémisphère sud. Cependant, le sol de Mars ne contient pas la même espèce de sable que celui de la Terre. La plus grande partie du sable d'origine terrestre est constituée de minerais de quartz et de feldspath provenant de l'action d'acides d'origine volcanique sur des roches métamorphiques.

Le quartz et le feldspath, qui prédominent dans les roches acides, résistent fort bien aux dégradations chimiques et à l'usure mécanique. Ces deux minéraux sont, sur Terre, les principaux constituants des roches sédimentaires. Sur Mars où il s'est formé une grande quantité de roches acides, la situation est semblable; il y a probablement une prédominance de basaltes d'origine mafique (ou ultrabasique). Les constituants principaux de ces basaltes sont l'olivine, le pyroxène et les feldspaths calcosodiques (plagioclases). Robert Huguenin a montré que même dans un environnement froid et aride tel que celui de Mars, de tels minerais sont rapidement dégradés par l'oxydation, laquelle est stimulée par le rayonnement ultraviolet.

Si le sol brillant que l'on trouve aux sites d'atterrissage est réellement formé de minerais argileux, il a une structure granuleuse très fine. Il pourrait exister cependant des particules de la taille de grains de sable qui seraient des agrégats de particules plus petites. De tels agrégats, de la grosseur d'un grain de sable, auraient une durée de vie très courte dans le système éolien de Mars. Les grains qui se déplacent en rebondissant sur la surface ont approximativement la même vitesse que celle du vent. Puisque l'atmosphère de Mars est environ cent fois moins dense que celle de la Terre, il faudrait des vents atteignant près de 50 mètres par seconde (180 kilomètres/heure) pour user des particules de la taille d'un grain de sable. Des particules de sable terrestre transportées à cette vitesse seraient de puissants facteurs érosifs, mais des agrégats de minerais argileux se désagrégeraient sous l'impact en minuscules grains de poussière dépourvus de tout pouvoir érosif. Même des grains de minerais tels que ceux de l'olivine, du pyroxène ou du feldspath, se désintégreraient vraisemblablement s'ils étaient déplacés à de telles vitesses. C'est pourquoi, l'érosion éolienne sur Mars est certainement beaucoup plus lente que sur Terre. La faible érosion explique probablement pourquoi la plus grande partie de la surface de Mars semble tellement craquelée. Les matériaux meubles peuvent être facilement déplacés, mais la roche s'érode très lentement.

Aux sites d'atterrissage, le ciel était ocre; il n'a pas changé de couleur depuis que les modules se sont posés sur Mars, c'est-à-dire depuis environ une année martienne. Cette observation est quelque peu inattendue. D'après les calculs de Pollack, cette couleur est due en grande partie à la présence de particules de poussière en suspension dans l'atmosphère jusqu'à une altitude de 40 kilomètres. On pensait bien que de grandes quantités de poussières resteraient en suspension dans l'atmosphère après les grandes tempêtes de poussières qui se produisent lorsque Mars passe à son périhélie (point de l'orbite d'une planète le plus rapproché du Soleil). Cependant, les photographies prises des modules montrèrent que le ciel demeure ocre même quand Mars est à son aphélie (point de l'orbite d'une planète le plus éloigné du Soleil). A ce moment-là, les grandes tempêtes de poussières sont rares. On pense donc que cette poussière est due à de fréquents soulèvements de poussière sur Mars, ou bien qu'elle est longtemps maintenue dans les airs par la turbulence atmosphérique durant de longs intervalles de temps. Il n'empêche que lorsqu'elle est plus dense, la poussière ne formerait, en se déposant sur la surface, qu'une mince pellicule d'une fraction de millimètre d'épaisseur.

Les modules ont amassé de nombreuses données pendant les deux grandes tempêtes de poussières qui débutèrent en 1977, dans l'hémisphère sud, alors que Mars approchait de son périhélie. La première tempête commença en février, la seconde en mai. Le nuage de poussière entoura rapidement la planète grâce à des vents soufflant en haute altitude. Chacune de ces deux tempêtes a duré plusieurs mois. Aux sites d'atterrissage de l'hémisphère nord, le vent atteignait rarement des vitesses suffisamment élevées pour modifier la configuration du sol en surface. Il est probable qu'après ces deux tempêtes une fine pellicule de poussière s'est déposée sur les modules et aux alentours. Cette pellicule indique que toute la poussière soulevée dans l'hémisphère sud n'y est pas retournée. Au bout d'un certain temps, les tempêtes auraient balayé les poussières dans les régions situées aux latitudes moyennes de l'hémisphère sud, dénudant les roches de fond et laissant derrière elles des dépôts de matière plus sombre et moins altérée. Il se pourrait que ces dépôts correspondent aux fameuses zones obscures de Mars que l'on aperçoit de la Terre.

La latitude qui se trouve directement exposée au Soleil quand Mars passe par son périhélie, correspond généralement au lieu où naissent la plupart des tempêtes. Ce lieu varie légèrement avec le temps, compte tenu de la précession de l'axe de Mars. Cette précession a pour effet de faire varier la latitude du lieu où le Soleil est à la verticale, au moment où Mars passe par son périhélie, de $+ 25^{\circ}$ à $- 25^{\circ}$ avec une périodicité de 50 000 ans. Lawrence A. Soderblom, de l'U.S. Geological Survey, a fait remarquer que si les zones sombres de Mars sont des régions en grande partie dépouillées de la couche brillante formée par les poussières vagabondes, elles pourraient se déplacer autour de l'Équateur avec une périodicité analogue. En d'autres termes, il y a quelque 20 000 ans, de nombreuses tempêtes de poussières « périhéliennes » ont pu naître à la latitude où se trouve le module de *Viking 1*, dépouillant partiellement Chryse Planitia de ses couches brillantes. Dans ce cas, l'âge des dunes et des fissures aperçues sur le site du module de *Viking 1* serait inférieur à 20 000 ans.

L'avenir.

Il est évident que la mission *Viking* a considérablement amélioré notre connaissance de la géologie martienne. Nous savons maintenant à quoi ressemble la surface de Mars et quelles sont les différentes sortes de matériaux superficiels qui s'y trouvent. Le fait qu'on ait découvert qu'une des deux calottes glaciaires résiduelles était constituée d'eau solidifiée nous a permis de mieux comprendre la fréquence des fluctuations climatiques de la planète. Des questions importantes sur l'évolution de la surface de Mars demeurent cependant sans réponse. On ne connaît pas avec précision l'âge des divers terrains de la planète. La structure et la composition de l'intérieur de Mars demeurent en grande partie un mystère. C'est ce qui nous empêche de construire un modèle théorique unique qui puisse rendre compte de la formation et de l'évolution de la planète.

Peut-être pourra-t-on répondre à certaines de ces questions après une analyse complémentaire des données fournies par la mission Viking. Pour répondre à d'autres questions il faudra attendre des missions futures. L'une des possibilités consisterait à envoyer un satellite beaucoup plus sophistiqué que le satellite Landsat qui tourne autour de la Terre, capable de dresser une carte détaillée des caractéristiques chimiques et minéralogiques de la surface martienne. Une autre possibilité consisterait à envoyer un véhicule tout-terrain, inhabité, capable de parcourir des centaines de kilomètres pendant plusieurs années et qui pourrait analyser le régolithe de façon beaucoup plus détaillée que n'importe quel satellite en orbite. Une troisième possibilité consisterait à lancer, à partir d'une plate-forme orbitale, une série de fusées perforantes qui s'enfonceraient en différents points de la surface de la planète et constitueraient un réseau de détecteurs sismiques et météorologiques. On pourrait également envoyer une mission qui nous rapporterait des échantillons de matériaux martiens, nous permettant ainsi d'accéder à des informations qui ne peuvent être obtenues que dans un laboratoire terrestre. Il suffit de considérer l'énorme quantité d'informations obtenues par l'analyse des échantillons rapportés de la Lune par les missions Apollo, pour évaluer l'étendue des renseignements que l'on pourrait tirer d'échantillons en provenance de Mars.

Plusieurs raisons justifient l'exploration future de Mars. La plus importante est peut-être que la Terre et Mars ont suivi des lignes d'évolution suffisamment différentes pour que les histoires de ces deux planètes soient, elles aussi, différentes. Cependant, leurs lignes d'évolution ont été suffisamment parallèles pour que l'étude comparative de leur atmosphère, de leur surface ou de leur noyau soit extrêmement utile. Il ne fait pas l'ombre d'un doute qu'une meilleure connaissance de l'histoire de Mars nous permettra de connaître beaucoup mieux notre planète.

La vie sur Mars

Si les sondes Viking ont achevé leurs expériences biologiques sans mettre en évidence l'existence de la vie sur Mars, elles ont néanmoins permis de mieux connaître la chimie de la surface de cette planète.

par Norman H. Horowitz

La vie existe-t-elle sur Mars? Les petits monstres verts ont vécu (ou plutôt n'ont jamais vécu) et les écrivains de science-fiction laissent maintenant place aux véritables scientifiques. De toutes les planètes de notre système, Mars est celle qui ressemble le plus à la Terre : elle est donc de loin celle où une vie semblerait avoir le plus de chances de se développer. Pour cette raison, l'objectif majeur de la mission Viking était de rechercher si quelque indice de vie existait sur Mars.

Les sondes Viking 1 et 2 furent lancées de Cap Kennedy pendant l'été 75. Chaque sonde était constituée d'un satellite et d'un module. Quand elles arrivèrent aux abords de Mars, en juillet et août 1976, chacune d'elles fut mise sur une orbite calculée d'avance, autour de la planète, et on commença alors à rechercher un terrain d'atterrissage. On utilisa pour ce faire des caméras et des détecteurs infrarouges disposés sur les satellites et, d'autre part, des stations radar terrestres. Les modules Viking devaient pouvoir se poser sans risque et, en fonction de cela, il fallait choisir un site sûr, sans pour autant négliger les critères biologiques. C'est d'ailleurs pour des raisons d'ordre biologique que furent choisies les latitudes d'atterrissage; mais une fois la latitude déterminée, la longitude du site importait peu, étant donné qu'il y avait peu de différence entre les sites de même latitude.

Télécommandé de la Terre, chaque module se sépara de son satellite et grâce à ses rétrofusées et ses parachutes, se posa sur Mars. Les deux satellites continuèrent de tourner autour de la planète, accomplissant leur propre mission scientifique et transmettant à la Terre les renseignements à eux fournis par les modules. Les atterrissages eurent lieu tous les deux dans l'hémisphère nord durant l'été martien. Les saisons sur Mars sont similaires à celles de la Terre, mais sont environ deux fois plus longues. L'année martienne comprend 687 jours martiens; chaque jour martien, appelé « Sol » par l'équipe de la mission Viking, pour le distinguer du jour terrestre, dure 24 heures 39 minutes. Le 20 juillet 1976, Viking 1 s'est posé sur le sol de Mars, dans la région de *Chryse Planitia*, par 23° de latitude nord. Six semaines plus tard (le 3 septembre) Viking 2 atterrissait à *Utopia Planitia*, par 48° de latitude nord. Les deux modules étaient séparés par 180° de longitude; leurs équipements étaient identiques.

Leur première tâche d'intérêt biologique fut d'analyser l'atmosphère martienne. Pour que la vie se développe sur une planète, il faut que son atmosphère contienne des éléments tels que le carbone, l'hydrogène et l'azote. Des mesures spectroscopiques faites à partir de la Terre, ainsi que par d'autres sondes qui avaient survolé Mars les années précédentes, avaient déjà montré que l'atmosphère de Mars était essentiellement composée de gaz carbonique et ne contenait que de petites quantités d'oxyde de carbone, d'oxygène et de vapeur d'eau. On n'avait trouvé aucune trace d'azote, et de plus, les théories sur l'atmosphère martienne tendaient à démontrer que Mars avait perdu presque tout son azote dans le passé.

Chaque module Viking a analysé l'atmosphère au moyen de deux spectromètres de masse. Pendant la descente du module, un des spectromètres faisait des prélèvements atmosphériques et les analysait toutes les cinq secondes. Le second spectromètre releva des mesures au sol. Les résultats obtenus montrèrent que, près du sol, l'atmosphère de Mars se composait approximativement de 95 % de gaz carbonique, 2,5 % d'azote, 1,5 % d'argon, plus quelques traces d'oxygène, d'oxyde de carbone, de néon, de krypton et de xénon. Aux deux points d'atterrissage, la pression atmosphérique était de 7,5 millibars (sur Terre, la pression est d'environ 1 013 millibars au niveau de la mer).

A partir du moment où l'on constate la présence d'azote dans l'atmosphère, on peut penser que les conditions indispensables à la vie sont réunies sur Mars. Et pourtant, il manque encore un élément essentiel : la vapeur d'eau. On en avait décelé quelques traces lors des premières analyses, mais la concentration variait suivant l'époque et le lieu. Les satellites Viking mesurent la présence de vapeur d'eau sur l'ensemble de la planète à l'aide de spectromètres à infrarouges. C'est au voisinage de la calotte polaire nord qu'on a observé la plus forte concentration en vapeur d'eau dans l'atmosphère; contrairement à ce qui se passe sur Terre, cette concentration diminuait au fur et à mesure qu'on se dirigeait vers le sud. Si toute la vapeur d'eau contenue dans l'atmosphère polaire se condensait sur la surface de Mars, on obtiendrait une pellicule d'environ un dixième de millimètre d'épaisseur. La concentration de vapeur d'eau aux sites d'atterrissage était seulement 10 à 30 % de la concentration au pôle.

Ces chiffres confirment ce que l'on savait déjà depuis longtemps : Mars est un endroit très sec, recouvert de glace aux pôles, mais complètement dépourvu de mers, de lacs, ou d'eau à l'état liquide. Cette absence d'eau et la sécheresse de l'atmosphère s'expliquent par une loi fondamentale de chimie physique, la règle d'équilibre des phases : pour que l'eau puisse exister sous forme liquide à la surface d'une planète, la pression de vapeur d'eau dans l'atmosphère doit être, à un certain endroit et à un certain moment, au moins égale à 6,1 millibars. Les mesures Viking ont montré que sur

Mars cette pression ne dépasse jamais 0,5 millibar, même si toute la vapeur d'eau est concentrée dans la basse atmosphère; une si faible pression ne permet pas à l'eau de demeurer à l'état liquide : selon la température, elle gèle ou s'évapore. Pour les mêmes raisons, l'atmosphère de Mars ne peut engendrer de pluie; de même, la glace ne peut pas fondre à la surface de Mars.

Cette extrême sécheresse constitue un obstacle à l'existence de la vie sur Mars : comme toutes les espèces terrestres ont de grands et incompressibles besoins en eau, aucune n'y pourrait

1. LE SITE D'ATTERRISSAGE DE VIKING 1 a été photographié en février 1977 à partir de la sonde pour donner tous les renseignements sur les tranchées creusées à fin de prélèvements *(visibles en bas à droite)*. Les échantillons de sol en provenance des tranchées ont été envoyés aux instruments du module qui les ont analysés pour connaître leur composition chimique et déceler d'éventuelles traces de vie. La teinte orange du ciel indique une grande quantité de poussière en suspension dans l'atmosphère.

2. LE SITE D'ATTERRISSAGE DE VIKING 2 est un champ de rochers similaires au site d'atterrissage de Viking 1. L'appareil du module prit cette image le 24 septembre 1976, avant le prélèvement des échantillons de sol. L'horizon est incliné parce que le module n'est pas complètement horizontal. Les objets que l'on aperçoit au premier plan sont les instruments du module.

subsister. La vie sur Mars, si elle existe, doit obéir à des lois différentes. On pourrait par exemple supposer qu'autrefois l'environnement était plus favorable et que si la planète ne s'est pas desséchée trop rapidement, des espèces ont pu avoir le temps d'évoluer et de s'adapter aux conditions actuelles. Les photos prises par Mariner 9, mis en orbite autour de Mars en 1971, laissaient supposer qu'il aurait pu y avoir autrefois de l'eau courant à la surface de Mars. Les photos prises par les sondes Viking confirmèrent cette impression : des « canaux » dans le désert martien rappellent en effet des lits de rivières asséchées. Il y a de fortes chances pour que ces canaux aient été creusés par un courant liquide assez rapide; selon l'opinion la plus répandue, l'eau serait le liquide le plus vraisemblable.

En supposant qu'il y ait eu autrefois de l'eau sur Mars, la vie a-t-elle pu y apparaître? A-t-elle pu également évoluer pour s'adapter aux changements dans les conditions atmosphériques, et serait-il possible qu'elle existe encore? Il est impossible de répondre à ces questions par le raisonnement ou même par des expériences de laboratoire sur Terre; seule l'exploration directe de Mars est susceptible de nous apporter des réponses, c'est ce qu'ont fait les sondes Viking.

Au bord de chaque module, cinq types d'appareils différents recherchèrent l'existence de la vie : deux caméras pour photographier le paysage, un dispositif combinant un spectromètre de masse et un chromatographe en phase gazeuse pour analyser la surface et y déceler éventuellement l'existence de matière organique, et trois appareils destinés à détecter le métabolisme d'éventuels micro-organismes présents dans le sol. Chaque module était équipé de deux appareils photographiques fonctionnant selon le même principe : ces appareils forment l'image en découpant la vue en une série de bandes très étroites. De tels appareils ne sont pas très rapides, mais robustes et commodes. Leur pouvoir de résolution est assez bon : quelques millimètres à une distance de 1,5 mètre. Ils donnent des images en noir et blanc, en couleur et en vue stéréoscopique. Les appareils couvraient à eux deux tout l'horizon autour du module.

Comme tous les appareils qui recherchent l'existence de la vie, les appareils photographiques ont des défauts et des qualités. Leur avantage majeur réside dans le fait qu'une image contient une foule d'informations. En principe, une seule photographie serait à même de prouver sans équivoque que la vie existe sur Mars. Par exemple, si on voyait une rangée d'arbres à l'horizon ou si des traces de pas apparaissaient un matin sur le sol, près du module, tout doute serait levé : la vie existerait! D'autre part une indication photographique est une preuve directe, indépendante de toutes les hypothèses concernant la chimie et la physiologie des organismes martiens. Pour qu'on puisse les voir sur une photographie, il n'est pas nécessaire que des organismes réagissent d'une certaine manière à telle substance ou à tel traitement. Supposons que pendant la mission, un champignon de titane se mette à pousser sous un rocher : cette forme de vie aurait été facilement détectée par les appareils photographiques. Bien sûr, on ne peut se fier aux images que dans la mesure où on a quelque idée de la morphologie des êtres vivants. Dans sa fonction de recherche de la vie, l'appareil photographique a un grave défaut : tout un microcosme pourrait exister sans qu'il en rende compte, si les organismes constituant ce microcosme étaient en deçà de son pouvoir de résolution. De tous les résultats obtenus par la mission Viking, les merveilleuses photographies du désert martien sont tout de même les plus impressionnants. Ces photographies ont, bien entendu, été minutieusement dépouillées par des yeux agiles et pleins d'espoir, sans qu'on puisse y déceler quoi que ce soit suggérant une forme de vie.

L'étape suivante fut l'analyse du sol pour y trouver des constituants organiques. De tous les éléments, le carbone est le seul capable de donner naissance à autant de composés différents et complexes. Sa structure lui permet de s'associer à d'autres atomes par quatre solides liaisons pour former d'énormes molécules. Les molécules ainsi obtenues sont très stables aux températures ordinaires, si stables que leur taille possible semble illimitée. Les rapports entre la vie et la chimie organique, c'est-à-dire la chimie du carbone, sont très étroits : les critères qui nous per-

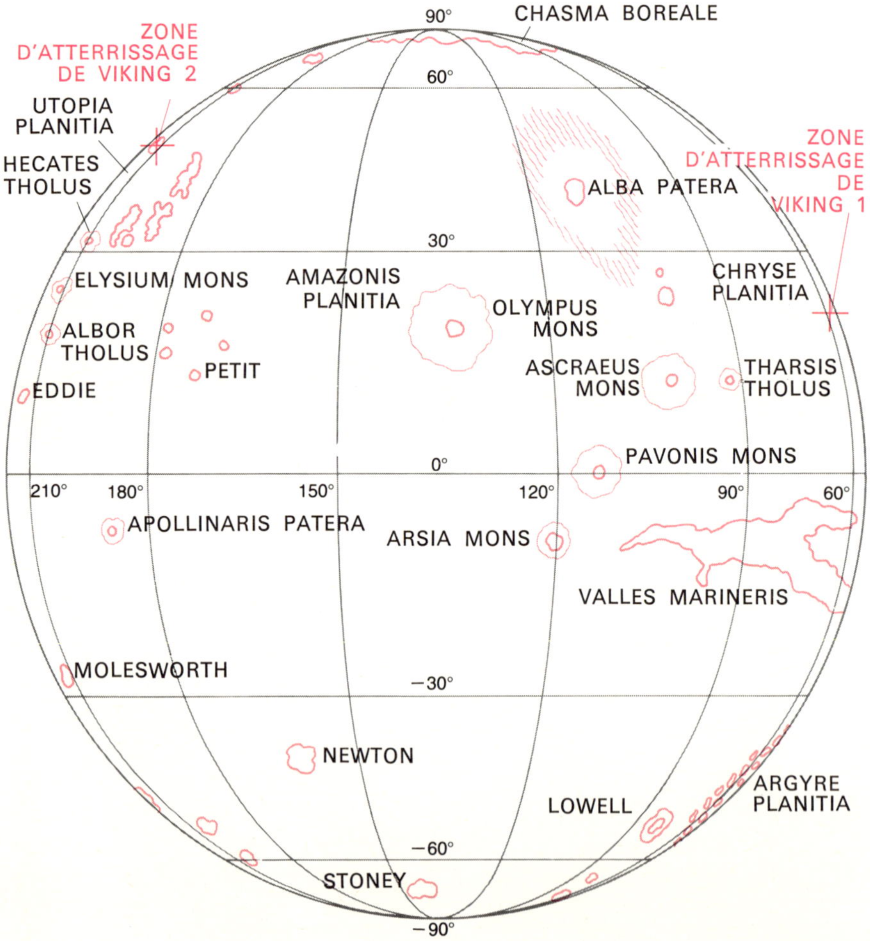

3. LA POSITION DES DEUX MODULES VIKING est indiquée sur cette carte de Mars, qui illustre les caractéristiques géologiques majeures de la planète. Les deux modules sont séparés par 180° de longitude et environ 7 400 kilomètres. Ils ont tous deux atterri dans l'hémisphère nord de la planète, dans des régions choisies notamment pour leur éventuel intérêt biologique : Chryse Planitia (latitude 23°) : Viking 1; Utopia Planitia (latitude 48°) : Viking 2.

module Viking, f
sensible, capable
posés organiques
de quelques partic
est entre 100 et 1
la concentration d
niques dans les s
Terre. Même s'il
Mars, on a supp
météorites sur sa
apporter suffisamn
nique pour qu'or
Mars étant proche
roïdes d'où vienne
croit qu'il est prob
bombardement bea
ceux que subissent

Avant le lancem
demandait s'il ser
tinguer la matière
sur Mars de la mati
ritique! L'absence
organique, même
de quelques part
laisse penser que, su
organiques sont
probablement par
ultraviolet du solei

Les autres exp
Viking avaient pou
non seulement la ma
le sol, mais aussi de
Sur Terre, les espèce
sont les micro-orga
téries, levures ou m
planète, rares sont
formes microscopiq
vivre; ce sont les
dans des milieux o
la sécheresse sont e
ressant de savoir po
mais nous ne pouvo
sur ce sujet. Il suffit
existe sur Mars, la
de la découvrir est
recherche de mic
le sol de la planète

Chaque module
instruments destinés
métabolique des m
sol. La première
« d'échange gazeux
détecter les changem
sition de l'atmosphè
métabolisme microb
l'expérience de « lib
qués » devait observ
des composés organ
téries du sol, quand
éléments nutritifs. I
rience, une pyrolyse,
synthèse de matière
sol martien à partir
sphère, par des pro
tiques ou non phot
trois appareils ont a
de chaque prélèvemen

Toutes les expérien

mettent d'identifier les organismes vivants (capacité de reproduction, de régénération, d'évolution et d'adaptation) sont liés aux propriétés particulières des grosses molécules organiques. Tous les êtres vivants que nous connaissons (même les plus simples tels que les bactéries ou les virus) sont caractérisés par des protéines et des acides nucléiques aux chaînes riches d'informations génétiques. Aucun autre élément, pas même le silicium si cher aux écrivains de science-fiction, ne peut, comme le carbone, créer des structures complexes et importantes. Ce n'est pas un hasard si le silicium, bien que plus abondant sur Terre que le carbone, joue un rôle mineur et accessoire dans la biochimie : la biochimie est avant tout la chimie du carbone.

Cela nous amène à croire que partout où la vie naît dans l'Univers, elle est nécessairement fondée sur la chimie du carbone. La découverte de composants organiques dans les météorites et dans les nuages de poussière de l'espace interstellaire vient confirmer cette opinion. Bien que ces composants n'aient pas une origine biologique, ils sont étroitement apparentés aux acides aminés et aux nucléotides qui sont les constituants essentiels des protéines et des acides nucléiques; qu'ils se soient formés fort loin de la Terre montre que la chimie du carbone peut donner naissance à des composants organiques familiers, d'un bout à l'autre de l'univers. Ainsi, partout dans l'Univers, la vie aurait pour base une chimie organique similaire à la nôtre (mais pas nécessairement identique).

Sur la base de telles considérations, on a disposé dans les modules Viking un appareil d'analyse organique. Cet appareil était le spectromètre de masse qui avait déjà servi pour analyser l'atmosphère, qu'on utilisait conjointement avec un chromatographe à phase gazeuse et un four à pyrolyse. Un échantillon du sol martien, placé dans le four, a été tout d'abord chauffé par paliers jusqu'à 500 °C. Toutes les matières volatiles émises passaient à travers le chromatographe. Étant donné que chaque constituant avait une structure, une affinité et un poids moléculaire différents, il passait au travers des colonnes du chromatographe à une vitesse différente de celle des autres; ainsi tous les constituants étaient séparés à la sortie de la colonne. Aussitôt qu'un constituant sortait de la colonne du chromatographe il était envoyé dans le spectromètre de masse, pour y être identifié. Puisque presque toutes les matières organiques craquent, c'est-à-dire se décomposent en petits fragments, à 500 °C, cette méthode permet de détecter des constituants organiques de poids moléculaires situés dans un assez large spectre.

Pour chaque site on a examiné deux échantillons de sol. Les seuls composants organiques furent des traces de solvants ayant servi à nettoyer l'appareil : qu'on ait pu vérifier la présence de ces solvants montre que les appareils fonctionnaient parfaitement. Les échantillons chauffés dégagèrent du gaz carbonique et un petit peu de vapeur d'eau; on n'a rien trouvé d'autre.

Ce résultat étonnant milite contre l'existence de processus biologiques sur Mars. La combinaison du chromatographe à phase gazeuse et du spectromètre de masse, à bord de chaque

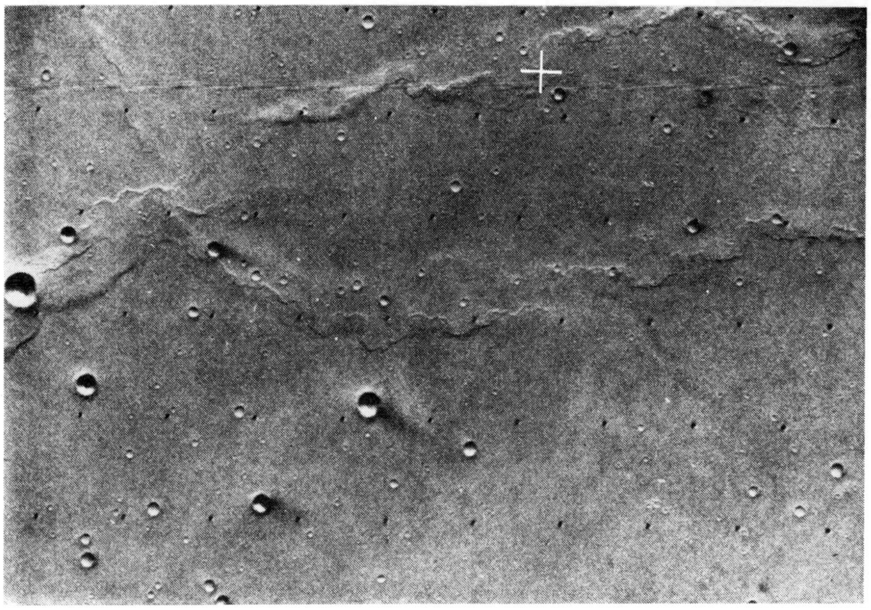

4. LE SITE DE CHRYSE a été photographié à une altitude de 1 555 kilomètres, par le satellite de Viking 1, le 17 juillet 1976. On y voit le point d'atterrissage précis (déterminé peu de temps auparavant) du module de Viking 1 *(croix)*. L'aire d'atterrissage, dans la région ouest de Chryse Planitia, est une région au relief peu accentué, criblée d'une foule de petits cratères d'impacts. Les crêtes plissées de l'Ouest *(en haut)* semblent être identiques aux crêtes d'origine volcanique découvertes dans les champs de lave des mers lunaires.

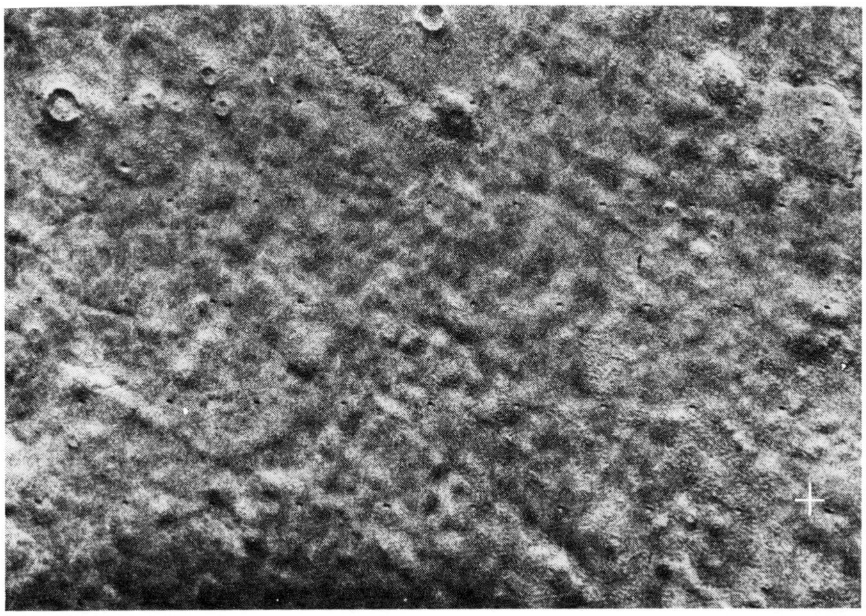

5. LE SITE D'UTOPIA a été photographié à 3 360 kilomètres d'altitude par le satellite de Viking 2, le 16 août 1976, alors qu'il était à la recherche d'un terrain d'atterrissage pour son module. Le terrain est accidenté, apparemment couvert de dunes. Le site où Viking 2 a finalement atterri est indiqué par une croix à l'extrême droite en bas de la photographie.

DÉTECTE
CARBO

EXPÉRIEN
PYR

CHAMBRE
D'ESSA

FIXATEUR
COMPO
ORGANIQ

FOURS

CHAMBRE
D'ESSA

CAROUSE

EXPÉRI

GAZ MAR

RÉSERV
DE SOLUT
NUTRIT

ENCEINTE

6. LE LABORA
des modules de
riences biologiqu
***(à droite)*, l'expé**
***che)* et la pyrolys**
schéma, l'ensemb
il existait plusieu

à l'apparition de tant d'oxygène, elle est plus complexe; elle semble en effet résulter d'une réaction chimique génératrice d'oxygène et non pas seulement d'une émission purement physique de gaz préexistant. C'est de cette façon qu'il semble que l'oxygène ait été libéré : à la suite de la décomposition par la vapeur d'eau d'éléments riches en oxygènes tels que des peroxydes. Les peroxydes se décomposent au contact de l'eau en présence de composés ferreux, or les mesures avec le spectromètre à fluorescence X de chaque module Viking indiquent que le sol de Mars contient 13 % de fer.

Aux deux sites d'atterrissage, la seconde phase de l'expérience d'échanges gazeux fut une grande désillusion. Pendant l'incubation, alors que l'échantillon de terrain était saturé de solution nutritive, le gaz carbonique continuait à se dégager. Ce dégagement s'est peu à peu stabilisé ensuite et l'oxygène a lentement disparu. La faible augmentation de la quantité de gaz carbonique était probablement la continuation de la réaction de la première phase de l'expérience. On pouvait facilement expliquer pourquoi l'oxygène disparaissait : un des ingrédients du milieu nutritif était de l'acide ascorbique qui a la propriété de se combiner rapidement avec l'oxygène. Ainsi, après sept mois, on a réalisé que tout ce qui était digne d'intérêt s'était passé durant la première phase de l'expérience, l'humidification, avant que l'échantillon de sol n'entre en contact avec la solution nutritive! L'expérience d'échanges gazeux avait mis en évidence, non pas une réaction métabolique mais une réaction chimique entre la matière de la surface du sol martien et la vapeur d'eau, à une pression qui n'avait pas existé sur Mars depuis bien des millions d'années.

L'expérience de libération de gaz marqués différait de celle d'échanges gazeux en plusieurs points. La solution nutritive utilisée était beaucoup moins complexe et contenait simplement quelques composés organiques abondants dans le cosmos, tels que l'acide formique (HCOOH) et le glycocolle (NH_2CH_2COOH). Tous ces composés furent marqués au carbone 14 radioactif. L'expérience avait pour but de détecter les gaz radioactifs, en particulier le gaz carbonique, dégagé lorsque la solution nutritive est ajoutée à un échantillon de sol. Comme on pouvait mesurer très précisément le nombre de désintégrations radioactives dans les gaz, cette expérience était plus rapide et plus sensible que l'expérience des échanges gazeux pour la détection de l'activité bactérienne dans le sol terrestre. L'expérience de libération de gaz marqués ne comprenait pas de phase d'humidification proprement dite; toutefois, tout se passait comme s'il y en avait une, car la quantité de solution injectée n'était pas suffisante pour imprégner l'échantillon, mais cependant assez pour humecter l'enceinte, si l'expérience sur Mars fonctionnait comme prévu. Des signaux, en provenance de la Terre, permettaient d'envoyer la solution, d'une part sur des échantillons de sol déjà mouillés et, d'autre part, sur des échantillons humectés mais non mouillés.

Comme dans l'expérience d'échanges gazeux, aussitôt après la mise en contact de la solution nutritive avec l'échantillon, des gaz commencèrent à se dégager dans l'enceinte. Les dégagements de gaz cessèrent bientôt après le premier « sol ». Le gaz, indubitablement du gaz carbonique, était radioactif, ce qui montrait bien qu'il provenait des composés radioactifs de la solution nutritive et non pas de composés du sol martien. Les gaz non radioactifs, qui ont dû aussi se former lorsqu'on a mis la solution aqueuse en contact avec l'échantillon, n'ont pas été décelés dans cette expérience.

On comprend pourquoi du gaz car-

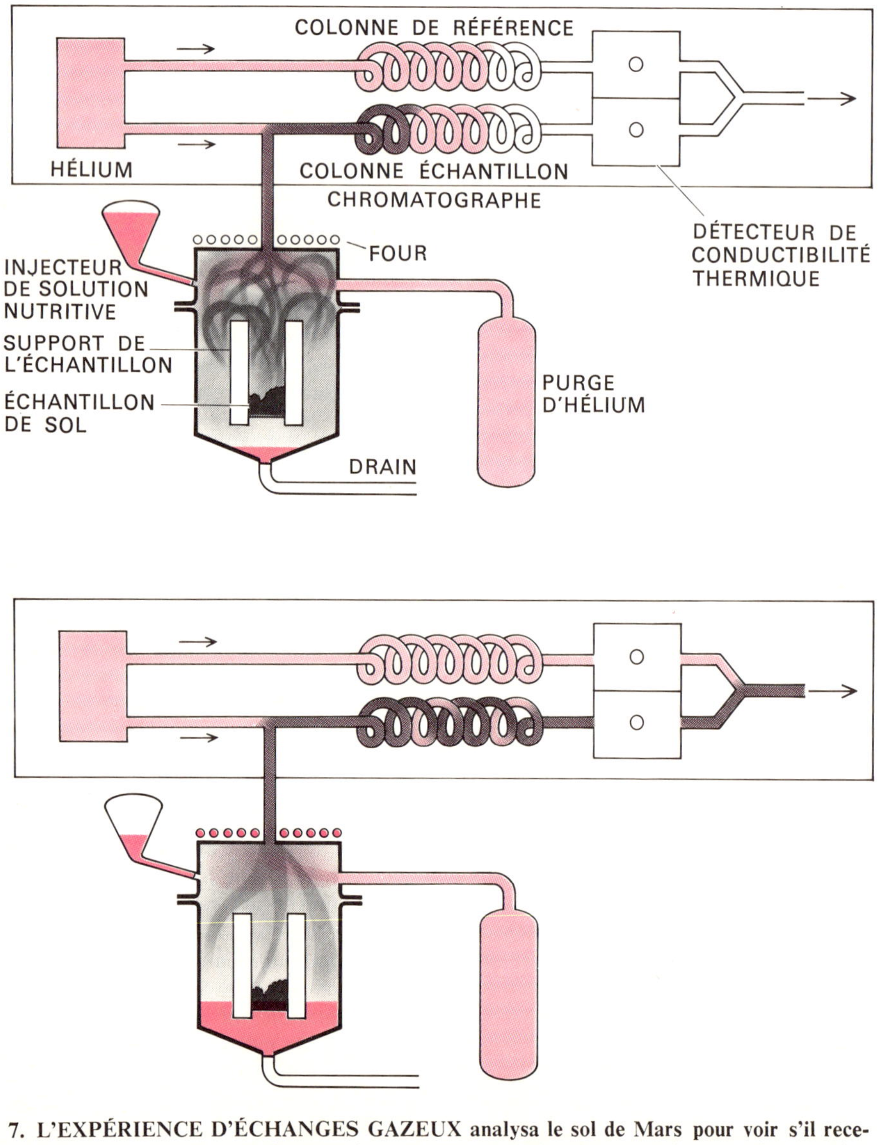

7. L'EXPÉRIENCE D'ÉCHANGES GAZEUX analysa le sol de Mars pour voir s'il recelait des microorganismes qui absorbaient des gaz et tiraient leur nourriture de l'atmosphère pour rejeter des sous-produits gazeux. L'expérience se déroula en deux phases. Dans la première phase, on introduisit dans l'enceinte une petite quantité d'une solution nutritive *(de couleur sombre)* de façon à humecter l'enceinte sans mouiller l'échantillon *(en haut)*. Les gaz émis *(en gris clair)* furent envoyés dans un chromatographe à phase gazeuse, au moyen d'un courant d'hélium *(en couleur claire)*, où ils furent analysés dans le but de découvrir des composés organiques; on compara les résultats d'analyse de l'échantillon avec les résultats d'une analyse d'une colonne servant de référence. Dans la seconde phase de l'expérience, on introduisit dans l'enceinte un important volume de solution nutritive pour mouiller l'échantillon *(en bas)*.

bonique radioactif est libéré au cours de cette expérience, à la lueur des résultats obtenus par l'expérience des échanges gazeux, qui laissent supposer que la surface de Mars contient des peroxydes. L'acide formique, un des composés de la solution nutritive utilisée dans l'expérience de libération de gaz marqués, est facilement oxydable : si une molécule d'acide formique (HCOOH) réagit sur une molécule d'eau oxygénée (H_2O_2), on obtient une molécule de gaz carbonique (CO_2) et deux molécules d'eau ($2H_2O$). La quantité totale de gaz carbonique radioactif dégagé dans l'expérience de libération de gaz marqués est légèrement inférieure à celle à laquelle on aurait pu s'attendre si tout l'acide formique de la solution avait été oxydé.

Si l'oxygène dégagé dans la phase humide de l'expérience d'échanges gazeux provenait bien de la décomposition des peroxydes du sol par la vapeur d'eau, alors dans l'expérience de libération de gaz marqués, tous les peroxydes auraient dû être décomposés dès la première injection de solution; en dépit du fait qu'une partie de l'échantillon n'avait pas été mouillée par la solution, l'injection suivante n'aurait pas dû susciter un dégagement de gaz radioactif supplémentaire, ce qui fut pourtant le cas. Quand on a injecté un deuxième volume de solution dans l'enceinte, la quantité de gaz contenu dans celle-ci n'a pas augmenté; tout au contraire, elle a diminué. Cette diminution s'explique par le fait que le gaz carbonique est très soluble dans l'eau; quand on ajoute dans l'enceinte davantage de solution nutritive, elle absorbe une partie du gaz carbonique situé dans l'enceinte au-dessus de l'échantillon.

On obtint le même résultat dans toutes les expériences de libération de gaz marqués, sur chacun des deux modules Viking. De ce point de vue, les résultats de cette expérience sont différents de ceux de l'expérience d'échanges gazeux. Dans les deux expériences, on a analysé des échantillons de terrain superficiel; sur le site *Utopia*, des fragments de sol furent aussi prélevés sous un rocher. Dans l'expérience de libération de gaz marqués on n'a trouvé aucune différence importante dans la quantité de gaz dégagé pour chacun des échantillons; en revanche, dans l'expérience d'échanges gazeux, les échantillons prélevés en surface dans la région d'*Utopia* dégagèrent environ vingt cinq pour cent de moins de gaz carbonique que les échantillons provenant de la région de *Chryse*; les échantillons recueillis sous un rocher contenaient encore moins de gaz carbonique.

Dans l'expérience d'échanges gazeux, les échantillons ramassés dans la région d'*Utopia* dégagèrent également moins d'oxygène, mais les perturbations dues à la présence d'acide ascorbique dans la solution nutritive utilisée dans cette expérience, empêchèrent une mesure correcte de la différence. Dans tous les cas, on a cependant observé un dégagement de gaz plus important dans l'expérience d'échanges gazeux que dans l'expérience de libération de gaz marqués, ceci pour des fractions du même échantillon. Ces résultats ne contredisent cependant pas la thèse que la production d'oxygène détectée par l'expérience d'échanges gazeux d'une part, et le dégagement de gaz carbonique radioactif enregistré par l'expérience de libération de gaz marqués d'autre part, ne sont que des mesures différentes de la même chimie de surface. L'expérience d'échanges gazeux mesure le montant total d'oxydants en surface, tandis que l'expérience de libération de gaz marqués n'en mesure qu'une partie.

Dans l'expérience de libération de gaz marqués, on vérifiait aussi la stabilité de la réaction en fonction de la température. Quand l'échantillon de sol était chauffé à 160 °C pendant trois heures avant l'incubation, la réaction ne se produisait plus. Un chauffage de l'échantillon à 46 °C pendant le même laps de temps, diminuait de moitié l'amplitude de la réaction. Certains ont considéré que cette variation était due à la nature biologique de la réaction. Les résultats sont évidemment compatibles avec une telle hypothèse, mais ils s'expliquent également par une oxydation chimique, dans laquelle l'agent oxydant est détruit ou s'évapore à une température relativement basse. Le même résultat a pu être produit par des peroxydes organiques ou inorganiques.

La troisième expérience biologique, la pyrolyse, différait des expériences précédentes en deux points : tout d'abord, elle était destinée à mesurer la synthèse de matière organique à partir des gaz de l'atmosphère plutôt que la décomposition de ces matières. Ensuite, elle devait se dérouler dans les conditions de pression, de température et de composition atmosphérique existant sur Mars, puisque c'est dans ces conditions que la vie martienne existerait. En pratique les conditions expérimentales dans l'enceinte étaient une approximation assez bonne des condi-

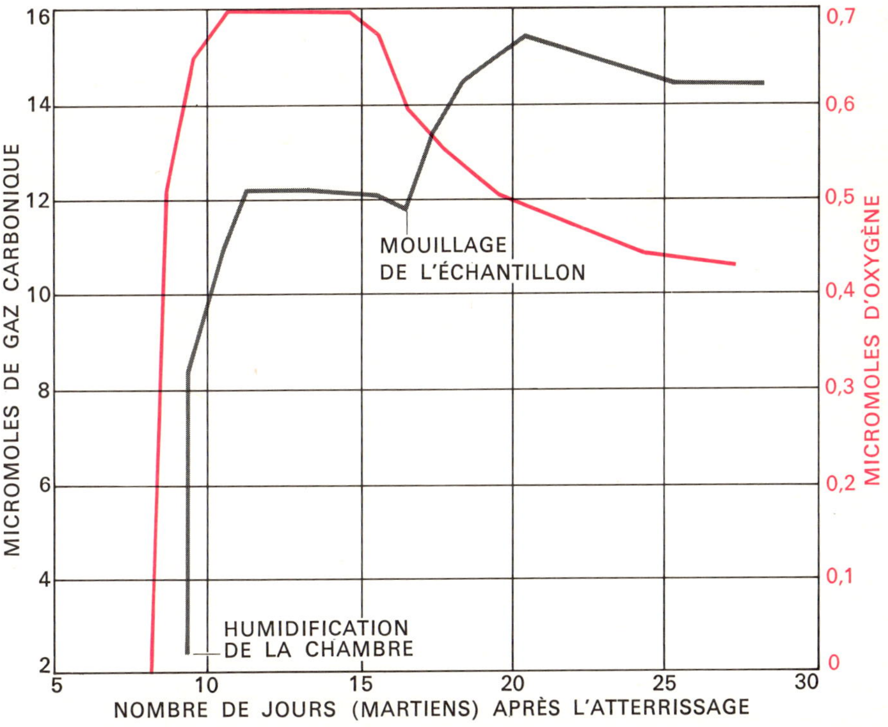

8. LES RÉSULTATS DE L'EXPÉRIENCE D'ÉCHANGES GAZEUX par Vance I. Oyama de l'Ames Research Center (N.A.S.A.) montrent que dans la première phase (phase d'humidification) de l'expérience, il apparaît une grande quantité de gaz carbonique *(en noir)* et d'oxygène *(en couleur)*. Dans la seconde phase (mouillage), la concentration en gaz carbonique augmente moins vite puis décroît pendant que la concentration en oxygène baisse rapidement. On pense que les gaz ont été émis par un processus physique ou chimique, mais non biologique. Une micromole est un millionième de mole, une mole étant la quantité de substance dont le poids (en grammes) est égal à son poids moléculaire. Pour que les courbes ne se chevauchent pas la courbe colorée de concentration d'oxygène est déplacée d'un « sol » vers la gauche.

tions martiennes, sauf pour la température, plus élevée en raison de la présence de sources de chaleur à l'intérieur du module.

Dans cette expérience, on a placé un échantillon de sol martien dans l'enceinte sous atmosphère martienne. Une fenêtre à quartz laissait pénétrer dans l'enceinte une lumière solaire artificielle de type martien obtenue au moyen d'une lampe au xénon. Dans ce microcosme martien, on introduisit de petites quantités de gaz carbonique et d'oxyde de carbone radioactifs. Ces deux gaz se trouvent dans l'atmosphère de Mars, mais ils n'y sont pas radioactifs. Cinq jours plus tard, la lampe était éteinte, l'atmosphère chassée de l'enceinte, et le sol analysé pour essayer de découvrir de la matière organique radioactive.

On chauffa tout d'abord le prélèvement de sol dans le four à pyrolyse jusqu'à une température telle qu'elle transforme n'importe quel composé organique en petits fragments volatils. Les fragments étaient soufflés hors de l'enceinte par un courant d'hélium et canalisés dans une colonne qui a la propriété de fixer les molécules organiques tout en laissant passer le gaz carbonique et l'oxyde de carbone. On faisait ainsi passer les molécules organiques radioactives de l'échantillon de sol à la colonne et, dans le même temps, on les séparait de tous les gaz subsistants de l'atmosphère d'incubation. On pou-

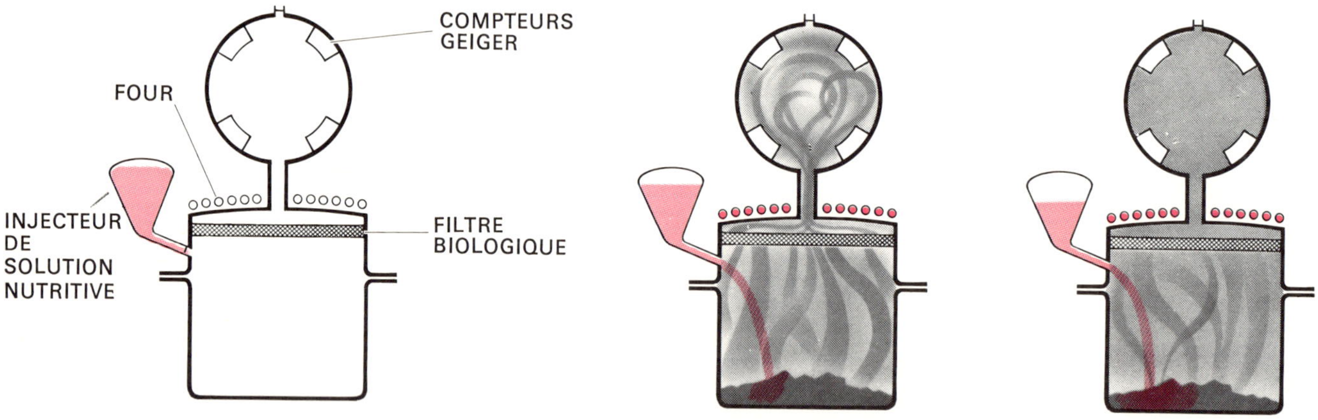

9. L'EXPÉRIENCE DE LIBÉRATION DE GAZ MARQUÉS analysait le sol martien pour trouver les micro-organismes qui pourraient métaboliser des composés organiques simples. Le milieu nutritif utilisé comprenait plusieurs composés organiques largement répandus dans l'Univers, marqués au carbone radioactif. S'il existait des micro-organismes dans le sol de Mars, ils auraient dû absorber la solution nutritive marquée et libérer des gaz radioactifs (en particulier du gaz carbonique), qui auraient été détectés par un compteur de radiations. Avant que le sol ne soit analysé, on a mesuré le niveau du bruit radioactif *(à gauche)*. L'échantillon était alors introduit dans l'enceinte, imprégné d'une petite quantité de solution nutritive *(au milieu)* et mis en incubation pendant 11 « sols ». La solution ne mouillait qu'une partie de l'échantillon, mais humectait entièrement l'enceinte. Une seconde injection de solution *(à droite)* commandée de la Terre, mouillait une partie de l'échantillon déjà mouillé et une partie de l'échantillon humide mais non mouillé par la solution. Si l'expérience de libération de gaz marqués s'était déroulée comme prévu, elle aurait confirmé les résultats de l'expérience d'échanges gazeux.

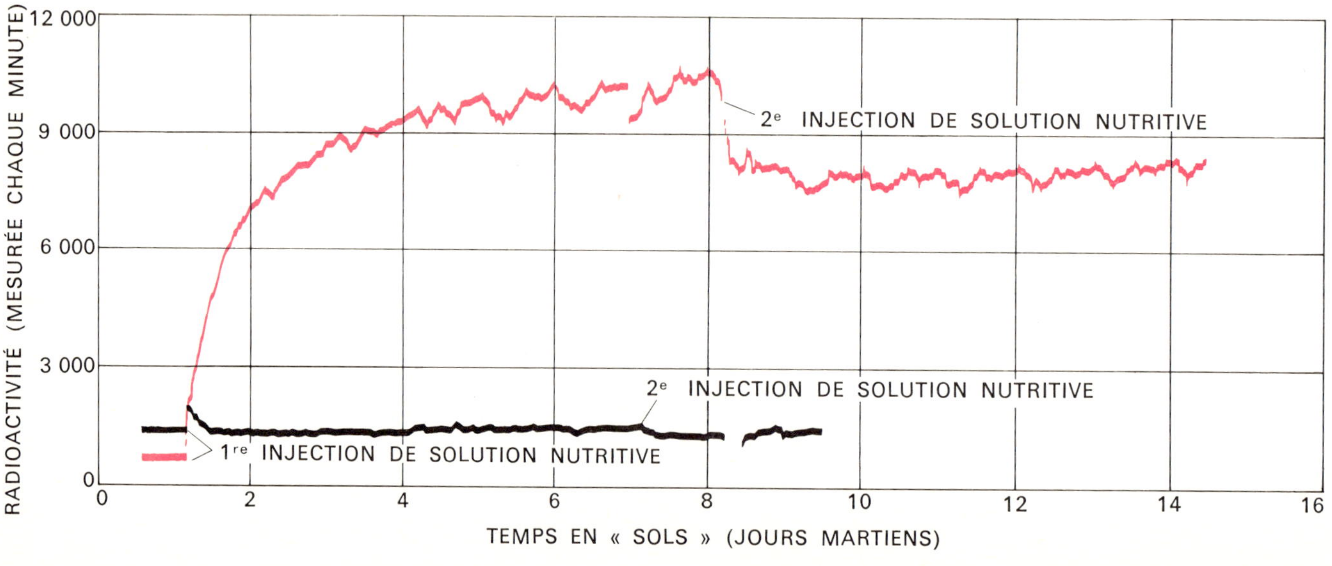

10. LIBÉRATION DE GAZ MARQUÉS : les résultats de l'expérience pour le premier échantillon de sol analysé sur le site de Chryse *(courbe en couleur)* étaient en accord avec les résultats de l'expérience d'échanges gazeux. Immédiatement après la première injection de solution nutritive, des gaz radioactifs apparaissaient dans l'enceinte. La radioactivité était mesurée toutes les seize minutes du début à la fin de l'expérience sauf pendant les deux heures suivant la première injection, où les mesures se succédaient toutes les quatre minutes. Après la seconde injection, la quantité de gaz contenue dans la chambre diminuait, puis se maintenait à un niveau pratiquement constant jusqu'à la fin de l'expérience. Dans le but de vérifier la sensibilité de la réaction à la chaleur, une seconde partie de l'échantillon était stérilisée à une température de 160 °C pendant trois heures puis l'expérience recommençait *(courbe noire)*. La réaction était supprimée. Bien qu'un tel comportement soit compatible avec un processus biologique, il est plus vraisemblable que cette fois encore, c'est seulement une réaction chimique qui a été détectée par l'expérience de libération de gaz. (Analyses de Gibert V. Levin et Patricia A. Straat de Biospheries Inc.)

vait ensuite libérer ces molécules organiques en élevant la température de la colonne. En même temps, des molécules organiques radioactives étaient décomposées en gaz carbonique radioactif par l'oxyde de cuivre de la colonne. Le gaz carbonique était alors envoyé par le courant d'hélium dans un compteur de radiations. Si les composés organiques avaient été synthétisés dans l'échantillon de sol, ils auraient été détectés sous forme de gaz carbonique radioactif; dans le cas contraire, il n'y aurait pas de gaz carbonique radioactif.

Curieusement, sept des neufs tests de pyrolyse effectués sur Mars donnèrent des résultats positifs. Les deux résultats négatifs furent obtenus dans la région d'*Utopia*, mais un troisième échantillon provenant d'*Utopia* se révéla positif. Ce troisième échantillon a été mis en incubation dans l'obscurité, ce qui impliquait que la lumière n'était pas indispensable à la réaction. La quantité de carbone fixé par l'échantillon était minuscule : à peine de quoi fournir de la matière organique à quelques centaines de bactéries. En fait, cette quantité était si faible qu'elle n'aurait pas pu être mise en évidence par l'expérience d'analyse organique. Mais cette quantité est tout de même significative : il est étonnant que dans un tel milieu, aux propriétés hautement oxydantes, il ait pu se fixer dans l'échantillon ne serait-ce qu'une toute petite quantité de matière organique.

L'appareil à pyrolyse avait été très soigneusement construit pour séparer de façon rigoureuse les éléments d'origine non biologique des composés organiques. Pendant la mise au point de l'expérience, on avait constaté que, exposé à des radiations ultra-violettes de courte longueur d'onde, l'oxyde de carbone se combinait spontanément à la vapeur d'eau en formant des molécules organiques qui se déposaient sur le verre, le quartz et le fond de l'enceinte. Pour éliminer ces réactions parasites et les erreurs qu'elles pouvaient provoquer, on a filtré les radiations : les ultra-violettes de courte longueur d'onde ne furent pas admises dans l'enceinte. Il était dès lors absolument extraordinaire d'obtenir tout de même des résultats positifs en dépit de cette précaution.

Toutefois, il semble que les résultats obtenus par la pyrolyse doivent être interprétés également dans une optique non biologique. En effet, la réaction détectée était moins sensible à la chaleur que ne l'aurait été un processus biologique. Dans deux des neufs expériences de pyrolyse effectuées sur Mars, l'échantillon de sol a été chauffé avant

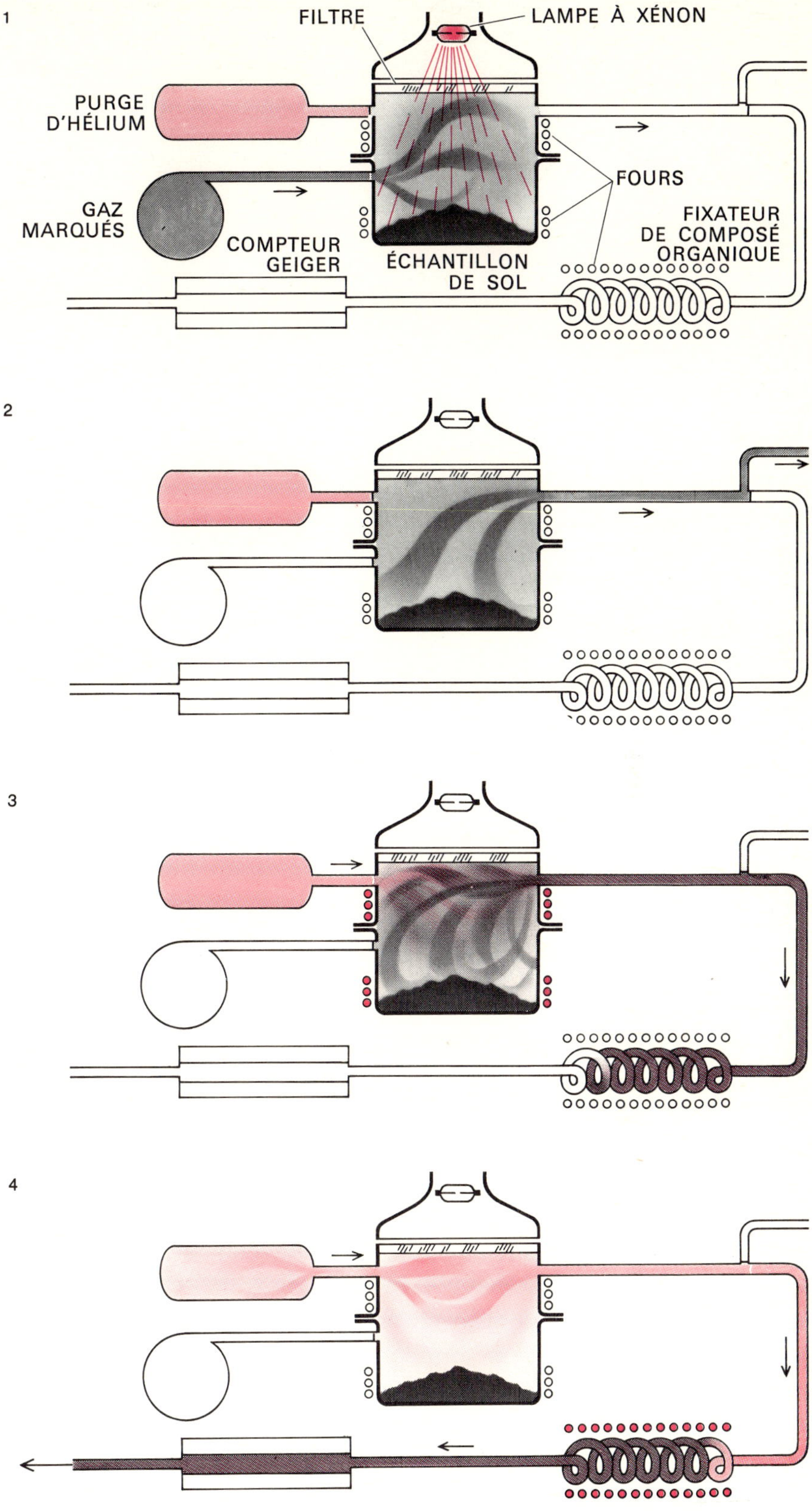

11. LA PYROLYSE permit d'analyser le sol martien *(gris sombre)* pour voir s'il contenait des micro-organismes qui auraient créé des composés organiques à partir des gaz contenus dans l'atmosphère par un processus soit photosynthétique, soit non photosynthétique. Un échantillon de sol était enfermé dans une enceinte remplie d'atmosphère martienne avec une petite quantité de gaz carbonique et d'oxyde de carbone radioactifs *(gris clair)*. Une lampe à xénon imitant la lumière martienne irradiait l'échantillon *(1)*. Cinq jours plus tard, la lampe fut éteinte et l'atmosphère chassée hors de l'enceinte *(2)*. L'échantillon fut chauffé à une température suffisamment élevée pour décomposer en petits fragments volatils tous les composés organiques produits. Les fragments *(gris clair)* furent balayés de l'enceinte *(3)* par un courant d'hélium *(couleur claire)* dans une colonne destinée à fixer les molécules organiques, mais qui laissait passer le gaz carbonique et l'oxyde de carbone. Les molécules organiques radioactives prises au piège dans la colonne étaient libérées par une élévation de température de la colonne; les molécules étaient oxydées pour former du gaz carbonique transporté dans un compteur de radiations *(4)*.

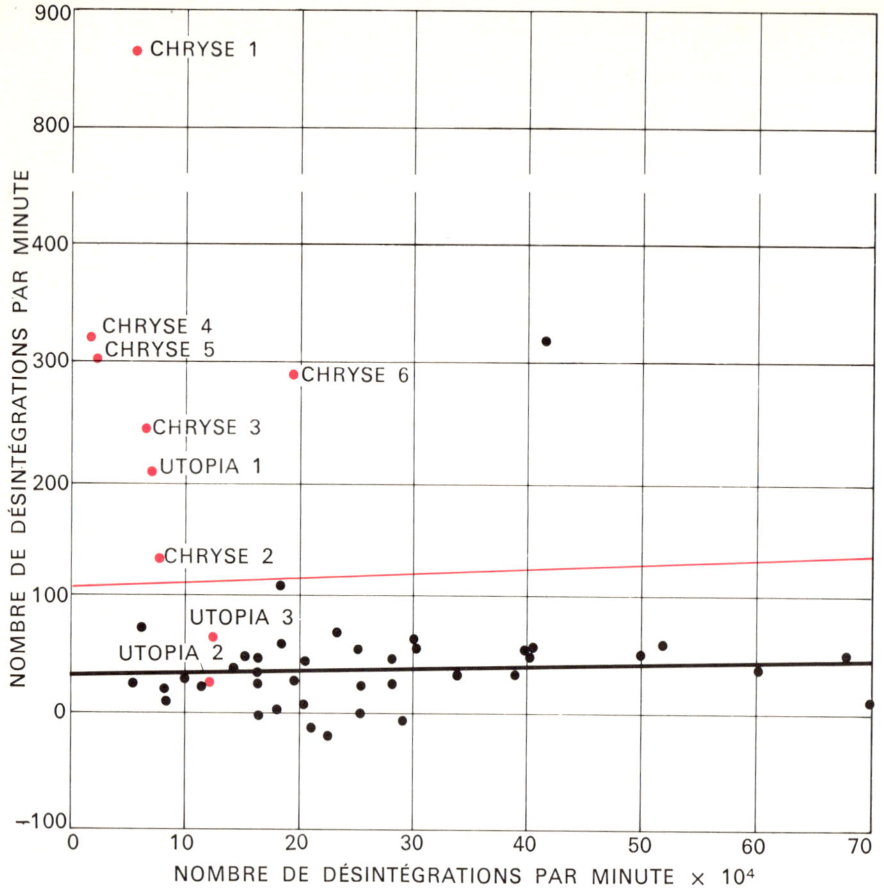

12. LES RÉSULTATS DE LA PYROLYSE sont indiqués pour tous les échantillons testés sur Mars *(points de couleur)*. En abscisse *(axe Pic 1)*, on a indiqué pour chaque échantillon la quantité de radioactivité passant sous forme de gaz carbonique et d'oxyde de carbone au travers de la colonne pendant la pyrolyse. En ordonnée *(Pic 2)*, on a représenté la dose de radioactivité mesurant la matière organique nouvellement synthétisée qui subsiste dans la colonne dans chaque cas. Chaque point de couleur est marqué et numéroté suivant l'endroit où l'échantillon correspondant a été testé et suivant l'expérience qu'il représente. (Par exemple, « Chryse 1 » indique le résultat de la première expérience réalisée dans la région de *Chryse*, « Utopia 1 » indique le résultat de la première expérience réalisée dans la région d'*Utopia*, et ainsi de suite.) Les points noirs sont les résultats fournis par les tests subis par des échantillons de sol stérilisés, sur Terre, lors d'une reproduction de la pyrolyse effectuée par Viking. La ligne noire tracée parmi ces points représente la répartition linéaire la plus proche. La ligne *(de couleur)* au-dessus de la ligne noire, est une ligne de séparation statistiquement significative; tous les points situés au-dessus de cette ligne correspondent à des résultats positifs. L'unique point noir se trouvant au-dessus de la ligne *(de couleur)* est très probablement une erreur technique dans la réalisation de cette expérience. Sept des neufs expériences de pyrolyse exécutées sur Mars donnèrent cependant des résultats nettement positifs.

l'injection des gaz radioactifs et le début de l'incubation. Dans un cas, l'échantillon a été maintenu à une température de 175 °C pendant trois heures, dans l'autre il a été porté à 90 °C pendant à peu près deux heures. La température la plus élevée réduisait de presque 90 % la réaction mais ne la supprimait pas. L'effet de chauffage à température plus basse était nul. Quand on sait que la température à la surface de Mars, aux deux sites d'atterrissage, ne s'élève jamais au-dessus de 0 °C, et que la température est encore plus basse sous la surface, il paraît difficile de concilier ces résultats avec une interprétation biologique; tous les organismes vivants dans l'échantillon de sol martien auraient dû en effet être détruits par les températures de chauffage de l'expérience.

D'un autre côté, il n'est pas facile de donner une explication non biologique des résultats positifs. On essaie actuellement de résoudre ce problème en laboratoire en travaillant avec des sols martiens synthétiques dont la composition est établie sur la base des renseignements fournis par les analyses minérales effectuées par les modules. Si on aboutit à une solution, on pourra aussi probablement expliquer pourquoi l'expérience d'analyse organique ne détecta aucune matière organique à la surface de Mars. Avant que le mystère des résultats de la pyrolyse soit éclairci, on pourra continuer à interpréter les résultats par la thèse biologique mais la véracité de cette explication est peu probable.

Même si quelques ambiguïtés demeurent, la conclusion sur les observations des modules Viking ne laisse aucun doute : la vie n'existe dans aucune des deux régions de Mars analysées par les modules. La même conclusion s'applique peut-être à toute la planète, mais il s'agit là d'un problème très complexe qui ne peut pas encore être abordé. Ce qu'on a découvert de plus intéressant grâce aux expériences de recherche de la vie c'est l'extraordinaire identité chimique du sol martien : sa capacité oxydante, l'absence de matière organique (sauf quelques particules par milliard) et sa capacité de fixer le carbone de l'atmosphère (probablement dans des molécules organiques) en quantité encore plus faible. Il semblerait que Mars ait une activité photochimique en surface, que la basse température et l'absence d'eau maintiendraient éloignée de l'état d'équilibre chimique.

Ces conclusions, tirées des résultats des expériences de recherche de la vie menées par les modules Viking, sont indéniablement décevantes : combien plus intéressante aurait été la découverte de la vie! Il y aura toujours des personnes qui ne voudront pas croire que la vie sur Mars n'existe pas et qui maintiendront que l'interprétation que j'ai donnée est dénuée de fondements. Elles en ont le droit. Il est impossible de prouver que toutes les réactions enregistrées par les instruments de Viking n'étaient pas d'origine biologique. Il est également impossible de prouver, à partir de n'importe quel résultat des expériences Viking, que les rochers aperçus aux points d'atterrissage n'étaient pas des organismes vivants ayant l'aspect de rochers. Quand on abandonne le principe du rasoir d'Occam, la voie est ouverte à toutes les fantaisies. Des siècles d'expérience humaine nous mettent cependant en garde contre les dangers d'une telle attitude qui n'est pas, semble-t-il, le meilleur moyen de découvrir la vérité.

Jupiter et Saturne

Les astrophysiciens utilisent différents modèles pour décrire ces deux énormes planètes. Dans l'un de ces modèles, les vents sont confinés dans une mince couche en surface ; dans un autre, les vents s'étendent dans les profondeurs fluides de chaque planète.

par Andrew Ingersoll

Les rencontres des vaisseaux spatiaux *Voyager* avec Jupiter en 1979 et avec Saturne en 1980 et 1981 ont été passionnantes ; à mon avis, les instants les plus mémorables eurent lieu au début de la première rencontre, lorsque nous avons pu voir les images en accéléré des nuages tourbillonnants de Jupiter, prises par *Voyager 1* au cours de sa longue approche de la planète. La séquence comprimait en un film d'une minute, l'histoire de 30 jours du temps jovien. En tant que scientifique étudiant l'atmosphère des planètes, j'étais familiarisé avec les bandes sombres et les zones claires de Jupiter, c'est-à-dire les bandes colorées de nuages, larges de plusieurs milliers de kilomètres, qui encerclent la planète à latitude constante. Et j'en étais venu à accepter l'hypothèse selon laquelle la Grande Tache Rouge de Jupiter (la formation permanente la plus remarquable de la planète) est un orage aussi vaste que notre Terre et qui dure depuis des siècles.

Je ne m'attendais pas, cependant, aux mouvements compliqués révélés par ce film. Cette séquence était synchronisée avec la rotation de Jupiter, de sorte que la Grande Tache Rouge semblait stationnaire, tandis que l'atmosphère adjacente tourbillonnait autour d'elle. Des structures brillantes et de faible échelle apparaissaient puis se déchiraient, le tout en quelques jours. De petites taches rencontrant la Tache Rouge par le côté Est, semblaient être entraînées dans son courant rotatoire, dans le sens inverse de celui des aiguilles d'une montre ; ces taches en faisaient le tour en une ou deux semaines puis chacune se divisait en deux parties, l'une se fondant avec la Tache, l'autre retournant vers l'Est. Ailleurs, des taches se formaient, fusionnaient et se divisaient en quelques jours. Sur des distances inférieures à 1000 kilomètres, tout ne semblait être que chaos. Comment les structures les plus importantes pouvaient-elles conserver leur identité et leurs colorations distinctes dans une atmosphère aussi fortement brassée ? L'arrivée de la sonde spatiale n'avait fait qu'augmenter ce mystère.

Le mystère subsiste aujourd'hui ! Néanmoins, l'analyse des images prises par *Voyager 1* et *Voyager 2* révèle un certain ordre dans le chaos : de nombreux aspects de la circulation atmosphérique sur Jupiter et Saturne sont comparables à certains modèles de l'atmosphère et des océans de la Terre. On invoque aujourd'hui un grand nombre de modèles théoriques et d'expériences de laboratoire pour expliquer cette circulation ; ces modèles diffèrent surtout par leur explication d'une question fondamentale restée sans réponse. Les mouvements dans l'atmosphère de Jupiter et de Saturne sont-ils confinés à une mince couche (100 à 200 kilomètres d'épaisseur) éclairée par le Soleil, où se forment les nuages et où la pression atmosphérique vaut un petit nombre de fois seulement la pression atmosphérique au niveau de la mer, sur notre Terre ? Ou bien ces mouvements s'étendent-ils sur des dizaines de milliers de kilomètres d'épaisseur, jusqu'à la surface d'une zone d'hydrogène métallique où la pression vaut trois millions de fois la pression atmosphérique terrestre ?

Dans cet article, nous étudierons Jupiter et Saturne eux-mêmes, sans nous occuper de leurs satellites et anneaux. Nous commencerons par indiquer les propriétés globales de ces deux planètes : leur masse, leur densité et leur composition. Ceci nous conduira à examiner la structure interne de chaque planète et l'origine de la chaleur interne que chacune rayonne dans l'espace. Nous décrirons ensuite la structure et la chimie de l'atmosphère de Jupiter et de Saturne. Pour terminer, nous donnerons les différentes explications de la dynamique de l'atmosphère. Et là, le défi consiste bien à trouver pourquoi les particularités du flux atmosphérique persistent pendant des décennies ou des siècles sur Jupiter et sur Saturne, et pendant quelques jours ou quelques semaines seulement sur Terre.

Masse, densité et structure interne

Aucune théorie ne rend compte avec précision de la masse des deux compagnons principaux du Soleil. La masse de Jupiter vaut 318 fois celle de la Terre, soit environ un millième de la masse du Soleil. La masse de Saturne vaut 95 fois celle de la Terre. Ces valeurs reflètent probablement la quantité de matière laissée en orbite autour du Soleil peu de temps après sa formation. De plus, aucune théorie ne permet de connaître avec précision l'abondance relative des divers éléments chimiques constituant Jupiter et Saturne. Cependant, ces quantités sont comparables à celles que l'on trouve dans le Soleil. De manière spécifique, Jupiter et Saturne sont les seules planètes du système solaire à être composées essentiellement d'hydrogène et d'hélium. Aucune autre substance ne pourrait conférer à Jupiter sa densité globale de 1,33 gramme par centimètre cube seulement, aux pressions et températures caractéristiques de cette planète. La densité de Saturne est encore plus petite – 0,69 gramme par centimètre cube – car la masse plus faible de Saturne a pour conséquence une autocompression gravitationnelle moindre.

Mercure, Vénus, la Terre et Mars sont constitués d'une matière plus lourde : leur densité est comprise entre 3,9 et 5,5 grammes par centimètre cube, soit plusieurs fois la densité de Saturne. D'une manière générale, ces planètes sont faites de roches constituées des métaux les plus abondants et de leurs oxydes. La densité d'Uranus et de Neptune est deux fois plus grande que celle de Saturne, bien que leur autocompression soit moindre. En conséquence, leurs éléments constitutifs les plus probables sont l'oxygène, le carbone et l'azote, respectivement les troisième, quatrième et cinquième éléments par ordre d'abondance du système solaire (les deux premiers étant l'hydrogène et l'hélium.) Aux températures qui caractérisent le système solaire extérieur

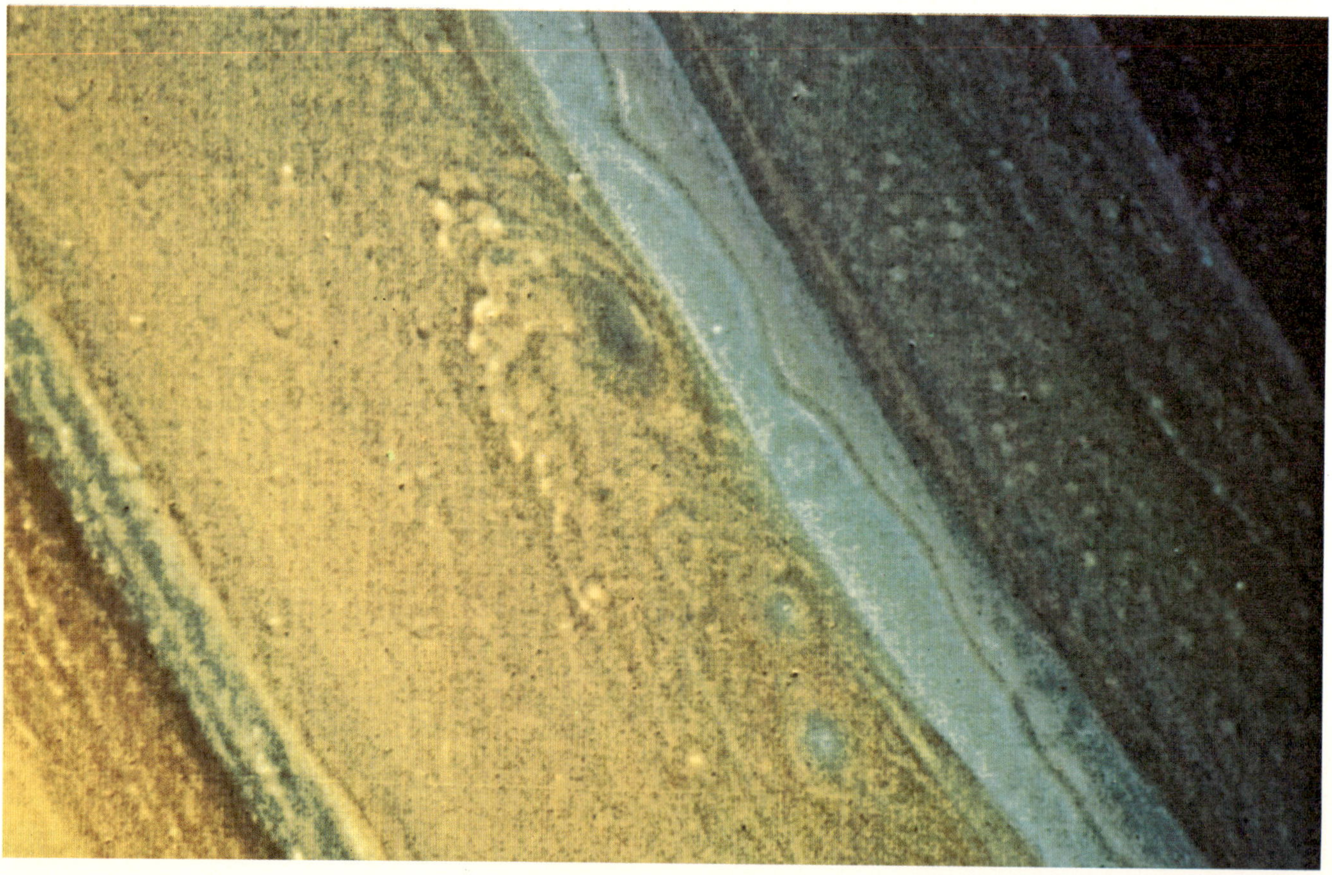

1. LES COURANTS TOURBILLONNAIRES dans l'atmosphère de Jupiter et de Saturne correspondent à des déviations dans la configuration d'ensemble des écoulements constituée par ailleurs de bandes permanentes et alternées de vents d'Est et d'Ouest. Le vaisseau spatial *Voyager 1* a photographié, le 2 mars 1979, les latitudes moyennes de l'hémisphère Nord de Jupiter (*en haut*). La bande orange qui coupe en diagonale le coin inférieur droit, représente un vent soufflant vers l'Est de façon continue, à une vitesse de 130 mètres par seconde. Les lignes sinueuses vers le haut de l'image représentent des tourbillons dont la vitesse est d'environ 30 mètres par seconde relativement aux courants plus stables. *Voyager 2* a photographié, le 19 août de cette même année, les latitudes moyennes de l'hémisphère Nord de Saturne (*en bas*). La ligne ondulée à l'intérieur du ruban bleu clair est un courant se déplaçant vers l'Est à 150 mètres par seconde. L'ovale sombre et les structures blanchâtres voisines sont des tourbillons qui dérivent vers l'Ouest.

(région comprenant Jupiter, Saturne, Uranus, Neptune et Pluton), l'oxygène, le carbone et l'azote devraient se combiner avec l'hydrogène en présence pour former de l'eau, du méthane (CH_4) et de l'ammoniac (NH_3). A la surface d'Uranus et de Neptune, ces composés sont sous forme de glaces ; à l'intérieur, ils sont liquides. L'enrichissement des glaces en hydrogène et en hélium sur les planètes situées au-delà de Saturne est difficile à expliquer. L'épuisement des gaz et des glaces dans le système solaire intérieur reflète probablement les hautes températures qui prévalaient près du Soleil dans les premiers âges du système solaire.

Connaissant la masse et la composition d'une planète telle que Jupiter ou Saturne, on peut chercher à en déduire sa structure interne. La taille et la densité d'une planète s'ajustent de sorte que la pression vers l'extérieur des matériaux comprimés équilibre exactement la force de gravité dirigée vers l'intérieur, et ce en tout point de l'intérieur de la planète. Il en résulte un état d'équilibre hydrostatique. Si la planète est en rotation, une force supplémentaire vient se joindre à l'équilibre : c'est la force centrifuge, dirigée vers l'extérieur, due à la rotation de la planète. La force centrifuge d'une masse en rotation est proportionnelle au carré de la distance de la masse à l'axe de rotation ; par suite, une planète en rotation est aplatie : son rayon polaire est inférieur à son rayon équatorial. Le degré d'aplatissement dépend de la répartition interne de la masse. Par exemple, deux planètes de masse et de vitesse de rotation identiques auront un degré d'aplatissement différent si la matière est concentrée près du centre dans l'une et plus loin du centre dans l'autre ; cette dernière planète sera la plus aplatie des deux. Le degré d'aplatissement est à l'évidence un indice sensible de la structure interne d'une planète en rotation.

Jupiter et Saturne ont toutes deux une période de rotation d'environ dix heures. De plus, ces deux planètes sont quelque peu aplaties. Le rayon équatorial de Jupiter est supérieur de 6,5 pour cent au rayon polaire ; dans le cas de Saturne, il est supérieur de 9,6 pour cent. Des mesures du champ gravitationnel de ces planètes indiquent un degré correspondant de concentration de la masse vers le plan équatorial. L'incorporation de ces mesures dans des modèles de la structure interne de Jupiter et de Saturne ont conduit William Hubbard de l'Université de l'Arizona et V. Zharkov et V. Trubitsyn de l'Institut de Physique de la Terre de Moscou, à proposer une nouvelle théorie : Jupiter et Saturne ont toutes deux un cœur dense qui ne peut pas être composé d'hydrogène et d'hélium sous pression ; en effet, la pression interne de chaque planète n'est pas assez forte pour produire les densités centrales requises à partir d'un mélange de ces deux éléments. Apparemment Jupiter possède un noyau de roche et de glace constituant environ quatre pour cent de sa masse, et Saturne a un cœur similaire constituant environ 25 pour cent de sa masse ; chacun de ces noyaux est peut-être le coeur autour duquel le reste de la planète s'est condensé à partir de gaz quand le système solaire s'est formé. Ou peut-être les noyaux se sont-ils formés plus tard, par suite d'une redistribution de matière à l'intérieur des planètes.

La connaissance de la structure interne de Jupiter et de Saturne provient également de la description quantique du comportement des atomes et des molécules sous pression. En accord avec le principe d'exclusion de Pauli, les électrons liés à des protons dans un assemblage sous pression de molécules d'hydrogène ne peuvent occuper le même volume qu'en passant sur des niveaux d'énergie plus élevés. Pour un certain taux de compression (et donc pour une certaine quantité d'énergie) les électrons ne sont plus liés à des protons individuels mais deviennent libres de circuler dans un mélange électriquement neutre de protons et d'électrons. L'hydrogène est alors à l'état métallique. Edwin Salpeter de l'Université de Cornell et David Stevenson, aujourd'hui à l'Institut de Technologie de Californie, ont montré que la transition de l'hydrogène moléculaire à l'hydrogène métallique se produit à peu près à la même pression critique (trois millions d'atmosphères terrestres) sur Jupiter et sur Saturne. Comme Jupiter est plus massif que Saturne, la pression critique est atteinte plus près de la surface. Sur Jupiter, la distance du centre de la planète au lieu de transition hydrogène moléculaire-hydrogène métallique est de l'ordre de 0,75 à 0,80 fois le rayon de la planète. Sur Saturne, ce facteur est compris entre 0,45 et 0,50.

Les sources de chaleur interne

Des mesures effectuées par les instruments embarqués sur *Voyager*, ainsi que sur *Pioneer* qui atteignit Jupiter dès 1973, indiquent que l'énergie dégagée par Jupiter (sous forme de rayonnement infrarouge) est 1,5 à 2,0 fois plus importante que l'énergie absorbée (sous forme de lumière solaire). Dans le cas de Saturne, le rapport énergie émise/énergie reçue est de 2 à 3. Par conséquent, Jupiter comme Saturne possèdent des sources de chaleur in-

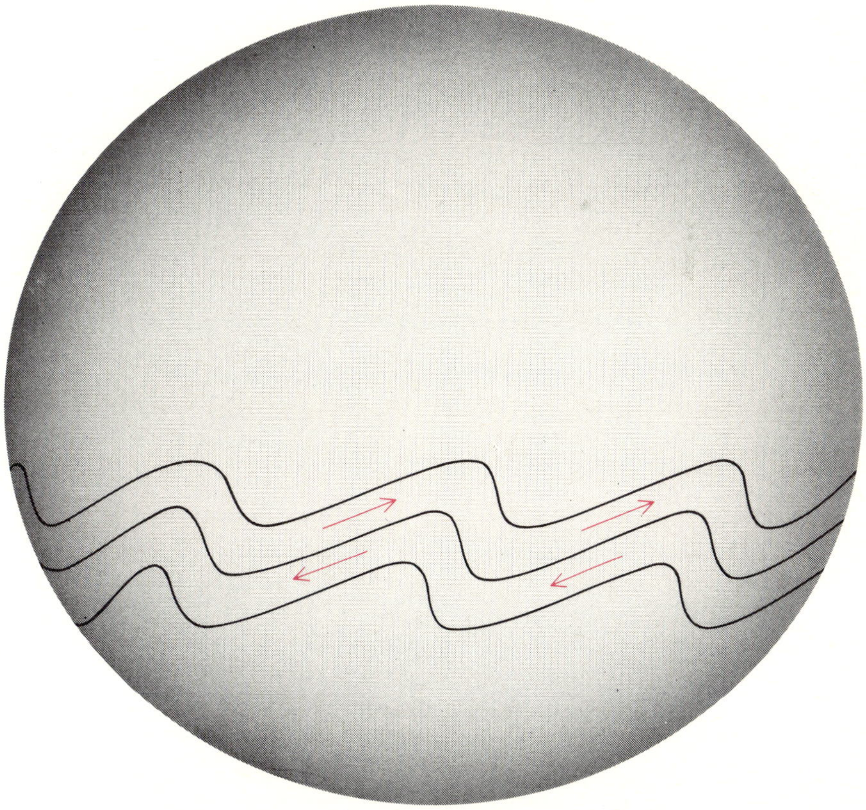

2. LE TRANSFERT DE QUANTITÉ DE MOUVEMENT entre des courants tourbillonnaires et les vents permanents vers l'Est et vers l'Ouest a été étudié dans le cas de la Terre par Victor Starr et ses collaborateurs du M.I.T. ; les images enregistrées par *Voyager* suggèrent que des transferts identiques fournissent un apport de quantité de mouvement aux vents vers l'Est et vers l'Ouest sur Jupiter et Saturne. Sur cette illustration représentant un modèle de planète, les tourbillons déplacent vers le Nord la quantité de mouvement dirigée vers l'Est, et vers le Sud, la quantité de mouvement dirigée vers l'Ouest. Ce processus a pour effet d'augmenter la différence de vitesse entre les courants moyens Est-Ouest de la planète.

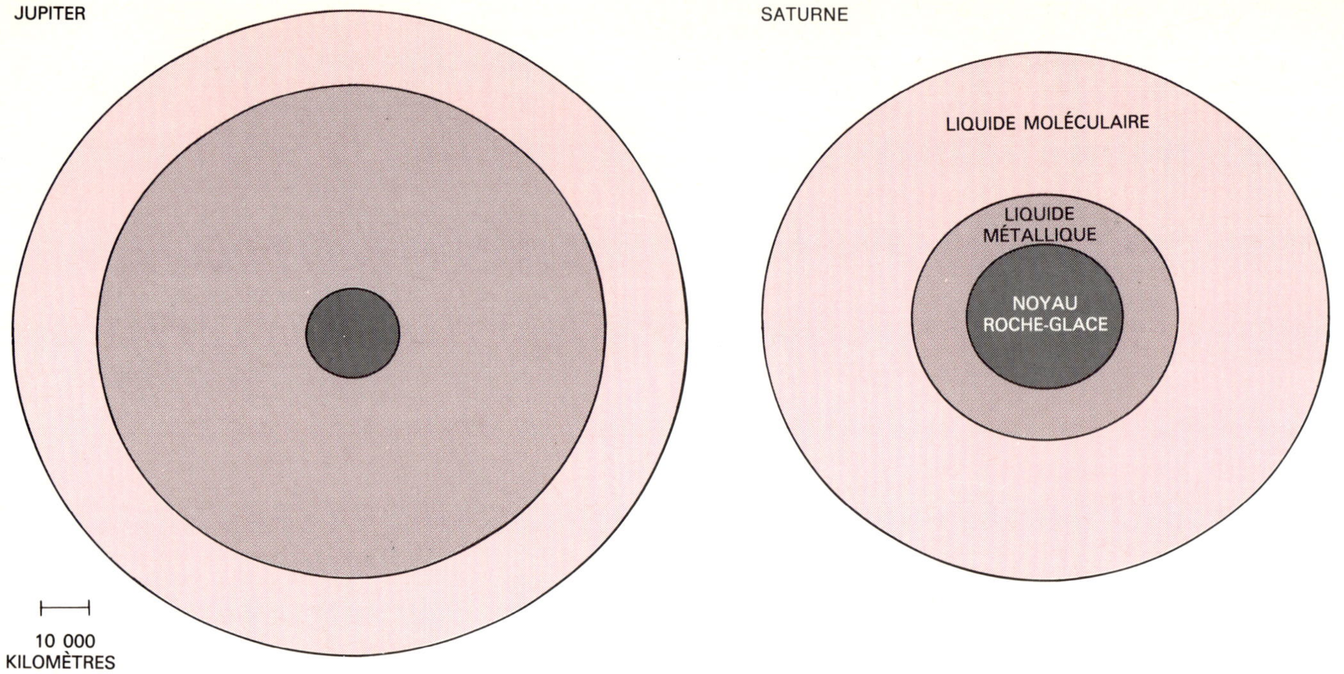

3. L'INTÉRIEUR de Jupiter (*à gauche*) et de Saturne (*à droite*) est constitué de trois couches. La couche extérieure est un mélange liquide d'hydrogène et d'hélium ; l'hydrogène est moléculaire. La couche la plus profonde est un noyau de roche et de glace. Dans la couche intermédiaire, une pression de plus de trois millions d'atmosphères terrestres transforme l'hydrogène en un mélange liquide de protons et d'électrons libres. Ainsi l'hydrogène, dans la couche intermédiaire, est métallique.

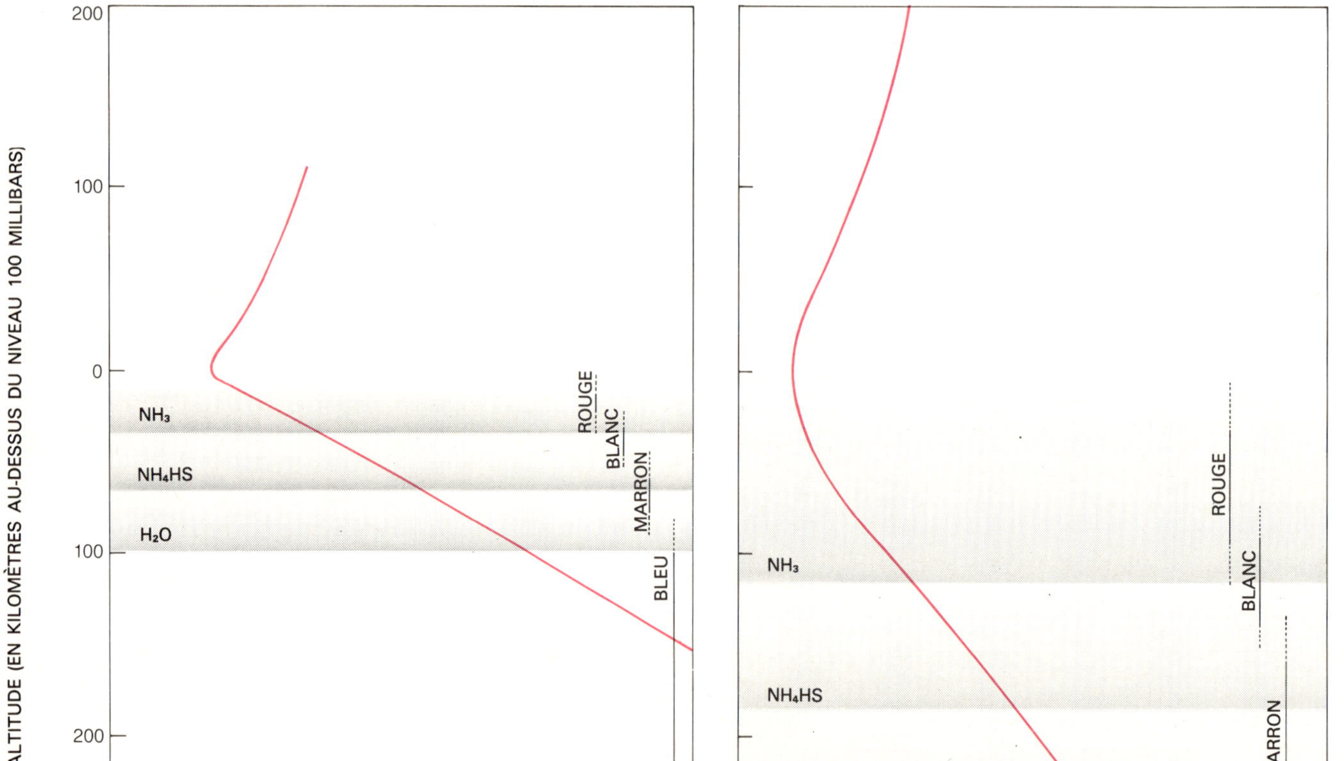

4. L'ATMOSPHÈRE de Jupiter (*à gauche*) et de Saturne (*à droite*) contient probablement les divers éléments chimiques dans des proportions très comparables à celles du Soleil ; on pense donc que cette atmosphère comprend des nuages stratifiés d'ammoniac (NH_3), d'hydrosulfure d'ammonium (NH_4HS) et d'eau. Ces composés forment tous des particules blanches ; aussi les couleurs de chaque atmosphère doivent avoir d'autres origines, qui restent encore à identifier. Sur ces graphes, chaque couleur est associée à une gamme d'altitudes, d'après les mesures de température effectuées au sommet des nuages. Les sommets des nuages sur chaque planète ne dépassent pas le niveau auquel la température (*courbes en couleur*) commence à augmenter avec l'altitude.

terne. Pourtant aucune de ces planètes n'est suffisamment massive pour que son autocompression gravitationnelle ait pu amorcer une fusion nucléaire : ni l'une ni l'autre ne sont des étoiles. Leur chaleur interne doit donc résulter de l'énergie gravitationnelle qui apparut lorsque chaque planète se contracta à partir d'un nuage de gaz il y a quelque 4,6 milliards d'années. James Pollack et ses collègues du *Ames Research Center* de la NASA ont développé des modèles de l'histoire de ces planètes et en ont conclu que l'intérieur de Jupiter et de Saturne est encore très chaud aujourd'hui.

Quelle est sa température ? La réponse vient du principe de la thermodynamique selon lequel la chaleur s'écoule des zones chaudes vers les zones froides. Ainsi, un mélange d'hydrogène et d'hélium dans Jupiter ou Saturne (même un mélange métallique) ne peut pas évacuer beaucoup de chaleur du centre de la planète si le gradient de température (la décroissance de la température en fonction de la distance au centre) n'est pas significatif. Ce gradient est limité, toutefois, par la convection, c'est à dire ce mouvement de brassage d'un fluide dans lequel les particules de fluide chaudes s'élèvent et les particules plus froides descendent.

En bref, la convection mélange un fluide jusqu'à ce que la diminution de température avec l'altitude compense le taux de refroidissement adiabatique, c'est-à-dire la vitesse à laquelle une particule de fluide qui s'élève se refroidit quand il n'y a pas d'échange de chaleur avec le milieu. Au lieu de perdre de l'énergie par transfert de chaleur, la particule de fluide perd de l'énergie en exerçant une pression sur le milieu environnant au fur et à mesure que son volume augmente. A partir de ces données, on peut montrer que le gradient de température à l'intérieur de Jupiter et de Saturne est pratiquement adiabatique et que les températures du noyau sont de l'ordre de 20 000 à 30 000 degrés. A de telles températures, un mélange d'hydrogène et d'hélium ne se solidifie pas : ainsi, l'hydrogène métallique contenu à l'intérieur de Jupiter et de Saturne est liquide. A un niveau intermédiaire, où la pression vaut trois millions d'atmosphères terrestres, le liquide métallique se transforme brusquement en un liquide moléculaire. A des niveaux encore plus élevés, c'est-à-dire près de la surface de la planète, le liquide moléculaire devient progressivement un gaz moléculaire : l'atmosphère de Jupiter et de Saturne.

Des modèles du refroidissement de Jupiter au cours de l'histoire du système solaire rendent compte de la totalité de l'énergie rayonnée en excès aujourd'hui par Jupiter (par rapport à la quantité absorbée). Ces modèles, cependant, ne permettent pas d'expliquer d'où vient

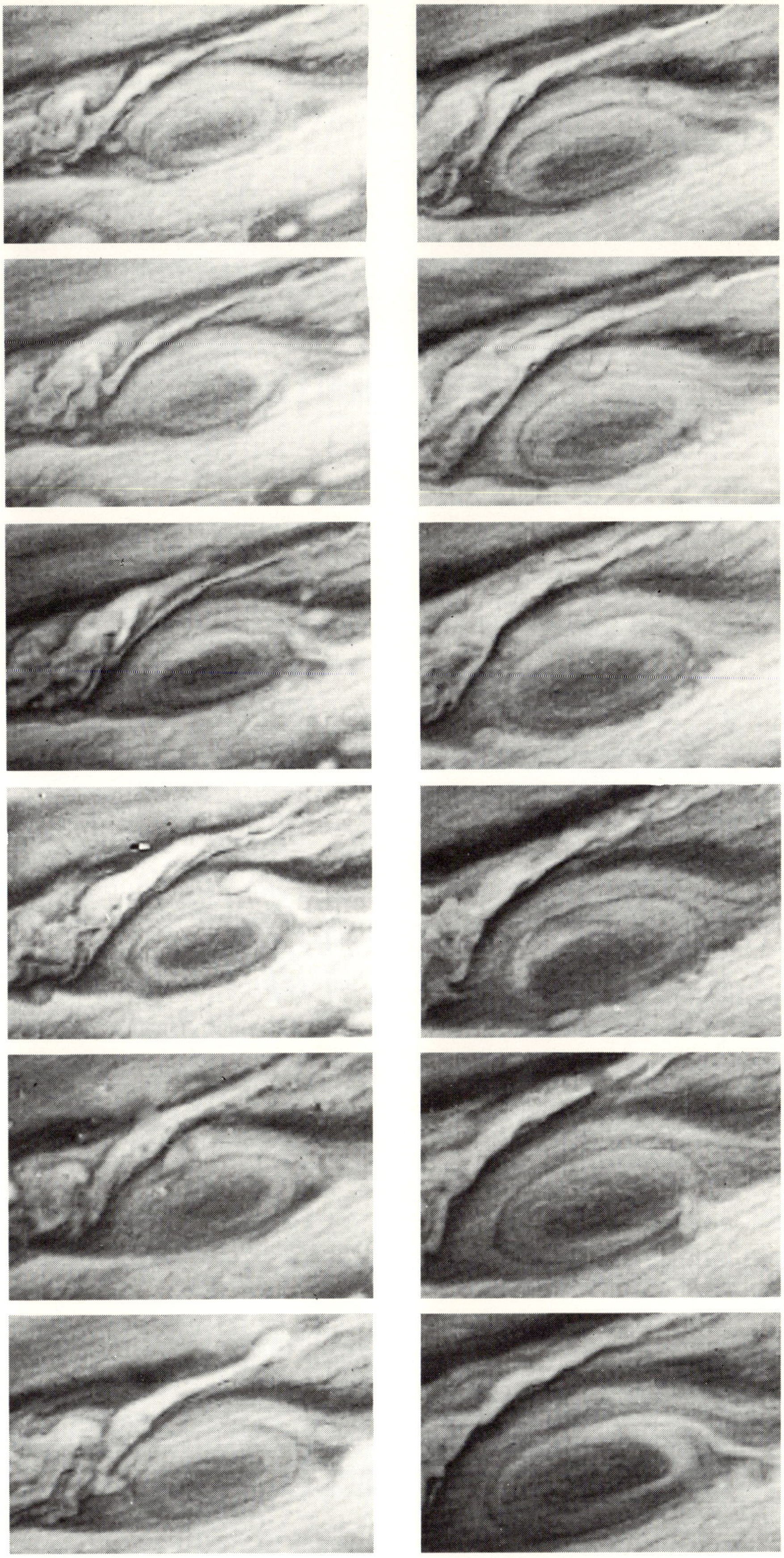

5. LA GRANDE TACHE ROUGE de Jupiter apparaît ici dans une séquence d'images prises par *Voyager 1*, toutes les quatres rotations de la planète, soit environ toutes les 40 heures. La tache elle-même a été observée depuis trois siècles à partir de la Terre. Elle tourne en sens inverse des aiguilles d'une montre entre un courant dirigé vers l'Ouest, au Nord, et un courant dirigé vers l'Est, au Sud. Elle a environ 25 000 kilomètres de long. Dans la séquence prise par *Voyager*, on voit la structure sur une échelle de 1000 kilomètres. De petits nuages approchent la tache en venant de l'Est, et font le tour de celle-ci en six à dix jours. Ils sont en partie avalés. Des taches plus petites s'en retournent vers l'Est.

environ le tiers de l'excès d'énergie rayonnée par Saturne. Apparemment Saturne possède une source de chaleur interne qui n'est pas prise en compte par les calculs, source que ne contient pas Jupiter. Au milieu des années 1970, E. Salpeter et D. Stevenson ont proposé une explication que confirment aujourd'hui les données fournies par *Voyager*. Une planète comprenant un mélange d'hydrogène et d'hélium présente deux types d'énergie : une énergie thermique et une énergie gravitationnelle. Si le rapport de mélange (c'est-à-dire le rapport de l'hydrogène à l'hélium) est uniforme dans tout le mélange, les deux types d'énergie sont libérés ensemble dans un rapport constant. Or, lorsque la planète se refroidit, elle se contracte : si le rapport de mélange varie (par exemple, si l'hélium passe à travers l'hydrogène), une quantité supplémentaire d'énergie gravitationnelle est libérée. Un tel processus peut se dérouler sur Saturne car cette planète s'est déjà refroidie à un point tel que l'hélium précipite sur la zone d'hydrogène métallique.

Selon E. Salpeter et D. Stevenson, ce processus est tout à fait semblable à une chute de pluie ordinaire. Quand un volume de l'atmosphère terrestre est refroidi en-deçà de son point de saturation, l'eau se condense et des gouttes de pluie tombent. La condensation libère la chaleur qu'avait emmagasinée l'eau pour se vaporiser, et le taux de refroidissement atmosphérique ralentit. Sur Saturne, les gouttes de pluie sont des gouttes d'hélium, et de l'énergie est libérée lorsque ces gouttes tombent et s'écoulent à travers le fluide d'hydrogène. Ce processus a débuté sur Saturne il y a quelque deux milliards d'années. Jupiter, qui est plus massif, ne s'est pas encore refroidi au point où la planète est saturée d'hélium à tous les niveaux. Peut-être Jupiter est-il juste en train d'atteindre ce point ?

Des mesures de l'abondance de l'hélium ont permis de confirmer l'hypothèse selon laquelle la pluie d'hélium libère de l'énergie sur Saturne. Il n'est pas facile de réaliser ce type de mesures. En effet, l'hélium n'est pas absorbant dans l'infrarouge, et le spectre de rayonnement émis par Jupiter et Saturne ne révèle pas directement la présence d'hélium. Cependant, la présence d'hélium affecte l'absorption du rayonnement infrarouge par l'hydrogène. Par ce biais, un groupe dirigé par Rudolph Hanel du Centre de Recherche *Goddard* de la NASA et par Daniel Gautier de l'Observatoire de Meudon, a déterminé les proportions relatives d'atomes d'hélium et de molécules d'hydrogène à partir des mesures effectuées par la sonde *Voyager*.

Au-dessus de la zone d'hydrogène métallique, Jupiter s'avère être constitué de dix pour cent d'hélium, une valeur très proche des 11 pour cent d'hélium contenus dans le Soleil. La proportion d'hélium dans Saturne est inférieure à six pour cent. Si l'hélium manquant a précipité en pluie de la zone moléculaire jusqu'à un niveau profond de la zone métallique, la chaleur libérée par ce processus a pu en effet maintenir la source de chaleur interne de Saturne à sa valeur actuelle depuis deux milliards d'années. En résumé, les diverses conclusions formulées à propos de la composition globale de la structure interne et de l'histoire du refroidissement de ces planètes géantes semblent former un ensemble cohérent.

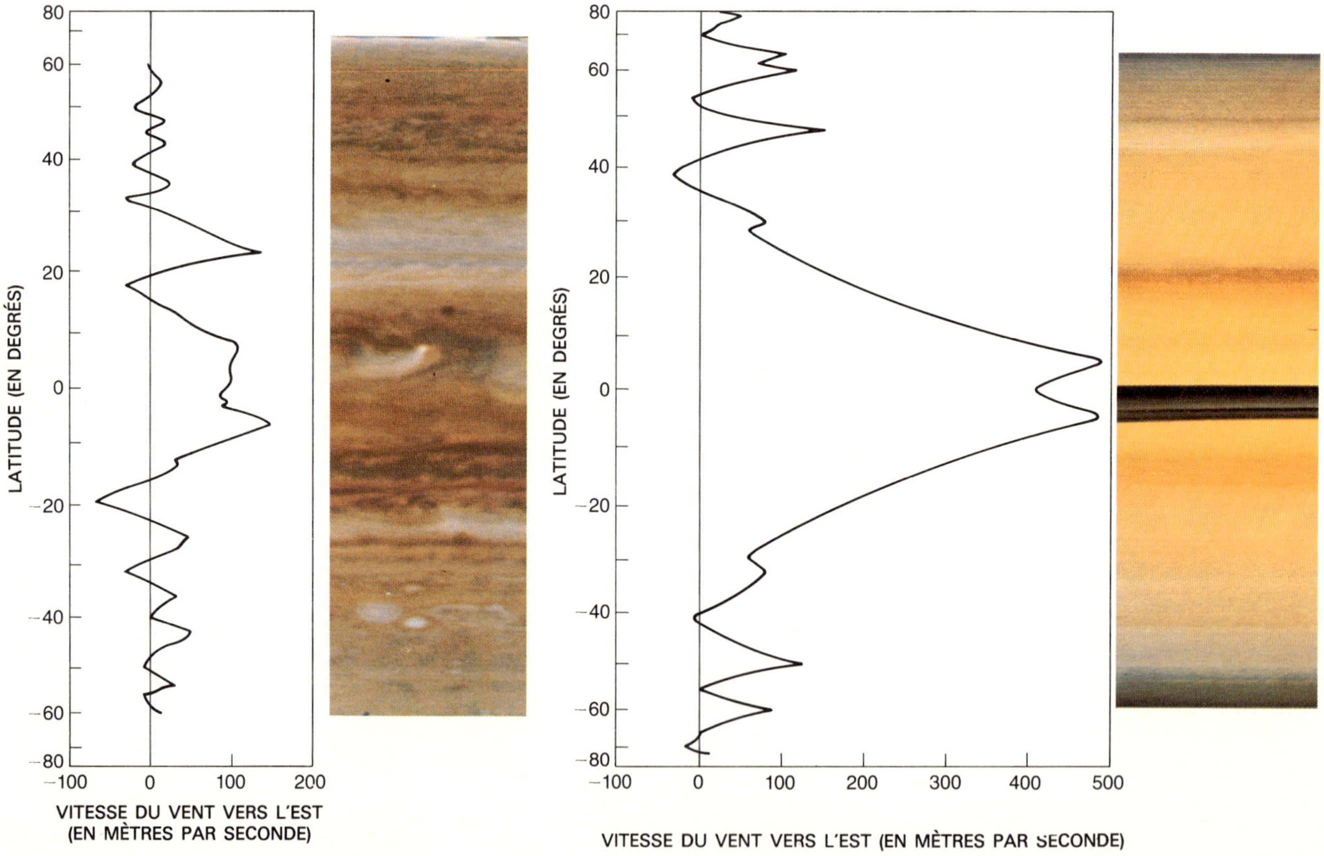

6. LES VITESSES MOYENNES DES VENTS sur Jupiter (*à gauche*) et sur Saturne (*à droite*) sont comparées aux images de chaque planète. Les nombres positifs représentent les vitesses vers l'Est ; les nombres négatifs sont les vitesses vers l'Ouest. Les vitesses du vent sont ici rapportées à la vitesse de rotation de la planète ; on les a mesurées en suivant le mouvement des caractéristiques nuageuses sur des images successives de chaque planète enregistrées par *Voyager 2*. Les mesures indiquent que chaque hémisphère de Jupiter comporte plusieurs alternances de courants d'Est et d'Ouest. Sur Saturne, la configuration est plus simple mais les courants sont plus forts ; dans l'atmosphère de Saturne, une vitesse de 500 mètres par seconde représente les deux tiers de la vitesse du son. Quatre vingts ans d'observations à partir de la Terre et, plus récemment, les informations fournies par les vaisseaux spatiaux suggèrent que les colorations des nuages à toutes latitudes sont changeantes mais que les vents sont beaucoup plus persistants. La bande sombre autour de l'équateur de Saturne est le système d'anneaux de la planète et son ombre sur la surface.

La chimie de l'atmosphère

Dès les années 1930, des chercheurs identifiaient des raies dans le spectre de la lumière solaire réfléchie par Jupiter, raies dues à l'absorption de la lumière par du méthane et de l'ammoniac gazeux. La molécule d'hydrogène ne présente que de faibles raies d'absorption; aussi sa présence ne fut-elle confirmée que quelque 30 ans plus tard bien que, déjà à cette époque, on pensait que l'hydrogène était 1000 fois plus abondant que le méthane et l'ammoniac. Le calcul des abondances d'hydrogène, de carbone et d'azote dans l'atmosphère de Jupiter et de Saturne confirme l'hypothèse selon laquelle ces planètes géantes sont composées de matériaux très voisins de ceux qui se sont condensés pour former le Soleil.

Cependant, on devrait également détecter d'autres gaz dans un mélange de composition solaire. Parmi ceux-ci, les plus importants sont la vapeur d'eau et l'hydrogène sulfuré (H_2S). Dans les années 1970, Harold Larson et Uwe Fink de l'Université d'Arizona ont détecté des raies spectrales dues à l'absorption de rayonnement infrarouge par de la vapeur d'eau sur Jupiter, mais on n'a pas détecté de telles raies sur Saturne. De plus, l'hydrogène sulfuré a échappé à toute détection, à la fois sur Jupiter et sur Saturne. La concentration en vapeur d'eau et en hydrogène sulfuré doit être relativement faible au sommet des nuages de Jupiter et de Saturne, où la température ne dépasse pas 150 kelvins (–123 degrés celsius). En fin de compte, ces vapeurs pourraient être présentes à des niveaux inférieurs aux nuages, et ce dans des proportions semblables à celles existant dans le Soleil.

Le spectre infrarouge des points chauds de Jupiter (les trous dans les nuages) révèle une riche composition chimique. Outre la vapeur d'eau, on a détecté de la phosphine (PH_3), du germane (GeH_4), de l'acide cyanhydrique (HCN) et du monoxyde de carbone (CO), ainsi que du méthane lourd, c'est-à-dire des molécules de méthane comprenant l'isotope lourd de l'hydrogène (l'hydrogène 2, ou deutérium) ou du carbone (le carbone 13). De plus, on a détecté de l'éthane (C_2H_6) et de l'acétylène (C_2H_2) sur tout le disque de Jupiter ainsi que sur celui de Saturne. La plupart de ces composés ne seraient pas présents dans une atmosphère riche en hydrogène si cette atmosphère était en équilibre chimique : les divers composés du carbone se retransformeraient en méthane, et l'azote formerait de l'ammoniac. Il y a donc un déséquilibre chimique.

L'origine évidente de ce déséquilibre chimique est le Soleil. Les rayons ultraviolets du Soleil peuvent casser les espèces chimiques dominantes telles que le méthane et libérer des radicaux libres tels que CH_2 et CH_3; des éclairs à travers les nuages de Jupiter et de Saturne, et l'impact de particules électriquement chargées peuvent avoir le même effet. (Les particules chargées tombent en pluie dans l'atmosphère à partir de la magnétosphère, c'est-à-dire la zone dans laquelle ces particules sont confinées par le champ magnétique de la planète.) Les radicaux peuvent réagir avec des molécules de méthane pour former de l'éthane et de l'acétylène et libérer de l'hydrogène. La composition de l'atmosphère de Jupiter résulte donc d'un équilibre entre la production et la destruction de ces hydrocarbures d'ordre supérieur.

La présence de monoxyde de carbone dans les points chauds de Jupiter est plus énigmatique : en effet, l'eau, qui

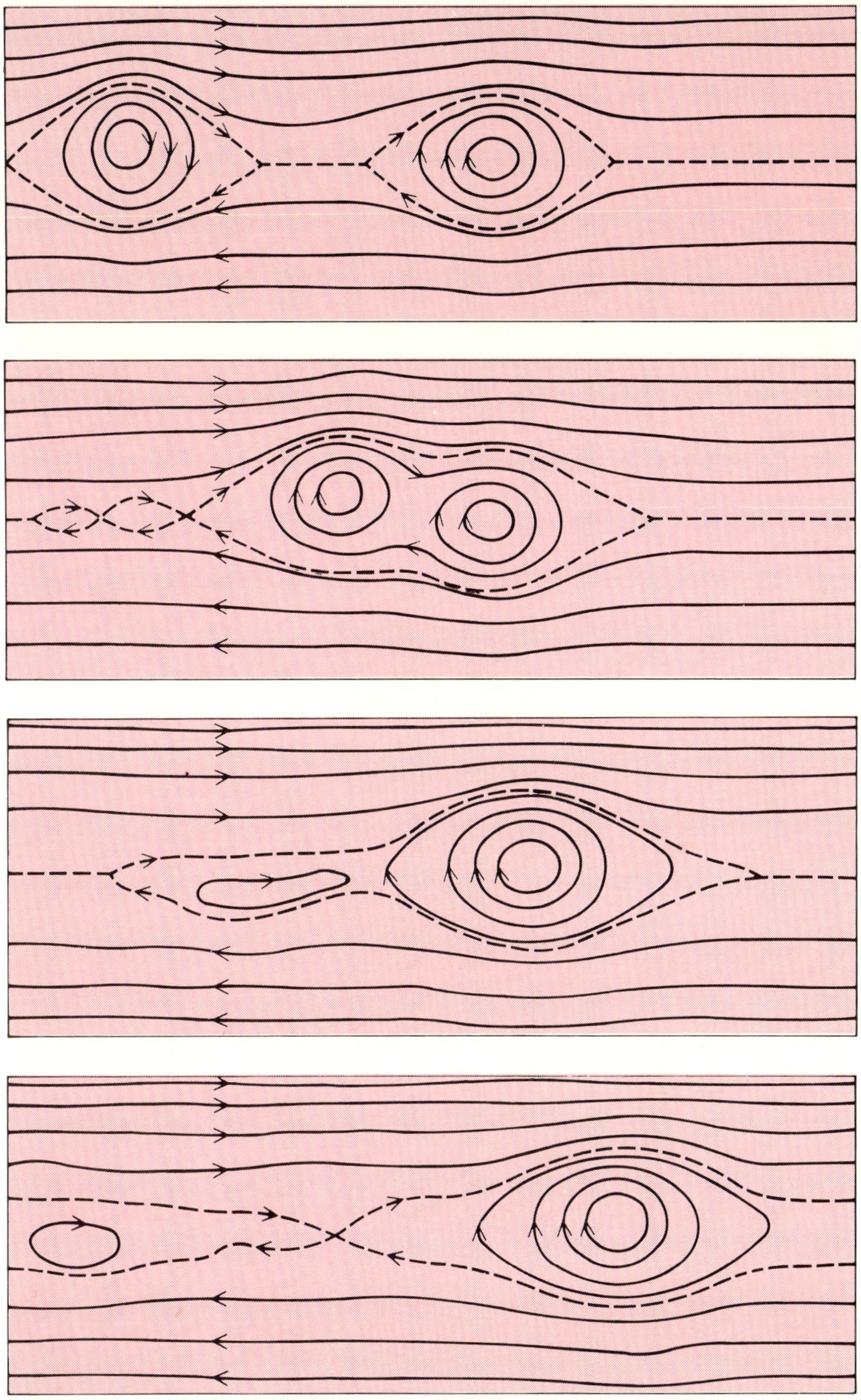

7. UNE FUSION DE TACHES sur Jupiter et Saturne a été simulée sur ordinateur par Pham Giem Cuong et l'auteur à l'Institut de Technologie de Californie. Chaque tache serait un tourbillon plus ou moins permanent sur une configuration sous-jacente d'écoulement Est-Ouest. D'après cette hypothèse, les petites taches éphémères de Jupiter et de Saturne flottent; ainsi les petites taches emmagasinent de l'énergie gravitationnelle. Les grandes taches se maintiennent en avalant les petites. Les lignes pointillées marquent les limites entre chaque tourbillon et l'écoulement laminaire de l'atmosphère.

est la source potentielle d'oxygène, est rare au-dessus des nuages, là où les photons ultraviolets (les quanta de rayonnement ultraviolet) abondent. D'un autre côté, il y a peut-être d'importantes quantités d'eau sous la couche de nuages et là, l'eau pourrait se combiner au méthane pour former du monoxyde de carbone. Les conditions de température et de pression bien au-dessous des nuages favorisent une telle réaction. Autre possibilité : l'oxygène situé au-dessus de la couche de nuage, ne proviendrait pas de Jupiter mais du dioxyde de soufre éjecté par les volcans de Io, le satellite de Jupiter, dont l'activité volcanique fut révélée par les images prises par *Voyager 1* (voir *Les satellites galiléens de Jupiter*, par Laurence Soderblom, *pages 206 à 219)*.

Les particules solides et liquides constituant les nuages de Jupiter et de Saturne apportent d'autres preuves de déséquilibre chimique. Les vapeurs condensables les plus abondantes dans un mélange de composition solaire sont l'eau, l'ammoniac et l'hydrogène sulfuré. A l'équilibre chimique, elles forment des cristaux de glace, d'ammoniac et d'hydrosulfure d'ammonium (NH_4HS). Des gouttes liquides d'eau et de solutions eau-ammoniac pourraient également exister, comme l'ont noté John Lewis et ses collègues de l'Institut de Technologie du Massachusetts. Le problème est que toutes ces condensations sont blanches, alors que les nuages de Jupiter et de Saturne sont colorés.

Ronald Prinn de l'Institut de Technologie du Massachusetts a suggéré la présence de quelques agents colorants. Par exemple, le soufre moléculaire (S_n, où n peut prendre des valeurs supérieures à un) forme des particules brunes et jaunes. Il est dès lors d'autant plus frustrant que l'hydrogène sulfuré, la « molécule fille » du soufre élémentaire, n'ait pas encore été détecté ! Le défi lancé aux théoriciens qui se font les champions du soufre-agent colorant, est d'expliquer comment l'hydrogène sulfuré peut se cacher dans les nuages et être ainsi invisible par spectroscopie, mais être suffisamment exposé aux photons solaires de façon que S_n puisse se former. R. Prinn remarque que le phosphore élémentaire présente une coloration rouge semblable à celle de la « Grande Tache Rouge », et qu'il pourrait se former lorsque des photons ultraviolets frappent des molécules de phosphine gazeuse. Etant donné l'affinité mutuelle des atomes de carbone, des composés organiques complexes sont également une source possible de coloration. Malheureusement, l'identification spectroscopique de composés à l'état solide est difficile, car le spectre de vibrations (et l'absorption associée de certaines longueurs d'onde lumineuses) des molécules d'un solide est brouillé par les collisions entre molécules voisines. Par suite, les sources de coloration sur Jupiter et Saturne demeurent incertaines.

Néanmoins, nous pouvons affirmer que les nuages de couleurs différentes sont associés à différents niveaux de l'atmosphère. La comparaison des images prises en lumière visible et dans l'infrarouge révèle cette corrélation. Les images en lumière visible indiquent les couleurs ; les images en infrarouge distinguent les nuages froids (donc élevés) des nuages chauds (donc plus bas). Sur Jupiter, les sommets des plus hauts nuages sont rouges : les nuages suivants (par ordre d'altitude décroissante) sont blancs, puis bruns et enfin les nuages les plus bas (ou peut-être l'atmosphère au-dessous des nuages) sont bleus. Les divers composés responsables de ces couleurs se forment probablement à différents niveaux en réponse à différentes températures et quantités de lumière solaire. Les particules blanches qui forment la plus grosse partie des nuages devraient également être disposées en strates. L'ammoniac serait situé au plus haut niveau, puis viendrait l'hydrosulfure d'ammonium et enfin l'eau.

La circulation atmosphérique

Dans l'atmosphère terrestre, des gradients de température horizontaux constituent le réservoir dans lequel les vents puisent leur énergie. Les gradients se développent parce que le Soleil chauffe davantage les tropiques que les pôles ; aussi l'air chaud tropical glisse-t-il sur l'air polaire plus froid. Ce processus convertit l'énergie gravitationnelle en énergie cinétique et transfère également de la chaleur en altitude et vers les pôles.

Sur Jupiter et Saturne, les gradients de température horizontaux sont vraisemblablement moins importants que sur Terre. Tout d'abord, le gradient de température qui va de l'équateur au pôle est faible, du moins au niveau de la couche de nuages la plus haute, là où les vaisseaux spatiaux *Pioneer* et *Voyager* ont pu mesurer ce gradient. Sur Jupiter par exemple, la différence de

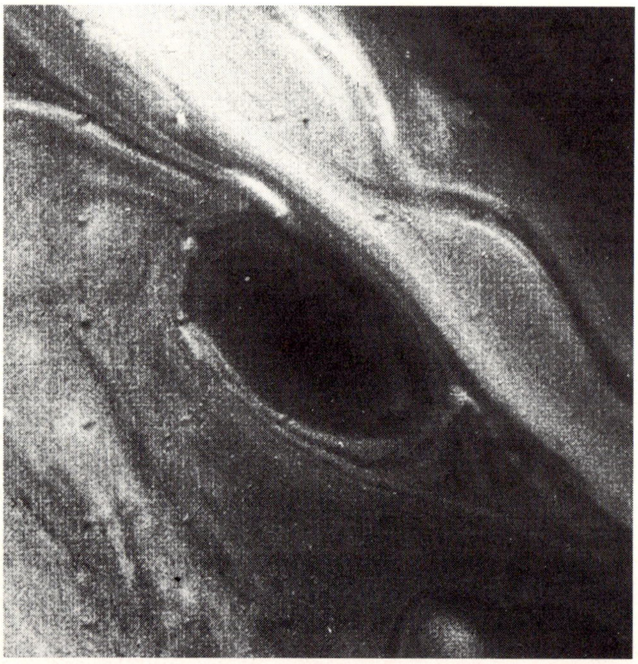

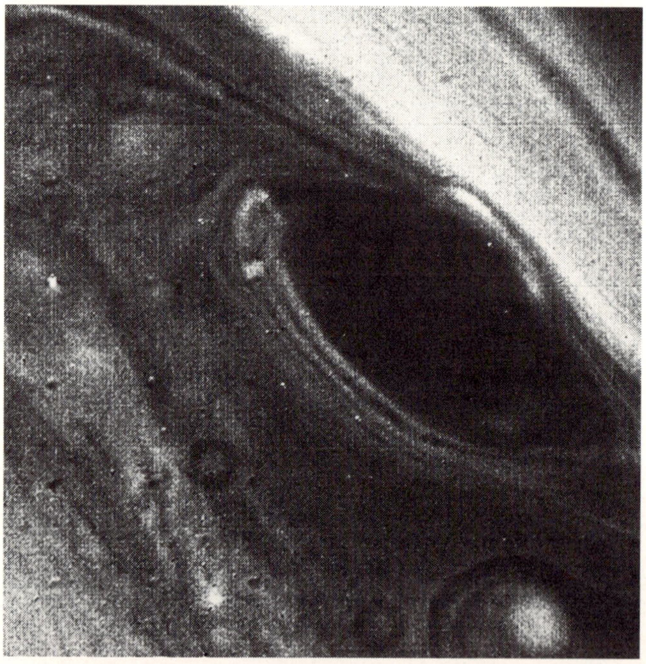

8. CETTE TACHE DE LONGUE DURÉE DE VIE sur Saturne est un ovale brun dans l'hémisphère Nord qui fut photographié le 23 août (*à gauche*) et une rotation de la planète (soit dix heures) plus tard (*à droite*) par *Voyager 2*. Cette tache est quatre fois moins grande que la Grande Tache Rouge. Sa rotation s'effectue dans le sens des aiguilles d'une montre.

température entre l'équateur et le pôle est inférieure à trois degrés. Sur Terre, cette différence est dix fois plus grande et elle s'exerce sur une distance équateur-pôle dix fois plus petite.

En second lieu, l'atmosphère de Jupiter et de Saturne reçoit plus de la moitié de sa chaleur de l'intérieur de la planète. De ce point de vue, Jupiter et Saturne ressemblent plus à des étoiles qu'à la Terre. Selon les théories de convection utilisées dans les modèles stellaires, une source interne de chaleur devrait produire un gradient de température adiabatique, identique le long de tout rayon allant du centre de la planète vers un point de sa surface. De plus, comme la partie de l'atmosphère de Jupiter ou de Saturne recevant la lumière du Soleil ne représente qu'un millionième de la masse (et donc de la capacité calorifique) de l'intérieur de la planète, on peut s'attendre à ce que l'atmosphère soit en quelque sorte court-circuitée par l'intérieur. Tout se passe comme si les points de la surface de la planète étaient tous reliés au centre par de très bons conducteurs tandis que de mauvais conducteurs relieraient les points de la surface entre eux. Donc, si l'on suit ce raisonnement, les gradients de température horizontaux sur Jupiter et Saturne devraient être faibles.

Cependant, la surface de Jupiter et de Saturne reçoit plus de lumière solaire que les pôles, et les mesures effectuées par *Pioneer* et *Voyager* montrent que le taux d'émission infrarouge est à peu près indépendant de la latitude, et est supérieur au taux d'absorption de la lumière solaire à toutes latitudes. Il y a donc transfert de chaleur vers les pôles. Si l'intérieur de chaque planète est un excellent conducteur, la totalité de la partie intérieure fluide de la planète est mise en jeu dans ce transfert de chaleur vers les pôles. Un modèle informatique mis au point par Carolyn Porco et moi-même explique comment se déroule ce transfert. La répartition irrégulière de rayonnement solaire à la surface de la planète crée de petites différences de température à l'intérieur ; ces différences modulent la vitesse à laquelle la chaleur interne arrive des couches inférieures. Selon ce modèle, la diminution (au fur et à mesure que l'on se rapproche des pôles) du chauffage solaire de la mince couche éclairée est compensée par une augmentation de l'ascension verticale de chaleur interne. Ainsi, le transfert de chaleur vers les pôles, dans cette mince couche éclairée, est négligeable.

Gareth Williams, de l'Université de Princeton, a publié un modèle fondé sur des hypothèses totalement différentes. G. Williams a utilisé au départ un formalisme mathématique employé pour prévoir le temps sur Terre. Les équations mathématiques de ce modèle décrivent les mouvements des fluides dans une atmosphère beaucoup plus mince que le rayon de la planète, et ce en accord avec les lois de conservation de la quantité de mouvement et de l'énergie. G. Williams a adapté le rayon et la vitesse de rotation du modèle planétaire de manière que ceux-ci caractérisent Jupiter ou Saturne, et il a réduit la valeur de ce qu'on appelle les paramètres de dissipation qui représentent les pertes, dues aux forces de frottement, de chaleur et de quantité de mouvement dans l'atmosphère. On peut justifier la réduction de ces paramètres par le fait que Jupiter et Saturne ne possèdent pas de surface solide sur laquelle pourraient « frotter » les vents. De plus, une atmosphère profonde et froide ne perd de la chaleur qu'extrêmement lentement, comme l'ont fait remarquer Peter Gierasch de l'Université Cornell et Richard Goody de l'Université Harvard, il y a 15 ans.

G. Williams admet aussi que l'atmosphère se trouvant au-dessous du niveau de pénétration de la lumière solaire a des effets négligeables sur la circulation en surface. En d'autres termes, on néglige le transfert ascendant de chaleur en provenance de l'intérieur, ou du moins on admet qu'il est indépendant de la latitude. De plus, la limite inférieure de la couche éclairée est assimilée à une surface solide, en ce sens qu'elle est indéformable et imperméable. Cette hypothèse serait justifiée si la densité de la couche éclairée était très inférieure à celle de la couche située au-dessous. On observe une telle différence de densité entre l'eau chaude à la surface des océans terrestres et l'eau plus froide en profondeur. Cependant, cette baisse de densité est moins probable dans le cas de Jupiter ou Saturne, c'est-à-dire dans un fluide où il existe un mouvement de convection de la chaleur du bas vers le haut.

En bref, le modèle de G. Williams ressemble en bien des points à un modèle de l'atmosphère terrestre. Toutefois, ce modèle permet d'expliquer la caractéristique la plus remarquable de la météorologie de Jupiter ou de Saturne : un motif alterné de vents d'Est et d'Ouest. En fait, ce modèle explique comment ces circulations éoliennes sont entretenues. Dans l'atmosphère terrestre, les vents permanents soufflent vers l'Ouest au voisinage de l'équateur, et ceux des latitudes moyennes soufflent vers l'Est. Ces deux types de vent sont entretenus par des tourbillons à grande échelle qui transportent la quantité de mouvement dirigée vers l'Est loin des latitudes équatoriales. Ces tourbillons comprennent les cyclones et les anticyclones qui sont en grande partie responsables du temps qu'il fait sur Terre. Sur Jupiter et Saturne, les bandes de vents alternés sont plus nombreuses. Néanmoins, dans le modèle de Gareth Williams, ce sont les tourbillons qui fournissent l'énergie nécessaire aux vents d'Est ou d'Ouest ; de plus, selon G. Williams, l'énergie qui alimente les tourbillons sur Jupiter, Saturne et la Terre, provient en fin de compte de la même source : le gradient de température entre l'équateur et les pôles maintenu par la chaleur solaire.

Les mesures de Voyager

Les meilleures mesures des vents de Jupiter et Saturne ont été obtenues en repérant les positions successives de certains motifs nuageux sur des images prises par *Voyager*. L'équipe chargée de ces mesures comprenait Reta Beebe, Garry Hunt, Jim Mitchell et moi-même. En ce qui concerne Jupiter, notre premier objectif fut de définir la vitesse moyenne du vent pour chaque degré de latitude, en faisant la moyenne des vitesses de tous les motifs que nous pouvions identifier à cette latitude. A la plupart des latitudes, nous avons ainsi repérer entre 50 et 100 motifs très contrastés. Saturne n'en présente pas autant, aussi le nombre des mesures fut-il plus faible.

Un résultat remarquable est l'accord entre les mesures fondées sur les images de Jupiter prises par *Voyager* et les mesures fondées sur quelque 80 années d'observations à partir de la Terre. Les changements intervenus en 80 ans semblent affecter essentiellement la coloration des nuages à des latitudes données. A certaines époques, les vents Est-Ouest n'étaient pas visibles de la Terre, mais apparemment, ils ne se sont pas modifiés.

Le second résultat obtenu concerne la façon dont les vents s'écartent de leur vitesse moyenne à une latitude donnée. Sur Jupiter, les vitesses moyennes vers l'Est ne dépassent pas 130 mètres par seconde. Les écarts par rapport à cette moyenne, qui correspondent à des tourbillons, sont de l'ordre de 20 mètres par seconde et ont une pente systématique. Par exemple, dans les zones où la vitesse moyenne vers l'Est augmente avec la latitude, les vecteurs qui représentent la vitesse (et donc la quantité de mouvement) de ces écarts sont plutôt orientés vers le Nord-Est. Dès lors, ils accroissent la vitesse et la quantité de mouvelent à des latitudes plus septentrionales, où ces paramètres sont déjà plus importants. C'est précisément par ce mécanisme que les tourbillons entretiennent les vents moyens sur Terre, et c'est ce même mécanisme qui sous-tend le modèle de G. Williams. Les tourbillons apparemment chaotiques de Jupiter sont plus ordonnés qu'on ne pourrait s'y attendre.

Il existe toutefois des différences quantitatives importantes entre Jupiter et la Terre. D'une part, les vitesses moyennes des vents et les vitesses des tourbillons sont plus grandes sur Jupiter que sur Terre. En effet, par unité de surface, l'énergie cinétique est transmise des tourbillons aux vents permanents d'Est ou d'Ouest, dix fois plus vite sur Jupiter que sur Terre. D'autre part, le taux auquel l'énergie thermique est transmise dans l'atmosphère de Jupiter pour une éventuelle conversion en énergie cinétique de vent est 20 fois plus faible que sur Terre, également par unité de surface, car Jupiter est plus froide. Ainsi l'efficacité avec laquelle l'atmosphère transforme l'énergie thermique en énergie cinétique semble être beaucoup plus grande sur Jupiter que sur Terre.

Pourtant, il nous faut rester prudent quant à toute conclusion générale sur le rendement des cycles énergétiques de Jupiter ou de Saturne, car ces cycles font intervenir des transformations d'énergie que nous n'avons pas encore mesurées. Par exemple, une masse d'air froid au-dessus d'une masse d'air chaud représente une certaine quantité d'énergie potentielle, qui est libérée lorsque l'air froid descend. De telles libérations d'énergie se produisent à l'intérieur des nuages de Jupiter et de Saturne, et ne sont donc pas observables. Sur Terre, le rendement net du cycle énergétique de l'atmosphère est d'environ un pour cent. Ceci signifie qu'environ un pour cent de l'énergie solaire absorbée par la Terre alimente les mouvements à grande échelle dans l'atmosphère, avant que les frottements ne reconvertissent cette énergie en chaleur rayonnée par la Terre dans l'espace. Le reste est rayonné dans l'espace sans jamais avoir été transformé en énergie cinétique. On ne connaît pas le rendement net sur Jupiter et sur Saturne.

Le modèle des cylindres coaxiaux

Pour ma part, je doute que l'on puisse négliger la grande profondeur de l'inté-

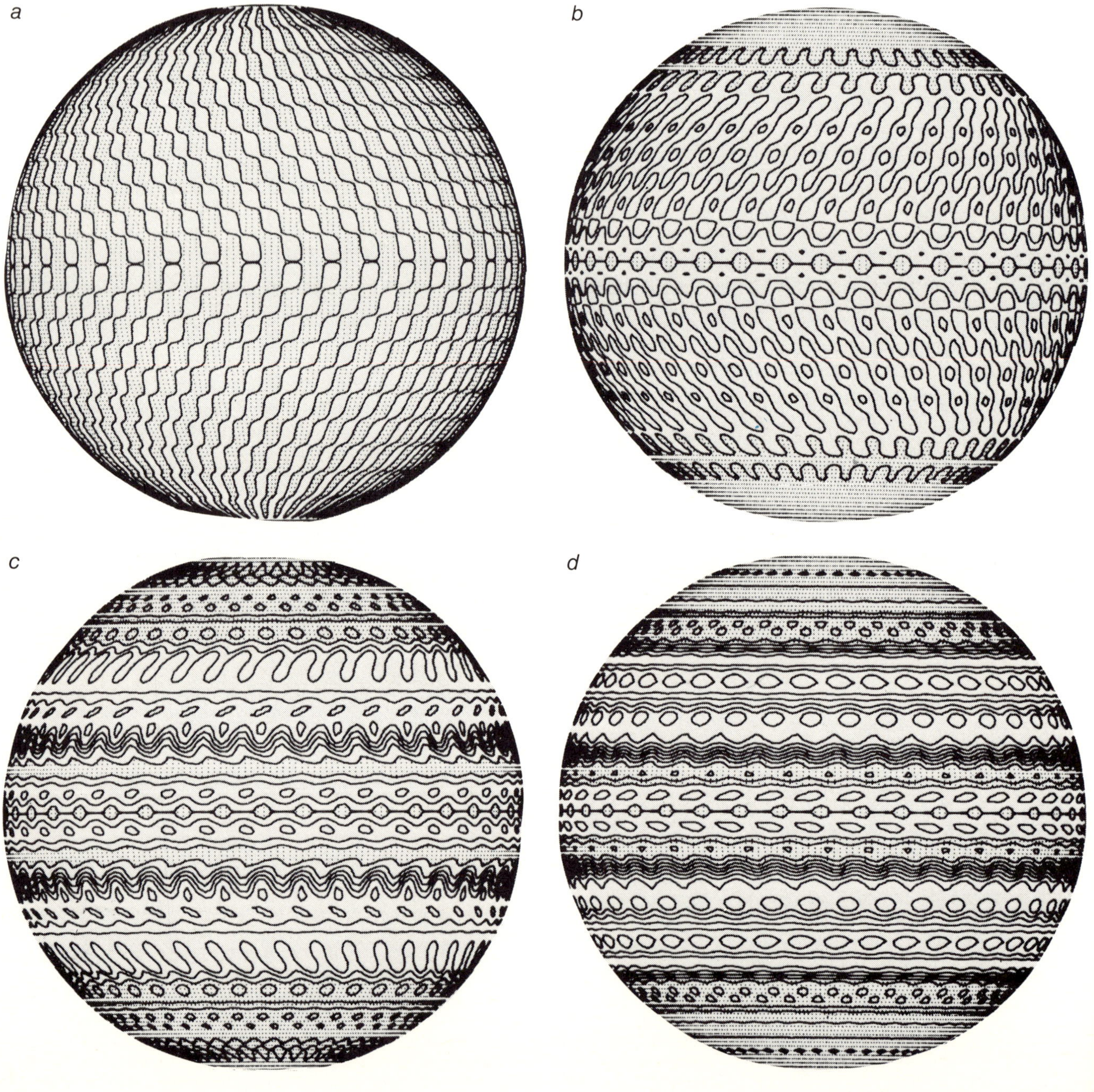

9. DANS LE MODÈLE PLANÉTAIRE proposé par Gareth Williams, on suppose que les processus qui fixent la météorologie sur Terre déterminent également celles de Jupiter et de Saturne. Ce modèle explique comment les vents permanents vers l'Est et vers l'Ouest sont entretenus. La répartition irrégulière du rayonnement solaire à travers le disque de la planète entraîne la présence de courants tourbillonnaires dans une mince couche éclairée de l'atmosphère. La quantité de mouvement des tourbillons « alimente » alors les courants Est et Ouest. Des trains de taches apparaissent dans ce modèle, mais pas d'ovales isolés. L'illustration montre l'état de la simulation informatique de G. Williams après 4,6 jours (*a*), 2,3 jours (*b*), 46 jours (*c*) et 73,3 jours (*d*).

rieur fluide des planètes, lorsque l'on modélise la dynamique atmosphérique de Jupiter ou de Saturne. Des expériences de laboratoire, entre autres celles menées par Geoffrey Taylor à l'Université de Cambridge dans les années 1920 et celles que réalisent actuellement F. Busse à l'Université de Californie à Los Angeles, montrent que les mouvements de turbulence à petite échelle (c'est-à-dire les tourbillons) dans un fluide en rotation rapide s'alignent selon des colonnes parallèles à l'axe de rotation. Pour tout niveau dans chaque colonne, le mouvement dans un plan perpendiculaire à cet axe est le même. Les colonnes résistent à l'étirement ou à la compression selon l'axe. Par conséquent, chaque colonne demeure à une distance fixe de l'axe de rotation. Les expériences et les calculs de F. Busse suggèrent que cette structure en colonne engendre une configuration d'écoulement entretenu dans le fluide. Dans un liquide de densité constante et de faible viscosité, cette configuration est du type suivant : des cylindres coaxiaux de fluide sont en rotation à des vitesses différentes autour de leur axe commun, qui est l'axe de rotation moyen du fluide. Dans un liquide de viscosité plus élevée ou formant des couches de différente densité, d'autres configurations sont possibles.

L'applicabilité de ces expériences de laboratoire à Jupiter et Saturne dépend alors de la distribution de densité dans chacune de ces planètes. Une augmentation marquée de la densité sous la couche éclairée de l'atmosphère, comme l'a postulé G. Williams, implique que chaque planète est l'analogue à grande échelle d'un fluide de laboratoire stratifié. Des colonnes du type de celles trouvées par G. Taylor et F. Busse ne traversent pas l'interface entre deux couches de densité différente et ainsi la couche éclairée peut être découplée de l'intérieur. D'autre part, la convection de la chaleur à l'intérieur de Jupiter et de Saturne devrait entraîner un gradient de température adiabatique et un intérieur bien brassé. Ceci implique que chaque planète est l'analogue d'un fluide de laboratoire de densité constante.

Selon la plupart des modèles de l'intérieur de Jupiter et de Saturne, la zone adiabatique est limitée par les nuages. Par suite, les vents permanents d'Est et d'Ouest que nous avons mesurés dans les nuages de Jupiter et de Saturne pourraient être le signe visible du mouvement de cylindres coaxiaux s'étendant à travers tout l'intérieur fluide de chaque planète. Les vents pourraient puiser leur énergie dans les tourbillons, comme le suggère le modèle de G. Williams et comme l'indiquent les données fournies par *Voyager.* Si les vents représentent effectivement le mouvement de cylindres, cependant, leur inertie serait alors immense. Une fois les cylindres coaxiaux en mouvement, ils pourraient parfaitement conserver la même rotation pendant les 80 années d'observations faites d'abord à partir de la Terre par les astronomes puis par les instruments de *Voyager.*

Le modèle des cylindres coaxiaux implique que les profils de la vitesse du vent en fonction de la latitude dans les hémisphères Nord et Sud de Jupiter et de Saturne doivent être symétriques au voisinage de l'équateur. Cette symétrie ne doit toutefois pas s'étendre aux latitudes élevées, car le saut de densité à l'interface entre l'hydrogène moléculaire et l'hydrogène métallique à l'intérieur de chaque planète découple les cylindres coaxiaux internes. Dans le cas de Jupiter, le découplage affecterait des latitudes supérieures à 40-45 degrés Nord et Sud. Pour Saturne, il affecterait les latitudes supérieures à environ 65 degrés. Sur les profils déduits des données de *Voyager,* ces symétries sont bien présentes : les hémisphères Nord et Sud de Jupiter et de Saturne présentent chacun trois cycles complets de vents alternés d'Est et d'Ouest, entre l'équateur et les latitudes affectées par le découplage des cylindres. Un gradient de température non adiabatique dans les couches de nuages est peut-être responsable de légers défauts de symétrie, tels ceux que l'on observe à 25 degrés de latitude Nord et Sud sur Jupiter, où l'on trouve des courants dirigés vers l'Est. Des défauts plus importants impliqueraient un intérieur non adiabatique et réfuteraient l'hypothèse.

Il est difficile, pour l'instant, de choisir entre un modèle de Jupiter et de Saturne dans lequel la plus grande partie de l'intérieur fluide est « immatérielle » et un modèle dans lequel elle est cruciale. Après tout, mêmes les données enregistrées par *Voyager* ne concernent que la face supérieure des nuages. Le vaisseau spatial *Galiléo,* dont le lancement est prévu pour la fin des années 1980, doit sonder plus profondément l'atmosphère de Jupiter. On espère que cette sonde pourra mesurer les vents

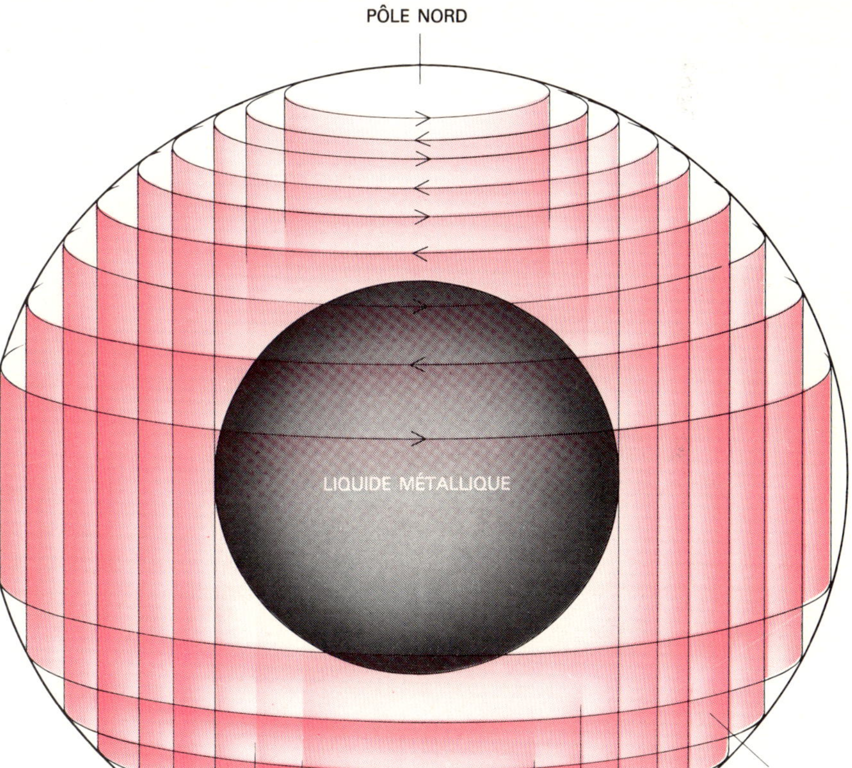

10. DANS LE MODÈLE proposé par F. Busse de l'Université de Californie, on suppose que les vents Est-Ouest dans la couverture nuageuse de Jupiter et de Saturne sont les signes visibles d'une configuration de rotation s'étendant à travers tout l'intérieur fluide de chaque planète. Ce modèle est fondé sur les expériences de Geoffrey Taylor et de F. Busse, qui suggèrent que dans une planète fluide en rotation fortement brassée par convection, les mouvements stables sont ceux de cyclindres fluides concentriques. Une discontinuité de la densité de l'intérieur de la planète au niveau supérieur de la zone d'hydrogène métallique interrompt les cylindres les plus intérieurs. Les vents permanents vers l'Est et vers l'Ouest pourraient puiser leur énergie dans les tourbillons. Les légères asymétries entre l'hémisphère Nord et l'hémisphère Sud dans les profils des vents représentés sur la figure 6 ne sont pas incompatibles avec ce modèle.

au niveau de la base des nuages et déterminer si la zone adiabatique s'étend sur une telle épaisseur. D'ici là, des stratégies indirectes peuvent s'avérer utiles.

L'une de ces stratégies exploite les différences entre Jupiter et Saturne. En particulier, les vents aux sommets des nuages sur Saturne sont trois ou quatre fois plus forts que les vents sur Jupiter. (À l'équateur de Saturne, la vitesse des vents qui soufflent vers l'Est atteint 500 mètres par seconde, soit 1800 kilomètres-heure.) Les courants vers l'Est ou l'Ouest sont plus larges que sur Jupiter et l'on observe moins de vastes structures ovales. Les causes possibles de ces différences sont peu nombreuses. Par exemple, il est peut-être significatif que la zone d'hydrogène métallique soit beaucoup plus profonde dans Saturne que dans Jupiter. L'augmentation correspondante de profondeur de la zone d'hydrogène moléculaire pourrait conférer aux cylindres coaxiaux tournant en sens opposés, un plus grand espacement et des vitesses relatives plus importantes. Sur la surface de Saturne (par comparaison avec la surface de Jupiter), la gravité et le flux de chaleur sont plus faibles et les variations saisonnières plus importantes. (Ce dernier phénomène est dû au fait que l'axe de rotation de Saturne est plus incliné que celui de Jupiter par rapport au plan de son orbite autour du Soleil, et que les anneaux de Saturne projettent sur la surface une ombre qui change de position de manière saisonnière.) Comme la gravité est plus faible sur Saturne, les nuages y sont plus épais et comme le flux de chaleur est plus faible, les mouvements convectifs à petite échelle pourraient être plus réduits. Toutefois, les effets de ces différences affectant la surface de chaque planète sur les mouvements à grande échelle dans l'atmosphère sont peu clairs.

Des ovales à longue durée de vie

Une autre stratégie consiste à examiner les configurations d'écoulements atmosphériques, autres que les vents vers l'Est et vers l'Ouest, et à voir quelles hypothèses sur les couches internes profondes sont compatibles avec les observations. En particulier, la Grande Tache Rouge de Jupiter et les autres ovales de longue durée de vie observés sur Jupiter et Saturne constituent une caractéristique unique et peut-être spécifique de ces planètes géantes. Les ovales se déplacent relativement lentement. Ainsi, la Grande Tache Rouge se déplace vers l'Ouest de quelques mètres par seconde seulement, alors que les vents environnants atteignent des vitesses de 100 mètres par seconde. En fait, tous les ovales de Jupiter et de Saturne semblent tourner comme des roulements à billes entre des courants adjacents dirigés vers l'Est et vers l'Ouest. Chaque rotation ne prend que quelques jours.

Les ovales sont également très durables : ils peuvent persister pendant des décennies et même des siècles. La longévité des tourbillons dans les océans et l'atmosphère terrestre n'est absolument pas comparable. Par exemple, les tourbillons de l'océan Atlantique tendent à dériver vers l'Ouest jusqu'à ce qu'ils se fondent avec le Gulf Stream au large de la côte Est de l'Amérique du Nord. Leur durée de vie se mesure en mois ou parfois en années. Les tourbillons de l'atmosphère terrestre sont de plusieurs types : les plus persistants semblent être piégés par des accidents de la surface tels que des chaînes de montagnes ou les limites entre un continent et un océan. Sur Jupiter et Saturne, une telle topographie n'existe pas.

Deux hypothèses au moins rendent compte d'un grand nombre des propriétés des ovales. Chacune de ces propositions cherche seulement à montrer comment un tourbillon isolé peut persister au milieu d'une configuration de courants alternés vers l'Ouest et vers l'Est. En d'autres termes, elle essaie de montrer que la configuration est stable même si de faibles perturbations se produisent en son sein ; ces théories n'expliquent cependant pas comment sont nés ces tourbillons.

Tony Maxworthy et Larry Redekopp de l'Université de Californie du Sud pensent qu'un ovale de longue durée de vie représente une « onde solitaire », ou soliton, c'est-à-dire une onde qui s'auto-entretient avec une crête unique au lieu d'un train de crêtes et de creux. Une telle onde est une curiosité de la dynamique des fluides remontant au XIXe siècle ; selon l'hypothèse de T. Maxworthy et L. Redekopp, il s'agit d'un déplacement Nord-Sud unique de lignes d'écoulements qui sont par ailleurs orientées Est-Ouest. Les modèles publiés par T. Maxworthy et L. Redekopp présentent souvent une ressemblance frappante avec la Grande Tache Rouge. En outre, ces modèles impliquent qu'une onde solitaire ne peut exister sur une planète que dans une configuration d'écoulements Est-Ouest, instable sous l'effet de certaines perturbations. Ceci expliquerait pourquoi des ovales isolés n'apparaissent pas spontanément dans les modèles de G. Williams, où les écoulements Est-Ouest ne sont pas instables. Dans ces derniers modèles, les analogues les plus proches d'ovales isolés sont des trains de taches distribués à une latitude constante. De telles configurations apparaissent effectivement sur Jupiter, mais elles sont distinctes des grands ovales isolés. Quand deux solitons se rencontrent, cependant, ils passent simplement au travers l'un de l'autre. Quand deux ovales se rencontrent, sur Jupiter ou sur Saturne, ils se fondent parfois.

Dans la seconde hypothèse, proposée par Pham Giem Cuong et moi-même, on admet que la configuration d'écoulements Est-Ouest dans les nuages fait partie d'une configuration beaucoup plus profonde, peut-être du type cylindres coaxiaux en rotation. A partir de cette hypothèse, on montre que des tourbillons stables peuvent exister dans un écoulement Est-Ouest également stable. Un tel tourbillon s'étendrait vers le bas seulement jusqu'à la limite supérieure de la zone adiabatique, où que celle-ci se trouve. Nous avons testé la stabilité des ovales sur notre modèle informatique, en créant des perturbations faibles ou importantes, en provoquant la collision de deux ovales et en « alimentant » de grands ovales avec des petits. En plaçant un écoulement Est-Ouest convenable sous les ovales, ceux-ci se montrent tout à fait stables : ils résistent à des perturbations relativement fortes. De plus, les grandes taches peuvent croître en consommant les plus petites. Il est vraisemblable que les taches plus petites, éphémères, de Jupiter et Saturne, tirent de l'énergie de la poussée d'Archimède.

Jusqu'à présent le modèle de G. Williams, qui dérive de modèles terrestres, constitue la seule théorie complète au sens où elle propose des sources et des puits d'énergie et où les courants d'Est et d'Ouest s'établissent spontanément. A des degrés divers, les autres modèles présupposent de manière « ad-hoc » une grande partie de la configuration. Par exemple, les modèles des ovales de longue durée de vie présupposent les courants de base Est-Ouest.

Les questions fondamentales restent sans réponse. Jusqu'à quelle profondeur s'étend la configuration d'écoulement observée sur Jupiter et Saturne ? Quelle est l'importance de l'échauffement solaire de l'atmosphère, par rapport à l'échauffement interne ? Quelle est la répartition de la densité atmosphérique au-dessous du sommet de la couche de nuages ? Ces questions sont particulièrement difficiles à résoudre car il est impossible d'élaborer un modèle informatique exhaustif de Jupiter ou de Saturne. En effet, il n'est tout simplement pas possible d'introduire dans la même description mathématique d'une planète, à la fois les petits tourbillons atmosphériques éphémères, qui sont cruciaux dans l'hypothèse de G. Williams, et les lentes réponses internes, à grande échelle, au chauffage solaire irrégulier qui apparaissent dans l'hypothèse proposée par C. Porco et moi-même. Les échelles de taille et de temps pour ces deux phénomènes sont par trop différentes. Les modèles informatiques joueront certes un rôle important, mais une vision et une réflexion pertinentes seront plus que jamais nécessaires pour comprendre ces planètes géantes.

Les anneaux dans le système solaire

On sait à présent que trois des planètes géantes possèdent des anneaux, et que les anneaux de Saturne sont formés d'une myriade de petits anneaux. La forme de ces anneaux est due au jeu complexe de différentes forces.

par James Pollack et Jeffrey Cuzzi

Le passage de la sonde *Voyager 2* à moins de 100 000 kilomètres de Saturne, le 25 août 1981, marque le point culminant d'une période d'exploration planétaire au cours de laquelle les anneaux de Saturne nous ont surpris, peut-être autant qu'ils surprirent leurs premiers observateurs, il y a presque quatre siècles de cela. Aujourd'hui, nous connaissons de nombreux détails des anneaux : leurs bandes, leurs rayons, leurs tresses, mais certaines caractéristiques restent inexpliquées. D'autre part, Saturne n'est pas la seule planète à posséder des anneaux. Jupiter en a un, et Uranus possède au moins neuf anneaux distincts. Il reste à déterminer si Neptune a, elle aussi, des anneaux ; nous saurons alors si des anneaux entourent toutes les planètes gazeuses géantes du système solaire extérieur. Dans cet article, nous étudierons la structure et la composition des anneaux de Jupiter, de Saturne et d'Uranus, en détaillant particulièrement les anneaux de Saturne. Puis nous verrons ce que l'on sait des processus de formation de ces anneaux ; enfin, nous tenterons d'expliquer comment ils sont nés.

D'étranges appendices

Galilée fut le premier à observer les anneaux de Saturne, en juillet 1610. Comme les images fournies par son télescope astronomique étaient assez mauvaises, et comme il avait découvert les quatre plus grands satellites de Jupiter quelques mois auparavant seulement, Galilée crut d'abord que les structures floues, en forme d'oreilles, qu'il observait étaient deux satellites proches de Saturne, mais il changea vite d'opinion. D'une part, la position de ces « étranges appendices » ne variait pas par rapport à Saturne d'une nuit à l'autre ; d'autre part, en 1612, les fameux appendices disparurent ! Nous savons aujourd'hui qu'en cette année 1612, les anneaux étaient vus « par la tranche » et étaient donc à peine discernables.

La géométrie de ces appendices intrigua fort les astronomes. De fait, on supposa que ces mystérieux objets étaient des anses attachées à Saturne, ou qu'ils étaient composés de plusieurs satellites dont les orbites étaient entièrement derrière Saturne, de sorte qu'ils ne projetaient jamais d'ombre sur la planète. Finalement en 1655, Christiaan Huyghens proposa l'hypothèse suivante : ces appendices étaient la partie visible d'un disque de matière mince, plat, détaché de la planète et situé dans le plan équatorial de celle-ci. Suivant la position respective de Saturne et de la Terre autour du Soleil, l'inclinaison de ce disque par rapport à la Terre variait, et ainsi sa forme apparente passait d'une ligne étroite à une large ellipse.

Pendant les deux siècles qui suivirent, on supposa que ce disque était une couche continue de matière. Cette hypothèse souleva cependant un problème dès 1675, lorsque Jean Dominique Cassini découvrit qu'une bande sombre (appelée maintenant division de Cassini) séparait le disque en deux anneaux concentriques. En outre, à la fin du XVIIIe siècle, Pierre Simon de Laplace montra que l'effet combiné de la gravité de Saturne et de la rotation du disque désintégrerait une large couche unique de matière. Fondamentalement, toute parcelle donnée du disque se maintient à une distance radiale constante de Saturne de par l'équilibre de deux forces : la force de gravitation attire la parcelle vers l'intérieur, la force centrifuge la repousse vers l'extérieur. La force centrifuge est engendrée par la vitesse de rotation : le disque est donc en rotation. Or, dans un disque rigide en rotation, ces forces ne s'équilibrent que pour une distance radiale particulière : c'est pourquoi Laplace émit l'hypothèse que les anneaux de Saturne étaient constitués de nombreux petits anneaux étroits, chacun d'eux étant suffisamment étroit pour supporter un léger déséquilibre des forces le long de son épaisseur radiale.

La dernière étape vers la conception actuelle des anneaux fut franchie en 1857, lorsque James Clerk Maxwell remporta le prix Adams de l'Université de Cambridge pour avoir démontré mathématiquement que les petits anneaux étaient en fait constitués d'un grand nombre de masses minuscules parcourant des orbites indépendantes. Cette hypothèse fut expérimentalement confirmée à plusieurs reprises. Ainsi, en 1895, les astronomes américains James Keeler et William Campbell déduisirent la vitesse des particules des anneaux à partir des décalages Doppler (le décalage Doppler est la modification de la longueur d'onde des raies spectrales de la lumière solaire réfléchie vers la Terre par ces particules). Ils trouvèrent que les anneaux tournaient autour de Saturne à une vitesse différente de celle de l'atmosphère de la planète. De plus, la vitesse de rotation des zones intérieures des anneaux était supérieure à celle des régions extérieures, comme le laissaient prévoir les lois de la physique pour des particules situées sur des orbites indépendantes.

C'est par hasard que l'on découvrit les anneaux d'Uranus. Différents groupes d'astronomes observèrent le passage de l'étoile SAO 158687 derrière Uranus le 10 mars 1977. Leur intention était d'étudier la structure de l'atmosphère d'Uranus. Parmi les observations les plus réussies, citons celles de James Elliot et de ses collaborateurs, à bord du *Kuiper Airborne Observatory,* un avion équipé d'un télescope de 91 centimètres. Le groupe de J. Elliot (parmi d'autres) découvrit que la luminosité de l'étoile diminuait non seulement quand celle-ci passa derrière Uranus, mais aussi en divers endroits proches de la planète quoique bien au-delà de son atmosphère. Ces atténua-

JUPITER
SATURNE
URANUS
RAYONS PLANÉTAIRES
1
2
3
4
5
1979J3
1979J1
DISQUE DIFFUS
ANNEAU BRILLANT
AMALTHEE
1979J2
D
C
B
DIVISION DE CASSINI
DIVISION D'ENCKE
A
F
G
E
1980S28
1980S26
1980S27
1980S1
1980S3
MIMAS
ENCELADE
6
5
4
α
β
η
γ
δ
ε

tions de courte durée correspondaient d'un côté d'Uranus à une série de distances, à peu près symétrique à une autre série de distances, de l'autre côté de la planète. On en conclut que cette symétrie était due à la présence d'anneaux assez opaques, très étroits et presque circulaires. Des observations ultérieures ont révélé la présence d'au moins neuf anneaux, tous situés à moins d'un rayon planétaire du sommet de l'atmosphère d'Uranus.

Les anneaux de Jupiter furent découverts grâce aux sondes spatiales. La première information provint du passage de *Pioneer 10* près de Jupiter en 1974. Le champ magnétique de Jupiter piège les particules chargées dans certaines régions de l'espace entourant la planète ; ces régions sont les équivalents, pour Jupiter, des ceintures de Van Allen entourant la Terre. Or, *Pioneer 10* détecta une diminution du nombre de particules de haute énergie dans les ceintures joviennes situées entre 50 000 et 55 000 kilomètres au-dessus de l'atmosphère de la planète. Mario Acuña et Norman Ness de la NASA suggérèrent que ce phénomène pouvait être dû à l'absorption partielle des particules, soit par un satellite proche, soit par un système d'anneaux. Cette seconde hypothèse s'avéra la bonne : en 1979, on détecta un mince anneau jovien au moyen des photographies prises par *Voyager 1* et *Voyager 2*. Ces deux sondes spatiales furent ensuite déviées vers Saturne par le champ gravitationnel de Jupiter. Elles atteignirent Saturne respectivement en novembre 1980 et en août 1981.

Les caractéristiques des anneaux planétaires

Un certain nombre de propriétés sont communes aux anneaux de Saturne, d'Uranus et de Jupiter. Premièrement, ces anneaux sont tous constitués d'une myriade de particules se déplaçant sur des orbites indépendantes. Deuxièmement, ils sont beaucoup plus proches de leur planète mère que ne le sont les satellites principaux de cette planète ; de fait, la majeure partie de chaque système d'anneaux se trouve à moins d'un rayon planétaire de la surface de la planète correspondante. Troisièmement, les anneaux sont situés dans le plan équatorial de la planète : en fait, presque toute la matière des anneaux est confinée dans une étroite région située dans ce plan. Quatrièmement, les systèmes d'anneaux de Jupiter et de Saturne comportent plusieurs minuscules satellites à l'intérieur ou près des anneaux. On pense que de petits satellites semblables sont associés aux anneaux d'Uranus.

Pourtant, chaque système d'anneaux possède ses propres particularités. Le système d'anneaux de Saturne comporte sept parties principales. Certaines d'entre elles sont séparées de leurs voisines par des intervalles annulaires plus ou moins vides ; les frontières des autres parties sont marquées par des variations de la densité de particules dans les anneaux. On désigne ces différentes structures par des lettres qui traduisent, non pas leur distance à Saturne, mais l'ordre suivant lequel on les a découvertes (ou supposé leur existence).

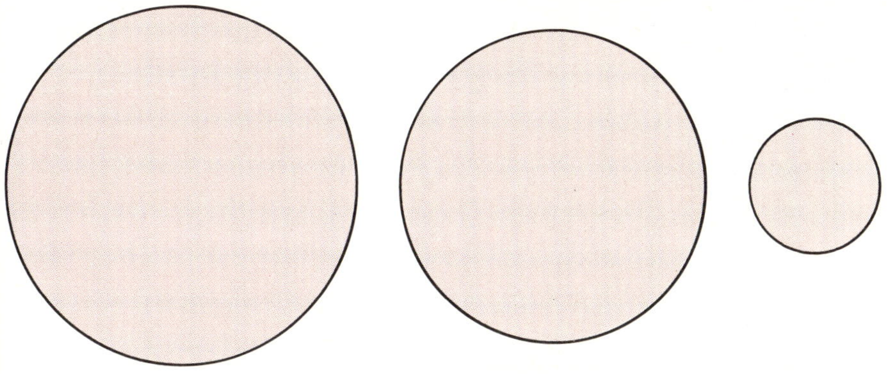

1. LES SYSTÈMES D'ANNEAUX de Jupiter, Saturne et Uranus sont représentés sur ces schémas, le rayon de chaque planète étant pris égal à 1. Jupiter (*à gauche*) possède un anneau « brillant » qui est en réalité très pâle et presque transparent. Un disque de particules encore plus pâle s'étend à l'intérieur de l'anneau, peut-être jusqu'à l'atmosphère même de la planète. Un halo de particules (*non représenté ici*) donne à l'ensemble du système d'anneaux une épaisseur verticale d'environ 20 000 kilomètres. Ce système a été découvert par des sondes spatiales. Saturne (*au centre*) possède sept anneaux. Les anneaux *A* et *B* sont séparés par la division de Cassini ; l'anneau *A* contient la division de Encke. Les astronomes ont attribué des lettres aux différents anneaux, dans l'ordre de leur découverte. Seuls les anneaux principaux (*A*, *B* et *C*) sont bien visibles avec des télescopes sur Terre. Les autres anneaux (excepté l'anneau *E*) ont été découverts par des sondes spatiales. Uranus (*à droite*) n'a pas moins de neuf anneaux ; leur largeur est exagérée sur ce schéma. On les a découverts à partir de la Terre et on les désigne par des nombres et des lettres grecques. Les satellites inclus dans les anneaux sont indiqués sur la droite de chaque schéma. Leurs orbites sont en pointillés. Les tailles relatives de Jupiter, Saturne et Uranus sont représentées ci-dessus.

Ainsi, le corps principal du système d'anneaux de Saturne comprend les anneaux *A* et *B*, brillants et assez opaques. Ils sont séparés l'un de l'autre par la division de Cassini, large de 5000 kilomètres : c'est une région plutôt transparente, mais certainement pas vide. Cette partie principale du système d'anneaux saturnien comprend également l'anneau *C*, moins brillant et moins opaque, situé à l'intérieur du bord interne de l'anneau *B* ; son opacité est comparable à celle de la division de Cassini. L'anneau *D*, encore plus pâle, se trouve à l'intérieur de l'anneau *C*. Enfin, trois anneaux très pâles, *E, F* et *G*, sont situés à l'extérieur de l'anneau *A*. Ensemble, les anneaux principaux de Saturne (les trois anneaux *A, B* et *C*) forment une structure dont le diamètre est de 275 000 kilomètres environ, soit à peu près les trois quarts de la distance entre la Terre et la Lune. En comparaison, l'épaisseur (l'étendue « verticale ») de ces anneaux est négligeable : elle ne devrait pas dépasser un kilomètre. Ainsi, ces anneaux sont des milliers de fois plus « minces » que des lames de rasoir.

On peut connaître la composition des particules formant les anneaux de Saturne en analysant la lumière réfléchie et absorbée par ces anneaux à différentes longueurs d'onde. Par exemple, les anneaux *A, B* et *C* réfléchissent très mal la lumière solaire à certaines longueurs d'onde situées dans l'infrarouge proche. Comme cette propriété est caractéristique de la glace, cela incite à penser que la glace est l'un des constituants principaux de la surface des particules composant ces anneaux. Cependant, la glace est blanche, c'est-à-dire qu'elle réfléchit à peu près pareillement toutes les longueurs d'onde visibles ; or, les particules des anneaux *A, B* et *C* réfléchissent moins la lumière bleue que la lumière rouge. Il se pourrait donc que d'autres substances soient présentes en petites quantités ; par exemple de la poussière contenant de l'oxyde de fer ou encore des composés engendrés par les rayonnements ultraviolets pourraient être à l'origine de cette couleur rougeâtre. En effet, certains composés incolores contenant du soufre se transforment en polysulfures sous l'action des rayonnements ultraviolets et ces polysulfures sont absorbants dans le bleu. Les données des *Voyager* ont apporté une information surprenante : les particules des anneaux *A* et *B* ont une couleur semblable à celle des particules de l'anneau *C* et de la division de Cassini, mais elles sont plus brillantes et plus rougeâtres que ces dernières.

Les observations par radar ont fourni de plus amples informations. En 1973, Richard Goldstein et Gregory Morris du *Jet Propulsion Laboratory* de l'Institut de Technologie de Californie ont sondé les anneaux de Saturne avec des ondes radar, dont ils détectèrent la

2. DES RAYONS ET DES BANDES dans les anneaux de Saturne ont été photographiés pour la première fois par *Voyager 1*. Les rayons apparaissent sporadiquement dans l'anneau *B* ; ils ressemblent à des coins plus ou moins radiaux. Ces rayons sont brillants sur les images de la face éclairée des anneaux lorsque la sonde spatiale et le Soleil se trouvent de part et d'autre de Saturne, de sorte que la lumière du Soleil est réfléchie vers l'avant, des particules de l'anneau vers la sonde (*photographie du haut*) ; les rayons sont sombres sur les images prises lorsque la sonde et le Soleil sont du même côté de Saturne, de sorte que la lumière du Soleil est réfléchie vers l'arrière (*photographie du bas*). Sur ces deux images, on voit nettement la subdivision des anneaux en bandes annulaires étroites. La bande sombre et large est la division de Cassini.

réflexion avec l'antenne de 63 mètres du réseau spatial de Goldstone en Californie. La forte réflectivité des anneaux *A* et *B* signifie que la plupart des particules constituant ces deux anneaux sont d'une taille au moins comparable aux longueurs d'onde radar (quelques centimètres) utilisées par les chercheurs. En effet, si les particules étaient plus petites que les longueurs d'onde radar, elles seraient transparentes à ces ondes ; si elles étaient beaucoup plus grandes, leur émission de rayonnement thermique à ces longueurs d'onde aurait été importante. Le faible niveau de ce rayonnement signifie que leur taille ne dépasse pas quelques mètres.

Les données fournies par les sondes *Voyager* ont étayé et étendu les premières découvertes. Dans certaines expériences, les ondes radio émises par les sondes étaient envoyées vers la Terre à travers les anneaux, et l'on mesurait la puissance diffusée par les particules des anneaux, à différents angles par rapport à la direction initiale des ondes. Au fur et à mesure que la taille des particules augmente par rapport à la longueur d'onde, l'angle de diffusion diminue et la lumière est diffusée vers l'avant dans un cône de faible ouverture. Une analyse des données des sondes *Voyager*, effectuée par Leonard Tyler et Ahmed Essam Marouf de l'Université de Stanford, indique que les particules les plus grosses des anneaux *A, B* et *C*, ont une taille de dix mètres environ. D'autres particules, plus nombreuses, ne font que dix centimètres, et l'on observe des variations locales dans la répartition des tailles de particules dans les anneaux.

De même que la diffusion des ondes radar par les particules des anneaux permet de détecter des particules dont la taille avoisine la longueur d'onde émise, la diffusion de la lumière solaire permet de détecter des particules dont la taille est de l'ordre des longueurs d'onde du spectre visible. En particulier, la forte luminosité d'une portion d'anneau vue sous de petits angles de diffusion indique que cette portion d'anneau contient un grand nombre de particules de l'ordre du micromètre. On ne peut faire une telle observation que lorsque Saturne se trouve entre le Soleil et l'observateur. Cette disposition n'est pas observée à partir de la Terre mais elle peut l'être à partir de sondes spatiales. Ainsi, l'étude des données fournies par *Voyager* montre que ces particules de l'ordre d'un micromètre constituent la plus grande partie des particules de l'anneau *F*, une partie importante de l'anneau *B* et une portion moins importante de la partie externe de l'anneau *A*. En revanche, l'anneau *C* et la division de Cassini ne présentent aucune trace de ces petites particules.

Avant le passage des sondes *Voyager* près de Saturne, on ne savait presque rien de la structure des anneaux de cette planète. On connaissait bien sûr l'existence de la division de Cassini et de la division d'Enke, une bande plus étroite dans la partie extérieure de l'anneau *A*. Les photographies à haute résolution des anneaux prises par les sondes *Voyager* se révélèrent surprenantes : on découvrit ainsi d'étroites régions annulaires de différentes luminosité et opacité ressemblant à des sillons de microsillon, ainsi que des structures non circulaires parmi lesquelles des « rayons » en forme de coins dans l'anneau *B*, et des nœuds, des tresses ou torsades dans l'anneau *F* (*voir figures 2 et 5*).

La structure des anneaux de Saturne

De tous les anneaux, c'est l'anneau *B* qui possède le plus grand nombre de sous-structures et la plus grande densité de particules. L'opacité de cet anneau varie sur des distances de 10 à 50 kilomètres seulement, alors que la largeur moyenne de l'anneau est de 25 000 kilomètres. Les rayons apparaissent dans la région centrale, la plus opaque, de l'anneau *B*. En général, on peut voir chaque rayon pendant une grande partie des dix heures mises par une portion de l'anneau *B* pour accomplir une révolution orbitale autour de la planète. Pendant ce temps, de nombreux rayons apparaissent sporadiquement en d'autres régions de l'anneau. Comparés à leur environnement, les rayons apparaissent brillants en lumière diffusée vers l'avant et sombres en lumière rétro-diffusée. C'est la preuve que les particules d'une taille de l'ordre du micromètre sont particulièrement abondantes dans ces rayons.

Chaque portion d'un rayon tourne autour de Saturne à la même vitesse que les particules de l'anneau situées à la même distance radiale ; comme les parties internes se déplacent plus vite, le rayon s'incline de plus en plus avec le temps et finit par disparaître. La pointe externe de chaque rayon en forme de coin semble coïncider approximativement avec la distance (par rapport à Saturne) à laquelle la période de révolution d'une particule est égale à la période de rotation de la planète. Le champ magnétique de Saturne est lié à la planète et tourne donc avec elle ; c'est pourquoi des forces électromagnétiques pourraient être en partie à l'origine des rayons. A cet égard, on peut noter que des bouffées de bruit à large bande ont été détectées par l'expérience de Radio Astronomie Planétaire embarquée dans *Voyager 1*. Ces bouffées semblaient provenir de sources situées dans l'anneau *B*, près des régions riches en rayons.

Comparé à l'anneau *B*, l'anneau *A* ne présente pas de structures remarquables et il est uniformément lumineux. Néanmoins, il possède certaines structures étroites sur son bord extérieur. La division de Encke, bande sombre et relativement vide, large de 350 kilomètres environ, contient deux ou trois petits anneaux étroits et irréguliers composés de particules minuscules. Des images prises par *Voyager 2* montrent que ces petits anneaux présentent des irrégularités (sortes de boucles) rappelant celles qui furent détectées dans l'anneau *F* par *Voyager 1*. Quatre bandes inhabituelles, de structure irrégulière et ondulée, entourent la division de Encke. A plus grande distance de Saturne, le bord externe de l'anneau *A* présente de nombreuses bandes étroites, d'environ 20 kilomètres de large, dans lesquelles abondent les petites particules. L'espacement entre ces bandes diminue lorsqu'on s'éloigne de la planète. Le bord externe de l'anneau *A* est très abrupt ; là également les petites particules sont très nombreuses.

L'anneau *C* et la division de Cassini présentent de nombreuses similarités structurales en plus du manque relatif de couleur rouge, d'une transparence comparable et de l'absence de petites particules : en effet, ces structures possèdent toutes deux des bandes discrètes, régulièrement espacées et de luminosité uniforme. Elles contiennent également de nombreuses lacunes annulaires pratiquement vides aux bords très nets, dont la largeur radiale varie entre 50 et 350 kilomètres. En outre, certaines de ces lacunes contiennent de petits anneaux tout à fait opaques, encore plus étroits, eux aussi de contours très nets. Certains de ces petits anneaux sont elliptiques et de largeur irrégulière. Les images de *Voyager 2* montrent que la couleur de ces petits anneaux est souvent différente de celle de l'anneau environnant ; ils ressemblent plus aux matériaux des anneaux *A* et *B*.

Les anneaux d'Uranus et de Jupiter

Les anneaux d'Uranus sont à maints égards les compléments des anneaux de Saturne. Les anneaux principaux de Saturne (les anneaux *A*, *B* et *C*) sont larges et fissurés d'étroites lacunes circulaires. Les anneaux d'Uranus, au contraire, sont étroits (leur largeur radiale est comprise entre quelques kilomètres et 100 kilomètres) et sont

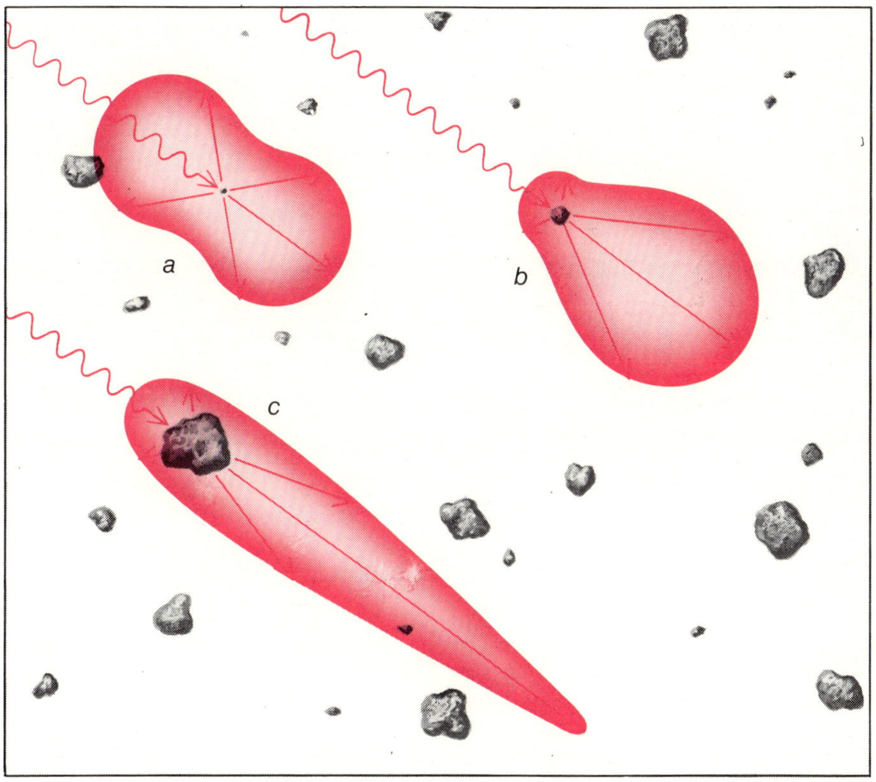

3. LA DIFFUSION DE LA LUMIÈRE DU SOLEIL (ou d'autres formes de rayonnement électromagnétique) permet de déterminer la taille des particules les plus abondantes dans l'anneau. En particulier, si une particule a une taille inférieure au dixième de la longueur d'onde de l'onde incidente, cette onde diffuse le rayonnement de façon pratiquement identique dans toutes les directions (*a*). Si une particule est un peu plus petite que la longueur d'onde, elle diffuse plutôt le rayonnement vers l'avant (*b*). Si une particule est un peu plus grande que la longueur d'onde, elle diffuse pratiquement toute l'onde vers l'avant (*c*). La longueur des flèches représente les quantités relatives d'énergie diffusée sous divers angles. Comme les particules des rayons de l'anneau *B* de Saturne diffusent surtout vers l'avant la lumière du Soleil, on peut en déduire que ces rayons sont constitués de particules d'environ un micromètre.

séparés par de vastes régions vides. On a découvert neuf anneaux autour d'Uranus, et l'on a assigné à chacun d'eux un nombre ou une lettre grecque. La technique de l'occultation stellaire que l'on utilise pour étudier les anneaux est fondée sur la minuscule taille apparente de l'étoile occultée, ce qui permet d'obtenir une forte résolution spatiale. Toutefois, plusieurs anneaux d'Uranus n'ont pu être résolus : l'étendue radiale de ces anneaux est inférieure à cinq kilomètres. (Notons que la technique de l'occultation stellaire, appliquée aux anneaux de Saturne par *Voyager 2*, révèle des structures de quelques centaines de mètres seulement.) Les anneaux les plus étroits d'Uranus (on les désigne par γ, δ et η) sont presque circulaires et se trouvent dans le même plan. En revanche, les anneaux α, β et 4 sont un peu plus larges, légèrement elliptiques et inclinés par rapport au plan commun des autres anneaux. L'anneau ϵ est le plus large et le plus elliptique des neuf anneaux d'Uranus. Sa largeur radiale varie linéairement avec la distance à la planète, à partir de 20 kilomètres là où l'anneau est le plus proche de la planète, jusqu'à 100 kilomètres là où l'anneau en est le plus éloigné. Certains des petits anneaux elliptiques du système d'anneaux de Saturne présentent la même variation de largeur.

L'atténuation de la luminosité des étoiles, lorsqu'elles passent derrière les anneaux d'Uranus, indique que ces anneaux ont une opacité comparable à celle des parties les plus opaques (et donc plus lumineuses) des anneaux de Saturne. L'anneau ϵ est particulièrement opaque ; curieusement, c'est sur ses bords qu'il est le plus opaque. Les forces gravitationnelles dues à la forme oblongue de la planète Uranus font que l'orientation des anneaux elliptiques, y compris l'anneau ϵ, varie continuellement. La durée du cycle de précession du périhélie de l'anneau elliptique est d'environ 6300 heures (c'est-à-dire que l'anneau elliptique, considéré comme un tout, effectue un tour de la planète en 6300 heures). Pendant cette période, une particule de l'anneau aura effectué 750 révolutions autour d'Uranus. Ainsi deux facteurs affectent l'anneau ϵ : premièrement, son orientation varie, deuxièmement les particules qui se trouvent à des distances radiales différentes d'Uranus tournent autour de la planète à des vitesses quelque peu différentes, suivant les lois du mouvement orbital. Cependant l'anneau conserve son intégrité, c'est-à-dire son ellipticité, sa largeur variable et la concentration des particules sur ses bords.

Quelle est la composition des anneaux d'Uranus ? Ils sont si étroits qu'il est difficile de les observer de la Terre ; néanmoins des observations récentes montrent que les particules composant ces anneaux sont très sombres : la glace n'est donc pas leur constituant principal. Les particules des anneaux d'Uranus sont vraisemblablement constituées de silicates riches en composés qui absorbent la lumière du Soleil. Certains oxydes de fer et des composés organiques complexes possèdent les caractéristiques requises. Malheureusement on ne sait rien sur la taille de ces particules.

Les anneaux de Jupiter sont composés de trois parties principales : un anneau brillant, un disque diffus et un halo. L'anneau brillant a environ 6000 kilomètres de large. Son bord extérieur assez net se trouve à environ 58 000 kilomètres, soit 0,8 rayon jovien, de la surface de la planète. Dans la partie la plus externe de l'anneau se trouve une bande étroite, large de 600 kilomètres environ, dont la luminosité est supérieure de dix pour cent à celle du reste de l'anneau. Pourtant l'opacité de cet anneau « lumineux » est si faible que 0,001 pour cent seulement de la lumière solaire qui le traverse est intercepté par ses particules. Le disque diffus est beaucoup moins lumineux. Il s'étend à l'intérieur du bord interne de l'anneau brillant. En fait, il pourrait même rejoindre l'atmosphère de Jupiter. Vus par la tranche, l'anneau brillant et le disque ont une épaisseur inférieure à 30 kilomètres. Cependant, il est remarquable de constater que le halo s'étend verticalement sur 20 000 kilomètres ; il atteint sa plus grande épaisseur au-dessus du disque diffus. Sa limite externe s'étend un peu audelà du bord extérieur de l'anneau brillant.

En étudiant la luminosité de l'anneau brillant aux petits angles de diffraction, on a découvert qu'il contenait des particules de quelques micromètres de diamètre. De telles particules absorbent très peu les protons et les électrons de haute énergie. Ces particules ne sont donc pas responsables de la diminution du flux de particules de haute énergie détectées par la sonde spatiale *Pioneer 10* dans l'anneau brillant ; ce dernier doit donc contenir également des particules d'au moins un centimètre de diamètre. Les particules de cet anneau sont rougeâtres, comme beaucoup d'astéroïdes et de satellites du système solaire exterieur.

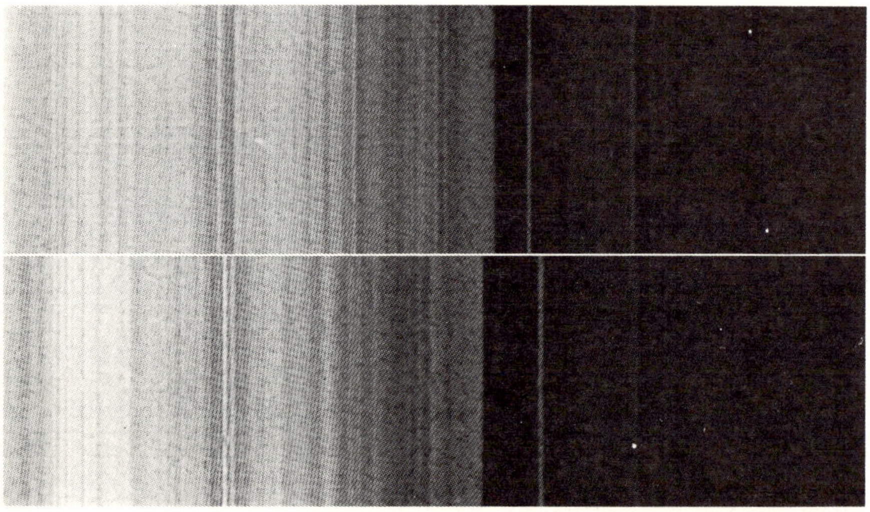

4. DES DÉFORMATIONS DANS LES ANNEAUX DE SATURNE sont évidentes lorsque l'on compare des images prises sur des côtés opposées des anneaux par la sonde *Voyager 2*. Sur chaque image, l'anneau *B* est la région brillante à gauche ; la division de Cassini est la région sombre à droite. On voit que l'anneau *B* n'est pas circulaire car les deux bords ne se raccordent pas d'une image à l'autre, et la présence d'un petit anneau brillant elliptique à l'extérieur du bord de l'anneau *B* est confirmée (le petit anneau fut découvert par *Voyager 1*). Les particules proches du bord extérieur de l'anneau *B* décrivent deux orbites autour de Saturne, pendant que le satellite Mimas en parcourt une. Cette résonance amplifie fortement l'effet gravitationnel de Mimas et déforme alors l'anneau *B*. Cette résonance crée des « boursouflures » sur les côtés opposés de l'anneau. En revanche, le petit anneau elliptique présente un maximum unique, qui pourrait résulter du champ gravitationnel d'un petit satellite local qui n'a pas encore été détecté.

Les collisions dans les anneaux

L'architecture d'un système d'anneaux résulte du jeu de nombreuses forces : les forces gravitationnelles dues aux satellites situés à l'extérieur ou à l'intérieur des anneaux, les forces électromagnétiques dues au champ magnétique en rotation de la planète, et même les faibles forces exercées par le milieu gazeux dans lequel gravitent les anneaux.

Toutes les particules d'un système d'anneaux effectuent le même mouvement orbital autour de la planète : elles tournent dans le même sens que la planète. Les mouvements verticaux et radiaux qui se superposent au déplacement orbital n'ont pas la même régularité. Par conséquent, des particules voisines se déplacent de façon aléatoire dans ces deux directions et les collisions sont inévitables. Lorsque les vitesses relatives aléatoires sont grandes (comme cela a pu être le cas si ces anneaux ont formé, à un moment donné, un nuage épais de particules) les collisions sont violentes et, même si ces collisions sont rares, une grande partie de l'énergie due au mouvement relatif va chauffer les particules et les déformer. La perte d'énergie résultante se traduit par une diminution rapide des vitesses aléatoires. La décroissance de la composante verticale des vitesses entraîne l'aplatissement du système d'anneaux. Dans le même temps, la diminution de la composante radiale conduit à des orbites plus circulaires. Ainsi un anneau épais devient un disque fin et presque circulaire dès le début de son existence.

Même lorsque le mouvement aléatoire des particules de l'anneau a totalement disparu, les collisions continuent. La raison en est la suivante : la force de gravitation exercée par la planète sur les particules d'un anneau s'affaiblit avec la distance, de sorte que les particules les plus éloignées mettent plus de temps pour décrire leur orbite autour de la planète. Ainsi une particule dont l'orbite se trouve légèrement à l'intérieur de l'orbite d'une autre particule pourra rattraper sa « voisine » et entrer en collision avec elle, si la distance radiale entre les deux particules est inférieure au diamètre d'une particule.

La collision se produit généralement à une vitesse relative inférieure à un centimètre par seconde ; néanmoins elle peut transformer une petite partie du mouvement orbital circulaire des particules en mouvement vertical aléatoire. Les collisions ultérieures empêcheront les vitesses verticales des particules de devenir très grandes, et un état stationnaire sera donc atteint qui fixera l'épaisseur de l'anneau. Si les particules ont des tailles très différentes, les plus petites d'entre elles vont accroître leur vitesse verticale essentiellement par déflexion gravitationnelle lors de passages très proches de particules plus grosses ; d'autre part, elles perdront leur vitesse verticale surtout lors de collisions avec d'autres petites particules. Dans ces conditions, les petites particules s'étendront sur une épaisseur verticale égale à plusieurs fois la taille des particules abondantes les plus grosses. Dans le cas des anneaux *A* et *B* de Saturne, les petites particules devraient occuper une épaisseur verticale de 10 à 100 mètres. Des mesures effectuées par les sondes *Voyager* indiquent que l'épaisseur des anneaux principaux de Saturne ne dépasse certainement pas quelques centaines de mètres. Les valeurs de l'épaisseur mesurée et de l'épaisseur prévue sont donc en assez bon accord.

Les collisions entre particules voisines vont aussi convertir une partie de leur mouvement orbital en mouvement radial : les anneaux vont donc s'étendre radialement. Un anneau isolé, libre de toute contrainte, s'étendra jusqu'à ce que ses particules soient suffisamment éloignées les unes des autres pour que cessent pratiquement leurs collisions. L'anneau brillant de Jupiter pourrait avoir atteint ce stade ultime. L'étendue et l'opacité très faible de cet anneau résulteraient de l'extension radiale de ses particules les plus grosses, depuis la formation du système solaire.

Les anneaux de Saturne et d'Uranus, en revanche, présentent des frontières abruptes, bien définies, qui délimitent des régions à forte densité de particules. Par conséquent, certains mécanismes doivent s'opposer à l'extension radiale rapide due à de fréquentes collisions. A cet égard, les petits satellites se trouvant à l'intérieur ou à proximité immédiate des anneaux pourraient jouer un rôle important. En effet, le champ gravitationnel des satellites plus grands et plus éloignés pourrait « bloquer » certains de ces petits satellites sur des orbites fixées ; de cette manière, les petits satellites ne pourraient être délogés par leurs interactions avec les particules les environnant.

Le mouvement des corps en rotation autour d'une planète beaucoup plus massive est fixé par le champ gravitationnel de cette planète. Dans certains

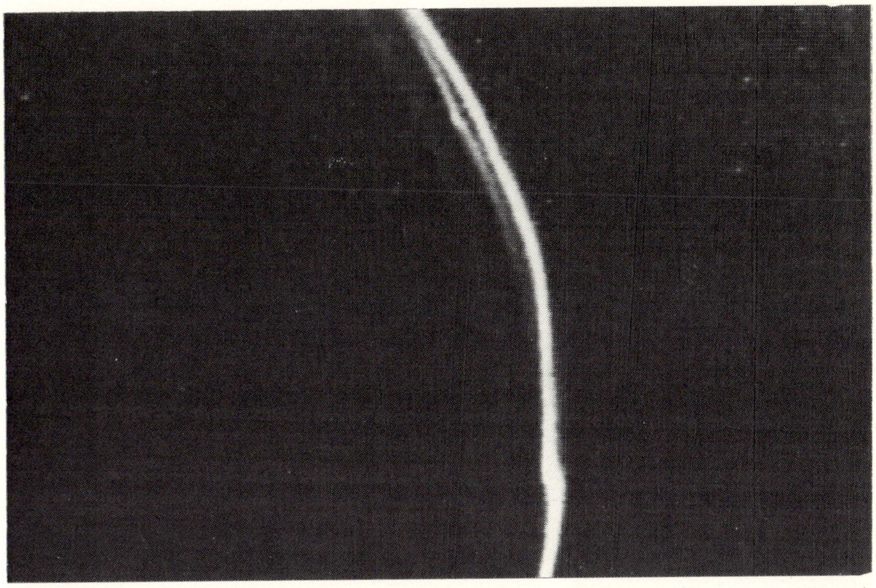

5. DES TRESSES DANS L'ANNEAU « F » de Saturne ont été révélées sur les photographies prises par le satellite *Voyager 1* lors de son passage à proximité de la planète en novembre 1980 ; mais lorsque *Voyager 2* arriva neuf mois plus tard, elles avaient disparu. **L'anneau est distant de 80 000 kilomètres environ (1,3 rayon saturnien) de la surface de Saturne et de 4000 kilomètres du bord extérieur de l'anneau *A*. En novembre 1980 (*photographie du haut*) l'anneau se composait de trois brins de 30 kilomètres de large chacun. Les deux brins extérieurs présentaient des « boucles » et ils semblaient être tressés ou du moins entrecroisés. Les champs gravitationnels des satellites 1980S26 et 1980S27 pourraient expliquer cette déformation structurale. En août 1981 (*photographie du bas*) la structure de l'anneau *F* était fortement modifiée : un brin non tressé prédominait et l'on distinguait également trois autres brins plus pâles.**

cas, cependant, l'attraction gravitationnelle entre deux petits corps en orbite peut être amplifiée et affecter sensiblement leur mouvement. Une telle amplification est appelée résonance. Si la période de révolution d'un satellite est un multiple entier ou une fraction de la période d'un autre satellite, l'effet gravitationnel total d'un satellite sur l'autre est essentiellement une attraction ou une répulsion appliquée de façon répétée au même point du mouvement orbital. L'effet est ainsi amplifié. Dans certains cas, la résonance bloque des paires de satellites sur des orbites dont les périodes sont dans un rapport fixe de deux entiers de petite valeur. On a trouvé de telles commensurabilités dans les systèmes de satellites de Jupiter et de Saturne : elles mettent en jeu au moins quatre paires de satellites princi-

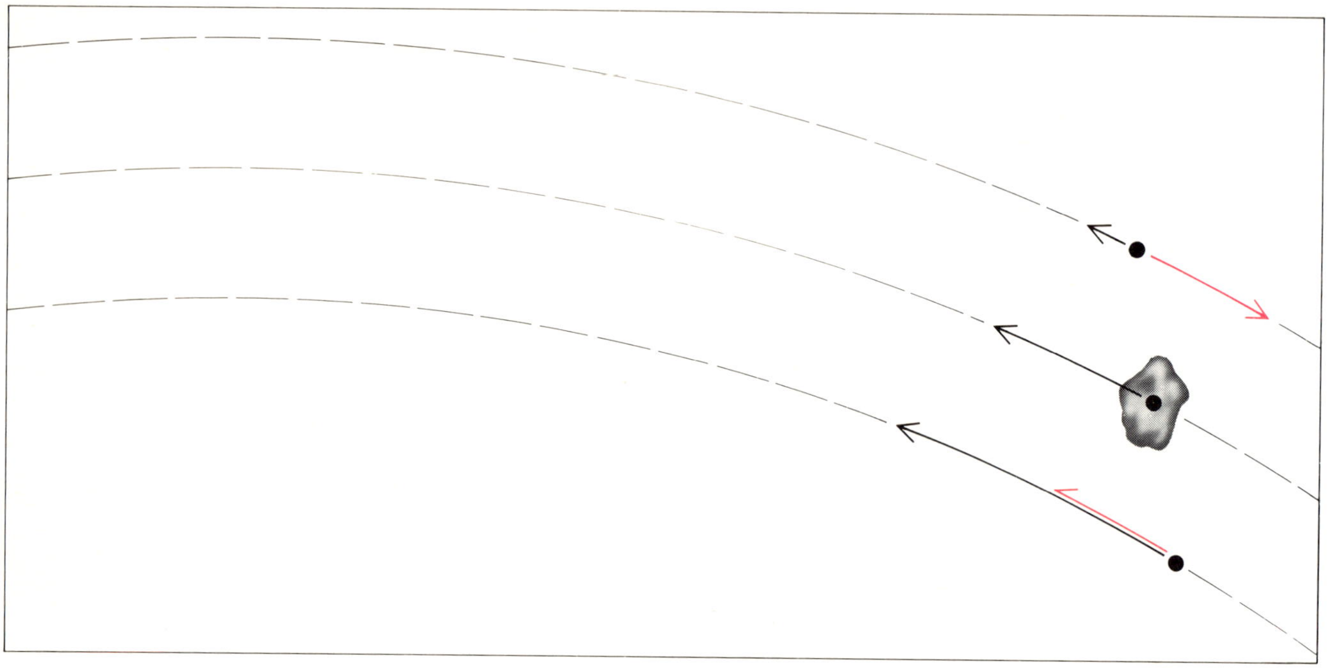

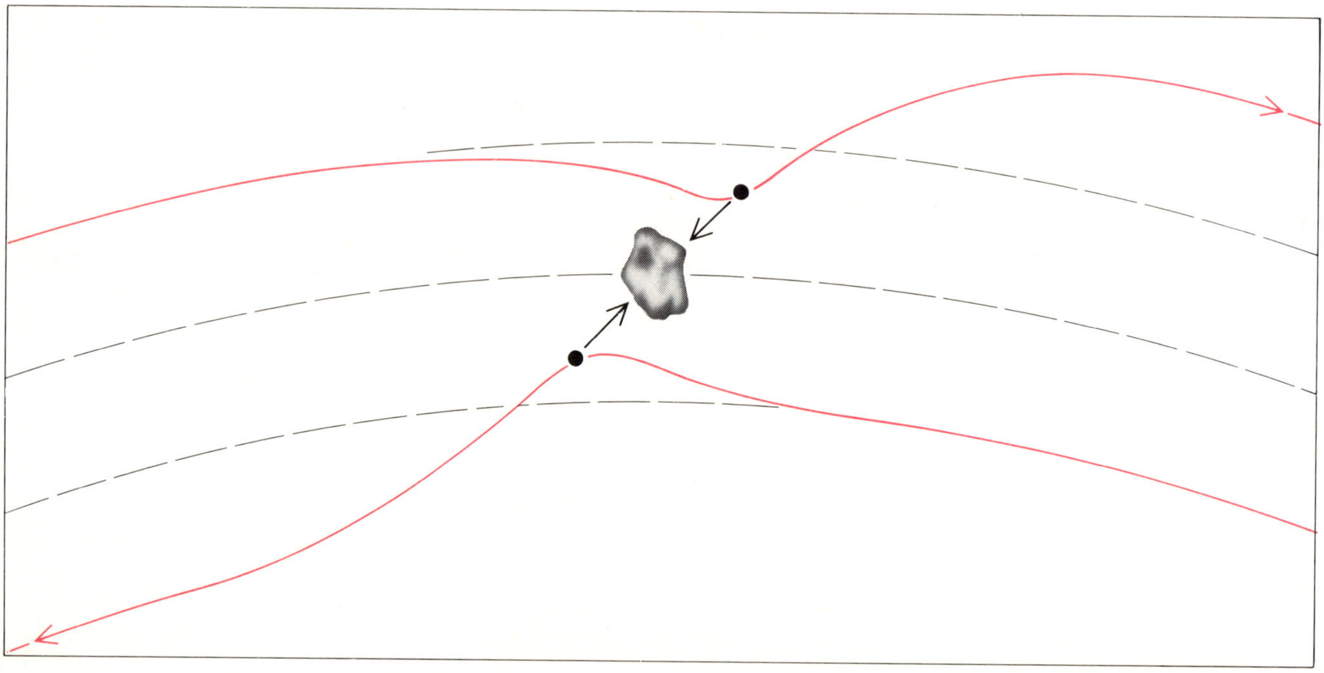

6. L'ACTION DE « CHIENS DE BERGERS » GRAVITATIONNELS exercée sur les particules par de petits satellites au sein d'un système d'anneaux pourrait expliquer en partie l'existence de bandes dans les anneaux de Saturne. Le schéma du haut représente un petit satellite et deux particules en orbite autour d'une planète. D'après les lois de la physique, la particule intérieure se déplace plus vite que le petit satellite, qui lui-même se déplace plus vite que la particule extérieure *(les vitesses absolues sont représentées par les flèches noires).* Ainsi, le petit satellite est « doublé » par la particule intérieure et il double la particule extérieure *(les vitesses relatives par rapport au satellite sont représentées par des flèches colorées).* Chaque particule est attirée vers le satellite par l'attraction gravitationnelle ; ainsi les deux particules se rapprochent du satellite immédiatement après avoir été côte à côte sur leur orbite respective. Le schéma du bas illustre le résultat. L'effet gravitationnel net exercé par le petit satellite sur la particule extérieure va dans le sens du mouvement orbital de cette particule, qui est alors accélérée et portée sur une orbite supérieure. A l'inverse, l'effet exercé par le petit satellite sur la particule intérieure va dans le sens opposé au mouvement orbital de cette particule, qui est ralentie et tombe alors sur une orbite plus basse. Finalement, le satellite « dégage » une bande entourant sa trajectoire.

paux et probablement plusieurs des satellites récemment découverts.

La résonance et les anneaux

La résonance dans un disque de particules est assez différente. Au voisinage de la distance de la planète où la période orbitale des particules du disque est commensurable avec celle de l'un des satellites de la planète, l'amplification de l'effet gravitationnel de ce satellite, sur de longues durées, rend les orbites des particules non circulaires. Ces particules entrent alors en collision avec leurs voisines moins perturbées. Il en résulte qu'elles sont éliminées d'une bande située à la distance radiale correspondant à une résonance ; la largeur naturelle de cette bande est typiquement de quelques dizaines de kilomètres. Il existe de telles bandes dans les anneaux de Saturne ; en particulier les dizaines de lacunes étroites observées dans la partie extérieure de l'anneau *A* semblent être le résultat de résonances provoquées par des satellites récemment découverts et baptisés 1980S1, 1980S3, 1980S26 et 1980S27. La prédominance de petites particules au voisinage de ces lacunes atteste probablement des violentes collisions induites localement par chaque résonance.

Nous devons également mentionner ici un effet supplémentaire des résonances dues à un petit satellite. En 1978, Peter Goldreich de l'Université de Technologie de Californie et Scott Tremaine de l'Institut des Hautes Etudes à Princeton ont suggéré qu'il existait dans les anneaux de Saturne des ondes en spirales modulant la densité du matériau de l'anneau. On avait précédemment émis l'hypothèse que des ondes semblables expliquaient la structure en bras spiraux des galaxies telles que la Voie Lactée. Sur les images réalisées par *Voyager 1*, des ondes de densité en spirale semblent apparaître faiblement dans la division de Cassini ; leur structure enroulée rappelle celle d'un ressort de montre. On pense que ces ondes ont été créées par des résonances et qu'elles pourraient en transmettre les effets sur de grandes distances ; elles pourraient ainsi jouer un rôle central dans le transport des matériaux au sein du disque formé par les anneaux de Saturne.

Les résonances créées dans un disque par un satellite se resserrent à mesure que l'on s'approche de l'orbite du satellite. A une certaine distance critique, l'espacement radial entre deux résonances successives devient égal à la largeur naturelle de chaque résonance. A l'intérieur de cette distance critique, les résonances se chevauchent. Il en résulte une zone continue de transfert du matériau de l'anneau, qui tend à écarter ce matériau de l'orbite du satellite. La largeur de cette zone de transfert et son « degré de dégagement » seront fonction de la masse du satellite et de la densité du matériau dans l'anneau. Plus la masse du satellite est importante, plus la zone est large ; mais plus la densité des particules de l'anneau est forte, et plus il se produit de collisions entre particules, qui rejetteront certaines d'entre elles dans la zone dégagée. Jack Lissauer et Franck Shu de l'Université de Californie à Berkeley et Michel Hénon de l'Observatoire de Nice ont montré que si de petits satellites (d'une taille comprise entre quelques kilomètres et quelques dizaines de kilomètres) étaient noyés dans les anneaux de Saturne, ils pourraient être à l'origine d'une grande partie de la structure fine des anneaux. Au moment où nous écrivons cet article, cependant, on n'a pas détecté de petits satellites, même aux emplacements les plus probables, sur les images fournies par *Voyager 1* et *Voyager 2*.

Si le satellite est adjacent à un anneau, il existe encore un autre effet possible : les résonances en recouvrement autour de l'orbite du satellite peuvent empêcher l'anneau de s'étaler et conférer à cet anneau une frontière bien marquée. Le bord externe de l'anneau *A* de Saturne est probablement maintenu de cette manière par les satellites 1980S26 et 1980S27. Parallèlement, l'anneau repousse les satellites. Or, il se trouve que 1980S26 est à une distance radiale de Saturne telle qu'il est « piégé » par une résonance avec les satellites Mimas ou Thetys beaucoup plus massifs. Cette résonance aurait pour effet d'« ancrer » sa distance radiale, de sorte qu'il pourrait continuer à « sculpter » le rebord externe de l'anneau *A* ; le seul problème avec cette hypothèse, c'est que des mesures précises indiquent que 1980S26 est légèrement décalé par rapport à cette distance d'ancrage. Enfin, deux satellites dont les orbites sont très voisines peuvent empêcher un anneau étroit, situé entre ces orbites, de s'étaler radialement. Par exemple, 1980S26 et 1980S27, dont les orbites ne sont séparées que par 2000 kilomètres, pourraient agir comme des chiens de berger pour confiner entre eux l'anneau *F*, étroit et constitué de brins multiples. Quand l'un des satellites (ou les deux) passe à proximité d'un brin donné de l'anneau, son effet de « remorquage » gravitationnel pourrait engendrer des déforma-

7. DIFFÉRENTS DEGRÉS DE TRANSPARENCE et, de ce fait, de densité de particules dans les anneaux de Saturne sont mis en évidence sur cette image réalisée par *Voyager 1*, qui montre la face non éclairée des anneaux à l'endroit où ils traversent le disque lumineux de la planète. La lumière de Saturne traverse la plus grande partie de l'anneau *C* (*en bas de l'image*) et la division de Cassini ; on voit aussi que ces deux structures renferment des petits anneaux de plus grande opacité. En revanche, une grande partie de l'anneau *B* (*milieu de l'image*) est opaque.

tions du type de celles que l'on observe sur les images de l'anneau réalisées par *Voyager 1*. Pourtant, on ne sait pas encore pourquoi l'anneau *F* est constitué de brins étroits et multiples plutôt que d'un brin unique plus large, ni pourquoi l'un des brins observés par *Voyager 1* n'était pas tordu. Sur les images réalisées par *Voyager 2*, l'anneau *F* ne présente plus de tresses ni autres déformations et le nombre de brins semble avoir changé !

Le fait que les satellites « chiens de berger » engendrent soit des petits anneaux réguliers (tels les petits anneaux étroits et elliptiques de l'anneau *C* de Saturne et de la division de Cassini et probablement l'anneau ϵ d'Uranus) soit des petits anneaux « tortillés » (tels ceux de l'anneau *F* de Saturne et ceux de la division d'Encke dont les images réalisées par *Voyager 2* ont montré qu'ils étaient tortillés) pourrait dépendre du degré d'opacité des petits anneaux, c'est-à-dire de leur densité de particules. En effet dans un petit anneau assez transparent, les collisions entre les particules sont relativement rares et les perturbations gravitationnelles persistent longtemps (phénomènes « d'échos »). Dans un petit anneau plus opaque, la fréquence plus grande des collisions peut amortir les perturbations.

Nous sommes encore loin de connaître totalement la physique des interactions des anneaux et des petits satellites. Stanley Dermott et Thomas Gold de l'Université de Cornell ont émis l'hypothèse que la structure d'un petit anneau étroit et elliptique aux bords bien marqués est maintenu par un petit satellite unique dissimulé à l'intérieur même de cet anneau et non par une paire de petits satellites encadrant l'anneau. En outre, la recherche infructueuse (jusqu'à présent) de petits satellites noyés dans les anneaux principaux de Saturne signifie que nous devons expliquer autrement la structure radiale fine observée, par exemple, dans l'anneau *B*. D'après une autre hypothèse, les particules des anneaux pourraient répondre à des accroissements ou des diminutions transitoires de leur densité par un accroissement ou une diminution supplémentaire. Supposons que la densité de particules augmente localement : les collisions entre les particules deviennent plus nombreuses et comme une certaine quantité de l'énergie des collisions se perd dans l'échauffement et les déformations des particules, leur énergie de déplacement aléatoire diminue. Certains chercheurs pensent que ce processus entraîne des variations radiales de l'opacité d'un anneau.

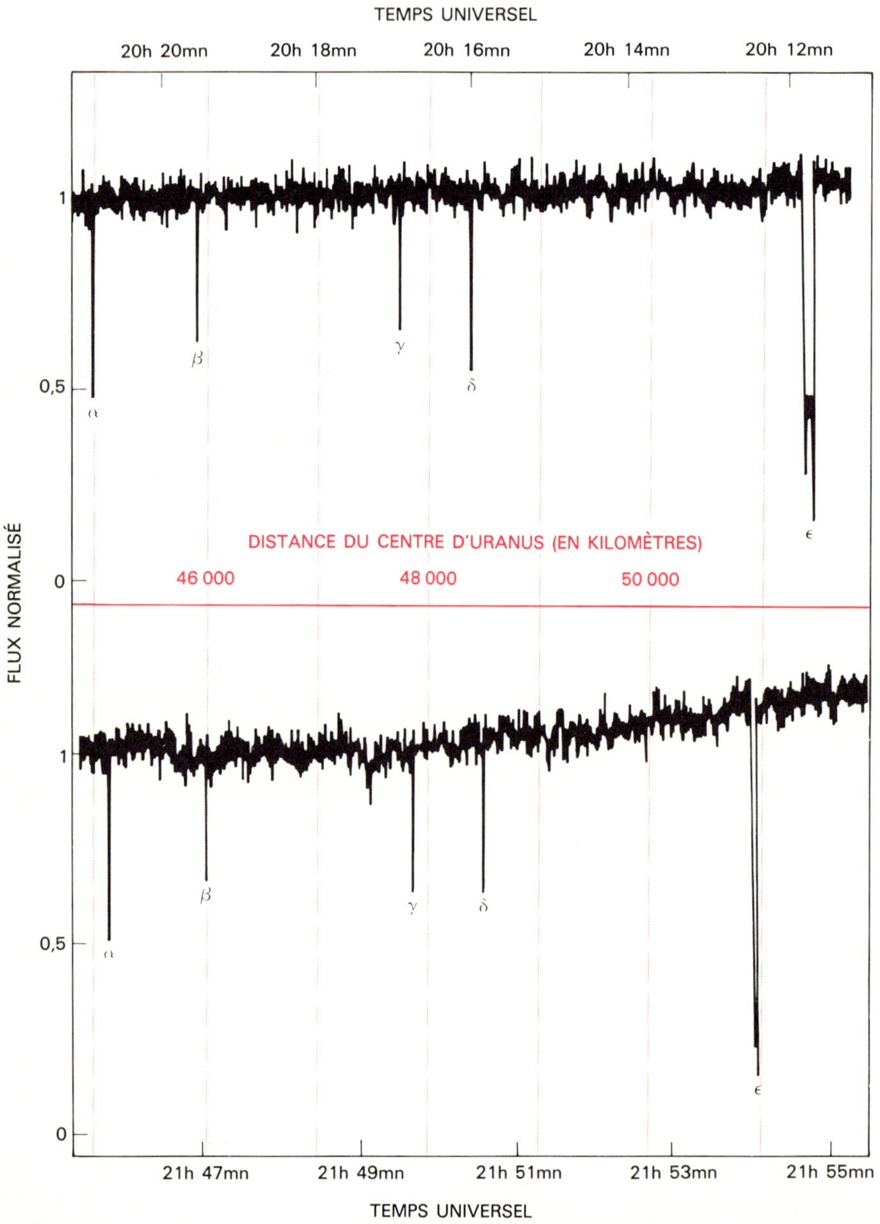

8. LES ANNEAUX D'URANUS ONT ÉTÉ DÉCOUVERTS à partir de ces enregistrements de la luminosité d'une étoile quand celle-ci passa derrière Uranus en 1977. L'allure générale de l'enregistrement, c'est-à-dire les pics d'absorption, quelques minutes avant la disparition de l'étoile derrière la planète (*en haut*) correspondait à celle de l'enregistrement pris quelques minutes après la réapparition de l'étoile (*en bas*). Lorsque l'étoile passe derrière un anneau, sa luminosité décroît. Pour quatre obscurcissements, la correspondance était presque exacte ; ainsi quatre anneaux sont pratiquement circulaires. Un cinquième anneau, l'anneau epsilon, est fortement elliptique. D'autres observations ont révélé l'existence de quatre autres anneaux. Ces résultats ont été obtenus par James Elliot et ses collègues du *Kuiper Airborne Observatory*.

Les autres forces dans les anneaux

Les petites particules des anneaux subissent l'effet d'autres forces que la gravitation, les forces électromagnétiques par exemple. Les anneaux de Jupiter, de Saturne, et peut-être ceux d'Uranus, baignent dans un plasma de faible densité, c'est-à-dire dans un gaz ténu, formé d'électrons chargés négativement et d'ions chargés positivement. Les électrons sont moins massifs que les ions ; aussi se déplacent-ils plus vite et, initialement, leurs collisions avec les particules des anneaux sont plus nombreuses que celles des ions. En absorbant des électrons, les particules se chargent négativement. Au bout d'un moment, leur charge repousse l'arrivée de nouvelles particules chargées négativement. Fait plus important, les particules des anneaux elles-mêmes sont maintenant accélérées par une force électromagnétique lorsqu'elles traversent le champ magnétique de la planète. Si la taille des particules des anneaux est inférieure à environ 0,1 micromètre, la force électromagnétique est supérieure à l'attraction gravitationnelle de la planète, et c'est elle qui régit leur mouvement.

Cette force pourrait expliquer plusieurs aspects de la structure des systèmes d'anneaux. Dans le cas de Jupiter par exemple, l'axe du champ magnétique est incliné d'environ dix degrés par rapport à l'axe de rotation de la planète. Dans ces conditions, les forces électromagnétiques peuvent conférer aux petites particules une répartition verticale beaucoup plus importante que celle des plus grosses particules. L'extension verticale du halo du système d'anneaux de Jupiter est comparable à l'extension prévisible pour des particules d'une taille inférieure ou égale à 0,1 micromètre. Dans le cas de Saturne, les forces électromagnétiques pourraient s'avérer importantes pour la structure très particulière de l'anneau *F*. En outre, on a proposé un certain nombre de théories ingénieuses pour expliquer comment les rayons de l'anneau *B* de Saturne apparaissent sans que soit perturbée la structure radiale en bandes fines de l'anneau. D'après certaines de ces théories, une pluie de particules chargées provenant soit de la planète soit des anneaux eux-mêmes pourraient transférer une charge électrique aux particules de l'ordre du micromètre et les arracher de la surface des particules plus importantes. Les particules ainsi arrachées seraient recapturées lors de collisions ultérieures avec d'autres particules plus grandes.

Une seconde force susceptible de régir le mouvement des petites particules des anneaux est la traînée gazeuse. Là, le frottement dû à la présence du plasma fait que les particules de l'anneau vont « descendre » en spirale vers la planète. Plus la particule est petite, et plus le déclin de son orbite est rapide. En une vingtaine d'années seulement, par exemple, la traînée gazeuse peut provoquer le déplacement d'une particule micrométrique de la bordure extérieure de l'anneau brillant de Jupiter jusqu'à sa bordure intérieure. Il faudrait encore 200 ans pour que cette particule traverse le disque diffus et pénètre dans l'atmosphère de la planète. L'absence apparente de sous-structures dans l'anneau brillant de Jupiter pourrait être due en partie à ce déplacement radial rapide des petites particules. En fait, les particules peuplant le disque diffus pourraient provenir de l'anneau brillant.

Outre la gravitation, les forces électromagnétiques et les forces de traînée gazeuse, les petites particules d'un système d'anneaux subissent aussi des collisions destructrices. L'espace interplanétaire contient des corps solides dont la taille va de moins d'un micromètre à plus d'un kilomètre. Les plus petits corps sont de loin les plus nombreux. Les corps interplanétaires tournent autour du Soleil, alors que le matériau des anneaux tourne autour d'une planète. Aussi peuvent-ils entrer en collision à des vitesses de plusieurs dizaines de kilomètres par seconde. Si la taille du corps interplanétaire est supérieure au centième environ de la taille de la particule de l'anneau, la collision détruit la particule. On peut estimer, sur cette base, que la durée de vie d'une particule de l'ordre du micromètre dans l'un quelconque des systèmes d'anneaux est d'environ 10 000 ans. Il existe un autre type de collision, qui peut être encore plus destructeur : dans l'anneau de Jupiter et dans les anneaux extérieurs de Saturne, une particule inférieure à dix micromètres est vraisemblablement érodée par collisions avec des ions de haute énergie dans la ceinture de Van Allen de la planète, bien avant qu'un micrométéorite ne la percute.

La condensation circumplanétaire

Comment les anneaux sont-ils nés ? On pense que le Soleil, les planètes, les satellites, les astéroïdes et les comètes du système solaire se sont tous formés il y a environ 4,6 milliards d'années à l'intérieur de la nébuleuse du Soleil, nuage diffus de gaz et de poussière. Le Soleil et les planètes géantes Jupiter, Saturne, Uranus et Neptune se sont formés en grande partie (voire entièrement) à partir du gaz de la nébuleuse ; Mercure, Vénus, la Terre, Mars, Pluton, les satellites, les astéroïdes et les comètes se seraient formés à partir de matière solidifiée. La composition de la matière solidifiée aurait été fonction des différentes températures locales de la nébuleuse. En général, toutefois, la matière solidifiée devait être constituée de différents mélanges de « roches » (qui contenaient des silicates et du fer) et de « glaces ».

A l'origine, Jupiter et Saturne, et peut-être Uranus et Neptune, étaient plusieurs centaines de fois plus grands qu'aujourd'hui. Sous l'influence de leur propre gravitation, ils se sont graduellement contractés ; ce faisant, ils tournaient plus vite (par conservation du moment cinétique). Finalement, la force centrifuge croissante associée à la rotation a différencié la partie externe de chaque planète géante naissante (par essence une enveloppe gazeuse) de la partie sphérique centrale de gaz contenue par la planète, qui a continué à se contracter. L'enveloppe constitua la source des grains solides à partir desquels se formèrent les grands satellites de la planète. Certains des grains se seraient formés par condensation de gaz, tels que de la vapeur d'eau, à mesure que l'enveloppe se refroidissait. Le même processus d'accrétion de grains pour former de plus grands objets a peut-être donné naissance à un système d'anneaux plus près de la planète.

Après un million d'années environ les enveloppes circumplanétaires ont disparu. Peut-être ont-elles été emportées par un vent de gaz ionisé en provenance du Soleil, ou alors le frottement à l'intérieur des enveloppes a provoqué leur effondrement sur leur propre planète. En tous cas, la formation des satellites, des petits satellites et des particules d'anneaux était alors terminée.

Aujourd'hui, Jupiter et Saturne libèrent environ deux fois plus d'énergie dans l'espace sous forme de rayonnement infrarouge qu'ils n'en absorbent sous forme de lumière solaire. Cet excès représente la conversion de l'énergie gravitationnelle en chaleur par la contraction passée et présente de chaque planète. A l'époque où se formèrent leurs satellites, les planètes se contractaient beaucoup plus rapidement. Par suite, Jupiter et Saturne et peut-être les autres planètes géantes ont pu rayonner des milliers de fois plus de chaleur qu'actuellement. Cette chaleur aurait déterminé la température et, de ce fait, la composition de la matière solide des enveloppes circumplanétaires. Cette température dépendait à la fois de la distance et du temps : à un instant donné, la température aurait augmenté vers la planète ; en un endroit fixé, l'enveloppe se serait régulièrement refroidie avec le temps.

Dans plusieurs hypothèses sur l'origine des systèmes d'anneaux autour de trois des planètes gazeuse géantes, on admet que le matériau des anneaux s'est formé dans les enveloppes circumplanétaires en des positions proches de ses distances radiales actuelles. Ainsi des différences de températures et d'autres conditions au voisinage de chaque planète doivent être la cause des différences frappantes dans la composition de leurs satellites proches et de leurs anneaux. D'après les densités moyennes des quatre plus grands satellites de Jupiter, les deux plus proches sont constitués presque exclusivement de roches et les deux plus éloignés sont constitués de quantités comparables de glace et de roches. Comme l'anneau de Jupiter est nettement à l'intérieur de l'orbite du satellite le plus proche de la planète, toutes les particules qui se sont formées près de cet anneau devraient n'être constituées que de roche ; en fait, elles pourraient n'être constituées que des minéraux relativement rares qui se condensent à hautes températures.

En revanche, les grands satellites les plus proches de Saturne ne sont composés à peu près que de glace. Ainsi, les températures, même aux courtes distances de Saturne où se trouvent actuellement les anneaux de la planète, étaient peut-être suffisamment froides pour permettre la formation de particules constituées principalement de glace. Les différences entre les conditions régnant autour de Jupiter et celles régnant autour de Saturne s'expliquent facilement. En premier lieu, la quantité

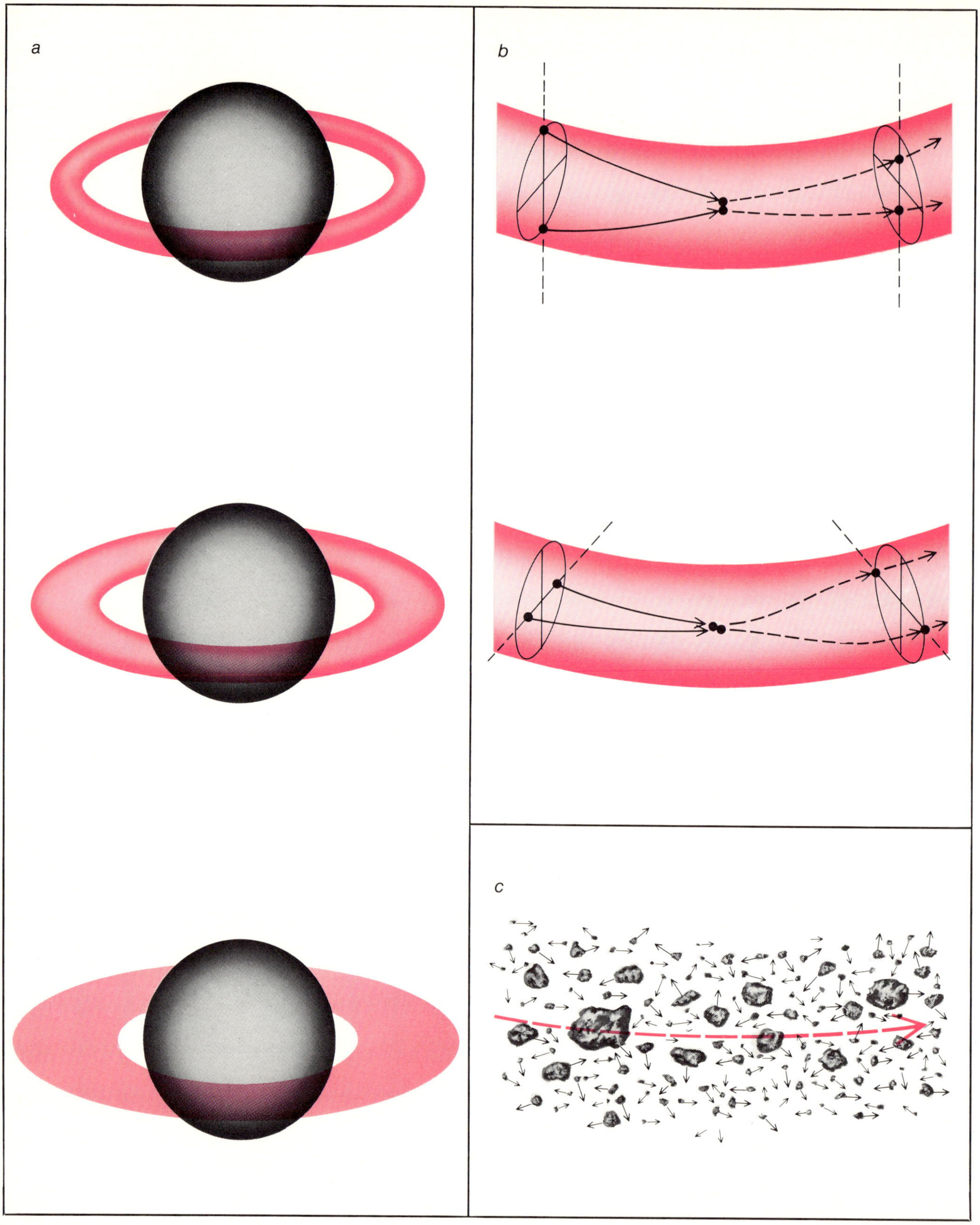

9. L'ÉVOLUTION D'UN SYTÈME D'ANNEAUX a probablement commencé au début de l'histoire du système solaire, quand un nuage gazeux en rotation s'est contracté pour former un planète géante telle que Saturne, laissant une enveloppe gazeuse maintenue à distance par les forces centrifuges associées à sa rotation rapide (*a*). Les particules en accrétion dans cette enveloppe devaient tourner en orbite autour de la planète, mais elles avaient également des déplacements aléatoires, qui les faisaient entrer en collision (*b*). Ces collisions étaient inélastiques : elles déformaient les particules et les réchauffaient. La perte d'énergie cinétique correspondante devait réduire leur déplacement vertical. Les collisions entre deux particules situées à des distances radiales voisines avaient un effet additionnel : dans chacune de ces collisions, la particule intérieure (qui tourne plus rapidement en orbite) heurte la particule extérieure de l'arrière. Le transfert de quantité de mouvement qui en résulte a pour effet d'élever l'orbite de la particule extérieure et d'abaisser celle de la particule intérieure. Ainsi, l'enveloppe s'étale horizontalement. Finalement, un disque plat est créé, dans lequel les vitesses aléatoires des particules l'une par rapport à l'autre sont environ dix millions de fois plus petites que leur vitesse orbitale moyenne (*c*). On pense que les particules les plus petites des anneaux résultent de l'érosion, due aux collisions, de plus grandes particules.

de chaleur engendrée par la contraction d'une sphère gazeuse dépend approximativement du carré de la masse de cette sphère. Jupiter, dont la masse est plus de trois fois celle de Saturne, émettait donc dix fois plus de chaleur. Il se peut également qu'il n'y ait pas eu suffisamment de matière rocheuse au voisinage de Saturne pour que des particules puissent se former. Lorsque l'enveloppe circumplanétaire de Saturne s'est formée, l'atmosphère de la planète s'étendait probablement dans la région maintenant occupée par les anneaux et les satellites les plus proches. Ainsi la plupart des grains rocheux qui se trouvaient là ont pu être retenus dans l'atmosphère de Saturne, mais il se peut également qu'ils aient été attirés par les satellites plus éloignés.

Les hypothèses selon lesquelles la température au voisinage de Saturne était relativement basse, et la quantité de roche disponible faible, sont compatibles avec la découverte que les satellites proches de Saturne ont une densité moyenne plus faible et, par conséquent, une proportion de glace plus grande que la plupart des satellites éloignés. Ces hypothèses peuvent également expliquer pourquoi les anneaux de Saturne semblent être constitués par de la glace presque pure, tandis que ceux de Jupiter sont formés de roche. Pourtant il semble que les anneaux d'Uranus soient formés de roche : on aurait pu supposé qu'ils étaient constitués de glace.

Des hypothèses concurrentes

Les diverses hypothèses qui tentent d'expliquer la présence d'anneaux autour des planètes gazeuses géantes diffèrent avant tout dans la façon dont elles rendent compte de la relation entre les particules des anneaux observées aujourd'hui et le matériau originel de ces anneaux. D'après l'une de ces hypothèses, un corps unique de grandes dimensions s'est fragmenté en une myriade de morceaux en arrivant à proximité d'une planète, et ces fragments ont alors formé des anneaux. Le corps en question a pu être un grand météorite qui aurait subi une rencontre gravitationnelle fortuite avec la planète ou alors un petit satellite qui se serait formé dans l'enveloppe de la planète. Dans l'un et l'autre cas, l'agent de fragmentation aurait été une rupture due à l'effet de marée : la force qui naît du fait que l'attraction gravitationnelle exercée par la planète sur le corps est plus grande pour les parties du corps les plus proches de la planète que pour les parties qui en sont plus éloignées. La création des anneaux de Saturne par des forces de marée a été proposée pour la première fois par le mathématicien français Edouard Albert Roche en 1848. Roche avait calculé que les forces de marée étaient supérieures à l'auto-gravitation de cohésion d'un satellite liquide si ce satellite se trouve à moins de 1,5 rayon saturnien de la surface de la planète. Ce seuil de rupture – la limite de Roche – est proche du rebord extérieur des anneaux principaux de Saturne.

Il est très peu vraisemblable, cependant, qu'un petit satellite situé au voisinage de Saturne ait été liquide. Il devait être solide, et un petit satellite solide est maintenu compact non seulement par l'auto-gravitation mais aussi par les forces qui ordonnent les atomes dans la matière cristalline. D'après Hans Aggarwal et Verne Oberbeck du Centre de Recherches *Ames* de la NASA un petit satellite solide de diamètre inférieur à 100 kilomètres environ ne peut être fragmenté par effet de marée à une distance quelconque de la surface de la planète. De plus, un satellite solide plus grand ne peut pas « éclater » à plus de 0,4 rayon planétaire de la surface. Cette distance place le seuil de rupture à l'intérieur du bord interne des anneaux principaux de Saturne. Il est également peu vraisemblable que l'éclatement d'un météorite égaré puisse produire des particules d'anneau à proximité de Saturne. En effet, ces particules, de même que le corps qui leur aurait donné naissance, auraient des vitesses suffisantes pour leur permettre de s'évader du voisinage de la planète.

Les forces de marée peuvent toutefois jouer un rôle important, d'une manière indirecte. Comme l'a montré Roman Smoluchowski de l'Université du Texas à Austin, l'attraction gravitationnelle de particules de même taille est insuffisante pour maintenir leur cohésion quand elles sont soumises aux forces de marée s'exerçant à l'intérieur de la limite de Roche classique (la limite calculée par Roche pour un satellite liquide). En revanche, deux particules de tailles très différentes peuvent résister aux forces de marée à des distances très inférieures à la limite classique. Or, la limite pour la rupture de deux particules de même taille et la limite pour la rupture de deux particules de tailles différentes coïncident respectivement avec les bords externe et interne des systèmes d'anneaux de Jupiter, Saturne et Uranus. Des particules ont pu se former à l'intérieur de la limite de rupture externe mais si lentement qu'elles ne purent s'agréger en satellites de grandes dimensions ; à l'intérieur de la limite de rupture interne, la croissance devait être pratiquement impossible.

Eugène Shoemaker du Service Géologique des Etats-Unis a proposé une seconde hypothèse : un gros satellite isolé (ou peut-être plusieurs satellites) situé dans la région des anneaux serait entré en collision catastrophique avec un météorite égaré. Les photographies des satellites de Jupiter et de Saturne prises par *Voyager* montrent effectivement que ces satellites sont criblés de nombreux cratères produits par des collisions à grande vitesse. Mimas, l'un des plus petits satellites de Saturne, possède un cratère couvrant le tiers d'un hémisphère. La collision qui a engendré ce cratère a dû être bien près de détruire Mimas. Plus près de Saturne, deux objets, de 100 kilomètres de diamètre environ, occupent des orbites presque identiques. Ils pourraient être les plus grands fragments résultant d'une collision catastrophique entre un satellite et un météorite géant.

Plusieurs raisons peuvent expliquer pourquoi des collisions catastrophiques se seraient produites de préférence dans une région occupée par la suite par des anneaux. Tout d'abord, les principaux satellites de Jupiter et de Saturne tendent à être plus petits à des distances plus rapprochées de leur planète. Pour une énergie de collision donnée, les petits satellites ont plus de chances de se fragmenter que les plus grands. Deuxièmement, le champ gravitationnel d'une planète focalise les trajectoires des météorites, de sorte que le flux de météorites est nettement plus grand à proximité de la planète qu'aux distances plus grandes.

Selon une dernière hypothèse, les corps de grande taille dans les anneaux seraient simplement le résultat de l'extension limitée de l'accrétion de matière dans l'enveloppe circumplanétaire au voisinage de la planète. Cette accrétion a commencé avec le refroidissement de l'enveloppe et la condensation résultante de matière gazeuse en minuscules grains solides. Les forces gravitationnelles et la traînée gazeuse ont fait que les grains se sont disposés dans le plan équatorial de l'enveloppe. Là, les grains ont continué à croître, par condensation de vapeur sur leur surface. Ils ont pu ainsi atteindre des tailles de l'ordre de quelques mètres. La taille des particules composant la plus grande partie des anneaux visibles de Saturne est comprise entre quelques centimètres et quelques mètres. Ces particules pourraient donc résulter d'un tel processus. Tout petit satellite situé dans les anneaux serait alors le produit localisé d'un certain stade de croissance, dans lequel les corps de l'ordre de grandeur du mètre auraient poursuivi leur accrétion par suite de collisions à faible énergie.

L'érosion continue

Les particules des trois systèmes d'anneaux (Jupiter, Saturne et Uranus) sont petites et nombreuses. L'hypothèse de l'accrétion de matière explique pourquoi : premièrement, la formation non perturbée de grains minuscules ne pouvait pas commencer, à une distance donnée d'une planète géante naissante, avant que la planète ne se soit contractée à une taille inférieure à cette distance et que l'enveloppe circumplanétaire ne se soit suffisamment refroidie. Ainsi, il restait moins de temps pour la formation des grains au voisinage des planètes qu'à des distances plus grandes. Deuxièmement, les petits grains au voisinage de Jupiter ne pouvaient se former qu'à partir des condensats, rares et de température élevée, disponibles en cette région. Enfin, la réalisation d'un petit satellite d'une certaine taille signifierait que ses résonances couvrent une largeur comparable à sa dimension. Ce satellite ne pourrait plus être recouvert par de nouveaux matériaux et, par conséquent, il cesserait de grandir. Dans le cas des anneaux de Saturne, la limite de croissance calculée est comprise entre quelques kilomètres et quelques dizaines de kilomètres. Des conditions assez différentes ont dû prévaloir à de plus grandes distances de Saturne et des autres planètes géantes, puisque des satellites plus gros s'y sont formés.

Que dire des particules de petite taille des systèmes d'anneaux ? Nous avons déjà noté que la traînée gazeuse provoque, en quelques centaines d'années, le déplacement en spirale des particules micrométriques à partir du bord extérieur de l'anneau brillant jusque dans l'atmosphère de Jupiter. Ces particules n'auraient pas pu survivre depuis l'époque où la planète avait une enveloppe gazeuse et elles doivent donc être en train de se former actuellement. D'après Joseph Burns de l'Université Cornell, elles résultent de l'érosion de corps plus gros dans l'anneau brillant de Jupiter ou à proximité de celui-ci.

Les particules d'une taille supérieure au centimètre ne sont pas facilement détruites par collisions avec des micrométéorites interplanétaires. Chaque collision creuse un minuscule cratère autour du point d'impact, et une quantité de matière 1000 à 10 000 fois plus grande que la masse du micrométéorite est éjectée. Un grand nombre des particules de taille micrométrique se trouvant dans les systèmes d'anneaux pourraient ainsi naître sous forme d'éjections. On estime que si un petit satellite a un diamètre inférieur à dix kilomètres environ, la plus grande partie des éjections résultant d'une collision avec un corps interplanétaire peuvent échapper au champ gravitationnel de ce petit satellite. Les éjections qui échappent au petit satellite n'auraient pas l'énergie nécessaire pour échapper à la planète autour de laquelle tourne le petit satellite ; elles se mettraient ainsi en orbite dans les anneaux. (L'érosion continue d'une population parente pourrait être également à l'origine des corps d'une taille de l'ordre du centimètre ou du mètre situés dans les anneaux de Saturne.)

En résumé, les petits satellites et les plus grandes particules des anneaux datent probablement du début de l'histoire du système solaire : ils sont contemporains des satellites des planètes géantes. Les particules les plus petites des anneaux sont encore actuellement en train de se former. On pense que les grands satellites du système solaire extérieur et également plusieurs planètes (y compris la Terre) se sont formés par accumulation de corps plus petits. Il est certain que parmi les innombrables particules des anneaux, des processus semblables se déroulent à l'heure actuelle sur une petite échelle. Les systèmes d'anneaux nous lancent ainsi un double défi. Nous cherchons à découvrir les processus qui les ont créés ; puis nous essayons d'utiliser ce savoir pour comprendre comment se sont formés les satellites solides et les planètes.

Titan

Le plus gros satellite de Saturne est le seul satellite du système solaire à être pourvu d'une atmosphère notable. La chimie de l'atmosphère de Titan pourrait ressembler à celle qui existait sur Terre avant l'apparition de la vie.

par Tobias Owen

Le 12 novembre 1980, la sonde *Voyager 1* passa à 7000 kilomètres de Titan, le plus gros des satellites de Saturne. *Voyager 1* et *Voyager 2* ne se sont jamais approchés d'aussi près d'autres planètes ou satellites, mais il a fallu payer le prix de cette rencontre extraordinaire : après cela, il fut impossible de rediriger *Voyager 1,* en utilisant la gravitation de Saturne, de manière que la sonde passe à proximité d'Uranus et de Neptune. Ce sacrifice semblait justifié : on savait que Titan était le seul satellite du système solaire à posséder une atmosphère notable. De plus, sa couleur rougeâtre, qui le distingue de tous les satellites de Saturne, suggère que la chimie de l'atmosphère de Titan pourrait produire des composés colorés. Comme la sonde passait très près du satellite, les instruments à bord allaient pouvoir fonctionner au maximum de leurs capacités.

Les résultats de la mission montrent que le sacrifice en valait vraiment la peine. En effet, Titan s'avère être le seul corps du système solaire (avec la Terre) dont la surface est au moins partiellement recouverte de liquide. Sur Titan, ce liquide est le méthane. De plus, les instruments de Voyager montrèrent que l'atmosphère de Titan est plus dense que celle de la Terre. Cette atmosphère dense a conservé des conditions très voisines de celles qui régnaient vraisemblablement sur les planètes peu après leur formation. En particulier, l'atmosphère de Titan contient du carbone, de l'azote, de l'hydrogène, mais pas d'oxygène moléculaire. Dans ces conditions, les réactions chimiques qui se produisent actuellement dans l'atmosphère de Titan pourraient bien donner naissance à certaines des molécules organiques qu'on soupçonne être les précurseurs de la vie sur Terre.

Christiaan Huygens découvrit Titan au cours du printemps 1655, l'année même où il suggéra qu'il existait des anneaux autour de Saturne. Ce corps céleste ne fut dénommé que deux siècles plus tard, lorsque Sir John Herschel donna des noms à chacun des sept satellites de Saturne connus à cette époque. Le nom de Titan (géant de la mythologie grecque) était bien choisi. Herschel savait seulement que Titan était le satellite le plus brillant de Saturne ; nous savons depuis que c'est aussi le plus grand. Il est même plus grand que la planète Mercure. Pendant un temps, on a pensé que Titan était le plus gros satellite de tout le système solaire. Des mesures faites par *Voyager 1* montrent qu'en fait il ne détient pas ce record : c'est l'épaisseur de l'atmosphère de Titan qui avait conduit à surestimer sa taille. Le globe solide de Titan a un rayon de 2575 kilomètres. Ganymède, l'un des satellites de Jupiter, est encore plus gros : son rayon est de 2640 kilomètres.

L'existence d'une atmosphère

L'idée que Titan possède une atmosphère naquit des observations effectuées par l'astronome catalan José Comas Solà et publiées en 1908. Solà indiquait que le petit disque de Titan vu au télescope était plus sombre vers le limbe (la périphérie) qu'au centre ; pour expliquer cela, il proposait l'existence d'une atmosphère. La lumière solaire réfléchie vers la Terre par le limbe de Titan doit effectivement traverser une plus grande épaisseur de l'atmosphère de Titan que la lumière réfléchie par le centre du disque. Par suite, la lumière provenant du limbe est plus atténuée par l'absorption de l'atmosphère de Titan *(voir la figure 3).*

Il est difficile de dire si Solá a réellement observé un obscurcissement du limbe de Titan. On sait maintenant que les descriptions qu'il donnait des amas nuageux sur les satellites géants de Jupiter étaient erronées. Néanmoins, ces observations ont, semble-t-il, conduit Sir James Jeans à inclure Titan et les satellites géants de Jupiter dans son étude théorique de l'échappement des atmosphères des corps du système solaire. En 1916, Jeans conclut que Titan avait pu conserver une atmosphère, en dépit de sa petite taille et de sa faible gravité (comparées à celles de la Terre par exemple), grâce à sa basse température. La connaissance de la distance entre Titan et le Soleil ainsi qu'une estimation raisonnable de sa réflectivité (et donc de la perte de chaleur solaire qui en résulte) permettent de prédire que la température de la surface et de l'atmosphère de ce satellite est comprise entre 60 et 100 kelvins. Les travaux de Jeans montrent que dans cette gamme de températures un gaz de poids moléculaire égal ou supérieur à 16 ne pourrait pas s'échapper de l'atmosphère de Titan dans toute la durée du système solaire. De nombreux composés ont un poids supérieur à cette valeur. C'est le cas de l'ammoniac (NH_3), de poids moléculaire 17. Dans les années 1930, Rupert Wildt de l'Université de Göttingen identifia sa présence dans l'atmosphère de Jupiter. Wildt avait découvert que le spectre infrarouge de la lumière réfléchie par Jupiter comportait des pics d'absorption aux longueurs d'ondes caractéristiques des molécules d'ammoniac. Theodore Dunham de l'Observatoire du Mont Wilson détecta de l'ammoniac sur Saturne en utilisant une technique similaire. Cependant, à la température supposée régner sur Titan, l'ammoniac est solide et ne peut donc pas constituer une partie substantielle d'une quelconque atmosphère. D'autres corps satisfont à la limite de Jeans, comme l'argon, le néon et l'azote moléculaire (N_2). Tous ces gaz auraient été présents en concentrations non négligeables dans le mélange de gaz et de poussières qui se condensa pour former le système solaire. Le problème est qu'il est difficile de les détecter par spectroscopie car aucun n'absorbe beaucoup dans l'infrarouge.

Un autre composé satisfait à la limite de Jeans : le méthane (CH_4), de poids moléculaire égal à 16. Contrairement à l'argon, au néon et à l'azote moléculaire, il présente de fortes bandes d'absorption dans l'infrarouge et, contrairement à l'ammoniac, il est gazeux à la température supposée régner sur Titan. En 1932, Wildt identifia le méthane dans les spectres de Jupiter, de Saturne, d'Uranus et de Neptune. Puis, en 1944, Gerard Kuiper de l'Université de Chicago l'identifia dans le spectre de Titan. Cette découverte constituait la première preuve formelle de l'existence d'une atmosphère sur Titan. En comparant le spectre de Titan avec des spectres du méthane à basses pressions, G. Kuiper déduisit que l'absorption de la lumière par ce gaz le long d'une verticale traversant l'atmosphère de Titan est équivalente à celle qui serait due à une colonne de méthane de 200 mètres de long, sous une pression d'une atmosphère et à une température de 273 kelvins. (Ce sont les conditions normales de température et de pression, ou *CNTP*.) A titre de comparaison, une colonne verticale de l'atmosphère terrestre a une longueur de huit kilomètres dans les conditions normales de température et de pression.

Certaines difficultés apparurent lors des premières tentatives d'explication de l'atmosphère de Titan : en 1965, Frank Low de l'Université d'Arizona déduisit, à partir de l'intensité du rayonnement infrarouge de Titan à la longueur d'onde de dix micromètres, que la température du corps est de 165 kelvins, soit presque le double de la température qui serait due au simple chauffage solaire de la surface et de la basse atmosphère. La découverte de F. Low passa inaperçue pendant sept ans. Puis, certains chercheurs firent d'autres découvertes pour le moins surprenantes. D'une part, les calculs de la température de Titan, fondés sur des mesures de sa brillance

1. L'ATMOSPHÈRE DE TITAN apparaît sur cette photographie de la face non éclairée du satellite, réalisée le 25 août 1981 par *Voyager 2*. Le croissant orange formant la partie gauche du limbe de Titan résulte de la réflexion de la lumière solaire par un aérosol, c'est-à-dire une couche de particules en suspension dans l'atmosphère de Titan, à quelque 200 kilomètres au-dessus de la surface. Le halo bleu entourant à la fois le croissant et la partie non éclairée du limbe de Titan est dû à la diffusion aux grands angles de la lumière solaire par des particules de brouillard en suspension à 300 kilomètres au-dessus de la surface.

à diverses longueurs d'ondes infrarouges, ne donnaient pas une valeur cohérente. La brillance de Titan aux longueurs d'onde radioélectriques donnait, elle aussi, des résultats contradictoires. Dans l'une des observations effectuées, la brillance radioélectrique donnait une température de surface de 200 kelvins.

D'autre part, il s'avéra que la lumière réfléchie par Titan aux petits angles (l'angle entre Titan, la Terre et le Soleil est généralement petit) était polarisée positivement, c'est-à-dire que la composante électrique du champ électromagnétique est perpendiculaire au plan des trois corps célestes. Cette découverte, faite indépendamment par Joseph Veverka de l'Université Cornell et Benjamin Zellner de l'Université de l'Arizona, suggère que la lumière réfléchie par Titan ne provient pas de la surface solide du corps à travers une atmosphère transparente mais bien d'une atmosphère profonde et nuageuse. Mars, par exemple, n'a qu'une atmosphère ténue et la lumière qu'il réfléchit vers la Terre aux petits angles est polarisée négativement : le maximum du vecteur champ électrique se trouve dans le plan des trois corps.

Entre temps, Laurence Trafton de l'Université du Texas à Austin avait conjecturé que la quantité de méthane présente sur Titan devait être considérablement plus grande que celle trouvée par G. Kuiper, ou alors qu'un autre gaz devait être présent en grande quantité. A l'aide d'un intensificateur d'image infrarouge – qui venait d'être mis au point – L. Trafton découvrit, sur le spectre de Titan, qu'une bande d'ab-

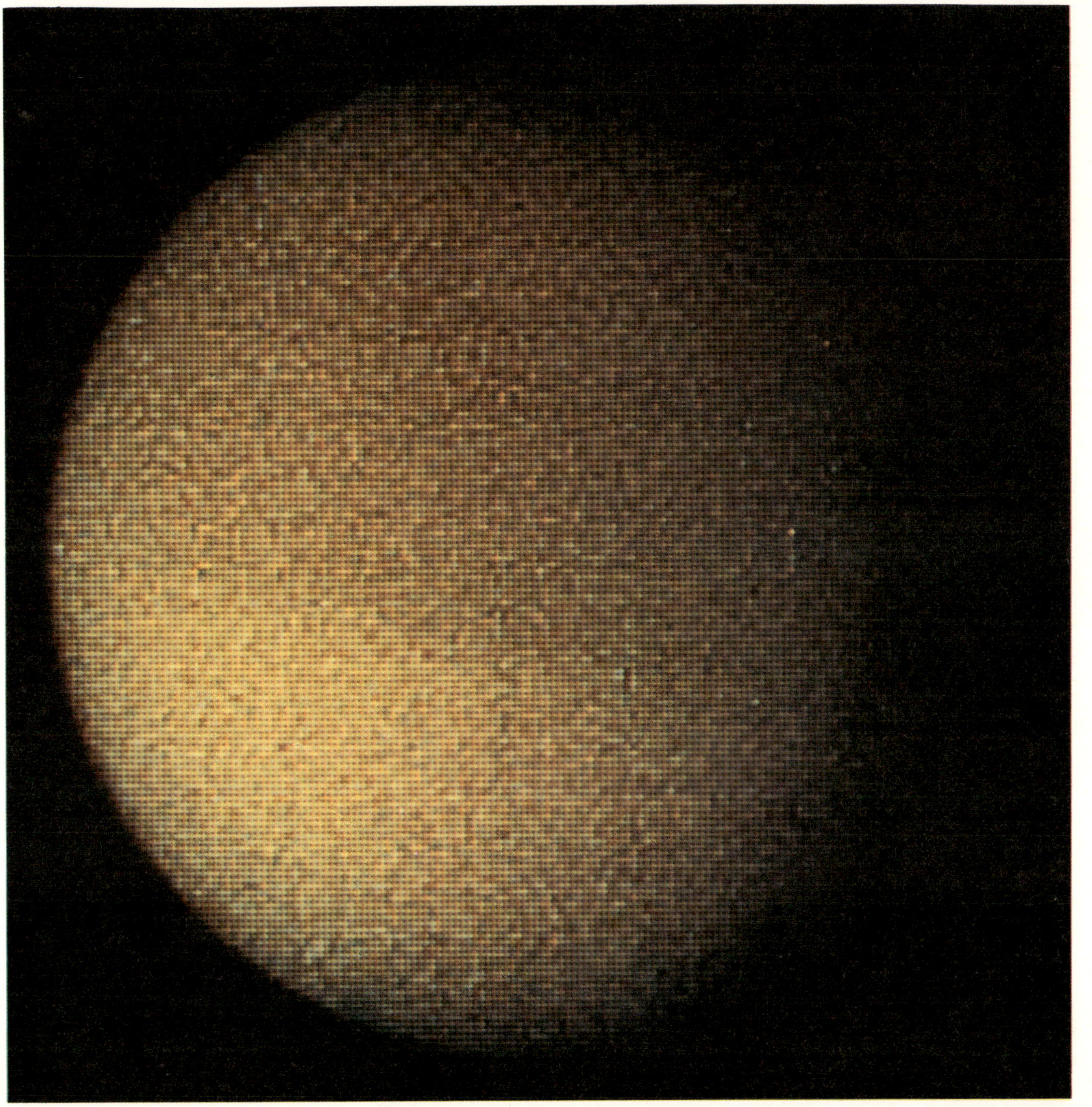

2. LA FACE ÉCLAIRÉE DE TITAN a été photographiée par *Voyager 1* le 9 novembre 1980, trois jours avant que la sonde ne s'approche à 7 000 kilomètres du satellite. Sur cette photographie, la surface de Titan est dissimulée par l'opacité uniforme de la couche d'aérosol. L'hémisphère Sud est plus brillant que l'hémisphère Nord, peut-être en raison d'une variation saisonnière de la vitesse de production des particules d'aérosol. C'est le printemps dans l'hémisphère Nord, et l'hémisphère Sud vient juste de traverser un été de sept ans. Les photographies du Titan furent assez décevantes, mais *Voyager 1* fournit de nombreuses données spectroscopiques sur le satellite.

sorption du méthane, aux environs d'un micromètre, avait une intensité imprévue. Cette intensité pouvait résulter d'une abondance inhabituelle de méthane ou alors d'un phénomène physique parallèle : en effet, des collisions entre les molécules de méthane et les molécules d'un autre gaz, non détecté, pouvaient perturber les états de vibration des molécules de méthane, de sorte que le méthane absorbait le rayonnement infrarouge sur un large intervalle de longueurs d'onde. Dans un cas comme dans l'autre, l'intensité de la bande d'absorption était liée à l'abondance de méthane et à la pression atmosphérique locale.

L. Trafton découvrit par la suite que les fortes bandes d'absorption du méthane dans le spectre infrarouge de Titan ne ressemblaient pas aux bandes correspondantes des spectres de Jupiter et de Saturne : les bandes de Titan sont à la fois moins profondes (moins intenses) et plus larges. Cela suggéra à L. Trafton que de petites particules se trouvaient en suspension dans l'atmosphère de Titan, en quantités et à des altitudes différentes de celles des particules composant les brumes observées sur Jupiter et sur Saturne. Ces particules diffusent la lumière solaire vers la Terre : elles augmentent ainsi l'intensité des bandes d'absorption. Elles diffusent également la lumière à l'intérieur de l'atmosphère de Titan ; l'allongement du trajet d'un photon ainsi diffusé augmente sa probabilité de collision avec une molécule de méthane et son absorption par cette molécule. Cela est vrai même pour les photons dont la longueur d'onde est légèrement différente de celle qui définit le centre d'une bande d'absorption : en effet, de telles absorptions sont peu probables mais pas impossibles. C'est ainsi que les bandes d'absorption sont élargies.

Les modèles de Titan

A l'Université d'Etat de New York à Stony Brook, Barry Lutz, Robert Cess et moi-même avons étudié un grand nombre de spectres du méthane, réalisés au laboratoire par B. Lutz, dans le but de mieux comprendre les planètes extérieures et Titan. Nous avons découvert que les bandes d'absorption étudiées par R. Wildt et G. Kuiper ne dépendent pas de la pression. Chacune des bandes est constituée d'un ensemble de raies d'absorption étroites, espacées de telle manière que tout élargissement des raies individuelles dû à une augmentation de la pression du méthane n'a pas d'effet sur l'ensemble de la bande. A partir de l'intensité des bandes d'absorption, nous avons calculé l'abondance du méthane sur Titan : elle est équivalente à une colonne de méthane de 120 mètres de long dans les conditions normales de température et de pression. Puis, à partir de la relation entre abondance et pression proposée par L. Trafton, nous avons déduit la pression atmosphérique sur Titan responsable de l'élargissement des bandes du méthane. (Dans cette étude, nous n'avons pas tenu compte des effets de diffusion de la lumière par les particules.)

Le résultat fut surprenant : en effet, nous avons trouvé une pression de 400 millibars au niveau inférieur de la zone de l'atmosphère qui réfléchit la lumière, soit presque la moitié de la pression au niveau de la mer sur la Terre (égale à environ un bar). Or, le méthane seul ne donnerait naissance qu'à une pression de un millibar. La seconde hypothèse de L. Trafton semblait donc

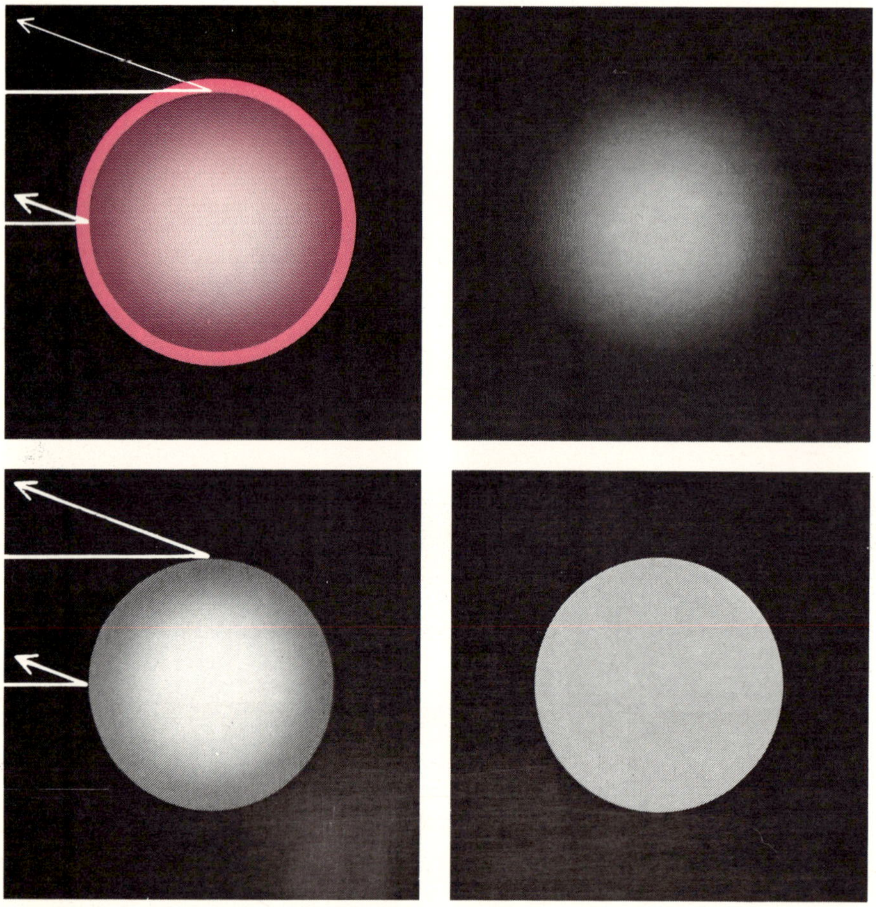

3. L'OBSCURCISSEMENT DU LIMBE fait que l'image d'un satellite ou d'une planète possédant une atmosphère *(en haut)* est plus sombre vers le limbe, c'est-à-dire la périphérie, qu'au centre. Cet obscurcissement est dû au fait que la lumière réfléchie par le limbe traverse une plus grande partie de l'atmosphère du corps que la lumière réfléchie par le centre. Par suite, elle est davantage atténuée par l'absorption atmosphérique. Au contraire, l'image d'une planète ou d'un satellite dépourvu d'atmosphère *(en bas)* est un disque de luminosité quasiment uniforme. En 1908, l'astronome catalan José Comas Solà suggéra l'existence d'une atmosphère autour de Titan car l'image qu'il obtenait au télescope était obscure vers le limbe.

4. UNE COUCHE DISTINCTE, formée par des particules de brouillard en haute altitude, apparaît comme un liseré extérieur sur cette photographie du pôle Sud de Titan prise par *Voyager 2*. Cette couche de brouillard, concentrique à la structure brillante, est constituée par la partie Sud du croissant éclairé de l'aérosol de Titan.

être la bonne : un gaz autre que le méthane devait être présent en grande quantité sur Titan.

Simultanément à nos travaux sur la pression atmosphérique de Titan, d'autres chercheurs essayaient d'expliquer les résultats contradictoires des mesures de la température de ce satellite. La première idée était que la température apparemment élevée de Titan, comme les 165 kelvins proposés par F. Low, était due à un « effet de serre ». Selon cette hypothèse, l'atmosphère de Titan serait transparente à la lumière visible mais opaque au rayonnement infrarouge. Par suite, la lumière solaire pénétrerait jusqu'à la surface et la chaufferait, puis la surface réfléchirait le rayonnement infrarouge qui serait piégé dans la basse atmosphère ; mais cette hypothèse a été infirmée par une accumulation de mesures en contradiction avec elle, mesures suggérant que l'atmosphère avait une structure inhabituelle dans laquelle les couches supérieures sont plus chaudes que la surface. C'est ainsi que le modèle de l'effet de serre a été abandonné au profit d'un autre modèle proposé par Robert Danielson et John Caldwell de L'Université de Princeton.

Dans ce dernier modèle, on attribue la luminosité particulière de Titan à une émission infrarouge due à un phénomène d'inversion dans l'atmosphère : une couche dans laquelle la température de l'atmosphère augmente avec l'altitude au lieu de décroître. On admet que l'atmosphère est chauffée parce que la lumière solaire est absorbée par des particules constituant un aérosol (des particules en suspension) dans les couches supérieures de l'atmosphère. Le rayonnement infrarouge détecté à partir de la Terre est dû au méthane, mais aussi à d'autres gaz comme l'éthane (C_2H_6) et l'acétylène (C_2H_2) qui sont les produits de réactions chimiques induites par la lumière, au cours desquelles les molécules de méthane sont détruites par le rayonnement ultraviolet du Soleil. D'après J. Caldwell, qui a affiné ce modèle, le méthane constitue 90 pour cent de l'atmosphère de Titan. La pression sur la surface est de 20 millibars et la température de surface est de 86 kelvins, valeur en accord avec celle obtenue dans l'hypothèse d'un simple chauffage solaire. On peut rejeter les arguments plaidant pour une pression de surface supérieure à celle proposée par J. Caldwell, en se fondant sur le fait que la diffusion de la lumière par les particules de l'aérosol pourrait aussi bien élargir les bandes d'absorption du méthane que la pression d'un gaz autre que le méthane.

Donald Hunten de l'Université de l'Arizona a proposé un autre modèle. D. Hunten fit remarquer que la dissociation, sous l'effet de la lumière, de molécules d'ammoniac dans l'atmosphère de Titan pourrait provoquer l'accumulation d'azote moléculaire ; l'hydrogène libéré par la dissociation s'échapperait rapidement de l'atmosphère. Comme l'azote est transparent à la lumière visible et au rayonnement infrarouge, on ne peut pas le détecter à partir de la Terre par des mesures spectroscopiques. D. Hunten montra néanmoins que si l'atmosphère de Titan contenait suffisamment d'azote moléculaire pour que la pression à la surface soit égale à 20 bars, alors l'augmentation de la pression entraînerait une augmentation de l'absorption dans l'infrarouge par l'azote lui-même, grâce à l'absorption induite par les collisions. De cette manière, un effet de serre pourrait chauffer la surface de Titan à la température de 200 kelvins déduite de l'une des mesures radio effectuées.

Le modèle de Donald Hunten incluait donc la couche d'aérosol et l'inversion de température correspondante, que Robert Danielson et John Caldwell avaient placées, dans leur modèle, au niveau de la haute atmosphère. Hormis cette concordance, les deux modèles divergeaient complètement. Ainsi, R. Danielson et J. Caldwell proposaient une température de surface de 86 kelvins et une atmosphère contenant 90 pour cent de méthane, alors que D. Hunten proposait une température de surface de 200 kelvins et une atmosphère contenant 90 pour cent d'azote. Pire : R. Danielson et J. Caldwell proposaient une pression de surface égale à 20 millibars alors que, d'après D. Hunten, cette pression était égale à 20 bars, soit 1000 fois plus !

Il semblait possible de réduire ce désaccord flagrant et même de l'éliminer grâce à de meilleures mesures de la brillance de Titan aux longueurs d'onde radiométriques. L'intérêt de telles mesures est que la plupart des constituants

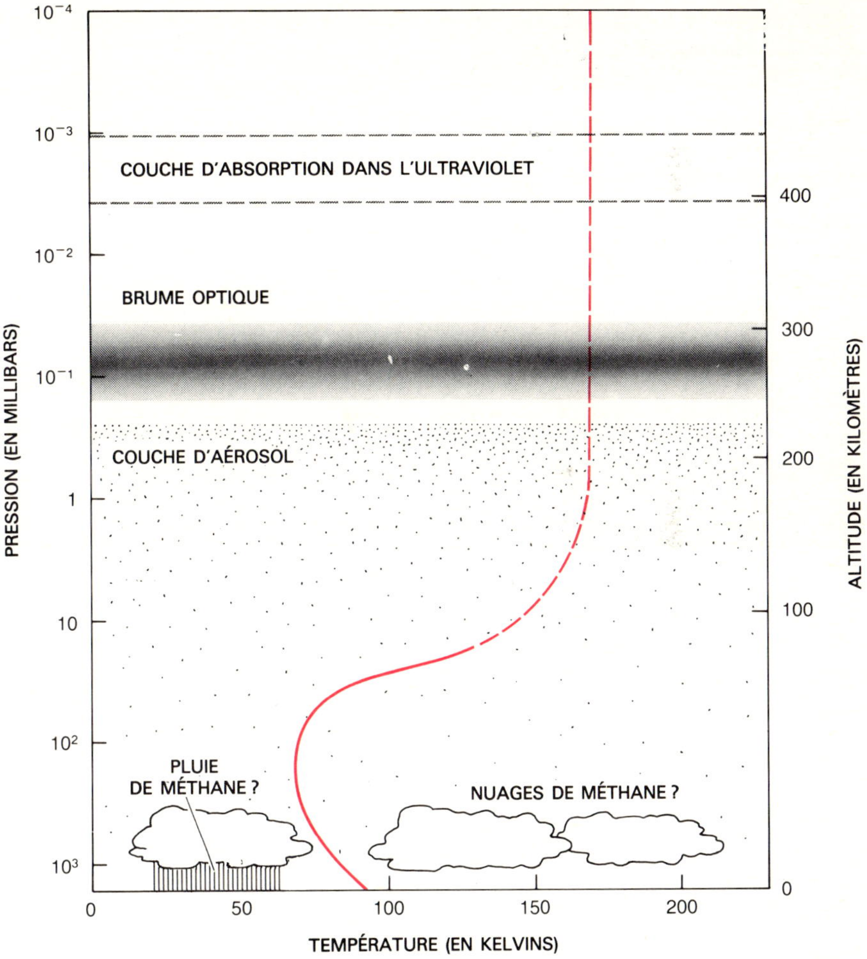

5. CETTE COUPE DE L'ATMOSPHÈRE DE TITAN montre deux couches dont l'existence a été découverte par *Voyager 1*. Il s'agit d'une couche transparente à la lumière dans laquelle le rayonnement ultraviolet est absorbé et, au-dessous, d'une couche de brouillard à haute altitude. Au-dessous du brouillard se trouve la couche de particules d'aérosol. On pense que ces particules se sont agglomérées en plus grosses particules et sont tombées sur la surface de Titan au cours de l'histoire du système solaire. Sur ce schéma, on a indiqué des nuages et des pluies de méthane au-dessus de la surface : leur présence n'est pas confirmée mais elle est probable. La courbe de la température en fonction de la pression *(en couleur)* est fondée sur une expérience au cours de laquelle l'atmosphère de Titan se trouvait entre les signaux émis par *Voyager 1* et la Terre. Selon les résultats de cette expérience d'occultation et d'après les données de spectroscopie infrarouge, la température de surface de Titan est d'environ 95 kelvins et la pression de surface est de 1,5 bar. Sur Terre, la pression moyenne au niveau de la mer est légèrement supérieure à un bar.

qui devraient exister dans l'atmosphère d'un corps du système solaire extérieur (y compris le méthane et l'azote) sont transparents aux longueurs d'onde radio ; c'est pourquoi les mesures à ces longueurs d'onde devraient probablement caractériser l'émission thermique de la surface même de Titan et non d'une couche de l'atmosphère. Cependant, ces mesures posent un problème : la faible émission de Titan est noyée dans le rayonnement émis par Saturne. Afin de résoudre en partie cette difficulté, Walter Jaffe de l'Observatoire National de radioastronomie, J. Caldwell et moi-même avons utilisé le Très Grand Réseau *(Very Large Array)* de radiotélescopes du Nouveau Mexique. Nous avons observé Titan aux longueurs d'onde radio de 1,3, deux et six centimètres. Ce réseau possède une résolution angulaire suffisante pour séparer l'émission de Titan de celle de Saturne. Nous avons ainsi trouvé que la température de surface de Titan était égale à 87 kelvins, plus ou moins neuf degrés. Ce résultat corroborait le modèle de R. Danielson et J. Caldwell. Il concordait aussi avec le modèle de D. Hunten, à condition de modifier ce dernier, de façon que l'azote contribue au maximum pour deux bars à la valeur de la pression à la surface de Titan. Nous avions réduit le désaccord, mais d'un facteur dix seulement.

L'exploration par Voyager

Voilà donc où en étaient nos connaissances à l'automne 1980, alors que *Voyager 1* s'approchait du système de Saturne. Nous savions que Titan était un grand satellite possédant une atmosphère au moins trois fois plus dense que celle de Mars (où la pression moyenne à la surface est égale à sept millibars). La présence – postulée – d'éthane, d'acétylène et d'un aérosol à haute altitude suggérait l'existence d'une photochimie active. On avait détecté du méthane par spectroscopie et on avait proposé la présence d'azote. Thomas Scattergood et moi-même suggérions que la couleur rouge de Titan était une preuve indirecte de la présence d'azote. En effet, T. Scattergood avait essayé de produire des composés colorés en bombardant divers mélanges de gaz avec des protons énergétiques. Son intention était de simuler ainsi le bombardement de l'atmosphère de Titan par des particules subatomiques chargées et piégées dans le champ magnétique entourant Saturne. T. Scattergood n'obtenait rien avec du méthane seul, mais avec un mélange de méthane et d'azote, le bombardement donnait un matériau brun-rougeâtre. Mais quelle était la proportion d'azote sur Titan et quels étaient les autres gaz présents ?

Les premiers résultats du passage de *Voyager 1* près de Titan furent des photographies du satellite. Elles étaient plutôt décevantes. Certains chercheurs avaient espéré que quelques « trous » dans la couche d'aérosol leur permettraient d'entr'apercevoir la surface de Titan. Hélas, les photographies montraient un satellite ressemblant vaguement à une balle de tennis sans couture ! L'aérosol recouvrait tout et il était opaque. Les seules caractéristiques visibles étaient un brouillard sombre au pôle Nord et une variation brutale de la réflectivité à l'équateur, l'hémisphère Sud étant nettement plus brillant que l'hémisphère Nord. Titan apparaissait aussi entouré par une couche de brouillard à haute altitude, à environ 100 kilomètres au-dessus du sommet de la couche d'aérosol.

On a tenté d'expliquer cette différence de réflectivité entre les deux hémisphères, et ce de deux façons différentes. Selon une première hypothèse, proposée par Lawrence Sromovsky et Verner Suomi de l'Université du Wisconsin à Madison, cette différence est une manifestation de la variation saisonnière du chauffage solaire sur la couche d'aérosol due à l'inclinaison de l'axe de Titan (26 degrés) par rapport au plan de rotation du système solaire. Si cette hypothèse est correcte, l'hémisphère Sud et l'hémisphère Nord devraient alterner, chacun devenant à son tour l'hémisphère le plus brillant. Saturne et ses satellites décrivent leur orbite autour du Soleil en 30 ans ; il devrait donc y avoir alternance tous les 15 ans.

Selon la seconde hypothèse, proposée par G. Lockwood de l'Observatoire Lowell, cette différence de réflectivité

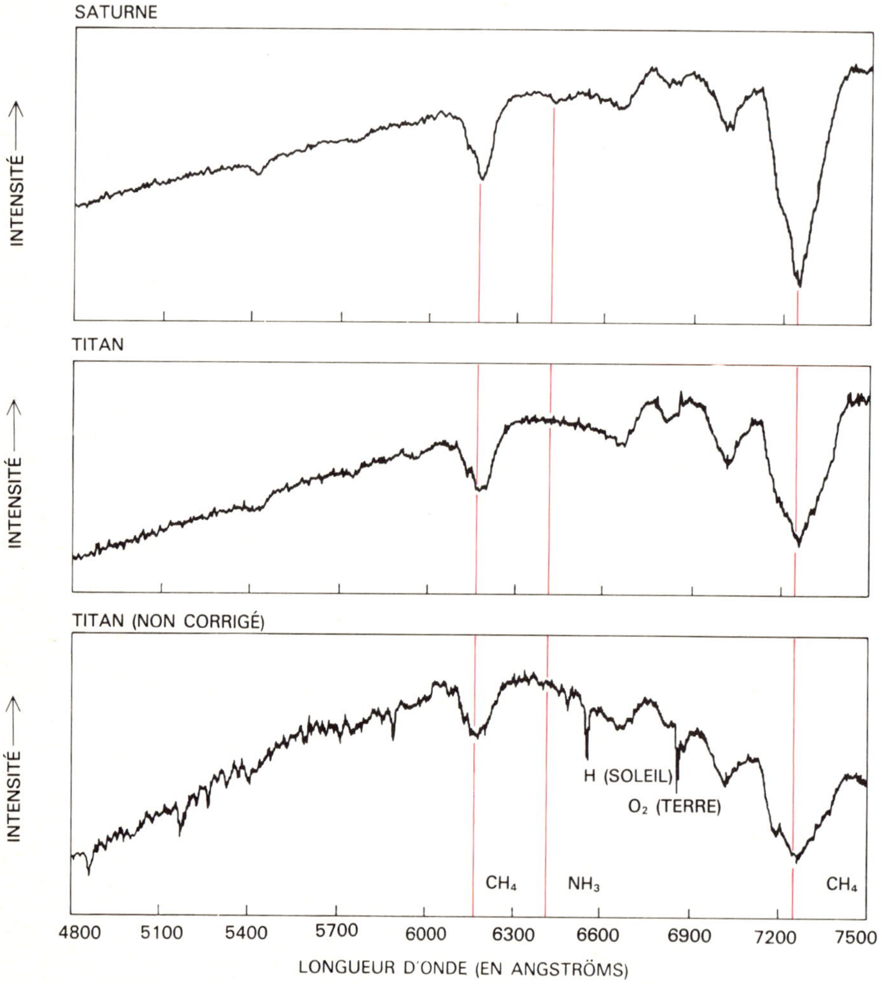

6. CES SPECTRES DE SATURNE ET DE TITAN ont été réalisés par Robert Danehy et l'auteur, qui ont utilisé le télescope de 2,7 mètres à l'Observatoire McDonald dans le Texas. Les longueurs d'onde bleues de la lumière visible sont à gauche de cette échelle, celles correspondant au rouge foncé sont à droite. On distingue plusieurs bandes d'absorption : celles qui se trouvent respectivement à 6190 angströms et aux environs de 7200 angströms font partie des bandes qui permirent l'identification du méthane gazeux (CH_4) sur Titan. Une bande moins importante vers 6450 angströms révèle la présence de l'ammoniac gazeux NH_3 sur Saturne mais pas sur Titan. Les bandes d'absorption les plus fortes du spectre de Titan sont en général moins profondes et plus larges que celles des spectres de Jupiter et de Saturne. La raison en est probablement la diffusion de la lumière par les particules d'aérosol de Titan. Sur cette figure, les deux spectres du haut ont été divisés par un spectre de la lumière réfléchie par la Lune. De cette façon, les raies spectrales habituellement présentes dans la lumière solaire sont réduites à la valeur unité et ne peuvent être confondues avec les raies de Titan. Le spectre du bas n'a pas subi ce type de correction : c'est pourquoi il possède certaines raies dues à l'absorption de la lumière dans l'atmosphère du Soleil ou dans l'atmosphère de la Terre.

résulte d'une modulation de la production des particules d'aérosol due aux différentes vitesses d'arrivée des particules subatomiques à haute énergie du « vent » solaire. G. Lockwood a enregistré de légères variations de la luminosité absolue de Titan au cours des huit dernières années. Tout au long de cette période, le nombre de taches solaires n'a pratiquement pas cessé d'augmenter et, par suite, le vent solaire s'est intensifié. L'observation continue de Titan, pendant les prochaines années, dans la phase déclinante du cycle des taches solaires, permettrait de tester en partie ces hypothèses. Elles pourraient être correctes toutes deux.

Après les images de Titan, *Voyager 1* fournit d'autres données. D'une part, le spectromètre ultraviolet embarqué à bord de la sonde révéla la présence d'azote : l'instrument détecta des pics dans le spectre ultraviolet de Titan dus à l'émission de rayonnement ultraviolet par des molécules d'azote, des atomes d'azote ionisés et des atomes d'azote non ionisés. Ce spectre n'indiquait pas la présence de monoxyde de carbone, d'argon ou de néon (autres corps qui émettent dans l'ultraviolet). D'autre part, le spectromètre suggéra la présence de méthane et d'autres hydrocarbures, en enregistrant l'absorption de la lumière d'une étoile par l'atmosphère de Titan. Il s'agissait d'une expérience d'occultation dans laquelle le limbe de Titan, et par suite son atmosphère, s'interposait entre l'étoile et le spectromètre.

Lors d'une seconde expérience d'occultation, la sonde elle-même servit de source de rayonnement. Les signaux radio envoyés vers la Terre par les émetteurs de *Voyager 1* furent atténués par réfraction dans l'atmosphère de Titan. L'atténuation augmentait au fur et à mesure que la sonde disparaissait derrière le limbe de Titan et que la densité du milieu gazeux traversé par le faisceau augmentait. Le résultat de cette expérience nous fournit le profil de densité en fonction de l'altitude, dans l'atmosphère de Titan. Le profil de densité donne à son tour un profil de $T/\bar{\mu}$ en fonction de l'altitude où T est la température et $\bar{\mu}$ est le poids moléculaire moyen de l'atmosphère. G. Tyler, de l'Université Stanford, avait conçu cette expérience pour tester les deux modèles principaux de l'atmosphère de Titan : celui de R. Danielson et J. Caldwell et celui de D. Hunten.

Finalement, l'expérience devait confirmer le modèle de D. Hunten. Von R. Eshleman de Stanford fit remarquer en particulier que le profil de $T/\bar{\mu}$ déduit de l'expérience coïncidait étroitement avec les prévisions du modèle de D. Hunten pour une atmosphère riche en azote, excepté le fait que le profil expérimental implique une valeur de la pression de surface inférieure à celle de D. Hunten (20 bars). L'équipe responsable de l'expérience d'occultation continue à analyser les données. Gunnar Lindal du *Jet Propulsion Laboratory* de l'Institut de Technologie de Californie a donné les résultats les plus récents : une pression de surface égale à 1,5 bar ($\pm$ 0,1 bar) et une température de surface voisine de 94 kelvins. G. Lindal a aussi proposé une valeur du rayon de Titan déduite des expériences d'occultation : 2575 kilomètres ($\pm$ 2 kilomètres).

Une équipe de spectrométrie infrarouge dirigée par Rudolf Hanel du Centre de vols spatiaux Goddard de la NASA a également étudié la structure de l'atmosphère de Titan. Le meilleur accord entre les données de l'occultation et les données infrarouges donne un poids moléculaire moyen de l'atmosphère de Titan égale à 28,6 ; par conséquent, l'atmosphère doit contenir une quantité appréciable d'un gaz plus lourd que l'azote. (Le poids moléculaire de l'azote est 28,0.) Robert Samuelson du Centre Goddard suggère la présence d'argon. Avec ses collaborateurs, il avance l'argument suivant : l'argon est relativement abondant dans l'Univers et il est gazeux à la température qui règne sur Titan. De plus, l'argon (comme l'azote) est transparent dans le visible et l'infrarouge proche, de sorte qu'il échappe à la détection par spectroscopie infrarouge.

Le fait que l'argon n'ait pas été détecté par le spectromètre ultraviolet de *Voyager 1* signifie seulement que son abondance dans la haute atmosphère de Titan est inférieure à six pour cent. Dans la haute atmosphère, les gaz les plus légers doivent prédominer : par suite, cette limite de six pour cent n'exclut pas l'abondance totale de 12 pour cent environ nécessaire pour conférer à l'atmosphère un poids moléculaire moyen égale à 28,6. En introduisant

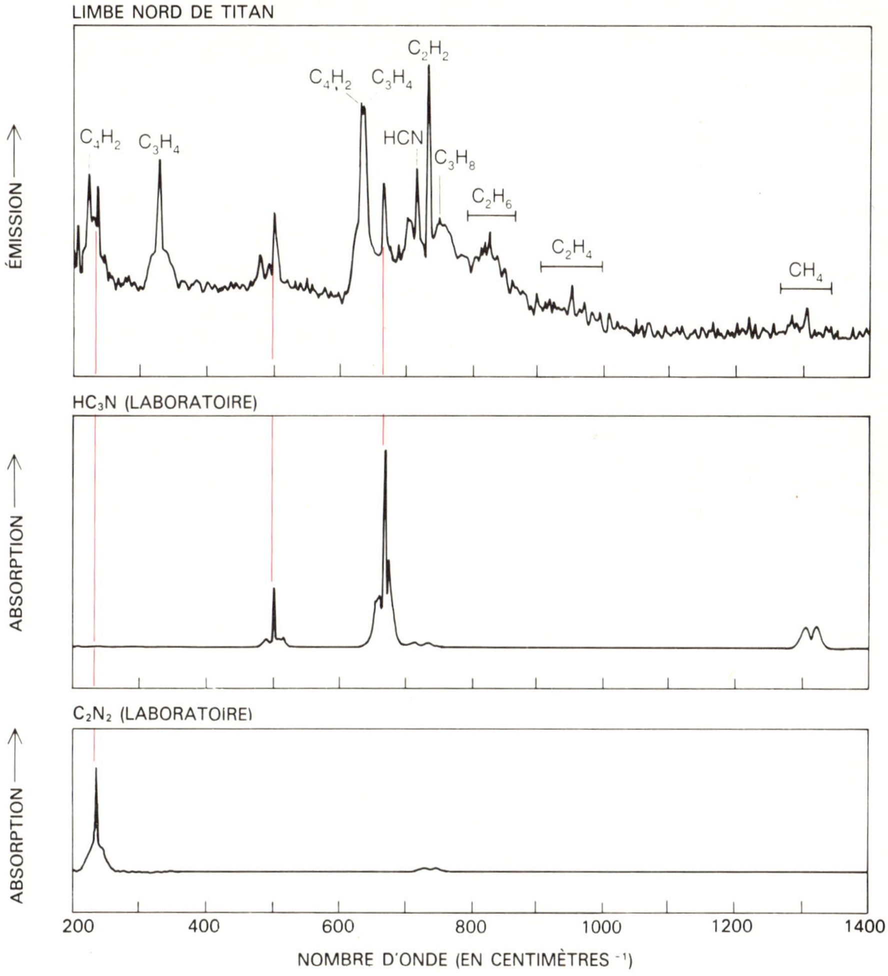

7. LES SPECTRES INFRAROUGES réalisés par *Voyager 1* permettent l'identification de plusieurs gaz (autres que le méthane) sur Titan. Ici on peut identifier le cyanoacétylène (HC_3N) et le cyanogène (C_2N_2) en comparant des spectres d'absorption réalisés en laboratoire avec un spectre d'émission de Titan enregistré par la sonde. Cette comparaison est possible car les molécules d'un gaz donné absorbent et émettent des rayonnements aux mêmes longueurs d'onde caractéristiques. Les caractéristiques spectrales de plusieurs autres gaz identifiés de la même façon sont indiquées sur le spectre de Titan *(en haut)*. Pour ces trois spectres, l'échelle horizontale représente le nombre d'onde (le nombre d'onde correspond au nombre de longueurs d'onde contenues dans un centimètre). Ainsi, un nombre d'onde de 200 correspond à une longueur d'onde de 500 000 angströms ; un nombre d'onde de 1400 correspond à une longueur d'onde d'environ 71 000 angströms. La spectroscopie a été réalisée par un groupe dirigé par Rudolf Hanel du Centre Goddard de la NASA.

cette valeur de $\bar{\mu}$ dans le profil de $T/\bar{\mu}$, on trouve une température de surface égale à 95 ± 2 kelvins.

Les données transmises lors du passage de *Voyager 1* près de Titan nous ont ainsi révélé que l'atmosphère de ce corps du système solaire extérieur, comme celle de la Terre, est riche en azote. De plus, ces données montrent que la pression de l'atmosphère en surface est supérieure à celle de la Terre. La pression de l'atmosphère à la surface d'un corps céleste dépend à la fois de la quantité de gaz contenue dans l'atmosphère et du degré de compression de ce gaz dû à la gravitation du corps. La gravité à la surface de Titan vaut seulement 0,14 fois la gravité à la surface de la Terre. Par suite – et ce fait est remarquable – la valeur de la pression à la surface de Titan (1,5 bar d'après les données de *Voyager*) implique que l'atmosphère de ce satellite contient environ dix fois plus de gaz par unité de surface que l'atmosphère de la Terre.

Le spectromètre infrarouge de *Voyager 1* a également enregistré des bandes d'émission dues à divers composés gazeux dont on n'avait pas encore établi la présence dans l'atmosphère de Titan. Le premier de ces composés à avoir été identifié est l'acide cyanhydrique (HCN), un corps qui pourrait avoir participé aux réactions chimiques qui ont conduit à la synthèse, sur Terre, de composés comme l'adénine, il y a trois milliards d'années. L'adénine est un constituant de l'ADN : elle est donc essentielle à la vie sur Terre. Virgil Kunde, William Maguire et leurs collaborateurs du Centre Goddard comparèrent les spectres infrarouges de Titan avec des spectres de laboratoire réalisés à cette intention. La comparaison permit rapidement d'identifier six nouveaux composés dans l'atmosphère de Titan. Il s'agit d'hydrocarbures tels que le propane (C_3H_8) et de composés nitrilés (ou nitriles) comme le cyanoacétylène (HC_3N). Darrell Strobel du Laboratoire de Recherche Navale a montré que ces composés peuvent provenir de réactions mettant en jeu le méthane et l'azote, provoquées par le bombardement de l'atmosphère de Titan par des photons ultraviolets et des électrons de haute énergie piégés dans le champ magnétique de Saturne.

La surface de Titan

On sait maintenant que l'hypothèse de la présence d'un aérosol sur Titan est correcte, du moins dans ses grandes lignes. Les fragments moléculaires et les composés produits par l'impact des photons ultraviolets et des électrons de haute énergie forment des polymères, c'est-à-dire des chaînes moléculaires. Par suite, il existe des particules solides en suspension dans l'atmosphère. En étudiant comment les particules de l'aérosol réfléchissent la lumière, James Pollack et Kathy Rages du Centre de Recherche *Ames* de la NASA ont montré que la variation de luminosité de Titan en fonction de l'angle entre le Soleil, Titan et chacune des sondes *Voyager*, s'expliquait si l'on attribue aux particules de l'aérosol de la haute atmosphère un rayon moyen de 0,5 micromètre.

On peut penser que ces particules descendent lentement, entrent en collision et forment des agrégats. Ces agrégats tombent plus rapidement : aussi l'atmosphère perd-elle régulièrement les molécules carbonées et azotées qui ont été formées bien au-dessus de la surface de Titan. D. Strobel estime que depuis le début de l'histoire du système solaire, une couche d'hydrocarbures de 0,1 à 0,5 kilomètre de hauteur s'est déposée sur la surface de Titan. Parallèlement une couche de composés azotés de quelques dizaines de mètres de hauteur se serait déposée.

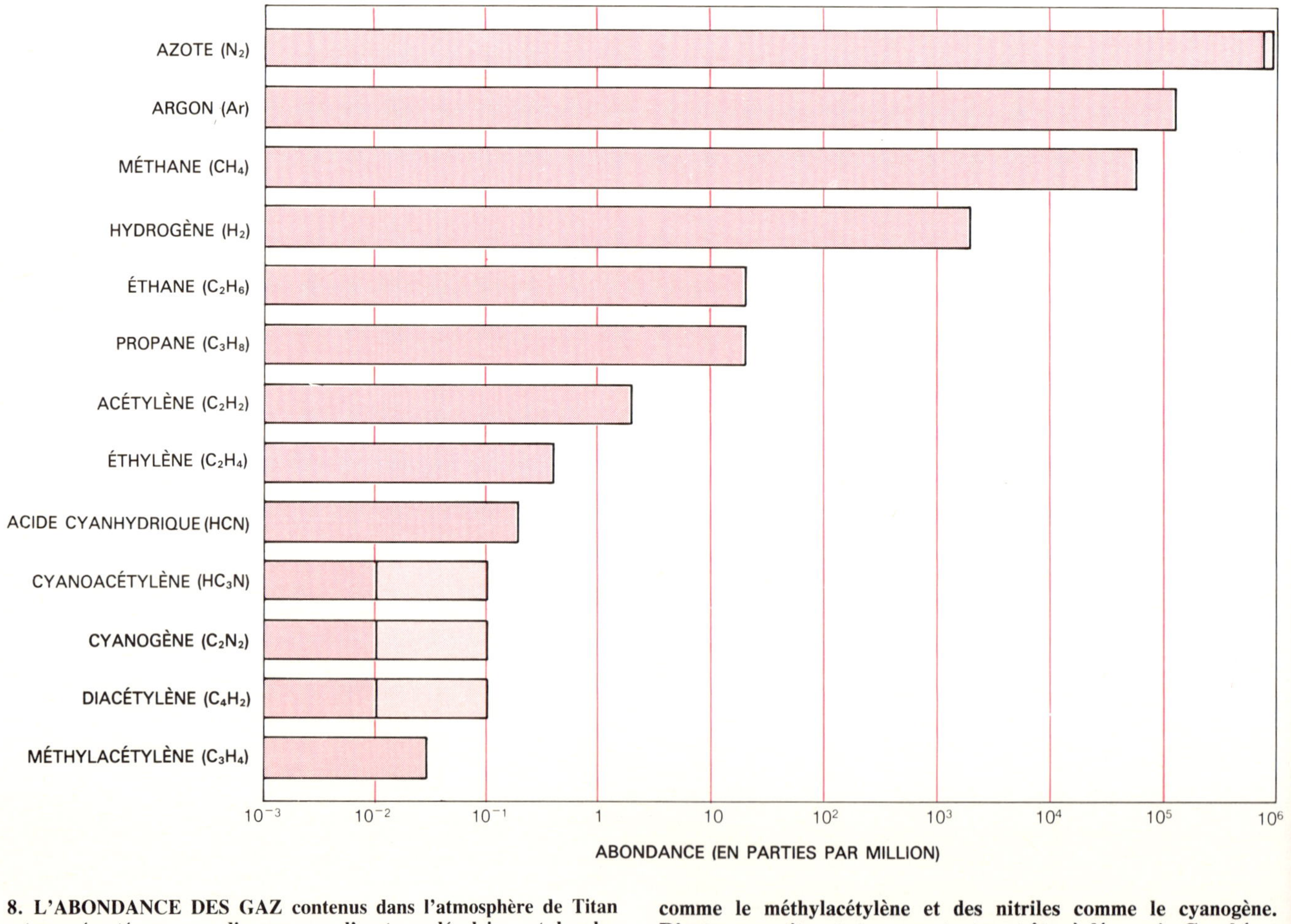

8. L'ABONDANCE DES GAZ contenus dans l'atmosphère de Titan est représentée sur ce diagramme ; l'azote moléculaire est le plus abondant : de 82 à 94 pour cent de l'atmosphère, soit 820 000 à 940 000 parties par million (d'après les données de *Voyager*) ; certains gaz sont présents à l'état de traces : des hydrocarbures comme le méthylacétylène et des nitriles comme le cyanogène. D'autres constituants traces restent peut-être à découvrir. Ce schéma indique 12 pour cent d'argon (120 000 parties par million). Ces 12 pour cent sont nécessaires pour élever le poids moléculaire moyen à la valeur de 28,6 qui résulte provisoirement des données de *Voyager*.

Quelle est la nature de la surface sur laquelle tombe cette manne céleste (comme Carl Sagan de l'Université Cornell aime à l'appeler) ? D'après des analyses très fines des données fournies par *Voyager 1,* la température à la surface de Titan est égale à 94 kelvins ($\pm$ 1 degré). De plus, des mesures effectuées par le spectromètre infrarouge de *Voyager 1* suggèrent que la température de la surface ne varie pas de plus de trois degrés entre l'équateur et les pôles. La raison en est que l'atmosphère, dense et absorbant la lumière, est partout présente. Ces valeurs de la température de surface autorisent la présence de méthane liquide. En fait, il se pourrait même que Titan soit entièrement recouvert d'un véritable océan liquide formé de ce que nous appelons sur Terre du gaz naturel.

Le méthane pourrait donc jouer sur Titan le rôle que l'eau joue sur Terre. A la surface de Titan, le méthane est liquide ; dans la basse atmosphère, il est gazeux. La basse atmosphère de Titan contient peut-être des nuages de méthane et peut-être devient-elle saturée en méthane à certains endroits, ce qui provoquerait des pluies de méthane. En tous cas, il semble que nous ayons trouvé un monde qui, comme la Terre, possède une grande quantité de liquide à sa surface. Il est vraiment dommage pour un astronaute visiteur potentiel que la température y reste si proche de 94 kelvins, soit 179 degrés au-dessous de zéro !

Quel effet cela ferait-il de faire du bateau sur la mer de méthane de Titan ? La visibilité horizontale serait tout à fait bonne. D'après Brian Toon du Centre de Recherches *Ames*, les particules d'aérosol tombant de l'atmosphère seraient peu nombreuses et dispersées. La visibilité diminuerait, bien entendu, dans le cas d'une pluie de méthane. D'un autre côté, la luminosité serait très faible. Titan est environ dix fois plus éloigné que la Terre du Soleil, ce qui correspond à une diminution de la lumière solaire par unité de surface d'un facteur 100. Cette faible luminosité serait encore atténuée par la couche d'aérosol et par les nuages de méthane qui pourraient se trouver au-dessus. Il est difficile d'estimer l'atténuation totale. Selon certains modèles de B. Toon, la luminosité serait celle d'une nuit terrestre éclairée par la Lune, même à midi sur Titan. Il serait bien difficile de naviguer sur l'océan de Titan : on ne verrait ni le Soleil ni les étoiles ; de plus, la boussole serait tout à fait inutile car la sonde *Voyager* n'a détecté aucun champ magnétique sur Titan.

Quel type de bateau faudrait-il utiliser ? Certainement pas un voilier car les vents à la surface de Titan sont probablement faibles. La raison en est la faible différence de température d'un endroit à un autre. Ce sont ces écarts de température qui alimentent les vents sur Terre. Pourrait-on alors utiliser un bateau à moteur ? Nous nous trouvons ici devant un curieux paradoxe : sur Terre, le comburant (oxydant) nécessaire à la combustion interne du moteur est disponible dans l'atmosphère ; le carburant, en revanche, est comparativement rare. Sur Titan, notre bateau flotterait sur une mer de carburant ; c'est le comburant qui serait rare. On pourrait peut-être l'obtenir en forant de la glace dans l'intérieur de Titan et en extrayant l'oxygène, à moins que des affleurement de glace, recouverts d'une couche d'hydrocarbures et de polymères azotés provenant de la couche d'aérosol, ne forment des continents sur Titan.

La formation de l'atmosphère

A la lumière des informations fournies par les missions *Voyager,* nous devons essayer de comprendre comment s'est formée l'étrange atmosphère de Titan. Nous savons déjà que l'hydrogène s'est échappé de l'atmosphère comme Jeans l'avait montré il y a 65 ans. A cet égard, Titan ressemble aux planètes intérieures du système solaire. Pourquoi alors Titan ne possède-t-il pas une atmosphère riche en dioxyde de carbone, comme celles de Mars et de Vénus ? C'est parce que l'oxygène n'est pas disponible : il est piégé dans la glace à l'intérieur du satellite. La combinaison caractéristique de la taille et de la température de Titan a permis à l'atmosphère d'évoluer et pourtant de rester réductrice.

On admet généralement que Titan s'est formé dans une nébuleuse « proto-saturnienne », une région isolée dans le nuage de poussière et de gaz qui forma le système solaire. On pense aussi que Titan s'est certainement formé en même temps que Saturne, ses anneaux et ses autres satellites, il y a quelque 4,5 milliards d'années. La densité mesurée de Titan (1,9 gramme par centimètre cube) indique que ce satellite contient à peu près 52 pour cent de roche et 48 pour cent de glace. Ces proportions représentent un léger enrichissement en roche par rapport à la composition du système solaire dans son ensemble. La glace cependant a dû être d'une importance cruciale pour l'évolution ultérieure de l'atmosphère de Titan car elle a pu – beaucoup plus efficacement que les roches – piéger les gaz de la nébuleuse proto-saturnienne.

Il y a une vingtaine d'années, Stanley Miller de l'Université de Californie à San Diego prévoyait que les satellites glacés de Saturne devaient contenir de l'hydrate de méthane (CH_4, $7H_2O$), c'est-à-dire du méthane piégé dans de la glace. La présence confirmée de méthane dans l'atmosphère de Titan soutenait cette hypothèse. La récente découverte de plusieurs autres gaz suggère qu'ils étaient, eux aussi, piégés sous forme d'hydrates. Afin de prévoir de façon sûre quels étaient les composés réellement piégés, il faut connaître les valeurs de la température et de la pression pour lesquelles un corps donné et son hydrate sont en équilibre. (A l'équilibre, la vitesse à laquelle des molécules ou des atomes d'un corps s'échappent de l'hydrate est égale à la vitesse à laquelle ils sont piégés, de sorte que la quantité d'hydrate ne diminue pas et que l'hydrate est stable.) On pense que la température de la nébuleuse proto-saturnienne n'est pas tombée très au-dessous de 60 kelvins. A cette température, la pression d'équilibre des molécules d'azote ou des atomes d'argon et de leurs hydrates respectifs est inférieure à 10^{-7} bar.

Or, une pression de 10^{-7} bar est inférieure à la pression partielle qu'avaient probablement l'azote et l'argon dans la nébuleuse proto-saturnienne ; c'est pourquoi ces gaz doivent avoir été piégés dans des glaces. D'autre part, la pression d'équilibre entre les atomes de néon et leurs hydrates, à 60 kelvins, est voisine de 40 bars. Le néon est très abondant dans l'Univers ; aussi, le fait qu'on n'ait pas détecté de néon dans l'atmosphère de Titan signifie, premièrement qu'il n'a pu être piégé sous forme d'hydrate, deuxièmement qu'il n'a pas été piégé en tant que gaz. L'attraction gravitationnelle sur Titan à l'époque de sa formation n'était pas suffisante pour piéger du néon directement à partir de la nébuleuse proto-saturnienne. (Le poids atomique de l'isotope le plus abondant du néon est 20, soit quatre unités de plus que la limite supérieure apparaissant dans la théorie de Jeans.) L'absence de néon tend à confirmer que l'atmosphère de Titan s'est formée après l'accrétion du corps lui-même, à partir de gaz piégés sous forme d'hydrates.

Comment les gaz se sont-ils échappés des hydrates pour atteindre la surface de Titan ? Dans un premier temps, la libération d'énergie potentielle sous forme de chaleur, lors de l'accrétion de Titan, aurait été suffisante pour vaporiser une fraction des glaces. Plus tard, la désintégration de noyaux radioactifs à l'intérieur de Titan serait devenue la source principale de chaleur interne. D'après les modèles proposés par Mark Lupo et John Lewis de l'Institut de Technologie du Massachusetts, le chauffage radioactif pourrait avoir été suffisant pour créer une zone d'eau liquide dans les profondeurs du manteau et les gaz auraient alors pu s'échapper du liquide. Les gaz piégés à l'origine dans les glaces de Titan ont pu s'échapper et former une atmosphère de bien des manières. Des preuves d'un tel phénomène apparaissent sur d'autres satellites de Saturne : sur Dioné, les crevasses entourées d'un matériau plus brillant que le terrain avoisinant en sont l'exemple le plus frappant ; Dioné était trop petit pour retenir une atmosphère. D'autres satellites de Saturne possèdent des surfaces récentes (voir *Les satellites de Saturne,* par Laurence Soderblom et Torrence Johnson). Le matériau qui a remodelé la surface de ces satellites pourrait avoir été en partie poussé vers la surface par la pression interne des gaz s'échappant des hydrates.

La présence d'azote dans l'atmosphère de Titan suscite d'autres commentaires. Dans les événements que nous venons de décrire, nous avons admis que l'azote se trouvant actuellement dans l'atmosphère de Titan avait été incorporé dans le satellite en accrétion sous forme d'hydrates : cette hypothèse suppose à son tour que l'azote se trouvait essentiellement sous forme moléculaire (N_2) dans la nébuleuse proto-saturnienne, ce qui peut ne pas avoir été le cas. Ronald Prinn de l'Institut de Technologie du Massachusetts et J. Lewis suggèrent que N_2 était la forme stable de l'azote dans le système solaire naissant. R. Prinn et M. Fegley font remarquer cependant que l'augmentation de température au voisinage des planètes naissantes, Jupiter et Saturne, aurait pu favoriser la formation d'ammoniac (NH_3). Si cela a été le cas et si Titan a capturé de l'ammoniac sous forme d'hydrate et non de l'azote moléculaire N_2, l'histoire ultérieure de Titan a dû être très différente.

Des calculs faits par Sushil Atreya et ses collaborateurs de l'Université du Michigan montrent en particulier que l'on doit postuler l'existence d'une période chaude au début de l'évolution de Titan, pendant laquelle la température de surface dépassait 150 kelvins. Tout au long de cette période, l'ammoniac se serait échappé de l'intérieur vers l'atmosphère, où il aurait été décomposé par les photons ultraviolets. C'est ainsi que l'atmosphère aurait perdu son ammoniac et acquis l'azote N_2 qu'elle contient aujourd'hui. Une température de 150 kelvins n'est pas inconcevable : en principe, un effet de serre créé par l'hydrogène et l'ammoniac dans l'atmosphère primitive de Titan pourrait avoir donné naissance à cette température. Néanmoins, on évite cette complication si l'azote a été piégé par Titan sous forme d'hydrate de N_2. Peut-être y a-t-il eu combinaison de ces deux processus, ce qui diminuerait la contrainte sur la température de la surface primitive.

La présence d'argon dans l'atmosphère de Titan mérite également une étude approfondie. Si l'argon constitue 12 pour cent de l'atmosphère, il doit provenir d'hydrates piégés. La seule autre possibilité est qu'il provienne d'une désintégration radioactive. Plus de 99 pour cent de l'argon présent dans l'atmosphère terrestre a été produit de cette façon : il provient de la désintégration radioactive du potassium 40 en argon 40. Cependant, même si le matériau rocheux de Titan contenait la même proportion de potassium que le matériau rocheux de la Terre, la quantité actuelle d'argon 40 dans l'atmosphère de Titan serait de 72 parties par millions, ce qui est très éloigné des 12 pour cent prévus (soit 120 000 parties par million). L'argon présent dans l'atmosphère de Titan doit être en fait de l'argon primordial piégé sous forme d'hydrate dans la nébuleuse proto-saturnienne. Il doit donc s'agir d'argon 36, avec une proportion de 20 pour cent d'argon 38.

Les pressions d'équilibre de l'azote et de l'argon avec leurs hydrates respectifs sont suffisamment voisines et suffisamment basses pour que les proportions dans lesquelles ils sont piégés sous forme d'hydrates soient à peu près celles dans lesquelles, plus tard, ils s'échapperont de ces hydrates. C'est pourquoi, si l'on veut vérifier la présence d'azote (au lieu de l'ammoniac) dans la nébuleuse proto-saturnienne, il faut commencer par estimer la quantité d'azote qui s'est échappé du corps solide de Titan. Cette estimation doit inclure la quantité d'azote contenue actuellement dans l'atmosphère de Titan, mais elle doit également prendre en compte la quantité d'azote qui a été libérée dans l'espace et celle qui a été incorporée dans les particules d'aérosol depuis le début de l'histoire du corps. D'après les calculs de D. Strobel relatifs à ces deux processus d'appauvrissement, la quantité totale d'azote qui est entrée dans l'atmosphère de Titan est égale à envi-

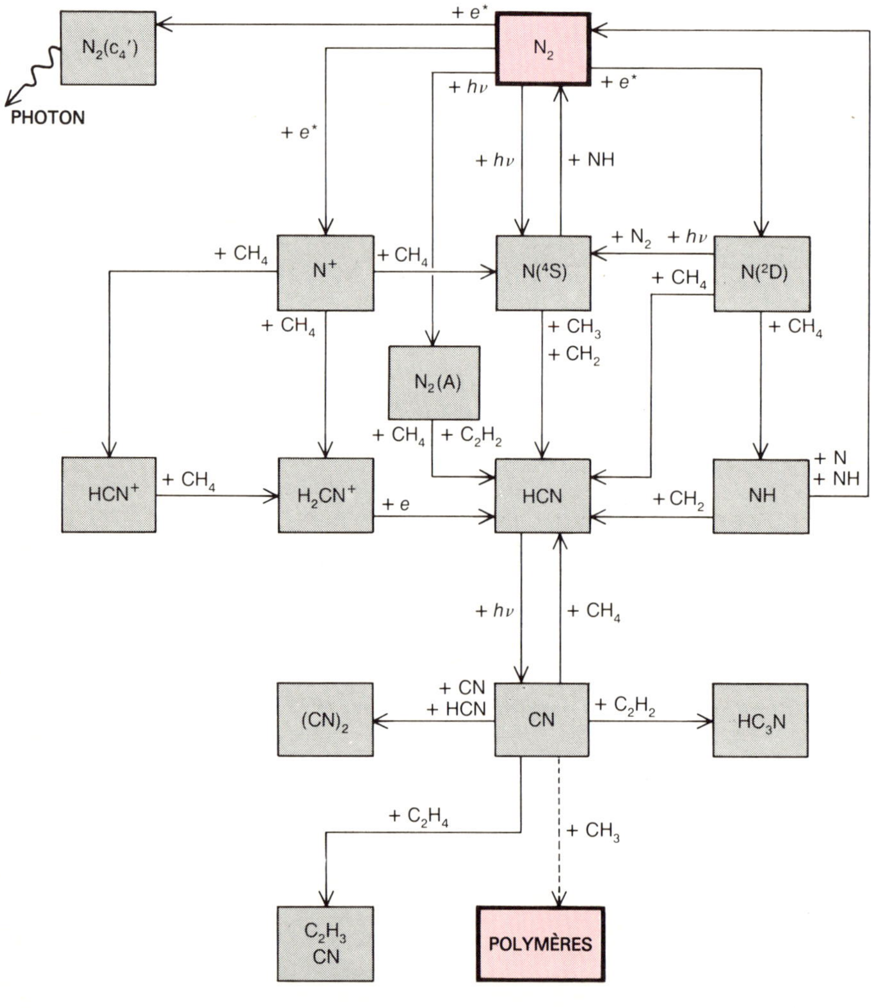

9. LA CHIMIE DE L'AZOTE dans l'atmosphère de Titan est résumée dans ce schéma proposé par Darrell Strobel du Laboratoire de Recherche Navale. On a indiqué ici les principaux réactifs et produits de réaction ; on a omis (entre autres) les atomes et les molécules d'hydrogène. Les premières réactions mettent en jeu la rupture de la liaison N-N dans une molécule d'azote à haute altitude. L'énergie nécessaire pour cette rupture est fournie par l'impact du rayonnement ultraviolet solaire (*hν*) ou d'électrons à haute énergie (*e* *) piégés au voisinage de Titan par le champ magnétique de Saturne. (Ce second processus fournit à peu près dix fois plus d'énergie que le premier.) Les réactions finales conduisent à la formation des particules d'aérosol rougeâtres observées dans l'atmosphère de Titan. On ne connaît pas encore bien ces dernières étapes car on n'a pas encore établi la composition chimique des particules elles-mêmes. On sait cependant que l'acide cyanhydrique (HCN) peut former un polymère brun-rouge. Sur ce schéma, les notations ^2D et ^4S désignent des états atomiques excités, A et c_4' désignent des états moléculaires excités et *e* désigne un électron libéré dans l'atmosphère par le rayonnement ultraviolet solaire.

ron 1,7 fois la quantité d'azote contenue actuellement dans l'atmosphère, soit 140 pour cent du contenu total de l'atmosphère de Titan.

La quantité d'argon qui s'est échappée de la partie solide de Titan est plus facile à calculer. L'argon est inerte (c'est-à-dire qu'il ne forme pas de composés chimiques) et il est trop lourd pour s'échapper dans l'espace en quantité appréciable. La quantité d'argon qui s'est échappée du corps solide représente donc simplement les 12 pour cent de l'atmosphère ; le rapport de l'azote à l'argon est ainsi 11,7. Dans le nuage de matière qui devait former le système solaire, ce rapport avait une valeur très voisine : 11.

Que peut nous apprendre Titan sur la Terre primitive ? Actuellement, nous nous éloignons de la conception traditionnelle selon laquelle l'atmosphère primitive de la Terre était fortement réductrice et constituée essentiellement de méthane, d'ammoniac, d'hydrogène et de vapeur d'eau. On pense plutôt que cette atmosphère a d'abord été peu réductrice et constituée pour la plus grande partie de dioxyde de carbone, d'azote moléculaire et de monoxyde de carbone, avec au maximum dix pour cent d'hydrogène. On admet généralement qu'il n'y avait pas d'oxygène libre car un environnement oxydant rend très difficile la formation de molécules organiques. Dans un environnement oxydant, le carbone est rapidement enfermé dans des molécules simples comme le dioxyde de carbone.

Des chercheurs ont soumis, en laboratoire, des mélanges gazeux de méthane, d'ammoniac, d'hydrogène et de vapeur d'eau à des décharges électriques répétées. Ils ont réussi à produire, entre autres molécules organiques, certains constituants de l'ADN, mais ils n'ont jamais pu fabriquer la molécule d'ADN elle-même ou au moins une molécule capable de se répliquer à partir des molécules plus simples déjà formées. La difficulté proviendrait d'un « manque d'espace et de temps », selon les termes employés par Andrew Marvell. Un tube à essai est tout simplement trop petit et l'échelle de temps humaine est beaucoup trop courte pour que puisse apparaître une molécule capable de se répliquer.

Titan : un laboratoire

A cet égard, Titan nous offre un immense laboratoire naturel sans risque d'erreurs expérimentales ni possibilité de catalyse accidentelle ou d'inhibition de réactions chimiques par les parois des récipients ou la graisse des vannes d'un système à vide. De plus, dans le « laboratoire Titan », les produits de réaction formés tout au long de l'histoire du système solaire se sont accumulés sous forme de particules d'aérosol qui demeurent à basse température sur la surface du satellite, où nous devrions pouvoir un jour les examiner à loisir. Peut-être pourrons-nous alors faire des expériences nous-mêmes : en réchauffant quelques centaines de mètres carrés de Titan, nous obtiendrions plus de « soupe primitive » que nos expériences terrestres ne pourraient en produire en plusieurs vies.

La NASA envisage pour l'instant une mission pour les années 1990 où une sonde pénétrerait dans l'atmosphère de Titan, tandis qu'un vaisseau spatial parent serait en orbite autour de Saturne ; à bord de ce vaisseau, un radar percerait l'opacité de l'atmosphère de Titan et établirait ainsi une carte de la surface. Mais d'ici là, nous devrions en apprendre plus sur Titan grâce à l'exploitation des données *Voyager,* grâce à de nouveaux spectromètres terrestres plus performants, maintenant disponibles, et surtout grâce aux instruments qui seront placés en orbite autour de la Terre avec le Télescope Spatial en 1983.

Pendant ce temps, les sondes *Voyager* poursuivent leur mission d'exploration. *Voyager 1* est en train de sortir du système solaire. Si ses émetteurs continuent à bien fonctionner, il devrait nous renseigner sur la position de la frontière entre le vent solaire et le gaz ténu du milieu interstellaire. Nous devrions recevoir ces informations d'ici une dizaine d'années. *Voyager 2* quant à lui continue sa route vers Uranus, qu'il atteindra en janvier 1986, et Neptune, qu'il atteindra en août 1989. Le dispositif de pointage des caméras a quelque peu souffert lorsque la sonde a traversé les anneaux de Saturne. Cependant, les ingénieurs du *Jet Propulsion Laboratory* restent confiants et pensent que *Voyager 2* transmettra des données exploitables sur Uranus et Neptune (s'il ne se produit pas d'autres avaries).

En fait, les sondes *Voyager* n'étaient pas prévues à l'origine pour aller au-delà de Saturne, et leurs instruments sont loin d'avoir la capacité optimale pour leurs nouvelles tâches. On modifia les missions *Voyager* vers le milieu des années 1970, lorsqu'il devint évident qu'on n'entreprendrait pas de mission particulière vers Uranus et Neptune avant dix ans au moins. Lorsqu'on voit le succès du programme *Voyager,* il est vraiment dommage que nous n'ayons pas d'autres missions pour prendre la relève, si ce n'est une qui sera peut-être annulée : il s'agit du projet *Galileo* qui devrait envoyer une sonde dans l'atmosphère de Jupiter pour mesurer sa composition chimique, sa pression et sa température. Nous avons déjà laissé passer l'occasion d'envoyer une mission vers la comète de Halley. C'est comme si l'on retournait au début du XVIIe siècle, à l'époque où la planète la plus lointaine connue était Saturne et où l'on ne savait pas que les comètes traversent le système solaire. Ce n'est vraiment pas le moment de revenir en arrière : il y a tant de choses à apprendre sur les mondes qui nous entourent avant de pouvoir bien comprendre l'histoire du système solaire et celle de la Terre.

3

LES PLANÈTES MORTES ET LES PETITS CORPS

Ce troisième chapitre concerne d'abord Mercure et la Lune dont l'importance est double. D'une part, la Lune est, avec la Terre, le seul objet important dont on possède des échantillons et, pour nombre d'études, les analyses d'échantillons en laboratoire restent indispensables. Les échantillons lunaires permettent, en outre, de calibrer les mesures à distance faites sur les autres planètes. D'autre part, Mercure et la Lune, aujourd'hui éteints, ont gardé l'enregistrement des événements anciens qui ont affecté les planètes internes ; les différences qui subsistent donnent même des indications sur la variabilité de ces événements.

Les études sur Mercure et la Lune ne sont pas aujourd'hui terminées. L'analyse de leur tectonique à l'aide des techniques de photogéologie se développe encore. Parmi les échantillons lunaires, seuls 10 pour cent des 400 kilogrammes ramenés par les missions *Apollo* ont été détruits. L'analyse des autres échantillons se poursuit à un rythme plus lent, mais avec des techniques de microanalyse en progrès constant, et des synthèses se font jour. Pour l'avenir, il faut rappeler que moins de la moitié de la surface de Mercure a été photographiée. De même, les analyses à distance n'ont couvert que 30 pour cent de la surface de la Lune. À ce sujet, l'Agence Spatiale Européenne projette une mission qui consisterait à placer sur « orbite polaire » autour de la Lune un engin muni de tous les instruments d'analyse à distance (champ de pesanteur, champ magnétique, composition chimique) ; on pourrait ainsi étudier la totalité de la surface de la Lune. Nul doute qu'une telle mission réserverait des surprises.

Les articles suivants examinent les satellites des planètes et les petits corps. Ces objets ne forment qu'une partie de la masse du système solaire ; ils sont tous les reliquats des processus de formation des planètes. En ce sens, la Lune, notre satellite, est plutôt considérée comme une planète jumelle de la Terre. La taille de ces objets est surprenante. Trois d'entre eux sont plus gros que la planète Mercure : Ganymède et Callisto (deux des satellites galiléens de Jupiter) et Titan (satellite de Saturne). Outre ces gros objets, on compte plus de 40 satellites des planètes, les missions Voyager en ayant identifié de nouveaux.

Parmi les petits corps figurent les astéroïdes. Les orbites de plus de 2 000 d'entre eux sont maintenant déterminées : elles s'étendent pour la plupart dans la ceinture principale, mais certaines coupent les orbites des planètes internes (ce sont les objets Apollo) et d'autres sont aux points de Lagrange de l'orbite de Jupiter (ce sont les Troyens). Un des principaux moyens d'étude et de classement des astéroïdes est l'analyse de leur spectre de lumière réfléchie, qui donne une idée de leur composition et permet de les comparer aux météorites. Les comètes, autres petits corps, seront étudiées dans le prochain chapitre.

La variété des propriétés d'une telle gamme d'objets est importante. Dans ce chapitre, J. Veverka décrit les satellites de Mars, Phobos et Deimos. Ces deux objets sont maintenant parmi les mieux connus du système solaire et ils nous donnent une bonne idée de ce que sont les astéroïdes. G. Wetherill examine les objets Apollo, ces astéroïdes susceptibles de heurter les planètes internes. Selon lui, ils peuvent provenir de la ceinture principale ou être des noyaux de comètes éteintes.

Enfin, L. Soderblom et T. Johnson nous montrent les photographies étonnantes des satellites de Jupiter et de Saturne, envoyées par les missions *Voyager.* Sous bien des aspects, ces objets sont comparables aux planètes internes.

Il est peu probable qu'une mission en direction des petits corps aura lieu dans les années 1980. Seule semble assurée l'étude des satellites de Jupiter par « Galiléo ». On peut le regretter. Cependant, de gros progrès restent à accomplir à l'aide de mesures au sol ou à partir de sondes spatiales en orbite terrestre.

J.F.M.

Mercure

Les photographies remarquables de Mercure faites par Mariner 10 ont révélé un paradoxe : l'intérieur de cette planète ressemble à celui de la Terre, mais l'extérieur ressemble à celui de la lune.

par Bruce Murray

On raconte que Copernic, gisant sur son lit de mort, se lamentait de n'avoir jamais vu la planète Mercure. L'histoire semble improbable, car en Europe du nord, cette planète est visible de temps en temps au crépuscule. Mais même si Copernic avait pu l'observer avec un télescope moderne, il aurait trouvé l'image singulièrement décevante. Au télescope, on ne peut discerner que quelques vagues taches à la surface de Mercure. Elles sont si faibles que l'astronomie optique a attribué pendant longtemps une période de rotation fausse à cette planète.

En 1974, 501 ans après la naissance du fondateur de l'astronomie moderne, le vaisseau spatial *Mariner 10* est passé à quelques centaines de kilomètres de Mercure, permettant une amélioration d'un facteur 5000 de la résolution des images de sa surface, et des études entièrement nouvelles de ses environs immédiats. Tout à coup, Mercure est sorti de l'obscurité et a été l'objet d'observations aussi nombreuses que la Lune avant l'âge moderne de l'observation spatiale. En outre, *Mariner 10* était sur une orbite qui le ramenait à proximité de Mercure tous les 176 jours : par la suite, le vaisseau spatial a transmis une seconde série de photographies prises de très près, le 21 septembre 1974, 176 jours après la première rencontre avec la planète, et une troisième série d'observations extrêmement précieuses, comprenant quelques images à haute résolution, le 26 mars 1975, peu avant qu'il épuise son réservoir de gaz lui permettant de stabiliser sa position dans l'espace.

Avant la mission de *Mariner 10,* il était admis que Mercure était recouvert d'une mince couche de matériel silicaté finement divisé, comparable aux poussières lunaires. À condition de prendre en compte la différence de leur distance au Soleil, Mercure ressemble fortement à la Lune en ce qui concerne la réflexion de la lumière solaire et des ondes radar, et son émission en infra-rouge et en ondes radio. On savait déjà, d'après la taille de Mercure, et sa masse, que la planète était bien plus dense que la Lune ou Mars, et à peine moins dense que la Terre. La densité moyenne de la Terre est plus grande que celle de ses constituants (mesurée en laboratoire) ce qui n'est pas étonnant puisque la plus grande partie de sa substance est à haute pression, à l'intérieur du globe. La haute densité de Mercure, planète beaucoup moins lourde que la Terre, implique donc que Mercure contient une quantité plus importante d'éléments lourds que notre planète, en particulier du Fer.

Même les deux faits les plus élémentaires déduits des observations de Mercure à partir du sol — la nature du matériel de surface et sa densité — soulevaient de difficiles problèmes. Mercure était-il composé d'un mélange homogène de fer et de silicates, comme le sont certaines météorites ? Ou bien Mercure avait-il un gros noyau de fer, comparable à celui de la Terre, entouré d'un manteau silicaté relativement mince, et d'une croûte ? Si Mercure est un corps différencié comme la Terre, point de vue qui semble rallier la majorité des planétologues, le diamètre de son noyau de fer représente les trois quarts du diamètre de la planète, soit la taille de la Lune !

Comme Mercure est la planète la plus interne du système solaire, et qu'elle n'est jamais à plus de 28 degrés d'angle du Soleil dans notre ciel, il est difficile de l'étudier par les méthodes classiques de l'astronomie (par comparaison, l'image la plus nette de Mars est obtenue au milieu de la nuit, quand la Terre est directement entre le Soleil et lui). Nous pouvons estimer combien ces techniques sont perturbées par la lumière solaire : en 1962, un expert en observations visuelles et photographiques des planètes écrivait, dans le livre qui faisait alors autorité en matière d'astronomie planétaire, que la période de rotation de Mercure était telle qu'une de ses faces était toujours tournée vers le Soleil, comme une face de la Lune est toujours tournée vers la Terre. Cette rotation synchrone impliquait que Mercure tourne sur son axe avec une période de 88 jours, la même que sa période de révolution autour du Soleil. On disait même que la planète était synchrone à moins de dix millièmes près. À la même époque, des spectroscopistes travaillant à deux longueurs d'onde différentes montrèrent que Mercure possédait une atmosphère ténue et des observations de variations du degré de polarisation de

1. LA SURFACE DE MERCURE a été photographiée pour la première fois en mars 1974, puis en septembre 1974 et en mars 1975 par les caméras du vaisseau spatial *Mariner 10*. Cette image à haute résolution montre un terrain typique fortement couvert de cratères qui ressemble fortement à la surface de la Lune. Les images de *Mariner 10* ont permis de relier le système de longitude conventionnelle de Mercure à des détails topographiques, permettant ainsi d'établir une cartographie détaillée : En 1970, l'Union Astronomique Internationale avait défini l'origine des longitudes comme étant le méridien subsolaire lors du premier passage de Mercure à son périhélie en 1950. On a maintenant convenu que le méridien de 20° de longitude de Mercure passe par le centre d'un petit cratère adjacent au grand cratère que l'on distingue au centre de cette figure. Ce petit cratère, qui fait 1,5 kilomètre de diamètre, est situé à 0,58° de latitude Sud, au pied du rebord extérieur du grand cratère, dans la direction correspondant à 8 heures sur le cadran d'une horloge. On l'a appelé Hun Kal, ce qui signifie 20 dans la langue des Mayas (qui utilisaient un système de calcul à base 20). Sur cette photographie, le Nord a été placé à droite, de façon à reproduire la plus grande partie possible de la photo mosaïque de Mercure.

la lumière du Soleil réfléchie dans le plan équatorial de Mercure semblaient confirmer cette découverte. On sait maintenant que Mercure n'a pas d'atmosphère, et n'en a pas eu depuis des milliards d'années, et qu'elle ne tourne pas de façon synchrone autour du Soleil.

D'un autre côté, des artistes pleins d'imagination ont dépeint la surface de Mercure comme celle de la Lune et leur intuition s'est révélée exacte. Les photographies de *Mariner 10* montrent que la surface de Mercure ressemble de façon frappante à celle de la Lune, non seulement dans son aspect, mais également dans la série d'événements qui l'a engendrée. Mercure est donc une planète paradoxale : par sa surface, elle ressemble à la Lune, mais par sa structure interne, elle ressemble à la Terre, possédant même un champ magnétique de type terrestre *(voir la figure 10)*.

Un voile se déchire

En 1962, après des siècles d'observations décevantes dans le domaine visible, on put enfin recueillir et mesurer l'émission en ondes radio venant de Mercure. Les radio-astronomes de l'université du Michigan observèrent la planète quand la moitié de son disque, vu de la Terre, est éclairée, et que l'autre moitié est dans l'ombre. Si Mercure était en rotation synchrone autour du soleil, la face sombre ne recevrait aucune radiation directe du Soleil, et serait perpétuellement froide. L'émission thermique, dans le domaine radiométrique, de la face sombre serait donc extrêmement faible, bien inférieure à la limite de détection des mesures. Les chercheurs du Michigan eurent la surprise de découvrir un important flux d'ondes radio provenant à la fois de la moitié sombre et de la moitié éclairée de la planète, flux correspondant à une température moyenne près de la surface de 350 à 400 kelvins. Une telle température moyenne apparente est justement celle que présenterait un objet semblable à la Lune sur l'orbite de Mercure, s'il tournait sur lui-même plus rapidement que pour une rotation synchrone. Malgré tout, les astronomes étaient si attachés à l'idée de la rotation synchrone, qu'ils supposèrent alors que l'émission thermique anormale de la face obscure devait indiquer la présence d'une atmosphère capable de transporter la chaleur du côté éclairé au côté sombre.

En 1965, à l'observatoire d'Arecibo, Rolf Dyce et Gordon Pettengill mesurèrent soigneusement les différences de fréquences des ondes radio émises par les bords de Mercure. Ils en conclurent que la planète ne tournait pas de façon synchrone, mais avait une période de rota-

2. CES DEUX HÉMISPHÈRES DE MERCURE, chacun à peu près à moitié dans l'ombre, furent photographiés lors de la première rencontre de *Mariner 10* avec la planète, en mars de 1974. Les images à haute résolution, sur la gauche, montre l'hémisphère visible lors de l'approche de la planète, avant que le vaisseau spatial ne passe du côté sombre. La ligne de crépuscule, la limite sombre à droite, est à peu près à 10 degrés de longitude Ouest. Comme *Mariner 10* s'est approché de Mercure par le dessous du plan de l'orbite, le centre du disque sur cette vue de gauche est à peu près de 20 degrés au Sud de l'équateur. La zone dans le rectangle supérieur, qui entoure le cratère Kuiper est agrandie sur la figure 3. La zone dans le rectangle inférieur se retrouve agrandie sur la figure 4. La mosaïque à droite montre l'hémisphère de Mercure visible lorsque *Mariner 10* a « regardé en arrière », après être passé derrière le côté sombre de la planète. Le vaisseau spatial voit là Mercure d'un point situé à 20 degrés au Nord de l'équateur. La ligne d'aurore, la ligne sombre sur la gauche, est à peu près à 190 degrés de longitude. La grande structure d'impact, le bassin Caloris, comparable au bassin Imbrium sur la Lune, est à moitié visible, sur la ligne sombre, juste au Nord du centre du disque. La région dans le rectangle se retrouve sur la figure 6, en une série d'images de résolution croissante.

tion de 59 ± 5 jours dans le sens direct (le même sens de rotation que celui de la Terre). Ils n'indiquèrent pourtant pas, dans la publication de leurs résultats, que leur découverte expliquait l'émission de chaleur « anormale » de la face obscure de la planète. Une année plus tard, un long article de critique fut même consacré à l'atmosphère de Mercure et à son rôle dans le transport de la chaleur !

Pourquoi une période de rotation de 59 jours ? Giuseppe Colombo, un dynamicien qui s'intéressait depuis longtemps à Mercure, s'aperçut rapidement qu'une période de 59 jours était reliée à la période de 88 jours de l'année mercurienne par le rapport 2/3. Colombo prédit que la période de rotation de Mercure était en fait 58,65 jours exactement, ce qui voulait dire que la planète effectuait exactement trois rotations pendant qu'elle tournait deux fois autour du soleil, illustrant ainsi un phénomène de couplage spin-orbite. Cela a été entièrement vérifié par les observations radar ultérieures et aussi par les photographies de *Mariner 10*.

Il est tout à fait improbable que Mercure possède un couplage spin-orbite simplement par coïncidence. Il est plus probable que les forces de marée dues au Soleil ont diminué son moment angulaire, et ralenti la rotation de la planète pour la stabiliser dans sa période résonante actuelle. Cette théorie fut rapidement développée par Peter Goldreich, Stanton Peale, G. Colombo et Irwin Shapiro.

Le succès de la mission *Mariner 10* dépendait d'une interaction à trois corps, dont l'intervention de Vénus. Le vaisseau spatial a suivi d'abord une trajectoire qui l'a amené au voisinage de Vénus où sa trajectoire a été défléchie vers l'orbite de Mercure ; de cette manière on a obtenu une orbite entièrement nouvelle autour du Soleil, orbite que l'on n'aurait pas pu obtenir directement avec un engin lanceur du type *Mariner*. Cette nouvelle orbite a amené *Mariner 10* à rencontrer Mercure alors que l'engin était près de son périhélie (le point le plus près du Soleil) et que la planète était près de son aphélie (le point le plus éloigné du Soleil). Ce coup de billard céleste eut une conséquence imprévue : la nouvelle période de *Mariner 10* était exactement deux fois celle de Mercure. En conséquence, *Mariner 10* est repassé, à proximité de Mercure tous les deux ans mercuriens, exactement à la même longitude héliocentrique. Comme Mercure tourne juste trois fois sur son axe en deux années mercuriennes, l'orientation spatiale, et la surface illuminée à chaque rencontre avec Mariner 10 était exactement la même *(voir la figure 7)* : Mercure, le Soleil et le vaisseau spatial étaient en état de triple résonance dynamique.

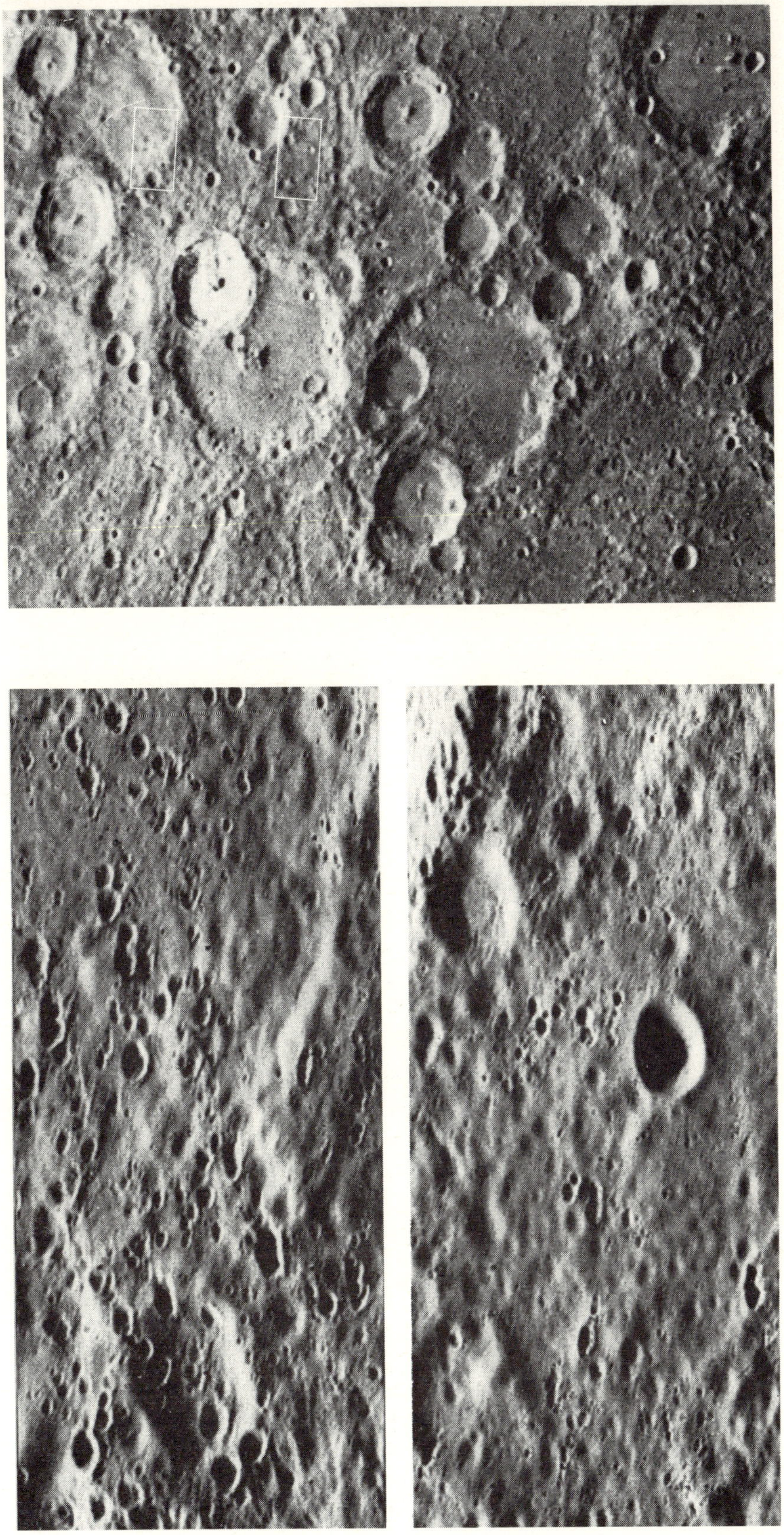

3. LE CRATÈRE KUIPER est appelé ainsi en hommage à Gerard Kuiper qui aida à planifier le survol photographique de *Mariner 10*. La figure du haut a été prise lors de la première rencontre. Les deux rectangles blancs indiquent la position des deux photographies, à haute résolution *(figure du bas)*, faites par *Mariner 10* lors de sa troisième rencontre avec la planète le 16 mars 1975. Le cratère Kuiper, dont le diamètre fait grossièrement 40 kilomètres, réfléchit la lumière solaire plus que toute structure observable sur Mercure. L'image du haut a été traitée par ordinateur pour faire ressortir les structures plus petites en supprimant la plus grande partie des variations de réflectivité. Les deux images à haute résolution montrent les traînées de cratères secondaires dues au matériel éjecté par l'impact qui a créé le cratère Kuiper. La résolution de ces deux images est à peu près de 250 mètres.

La vie sur Mercure

Les conditions de température à la surface de Mercure sont les plus sévères du système solaire interne. Quand Mercure est à son périhélie, il reçoit 10 fois plus d'énergie solaire par unité de surface que la Lune. À midi, les températures à l'équateur de Mercure s'élèvent jusqu'à 700 kelvins, et dans l'hémisphère sombre, la surface se refroidit par radiation jusqu'à moins de 100 kelvins. De plus, l'heure de « Midi » dure longtemps quand Mercure est à son périhélie, à cause des couplages de la rotation de la planète avec sa période orbitale. Un observateur sur Mercure à son périhélie verrait le Soleil ralentir dans sa course jusqu'à s'arrêter complètement, puis repartir doucement en sens inverse, (vers l'Ouest par rapport aux constellations) pendant huit jours *(voir la figure 8) ;* cela est dû au fait que la vitesse angulaire orbitale est plus élevée que la vitesse angulaire de rotation propre de la planète près du périhélie. En outre les zones soumises à la plus longue période d'exposition solaire au périhélie ont toujours à peu près la même longitude : 0 degré et 180 degrés. Les zones aux longitudes de 90 degrés et 270 degrés reçoivent un rayonnement solaire maximal à l'aphélie. Ainsi, les méridiens à 0 degrés et 180 degrés reçoivent deux fois et demie plus de rayonnement solaire en tout que les méridiens qui en sont distants de 90 degrés. Comme l'axe de rotation de Mercure est probablement perpendiculaire au plan de l'orbite de la planète, il n'y a probablement pas de variations saisonnières avec la latitude comme la Terre ou sur Mars, mais le couplage spin-orbite de Mercure engendre des variations saisonnières de température avec la longitude.

Une autre propriété intéressante de Mercure réside dans le fait que dans les zones équatoriales, les températures sous la surface du sol sont toujours au-dessus du point de congélation de l'eau, et que dans les zones polaires les températures sous la surface sont bien inférieures à la température de congélation. À titre de comparaison, l'eau à l'état liquide d'origine interne ne peut atteindre la surface de la Lune ou de Mars (sauf par activité volcanique), car la température sous la surface du sol (et ce sur plusieurs kilomètres) y est partout inférieure à la température de congélation de l'eau. De part la grande variation en longitude du flux de rayonnement solaire et de part la possibilité d'une variation en latitude des conditions chimiques, associées à une libération occasionnelle de l'eau venant de sous la surface, on pourrait s'attendre à observer certains effets caractéristiques. En fait, on a été surpris et dépité de ne rien discerner du tout.

Mercure révélée

La surface éclairée de Mercure, telle qu'elle a été observée par *Mariner 10* lors de sa première approche, est caractérisée par des cratères et des bassins, qui forment un paysage que l'on pourrait facilement confondre avec certaines régions de la Lune. Il existe pourtant des différen-

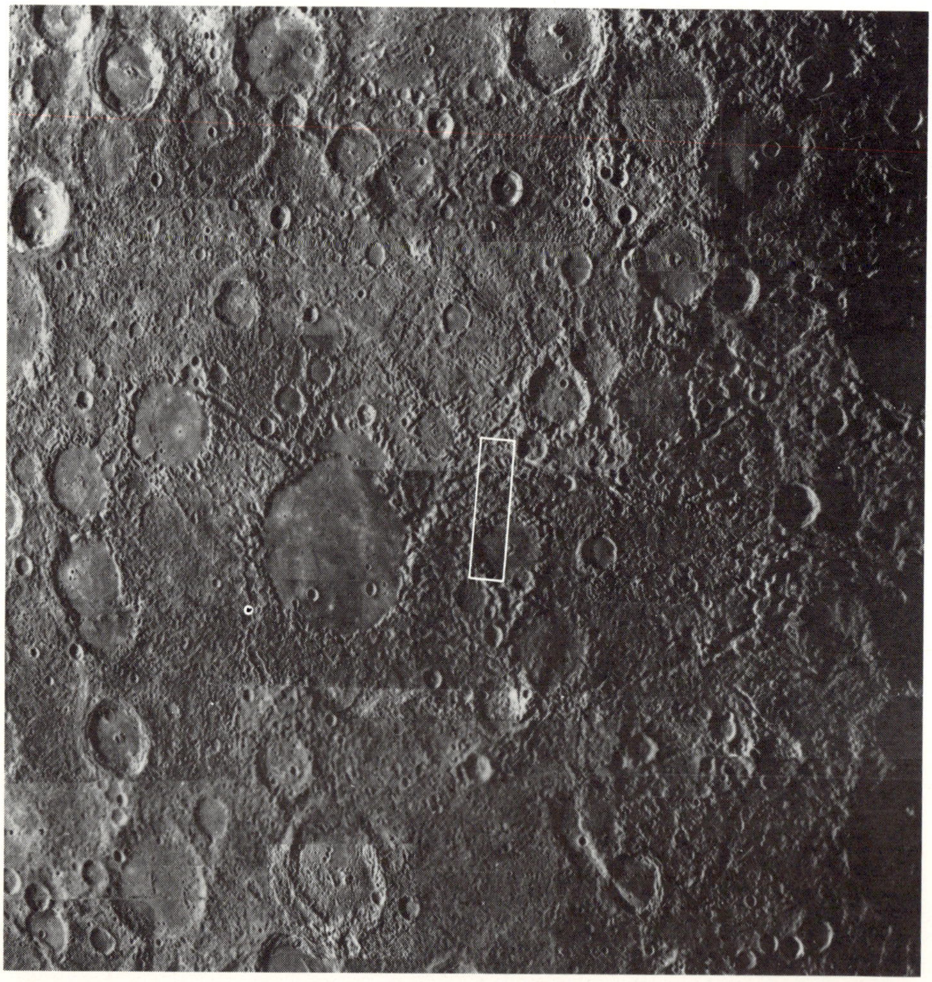

4. CE TERRAIN D'UN TYPE TRÈS PARTICULIER est situé au Sud-Est du cratère Kuiper, aux antipodes du bassin Caloris. La zone représentée sur cette photographie est celle contenue dans le rectangle du bas de la figure 2 *(gauche)*. Ce terrain montagneux et strié a pu résulter des effets sismiques du grand impact qui créa le bassin Caloris. Le grand cratère au centre de l'image, avec deux petits cratères à l'intérieur, a à peu près 170 kilomètres de diamètre. La zone dans le rectangle blanc se retrouve dans la photographie à haute résolution, à droite, qui a été prise lors de la troisième rencontre de *Mariner 10* avec la planète. Le cratère à moitié visible a environ 55 kilomètres de diamètre.

ces significatives, notamment des plaines relativement lisses dans les régions à forte densité de cratères de Mercure. Ces plaines entre les cratères et les bassins, n'existent pas sur la Lune où les cratères sont en paquets denses et qui se recouvrent. De telles plaines semblent être antérieures à la formation de la plupart des grands cratères d'impact de Mercure. La surface de Mercure diffère aussi de la Lune en ce qu'elle n'est pas saturée de grands cratères ayant des diamètres de 20 à 50 kilomètres.

Donald Gault a étudié un facteur contribuant à la différence d'aspect entre Mercure et la Lune. Il souligne que, puisque à la surface de Mercure la force de gravité est deux fois celle de la Lune, le matériel éjecté d'un cratère d'impact primaire sur Mercure recouvrira une surface égale à un sixième de celle recouverte sur la Lune par le même impact : sur Mercure, les cratères d'impact secondaires sont donc plus regroupés autour des cratères primaires que sur la Lune. En conséquence, l'enregistrement topographique d'événements anciens est mieux préservé sur Mercure que sur la Lune, où les éjectats des cratères les plus récents ont recouvert la plus grande partie des surfaces plus anciennes.

Une autre différence importante entre les régions à forte densité de cratères de Mercure et celles de la Lune est la présence, sur Mercure, de falaises doucement festonnées qui s'étirent sur des centaines de kilomètres. D'après leur aspect d'escarpements lobés, elles résulteraient d'un rétrécissement à grande échelle de la croûte. De telles figures n'apparaissent pas sur la Lune ou sur Mars. Au contaire, sur ces deux corps de plus faible densité on voit des marques tectoniques évidentes d'étirement crustal. Robert Strom, de l'université de l'Arizona a supposé que les escarpements lobés de Mercure sont le résultat d'une longue période de rétrécissement crustal produit par le lent refroidissement et la contraction graduelle du gros noyau de fer de Mercure. De toutes façons, l'existence même de grands cratères bien conservés sur Mercure, d'âge probablement égal à trois où quatre milliards d'années, montre à l'évidence qu'il n'y a eu depuis leur formation, ni fusion de toute la planète, ni migration de plaques crustales comme sur la Terre. De plus, l'absence d'effets dus à l'érosion à la surface élimine toute atmosphère possible, au moins depuis l'époque de formation des cratères. Au contraire, la surface de Mars montre clairement qu'en présence d'une atmosphère même ténue, l'aspect des grands cratères est modifié et que les « raies » brillantes et très visibles de matériel éjecté, qui rayonnent autour des cratères, sont effacées et recouvertes de poussières.

5. CES PHOTOGRAPHIES FURENT PRISES À 176 JOURS d'intervalle par *Mariner 10* lors de sa première rencontre *(en haut)* et de sa seconde rencontre *(en bas)*. Elles montrent que l'angle des rayons du Soleil avec le paysage est pratiquement identique, prouvant ainsi que Mercure tourne sur lui-même exactement trois fois pendant deux rotations autour du Soleil. La période de la planète sur son orbite est de 88 jours et sa rotation propre est de 58,65 jours. La photographie du bas montre une zone plus petite et plus déformée que l'image du haut, car elle a été prise plus près de la planète, et suivant un angle plus oblique.

Le champ magnétique de Mercure

Pendant que les caméras de télévision de *Mariner 10* découvraient la surface de Mercure et ses vieux cratères, le magnétomètre, la sonde à plasma et le détecteur de particules chargés à bord du vaisseau spatial enregistraient une interaction avec le « vent » solaire (constitué de particules chargées en provenance du Soleil) bien plus forte que celle qui avait été prévue. La trajectoire de *Mariner 10* avait été calculée de telle sorte que le vaisseau spatial passe près du côté obscur de la planète à sa première rencontre. De cette manière, les instruments pourraient examiner le sillage laissé par Mercure dans le vent solaire *(voir la figure 10).* Lors d'un passage rapide, un survol à basse altitude dans le sillage d'une planète permet les observations les moins ambiguës, surtout en ce qui concerne l'existence d'un champ magnétique de type terrestre.

Lors de son premier survol, alors que *Mariner 10* passait à quelque 700 kilomètres de la surface de Mercure, les instruments détectèrent un faible champ magnétique, et une interaction avec le vent solaire de type terrestre. En vue d'obtenir des résultats plus définitifs, on modifia la trajectoire du vaisseau spatial pour que son troisième passage se fasse plus près de la surface de la planète (327 kilomètres) sur une trajectoire qui l'amènerait près du pôle Nord. Le troisième survol confirma l'intensité et l'orientation du champ magnétique, qui avaient été prévus par Norman Ness (de la NASA) sur les bases du premier survol. Mercure semble avoir un champ magnétique dipolaire, aligné à peu près sur l'axe de rotation de la planète. L'intensité du champ magnétique est près de un pour cent de celle du champ magnétique de la Terre à sa surface. Le champ magnétique est bien plus fort que ceux trouvés sur Mars ou Vénus et il semble qu'un mécanisme faisant intervenir tout l'intérieur de la planète soit nécessaire pour sa formation. En outre, Mercure est entouré par une fine enveloppe d'hélium gazeux, ce qui suggère que le champ magnétique capture temporairement des noyaux d'hélium du vent solaire, et peut-être aussi des émanations de surface.

L'existence sur Mercure d'un champ magnétique semblable à celui de la Terre fournit certainement un argument indépendant en faveur d'une différenciation chimique de la planète en un noyau de fer et un manteau silicaté. Les images recueillies lors du second survol montrent que les escarpements lobés observés sur la première série de photographies se prolongent dans la région du pôle Sud.

Les images des premiers et seconds passages montrent aussi que certaines zones, à l'ombre de petits cratères à bords raides près des deux pôles, sont en permanence dans l'obscurité, et constituent donc des « pièges à froid » permanents pour toutes les substances volatiles ayant pu être dégazées au cours de l'histoire de Mercure. Ces sites devraient être un but passionant pour une étude de près au cours du XXIe siècle.

L'hémisphère de la planète photographié par *Mariner 10* lorsqu'il regarde derrière lui après son approche, possède une surface totalement différente de celle présentée par l'hémisphère lors de l'approche *(voir la figure 2).* L'hémisphère observé après le survol présente de grandes plaines relativement uniformes, qui sont clairement plus jeunes que la plupart des terrains à forte densité de cra-

6. LE SOL CRAQUELÉ DU BASSIN CALORIS est vu avec une résolution croissante sur ces deux pages. La première image est une mosaïque de vues prises lors de la première rencontre de *Mariner 10* avec Mercure, qui regardait derrière lui d'une distance de 75 000 kilomètres. **La seconde et la troisième photographies furent prises plus tôt, lors du même passage, alors que le vaisseau spatial était plus proche de la planète. La quatrième et la cinquième furent prises 352 jours plus tard, lorsque le vaisseau spatial effectua son troisième survol de Mercure après deux**

tères visibles dans l'hémisphère observé lors de l'approche. De plus, on y observa un bassin de 1 400 kilomètres laissé par un impact gigantesque comparable à celui qui donna naissance à la « Mare Imbrium » de la Lune. Ce remarquable relief de Mercure, appelé la « Mare Caloris » à cause de la position équatoriale sur la longitude chaude de 180 degrés, est comme le Bassin Imbirum sur la Lune, entièrement rempli par du matériel formant une plaine unie.

Les autres plaines moins déformées et comportant moins de cratères s'étendent à l'Est et au Nord de la « Mare Caloris », sur des milliers de kilomètres. L'équipe de télévision de *Mariner 10* a conclu que la succession de ces plaines, les variations de leur réflectivité et de leur couleurs, et leur association géographique, indiquent qu'un épisode de volcanisme général suivit la fin du bombardement intense. La résolution des images ne permet pas, malgré tout, de déterminer la morphologie de la surface de manière suffisamment claire pour identifier sans ambiguïté l'origine de ces plaines.

L'état de nos connaissances de la surface de Mercure fait penser aux débats sur l'origine des plaines de la Lune, avant les missions spatiales Apollo ; or il semble aujourd'hui qu'une partie des plaines lunaires furent plutôt créées par de gigantesques impacts que par du volcanisme. Il reste donc la possibilité que le matériel recouvrant les plaines mercuriennes soit constitué des couches épaisses de matériel éjecté lors d'impacts énormes, probablement situés dans l'hémisphère de Mercure qui était obscur lors des trois rencontres avec *Mariner 10.* Quelle que soit l'origine des plaines, le fait qu'elles n'aient pas été soulevées par une activité interne, ni modifiées par une érosion atmosphérique ou des dépôts, témoigne de la remarquable tranquillité de Mercure depuis leur création. La totale similitude dans la succession d'événements qui ont façonné les surfaces de Mercure et de la Lune est même extraordinaire et, pour moi, surprenante, si l'on considère combien la nature interne de ces deux corps doit être différente.

L'histoire de la surface de Mercure

Une histoire de la surface de Mercure peut être divisée en cinq grandes périodes semblables à celles qui ont fixé la surface de la Lune. D'abord, l'absence de modifications tectoniques, atmosphériques ou volcaniques des cratères anciens de Mercure indique que la planète a été fractionnée chimiquement en un gros noyau de fer entouré d'un fin manteau silicaté bien avant que les plus vieux cratères se soient formés. Toute atmosphère sur Mercure a dû s'échapper très tôt, ou n'a jamais existé. La chaleur nécessaire pour la séparation chimique es phases fer et silicates a aussi dû être dissipée assez tôt pour que les couches externes deviennent assez rigides et conservent jusqu'à présent des cratères dus aux anciens grands impacts.

Après la période initiale d'accumulation et de ségrégation chimique, Mercure a dû traverser au moins une période d'effacement de cratères, peut-être due à un volcanisme ancien. Cet épisode semble nécessaire si nous voulons rendre compte de l'absence de traces du processus d'accrétion. La surface aplanie qui survit dans les plaines n'enregistre pas seulement la phase finale du bombardement intensif, mais aussi le rétrécissement général de la croûte dont témoignent les escarpements lobés.

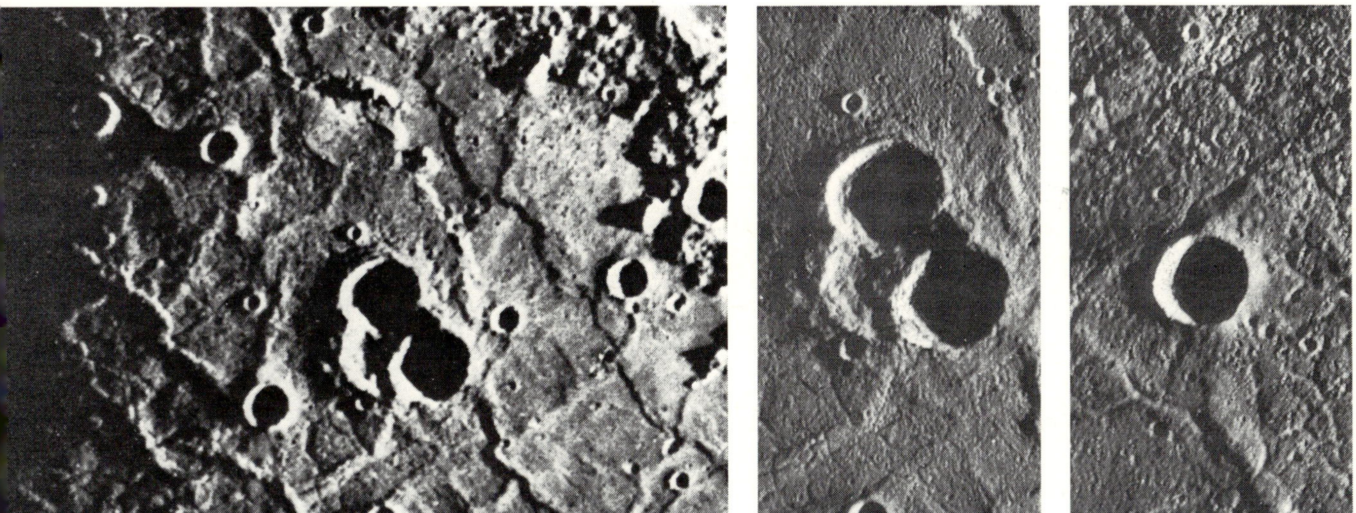

voyages autour du Soleil sur son orbite de 176 jours. Les fractures qui sont visibles sur le fond du bassin Caloris varient en largeur de 8 kilomètres à 450 mètres, limite de résolution. Le plus grand cratère de la cinquième photographie, prise d'une distance de 20 000 kilomètres, a un diamètre de 12,5 kilomètres. Chacun des deux jeunes cratères, dans l'amas de trois cratères visible sur les autres figures, a 35 kilomètres de diamètre. La surface de Mercure, caractérisée par des bassins et des cratères, ressemble à celle de la Lune.

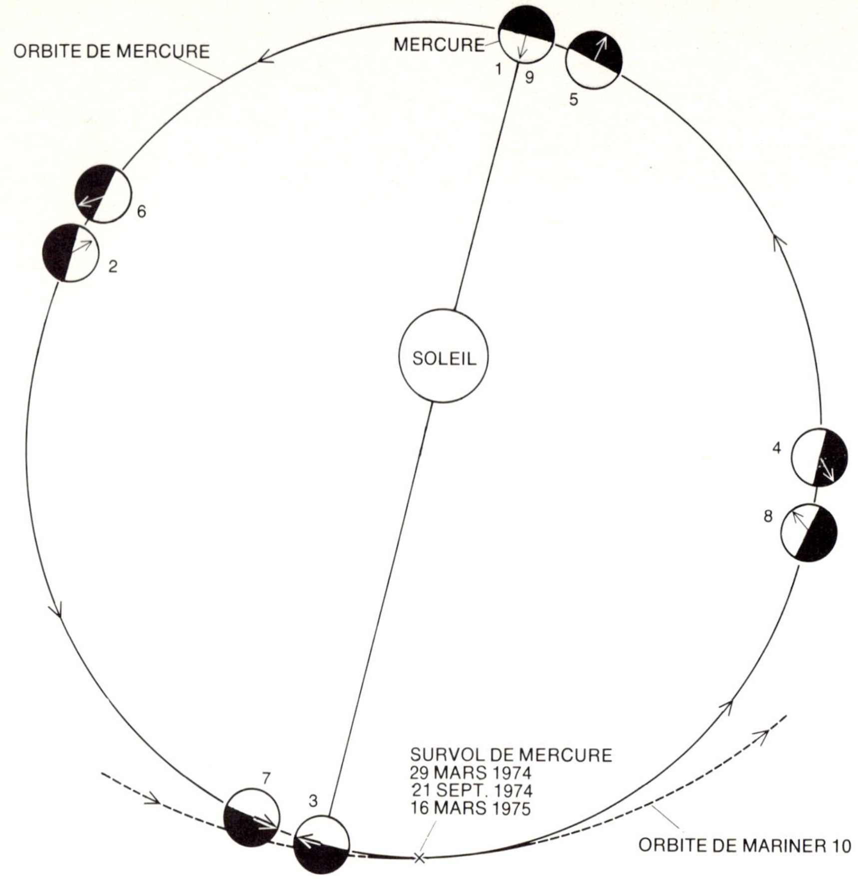

7. LE PHÉNOMÈNE DE COUPLAGE SPIN-ORBITE a fixé à 2/3 le rapport des périodes de rotation propre et de révolution orbitale de Mercure. Dans ce diagramme de l'orbite de Mercure, la flèche fixe indique un des deux points soumis aux plus grands éclairages, c'est-à-dire les points de l'équateur subsolaire qui sont directement sous le Soleil un périhélie sur deux. Les chiffres donnent les positions de la planète sur son orbite, durant deux de ses révolutions autour du Soleil. La rencontre de *Mariner 10* avec Mercure s'est effectuée au point indiqué par une croix.

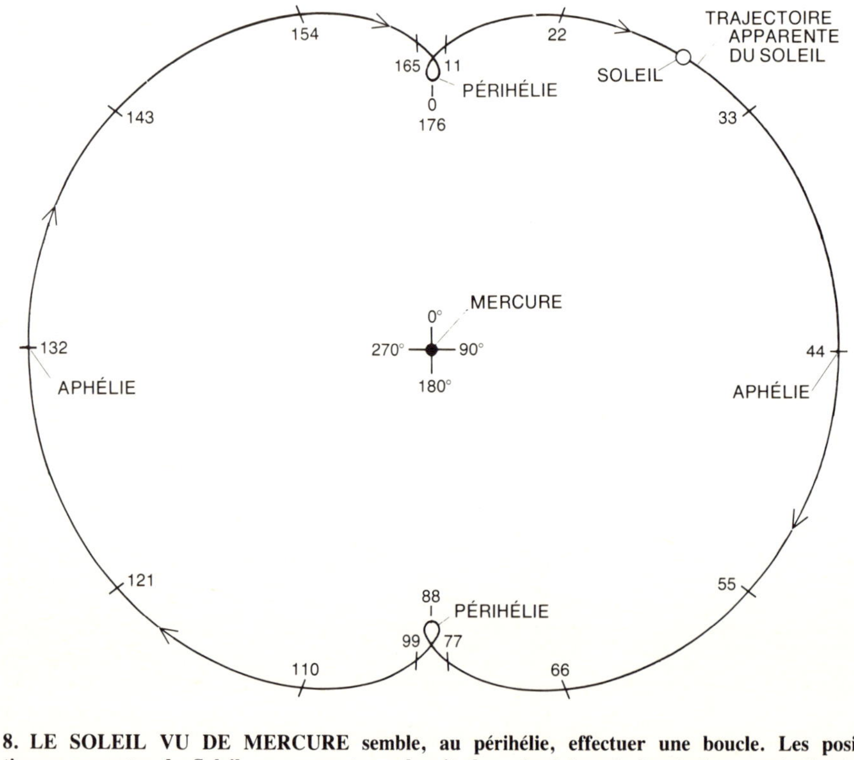

8. LE SOLEIL VU DE MERCURE semble, au périhélie, effectuer une boucle. Les positions apparentes du Soleil par rapport aux longitudes subsolaires de la planète sont indiquées tous les 11 jours au cours de deux années de Mercure : le schéma du mouvement a été décrit par S. Soter et J. Ulrichs.

La troisième et la mieux définie des cinq grandes époques de l'histoire de la surface de Mercure eut lieu à la fin du bombardement intensif, avec le grand impact du Bassin Caloris. La collision de la météorite avec Mercure donna naissance à ce bassin, au terrain montagneux qui l'entoure et aux zones étendues recouvertes de matériel éjecté sculptant la vieille surface. De plus, à peu près aux antipodes du Bassin Caloris, il existe un terrain montagneux aux lignes particulières, dont Donald Gault et Peter Schultz pensent qu'il a pu être soulevé par les ondes sismiques irradiées à partir du Bassin Caloris et focalisées en ce point opposé de la planète.

Lors de la quatrième période, quelque temps après l'impact du Bassin Caloris, les grandes plaines apparurent ; elles furent probablement le résultat d'un volcanisme étendu, semblable à l'activité qui créa les mers lunaires. Bruce Hapke, de l'université de Pittsburgh soutient que les mesures colorimétriques et photométriques de *Mariner 10,* ainsi que les résultats précédents obtenus au télescope, incitent à croire que les roches de surface de Mercure sont moins riches en fer et certainement moins riches en titane que les roches trouvées dans les mers lunaires ; cela expliquerait l'absence, sur Mercure, de ces contrastes nets entre la brillance des mers et des montagnes lunaires.

Lors de la cinquième période de l'histoire de Mercure, qui s'étend jusqu'à maintenant, cette planète n'a subi qu'un léger bombardement météoritique, créant des impacts dont les rayons sont encore généralement visibles. La distribution des cratères d'impact sur les plaines mercuriennes est remarquablement semblable à celle des mers lunaires et de certaines des plaines de Mars les plus vieilles. La similitude des taux de cratères sur Mercure, la Lune et Mars au cours des trois derniers milliards d'années, ou à peu près, fut une surprise pour beaucoup ; étant donné la grande différence entre les distances de ces corps au Soleil, on pensait que les probabilités de rencontre avec les débris interplanétaires de la ceinture des astéroïdes, qui sont, pense-t-on, la principale source d'objets provoquant ces impacts, seraient également très différentes.

Mariner 10 a donc clairement établi que Mercure par sa surface ressemble à la Lune, non seulement par sa topographie, mais d'une manière plus surprenante, par l'histoire de sa surface. Cependant, la structure interne de Mercure semble être de type terrestre. Cette nature paradoxale de Mercure soulève des questions importantes, non seulement sur Mercure, mais aussi sur l'histoire et la nature de tout le système solaire interne. Est-ce que les corps qui ont formé les cratères enregistrés sur Mercure sont de la même famille que ceux qui ont bombardé la Lune, il y a quatre milliards d'années ? Ou bien est-ce que chacune des planètes internes, y compris la Lune, ont traversé des périodes distinctes de bombardement, qui se sont à peine recouvertes, si tant est qu'elles se sont recouvertes, et qui se sont terminées de manières abruptes et indépendantes ?

Les images de *Mariner 10* m'incitent à croire que l'impact du Bassin Caloris peut ne pas faire partie du flux constamment décroissant de débris interplanétaires, mais provenir d'un événement isolé en fin de bombardement. Georges Wetherill considère qu'il est possible que certains objets interplanétaires mis en jeu lors d'un tel épisode isolé ancien, seraient issus d'un objet planétaire passant près de la Terre ou de Vénus, sur une trajectoire venant d'au-delà de Jupiter. Des dislocations par effets de marée avec la Terre ou Vénus auraient pu alors le briser et créer une pluie d'objets, qui auraient arrosé les quatre planètes internes. Une telle idée serait cohérente avec l'opinion encore discutée que la Lune aurait subi une période de bombardement final semblable, il y a à peu près quatre milliards d'années.

D'un autre côté, si la topographie observée résulte d'un bombardement décroissant de Mercure, les preuves anciennes peuvent avoir été effacées brusquement et de façon efficace par une période d'effacement des cratères. L'apparence d'un bombardement épisodique peut donc n'être qu'une illusion. Le débat qui se développe actuellement sur l'histoire du système solaire interne fait penser à un débat antérieur entre les tenants de l'uniformité et les catastrophistes quant aux causes des caractéristiques de la Géologie terrestre. Dans ce cas les tenants de l'uniformité ont gagné.

Le fait que Mercure ait un champ magnétique dipolaire aligné avec son axe de rotation, très semblable au champ terrestre bien que plus faible, est une grande surprise. Bien que Mercure ait probablement un grand noyau de fer, la rotation actuelle de la planète est si lente, qu'avant la rencontre de *Mariner 10* avec la planète, personne ne pensait qu'un champ magnétique mercurien puisse être créé par un mécanisme de dynamo analogue à celui qui semble jouer sur Terre (où le champ magnétique provient de courants électriques associés à la convection dans le noyau fluide en rotation). Qu'en est-il alors de Vénus, qui a probablement un noyau plus grand et plus chaud que celui de Mercure et qui est pourtant dépourvue de tout champ magnétique notable ? En outre, s'il y a des mouvements de fluide dans le noyau de Mercure capables d'engendrer le champ observé, les mouvements du noyau ou les flux de

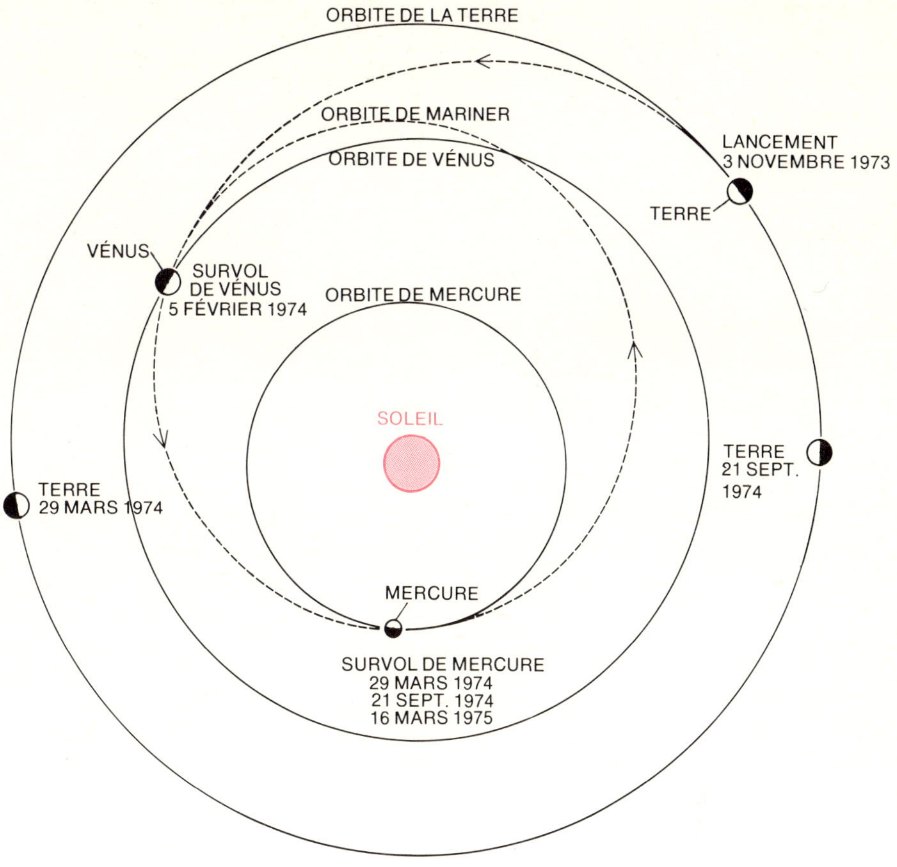

9. LA TRAJECTOIRE DE MARINER 10 a été choisie de telle sorte que le vaisseau spatial soit dévié vers Mercure par une rencontre très précisément minutée avec Vénus trois mois après le lancement. C'est grâce à cette déviation que l'orbite de *Mariner 10* passe à proximité de Mercure tous les 176 jours, soit une fois tous les deux ans de Mercure. C'est le choix heureux de ses caractéristiques orbitales qui a permis à *Mariner 10* d'effectuer trois rencontres complètes avec sa cible.

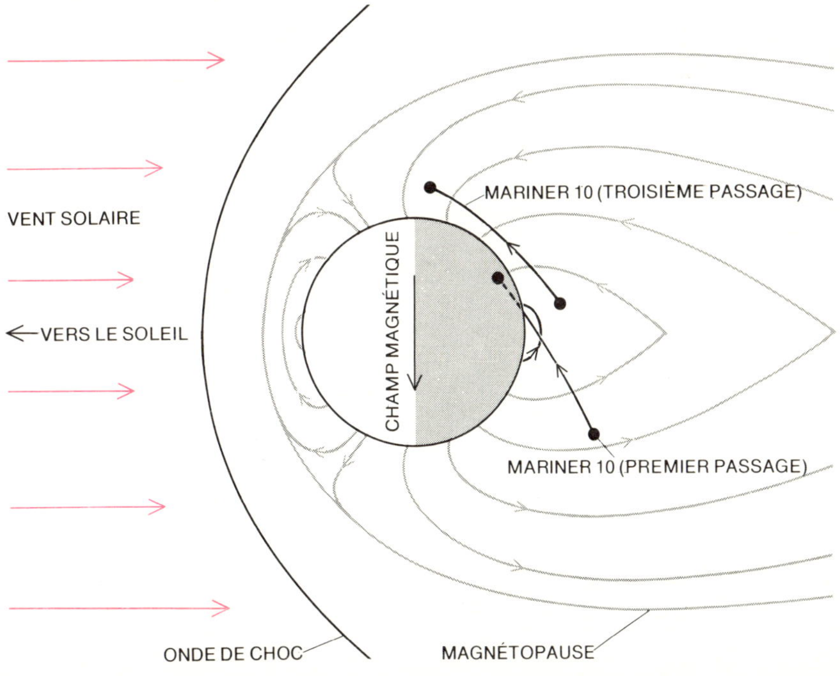

10. LE CHAMP MAGNÉTIQUE DE MERCURE, détecté lors de la première rencontre avec *Mariner 10*, fut plus complètement analysé lors du troisième passage, quand le vaisseau spatial reçut l'ordre de passer plus près du pôle Nord. Les lignes noires pleines indiquent, en projection dans le plan de la figure, la trajectoire de *Mariner 10* par rapport au champ magnétique à chaque passage. Les lignes de champ sont déformées par la pression des particules chargées du vent solaire. La polarité du champ est orientée vers le Sud, comme celui de la Terre.

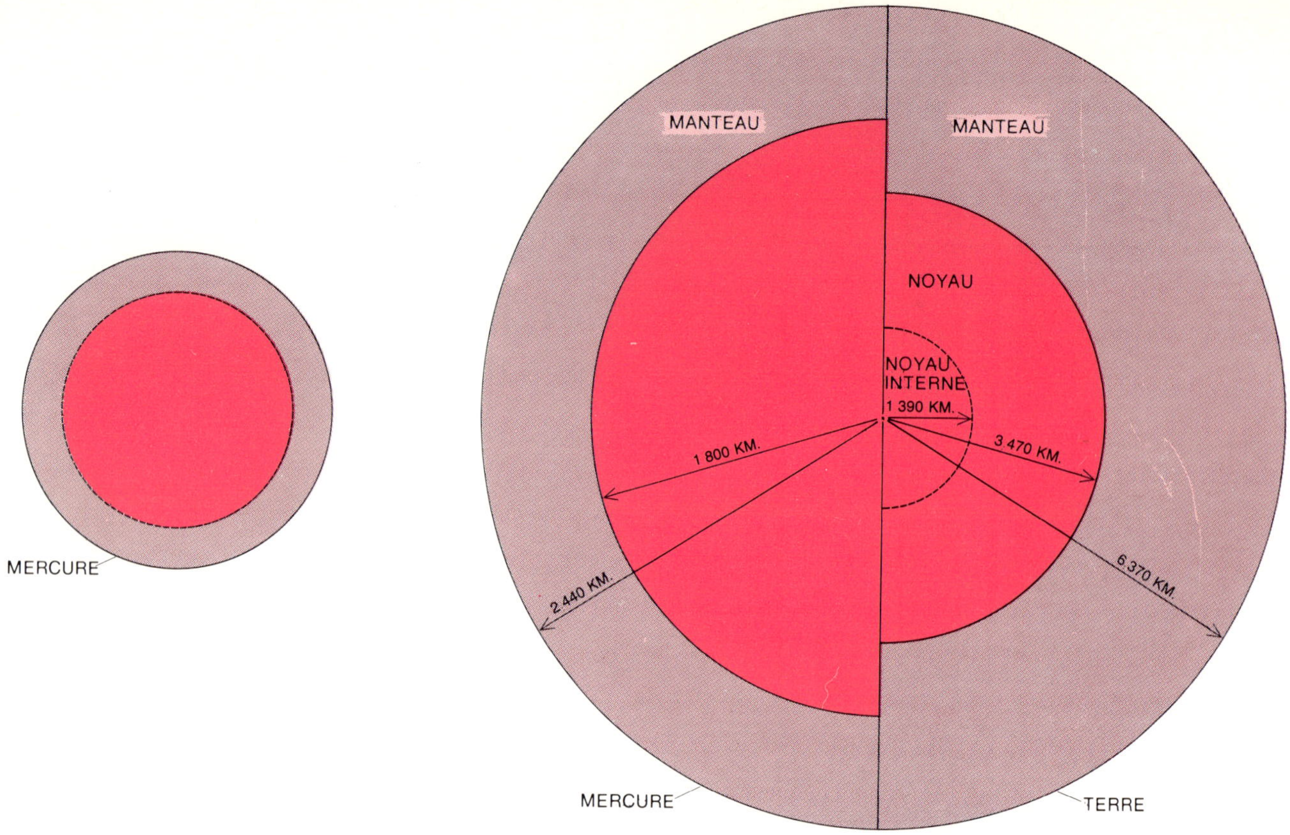

11. VUES EN COUPE DE MERCURE ET DE LA TERRE, à une échelle telle qu'ils aient le même diamètre extérieur ; cette comparaison montre combien le noyau de fer de Mercure est grand comparé à celui de la Terre. Les deux noyaux sont en couleur sombre. La taille réelle de Mercure par rapport à celle de la Terre est représentée par le petit disque à gauche. Le noyau de fer de Mercure représente sûrement 80 pour cent de sa masse. Le noyau doit avoir un rayon de 1 800 kilomètres, et il est donc plus grand que la Lune.

chaleur associés n'ont donné lieu à aucune déformation reconnaissable à la surface de la planète.

On pourrait penser alors que le champ magnétique de la planète est un champ fossile qui aurait persisté depuis une époque révolue. Il semble improbable néanmoins que, depuis des milliards d'années que ce champ fossile supposé a été créé, la température de la zone intérieure de Mercure concernée n'ait jamais dépassé le point de Curie (la température à laquelle une substance perd ses propriétés magnétiques). Selon une troisième proposition le champ magnétique aurait été induit par interaction continuelle avec le vent solaire. Un examen sommaire de cette idée indique qu'un tel champ ne présenterait pas de symétrie autour de l'axe de rotation de la planète.

Le champ magnétique de Mercure provient peut-être d'une cause que l'on n'a pas encore imaginée ; dans le cas contraire nous aurions intérêt à mieux comprendre les mécanismes du champ magnétique terrestre pour expliquer comment ils peuvent s'appliquer à l'échelle de Mercure. Quelle que soit l'issue du débat, il est heureux qu'il existe une autre planète à champ magnétique parmi les planètes internes pour que l'on puisse y comparer le champ magnétique de la Terre. Une étude plus approfondie du champ de Mercure, ainsi que des photographies couvrant l'hémisphère non encore observé de Mercure seront les objectifs principaux de toute mission vers Mercure.

Avec la mission de *Mariner 10* vers Mercure s'est terminée notre reconnaissance du système solaire interne ; ce voyage a démontré, une fois de plus, que l'exploration planétaire est remplie de surprises. Les découvertes de *Mariner 10,* associées aux échantillons lunaires ramenés par les astronautes des missions Apollo ont permis un progrès énorme dans la connaissance et la description de Mercure. De ces nouvelles observations, il ressort une image plus riche et plus cohérente de l'origine et de l'évolution de toutes les planètes, y compris la nôtre.

La Lune

Dépourvu d'atmosphère érosive et de couches externes géologiquement actives, le satellite inerte de la Terre a conservé des traces d'anciens événements (mais pas des événements primordiaux) de l'histoire du système solaire.

par John Wood

Aucune perspective ne pouvait être plus excitante pour un chercheur en sciences de la Terre que de voir une planète toute entière offerte tout à coup à l'étude. C'est exactement ce qu'ont permis les missions *Apollo* sur la Lune, quoique des considérations de prestige national et non de science aient été en grande partie à l'origine de ces missions. Pour moins de cinq pour cent du coût total du programme *Apollo,* le travail scientifique associé à ce programme a réussi à transformer la Lune : autrefois disque distant, blaffard et froid, elle est devenue une planète, certes petite, mais bien réelle et constituée de substances rocheuses plus ou moins familières, dans lesquelles se sont inscrites les traces d'une activité géologique très ancienne.

Le programme scientifique a nécessité la coopération de nombreux chercheurs, chacun dans sa spécialité. Cela est illustré par la diversité des instruments utilisés : microscopes, spectromètres de masse, réacteurs nucléaires, magnétomètres et sismomètres (ces derniers, abandonnés à jamais à la surface de la Lune, à l'écoute de ses grondements internes). On peut maintenant regrouper les résultats de toutes ces études en un schéma raisonnablement cohérent de la composition et de l'évolution de la Lune. Il reste encore beaucoup à apprendre mais, dans l'ensemble, l'histoire de la Lune est à présent pratiquement aussi bien connue que celle de la Terre.

Pour résumer notre connaissance actuelle, nous retracerons la chronologie des principales époques et étapes par lesquelles elle semble être passée. On admet maintenant six stades d'évolution : l'origine de la Lune, l'individualisation de la croûte, un stade précoce de volcanisme, une période de bombardement par de petites planètes, un épisode tardif de volcanisme et enfin un déclin de cette activité jusqu'à l'état actuel de quiétude apparente.

L'origine de la Lune

L'origine de la Lune est l'étape la moins bien connue. Les échantillons lunaires n'offrent qu'assez peu d'indications sur le sujet parce qu'ils ont tous subi une évolution géologique et que leurs compositions résultent de processus magmatiques à l'intérieur de la Lune ; cette conclusion est fondée sur l'analogie faite avec les propriétés des roches éruptives terrestres. Si les astronautes avaient pu collecter des échantillons d'un matériau primitif lunaire qui auraient été épargnés par ces transformations tardives, de tels échantillons nous auraient beaucoup appris sur la formation de la Lune. Malheureusement aucun échantillon de ce type n'a pu être ramené, probablement parce qu'aucun matériau primitif n'a survécu aux bouleversements de l'histoire précoce de la Lune.

On a toutefois appris certaines choses sur les conditions de formation de la Lune. Tout d'abord, la Lune et la Terre semblent s'être formées dans la même région du système solaire. Cette conclusion découle des études de la composition isotopique de l'oxygène des échantillons lunaires, qui est identique à celle des roches terrestres. L'étude des météorites montre que les proportions en isotopes 16, 17, 18 de l'oxygène varient sensiblement dans des échantillons provenant de zones différentes du système solaire.

Cette observation ne permet pas de trancher entre les diverses hypothèses formulées sur l'origine de la Lune. Celle-ci pourrait toujours avoir été formée par séparation à partir de la Terre, par capture à partir d'une orbite indépendante proche ou par agglomération de petits objets en orbite autour de la Terre. Toutefois, les données fournies par l'oxygène tendent à éliminer la possibilité que la Lune ait pu être capturée par la Terre après s'être formée très loin, par exemple près de Mercure, parmi les planètes joviennes ou même en dehors du système solaire.

D'autre part, la comparaison des roches lunaires avec les roches terrestres ou les météorites montre que les roches lunaires sont systématiquement appauvries en éléments les plus volatils. On peut constater cet appauvrissement en comparant, par exemple, les teneurs en ces éléments dans les basaltes terrestres et lunaires. Il va de soi que les basaltes sont des roches ignées secondaires et non des échantillons du matériel planétaire tel qu'il s'est accrété à l'origine. Cependant, les différences de composition entre des basaltes de deux planètes doivent refléter les différences de composition des matériaux primitifs à partir desquels les basaltes se sont formés.

Il est généralement admis que les planètes terrestres (Mercure, Vénus, la Terre et Mars) se sont formées selon un processus mettant en jeu une condensation de particules minérales dans la nébuleuse gazeuse qui auréolait le Soleil naissant, suivi d'une agglomération mécanique de ces particules pour former les planètes (on appelle cette étape l'accrétion). Au moment où la nébuleuse initialement chaude s'est refroidie, les minéraux les plus réfractaires se seraient condensés en premier. De plus en plus d'éléments volatils auraient précipité par la suite.

Si la condensation et l'accrétion avaient eu lieu simultanément, les condensats de haute et basse températures auraient pu être distribués en proportions variables aux différentes planètes. Par exemple, on pourrait s'attendre à ce que les objets qui se sont accrétés en premier aient capturé la plus grande

1. LES TROIS TYPES DE ROCHES LUNAIRES sont illustrés sur cette page par des microphotographies réalisées par transmission à un grossissement 12. Cette microphotographie montre une lame mince de basalte, qui est le type de roches trouvé dans les mers lunaires (régions de teinte sombre). Le basalte se présente comme un agrégat de minéraux silicatés et d'oxydes qui ont cristallisé quand une coulée de basalte s'est refroidie dans la mer Imbrium. L'échantillon de roche dont on voit ici une lame mince fut rapporté sur la Terre par les astronautes de la mission *Apollo 15*, en 1971.

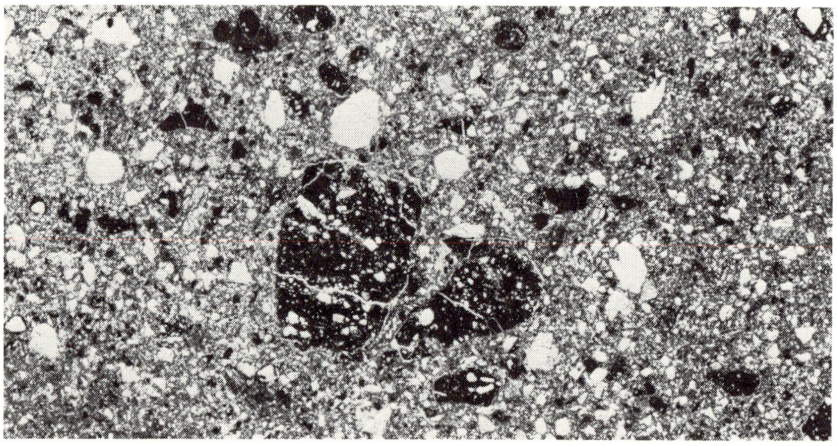

2. LA NORITE KREEP est le second type de roche lunaire, l'un des deux types de roches trouvées sur les montagnes (régions lunaires de teinte relativement claire). Les initiales KREEP font référence à la teneur relativement élevée de la roche en certains éléments : potassium (K), terres rares (en anglais, *Rare Earth Elements*, ou REE) et phosphore (P). Cet échantillon est une brèche, un conglomérat de minéraux et de fragments de roche produits par l'éclatement du matériau primaire lors d'un bombardement par des météorites de grande taille au tout début de l'histoire de la Lune. Cet échantillon fut rapporté par les astronautes de la mission *Apollo 14*.

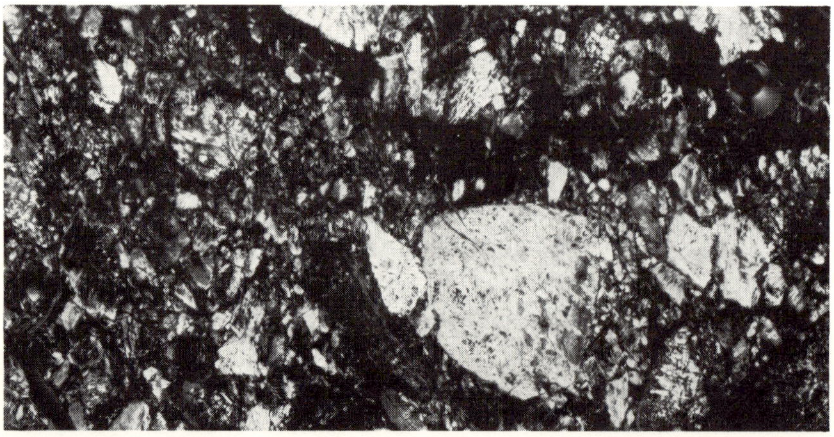

3. LES ROCHES ANORTHOSITIQUES sont de loin le type de roche le plus abondant sur la Lune. Cet échantillon, une brèche constituée en grande partie par des fragments de plagioclase, fut rapporté par les astronautes de la mission *Apollo 16*. On a pris cette photographie en lumière polarisée, de façon à accentuer les contrastes.

partie des premiers produits de la condensation (produits de haute température). Le fait que la Lune et la Terre contiennent des éléments de haute température et de basse température en proportions très différentes semble montrer qu'un tel fractionnement a bien eu lieu au moment où les planètes se sont formées.

En ce qui concerne les mécanismes effectifs de formation de la Lune en tant que satellite de la Terre, les trois possibilités que je viens de mentionner et qui étaient connues bien avant le programme *Apollo* sont toujours à considérer. Toutefois, aux yeux de nombreux spécialistes de la Lune, l'hypothèse la plus vraisemblable est une variante du modèle de l'accrétion en orbite terrestre. Le modèle de la capture présente certaines difficultés en ce qui concerne la dynamique du phénomène. Nous pouvons résumer celles-ci simplement en notant que l'orbite décrite par un objet en rotation autour d'un autre objet est symétrique par rapport à la ligne qui les séparait au moment où ils se sont le plus rapprochés. Si la Lune s'était approchée de la Terre, venant d'un point éloigné du système solaire, elle serait retournée à une distance semblable à celle de son origine, le long d'une trajectoire orbitale pratiquement symétrique de celle de l'approche. À moins qu'on ne fasse des hypothèses particulières invoquant quelque mécanisme ralentissant la Lune alors qu'elle était à proximité de la Terre, notre satellite actuel n'aurait donc pas pu être capturé.

L'idée que la Lune s'est séparée de la Terre primitive pose également un certain nombre de problèmes : il faut admettre que la Terre, au début de son histoire, avait une très grande vitesse de rotation sur elle-même. Après la rupture, le système Terre-Lune aurait possédé un moment angulaire deux fois plus important que celui du système actuel. Comme le moment angulaire est généralement conservé dans un système dynamique, il faut faire des hypothèses particulières afin d'obtenir un mécanisme qui aurait freiné la rotation de la Terre sur elle-même après séparation de la Lune.

S'il semble préférable d'adopter l'hypothèse suivant laquelle la Lune se serait accrétée en orbite autour de la Terre, il reste à découvrir l'origine des particules qui se sont accrétées : elles auraient pu se condenser dans l'ensemble du système solaire et auraient été par la suite capturées sur orbite terrestre. Il est plus facile de capturer un grand nombre de petits objets qu'une Lune déjà formée et de taille importante.

Plusieurs mécanismes naturels ont pu ralentir de petites particules, permettant ainsi leur capture par la Terre. L'un est la traînée gazeuse. Les gaz nébulaires auraient offert une résistance, ralentissant ainsi le mouvement de petites particules, mais pas celui d'un objet aussi massif que la Lune. Un autre mécanisme serait la collision entre particules. En s'approchant de la Terre — venant de toutes les directions —, certaines particules seraient passées autour de la planète dans le sens des aiguilles d'une montre, et d'autres dans le sens contraire. Par collision entre ces deux populations de particules, un grand nombre d'entre elles auraient été ralenties, ne pouvant donc plus s'éloigner de la Terre. Les collisions se seraient poursuivies jusqu'à ce que ces particules aient perdu suffisamment de vitesse pour tomber sur la Terre, ou aient été renvoyées sur des orbites pratiquement circulaires, formant ainsi un disque de particules en corotation.

On a estimé que la Lune pouvait se former à partir d'un tel disque de particules en 1000 ans seulement. On ne sait pas si elle s'est effectivement formée aussi rapidement. En effet, si de petites particules en provenance du système solaire ont été capturées en orbite terrestre durant une période beaucoup plus longue, la période d'accrétion de la Lune a été automatiquement prolongée d'autant. On ne sait pas encore pourquoi la Lune en cours d'accrétion aurait alors capturé plus de particules précocement condensées (de haute température) que la Terre toute proche.

L'évolution de la Lune

Avant d'examiner l'évolution interne de la Lune après sa formation, il est nécessaire de rappeler les différents types de roches recueillies sur le satellite. Bien qu'une grande variété de faciès aient été collectés par les astronautes des missions *Apollo,* on peut ranger pratiquement tous les échantillons dans l'une des trois catégories suivantes : les « basaltes lunaires » *(voir la figure 1),* les norites KREEP *(voir la figure 2),* ainsi nommées en raison de leurs teneurs particulièrement élevées en potassium (K), terres rares (REE, d'après l'anglais *Rare Earth Elements*) et phosphore (P), et le groupe des anorthosites *(voir la figure 3).* Les basaltes lunaires constituent l'essentiel des mers lunaires de couleur sombre et au relief relativement doux, les deux autres types de roches constituent les montagnes accidentées de couleur plus claire.

Aucun de ces trois groupes de roches ne peut être considéré, en aucune façon, comme représentant du matériau planétaire primordial : leur teneur en éléments métalliques ressemble peu à celle de l'atmosphère solaire ou des météorites

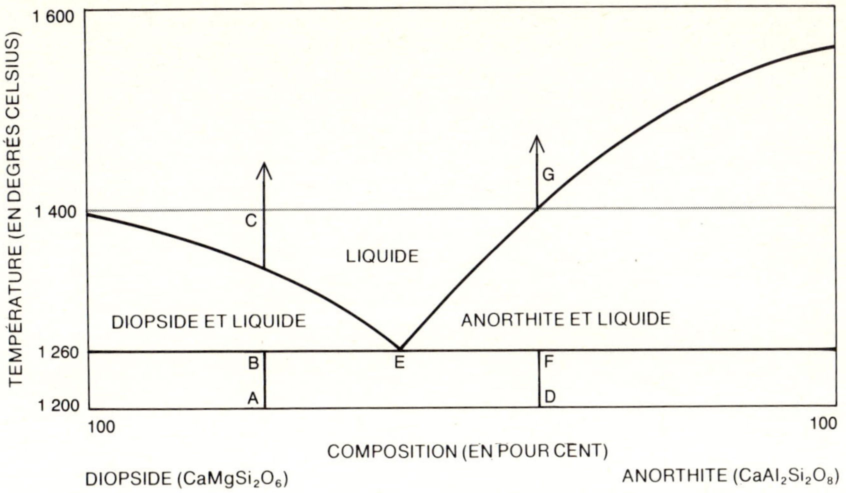

4. LA FUSION PARTIELLE d'une roche crée des laves de composition chimique différente. Un matériau constitué de 76 pour cent de diopside et de 24 pour cent d'anorthite reste à l'état solide quand on élève la température suivant *AB* jusqu'à 1260 degrés Celsius *(B)* ; à cette température un produit de fusion de composition *E* apparaît. La fusion est suffisamment importante pour que toute l'anorthite cristalline disparaisse. Si la température continue à monter, la composition du liquide se déplace suivant la ligne *EC* par fusion du diopside résiduel. Au point *C*, le dernier résidu solide disparaît. Un phénomène équivalent se produirait si un solide contenant des minéraux en proportions différentes était échauffé, par exemple pour 40 pour cent de diopside et 60 pour cent d'anorthite *(DF, EG)*. Pour n'importe quelle composition de départ dans ce système binaire, le premier liquide à apparaître aura toujours la même composition *E*.

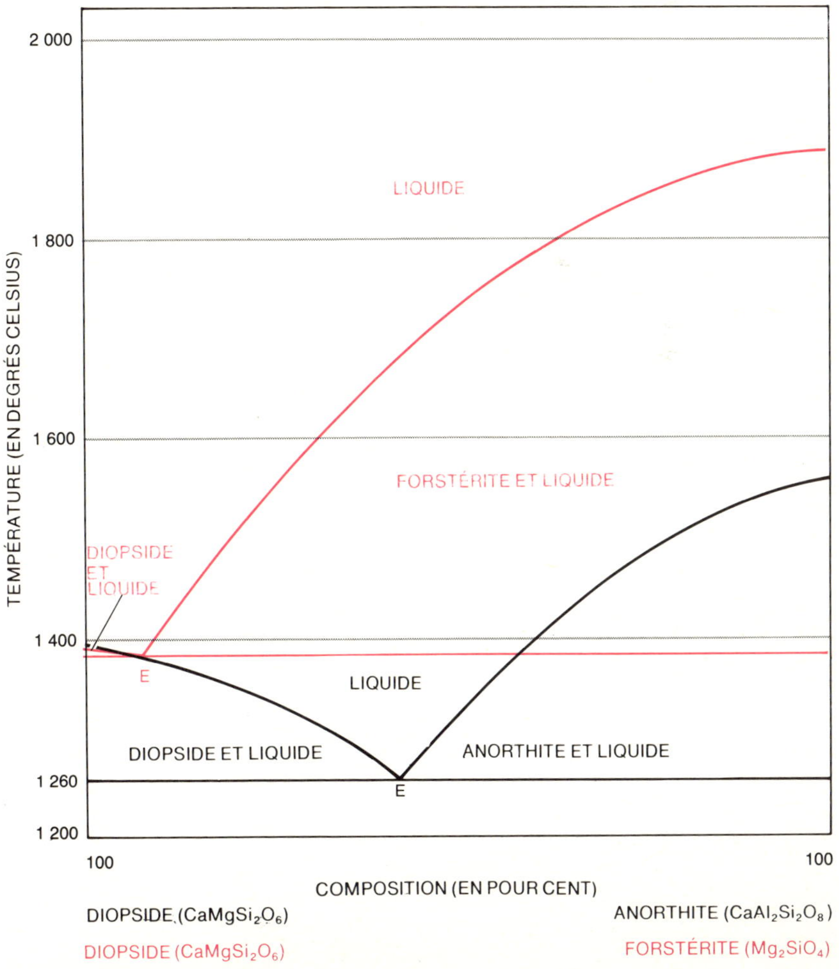

5. LES DIAGRAMMES DE PHASES de deux systèmes binaires sont comparés sur cette figure. Quand un système comprend d'autres constituants tels que diopside et forsterite *(en couleur)*, au lieu de diopside et anorthite *(en noir)*, un liquide différent *(E)* apparaît quand on élève la température. Cependant, la composition d'un tel liquide reste identique quelles que soient les proportions des constituants du matériau de départ.

chondritiques qui, elles, sont considérées comme représentant un tel matériau planétaire primitif. Ces trois types de roches lunaires ressemblent plutôt à des groupes de roches éruptives connues sur Terre. Il est clair que des processus magmatiques lunaires sont à l'origine de la composition de ces roches.

Notre connaissance des roches éruptives terrestres permet de distinguer deux processus de fractionnement chimique fondamentalement distincts, qui permettent la formation de roches de compositions nouvelles et différentes. L'un de ces processus est la fusion partielle. Pour apprécier ce concept, nous suggérons au lecteur de se reporter au diagramme de phase de la figure 4 qui illustre le comportement d'un système binaire en fonction de la température : il s'agit d'un matériau dont la composition peut être exprimée en termes de proportion de deux constituants de composition extrême. On établit des diagrammes de phase de ce type en laboratoire en soumettant des mélanges de composition rappelant celle des roches à des températures et des pressions susceptibles d'exister à l'intérieur de la planète. Il est important de noter sur ce diagramme que, pour un matériau dont la composition peut être représentée par un mélange de diopside et d'anorthite, la composition du premier liquide formé, lorsqu'on fait croître la température, est la même quelle que soit la proportion de diopside et d'anorthite dans le matériau de départ.

Les vraies roches terrestres et lunaires sont trop complexes pour être représentées par un diagramme binaire : elles sont constituées de trois composants ou plus, et parfois de tels matériaux ne peuvent pas être représentés correctement en deux dimensions. Cependant, notre remarque précédente reste correcte : le premier liquide formé lorsqu'une roche commence à fondre a une composition bien caractéristique.

Lorsque la fusion commence à l'intérieur de la Terre, le premier liquide formé ne coexiste généralement pas longtemps avec le solide résiduel. Au contraire, il a tendance à migrer à travers la croûte, faisant fréquemment éruption à la surface sous forme de lave. La composition des laves terrestres correspond le plus souvent à un faible degré de fusion partielle d'un type donné de roche de départ. Les constituants qui définissent le diagramme de phase correspondant et le domaine de pression dans lequel celui-ci reste applicable indiquent la profondeur à laquelle ce magma s'est formé et la nature des minéraux dans la roche-mère. Par conséquent, on peut estimer la nature de l'intérieur des planètes en déterminant la composition des laves et en appliquant de tels diagrammes de phases *(voir la figure 5)*.

Pour en revenir aux trois types de roches lunaires, il apparaît que les « basaltes lunaires » et les norites KREEP ont des compositions caractéristiques d'un faible degré de fusion partielle et, par conséquent, qu'ils furent produits par ce processus à l'intérieur de la Lune. Ils représentent des épisodes tardifs de l'évolution lunaire, que nous examinerons ci-après. Toutefois, les compositions des anorthosites sont très différentes de celles des liquides formés par faible degré de fusion partielle. Ces roches ont donc dû être produites par un autre type de processus magmatique. Ce second processus fondamental est la cristallisation fractionnée.

Lorsqu'un magma commence à cristalliser, les cristaux qui se forment n'ont généralement pas la même densité que le liquide résiduel. Si la cristallisation n'est pas trop rapide, les cristaux plus denses que le magma tendent à se déposer au fond du système en cours de refroidissement et les cristaux plus légers (s'il s'en forme) tendent à flotter au sommet. Différentes couches peuvent ainsi se former : dans chacune d'elles, un minéral va nettement dominer. La croûte terrestre contient de tels complexes magmatiques stratifiés qui se sont formés de toute évidence par cristallisation fractionnée.

Les roches anorthositiques sont caractérisées par la surabondance d'un minéral, le feldspath plagioclase ($CaAl_2Si_2O_8$). Il est facile d'imaginer comment une telle roche a pu se former par cristallisation fractionnée à partir d'importants lacs de lave lunaires. Le problème est que la Lune présente d'énormes quantités de roches anorthositiques, qui constituent de loin le type le plus abondant parmi les trois groupes de roches lunaires. Apparemment, la croûte lunaire toute entière, jusqu'à une profondeur allant de 50 à 100 kilomètres et sur l'ensemble de sa surface, est anorthositique ! Une différenciation locale dans les lacs de lave n'aurait pas pu permettre la formation d'une telle quantité de roches anorthositiques. Mais d'abord, comment peut-on

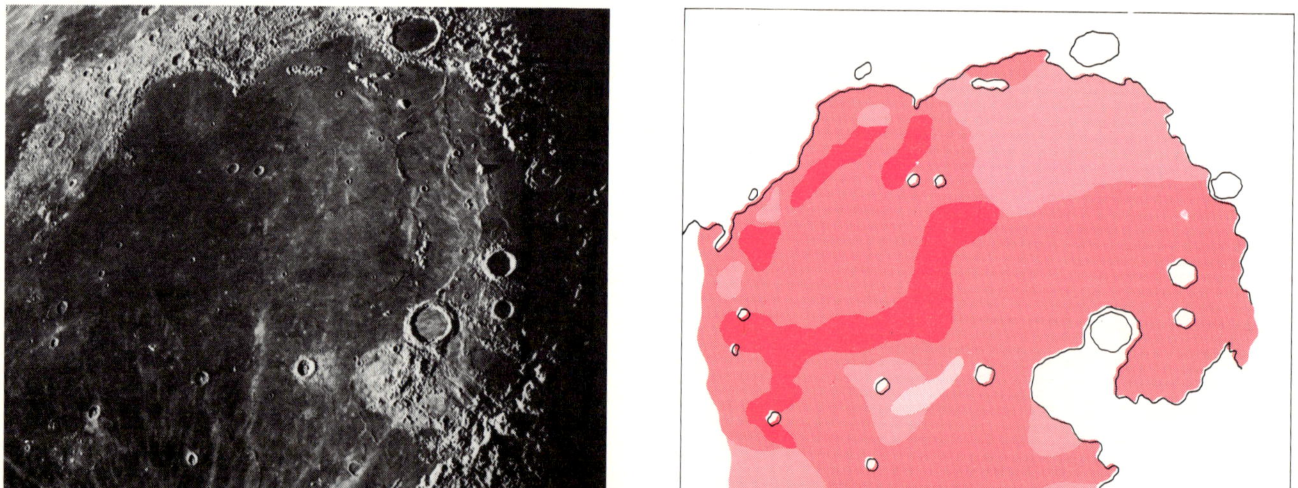

6. DES COULÉES DE LAVE SUCCESSIVES sont visibles sur la mer Imbrium. On peut les reconnaître d'après leurs différences en densité de cratères. À gauche, une photographie de la mer Imbrium, prise à l'Observatoire de Lick, permet l'orientation de la carte de droite, mais l'échelle de cette photographie est trop petite pour que l'on puisse voir la densité des cratères. Sur la carte, les couleurs les plus sombres représentent les coulées les plus récentes, à faible densité de cratères. Les couleurs les plus claires représentent les coulées les plus anciennes. La coulée la plus importante est l'avant-dernière (par ordre d'apparition) elle a fait éruption il y a 3,3 milliards d'années.

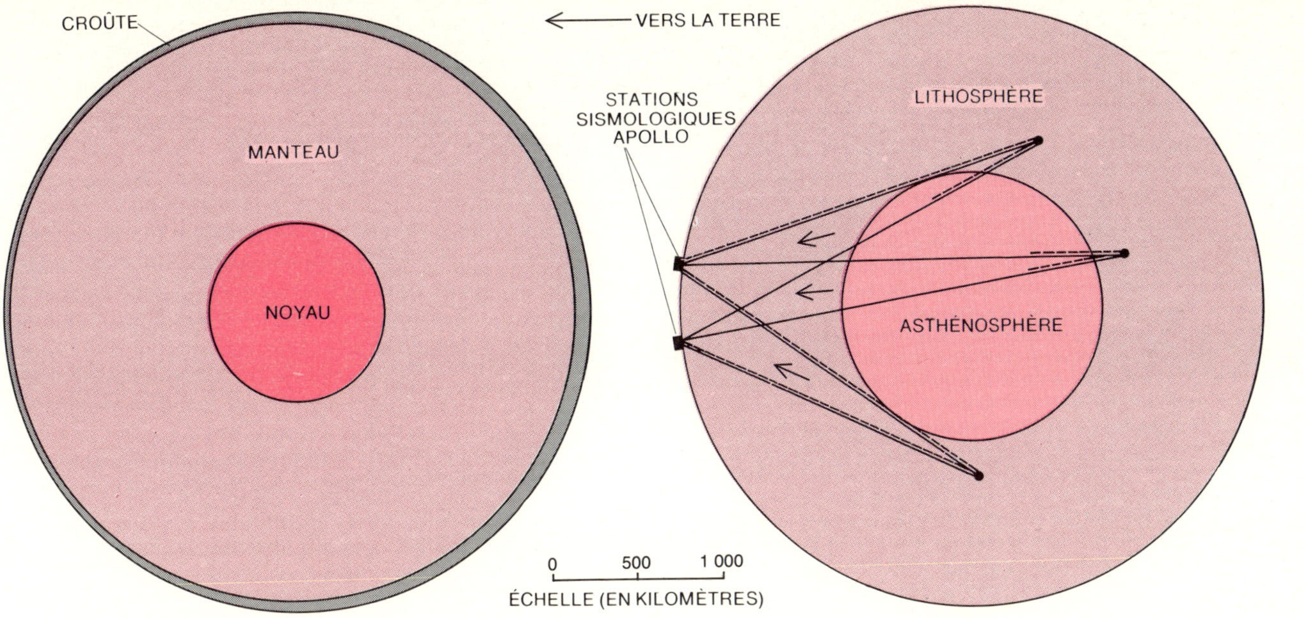

7. L'INTÉRIEUR DE LA LUNE peut être divisé en une croûte, un manteau et un noyau *(à gauche)* à partir des différences de composition et de densité des roches. La limite entre la lithosphère et l'asthénosphère *(à droite)* est fondée sur la rigidité (et, par conséquent, la température) déduite des ondes sismiques. Les ondes dites *P (lignes continues)* des séismes profonds *(ronds pleins)* traversent tout le matériau ; les ondes dites *S (lignes pointillées)* sont atténuées par un milieu visqueux : elles indiquent une zone interne chaude et ductile, l'asténosphère. Ces séismes profonds ont pour origine les contraintes internes créées par les marées dues à la Terre. Le fonctionnement des stations sismologiques n'a été interrompu que récemment, après une dizaine d'années d'enregistrement.

affirmer que la Lune possède une si grande quantité de ce type de roche ? Après tout, les astronautes des missions *Apollo* n'ont fait qu'effleurer la surface lunaire en six points faisant tous face à la Terre. (De plus, les sondes automatiques soviétiques, *Luna 16, Luna 20* et *Luna 24,* ont échantillonné trois autres points et, en 1968, le véhicule spatial américain *Surveyor 7* a analysé sur place le sol en un point des « montagnes » méridionales.)

La croûte lunaire

On peut estimer la composition de la croûte jusqu'à une profondeur considérable car, bien que les astronautes n'aient pas pu creuser profondément, les anciens impacts météoritiques sur la Lune l'ont fait en produisant d'énormes cratères. Le sol a été creusé jusqu'à des dizaines de kilomètres de profondeur et les débris ont été disséminés en surface. La plus grande partie des matériaux collectés par les astronautes doivent avoir eu une telle origine et ces matériaux sont, pour la plupart, anorthositiques. Si un autre type de roche avait été caché sous une mince couverture de matériau anorthositique, il aurait été mis au jour lors de la formation de ces cratères et la couverture anorthositique aurait été détruite depuis longtemps.

Les études sismiques ont permis de mesurer l'épaisseur réelle de la croûte lunaire sur la face visible à partir de la Terre. Chacune des missions *Apollo* a laissé des stations géophysiques sur la Lune. La plupart de ces stations comprennent des sismomètres passifs qui ont transmis en continu vers la Terre les signaux sismiques perçus. On a créé ces signaux durant les missions *Apollo* en envoyant délibérément d'anciens engins spatiaux devenus inutiles s'écraser sur la Lune en des points présélectionnés. Au cours de leur trajet jusqu'aux différentes stations géophysiques, les ondes de choc engendrées par ces impacts ont traversé plusieurs couches de matériaux de vitesses sismiques différentes.

Lorsque l'on construit un modèle de la structure de la croûte de la Lune, en accord avec les temps de propagation des ondes sismiques en provenance de chacun des points d'impact jusqu'aux différents sismomètres, on observe une discontinuité des propriétés physiques des roches à une profondeur d'environ 60 kilomètres. Au-dessus de cette profondeur, les vitesses sismiques sont d'environ 6,5 kilomètres et correspondent à celles des roches anorthositiques. Au-dessous, les vitesses sismiques sont plus grandes, environ huit kilomètres par seconde. Ces vitesses correspondent à un type de roche à densité plus élevée. Il s'agit probablement du manteau lunaire.

La présence d'anorthosites sur toute la surface de la Lune a été confirmée par l'analyse géochimique à distance effectuée par les instruments embarqués à bord du module de commande et de service d'*Apollo 15* et d'*Apollo 16* (le module de commande et de service est le véhicule qui hébergeait le troisième astronaute en orbite autour de la Lune, pendant que les deux autres astronautes en exploraient la surface). Ce véhicule emportait un ensemble d'appareils de détection pointés sur la surface de la Lune. Parmi ceux-ci, un détecteur analysait les rayons X secondaires émis par les éléments du sol lunaire stimulés par les rayons X primaires émanant du Soleil. Le détecteur pouvait différencier les rayons X émis par le magnésium, l'aluminium et le silicium du sol lunaire.

Le rapport aluminium/silicium des roches anorthositiques est particulièrement élevé. Les mesures par rayons X ont montré que des matériaux de ce type constituaient l'essentiel des montagnes lunaires survolées par les détecteurs. Cette observation permet de considérer que les montagnes sont généralement anorthositiques. Il est évident que l'on aimerait confirmer ce résultat par l'étude en laboratoire d'échantillons collectés sur la face cachée de la Lune et dans les régions polaires.

Si les roches anorthositiques ne peuvent être formées que par cristallisation fractionnée à partir d'un magma en cours de refroidissement, et si la couche de roches anorthositiques produite de cette façon a approximativement 50 kilomètres d'épaisseur pour l'ensemble de la surface lunaire, nous sommes amenés à admettre l'existence, à un moment donné de l'histoire lunaire, d'une couche de magma d'une épaisseur formidable ; un véritable « océan » de roches fondues couvrait autrefois la surface de la Lune. Cependant, il ne faut pas imaginer que cet océan de magma apparaissait à la surface même de la Lune : comme celle-ci n'a pas d'atmosphère, le refroidissement de sa surface se fait directement dans l'espace par rayonnement. Ce mécanisme de transfert de chaleur étant très efficace, la surface même de la Lune a dû rester froide et figée. La croûte anorthositique actuelle a dû se séparer de cette piscine infernale alors qu'elle se refroidissait. On peut se demander si le plagioclase en cours de cristallisation pouvait réellement flotter et remonter à la surface de cet océan de lave puisque les densités du plagioclase et du magma résiduel devaient être approximativement les mêmes. Toutefois, si les autres minéraux en cours de cristallisation s'étaient sédimentés (ils devaient être riches en fer et en magnésium, et certainement plus denses que le liquide), le résultat final aurait été une concentration de plagioclase à la partie supérieure du système ; ainsi s'expliquerait la richesse en plagioclase, c'est-à-dire la nature anorthositique, de la croûte actuelle, solide et refroidie, de la Lune.

Ce phénomène d'individualisation de la croûte a été le deuxième épisode de l'histoire lunaire. Il s'est probablement produit peu de temps après la formation de la Lune elle-même. On peut penser que toutes les planètes internes, y compris la Terre, ont connu un tel stade évolutif. Malheureusement, toute trace d'une croûte primaire de la Terre a disparu depuis longtemps.

Cette thèse n'est pas vraiment corroborée par les âges des échantillons anorthositiques lunaires déterminés d'après les méthodes de désintégration des éléments radioactifs. Ces âges sont d'environ quatre milliards d'années, à comparer avec l'âge de 4,6 milliards d'années attribué à l'origine du système solaire et des planètes dont il est constitué. Cependant, les âges radiométriques ne correspondent pas nécessairement au moment où se sont formées les roches des montagnes ; des phénomènes énergétiques plus tardifs comme les impacts météoritiques ont pu « réinitialisé » les horloges radiométriques de ces roches.

L'un des meilleurs arguments en faveur d'une individualisation de la croûte tout au début de l'histoire lunaire est le suivant : il est très facile d'expliquer pourquoi les couches externes de la Lune étaient alors en état de fusion. En effet, la formation des planètes semble avoir été un processus violent. Quand un objet assez gros « accrète » des particules, celles-ci arrivent avec une vitesse et une énergie cinétique considérables. Au moment de l'impact, cette énergie cinétique se transforme essentiellement en chaleur. Si l'accrétion lunaire s'est produite plus rapidement que la chaleur ne pouvait se dissiper (rappelons que cette accrétion aurait pu être achevée en 1000 ans), la chaleur provenant des impacts a pu être conservée et faire fondre les couches externes de la Lune sur plusieurs centaines de kilomètres. Il est difficile d'expliquer une fusion de surface aussi importante à une époque plus tardive ; en effet la surface d'une planète exposée à l'espace interplanétaire est froide.

Les norites KREEP

Le troisième épisode de l'histoire de la Lune est la formation des norites de type KREEP. La teneur en éléments majeurs de ce matériau n'est pas extraordinaire, mais les concentrations de certains éléments mineurs et en traces tels que le potassium, le phosphore, le baryum, les terres rares, l'uranium et le thorium sont 50 à 100 fois plus élevées que celles des roches anorthositiques lunaires. Comme nous l'avions déjà mentionné, les norites KREEP ont une composition correspondant à un faible degré de fusion partielle, laquelle se serait vraisemblablement produite à l'intérieur de la Lune. Le diagramme de phase approprié a comme pôles les mêmes minéraux que ceux observés dans les roches anorthositiques ; en outre, ce diagramme est valable à des pressions relativement basses. Apparemment, le site de production le plus approprié pour les norites KREEP aurait été la croûte anorthositique, après son individualisation.

Les éléments mineurs et en traces, abondants dans les norites de type KREEP, ont en commun des ions relativement gros (atomes de la structure cristalline qui ont capté ou perdu des électrons). De tels ions ne trouvent pas facilement leur place dans la structure cristalline des minéraux principaux des roches anorthositiques. En conséquence, ces éléments auraient été parmi les derniers à être intégrés aux structures cristallines quand le système anorthositique s'est refroidi, et ils auraient été parmi les premiers à migrer dans le liquide lors d'une réélévation de température. La concentration élevée en éléments à grand rayon ionique dans les norites KREEP est donc compatible avec l'hypothèse selon laquelle ces norites se seraient formées par fusion partielle des roches anorthositiques. La concentration en éléments à grand rayon ionique implique aussi que seul un faible pourcentage de liquide magmatique s'est formé à partir de la roche-mère avant qu'il ne se sépare et ne se concentre sous forme de lave à composition de norite KREEP.

L'aspect le plus surprenant des norites KREEP est peut-être leur répartition très localisée à la surface de la Lune. Les détecteurs de rayons gamma des modules de service et de commande en orbite ont repéré de fortes concentrations en éléments radioactifs dans les vastes régions de la mer Imbrium et de l'océan Procellarum *(voir la figure 9)*. Ces concentrations apparaissent en particulier aux points où les matériaux de couleur claire des montagnes ressortent au travers de la couche de basaltes lunaires qui recouvre ces régions. Il est évident que ces montagnes sont constituées de norites KREEP (qui, comme nous l'avons mentionné, sont riches en uranium, thorium et potassium) et non pas de roches anorthositiques. Il apparaît donc qu'à un certain moment, après la formation de la croûte anorthositique de la Lune mais avant l'éruption des basaltes lunaires qui recouvrent maintenant la région, une lave à composition de norite KREEP a envahi cette partie de la Lune.

On ignore encore quelle a été la source de chaleur nécessaire pour refondre partiellement le matériau crustal anorthositique et la raison pour laquelle l'éruption serait ainsi localisée. Il est tentant d'envisager qu'un énorme impact de microplanètes a produit cette énergie et créé le bassin. Cependant, lors de la formation d'un cratère aussi grand que l'océan Procellarum, la croûte aurait été complètement arrachée en certains endroits et une fusion généralisée aurait eu lieu ailleurs. Un tel impact n'aurait pu être à l'origine du faible degré de fusion partielle nécessaire pour produire la norite KREEP.

Pour cette raison, certains chercheurs pensent que le processus de formation de ces roches n'est pas celui que nous venons de décrire. Ils considèrent que les diagrammes de phase ne sont pas un outil assez sensible pour démontrer clairement que les norites se sont formées par un faible degré de fusion partielle. En outre, comme nous l'avons mentionné, les grandes concentrations des éléments mineurs

8. LA SURFACE DE LA LUNE a été photographiée d'une altitude de 118 kilomètres par Alfred Worden, pilote du module de service et de commande d'*Apollo 15*. Son véhicule resta en orbite autour de la Lune tandis que les deux autres astronautes de l'équipe étaient sur la Lune. Cette région criblée de cratères, située sur la face cachée de la Lune, à l'Est du cratère Tsiolkovski, est typique de l'ensemble de la surface de notre satellite et reflète une période de bombardement par des microplanètes et des météorites de plus petite taille au début de l'évolution du système solaire. Le cratère au centre de la photographie a un diamètre d'environ 19 kilomètres. Il est plus récent que ses voisins, comme l'indiquent les « raies » brillantes de matériaux éjectés qui recouvrent les structures adjacentes.

et en traces de ces roches peuvent indiquer qu'elles sont les derniers résidus magmatiques d'un processus de cristallisation fractionnée. Ces auteurs imaginent alors, qu'au cours du refroidissement des couches externes fondues de la lave, une couche de norites de type KREEP aurait fini par cristalliser sous la croûte anorthositique. Cette couche aurait été mise à jour localement lors de la formation ultérieure des cratères. Il est clair que, contrairement au précédent, ce modèle ne nécessite pas de source de chaleur secondaire. Il reste que l'origine et la répartition à la surface de la Lune des norites de type KREEP est l'une des questions les plus importantes et énigmatiques de l'histoire de la Lune.

Un bombardement incessant

Le quatrième épisode de l'histoire lunaire aurait été une période de bom-

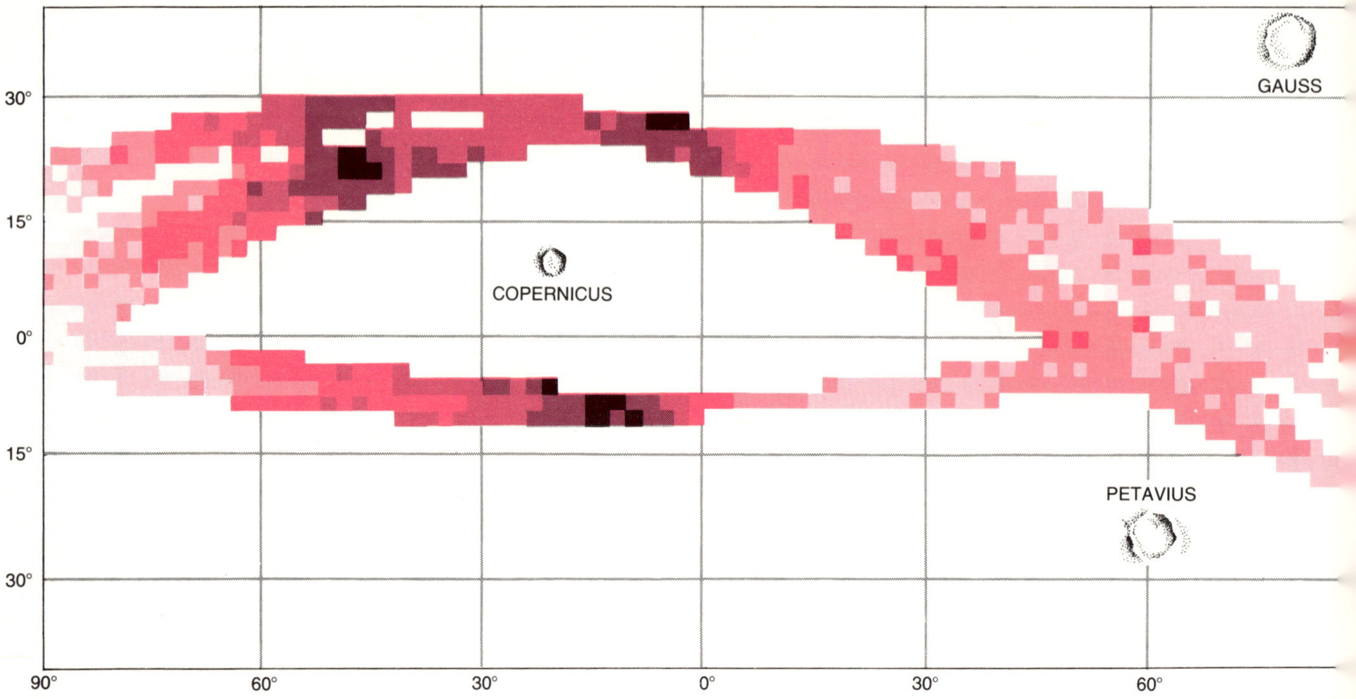

9. LA RADIOACTIVITÉ NATURELLE du sol lunaire a été détectée par un spectromètre à rayons gamma placé dans le module de service et de commande des missions *Apollo 15* et *Apollo 16*. La radioactivité est due à la désintégration de l'uranium, du potassium 40 et du thorium. L'échelle va des couleurs sombres aux couleurs les plus claires. La radioactivité dans les régions les plus colorées de la carte correspond à la présence de

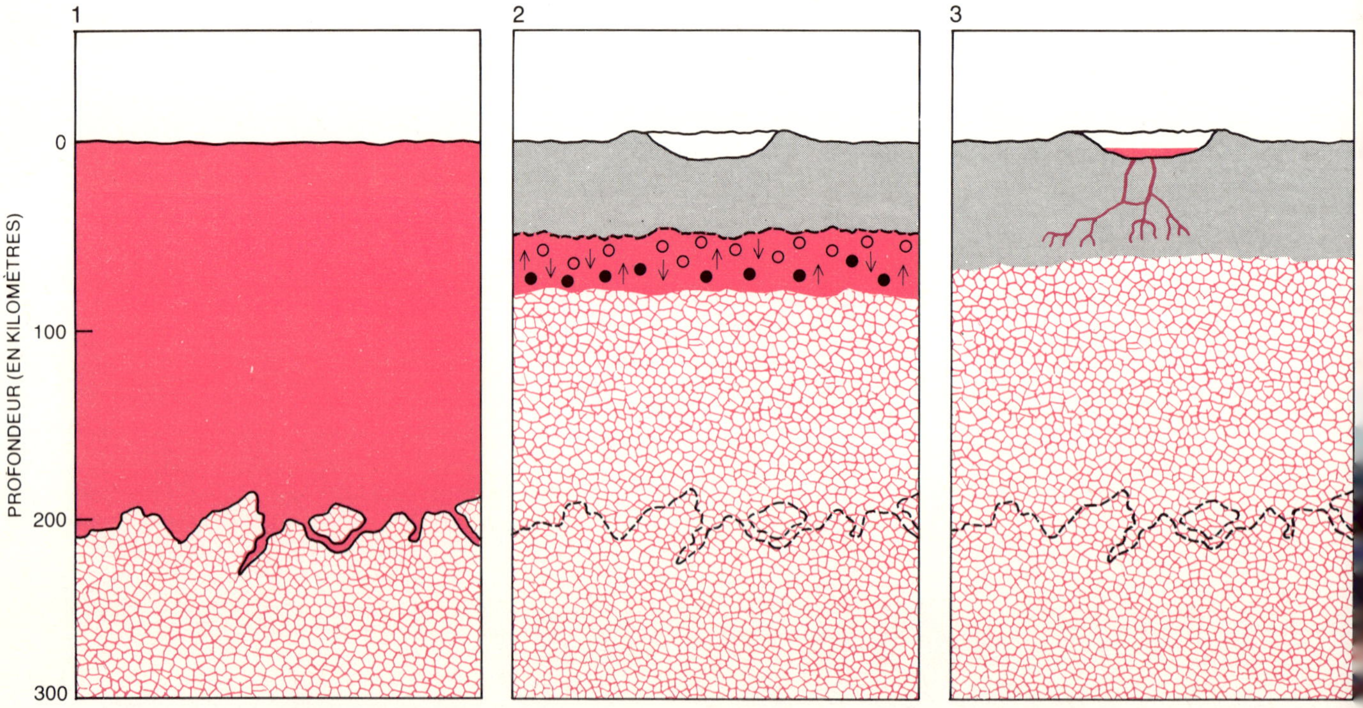

10. UN MODÈLE D'ÉVOLUTION INTERNE DE LA LUNE est résumé sur cette figure. Il met en jeu la roche en fusion *(couleur sombre)*, le manteau lunaire *(couleur claire)* et la croûte *(en gris)*. Les nombres correspondent aux six épisodes de l'évolution présentés dans le texte. Ces épisodes sont : la fusion de la surface lors de la formation de la Lune *(1)*, la séparation de la croûte à faible densité par cristallisation fraction-

bardement de la surface de la Lune par des microplanètes de taille importante. Notre conception de l'origine du système solaire met en jeu un assemblage progressif et l'accrétion de petites particules, jusqu'à obtenir l'arrangement actuel des planètes et de leurs satellites. Le système solaire primitif a dû être pauvrement organisé jusqu'à ce qu'il se débarrasse de ses débris épars. Durant cette période, ces débris auraient bombardé les jeunes planètes de façon incessante. La surface cratérisée des montagnes, de même que la texture des roches qui les composent, portent témoignage de ce terrain de tir de projectiles interplanétaires que fut la Lune *(voir la figure 8)*. Ces roches sont pour la plupart des brèches, c'est-à-dire des agglomérats de minéraux brisés et de fragments de roches *(voir la figure 2)*. La pulvérisation par les impacts a masqué tous les aspects texturaux qui auraient pu indiquer que ces roches anciennes des montagnes ont été formées par cristalli-

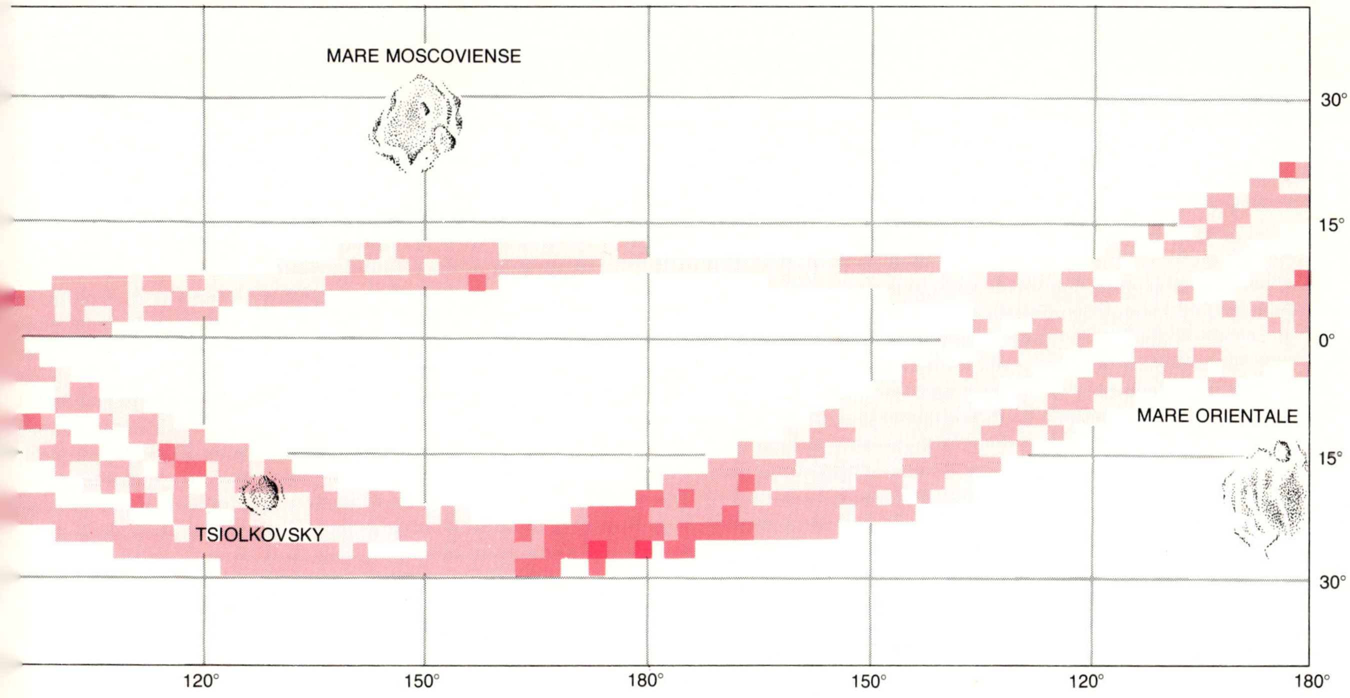

0,3 pour cent de potassium et de sept parties par million de thorium. Les régions représentées par les couleurs les plus claires correspondent à une concentration d'environ 0,1 pour cent de potassium et 0,3 partie par million de thorium. Le véhicule *Apollo 15*, qui avait une orbite oblique, a permis le levé de la bande sinusoïdale ; le véhicule *Apollo 16*, à orbite pratiquement équatoriale, a fourni la bande rectiligne.

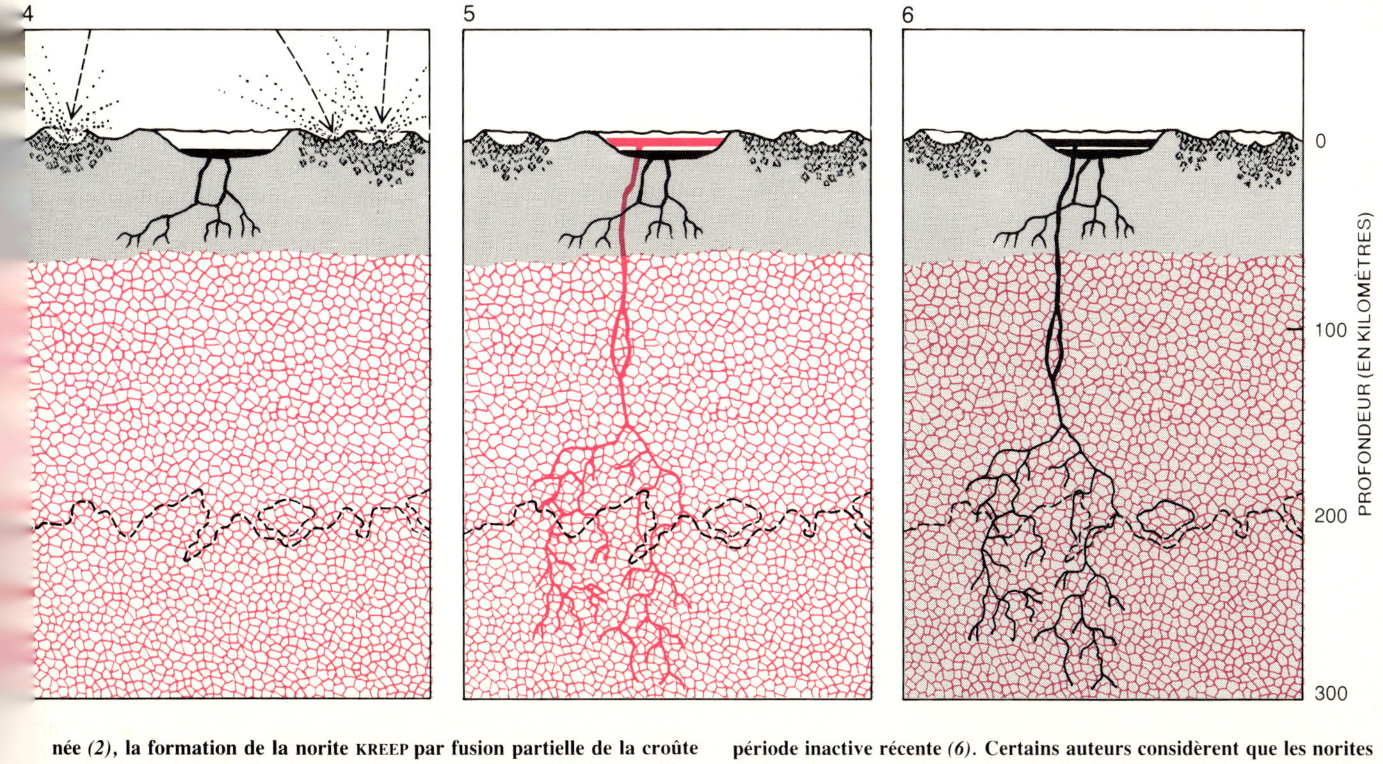

née *(2)*, la formation de la norite KREEP par fusion partielle de la croûte profonde *(3)*, la formation intensive de cratères d'impact *(4)*, l'apparition des basaltes lunaires par fusion partielle du manteau supérieur *(5)* et la période inactive récente *(6)*. Certains auteurs considèrent que les norites de type KREEP se sont formées à la fin de l'étape *(2)* par cristallisation fractionnée, et que l'étape *(3)* n'est pas nécessaire.

sation fractionnée ou par éruption de lave à la surface de la Lune.

Les impacts importants non seulement fracturent les roches mais aussi les réchauffent. Quand un tel réchauffement est important, il a pour effet d'effacer toute trace évidente de l'histoire isotopique d'une roche depuis sa formation, c'est-à-dire depuis le moment où elle a acquis sa composition chimique globale. L'horloge isotopique est pour ainsi dire « remise à zéro ». C'est ainsi que l'on interprète les âges déterminés pour les roches des montagnes. La plupart des spécimens analysés ont un âge d'environ quatre milliards d'années qui ne semble pas correspondre à leur âge de formation. Les données isotopiques indiquent, quoique de façon discutable, que les matériaux lunaires anorthositiques et noritiques sont en fait plus vieux que quatre milliards d'années et qu'un événement thermique violent a remis les horloges à zéro il y a quatre milliards d'années.

Ces événements violents ont certainement dû être les formidables impacts qui creusèrent les immenses bassins circulaires que sont les mers lunaires. Les débris de ces impacts ont recouvert la plus grande partie de la face visible de la Lune. La plupart des échantillons des montagnes qui ont été ramenés sur Terre ont dû être affectés par ces événements.

Apparemment, il y a quatre milliards d'années, des groupes de microplanètes ont quitté leur orbite pour aller se heurter aux planètes internes, produisant de façon soudaine un grand nombre de cratères sur la Lune et les autres planètes. Cependant, il est aussi possible que ce bombardement ait été encore plus intense dans la période antérieure à quatre milliards d'années. Il se peut que les débuts de l'histoire de la surface de la Lune aient été marqués par tant d'événements violents que les âges isotopiques ont été effacés à plusieurs reprises ; il y a quatre milliards d'années seulement, le bombardement se serait peut-être ralenti à un point tel que les roches aient enfin pu rester intactes jusqu'à nos jours.

Après que la pluie de microplanètes se fut abattue ou peut-être ralentie, la Lune est entrée dans la cinquième phase de son histoire. Durant cette période, d'immenses coulées de laves firent éruption à la surface de la Lune, remplissant les bassins précédemment formés lors du bombardement par les microplanètes. Ces laves se solidifièrent sur place, formant les plaines qui apparaissent à l'œil nu comme des taches sombres sur la Lune. Elles n'ont pas fait éruption au cours d'une seule période d'activité volcanique, mais ont été émises de l'intérieur de la Lune pendant plus d'un milliard d'années. Il en résulte que la surface des mers apparaît comme un assemblage compliqué de coulées de laves superposées *(voir la figure 6)*.

Les basaltes lunaires sont d'âge et de composition variables. Les plus anciens échantillons récoltés ont les concentrations les plus élevées en titane. Il semble qu'ils ont été formés par fusion partielle à une profondeur de 150 kilomètres ou plus et que les basaltes moins titanifères aient été formés plus récemment et à plus grande profondeur (200 kilomètres ou plus). On peut expliquer ce phénomène par le fait que la surface initialement chaude a dû se refroidir rapidement par rayonnement de la chaleur dans l'espace alors que l'intérieur devenait progressivement plus chaud par désintégration des éléments radioactifs qu'il contenait. Le résultat final a donc été que le maximum de température a migré vers l'intérieur de la Lune au cours du temps.

Un astre mort

Le dernier épisode de l'histoire lunaire est beaucoup plus tranquille. Au moment où les basaltes lunaires ont fait éruption, la densité des microplanètes du système solaire est tombée si bas que les gros impacts ont cessé d'être un facteur important de l'activité de surface. C'est pourquoi les mers ont conservé cette apparence lisse jusqu'à nos jours. (En fait elles apparaissent lisses à distance, mais de plus près, elles sont criblées de petits cratères produits par un bombardement continu de météorites de petite taille qui ont toujours été beaucoup plus abondantes que les microplanètes dans l'espace interplanétaire.) Les perturbations internes aussi bien qu'externes ont diminué au cours de ce dernier stade de l'évolution lunaire. L'enveloppe externe constituée de roches relativement froides et rigides, la lithosphère, s'est épaissie au fur et à mesure que la surface se refroidissait.

Des masses de roches plus ou moins plastiques ont tendance à s'enfoncer ou à remonter jusqu'à ce qu'elles parviennent à une position d'équilibre de flottaison, l'équilibre isostatique. Là où de tels mouvements sont empêchés par la rigidité de roches froides, des masses denses sont maintenues à une altitude anormale. Ces masses produisent des anomalies dans le champ de gravité à la surface de la planète. De telles anomalies sont appelées anomalies gravimétriques positives. On savait, avant le programme *Apollo*, que de telles anomalies gravimétriques positives étaient associées avec les mers circulaires. De fortes concentrations de masse dans ces mers (« mascons ») avaient été révélées par la déflection des trajectoires de véhicules en orbite autour de la Lune. La présence de ces mascons s'explique par les épanchements des coulées de basaltes lunaires : au moment de ces éruptions, la lithosphère était suffisamment épaisse et rigide pour ne pas s'affaisser sous le poids des coulées de basaltes.

Actuellement, la lithosphère lunaire a atteint une épaisseur d'environ 1000 kilomètres. On peut déduire la profondeur de la transition entre la lithosphère rigide et l'asthénosphère plastique plus interne à partir du comportement des ondes sismiques créées par des séismes à l'intérieur de la Lune *(voir la figure 7)*. La présence d'une croûte aussi résistante sur la Lune empêche toute fracturation de la lithosphère, tout mouvement de plaques ou transport de laves de l'asthénosphère à la surface, comme il s'en produit sans arrêt sur la Terre, où la lithosphère ne fait que 70 à 150 kilomètres d'épaisseur. La partie active de la Lune se limite maintenant à une petite zone centrale. Sous tous ses aspects, ce corps céleste, qui fut un lieu d'intense activité thermique, chimique et mécanique, est à présent un astre mort.

Phobos et Deimos

Ces deux satellites minuscules de la planète Mars ont été observés de très près par les sondes Mariner et Viking. Ils nous donnent un premier aperçu sur la nature des plus petits corps du système solaire.

par Joseph Veverka

Les images de Mars transmises par *Mariner 7* en 1969, par *Mariner 9* en 1971-1972 et par les deux engins *Viking* entre 1977 et 1980 ont transformé notre vision de la planète Mars. Les photographies les plus inattendues ne furent peut-être pas celles de Mars elle-même, mais celles de ses deux satellites, Phobos et Deimos. Ces petits corps nous intéressent d'autant plus que Johannes Kepler a prédit leur existence presque trois siècles avant que quiconque l'eût prouvée ! Kepler était convaincu que l'Univers était un casse-tête compliqué mais doté de certaines symétries conçues par le Créateur pour obliger l'homme à exercer ses facultés déductives. En ce qui concerne les satellites de Mars, Kepler raisonnait ainsi : la Terre possède un satellite ; Jupiter en a quatre (les 12 autres satellites joviens étaient, bien sûr, inconnus alors). Combien de satellites doit donc avoir la planète comprise entre Mars et Jupiter ? Bien entendu, la série géométrique de raison deux : 1, 2, 4,... s'imposait et Kepler gratifia Mars de deux satellites. On peut douter qu'il ait vraiment été cru en l'absence de toute observation, mais l'idée se répandit, au point qu'on en trouve l'écho chez Swift et Voltaire, au siècle suivant.

À la fin du XVIIIe siècle, Sir William Herschel découvrit deux nouveaux satellites autour de Saturne avec son télescope de 1,60 mètre de diamètre ; mais il ne put discerner aucun objet gravitant autour de Mars. Heinrich Ludwig d'Arrest, qui participa à la découverte de Neptune en 1846, échoua également dans sa recherche des satellites martiens ; ceux-ci ne furent découverts qu'en 1877, lorsque Asaph Hall, travaillant à l'*U.S. Naval Observatory* de Washington, réussit à repérer deux taches lumineuses excessivement faibles se déplaçant au voisinage de la planète rouge. Il les appela Phobos (la crainte) et Deimos (la terreur), du nom des deux fils d'Arès (Mars dans la mythologie latine), qui, selon le mythe grec, conduisent le char du dieu de la guerre.

Pourquoi Hall a-t-il réussi là où les autres échouèrent ? Ce fut, en partie, parce qu'il a réalisé ses observations lors d'une opposition très favorable, la distance Terre-Mars étant minimale ; en partie, aussi, parce que le télescope de 1,20 mètre du *Naval Observatory* était à l'époque l'un des meilleurs du monde. Néanmoins, l'essentiel du mérite doit en revenir au talent de Hall et à sa persévérance. Phobos et Deimos sont des objets notoirement délicats à repérer de la Terre : non seulement, ils sont peu visibles, mais encore ils ne s'éloignent pas beaucoup de Mars ; il faut ainsi beaucoup de compétence pour les distinguer dans le halo de lumière diffuse qui entoure toute image de la planète au télescope.

Il fut bientôt établi que Phobos et Deimos se déplacent sur des orbites quasi circulaires, dans un plan presque confondu avec celui de l'équateur martien. Le mouvement des deux satellites est direct : ils tournent autour de Mars dans le sens de sa rotation, c'est-à-dire le sens contraire des aiguilles d'une montre pour un observateur (imaginaire) installé au pôle Nord de la planète.

Les caractéristiques des deux satellites

L'orbite de Phobos, le satellite interne, se trouve juste au-delà de la limite de Roche de Mars. La limite de Roche est la distance critique en deçà de laquelle les forces de marée empêcheraient de petits corps interplanétaires éparpillés de s'agglomérer en un objet unique. L'orbite de Deimos se place juste au-delà de ce que l'on appelle l'orbite stationnaire : sur cette orbite, où la période de révolution d'un satellite autour de la planète est exactement égale à la période de rotation sur elle-même de cette planète, le satellite paraît immobile dans le ciel pour un observateur se trouvant sur la planète.

Phobos tourne beaucoup plus vite autour de Mars (7,7 heures) que la planète ne tourne sur elle-même (sa période de rotation est de l'ordre de celle de la Terre : 24,6 heures). Ainsi Phobos, pour un observateur se trouvant sur Mars, se lèverait à l'Ouest et se coucherait à l'Est après un rapide passage dans le ciel. En revanche, notre observateur verrait Deimos traverser le ciel d'Est en Ouest, et cela en 60 heures ! Leurs courses ne sont d'ailleurs pas spectaculaires ; en effet dans le ciel de Mars, Deimos est à peu près aussi brillant que Vénus dans le ciel de la Terre et Phobos, le plus proche et le plus gros des deux satellites, bien que plus brillant de plusieurs magnitudes, constituerait un spectacle beaucoup moins frappant que le plus petit croissant de notre Lune. Bien plus, comme Phobos et Deimos se trouvent dans le plan de l'équateur martien et sont très près de la planète, ni l'un ni l'autre ne seraient visibles des pôles. L'observateur martien devrait s'approcher de l'équateur et franchir le 82e parallèle pour voir Deimos et le 69e parallèle pour voir Phobos.

D'après les observations réalisées durant ces dernières décennies, la vitesse orbitale de Phobos augmente lentement. Ce phénomène, nommé accélération séculaire, fut constaté pour la première fois en 1945 par A. Sharpless, du *Naval Observatory*. Jusqu'à une époque récente, la réalité de l'accélération fut un sujet de controverse, mais les observations de Phobos effectuées lors de la mission *Mariner 9*, en 1971-1972, ont été complètement analysées par T. Duxbury et G. Born et elles montrent que Phobos accélère réellement : chaque année, sa vitesse s'accroît d'environ 0,01

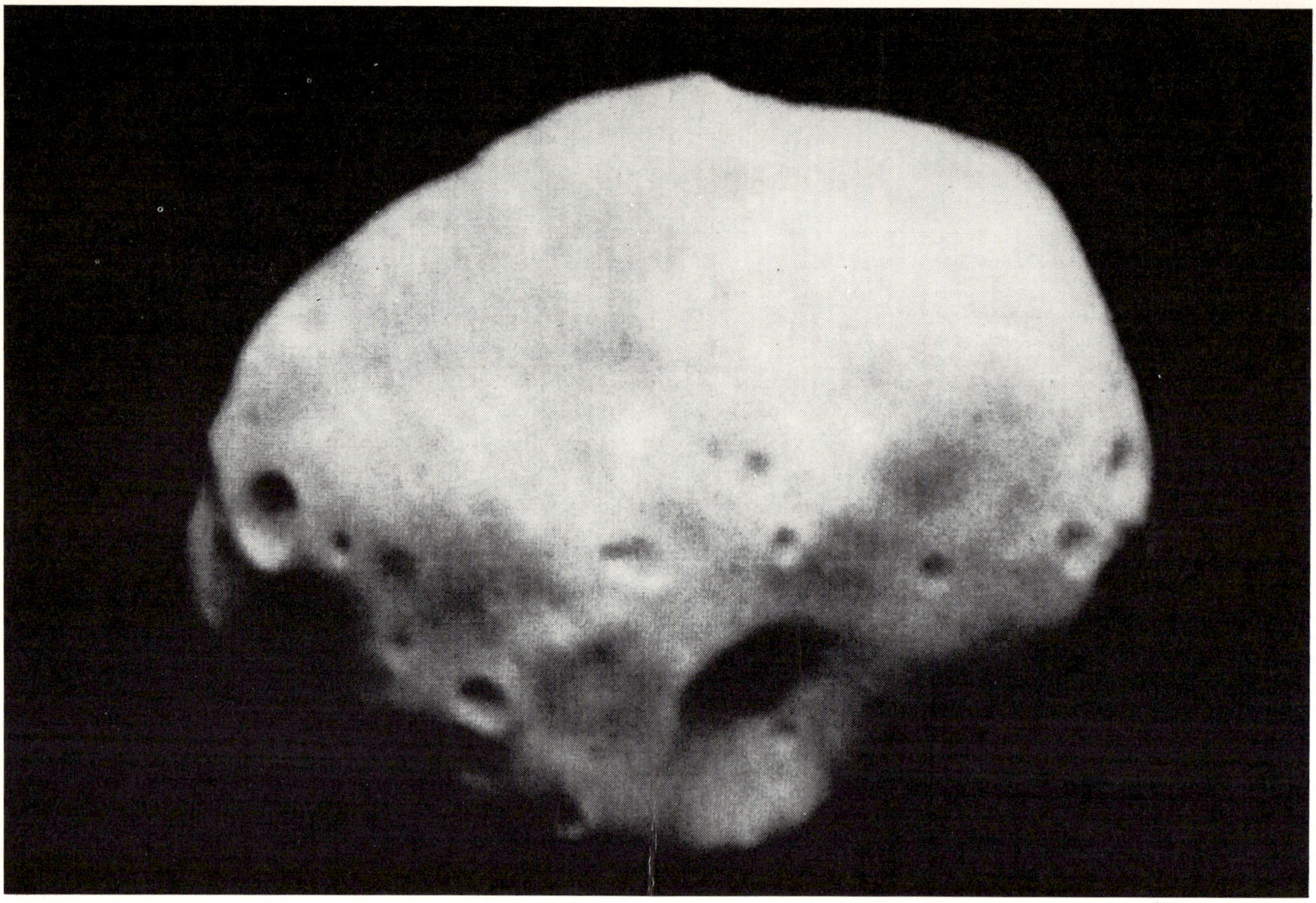

1. CETTE IMAGE DE PHOBOS, le plus gros des satellites de Mars, est l'une des 27 photographies prises par *Mariner 9* durant sa mission orbitale autour de Mars, en 1971 et 1972. On voit très bien en bas et au milieu le cratère Asaph Hall, ainsi dénommé en l'honneur du premier homme à avoir vu les deux satellites martiens ; son diamètre est de six kilomètres. L'orientation de cette image est telle que la lumière vient du haut ; si elle venait du bas, le relief apparent des cratères et autres parties de la surface serait inversé.

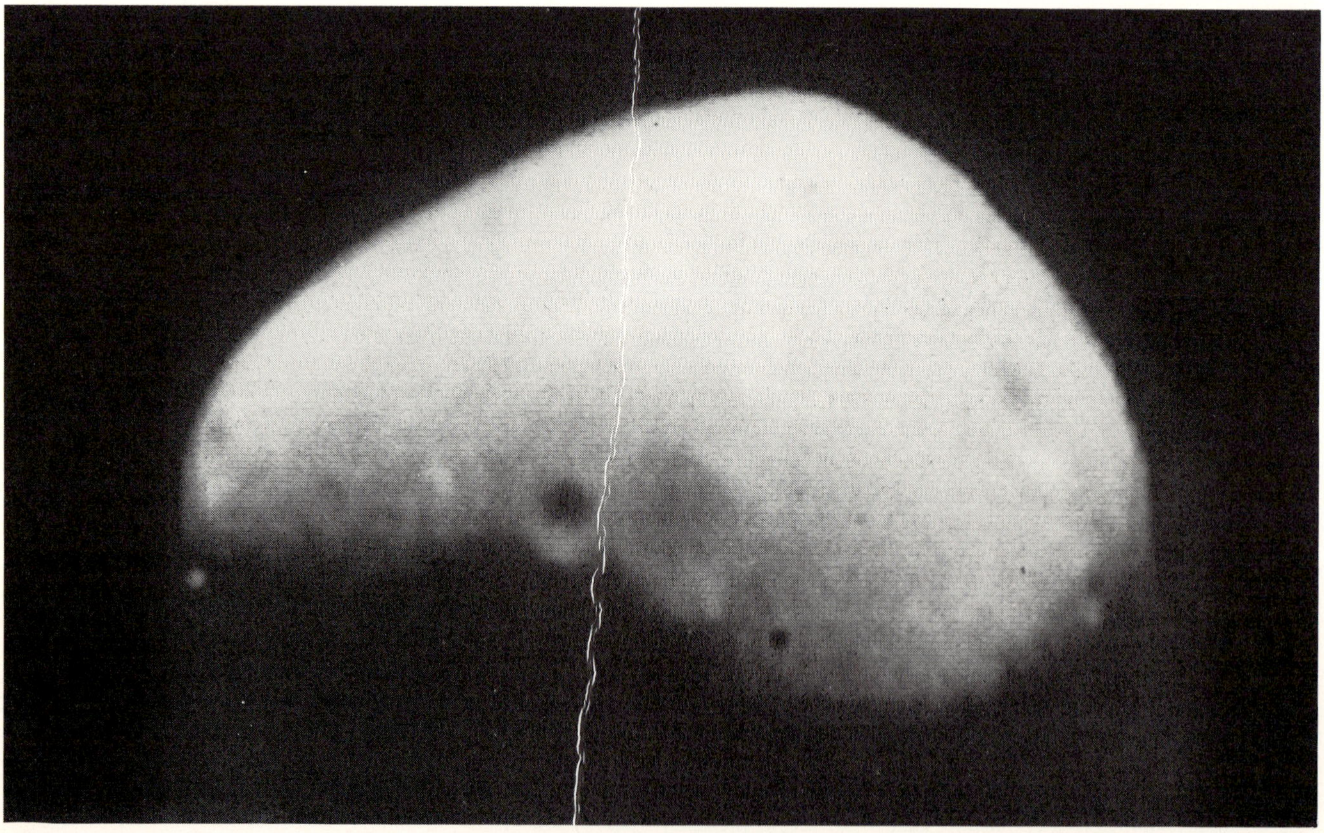

2. CETTE IMAGE DE DEIMOS, est l'une des neuf réalisées par *Mariner 9*. Le cratère circulaire qu'on distingue au centre est appelé Swift ; son diamètre est de un kilomètre. Juste à sa droite, se trouve un cratère aux formes plus douces, de deux kilomètres de diamètre, Voltaire.

degré par an. V. Shor, de l'Institut d'Astronomie théorique de Leningrad, réexaminant une série d'observations au télescope, a indépendamment calculé un chiffre similaire. L'accélération semble devoir être attribuée aux forces de marée, ce qui peut paraître paradoxal : on s'attendrait plutôt à ce qu'elles ralentissent un objet au lieu de l'accélérer. En fait, ces forces provoquent bien une perte d'énergie mais cette perte rapproche Phobos de Mars ; Phobos met alors moins de temps à parcourir son orbite, devenue plus petite. Si on suppose que cette accélération séculaire va se poursuivre avec la même valeur, Phobos devrait s'écraser sur la surface de Mars dans environ 100 millions d'années.

Phobos et Deimos sont si petits qu'il n'a jamais été possible de mesurer directement leur taille avec des télescopes terrestres. Les premières estimations de leur diamètre n'étaient que des conjectures, fondées sur l'observation des brillances. Les premières mesures photométriques des deux satellites de Mars furent réalisées par Olivier Wendell et Edward Pickering au *Harvard College Observatory* de 1877 à 1882. Les observations étaient imparfaites, mais elles montraient certainement que Phobos était plus brillant que Deimos. La plus significative des conclusions de Pickering était que les deux satellites n'avaient pas la même couleur que Mars : tandis que la planète était rougeâtre, ils étaient plutôt gris ; leur surface était donc peut-être de composition différente de celle de la surface de Mars.

Les premières observations photométriques modernes de Phobos et Deimos furent entreprises vers 1956, date à laquelle G. Kuiper profita d'une opposition favorable entre Mars et la Terre. G. Kuiper conclut que Phobos était trois fois plus brillant que Deimos. Supposant alors que les deux objets étaient sphériques, et que leurs surfaces reflétaient environ 11 pour cent de la lumière solaire incidente (comme la surface de la Lune) il calcula que Phobos avait 12 kilomètres de diamètre et Deimos 6 kilomètres.

La première mesure directe de la taille de Phobos fut effectuée 13 ans plus tard. En 1969, une caméra à haute résolution embarquée sur *Mariner 7* réussit à saisir la silhouette de Phobos se détachant sur le disque de la planète. L'image entière comprenait à peine sept clichés, mais elle montrait que Phobos avait une forme irrégulière et qu'il était beaucoup plus gros que ne l'avait estimé G. Kuiper. Exploitant les données de *Mariner 7*, B. Smith de l'Université du Nouveau Mexique calcula que Phobos avait 23 kilomètres de long et 17 kilomètres de large. Comme la taille calculée par G. Kuiper était fondée sur l'hypothèse que la réflectivité de la surface était celle de la Lune, la mesure de la taille de Phobos montrait qu'il n'était qu'à moitié aussi réfléchissant que celle-ci.

La reconnaissance des deux satellites martiens débuta le 14 novembre 1971, lorsque *Mariner 9* se mit en orbite autour de Mars. Pendant sa durée de vie, l'engin réalisa 27 vues de Phobos et 9 de Deimos. En moyenne, la résolution était suffisante pour que des détails de plus de 220 mètres de diamètre soient visibles. Les images de Phobos furent assez nombreuses pour qu'on puisse établir la carte de la plus grande partie du satellite et déterminer sa forme avec une précision considérable. Comme l'avait indiqué le coup d'œil de *Mariner 7*, Phobos est irrégulier. L'analyse des données de *Mariner 9* par T. Duxbury montre cependant qu'il s'agit d'un ellipsoïde, à quelques parties manquantes près. Les diamètres principaux sont selon les trois axes de l'ellipsoïde 27, 21 et 19 kilomètres.

La couverture photographique de Deimos par *Mariner 9* fut moins complète : seule la face du satellite tournée vers Mars fut photographiée. Néanmoins, l'analyse de ces quelques images fit penser que Deimos aussi avait grossièrement la forme d'un ellipsoïde, dont les grands diamètres faisaient 15, 12 et 10 kilomètres. Comme pour Phobos, cet ellipsoïde est irrégulier, mais le point important est que les deux satellites de Mars ont une forme presque identique.

En repérant des points particuliers à la surface de chacun des satellites, sur les photographies fournies par *Mariner 9*, on a pu déterminer que les rotations de Phobos et Deimos sont synchrones avec leur révolution autour de Mars : en d'autres termes, c'est toujours la même face de chaque satellite qui regarde Mars, de même que c'est toujours la même face de la Lune que nous voyons de la Terre. Un tel phénomène n'est pas miraculeux : si un corps petit et irrégulier tourne sur lui-même rapidement, au voisinage d'un corps plus gros, les forces de marée freinent le petit corps jusqu'à ce que sa vitesse de rotation soit égale à la vitesse de révolution du gros corps. Le temps nécessaire pour atteindre ce synchronisme des rotations dépend, entre autres choses, de la distance entre les deux corps : plus un satellite est proche d'une planète, plus court sera ce temps de synchronisation. Il faut ajouter que plus la forme du satellite est irrégulière, plus son orbite est excentrique, et plus le temps de synchronisation sera bref. Pour Deimos, l'égalité des vitesses de rotation a dû être obtenue en 1 à 100 millions d'années. Pour Phobos, beaucoup plus proche de Mars, elle a dû être atteinte en 10 000 à un million d'années. De tels calculs font apparaître une limite inférieure au laps de temps qui s'écoule depuis que les satellites ont commencé à tourner sur eux-mêmes en n'étant influencés pratiquement que par Mars.

La surface des satellites

Avant les images de *Mariner 9*, l'aspect de la surface de petits corps comme Phobos et Deimos était très controversé. Pour échapper à l'attraction lunaire, tout corps doit avoir une vitesse d'au moins 2 380 mètres par seconde ; mais sur Phobos la vitesse de libération est de 15 mètres par seconde seulement. Cette faible valeur signifie que lorsqu'un débris interplanétaire heurte Phobos, la plupart des produits de la collision s'éparpillent dans l'espace. D'où la question de savoir si, sur des objets aussi petits, des cratères avaient pu se former ou pas. Est-ce que les impacts avaient laissé de simples creux, ou avaient-ils créé de vrais cratères aux bords élevés, comme ceux qu'on trouve sur les corps plus gros, la Lune par exemple ?

Les photographies de *Mariner 9* répondirent à la question : Phobos et Deimos possédaient tous deux une grande quantité de cratères avec leur bordure, facilement identifiables même à la plus faible résolution. De plus, les cratères de Phobos présentent toute une variété de formes, de l'un qui, allongé, ressemble à un trou de serrure, jusqu'à d'autres qui sont parfaitement circulaires. Il y a aussi une gradation dans la fraîcheur des cratères, depuis ceux qui nous apparaissent jeunes, jusqu'à des dépressions érodées, si peu profondes qu'elles sont à peine visibles. Il faut cependant noter l'absence de certains caractères qui apparaissent sur notre Lune : les nappes d'éjectats et les cratères possédant un pic central. Cela se comprend aisément étant donnée la gravité négligeable sur Phobos. Les deux plus grands cratères de ce satellite ont été appelés Hall et Stickney, le premier d'après l'auteur de la découverte des deux satellites de Mars, le second d'après sa femme, née Angeline Stickney, qui aurait, dit-on, encouragé son mari dans sa longue recherche. Le diamètre de Hall est de six kilomètres et celui de Stickney de dix kilomètres, soit 40 pour cent de la plus grande dimension de Phobos lui-même !

Complétant son calcul de l'ellipsoïde approchant au mieux la forme de Phobos, T. Duxbury a réalisé une carte du satellite *(voir la figure 4)* d'après les photographies prises par *Mariner 9*. En revanche, aucune carte de Deimos n'a encore pu être dressée car le nombre de photographies est insuffisant. L'un des objectifs principaux des missions *Viking*

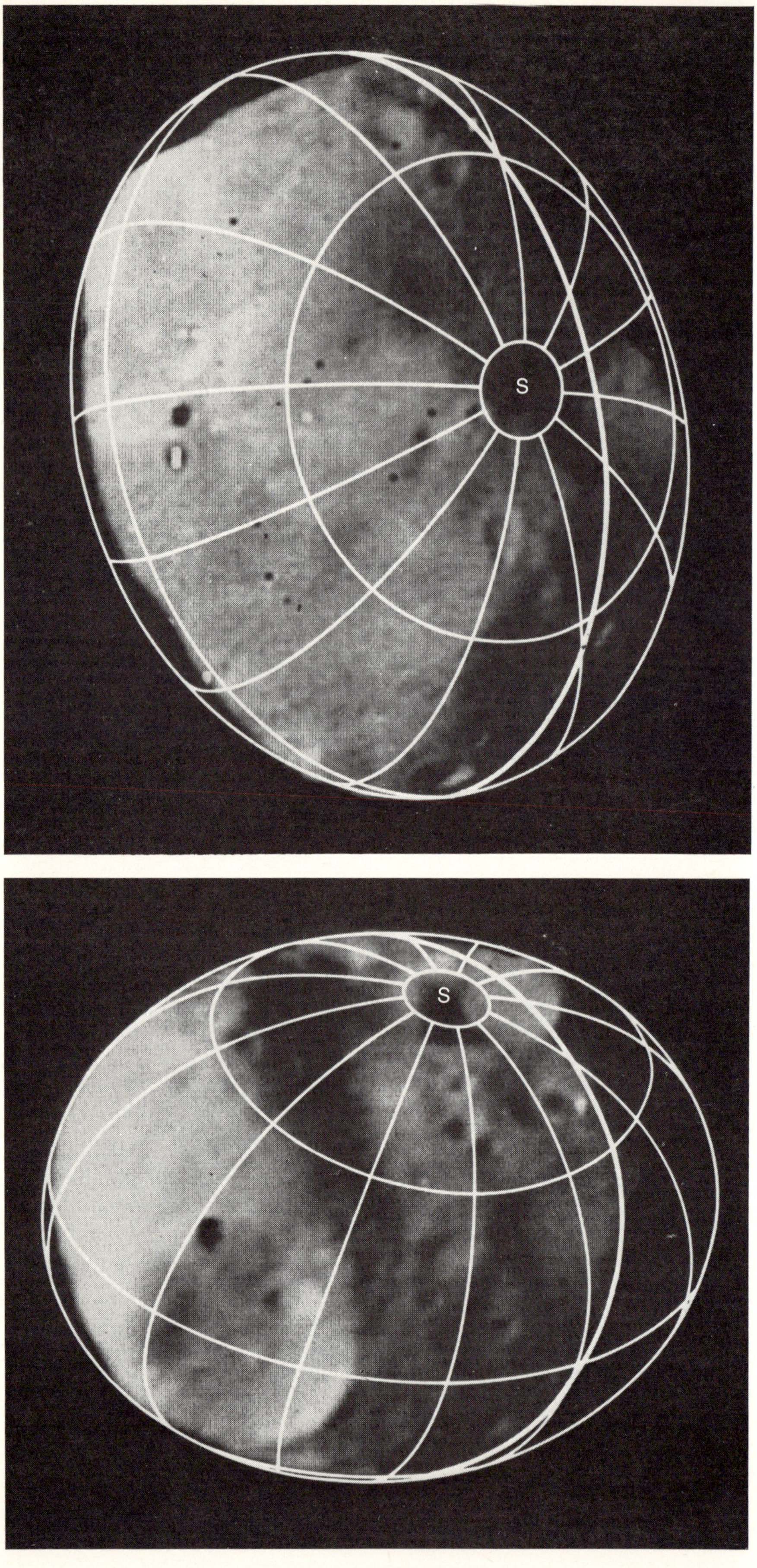

3. CE SYSTÈME DE COORDONNÉES de Phobos est dessiné ici sur deux images du satellite, dans deux orientations différentes ; ces images ont été prises par *Mariner 9* à 22 jours d'intervalle. La géométrie du satellite est représentée par un ellipsoïde calculé par Thomas Duxbury. Comme on le voit sur ces deux superpositions, exception faite de quelques morceaux qui manquent, la forme du satellite est proche d'un ellipsoïde.

autour de Mars est d'obtenir une couverture complète et détaillée de Deimos. La surface de Deimos ressemble fort à celle de Phobos, quoique peut-être un peu moins déchiquetée. Le plus grand cratère sur Deimos observé par *Mariner 9*, est une structure érodée de deux kilomètres de diamètre ; il a été nommé Voltaire. Près de lui, on trouve un cratère d'un kilomètre possédant une bordure bien visible ; on l'a baptisé Swift, du nom de l'autre écrivain du XVIIIe siècle à avoir mentionné les deux satellites imaginaires dont Kepler avait doté Mars. Le contraste entre les bords adoucis de Voltaire et ceux, anguleux, de Swift démontre l'existence de processus d'érosion, même sur des objets aussi petits. La principale cause de disparition des cratères sur Deimos doit être recherchée dans les impacts : soit des chocs à faible vitesse piquetant le sol, soit des chocs à grande vitesse agissant comme des explosions.

Les impacts responsables des plus grands cratères sur les satellites de Mars ont sans doute modifié la forme même du satellite. Par exemple, la collision qui donna naissance à Stickney doit avoir engendré des ondes de choc très fortes qui se propagèrent à travers Phobos, entraînant même probablement sa fragmentation et la perte de quelques gros morceaux. De tels impacts à haute vitesse sur de petits objets ont été simulés au laboratoire par Donald Gault et ses collaborateurs au *Ames Research Center* de la NASA. Ils ont étudié les effets, sur des cibles sphériques, de chocs ayant des énergies variées ; les impacts de basse énergie laissent sur la cible une trace ayant l'allure d'un cratère, les dommages étant limités à la surface de contact ; les impacts à haute énergie fragmentent la cible : de gros morceaux se détachent, mais uniquement sur la face opposée au point d'impact, et souvent, l'ensemble de la couche externe de la cible est perdu, ne laissant qu'un noyau interne. La forme des noyaux ainsi obtenus ressemble à Phobos et Deimos de façon surprenante. De plus, les deux satellites ont des formes vives présentant des arêtes : tout cela suggère que ces formes résultent de chocs à haute énergie.

Puisqu'il est vraisemblable que la formation des grands cratères sur Phobos et Deimos s'est accompagnée d'une fragmentation des satellites, il est intéressant d'étudier la densité de cratères dans les zones diamétralement opposées à quelques grands impacts. La couverture photographique de *Mariner 9* ne permet pas de réaliser ce dessein, mais les sondes *Viking* nous ont envoyé des données convenables. Par exemple, nous savons maintenant qu'il existe sur Phobos une zone riche en cratères secondaires, visible sur les images réalisées par *Viking*. Elle se trouve dans une région opposée à l'impact principal constitué par le cratère Stickney.

La surface des deux satellites de Mars, de même que celle des montagnes lunaires, est saturée de cratères. Se fondant sur cette observation James Pollack du *Ames Research Center* a proposé pour Phobos et Deimos un âge d'au moins 1,5 milliard d'années, qui pourrait, en fait, être plus grand et atteindre 4,5 milliards d'années, c'est-à-dire l'âge de la naissance du système solaire. Les formes vives, visibles sur les deux satellites suggèrent qu'ils sont constitués dans leur ensemble d'une roche solide. Une agglomération de blocailles mal soudées, simplement liées entre elles par de petites forces de gravité, n'aurait pas donné de telles structures en se brisant.

Cependant, la surface des satellites de Mars est faite de ce genre de couche meuble produite par les impacts, connue sous le nom de régolithe. Deux sortes de preuves étayent cette affirmation ; la première est de nature optique et utilise la réflexion de la lumière du Soleil par la surface ; la deuxième est une preuve thermique : la manière de s'échauffer de la surface.

Les propriétés réfléchissantes de la surface

C'est Benjamin Zellner, de l'Université de l'Arizona, qui entreprit, en 1971, de mesurer la polarisation de la lumière solaire renvoyée par la surface de Deimos ; le flux de lumière refléchie par Mars elle-même rend cette mesure au télescope extrêmement délicate. B. Zellner s'aperçut que la surface de Deimos polarisait la lumière d'une façon vraiment peu caractéristique d'une roche solide ; la polarisation constatée était plutôt le fait d'une surface faite d'une poudre sombre.

À peu près en même temps que B. Zellner publiait ses observations, des appareils embarqués sur *Mariner 9* enregistraient une preuve supplémentaire de la présence de régolithe à la surface de Phobos. L'une des expériences réalisées par cette sonde spatiale consistait à mesurer le rayonnement infrarouge (c'est-à-dire la température) de Phobos avant et après son passage dans l'ombre de Mars, au cours de sa boucle rapide autour de la planète. La question était celle-ci : de quelle façon Phobos s'échauffait-t-il, après s'être refroidi dans la zone d'ombre ? Lentement ? Auquel cas, la surface devrait être compacte, ou peut-être même solide, en tout cas, dotée d'une conductivité thermique élevée ; allait-il au contraire se réchauffer rapidement ? Il s'agirait plutôt, alors, d'une sorte de surface poreuse, à faible conductivité thermique. Les observations dans l'infrarouge révélèrent que la surface de Phobos s'échauffait remarquablement

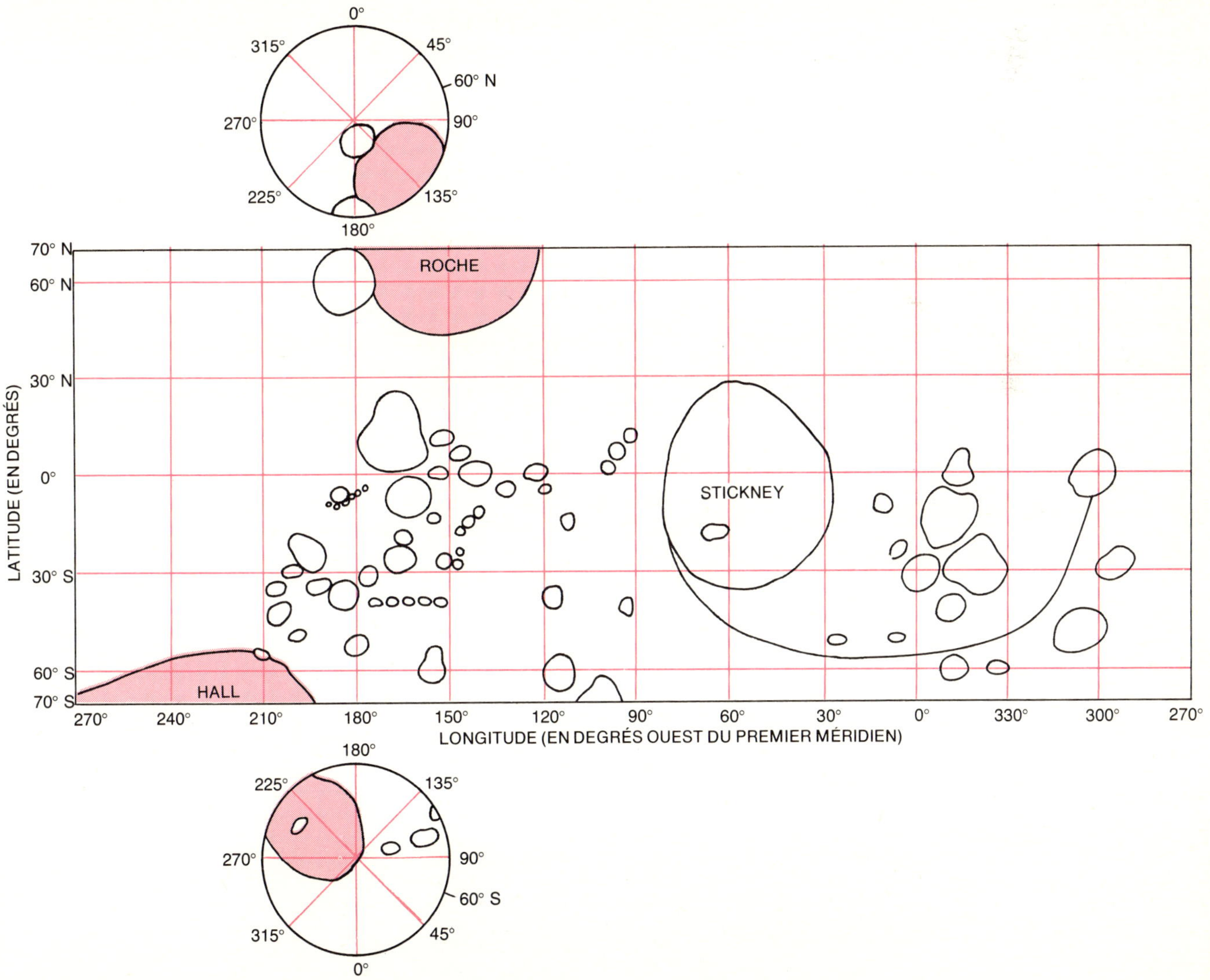

4. CARTE DE LA SURFACE de Phobos comprise entre 70 degrés Nord et 70 degrés Sud de latitude ; cette projection a été réalisée par T. Duxbury à partir des images de *Mariner 9*. Le plus grand cratère de Phobos, Stickney, apparaît à droite du centre ; sa plus grande dimension est de dix kilomètres. Le second cratère en taille, Hall, se trouve en grande partie au pôle Sud du satellite *(en couleur)* ; on ne voit que sa limite Nord sur la projection centrale. Le troisième cratère, Roche, se trouve dans la zone du pôle Nord *(en couleur)*.

5. CE GROS PLAN DE PHOBOS montre une partie de la surface qui s'étend du pôle Nord *(à droite)* jusqu'à une zone située un peu au Sud de l'équateur *(à gauche)*. L'aire représentée fait au total neuf kilomètres sur 18. Cette image a été transmise par la sonde orbitale *Viking 2*, en septembre 1976, alors qu'elle se trouvait à moins de 900 kilomètres de Phobos. Une suite de sillons parallèles, d'origine inconnue, apparaissent à cette résolution où l'on distingue des détails d'une dimension de 40 mètres et plus.

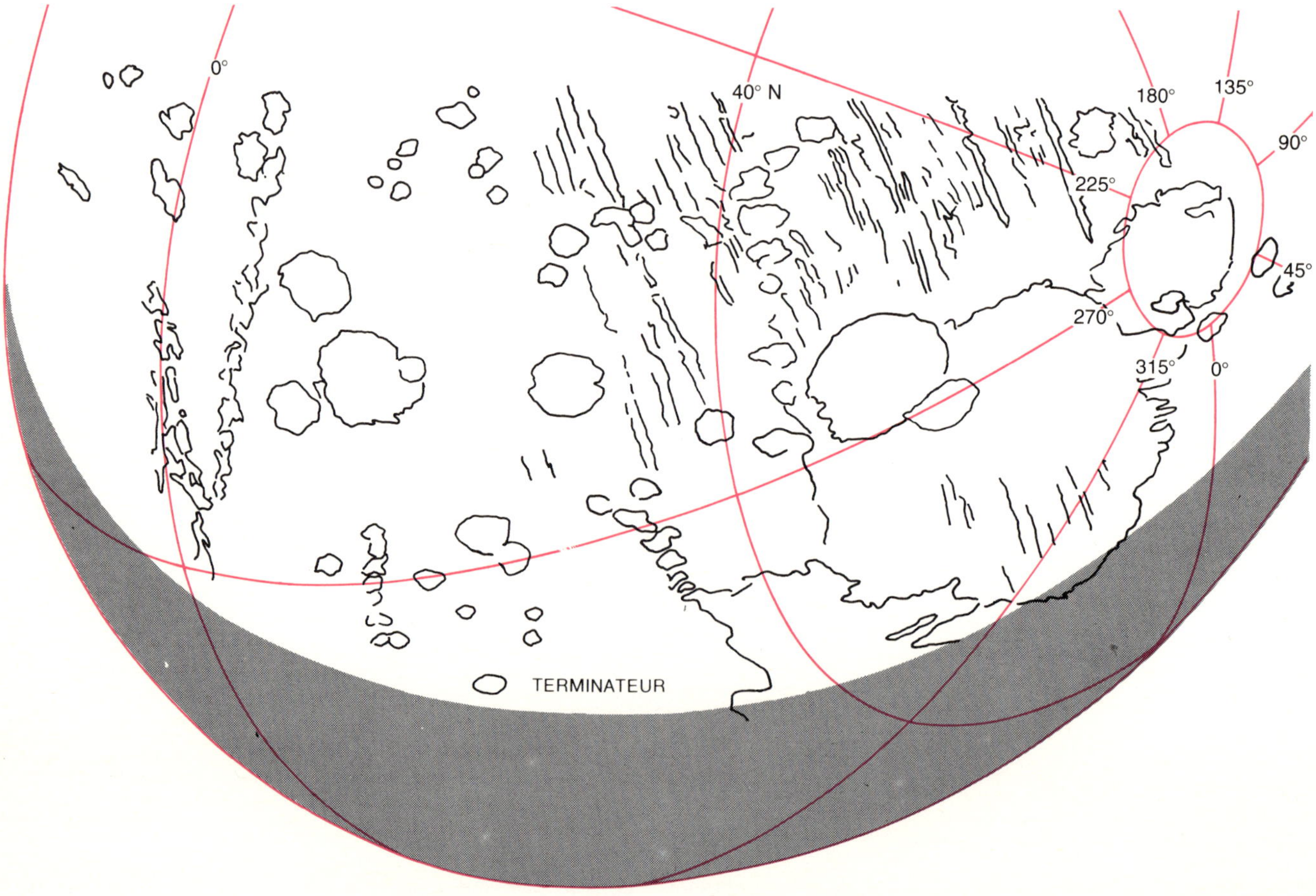

6. CETTE CARTE SCHÉMATIQUE de Phobos utilisant les coordonnées ellipsoïdales de T. Duxbury permet de placer l'image de *Viking 2* *(voir la figure 5)* par rapport à la carte de la figure 4. La partie en grisé est à l'Est de la limite entre l'hémisphère éclairé et l'hémisphère sombre.

vite après qu'il eut émergé de l'ombre martienne, ce qui indiquait une couche de surface à conductivité thermique extrêmement faible, caractéristique d'une poudre. L'expérience ne mesurait en fait que la température du tout premier millimètre de la couche de surface, ou à peu près ; ainsi donc, au moins cette zone très superficielle était-elle constituée d'un régolithe poudreux.

D'autres preuves issues de *Mariner 9* confirment les observations au télescope de B. Zellner. À l'Université de Cornell, Michael Noland et moi-même avons utilisé les données de *Mariner 9* pour analyser les propriétés réflectrices des surfaces de Phobos et Deimos. Dans les deux cas, la surface renvoie la lumière solaire de la façon caractéristique d'un matériau sombre à structure complexe. Par exemple, lorsqu'on observe une telle surface de façon que l'angle d'observation soit égal à l'angle d'éclairement, on ne mesure ni affaiblissement ni augmentation de la brillance pour cette réflexion spéculaire. En fait, les propriétés de réflexion sur Phobos et Deimos ressemblent à celles de certaines parties de notre Lune : la surface de ces zones est non seulement assez sombre pour empêcher la réflexion spéculaire de la plupart des photons incidents, mais encore sa texture est si compliquée que le moindre petit élément de surface possède de nombreux coins et recoins piégeant la plupart des photons qui se trouveraient tout de même réfléchis. Notre étude des données de *Mariner 9* suggère donc que les deux satellites de Mars sont couverts d'une couche homogène de régolithe, dotée des propriétés absorbantes et réfléchissantes que nous venons de décrire. Nous avons recherché soigneusement des taches de roche à nu, mais nous n'en avons jusqu'à présent pas trouvées. Toutefois, il est sans doute peu réaliste de croire que le régolithe de petits corps comme les satellites de Mars est exactement semblable au régolithe de la Lune, satellite de la Terre. Mais, jusqu'à ce que des échantillons aient été ramenés de quelques-uns de ces petits corps, nous ne saurons pas quelles différences existent entre les deux types de régolithe.

Comment un corps aussi petit que Phobos peut-il retenir un régolithe ? L'explication la plus en vogue utilise ce que l'on appelle la partie à faible vitesse des débris formés par les impacts. Le choc d'un projectile donne typiquement naissance à de multiples particules, animées de vitesses très diverses. Si la vitesse requise pour échapper à l'attraction du corps parent est faible, la plupart de ces débris vont se perdre dans l'espace. Les vitesses d'une partie d'entre eux, cependant, sont inférieures à la vitesse de libération et ils restent prisonniers du champ gravitationnel du corps parent. Cette fraction de débris qui est capturée n'a pas besoin d'être importante pour que le corps parent se retrouve couvert d'une couche de poussière fine. Certaines estimations de la fraction nécessaire pour former une telle couche proviennent des expériences de laboratoire sur les impacts à haute vitesse, mais demeurent incertaines. Néanmoins, les observations transmises par les vaisseaux *Viking* indiquent que beaucoup de cratères sur Phobos sont secondaires, c'est-à-dire qu'ils sont dus à des objets soulevés par des impacts précédents et qui retombent. C'est ainsi la preuve directe que des débris d'impacts sont effectivement retombés sur le satellite.

On a proposé, pour expliquer ce régolithe de Phobos et Deimos, leur proximité de Mars. D'après cet argument, les petits corps similaires, dans la ceinture d'astéroïdes entre Mars et Jupiter, n'auraient pas de couverture en régolithe. Pour les satellites de Mars le raisonnement est le suivant : si l'un des débris d'un impact s'échappe dans l'espace, il doit avoir une vitesse suffisante, non seulement pour vaincre l'attraction du satellite d'où il vient, mais aussi pour surmonter l'attraction gravitationnelle de Mars ; s'il n'a pas assez d'énergie ce fragment se met en orbite autour de la planète pour être finalement capturé par l'une ou l'autre des lunes de Mars ; celles-ci auraient ainsi une chance de récupérer quelques-uns de leurs propres débris perdus. Dans la ceinture d'astéroïdes, en revanche, la probabilité de telles captures est très faible.

L'argument ne tient pas compte de l'effet de la partie à basse vitesse de la distribution des débris, partie qui retomberait aussitôt sur les astéroïdes, comme cela a probablement lieu sur Phobos et Deimos. Plus intéressantes que ces théories sont les observations réalisées sur les astéroïdes eux-mêmes : par exemple, en 1975, lors du passage à proximité de la Terre de l'astéroïde Éros (un corps de taille comparable à Phobos) plusieurs observations indépendantes, faites au télescope, ont abouti à proposer la présence d'un régolithe en surface. En fait, de telles couches de poussière constituent peut-être un trait essentiel de toutes les surfaces solides dans le système solaire. En outre, des expériences menées par D. Gault et ses collaborateurs au *Ames Research Center* montrent que, pour un impact d'énergie donnée, les débris seront plus difficilement soulevés si le sol est formé de particules non cimentées, comme un régolithe, que s'il est rocheux et solide. Cela incite à croire que le régolithe, une fois formé, tend à demeurer et s'auto-entretient.

Nous avons montré que, pour les longueurs d'onde du spectre visible, la réflectivité de Phobos et Deimos est d'environ 6 pour cent alors que celle de la

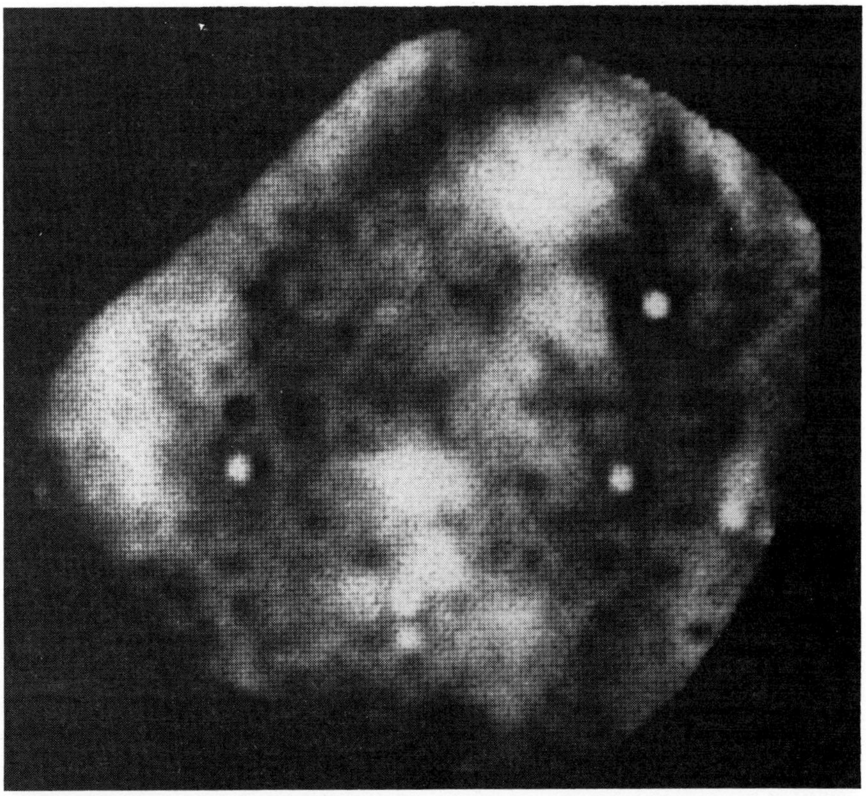

7. CETTE IMAGE DE DEIMOS, due à *Mariner 9*, **a été spécialement traitée pour exagérer les différences de brillance. La bande centrale est un tiers plus brillante que le reste de la surface du satellite. Elle ne réfléchit cependant que huit pour cent de la lumière solaire qu'elle reçoit, ce qui est très peu car la réflectivité de notre Lune, déjà considérée comme faible, est de 11 pour cent. Les trois points brillants cernés de sombre sont des artefacts dus au traitement de l'image.**

Lune est de 11 pour cent. En ce qui concerne la réflectivité, la surface de Phobos apparaît homogène. Sur Deimos, en revanche, il existe des zones plus brillantes que le reste. Sur la base des données de *Mariner 9*, M. Noland et moi-même avons estimé que la brillance d'une telle zone était d'un tiers supérieure à la moyenne, ce qui donne une réflectivité de huit pour cent au lieu de six, mais ne change pas le caractère très sombre de la surface.

L'origine de Phobos et de Deimos

Il est habituellement admis que Phobos et Deimos ont une origine commune. Aucune preuve concluante ne vient étayer cette conjecture, mais un argument en la faveur de cette hypothèse est la similarité d'orientation des deux orbites. La similarité de leurs caractères photométriques constitue probablement une preuve encore plus forte. Les hypothèses concernant l'origine des lunes martiennes se regroupent en deux classes principales : capture et accrétion.

Les partisans de l'accrétion considèrent que les deux satellites proviennent de l'accumulation de la matière demeurée au voisinage de Mars après sa formation. Une hypothèse plausible de capture évoque l'image d'un grand astéroïde passant à proximité de Mars et se brisant alors ; après quoi, deux au moins de ses plus gros fragments sont capturés par la planète et restent en orbite autour d'elle. Cette hypothèse a pour elle une belle simplicité mais laisse sans réponse certaines questions techniques. Par exemple, quel serait exactement ce processus de rupture. Plus précisément, par quel hasard les orbites des deux morceaux auraient-elles abouti dans le plan équatorial de la planète ?

À la vérité, on ne dispose pas d'assez de preuves pour élaborer une théorie définitive sur l'origine de Phobos et Deimos. La composition de leur surface, par exemple, pourrait fournir des indications importantes sur leur origine, mais actuellement, personne ne sait de quoi ces surfaces sont faites. Le moyen astronomique habituel pour déterminer la composition d'un objet solide est de chercher comment il réfléchit les diverses longueurs d'onde de rayonnement électromagnétique, lumière comprise. Mais il n'existe pas de mesures appropriées de la réflectance spectrale pour Phobos et Deimos ; tous nos arguments à propos de leur composition sont donc, aujourd'hui, indirects.

Comme les deux satellites sont très sombres, on déclare souvent que le matériau de surface ressemble soit à du basalte (une roche éruptive de couleur sombre) soit à un matériau de la classe des météorites friables connues sous le nom de chondrites carbonées. Ce genre de raisonnement ne peut être concluant puisqu'une teinte foncée n'est pas, en elle-même, caractéristique d'une surface. Par exemple, la réflectance d'un tableau noir en ardoise est à peu près la même que celle de Phobos et Deimos. Cependant, comme l'ardoise n'est pas réputée exister dans l'espace, personne n'a avancé que ces satellites sont faits d'ardoise !

Pour régler la question de leur origine, nous devons donc savoir de quoi sont faits Phobos et Deimos. Si le matériau s'avère être basaltique, alors les satellites sont presque à coup sûr des fragments d'un ou plusieurs corps célestes plus gros : la formation de basalte requiert une fusion et une différenciation minérale dans un corps parent, et il est improbable qu'un tel phénomène ait pu se produire dans des corps célestes si petits. Si Phobos et Deimos étaient réellement basaltiques, cela confirmerait donc qu'ils sont des fragments d'un objet différencié parce que de grande taille, par exemple un satellite de Mars, cassé en morceaux lors d'une collision catastrophique très ancienne. Qu'ils puissent être des fragments de quelque autre corps basaltique ou de plusieurs, pareillement fracassés, mais provenant de la ceinture d'astéroïdes, cela est moins vraisemblable à cause de la faible probabilité que ces fragments soient capturés par Mars.

Si, en revanche, il était prouvé que la matière constituant Phobos et Deimos est semblable à celle des chondrites carbonées, alors il n'est plus besoin d'en faire des morceaux d'objets plus gros. Ils pourraient, au contraire, représenter la matière résiduelle, subsistant après la formation de Mars. Cependant, on se demande si ce type de matériau a participé pour beaucoup à la formation de Mars. Certains théoriciens affirment que ce genre de matériau ne pourrait se former que dans la ceinture

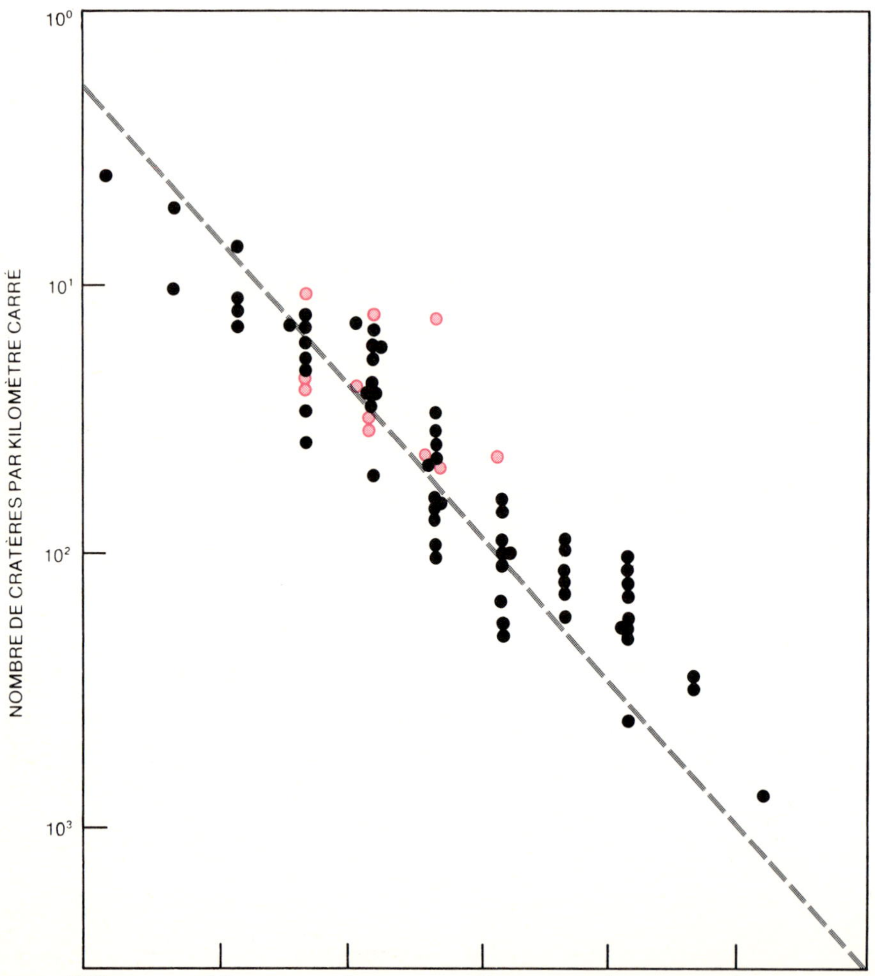

8. LA CRATÉRISATION des satellites de Mars est comparée ici à celle de la Lune. La droite en pointillé montre la tendance observée pour les montagnes lunaires les plus cratérisées, dites « saturées » de cratères : le nombre de cratères ne peut alors plus augmenter, car les nouveaux effacent les anciens. Les images de *Mariner 9* montrent que Phobos et Deimos sont aussi saturés, avec 62 cratères recensés sur Phobos et 11 sur Deimos.

d'astéroïdes et non pas aussi près du Soleil que l'est l'orbite de Mars. Une telle origine semble à peu près certaine, au moins pour quelques chondrites carbonées, qu'on classe dans le type I, et qui sont les plus riches en composants volatils. Si Phobos et Deimos se révélaient constitués d'un matériau analogue aux chondrites carbonées de type I, ils seraient alors très probablement des corps capturés provenant de la moitié externe de la ceinture d'astéroïdes.

Quelle que soit leur origine, Phobos et Deimos nous ont, d'ores et déjà, donné l'occasion de mieux étudier les objets qui peuplent la ceinture d'astéroïdes. Nous devrons encore étudier en détail la topographie d'un astéroïde, mais nous possédons désormais un certain nombre d'informations sur deux corps qui leur ressemblent certainement beaucoup. Comme eux, les lunes de Mars sont de petits objets et leurs champs gravitationnels sont presque négligeables. Les corps à faible gravité présentent trois caractéristiques importantes : d'abord, ils n'ont pas d'atmosphère ; ensuite, leur masse diminue constamment, du fait des impacts à haute vitesse auxquels ils sont soumis ; enfin, ils tendent à acquérir une forme irrégulière, car il est probable que les chocs importants les cassent, et qu'ils perdent ainsi de gros morceaux de leur couche superficielle. Comme ces objets sont trop petits pour être le siège de pressions internes dues aux forces gravitationnelles et aux forces de rotation qui leur permettraient d'acquérir une forme sphérique, ils conservent leurs traits irréguliers.

Une des tâches des sondes *Viking* est de photographier Phobos et Deimos, et de réaliser des mesures plus fines sur le resserrement de l'orbite de Phobos. On doit pouvoir obtenir des images d'une telle résolution que des détails de dix mètres seulement seront visibles et dénombrer ainsi les petits cratères. Une sonde passera enfin assez près des deux lunes pour « ressentir » leur force d'attraction gravitationnelle et en déduire leur masse avec une incertitude de plus ou moins dix pour cent. Connaissant les masses, on pourra alors déterminer les densités moyennes et, par suite, réduire la gamme des compositions possibles. Par exemple, ces densités peuvent nous conduire à éliminer l'hypothèse de la chondrite de type I, dont la densité moyenne est de 2,3 grammes par centimètre cube, ou celle du basalte, de densité 2,9 grammes par centimètre cube.

Les images transmises par les engins *Viking* ont déjà permis un meilleur décompte de la densité des cratères sur Phobos et Deimos, et ont aussi mis en évidence d'étranges sillons à la surface de Phobos *(voir la figure 5)*. La nature et l'origine de ces sillons parallèles doivent être expliquées, mais une possibilité passionnante serait qu'ils trahissent une stratification ; peut-être des coulées de lave successives à la surface d'un corps parent beaucoup plus vaste, dont Phobos n'est qu'un simple fragment ?

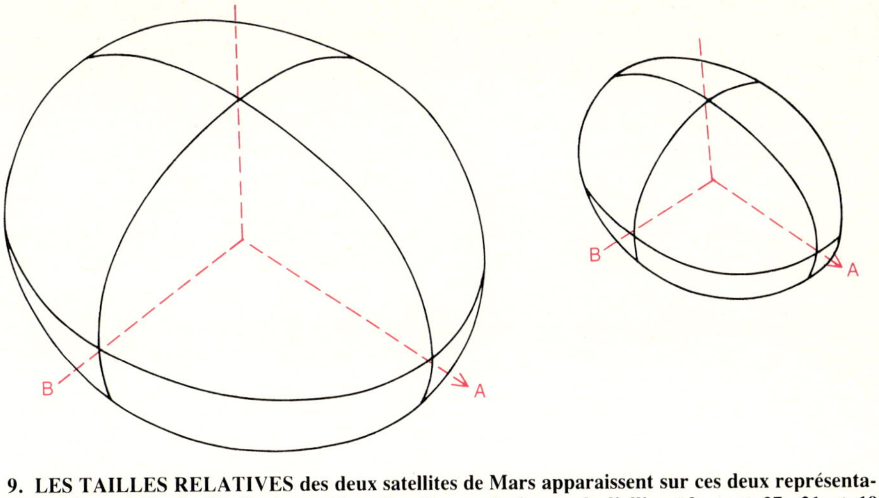

9. LES TAILLES RELATIVES des deux satellites de Mars apparaissent sur ces deux représentations ellipsoïdales de T. Duxbury. Les diamètres principaux de l'ellipsoïde sont 27, 21 et 19 kilomètres pour Phobos ; 15, 12 et 11 kilomètres pour Deimos. L'axe *A* est pointé vers Mars et l'axe *B* définit avec l'axe *A* le plan de l'orbite. La ressemblance des formes de ces deux satellites est inexpliquée.

Les sondes Viking 1 et 2, en orbite autour de Mars, ont fonctionné plusieurs années. Viking 1 s'est approchée à 100 km de Phobos en février 1977 et Viking 2 à 30 km de Deimos en octobre de la même année. La résolution des images était respectivement de 10 m et 3 m. Les photographies ainsi obtenues sont à celle de la figure 5 ce que celle-ci est aux photographies de Mariner 9 *(voir la figure 1)* ! La déviation des trajectoires de Viking 1 et 2 par l'attraction de Phobos et Deimos a permis de déterminer la masse de ces derniers. Leurs densités sont respectivement de 2,0 ± 0,5 et 1,9 ± 0,7 grammes par centimètre cube. Comme les spectres de réflectivité, mesurés par Viking 1 et 2 sont analogues à celui des chondrites carbonées, il paraît presqu'assuré que la composition de Phobos et Deimos est celle de ces objets riches en eau. Leur origine est donc plus probablement celle de corps capturés depuis la ceinture d'Astéroïdes. Par ailleurs des mécanismes ont été trouvés qui rendent une telle capture vraisemblable.

Les photographies à haute résolution ont aussi permis de répondre à de nombreuses questions. Ainsi la densité de cratères sur Phobos et Deimos est la même, mais les cratères de Deimos sont souvent remplis de « sédiments » qui les masquent. Par ailleurs, alors que la couche de régolithe sur Phobos semble être d'une épaisseur supérieure à 100 m, celle de Deimos est plutôt de 20 m. Ainsi Phobos est de couleur et d'albedo uniformes, tandis que Deimos montre des taches trois fois plus brillantes que le fond. Il semble que ces taches soient dues à de la poussière plus fine, capable de glisser le long des pentes, malgré le très faible champ de gravité de Deimos (1 millième de celui de la Terre). Ces poussières sont probablement mobilisées lors des bombardements météoritiques.

Les stries énigmatiques de Phobos *(Figure 5)* apparaissent dans le régolithe sous forme de fossés de 100 à 200 m de large et 10 à 20 m de profondeur, qui convergent vers le cratère Stickney. On observe peut-être un réseau de fractures qui parcourent la surface de Phobos, dues à l'impact qui a créé ce cratère. Ceci n'a pu avoir lieu que dans une gamme très étroite d'énergie de collision : un impact moins violent n'aurait pas fracturé Phobos ; un impact plus brutal aurait brisé le satellite. Cependant, des effets, comme celui de la vaporisation de la vapeur d'eau sous la chaleur de l'impact, restent difficiles à estimer.

Ainsi a-t-on pu étudier sur Phobos et Deimos, deux effets (le régolithe et les fractures) qui pourraient être très fréquents dans les astéroïdes. Nul doute cependant que pour des astéroïdes de taille, d'histoire ou de composition différentes, d'autres effets inattendus restent à observer.

J.F. MINSTER

Les satellites galiléens de Jupiter

Depuis le survol des quatre plus grands satellites de Jupiter par le vaisseau spatial Voyager, on connaît maintenant neuf planètes de type terrestre. Grâce à la comparaison détaillée de ces corps célestes, on commence à comprendre quel a été le cours de leur évolution.

par Laurence Soderblom

Le 5 mars de l'année dernière commençait une des plus spectaculaires aventures scientifiques de tous les temps. Pendant une trentaine d'heures la sonde spatiale *Voyager 1* a survolé la planète géante Jupiter et nous a envoyé des photographies (prises de très près) de trois de ses quatre plus grandes lunes : Io, Ganymède et Callisto. Ces quatre lunes sont qualifiées de galiléennes car elles ont été observées pour la première fois par Galilée en 1610. Des photographies détaillées du quatrième satellite galiléen, Europe, ont été prises plus tard (le 9 juillet) par *Voyager 2*, qui a également exploré les hémisphères de Ganymède et de Callisto que *Voyager 1* n'avait pu voir. Le déroulement d'éruptions volcaniques sur Io a peut-être été la découverte la plus marquante faite par *Voyager 1*. Inspiré par les premières photographies de *Voyager 1*, *Voyager 2* a consacré près de dix heures à l'observation de l'activité volcanique sur Io.

Les deux sondes spatiales ont également observé de loin Amalthée, un satellite de Jupiter qui ressemble à un astéroïde et qui a été découvert il y a seulement 88 ans. Jusqu'à une période récente, on pensait qu'il s'agissait du satellite de Jupiter le plus proche de la planète; mais les images envoyées par *Voyager* ont maintenant mis en évidence l'existence d'un autre satellite minuscule, situé près du bord extérieur d'un anneau de faible intensité semblable à un anneau de Saturne. Ce 14e satellite de Jupiter a un diamètre de quelques dizaines de kilomètres seulement et se situe environ à mi-chemin entre la surface de la planète et l'orbite d'Amalthée. Il a été découvert par David Jewitt et Edward Danielson de l'Institut de technologie de Californie, et a été provisoirement baptisé 1979 J1.

Amalthée et les quatre lunes galiléennes (et probablement aussi 1979 J1) gravitent sur des orbites circulaires situées dans le plan équatorial de Jupiter et constituent donc le cortège « normal » de satellites de la planète. Les huit autres satellites de Jupiter sont beaucoup plus petits et se déplacent sur des orbites irrégulières situées bien au-delà de celles de ces six satellites internes. L'examen minutieux de plusieurs centaines de photographies des satellites galiléens et d'Amalthée, rapportées par les deux sondes *Voyager*, donnent de nombreux renseignements sur leur passé, leur âge respectif et la nature des processus géologiques qui ont régi leur évolution.

L'utilisation du terme satellite pour décrire les lunes galiléennes ne traduit pas l'importance qu'elles ont aux yeux des chercheurs qui étudient les planètes. Io, Europe, Ganymède et Callisto appartiennent à la famille des objets dits terrestres; cette famille comprend Mercure, Vénus, la Terre et sa lune, et Mars. Aussi bien par leur taille que par leur composition, les satellites galiléens sont semblables aux corps célestes situés dans la partie centrale du système solaire, de sorte que ces deux groupes devraient avoir évolué selon des processus comparables et à des échelles de temps similaires. Les missions *Voyager* ont permis de doubler le nombre des objets terrestres connus, à partir desquels on peut tester les modèles théoriques d'évolution des planètes. Il apparaît maintenant que les planètes situées dans la partie centrale du système solaire ne constituent que quelques exemples parmi toute la gamme des possibilités d'évolution et des propriétés caractéristiques que peuvent présenter de tels objets.

Les observations faites de la Terre à l'aide de télescopes avaient déjà mis en évidence certaines variations régulières des caractéristiques des satellites galiléens. Ainsi, on sait que plus un satellite galiléen est éloigné de Jupiter, plus sa densité est faible et plus sa taille est grande. Le fait remarquable est que les mêmes tendances sont observées dans tout le système solaire. De la Terre, on ne peut pas dire grand chose sur Amalthée si ce n'est qu'elle est noire et rouge, et qu'elle n'a pas plus de quelques centaines de kilomètres de diamètre. Le satellite suivant (en s'éloignant de Jupiter) est Io. Io a à peu près la même taille et la même densité (3,5 grammes par centimètre cube) que notre Lune. Contrairement aux trois autres satellites galiléens, Io ne présente aucune trace d'eau dans son spectre de réflexion dans l'infrarouge. En raison de son aspect lumineux, de couleur rouge orangé, et du fait de la chute abrupte de son spectre de réflexion vers l'ultraviolet, on a pensé que la surface de Io pouvait être riche en soufre.

Europe, le deuxième des grands satellites galiléens quand on s'éloigne de Jupiter, est lui aussi de taille comparable à celle de notre Lune mais il est beaucoup plus brillant : il réfléchit près de 70 pour cent de la lumière incidente du Soleil, alors que la Lune n'en réfléchit que 7 pour cent (et la Terre 35 pour cent). Les spectres réalisés dans le proche infrarouge ont indiqué la présence de grandes quantités d'eau, sous forme de glace, à la surface du satellite. Des estimations de la densité d'Europe (environ trois grammes par centimètre cube) montrent qu'il pourrait y avoir une couche de glace et d'eau atteignant 100 kilomètres d'épaisseur.

Les troisième et quatrième satellites galiléens, Ganymède et Callisto, se ressemblent assez. Ils ont tous deux

1. CALLISTO, la lune galiléenne la plus éloignée de Jupiter, a été photographiée le 5 mars 1979 à une distance de 350 000 kilomètres, par les caméras de télévision installées à bord du vaisseau spatial *Voyager 1*. Les trois autres lunes galiléennes sont, par ordre de distance croissante par rapport à Jupiter, Io, Europe et Ganymède. Jupiter possède en tout 14 lunes, y compris une nouvelle, toute petite, découverte par *Voyager 2* et temporairement baptisée 1979J1. L'orbite la plus proche de Jupiter est celle de cette nouvelle lune puis, en s'éloignant de Jupiter, celles d'Amalthée, des satellites galiléens et des huit autres lunes de Jupiter. Callisto est à peu près de la taille de Mercure. Il effectue une révolution complète autour de Jupiter en 16,69 jours, à une distance de 1,8 million de kilomètres. Sur cette image, la résolution, qui équivaut à la distance sur le terrain séparant deux lignes de balayage consécutives sur l'écran de télévision, est de sept kilomètres. La structure circulaire en forme de tache rosâtre près du bord gauche, a environ 600 kilomètres de diamètre. Des anneaux concentriques s'étendent sur une distance de 1 500 kilomètres aux alentours.

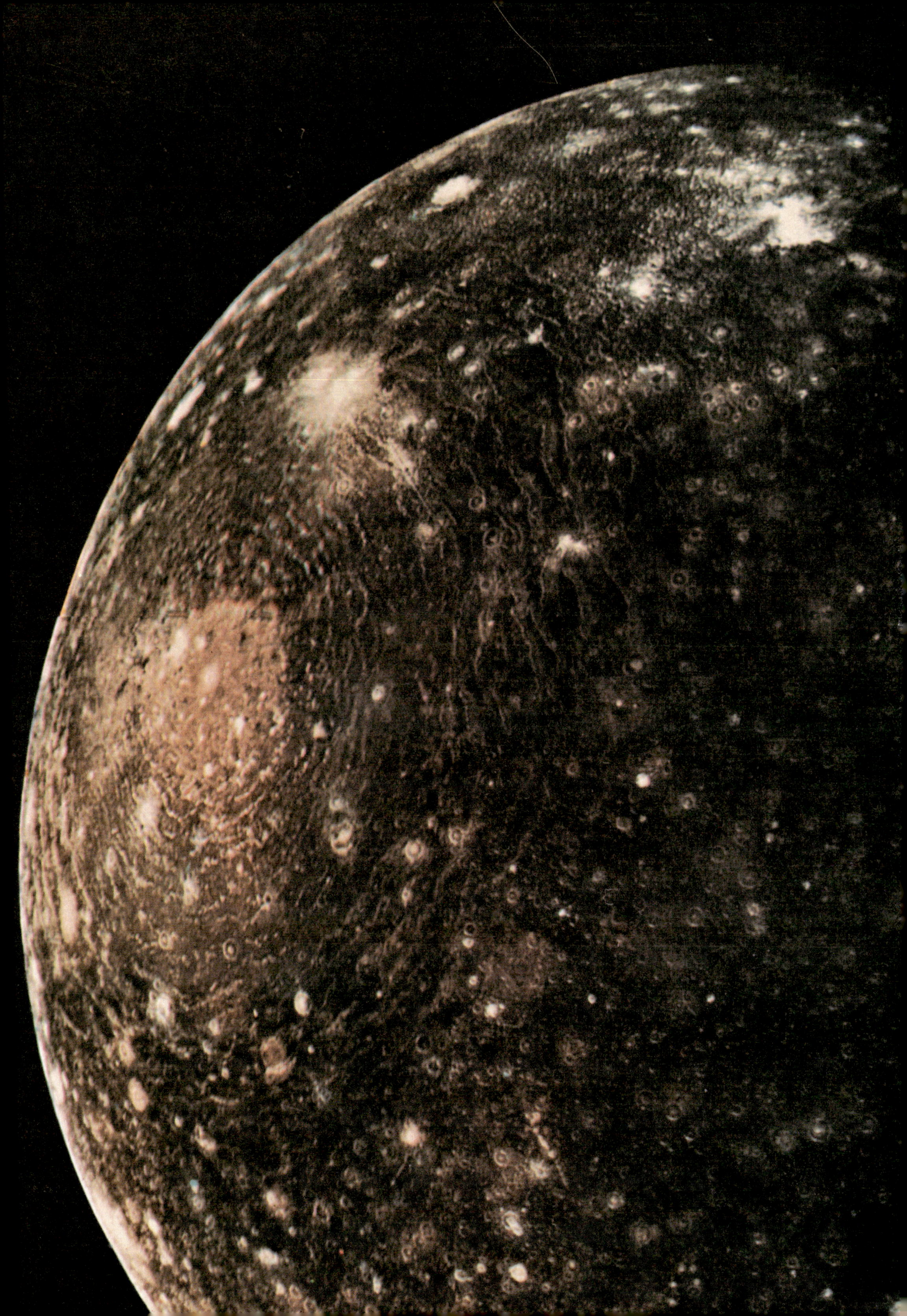

un diamètre voisin de celui de la planète Mercure, et une densité d'environ deux grammes par centimètre cube. (Mercure et la Terre ont une densité de l'ordre de 5,5 grammes par centimètre cube). On pourrait donc penser que Ganymède et Callisto contiennent encore plus d'eau qu'Europe et que tous trois sont principalement constitués d'eau et de silicates (oxydes de silicium). Cependant, Ganymède réfléchit 50 pour cent de la lumière solaire incidente, contre 20 pour cent seulement pour Callisto et la présence d'eau (ou de glace) sur sa surface est donc plus probable que sur celle de Callisto.

Les trajectoires de Voyager

En parcourant leurs orbites, les quatre satellites galiléens gardent constamment la même face orientée vers Jupiter, tout comme la Lune qui montre toujours une seule face à la Terre. Les orbites sont parcourues en une période qui va de 12 heures pour Amalthée, à 16,69 jours pour Callisto. Les trajectoires de *Voyager* ont tiré partie de la rotation synchrone des satellites galiléens et du changement rapide de leurs positions pour photographier la plus grande étendue possible de leur surface. Ainsi, lorsque *Voyager 1* a approché Io, la sonde spatiale a pris des photos de la face cachée (par rapport à Jupiter) du satellite; *Voyager 1* est ensuite passé sous le pôle Sud de Io pour aller à la rencontre de Ganymède et de Callisto; il a alors observé leurs hémisphères visibles à partir de Jupiter avant de les contourner à grande latitude et de photographier les pôles Nord de ces deux satellites.

Avant d'atteindre Jupiter, *Voyager 2* est passé près de Callisto et de Ganymède; il a alors photographié les faces cachées (par rapport à Jupiter) de ces satellites de même que la région du pôle Sud de Ganymède. Ainsi, 80 pour cent de la surface de Ganymède et de Callisto ont été photographiés avec une résolution de cinq kilomètres environ. (La résolution est par définition la distance séparant deux lignes de balayage de télévision.) *Voyager 2* a également photographié le quart environ de la surface d'Europe avec une résolution similaire. Amalthée et Io ont une période de révolution autour de Jupiter très courte, par rapport aux temps passés par les sondes *Voyager* au voisinage de la planète : par suite, ces deux satellites ont pu être photographiés à toutes les longitudes avec une résolution moyenne (environ 20 kilomètres entre deux lignes de balayage). La courte période de révolution de Io

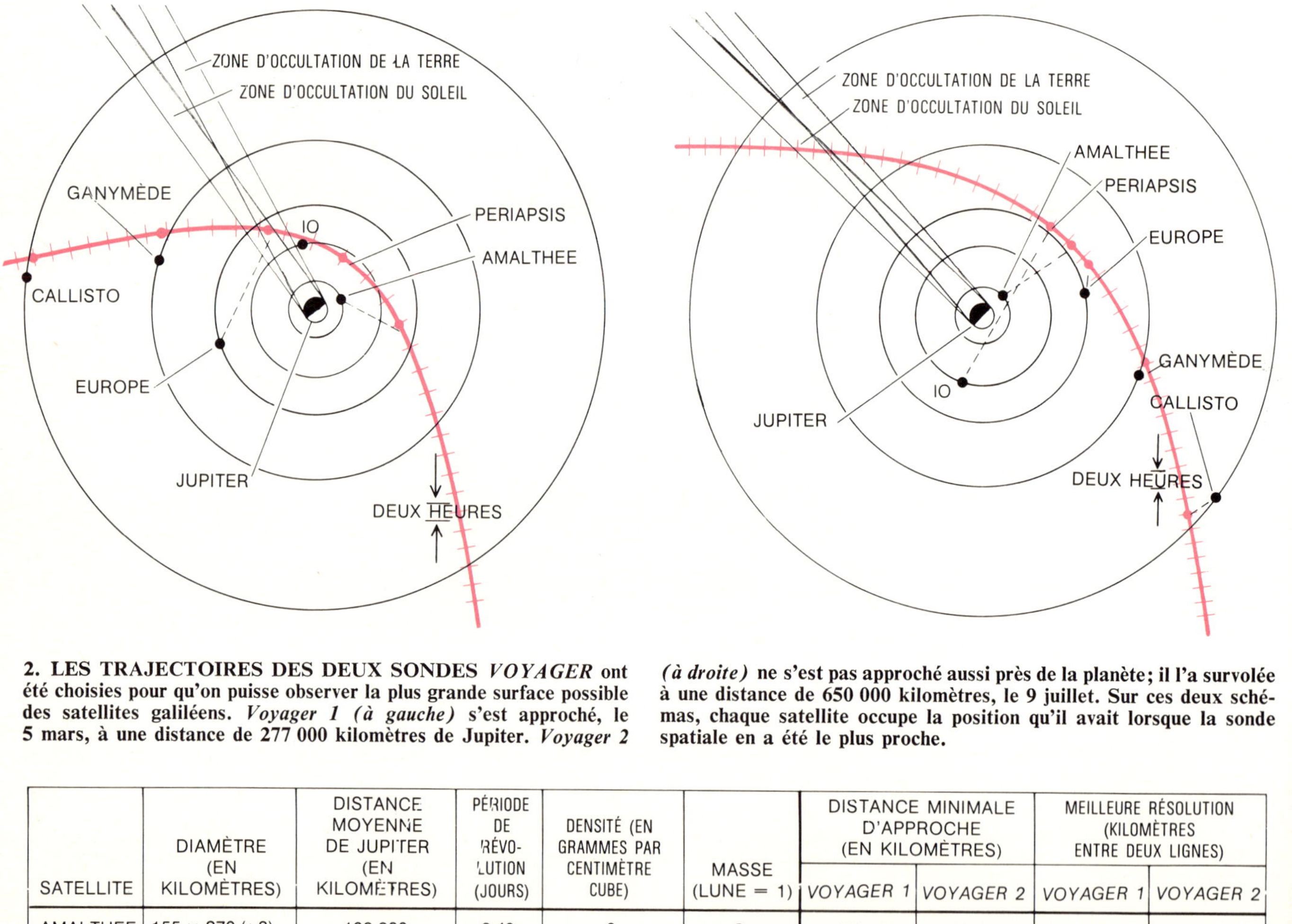

2. LES TRAJECTOIRES DES DEUX SONDES *VOYAGER* ont été choisies pour qu'on puisse observer la plus grande surface possible des satellites galiléens. *Voyager 1 (à gauche)* s'est approché, le 5 mars, à une distance de 277 000 kilomètres de Jupiter. *Voyager 2 (à droite)* ne s'est pas approché aussi près de la planète; il l'a survolée à une distance de 650 000 kilomètres, le 9 juillet. Sur ces deux schémas, chaque satellite occupe la position qu'il avait lorsque la sonde spatiale en a été le plus proche.

SATELLITE	DIAMÈTRE (EN KILOMÈTRES)	DISTANCE MOYENNE DE JUPITER (EN KILOMÈTRES)	PÉRIODE DE RÉVOLUTION (JOURS)	DENSITÉ (EN GRAMMES PAR CENTIMÈTRE CUBE)	MASSE (LUNE = 1)	DISTANCE MINIMALE D'APPROCHE (EN KILOMÈTRES)		MEILLEURE RÉSOLUTION (KILOMÈTRES ENTRE DEUX LIGNES)	
						VOYAGER 1	VOYAGER 2	VOYAGER 1	VOYAGER 2
AMALTHEE	155 × 270 (±8)	109 900	0,49	?	?	420 100	558 270	7,8	11
IO	3 638 (±10)	350 200	1,77	3,53	1,21	18 640	1 127 920	1	21
EUROPE	3 126 (±10)	599 500	3,55	3,03	0,66	732 270	204 030	33	4
GANYMÈDE	5 276 (±10)	998 600	7,16	1,93	2,03	112 030	59 530	2	1
CALLISTO	4 848 (±10)	1 808 600	16,69	1,79	1,45	123 950	212 510	2,3	4

3. LES CARACTÉRISTIQUES des propriétés physiques et de l'orbite d'Amalthée et des satellites galiléens sont indiquées dans le tableau ci-dessus, ainsi que la distance minimale d'approche des deux *Voyager* et la résolution des meilleures images. Les deux sondes spatiales étaient équipées de deux caméras Vidicon, avec des objectifs de différentes distances focales : 200 et 1 500 millimètres. Les images en couleur ont été obtenues par une succession de photographies en pose, à travers des filtres orange, vert, bleu, violet et ultraviolet. Toutes ces images sont construites avec 800 lignes de balayage, chaque ligne ayant 800 pixels (unités d'images). Les deux *Voyager* ont envoyé en tout 34 000 photographies. Toutes les photographies illustrant cet article ont été reconstituées au *Jet Propulsion Laboratory*.

a également permis aux deux *Voyager* d'examiner à plusieurs reprises ce satellite à diverses longitudes durant quelques jours lors de chaque rencontre. Il a ainsi été possible d'établir un inventaire assez complet et une caractérisation des nuées qui accompagnent les éruptions volcaniques sur le satellite.

L'intérêt des études des satellites de Jupiter réside principalement dans les enseignements que l'on peut tirer de leur comparaison. Leur apparence révèle des processus géologiques différents et des degrés d'évolution distincts. Nous allons maintenant décrire Amalthée et les quatre satellites galiléens tels que nous les ont montrés les missions *Voyager*. Nous procéderons par ordre de distance croissante par rapport à Jupiter.

Amalthée

Amalthée constitue une classe à elle toute seule! Bien qu'à peu près dix fois plus petite que les satellites galiléens, elle est environ dix fois plus grande que les « minuscules » satellites de Mars, Phobos et Deimos, qui ont été examinés en détail lors des missions *Viking* vers Mars. Amalthée est donc le premier exemple d'une classe d'objets de taille moyenne, comparable à de nombreux astéroïdes, à être observé de près. Elle est de forme ellipsoïdale irrégulière; son grand axe (long d'environ 270 kilomètres) est orienté en direction de Jupiter et son petit axe (long de 155 kilomètres) est perpendiculaire au plan de son orbite. Les images prises par *Voyager* montrent qu'Amalthée réfléchit 50 pour cent de plus de lumière rouge que de lumière violette, ce qui confirme les observations faites à partir de la Terre. Bien qu'en moyenne l'albedo (ou la réflectivité) soit égale à 5 pour cent environ, elle atteint localement des valeurs trois fois plus élevées *(voir figure 6)*.

A partir des expériences en infrarouge faites à bord de *Voyager*, Rudolph Hanel et ses collègues du *Goddard Space Flight Center* de la *NASA*, ont découvert qu'Amalthée est plus chaude qu'elle ne devrait l'être si elle ne faisait qu'absorber et réémettre le rayonnement solaire et le rayonnement provenant de Jupiter. Cet excès de chaleur est peut-être dû aux courants électriques circulant le long des lignes de force du champ magnétique de Jupiter, ou au bombardement de particules piégées dans la ceinture de radiation de cette planète. De la forme irrégulière du satellite Almathée on déduit que sa rigidité interne est importante et qu'elle ne contient que peu de substances volatiles.

Io

On pensait généralement que Io, le satellite galiléen le plus proche de Jupiter, avait une surface criblée d'anciens cratères, comme la surface de la Lune. Quelques astronomes toutefois

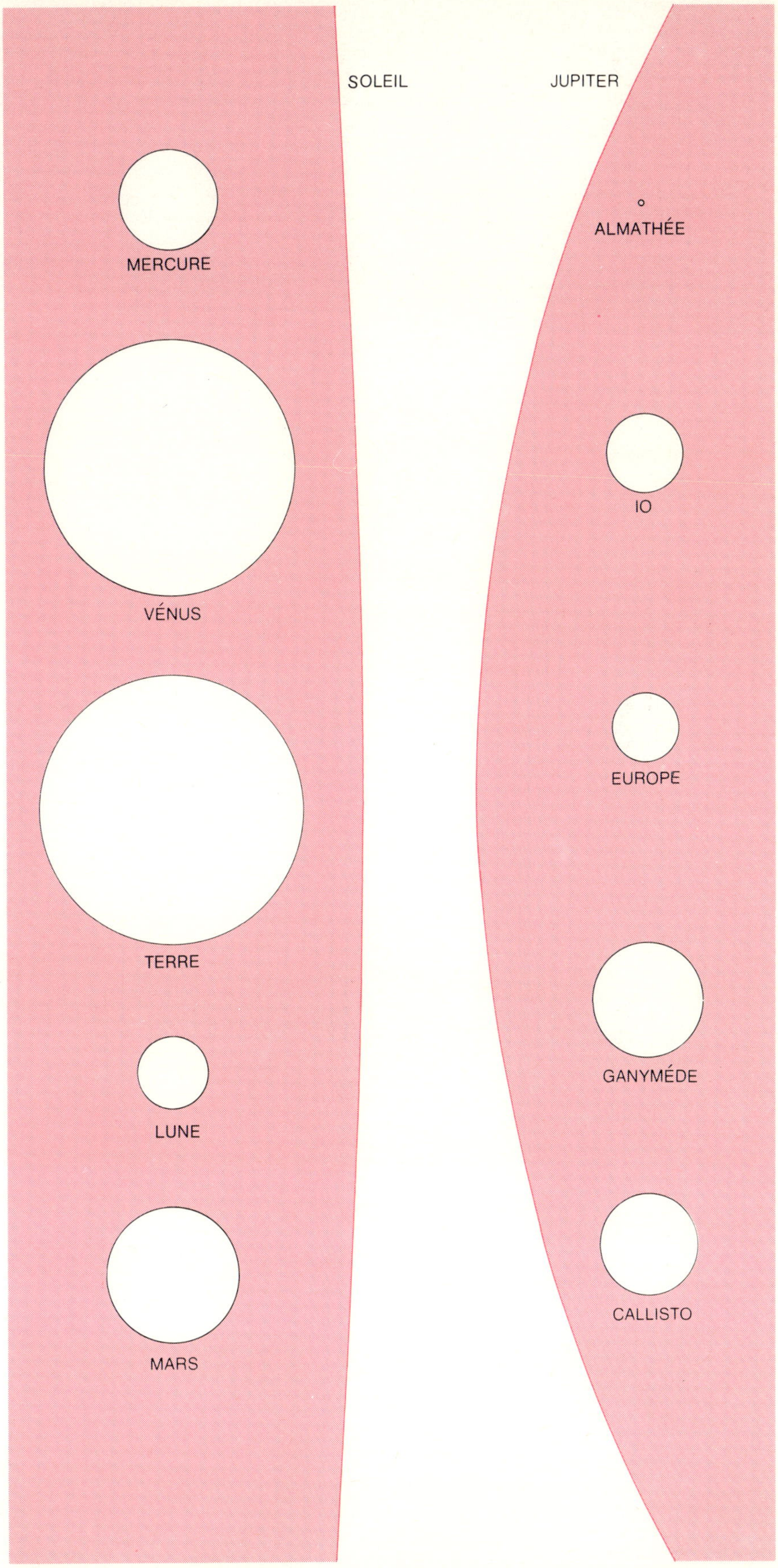

4. LES CORPS TERRESTRES ayant été étudiés de près au cours de missions spatiales sont : Mercure, Vénus, la Terre, la Lune, Mars et les quatre lunes galiléennes de Jupiter. Ces corps sont dits terrestres en raison de leur ressemblance en taille et en composition avec la Terre. Les cinq corps terrestres les plus proches du centre du système solaire sont ici représentés à la même échelle, par ordre de distance croissante au Soleil. L'arc de grand cercle qui les entoure représente le limbe du Soleil. Les satellites galiléens sont dessinés à la même échelle par ordre de distance croissante à Jupiter dont le limbe est également représenté. A cette échelle, Amalthée est à peine plus grosse qu'une tête d'épingle.

ne partageaient pas ce point de vue. Ainsi, Stanton Peale de l'Université de Californie, Patrick Cassen et Ray Reynolds du *Ames Research Center* de la NASA, purent donner un exemple frappant de « prédiction » scientifique. Dans une publication parue juste trois jours avant l'arrivée de *Voyager 1* près de Io, ces chercheurs faisaient remarquer que Io devait s'écarter d'une orbite circulaire sous l'action des forces gravitationnelles résonnantes exercées par ses satellites frères et principalement par Europe. Io devait se mouvoir dans le champ gravitationnel intense de Jupiter en s'écartant légèrement de part et d'autre de sa distance moyenne à la planète. Par conséquent, Io devait être périodiquement déformée par des forces de marée et, sous l'effet de la friction, une énorme quantité de chaleur devait être emmagasinée à l'intérieur du satellite. Comme cette chaleur doit être finalement dissipée et évacuée à travers la surface du satellite, S. Peale, P. Cassen et R. Reynolds ont « prédit » qu'une activité volcanique devait périodiquement affecter de vastes régions de la surface de Io.

Cette hypothèse s'est avérée exacte mais pas tout de suite! En effet, les premières images de Io, permettant de distinguer quelque chose sur la surface du satellite, mirent en évidence de petits points noirs dont certains étaient entourés de petits anneaux peu lumineux. On eut d'abord l'impression qu'il s'agissait là des cratères d'impact dont on avait prévu l'existence. Mais cette première impression dut être révisée lorsque des images de meilleure résolution montrèrent qu'en fait il n'existait pas un seul cratère de ce type! Avec la plus fine résolution (600 mètres entre deux lignes de balayage), on aurait dû détecter même un cratère n'ayant qu'un seul kilomètre de diamètre. Si l'on suppose que, sur Io, le taux de formation de cratères d'impact ayant plus d'un kilomètre de large n'est pas très différent des taux observés dans la partie centrale du système solaire, il faut admettre qu'il existe à la surface de Io un processus faisant disparaître ces cratères en un peu moins d'un million d'années.

5. JUPITER, IO ET EUROPE furent photographiés par *Voyager 1* le 13 février 1979, près d'un mois avant que le vaisseau spatial n'atteigne sa distance minimale d'approche de la planète. La photographie a été prise à une distance de 21,6 millions de kilomètres; la résolution est de 390 kilomètres entre deux lignes de balayage consécutives. Io se trouve devant le disque de Jupiter, juste au-dessus de la grande tache rouge; Europe est à droite.

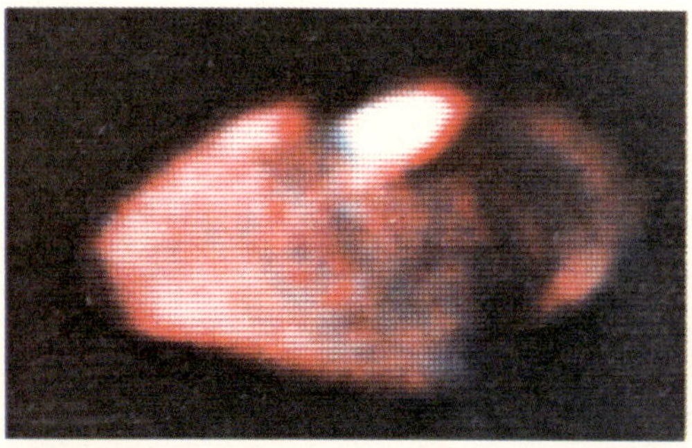

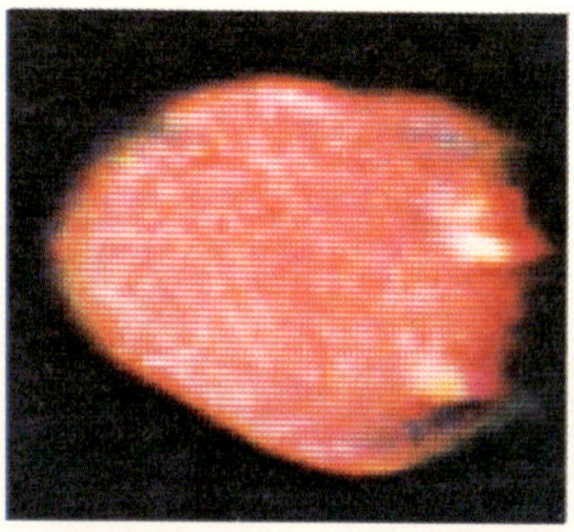

6. LES MEILLEURS CLICHÉS D'AMALTHÉE furent pris par *Voyager 1*. Ce corps qui ressemble à un astéroïde mesure 270 kilomètres suivant son grand axe et 155 kilomètres suivant son petit axe. La photographie de gauche, prise à une distance de 695 000 kilomètres, a une résolution de 13 kilomètres; celle de droite, prise à 425 000 kilomètres, a une résolution de huit kilomètres.

Lorsqu'on examine la surface de Io, on distingue une multitude de reliefs bizarres, en particulier des escarpements sinueux et des failles *(voir figure 10)*. Les photographies prises au moment où *Voyager 1* arrivait le plus près de Io ont finalement fourni des indices sur le processus qui pourrait renouveler la surface du satellite. Sur une de ces photographies on peut voir une dépression circulaire d'une cinquantaine de kilomètres de diamètre, bordée par un escarpement et entourée par des coulées radiales. Ce relief caractéristique ressemble à celui d'une forme volcanique observée sur d'autres corps terrestres : la caldeira, ou grand cratère d'effondrement, créée lorsque la lave s'écoule ou lorsqu'elle est éjectée d'une réserve de magma, ce qui provoque l'effondrement de la surface située au-dessus. Une centaine de structures de ce type, de plus de 25 kilomètres de large, ont été identifiées sur l'hémisphère observé avec une grande résolution. Les coulées s'échappant des centres volcaniques présumés ont plusieurs couleurs : noir, jaune, rouge, orange et brun. Pour rendre compte de ces observations, des membres de l'équipe responsable des projets *Voyager* ont émis l'hypothèse que les constituants de ces coulées de lave allaient du soufre pur au basalte coloré par le soufre; certains ont même suggéré l'existence de lacs et d'océans de soufre.

Si la surface de Io est si jeune et si l'activité volcanique est aussi récente que les photographies le laissent supposer, c'est que cette activité doit encore persister aujourd'hui. Cependant, l'équipe responsable de l'image pour la mission *Voyager* ne pensait pas pouvoir détecter une activité volcanique sur Io. En effet, la probabilité de voir un volcan en activité sur la Terre à une distance comparable et avec les mêmes caméras que celles qui équipent les sondes *Voyager*, est extrêmement faible.

Quelques jours après le survol de

Jupiter par *Voyager 1*, Linda Morabito, ingénieur au *Jet Propulsion Laboratory* de l'Institut de technologie de Californie, examinait quelques images de Io prises à grande distance afin d'étudier la trajectoire de la sonde spatiale. Les photographies avaient été surexposées pour faire ressortir les étoiles dans le champ de la caméra, près du satellite. Or, en examinant l'une de ces photographies, L. Morabito remarqua une grande tache lumineuse en forme de parapluie à l'extérieur du limbe (du bord) de l'hémisphère Sud de Io. On tenta d'attribuer cette forme à un artefact (signal parasite, etc.) mais sans succès : on conclut alors que cette forme étrange existait réellement! A l'évidence, un énorme nuage formait une voûte à 270 kilomètres d'altitude au-dessus de la surface de Io *(voir figure 9)*.

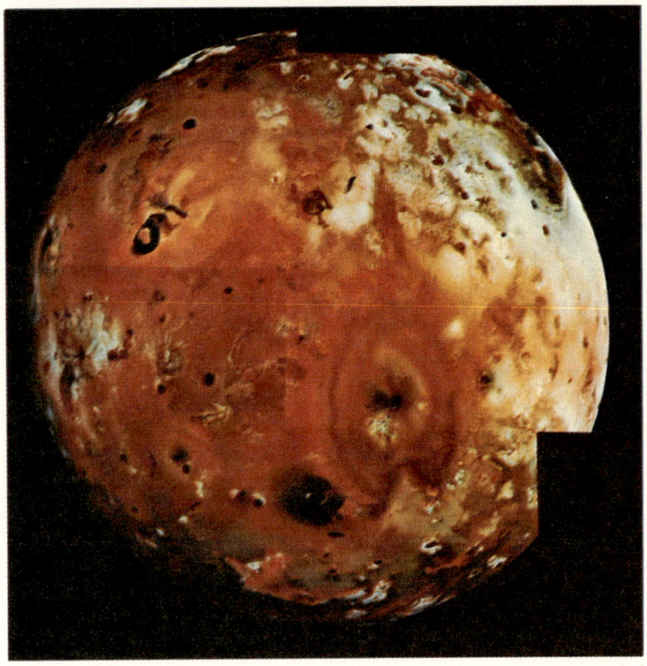

7. LES DEUX FACES DE IO (la lune la plus proche de Jupiter) ont été photographiées à 11 heures d'intervalle lorsque V*oyager* 1 s'est approché de ce satellite et ensuite l'a contourné. La photographie de gauche, prise à une distance d'environ 860 000 kilomètres, montre l'hémisphère de Io constamment « caché » par rapport à Jupiter au cours de la révolution du satellite (1,77 jour) autour de la planète. La structure en forme de grain de café située près du centre est un volcan en éruption (panache n° 3). La résolution est d'environ 16 kilomètres. La photographie de droite a une meilleure résolution : elle a été obtenue le jour où le vaisseau spatial s'est approché au plus près : Io a tourné de 120° vers la droite, c'est-à-dire vers l'Est. La grande région en forme de cœur située en bas à droite est le site du panache n° 1, le premier volcan en éruption découvert sur le satellite. Quatre mois plus tard, à l'arrivée de *Voyager 2*, l'éruption était terminée. La figure 14 montre deux gros plans de cette même région : sur l'un, le volcan est en activité, sur l'autre il est au repos.

8. TROIS AUTRES PANACHES VOLCANIQUES SUR IO apparaissent sur ces deux photographies ; on en compte huit au total. Ceux que nous voyons ici s'élèvent à environ 100 kilomètres d'altitude. La photographie de gauche, faite par *Voyager 1*, montre le panache n° 2. Celle de droite, faite par *Voyager 2* au cours de son exploration des volcans montre les panaches 5 et 6. Cette dernière photographie a été obtenue alors que le vaisseau spatial se trouvait à une distance minimale d'approche de Jupiter. Cette photographie est construite ici à partir d'images prises dans la partie visible du spectre et ne montre que la partie interne du panache. Sur la photographie de droite, le panache du bas est symétrique et porte le numéro 5. Le panache n° 6 se trouve au-dessus ; il est plus petit et asymétrique.

9. LE PREMIER VOLCAN EN ACTIVITÉ DE IO a été découvert sur cette image prise le 8 mars par *Voyager 1*, qui se trouvait alors à 4,5 millions de kilomètres du satellite (après l'avoir croisé trois jours auparavant). Linda Morabito remarqua, sur le limbe de Io, le faible nuage en forme de parapluie (panache n° 1). On remarqua alors qu'il existait un deuxième panache volcanique illuminé par les rayons du Soleil levant et qui créait une lueur, juste à l'intérieur de la ligne terminatrice (le bord de l'hémisphère illuminé).

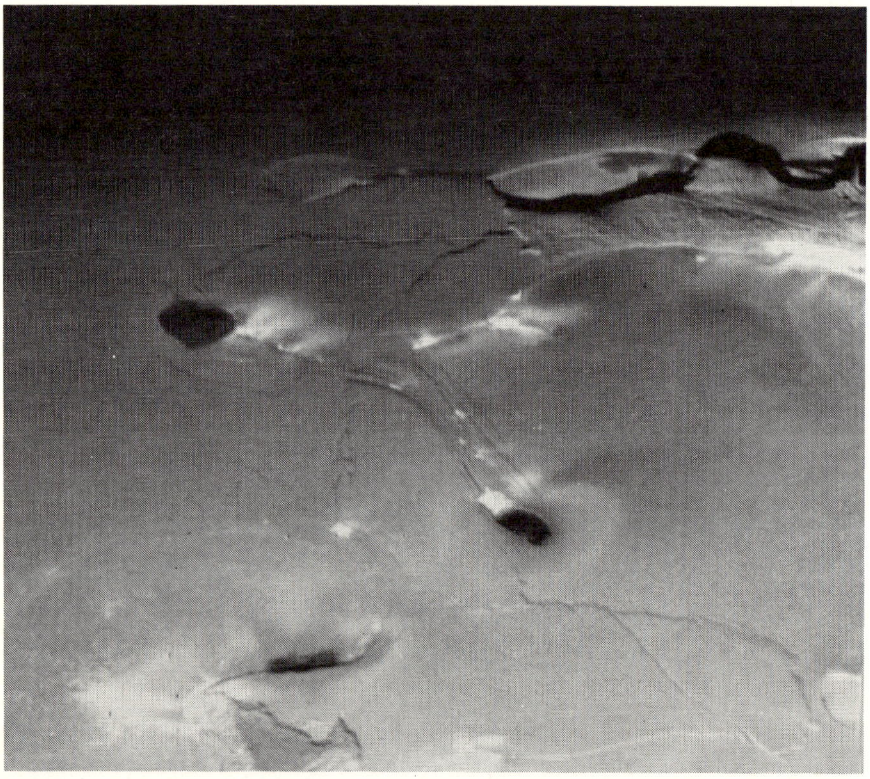

10. DES NUAGES OU DES DÉPÔTS À LA SURFACE sur Io se trouvent au voisinage d'escarpements, dans une région proche du pôle Sud du satellite. Cette photographie, prise par *Voyager 1*, a une résolution d'environ 16 kilomètres. Les taches blanches pourraient être des cristaux de glace situés soit dans l'espace, soit sur la surface, et produits au moment où le dioxyde de soufre liquide qui se trouve sous la surface jaillit des fractures de la croûte et « explose » en se congelant.

Quand la réalité de l'existence de ce nuage eut été admise, des recherches révélèrent qu'il n'y avait pas moins de huit volcans en activité sur Io; ils projettent des panaches de fumée à une hauteur comprise entre 70 et 300 kilomètres, et à une vitesse pouvant atteindre un kilomètre par seconde. Certains de ces panaches ont une forme très symétrique. Dans la plupart des cas, les matériaux éjectés montent à une hauteur de l'ordre de 100 kilomètres puis se dispersent pour former un nuage en forme de parapluie, et retomber sur la surface. Dans certains de ces panaches, on peut observer une grosse sphère diffuse émettant dans l'ultraviolet et, à l'intérieur, un cœur émettant dans le visible *(voir la figure 8)*. Ce cœur, de forme souvent asymétrique, pourrait être constitué de particules solides éjectées sur des trajectoires ballistiques. Il est possible que la « sphère ultra-violette » soit due à la présence d'un gaz en expansion symétrique. Sur les huit panaches volcaniques observés par *Voyager 1*, sept existaient encore lorsque *Voyager 2* arriva à son tour, quatre mois plus tard. À l'évidence, ces panaches s'échappent sans interruption pendant quelques mois ou quelques années.

Un autre phénomène intéressant est la présence sur Io de taches brillantes, de couleur blanche ou blanc bleuté, le long des escarpements et des failles, taches que l'on observe en maints endroits, mais principalement au voisinage du pôle Sud. Les taches sont diffuses, leur aspect est parfois changeant, et apparemment elles obscurcissent la surface qui se trouve audessous d'elles; ainsi, on a d'abord pensé qu'il pouvait s'agir de nuages (ou de matériaux déposés là à partir de nuages) produits par un gaz qui s'échapperait de l'intérieur du satellite et qui se condenserait en formant une sorte de neige. En découvrant que Io avait une atmosphère ténue de dioxyde de soufre, John Pearl du *Goddard Space Flight Center* et les responsables des expériences en lumière infrarouge sur les *Voyager*, firent une observation-clé qui suggère une explication préliminaire de ces deux phénomènes : les panaches et les taches blanches. A partir de mesures d'absorption infrarouge, ils estimèrent que cette atmosphère avait, durant la journée, une pression de l'ordre de un dixième de microbar (soit un dix-millionième de la pression atmosphérique sur la Terre, au niveau de la mer).

Parallèlement, Dale Cruikshank de l'Université de Hawaii à Manoa découvrit une autre absorption caractéristique dans l'infrarouge au cours d'observations télescopiques faites à partir de la Terre. Un certain nombre d'observateurs pensèrent que cette particularité était peut-être due à la présence de dioxyde de soufre gelé sur la surface du satellite. Or, d'après une récente analyse spectrophotométrique des images prises par *Voyager*, les grandes régions blanches pourraient être constituées de dioxyde de soufre gelé et de soufre en quantités pratiquement égales. Au vu de ces découvertes, il existe peut-être de grandes quantités de dioxyde de soufre dans les couches superficielles de Io. Si cela est vrai, le dioxyde de soufre liquide est stable dans une zone située à une profondeur de quelques centaines de mètres au-dessous de la surface et il se concentre dans cette zone.

La présence de tels « réservoirs » de dioxyde de soufre liquide, tout à fait analogues aux nappes aquifères de notre planète Terre, permet d'expliquer simplement l'existence des nuages de glace qui semblent surgir des fractures de la croûte de Io. En effet, le dioxyde de soufre liquide parvient plus facilement à la surface le long d'une faille ou au pied d'un escarpement; lorsqu'il atteint la surface, sous l'action éventuellement de pressions artésiennes, la pression à laquelle il était soumis descend au-dessous d'un seuil critique et le liquide se solidifie alors brusquement en formant un brouillard glacé qui se disperse, puis finit par retomber sur la surface. John McCauley et ses collègues du Service géologique des États-Unis ont suggéré que ce processus érode les matériaux le long des escarpements.

On a également eu recours au dioxyde de soufre « aquifère » pour expliquer les grands panaches émis par les volcans. D'après Bradford Smith de l'Université de l'Arizona et ses collègues, le dioxyde de soufre liquide pourrait engendrer de violentes éruptions volcaniques, tout comme le fait l'eau dans la croûte terrestre. Dans le modèle proposé pour Io, la chaleur, engendrée dans la lithosphère de silicate par effet de marée, est convoyée vers la surface par le soufre en fusion qui a été en contact avec la roche chaude. Quand le soufre en fusion vient au contact du dioxyde de soufre liquide, le mélange monte vers le cratère du volcan et s'échappe rapidement, la pression chute et le dioxyde de soufre se vaporise. En atteignant la surface, ce mélange acquiert une vitesse comprise entre 500 et 1 000 mètres par seconde; ce chiffre est en accord avec les estimations des vitesses des panaches qui s'élèvent à une altitude comprise entre 100 et 300 kilomètres. D'après ce modèle, il existerait sous la surface de Io de vastes réservoirs de soufre en fusion (peut-être assez grands pour justifier l'appellation d'océans). Certaines laves pourraient être ainsi constituées de soufre presque pur, ainsi que l'a également suggéré Carl Sagan de l'Université Cornell.

Les modèles proposés par Michael Carr et Harold Masursky du Service de géologie des États-Unis sont en contradiction avec les conjectures précédentes; d'après ces chercheurs, le soufre et ses composés ne seraient que de simples agents colorants : les coulées de laves seraient constituées de silicates ordinaires, comme celles de la Terre. En fait, divers mécanismes sont suscep-

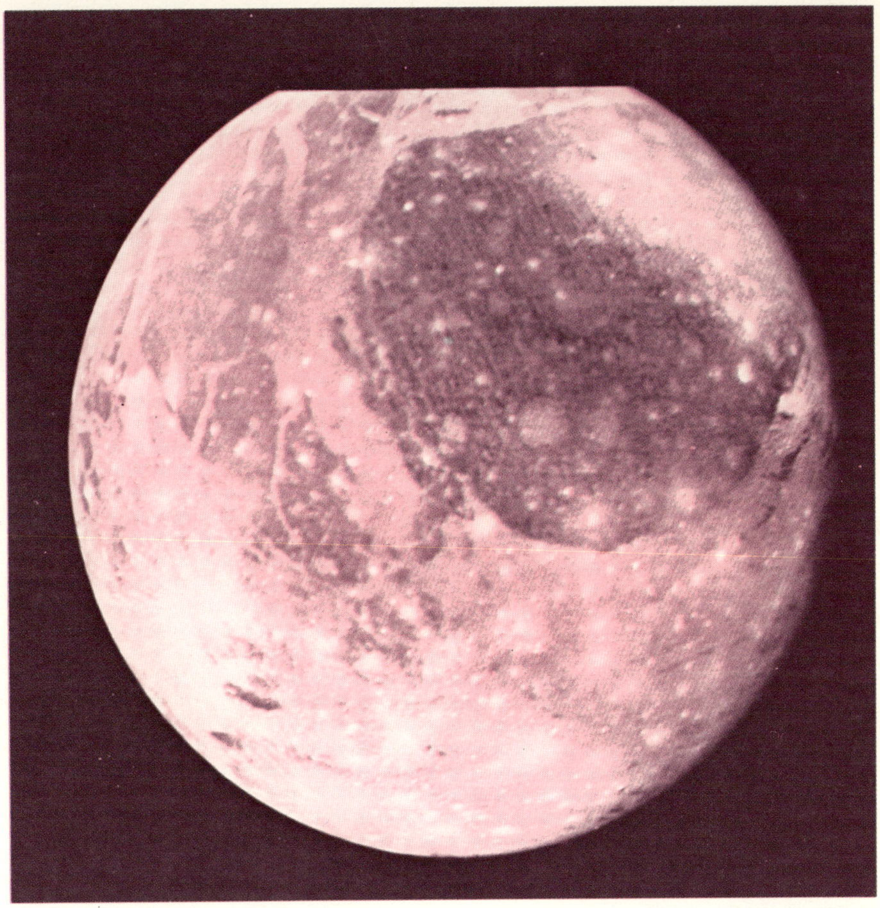

11. GANYMÈDE est la plus grande des lunes de Jupiter. Cette photographie prise par *Voyager 2*, à une distance de 1 217 000 kilomètres représente l'hémisphère du satellite qui reste toujours invisible à partir de Jupiter. Une immense zone sombre caractérise cet hémisphère. Il s'agit des restes les plus importants d'une ancienne croûte ridée par l'impact de météorites. Au début de son histoire, Ganymède dut avoir une quantité de cratères comparable à celle qui caractérise Callisto aujourd'hui. La densité de Ganymède est égale aux deux tiers de la densité d'Europe. Ganymède doit contenir une fraction plus importante d'eau, peut-être jusqu'à 50 pour cent.

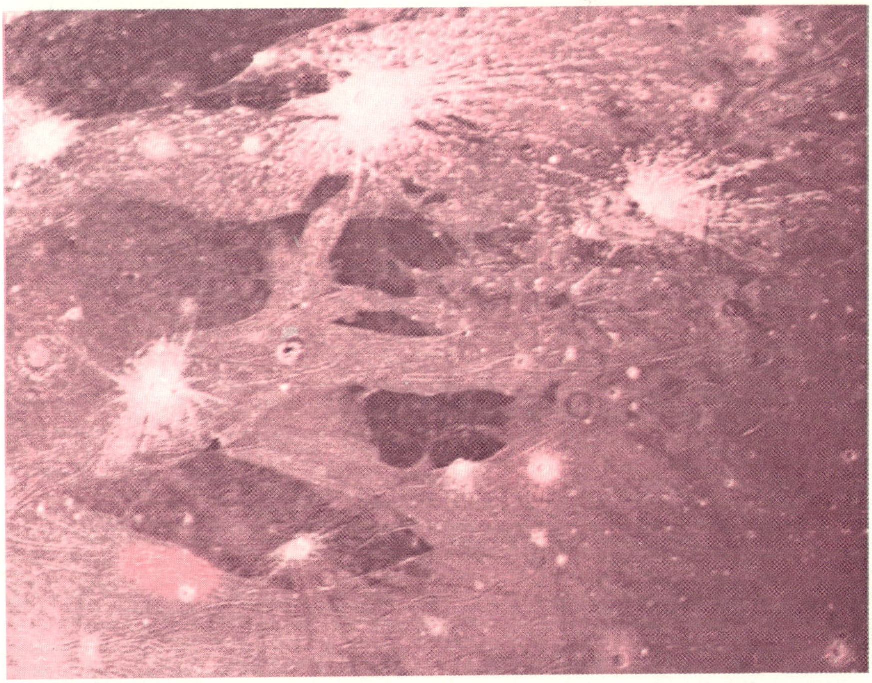

12. L'HÉMISPHÈRE DE GANYMÈDE faisant face à Jupiter a été photographié par *Voyager 1* avec une grande résolution. L'étendue de la région représentée sur ce cliché est d'environ 1 600 kilomètres ; la résolution maximale est d'environ quatre kilomètres. La croûte de Ganymède est probablement constituée essentiellement de glace. Cette glace est plus sombre dans les régions les plus anciennes. Aux alentours des cratères étoilés, la glace pourrait être blanche parce que plus propre.

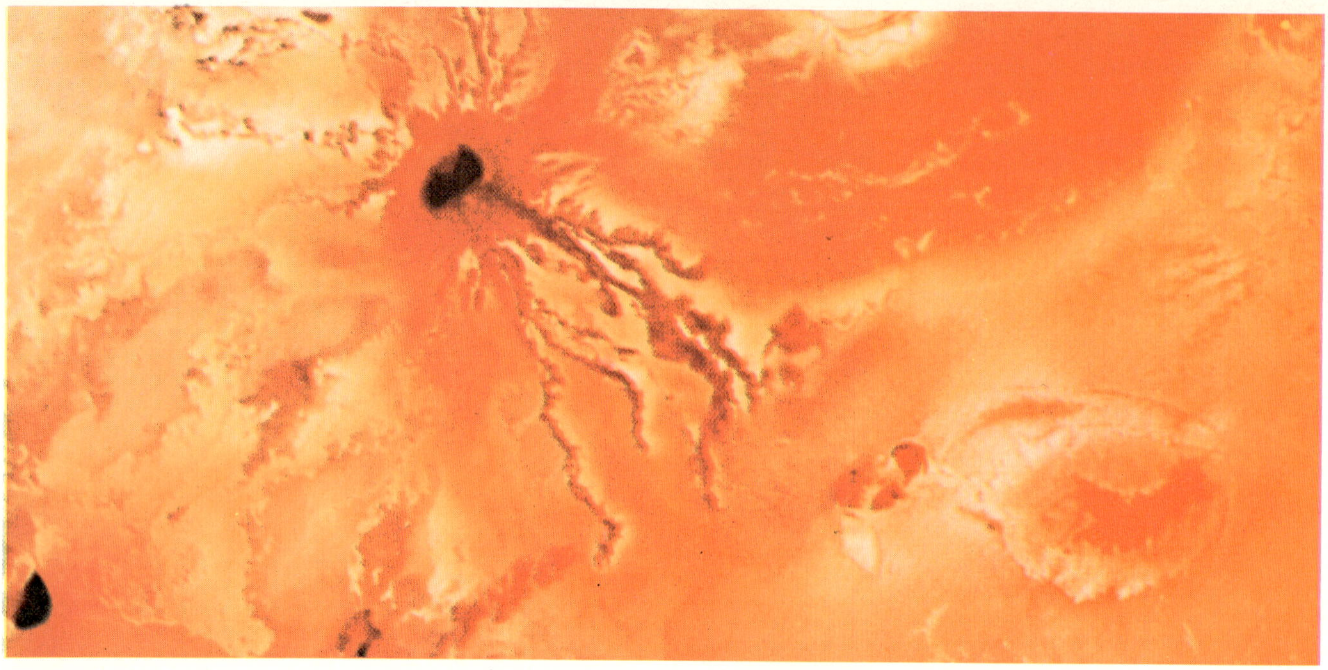

13. LES COULÉES DE LAVE RADIALES SUR IO entourant une caldeira noire (le cratère d'un volcan effondré), apparaissent sur cette photographie prise par *Voyager 1* juste avant son approche minimale du satellite. La résolution est d'environ deux kilomètres. À ce moment là, le premier panache volcanique n'avait pas encore été identifié. Les caldeiras ont constitué le premier indice pour expliquer l'absence de cratères d'impact ; on s'attendait en effet à voir ces derniers bien avant que *Voyager 1* ne parvienne à son approche minimale ; or, il n'y avait pas trace de cratères d'impact, même sur les photographies prises avec la meilleure résolution (600 mètres). Leur absence a ainsi montré que l'activité volcanique du satellite arase en moins d'un million d'années des structures dont la taille peut atteindre un kilomètre.

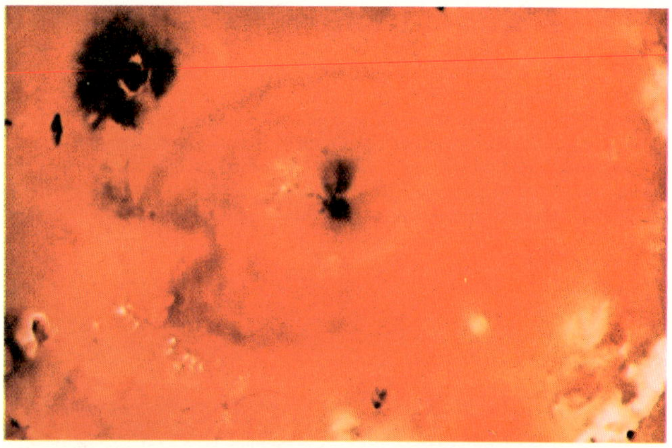

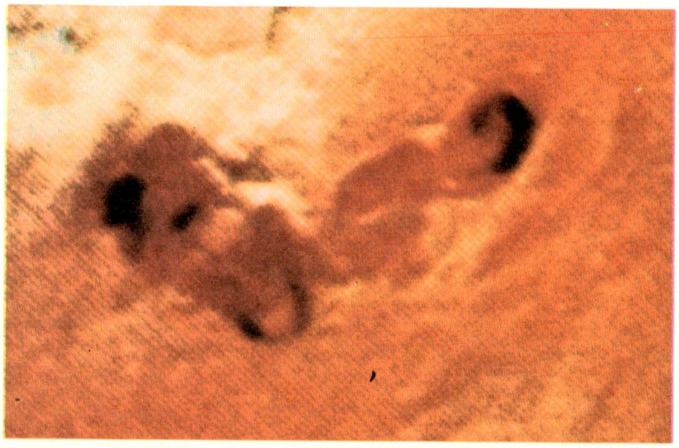

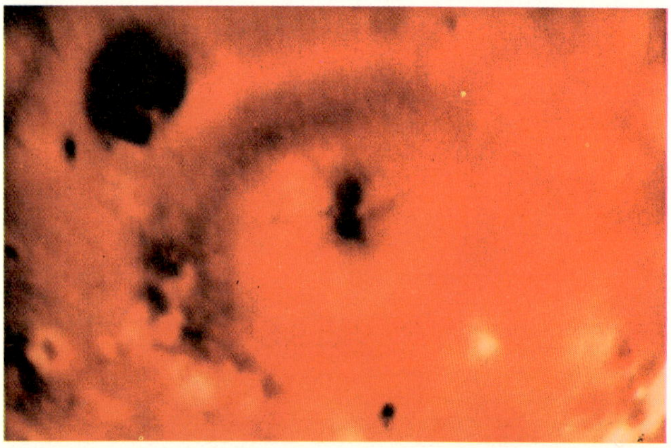

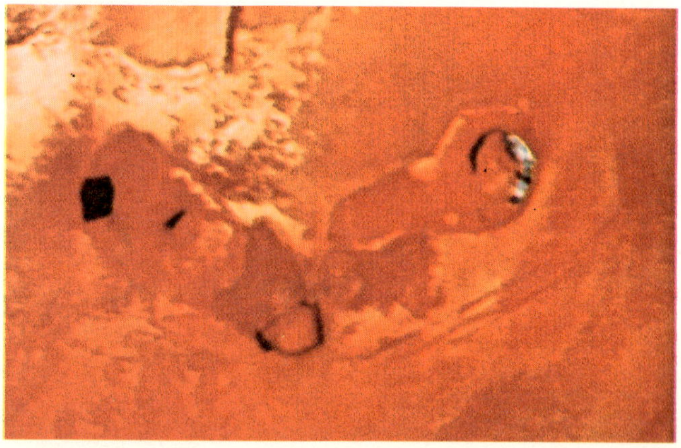

14. LE PLUS GRAND VOLCAN EN ACTIVITÉ DE IO, source du panache n° 1, est visible sur le cliché du haut réalisé par *Voyager 1*. La structure en forme de cœur s'étend sur environ 1 200 kilomètres dans sa plus grande dimension. Lorsque *Voyager 2* photographia cette région *(cliché du bas)*, la structure en forme de cœur avait laissé la place à une structure plus symétrique. D'autres clichés faits par *Voyager 2* montrèrent que les éruptions avaient cessé. La photographie du bas, prise à grande distance, a une résolution de 24 kilomètres ; la résolution du cliché du haut est meilleure (sept kilomètres).

15. TROIS CALDEIRAS DE IO sont représentées sur ces deux photographies prises par *Voyager 1* à six heures d'intervalle et à une distance respectivement égale à 374 000 et 130 000 kilomètres. Sur la première *(en haut)*, le fond des trois caldeiras ressort en noir. Sur la deuxième *(en bas)*, des taches lumineuses blanc-bleuté sont apparues dans la caldeira située le plus à droite. On peut expliquer ce phénomène de la façon suivante : du dioxyde de soufre liquide aurait jailli de l'intérieur du satellite et aurait explosé à la surface en un grand nuage de cristaux de glace et de gaz.

tibles d'entrer en jeu en différentes régions du satellite. Il est généralement admis que les couleurs vives observées à la surface de Io sont compatibles avec la présence d'une importante gamme de composés sulfureux stables dans le domaine des températures régnant à la surface de ce satellite (de 60 à 120 kelvins).

Europe

Europe était le satellite galiléen le plus éloigné de *Voyager 1* (732 270 kilomètres lors de l'approche maximale). Par suite, il fut photographié avec la moins bonne résolution, environ 33 kilomètres entre deux lignes pour les meilleures images. Cette résolution est comparable à celle d'une image de notre Lune qui occuperait le tiers de la hauteur d'un écran de télévision ordinaire. *Voyager 2*, en approchant Europe à moins de 204 000 kilomètres, a amélioré la résolution d'un facteur huit. Les images d'Europe prises par *Voyager 1* montrent une surface pratiquement blanche, parsemée de rayures, et des reliefs assez doux, peu contrastés. La zone équatoriale présente essentiellement deux types de sols : des régions tachetées sombres et des régions claires, toutes deux traversées par une série d'étroites rayures sombres, larges de quelques dizaines de kilomètres et s'étendant quelquefois sur plusieurs milliers de kilomètres.

Les images prises par *Voyager 2* avec une meilleure résolution, font ressortir ces rayures qui forment un vaste enchevêtrement de lignes entrecroisées *(voir figure 17)*. La partie du sol sombre et tacheté apparaît constituée d'une série de dépressions et de mésas qui s'emboîtent les unes dans les autres et dont les dimensions sont généralement de quelques kilomètres. Un grand nombre de ces dépressions pourraient être des cratères d'impact mais leur identification demeure incertaine.

On n'a identifié que trois cratères d'impact probables. Ils ont entre 18 et 25 kilomètres de diamètre et présentent des morphologies très différentes. L'un de ces cratères est tout récent et a la forme d'un bol. Le deuxième est peu profond et est entouré par une série de rayures sombres. Le troisième semble être élevé sur un piédestal, comme si la surface qui l'entourait avait été décapée. Sur quelques images, on soupçonne l'existence d'un grand nombre de cratères plus petits ayant quelques kilomètres de diamètre, en particulier le long du terminateur (zone située à la limite de la face éclairée du satellite). La surface d'Europe est vieille d'au moins plusieurs centaines de millions d'années, peut-être même de plusieurs milliards d'années.

L'absence de relief important le long de la limite (là où il aurait dû être le plus visible) laisse à penser que l'eau, le principal composé volatil du satellite, est remontée des profondeurs jusqu'à la surface, où elle a formé

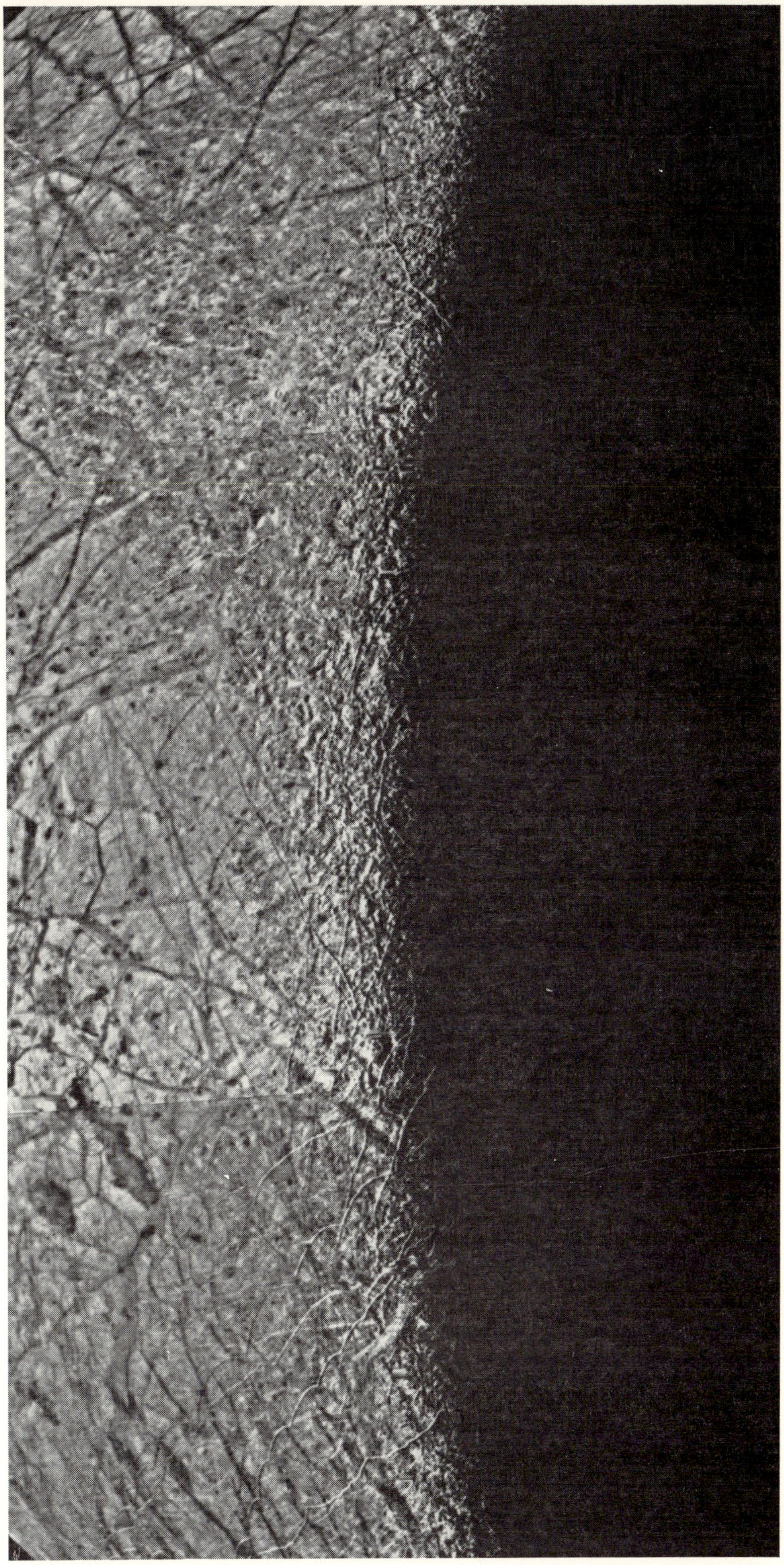

16. LES DÉTAILS DE LA SURFACE D'EUROPE sont vus à haute résolution (environ 3,8 kilomètres entre deux lignes de balayage) sur cette photographie prise par *Voyager 2*. La faible inclinaison des rayons solaires qui illuminent la surface nous permet d'estimer la hauteur des longues crêtes étroites à environ 100 mètres seulement au-dessus de la surface moyenne. C'est dans l'hémisphère Sud que ces crêtes sont les plus abondantes. La plus grande partie de la surface d'Europe est constituée d'un réseau de dépressions et de mésas. De nombreuses dépressions pourraient être des cratères d'impact, mais elles sont trop petites pour permettre une identification incontestable.

un épais manteau de glace, lissant ainsi le relief topographique. Un tel manteau épais de 100 kilomètres suffirait certainement pour masquer tout relief éventuel de la lithosphère de silicate.

Europe, comme tous les autres corps planétaires du système solaire, a probablement été créée par l'agrégation de matériaux qui entouraient le Soleil il y a quatre ou cinq milliards d'années. Ensuite, et toujours comme ses congénères, elle a été soumise à un intense bombardement de météorites, grandes et petites, pendant peut-être un demi-milliard d'années. Son aspect actuel reflète vraisemblablement cet intense bombardement initial et l'histoire thermique du satellite. En effet, si la couche de glace s'était formée et s'était rigidifiée par durcissement durant cette période de bombardement intensif, les marques des impacts seraient encore nettement visibles de nos jours. De toute évidence, la surface est donc restée chaude, souple et mouvante durant une longue période, suffisante en tous cas pour effacer toute trace de bombardement.

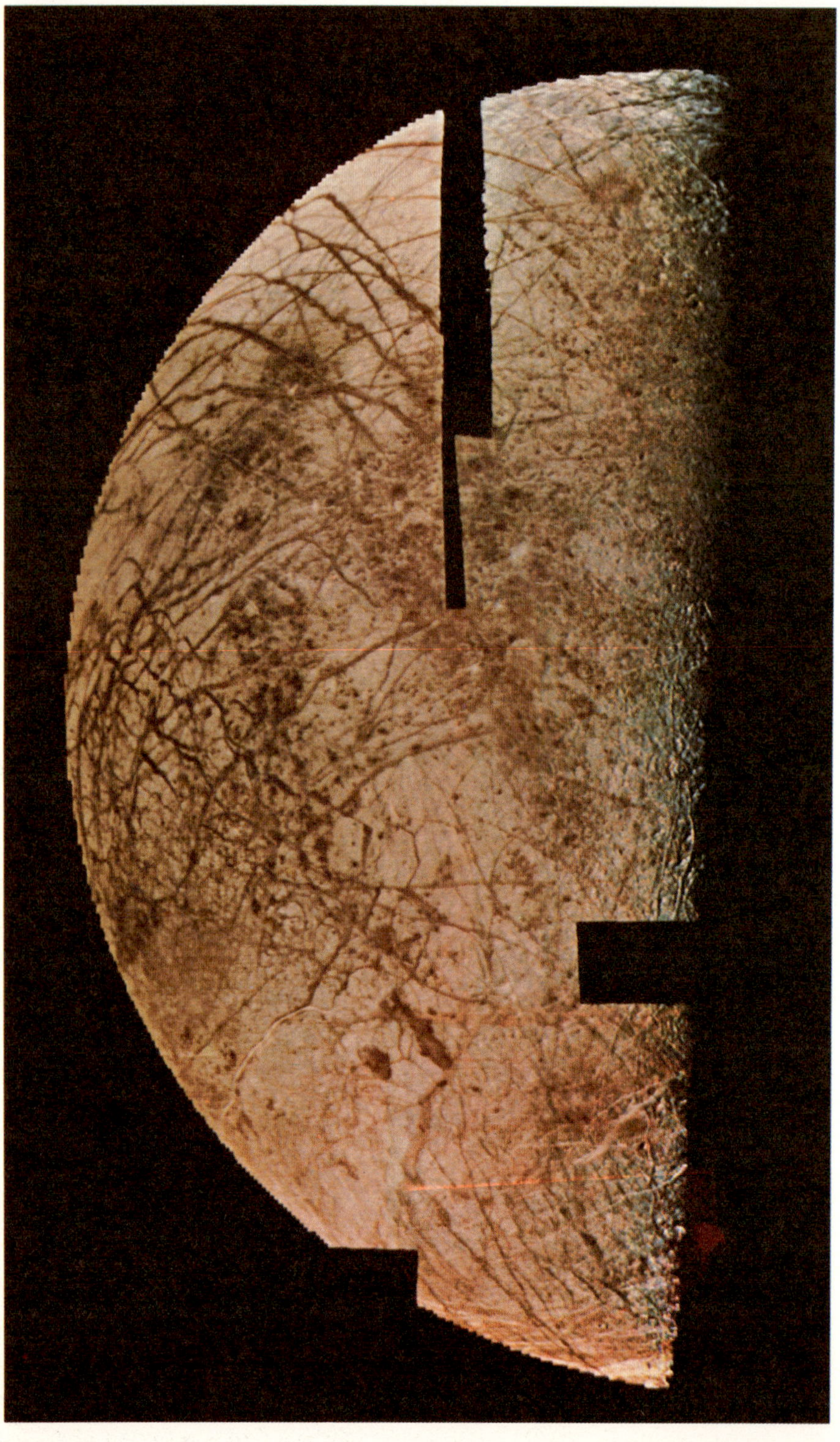

17. EUROPE est la deuxième lune après Io lorsqu'on s'éloigne de Jupiter. *Voyager 2* l'a photographiée avec une résolution maximale environ huit fois supérieure à celle obtenue par *Voyager 1*. Cette image prise par *Voyager 2* a une résolution maximale d'environ 4,3 kilomètres. Elle montre qu'Europe est rayée sur toute sa surface par des stries et des bandes qui pourraient être des fractures remblayées de la croûte de glace du satellite. L'eau, à l'état solide et liquide, constitue peut-être 20 pour cent environ de la masse d'Europe. L'albedo du satellite, c'est-à-dire la réflectivité de la surface, atteint presque 70 pour cent, soit dix fois l'albedo de la Lune (et deux fois celui de la Terre). Europe effectue une révolution autour de Jupiter en 3,55 jours, à une distance de 600 000 kilomètres.

On a proposé deux mécanismes pour expliquer comment la température de la surface du satellite avait pu se maintenir pendant cette période reculée. Il y a quelques années, Fraser Fanale et ses collaborateurs du *Jet Propulsion Laboratory*, émirent l'hypothèse que la chaleur dégagée par la désintégration d'éléments radioactifs aurait pu suffire à elle seule pour maintenir le manteau de glace d'Europe suffisamment tendre, voire liquide, et ce jusqu'à des profondeurs pouvant atteindre plusieurs dizaines de kilomètres. Récemment, P. Cassen et ses collaborateurs de la NASA ont émis une hypothèse tout à fait différente : la friction due à un effet de marée (analogue à celui que nous avons rencontré sur Io) aurait réchauffé Europe, à un degré moindre que Io cependant. Ces chercheurs ont également suggéré que les grandes raies sombres, visibles à la surface du satellite, pouvaient être des fissures créées par la dilatation accompagnant le gel des océans puis comblées. Toutefois, cette hypothèse n'explique peut-être pas l'accroissement de surface (compris entre 10 et 15 pour cent) qui résulte de la largeur de ces grandes marques sombres. En fait, on peut proposer bien d'autres modèles!

Ganymède et Callisto

Nous considérerons ensemble Ganymède et Callisto, les deux satellites galiléens les plus éloignés de Jupiter, car leurs propriétés sont assez voisines et parce que les *Voyager* ont montré que leurs surfaces ont, dans une certaine mesure, évolué parallèlement. Bien que Callisto soit le plus éloigné de Jupiter, nous commencerons par lui parce qu'il est plus simple à comprendre et que différentes étapes de son développement se retrouvent, à l'évidence, dans une partie des terrains les plus anciens de Ganymède.

Des images de l'hémisphère faisant face à Jupiter ont été prises avec une bonne résolution (entre 2,3 et 7 kilomètres entre deux lignes consécutives) au moment où *Voyager 1* passait à proximité de Callisto — à une distance de 124 000 kilomètres — *(voir figure 1)*. Sa surface est presque entièrement criblée de cratères; cependant, Callisto ne ressemble pas du tout à notre Lune car on ne distingue pas le moindre relief sur le limbe éclairé de Callisto. Sur la moitié gauche de l'hémisphère, on remarque principalement des anneaux concentriques autour d'une région circulaire brillante située à dix degrés au Nord de l'équateur et d'environ 600 kilomètres de diamètre. Les anneaux, distants les uns des autres de 50 à 200 kilomètres, s'étendent sur un rayon d'environ 1 500 kilomètres.

Dans la partie centrale de ce système d'anneaux, les cratères sont trois fois moins nombreux que partout ailleurs sur Callisto. A la périphérie du système, la densité de cratères est pratiquement la même que dans les autres régions, mais d'après les statistiques sur les anneaux qui coupent les cratères et les cratères qui chevauchent les anneaux, les deux tiers des cratères environ se formèrent avant que le système d'anneaux n'existât. De toute évidence, les cratères préexistants ont été effacés dans un rayon d'environ 350 kilomètres autour de la zone centrale et les cratères plus éloignés ont subsisté. Des cratères plus récents ont été formés à la fois sur le système d'anneaux et sur la zone centrale. L'explication la plus plausible est que le grand impact qui a créé les anneaux s'est produit très tôt dans l'histoire du satellite, à un moment où la croûte n'était pas assez rigide pour supporter le choc et conserver la structure topographique qu'ont d'ordinaire les grands bassins d'impact.

Les anneaux eux-mêmes ont pu être formés dynamiquement, au moment précis de l'impact d'un gros projectile ou, plus tard, en réponse à l'impact lorsque la région centrale a « rebondi » et que la surface aux alentours s'est réajustée. Plus tard, la couche de glace s'est rigidifiée en se solidifiant jusqu'à des profondeurs importantes. Nous allons voir qu'une telle structure, de taille comparable, a été en partie conservée dans les régions les plus anciennes de la croûte de Ganymède.

Les photographies prises par *Voyager 1*, alors qu'il s'approchait de Ganymède, montrent que ce satellite ressemble étonnamment à notre Lune. Toutefois on peut voir à cette échelle une structure ne ressemblant en rien à tout ce qui existe sur la Lune : il s'agit d'un entrelacement complexe de bandes brillantes, irrégulières, linéaires, interrompues ou ramifiées, qui sillonnent le disque du satellite dans tous les sens. A cette échelle, ces structures ressemblent peu aux rayons de cratères d'impact qui existent sur d'autres zones de la surface. A première vue on a pensé qu'il pouvait s'agir là de structures tectoniques.

Lorsque *Voyager 1* se rapprocha un peu plus de Ganymède, on put reconnaître essentiellement deux types de sols : des régions en forme de polygones, truffées de cratères et qui s'étendent sur quelques dizaines de kilomètres, entourées d'autres régions plus « jeunes », sillonnées par des rayures. Ces dernières régions sont situées à l'emplacement des structures linéaires brillantes observées à plus faible résolution; elles sont constituées d'une succession de crêtes et de failles parallèles, faiblement espacées, ayant chacune entre 5 et 15 kilomètres de large sur quelques centaines de kilomètres de long. En certaines régions, on compte jusqu'à 20 de ces crêtes et creux parallèles.

Dans les zones rayées de Ganymède, la densité des cratères est très variable : elle s'étage entre une densité égale à celle de la zone des cratères, jusqu'à une densité dix fois plus faible. Il en découle que la formation de ce terrain rainuré a débuté très tôt dans l'histoire du satellite et s'est poursuivie longtemps pendant la période de bombardement intense. La plus grande partie de ces zones rainurées a la forme d'une mosaïque de zones adjacentes, les sillons d'une zone se terminant brusquement à la frontière d'une zone adjacente. Dans certains cas cependant, plusieurs systèmes de sillons peuvent s'entrecroiser. Dans de telles situations, le système le plus ancien n'est pas déplacé par le plus jeune, ce qui fait supposer qu'il n'y a pas de mouvement latéral au cours du processus de formation des rainures. On a pensé que les rainures avaient été formées par un processus similaire à celui qui crée des filons d'intrusion dans la croûte terrestre : un matériau fluide aurait été injecté dans des failles puis se serait solidifié.

Les rencontres des deux *Voyager* avec Ganymède nous ont fourni des informations tout à fait complémentaires. *Voyager 1* observa l'hémisphère du satellite faisant face à Jupiter. Lorsque *Voyager 2* croisa le satellite, le vaisseau spatial était encore assez éloigné de Jupiter et il put donc photographier, avec une bonne résolution, l'hémisphère opposé de Ganymède *(voir figure 12)*. Sur les photographies de Ganymède prises par *Voyager 2*, la structure la plus remarquable est une grande région circulaire dont le terrain ancien et sombre porte l'empreinte de cratères. Cette région couvre à peu près un tiers de l'hémisphère; c'est la seule structure facilement identifiable depuis la Terre à l'aide de télescopes. Une série de grandes rayures brillantes, parallèles et légèrement incurvées, traverse cette région sombre. Sur les images de plus forte résolution, ces rayures ressemblent de façon frappante aux structures en anneaux observées sur Callisto. Des études ont montré que les rayures de Ganymède forment des cercles concentriques; toutefois, on ne trouve aucune trace d'existence, au centre de symétrie de ces anneaux, d'une zone d'impact brillante identique à celle de Callisto. Manifestement, la formation des terrains les plus jeunes, et d'abord des terrains rainurés, a effacé les traces d'un ancien site d'impact.

Les systèmes d'anneaux de Ganymède et de Callisto présentent de nombreux points communs; sur Callisto cependant les anneaux sont des crêtes à sommet aplati, alors que sur Ganymède il

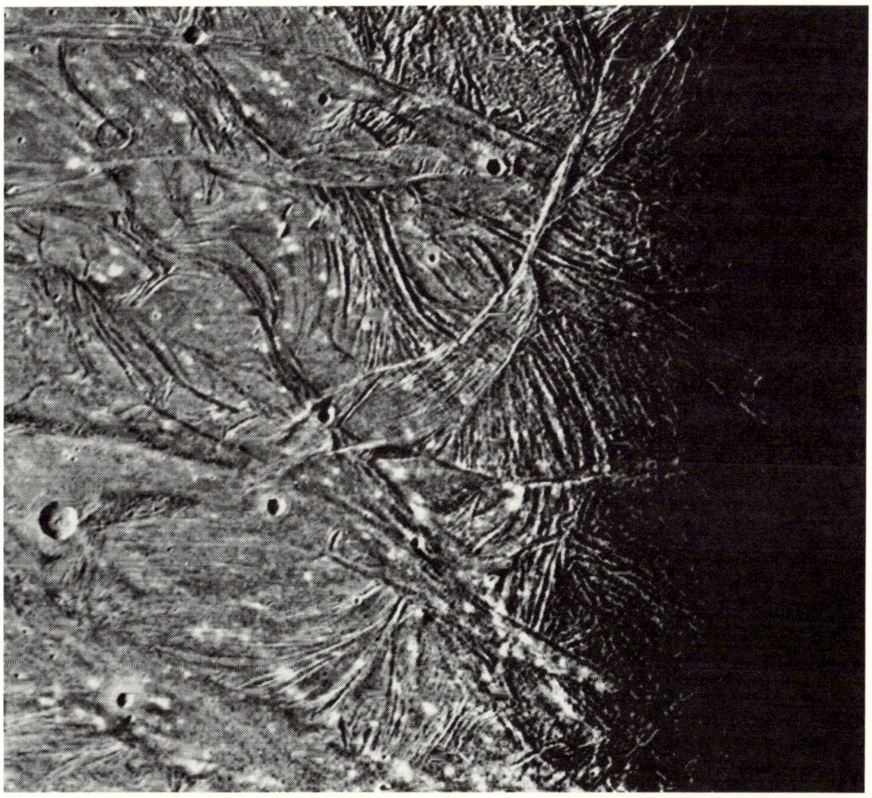

18. CE SOL RAINURÉ ET TOURMENTÉ est un trait caractéristique de Ganymède. Cette photographie a été prise par *Voyager 1* le long du terminateur, à une distance de 135 000 kilomètres et avec une résolution d'environ 2,4 kilomètres. Les crêtes parallèles et étroitement espacées, ainsi que les failles, ont des largeurs comprises entre 5 et 15 kilomètres. Les rangées de sillons les plus anciennes peuvent être coupées par des rangées plus jeunes. Dans la région qui apparaît ici, le terrain rainuré a totalement remplacé l'ancienne croûte sombre criblée de cratères.

s'agit de sillons. Cette structure en sillons donne une idée de l'aspect que devaient présenter les crêtes de Callisto, avant qu'elles aient été remblayées. De telles différences pourraient refléter certaines différences dans l'histoire des deux satellites, notamment des différences dans la solidité de la croûte initiale, la chronologie du refroidissement et de la congélation, et dans les matériaux fluides susceptibles d'être extrudés.

Une autre observation importante est la grande variété d'aspects des cratères d'impact sur Ganymède. Certains cratères paraissent récents et jeunes; à l'opposé d'anciennes formes circulaires ne sont guère que des « fantômes » ou des taches sur l'ancienne croûte. Il est clair que les plus brillants des anciens cratères se sont formés à une époque où la croûte de Ganymède était trop chaude et trop molle pour conserver l'empreinte des impacts qui les ont formés. Une analyse fine montre que le relief des cratères est d'autant mieux conservé que ces cratères sont jeunes ou petits. Eugène Shoemaker et ses collaborateurs du Service géologique des États-Unis en ont conclu que d'après la taille et la forme des cratères des anciens terrains de Ganymède et de Callisto, on pouvait reconstituer l'évolution du gradient thermique et de la solidité de la couche superficielle de la croûte en fonction du temps, à l'époque où les deux corps commençaient à se refroidir.

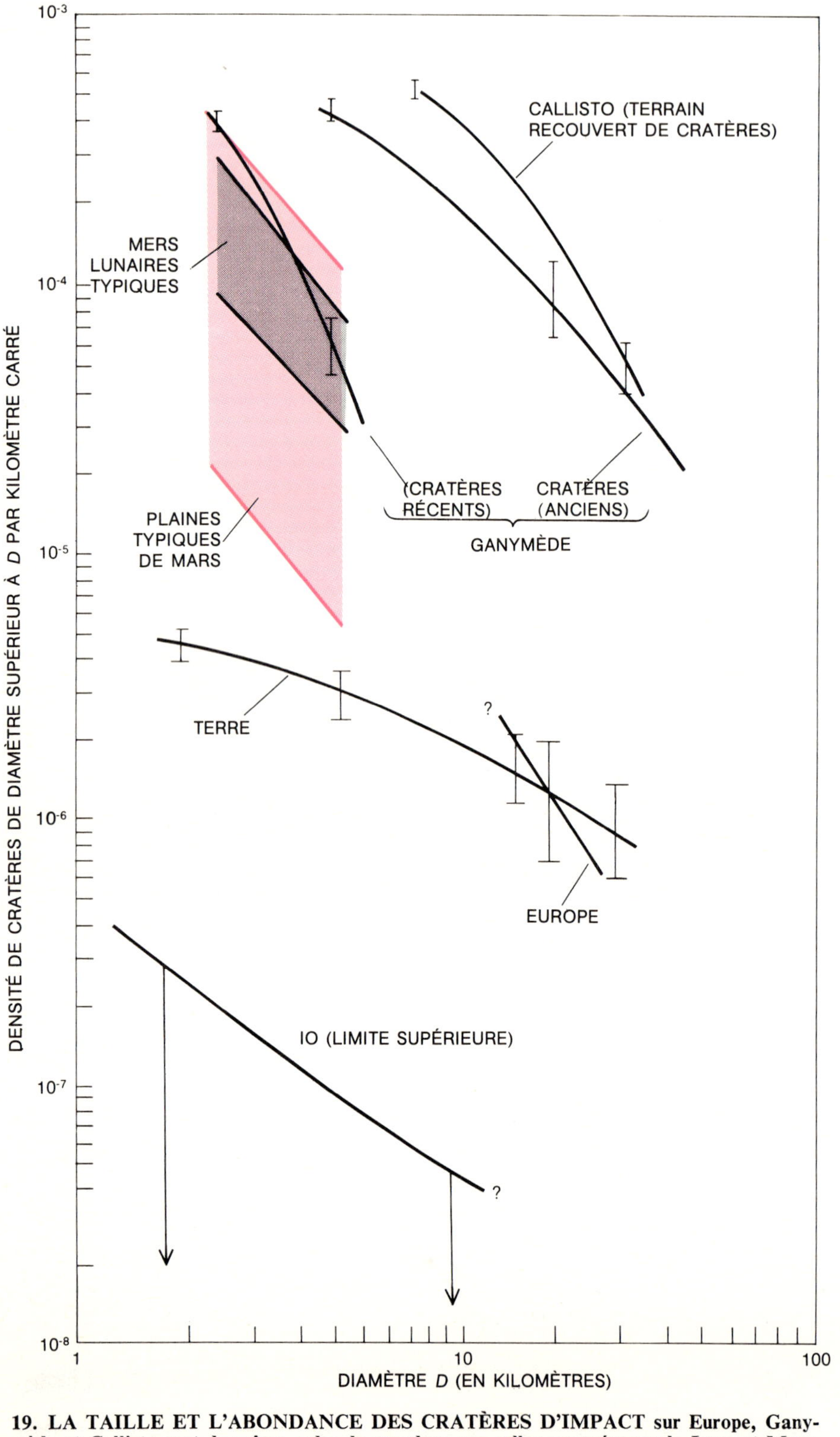

19. LA TAILLE ET L'ABONDANCE DES CRATÈRES D'IMPACT sur Europe, Ganymède et Callisto sont du même ordre de grandeur que celles mesurées sur la Lune et Mars. Io toutefois n'a pas de cratères d'impact de taille supérieure à la limite de résolution des images prises par *Voyager*, soit environ un kilomètre. La courbe obtenue pour Europe est très incertaine car seuls trois cratères ont pu être identifiés avec certitude. Les estimations des cratères d'impact sur la Terre sont dues à Richard Grieve et Michael Dence du département canadien de l'énergie, des mines et des ressources.

La découverte, faite par *Voyager 2*, d'un grand bassin d'impact récent à proximité du pôle Sud de Ganymède, constitue une preuve supplémentaire des importants changements qui ont affecté la solidité et la rigidité de la croûte du satellite. Ce bassin ressemble à certains des grands bassins d'impact observés sur les planètes plus proches du Soleil. Sur des photographies à grande résolution on voit que le bassin à fond plat est entouré de massifs montagneux et d'un tapis de matériaux éjectés; cela montre qu'à l'époque où le bassin s'est formé, la croûte était suffisamment solide pour supporter un relief montagneux important. Le fait qu'un grand nombre de cratères soient superposés sur le bassin indique que ce dernier fut formé au cours du premier milliard d'années ayant suivi l'agrégation de Ganymède : à cette époque le satellite était encore bombardé par des projectiles de taille importante. La croûte s'est sans doute refroidie rapidement et a gelé au cours des premières centaines de millions d'années de l'existence du satellite.

En comparant Ganymède et Callisto, nous pouvons reconstituer les grandes lignes de l'évolution de Ganymède depuis sa formation. Nous pouvons supposer qu'au début la surface du satellite était molle, glacée et sombre et ressemblait à la surface actuelle de Callisto. L'immense réseau de rayures parallèles, légèrement courbées, dans l'hémisphère Nord a été créé lorsqu'une grande météorite percuta la croûte molle, engendrant des oscillations et des contraintes qui fracturèrent la croûte en cet énorme système d'anneaux concentriques. L'eau remplit alors les fractures et gela. Plus tard, des calottes polaires se créèrent et lentement un terrain couvert de sillons commença à se former et à se développer. Des décalages dans l'alignement des sillons apparurent lorsque des parties de la croûte glissèrent suivant une direction oblique par rapport aux sillons. Puis la croûte est devenue suffisamment rigide pour conserver de façon durable la marque des impacts de météorites. Un bassin d'impact récent, près du pôle Sud, et un grand cratère traversé de stries lumineuses, près de l'équateur, furent les dernières structures de grande taille vues par *Voyager 2* sur cet hémisphère opposé à Jupiter. Durant les quelques milliards d'années qui suivirent les événements que nous venons de décrire, le satellite Ganymède, à l'évidence, ne s'est plus modifié.

L'histoire révélée par les cratères

L'un des principaux objectifs de la planétologie est de comparer le passé géologique des planètes de type terrestre et des satellites du système solaire, tel que le révèlent les images détaillées envoyées par les vaisseaux spatiaux. Pour établir les échelles de temps relatives à partir des photographies, on recense les cratères d'impact, en supposant simplement que plus la surface est vieille, plus les cratères sont nombreux. Il est beaucoup plus difficile d'établir des échelles de temps absolues à partir du recensement des cratères, car il faudrait pour cela connaître le taux de formation de cratères pour chacun de ces objets.

On sait aujourd'hui de façon assez précise comment les taux de formation de cratères diffèrent d'une partie à l'autre du système solaire. Des modèles de taux de formation de cratères par impact d'astéroïdes (et dans une moindre mesure, de comètes), ainsi que des observations de densités de cratères sur différents objets, montrent que les taux moyens durant ces derniers milliards d'années ont été pratiquement les mêmes à, au plus, un facteur deux près, sur Mercure, Mars, la Terre et la Lune.

Cependant, E. Shoemaker a émis l'hypothèse que durant les derniers milliards d'années, les taux de formation de cratères sur les satellites de Jupiter auraient été nettement plus faibles que ceux de la région centrale du système solaire, peut-être d'un facteur compris entre 10 et 100. Son raisonnement est le suivant : bien que les astéroïdes soient déviés hors du centre du système solaire en direction de l'orbite de Jupiter, ils sont probablement à nouveau déviés vers d'autres régions du système solaire, ceci en raison du fort champ gravitionnel de Jupiter. Par suite, ils auront peu de chance d'entrer en collision avec Jupiter ou ses satellites. Si cela est, le flux de petits objets traversant le système de Jupiter est essentiellement constitué de comètes périodiques qui sont dix fois, voire 100 fois moins nombreuses que les astéroïdes.

Un autre facteur intervenant dans le taux de formation des cratères sur les satellites est l'énorme masse de Jupiter : en effet, celle-ci augmente considérablement la vitesse des objets qui pénètrent dans son champ gravitationnel. Ainsi, un objet de taille donnée entrant en collision avec un satellite aura tendance à produire un cratère plus grand quand ce satellite est proche de Jupiter que s'il en est plus éloigné. Cet accroissement de vitesse est négligeable pour Callisto, mais il est environ d'un facteur deux pour Ganymède, trois pour Europe et cinq pour Io.

Quand on note la taille des cratères en fonction de la répartition des fréquences d'impact, pour les satellites galiléens et pour des objets représentatifs de la partie la plus centrale du système solaire, on remarque que les courbes pour Ganymède et Callisto sont assez semblables à celles de la Lune ou de Mars *(voir figure 19)*. En revanche, Europe (sur la base de trois seuls cratères probables) et la Terre ont entre 10 et 50 fois moins de cratères de taille donnée que les autres corps célestes. Il n'est pas exclu qu'Europe ait un grand nombre de cratères (dont le diamètre serait inférieur à 15 kilomètres), mais on n'a aucune preuve de leur existence. Comme nous l'avons vu, Io n'a aucun cratère de diamètre supérieur à la limite de résolution des photographies prises par *Voyager*. Le faible taux de cratères sur la Terre résulte, sans aucun doute, d'une grande difficulté à identifier de petits cratères et des phénomènes d'érosion.

Nous pouvons maintenant tirer les conclusions générales suivantes : les terrains truffés de cratères de Ganymède et de Callisto, tout comme les zones de cratères de la Lune, de Mars et de Mercure, doivent nécessairement dater de la période de bombardement intensif, il y a quatre milliards d'années environ; évidemment, les terrains « hachurés » de Ganymède ont commencé à se former avant la fin de ce bombardement intensif.

On peut obtenir une limite inférieure aux taux de formation de cratères récents, de la façon suivante : tout d'abord, l'âge de la surface d'Europe ne dépasse certainement pas quatre milliards d'années environ, sinon elle porterait encore les cicatrices de grands cratères anciens qui se seraient formés lors du bombardement intensif de cette époque. Le fait que trois cratères se soient formés en quatre milliards d'années impose une limite inférieure au flux d'objets susceptibles de former des cratères au voisinage d'Europe : cette limite est égale à environ un dixième du flux au voisinage de la Lune. Ce résultat corrobore l'estimation que fait E. Shoemaker du flux au voisinage d'Europe, et on pourrait en conclure que la surface d'Europe est vieille de plusieurs milliards d'années. A l'autre extrême, l'âge de la surface d'Europe ne pourrait être inférieur à peut-être 100 millions d'années, sinon le flux au voisinage de ce satellite aurait dû être beaucoup plus grand qu'au voisinage de la Lune. Quant à Io, quelles que soient les estimations de flux, l'absence totale de cratères signifie simplement que sa surface est la plus jeune et la plus dynamique qui ait jamais été observée dans le système solaire!

Les satellites de Saturne

La diversité de l'histoire géologique des 17 corps glacés qui gravitent autour de Saturne est étonnante. Certains sont couverts de cratères vieux de plus de quatre milliards d'années, alors que l'un d'eux, Encelade, possède des régions très jeunes dépourvues de cratères.

par Laurence Soderblom et Torrence Johnson

Avant que la sonde *Voyager 1* ne s'approche de Jupiter, en mars 1979, nous ne connaissions que cinq membres du système solaire (excepté la Terre) avec suffisamment de détails pour pouvoir formuler des hypothèses sur leur histoire. Ces corps (Mercure, la Lune, Mars et ses satellites Phobos et Deimos) sont essentiellement constitués de roches. L'exploration de Jupiter et de ses satellites doubla cette liste, en y introduisant des satellites constitués surtout de glace, et de taille comparable à celle des planètes.

La visite du système de Saturne permit de doubler à nouveau cette liste. Au mois de novembre 1980, *Voyager 1* passa à 7000 kilomètres seulement de Titan, le plus gros des satellites de Saturne. Il passa plus loin des petits satellites, Mimas, Dioné et Rhéa mais nous retransmit cependant des images à haute résolution de chacun d'eux. A cette époque, on avait déjà programmé la trajectoire de *Voyager 2* pour que la sonde passe plus près que *Voyager 1* de Japet, Hypérion et Phoebé et s'approche très près de Téthys et d'Encelade. Dans les mois qui précédèrent l'arrivée de *Voyager 2* au voisinage de Saturne, en août dernier, le programme d'observations prévu fut révisé pour fournir des données sur plusieurs satellites récemment découverts, dont trois par *Voyager 1*. En dépit d'une panne momentanée du dispositif de pointage des caméras embarquées sur *Voyager 2*, la mission fut un plein succès. En quelques mois, les satellites de Saturne se sont véritablement révélés : avant novembre 1980, ceux que nous connaissions n'étaient que des points lumineux au télescope ; maintenant ils font partie d'un ensemble de 17 mondes nouveaux.

Les propriétés générales des satellites de Saturne

Nous pouvons faire plusieurs remarques d'ordre général sur les satellites de Saturne. Tout d'abord, un seul d'entre eux présente une atmosphère appréciable : il s'agit de Titan dont l'atmosphère est opaque à la lumière visible. Ainsi, comme il est impossible d'observer la surface de Titan, nous disposons de peu d'informations directes sur l'évolution géologique de ce satellite. D'autre part, on peut montrer par le calcul que tous les satellites de Saturne, excepté les trois plus éloignés de la planète, doivent être en rotation synchrone, c'est-à-dire présenter toujours la même face à Saturne, comme le fait la Lune autour de la Terre. En effet, dans chacun de ces cas, la force de gravitation de la planète provoque un renflement sur le satellite dû à l'effet de marée : l'attraction gravitationnelle entre ce renflement et la planète agit alors comme un couple qui ralentit la rotation du satellite jusqu'à ce que celle-ci devienne synchrone. Les photographies prises par *Voyager* suggèrent que tous les satellites, sauf un ou peut-être deux, sont effectivement en rotation synchrone. Nous savons que Phoebé, le satellite le plus extérieur, n'est pas en rotation synchrone car il est trop petit et trop éloigné de la planète pour que les forces de marées modifient notablement sa rotation propre. La période de rotation propre de Phoebé est de neuf heures, tandis que sa période orbitale est de 13 211 heures, soit 1,5 année. Hypérion, le troisième satellite par ordre d'éloignement décroissant (*voir la figure 2*), constitue peut-être la seconde exception ; les images d'Hypérion prises par *Voyager 2* ne couvrent qu'une petite partie de l'orbite du satellite et ne permettent pas de déterminer si la rotation d'Hypérion est synchrone.

Enfin, tous les satellites de Saturne, sauf deux, forment un système ordonné, c'est-à-dire que leurs orbites sont presque circulaires et se trouvent dans le plan équatorial de la planète. A cet égard, les deux exceptions sont les deux satellites les plus éloignés : Japet, dont l'orbite est inclinée de 14,7 degrés par rapport au plan équatorial, et Phoebé dont l'inclinaison de l'orbite est de 150 degrés. De plus, le mouvement orbital de Phoebé autour de Saturne est rétrograde (c'est-à-dire dans le sens des aiguilles d'une montre), alors que le mouvement orbital de tous les autres satellites est direct (sens opposé à celui des aiguilles d'une montre). On connaît trois systèmes de satellites ordonnés dans le système solaire : les satellites intérieurs de Jupiter, les satellites extérieurs de Saturne et les cinq satellites connus d'Uranus. Le fait que toutes ces planètes possèdent des anneaux n'est certainement pas une coïncidence. En effet, les anneaux et le système ordonné de satellites seraient des sous-produits naturels de l'accrétion d'une planète géante. En tous cas, chacun de ces

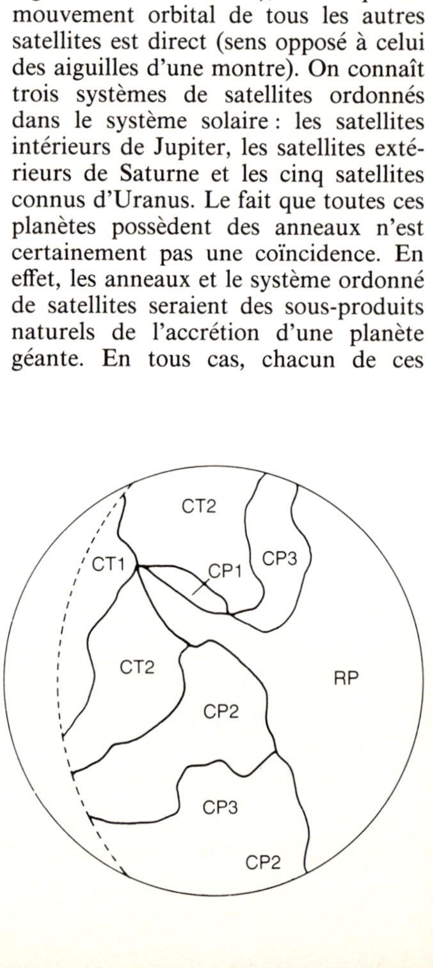

1. LE SATELLITE ENCELADE a été photographié par la sonde *Voyager 2* le 25 août 1981 ; son diamètre est d'environ 500 kilomètres. Cette photographie, prise à une distance de 119 000 kilomètres, a été traitée par ordinateur de façon à faire ressortir la topographie. On distingue six types de terrains différents. Les terrains couverts de nombreux cratères (*CT1* et *CT2*) sont les plus anciens ; ces cratères témoigneraient du bombardement d'Encelade par des débris en orbite autour de Saturne. Ces débris seraient des résidus de l'accrétion de la planète, de ses satellites et de ses anneaux. Les plaines *CP1*, *CP2* et *CP3*, qui possèdent aussi des cratères, ont un âge intermédiaire. La plaine « ridée » *RP* est la plus jeune ; d'après certaines hypothèses, elle serait dépourvue de cratères parce que constituée de matériaux récemment remontés à la surface.

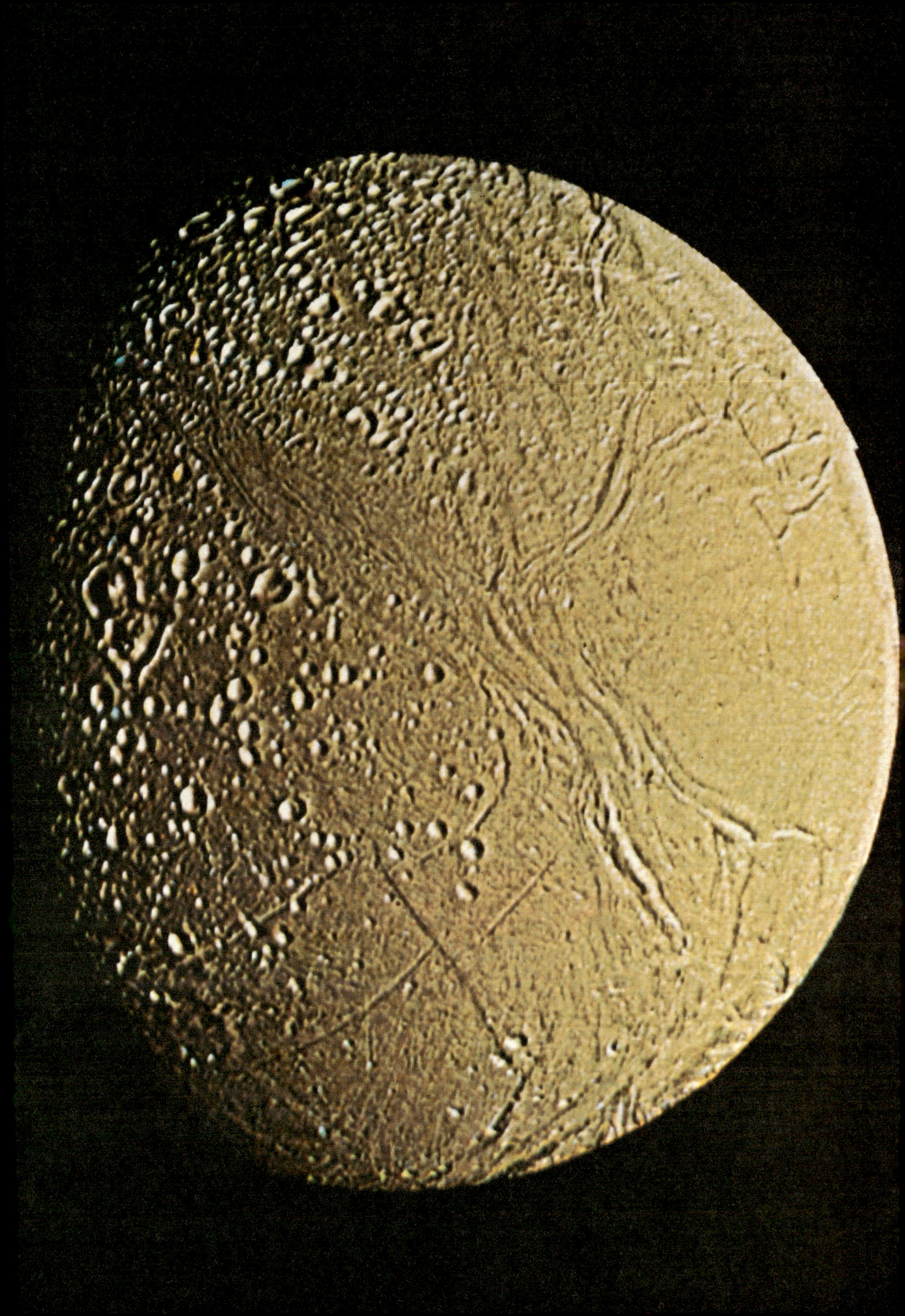

systèmes s'est vraisemblablement formé à partir du gaz, de la glace et de la poussière qui existaient autour de chaque planète naissante, tout comme se sont formées (à plus grande échelle) les planètes autour du Soleil.

Avant les missions *Voyager*, les observations au télescope avaient montré que, de tous les satellites de Saturne, seul Titan a une dimension comparable à celle des quatre satellites galiléens de Jupiter ; les autres satellites sont plus petits que la Lune. Les photographies de *Voyager* montrent que les tailles de ces satellites sont comprises entre celle des astéroïdes et celle de Mercure. Il est encore difficile de préciser la masse des satellites de Saturne. En analysant les interactions gravitationnelles entre les différents satellites, on a obtenu les valeurs de certaines masses, et le suivi des perturbations gravitationnelles affectant les trajectoires des deux sondes *Voyager* au voisinage des satellites a fourni de nouvelles valeurs et précisé les données précédentes. Ces différentes mesures montrent que la densité de tous les satellites de Saturne est inférieure à deux grammes par centimètre cube. De fait, plusieurs satellites ont une densité inférieure à 1,5 gramme par centimètre cube. De telles valeurs suggèrent que ces satellites sont constitués essentiellement de glace. Pour la plupart des satellites, une composition pondérale de 30 à 40 pour cent de roche et 60 à 70 pour cent de glace devrait correspondre à la densité calculée. Seul Titan est suffisamment gros pour que l'effet d'autocompression gravitationnelle ait modifié sa densité de façon appréciable. Si l'on tient compte de cet effet, la densité estimée de Titan – 1,9 gramme par centimètre cube – est compatible avec un mélange en parties égales de roches et de glace.

Nous allons voir que d'un certain point de vue ces densités calculées sont curieuses. En effet, on observe que la densité des planètes du système solaire tend à augmenter lorsqu'on se rapproche du Soleil ; de même, la densité des satellites de Jupiter tend à augmenter quand on se rapproche de la planète. Ce phénomène serait dû à l'influence de la chaleur dégagée par le corps central sur le gaz et les poussières qui l'entouraient à l'époque où se formèrent ses satellites. Dans le cas de Jupiter, il semble qu'en quantité notable la glace ait été instable à des distances radiales inférieures à celle de l'orbite actuelle de Ganymède.

Or, même si l'on tient compte d'éventuelles incertitudes dans les mesures, on n'observe pas de tendance semblable en

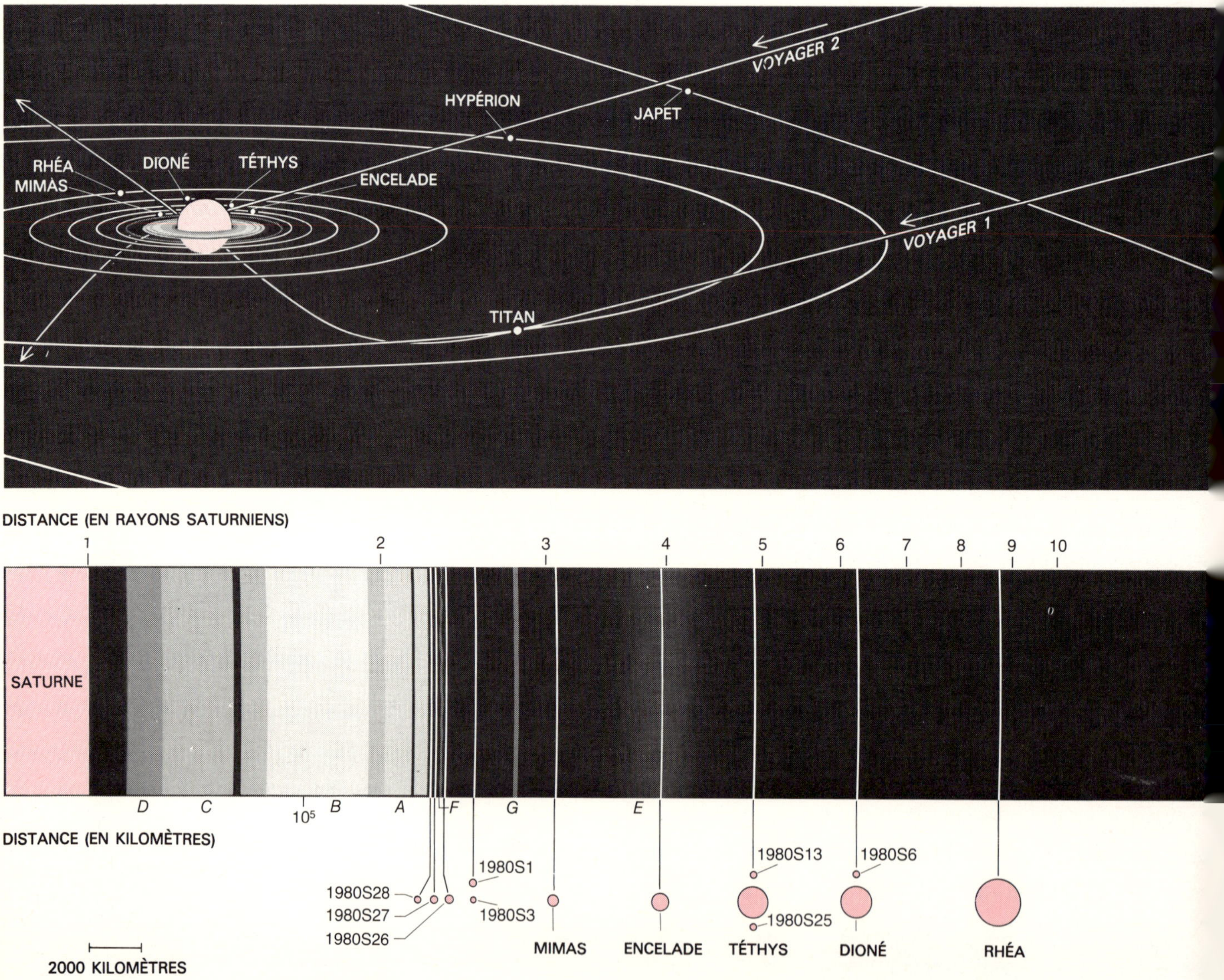

2. LES SATELLITES CONNUS DE SATURNE sont au nombre de 17. Le schéma du haut représente leurs orbites. Tous ces corps, à l'exception de deux d'entre eux, se trouvent dans le plan équatorial de la planète, qui est confondu avc celui des anneaux. Les deux exceptions sont Japet (dont l'orbite est inclinée de 14,7 degrés) et Phoebé (dont l'orbite est inclinée de 150 degrés). La rotation de Phoebé autour de Saturne se fait dans le sens des aiguilles d'une montre ; les autres satellites parcourent leurs orbites dans le sens contraire. Cette illustration indique également les trajectoires suivies respectivement par *Voyager 1* en novembre 1980 et *Voyager 2* en août 1981. Le schéma du bas représente les orbites des satellites sur une échelle logarithmique ; les nombres indiqués sur cette échelle ce qui concerne la densité des satellites de Saturne. Au lieu de cela, les valeurs dont nous disposons actuellement correspondent à une composition en roches et glace identique pour tous les satellites (avec des variations à peu près aléatoires par rapport à la proportion moyenne). D'autre part, les densités des satellites de Saturne sont généralement inférieures à celles des satellites de Jupiter. Ceci suggère une proportion plus importante de glace. Des modèles de l'évolution de Saturne, réalisés par J. Pollack et ses collaborateurs au Centre de Recherches *Ames* de la NASA, expliquent cette pénurie relative en matériaux rocheux : ceux-ci auraient été balayés vers l'intérieur de la planète naissante (Saturne) lors de sa contraction, avant même que les satellites ne commencent à se former, il y a 4,5 milliards d'années.

Quoi qu'il en soit, l'aspect de la surface des satellites de Saturne suggère la présence de glace. Des spectres dans le proche infrarouge de la lumière solaire réfléchie par ces satellites indiquent des absorptions aux longueurs d'onde caractéristiques de la glace. En outre, des mesures effectuées par *Voyager* montrent que la plupart des satellites réfléchissent entre 60 et 90 pour cent du rayonnement incident. Encelade, avec un albedo, ou réflectance, de presque 100 pour cent est le corps le plus réfléchissant du système solaire. S'il était aussi proche du Soleil que notre Lune, il serait cinq fois plus brillant qu'elle car la glace est fortement réfléchissante.

L'omniprésence de la glace dans le système solaire extérieur n'est pas vraiment surprenante. D'une part, la pression de vapeur de la glace (c'est-à-dire la tendance qu'a la glace à se sublimer et à se transformer en vapeur) dépend beaucoup de la température. Ainsi, une masse de glace libre se trouvant en deça de la ceinture d'astéroïdes (située entre les orbites de Mars et de Jupiter) s'évaporera en un laps de temps très court comparé à l'âge du système solaire. A plus grande distance, cette masse de glace sera stable pendant des milliards d'années. De plus, la plupart des modèles qui expliquent la formation du système solaire prévoient que l'eau devrait être un des constituants principaux d'un corps accrété à basse température.

Si un gaz de composition identique à celle du Soleil est refroidi sous les conditions de pression et de température supposées celles du système solaire primitif, une partie de l'oxygène du gaz se combinera avec du silicium pour former des roches silicatées à des

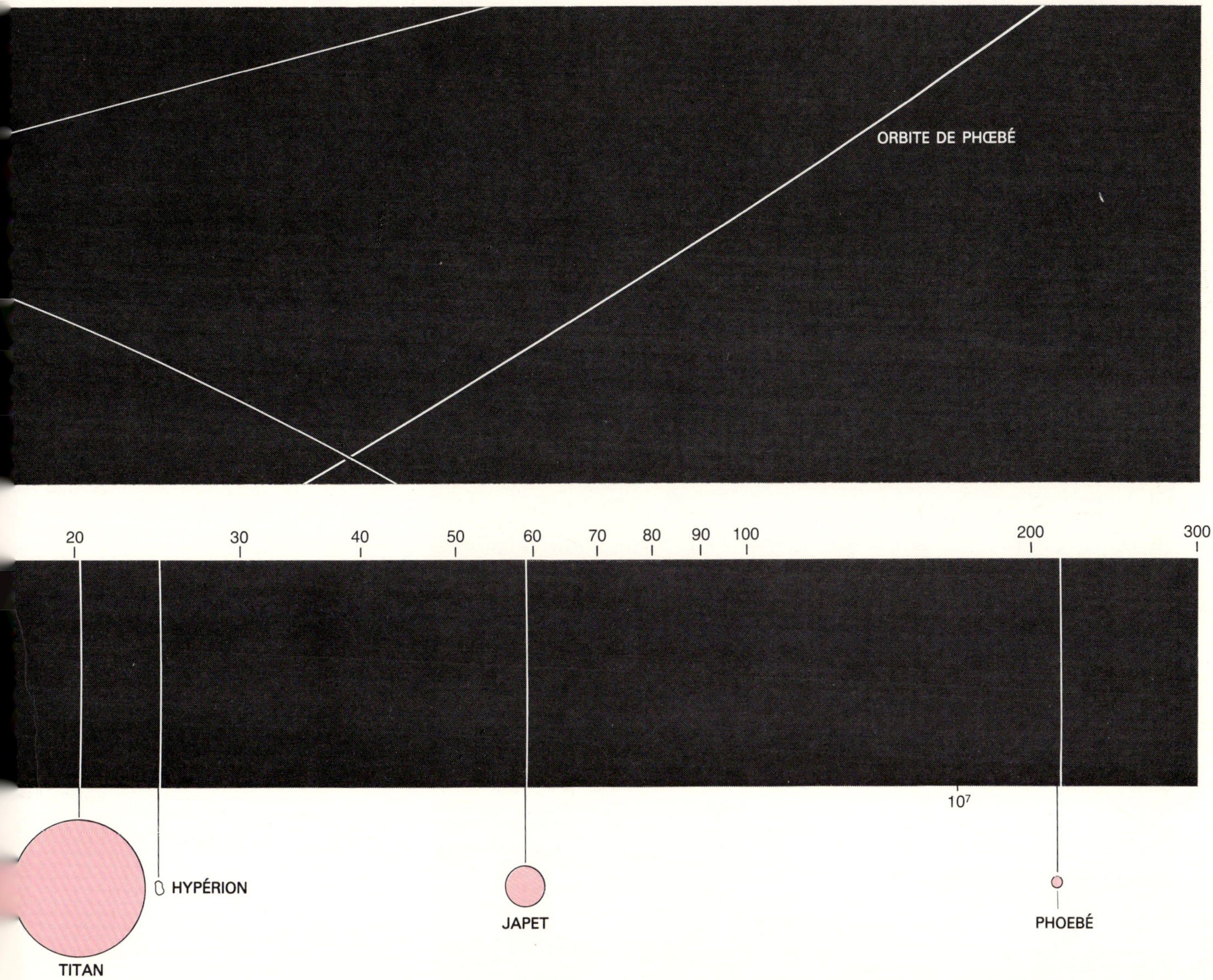

sont des distances par rapport au centre de Saturne. Tous les satellites découverts récemment ont un comportement dynamique assez capricieux. Le satellite 1980S28 se trouve à proximité du bord externe de l'anneau *A* ; 1980S27 et 1980S26 entourent l'anneau *F* et 1980S1 et 1980S3 sont « co-orbitaux ». Enfin, 1980S13 précède Téthys de 60 degrés, 1980S25 suit Téthys de 60 degrés et 1980S6 précède Dioné de 60 degrés. Chacun de ces trois corps occupe une position stable étudiée au XVIIIe siècle par le mathématicien Joseph Louis Lagrange et appelée un point de Lagrange. Ce sont les premiers satellites lagrangiens que l'on connaisse. Au-dessous de ce schéma, on a représenté les tailles respectives des divers satellites de Saturne.

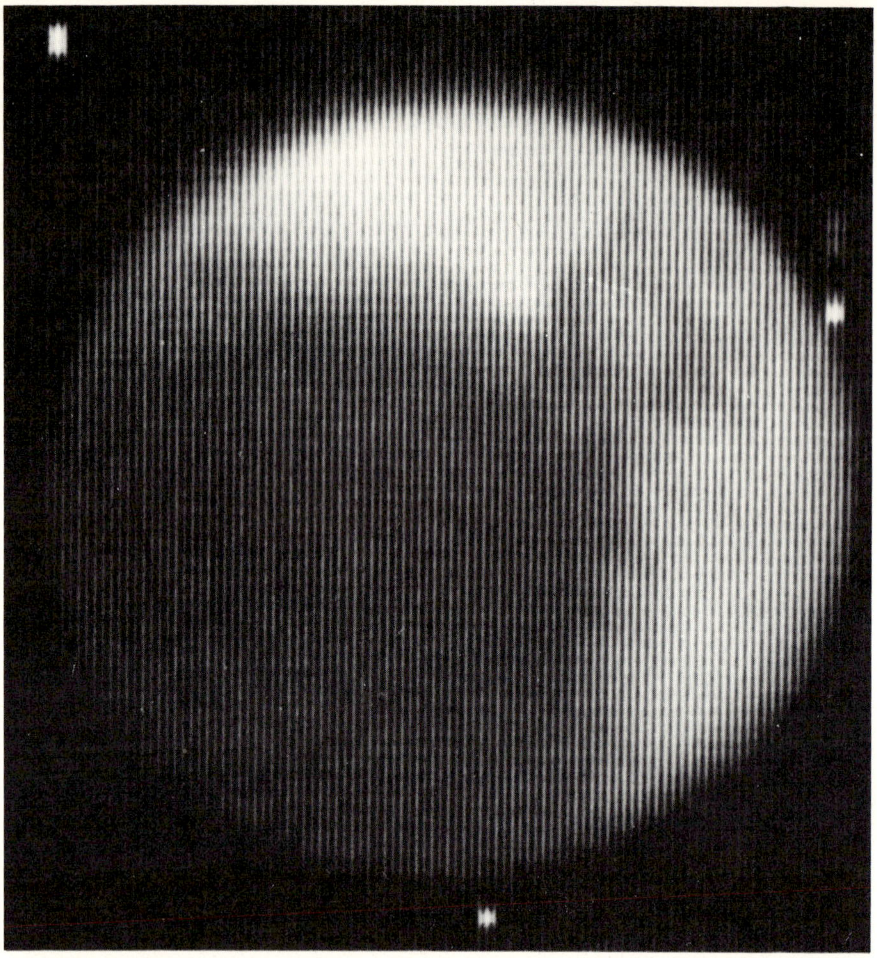

températures relativement élevées. Cependant, il restera une quantité importante d'oxygène après l'épuisement du silicium élémentaire ; la température continuant à décroître, cet oxygène se combinera avec l'hydrogène, l'élément le plus abondant du gaz primitif : c'est ainsi que se formera l'eau. De tels modèles suggèrent qu'un satellite se condensant à basse température devrait avoir les mêmes proportions relatives de roches et de glace que celles déduites des estimations de densité des satellites de Jupiter et de Saturne.

On pourrait croire qu'un satellite de glace ne présente guère plus d'intérêt (géologiquement parlant) qu'un glaçon couvert de cratères. Cependant, le point de fusion de la glace est très inférieur à celui d'une roche, de sorte qu'il faut peu de chaleur pour faire fondre l'intérieur d'un corps glacé du système solaire extérieur ; on pensait donc, avant même les missions *Voyager*, que de tels satellites pouvaient manifester une activité géologique. On avait également avancé l'hypothèse selon laquelle les satellites du système solaire extérieur pourraient contenir des hydrates d'ammoniac et des composés de méthane et d'eau appelés clathrates. Dans ce cas, l'intérieur du satellite fondrait encore plus facilement que s'il était constitué uniquement de roches et de glace. Les résultats des missions *Voyager* dépassent largement tout ce que l'on avait imaginé : ainsi, Hypérion, Mimas et Encelade, qui ont à peu près la même taille, sont géologiquement beaucoup plus différents qu'on ne le croyait.

Les nouveaux satellites

La dynamique des satellites de Saturne découverts ces dix dernières années a beaucoup surpris. Prenons par

3. JAPET a été photographié par *Voyager 1* à une distance de 2,2 millions de kilomètres *(en haut)* et, neuf mois plus tard, par *Voyager 2* à une distance de 1,1 million de kilomètres *(en bas)*. La photographie prise par *Voyager 1* montre la partie du satellite qui fait constamment face à Saturne. Japet se déplace vers la gauche : l'hémisphère avant (celui qui fait face à la direction du mouvement orbital du satellite) est sombre. Cependant, un anneau de matériaux sombres s'étend sur l'hémisphère arrière brillant. La photographie prise par *Voyager 2* montre la « face cachée » de Japet. Le pôle Nord du satellite coïncide à peu près avec le grand cratère à cheval sur le terminateur, en haut de la photographie. L'hémisphère avant sombre est à droite. Une bande sombre équatoriale s'étend jusqu'à l'hémisphère arrière. La frontière bien marquée et complexe entre régions sombres et régions claires de Japet va à l'encontre de l'hypothèse d'une pollution de l'hémisphère avant du satellite par de la matière sombre venue de l'espace ; cela suggère plutôt que la matière sombre provient de l'intérieur même de Japet.

exemple le cas de 1980S28, le satellite le plus proche connu de Saturne, découvert par *Voyager 1* juste au-delà du bord externe de l'anneau *A*. 1980S28 est un corps allongé, de 40 kilomètres de diamètre environ ; selon certaines hypothèses, son champ gravitationnel aurait pour effet de modeler le bord externe très abrupt de l'anneau *A*. Un peu plus loin de Saturne se trouve la paire de petits satellites 1980S27 et 1980S26. Ils furent également découverts par *Voyager 1*, quoique l'on sait maintenant que l'un d'eux au moins pourrait avoir affecté le comptage de particules chargées effectué par *Pioneer 11* à la périphérie de Saturne en septembre 1979. L'anneau *F* torsadé se trouve entre les orbites de ces deux petits satellites. On pense que les champs gravitationnels des satellites confinent cet anneau ; c'est la raison pour laquelle on a baptisé ces satellites les « satellites bergers » (voir *Les anneaux dans le système solaire*, par J. Pollack et J. Cuzzi, page 149).

A 10 000 kilomètres environ au-delà de l'anneau *F*, à mi-chemin entre l'anneau *F* et l'anneau *G*, se trouvent les satellites « co-orbitaux » 1980S1 et 1980S3. L'astronome Audouin Dollfus a photographié l'un d'eux à l'Observatoire du Pic du Midi en 1966. L'Union Astronomique Internationale a adopté pour ce satellite la désignation Janus. En 1978, John Fountain et Stephen Larson de l'Université d'Arizona découvrirent qu'il y avait en fait deux satellites. Puis, en 1979, *Pioneer 11* prit une photographie de l'un d'eux ; *Voyager* les photographia tous les deux : leur différence d'éclat montre que c'est 1980S1 qui correspond à Janus. La différence entre les rayons orbitaux moyens de 1980S1 et 1980S3 est inférieure à la somme des diamètres des satellites et leurs vitesses orbitales sont proches mais non égales : le satellite intérieur rattrape lentement le satellite extérieur dans son mouvement orbital. Lorsqu'ils s'approchent l'un de l'autre, l'attraction gravitationnelle modifie leur moment angulaire. Le moment du satellite intérieur augmente et celui-ci est amené sur une orbite plus grande où sa vitesse orbitale est plus petite ; le moment du satellite extérieur diminue et ce dernier est déplacé sur une orbite plus petite, où sa vitesse orbitale est plus grande. En résumé, les deux satellites échangent leurs places : le satellite intérieur devient extérieur et commence alors à se laisser distancer par le second satellite. Ce pas de deux se répète tous les quatre ans.

Trois autres satellites ont été découverts au télescope à partir de la Terre, en 1979 et 1980, époque à laquelle les anneaux de Saturne étaient vus par la tranche. Cette présentation est favorable pour l'observation au télescope car elle réduit fortement l'effet de la diffusion de la lumière venant des anneaux et permet la détection d'objets faiblement lumineux proches de la planète. Deux de ces trois nouveaux satellites ont la même orbite que Téthys. L'un d'eux, 1980S13, se maintient à environ 60 degrés en avant de Téthys ; il a été découvert par un groupe dirigé par Bradford Smith de l'Université d'Arizona. L'autre, 1980S25, se trouve à environ 60 degrés en arrière de Téthys ; il a été découvert à l'aide d'un prototype de la caméra planétaire qui sera associée au télescope que les Etats-Unis envisagent de placer en orbite autour de la Terre. Le troisième, 1980S6, se trouve à peu près à 60 degrés en avant de Dioné ; il a été découvert par P. Lacques de l'Observatoire du Pic du Midi et J. Lecacheux de l'Observatoire de Meudon.

Les positions occupées par ces trois satellites sont des points de stabilité dynamique du type étudié pour la première fois par le mathématicien Joseph Louis Lagrange en 1772 et appelés aujourd'hui points de Lagrange. Lagrange remarqua qu'un système constitué d'un corps en orbite autour d'un autre (par exemple la Lune autour de la Terre), possède cinq positions en lesquelles un troisième corps peut demeurer sans être perturbé. Trois de ces positions sont instables : un corps situé en l'un de ces points sera expulsé sous l'influence de forces gravitationnelles autres que celles exercées par les deux corps constituant le système. Ces trois positions se situent respectivement à l'intérieur de l'orbite du satellite, à l'extérieur de celle-ci et sur le point de l'orbite opposé au satellite lui-même. Les deux autres positions – sur l'orbite, respectivement à 60 degrés en avant du satellite et à 60 degrés en arrière du satellite – sont stables : un corps occupant l'une de ces positions va simplement osciller le long de son orbite, sous l'influence de forces perturbatrices. On sait depuis longtemps que les groupes d'astéroïdes appelés Troyens occupent les deux points de Lagrange sur l'orbite de Jupiter, à 60 degrés de la planète. Les trois satellites de Saturne qui se trouvent en des points de Lagrange sont les premiers satellites lagrangiens connus.

S'ils diffèrent fortement par leur dynamique, les satellites récemment découverts ont à peu près le même aspect : ils sont tous plutôt petits et, pour la plupart, de forme irrégulière. Cette irrégularité est pleine d'enseignement. En effet, elle suggère que chacun de ces satellites est né de la fragmenta-

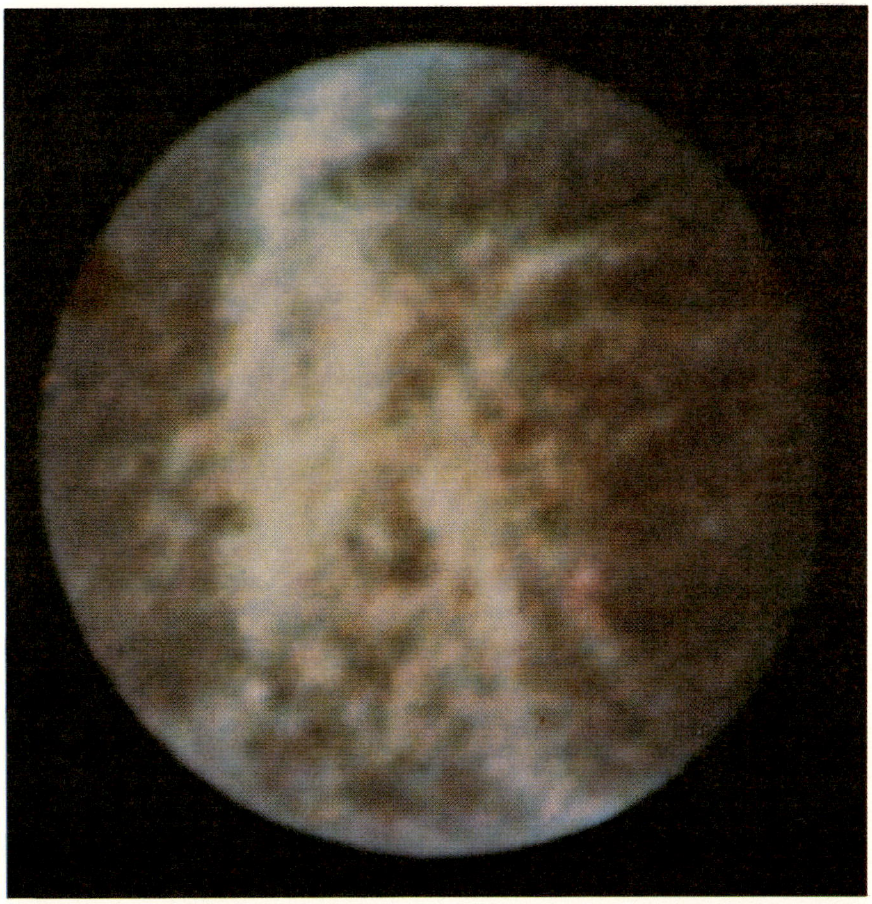

4. RHÉA a été photographié par *Voyager 1* à une distance de 1,7 million de kilomètres. L'image est ici représentée en fausses couleurs. L'hémisphère arrière (visible sur cette photographie) montre des traînées brillantes ; celles-ci ne semblent pas suivre un motif caractéristique de la présence de cratères. L'hémisphère avant est lisse et uniforme.

tion d'un corps plus grand. Comme un petit satellite de glace peut résister à l'auto-attraction gravitationnelle qui lui donnerait une forme de sphère, la forme irrégulière de ces satellites incite à croire que ceux-ci n'ont jamais été beaucoup chauffés depuis l'époque où ils ont acquis leur morphologie actuelle.

Japet

Japet et Rhéa sont, après Titan, les plus grands satellites de Saturne ; ils ont à peu près le même diamètre, 1500 kilomètres environ, mais ils se déplacent sur des orbites tout à fait différentes. L'orbite de Japet se trouve à environ 60 rayons saturniens du centre de Saturne, celle de Rhéa à environ 9 rayons saturniens. Ces orbites encadrent les orbites de deux autres satellites de Saturne, Titan et Hypérion. Comme nous l'avons mentionné plus haut, l'orbite de Japet est inclinée.

Japet a une densité voisine de 1,1, c'est-à-dire presque aussi faible que celle de la glace pure. Comme il tourne toujours la même face vers Saturne, son hémisphère « arrière » (c'est-à-dire celui qui se trouve en arrière par rapport à la direction du mouvement orbital) est toujours la même partie de sa surface. L'hémisphère arrière est très lumineux : dans la région visible du spectre électromagnétique, son albedo est proche de 50 pour cent. L'hémisphère « avant » est au contraire très sombre : son albédo n'est que de trois à cinq pour cent. Cette différence a été remarquée au XVIIe siècle par Jean Dominique Cassini, le découvreur de Japet : celui-ci s'aperçut qu'il ne pouvait observer le satellite que d'un côté de Saturne. Parmi les rares matériaux de très faible albédo, citons le noir de fumée et les météorites primitives appelées chondrites carbonées.

D'après cette étonnante particularité de Japet, il semblerait que de la matière sombre en provenance de l'espace s'amasserait sur la proue du satellite. En 1974, S. Soter de l'Université Cornell suggéra que ce matériau pourrait provenir de Phoebé. On a longtemps considéré Phoebé comme un satellite de faible albédo car les observations au sol montrent que sa couleur est voisine de celle de nombreux astéroïdes sombres. L'idée est alors la suivante : de la matière sombre est arrachée de Phoebé par l'impact des micrométéorites, puis ces particules de matière sont soumises à l'effet Poynting-Robertson. Chaque particule émet un rayonnement électromagnétique car elle réfléchit une partie du rayonnement incident et en absorbe une partie qu'elle réémet ensuite. Le rayonnement émis dans la direction du mouvement orbital de la particule autour de Saturne subit un décalage Doppler qui lui confère une fréquence plus grande (et par suite, une énergie et un moment plus élevés) que celle de l'onde émise dans l'autre direction. Il en résulte que la valeur du moment orbital de la particule diminue lentement et que la particule tombe en spirale vers l'intérieur. D'après l'hypothèse proposée, elle serait alors balayée au cours de sa chute par Japet.

Les photographies de Phoebé prises par *Voyager 2* montrent quelques détails de la surface. Phoebé est un corps à peu près sphérique ; son albédo est seulement de cinq pour cent. Par ces deux caractéristiques (ainsi que par son orbite inclinée et parcourue dans le sens rétrograde), Phoebé s'avère très différent des satellites co-orbitaux, des satellites bergers et lagrangiens. Phoebé pourrait bien être un astéroïde sombre capturé, qui n'aurait pas changé depuis son accrétion au début de l'histoire du système solaire. Peut-être s'agit-il d'un corps « primordial » qui aurait été éjecté du système solaire intérieur par le champ gravitationnel de la planète Jupiter en formation et se serait placé en orbite autour de Saturne.

Les images de *Voyager* à elles seules ne nous permettent pas de savoir si Phoebé a effectivement « pollué » la face avant sombre de Japet ; cette hypothèse est encore controversée. Pour tester cette hypothèse, on peut examiner Hypérion, le satellite qui suit Japet (en se rapprochant de Saturne) : Hypérion devrait être pollué par le matériel arraché de Phoebé et que Japet n'aurait pas balayé sur son passage. Les photographies prises par *Voyager 2* montrent qu'Hypérion est un petit satellite très intéressant. Il a à peu près la taille de Mimas, un satellite sphérique de 200 kilomètres de rayon, mais il possède une forme allongée très marquée : son petit axe vaut environ les 3/5 de son grand axe. Hypérion est ainsi l'un des plus grands objets du système solaire à avoir une forme irrégulière. (L'astéroïde Hector est également l'un de ces très rares objets.) Hypérion est un peu plus sombre que la plupart des satellites de Saturne : son albédo est compris entre 20 et 30 pour cent. Ce fait est compatible avec l'hypothèse d'une pollution par de la matière venue de Phoebé. Cependant, Hypérion semble dépourvu d'hémisphère avant sombre. Le problème posé par la recherche d'une telle structure est que l'on ignore encore à ce jour si Hypérion est en rotation synchrone ou non.

Pour savoir si Japet est effectivement couvert de poussière en provenance de Phoebé, il faudra donc déterminer, à partir de la Terre, la vitesse de rotation d'Hypérion. Entre temps, les découvertes de Dale Cruikshank et ses associés, à l'Université d'Hawaï à Manoa, pourraient bien contredire cette hypothèse. En effet, ce groupe de chercheurs a découvert, à partir d'observations télescopiques, que Phoebé et l'hémisphère avant sombre de Japet n'avaient pas la même couleur. Les régions sombres de Japet apparaissent beaucoup plus rouges que la surface de Phoebé dans les régions visible et proche infrarouge du spectre. Ceci rend peu crédible l'hypothèse d'un simple recouvrement de la face sombre de Japet par de la matière provenant de Phoebé sans que celle-ci ait subi une quelconque modification.

Les images de Japet prises par *Voyager*, elles aussi, tendent à infirmer l'hypothèse d'une pollution de Japet par Phoebé. La meilleure photographie de Japet obtenue par *Voyager 1* a été prise à une distance de 2,5 millions de kilomètres. Elle ne montrait que les caractéristiques de la surface de dimension supérieure à 50 kilomètres, et pourtant elle fournit une indication sur l'histoire de ce corps. On observe un

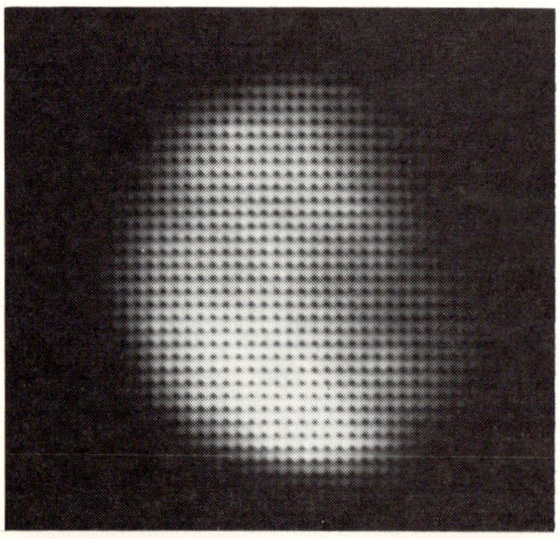

5. PHOEBÉ, le satellite le plus éloigné de Saturne, a été photographié par *Voyager 2* à une distance de 2,2 millions de kilomètres. Son orbite étrange et sa faible réflectivité (environ cinq pour cent) incitent à penser que ce corps s'est formé quelque part dans le système solaire avant d'être capturé par Saturne. Son diamètre est d'environ 200 kilomètres.

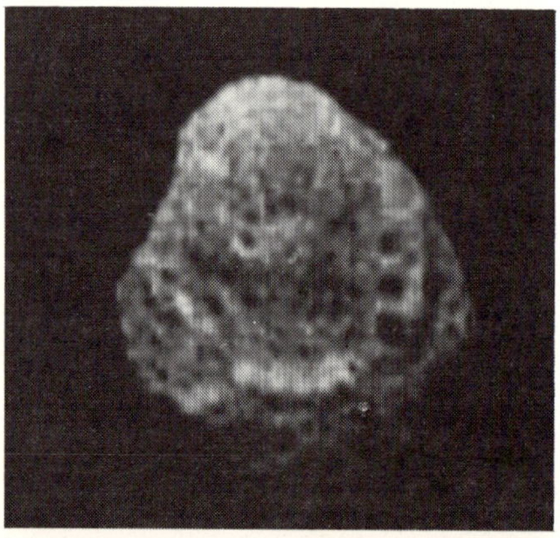

6. HYPÉRION, le troisième satellite de Saturne en partant de l'extérieur, a été photographié par *Voyager 2* à une distance de 500 000 kilomètres. Il s'agit d'un corps irrégulier long de 400 kilomètres et large de 220 kilomètres. Il est quatre à six fois plus brillant que Phœbé. Les cavités que l'on distingue sur ses bords sont probablement des cratères.

anneau de matière sombre d'une centaine de kilomètres de diamètre à cheval sur les deux hémisphères. Il ressemble beaucoup aux formations que l'on observe sur la Lune et sur Mars, dans les cratères situés à la périphérie de grandes plaines inondées par la lave volcanique. De telles structures se sont formées lorsque les laves volcaniques sombres ont rempli les cratères d'impact en entourant leur pic central. L'anneau sombre de Japet s'est peut-être formé de la même façon : l'extrusion d'un fluide provenant de l'intérieur du satellite aurait donné naissance à une région plus sombre. En tous cas, il semble improbable qu'une structure de géométrie aussi particulière que celle d'un anneau de ce type soit due à la collecte d'une matière extérieure.

Voyager 2 prit une série de photographies de Japet avec une résolution trois fois plus grande que celle des photographies de *Voyager 1*. La meilleure image est celle de la région du pôle Nord, du côté de l'hémisphère arrière brillant. Cet hémisphère est criblé de cratères dont beaucoup présentent un fond sombre. Cela rappelle les fonds sombres de certains cratères des régions montagneuses lunaires qui se seraient formés lorsque le matériau volcanique s'épancha dans ceux-ci. La présence de ces cratères sombres dans l'hémisphère arrière brillant et de cette frontière bien marquée et complexe entre terrains sombres et terrains brillants implique l'existence de volcanisme au cours de l'histoire de Japet. Cela ne veut pas dire que ce matériau volcanique ressemble à de la lave ordinaire. Nous pouvons supposer qu'il s'agit d'un amalgame fluide d'ammoniac, d'eau et d'une mystérieuse matière sombre. Le faible albédo de cette matière suggère que celle-ci – quelle que soit son origine – est riche en substances organiques identiques à celles trouvées dans les météorites primitives.

7. DIONÉ est ici photographié par *Voyager 1*. La photographie du haut, prise le 11 novembre 1980, montre la face du satellite constamment opposée à Saturne. Le fond brun-orange correspond aux couches nuageuses de Saturne, à 377 000 kilomètres du satellite. Dioné se déplace vers la droite ; l'hémisphère arrière est à gauche. Le centre de l'hémisphère arrière présente des traînées blanches sur un fond sombre. Selon certaines hypothèses, un réseau de traînées recouvrait autrefois la totalité de la surface de Dioné. La photographie du bas, prise le 12 novembre 1980 à la distance de 162 000 kilomètres, montre à quoi ressemble la « proue » de Dioné. L'apex de l'hémisphère avant se trouve à peu près au milieu du terminateur, à gauche sur la photographie. À droite, on voit la face tournée vers Saturne. On distingue également plusieurs traînées brillantes dans l'hémisphère arrière sur le limbe du satellite, à droite.

Rhéa

Les photographies à grande distance de Rhéa transmises par *Voyager 1* montraient un hémisphère brillant, à la surface unie, marquée seulement par ce qui semble être un vaste cratère d'impact relativement récent. L'hémisphère arrière est tout à fait différent : il présente un motif complexe de bandes brillantes sur un fond plus sombre que l'hémisphère avant. Ces bandes brillantes seraient dues à une activité interne : peut-être s'agit-il d'extrusions le long de lignes de fracture à la surface. En tous cas, ces bandes ne reproduisent pas le motif caractéristique d'un processus de cratérisation. Elles sont confinées à l'intérieur d'un petit cercle, au centre de l'hémisphère arrière. La frontière entre cette zone et l'hémisphère avant uniforme est assez diffuse.

Les photographies à forte résolution de Rhéa, prises par *Voyager 1*, montrent la région équatoriale de l'hémisphère avant située un peu à l'Est du vaste cratère d'impact. Les meilleures photographies sont celles du pôle Nord que *Voyager 1* a survolé à 59 000 kilomètres seulement. Elles indiquent que Rhéa est en fait un corps couvert de cratères, comme le sont les régions « montagneuses » de Mercure et de la Lune. La principale différence réside dans l'absence de matériels éjectés qui, sur la Lune et sur Mercure, entourent les cratères récents. La gravité plus faible de Rhéa en est probablement responsable. Si Copernic, l'un des plus grands cratères de la Lune, s'était formé sur Rhéa, ses éjecta auraient été dispersés sur presque toute la surface du satellite. Sur la Lune, les éjecta ne s'étendent pas à plus de quelques rayons du cratère associé.

On peut avoir une idée de la nature et de l'origine des corps qui ont formé des cratères sur la surface de Rhéa en considérant la mosaïque de photographies représentant la région polaire Nord *(voir la figure 8)*. A première vue, celle-ci semble uniformément criblée de cratères. Un examen plus attentif montre que les deux tiers occidentaux de cette région polaire sont parsemés de cratères de diamètre compris entre 30 et 100 kilomètres, ainsi que d'une population dense de cratères plus petits. Les plus petits cratères visibles ont quelques kilomètres de diamètre. S'il existe d'autres cratères encore plus petits, ceux-ci sont au-dessous de la limite de résolution. Le tiers oriental de cette région possède aussi de petits cratères, mais les plus grands y sont absents. L'existence de quelques dépressions très petites montre que, dans cette région, les cratères plus grands ont été remplis ou ensevelis.

La différence d'aspect entre ces deux types de terrains implique que, pendant la période de cratérisation, des projectiles d'énergies très différentes ont formé des cratères de tailles très différentes. A une certaine époque, les projectiles susceptibles de former de grands cratères (des cratères de diamètre supérieur à 50 kilomètres) se sont épuisés mais le bombardement par les objets engendrant de plus petits cratères a continué. Simultanément, une partie de la surface de Rhéa a été remodelée, peut-être par extrusion d'un fluide intérieur ou par l'arrivée d'un mélange de matériaux amenés à la surface par la pression des gaz accumulés à l'intérieur du satellite. Cette « régénération » de la surface concerna le tiers Est de la région polaire. Des estimations de la vitesse de cratérisation de Rhéa par des astéroïdes et des comètes indiquent aujourd'hui qu'une minorité seulement des cratères visibles sur les photographies (les grands comme les petits) sont récents. Par suite, le processus de cratérisation a dû intervenir très tôt dans l'histoire du système solaire et il a dû être intense. Les projectiles pourraient avoir été des résidus de l'accrétion de gaz et de poussières en orbite autour du Soleil ou, plus localement, autour de Saturne. Ils pourraient aussi être venus « par bouffées » comme débris de corps entrés en collision dans le système primitif de Saturne.

Dioné

En résumé, la physionomie de Rhéa suggère qu'au moins deux types de projectiles ont frappé sa surface ; l'aspect de Dioné, le satellite suivant en allant vers Saturne, permet plus de commentaires. Dioné est en orbite à une distance (par rapport au centre de Saturne) de 6,2 rayons saturniens. Son diamètre est de 1100 kilomètres. Sa densité, de 1,5 gramme par centimètre cube, en fait le satellite de Saturne le plus dense, si l'on excepte Titan. Les photographies à grande distance prises par *Voyager 1* montraient une asymétrie frappante entre les hémisphères avant et arrière. Sur l'hémisphère arrière, on observe un réseau de bandes brillantes s'entrecroisant sur un fond sombre, ce qui ressemble beaucoup à l'hémisphère arrière de Rhéa. L'hémisphère avant apparaissait uniformément brillant. A nouveau, on trouve une région présentant des variations complexes d'albédo, confinée dans un petit cercle au centre de l'hémisphère arrière et, là encore, la limite entre cette région et l'hémisphère avant est diffuse.

Des photographies de l'hémisphère arrière, prises par *Voyager 1* à plus petite distance, montrent que des cratères de diamètre compris entre 50 et 100 kilomètres sont traversés par les bandes : ces bandes ont donc dû se former bien après le bombardement cataclysmique suggéré par la présence de ces cratères. Cela étant, les grands cratères de Dioné aussi bien que ceux de Rhéa (y compris les deux tiers Ouest de la mosaïque polaire) ressemblent aux cratères des régions montagneuses de la Lune, de Mars et de Mercure. Nous désignerons par « Population I » les projectiles qui ont engendré de tels cratères dans le système de Saturne. L'hypothèse la plus probable est que cette population résultait de l'agglomération de matière en orbite autour du Soleil après la formation du système solaire.

Les photographies plus rapprochées de Dioné montrent également des plaines où la densité de cratères est beaucoup plus faible que celle des régions « montagneuses ». Dans ces plaines cependant, il y a beaucoup plus de petits cratères que de grands : la proportion est celle de la partie Est de la mosaïque polaire de Rhéa. La répartition des tailles des cratères, sur les plaines de Dioné et dans la partie Est de la région polaire de Rhéa, ressemble à celle des cratères entourant les cratères principaux sur la Lune ; elle ressemble aussi à la configuration des cratères terrestres entourant les endroits où ont eu lieu des essais nucléaires. D'une manière générale, la prédominance des petits cratères suggère que le paysage a été ponctué par les éjecta provenant de l'impact de projectiles plus importants ou par les fragments produits lors de collisions entre corps plus massifs. Dans le cas de Dioné et de Rhéa, il semble que les petits cratères aient été créés par les débris de corps entrés en collision à l'intérieur du système de Saturne. Certaines régions de Dioné et de Rhéa battent vraisemblablement le record de cratérisation, d'autres ont été remodelées en surface par l'arrivée de matériau interne qui aurait recouvert les cratères anciens. Un second bombardement aurait alors affecté les surfaces remodelées. Nous désignerons par « Population II » les corps participant à ce deuxième bombardement.

Un problème demeure cependant. Les régions montagneuses, dont les cratères auraient été créés par la Population I, et les plaines, dont les cratères auraient été créés par la Population II, ne correspondent pas à l'albédo global de Dioné et Rhéa enregistré par *Voyager 1* à grande distance. Sur Dioné, par exemple, l'hémisphère avant, qui apparaît uniformément blanc et lisse à grande distance, s'avère, à forte résolution, posséder à la fois des plaines et des régions montagneuses. Comment expliquer alors l'albédo observé ? Des calculs faits par E. Shoemaker du Service Géologique des Etats-Unis, donnent des estimations de la contribution de divers projectiles à la cratérisation des satellites de Saturne : pour pratiquement toutes les sources de projectiles situées à l'extérieur du système de Saturne, le flux d'impact varie énormément entre l'hémisphère avant et l'hémisphère arrière, et ce pour chacun des satellites considérés. Dans le cas de Dioné, E. Shoemaker obtient une variation de dix pour un et, dans le cas de Rhéa, de six pour un. La nature des projectiles (comètes ou astéroïdes) ainsi que la nature de leurs orbites autour du Soleil (périodique ou non) importe peu car l'accélération gravitationnelle conférée par Saturne à un projectile incident dépasse de beaucoup toute caractéristique de la trajectoire originelle de ce projectile.

E. Shoemaker a également calculé que le flux de projectiles incident varie d'un facteur deux seulement selon que ceux-ci arrivent sur l'apex ou sur le côté du satellite (par rapport au mouvement orbital de Dioné autour de Saturne). Entre le côté et la face arrière, ce flux varie d'un facteur cinq. Il en résulte que la partie de Dioné la moins affectée par l'impact continuel de projectiles se limite à une petite région de l'hémisphère arrière.

Les calculs de E. Shoemaker permettent de reconstituer l'évolution de Dioné. Les premières époques auraient été dominées par l'impact de corps importants, vraisemblablement des restes de l'accrétion du système solaire. Puis certaines parties de la surface de Dioné auraient été remodelées. Simultanément, de petits corps auraient été créés au sein du système de Saturne par des collisions de corps vestiges de l'accrétion. Certains se sont placés sur des orbites autour de Saturne similaires à celle de Dioné. Leurs impacts sur Dioné donnèrent naissance à quelques cratères sur les plaines nouvellement formées. A peu près à cette époque, des fractures se formèrent à la surface de Dioné. Ces fractures furent remplies par des extrusions de matière brillante venue de l'intérieur.

La totalité de la surface de Dioné devait alors ressembler au motif que l'on observe aujourd'hui au centre de l'hé-

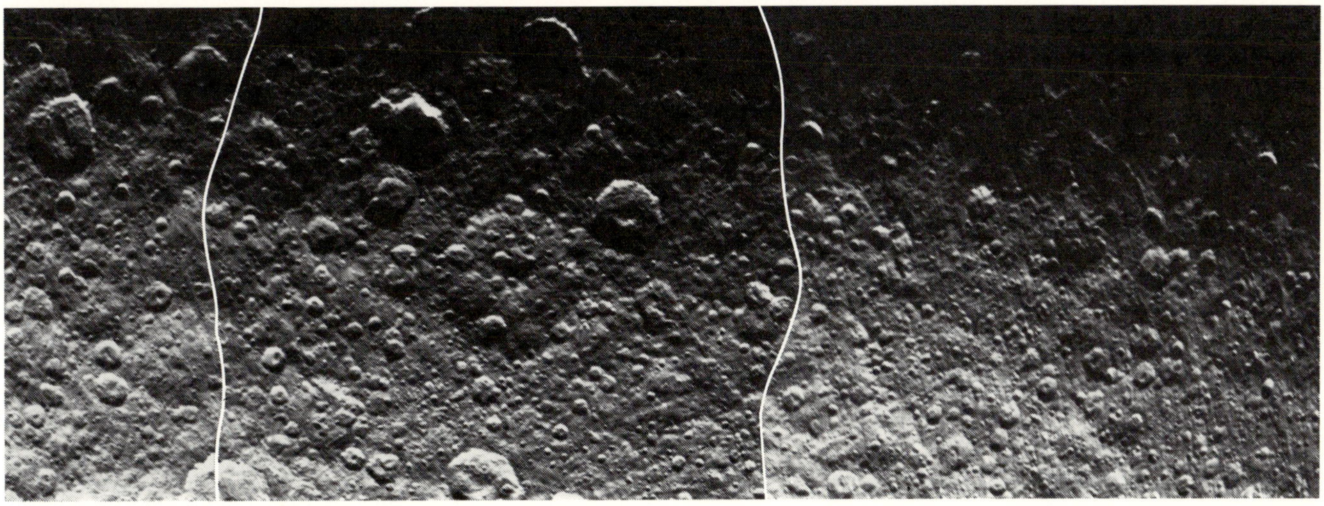

8. LE PÔLE NORD DE RHÉA a été photographié par *Voyager 1* à une distance de 80 000 kilomètres. Le pôle se trouve au milieu de l'arc décrit par le terminateur sur cette reconstitution. Les terrains Ouest du pôle *(à droite sur cette photographie)* sont couverts de grands cratères ; ces derniers n'apparaissent pas dans les terrains Est. Ces cratères auraient été créés très tôt dans l'histoire du satellite ; les petits cratères à l'Est et à l'Ouest seraient apparus plus tard.

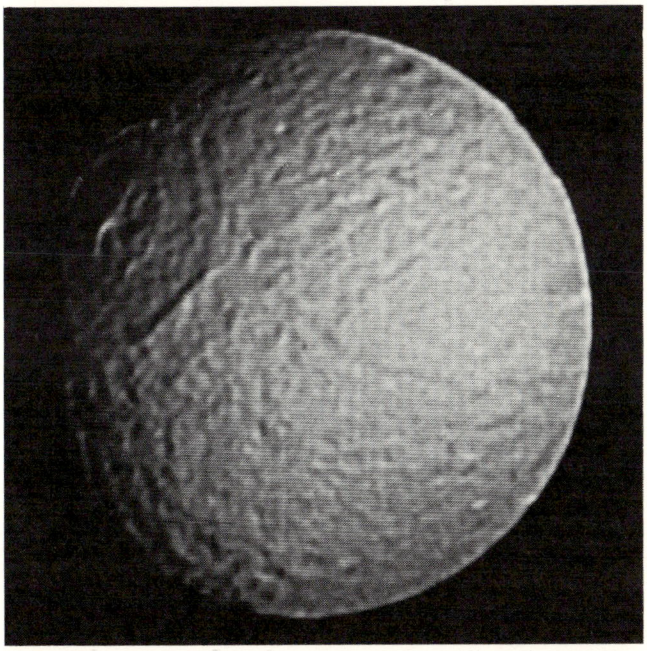

9. LE GRAND CRATÈRE D'IMPACT qui se trouve sur Téthys diffère nettement de celui de Mimas. Le cratère de Téthys *(à gauche)* a un diamètre supérieur à 400 kilomètres. Il a été photographié par *Voyager 2* à une distance de 826 000 kilomètres. Lorsqu'il s'est formé, ce cratère devait être profond et son rebord et son pic central devaient être élevés. Aujourd'hui cependant, le fond du cratère s'est remodelé en suivant la forme arrondie du satellite, le pic central et les bords se sont affaissés. Téthys aurait donc été suffisamment chaud à une certaine époque pour permettre une telle restructuration. Le cratère de Mimas *(à droite)* a un diamètre de 130 kilomètres. Il a été photographié par *Voyager 1* à une distance de 425 000 kilomètres. Son bord et son pic central sont très prononcés. Manifestement, Mimas est depuis longtemps un corps froid. Le pic central du cratère se trouve à l'apex de l'hémisphère avant.

misphère arrière. Puis, durant les quatre derniers milliards d'années, la surface de Dioné, en rotation synchrone, a été « travaillée » par l'impact de petites météorites venues de l'extérieur du système de Saturne. Les cratères formés alors sont peut-être trop petits et trop dispersés pour être identifiés sur les photographies de *Voyager*. Ces cratères auraient modelé à nouveau la surface en érodant les motifs précédents, sur une région s'étendant de l'apex de l'hémisphère avant jusque dans l'hémisphère arrière. Ce scénario permet d'expliquer l'albédo global observé. Les petites météorites qui apparaissent dans cette phase du scénario constituent la « Population III ».

Téthys

Téthys est le satellite suivant Dioné ; il décrit son orbite autour de Saturne à une distance de 5 rayons saturniens. Son diamètre est presque égal à celui de Dioné mais sa densité, 1,2 gramme par centimètre cube, est plus faible. De plus, son aspect est tout à fait différent. *Voyager 1* n'a pu observer Téthys qu'à faible résolution. Les photographies montraient des taches diffuses d'albédos légèrement différents, sur une surface criblée de cratères. Ce motif ne ressemblait pas à ceux plus prononcés de Rhéa et Dioné. L'une des meilleures photographies montrait une gigantesque faille ramifiée qui s'étendait du pôle Nord au pôle Sud, sur le côté faisant face à Saturne. On a estimé que cette faille était longue d'au moins 1000 kilomètres, large de 100 kilomètres et profonde de plusieurs kilomètres.

Neuf mois plus tard, *Voyager 2* s'approcha de Téthys. Les images transmises révélèrent la présence d'une énorme muraille d'impact sur l'hémisphère avant. La bordure de cette muraille circulaire a un diamètre supérieur aux 2/5 du diamètre de Téthys même. Au fur et à mesure que la sonde spatiale s'approchait, des photographies de la muraille furent prises de plus en plus près du terminateur (la ligne séparant le jour de la nuit) du satellite, jusqu'à ce qu'une photographie montre cette structure de profil. Là, on put voir que le sol de ce qui avait dû être autrefois un cratère avait épousé maintenant la forme sphérique du satellite. Seuls un bord peu élevé et un pic central, au relief adouci, subsistaient. Apparemment, l'intérieur de Téthys a dû être suffisamment chaud, au début de l'histoire du satellite, pour permettre le fluage du relief élevé. On pourrait dire la même chose à propos des grands cratères des satellites glacés de Jupiter, Ganymède et Callisto.

Enfin, le pôle Nord de Téthys et la face opposée à Saturne devinrent visibles pour *Voyager 2*. A partir de cet angle de prises de vues favorable, on voit clairement que la faille découverte par *Voyager 1* s'étend au-delà du pôle Nord jusqu'à l'équateur de la face opposée ; ainsi, cette faille couvre les 3/4 d'un grand cercle du satellite. On a pu observer également que certaines parties de Téthys avaient été remodelées en surface (comme c'est le cas pour Rhéa et Dioné). Des plaines douces sont apparues dans une petite région de l'hémisphère avant et le remodelage de la surface a effacé de grands cratères qui se trouvaient là auparavant.

Une tentative d'explication de la physionomie actuelle de Téthys est fondée sur l'hypothèse suivante : à l'époque où s'est formée la grande muraille d'impact, l'intérieur du satellite était beaucoup plus chaud et plus mobile qu'aujourd'hui. Peut-être même était-il liquide. Si Téthys avait été froid et « cassant » à cette époque, cet énorme impact aurait probablement cassé le satellite. De plus, la topographie résultant de cet impact s'est visiblement

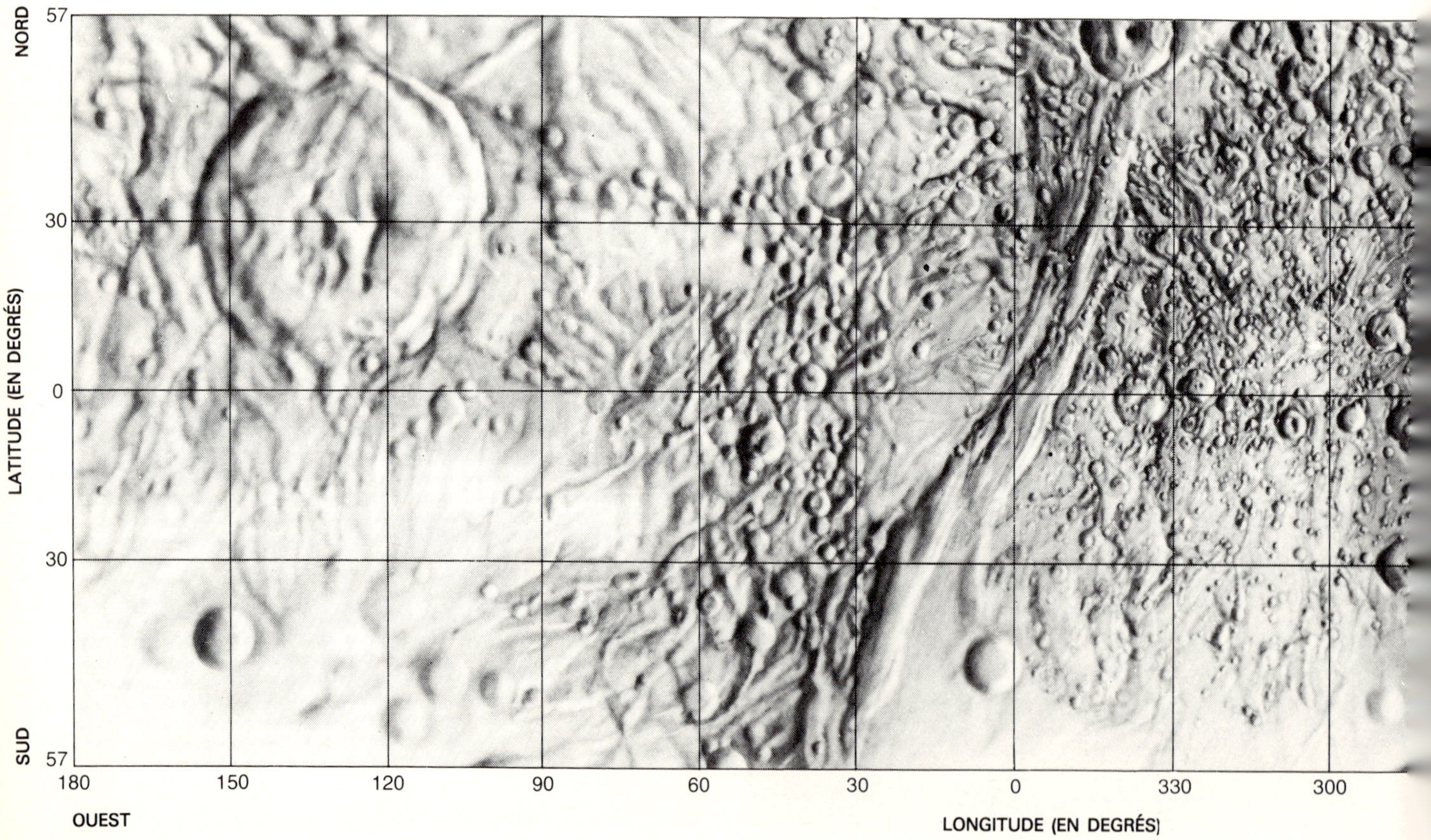

10. CETTE CARTE DE TETHYS a été réalisée par le Service géologique des Etats-Unis à partir des photographies prises par *Voyager 1* et *Voyager 2* ; c'est une projection de Mercator dans laquelle longitudes et latitudes forment un réseau rectangulaire. L'origine des longitudes (zéro degré) est au centre de la face du satellite tournée vers Saturne ; la longitude 90 degrés est au centre de l'hémisphère avant et la longitude 270 degrés est au centre de l'hémisphère arrière. Cette topographie est caractérisée par deux structures principales. D'abord le cratère affaissé représenté à gauche sur la photographie de la figure 9 : le pic central du cratère se trouve à peu près à 120 degrés de longitude et 30 degrés de latitude Nord. L'autre caractéristique est une immense faille s'étendant du Sud vers le Nord, entre 30 et 330 degrés de longitude. Cette faille s'étend au-delà du pôle Nord jusqu'à l'équateur (du côté opposé) ;

effondrée. Comme le bord et le pic central de l'impact subsistent, il semblerait qu'une grande partie de la croûte alors en place affleure encore aujourd'hui. On peut alors imaginer un scénario simple dans lequel l'intérieur de Téthys est actuellement congelé au-dessous de la croûte. Supposons que Téthys ait été liquide à l'origine : sa congélation aurait augmenté son volume d'environ dix pour cent et sa surface d'environ sept pour cent. L'étendue de la faille de Téthys a été estimée à cinq à dix pour cent de la surface du satellite : cette faille pourrait résulter de l'étirement de la croûte au-dessus d'un intérieur dilaté par le gel.

Mimas et Encelade

Mimas et Encelade sont les plus petits des neuf satellites de Saturne connus avant le XXe siècle. La masse de chacun d'eux est égale au millième seulement de la masse d'un satellite galiléen de Jupiter, au millième de la masse de la Lune et au cent millième de celle de la Terre. Leur petitesse est particulièrement significative. Avant l'exploration du système solaire extérieur par *Voyager*, on pensait que la principale source de chaleur dans une planète ou un satellite était la désintégration des noyaux atomiques radioactifs contenus dans le corps ; par suite, l'histoire d'une planète ou d'un satellite semblait être fixée par le rapport entre son volume et sa surface. En effet, le volume régit la quantité de noyaux radioactifs et donc le flux de chaleur, et la surface détermine les échanges de chaleur (pertes ou rétention). Le rapport volume sur surface est fixé par la taille de l'objet : il augmente avec le rayon. On peut donc supposer que les corps de grande taille fondent plus facilement que les petits corps. La corrélation entre chaleur interne et radioactivité et, par conséquent, entre le chauffage et la taille, explique effectivement certaines observations, par exemple le fait que le volcanisme a disparu depuis longtemps sur la Lune, qu'il est modérément actif sur Mars et très actif sur la Terre. Ceci suggère que de minuscules objets comme Mimas et Encelade ne devraient pas avoir beaucoup évolué depuis l'époque de leur accrétion.

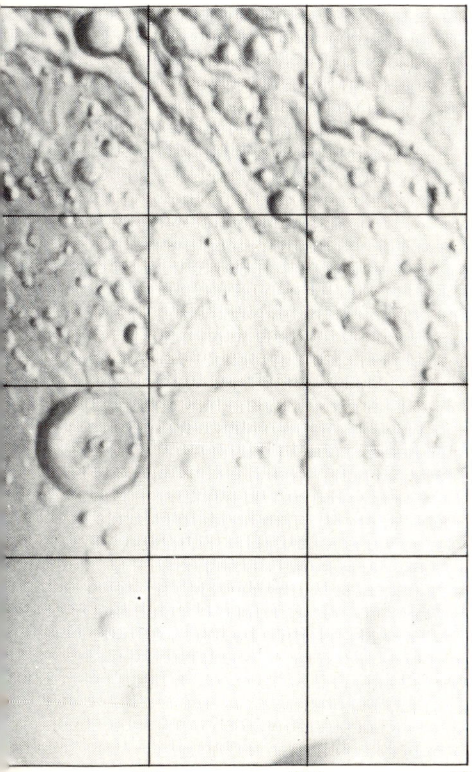

son extrémité est visible vers le coin supérieur droit de cette carte. Elle pourrait résulter de l'extension de la croûte au-dessus d'un intérieur en expansion lors de son refroidissement et de sa solidification en glace. Le terrain est représenté ici comme s'il était éclairé à partir de l'Ouest.

La photographie de Mimas prise par *Voyager 1* confirme cette hypothèse. La surface de Mimas a un albédo uniforme et est saturée de cratères d'impact. C'est une surface qui n'a pas été remodelée par le volcanisme depuis l'époque du bombardement par la Population I. Sur l'hémisphère avant de Mimas se trouve un énorme cratère d'impact de 130 kilomètres de diamètre, soit environ le tiers du diamètre de ce petit satellite. On pense que d'autres cratères de cette taille, ou même encore plus grands, auraient été créés au cours du bombardement. Pourquoi ne les voit-on pas ? Si Mimas était un astre froid et constitué de matière cassante et qu'il ait été réduit ou fragmenté par un tel impact, les vitesses relatives des débris ainsi éjectés devaient probablement être de l'ordre de la vitesse nécessaire pour échapper à la gravité de Mimas. Or, de telles vitesses sont petites par rapport à la vitesse orbitale de Mimas, qui est de 30 kilomètres par seconde. Les débris seraient donc restés dans une bande étroite entourant l'ancienne orbite du satellite et, progressivement, ils se seraient réaccumulés. Il en serait résulté un amalgame froid constitué essentiellement de glace, avec cependant quelques pour cent de roches. (La densité de Mimas est de 1,2 gramme par centimètre cube.)

L'étude statistique des cratères visibles sur Mimas tend à confirmer un tel modèle. Le plus grand cratère sur Mimas, aujourd'hui, est celui de 130 kilomètres de diamètre ; on constate ensuite un « saut » dans l'échelle des tailles : en effet, les cratères suivants ont des diamètres de quelque dizaines de kilomètres seulement. Puis, le nombre relatif des cratères augmente exponentiellement lorsque le diamètre diminue. Une telle configuration correspond à la destruction d'un corps par un impact important, suivie d'une recombinaison des fragments. La configuration actuelle des cratères de Mimas résulte alors des impacts causés par les derniers fragments. Le cratère le plus grand correspond à une collision d'énergie insuffisante pour avoir détruit à nouveau le corps ; les autres grands cratères créés par les objets de la Population I auraient disparu lors de la dislocation du corps parent.

Voyager 1 n'a transmis que des vues à grande distance d'Encelade ; on peut affirmer cependant que si Encelade possédait des cratères semblables à ceux de Mimas, les photographies les auraient montrés. En particulier, un cratère aussi vaste que celui de l'hémisphère avant de Mimas aurait dû être facilement observable. Or, les images montrent une surface qui paraît plutôt lisse. Fait plus important, la surface d'Encelade est plus brillante que celle de ses voisins Mimas et Téthys, ce qui suggère que la plus grande partie de cette surface aurait été régénérée et recouverte par de la glace très fraîche.

Deux raisonnements différents nous avaient déjà permis de savoir qu'Encelade était un corps inhabituel. Tout d'abord, des observations terrestres avaient montré que la luminosité de l'anneau *E* diffus de Saturne était maximale le long de l'orbite d'Encelade. Cela suggérait qu'Encelade pouvait être la source de matière de cet anneau. En fait, Encelade alimenterait continuellement l'anneau en matière, sinon son champ gravitationnel aurait tendance à écarter toute matière le long de l'orbite du satellite (on pense que ce type de confinement gravitationnel serait responsable d'une partie de la structure en bandes découverte par *Voyager* dans les anneaux de Saturne).

Un autre argument explique le caractère original d'Encelade. Stanton Peale et ses collaborateurs de l'Université de Californie à Santa Barbara avaient proposé un modèle selon lequel Io, le satellite le plus proche de Jupiter, serait chauffé principalement par des forces de marée. Charles Yoder du *Jet Propulsion Laboratory* proposa alors qu'un mécanisme identique pourrait s'exercer sur Encelade. On sait en particulier que la période d'Encelade est égale à la moitié de celle de Dioné ; cela signifie qu'Encelade et Dioné sont alignés avec Saturne en des points donnés de leur orbite. L'attraction gravitationnelle de Dioné sur Encelade agit en ces points et, bien qu'elle soit faible, elle rend ainsi l'orbite d'Encelade légèrement elliptique. Sur une telle orbite, Encelade décrit des oscillations forcées (selon une direction radiale) dans le champ gravitationnel de Saturne, tout comme Io oscille dans le champ de Jupiter. Le frottement interne qui résulte de cette oscillation maintiendrait l'intérieur d'Encelade chaud et mobile. Les gaz et les fluides s'échappant à la surface pourraient alors maintenir celle-ci brillante et effacer les traces de cratères. Allan Cook de l'Observatoire de Harvard et de l'Observatoire d'astrophysique Smithsonien et Richard Terrile du *Jet Propulsion Laboratory* ont proposé que dans l'hypothèse où Encelade serait géologiquement actif, des gaz s'échappant de son intérieur et des particules de glace s'échappant de sa surface pourraient être la source de matière de l'anneau *E* de Saturne.

Lorsque *Voyager 2* passa près d'Encelade en août 1981, il nous transmit des images montrant (quand même !) quelques cratères. Ces cratères cependant sont plus clairsemés que ceux de Mimas et certains sont dans un état d'effondrement identique à celui des vieux cratères

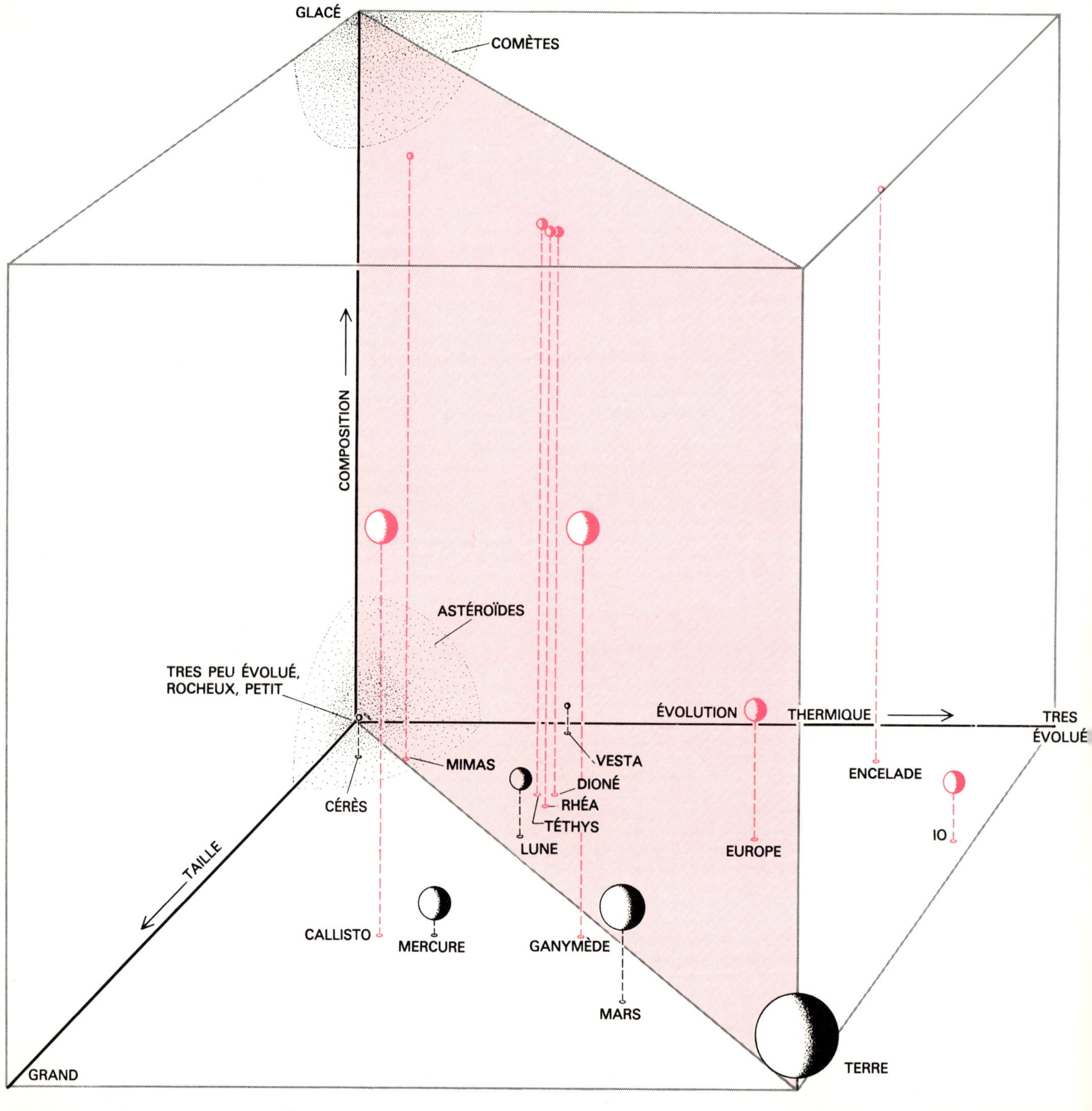

11. LES ÉVOLUTIONS DES PLANÈTES ET DES SATELLITES du système solaire sont très variées. Cette diversité est illustrée ici à l'aide d'un cube dont les axes représentent respectivement la composition (des corps rocheux en bas du cube jusqu'aux corps glacés en haut), l'évolution thermique (des corps froids, très peu évolués, à gauche, jusqu'aux corps très évolués présentant du volcanisme, à droite) et la taille (des plus petits corps à l'arrière jusqu'aux plus gros à l'avant). Les sphères noires représentent les corps que l'on pouvait placer dans le cube (donc les corps bien connus) avant que les sondes *Voyager* ne visitent le système solaire extérieur. Ces corps (Mercure, la Terre, la Lune et Mars) sont généralement rocheux. En outre, plus ils sont grands, plus ils montrent des signes d'évolution et d'activité volcanique récente. Sur ce schéma, les corps rocheux se trouvent près de la base du cube ; la corrélation entre leur taille et leur évolution thermique fait qu'ils se trouvent au voisinage d'un plan traversant le cube en diagonale, de la gauche vers la droite. La corrélation entre la taille et l'évolution implique que ces corps tirent leur chauffage interne essentiellement de la désintégration de noyaux atomiques radioactifs. Les sphères colorées représentent les corps que l'on peut maintenant placer dans le cube, grâce à l'étude de leur surface solide à partir des photographies des sondes *Voyager*. Ces corps occupent une grande partie du volume du cube. Parmi eux, Io et Encelade, deux petits corps à un stade d'évolution très avancé, tirent probablement leur chaleur du frottement interne lorsque chacun d'eux se déplace sur une orbite légèrement elliptique autour de sa planète mère. Io est un satellite rocheux, Encelade est un corps glacé. Io, Europe, Ganymède et Callisto sont les quatre satellites principaux de Jupiter ; Cérès et Vesta sont de petits corps qui se trouvent dans la ceinture d'astéroïdes située entre les orbites de Mars et Jupiter.

de Ganymède (l'un des satellites de Jupiter). Sur les images à résolution optimale, on observe des plaines marquées d'un réseau de rides entrelacées mais dépourvues de cratères. Quel peut être l'âge de cette surface ? Les calculs de E. Shoemaker suggèrent que les comètes qui traversent actuellement le système solaire extérieur pourraient créer des cratères visibles à la résolution des images *Voyager* en quelques centaines de millions d'années, ce qui représente à peu près le dixième de l'âge du système solaire. Si des corps d'autre nature avaient également frappé la surface d'Encelade, les plaines devraient alors être encore plus récentes.

Il semble peu probable qu'Encelade ait été géologiquement actif pendant 90 pour cent de son existence et soit devenu maintenant inerte ; il est beaucoup plus vraisemblable qu'Encelade est encore actif aujourd'hui. L'anneau *E*, ainsi que la valeur extrêmement élevée de l'albédo de la surface pourraient résulter de cette activité. A tout cela, il faut ajouter que des estimations de l'efficacité du chauffage d'Encelade par les marées indiquent que la quantité d'énergie fournie par les forces de marée est beaucoup trop faible et trop facilement rayonnée dans l'espace pour que l'intérieur du satellite soit de l'eau liquide. Cependant, cet intérieur pourrait contenir des clathrates de méthane ou des hydrates d'ammoniac. De tels composés ont des points de fusion inférieurs de 100 degrés Celsius environ à celui de la glace pure.

On distingue au moins six types différents de terrains à la surface d'Encelade. Les deux plus vieux comportent des cratères et sont désignés par *CT1* et *CT2*. Ces cratères, de 10 à 30 kilomètres de diamètre, datent certainement de l'époque du bombardement par la Population II. Au cours de cette période, Encelade a été frappé par des débris en orbite autour de Saturne. La plupart des cratères des terrains *CT1* sont effondrés : leurs fonds ont ensuite « rebondi », leurs rebords se sont enfoncés et leurs pics centraux ne sont plus que des dômes au relief adouci. Les cratères des terrains *CT2*, en revanche, sont profonds et en forme de bol. Ces différences suggèrent que les diverses régions d'Encelade ont connu des évolutions thermiques différentes. Les terrains désignés par *CP1* sont des plaines ; on y trouve des cratères relativement épars, de diamètre compris entre deux et cinq kilomètres. Ces cratères sont disposés sur un motif régulier de failles. Les calculs de E. Shoemaker donnent un certain intervalle d'âges. Si le flux des projectiles récents a été faible, les terrains *CP1* pourraient dater de l'époque du bombardement par la Population II, c'est-à-dire de plus de quatre milliards d'années. Si le flux a été nettement plus important, ils pourraient être plus jeunes de un ou même deux milliards d'années. En tous cas, trois types de terrains encore plus récents (*CP2, CP3* et *RP*) se sont également formés sur Encelade. Ils sont révélés par la présence de corridors qui coupent les terrains plus anciens, effaçant ainsi une partie des cratères.

La région *RP* désigne les plaines dépourvues de cratères. Ses limites sont marquées par des rides entrelacées. On a proposé deux hypothèses pour expliquer l'origine de ces structures. D'après la première, un système de failles aurait été envahi par de l'eau liquide qui aurait ensuite gelé. L'expansion de la glace aurait surélevé le relief. Selon l'autre hypothèse, il existerait une zone de convection où la matière serait lentement montée au centre de la plaine et serait descendue partout ailleurs, produisant ainsi un motif de rides à peu près concentriques. Ainsi l'exemple d'Encelade (tout comme celui de Io) montre que la radioactivité ne régit pas toujours le chauffage des corps dans le système solaire. La masse d'Encelade est égale au cent millième de celle de la Terre ; néanmoins ce satellite pourrait avoir une activité géologique comparable à celle de la Terre.

Des évolutions différentes

L'exploration des systèmes de satellites de Jupiter et de Saturne par les sondes *Voyager* a fourni de nouveaux renseignements sur l'évolution des petits corps du système solaire. Imaginons une représentation tridimensionnelle dont les axes seraient respectivement la taille du corps, sa composition et son degré d'évolution thermique. Avant les missions *Voyager*, seuls les planètes, satellites et astéroïdes du système solaire intérieur auraient pu figurer dans une telle représentation. Tous appartiennent à la même classe d'objets : ils sont composés de roches et leur degré d'évolution thermique est étroitement lié à leur taille, ce qui suggère que le chauffage radioactif a dominé leur histoire. Avec les résultats des missions *Voyager*, la famille des corps connus s'est agrandie et l'hypothèse d'une évolution liée simplement à la taille ne tient plus.

Il reste beaucoup à découvrir sur l'évolution des satellites du système solaire, mais nous savons déjà que des sources d'énergie non radioactives (le chauffage par effet de marée par exemple) interviennent de façon importante pour certains de ces satellites. En outre, il apparaît qu'une composition à base de glace peut permettre une activité géologique importante, même au sein de satellites très petits. De nouvelles études de ces satellites nous en apprendront sûrement beaucoup plus sur les conditions et les processus qui prévalaient dans le système solaire naissant, ainsi que sur l'évolution des planètes dans des environnements très différents.

Les objets Apollo

Ce sont des astéroïdes dont les orbites croisent l'orbite de la Terre. On en connaît maintenant une trentaine. Ce sont peut-être des noyaux de comètes ayant perdu leurs composants volatils.

par George Wetherill

En 1937, un corps céleste d'environ un kilomètre de diamètre, baptisé plus tard Hermès, passait à moins de 800 000 kilomètres de la Terre, soit à seulement deux fois la distance qui nous sépare de la Lune. On ne l'a jamais revu. On peut s'attendre à ce qu'un tel objet passe près de la Terre, à une distance inférieure à la distance Terre-Lune, environ une fois par siècle; en moyenne, une fois tous les 250 000 ans, un tel corps percutera la Terre. L'impact de la collision libérera une énergie équivalente à celle de 10 000 bombes à hydrogène de dix mégatonnes et creusera un cratère d'environ 20 kilomètres de diamètre! Heureusement, de telles catastrophes sont si rares qu'aucune n'est advenue depuis le début de l'histoire humaine.

Hermès, l'astéroïde découvert en 1937 alors qu'il croisait l'orbite terrestre, n'était que le troisième objet de ce type à être identifié. Le premier avait été découvert cinq ans plus tôt, en 1932, par Karl Reinmuth de l'Université de Heidelberg, au cours d'une recherche photographique d'astéroïdes ordinaires. Il est certain que des objets semblables avaient déjà été photographiés auparavant, mais ils n'avaient pas été convenablement identifiés : en effet la grande vitesse qui anime un corps approchant la Terre se traduit, sur la plaque photographique, par une traînée qui n'est pas tellement différente de la traînée d'une météorite ou d'un artefact photographique, d'où la difficulté d'identification. Karl Reinmuth fut le premier à montrer que l'objet qu'il avait photographié était un astéroïde dont la trajectoire elliptique croisait l'orbite de la Terre avant d'atteindre son périhélie (point de la trajectoire où la distance au Soleil est minimale). D'abord appelé 1932 HA, cet objet fut ensuite baptisé Apollo, du nom du dieu du Soleil dans la Grèce antique. La dénomination d'objets Apollo a été donnée par la suite à toute la classe d'objets dont les orbites coupent celle de la Terre.

Par une coïncidence curieuse, on découvrit la même année un autre petit astéroïde, Amor, dont l'orbite était semblable à celle d'Apollo, à ceci près que son périhélie était juste en dehors de l'orbite terrestre, à une distance du Soleil égale à 1,08 unité astronomique (une unité astronomique, dont l'abréviation est U.A., est égale à la distance moyenne entre le Soleil et la Terre). On s'aperçut par la suite que les orbites des objets ayant un périhélie proche de 1 U.A. finissaient souvent par couper l'orbite terrestre. Aussi, les astronomes ont-ils convenu de désigner sous le nom d'objets Apollo-Amor tous les corps dont le périhélie est inférieur à une certaine valeur arbitraire de 1,3 U.A.

Depuis 1932, on a découvert environ 28 objets Apollo croisant l'orbite terrestre et un nombre plus restreint d'objets Amor. Ce nombre ne peut être qu'approximatif car, dans certains cas, l'orbite n'est pas suffisamment bien déterminée pour que l'on puisse affirmer qu'il s'agit bien d'objets de la classe Apollo-Amor. En règle générale, même dans les cas où l'orbite a pu paraître bien définie, les premiers objets Apollo-Amor ont été perdus presque aussitôt après leur découverte. Apollo lui-même ne fut retrouvé qu'en 1973, et Adonis, le deuxième objet de cette nature, identifié en 1936, ne fut pas signalé pendant 40 ans, période pendant laquelle il avait pourtant croisé plus de 30 fois l'orbite terrestre!

Il y a encore peu de temps, même la minorité d'astronomes spécialisés dans l'étude des planètes n'accordaient que très peu d'attention aux objets Apollo-Amor. Ce n'est que progressivement que l'on a pris conscience que ces astéroïdes, tout petits et peu nombreux qu'ils soient, n'en sont pas moins très intéressants pour l'étude de la Terre et des planètes. En effet, ce sont des objets Apollo-Amor qui ont donné naissance aux cratères de plus de cinq kilomètres de diamètre qui existent sur la Terre, la Lune, Mercure, Vénus et peut-être Mars, et la densité de ces cratères est la principale donnée nous permettant de déterminer l'âge relatif des différentes régions de ces planètes. Le dénombrement des cratères permet aussi de comparer entre elles les géologies des différentes planètes.

Une grande proportion, et probablement la plupart des météorites tombant sur la Terre, sont des fragments d'objets Apollo. Ces fragments sont produits par des collisions, lorsque, suivant leur orbite excentrique, ces objets traversent la ceinture d'astéroïdes située entre Mars et Jupiter. Les météorites constituent la plus importante source de données sur le passé lointain du système solaire. L'interprétation de ces données passe ainsi nécessairement par une information sur l'origine des météorites.

On peut dire avec quelque assurance qu'un objet Apollo-Amor n'est pas n'importe quel corps éjecté, on ne sait trop comment, de la large ceinture d'astéroïdes qui s'étend entre 2,1 et 3,5 U.A. du Soleil. Cérès, le plus grand astéroïde connu, fut découvert en 1801 par le moine italien Giuseppe Piazzi. Cérès a un diamètre d'environ 1 000 kilomètres et se déplace sur une orbite située à environ 2,8 U.A. Plus de 2 000 astéroïdes ont déjà été répertoriés, situés pour la plupart au-delà de l'orbite de Mars (1,5 U.A.). On évalue à 400 000 les objets appartenant à la ceinture d'astéroïdes, et dont le diamètre est supérieur à un kilomètre. Comme nous allons le voir, certains de ces corps peuvent devenir des objets Apollo. Cependant, selon une hypothèse récente et peut-être étonnante, nombre des objets Apollo-Amor ne seraient nullement des astéroïdes mais les restes dégazés de comètes, les objets les plus primitifs du système solaire.

Durant les dix dernières années, l'intérêt pour les objets Apollo-Amor s'est considérablement accru. Lorsque les astronomes observent sur leurs papiers photographiques un objet qui se déplace rapidement, ils en réfèrent immédiatement au Bureau central des Télégrammes Astronomiques de l'Union Astronomique Internationale et aux autres astronomes. Des éphémérides indiquant la localisation, la vitesse et la direction du déplacement sont ainsi calculées et distribuées afin de permettre de nouvelles observations. Dans certains cas, les objets récemment découverts peuvent être identifiés sur d'anciennes plaques. Dès qu'un objet a été identifié sur plusieurs plaques, on peut généralement calculer son orbite avec une précision suffisante pour assurer sa redécouverte

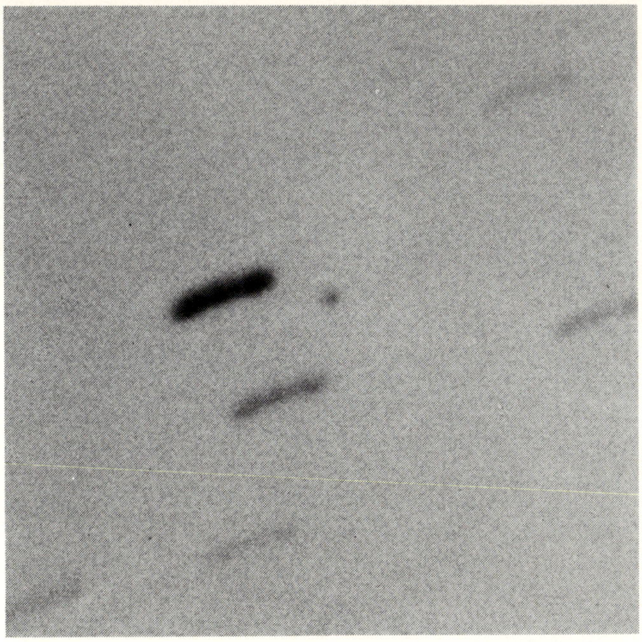

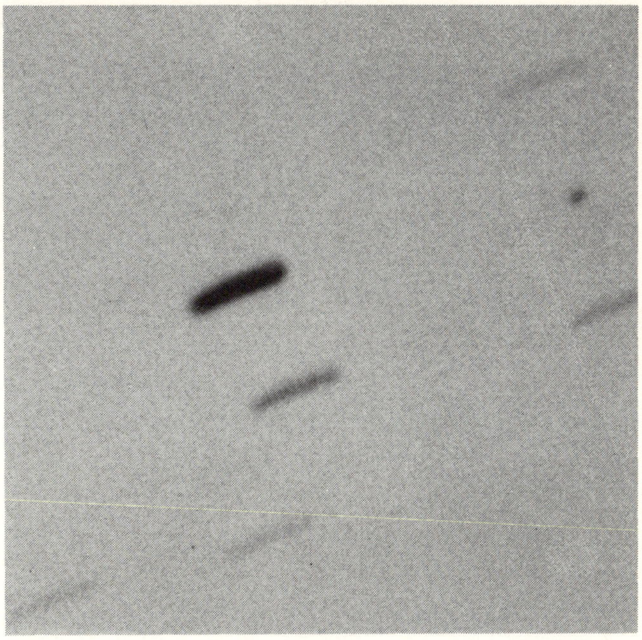

1. APOLLO a été le premier « objet Apollo » connu. Découvert en 1932, il fut ensuite perdu, puis retrouvé sur ces négatifs, 41 ans plus tard. Apollo est la tache ronde peu lumineuse au centre de la photographie de gauche. Sur la photographie de droite, prise une heure plus tard, l'objet s'est déplacé vers le Nord-Ouest. Les étoiles du champ situées dans la constellation de la Vierge sont des traits car le guidage du télescope a été réglé en fonction de la vitesse calculée de l'objet Apollo pendant les deux poses de 25 minutes. Si on avait choisi de régler le déplacement du télescope sur les étoiles, on n'aurait pu enregistrer le tracé de l'objet Apollo car il est trop peu lumineux et situé à 100 millions de kilomètres de la Terre. Ces photographies de la « redécouverte » ont été faites par Richard McCrosky et Cheng-Yuan Shao avec le réflecteur de 155 centimètres de l'observatoire de Harvard. Alors qu'ils s'apprêtaient à entreprendre une recherche de plusieurs mois, ils découvrirent Apollo, par une chance inouïe, sur le tout premier cliché !

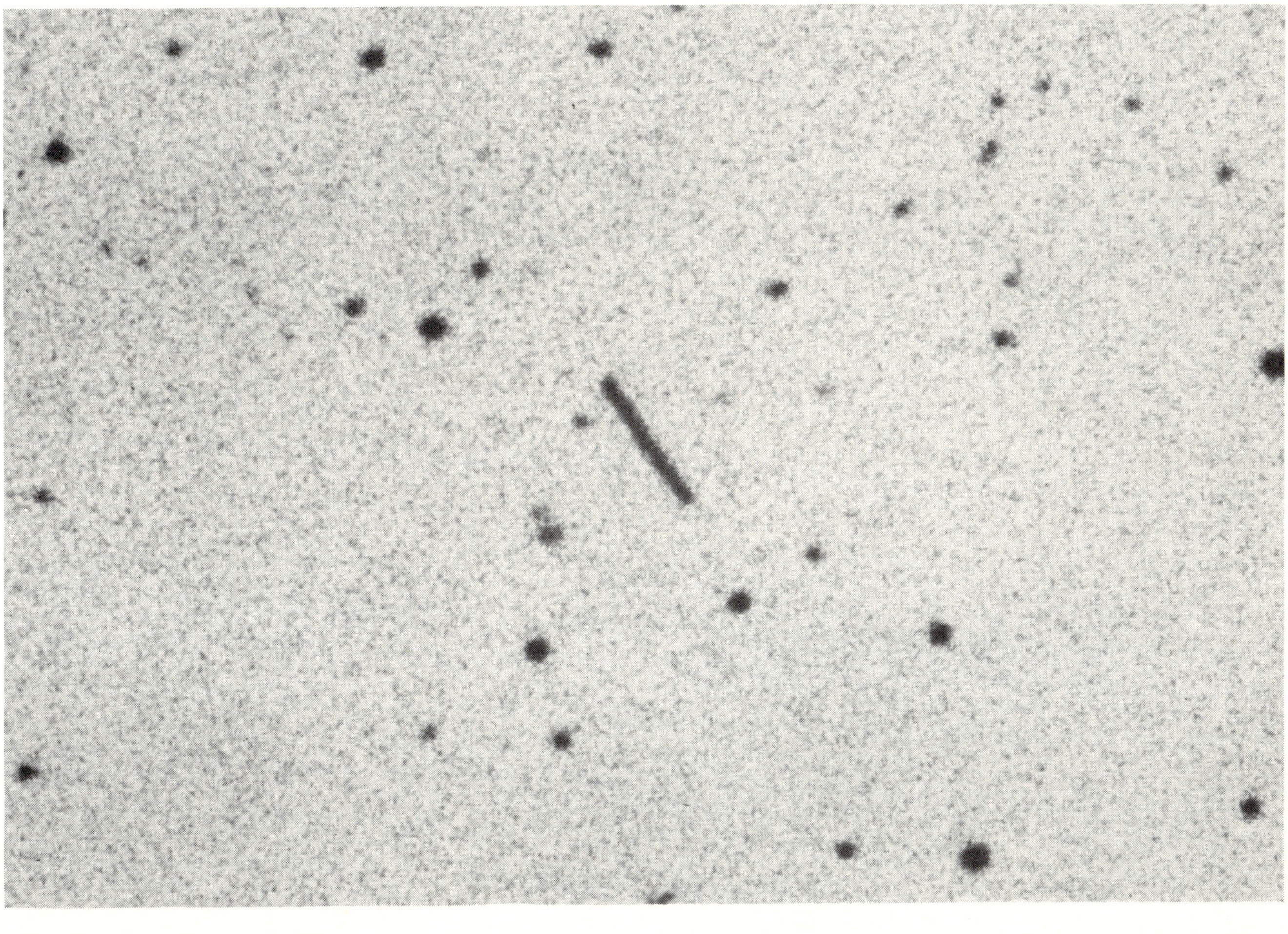

2. 2100 RA-SHALOM, responsable de la petite traînée sur ce négatif, est le troisième des quatre objets Apollo découverts en 1978. Il a été découvert le 10 septembre par Eleanor Helin sur une plaque prise au télescope de Schmidt de 46 centimètres du Mont-Palomar. Cette découverte n'était en fait qu'une redécouverte d'un objet photographié plusieurs années auparavant et qui avait été perdu. Le nombre 2100 indique que l'objet est le 2100 ème du catalogue officiel d'astéroïdes de toutes sortes. On a baptisé cet objet du nom de « Râ » le dieu du Soleil dans l'Égypte ancienne et de « Shalom », le mot hébreu signifiant paix, au moment de la réunion de Camp David.

3. CE GRAND CRATÈRE ÉRODÉ, au Nord-Est du Québec fut creusé, il y a 210 millions d'années par l'impact d'un corps de la taille des objets Apollo. Pour creuser un tel cratère, d'environ 70 kilomètres de diamètre, il faut un astéroïde d'environ 3 kilomètres de diamètre. La photographie a été prise par le satellite d'Étude des Ressources Terrestres (ERTS). On distingue clairement la dépression circulaire du cratère remplie aujourd'hui par les eaux sombres du lac Manicouagan. Beaucoup de cratères ont été préservés au Canada sous des couches de sédiments qui ont ensuite disparu sous l'effet de l'érosion glaciaire.

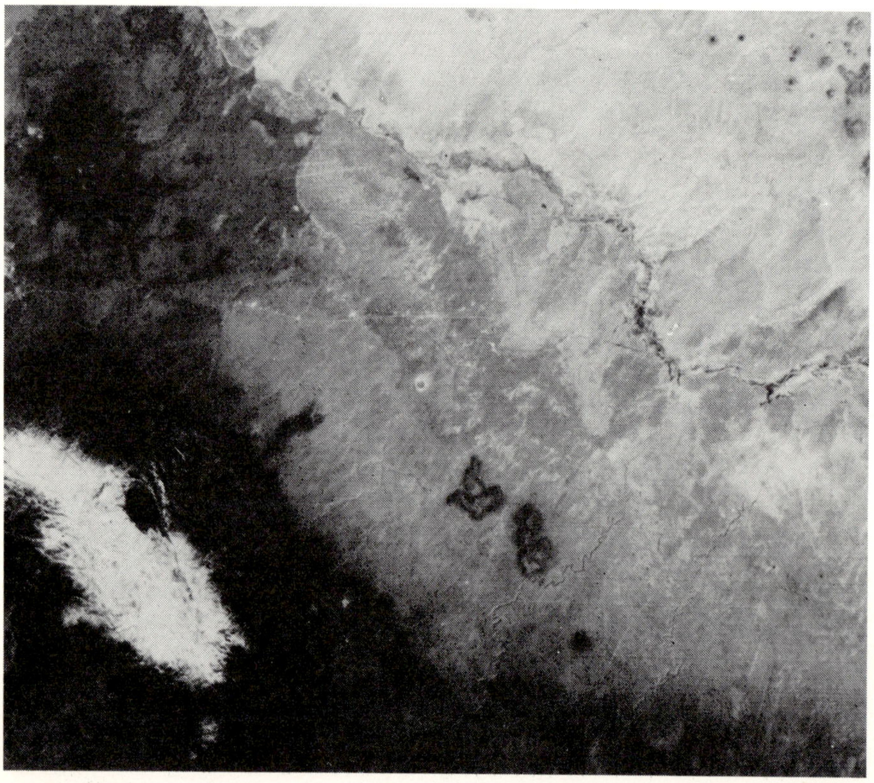

4. « METEOR CRATER », près de Flagstaff en Arizona, a la même échelle que le cratère de la figure 3. A peine visible au centre de la figure, « Meteor Crater » a quelque 1 300 mètres de large. Il semble avoir été creusé il y a environ 25 000 ans par une météorite de fer ayant moins de 100 mètres de diamètre. L'impact a libéré une énergie équivalente à une bombe de 10 mégatonnes.

lors d'un futur passage à proximité de la Terre.

En 1973, Eugene Shoemaker et Eleanor Helin entreprirent, à l'observatoire du Mont-Palomar, le premier programme d'observation consacré à une recherche systématique des objets Apollo-Amor. En travaillant environ quatre nuits par mois, avec un télescope de Schmidt à grand champ de taille moyenne, ils ont découvert cinq objets Apollo et un objet Amor, ainsi que d'autres objets intéressants dont une nouvelle comète.

Plusieurs autres programmes d'observation utilisant des télescopes de Schmidt plus grands ont contribué efficacement à la découverte d'objets Apollo-Amor, bien que ce ne fût pas leur but premier. A l'aide du télescope de Schmidt de 1,20 mètre du Mont-Palomar, Charles Kowal a découvert cinq objets Apollo-Amor; un groupe d'astronomes faisant une exploration systématique de tout le ciel à l'Observatoire Européen de l'Hémisphère Sud, au Chili, en ont découvert trois.

Contrairement à la situation dans laquelle on se trouvait il y a une dizaine d'années, près de la moitié des objets Apollo-Amor sont aujourd'hui formellement reconnus comme étant des astéroïdes et sont numérotés en tant que tels. De nos jours, très peu sont considérés comme perdus à jamais; la plupart des 40 objets ont des orbites très excentriques qui pénètrent dans la ceinture d'astéroïdes, et même au-delà pour une demi-douzaine d'entre eux. Cependant, trois de ces objets au moins ont une orbite d'excentricité relativement faible, avec un aphélie (point de l'orbite le plus éloigné du Soleil) situé à l'intérieur de l'orbite de Mars.

On ne peut sérieusement évaluer le rôle des objets Apollo-Amor dans la formation des cratères sur les planètes, ou dans la formation des météorites, sans connaître leur taille et leur densité. Leur diamètre angulaire est nettement plus petit que le pouvoir de résolution des télescopes, de sorte que leurs dimensions ne peuvent être mesurées qu'indirectement. On peut évaluer leur taille en mesurant leur albédo géométrique, nom sous lequel on désigne la fraction des radiations solaires qu'ils réfléchissent. Les mesures de l'albédo et de la brillance d'un objet permettent, une fois que l'on connaît la distance qui le sépare de la Terre et du Soleil, de calculer l'aire de sa surface projetée, et donc sa taille approximative si l'on suppose que l'objet a une forme sphérique.

L'albédo peut être déterminé de plusieurs façons. Dans un état stationnaire, la partie de l'énergie incidente qui n'est pas réfléchie par l'objet ne peut être qu'absorbée, puis réémise sous forme de rayonnement, surtout dans l'infrarouge. Par conséquent, en mesurant la brillance d'un objet dans l'infrarouge, et en la comparant à sa brillance dans le visible, on peut déterminer le pouvoir de réflexion de l'objet. Des mesures en laboratoire ont également montré que le taux de polarisation de la lumière réfléchie par une surface dépend à la fois de l'angle de réflexion et de l'albédo. Enfin, la « couleur » d'un astéroïde peut être déduite de la mesure de sa brillance à différentes longueurs d'onde : dans l'ultraviolet, le visible et le proche infrarouge. A partir de telles mesures, on peut alors essayer d'identifier les astéroïdes à des assemblages plausibles de minéraux trouvés dans les météorites et dans les roches terrestres et lunaires. En laboratoire, la mesure de l'albédo de pareils assemblages de minéraux permet de vérifier la valeur mesurée de l'albédo de l'astéroïde.

Il est facile de trouver des imperfections dans chacune des méthodes utilisées pour mesurer l'albédo des astéroïdes, mais il est néanmoins remarquable que nombre des albédos aient été déterminés de plusieurs manières et qu'en général, les résultats obtenus concordent. La plupart des mesures ont été faites sur des corps situés dans la ceinture d'astéroïdes. Jusqu'à présent, on a mesuré l'albédo de seulement 11 objets Apollo-Amor; toutefois, pour ce petit échantillon, les valeurs des albédos géométriques sont proches de celles des astéroïdes ordinaires et sont en gros comprises entre 0,05 et 0,2 (à titre de comparaison, l'albédo géométrique de la Lune est de 0,12). Si on prend 0,16 comme valeur type pour leur albédo géométrique, la plupart des objets Apollo-Amor que l'on a découverts ont un diamètre compris entre un et deux kilomètres. Avec un albédo de 0,16, un

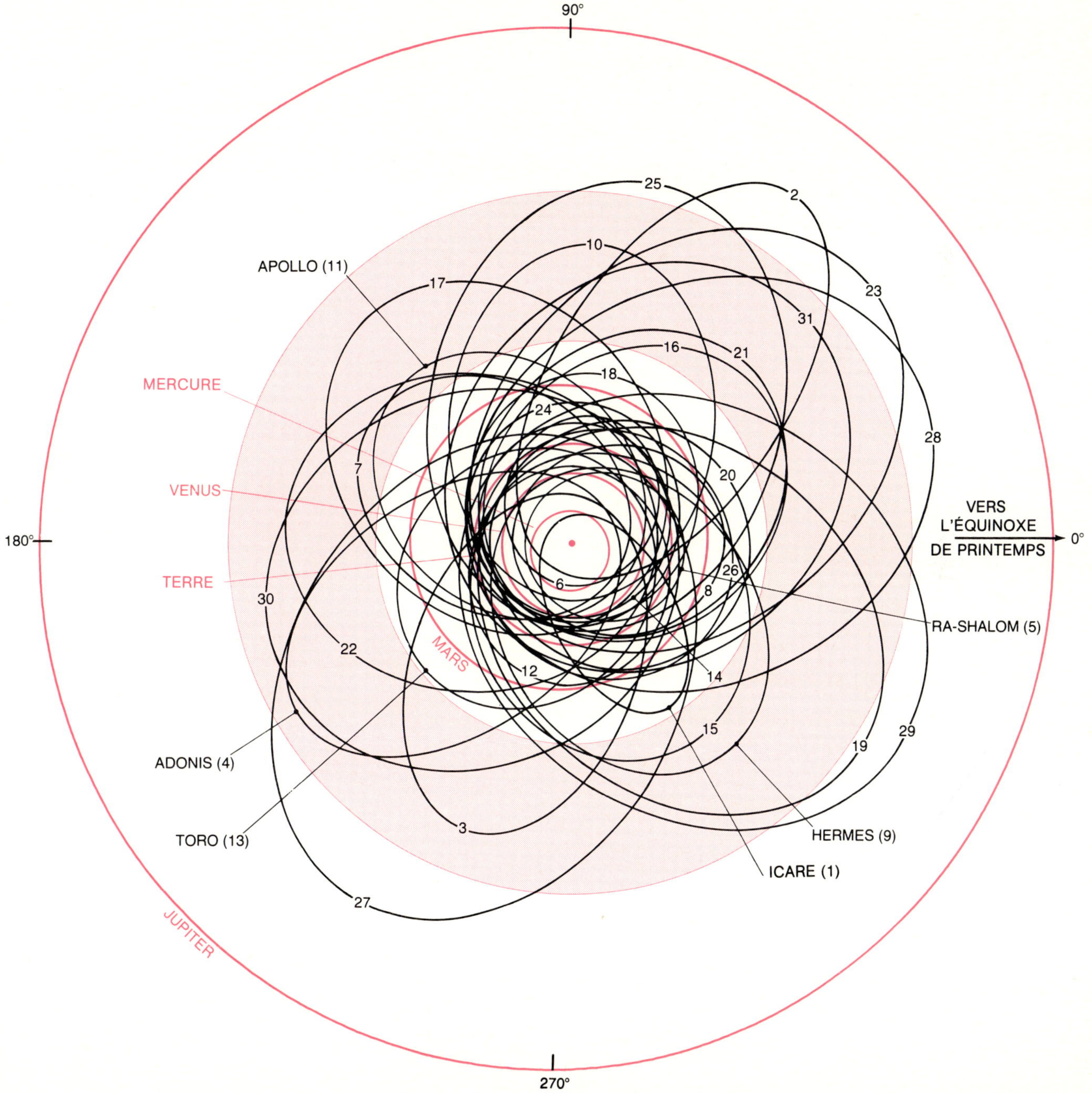

5. LES ORBITES DE 31 OBJETS APOLLO sont ici comparées aux orbites de Mercure, de Vénus, de la Terre, de Mars et de Jupiter. Les objets sont numérotés en fonction de la distance les séparant du Soleil au périhélie, point où ils sont le plus rapprochés du Soleil. L'astéroïde qui s'approche le plus du Soleil s'appelle Icare. Seuls trois des objets Apollo (Râ-Shalom, n° 6 et n° 14) sont sur des orbites situées à l'intérieur de l'orbite de Mars. La majorité d'entre eux traversent la ceinture d'astéroïdes (*la large bande en couleur*), qui doit contenir près d'un demi-million d'objets ayant plus d'un kilomètre de diamètre. Une grande partie des météorites tombant à la surface de la Terre peuvent être des fragments d'objets Apollo qui sont entrés en collision avec des corps de la ceinture d'astéroïdes.

objet ayant environ un kilomètre de diamètre aura une magnitude astronomique de + 18 s'il est situé à une distance de 1 U.A. de la Terre et du Soleil. La magnitude d'un astéroïde déterminée dans ces conditions est appelée magnitude absolue.

A partir du nombre d'objets Apollo-Amor déjà observés, on peut estimer le nombre total de ces objets dont la magnitude absolue est supérieure à 18 (ou dont le diamètre est supérieur à un kilomètre). Pour cela, on évalue la partie du ciel que recouvrent les recherches photographiques faites jusqu'à présent. La première tentative de ce genre a été faite par Ernst Öpik de l'observatoire d'Armagh en Irlande, en 1963, alors qu'on connaissait dix objets Apollo. Ernst Öpik conclut à l'époque qu'il devait en exister au moins 43 et « qu'il pouvait y en avoir beaucoup plus ». Comme on connaît maintenant 28 objets Apollo et que la vitesse à laquelle on en découvre de nouveaux, environ quatre par an à présent, ne cesse d'augmenter, il ne fait aucun doute qu'il y en a beaucoup plus que 43.

D'après une estimation plus récente faite par Eugene Shoemaker, le nombre total d'objets Apollo plus brillants que la magnitude 18 est de 750 ± 300. En 1967, Fred Whipple, de l'Université Harvard, a choisi une approche du problème assez différente : en principe, si le nombre total d'objets Apollo est petit, il y a une très forte probabilité pour que plusieurs d'entre eux soient redécouverts par hasard. Cependant, jusqu'en 1967, aucune redécouverte « aléatoire » n'était apparue. Un calcul de combinaisons et de permutations permettait alors d'établir une limite inférieure du nombre probable d'objets Apollo égale à 50. En reprenant ses calculs en 1973, Fred Whipple a porté cette valeur à 100. Si l'on tient compte des données les plus récentes, y compris de la redécouverte par pur hasard d'un objet Apollo (Râ-Shalom) en 1978, on peut aujourd'hui estimer qu'il y a presque certainement plus de 200 objets de ce type et on est conduit à une estimation en accord avec celle d'Eugene Shoemaker.

Il est difficile de déterminer si un objet Apollo entrera ou non en collision avec la Terre. A l'heure actuelle, aucun des objets Apollo observés n'est sur une trajectoire qui l'amènerait à entrer en collision avec la Terre. Cependant, tous les objets Apollo-Amor sont sous l'influence gravitationnelle permanente des planètes proches, en particulier de Jupiter, ce qui entraîne un mouvement de précession des orbites d'astéroïdes. Cette précession fait que le grand axe de l'orbite elliptique tourne lentement de 360 degrés dans l'espace. Autrement dit, tout objet dont le périhélie est à l'intérieur de l'orbite de la Terre, et l'aphélie au-delà de l'orbite de la Terre, aura tôt ou tard une orbite qui coupera l'orbite terrestre. Tout objet Apollo se trouvera périodiquement sur une orbite qui coupera l'orbite terrestre, à raison d'une fois tous les 5000 ans.

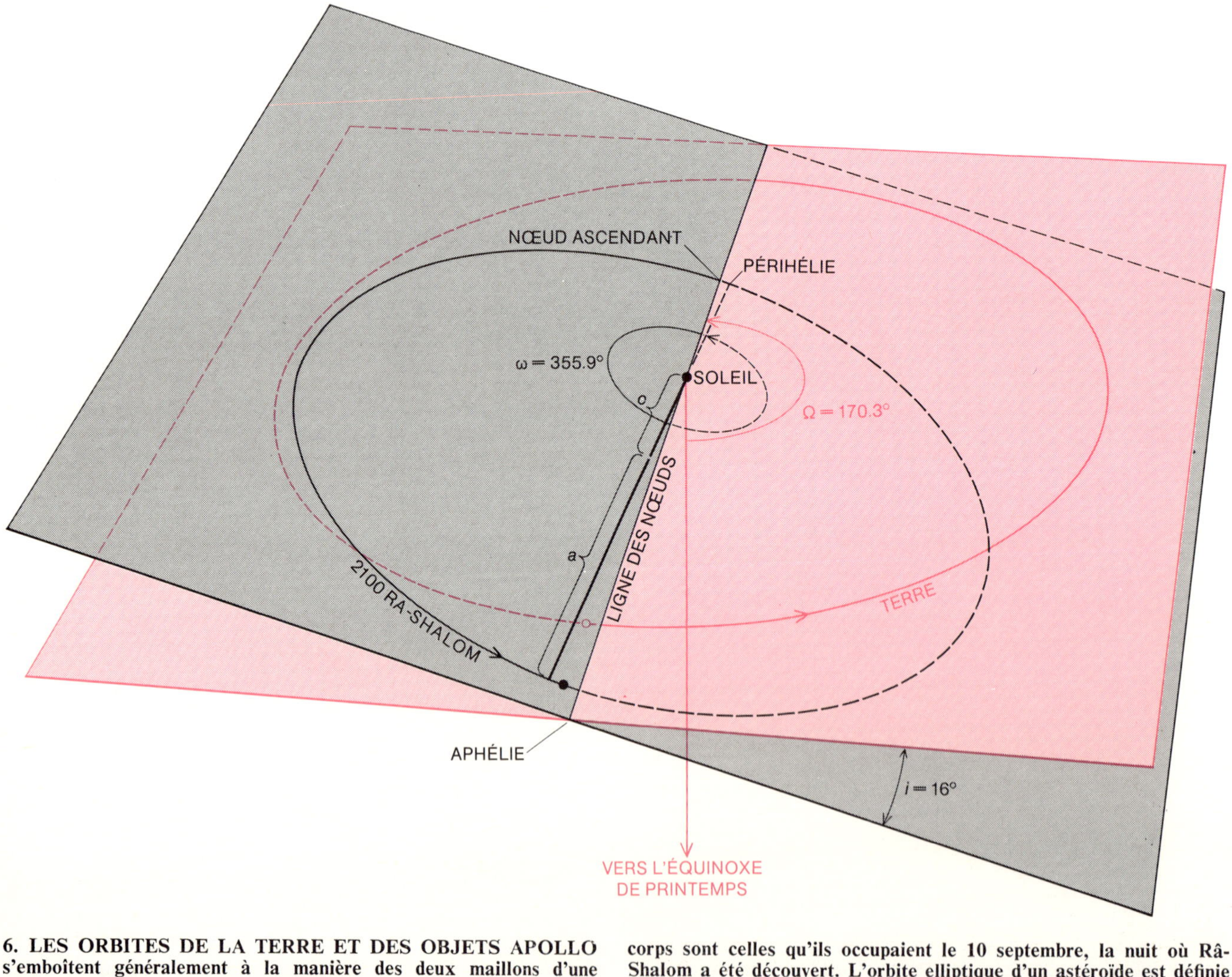

6. LES ORBITES DE LA TERRE ET DES OBJETS APOLLO s'emboîtent généralement à la manière des deux maillons d'une chaîne. Cependant, du fait de la précession très rapide des orbites des objets Apollo, leur orientation par rapport à l'orbite de la Terre peut changer notablement en quelques siècles. Le plan orbital de Râ-Shalom 2100 est incliné de 16° (la valeur de l'angle *i*) par rapport à celui de la Terre. Sur ce dessin, les positions relatives de ces deux corps sont celles qu'ils occupaient le 10 septembre, la nuit où Râ-Shalom a été découvert. L'orbite elliptique d'un astéroïde est définie par le demi-grand axe *a* et par l'excentricité *e* égale au rapport *c*/*a*, où *c* est la distance du Soleil au centre de l'ellipse. L'orientation du plan orbital de l'astéroïde par rapport à celui de la Terre est désignée par Ω, la longitude du nœud ascendant : cette longitude est la distance angulaire mesurée, dans la direction de l'Est, dans le plan de l'orbite

Dans la plupart des cas, la Terre sera en un autre point de son orbite quand l'objet Apollo arrivera au point d'intersection des deux trajectoires, de sorte qu'il n'y aura pas collision. On peut néanmoins calculer la probabilité pour que la Terre et l'objet Apollo soient simultanément au point d'intersection. Pour un objet Apollo donné, la probabilité de collision n'est que de 5×10^{-9} par an environ, soit une collision tous les 200 millions d'années. Si l'on suppose qu'il y a entre 750 et 1 000 objets Apollo de diamètre supérieur à un kilomètre, il ressort que quatre de ces objets entreront en collision avec la Terre tous les millions d'années. Bien qu'une telle fréquence de collision soit petite à l'échelle de l'homme, dont l'histoire ne remonte qu'à quelques milliers d'années, elle est grande à l'échelle des milliards d'années des temps géologiques.

Depuis le début de l'histoire humaine, aucune catastrophe n'est survenue par suite d'une collision avec un objet Apollo. A notre connaissance, la collision la plus récente avec un astéroïde de taille non négligeable remonte à une date comprise entre 25 000 et 50 000 ans. A cette époque, un cratère de diamètre légèrement supérieur à un kilomètre et de 200 mètres de profondeur appelé *Meteor Crater* a été creusé, en Arizona, par un astéroïde de fer dont le diamètre ne devait pas dépasser 100 mètres. Le plus jeune cratère connu ayant un diamètre dépassant dix kilomètres est une cuvette remplie par le lac Bosumtwi au Ghana. L'événement qui l'a engendré est survenu il y a 1,3 million d'années environ. Les cratères aussi petits que *Meteor Crater* sont rapidement effacés par l'érosion. Seuls les grands cratères laissent une trace après 500 000 ans. Ainsi, s'il n'existait ni érosion ni intempéries et si les processus géologiques et les organismes vivants ne modifiaient pas le paysage, la Terre aurait autant de cratères que la Lune.

Rares mais statistiquement inévitables, ces collisions ont des conséquences dramatiques. Ainsi, lors de son impact avec la Terre, l'énergie cinétique d'un objet Apollo d'un kilomètre de diamètre, de poids spécifique moyen de l'ordre de 3,5 grammes par centimètre cube et se déplaçant sur une orbite typique, est de l'ordre de 4×10^{27} joules. Cela représente l'énergie libérée par l'explosion de 100 000 bombes atomiques de une mégatonne. Toute cette énergie doit se dissiper d'une façon ou d'une autre; seule une petite fraction de l'énergie totale sert à désintégrer et volatiliser l'objet Apollo, de sorte que la plus grande partie de l'énergie servira à pulvériser les matériaux de la surface terrestre et à les éjecter à des vitesses très grandes. C'est ainsi que cet impact creusera un cratère, semblable à ceux qui donnent à la Lune et aux planètes Mars et Mercure leur physionomie caractéristique.

Il n'existe pas de données directes sur la dimension de cratères créés par des explosions de 10^5 mégatonnes. On peut toutefois extrapoler les lois empiriques

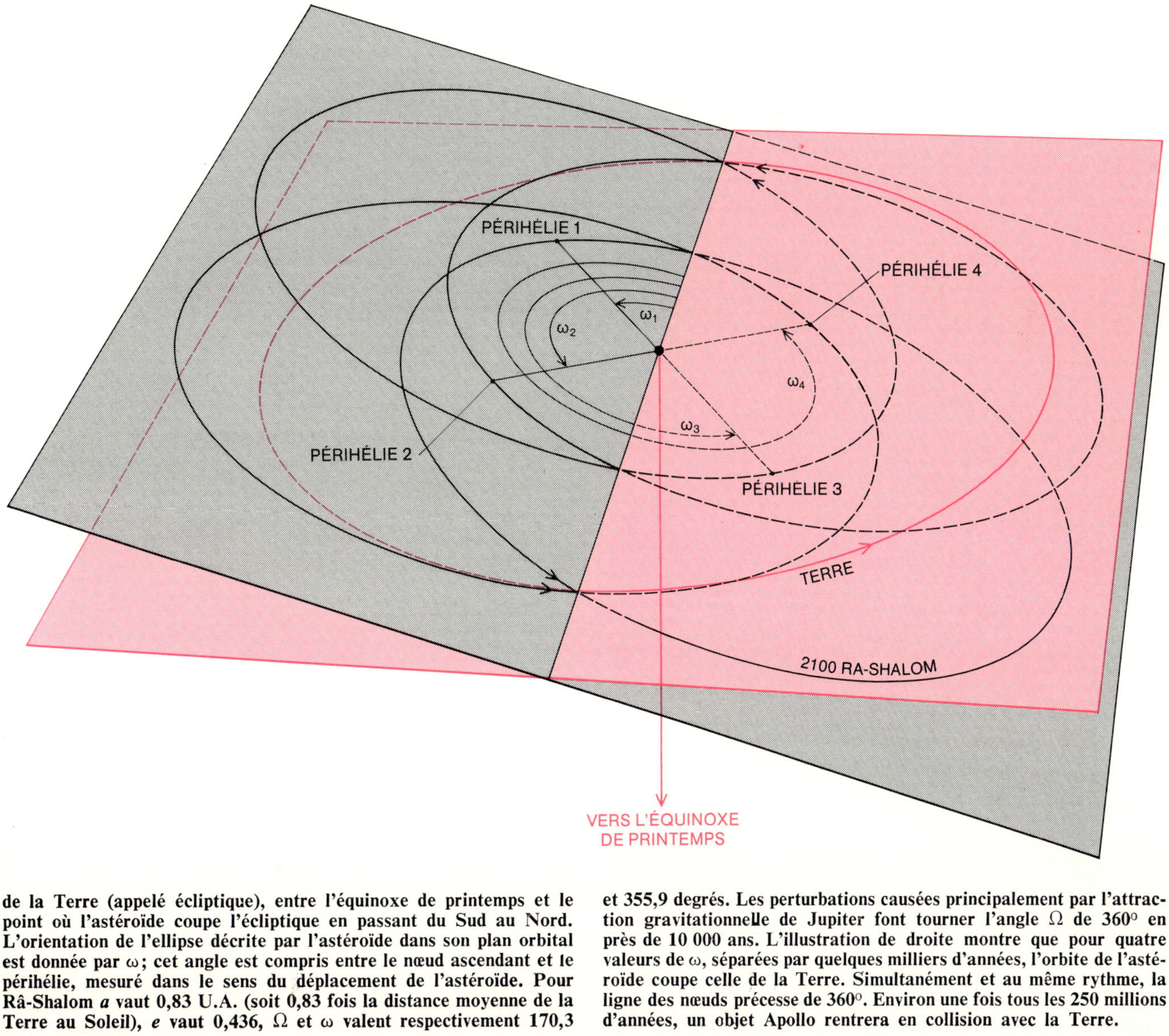

de la Terre (appelé écliptique), entre l'équinoxe de printemps et le point où l'astéroïde coupe l'écliptique en passant du Sud au Nord. L'orientation de l'ellipse décrite par l'astéroïde dans son plan orbital est donnée par ω; cet angle est compris entre le nœud ascendant et le périhélie, mesuré dans le sens du déplacement de l'astéroïde. Pour Râ-Shalom *a* vaut 0,83 U.A. (soit 0,83 fois la distance moyenne de la Terre au Soleil), *e* vaut 0,436, Ω et ω valent respectivement 170,3 et 355,9 degrés. Les perturbations causées principalement par l'attraction gravitationnelle de Jupiter font tourner l'angle Ω de 360° en près de 10 000 ans. L'illustration de droite montre que pour quatre valeurs de ω, séparées par quelques milliers d'années, l'orbite de l'astéroïde coupe celle de la Terre. Simultanément et au même rythme, la ligne des nœuds précesse de 360°. Environ une fois tous les 250 millions d'années, un objet Apollo rentrera en collision avec la Terre.

déduites d'explosions beaucoup plus faibles et calculer par simulation les effets des impacts d'astéroïdes. Ces calculs montrent qu'une collision libérant 4×10^{27} joules produit un cratère d'environ 22 kilomètres de diamètre.

Comment avoir la preuve que la Terre a été bombardée approximativement quatre fois tous les millions d'années par des objets capables de produire des cratères de 20 kilomètres de diamètre? On devrait s'attendre à voir la Terre littéralement criblée de cratères; en fait, ces cratères existent bel et bien, mais jusqu'à une période relativement récente, ils avaient échappé à notre attention.

Une inspection détaillée de photos aériennes révèle de nombreuses structures circulaires, souvent très floues, sur toute la surface de la Terre. Des études géologiques précises ont montré qu'un certain nombre de ces structures sont les restes de cratères, dus à des impacts, dont le diamètre initial était supérieur à 20 kilomètres. On a pu établir leur origine avec certitude en étudiant les structures géologiques que l'on s'attendait à trouver dans des cratères où l'érosion avait été intense. On a aussi montré que les roches de cette région avaient subi des chocs violents : c'est ainsi que l'on trouve des roches ignées qui ont recristallisé après avoir été fondues lors du choc, et des formes de quartz comme la coésite et la stishovite qui ne se transforment qu'à une température et une pression élevées. Les « cônes d'éclatement », structures de quartzite qui s'évasent vers l'extérieur de haut en bas par rapport à la direction de l'impact, constituent d'autres preuves macroscopiques. Dans certains cas, la « signature » chimique d'un corps non terrestre peut être repérée dans le matériau éjecté du cratère, mais ce n'est que rarement que l'on trouve des fragments de l'objet qui est tombé, car il aura été volatilisé en raison des hautes températures atteintes lors de l'explosion.

De telles preuves, révélatrices d'un impact, ont permis d'identifier plus de 50 structures d'impact. On ne s'étonnera pas que la plupart d'entre elles aient été découvertes dans des régions habitées par des géologues spécialisés dans l'étude de ces structures! Environ la moitié des cratères clairement mis en évidence ont été trouvés dans le Centre et le Sud-Est du Canada, c'est-à-dire sur environ 1 % de la surface terrestre. Comme aucune force naturelle ne peut contraindre des objets extra-terrestres à venir frapper préférentiellement une petite région de la Terre, on ne peut attribuer l'abondance des cratères canadiens qu'à la diligence du programme de recherches mis sur pied par le Ministère de l'Énergie, des Mines et des Ressources du Canada.

La plupart des cratères bien étudiés sont jeunes à l'echelle géologique puisqu'ils n'ont que quelques millions d'années. On ne connaît que deux cratères précambriens (un près de Sudbury dans l'Ontario, et l'autre près de Vredefort en Afrique du Sud), bien que l'ère précambrienne s'étende sur

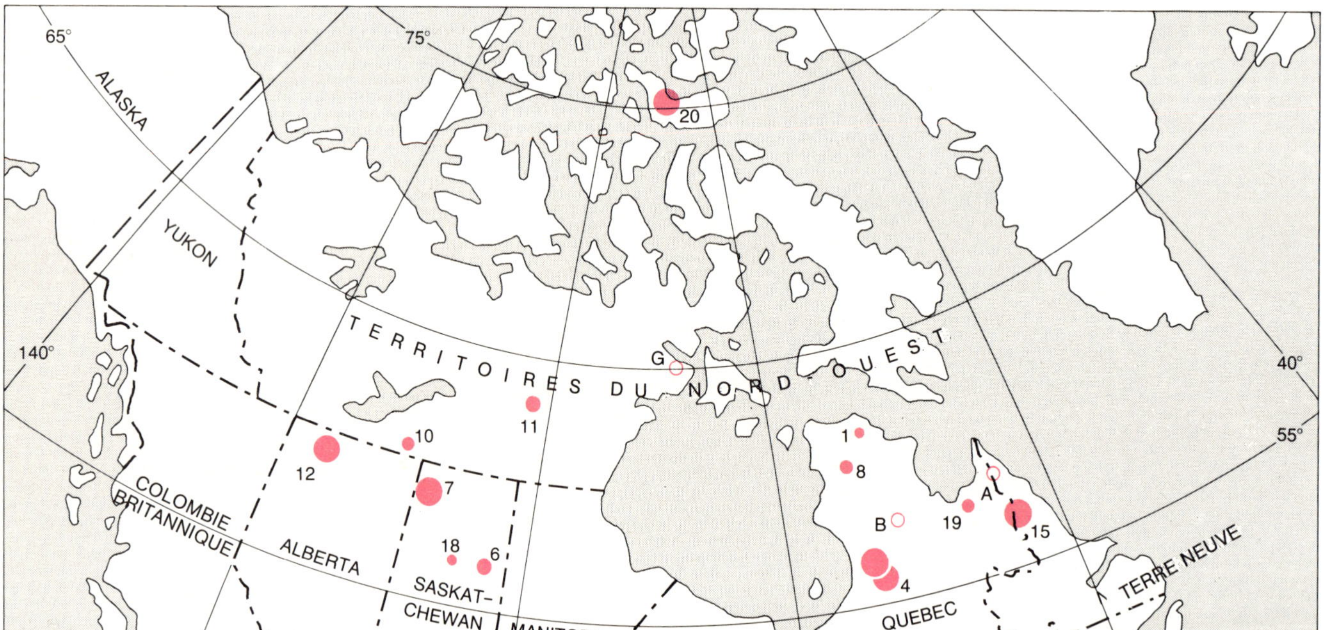

7. ENVIRON LA MOITIÉ DES ANCIENS CRATÈRES ont été découverts dans le Centre et à l'Est du Canada, dans une région qui ne représente que 1 % de la surface terrestre. Les cercles pleins montrent la localisation et la taille relative de 23 cratères d'impact bien mis en évidence et numérotés dans l'ordre de leur découverte; les autres cercles indiquent des structures d'impact possibles. Le cratère le plus jeune (le n° 1) a moins de cinq millions d'années, le plus vieux a environ 1,9 milliard d'années (c'est le n° 13, près de Sudbury dans l'Ontario). Ce dernier cratère est l'un des deux seuls qui date de l'ère précambrienne dont la fin remonte à 600 millions d'années. Le cratère n° 3 est le Manicouagan *(voir figure 3)*. Richard Grieve du Département canadien des ressources énergétiques et minières a recensé tous les anciens cratères d'Amérique du Nord et d'Europe; à partir de ce travail, on peut estimer que dans les 600 millions d'années écoulées, 1 500 objets Apollo de plus d'un kilomètre de diamètre ont heurté la Terre, dont 70 % environ dans les océans.

plus de 80 % de l'histoire de la Terre. Toute trace d'un cratère est effacée par l'érosion en moins de 600 millions d'années, sauf s'il s'agit d'un cratère exceptionnellement grand; de plus, on peut aisément comprendre qu'il est impossible d'identifier les cratères creusés par les astéroïdes tombés dans les océans, lesquels recouvrent plus de 70 % de la surface du globe. Compte tenu de tous ces éléments, on admet maintenant que le taux de formation de cratères par unité de surface est au moins aussi important sur la Terre que sur la Lune.

Parmi les cratères terrestres identifiés, beaucoup n'ont pas plus de 100 mètres de diamètre. C'est la taille des cratères que peuvent creuser les plus grosses météorites. Toutefois, environ la moitié des cratères terrestres connus ont plus de dix kilomètres de diamètre et ont donc nécessairement été creusés par des objets plus gros que toutes les météorites connues à ce jour. En d'autres termes, ils doivent avoir été créés par l'impact d'objets de taille comparable aux objets Apollo. En se fondant sur la distribution des cratères connus, on peut raisonnablement estimer à environ 1 500 le nombre d'objets Apollo ayant percuté la Terre depuis la fin de l'ère précambrienne, il y a 600 millions d'années. Compte tenu de l'incertitude actuelle quant au nombre total d'objets Apollo, quant à leur taille et quant à leur vitesse, l'accord entre cette estimation et celle, mentionnée ci-dessus, de quatre collisions tous les millions d'années, est satisfaisant.

Comment peut-on être sûr de ne pas se tromper en affirmant que les grands cratères sur la Terre et sur la Lune ont été faits par les objets Apollo dont on ne connaît l'existence que depuis peu? La réponse est que les objets qui peuvent être à l'origine de cratères aussi grands, doivent être eux-mêmes assez grands pour être observables au télescope. Or on n'observe que deux types d'objets traversant l'orbite de la Terre : les objets Apollo et les comètes. A la différence d'un astéroïde, le noyau solide d'une comète contient de la glace et d'autres substances, qui se volatilisent lorsque la comète passe près du Soleil, pour former ce que l'on appelle une chevelure floue, ou tête, et une queue; les chevelures s'étendent souvent sur plusieurs milliers de kilomètres. A l'intérieur de la chevelure, on peut estimer le diamètre du noyau en comparant les valeurs, observées et calculées, de la quantité de gaz émise, en fonction de la distance qui sépare la comète du Soleil. On peut aussi mesurer plus directement le diamètre du noyau d'une comète par sa brillance lorsqu'il est si loin du Soleil que la chevelure qui le cache est inexistante. De telles estimations montrent que les diamètres de noyaux de comète sont du même ordre de grandeur que ceux des objets Apollo : entre un et dix kilomètres.

Puisque les objets Apollo et les comètes peuvent les uns comme les autres entrer en collision avec la Terre et la Lune en formant des cratères, comment estimer le taux relatif des collisions pour chacun de ces deux types d'objets? Si on ne prend en considération que les estimations de la taille et du nombre des objets Apollo, on voit que ces derniers sont à eux seuls en nombre suffisant pour rendre compte du nombre de grands cratères sur la Lune, formés depuis la fin de l'épanchement du magma basaltique dans les « mers » lunaires, il y a trois milliards d'années! Et comme nous l'avons vu, dans l'état actuel de nos connaissances, le nombre d'objets Apollo rend bien compte du nombre de grands cratères formés sur la Terre depuis l'ère précambrienne.

On peut également montrer que si les noyaux des comètes ne sont pas plus grands que les objets Apollo, les comètes ne peuvent être à l'origine que d'un faible pourcentage des plus grands cratères observés sur la Lune. Toutefois, la proportion pourrait être beaucoup plus importante si la taille couramment admise pour les comètes était sous-estimée et si, en conséquence, il existait en fait un nombre important de comètes de diamètre supérieur à un kilomètre. Dans ce cas, les impacts de comètes pourraient être responsables de 35 % des plus grands cratères lunaires et terrestres. Récemment, A. Delsemme, de l'Université de Toledo (États-Unis) et L'ubor Kresák de l'Institut d'Astronomie de Bratislava, en Tchécoslovaquie, ont prouvé indépendamment que le nombre de comètes peu lumineuses était réellement plus petit que celui auquel on s'attendait, ce qui montre que la contribution des comètes à la formation des cratères doit être faible.

Après avoir souligné la différence entre les objets Apollo et les comètes, nous allons maintenant rendre cette distinction plus floue en mentionnant une possibilité sur laquelle nous reviendrons plus en détail. Ernst Öpik a été le premier à suggérer que beaucoup d'objets Apollo pouvaient être des comètes « éteintes », c'est-à-dire les résidus non volatils du noyau, auparavant actif, d'une comète qui aurait été complètement dégazée au cours de ses passages répétés près du Soleil. Si tel était le cas, beaucoup de cratères lunaires et terrestres seraient dus à d'anciennes comètes métamorphosées en objets Apollo et seraient donc déjà inclus dans l'évaluation du taux de formation de cratères par les objets Apollo.

Quel est le lien, si toutefois il existe, entre les objets Apollo qui forment les grands cratères et la myriade de corps plus petits dont les tailles s'échelonnent entre les plus grands météores et les plus petites poussières de la taille du micron/mètre, qui bombardent en permanence l'atmosphère terrestre? Il semble probable que ces petits corps proviennent de sources de nature différente; toutefois, on peut dire, sans entrer dans les détails, qu'une grande proportion des météores observés (à ne pas con-

8. LES CONES D'IMPACT sont des pierres fracturées en cônes sous l'effet d'un choc; on les trouve dans la plupart des sites de cratère reconnus. Ces cônes-ci proviennent d'un affleurement sur la rive du lac Keeley près du bassin de Sudbury; ce bassin est le vestige d'un cratère dont le diamètre originel est estimé à 140 kilomètres. Il s'agit du n° 13 sur la carte de la figure 7.

fondre avec les météorites) n'ont aucun lien avec des objets d'apparence astéroïdale, mais proviennent de comètes visibles. Les météores dus aux comètes sont ceux que l'on observe au cours des pluies périodiques de météores, telles que les Perséides qui suivent l'orbite de la comète Swift-Tuttle, et les Draconides associées à la comète Giacobini-Zinner. Des météores peuvent aussi provenir de comètes actives que l'on a vu se désintégrer et disparaître : la comète de Biela, par exemple, a donné naissance aux Andromédides. Il semble donc raisonnable de penser qu'au moins un certain nombre de pluies de météores, à première vue sans lien avec des comètes connues, représentent en fait les débris de comètes qui se sont désintégrées au cours des quelques derniers milliers d'années, alors qu'elles étaient encore actives.

En revanche, une grande partie des météores et des projectiles en fusion ne présente aucun lien avec les pluies de météores. C'est le cas, entre autres, de météorites qui survivent à la traversée de l'atmosphère terrestre. Il est très improbable qu'une de ces météorites que l'on trouve maintenant dans les collections des musées soit parvenue sur la Terre en tant qu'élément d'une pluie de météores même si certaines d'entre elles sont peut-être des débris dispersés de comète. On peut déterminer le temps que les objets météoritiques ont passé en orbite en mesurant l'évolution de la concentration des nucléides résultant des réactions nucléaires induites par les rayons cosmiques galactiques. On trouve de cette façon que presque toutes les météorites ont eu une taille proche de leur taille actuelle, qui est inférieure à un mètre depuis des millions d'années. Même si l'on admet que les météorites sont nées dans le sillage de comètes dont elles sont les débris, elles auraient dû être dispersées en quelques milliers d'années selon des orbites aléatoires, en raison de leur interaction gravitationnelle avec les planètes.

Il est cependant certain que tous les météores ne sont pas les débris de comètes. Par exemple, on peut montrer qu'une proportion faible, mais significative, de météores est constituée de fragments formés lors de collisions entre des astéroïdes à l'intérieur de la ceinture d'astéroïdes située entre Mars et Jupiter. Ces météores peuvent être constitués de matériaux assez solides pour survivre au passage dans l'atmosphère. A la suite de perturbations gravitationnelles induites principalement par Jupiter, plusieurs de ces fragments peuvent être aspirés et se retrouver sur des orbites très excentriques qui traversent l'orbite terrestre. Quand de tels fragments pénètrent dans l'atmosphère terrestre, ils entrent en incandescence et forment des météores; ceux qui survivent et atteignent le sol seront des météorites. De toute évidence la connaissance de l'orbite de tels objets ne constitue pas un moyen direct de situer leur origine dans la ceinture d'astéroïdes.

Il existe de bonnes raisons de penser que certains météores et météorites sont des fragments d'objets Apollo. En effet, au moins 19 objets Apollo ont des orbites qui entrent dans la principale ceinture d'astéroïdes ou qui s'étendent au-delà. Par conséquent, ils entreront inévitablement en collision avec les monceaux de débris concentrés dans cette partie du système solaire. Outre les quelques centaines de grosses entités dont le diamètre est compris entre 25 et 1 000 kilomètres, on estime que la région ne contient pas moins de 10^{10} objets dont la taille varie de un kilomètre à quelques mètres. Il est donc certain que les collisions entre ces nombreux petits astéroïdes et les objets Apollo sont fréquentes.

Lors d'une collision, l'objet le plus petit creuse généralement un cratère sur la surface du plus grand; supposons que celui-ci soit l'objet Apollo. La collision confère une vitesse d'environ 50 mètres par seconde aux débris, qui sont alors éjectés dans l'espace, car la vitesse de libération, à partir d'un corps d'un kilomètre de diamètre, est très petite (moins d'un mètre par seconde). Cet excès de vitesse de 50 mètres par seconde n'est tout de même pas assez grand pour modifier l'orbite des débris de façon appréciable par rapport à celle de l'objet Apollo qui tourne autour du Soleil à une vitesse d'environ 20 kilomètres par seconde. C'est pourquoi les fragments de la collision ont une bonne chance de pénétrer dans l'atmosphère terrestre au bout de quelques millions d'années.

Un objet Apollo entrant en collision avec un astéroïde d'au moins 100 mètres de diamètre, a de fortes chances d'être réduit en miettes. Après quoi, la nuée de débris aura autant de chances que l'objet Apollo initial de venir heurter la Terre. Toutefois, le temps écoulé avant l'impact sur Terre, tel qu'il ressort du calcul de probabilités, est beaucoup plus grand que le temps nécessaire à la dispersion de la nuée de débris en objets indépendants circulant chacun sur son orbite propre. C'est pourquoi les météores et les météorites produits lors de la désintégration d'un objet Apollo, ou lors de la formation d'un cratère à sa surface, ont beaucoup plus de chances d'arriver sur Terre séparément et sporadiquement, plutôt qu'en pluie cohérente. Ceci est, évidemment, en bon accord avec les observations.

Nous nous sommes efforcés de rendre plus quantitatifs les arguments qualitatifs présentés ci-dessus afin d'estimer, parmi les météores et les météorites bombardant la Terre chaque année, combien résultent des collisions subies par des objets Apollo à l'intérieur de la ceinture d'astéroïdes. Nous estimons que 400 tonnes de fragments d'objets Apollo, pesant individuellement entre 100 grammes et une tonne, doivent entrer dans l'atmosphère terrestre chaque année. Si les fragments ont les propriétés mécaniques de météorites de pierre typiques, environ 100 des 400 tonnes doivent survivre à la traversée de l'atmosphère et se retrouver sous forme de météorites. Bien que l'imprécision des calculs puisse modifier les résultats au moins d'un facteur 10, la valeur de 100 tonnes est très proche des valeurs que l'on a estimées en se fondant sur le recensement des météorites retrouvées sur Terre, sur les dénombrements de météores photographiés par des réseaux de caméras et sur le taux d'impact enregistré par les sismographes placés sur la Lune.

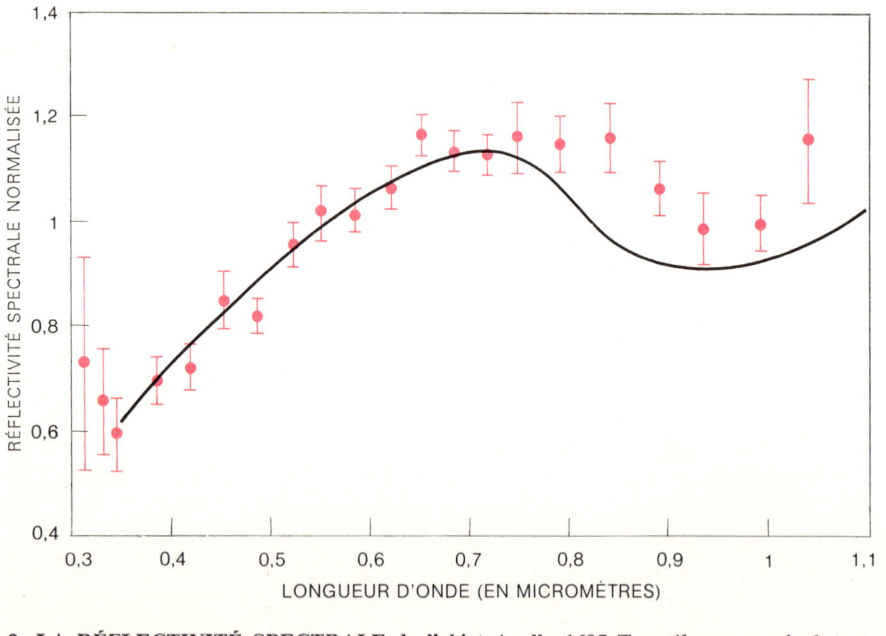

9. LA RÉFLECTIVITÉ SPECTRALE de l'objet Apollo 1685 Toro (*barres verticales*) se rapproche beaucoup de celle d'une chondrite typique, le type le plus commun parmi les météorites de pierre (*courbe en trait plein*). Le large creux dans la courbe spectrale de la météorite aux environs de 0,95 μ correspond à la bande d'absorption du pyroxène. Le pyroxène est probablement un constituant important de 1685 Toro, le seul objet Apollo dont le spectre ait été étudié en détail.

A moins que le matériau constituant les objets Apollo ne soit particulièrement fragile et susceptible d'être détruit dans l'atmosphère terrestre, il est pratiquement certain qu'une grande partie, et peut-être la quasi-totalité des 2 000 météorites réparties dans les différents musées, sont des fragments d'objets Apollo car il existe peu d'autres sources possibles de météorites. Nous avons déjà montré que les météorites ne sont pas associées aux courants de débris issus de comètes actives. Les seules autres sources possibles font intervenir des mécanismes capables de dévier les débris de collisions ayant eu lieu dans la ceinture d'astéroïdes, vers des orbites qui coupent l'orbite terrestre. Ces déviations résulteraient d'interactions gravitationnelles résonnantes avec les planètes voisines, principalement Jupiter. La production de météorites à partir de tels mécanismes est difficile à chiffrer; selon l'estimation la plus vraisemblable, la quantité de matériau ainsi créé bombardant la Terre ne serait qu'environ un dixième de la production consécutive à la fragmentation des objets Apollo.

Si on admet qu'une grande partie, voire la plupart des météorites sont dérivées d'objets Apollo, quels renseignements les météorites nous fournissent-elles sur la nature de ces objets? Environ 85 % des météorites sont constituées de matériaux silicatés et connues sous le nom de chondrites. Parfois les chondrites sont appelées météorites indifférenciées, car leur composition en éléments les moins volatils est très proche de celles du Soleil et du système solaire dans son ensemble. En fait, l'étude des chondrites a fourni la majorité des informations concernant les abondances des éléments et de leurs isotopes, l'âge du système solaire et les conditions régnant lors de la formation de ce système.

Clark Chapman de l'Institut des Sciences Planétaires de Tucson, Thomas McCord et Michael Gaffey de l'Université de Hawaï et Carle Pieters du Centre Spatial Johnson à Houston, ont apporté un élément tendant à établir une relation entre les objets Apollo et les chondrites; pour ce faire, ils ont mesuré le spectre de réflectance de 1685 Toro, le premier corps ayant traversé l'orbite terrestre à être ainsi examiné. La réflectivité de l'objet Apollo dans tout le domaine spectral allant de 0,3 micromètre dans l'ultraviolet à 1,1 micromètre dans l'infrarouge est très proche de la réflectivité des chondrites typiques. Après un pic à une longueur d'onde de 0,7 micromètre, les deux spectres ont un pic négatif autour de 0,95 micromètre puis les réflectivités augmentent à nouveau. Dans le cas de la chondrite, le pic négatif correspond à un pic d'absorption imputable au pyroxène, minéral constitué essentiellement de silicates de magnésium et de fer. On peut donc conclure qu'il y a du pyroxène en quantité dans 1685 Toro.

Les mesures d'albédo d'autres objets Apollo confirment qu'ils sont du même type que les chondrites. Trois objets Apollo présentent un intérêt particulier à cause de leur très petit albédo. Parmi eux, se trouvent les deux objets Apollo qui viennent d'être découverts : Râ-Shalom (dont le nom exprime l'espoir d'une paix universelle) et 1978 SB qui vient d'être observé à l'Observatoire d'Astrophysique de Crimée. Les albédos de ces deux objets semblent être aussi petits que ceux des chondrites carbonées, lesquelles constituent le type de météorite le moins différencié sur le plan chimique.

Nous sommes finalement en mesure d'aborder la question fondamentale : d'où viennent les objets Apollo? La première hypothèse selon laquelle ils auraient toujours existé, depuis la formation du système solaire il y a 4,5 milliards d'années, est fausse. Nous avons déjà mentionné que la probabilité d'impact d'un objet Apollo sur la Terre est en gros égale à 5×10^{-9} par an, et la probabilité d'un tel impact sur Vénus est pratiquement la même. Dans ces conditions, au bout de quelques centaines de millions d'années, il y aurait peu de survivants parmi la population d'objets traversant l'orbite terrestre. Se pourrait-il alors que les 750 membres de la famille d'objets Apollo soient les survivants d'une population initialement gigantesque? La réponse est non. Si une telle population avait existé, l'étude des cratères sur la Lune l'aurait révélée. Le flux de projectiles ayant creusé des cratères est sensiblement constant depuis trois milliards d'années; au contraire, on peut plutôt penser que le taux de formation des cratères s'est légèrement accru depuis 600 milions d'années.

Par conséquent, il est clair que les objets Apollo sont injectés jusqu'au cœur du système solaire à un taux pratiquement constant. En gros, 15 nouveaux objets Apollo de taille supérieure à un kilomètre doivent être créés tous les millions d'années pour contrebalancer le taux de disparition dû à notre estimation de quatre collisions avec la Terre et trois avec Vénus tous les millions d'années. Pendant cette même période, un objet Apollo pourrait disparaître à la suite d'une collision avec un autre corps (Mercure, la Lune, ou Mars), et les objets Apollo restants seraient déviés sur des orbites hyperboliques et donc définitivement éjectés du système solaire. Il semblerait n'y avoir que deux sources possibles pour créer les 15 objets Apollo requis. Ou bien il s'agit de petits astéroïdes, provenant de la ceinture d'astéroïdes, qui d'une façon ou d'une autre se sont écartés de leur route pour suivre des orbites traversant celle de la Terre, ou bien ce sont les résidus dégazés d'anciennes comètes actives. On sait maintenant, au moins qualitativement, dans quelle mesure ces deux sources peuvent engendrer des objets Apollo.

De petits astéroïdes d'une taille sem-

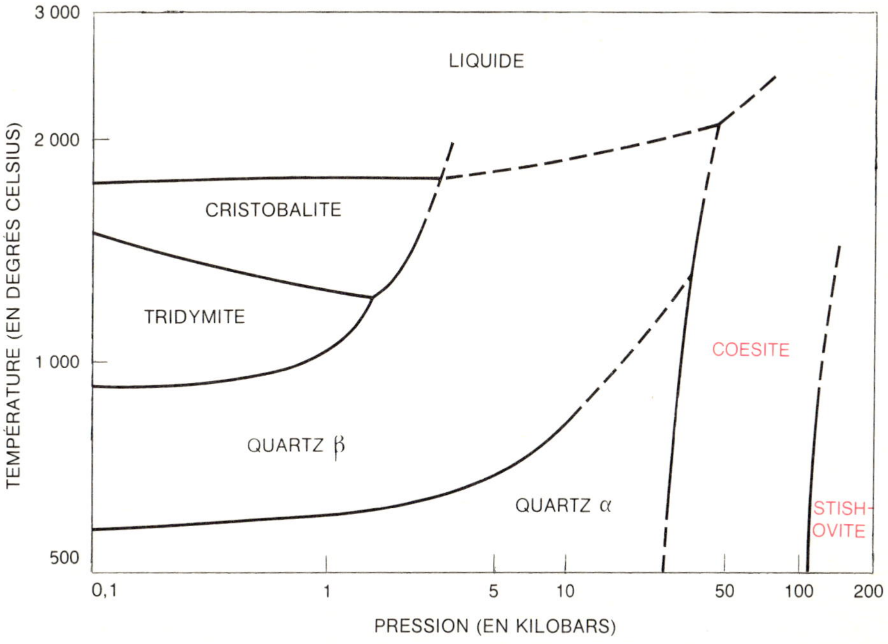

10. LA PRÉSENCE DE CERTAINES FORMES DE QUARTZ (comme la coésite et la stishovite) de forte densité indique clairement que les roches terrestres ont été soumises à de fortes pressions consécutives à un violent impact. Il existe de nombreuses formes cristallines de la silice, stables dans différents domaines de température et de pression; les deux formes de quartz sont les plus communes. Les formes stables aux températures élevées, la tridymite et la cristobalite restent en équilibre métastable lors du refroidissement rapide de certaines roches volcaniques. Aux environs de nombreux cratères d'impact terrestres, on a découvert de la coésite et de la stishovite, lesquelles ne peuvent être créées qu'à des pressions supérieures à 30 kilobars (30 000 fois la pression atmosphérique).

blable à celle des objets Apollo sont continuellement formés, dans la ceinture d'astéroïdes, par des collisions entre corps plus gros, dont ils sont les fragments. Comme les petits astéroïdes sont détruits à leur tour lors de collisions, leur nombre reste stationnaire; ce nombre d'astéroïdes, de taille supérieure à un kilomètre, appartenant à la ceinture d'astéroïdes est d'environ 400 000. On estime qu'environ 400 d'entre eux sont créés et détruits par des collisions tous les millions d'années. S'il y avait un moyen de placer environ 4 % de ces astéroïdes nouvellement créés sur des orbites croisant celle de la Terre, cela suffirait à maintenir la population d'objets Apollo.

Il est toutefois très improbable que même une si petite proportion d'objets puissent être éjectés de la ceinture d'astéroïdes et placés directement sur des orbites croisant celle de la Terre à la suite des collisions qui les ont créés. La variation de vitesse requise pour faire passer un corps d'une orbite ordinaire d'astéroïde sur une orbite lui faisant traverser celle de la Terre est d'environ 6 kilomètres par seconde. La variation d'énergie cinétique associée à cette opération est supérieure à 10^4 joules par gramme. L'énergie requise pour briser un objet de la taille d'un Apollo n'est pas supérieure à 10 joules par gramme. Par conséquent, toute collision capable de fournir l'énergie cinétique requise pour envoyer un corps de la taille d'un objet Apollo sur une orbite traversant celle de la Terre a toutes les chances de réduire

	OBJET	DISTANCE DE LA PÉRIHÉLIE (EN U.A.)	DISTANCE DE L'APHÉLIE (EN U.A.)	INCLINAISON DE L'ORBITE	DIAMÈTRE ESTIMÉ (EN KILOMÈTRES)	ANNÉE DE LA DÉCOUVERTE
1	1566 ICARE	0,19	1,97	23	1,0	1949
2	1978 SB	0,35	4,11	12	8,0	1978
3	1974 MA	0,42	3,09	38	4,0	1974
4	2101 ADONIS	0,44	3,30	1	0,8	1936
5	2100 RA-SHALOM	0,47	1,20	16	3,0	1978
6	1976 UA	0,47	1,22	6	0,2	1976
7	1864 DAÉDALE	0,56	2,36	22	2,0	1971
8	1865 CERBÈRE	0,58	1,58	16	1,0	1971
9	HERMÈS	0,62	2,66	6	1,0	1937
10	1981 MIDAS	0,62	2,93	40	1,0	1973
11	1862 APOLLO	0,65	2.29	6	2,0	1932
12	2063 BACCHUS	0,70	1,45	9	1,0	1977
13	1685 TORO	0,77	1,96	9	4,0	1948
14	2062 ATEN	0,79	1,14	19	1,0	1976
15	1977 HA	0,79	2,40	23	0,6	1977
16	PL-6743	0,82	2,42	7	0,4	1960
17	1976 WA	0,82	3,03	23	2,0	1976
18	1620 GEOGRAPHOS	0,83	1,66	13	2,0	1951
19	1947 XC	0,83	3,67	1	2,0(?)	1947
20	1959 LM	0,83	1,84	3	6,0(?)	1959
21	1950 DA	0,84	2,53	12	2,0	1950
22	1866 SISYPHE	0,87	2,92	41	5,0	1972
23	1973 NA	0,88	3,98	68	3,0	1973
24	1978 CA	0,88	1,37	26	2,0	1978
25	1863 ANTINOUS	0,89	3,63	18	2,0	1948
26	1975 YA	0,91	1,69	61	1,0	1975
27	PL-6344	0,94	4,21	5	0,4	1960
28	1978 DA	1,02	3,92	16	2,0	1978
29	1915 QUETZALCOATL	1.05	3,99	21	1,0	1953
30	1917 CUYO	1,06	3,23	24	2,0	1966
31	1580 BETULIA	1,12	3,27	52	6,0	1950

11. ON CONNAIT MAINTENANT 28 OBJETS APOLLO. Les orbites des trois objets supplémentaires (les trois derniers de la table) ne coupent pas actuellement l'orbite de la Terre mais elles la couperont un jour à cause des perturbations causées par Jupiter. 16 des 31 objets sont désignés par des nombres, indiquant que leurs caractéristiques orbitales sont suffisamment bien connues pour qu'ils méritent d'apparaître dans la liste du catalogue des astéroïdes. La plupart des autres sont identifiés par l'année de leur découverte suivie de deux lettres; la première indique le demi-mois de l'année (en commençant par *A* pour la période du 1er au 15 janvier) au cours duquel a eu lieu la découverte et la deuxième, le numéro correspondant à cette découverte pendant cette période. Deux objets sont baptisés PL du nom de la recherche systématique de Palomar-Leiden. Râ-Shalom fut d'abord désigné par 1978 RA signifiant qu'il a été le premier objet découvert (A) au cours de la première moitié du mois de septembre 1978 (R). Qui découvre un astéroïde le baptise!

en miettes les fragments issus de la collision! De plus, l'expérience tirée de l'étude des cratères formés par des explosions sur la Terre montre que seule une minuscule fraction du matériau éjecté atteint une vitesse de 6 kilomètres par seconde. La plupart des matériaux sont éjectés à une vitesse inférieure à 200 mètres par seconde. Aussi, à supposer que de grands fragments puissent survivre à une éjection avec une vitesse de 6 kilomètres par seconde, ils ne sont qu'en très petit nombre.

Il est donc nécessaire de chercher des mécanismes permettant d'accomplir plus doucement le transfert sur une orbite coupant celle de la Terre. On a trouvé de tels mécanismes qui ont tous un point commun : le changement de vitesse requis est dû à des perturbations gravitationnelles. Parmi ces mécanismes, le plus important met probablement en jeu plusieurs types d'interactions résonnantes susceptibles d'accroître l'excentricité de l'orbite d'un petit objet, jusqu'à l'amener sous l'influence gravitationnelle de Mars.

A ce sujet, on attache une importance particulière au groupement important d'astéroïdes situé près du bord intérieur de la ceinture d'astéroïdes, à une distance du Soleil comprise entre 2,1 et 2,6 U.A.; les orbites de ces astéroïdes qui coupent le plan de l'orbite de Jupiter sous un petit angle, sont parfaitement stables à l'échelle de temps de l'âge du système solaire. James Williams de l'Institut de Technologie de Californie a montré que les demi-grands axes des orbites de ces astéroïdes sont tels que leur période de précession est presque en résonance avec la période de précession du système couplé des planètes géantes, Jupiter et Saturne. Sous l'influence de leur voisins géants, les astéroïdes de ce groupe particulier ont été mis sur des orbites qui, bien que stables, ont une excentricité qui oscille considérablement dans le temps.

En revanche, des fragments de la taille d'un objet Apollo qui seraient éjectés de ces astéroïdes à la suite d'une collision accidentelle, n'auraient pas la même stabilité. Si la vitesse du fragment augmente, ne serait-ce que de 200 mètres par seconde, et si ce fragment est placé sur une orbite dont le demi-grand-axe n'est que légèrement plus petit que celui du corps parent, il rentrera dans la région critique où les résonances avec le système couplé Jupiter-Saturne commencent à augmenter l'excentricité de son orbite; en conséquence, cet objet pourra s'approcher très près de Mars lorsque cette planète sera proche de son aphélie.

A la suite de ces rapprochements successifs, les perturbations gravitationnelles induites par Mars vont engendrer une « rotation aléatoire » du demi-grand axe de l'objet Apollo potentiel; ces déplacements aléatoires amèneront l'objet dans une situation où l'excentricité de son orbite augmentera progressivement par suite d'autres résonances gravitationnelles, jusqu'à ce que l'orbite finisse par traverser celle de la Terre pour donner naissance à un objet Apollo. L'ensemble du processus ne prend que 100 millions d'années et il ne fait pas de doute que des objets Apollo sont créés de cette façon. Toutefois, même selon les estimations les plus optimistes, un tel processus ne peut engendrer plus d'un objet Apollo tous les millions d'années environ; il faut des probabilités beaucoup plus fortes pour rendre compte de 15 objets Apollo.

L'autre hypothèse, celle que nous préférons, compte tenu des connaissances actuelles, est que la majeure partie des objets Apollo sont d'anciennes comètes. On sait que les comètes émettent de grandes quantités de corps volatils, principalement de la vapeur d'eau et du dioxyde de carbone. Ces corps existent probablement au départ dans le noyau de la comète soit à l'état pur sous forme de glace, soit comme éléments appartenant à des composés plus complexes. Cependant, le noyau n'est pas uniquement constitué de matériaux volatils : quand la comète s'approche du Soleil, on peut voir qu'une poussière très fine s'échappe en même temps que les gaz; il s'échappe généralement autant de poussières que de gaz. Quand les plus gros fragments de poussière non volatile sont capturés par la Terre, ils produisent une pluie de météores.

Certains météores qui ont pour origine probable des comètes pèsent plusieurs tonnes. Des corps aussi massifs peuvent difficilement être éjectés en même temps que les gaz sont volatilisés. On doit donc trouver leur origine dans des événements plus catastrophiques, tels que la cassure d'un noyau cométaire, comme on peut en observer occasionnellement. En l'absence d'une telle catastrophe, les objets les plus gros resteraient tout simplement avec la comète, enrichissant le noyau en matériaux non volatils.

Les comètes qui apparaissent pour la première fois ont passé la plus grande partie de leur vie à voyager bien au-delà de la planète la plus lointaine. Elles deviennent lumineuses pour la première fois, lorsque leur orbite, perturbée par une étoile proche, est telle que leur périhélie s'est approché du Soleil. Après quoi, dans la plupart des cas, elles s'échappent du système solaire

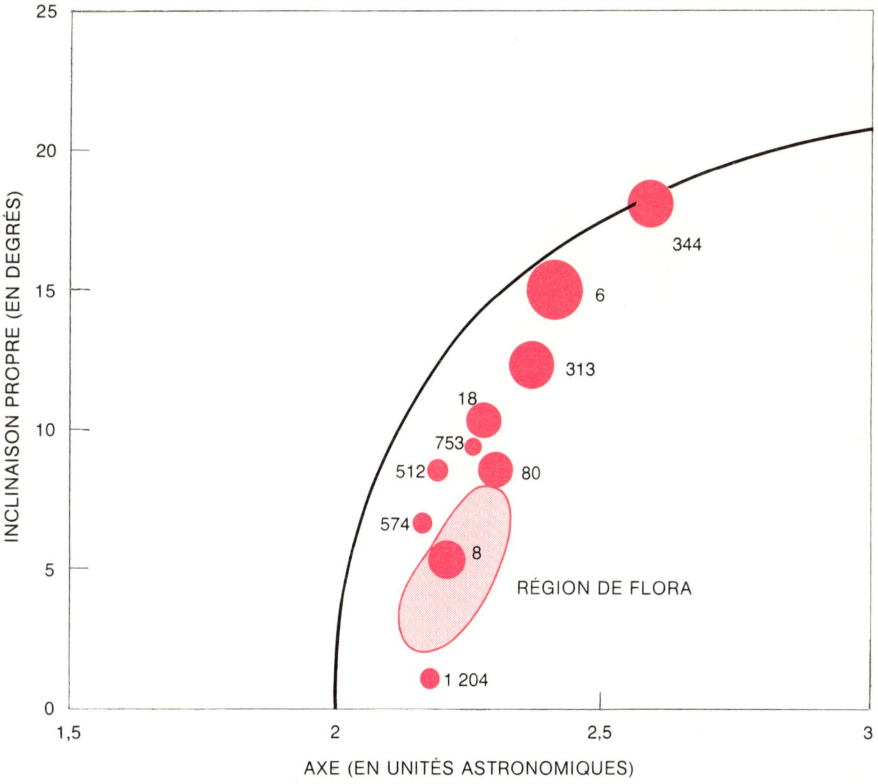

12. LA SOURCE PROBABLE DES OBJETS APOLLO est un ensemble de corps situés sur des orbites peu inclinées à l'intérieur de la ceinture d'astéroïdes entre Mars et Jupiter. De tels astéroïdes sont désignés ici par leur numéro de catalogue; les cercles pleins adjacents indiquent leurs tailles relatives. On peut estimer à 5 000 le nombre d'objets appartenant à la région Flora (zone hachurée dont le nom provient de celui du plus gros astéroïde de cette région, l'astéroïde n° 8). Bien que tous les objets du groupe occupent des orbites stables, ils sont tout de même proches de la « surface » d'instabilité indiquée par la ligne courbe noire. En 1969, James Williams découvrit que les corps dont l'inclinaison et le demi-grand axe correspondaient à des points représentatifs proches de cette surface, devaient être perturbés par Jupiter et déviés sur des orbites très excentriques qui coupaient l'orbite terrestre. Quand les astéroïdes du groupe indiqué ici entrent en collision, les fragments de la taille des objets Apollo peuvent être éjectés sur des orbites franchissant cette surface d'instabilité.

sous l'effet de perturbations causées par les planètes, avant que les glaces de ces comètes n'aient eu le temps de se volatiliser complètement. Toutefois, une faible proportion de ces comètes à longue période sont déviées sur des orbites stables plus petites, qui les amènent près du Soleil tous les sept ans environ.

Au cours des centaines ou des milliers de passages au périhélie, le noyau de la comète perd régulièrement ses substances volatiles. On a observé que les comètes à courte période sont notablement moins actives que les comètes qui se déplacent sur de longues orbites très excentriques. Dans quelques cas, les comètes à courte période sont apparues comme étant entièrement « astéroïdales », en ce sens qu'au cours de certains passages au périhélie, elles n'avaient ni chevelure ni queue. Il n'y a qu'un pas à franchir pour imaginer qu'une comète puisse perdre toutes ses substances gazeuses et ressembler à un simple astéroïde.

Cependant, la perte totale en éléments volatils ne transforme pas une comète en objet Apollo classique. En effet, la plupart des comètes à courte période ont des aphélies situés au-delà de l'orbite de Jupiter, et tous les objets Apollo connus ont des aphélies à l'intérieur de cette orbite. Il y a cependant des exceptions : quelques comètes à courte période ont des aphélies situés légèrement à l'intérieur de l'orbite de Jupiter; l'une d'elles, la comète Encke, a même un aphélie bien en deçà de cette orbite, à 4,1 U.A. du Soleil.

L'activité de la comète Encke a notablement diminué au fil des ans et cette comète semble sur le point de devenir inactive. Si elle le devient effectivement, peut-être d'ici quelques siècles, elle sera indiscernable d'un objet Apollo ayant un faible albédo. Le dernier objet Apollo que l'on a découvert, 1978 SB, est un objet de ce type et il se trouve que son orbite est tout à fait semblable à celle de la comète Encke. Ainsi, il se pourrait que la comète Encke et 1978 SB soient reliés génétiquement! L'existence de courants de météores dans des orbites semblables (de courtes périodes) et qui donnent naissance à des météorites, ayant des propriétés physiques fondamentalement identiques aux météorites qui seraient issues de la comète Encke, indique qu'une telle évolution de l'orbite d'une comète n'est pas un fait exceptionnel. Fred Whipple et son collègue Zdenek Sekanina ont récemment présenté des modèles physiques pouvant expliquer les changements d'orbite; ils ont montré que l'orbite d'une comète en rotation autour du Soleil peut changer sous l'effet de la réaction dynamique à l'échappement des gaz et de la poussière.

Évidemment une seule comète — la comète Encke — et quelques courants de météores issus de comètes ne constituent pas des preuves suffisantes pour que l'on puisse affirmer que les objets Apollo sont issus de comètes. En fait, même si tous les objets Apollo sont des comètes éteintes, l'existence actuelle d'une comète active, telle que la comète Encke, est déjà plus que ce qu'on est en droit d'attendre. C'est peut-être une chance que la comète Encke n'ait pas disparu il y a quelques siècles. Si cela avait été le cas, aucune observation ne nous aurait amenés à penser que des comètes pouvaient se transformer en objets Apollo. Une seule comète du type Encke tous les 65 000 ans correspondrait à 15 objets Apollo par million d'années, ce qui constitue le taux requis pour maintenir le nombre actuel. Comme une comète à courte période n'est active que pendant quelques milliers d'années, il n'y a presque jamais de comète active dans des orbites semblables à celle de Encke.

Dans l'avenir, les objets Apollo seront peut-être utiles. Certains d'entre eux sont sur des orbites si proches de celle de la Terre qu'ils sont aussi accessibles que la Lune. De plus, ils sont assez petits pour que l'on puisse imaginer de les transformer en stations spatiales toutes construites et facilement manœuvrables. Dans un projet initialement proposé par Arthur Clarke et examiné plus en détail par Henry Kolm de l'Institut de Technologie du Massachusetts, on imagine d'équiper les astéroïdes de moteurs qui utiliseraient la substance de l'astéroïde lui-même pour le propulser sur de nouvelles orbites. D'autres personnes ont suggéré d'extraire des objets Apollo les matières premières nécessaires à la construction des véhicules spatiaux.

Avant de mettre en œuvre des projets de cette espèce, il faut prendre conscience que la quantité totale de matière contenue dans tous les objets Apollo réunis n'est que de 10^{19} grammes, soit une masse équivalente à celle constituée par une couche de deux à trois centimètres d'épaisseur à la surface des continents sur la Terre. Il est probable que les objets Apollo, avec quelques comètes, constituent l'unique source de composés carbonés et d'eau situés dans l'espace accessible à partir de la Terre. Or, il faut 35 millions d'années pour reconstituer cette source : peut-être vaudrait-il alors mieux que la région de l'espace occupée par les objets Apollo et leurs parents proches, les objets Amor, soit déclarée « zone protégée », inviolable!

4

LE SOLEIL ET L'ESPACE INTERPLANÉTAIRE

Le Soleil constitue plus de 99 pour cent de la masse du système solaire ; il fournit la presque totalité de l'énergie qui anime les atmosphères des planètes ou permet la vie sur Terre. Il entretient le champ électromagnétique dans lequel baignent ces planètes. Ce champ, en conjugaison avec le champ magnétique propre des planètes, définit leur magnétosphère. D'autre part, le champ électromagnétique du Soleil isole relativement notre système des champs interstellaires et contrôle le flux des rayonnements cosmiques d'origine galactique. Les champs électromagnétiques du Soleil sont transportés par les plasmas s'échappant continuellement de la couronne solaire.

En outre, des flux de particules très énergétiques se forment lors des éruptions du Soleil. À leur arrivée au voisinage des planètes, ces particules provoquent des « orages magnétiques » spectaculaires (aurores boréales), parfois dangereux (irradiation des spationautes) ou catastrophiques (panne des réseaux de distribution de l'électricité, comme à New York en 1969 et 1972).

Dans ce chapitre, E. Parker examine le Soleil, notamment son activité et les mécanismes de fusion qui fournissent son énergie. J. Van Allen décrit ensuite les particules et les champs du milieu interplanétaire, leur organisation, leur déplacement et leur interaction avec les planètes. Enfin, J. Gosling et A. Hundhauser comparent les variations du vent solaire à une vague déferlante. Cet article explique l'un des éléments du bilan énergétique du vent solaire, notamment les mécanismes de transformation de son énergie thermique et mécanique en énergie cinétique.

Les expériences spatiales étudiant le Soleil et les champs interplanétaires sont trop nombreuses pour que nous les mentionnions toutes ici. En 1980, à l'occasion du maximum d'activité du Soleil dans son cycle de 11 ans, les communautés scientifiques ont coordonné leurs efforts à l'échelle mondiale. La NASA et l'ASE avaient défini la mission ISPM *(International Solar Polar Mission)* qui consistait à faire fonctionner simultanément deux satellites hors du plan de l'écliptique au pôle Nord et Sud du Soleil. Le lancement de ces sondes, initialement prévu en 1983, est actuellement suspendu aux décisions américaines.

Parmi les objets du système solaire, les comètes sont ceux pour qui l'interaction avec le milieu interplanétaire est la plus frappante : ces interactions volatilisent le noyau de « neige sale » des comètes, ionisent les gaz ainsi formés ou illuminent les poussières qui forment leurs queues. Plus de 600 comètes sont maintenant connues et plus de 5 sont découvertes chaque année. A. Cameron a expliqué, dans le premier chapitre, comment elles se sont formées et où elles ont été stockées jusqu'à ce que l'interaction d'une étoile voisine du Soleil ne les injecte dans le système solaire. Ces comètes, dites de première catégorie, ont une période de révolution comprise entre 1 et 200 millions d'années. L'attraction des planètes peut éventuellement perturber leur orbite dont la période et l'excentricité iront en diminuant. Elles deviennent alors des comètes de deuxième catégorie qui voyagent dans le plan de l'écliptique. On peut observer leurs retours successifs (comète de Halley). À chaque passage près du Soleil, elles perdent une grande quantité de matière, leur activité décroît et elles finissent par devenir ces comètes peu actives ou mêmes éteintes de troisième catégorie. Cinquante comètes de ce type sont connues dont Encke et Temple II.

F. Whipple décrit les effets parfois dramatiques du dégazage du noyau des comètes. Il présente aussi un des projets des missions interplanétaires en direction des comètes : la mission de rencontre avec Temple II et de survol de Halley. On sait maintenant qu'elle n'aura pas lieu ; en revanche, deux sondes de survol de la comète de Halley seront peut-être réalisées. L'une serait lancée par l'ASE, l'autre ferait partie de la mission franco-soviétique vers Vénus. Ces deux missions auraient lieu approximativement en même temps, en 1985. Elles permettront peut-être de répondre à quelques-unes des questions posées par les comètes : ont-elles un noyau rocheux ? Quelle en est la composition et la masse ? Quels sont les gaz neutres qui forment la tête de la comète (eau, méthane, ammoniac) ? Quelles sont les interactions de ces gaz avec le vent solaire ? Quels sont les mécanismes de formation de la queue ionisée ? Quelle est la composition des poussières de la queue neutre ?

J.F.M.

Le Soleil

Les observations réalisées grâce aux vaisseaux spatiaux ont révélé de nouvelles caractéristiques de la surface et de l'atmosphère solaires. Cependant, ce qui se passe au sein du Soleil est devenu, depuis peu, encore plus mystérieux.

par E. Parker

Soleil, source de feu, haute merveille ronde
Soleil, l'âme, l'esprit, l'œil, la beauté du monde

Ronsard

Cela fait 4,6 milliards d'années que la Terre est réchauffée par le Soleil, et toute vie ne s'y maintient que grâce à l'énergie solaire, transformée en énergie chimique par les plantes. Dès les débuts de l'histoire de l'humanité, les hommes ont reconnu le rôle dispensateur de vie du mystérieux Soleil. Dans leur crainte du disque de feu, ils le tenaient pour une divinité, ou pensaient qu'il obéissait à un dieu.

Le Soleil est à peine moins mystérieux aujourd'hui. Nous possédons une collection ahurissante de données, rassemblées pour la plupart durant les 30 dernières années grâce au développement explosif de la technologie qui a engendré de nouveaux instruments d'observation et appareils de mesure. Toutes ces données indiquent que le Soleil a une nature complexe qui, jusqu'à présent, n'est qu'en partie expliquée.

L'histoire de nos connaissances scientifiques sur le Soleil commence aux XVIIIe et XIXe siècles, lorsque les propriétés des gaz furent soigneusement étudiées au Laboratoire. On peut résumer ces propriétés par la loi suivante : la pression d'un gaz est proportionnelle à sa densité et à sa température. À partir de ces acquis, Jacob Emden avança le premier modèle théorique (grossier) du Soleil : une série d'enveloppes gazeuses concentriques. Ce modèle était fondé sur deux principes : à toute profondeur à l'intérieur du Soleil, la pression interne doit être suffisante pour s'opposer au poids du gaz sus-jacent, et le poids du gaz est fixé par l'attraction gravitationnelle exercée par le gaz situé plus en profondeur. J. Emden n'avait cependant aucun moyen de déterminer la température du gaz à l'intérieur du Soleil et il ne put donc tirer la moindre conclusion sur la masse ou la composition du Soleil.

C'est également au XIXe siècle que l'on put déduire la température à la surface du Soleil, à partir de sa luminosité et de la répartition de cette luminosité suivant les longueurs d'onde du spectre visible. Connaissant la densité moyenne du Soleil, déjà calculée d'après la théorie de la gravitation, on en vint à se représenter le Soleil comme une boule d'hydrogène très chaud. Des traces d'éléments plus lourds tels que le carbone, le sodium, le calcium, et le fer, furent détectées par spectroscopie ; de fait c'est par ses raies spectrales dans le Soleil que l'hélium fut découvert, avant d'être isolé et identifié au laboratoire par William Ramsay en 1895.

À la même époque, l'étude des roches terrestres montra que l'apparition de la vie sur Terre remontait à plusieurs millions d'années, et non à quelques milliers comme le suggéraient les Écritures. Le Soleil devait donc briller au moins depuis cette époque. Or, l'énorme quantité d'énergie rayonnée par le Soleil (10^{26} joules par seconde) ne pouvait être due à une simple combustion : des combustibles chimiques auraient été épuisés en quelques milliers d'années seulement. Si, d'autre part, le Soleil s'était contracté sous l'effet de sa propre gravité, à la vitesse de 30 mètres par an, étant ainsi échauffé par la compression de son propre champ gravitationnel, il aurait pu avoir une autonomie de l'ordre de 30 millions d'années. Cependant, géologues et paléontologues « réclamèrent » bientôt plus. En effet, leurs recherches montraient que notre planète, et la vie qu'elle porte, étaient âgées d'au moins plusieurs centaines de millions d'années. Au début du XXe siècle, il était donc clair que le Soleil renfermait une source d'énergie beaucoup plus puissante, et de loin, que la combustion chimique ou la contraction gravitationnelle. On avait besoin de nouvelles lois physiques. Pour compliquer encore le problème, il devint certain que la Terre avait subi une succession de changements climatiques importants, les glaciations ; l'éclat du Soleil avait-il varié ?

Les éruptions solaires

De nouvelles connaissances créèrent de nouveaux mystères. On s'aperçut petit à petit, au XIXe siècle et au début du XXe, que la surface solaire était le siège d'une intense activité. Il y a, bien sûr, les taches solaires, mais aussi les éruptions solaires, éruptions associées aux taches et qui furent découvertes en 1859 par l'astronome anglais Richard Carrington. Une éruption peut durer 30 minutes et émettre un millième de l'énergie totale du Soleil, à partir d'une surface égale à seulement un dix-millième de la surface totale de l'astre. Parfois, l'éruption est si violente qu'elle est visible malgré l'éclat aveuglant du disque solaire ; c'est une telle éruption qui attira, pour la première fois, l'attention de Carrington. De plus, les aurores boréales et les « tempêtes » du champ magnétique terrestre semblaient associées aux éruption solaires.

La couronne solaire, la légère atmosphère du Soleil, est visible lors des éclipses totales et connue depuis des millénaires. Elle prit une importance nouvelle en 1933, lorsque l'on découvrit que sa température atteignait un million de kelvins. Cette couronne est visible car elle diffuse la lumière du Soleil, comme le font des particules de poussière dans un rayon de Soleil. Cette température d'un million de degrés attribuée au gaz de la couronne était surprenante ; l'observation fut immédiatement critiquée et taxée d'absurdité. Comment le Soleil, avec une température de surface de 5600 degrés, pouvait-il chauffer un gaz à une température d'un million de degrés ? Cette observation violait le second principe de la thermodynamique, suivant lequel la chaleur ne peut s'écouler d'un corps froid vers un corps chaud. Plus tard et indépendamment, Hannes Alfvén et Ludwig Biermann firent remarquer que la couronne solaire était chauffée grâce à l'énergie dissipée par le frottement dû aux mouvements convectifs sous la surface visible du Soleil. La température de la couronne n'avait donc rien à voir avec le flux de chaleur issu de cette surface et elle n'avait donc aucune limite thermodynamique. Le phénomène est analogue à ce qui se passe lorsqu'un homme, dont la température corporelle est de 37 degrés, frotte deux bâtons l'un contre l'autre pour allumer du feu : il obtient ainsi des températures de plusieurs centaines de degrés, et il n'y a pas de limite, en principe, à la température atteinte.

Vers 1960, on s'aperçut que la couronne solaire est continuellement en expansion dans l'espace. Ce faisant elle engendre un « vent » de particules chargées, dont les vitesses sont comprises entre 300 et 600 kilomètres par seconde. C'est le vent solaire, responsable des phénomènes d'aurore boréale et de nombreux aspects de l'activité magnétique des planètes.

Le concept d'activité solaire s'est élargi ces dernières années grâce aux observations réalisées à partir d'engins spatiaux. Tout d'abord, l'hypothèse selon laquelle les régions actives du Soleil émettaient des rayons X fut confirmée par observation directe : les premières photographies en rayons X furent obtenues au *Naval Research Laboratory* par Herbert Friedman et ses collaborateurs. Les photographies en rayons X réalisées par Giuseppe Vaiana et son équipe de l'*American Science and Engineering, Inc.* montrent des centaines de petits points chauds et brillants disséminés au-dessus de la surface du Soleil. Chacun d'eux s'allume et s'éteint avec une durée de vie d'environ huit heures ; un grand nombre donne lieu à une courte éruption avant de s'évanouir. Les observations spectaculaires réalisées par les équipages de la station orbitale *Skylab* ont révélé que ces éruptions étaient étonnamment nombreuses, espacées de quelques heures. Il y a beaucoup plus d'éruptions dues à ces points brillants que d'éruptions solaires. Ce sont sans doute ces éruptions fréquentes, visibles seulement lorsque l'on s'affranchit de l'atmosphère terrestre, qui provoquent la plupart des variations du vent solaire et, en fin de compte, du champ magnétique externe des planètes.

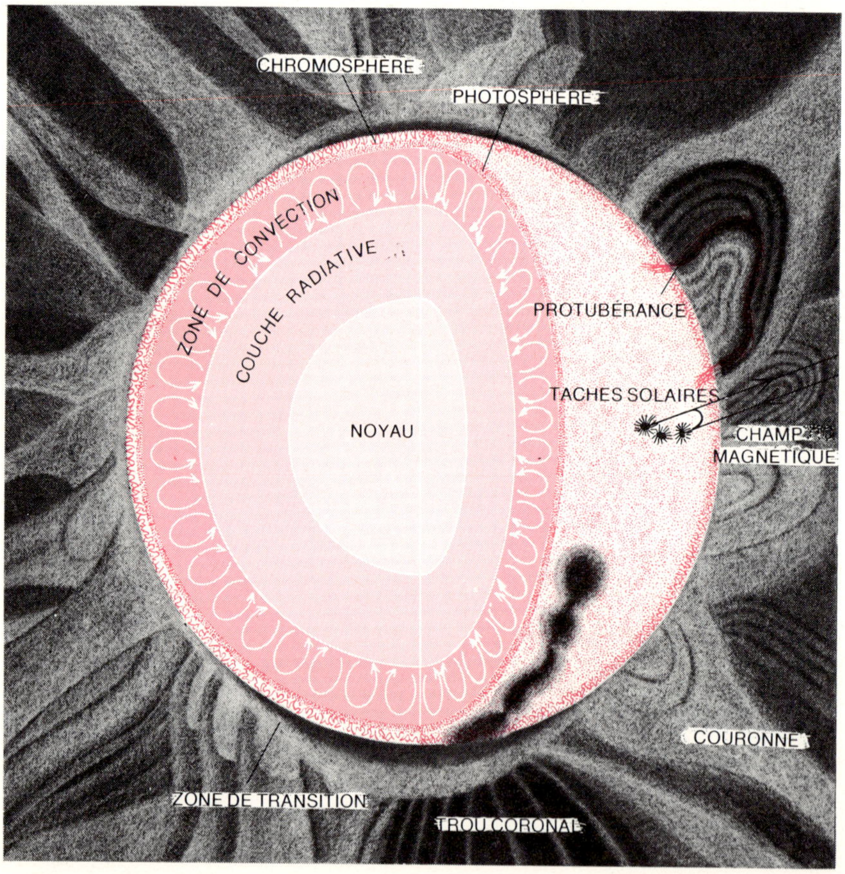

1. CETTE COUPE DU SOLEIL indique les caractéristiques externes observables, ainsi que la structure interne hypothétique. L'énergie fournie dans le noyau du Soleil par la chaîne de réactions thermonucléaires dite proton-proton *(voir la figure 6)* est amenée progressivement vers la photosphère, ou surface visible. Elle est transportée par des processus de rayonnement, au cours desquels les atomes absorbent, réémettent et dispersent le rayonnement. À 80 pour cent environ de la distance noyau-surface, le gaz devient instable aux impulsions radiales et l'énergie est alors transportée par convection. Les ondes de choc issues de la zone de convection transfèrent ensuite l'énergie à travers la zone de transition vers la chromosphère et la couronne. Intriqués dans la structure du Soleil, de la zone de convection jusqu'à la couronne et au-delà, se trouvent des champs magnétiques qui engendrent les taches solaires, les éruptions et les autres phénomènes actifs.

La source d'énergie du Soleil

Comment progresser dans notre compréhension d'un objet aussi complexe que le Soleil ? Pour commencer, il nous faut répondre à la question suivante : mis à part les éruptions solaires, qui sont des phénomènes complexes, quelle est la nature fondamentale de la sphère chaude constituant le Soleil ?

Avec les progrès de la physique atomique et de la théorie des champs électromagnétiques, au début du siècle, il devint possible d'estimer l'opacité du matériel solaire, c'est-à-dire sa transparence à la chaleur et aux rayonnements. De plus, il était clair que, dans le Soleil, l'augmentation de la température avec la profondeur devait être assez rapide pour créer le flux de chaleur observé vers l'extérieur. A. Eddington, K. Schwarzschild, S. Chandrasekhar et d'autres purent alors montrer que la température du centre du Soleil devait approcher dix millions de degrés et que la densité devait y atteindre à peu près 100 fois celle de l'eau. La matière est gazeuse et non liquide ou solide, car à dix millions de degrés, les atomes ont perdu leurs électrons : on ne peut plus parler de chimie, car il n'y a plus de liaisons entre atomes.

La source d'énergie du Soleil demeura très mystérieuse durant les 30 premières années du XXe siècle. En 1896, Henri Becquerel avait découvert la radioactivité, et le concept de particules subatomiques apparut dans la littérature scientifique. Puis Einstein établit l'équivalence masse-énergie, impliquant que masse et énergie étaient interchangeables. Cela conduisit des physiciens comme A. Eddington à parler, pour la première fois, de transformation directe de matière en énergie dans le Soleil, par des processus encore inconnus. L'électron et le proton pouvaient peut-être s'annihiler l'un l'autre aux pressions formidables régnant au sein du noyau solaire. Toutefois les idées restaient floues.

Petit à petit, on en vint à se représenter le gaz solaire comme un mélange d'électrons libres et de noyaux atomiques nus (sauf pour de rares atomes lourds qui parviennent à conserver quelques électrons internes). Les noyaux sont essentiellement ceux de l'hydrogène avec un peu d'hélium : le carbone, l'azote, l'oxygène et les éléments plus lourds ne représentent que un pour cent environ du total. Ces noyaux nus entrent en collision les uns avec les autres à des vitesses énormes. Comme ils sont tous chargés positivement, leurs chocs sont en général amortis par la répulsion électrostatique ; néanmoins, dans les collisions les plus violentes, les noyaux peuvent arriver à se fragmenter.

Les réactions nucléaires

En 1919, Ernest Rutherford observa la première transmutation artificielle d'un noyau. En bombardant des noyaux d'azote avec les noyaux d'hélium émis par du bismuth radioactif, il s'aperçut que, de temps en temps, un noyau d'hélium était absorbé par l'azote ; un proton s'en échappait alors laissant derrière lui un noyau d'oxygène. Rutherford, James Chadwick et d'autres commencèrent alors l'étude des transformations nucléaires qu'on pouvait obtenir en provoquant des chocs suffisamment violents entre les noyaux : celles-ci étaient apparemment infiniment variées. En 1932, Chadwick obtint une preuve directe de l'existence dans le noyau non seulement de protons, mais aussi de neutrons. En fait, au sein d'un noyau dense, un électron et un proton pouvaient être soumis à de fortes pressions et réagir pour donner un neutron. Ainsi, le proton et l'électron ne s'annihilaient pas, comme on l'avait supposé auparavant, mais ils engendraient une troisième particule.

L'avènement de divers dispositifs capables d'accélérer les noyaux en leur conférant des énergies considérables permit l'étude des réactions nucléaires dans des conditions expérimentales très variées. On pouvait soigneusement contrôler l'énergie de la particule incidente et mesurer avec précision la probabilité d'une transmutation. Bientôt, on découvrit un effet particulier : lorsqu'un noyau radioactif se désintégrait en émettant un électron (phénomène appelé désintégration ß), l'énergie fournie par le noyau n'était pas entièrement emportée par l'électron. Si, parfois, l'électron émis emportait toute l'énergie perdue par le noyau, parfois, il était éjecté pratiquement sans énergie. La plupart du temps, l'émission avait lieu avec une énergie intermédiaire. En moyenne, l'électron ne recevait que la moitié de l'énergie perdue par le noyau. L'autre moitié, apparamment, disparaissait. Cela voulait-il dire que l'énergie n'était pas conservée ? Les forces nucléaires n'obéissaient-elles pas aux lois qui semblaient régir tous les autres phénomènes ?

En 1933, Wolfgang Pauli affirma que l'énergie était conservée : la seule explication rationnelle résidait dans l'existence d'une particule inconnue, qui emportait avec elle l'énergie manquante. Pauli conclut que cette particule ne devait avoir ni charge ni masse, sauf la masse due à son énergie (c'est-à-dire qu'elle n'a pas de masse au repos) : cela expliquait qu'elle n'avait pas été détectée. Cette particule hypothétique fut baptisée neutrino.

Un grand pas dans la compréhension de la source d'énergie du Soleil fut franchi en 1939, lorsque Hans Bethe montra qu'il existait deux séquences fondamentales de réactions nucléaires pouvant transformer l'hydrogène en hélium dans le noyau du Soleil. La transmutation de l'hydrogène en hélium s'effectue avec un déficit de masse égal à 0,7 pour cent de la masse du noyau d'hydrogène, et une libération de l'énergie correspondante. L'une de ces séquences est le cycle carbone-azote, au cours duquel un noyau de carbone absorbe quatre protons et émet deux positrons (les antiparticules de l'électron, chargées positivement) pour donner un noyau instable d'oxygène. Ce noyau d'oxygène se décompose alors en un noyau de carbone et un noyau d'hélium. Ainsi, le carbone originel est reconstitué, et le bilan net se réduit à la conversion de quatre protons en un noyau d'hélium.

La seconde séquence est la « chaîne proton-proton » ; ici, deux protons

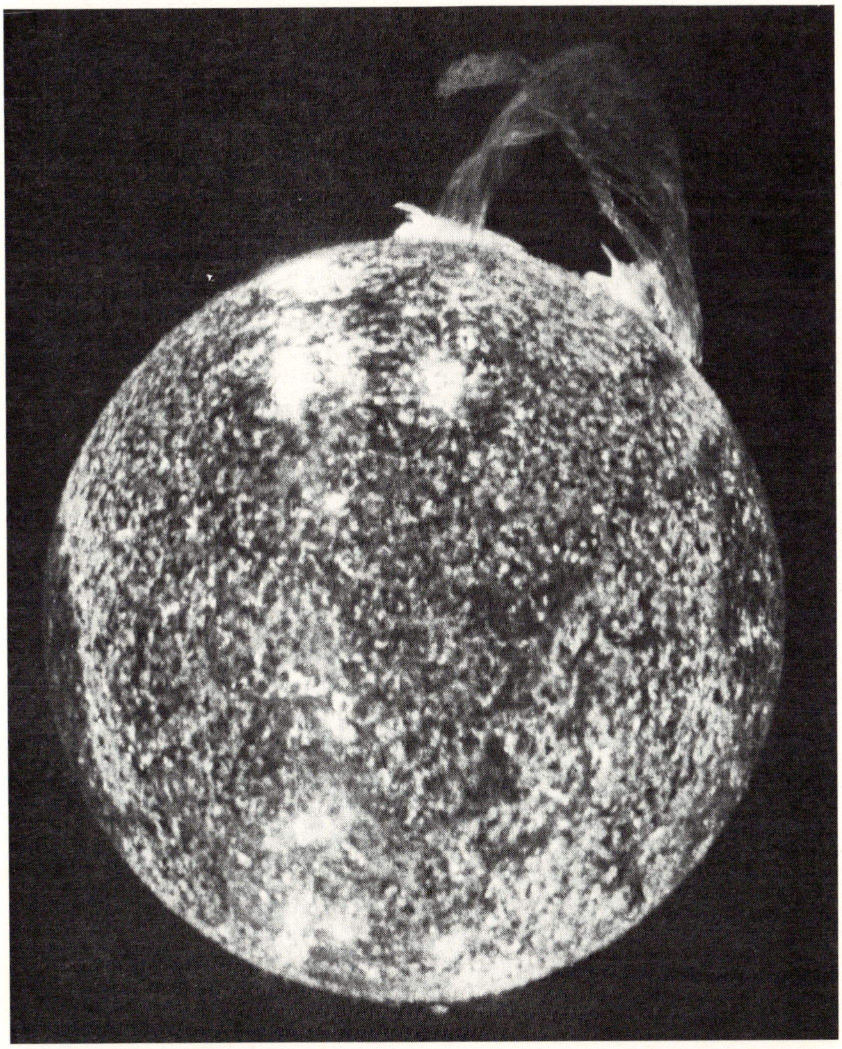

2. CETTE PROTUBÉRANCE dont l'éruption eut lieu le 21 août 1973 s'est élevée à plus de 400 000 kilomètres de la surface du Soleil. Elle a été photographiée, en lumière émise à une longueur d'onde de 304 angströms par l'hélium ionisé une fois (hélium II) à l'aide du spectrohéliographe ultraviolet du *Naval Research Laboratory* embarqué à bord de *Skylab*. À l'échelle de cette photographie la Terre serait un point à peine plus gros que celui qui termine cette phrase.

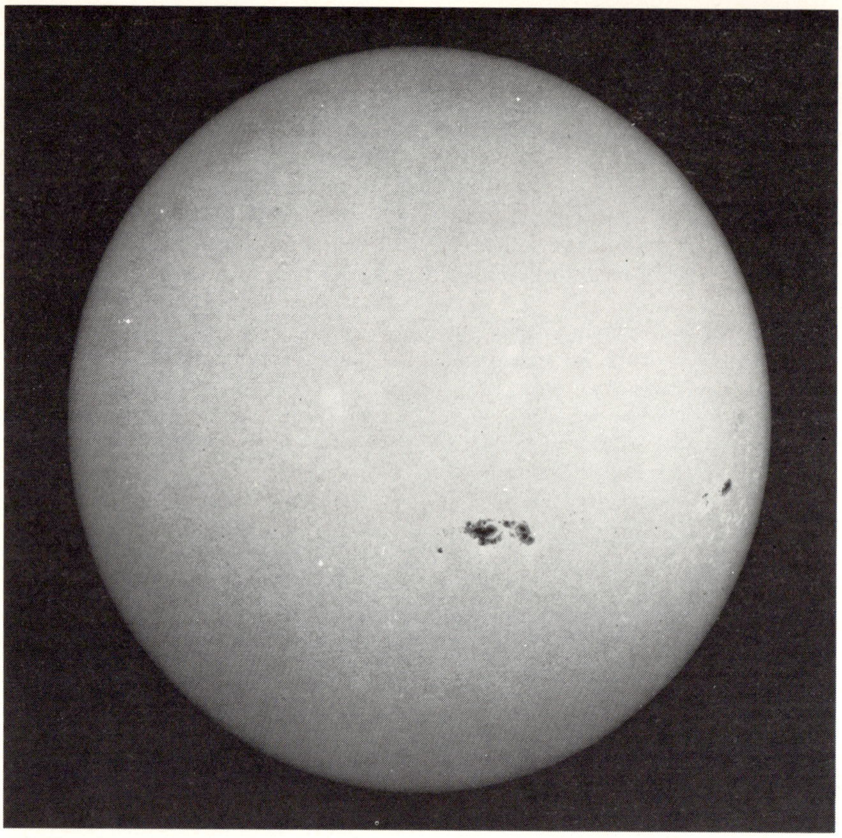

3. CES GROUPES DE TACHES SOLAIRES ont été photographiés à des longueurs d'onde visibles, grâce au télescope solaire Mc Math, à l'Observatoire National du Pic Kitt, en Arizona, le 4 juillet 1974, lors d'un minimum du cycle des taches. Les deux taches de l'ensemble le plus gros sont reliées par un pont étroit et brillant.

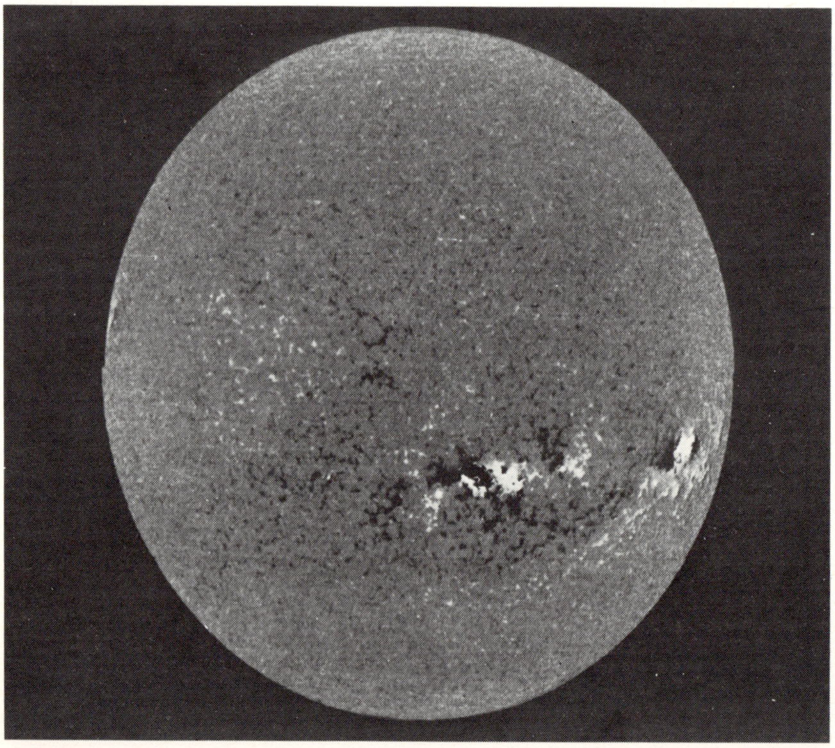

4. UN MAGNÉTOGRAMME des paires de taches a été réalisé en même temps que la photographie de la figure 3, avec le télescope solaire du Pic Kitt. Les zones blanches et noires sont des régions d'activité magnétique ; le blanc représente le positif et le noir le négatif. La zone noire du groupe central de taches correspond au pont brillant de la photographie. L'aspect allongé du Soleil est un artefact dû à la méthode employée pour réaliser ce magnétogramme.

entrent en collision. Il y a émission d'un positron et d'un neutrino et formation de deutérium, l'isotope lourd de l'hydrogène, dont le noyau comprend un proton et un neutron. Un autre proton vient alors s'ajouter au deutérium, pour former l'isotope léger de l'hélium 3. Puis deux noyaux d'hélium 3 se combinent pour donner un noyau d'hélium ordinaire, l'hélium 4 ; il y a alors libération de deux protons. Le bilan se résume ici encore à la transformation de quatre protons en un noyau d'hélium. La quantité d'énergie libérée est à peu près un million de fois supérieure à la quantité libérée par une réaction chimique comme la combustion.

Le mystère du Soleil semblait désormais éclairci. Les réactions nucléaires créent une telle quantité d'énergie que le Soleil a une espérance de vie de dix milliards d'années. Il est donc arrivé aujourd'hui à la moitié de sa vie à peu près. Lorsque l'hydrogène du noyau sera épuisé, dans cinq autres milliards d'années, ce noyau se concentrera jusqu'à ce que la température et la densité y soient si élevées que les atomes d'hélium fusionneront par groupe de trois pour former des noyaux de carbone. Quant aux couches externes de l'astre, elles se dilateront jusqu'à dépasser l'orbite de Vénus : le Soleil deviendra une géante rouge. Ce jour-là, il fera très chaud sur Terre !

La détection des neutrinos

Les études détaillées menées au cours des 25 dernières années ont montré que la plupart des étoiles pouvaient être interprétées en termes de libération d'énergie par la conversion de l'hydrogène en hélium. Le cycle carbone-azote tient une place plus importante dans les étoiles plus chaudes et plus massives que le Soleil ; la chaîne proton-proton prédomine dans les étoiles de taille comparable au Soleil. Cependant, avec ces nouvelles explications surgit un nouveau mystère. On s'aperçut vite que la chaîne proton-proton pouvait se dérouler dans plusieurs directions. Par exemple, un noyau d'hélium 3 peut parfois se combiner à un noyau d'hélium 4 plutôt qu'à un autre hélium 3. Il y a alors création d'un isotope léger du béryllium, le béryllium 7 ; celui-ci peut à son tour réagir avec un proton pour donner du bore 8. Le bore 8 se désintègre alors, en émettant un positron et un neutrino, pour former le béryllium ordinaire, ou béryllium 8, qui se décompose en deux noyaux d'hélium 4.

Cette autre branche de la chaîne proton-proton ne modifie pas de façon significative la quantité d'énergie fournie, car le résultat est encore la conversion d'hydrogène en hélium. Le fait important est que la désintégration du bore 8 s'accompagne de l'émission d'un neutrino. Ce neutrino possède une telle énergie qu'il devrait être possible de le détecter sur Terre. Il possède en particulier une énergie suffisante pour transformer un atome de chlore 37 en argon 37. La probabilité de cette réaction est excessivement faible, mais, d'après les calculs, les neutrinos émis par le Soleil doivent être si nombreux que l'on devrait pouvoir les détecter.

Construire un détecteur de neutrinos solaires, telle fut la tâche entreprise par Raymond Davis du laboratoire national de Brookhaven. La détection des neutrinos est particulièrement difficile ; en effet toute matière est presque entièrement transparente aux neutrinos : un neutrino pourrait traverser un mur de plomb de 1000 années de lumière d'épaisseur sans être arrêté. Pour la même raison, les neutrinos « rayonnent » directement à partir du noyau du Soleil où l'énergie solaire est créée. L'entreprise de Raymond Davis était « titanesque », mais son issue devait fournir une vérification fondamentale — en fait, la seule vérification directe — de notre conception de la création d'énergie au sein du Soleil. C'est dans la mine d'or d'Homestake, dans le Dakota du Sud, à environ deux kilomètres de profondeur, (donc à l'abri des rayons cosmiques provoquant des réactions nucléaires) que R. Davis construisit un réservoir contenant environ 400 000 litres d'un liquide détergent, le perchloréthylène (C_2Cl_4). L'argon provenant de la conversion du chlore par interaction avec les neutrinos, devait être détecté par sa radioactivité *(voir la figure 7)*.

L'expérience se poursuit encore aujourd'hui, continuellement améliorée et perfectionnée ; et R. Davis a montré que « quelque chose » n'allait pas. Les premiers résultats de son expérience montraient que pas plus d'un dixième du nombre de neutrinos attendus avait pu être détecté. Par la suite, la sensibilité du dispositif de R. Davis a été accrue. Cette expérience permet maintenant de détecter les neutrinos de plus faible énergie produits par la première réaction de la chaîne proton-proton (celle où deux protons et un électron se combinent pour donner un noyau de deutérium et un neutrino) et également ceux produits par la réaction du béryllium 7 avec un photon *(voir la figure 7)*. Ces neutrinos peu énergétiques ne sont pas aussi efficaces pour la transformation du chlore en argon, mais ils sont en principe produits en plus grand nombre. Ainsi plusieurs parties du cycle de production d'énergie du Soleil sont testées simultanément. Cependant les résultats actuels indiquent que le nombre observé de neutrinos reste deux à cinq fois plus faible que celui attendu par les calculs.

Où sont passés les neutrinos ?

Que devons-nous en conclure ? D'une part, l'expérience elle-même peut-elle être incriminée ? R. Davis travaille avec soin et encourage ses amis scientifiques à lui faire part de leurs suggestions et de leurs critiques. Il a continuellement ajouté des améliorations et des contrôles supplémentaires à son appareillage pour en supprimer tout défaut. D'autre part, y a-t-il une erreur dans le calcul du taux d'émission des neutrinos dans le Soleil ? En fait, la production des neutrinos est très sensible à la température interne du Soleil. L'erreur provient-elle du calcul du transfert de chaleur à l'intérieur du Soleil, qui est un calcul délicat ? Ou bien est-ce dans les principes physiques fondamentaux appliqués pour calculer l'émission des neutrinos et la production d'argon que quelque chose ne va pas ? Ou bien encore est-ce dans le transfert des neutrinos du Soleil à la Terre que certains effets nous échappent ?

Il y a beaucoup de possibilités. La luminosité du Soleil croît et décroît peut-être avec une période dont l'ordre de grandeur serait le million d'années. Cela fait penser aux périodes glaciaires qui ont affecté la Terre. Actuellement, le noyau solaire pourrait être en expansion et ne produire que peu d'énergie, donc peu de neutrinos. Si cette explication est la bonne, il faudra la démontrer à partir des principes fondamentaux de l'astronomie et de la physique. Autre possibilité : les régions profondes du Soleil, à la différence du matériel de surface, pourraient être dépourvues d'éléments lourds ; le gaz y serait alors plus transparent que ce que l'on calcule généralement, et la température du noyau s'en trouverait abaissée. Dans ces conditions, l'hélium 3 ne se combinerait pas à l'hélium 4 pour former le bore 8 qui émet les neutrinos énergétiques en se désintégrant. Seule serait possible la réaction hélium 3-hélium 3, qui donne de l'hélium 4 et deux protons.

Les difficultés ne doivent pas nous pousser à écarter l'hypothèse de la fusion de l'hydrogène en hélium comme source d'énergie dans le Soleil. D'un autre côté, il ne faut pas escamoter le désaccord qu'on a mis en évidence. Malgré les efforts d'un grand nombre de scientifiques éminents pour résoudre cette difficulté, le problème n'est pas résolu, plus de dix ans après les premiers résultats de R. Davis.

Les champs magnétiques du Soleil

Comment le Soleil fabrique-t-il son énergie ? C'est sans doute la question la

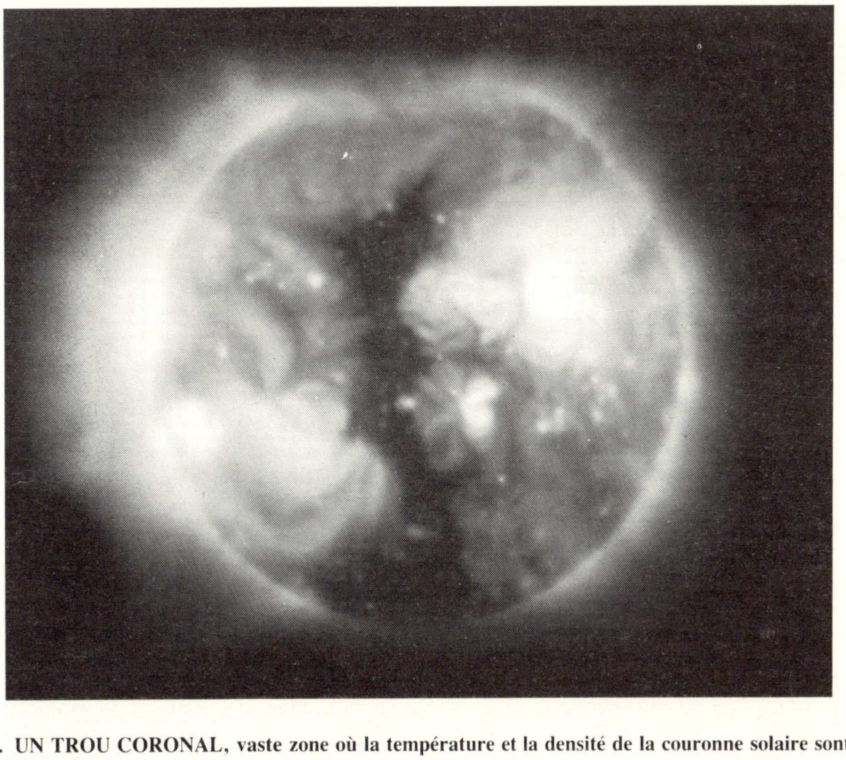

5. UN TROU CORONAL, vaste zone où la température et la densité de la couronne solaire sont réduites, fut observé le 1er juin 1973. Cette image a été réalisée au moyen du télescope à rayons X de l'*American Science and Engineering, Inc.*, embarqué à bord de *Skylab*. La couronne apparaît brillante et floue. Le trou coronal correspond à la grande zone sombre au centre du disque solaire : il est long de plus de 750 000 kilomètres. Les points blancs isolés sont des zones d'émission intense, brillantes en rayons X.

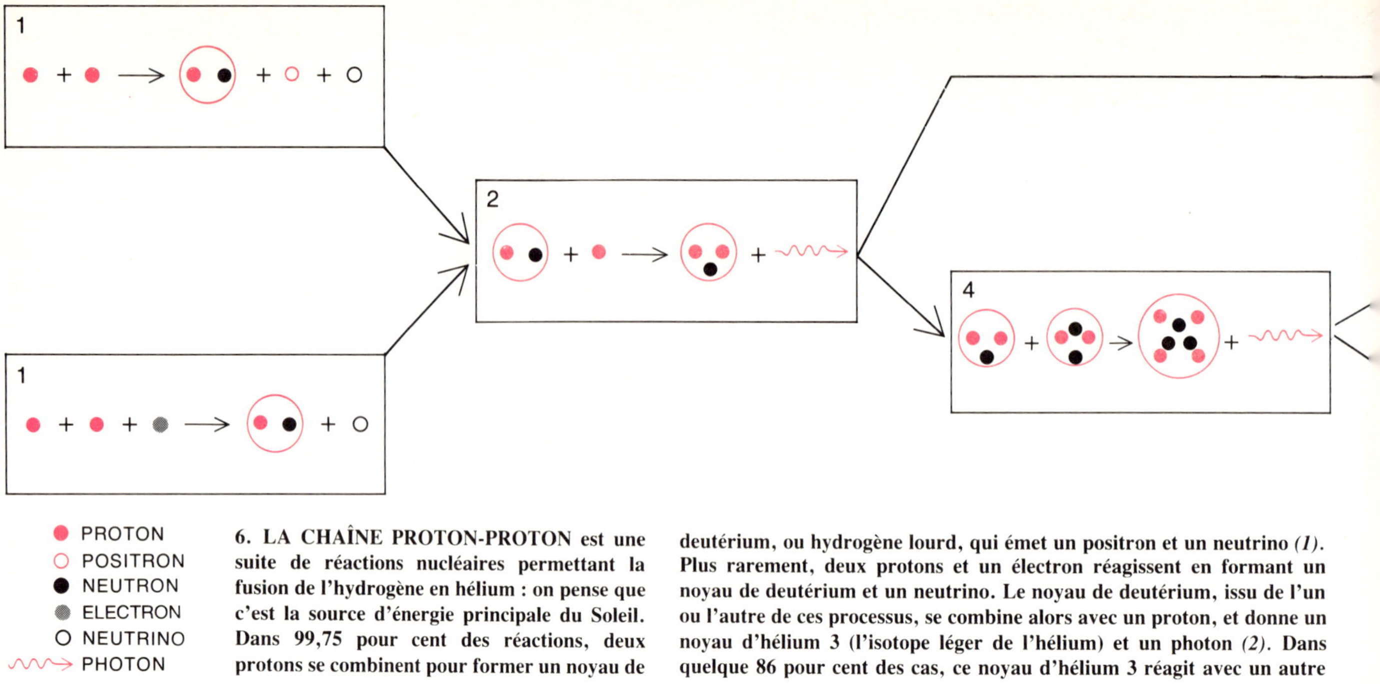

6. LA CHAÎNE PROTON-PROTON est une suite de réactions nucléaires permettant la fusion de l'hydrogène en hélium : on pense que c'est la source d'énergie principale du Soleil. Dans 99,75 pour cent des réactions, deux protons se combinent pour former un noyau de deutérium, ou hydrogène lourd, qui émet un positron et un neutrino *(1)*. Plus rarement, deux protons et un électron réagissent en formant un noyau de deutérium et un neutrino. Le noyau de deutérium, issu de l'un ou l'autre de ces processus, se combine alors avec un proton, et donne un noyau d'hélium 3 (l'isotope léger de l'hélium) et un photon *(2)*. Dans quelque 86 pour cent des cas, ce noyau d'hélium 3 réagit avec un autre

plus fondamentale que l'on doit poser à propos du Soleil. Si l'énigme actuelle peut être résolue, la réponse à cette question sera formulée en termes de réactions nucléaires et d'autres phénomènes physiques qui se prêtent à l'étude directe en laboratoire. Cependant, l'activité violente du Soleil pose un autre problème. Il semble que cette activité soit due à l'écoulement d'un gaz guidé par des lignes de champ magnétique. Mais, si les propriétés physiques et les traitements mathématiques fondamentaux s'appliquant au flux gazeux et aux champs magnétiques sont bien connus grâce à des expériences de laboratoire, l'activité du Soleil ne peut se concevoir que dans un cadre spatial dont les dimensions se comptent en milliers de kilomètres. Il est clair que les phénomènes observés à la surface du Soleil ne peuvent être reproduits ni étudiés dans un laboratoire, sur la Terre.

Ce genre de situation n'est pas inconnu dans d'autres domaines. Le climat, par exemple, ne se prête pas à une modélisation au laboratoire. Avec ses fronts actifs, ses « jets-streams », ses orages, il ne se développe que sur de vastes régions. C'est pourquoi l'étude de l'activité solaire est un jeu passionnant : l'observateur tente de voir ce qui se produit sur le Soleil, et le théoricien s'efforce ensuite d'interpréter les observations en s'appuyant sur les principes fondamentaux de la physique. Les observations s'effectuent au moyen de télescopes, au sol, dans des ballons de haute altitude, ou dans l'espace. Durant les 30 dernières années, les télescopes optiques au sol sont devenus des instruments extrêmement sophistiqués et remarquablement efficaces pour photographier le complexe gazeux et les configurations magnétiques à la surface du Soleil. Des batteries de radiotélescopes suivent et enregistrent les explosions d'électrons rapides éjectés dans l'espace par des éruptions. Les télescopes embarqués sur des vaisseaux spatiaux ont permis d'observer le Soleil en ultraviolet et en rayons X, régions du spectre électromagnétique où l'activité solaire est particulièrement spectaculaire.

Les champs magnétiques à l'intérieur et autour du Soleil provoquent des phénomènes qui n'auraient pas pu être prédits par des expériences de laboratoire. Les gaz chauds et électriquement chargés constituent un excellent conducteur électrique. Au centre du Soleil, le gaz est si chaud qu'il conduit le courant aussi bien que le cuivre à la température ordinaire. Il existe des régions du Soleil qui ont une moins bonne conductivité, mais le diamètre du Soleil est tel que l'astre pris dans son ensemble possède d'extraordinaires propriétés conductrices. En conséquence, les lignes de champ magnétique sont piégées par les gaz et sont entraînées et déformées dans leurs mouvements ascendants et descendants, dans la zone de convection juste sous la surface visible du Soleil. L'intensité du champ magnétique dans les zones de taches solaires est de l'ordre de 3 000 gauss (soit 6 000 fois l'intensité du champ magnétique terrestre). On arrive à créer des champs de cette intensité au laboratoire avec des électro-aimants ; ils n'en sont pas moins impressionnants. Il est impossible de garder en main un objet en fer dans un champ magnétique de 3 000 gauss : un tournevis ou une paire de pinces vous serait arraché, et irait se plaquer au pôle le plus proche de l'aimant.

Les taches solaires

Le Soleil présente encore d'autres caractéristiques étranges sur toutes sortes d'échelles. À la limite de l'observation, on trouve en filigrane de remarquables structures dont le diamètre ne dépasse pas quelques centaines de kilomètres. Les taches brillantes en rayons X atteignent 50 000 kilomètres de diamètre et les éruptions jaillissent à des millions de kilomètres d'altitude. Les couches superficielles de l'atmosphère solaire, au-dessus de la surface visible, sont profondément affectées par l'activité magnétique. La chromosphère (petite couche irrégulière située juste au-dessus de la surface visible) et la couronne sont énormément dilatées au-dessus des centres actifs de la surface. L'une des découvertes les plus remarquables faites grâce aux instruments de *Skylab* fut celle de trous dans la couronne solaire, dans la région des pôles et dans d'autres zones dépourvues d'activité visible. Paradoxalement, il apparaît que les trous coronaux sont la source des particules ionisées à haute vitesse que l'on trouve dans le vent solaire. On savait déjà,

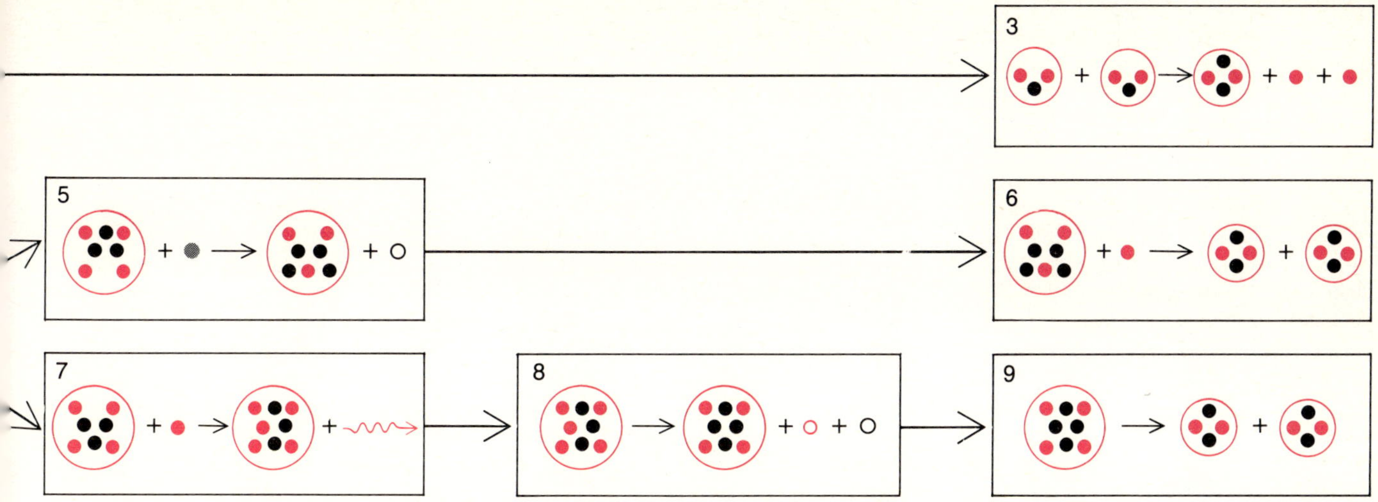

noyau d'hélium 3 ; on obtient un noyau d'hélium 4 ordinaire, et les deux protons sont libérés *(3)*. Il existe une autre branche de cette chaîne proton-proton dans laquelle le noyau d'hélium 3 réagit avec un noyau d'hélium 4 : il se forme un noyau de béryllium 7 et un photon *(4)*. La plupart du temps, le béryllium 7 absorbe un électron et se transforme en un noyau de lithium 7 et un neutrino *(5)*. Ce noyau de lithium 7 se combine ensuite avec un proton et se rompt pour donner deux noyaux d'hélium 4 *(6)*. Parfois, le béryllium 7 absorbe un proton ; il se forme alors un noyau de bore 8 et un photon *(7)*. Ce noyau de bore 8 se décompose alors en un noyau de béryllium 8, un positron *(8)*, qui doit être détectable sur Terre. Finalement, le noyau de béryllium 8 se désintègre en deux noyaux d'hélium 4 *(9)*.

mais ce n'était pas sérieusement considéré ni compris avant la mission *Skylab*, que l'activité magnétique externe de la Terre est parfois réellement amoindrie lorsque nous nous trouvons directement exposés à des régions actives du Soleil. Cet effet était atténué par les éruptions qui, associées aux centres actifs, provoquaient parfois un accroissement de l'activité magnétique externe de la Terre. En l'absence de telles éruptions, oscillations magnétiques et aurores boréales sont parfois moins clairement exprimées lorsqu'une zone active du Soleil nous fait face.

Les lignes de champ magnétique présentent une étrange tendance à se rassembler en tubes qui, souvent, réagissent violemment lorsqu'ils entrent en contact. Ce comportement n'est toujours pas bien compris malgré un certain nombre « d'explications » apparues dans les publications scientifiques. Nous nous contenterons d'exposer ici les caractères d'une tache solaire bien visible, ce qui suffira pour donner un aperçu des problèmes embarrassants et urgents auxquels nous sommes confrontés.

Une tache solaire est une vaste dépression peu profonde de la surface moyenne visible du Soleil : le fond se trouve à quelques centaines de kilomètres de celle-ci. La partie centrale de ce fond est appelée l'ombre : elle apparaît en noir sur les photographies car sa brillance est inférieure au quart de celle de la surface voisine. La température de surface de l'ombre n'est que de 3 900 kelvins, alors que celle de la surface du Soleil est normalement de 5 600 degrés. L'ombre est une partie froide et diluée de la surface solaire, et c'est évidemment la pression exercée par la surface environnante qui comprime et enserre le champ magnétique intense associé à la tache solaire. On admet généralement que ce champ très intense est responsable de la faible température de l'ombre, mais cette relation reste encore à démontrer définitivement.

L'ombre est entourée par la pénombre, une zone pentue grise et striée, reliant l'ombre à la surface solaire environnante. Les lignes de champ magnétique d'une tache solaire émergent de l'ombre et se déploient à travers la pénombre. Au-delà de la pénombre, elles replongent dans le Soleil, en passant souvent par une tache voisine de polarité magnétique opposée. Dans certains cas, une région remarquablement vide de champ magnétique, et appelée fossé, se trouve aux abords immédiats de la tache. Les lignes de champ forment alors une arche au-dessus du fossé avant de rentrer dans le Soleil à quelque distance de la tache.

Il y a une dizaine d'années, Jacques Beckers de l'observatoire du Pic de Sacramento et E. Schröter, maintenant à l'Université de Göttingen, ont observé de petits groupements de lignes de champ magnétique convergentes, se déplaçant à l'intérieur des taches et en dehors de leur bordure, de façon apparemment liée à la croissance et au déclin de la tache. D'autre part, les taches solaires apparaissent souvent en groupements à structure complexe : de nombreuses taches de polarité opposée s'y rassemblent en réseau compliqué. C'est dans ces ensembles de taches à évolution rapide, que l'on aura le plus de chances de voir d'importantes éruptions solaires. Il se peut que ces éruptions résultent de l'interaction de champs magnétiques de polarité opposée qui se neutralisent. Une grande éruption peut libérer 10^{32} ergs : cette énergie équivaut à celle qui serait fournie par l'annihilation d'un champ magnétique de 1 000 gauss s'étendant à travers un volume cubique de 15 000 kilomètres de côté. Or, les taches solaires les plus grandes possèdent un champ magnétique de quelque 4 000 gauss et un diamètre atteignant 50 000 kilomètres. Les éruptions les plus importantes montrent des filaments brillants longs de 100 000 kilomètres qui traversent le disque solaire. De plus, des observations aux rayons X indiquent que chaque éruption possède une zone centrale très chaude, probablement le site du phénomène principal, beaucoup plus localisée que la zone des filaments brillants : elle ne dépasse pas 10 000 kilomètres d'un bord à l'autre.

On trouve aussi des taches solaires groupées par paires bipolaires : pour chacune, les lignes de champ magnétique sortent côté Est et rentrent côté Ouest, ou vice versa. Ainsi les paires bipolaires de l'hémisphère Nord sont opposées à celles de l'hémisphère Sud du Soleil ; toutes les deux inversent leur polarité tous les 11 ans, demi-période du cycle des taches solaires. L'existence de ces groupes bipolaires de taches révèle que, sous la surface du Soleil, il existe des champs magnétiques intenses de direction Est-Ouest, de sens inverse dans chaque hémisphère.

La vie de chacune des taches d'un groupe ne dépasse pas quelques semaines. Les premières taches d'un nouveau cycle apparaissent au sein d'une large bande centrée sur le 40e degré de latitude dans chaque hémisphère. Le cycle se développant, ces deux régions génératrices de taches solaires se déplacent vers l'équateur, qu'elles atteignent 10 à 14 ans plus tard. Là, elles s'éteignent à peu près au moment où naissent les nouvelles taches du cycle suivant de 11 ans, aux latitudes moyennes. Le cycle se répète alors avec ces nouvelles taches, de polarité opposée.

La Terre effectue sa révolution autour du Soleil sur une orbite inclinée d'environ sept degrés sur le plan équatorial solaire, de sorte que les taches et les éruptions ne sont pointées radialement vers la Terre que durant les dernières années du cycle des taches. Malheureusement pour les physiciens qui étudient l'activité solaire, le maximum d'activité se situe lors de la formation des taches, 15 à 20 degrés de part et d'autre de l'équateur. Les grandes poussées de vent solaire, liées à ce grand nombre d'éruptions à 20 degrés de latitude, sont détectées par leur effet sur les signaux radio quand ceux-ci provenant de radiosources éloignées, interagissent avec le vent solaire.

Au contraire, le vent solaire issu des pôles de l'astre paraît relativement constant et très rapide : sa vitesse est supérieure d'environ 50 pour cent à celle du vent solaire équatorial. La raison d'une telle vitesse aux pôles est évidemment liée au fait que les régions polaires représentent des trous dans la couronne. Cependant, nous ne pourrons disposer d'informations de bonne qualité sur l'intensité des poussées de vent solaire et sur le vent solaire issu des pôles, que lorsque nous enverrons un vaisseau spatial loin du plan de l'orbite terrestre. On pourra mener à bien une telle mission en lançant un vaisseau sur une trajectoire le menant vers Jupiter : virant autour de la planète, il serait alors envoyé vers un des pôles solaires grâce à l'action combinée de la vitesse et du champ gravitationnel de celle-ci.

7. **CE DÉTECTEUR DE NEUTRINOS a été construit par Raymond Davis, du laboratoire national de Brookhaven, dans le but de détecter les neutrinos qui doivent être émis par la décomposition du bore 8 dans la chaîne proton-proton. Le détecteur est un réservoir contenant environ 400 000 litres d'un solvant, le perchloroéthylène (C_2Cl_4) ; le tout est enterré, sous environ deux kilomètre de roches, dans la mine d'or de Homestake, près de Lead, dans le Dakota du Sud. Le liquide contient 85 pour cent de chlore 37. Lorsqu'un noyau de chlore 37 absorbe un neutrino, il se forme un noyau d'argon 37, l'isotope radioactif de l'argon. On purge le réservoir tous les deux mois, avec de l'hélium gazeux, pour récupérer l'argon 37, que l'on détecte alors par sa désintégration radioactive. Depuis 1968, date du début de l'expérience, moins de 30 pour cent de la quantité d'argon 37 attendue a été détectée. Cela implique que le nombre des neutrinos produits au sein du Soleil est beaucoup plus faible que ce que prédit la théorie.**

Les cycles d'activité solaire

Les taches solaires ont eu un comportement étrange au cours des siècles passés. C'est en 1611 qu'elles furent découvertes en Occident par Johannes Fabricius et Galilée, dès l'invention du télescope. (Des observateurs chinois les avaient vues à l'œil nu et en font mention mille ans auparavant.) Leur cycle de 11 ans, cependant, ne fut pas connu avant la fin du XVIIIe siècle et c'est en 1843 seulement que Heinrich Schwabe en confirma l'existence. On peut s'interroger sur le temps considérable que nous avons mis pour reconnaître un phénomène plutôt évident, mais le comportement du Soleil lui-même peut en partie l'expliquer.

En 1895, puis de nouveau en 1922, E. Maunder publia des articles attirant l'attention sur l'étrange comportement du Soleil au XVIIe siècle. D'anciennes descriptions des taches solaires indiquent l'existence de deux maxima dans le cycle des taches durant les 30 années suivant leur découverte en 1611. Quinze ans environ séparent les deux maxima. Ensuite les écrits montrent que le nombre des taches solaires, ainsi que l'activité associée, décroît : il est très faible vers 1645 et on ne compte pratiquement plus de taches jusqu'en 1715. Après cette date, le cycle s'établit tel que nous le connaissons aujourd'hui et demeure alors inchangé. Il était impossible, à l'époque, d'interpréter l'absence prolongée des taches : en effet, on avait eu 34 années avec taches puis 70 années sans taches. Qui pouvait dire ce qui était normal ? Depuis, l'analyse dans les anneaux de croissance des arbres du carbone 14 produit dans l'atmosphère par les rayonnements cosmiques a conduit à penser que l'activité solaire a présenté deux autres périodes d'accalmie au cours du dernier millénaire : le minimum de Wolf de 1282 à 1342 et le minimum de Spörer de 1416 à 1534.

Pendant les années d'inactivité du minimum de Maunder, les observateurs devaient souvent attendre des années pour voir une seule tache, alors qu'aujourd'hui il y en a généralement plusieurs même lors du minimum du cycle. L'absence des taches solaires est importante non pas à cause de la disparition des taches elles-mêmes, mais en raison de l'absence de l'activité solaire liée aux taches. La couronne, qui doit une grande partie de son échauffement au frottement et à l'agitation des régions actives du Soleil, ne fut pas vue lors des éclipses tombant dans la période des 70 ans d'inactivité. La couronne toute entière semble avoir été réduite à l'état d'un gigantesque trou coronal.

Les tempêtes magnétiques et les phénomènes d'aurore boréale, qui sont normalement courantes dans les îles britanniques et les régions scandinaves, disparurent quasiment pendant les 70 ans d'inactivité. De sorte qu'en 1715, lorsque l'activité solaire redémarra, les aurores boréales provoquèrent surprise et effroi dans des villes comme Copenhague et Stockhlom. L'effet peut-être le plus curieux et le plus important fut découvert par A. Douglass au cours de son travail de pionnier sur la datation des anneaux de croissance des arbres, publié vers 1920. Douglass remarqua des variations cycliques générales dans la croissance des arbres : la vitesse de croissance annuelle augmentait puis diminuait tous les dix ou vingt ans. Alors qu'il avançait dans ses travaux, il entreprit l'étude d'échantillons de bois vieux de plusieurs siècles : il s'aperçut que la deuxième moitié du XVIIe siècle se distinguait par l'absence de variations cycliques habituelles. Les anneaux de croissance présentaient une épaisseur peu variable et les variations ne s'organisaient selon aucune logique apparente. Les corrélations d'un arbre à l'autre en devenaient délicates et il était alors difficile d'établir une chronologie digne de foi. Douglass avait de la peine à expliquer ce phénomène, autrement qu'en invoquant des conditions d'environnement plus uniformes durant cette période, qui auraient provoqué une croissance plus régulière.

C'est donc avec un très vif intérêt que Douglass put lire, en 1922, l'article de Maunder dans le *Journal of the British Astronomical Association,* relatant l'absence du cycle des taches solaires et de l'activité solaire pendant précisément la période où la datation des cernes des arbres était si délicate. Douglass écrivit à Maunder, qui rapporta l'effet sur les anneaux des arbres à l'Association Astronomique Britannique.

Mystérieux Soleil...

Pourquoi l'activité solaire influence-t-elle le climat ou la croissance végétale ? C'est encore un mystère qui n'a pu être percé depuis les observations de Douglass. Heureusement pour ceux qui s'intéressent à cette question, on constate aujourd'hui un regain d'intérêt pour les relations entre l'activité solaire et l'environnement sur Terre. Ainsi a-t-on découvert que le cycle de 11 ans du Soleil apparaissait dans les enregistrements du niveau de la mer sur les régions côtières du Nord de l'Europe, de la température de l'air, des vents d'Ouest circumpolaires et de la vitesse de rotation de la Terre. On a également observé des variations de la concentration de l'ozone dans la haute atmosphère. Celles-ci peuvent s'expliquer puisque la concentration d'ozone dépend du rayonnement ultraviolet du Soleil. Ces variations de la concentration d'ozone provoqueraient des variations de la température de la stratosphère, ce qui modifierait la circulation des vents, qui à leur tour, influeraient sur les autres facteurs climatiques. La question est difficile et fait l'objet de chaudes controverses, mais elle est trop importante pour être ignorée. La croissance des plantes constitue après tout le fondement même de la vie sur Terre !

Somme toute, le Soleil s'est révélé plus mystérieux que nous ne l'aurions souhaité. Nous avons déjà parcouru un long chemin vers sa compréhension, mais la route est encore longue. Alors que nous nous efforçons d'éclaircir les mystères actuels, nous sommes certains d'en trouver de nouveaux. Il serait vraiment dommage qu'il en fût autrement : les énigmes que nous propose le Soleil sont autant d'ouvertures vers de nouvelles découvertes.

Les ondes dans le vent solaire

Projetée dans l'espace, la couche externe de l'atmosphère solaire donne naissance au « vent solaire ». On attribue les différentes vitesses de ce vent à la formation d'une onde qui se modifie en s'éloignant du Soleil, de la même façon que les vagues de l'océan quand elles se redressent et déferlent à l'approche de la côte.

par J. Gosling et A. Hundhausen

La couronne solaire est la couche externe, peu dense, de l'atmosphère du Soleil ; connue des astronomes depuis des siècles, elle apparaît comme une lueur argentée autour du disque sombre de la Lune, lors des éclipses totales de Soleil. Dès le XIXe siècle, on avait effectué des analyses de la couronne par spectroscopie, mais il a fallu attendre les années 1940 pour observer l'une de ses caractéristiques les plus remarquables : dans le spectre de la couronne solaire, certaines raies d'émission qu'on n'avait pu interpréter pouvaient correspondre à des éléments courants comme l'oxygène ou le fer qui auraient perdu la plupart de leurs électrons périphériques. Pour expliquer la présence d'atomes aussi fortement ionisés dans la couronne, il fallait supposer que sa température est supérieure à un million de degrés et qu'elle est donc plus de 100 fois supérieure à celle de la surface du Soleil, visible en dessous ; en fait, le gaz ionisé de la couronne possède une telle énergie thermique que l'intense champ gravitationnel du Soleil ne peut retenir ce gaz pour former une atmosphère stable. Le gaz s'échappe à une vitesse prodigieuse et il emplit l'espace interplanétaire, donnant naissance au « vent solaire ».

Grâce aux observations des satellites et des vaisseaux spatiaux envoyés dans l'espace interplanétaire depuis 15 ans, on a pu déterminer la composition et la densité du vent solaire au voisinage de l'orbite terrestre. On sait aujourd'hui que le vent solaire s'éloigne du Soleil de manière radiale, à une vitesse moyenne de 450 kilomètres par seconde (soit plus de 1 600 000 kilomètres à l'heure). Cette vitesse n'est pas uniforme et l'on observe des rafales de ce vent de gaz ionisé : sur des périodes d'environ une semaine, les mesures diffèrent couramment de plusieurs centaines de kilomètres par seconde. Pour se représenter les plus grandes de ces variations, on peut imaginer que des ondes de vitesse émises par le Soleil changent de forme au fur et à mesure qu'elles s'en éloignent. On observe également d'autres types d'ondes dans le vent solaire, mais nous nous limiterons ici aux grandes ondes du vent solaire.

Le vent solaire est un plasma, comme la couronne dont il est issu : c'est un gaz ionisé de très faible densité, constitué essentiellement d'électrons et de protons libres. Comme ce plasma est en expansion approximativement radiale autour du Soleil, à vitesse à peu près constante, sa densité décroît proportionnellement à l'inverse du carré de la distance au Soleil. Au niveau de l'orbite de la Terre, cette densité est en moyenne de six particules par centimètre cube ; elle est sans doute voisine de 0,4 particule par centimètre cube au niveau de l'orbite de Jupiter. Cette expansion du vent solaire s'accompagne d'un refroidissement : près de la Terre, la température du vent a chuté d'un million à 100 000 degrés, température à laquelle la vitesse du son dans le gaz est d'environ 50 kilomètres par seconde. Or, au voisinage de l'orbite de la Terre, le vent solaire se déplace à 450 kilomètres par seconde : la vitesse moyenne du gaz est donc neuf fois plus élevée que celle du son et le mode de propagation est largement supersonique. En outre, grâce aux observations des vaisseaux spatiaux, on sait que le vent solaire entraîne avec lui un champ magnétique caractéristique de la région du Soleil qui a émis le vent et dont la valeur moyenne est de 0,00005 gauss au niveau de l'orbite terrestre. (Au voisinage des pôles, l'intensité du champ magnétique terrestre est de 0,6 gauss.)

Des ondes de vitesse dans le vent solaire

Pour comprendre comment les ondes se forment et évoluent dans le vent solaire, il est utile de se représenter celui-ci comme un fluide ordinaire, compressible. Pourtant, la densité du gaz est si faible, près de l'orbite terrestre, qu'un proton du vent solaire ne rentre en collision avec un autre proton qu'une fois tous les deux ou trois jours en moyenne. Pour expliquer pourquoi ce gaz dilué se comporte comme un fluide, il faut invoquer d'autres processus que les collisions directes entre particules ; ces mécanismes ne sont pas encore complètement connus mais ils semblent en définitive résulter des instabilités inhérentes à tout plasma placé dans un champ magnétique ; or, on observe cette situation dans l'espace interstellaire.

Grâce aux observations des vaisseaux spatiaux, on a découvert que les principaux paramètres du vent solaire (sa vitesse, sa densité et sa pression) varient de manière très caractéristique ; aujourd'hui, on attribue ces variations aux variations de l'émission de plasma par le Soleil *(voir la figure 2)*. Le profil des ondes de vent solaire est très dissymétrique : la vitesse augmente rapidement à l'avant et diminue beaucoup plus lentement derrière la crête. D'autre part, la densité varie comme la vitesse : croissante au front, elle atteint un maximum plusieurs fois plus élevé que la densité moyenne et décroît dans la queue où elle atteint des valeurs anormalement basses. La pression, proportionnelle au produit de la densité par la température, atteint également un maximum dans la partie de l'onde où la vitesse augmente. En revanche, elle décroît rapidement et reste pratiquement constante derrière la crête. On comprend bien pourquoi les caractéristiques du vent solaire varient ainsi si l'on assimile chaque onde de vent solaire à une onde de vitesse dont le profil serait de plus en plus abrupt au fur et à mesure qu'elle s'éloigne du Soleil.

Comment les ondes de vitesse se forment-elles au départ dans le Soleil ? Pourquoi leur profil se redresse-t-il de plus en plus ? En fait, les variations de la vitesse du vent solaire semblent provenir de la diversité des températures et des densités de la couronne solaire : cette diversité résulte du fait que le champ magnétique solaire, qui traverse la couronne, varie à la surface du Soleil. En conséquence, la vitesse des ions émis par la couronne varie également.

Considérons maintenant l'influence de la rotation du Soleil sur le vent solaire : le Soleil fait un tour sur lui-même en 27 jours et le gaz émis vers la Terre est alternativement lent puis rapide. Chaque

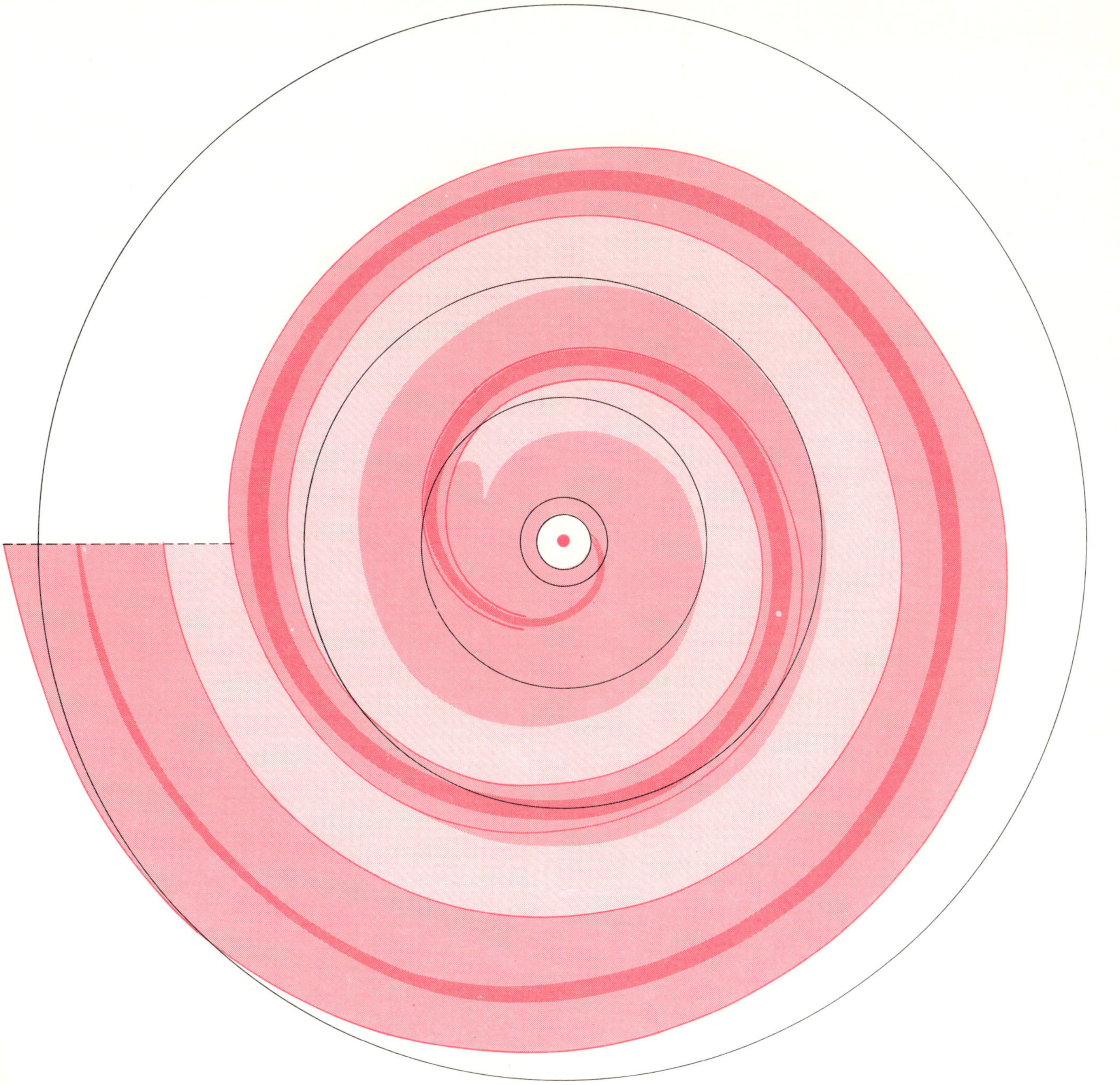

1. LES JETS DE VENT SOLAIRE ***(représentés par la large bande colorée)*** **s'élargissent en s'éloignant du Soleil (pointillés de couleur) ; entraînés par la rotation du Soleil, les jets prennent la forme d'une spirale. Ce type de jet crée des ondes de vent solaire lorsque le gaz émis par une région active de la couronne solaire (l'atmosphère externe) se déplace plus vite que celui qui vient des autres régions. À toutes les longitudes, le gaz le plus rapide de l'onde gagne du terrain sur le gaz le plus lent qui le précède et il distance le gaz lent qui le suit : le gaz qui se trouve au front de l'onde est comprimé** ***(bande étroite de couleur foncée)*** **et le gaz de la traîne est raréfié** ***(couleur plus claire)*****. À environ trois unités astronomiques du Soleil (une unité astronomique est la distance moyenne de la Terre au Soleil), l'onde représentée sur cette figure donne naissance à deux ondes de choc** ***(lignes de couleur)*** **qui s'éloignent de la région de plus forte pression, tandis que l'onde elle-même s'élargit en s'éloignant du Soleil et que son amplitude diminue : la différence entre la vitesse du gaz le plus rapide et celle du gaz le plus lent s'amenuise. Sur cette figure, l'onde se développe jusqu'à un rayon de 20 unités astronomiques, les cercles noirs en trait fin représentant les orbites de la Terre (à une unité astronomique du Soleil), de Mars (1,5 unité astronomique), de Jupiter (5,2 unités astronomiques), de Saturne (9,5 unités astronomiques) et d'Uranus (19,2 unités astronomiques). À l'échelle de cette figure, on ne peut pas décrire l'évolution de l'onde au sein de l'orbite terrestre. Si l'on avait dessiné l'onde au-delà de 20 unités astronomiques, sur une spire supplémentaire, il aurait fallu montrer que l'onde de choc qui se trouve au front de la vague du dernier tour de cette figure entre en collision avec l'onde de choc de la traîne de la vague précédente.**

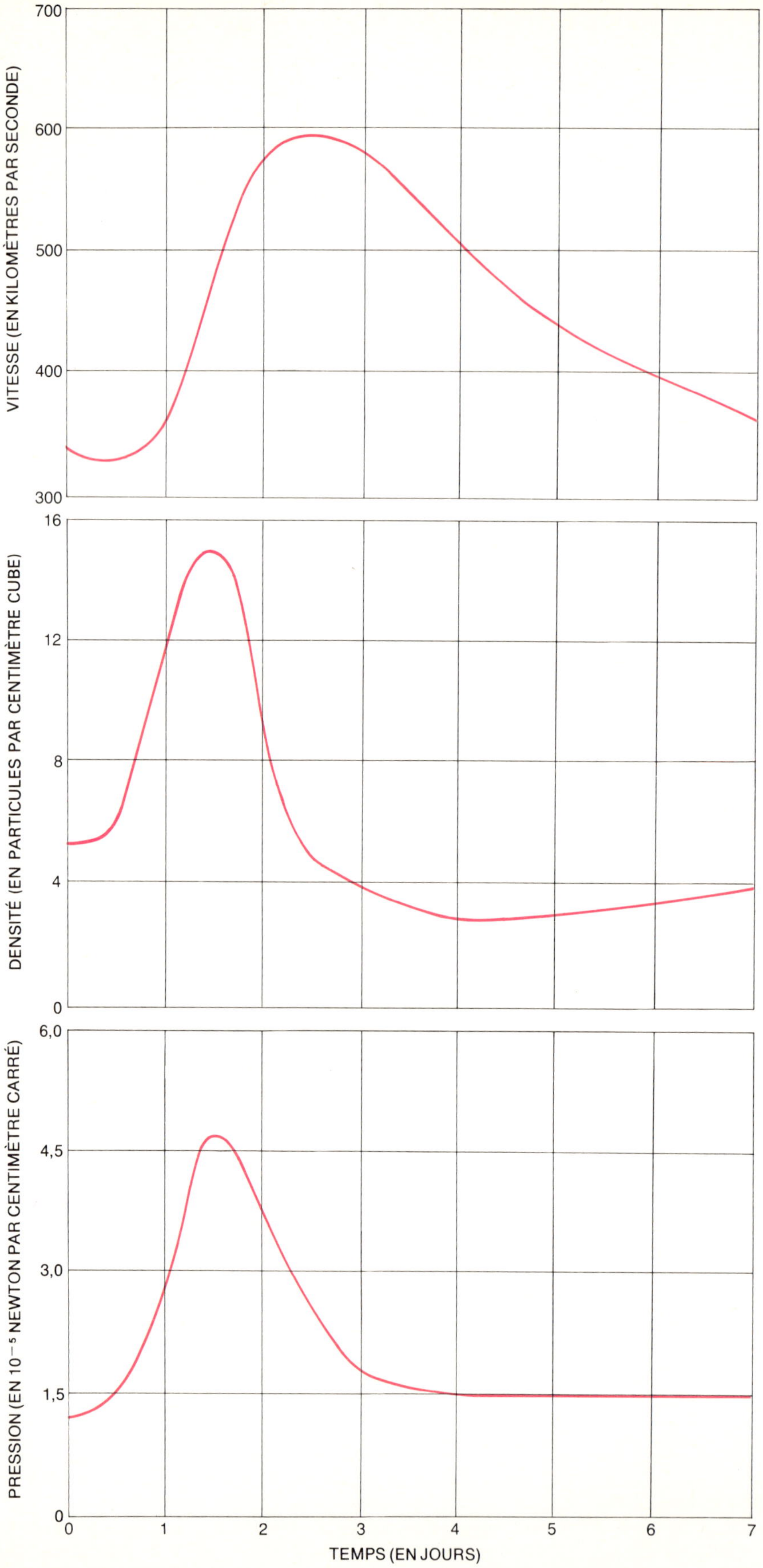

2. LE PROFIL IDÉAL D'UNE ONDE DE VENT SOLAIRE a été établi à partir des observations faites par un satellite en orbite autour de la Terre. Sur chaque figure, le front de l'onde se trouve à gauche. Dans toute onde de ce type, la vitesse du vent solaire augmente rapidement jusqu'à un maximum puis redescend plus lentement jusqu'aux basses valeurs *(en haut)*. Quand le gaz rapide rencontre le gaz le plus lent qui le précède, la densité du gaz situé au front augmente rapidement *(au milieu)*, laissant en arrière une région de gaz raréfié. Quand la densité augmente, la pression dans le gaz augmente également, diminuant à nouveau dans la traîne de la vague *(en bas)*.

cycle de variations de vitesse (vitesses lentes, vitesses rapides et de nouveau vitesses lentes) constitue une onde complète de vent solaire. Par suite, les volumes de gaz les plus rapides rattrapent les volumes de gaz plus lents qui les précèdent ; d'autre part, ils distancent les volumes de gaz lents qui les suivent. C'est ainsi que l'onde acquiert une forme en dents de scie, au fur et à mesure qu'elle s'éloigne du Soleil : comme le gaz est compressible, quand le front de l'onde se redresse, la répartition des pressions change ; les volumes de gaz du front de l'onde sont comprimés et chauffés, ceux de la queue sont dilatés et refroidis.

Les volumes de gaz plus lents qui se trouvent en avant de la crête sont poussés (et accélérés) par la vague. Par conséquent, les volumes de gaz les plus rapides apportent de l'énergie et de la quantité de mouvement aux volumes de gaz lents, ce qui réduit progressivement l'amplitude de l'onde de vitesse : la différence entre les vitesses extrémales diminue. Ainsi, un observateur situé au voisinage de l'orbite terrestre pourrait voir cette onde de vitesse évoluer et ses régions de compression et de raréfaction, balayant l'espace, dépasser à vive allure son point d'observation. En fait, on sait aujourd'hui que les variations dans le temps de la vitesse, de la densité et de la pression, associées aux ondes du vent solaire, correspondent bien à des ondes de vitesse de ce type.

Le flanc des vagues de l'océan se redresse quand celles-ci approchent de la côte ; de la même manière, le profil des ondes de vitesse devient de plus en plus abrupt quand ces ondes s'éloignent du Soleil. Il existe bien sûr des différences entre les vagues dans l'eau et les ondes du vent solaire : l'eau est pratiquement incompressible alors que le vent solaire est aisément comprimé ; d'autre part, dans l'eau, les vagues propagent bien de l'énergie et de la quantité de mouvement, mais elles ne transportent pas de masse ; dans le vent solaire, au contraire, les ondes propagent, dans tout l'Univers, de l'énergie, de la quantité de mouvement mais aussi de la masse. Malgré ces différences notables, le modèle permet de comprendre bien des caractéristiques des ondes de ce vent de plasma émis par le Soleil.

En eau peu profonde, la vitesse des vagues de l'océan est proportionnelle à la racine carrée de la profondeur de l'eau. En approchant de la côte, les crêtes des vagues sont donc plus rapides que les creux (pour lesquels la hauteur d'eau est inférieure) : les vagues se redressent. Pour les plus grandes de ces vagues, le phénomène s'accentue ; les crêtes dépassent les creux : la vague déferle et se brise. Que se passe-t-il dans le vent solaire quand, à grande distance du Soleil, les crêtes des ondes de vitesse commencent à dépasser les creux ? Ou encore, l'équivalent interplanétaire d'une vague qui déferle existe-t-il ?

Les phénomènes dans les ondes du vent solaire

Essayons de suivre plus en détail le sort d'un petit volume de gaz choisi à mi-hauteur du front d'une onde de vitesse d'amplitude v_0 dans le vent solaire *(voir la figure 4)*. Le gaz du volume de référence est plus rapide que le gaz qui se trouve en avant de l'onde : il tend à le rattraper ; en revanche, le gaz du volume de référence est plus lent que le gaz qui se trouve sur la crête de l'onde de vitesse et il se fait rattraper par ce dernier. Un observateur qui se déplacerait avec le volume de gaz de référence verrait donc le gaz environnant se précipiter sur lui selon deux directions opposées : en provenance du Soleil (le gaz le plus rapide, correspondant à la crête de l'onde) et en provenance de la direction opposée (le gaz le plus lent, correspondant au pied de l'onde). Comme nous avons choisi ce volume de référence à mi-hauteur de l'onde, les masses de gaz sembleraient s'approcher à des vitesses comprises entre zéro et 1/2 v_0. L'observateur ne verrait pourtant pas le gaz se précipiter à l'intérieur du volume de référence, car le faible champ magnétique que transporte le vent solaire empêche les volumes gazeux de s'interpénétrer. La pression du gaz augmenterait donc autour du volume de référence pour s'opposer aux deux flux gazeux. Pour l'observateur se déplaçant avec le volume de référence, le gaz qui s'approche dans les deux directions est ralenti, comprimé et chauffé en arrivant dans ces zones de haute pression. En revanche, pour un observateur regardant l'onde de vent solaire à partir d'un point fixe de l'espace, la décélération du gaz provenant des deux directions opposées n'apparaît plus : seuls les volumes de gaz rapides situés au voisinage de la crête sont freinés : le gaz lent en avant de l'onde est au contraire accéléré, le bilan étant un transfert d'énergie et de quantité de mouvement des volumes de gaz rapides de la crête aux volumes de gaz lents situés en avant de l'onde.

À ce point du raisonnement, le caractère supersonique du vent solaire devient très important. La vitesse du son s est la vitesse caractéristique du gaz à laquelle se propage toute variation de pression de faible amplitude. Lorsque le profil de l'onde de vent solaire se redresse, les variations de pression qui en découlent provoquent l'émission de deux ondes de pression au sein même de l'onde et dans deux directions opposées portées par la droite qui relie l'onde au Soleil ; la zone de haute pression se propage alors dans le gaz vers l'avant et vers l'arrière à la vitesse du son. En recevant l'onde de pression, le gaz qui se trouve en avant de la vague est accéléré aux dépens du gaz de la crête. Par suite, pour un observateur qui se déplacerait avec le volume de référence, le volume en avant de l'onde se dirige moins vite vers le volume de référence que s'il n'y avait pas d'onde de choc. En fait, tant que la vitesse du son s est supérieure à la vitesse 1/2 v_0 du volume de gaz vers lequel les autres volumes gazeux de l'onde s'approchent, le signal de pression parvient à la fois aux volumes de gaz situés dans le creux et à ceux qui sont situés sur la crête, avant que la crête ne bascule par-dessus le creux. Cela revient à dire que tant que (s — 1/2 v_0) est positif, l'onde de vent solaire s'amortit en se propageant.

Qu'arrive-t-il quand l'amplitude d'une onde de vent solaire est telle que la vitesse du gaz qui converge vers le volume de référence est supérieure à la vitesse du son ? Dans ce cas, la zone de haute pression qui tend à se propager vers le front et vers la queue de l'onde à la vitesse du son ne va plus assez vite pour atteindre le gaz en avant de l'onde (ni celui de la crête qui se trouve derrière), avant l'onde elle-même : la pression augmente très rapidement autour du volume de référence, tandis que la vague continue à se redresser. Elle augmente même si vite qu'une onde de choc se forme de chaque côté de la région de haute pression. L'une de ces ondes se propage en arrière de la région centrale de haute pression en direction de la crête de la vague, l'autre en avant, en direction du creux. Ces ondes de choc sont des ondes de pression de grande amplitude au sein desquelles densité et vitesse d'écoulement changent très rapidement ; leur vitesse de propagation dans le gaz est supérieure à celle du son. Dans le vent solaire, la vitesse de l'onde de choc dépend de l'amplitude de l'augmentation de pression dans l'onde, et cette vitesse a

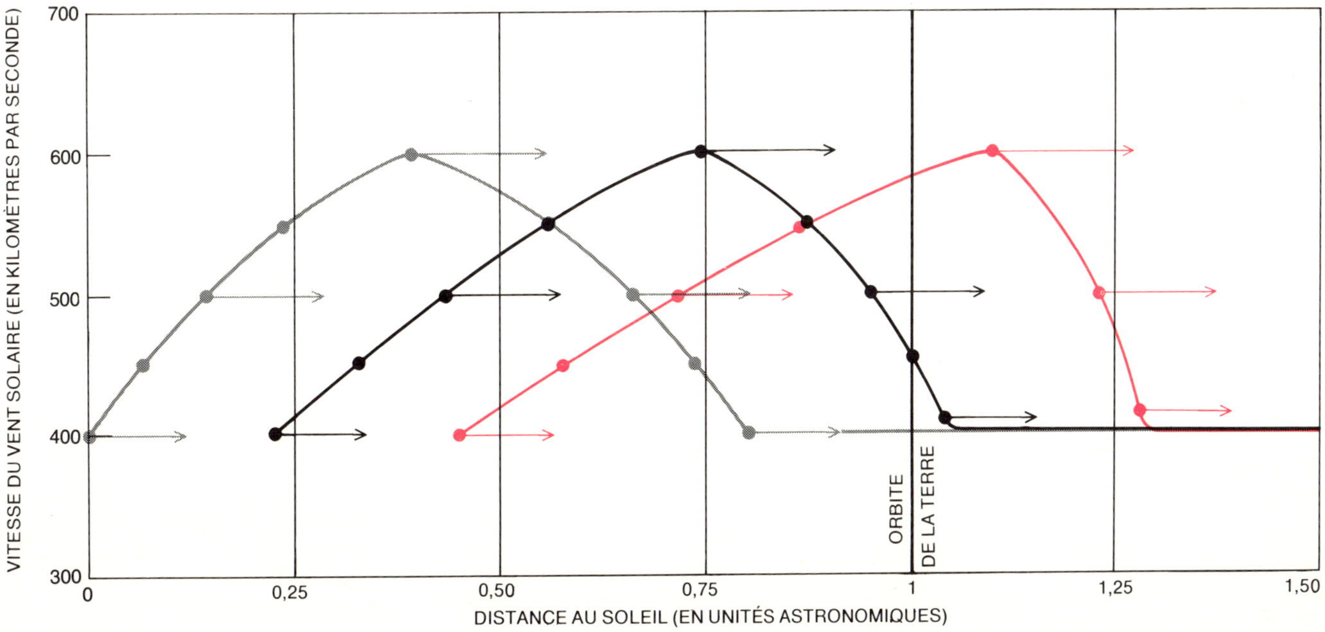

3. LES ONDES DE VITESSE DU VENT SOLAIRE se redressent en s'éloignant du Soleil comme les vagues de l'océan à l'approche d'une plage : la crête de la vague se déplace plus vite que le creux et elle le rattrape peu à peu. Sur cette superposition de trois « instantanés » d'une onde de vent solaire faits à un jour d'intervalle, on voit bien pourquoi le gaz est comprimé dans la région de haute densité (dans le front de l'onde) et au contraire dilaté, dans la région de faible densité de la traîne de l'onde.

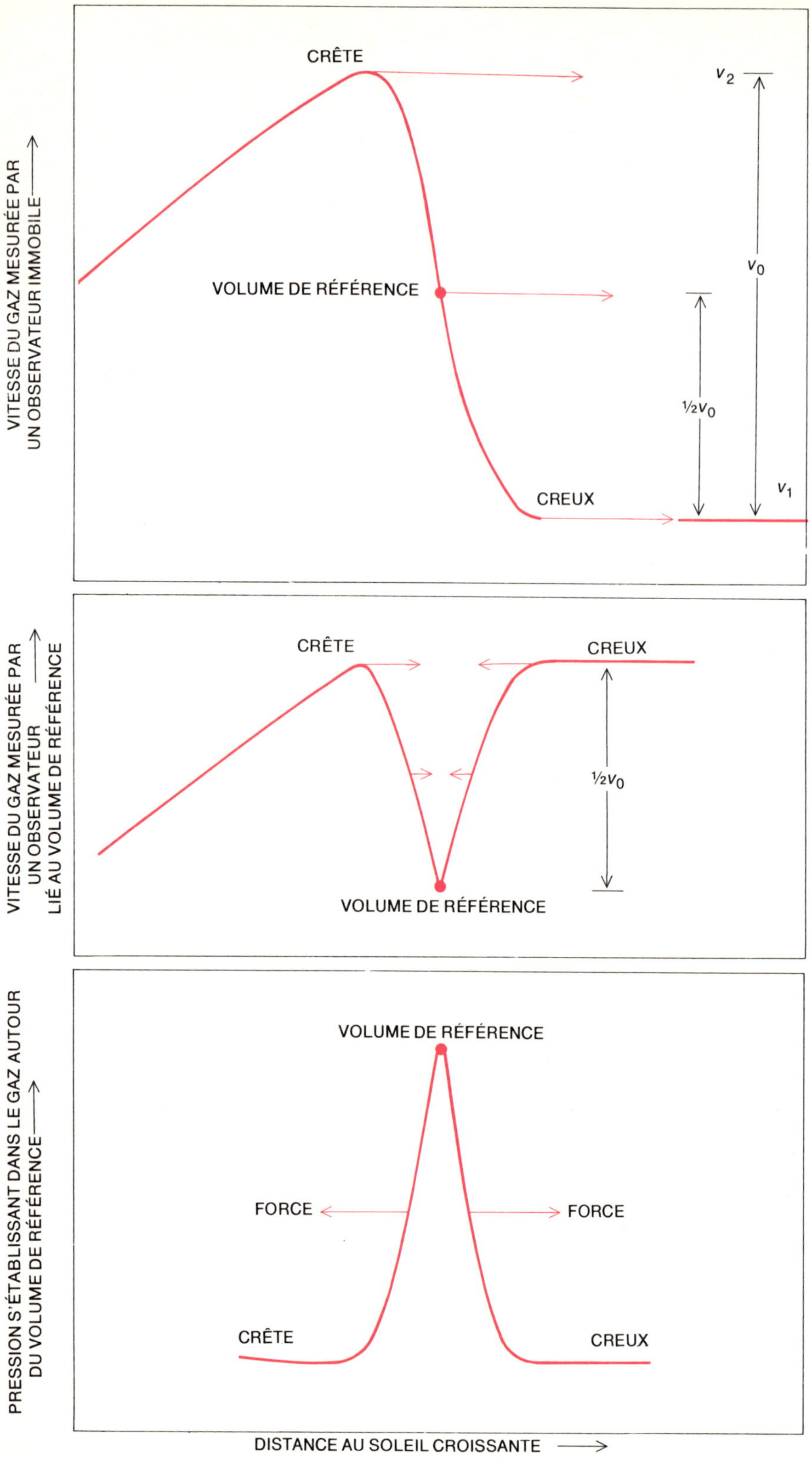

4. LE REDRESSEMENT DES ONDES DE VITESSE DU VENT SOLAIRE est limité par la pression au front de l'onde. Sur la figure supérieure, l'onde redressée a une amplitude v_0 : c'est la différence entre la vitesse au sommet de la vague (v_2) et la vitesse à la base de la vague (v_1). Un volume de gaz situé à mi-hauteur se déplace à une vitesse égale à 1/2 v_0 par rapport au creux. Un observateur se déplaçant avec ce volume verrait du gaz se précipiter vers lui, provenant à la fois du gaz rapide de la crête et du gaz lent du creux, avec des vitesses comprises entre zéro et de 1/2 v_0 *(figure du milieu)*. En se rapprochant du volume de référence, le gaz fait augmenter la pression autour de ce volume, ce qui crée des forces s'opposant à la compression *(en bas)*. Un observateur immobile qui regarderait la vague à partir d'un point fixe de l'espace verrait l'accélération du gaz à l'avant de l'onde et le ralentissement du gaz de la crête, à l'arrière. Quand la vitesse du gaz qui se déplace en direction du volume de référence (1/2 v_0) devient supérieure à la vitesse du son, une onde de choc se forme de chaque côté de la région de haute pression. Les deux ondes de choc s'éloignent ensuite de part et d'autre de cette région, l'une vers l'arrière, en direction de la crête, l'autre vers l'avant, en direction du creux.

juste la valeur nécessaire pour empêcher la vague de déferler et de se briser.

Bien que l'une des deux ondes de choc se propage vers l'arrière à partir de la région de haute pression, un observateur immobile les verrait en fait s'éloigner toutes les deux du Soleil à très grande vitesse : la vitesse moyenne de déplacement du vent solaire, largement supersonique, est en effet supérieure à celle des ondes de choc. Comme la vitesse du son et la température dans le vent solaire décroissent au fur et à mesure que l'onde s'éloigne du Soleil, toute onde de vent solaire devrait se redresser suffisamment pour former les deux ondes de choc.

Des modèles confirmés par les mesures de Pioneer 10

On a tenté de rendre compte du redressement des ondes du vent solaire par différents modèles. L'un d'entre nous (A. Hundhausen) a proposé un modèle unidimensionnel qui, bien que négligeant un certain nombre d'effets qui existent vraisemblablement dans le vent solaire, rend cependant assez bien compte de l'évolution des ondes solaires. Tous ces modèles se sont révélés très précieux pour interpréter les observations faites sur le vent solaire au voisinage de la Terre ; grâce à ces travaux, nous pouvons également expliquer théoriquement pourquoi les variations de la vitesse, de la densité et de la pression sont liées.

Comme on n'avait tout d'abord observé le vent solaire qu'au voisinage de la Terre, il n'avait pas été possible de détecter le redressement des vagues dans le vent solaire : il aurait fallu pour cela que les mesures soient effectuées dans des lieux situés à des distances au Soleil très différentes. Ne disposant jusqu'à une époque récente que de mesures faites au voisinage de la Terre, c'est à partir du couplage entre les différentes variations que l'on a tout d'abord imaginé le redressement des ondes de vitesse. Malheureusement, au voisinage de la Terre, les ondes de vent solaire n'ont pas, dans leur grande majorité, la structure d'onde de choc double car elles ne se sont généralement pas assez redressées pour que les ondes de choc puissent se former. Pour leur part, les modèles théoriques prévoient que la plupart des ondes de vent solaire doivent contenir des ondes de choc au-delà de deux à trois unités astronomiques de distance au Soleil. (L'unité astronomique est la distance moyenne de la Terre au Soleil.) Ces modèles prévoient également que l'amplitude des vagues doit diminuer au fur et à mesure qu'elles s'éloignent du système solaire.

Avec le lancement des vaisseaux spatiaux *Pioneer 10* en 1972 et *Pioneer 11* en

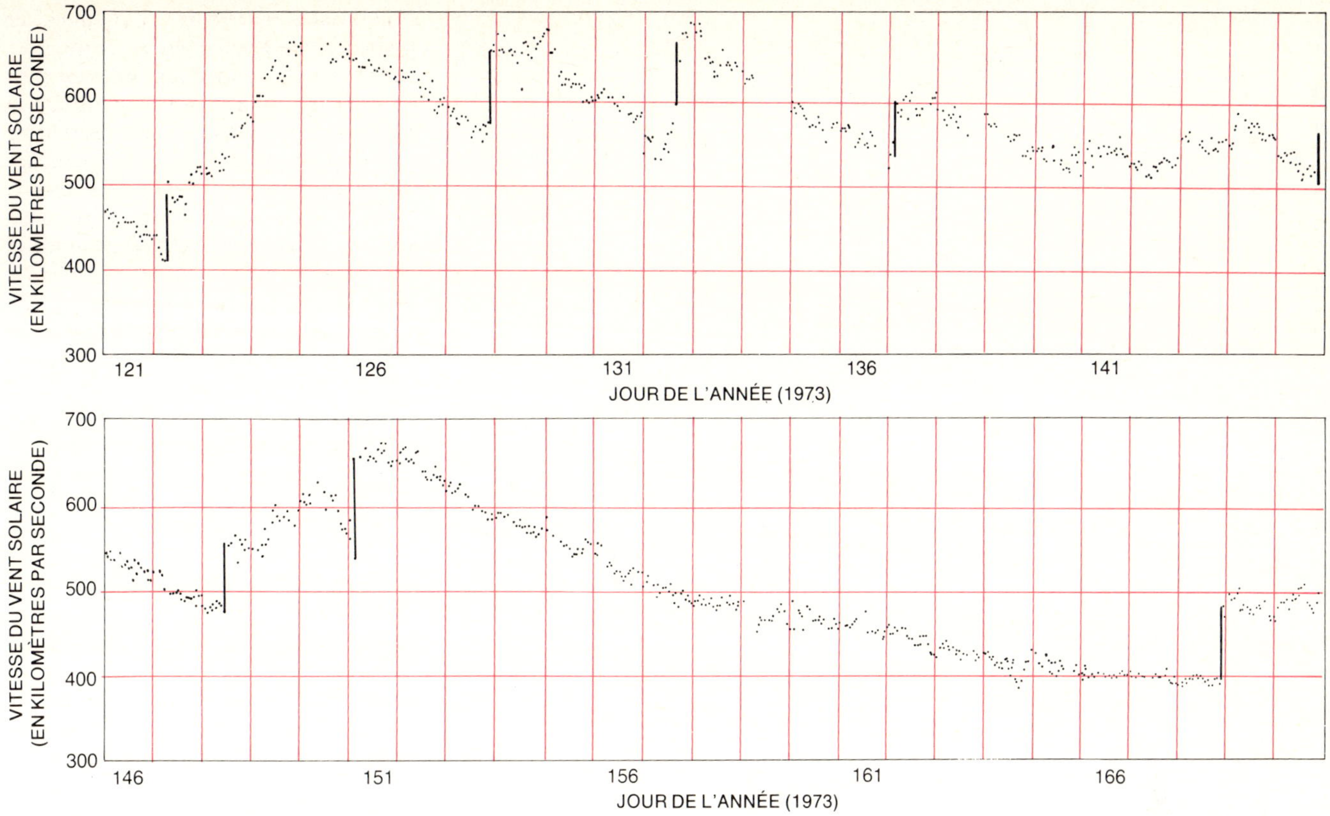

5. LA VITESSE DU VENT SOLAIRE a été mesurée heure par heure au voisinage de Jupiter *(points noirs)* par le vaisseau *Pioneer 10*, pendant une période de 50 jours en mai et juin 1973. Pendant ce temps, le vaisseau s'est déplacé de 4,03 à 4,23 unités astronomiques du Soleil. À cette distance, on pense que toutes les ondes de vent solaire de grandes amplitudes se sont redressées, leur profil ayant une forme en dents de scie. Les pics aigus de vitesse sur le flanc montant de chaque onde de vitesse sont les ondes de choc repérées par des traits verticaux.

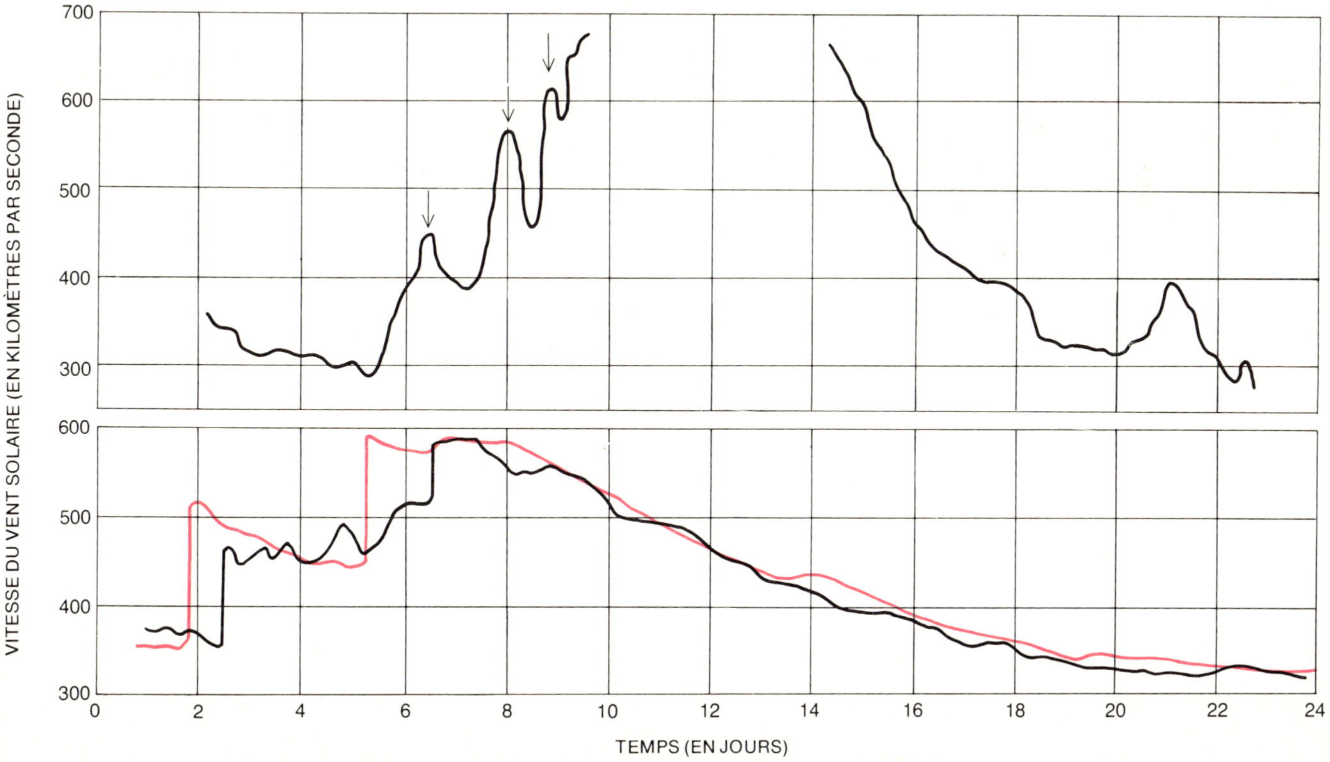

6. L'ÉVOLUTION D'UNE ONDE DE VENT SOLAIRE a été prévue à partir d'observations d'*IMP 7* et d'un modèle théorique. Les instruments embarqués à bord d'*IMP 7* (la septième plate-forme de mesures interplanétaires) en orbite autour de la Terre ont permis de connaître le profil de l'onde, à la hauteur de la Terre, en août et en septembre 1973. Sur la figure supérieure, l'interruption de la courbe correspond au passage d'*IMP 7* dans la magnétosphère, où les mesures étaient rendues impossibles. À partir de ce profil, on a déduit la forme de l'onde de vent solaire pour un point situé dans l'alignement Terre-Soleil, à 4,7 unités astronomiques de ce dernier *(figure inférieure, courbe de couleur)*. En comparant cette courbe avec les mesures faites en ce point par *Pioneer 10 (courbe noire)*, on constate que l'onde s'est bien redressée et que deux ondes de choc se sont formées à son front, ce que le modèle théorique permettait de prévoir. À 4,7 unités astronomiques du Soleil, l'amplitude moyenne de l'onde est beaucoup plus faible qu'à proximité de la Terre. En outre, les variations de grande amplitude et de faible période *(flèches)* de la vitesse sur le flanc croissant de l'onde au voisinage de la Terre ont été amorties, chose que le modèle permettait également de prévoir.

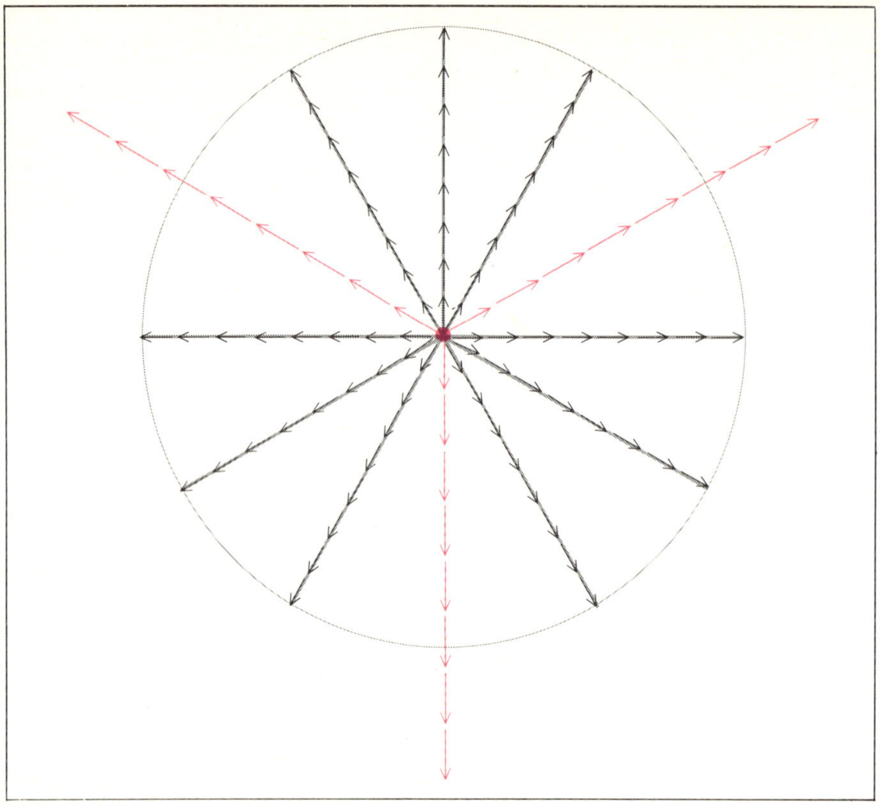

7. LES LIGNES DE COURANT DANS LE VENT SOLAIRE relient tous les volumes de gaz *(flèches)* qui ont été émis par la même région du Soleil. Les flèches noires représentent un gaz se déplaçant à 350 kilomètres par seconde, les flèches colorées un gaz se déplaçant à 500 kilomètres par seconde. Le cercle gris indique la position de l'orbite terrestre. Le vent solaire s'éloigne du Soleil de manière quasiment radiale. Si le Soleil ne tournait pas sur lui-même, comme on le voit ici, les lignes de courant seraient des droites.

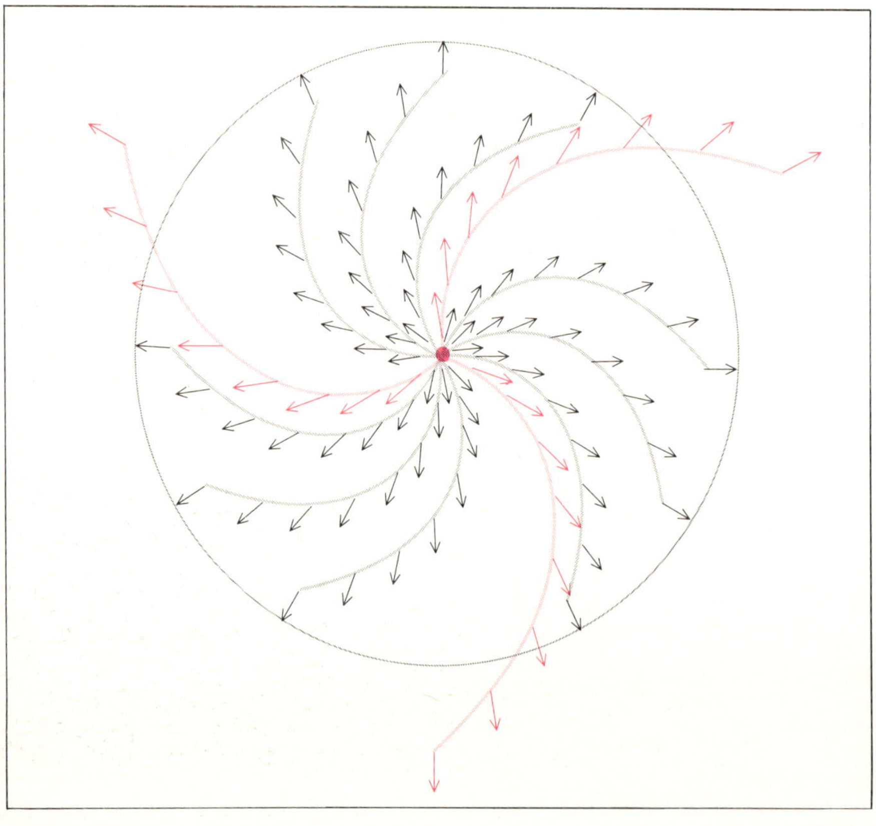

8. LES LIGNES DE COURANT DU VENT SOLAIRE sont des spirales car le Soleil tourne sur lui-même. La courbure spirale de courant dépend de la vitesse du gaz émis par le Soleil. Lorsque les lignes de courant sont proches les unes des autres, le gaz comprimé forme une onde de vent solaire ; lorsque les lignes sont éloignées, le gaz est raréfié.

1973, passés tous deux au voisinage de Jupiter, à quelque cinq unités astronomiques du Soleil, on a pu tester directement les hypothèses (ainsi que les différents modèles théoriques) sur l'évolution des ondes de vitesse dans le vent solaire. Les premières données ont été fournies par la sonde à plasma du centre de recherches *Ames*. Embarquée à bord de *Pioneer 10* lors de son périple interplanétaire, la sonde a envoyé, heure après heure, des valeurs de la vitesse du vent solaire *(voir la figure 5)*. On a d'abord constaté qu'au-delà de la Terre, les ondes importantes du vent solaire présentaient toutes une élévation de vitesse très rapide, suivie d'une diminution beaucoup plus lente. En outre, la partie croissante de l'onde comportait des pics traduisant l'existence de vitesses très importantes à des échelles de temps de l'ordre d'une heure, tout comme on en attend s'il y a bien des ondes de choc. Les profils caractéristiques avec une augmentation rapide et une diminution lente de la vitesse du vent se retrouvaient pour des ondes de période et d'amplitude variables. Or, c'est ce type de profil en dents de scie que l'on s'attendait à trouver pour des ondes de vitesse. En l'absence de mesures de la densité, de la pression et du champ magnétique dans le vent solaire, il était difficile d'affirmer avec une certitude absolue que les pics que présentent les fronts des ondes observées par *Pioneer 10* correspondaient bien à des ondes de choc, cependant les données sur la vitesse du vent solaire s'accordaient bien avec cette interprétation, d'autant plus que le *Pioneer 10* a fourni par la suite des mesures du champ magnétique interplanétaire en bon accord avec les hypothèses.

Les mesures différentielles de deux sondes

La trajectoire de *Pioneer 10* entre la Terre et Jupiter lui permettait de se trouver pratiquement aligné avec la Terre et le Soleil en août et septembre 1973. Ce laps de temps de deux mois constituait une excellente occasion d'observer directement le redressement des ondes de vitesse entre deux points très espacés, pratiquement alignés par rapport au Soleil. Sur la figure 6 figurent des mesures de la vitesse du vent solaire effectuées par la sonde de plasma du Laboratoire de Los Alamos embarquée à bord du satellite *IMP 7* (la septième plate-forme de mesures interplanétaires) en orbite autour de la Terre, et une autre série de mesures effectuées par *Pioneer 10*, 17,5 jours plus tard, à une distance de 4,7 unités astronomiques du Soleil. Les deux ensembles de données ont été décalés l'un par rapport à l'autre de manière à ce que les fronts d'onde mesurés par chacun des vaisseaux coïncident, dans l'hypothèse où l'onde s'est déplacée à vitesse constante de *IMP 7* à *Pioneer 10*.

On constate que les deux fronts d'onde ne coïncident pas et que *Pioneer 10* a détecté le début de l'onde avec trois jours d'avance : cette avance résulte du fait que, comme prévu, le gaz le plus lent situé en avant de l'onde a été rattrapé et accéléré par le front de l'onde. En outre, à 4,7 unités astronomiques du Soleil, la structure en dents de scie de l'onde était beaucoup plus nette qu'au voisinage de la Terre et des pics de vitesse très marqués, qui n'avaient pu être mis en évidence au voisinage de la Terre, apparaissaient dans la partie antérieure de l'onde. Grâce aux mesures de *Pioneer 10*, on a vérifié que le profil était exactement celui que l'on pouvait attendre dans le cas où l'onde se serait redressée et aurait comporté deux ondes de choc bordant une région de compression à son front.

L'accord entre le modèle et les observations s'accentue quand on utilise les seules mesures de *IMP 7* sur la vitesse, la densité et la pression du vent solaire au voisinage de la Terre pour calculer, à l'aide du modèle à une dimension, la structure de l'onde au niveau de *Pioneer 10*. Le profil de l'onde prévu par le modèle et celui que l'on observe sont pratiquement identiques, surtout pour les caractéristiques globales d'amplitude, de variation de vitesse du gaz le long de l'onde et de la date d'arrivée de celle-ci au niveau de *Pioneer 10*. Le modèle prévoit cependant moins bien l'amplitude des pics aigus de vitesse sur le front des ondes de choc. Sans entrer dans les détails, on peut attribuer les faiblesses du modèle aux hypothèses simplificatrices qu'il a fallu faire pour la simulation sur ordinateur. En particulier, le modèle ne tient pas compte des effets des forces magnétiques, de la conduction de la chaleur, ni du fait que la région de haute pression qui règne dans l'onde pourrait dévier la trajectoire de celle-ci par rapport à sa direction radiale de propagation.

La structure globale du vent solaire

Nous ne nous sommes intéressés jusqu'ici à l'évolution des ondes dans le vent solaire qu'à une seule longitude héliocentrique : celle de la Terre. L'évolution

9. LE JET DE VENT SOLAIRE observé en août et en septembre 1973 par *IMP 7* et *Pioneer 10* dans le plan de l'orbite terrestre s'interprète à l'aide de la théorie et de ces observations. Les cercles noirs repèrent les distances au Soleil allant de une à six unités astronomiques. Les différentes nuances de coloration représentent les différentes zones de densité du vent solaire (le rapport des densités entre deux zones voisines est égal à quatre). Sur la figure, on a pris en compte la diminution de densité d'ensemble du gaz qui résulte de l'augmentation de la distance au Soleil. Les flèches blanches courbes en traits fins représentent les lignes de courant. Les courbes de couleur en trait continu et épais représentent les ondes de choc. Bien qu'on ne connaisse pas la distribution du gaz à l'intérieur de l'orbite terrestre, trois ondes de compression sont associées aux fluctuations de vitesse de grande amplitude et de courte période observées par *IMP 7* au front de l'onde principale qui franchit l'orbite terrestre.

d'une onde à n'importe quelle longitude n'est en réalité qu'un aspect d'un phénomène beaucoup plus vaste : une distribution générale présentant également une structure en forme d'onde et qui évolue à travers tout le système solaire. Pour représenter cette distribution, on trace des lignes imaginaires qui relient les points de l'espace où se trouvent les différents volumes de gaz émis par une même région du Soleil à des instants différents *(voir la figure 7)*. Les lignes de courant seraient des droites issues du Soleil si celui-ci ne tournait pas sur lui-même, mais la rotation du Soleil transforme en spirales les lignes de courant qui se trouvent dans son plan équatorial *(voir la figure 8)*. Plus les volumes de gaz ont tendance à s'éloigner lentement et plus ces spirales sont resserrées : des bandes étroites de compression (de forte densité) se forment dans les régions où les lignes de courant sont très serrées, tandis que de larges zones de faible densité correspondent aux régions où les lignes divergent. Lorsque le Soleil émet du plasma à débit constant, toutes les lignes de courant en spirale tournent à la même vitesse que lui. Soulignons pourtant que seule la structure tourne et que tous les volumes de gaz considérés de façon isolée se déplacent de manière pratiquement radiale.

À partir des données fournies en 1973 par les observations de *IMP 7* et *Pioneer 10* sur le vent solaire, et grâce à un modèle théorique, on peut reconstituer l'aspect global du vent solaire dans le plan de l'orbite terrestre tel qu'il serait apparu à un observateur immobile, placé loin au-dessus du pôle Nord solaire *(voir la figure 9)*. À la distance de trois unités astronomiques du Soleil se trouvait la zone de plus grande compression du vent solaire. Cette région contenait l'ensemble des lignes de courant qui s'étaient trouvées initialement au front de l'onde ; au-delà de trois unités astronomiques, la région de compression s'élargissait lentement. À partir du centre de compression, la propagation des deux ondes de choc formées par l'onde redressée, l'une vers l'avant de l'onde et l'autre vers l'arrière, en hâtait l'expansion. Des lignes de courant qui, au départ, étaient séparées de plus de 180 degrés de longitude solaire se retrouvaient, au voisinage de Jupiter, contenues dans la région de compression limitée par les deux ondes de choc ; une vaste zone de faible densité formait le reste de la distribution.

Les vagues de vent solaire et les particules cosmiques

En fin de compte, le concept de redressement des ondes de vitesse semble bien expliquer les variations que l'on observe dans la structure du vent solaire, depuis une unité astronomique jusqu'aux environs de cinq unités astronomiques. On peut supposer que cette structure s'étend jusqu'à des régions beaucoup plus éloignées du système solaire *(voir la figure 1)* : l'onde de vitesse continuerait à se dresser de la même manière jusqu'au-delà de 20 unités astronomiques, distance à laquelle la structure spiralée se referme sur elle-même ; à partir de cette distance, l'onde de choc de la traîne, en entamant le tour suivant, entre en collision avec l'onde de choc de front du tour de spirale précédent. Au-delà de cette distance et jusqu'à une distance inconnue, l'évolution des ondes de vitesse dans le vent solaire contribue sans doute à le rendre de plus en plus inhomogène ; par exemple, à 20 unités astronomiques, la différence de densité entre le gaz de la région comprimée et celui de la région raréfiée sera supérieure à ce qu'elle était au voisinage de la Terre.

On a montré récemment que les ondes de choc formées par des ondes redressées dans le vent solaire au-delà de l'orbite de Mars donnaient naissance à un grand nombre de protons cosmiques de basses énergies (comprises entre 1 et 50 millions d'électrons-volts) et il n'est pas impossible que les protons de basses énergies du rayonnement cosmique détectés au voisinage de la Terre soient en majorité produits par ce type d'ondes de choc et perturbés par les champs magnétiques qui sont, à grande distance du Soleil, associés aux vagues de vent solaire. De plus, on a découvert récemment que Jupiter agit comme un canon à électrons qui accélère ces derniers jusqu'à des énergies de un à dix millions d'électrons-volts. Les électrons emplissent l'espace interplanétaire, mais leur propagation dans le vent solaire est rendue difficile par les paires d'ondes de choc.

La connaissance des ondes de vent solaire est utile pour comprendre bien d'autres choses que la production et la propagation des particules énergétiques. En fait, les ondes de vent solaire à très grande distance du Soleil devraient se manifester dans l'étude de nombreux problèmes, de la dynamique de la magnétosphère des planètes externes jusqu'à d'éventuelles interactions entre le vent solaire et le gaz interstellaire.

La rotation des comètes

Les variations de la période orbitale de la comète d'Encke s'expliquent par la rotation de son noyau de glace et par sa vaporisation sous l'effet du Soleil.

par Fred Whipple

Une comète, tout comme un atome, possède un noyau; cependant les noyaux des comètes furent plus difficiles à mettre en évidence. Le noyau atomique fut identifié pour la première fois en 1911, une quarantaine d'années avant que je ne démontre l'existence d'un noyau dans les comètes (noyau que j'avais alors assimilé à une boule de neige sale). Il y eut un intervalle de temps encore plus long entre l'introduction du concept de spin nucléaire et les premières mesures de la période de rotation de quelques noyaux cométaires en 1977. Le mouvement de précession de l'axe de spin des noyaux atomiques dans un champ magnétique est connu depuis longtemps. En revanche, la découverte de la précession de l'axe de rotation d'un noyau cométaire est toute récente.

De l'étude du noyau des atomes et de celle du noyau des comètes deux ressemblances se détachent : l'invisibilité du noyau et ses dimensions relatives. Personne ne peut voir un noyau atomique; de même on n'a jamais observé le vrai noyau solide d'une comète, même avec les plus grands télescopes. Dans un atome le noyau est à peu près 100 000 fois plus petit que le diamètre total. Le rapport est le même entre le noyau d'une comète et son enveloppe gazeuse et poussiéreuse qu'on appelle la tête ou chevelure. Seule cette chevelure a été observée et photographiée.

Dans ce genre d'étude, le physicien a toujours eu un avantage sur l'astronome car les atomes sont « beaucoup » plus abondants que les comètes. De plus, leurs noyaux ont une charge électrique et une polarité magnétique (du fait de leur spin). Alors que le physicien peut explorer le noyau atomique toutes les fois que les appareils de laboratoire sont disponibles, l'astronome doit quant à lui attendre patiemment de voir passer au loin l'une des quelques comètes qui traversent le système solaire. Le handicap de l'astronome disparaîtrait s'il disposait d'observatoires spatiaux plus nombreux. La NASA a étudié en détail plusieurs missions en vue d'une rencontre entre un vaisseau spatial et la comète de Halley, en novembre 1985. Cette expérience serait suivie, trois ans plus tard, par une exploration prolongée d'une autre comète beaucoup moins connue Tempel 2.

Les perturbations du mouvement des comètes

La comète la plus intéressante, pour ce genre d'étude du noyau cométaire, a été découverte en 1786 par Pierre Méchain, mais elle a pris le nom du mathématicien et physicien allemand Johann Franz Encke. Sa période orbitale (3,3 ans) est la plus petite connue actuellement. Après avoir étudié cette comète en 1819, J. Encke conclut que son mouvement déviait fortement des prédictions faites en se fondant sur la loi de gravitation de Newton. Il constata que la période orbitale de la comète diminuait de deux heures et demie à chaque révolution autour du Soleil.

A cette époque, la diminution de la période orbitale fut attribuée à la présence d'un « milieu » résistant dans l'espace. Certains savants déclarèrent que ce milieu résistant n'était autre que « l'éther luminifère » indispensable, selon eux, à la propagation des ondes lumineuses dans l'espace. Vers 1950, les manuels d'astronomie considéraient une comète comme un essaim de petits corps solides, retenus ensemble par les liens lâches de la gravitation. Seul un pareil « tas de gravier volant » risquait de rencontrer une quelconque résistance dans l'espace. Comme les plus gros objets solides (tels les astéroïdes et les planètes) ne subissaient pas de perturbations analogues, le noyau cométaire ne pouvait être un objet compact.

Cependant, à partir de 1868, le taux de diminution de la période de la comète d'Encke commença à décroître mystérieusement; ce processus continue actuellement. Aujourd'hui, cette diminution de la période n'est que de quelques minutes à chaque révolution. Dès 1950, plusieurs autres comètes montrèrent des écarts irréguliers par rapport au pur mouvement gravitationnel. Chez certaines, les périodes orbitales diminuaient (comme pour la comète d'Encke) mais pour d'autres, elles augmentaient. La comète de Halley, par exemple, prend un retard de quatre jours à chacune de ses révolutions autour du Soleil (sa période est de 76 ans).

A partir de telles observations, j'ai établi une théorie où le noyau cométaire était décrit comme une boule de glace sale. Imaginons que cette boule de glace tourne aussi sur elle-même de sorte qu'il y ait une alternance de jours et de nuits : les points de la surface sont alternativement dans l'ombre puis éclairés par le Soleil. La glace va s'évaporer (ou plus exactement se sublimer) beaucoup plus vite si elle est chauffée par le Soleil que si elle est plongée dans la nuit froide (dont la température est proche du zéro absolu) de l'espace interplanétaire. Au « matin » de chaque jour cométaire, la glace est graduellement réchauffée par les rayons du Soleil avant d'atteindre sa température maximale en fin d'après-midi. Les gaz produits par la sublimation de la glace engendrent, en s'échappant, une réaction qui pousse le noyau cométaire dans une direction opposée aux régions de sublimation maximale *(voir figure 3)*.

Quand le sens de rotation du noyau est opposé à celui du mouvement orbital autour du Soleil, la poussée résultant de la sublimation de la glace s'oppose au mouvement de la comète. La taille de l'orbite diminue faiblement et la comète arrive plus rapidement à son périhélie (point de l'orbite le plus proche du Soleil). Quand le noyau tourne dans le sens inverse, la comète accélère, élargissant son orbite et retardant son arrivée au périhélie.

Les différentes hypothèses

C'est cette dernière hypothèse qui doit être retenue pour la comète d'Encke et pour une moitié de la quarantaine d'autres comètes dont les variations de la période orbitale ont été déterminées par plusieurs astronomes, notamment Brian Marsden, Zdenek Sekanina et Donald Yeomans. Les variations de la période orbitale peuvent s'expliquer par la sublimation d'une petite fraction de la glace du noyau d'une comète (moins d'un pour cent environ de la masse totale). Par conséquent, la plupart des comètes peuvent décrire un grand nombre de révolutions autour du Soleil avant d'épuiser leurs réserves de glace.

Comment interpréter alors les variations considérables de la période orbitale de la comète d'Encke depuis 200 ans? On invoque souvent une lente diminution de la masse de la comète d'Encke qui atténue progressivement la force de réaction due à la

1. LA COMETE D'ENCKE est caractérisée par une période de révolution autour du Soleil (3,3 ans) extrêmement courte. Ce cliché a été pris le 2 novembre 1937, 35 jours avant son périhélie (le point où la distance comète-Soleil est la plus courte). La comète d'Encke était alors à 131 millions de kilomètres du Soleil et à 43 millions de kilomètres de la Terre. Au périhélie, la distance entre le Soleil et la comète est de 51 millions de kilomètres. Le noyau solide des comètes est dissimulé par une couronne de gaz appelée chevelure. Ces photographies montrent en outre que la comète émet un jet de gaz dont la direction est oblique par rapport à une ligne joignant le noyau cométaire au Soleil. Normalement, les gaz et les poussières qui enveloppent le noyau cométaire forment une longue queue orientée à l'opposée du Soleil. L'asymétrie des jets de gaz est une preuve de la rotation du noyau de la comète d'Encke. Bien que la comète d'Encke ne soit pas un objet spectaculaire, ses fréquentes apparitions en font probablement la comète la mieux étudiée. Cette photographie a été prise par George von Biesbroeck avec le télescope de 60 centimètres de l'Observatoire de Yerkes. Les traits horizontaux brillants résultent du défilement des étoiles devant le télescope qui accompagne le mouvement de la comète dans le ciel.

sublimation des gaz. Cette explication est trop simpliste, même si la comète d'Encke n'est plus aussi brillante qu'il y a deux siècles (les observations concernant la brillance restent toutefois incertaines). Pour d'autres astronomes, une comète vieillissante pourrait accumuler à sa surface des matériaux pulvérulents qui recouvriraient la glace et réduiraient la sublimation. Mais alors pourquoi la variation de période, qui n'est pas due aux effets gravitationnels, a-t-elle atteint un maximum vers 1810 pour diminuer ensuite?

Z. Sekanina et moi-même avions pressenti depuis longtemps que la vraie cause de ces perturbations orbitales serait à rechercher dans des changements d'orientation de l'axe de rotation du noyau cométaire. En effet, ces changements influeraient sur la géométrie des forces de réaction et rendraient aussi compte des phénomènes observés. Restait à découvrir l'axe de rotation du minuscule noyau cométaire noyé dans l'abondante chevelure des gaz fluorescents, rendus éblouissants par la diffusion de la lumière du Soleil. Bien que nos approches du problème soient radicalement différentes, nous sommes parvenus, presque en même temps et par des méthodes voisines, à mettre en évidence les modifications de l'axe de rotation des comètes. Pour plus de brièveté, je ne décrirais que la méthode de Z. Sekanina qui s'applique directement à la comète d'Encke.

En quête d'un axe de rotation

La sublimation des glaces du noyau cométaire n'étant pas instantanée, la rotation de ce dernier se traduit par la formation d'un jet de gaz et de poussières asymétrique ou en forme d'éventail. Ce jet apparaîtra en face des régions du noyau se trouvant en fin d'après-midi cométaire et il pointera dans une direction différente de celle de la queue de la comète (qui est dirigée à l'opposé du Soleil). La tête de la comète est alors allongée et déformée. De nombreux astronomes ont décrit en détail de telles asymétries de la tête cométaire et ont noté les orientations relatives des jets de gaz responsables de ces déformations.

Pour déterminer l'axe de rotation d'un noyau cométaire, Z. Sekanina a mis au point un programme d'ordinateur très complexe. Ce programme fournit, pour chaque observation cométaire, un résumé des données sous forme d'un tableau à trois entrées. Ce tableau donne, pour toutes les directions de l'axe de rotation et pour tous les décalages angulaires dus au retard à la sublimation, l'orientation du jet de gaz par rapport à la sphère céleste. Grâce à ce tableau, Z. Sekanina sélectionne, en fonction des observations, les valeurs possibles pour la direction de l'axe de rotation et pour le décalage angulaire. Au fur et à mesure que le nombre d'observations sur une même comète augmente, le champ des solutions se rétrécit.

En appliquant cette méthode à quatre comètes de courte période orbitale, Z. Sekanina découvrit qu'à partir de 1947 l'axe de rotation de la comète d'Encke s'était incliné de cinq degrés par rapport au plan de l'orbite de la comète autour du Soleil. A son périhélie, l'axe de rotation faisait un angle de 25 degrés par rapport à une ligne joignant le Soleil à la comète. L'angle du décalage dû à l'action du jet de gaz était de 45 degrés. Il est clair que les variations de la période due à la poussée du jet de gaz sont difficiles à calculer car cette force varie énormément en direction et en intensité à mesure que la comète parcourt son orbite! Seule l'intégration numérique permet de calculer les variations de la période orbitale, mais sans les ordinateurs actuels, cette tâche demanderait toute une vie.

Une vision géométrique

Avec Z. Sekanina nous avons ensuite supposé que le noyau de la comète d'Encke n'était pas une sphère parfaite mais un ellipsoïde aplati comme une mandarine. Un corps quasi solide en rotation dans l'espace ajuste rapidement son axe de rotation et sa masse afin que le sphéroïde tourne de façon stable autour de son plus petit axe. En physique cet axe correspond à l'axe de moment d'inertie maximal.

La géométrie du problème montre qu'une force de réaction perpendiculaire à la surface passe rarement par le centre du noyau. Cette force tend alors à faire basculer le pôle du noyau d'un côté ou de l'autre. Cependant, il est bien connu qu'une toupie ou un gyroscope en rotation ne « tombent » pas sous l'action des forces de gravité. Le pôle de la toupie tourne dans une direction perpendiculaire au plan défini par la force et l'axe de rotation. Un noyau cométaire ellipsoïdal, aplati aux pôles, accomplira un mouvement de précession identique à celui de la Terre. En

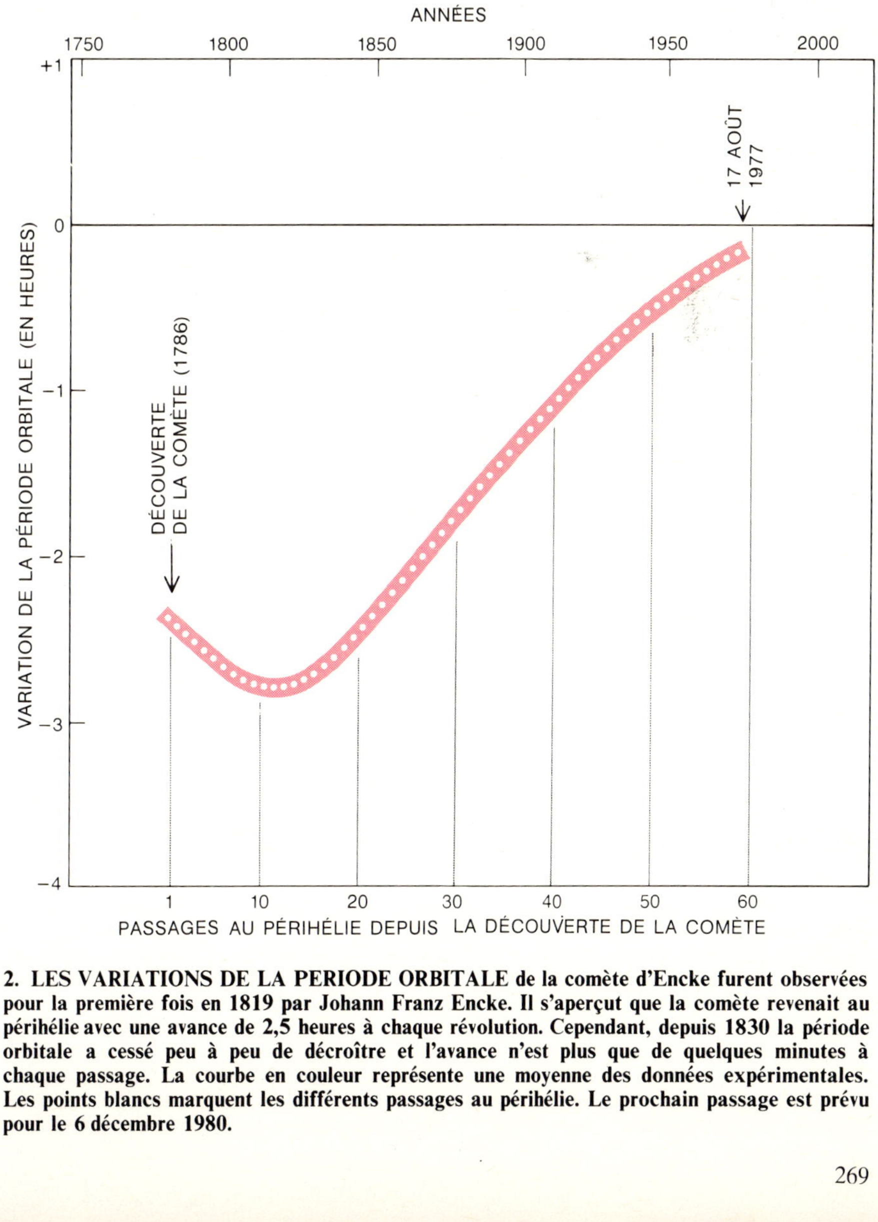

2. LES VARIATIONS DE LA PERIODE ORBITALE de la comète d'Encke furent observées pour la première fois en 1819 par Johann Franz Encke. Il s'aperçut que la comète revenait au périhélie avec une avance de 2,5 heures à chaque révolution. Cependant, depuis 1830 la période orbitale a cessé peu à peu de décroître et l'avance n'est plus que de quelques minutes à chaque passage. La courbe en couleur représente une moyenne des données expérimentales. Les points blancs marquent les différents passages au périhélie. Le prochain passage est prévu pour le 6 décembre 1980.

effet notre planète est inclinée par l'attraction de la Lune et du Soleil sur son renflement équatorial; toutefois, la précession terrestre est extrêmement lente avec une période d'environ 25 000 ans.

Une fois les caractéristiques géométriques des comètes introduites dans nos programmes d'ordinateur, nous avons imaginé un modèle théorique de la force de réaction. Dans ce modèle, la force du jet de gaz augmente, quand la comète est près du Soleil, plus vite que l'inverse du carré de la distance au Soleil. Pour établir ce modèle, nous avons été guidés par les nombreuses observations décrivant l'évolution singulière de l'intensité lumineuse de la comète d'Encke. Au lieu de devenir de plus en plus brillante, à mesure qu'elle s'approche du périhélie, puis de s'éteindre progressivement, la comète d'Encke est extrêmement brillante juste avant d'atteindre le périhélie. Ensuite l'intensité lumineuse diminue brutalement et elle ne recommence à croître qu'au tour suivant, lorsque la comète s'approche à nouveau du périhélie.

Cinquante jours après le périhélie, l'intensité lumineuse de la comète est 16 fois plus faible que 50 jours avant le périhélie. Par conséquent, l'un des hémisphères de la comète d'Encke est beaucoup plus actif que l'autre. Nous avons dû introduire dans notre modèle théorique une relation numérique additionnelle indiquant à tout instant la force de réaction du jet de gaz en fonction de la latitude des régions du noyau cométaire à l'aplomb du Soleil. Juste après le passage au périhélie, quand le Soleil illumine directement le pôle du noyau cométaire qui lui fait face, la comète est presque trois fois moins brillante que lorsque le Soleil éclaire le pôle opposé; cette constatation expérimentale est très surprenante.

Nous avons programmé séparément deux ordinateurs différents afin de calculer simultanément la vitesse de précession de l'axe de rotation et les forces orbitales non gravitationnelles dans deux systèmes différents de coordonnées. La force de réaction variait en direction et en intensité en fonction de la position de la comète sur son orbite entre 1786 et 1977 (ce qui représente 59 passages au périhélie). Nous fûmes très satisfaits des premiers résultats. Ils montraient que la vitesse de précession du pôle atteignait parfois un degré par année. Cela était suffisant pour rendre compte de l'étrange mouvement non gravitationnel de la comète.

Les résultats de B. Marsden et Z. Sekanina sur le mouvement non gravitationnel de la comète d'Encke apportent seulement de petites corrections aux valeurs obtenues précédemment par Z. Sekanina (quatre degrés sur la direction de l'axe polaire et moins d'un degré sur le décalage dû au retard à la sublimation). Ces résultats confirment les données expérimentales, dans les limites de précision des calculs orbitaux *(voir figure 9)*. Les faibles écarts entre les observations et les calculs proviennent de l'action gravitationnelle de Jupiter. L'attraction de la planète géante modifie le plan de la comète d'une fraction de degré et par conséquent change la géométrie des forces résultant de l'action du jet gazeux.

L'histoire des changements d'axe

Quand nous avons reporté sur la sphère céleste les positions de l'axe de rotation du noyau de la comète d'Encke, le résultat fut étonnant : en 191 années, le pôle de rotation du noyau a tourné de plus de 100 degrés. Cette importante précession

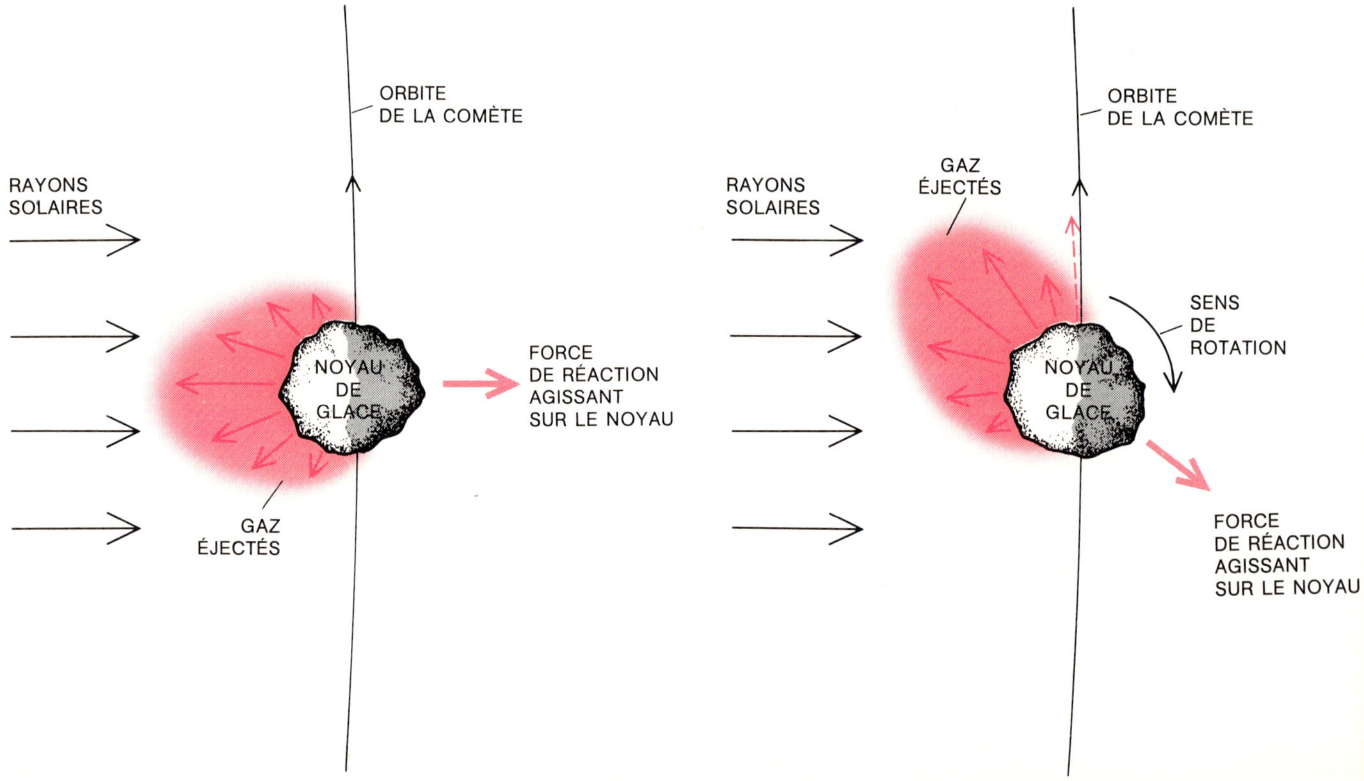

3. LA POUSSEE DES GAZ SUBLIMES peut modifier l'orbite et donc la période de la comète. Si le noyau cométaire ne tourne pas *(à gauche)*, la sublimation des glaces superficielles sous l'effet du Soleil engendre une force de réaction qui pousse radialement la comète en l'éloignant progressivement du Soleil. Cette poussée atténue l'action gravitionnelle du Soleil. Toutefois, de telles forces sont d'amplitudes constantes et n'expliquent donc pas les variations observées d'une révolution à l'autre. Il est théoriquement possible de démontrer l'existence d'une force de réaction radiale : une comète soumise à l'action d'une telle force occuperait une orbite légèrement plus grande. Toutefois, en pratique, l'écart avec une orbite normale serait probablement inférieur à un pour 100 000, donc trop petit pour être mesuré. Si le noyau cométaire tourne dans le sens opposé à la direction du mouvement orbital *(à droite)*, la poussée des gaz sera maximal dans « l'après-midi » du jour cométaire. La force de réaction résultante diminuera légèrement l'énergie cinétique de la comète, provoquant ainsi une contraction de l'orbite de la comète. La période orbitale diminuera alors faiblement. Si la comète tourne dans le sens du mouvement orbital, l'orbite s'agrandira peu à peu et la période de révolution augmentera progressivement. La diminution de la période orbitale de la comète d'Encke montre donc que le noyau tourne dans le sens inverse du mouvement de rotation de la comète autour du Soleil.

rend compte des variations de la période orbitale. Le mystère de la comète d'Encke venait d'être élucidé!

Une vérification indépendante de notre théorie était indispensable. Les positions calculées de l'axe de rotation s'accordaient-elles avec les orientations des éventails gazeux et des asymétries de la tête cométaire que nous n'avions pas utilisées pour mettre au point notre solution? A notre grande joie, les comparaisons faites avec une trentaine d'observations effectuées de 1805 à 1904 s'avérèrent très satisfaisantes. L'axe de rotation de la comète d'Encke s'était donc bien déplacé comme le prévoyaient nos calculs théoriques.

Dans quelles directions l'axe de rotation de la comète d'Encke pointera-t-il dans les années à venir? Nos calculs montrent qu'en 1990 la décroissance de la période orbitale de la comète s'arrêtera et que la période augmentera de nouveau. Si la forme du noyau n'est pas trop modifiée par la sublimation de la glace, en 2200 l'axe de rotation sera presque perpendiculaire au plan de l'orbite cométaire. Ensuite, la comète pourrait se mettre à tourner comme la Terre, c'est-à-dire avec un sens de rotation identique à celui de sa révolution autour du Soleil. Si un pareil axe de rotation est stable pour une planète, il l'est en revanche beaucoup moins pour une comète. Puisque la plupart du temps le Soleil frappe avec le maximum d'intensité les régions équatoriales, la perte de masse donnera au noyau une forme « en cigare », allongée parallèlement à l'axe polaire. Le noyau de la comète basculera, tant et si bien qu'aucune prédiction à plus long terme n'est possible aujourd'hui.

L'histoire de la rotation est plus intéressante à étudier et, en outre, plus facile à contrôler. Avant 1700 l'axe de la comète de Encke serait resté dans la même position pendant des centaines voire des milliers d'années. L'axe polaire était orienté selon le grand axe de l'orbite de la comète de sorte que la perte en masse se produisait dans l'hémisphère polaire tourné vers le Soleil lorsque la comète approchait du périhélie. Cet hémisphère est encore le plus actif aujourd'hui. La comète d'Encke renfermerait-elle plus de pierres et poussières sur un côté et plus de glace de l'autre? Il semble que oui. Est-ce un trait fondamental de la structure des comètes? Nous préférons, Z. Sekanina et moi, une autre explication qui ne fait pas appel à une hétérogénéité si marquée dans la composition initiale de l'objet.

Les comètes, en orbite libre autour du Soleil, libèrent des blocs rocheux de taille respectable. Lorsque ces débris cométaires entrent accidentellement dans l'atmosphère terrestre, ils provoquent des météores ou des pluies de météorites. Pour une comète donnée, la taille maximale des blocs solides projetés dans l'espace par la sublimation de la glace dépend de l'éloignement du Soleil. Même un noyau cométaire de quelques kilomètres de diamètre exerce une attraction gravitationnelle. Toutefois, la pression des gaz retenus est très faible. Selon nous, certaines particules, de taille limite, éjectées des régions les plus actives de la comète, effectuent de longues trajectoires orbitales qui les amènent sur le sol de l'hémisphère resté dans la nuit. Si un hémisphère polaire reste toujours dans l'ombre, ou bien ne fait face au Soleil que quand la comète est loin du périhélie, les poussières et débris rocheux recouvriront lentement cet hémisphère au fur et à mesure des révolutions autour du Soleil. Lorsque la rotation du noyau amène l'hémisphère inactif face au Soleil, la couverture rocheuse protège la glace de la sublimation et réduit l'activité de la comète. Cette séquence rendrait compte des variations de luminosité de la comète d'Encke.

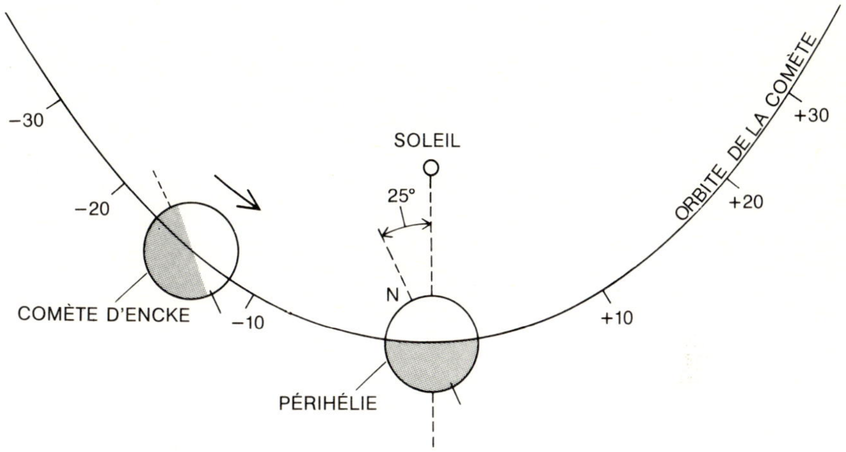

4. L'ORIENTATION DE L'AXE DE ROTATION de la comète d'Encke en 1947 a été déterminée par Z. Sekanina. En se fondant sur les asymétries observées dans le comportement de la comète d'Encke, Z. Sekanina avait déduit que l'axe de rotation du noyau avait basculé de 25 degrés vers l'Est d'une ligne joignant le Soleil au périhélie de l'orbite de la comète. Le pôle le plus près du Soleil (appelé pôle Nord) était incliné de cinq degrés au-dessous du plan de l'orbite. L'orbite est découpé en périodes de dix jours. Lors du passage au périhélie en 1947, la comète était à 51 017 000 kilomètres du Soleil.

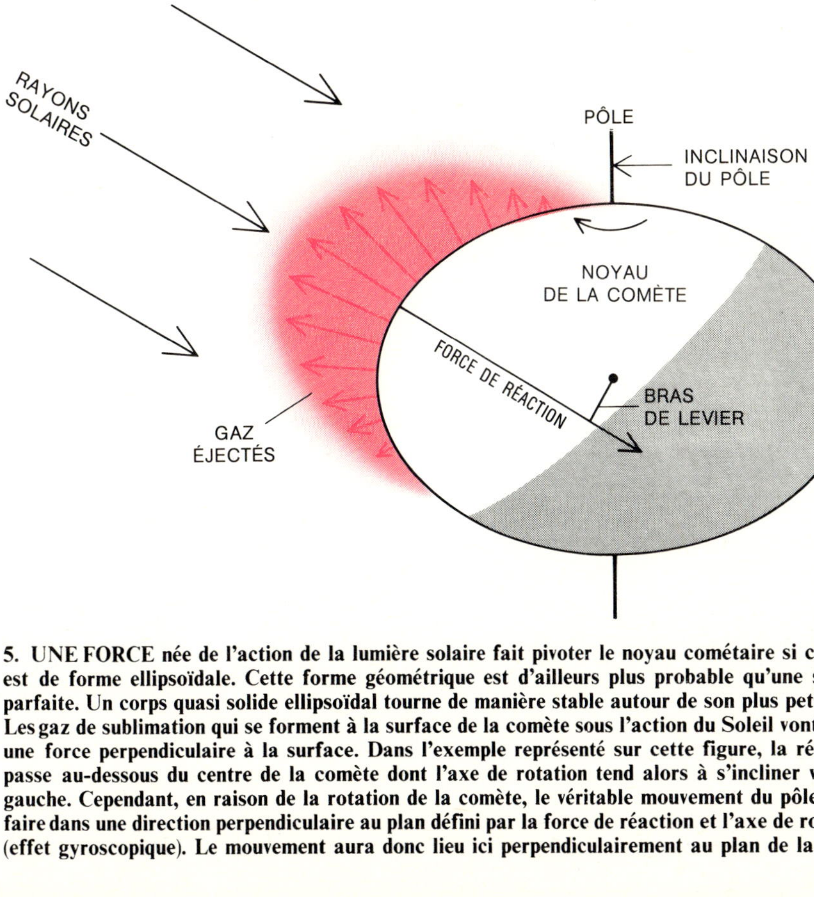

5. UNE FORCE née de l'action de la lumière solaire fait pivoter le noyau cométaire si celui-ci est de forme ellipsoïdale. Cette forme géométrique est d'ailleurs plus probable qu'une sphère parfaite. Un corps quasi solide ellipsoïdal tourne de manière stable autour de son plus petit axe. Les gaz de sublimation qui se forment à la surface de la comète sous l'action du Soleil vont créer une force perpendiculaire à la surface. Dans l'exemple représenté sur cette figure, la réaction passe au-dessous du centre de la comète dont l'axe de rotation tend alors à s'incliner vers la gauche. Cependant, en raison de la rotation de la comète, le véritable mouvement du pôle va se faire dans une direction perpendiculaire au plan défini par la force de réaction et l'axe de rotation (effet gyroscopique). Le mouvement aura donc lieu ici perpendiculairement au plan de la page.

Seule une mission spatiale vers la comète d'Encke confirmerait nos hypothèses sur la structure du noyau cométaire; sans cette observation directe, les astronomes resteront dans l'expectative. Pourtant la réponse à cette question est capitale pour reconstituer l'évolution des comètes et plus généralement l'histoire du système solaire tout entier. Les plus grosses comètes ont-elles un cœur rocheux? Perdent-elles parfois leur manteau de glace et se transforment-elles en petits astéroïdes qui gravitent au voisinage du Soleil?

Toutes les découvertes de l'astronomie moderne confirment l'idée que les étoiles (comme le Soleil) et leur système planétaire (s'il existe) proviennent de la contraction de nuages de gaz et de poussières interstellaires. Le matériau est au départ extrêmement froid (quelques degrés seulement au-dessus du zéro absolu) puis il se réchauffe sous l'effet des forces de gravitation qui contractent la région où l'étoile se forme. Si les comètes ne possèdent pas de cœur rocheux, elles ont nécessairement pris naissance aux extrémités de la

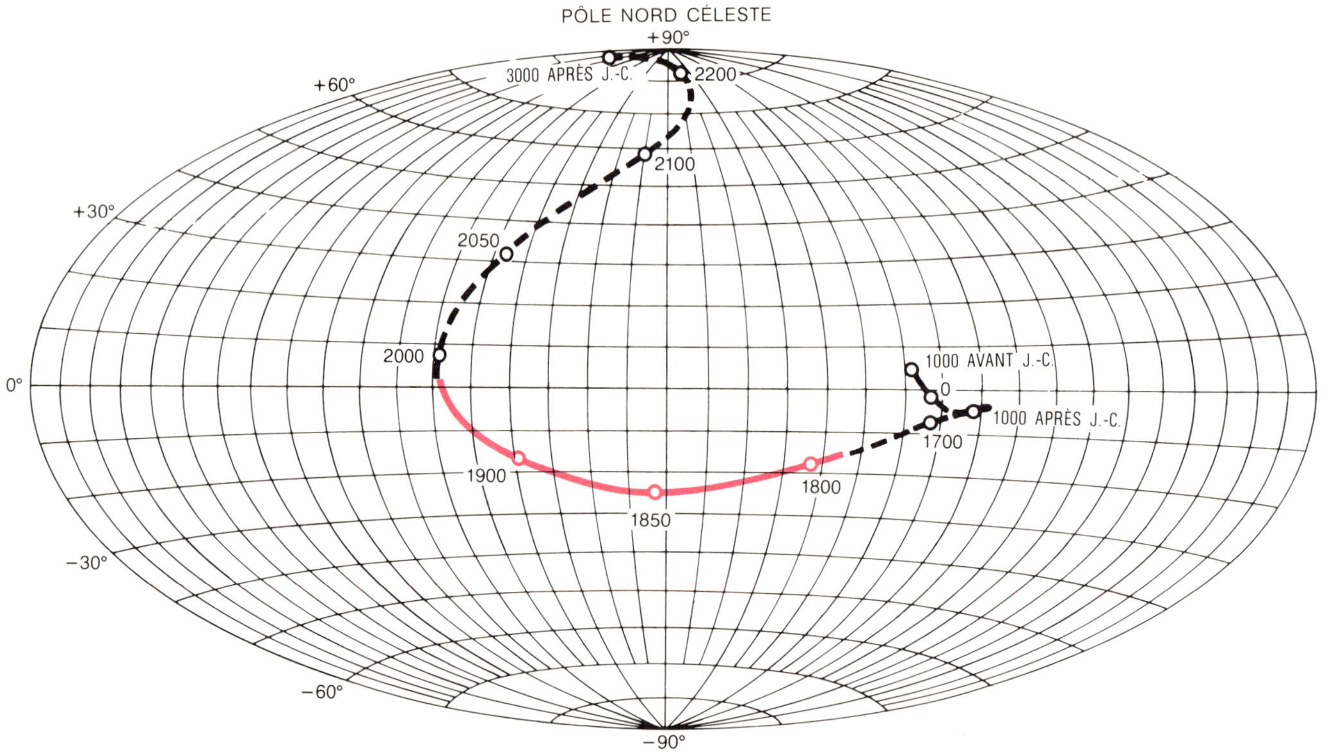

6. LE MOUVEMENT POLAIRE DE L'AXE DE ROTATION de la comète d'Encke sur la sphère céleste est de grande amplitude. La courbe en trait plein *(en couleur)* intègre les observations et les calculs sur ordinateur. Elle montre la direction dans laquelle l'axe de rotation était dirigé entre 1786 et 1977. Les lignes en pointillés *(en noir)* sont des extrapolations.

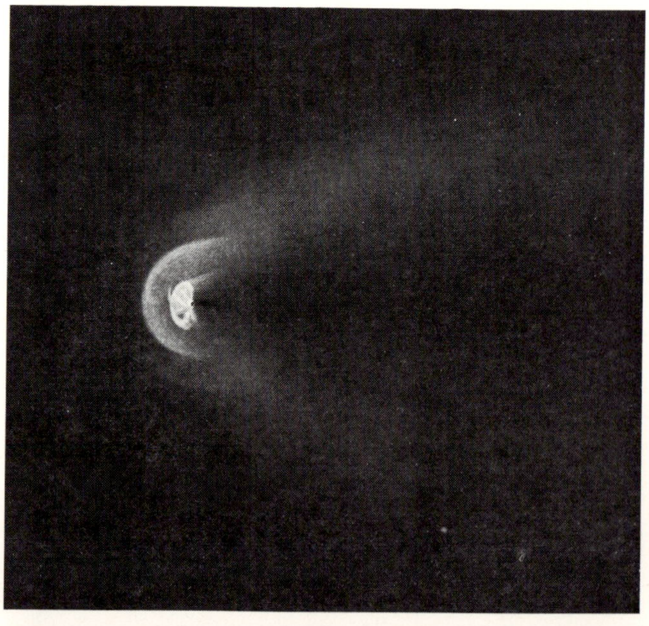

7. DES HALOS CONCENTRIQUES sont parfois observés dans la chevelure des comètes. Ils se forment lorsque la rotation du noyau cométaire expose aux rayons du Soleil des régions où la sublimation de la glace est très intense. Les gaz éjectés forment des halos. Les intervalles entre les éjections sont en principe égaux aux jours cométaires. Les halos les plus remarquables sont ceux de la comète de Donati. Ces deux dessins sont une synthèse des observations visuelles effectuées par G. Bond de l'Observatoire du Collège de Harvard en 1858. L'espacement entre les halos a permis de déterminer la période de rotation du noyau : celle-ci est d'environ 4,6 heures. Pendant trois semaines, les apparitions de ces halos concentriques se sont succédé avec une précision d'horloge. D'autres halos ont été décrits depuis dans la chevelure de certaines comètes.

nébuleuse primaire là où les gaz et les poussières n'ont jamais été réchauffés. En revanche, si les comètes contiennent un cœur rocheux, leur formation s'est obligatoirement effectuée en deux temps : tout d'abord la température a atteint un niveau suffisant pour que les glaces se subliment et les poussières s'agglomèrent; ensuite la température s'est abaissée et le cœur rocheux s'est recouvert d'un épais manteau de glace, mélangé à d'énormes quantités de poussières.

Nos calculs indiquent d'autre part un nouvel élément : le rapport entre la vitesse de précession de l'axe de rotation de la comète d'Encke et le mouvement total non gravitationnel sur la trajectoire orbitale. Normalement, la vitesse de précession augmente avec l'aplatissement du noyau. Plus le noyau tourne vite et plus la vitesse de précession est faible. De plus, le rapport diminue avec le diamètre du noyau mais il n'est pas nécessaire de faire intervenir la densité. Par conséquent, notre rapport calculé est presque proportionnel au produit du degré d'aplatissement par la période de rotation, divisé par le diamètre du noyau. Si l'on détermine deux termes de cette expression (aplatissement, période de rotation ou diamètre), le troisième pourra être facilement calculé. Cependant, il n'est guère possible de mesurer directement l'aplatissement du noyau cométaire depuis la Terre. Par conséquent, on doit essayer de mesurer ou d'estimer les deux autres paramètres.

Nous commencerons par le diamètre. La comète d'Encke ne s'est jamais approchée assez près de la Terre pour que les astronomes puissent observer directement le noyau et mesurer son diamètre. Si nous connaissions l'indice de réflexion (albedo) de la comète, nous pourrions calculer le diamètre à partir de la brillance mesurée lorsque la comète est très loin du Soleil (période d'inactivité). Malheureusement, nul ne sait si le noyau cométaire est un bon réflecteur (comme de la neige propre) ou un mauvais réflecteur (comme la Lune). Dans le premier cas, le diamètre serait d'un kilomètre environ, dans le second il atteindrait quatre ou six kilomètres, voir plus.

Par chance on peut estimer le diamètre par une autre méthode. On commence par apprécier la vitesse avec laquelle la comète perd de sa masse. En connaissant la vitesse d'éjection et les accélérations qui en résultent, on peut calculer la masse totale du noyau cométaire. En 1973, trois chercheurs français, Jean-Loup Bertaux, Jacques Blamont et Michel Festou ont estimé la perte de masse de la comète d'Encke au moyen d'appareils embarqués dans un satellite. Ces appareils mesuraient les radiations ultraviolettes émises par les

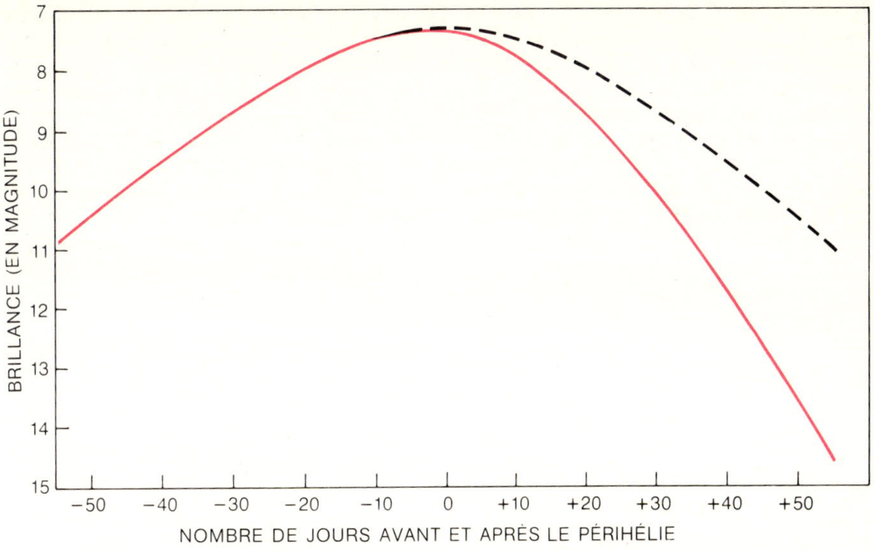

8. LA COURBE D'INTENSITÉ LUMINEUSE de la comète d'Encke *(en couleur)* présente une singulière asymétrie. La luminosité décroît très rapidement après le passage au périhélie (la courbe noire en pointillés indique les variations de la luminosité dans le cas d'une symétrie parfaite avant et après le périhélie). Cette courbe, corrigée pour tenir compte des variations de distance par rapport à la Terre, a été construite grâce aux observations réalisées pendant 11 passages au périhélie entre 1937 et 1974. Un degré de magnitude correspond à une augmentation de 2,5 fois de la brillance.

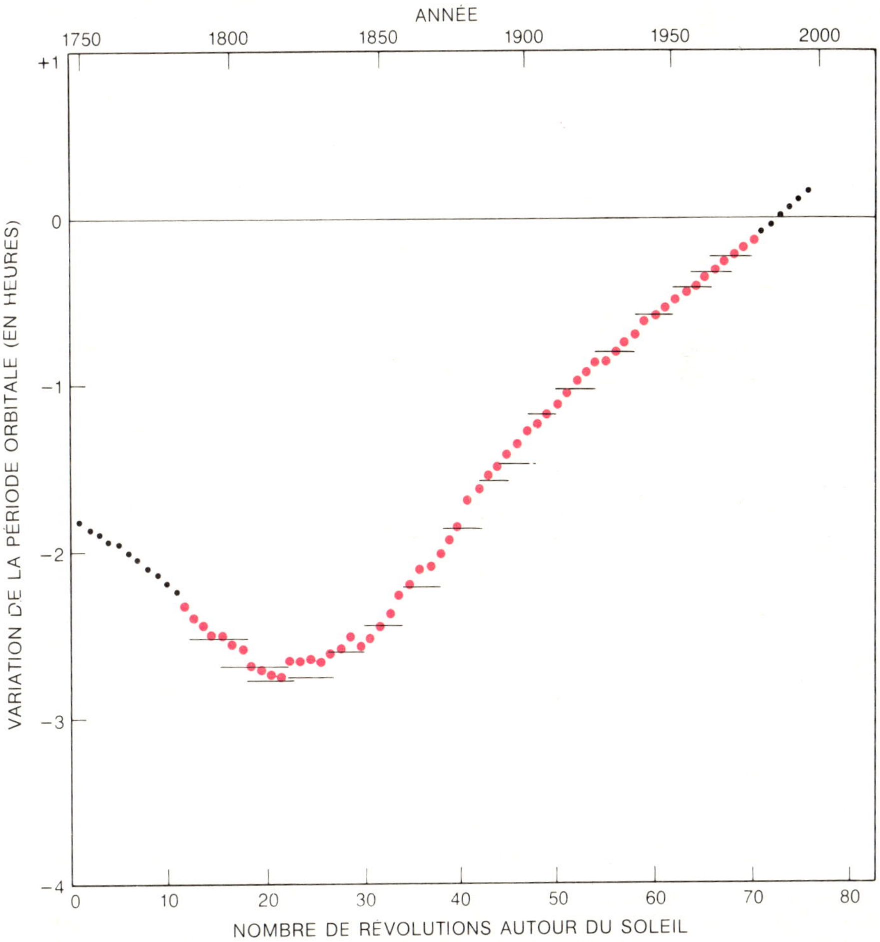

9. LES VARIATIONS DE LA PÉRIODE DE LA COMÈTE D'ENCKE peuvent être attribuées à de petits changements à caractère cumulatif dans l'énergie cinétique de la comète. Ces changements sont dus à la volatilisation des matériaux de surface du noyau cométaire. L'intensité et la direction des forces de réaction agissant sur la comète varient énormément avec la distance qui la sépare du Soleil et avec la précession de l'axe de rotation. Z. Sekanina et l'auteur de l'article ont mis au point différents programmes d'ordinateur pour intégrer l'effet des forces de réaction agissant sur la comète, entre 1786 à 1977. Les points de couleur indiquent les variations de la période orbitale calculées par ordinateur pour chaque révolution. Les points noirs sont des extrapolations. Les traits noirs représentent les variations moyennes de la période calculées sur quatre ou cinq apparitions de la comète.

atomes d'hydrogène éjectés de la comète. En supposant que tout l'hydrogène provient de la dissociation des molécules d'eau sous l'action des rayons du Soleil, on déduit une valeur minimale de la perte de masse du noyau cométaire à chaque révolution autour du Soleil. Cette masse perdue avoisine $6,5 \cdot 10^8$ kilogrammes (soit 650 000 tonnes).

La densité moyenne du noyau cométaire étant, selon toute vraisemblance, proche de un gramme par centimètre cube, on peut alors utiliser la vitesse du jet de gaz pour calculer le diamètre de la comète d'Encke. D'après nos estimations, ce diamètre dépasse 1,2 kilomètre. On peut ensuite utiliser les pertes en poussières, estimées par Z. Sekanina et Hans Shuster pour déduire, par une méthode identique, une valeur maximale du diamètre. Cette estimation aboutit à un diamètre de 2,6 kilomètres. Ainsi, les meilleures estimations actuelles du diamètre de la comète d'Encke avoisinent deux kilomètres. Si cette valeur est correcte, le noyau reflète environ 25 pour cent de la lumière solaire incidente. Par conséquent, sa couleur devrait être un gris sale, ce à quoi on pouvait s'attendre.

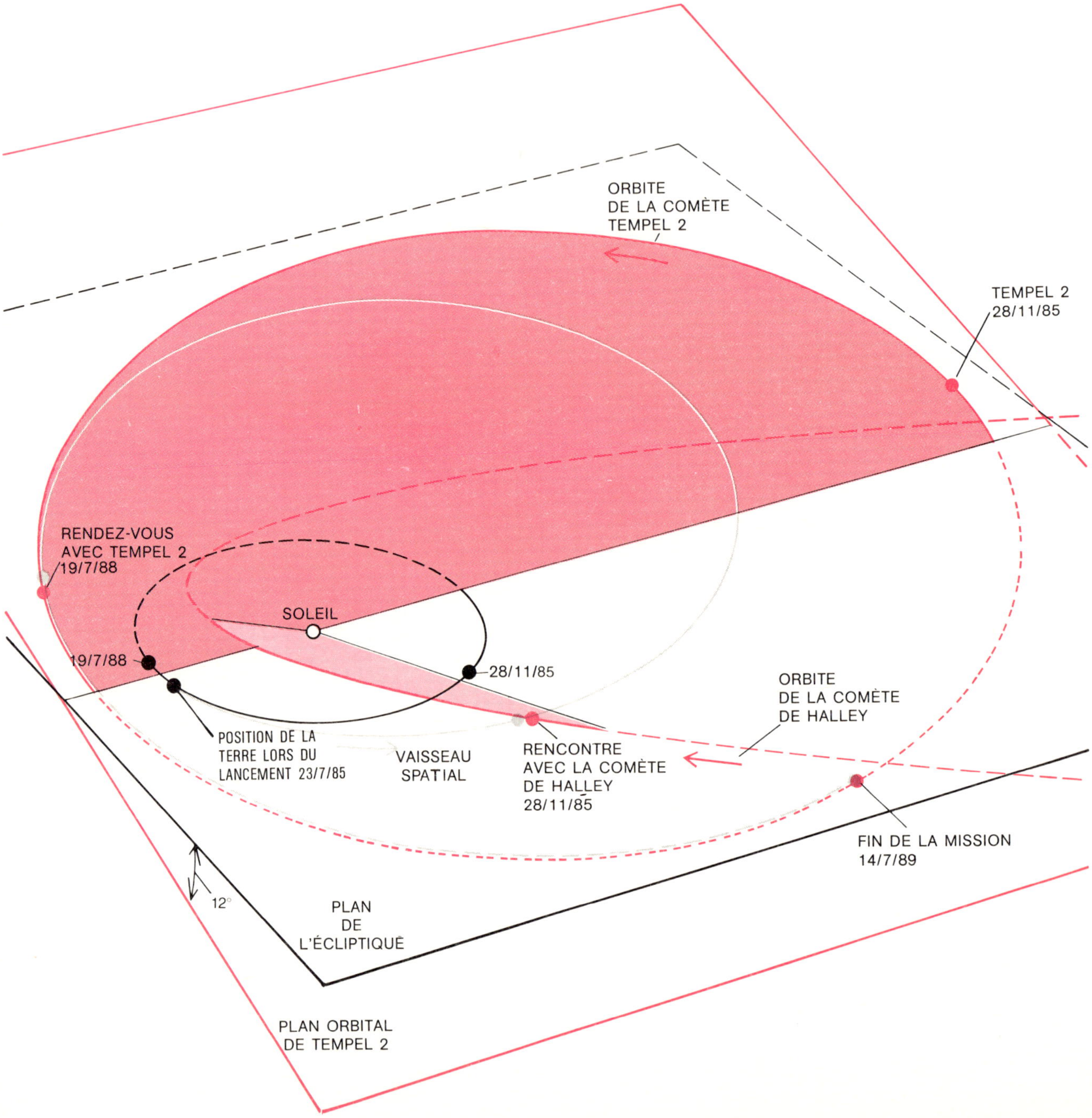

10. UNE MISSION SPATIALE vers deux comètes pourrait être réalisée dans les années qui viennent. L'élément clé de la mission serait un système de propulsion faisant appel à des techniques de pointe dans lesquelles l'électricité de cellules solaires fournirait la puissance nécessaire à un groupe de moteurs fusée à propulsion ionique. Une fois le vaisseau spatial mis en orbite par la navette spatiale américaine, une fusée à carburant solide lui permettrait d'échapper à l'attraction terrestre. Le moteur ionique prendrait alors la relève et fournirait une poussée continue durant les trois années de la mission. Le vaisseau devrait être lancé en juillet 1985. Quatre mois plus tard, le vaisseau passerait entre le Soleil et la comète de Halley. Il lancerait alors une sonde en direction du noyau de la comète. Le vaisseau continuerait ensuite son voyage vers la comète Tempel 2, qu'il atteindrait en juillet 1988. Nous pourrions alors observer la comète lors de son passage au périhélie. La distance entre le vaisseau et Tempel 2 serait inférieure à 2 000 kilomètres. La comète pourrait ensuite capturer le vaisseau et le transformer en un satellite gravitant à une distance de dix kilomètres autour du noyau. Une année plus tard, un « atterrissage » pourrait être tenté. L'illustration de cette mission spatiale a été préparée avec l'aide de Rolf Hastrup de l'Institut de Technologie de Californie.

Une perte de masse de deux millions de tonnes de glace par révolution correspond par exemple à une diminution d'un deux millièmes seulement de la masse totale ou à une décroissance de 16 centimètres du diamètre du noyau cométaire par révolution. Si l'on intègre l'ensemble des variations de brillance de la comète d'Encke au cours des 59 révolutions effectuées depuis sa découverte en 1786, la variation totale du rayon est de 13 mètres. La forme du noyau aurait donc très peu changé durant cette période, hormis un léger aplatissement en raison des différences de perte de masse entre les deux hémisphères. Une perte en masse inférieure à 1 pour 1 000 par période est donc suffisante pour expliquer l'activité continue de la comète d'Encke, son mouvement non gravitationnel et la précession de son axe de rotation.

La période de rotation

Avec Z. Sekanina, nous avons essayé de déterminer la période de rotation du noyau de la comète d'Encke à l'aide d'une méthode que j'ai développée il y a trois ans. Certaines régions à la surface de nombreuses comètes éjectent violemment des gaz quand la rotation cométaire les expose au Soleil. Cette éjection gazeuse périodique engendre une série de halos concentriques (ou presque concentriques) dont certains peuvent être mesurés sur les photographies des chevelures cométaires. La comète de Donati, découverte en 1858, représente sans nul doute l'exemple le plus frappant.

A partir des mesures du diamètre des halos et de données théoriques sur la vitesse d'expansion des gaz en fonction de la distance au Soleil, on peut calculer les « dates zéro », c'est-à-dire l'instant où les régions émettrices de gaz ont fait face au Soleil et sont devenues actives. Ces « dates zéro » devraient être séparées par des multiples de la période de rotation. La comète de Donati a par exemple fonctionné comme une horloge avec une période de 4,6 heures pendant trois semaines. Toutefois, les observations sont si souvent éparses et les incertitudes sur les « dates zéro » si grandes qu'il existe plusieurs valeurs possibles de la période. Si l'on sélectionne les neuf apparitions les plus significatives de la comète d'Encke depuis deux siècles, on obtient une période moyenne de rotation proche de 6,5 heures. Ce résultat n'est qu'une indication et non une valeur définitive. D'autres données indiquent une décroissance de la période de rotation de 20 à 40 minutes par siècle.

Si la période de rotation de la comète d'Encke est de 6,5 heures et son diamètre de deux kilomètres, l'aplatissement du noyau cométaire n'est que de trois pour cent. Cela signifie que le diamètre mesuré au pôle est inférieur d'une soixantaine de mètres au diamètre mesuré à l'équateur. Une différence aussi minime suffit cependant pour expliquer la précession de l'axe de rotation. En fait, le noyau est probablement semé de cratères, de monticules et de crêtes : sa forme n'est que grossièrement sphérique et les écarts de dimensions intégrés n'excèdent pas trois pour cent.

Si les comètes ne sont que de petites boules de neige sale, en quoi sont-elles si importantes pour l'étude d'autres objets astronomiques? La réponse à cette question est simple : les comètes sont vraisemblablement les vestiges les plus primitifs de la formation du système solaire. Les matériaux interstellaires constitutifs des comètes n'ont peut-être jamais été réchauffés d'une manière importante. Ces matériaux sont à l'origine des grandes planètes externes du système solaire (Uranus et Neptune). Ainsi, l'étude des comètes permet de résoudre certaines des énigmes sur la formation de la Terre et du système solaire.

Une autre raison justifie l'étude des comètes : ces objets célestes auraient joué un rôle dans l'apparition de la vie sur Terre. Cette hypothèse est toutefois sujette à controverses. Au tout début de l'histoire terrestre, la chaleur était trop forte pour retenir l'atmosphère primitive héritée de la nébuleuse primordiale (nébuleuse dont la contraction est à l'origine du système solaire). La Terre s'est ensuite refroidie peu à peu et les substances volatiles piégées dans notre Globe se sont progressivement échappées vers l'extérieur pour donner naissance à une nouvelle atmosphère.

D'autre part, on sait que la Terre, comme d'ailleurs la Lune et les autres planètes internes du système solaire, ont subi un intense bombardement météoritique au cours du premier demi-milliard d'années de leur existence. Nombre de petits « astéroïdes » tombés à cette époque devaient avoir une composition proche de celle des comètes. Par conséquent, les comètes auraient pu fournir une fraction non négligeable de l'eau, de l'azote, de l'oxygène et du carbone à partir desquels la vie est apparue. De plus, les poussières interstellaires et les comètes renferment, semble-t-il, une variété de composés organiques qui ont pu alimenter la « soupe primitive » chère à Haldane. Selon Fred Hoyle, la vie aurait son origine dans les « petites mares tièdes » disséminées à la surface des comètes. Une éventuelle mission spatiale permettant d'examiner de près une comète apportera peut-être un jour la réponse à toutes ces questions.

Champs et particules interplanétaires

Le Soleil émet sans cesse un « vent » de particules chargées libérant ainsi de grandes « rafales » d'énergie. Ces particules interagissent de manière complexe avec le champ magnétique des planètes.

par James van Allen

Le milieu que traverse la Terre quand elle décrit son orbite autour du Soleil ne contient en moyenne que dix particules de matière par centimètre cube : cinq sont des ions positifs (généralement des protons) et cinq sont des électrons. Cette densité est donc bien faible comparée aux 27 000 000 000 000 000 000 molécules par centimètre cube de l'atmosphère terrestre, au niveau de la mer. Par rapport aux réalisations de laboratoire, le milieu interplanétaire est donc un vide pratiquement parfait et l'on pourrait penser qu'un gaz aussi raréfié ne peut être le siège que de phénomènes physiques insignifiants. Il n'en est rien et les effets résultant de l'interaction des champs magnétiques du système solaire avec ce « vent » de particules chargées jaillissant du Soleil sont très nombreux. À proximité immédiate de la Terre, par exemple, le champ magnétique terrestre piège les particules du vent solaire dans un système de ceintures de rayonnements qui entoure la Terre et qui est lui-même compris dans une région de forme allongée : la magnétosphère. Les interactions complexes entre le vent solaire et la magnétosphère terrestre créent des « orages magnétiques » qui perturbent l'ionosphère, interrompant les communications radio et provoquant des phénomènes courants comme les aurores boréales. Avec l'avènement des techniques modernes de radio-astronomie et le lancement des sondes interplanétaires, on a trouvé que d'autres planètes, dont la plus importante est Jupiter, possédaient aussi des magnétosphères. Grâce aux données les plus récentes, on peut penser qu'une partie au moins des particules énergétiques classées parmi les rayons cosmiques galactiques sont en fait des ions du vent solaire auxquels les magnétosphères des planètes ont communiqué de hautes énergies par accélération.

Les plasmas

Les plasmas sont des gaz partiellement ou totalement ionisés (ce sont des gaz dont certains ou tous les atomes ont perdu des électrons). Comme un plasma est formé, par définition, de particules chargées, il conduit l'électricité et emporte avec lui son propre champ magnétique. En outre, toutes les fluctuations électrostatiques ou instabilités au sein du plasma engendrent des ondes électromagnétiques. On considère parfois que le plasma constitue un quatrième état de la matière car ses propriétés physiques diffèrent très nettement de celles de la matière dans ses états solides, liquides et gazeux (gaz neutre). Les nombreuses études théoriques et expérimentales sur les plasmas en font l'un des domaines les plus actifs de la physique contemporaine. Parallèlement, on cherche à tirer profit des plasmas, par exemple pour la fusion nucléaire, afin de produire de l'énergie ; en fait, les problèmes qui se posent lorsqu'on cherche à réaliser un réacteur nucléaire à fusion sont essentiellement des problèmes de physique des plasmas plutôt que de physique nucléaire.

De même à plus grande échelle, les questions essentielles de physique spatiale se posent surtout en termes de physique des plasmas et bien que la physique nucléaire, comme la physique spatiale, traitent de particules et de champs dans des processus physiques d'échelles très différentes, leur compréhension fait appel à de nombreux concepts communs.

Divers chercheurs ont invoqué le concept de rayonnement « corpusculaire » en provenance du Soleil à la fin du XIXe siècle et au début du XXe siècle pour rendre compte des aurores boréales et des tempêtes magnétiques. À cette époque, on supposait que les corpuscules étaient des électrons de haute énergie émis par des zones actives de la surface du Soleil. Plus tard, F. Lindemann suggéra que le rayonnement corpusculaire était un gaz d'électrons et d'ions positifs, mais de charge globale neutre. On déduisit alors la vitesse de ces bouffées de gaz globalement neutre à l'aide du retard de la pertubation géomagnétique apparue sur Terre par rapport aux éruptions solaires.

1. CETTE AURORE BORÉALE a été photographiée du dessus par un satellite de l'*US Air Force Weather Service*. Les aurores polaires sont des manifestations étonnantes de la manière complexe dont la matière qui nous arrive de l'espace interagit avec le champ magnétique terrestre. L'aurore a une structure de forme ovale avec des remous caractéristiques de quelques centaines de kilomètres et elle s'étend sur la plus grande partie du Canada central sur cette photographie. Les points lumineux de la partie inférieure sont dus aux lumières de Chicago et d'autres villes du Nord des États-Unis. On admet aujourd'hui que la fluorescence des aurores polaires provient de collision des atomes et des molécules de la haute atmosphère avec des particules énergétiques chargées émises par le Soleil. Ces particules (surtout des protons et des électrons) pénètrent dans l'atmosphère après avoir été accélérées par la magnétosphère terrestre ; elles sont conduites vers le sol par les lignes de champ géomagnétique qui aboutissent aux pôles terrestres.

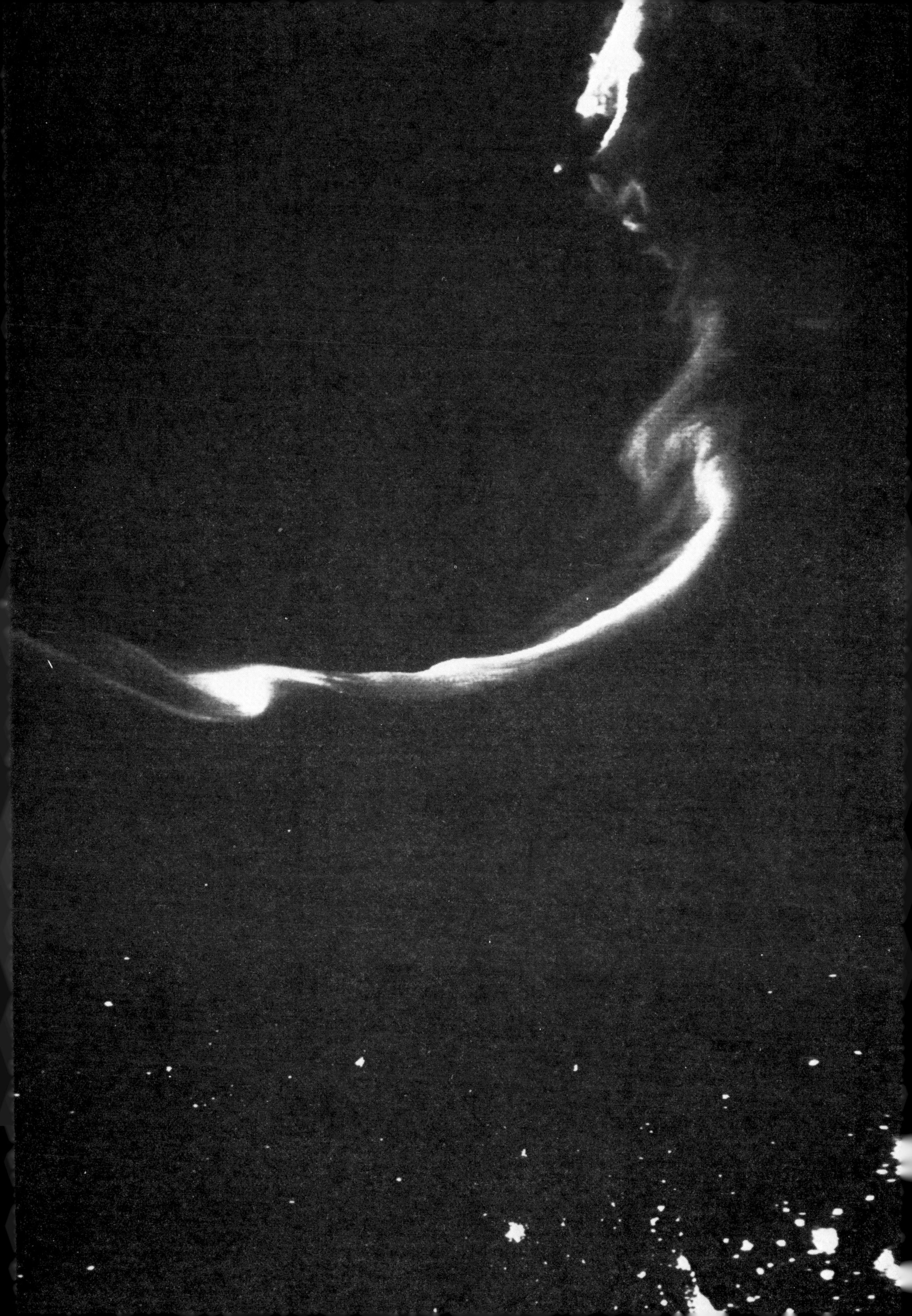

On utilisa aussi, pour ces mesures, les observations d'aurores boréales très brillantes. Un retard de deux jours, par exemple, correspond à une vitesse moyenne de 870 kilomètres par seconde sur la distance moyenne de 150 millions de kilomètres entre la Terre et le Soleil (une unité astronomique).

Entre 1900 et 1940, de nombreux chercheurs dont Olaf Birkeland, Carl Störmer, Sydney Chapman, V. Ferraro, Julius Bartels et Hannes Alfvén contribuèrent à notre compréhension des effets géophysiques de l'impact d'un plasma en mouvement rapide sur le champ magnétique de la Terre. En particulier, H. Alfvén fut le premier à penser que les aurores polaires étaient dues au champ magnétique entraîné par le plasma en mouvement. On admettait à cette époque qu'un flux de particules prenait sa source dans les régions actives du Soleil et s'en éloignait, de manière approximativement radiale. Cependant, en raison de la rotation du Soleil sur lui-même, la forme géométrique d'un tel flux dans un système de coordonnées indépendant de la rotation aurait été une spirale d'Archimède, comme celle que décrit le jet d'un tuyau d'arrosage dont on fait tourner la lance autour d'un axe perpendiculaire à la direction du jet *(voir la figure 2)*. Dans cette configuration, les bouffées émises par une zone active donnée seraient arrivées sur Terre à des intervalles d'environ 27 jours, ce qui correspond à la période de rotation apparente du Soleil, observé de la Terre. En fait, ce modèle expliquait bien certaines perturbations du champ géomagnétique dont on avait évalué expérimentalement la période à 27 jours.

Vers 1950, on pensait déjà que la queue des comètes contenait des poussières et du gaz neutre (non ionisé) ; on s'aperçut à cette époque que la queue des comètes contenait aussi des gaz ionisés. Cette observation fit penser à Ludwig Biermann que des particules émises par le Soleil devaient traverser en permanence tout l'espace interplanétaire, à des densités variables selon les régions.

En 1958, avec une expérience que j'avais préparée pour *Explorer 1*, le pre-

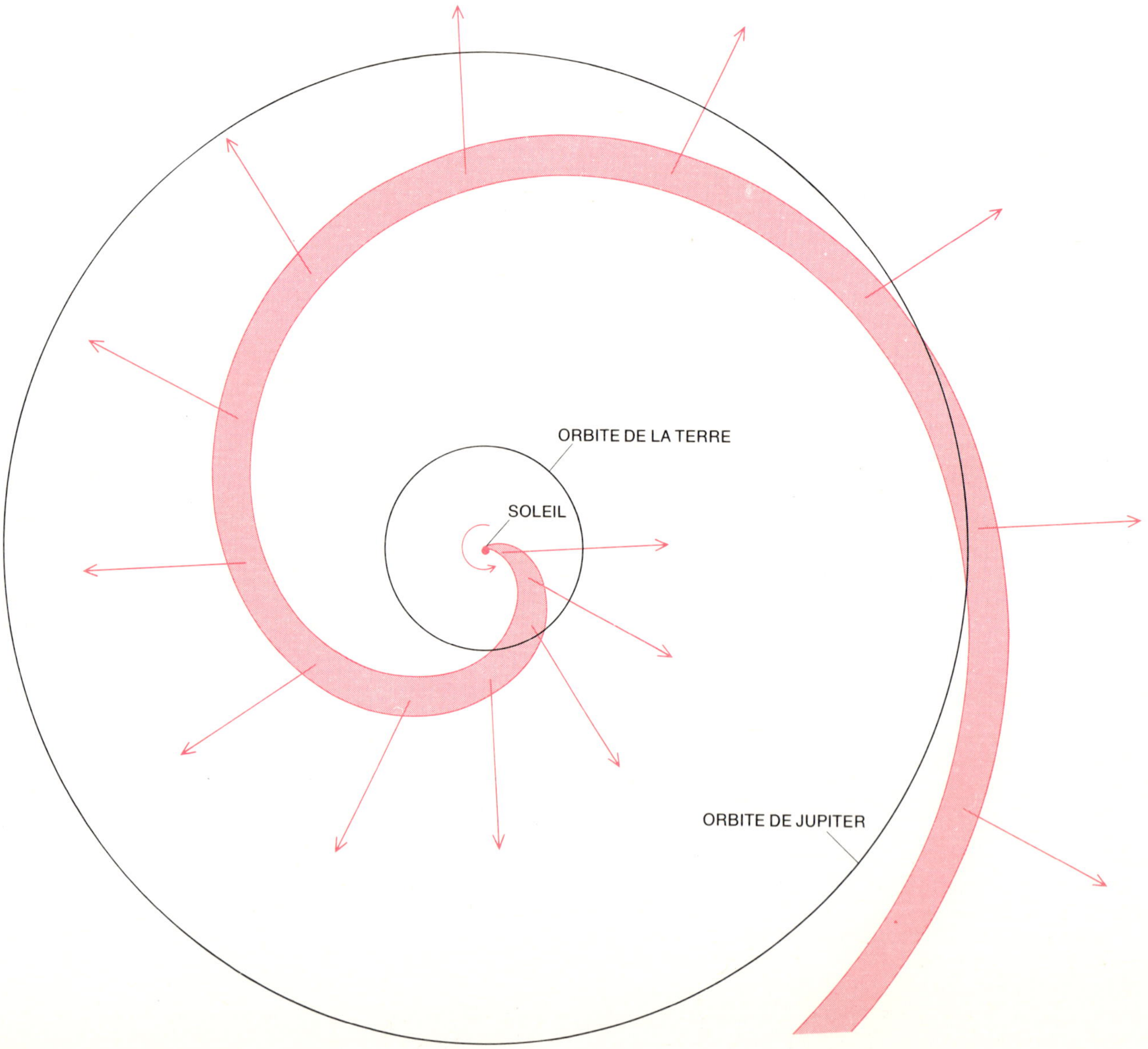

2. LE MODÈLE DU TUYAU D'ARROSAGE rend assez bien compte de la structure du vent solaire ; dans ce modèle, on considère que le flux de particules chargées émis par le Soleil en rotation sur lui-même a la même forme que le jet d'eau d'un tuyau d'arrosage en rotation autour d'un axe perpendiculaire à la direction du jet. Sur ce schéma simplifié, on n'a représenté qu'un jet isolé de particules vu par un observateur stationnaire situé au-dessus du pôle Nord du Soleil. Les courbes colorées qui limitent le jet sont des spirales d'Archimède. La vitesse de chaque particule du flux est dans une direction radiale par rapport au Soleil *(flèches colorées)*. Sur cette figure, on a fixé la vitesse du jet à 350 kilomètres par seconde et on a supposé qu'elle était indépendante du temps et de la distance au Soleil. Le champ magnétique emporté par les ions dans leur développement est parallèle en tout point à la spirale ; sa direction moyenne est alternativement soit vers le Soleil, soit vers l'extérieur. En première approximation, le modèle du tuyau d'arrosage en rotation rend bien compte des observations des sondes spatiales.

mier satellite américain, je pus prouver que le champ magnétique terrestre piégeait un grand nombre d'électrons et de protons énergétiques dans une double ceinture de rayonnement ; j'en attribuai l'existence à une émission de plasma solaire accéléré par un processus de nature encore inconnue. La découverte de ces structures géophysiques remarquables (appelées par la suite ceintures de van Allen) provoquèrent le développement d'une nouvelle branche très importante de la physique spatiale : la physique de la magnétosphère. La même année, E. Parker fit paraître un article théorique très important sur l'émission de plasma chaud et ionisé par la couronne solaire ; il donna à ce gaz le nom de vent solaire et avança l'idée que le champ magnétique caractéristique de la région active du Soleil qui émet le plasma est gelé dans le plasma et étiré à travers l'espace suivant une spirale d'Archimède. Dans ce modèle, on se représente alors le champ magnétique emporté par le gaz ionisé comme la conséquence d'un flux permanent de courants électriques dans le gaz.

Les mesures directes par sondes spatiales

Les premières mesures directes du vent solaire furent les mesures très brèves effectuées en 1959 par le détecteur à plasma embarqué à bord du vaisseau soviétique *Luna 3 ;* deux ans plus tard un groupe de recherche américain effectua des mesures similaires avec *Explorer 10,* mais c'est seulement en 1962 qu'on put, grâce à l'analyseur électrostatique embarqué sur *Mariner 2* dans son périple vers Vénus, confirmer les observations et multiplier les mesures. On sait aujourd'hui que le vent solaire forme un flux continu baignant tout l'espace interstellaire et que ce vent est formé en grande partie d'hydrogène ionisé (c'est-à-dire de protons et d'électrons) ; sa direction de propagation est en moyenne radiale par rapport au Soleil et sa vitesse est très variable, mais généralement comprise entre 350 et 800 kilomètres par seconde ; enfin sa densité moyenne est de 5,4 ions par centimètre cube et sa température ionique d'environ 160 000 degrés.

Les mesures de *Mariner 2* confirmèrent et complétèrent aussi une série de mesures plus anciennes du champ magnétique interplanétaire faites par la sonde spatiale *Pioneer 2 :* l'intensité moyenne du champ magnétique est d'environ six gammas (six cent millièmes de gauss) et la structure du champ magnétique correspond assez bien à la structure prévue pour le modèle de la lance d'arrosage en rotation. Plus tard, on s'est aperçu que le champ magnétique interplanétaire se compose de secteurs dans lesquels le champ est dirigé alternativement vers le Soleil et en sens inverse, le changement se faisant de façon discontinue à la frontière des secteurs. Comme cette structure se maintient pendant plusieurs rotations du Soleil, on attribue sans ambiguïté les caractéristiques du champ magnétique interplanétaire à la structure de l'atmosphère solaire, où il n'y a en général que quelques zones actives importantes.

De nombreux chercheurs ont effectué depuis des mesures plus détaillées du vent solaire et d'autres expériences sont aujourd'hui en cours de réalisation. Parmi ces dernières, celles réalisées par les deux sondes *Pioneer 10* et *11* comptent parmi les plus fécondes. *Pioneer 10* qui a atteint Jupiter en décembre 1973 s'éloigne du système solaire selon une trajectoire hyperbolique. *Pioneer 11* a atteint Jupiter en 1974, puis s'est dirigé vers Saturne qu'il a rencontré en septembre 1979 *(voir la figure 5).* Ces mesures interplanétaires sont particulièrement intéressantes car elles nous permettent de connaître les caractéristiques magnétiques à grande distance du Soleil : *Pioneer 10* et *11* ont fourni des données sur ce milieu jusqu'à une distance de près de 20 unités astronomiques du Soleil. On espère aujourd'hui que les sondes *Voyager 1* et *2* nous enverront des informations sur des régions encore plus éloignées.

Contrairement aux hypothèses faites dans certaines théories généralement admises, on a découvert que les propriétés du vent solaire varient en fonction de la distance au Soleil d'une façon simple et uniforme. Aujourd'hui encore, le modèle du tuyau d'arrosage en rotation explique correctement la direction moyenne du champ magnétique. À la distance de cinq unités astronomiques, les lignes de champ magnétique sont à peu près dans le plan du système solaire mais elles font presque un angle droit par rapport à la droite qui passe par le Soleil et la sonde ; tout se passe comme si l'intensité de la composante radiale du champ magnétique interplanétaire décroissait comme l'inverse du carré de la distance au Soleil et si l'intensité de la composante tangentielle décroissait comme l'inverse simple de la distance. De plus, les fluctuations d'amplitude du champ magnétique, semblables à celles des régions proches du Soleil, se font encore sentir à la distance de cinq unités astronomiques.

En général, on munit les sondes d'analyseurs à plasma capables d'effectuer des mesures très différentes sur le vent solaire ; ces appareils déterminent la vitesse moyenne du plasma solaire, sa température ionique, sa composition et la densité des ions. La vitesse moyenne du vent solaire change imperceptiblement dans la zone de une à cinq unités astronomiques ; en revanche, l'amplitude de ses fluctuations diminue nettement. Cette dernière caractéristique semble être due aux interactions entre les ions lents et les ions rapides, interactions qui tendent à homogénéiser le flux. La température ionique moyenne diminue de près d'un facteur deux et la densité moyenne des ions diminue approximativement comme l'inverse du carré de la distance au Soleil, ce qui correspond à peu près à un flux radial à symétrie sphérique. Cependant, les fluctuations aléatoires sont si importantes qu'elles empêchent de tester de façon précise une loi en inverse du carré de la distance.

Pour sa part, la sonde germano-américaine *Helios* a effectué diverses mesures du vent solaire et du champ magnétique interplanétaire à l'intérieur de l'orbite terrestre ; *Helios* a approché le centre du Soleil à moins d'un tiers d'unité astronomique au milieu du mois de mars 1975. Parmi les expériences effectuées par *Helios,* l'une d'elles a consisté à mesurer les ondes radio engendrées par le milieu interplanétaire lui-même : les fréquences qui constituent ce bruit sont comprises entre 10 et 100 000 hertz (périodes par seconde) : on en a déduit diverses informations sur les instabilités du plasma et les mécanismes par lesquels les protons et les électrons échangent de l'énergie dans un plasma chaud.

Hors du plan de l'écliptique

Toutes ces mesures directes sur le vent solaire ont été faites à moins de neuf degrés du plan de l'équateur solaire, lui-même incliné de sept degrés par rapport à l'écliptique (le plan de l'orbite terrestre). Il y a deux raisons à cela : tout d'abord, pour le lancement des sondes interplanétaires, on utilise l'effet de « lance-pierre » dû à la vitesse de la Terre sur son orbite (30 kilomètres par seconde). En fait, pour une orbite circulaire d'une unité astronomique de rayon, la puissance des fusées de lancement limite l'angle d'inclinaison des orbites des sondes à 20 degrés par rapport au plan de l'écliptique. De plus, on a utilisé pour les mesures sur le vent solaire des sondes à buts multiples dont l'objectif principal était le survol de planètes ; il fallait nécessairement que leur orbite soit située dans un plan peu incliné par rapport au plan de l'écliptique. On obtient en revanche des observations très importantes, bien que moins quantitatives, sur les propriétés du vent solaire à des latitudes solaires plus élevées, en observant la queue des comètes *(voir la figure 6)* ou en

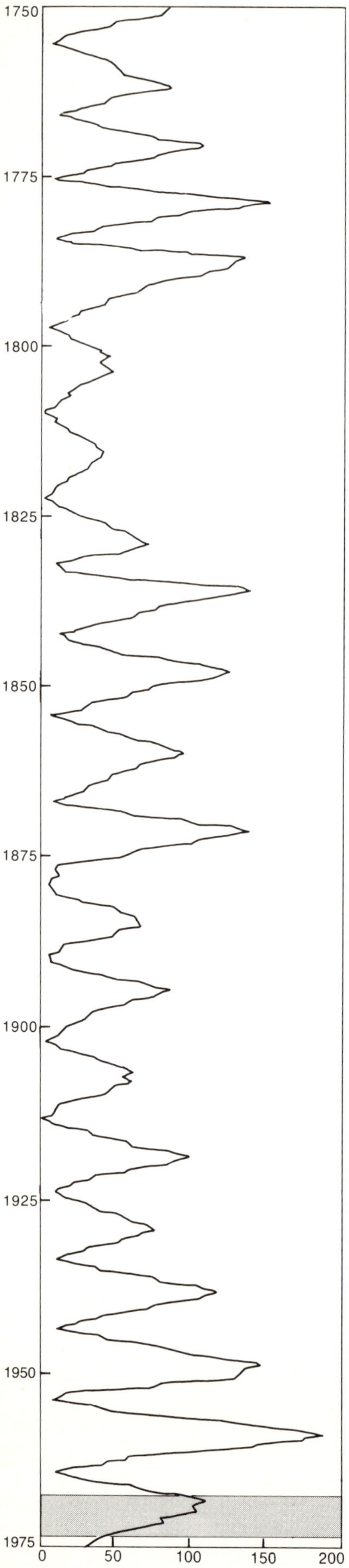

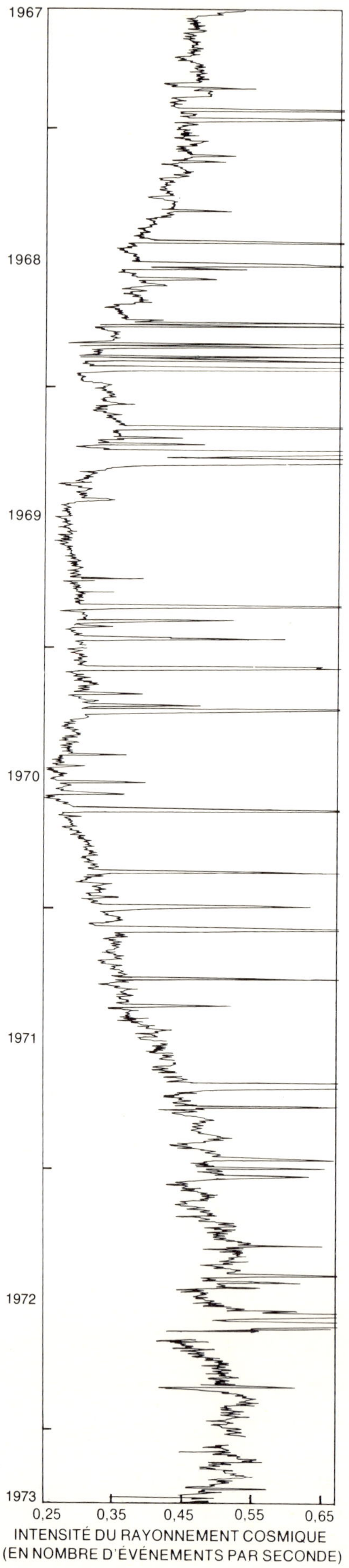

analysant les « scintillations » des signaux radio émis par les sources stellaires, scintillations provoquées par les irrégularités du plasma interplanétaire.

En observant le disque solaire du sol, on constate que l'activité solaire n'a pas une symétrie sphérique, mais dépend fortement de la latitude solaire ; c'est la raison pour laquelle de nombreux chercheurs pensent qu'il faut absolument faire des observations directes à de plus hautes latitudes solaires. On pourrait amener une sonde hors du plan de l'écliptique en la plaçant sur une orbite qui la conduirait, dans le plan de l'écliptique, vers Jupiter ; au voisinage de la planète, elle utiliserait alors l'impulsion que lui communiquerait la puissante attraction gravitationnelle de cette dernière pour rebondir en dehors du plan de l'écliptique, revenir vers le Soleil et survoler l'un des pôles à une distance d'une unité astronomique. L'agence spatiale européenne envisage aujourd'hui de lancer une sonde dans ce dessein vers 1985 : La Mission Solaire Polaire Internationale (ISPM) permettrait d'observer de plus près les pôles où se trouvent les trous coronaux par lesquels s'échappe le vent solaire. On pourrait aussi incliner progressivement le plan de l'orbite d'une sonde tournant autour du Soleil à une distance d'une unité astronomique pour lui donner une inclinaison de près de 40 degrés par la technique de propulsion par énergie solaire. Dans cette technique, on capte la lumière solaire avec des cellules photoélectriques et on utilise cette énergie pour faire fonctionner un canon ionique qui fournit une propulsion auxiliaire. La poussée résultant de l'éjection des ions serait dirigée à angle droit par rapport à la direction de la sonde.

3. L'INTENSITÉ DU RAYONNEMENT COSMIQUE GALACTIQUE varie avec une période de 11 ans, de manière à peu près synchrone avec le cycle de 11 ans des taches solaires, connu depuis plus longtemps. Le maximum d'intensité du rayonnement cosmique coïncide avec le minimum d'activité solaire et vice versa. Cette relation, découverte d'abord à partir d'observations faites de la Terre, a été confirmée par les détecteurs embarqués sur des satellites. La première courbe, à gauche, indique les variations de l'activité solaire entre 1750 et 1975. La seconde courbe, à droite, rassemble les résultats obtenus par l'auteur pendant six ans sur l'intensité des protons cosmiques de haute énergie dans le milieu interplanétaire, à une distance d'une unité astronomique du Soleil. Le détecteur utilisé pour ces mesures était embarqué sur la sonde *Explorer 35*, en orbite autour de la Lune. Les nombreux pics sont dus aux particules énergétiques émises par le Soleil. On remarque que l'intensité du rayonnement cosmique présente un minimum entre 1969 et 1970, au moment du maximum d'activité solaire.

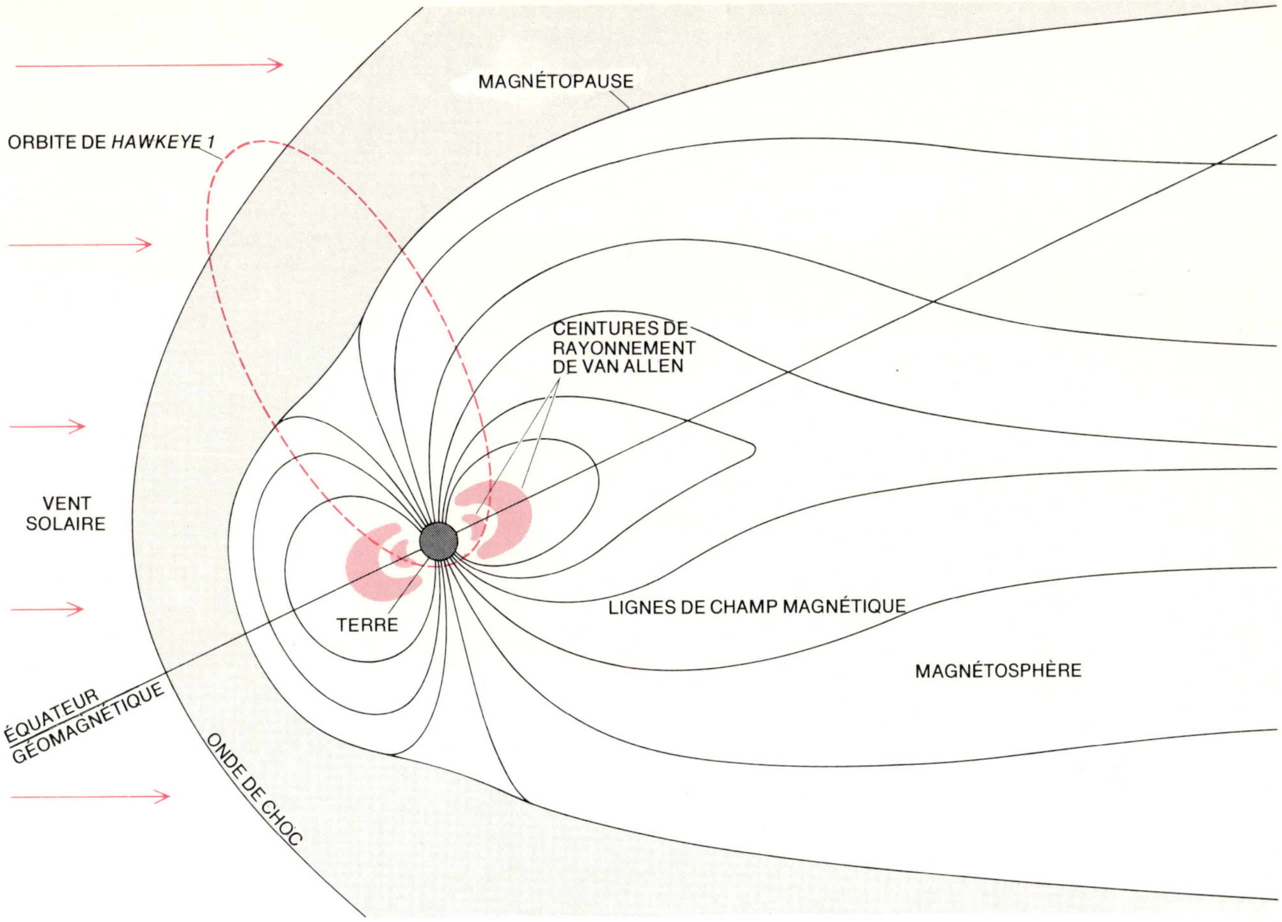

4. LA MAGNÉTOSPHÈRE TERRESTRE est une zone allongée formée dans le vent solaire par le champ géomagnétique ; on l'a étudiée au moyen des sondes spatiales dont celles de la série *Explorer* qui, à la fin des années 1950, ont détecté le système de ceintures de rayonnement relativement proche de la Terre, qui porte le nom de l'auteur. Grâce à un magnétomètre embarqué sur le satellite artificiel *Hawkeye 1*, l'auteur et son équipe de l'Université d'Iowa ont observé le champ magnétique au voisinage de l'onde de choc séparant la magnétosphère du vent solaire. L'orbite de cette sonde *(L'ellipse en pointillés de couleur)* est dans un plan perpendiculaire au plan équatorial terrestre et son apogée (c'est-à-dire le point le plus éloigné de la Terre) se trouve au-dessus du pôle Nord à une distance de 21 rayons terrestres (plus de 135 000 kilomètres). Les mesures de la direction du champ magnétique interplanétaire, à l'extérieur de la magnétosphère terrestre, confirment le modèle du tuyau d'arrosage.

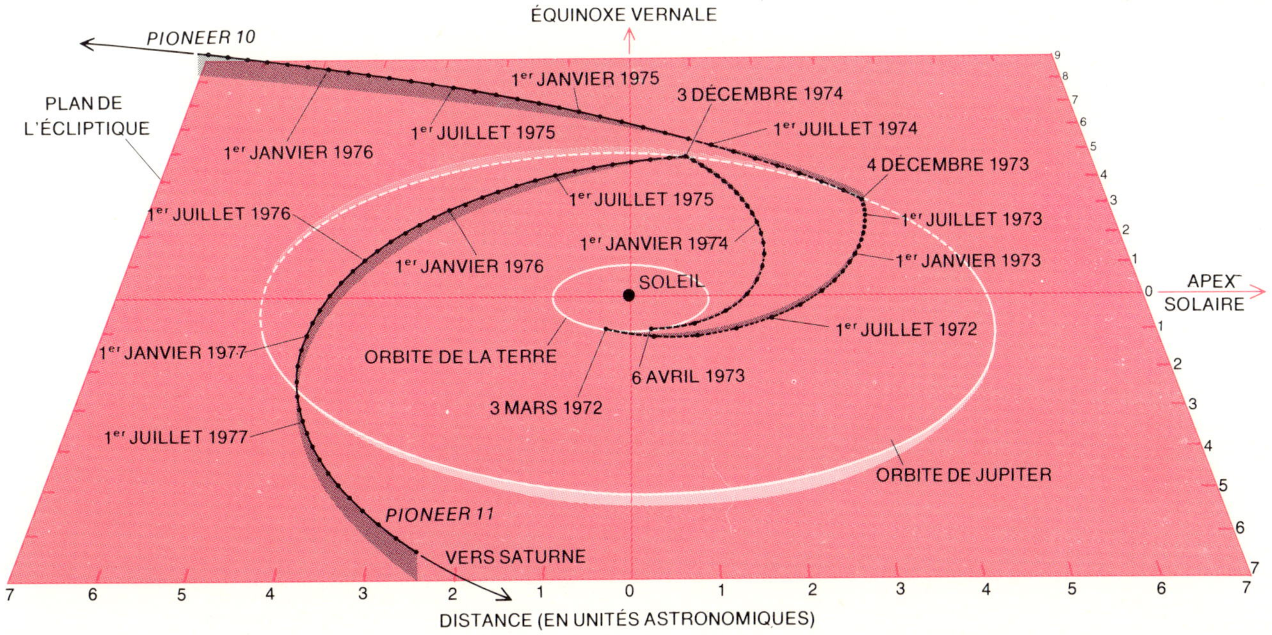

5. LES DEUX MISSIONS PIONEER ont fourni des renseignements supplémentaires sur le vent solaire à de très grandes distances du Soleil. Sur ce diagramme à trois dimensions figurent les trajectoires de *Pioneer 10* (lancé le 3 mars 1972) et de *Pioneer 11* (lancé le 6 avril 1973) par rapport au plan de l'écliptique (le plan de l'orbite terrestre). Les points noirs représentent les positions mensuelles des sondes en fonction d'un système de coordonnées héliocentriques, où la longitude est mesurée en sens inverse des aiguilles d'une montre à partir de l'équinoxe vernal. En s'approchant de Jupiter, les trajectoires des deux sondes ont été fortement modifiées. L'apex solaire est le point vers lequel se dirige le Soleil.

Les meilleures observations disponibles aujourd'hui restent celles de *Pioneer 11* qui a atteint, en 1977, la latitude solaire de 16 degrés, à près de cinq unités astronomiques, lors de son trajet circulaire entre Jupiter et Saturne. Grâce aux données fournies par *Pioneer 11*, on sait aujourd'hui que la structure en secteurs du champ magnétique interplanétaire disparaît en dehors du plan de l'écliptique, comme si les lignes de champ étaient aplaties et formaient un disque situé dans ce plan. On peut penser que le flux de particules émises par le Soleil est brusquement stoppé par le gaz interstellaire dont on estime la densité à moins d'un atome par centimètre cube au voisinage immédiat du système solaire. On a donné à cette région le nom d'héliopause *(voir la figure 7)*. Comme la vitesse du système solaire par rapport aux étoiles voisines est d'environ 20 kilomètres par seconde en direction d'un point du ciel appelé l'apex solaire, si l'on suppose que le gaz interstellaire est au repos dans ce système de référence, on peut penser que la distance de l'héliopause est réduite dans la direction de l'apex solaire à cause de la vitesse relative du gaz interstellaire dans cette direction. On situe théoriquement cette distance entre 5 à 300 unités astronomiques, mais les instruments embarqués sur *Pioneer 10* n'ont pas détecté cette frontière lorsque la sonde était à huit unités astronomiques du Soleil ; aujourd'hui, il n'y a plus rien à attendre de la sonde car elle s'éloigne du Soleil dans une direction presque opposée à celle de l'apex solaire.

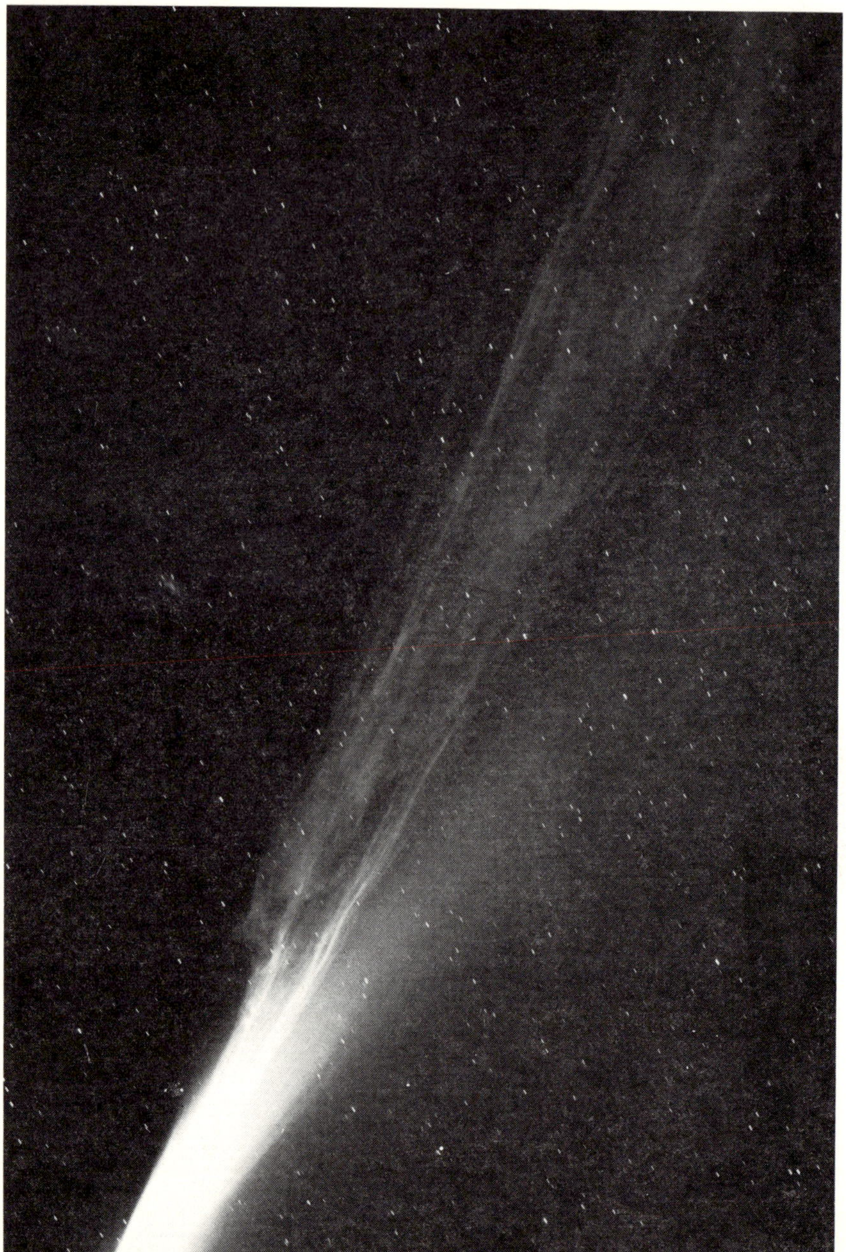

6. LA QUEUE D'UNE COMÈTE est formée de deux parties distinctes dont on tire des renseignements sur le vent solaire ; une partie de la queue est formée de poussières et de gaz neutre (non ionisé) et l'autre est faite de gaz ionisé. Sur la plupart des photographies de comète, la queue de poussière (qui s'étend en général derrière la queue de gaz ionisé) est la partie la plus visible. Sur cette photographie de la comète Mrkos, prise le 23 août 1957 avec le télescope de 1,20 mètre du mont Palomar, on distingue particulièrement bien les deux types de queue. La queue de gaz ionisé, bien structurée, est entraînée par le vent solaire dans la direction opposée au Soleil ; elle précède la queue de poussière, diffuse et relativement moins structurée. Sur cette photographie, la comète se déplace vers le coin supérieur gauche. La comète Mrkos a approché le Soleil à 0,355 unités astronomiques le 1er août 1957. Lorsqu'on a pris cette photographie, la comète se trouvait à 0,76 unité astronomique du Soleil et à 1,21 unité astronomique de la Terre.

Les particules de hautes énergies

Examinons maintenant les propriétés du vent solaire en tant que milieu où se déplacent des particules de très haute énergie. L'étude des collisions entre particules présente un intérêt très faible, car le libre parcours moyen des particules est de l'ordre de 100 unités astronomiques. En revanche, les particules énergétiques chargées interagissent avec le milieu interplanétaire par des irrégularités du champ magnétique. Toute particule chargée qui se déplace dans un champ magnétique uniforme suit une trajectoire hélicoïdale, dont l'axe de l'hélice est dirigé selon les lignes de champ du champ magnétique ; le rayon de l'hélice est proportionnel à la quantité de mouvement de la particule et inversement proportionnel à l'intensité du champ magnétique. Une particule dont le rayon de l'orbite est très inférieur au rayon de courbure d'une irrégularité du champ local a un mouvement hélicoïdal dont le centre de courbure, ou centre directeur, suit approximativement les lignes de champ magnétique ; une particule dont l'orbite a un rayon nettement plus grand que la courbure de l'irrégularité est peu affectée et son mouvement est imposé par la structure à grande échelle du champ magnétique. Enfin, une particule dont le rayon orbital est de l'ordre de la courbure du champ change radicalement de direction lorsqu'elle traverse cette région. Ce processus correspond donc à une diffusion par les irrégularités magnétiques. Les données dont nous disposons à propos du champ magnétique interplanétaire nous permettent d'affirmer que le modèle du tuyau d'arrosage en rotation reste valable à grande échelle ; localement, en revanche, le champ magnétique présente de nombreuses irrégularités à la fois en direction et en intensité.

En 1954, Scott Forbush publia les résultats d'une longue série d'observations faites à partir du sol : grâce à ses travaux, on sait que l'intensité des phénomènes secondaires des rayonnements cosmiques d'origine galactique présente une période de 11 ans, approximativement synchrone avec le cycle de 11 ans de l'activité solaire *(voir la figure 3)*. Le maximum de l'intensité du rayonnement cosmique galactique se produit au moment du minimum d'activité solaire, et vice versa. On explique le phénomène de la façon suivante : les rayonnements cosmiques provenant de sources éloignées atteignent le système solaire de façon plus ou moins homogène et isotrope. Lorsqu'ils entrent dans le système solaire, ces rayonnements sont diffusés par les irrégularités magnétiques du milieu interplanétaire. Comme ces irrégularités se déplacent radialement à partir du Soleil, les particules diffusées sont ralenties et elles perdent de l'énergie ; par suite, l'intensité du rayonnement cosmique galactique vers l'intérieur du système solaire diminue. Il en résulte que l'importance de l'effet est plus grande lors des périodes de maximum d'activité solaire, donc du maximum de vitesse moyenne du vent solaire et de turbulence magnétique. L'intensité totale du rayonnement cosmique galactique au niveau de l'orbite terrestre est environ deux fois plus importante lors d'un « minimum solaire » que lors d'un « maximum solaire ». Important pour les particules de faible énergie, cet effet modulateur devient négligeable pour les particules dont l'énergie est supérieure à 10^{11} électrons-volts. Assez loin du Soleil pour qu'il ne soit pas affecté par le champ magnétique interplanétaire, on peut penser que le rayonnement cosmique galactique demeure constant pendant plusieurs millions d'années, ou du moins sur des périodes bien supérieures à 11 ans. En raison des variations dans le temps du rayonnement cosmique galactique, on doit supposer que son intensité varie beaucoup en fonction de la distance au Soleil.

En principe, on pourrait calculer cet effet à partir des observations des irrégularités magnétiques et de la forme présumée du spectre d'énergie du rayonnement cosmique galactique dans l'espace interstellaire. Les études théoriques de ce problème difficile qui mêle les effets de convection et de diffusion ont apporté quelques lumières mais rien de bien probant n'a encore été obtenu : les mesures directes de l'intensité totale des rayons cosmiques effectuées par *Pioneer 10* et *Pioneer 11* montrent une variation presque nulle de l'intensité du rayonnement cosmique galactique à des distances du Soleil comprises entre une unité et huit unités astronomiques, alors que la théorie couramment admise prévoyait une augmentation de l'ordre de 60 pour cent. Il faut donc supposer que l'héliopause est bien plus éloignée du Soleil que huit unités astronomiques.

L'influence de l'activité solaire

Les particules émises lors des éruptions solaires ont des énergies très élevées. En 1942, S. Forbush les observa pour la première fois, du sol, avec des chambres à ionisation. Dans les quelques années qui suivirent, on n'observa que quelques cas supplémentaires. Les ballons de haute altitude, les fusées, les satellites en orbite autour de la Terre et les sondes interplanétaires ont fourni de nombreuses observations de ces particules énergétiques solaires que l'on appelle improprement des rayonnements cosmiques solaires et dont l'énergie est comprise entre quelques milliers et plusieurs centaines de millions d'électrons-volts.

Parmi ces particules, on a identifié des électrons, des protons et des noyaux d'hélium, de carbone, d'azote, d'oxygène et d'atomes plus lourds qui font tous partie de l'atmosphère du Soleil. Les protons et les électrons sont les espèces majoritaires comme l'on peut s'y attendre quand on sait que l'hydrogène est l'élément le plus abondant de l'atmosphère solaire et que les électrons sont un constituant universel de la matière. Ces particules sont accélérées lors de l'explosion par laquelle débute toute éruption solaire ; les particules qui échappent alors au Soleil sont diffusées par le champ magnétique interplanétaire. Les électrons ont des vitesses supérieures mais ils nous parviennent assez régulièrement, ce

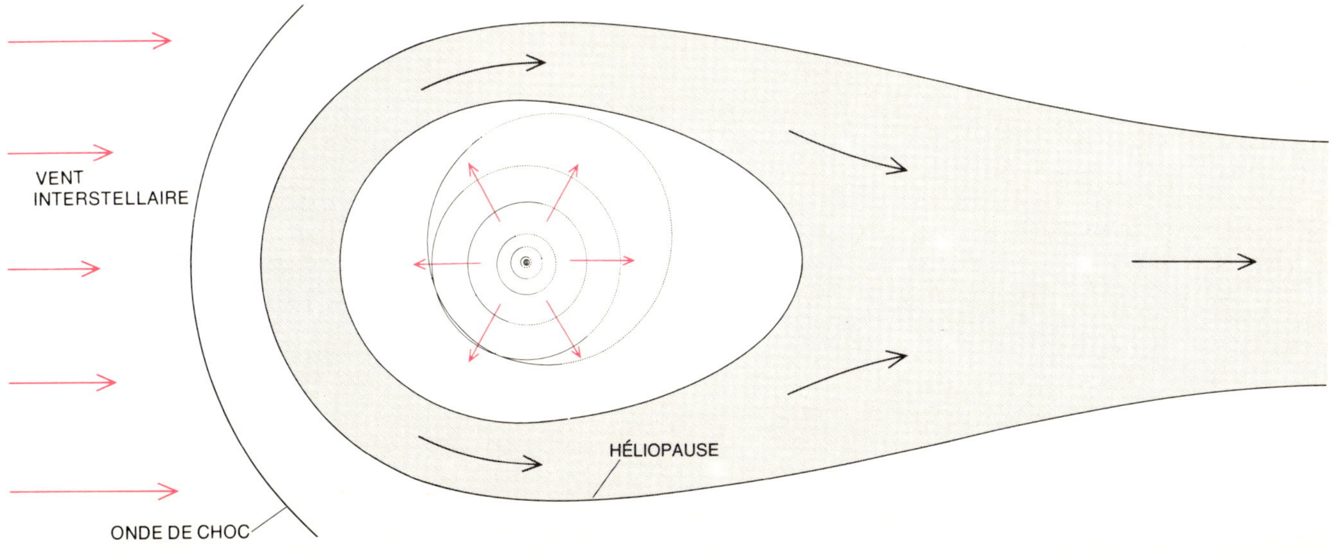

7. L'HÉLIOSPHÈRE est une région allongée qui ressemble à la magnétosphère terrestre ; on pense qu'elle accompagne le système solaire dans son voyage à travers l'espace interstellaire. Le système solaire se déplace par rapport aux étoiles voisines à une vitesse proche de 20 kilomètres par seconde en direction de l'apex solaire. La frontière où l'on pense que le vent solaire est stoppé par le milieu interstellaire bien plus ténu est appelée l'héliopause ; à cause de la vitesse relative (en sens opposé au déplacement du Soleil) du gaz interstellaire provenant de l'apex solaire, l'héliopause est sûrement plus proche du Soleil dans cette direction que dans la direction opposée. On a estimé cette distance entre 5 et 300 unités astronomiques ; *Pioneer 10* n'a trouvé aucun signe d'une telle frontière à huit unités astronomiques du Soleil. Sur cette figure, l'héliopause a été placée de manière arbitraire à une distance de 75 unités astronomiques. Les ellipses noires représentent les orbites des planètes.

que l'on explique par le fait qu'ils sont diffusés par un ensemble de centres diffusants au repos. Il en va de même pour les protons dont l'énergie est de l'ordre de 100 millions d'électrons-volts et plus. En revanche, les spectres d'énergie des protons de plus faible énergie et des ions plus lourds varient de façon complexe en fonction du temps et les nombreux pics d'intensité des protons correspondent à des ondes de choc et à d'autres discontinuités du milieu interplanétaire. Cette différence qualitative résulte du fait que la vitesse d'un proton ayant une énergie cinétique de 300 000 électrons-volts (une valeur moyenne) n'est que 20 fois supérieure à la vitesse du vent solaire ; en revanche, la vitesse d'un électron ayant une énergie cinétique de 30 000 électrons-volts est plus de 250 fois supérieure à la vitesse du vent solaire. Le mouvement des ions de faible énergie est donc *a fortiori* très influencé par les effets de convection dus au déplacement des centres magnétiques diffusants. En outre, l'énergie de ces ions est également modifiée quand ils rencontrent des ondes de choc interplanétaires ou d'autres discontinuités du champ électromagnétique.

Les détecteurs embarqués sur les sondes spatiales ont observé en détail des centaines d'événements différents qui influent sur le vent solaire. De plus, certains de ces événements ont été observés simultanément par deux ou plusieurs sondes, en des points très éloignés de l'espace. Lors de ces observations, on a mesuré les spectres d'énergie, l'abondance des électrons et des noyaux de différents éléments, ainsi que la distribution de chaque constituant en fonction de la direction de leur mouvement et de leur intensité pendant un certain intervalle de temps. On rend compte de la forme générale de la courbe intensité-temps des électrons par leur diffusion par le champ magnétique interplanétaire, mais on attribue la complexité des courbes intensité-temps des ions (en particulier pour les ions de faible énergie) à des effets de transport par convection et à des processus d'accélération, aussi bien que des effets de diffusion. Par moments, la convection est le phénomène le plus important et un gradient radial positif d'intensité s'établit ; les particules se dirigent alors vers le Soleil au lieu de s'en éloigner, comme c'est le cas au début des événements. On a observé des débits de particules d'un demi-million de protons par centimètre carré et par seconde, avec des énergies supérieures à 300 000 électrons-volts ; les phénomènes les plus intenses durent plusieurs jours et peuvent irradier les cosmonautes de façon notable lors des longs vols spatiaux habités. On a relié la plupart de ces événements énergétiques à une éruption solaire et l'on pense que les événements dont on n'a pas observé directement la cause sont dus à des éruptions sur la face cachée du Soleil.

On suppose que les particules sont accélérées lors des éruptions solaires par la chute du champ magnétique solaire à la source des éruptions. L'intensité relative des différentes espèces ionisées est approximativement la même que celle de ces espèces atomiques dans l'atmosphère solaire, comme on a pu le déterminer par les méthodes traditionnelles de spectroscopie. Certains chercheurs ont donc proposé d'utiliser les études sur l'abondance relative des diverses sortes d'ions énergétiques du Soleil pour donner une bonne estimation de l'abondance relative de ces éléments dans le soleil. Malheureusement, les intensités relatives observées pour les différents ions varient avec leur énergie, d'un événement à l'autre, et même en fonction du temps lors d'un événement donné. Il semble que des effets distincts affectent les différentes particules lors de leur accélération et de leur propagation dans l'espace interplanétaire. De telles variations sont plus prononcées pour les particules de faible énergie.

Un espace parcouru par les ondes

De cet exposé, il ressort clairement que le Soleil est le siège principal des phénomènes produisant les particules et les champs dans l'espace interplanétaire. Cependant, Jupiter et la Terre sont le siège de phénomènes tout à fait comparables *(voir la figure 4)*. Pour ces deux planètes, les champs électriques à grande échelle ainsi que leurs fluctuations jouent aussi un rôle central et l'on sait aujourd'hui que la magnétosphère de la Terre comme celle de Jupiter, sont de faibles émetteurs de particules énergétiques.

Si l'héliosphère s'étend sur plusieurs centaines d'unités astronomiques, il n'est pas absolument déraisonnable de considérer, commme H. Alfvén l'a fait depuis longtemps, qu'une partie importante du rayonnement cosmique galactique (c'est-à-dire les particules d'énergie inférieure à 10^{11} électrons-volts) provient du système solaire. Cette hypothèse s'oppose pourtant à l'idée couramment admise qui attribue l'origine de tout le rayonnement cosmique à des processus interstellaires ou à des processus ayant lieu dans des étoiles éloignées, comme ceux qui sont censés avoir lieu dans les supernovae.

Le milieu interplanétaire est parcouru par de nombreuses ondes électromagnétiques émises par le Soleil, les planètes et les sources extérieures au système solaire. Les ondes électromagnétiques dont la fréquence est inférieure à la fréquence du plasma local dans le milieu interplanétaire sont absorbées près de leur source et ne se propagent pas. La fréquence à partir de laquelle les ondes peuvent se propager (la « fréquence de coupure ») est proportionnelle à la racine carrée de la densité locale d'électrons. À une distance d'une unité astronomique du Soleil, par exemple, la fréquence de coupure est de 20 000 hertz ; par conséquent, aucune onde électromagnétique de fréquence inférieure à 20 000 hertz ne peut atteindre la Terre. La propagation des ondes électromagnétiques de fréquence supérieure à 20 000 hertz est affectée de différentes manières, mais l'influence du milieu interplanétaire diminue progressivement pour des ondes de fréquence plus élevée et devient pratiquement négligeable pour les fréquences supérieures à 10^8 hertz. Or, la fréquence des rayonnements visibles est de l'ordre de 10^{15} hertz ; cette transparence relative du milieu interplanétaire aux ondes électromagnétiques rend possible l'astronomie.

INDEX

BIBLIOGRAPHIE

ORIGINE ET ÉVOLUTION DU SYSTÈME SOLAIRE

Origin of the Solar System, sous la direction de Robert Jastrow et A.G.W. Cameron, Academic Press, 1963.
V.S. Safronov, *Evolution of the Protoplanetary Cloud and Formation of the Earth and Planets*, Israel Program for Scientific Translations, Jerusalem, 1972.
Symposium on the Origin of the Solar System, sous la direction de Hubert Reeves, Édition du Centre National de la Recherche Scientifique, Paris, 1972.
A.G.W. Cameron et M.R. Pine, *Numerical Models of the Primitive Solar Nebula* in *Icarus*, vol. 18, n° 3, p. 377, 1973.
L. Grossman et John W. Larimer, *Early Chemical History of the Solar System* in *Reviews of Geophysics and Space Physics*, vol. 12, n° 1, pp. 71-101, 1974.

LA FORMATION DE LA TERRE PAR ACCRÉTION DE PLANÉTOÏDES

A.E. Ringwood, *Origin of the Earth and Moon*, Springer-Verlag, 1979.
George W. Wetherill, *Formation of the Terrestrial Planets* in *Annual Review of Astronomy and Astrophysics*, vol. 18, pp. 77-113, 1979.

LA CHIMIE DU SYSTÈME SOLAIRE

W.M. Kaula, *An Introduction to Planetary Physics : The Terrestral Planets*, John Wiley & Sons, Inc., 1968.
W. Hartmann, *Moons and Planets : An Introduction to Planeraty Science*, Bogden & Quigley, Inc., Publishers, 1972.
Space Science Reviews, vol. 14, 1973.

L'EFFET DES MARÉES DANS LE SYSTÈME SOLAIRE

Tidal Friction and the Earth's Rotation, sous la direction de P. Brosche et J. Sündermann, Springer-Verlag, 1978.
A.E. Ringwood, *The Origin of the Earth and Moon*, Springer-Verlag, 1979.
Instructions Nautiques, Renseignements Généraux, Guide du Navigateur, Service Hydrodynamique de Brest.
W.M. Kaula, *An Introduction to Planetary Physics*, Wiley, N.Y., 1968.
B. Lago et A. Cazenave, *Possible Evolution of the Rotation of Venus since Formation in The Moon and the Planets*, 1979.
W.M. Kaula et A.W. Harris, *Dynamics of Lunar Origin and Orbital Evolution* in *Review of Geophysics and Space Physics*, 1975.

L'ÂGE DU SYSTÈME SOLAIRE

F. Albarède et M. Condomines, *La Géochimie, Que Sais-Je ?*, p. 128, 1976.
C.J. Allègre et G. Michard, *Introduction à la Géochimie*, P.U.F., 1973.
The Solar System in *Scientific American*, septembre 1975.
J.T. Wasson, *Meteorites*, Springer-Verlag, p. 316, 1974.
G.W. Wetherill, *Radiometric Chronology of the Solar System* in *Annual Review of Nuclear Sciences*, 1976.
F. Biraud et al., *OH Observation of Comet Kohoutek at 18 cm Wavelength* in *Astronomy and Astrophysics*, vol. 34, p. 163, 1974.
Nguyen-Q-Rien et al., *OH Radiation From the Interstellar Cloud Medium* in *Astronomy and Astrophysics*, vol. 43, p. 413, 1976.

UNE SUPERNOVA A-T-ELLE ENGENDRÉ LE SYSTÈME SOLAIRE ?

R.N. Clayton, L. Grossman et T.K. Mayeda, *A Component of Primitive Nuclear Composition in Carbonaceous Meteorites* in *Science*, vol. 182, pp. 485-488, 2 novembre 1973.
Typhoon Lee, D.A. Papanastassiou et G.J. Wasserburg, *Aluminium-26 in the Early Solar System : Fossil or Fuel ?* in *Astrophysical Journal*, vol. 211, n° 2, 2e partie, pp. L107-L110, 1977.
J. Lattimer, D. Schramm et L. Grossman, *Supernovae, Grains and Formation of the Solar System* in *Nature*, vol. 269, pp. 116-118, 8 septembre 1977.

LA SURFACE DE VÉNUS

Tor Hagfors et Donald B. Campbell, *Mapping of Palnetary Surfaces by Radar* in *Proceedings of the IEEE*, vol. 61, n° 9, pp. 1219-1225, septembre 1973.
G.H. Pettengill, *Physical Properties of the Planets and Satellites from Radar Observations* in *Annual Review of Astronomy and Astrophysics*, vol. 16, pp. 265-292, 1978.

L'ATMOSPHÈRE DE VÉNUS

Science, vol. 203, n° 4382, 23 février 1979 (numéro spécial consacré à Vénus).
Science, vol. 205, n° 4401, 6 juillet 1979 (numéro spécial consacré à Vénus).
G. Schubert, C. Covey, A.D. Del Genio, L.S. Elson, G. Keating, A. Seiff, R.E. Young, J. Apt, C.C. Counselman, A.J. Kliore, S.S. Limaye, H.E. Revercomb, L.A. Stromovski, V.E. Suomi, F. Taylor, R. Woo et U. von Zahn, *Structure and Circulation of the Venus Atmosphere* in *Journal of Geophysical Research*, vol. 85, p. 8007, 1980.

LES PREMIERS JOURS DE LA TERRE

J. Wood, *Meteorites and the Origin of Planets*, McGraw Hill, New York, 1968.
H.C. Urey, *The Planets : Their Origin and Development*, Yale University, 1952.
C. Allègre, *Chronology of Planetary Bodies*, Phil. Trans. Royal Society.
La dérive des continents — La tectonique des plaques, Bibliothèque *Pour la Science*.

LA SURFACE DE MARS

Mars as Viewed by Mariner 9 : NASA Special Publication 329, USGPO, 1974.
William K. Hartmann et Odel Raper, *The New Mars : The Discoveries of Mariner 9, NASA Special Publication 337*, USGOP, 1974.
James B. Pollack, *Mars* in *Scientific American*, vol. 233, n° 3,pp. 107-117, septembre 1975.
Thomas A. Mutch, Raymond E. Arvidson, James W. Head, Kenneth L. Jones et R. Stephan Saunders, *The Geology of Mars*, Princeton University Press, 1977.
Scientific Results of the Viking Project, Journal of Geophysical Research, vol. 82, n° 28, 30 septembre 1977.

LA VIE SUR MARS

Special Viking Issue in *Science*, vol. 193, n° 4255, 27 août 1976.
Special Viking Issue in *Science*, vol. 194, n° 4260, 1er octobre 1976.
Special Viking Issue in *Science*, vol. 194, n° 4271, 17 décembre 1976.
Special Viking Issue in *Journal of Geophysical Research*, vol. 82, n° 28, 30 septembre 1977.

JUPITER ET SATURNE

Victor P. Starr et Norman E. Gaut, *Negative Viscosity* in *Scientific American*, vol. 223, n° 1, pp. 72-80, juillet 1970.
Andrew P. Ingersoll, *The Meteorology of Jupiter* in *Sientific American*, vol. 234, n° 3, pp. 46-56, mars 1976.
Voyager 1 Encounter with Jupiter in *Science*, vol. 204, n° 4396, 1er juin 1979.
Voyager 2 Encounter with Jupiter in *Science*, vol. 206, n° 4421, 23 novembre 1979.
The New Solar System, sous la direction de J. Kelly Beatty, Brian O'Leary et Andrew Chaikin, Cambridge University Press and Sky Publishing Corporation, 1981.
Voyager 1 Encounter with Saturn in *Science*, vol. 212, n° 4491, 10 avril 1981.

LES ANNEAUX DANS LE SYSTÈME SOLAIRE

James B. Pollack, *The Rings of Saturn* in *Space Sciences Review*, vol. 18, n° 1, pp. 3-93, octobre 1975.
James L. Elliot, Edward Dunham et Robert L. Millis, *Discovering the Rings of Uranus* in *Sky and Telescope*, vol. 53, n° 6, pp. 412-416, juin 1977.
T. Owen, G. Danielson, Allan F. Cook, Candice Hansen, Virginia Hall et Thomas Duxbury, *Jupiter's Rings* in *Nature*, vol. 281, n° 5731, pp. 442-446, 11 octobre 1979.

TITAN

A. ALEXANDER, *The Planet Saturn : A History of Observation, Theory and Discovery,* Faber and Faber, 1962.
James B. POLLACK, *Titan* in *The New Solar System,* sous la direction de J. Kelly Beatty, Brian O'Leary et Andrew Chaikin, Cambridge University Press et Sky Publishing Corporation, 1981.

MERCURE

Science, vol. 195, 12 juillet 1974.
N.F. NESS, K.W. BEHANNON, R.P. LEPPING et Y.C. WHANG, *Magnetic Field of Mercury Confirmed* in *Nature,* vol. 255, pp. 204-205, 15 mai 1975.
Journal of Geophysical Research, vol. 80, n° 17, 10 juin 1975.
Bruce C. MURRAY et Eric BURGESS, *Flight to Mercury,* Columbia University Press.

LA LUNE

Thomas A. MUTCH, *Geology of the Moon : A Stratigraphic View,* Princeton University Press, 1970.
K.A. HOWARD, D.E. WILHELMS et D.H. SCOTT, *Lunar Basin Formation and Highland Stratigraphy* in *Reviews of Geophysics and Space Physics,* vol. 12, n° 3, pp. 309-327, août 1974.
M. TOKSÖZ, A. DAINTY, S. SOLOMON et K. ANDERSON, *Structure of the Moon* in *Reviews of Geophysics and Space Physics,* vol. 12, n° 4, p. 539, 1974.
S. TAYLOR, *Lunar Science : A Post-Apollo View,* Pergamon Press, 1975.

PHOBOS ET DEIMOS

Owen GINGERICH, *The Satellites of Mars : Prediction and Discovery* in *Journal for the History of Astronomy,* vol. 1, 2e partie, n° 2, pp. 109-115, août 1970.
J.B. POLLACK, J. VEVERKA, M. NOLAND, Carl SAGAN, W.K. HARTMANN, T.C. DUXBURY, G.H. BORN, D.J. MILTON et B.A. SMITH, *Mariner 9 Television Observations of Phobos and Deimos* in *Icarus,* vol. 17, n° 2, pp. 394-407, octobre 1972.
J.B. POLLACK, J. VEVERKA, M. NOLAND, C. SAGAN, T.C. DUXBURY, C.H. ACTON, Jr., G.H. BORN, W.K. HARTMANN et B.A. SMITH, *Mariner 9 Television Observations of Phobos and Deimos, 3* in *Journal of Geophysical Research,* vol. 78, n° 20, pp. 4313-4326, 10 juillet 1973.
Joseph VEVERKA, Michael NOLAND, Carl SAGAN, James POLLACK, Lynn QUAM, Robert TUCKER, Botand EROSS, Thomas DUXBURY et William GREEN, *A Mariner 9 Atlas of the Moons of Mrs* in *Icarus,* vol. 23, n° 2, pp. 206-289, octobre 1974.
Thomas C. DUXBURY, *Phobos : Control Network Analysis* in *Icarus,* vol. 23, n° 2, pp. 290-299, octobre 1974.

LES SATELLITES GALILÉENS DE JUPITER

S.J. PEALE, P. CASSEN et R.T. REYNOLDS, *Melting of Io by Tidal Dissipation* in *Science,* vol. 203, n° 4383, pp. 892-894, 2 mars 1979.
R. HANEL, B. CONRATH, M. FRASER, V. KUNDE, P. LOWMAN, W. MAGUIRE, J. PEARL, J. PIRRAGLIA, R. SAMUELSON, D. GAUTIER, P. GIERASCH, S. KUMAR et C. PONNAMPERUMA, *Infrared Observations of the Jovian System from Voyager I* in *Science,* vol. 204, n° 4396, pp. 972-976, 1er juin 1979.
E.C. STONE et A.L. LANE, *Voyager 1 Encounter with the Jovian System* in *Science,* vol. 204, n° 4396, pp. 945-948, 1er juin 1979.
Guy ISRAEL, *L'exploration du système solaire,* Colloque de Nice, Formation, 1972.

LES SATELLITES DE SATURNE

The New Solar System, sous la direction de J. Kelly Beatty, Brian O'Leary et Andrew Chaitin, Cambridge University Press and Sky Publishing Corporation, 1981.
Voyager 1 Encounter with Saturn in *Science,* vol. 212, n° 4491, 10 avril 1981.

LES OBJETS APOLLO

V.M. BLANCO et S.W. McCURSKEY, *Basic Physics of the Solar System,* Addison-Wesley Publishing Co., 1961.
Robert S. RICHARDSON, *The Discovery of Icarus* in *Scientific American,* vol. 212, n° 4, pp. 106-115, avril 1965.
J.A. WOOD, *Meteorites and the Origin of Planets,* McGraw-Hill, 1968.
J. WATSON, *Meteorites : Classification and Properties,* Springer-Verlag, 1974.
E. KING, *Space Geology : An Introduction,* John Wiley & Sons, Inc., 1976.
Clark R. CHAPMAN, James G. WILLIAMS et William K. HARTMANN, *The Asteroids* in *Annual Review of Astronomy and Astrophysics,* vol. 16, pp. 33-75, 1978.

LE SOLEIL

Donald H. MENZEL, *Our Sun,* Harvard University Press, 1959.
Karl O. KIEPENHEUER, *The Sun,* University of Michigan Press, 1959.
George GAMOW, *A Star Called the Sun,* Viking Press, 1964.
A.J. MEADOWS, *Early Solar Physics,* Pergamon Press, 1970.

LES ONDES DANS LE VENT SOLAIRE

E. PARKER, *The Solar Wind* in *Scientific American,* vol. 210, n° 4, p. 66, 1964.
John C. BRANDT, *Introduction to the Solar Wind,* W.H. Freeman and Company, 1970.
A.J. HUNDHAUSEN, *Coronal Expansion and Solar Wind,* Springer-Verlag, 1972.

LA ROTATION DES COMÈTES

Z. SEKANINA, *The Prediction of Anomalous Tails of Comets* in *Sky and Telescope,* vol. 47, n° 6, p. 374, 1974.
Fred K. WHIPPLE, *Background of Modern Comet Theory* in *Nature,* vol. 263, n° 5572, p. 15, 2 septembre 1976.

CHAMPS ET PARTICULES INTERPLANÉTAIRES

A.J. DRESSLER, *Solar Wind and Interplanetary Magnetic Field* in *Reviews of Geophysics,* vol. 5, n° 1, pp. 1-41, 1967.
John C. BRANDT, *Introduction to the Solar Wind,* W.H. Freeman and Company, 1970.
A.J. HUNDHAUSEN, *Coronal Expansion and Solar Wind,* Springer-Verlag, 1972.
Syun-Ichi AKASOFU et Sydney CHAPMAN, *Solar Terrestrial Physics,* Oxford University Press, 1972.

PHOTOS. Pp. 9 à 16 : George V. Kelvin. P. 19 : Larry P. Cox, Massachusetts Institute of Technology. Pp. 20 à 28 : Allen Beechel. Pp. 31 à 37 : Ilil Arbel. P. 38 : Ames Research Center, National Aeronautics and Space Administration. Pp. 41 à 44 : Nicole Allaert et Claudine Pizon. Pp. 45 et 46 : Scientific American. Pp. 47 à 50 : N. Allaert et C. Pizon. Pp. 51 à 54 : Charles Burel. P. 55 : Scientific American. Pp. 56 et 57 : C. Burel. P. 58 : Mme Christophe Michel-Lévy, Université Pierre et Marie Curie. Pp. 59 et 60 : C. Burel. Pp. 62 à 67 (haut) : G. Kelvin. P. 67 (bas) : William Herbst et George Assousa. Pp. 68 à 70 : G. Kelvin. P. 75 : Donald D. Campbell. Pp. 76 et 77 : U.S. Geological Survey. Pp. 78 et 79 : Walken Graphics. P. 80 : U.S. Geological Survey. P. 81 : D. Campbell. Pp. 82 et 83 (gauche) : U.S. Geological Survey. Pp. 83 (droite) et 84 : D. Campbell. Pp. 85 et 86 : Walken Graphics. P. 89 : Larry D. Travis et Anthony del Genio, Goddard Institute for Space Studies. Pp. 90 à 94 : Ian Worpole. P. 95 : Michael J.S. Belton, Kitt Peak National Observatory. P. 96 : L. Travis et A. del Genio, Goddard Institute for Space Studies. P. 98 et 99 : Jean-Claude Venet. Pp. 100 et 101 : Scientific American et J.-C. Venet. P. 102 : NASA. Pp. 103 à 106 : J.-C. Venet. P. 108 : Institut de Physique du Globe. P. 109 : J.-C. Venet. P. 110 : Institut de Physique du Globe. P. 111 : J.-C. Venet. Pp. 113 à 120 : NASA. P. 121 : I. Arbel. Pp. 122 à 127 : NASA. P. 128 : Dan Todd. P. 138 : Jet Propulsion Laboratory. Pp. 139 et 140 : Walken Graphics. Pp. 141 à 143 : Jet Propulsion Laboratory. P. 144 : Andrew P. Ingersoll. P. 146 : Gareth P. Williams. P. 147 : Walken Graphics. Pp. 150 et 151 : Walken Graphics. P. 152 : Jet Propulsion Laboratory. P. 153 : Walken Graphics. Pp. 154 et 155 : Jet Propulsion Laboratory. P. 156 : Walken Graphics. P. 157 : Jet Propulsion Laboratory. Pp. 158 et 160 : Walken Graphics. Pp. 164 et 165 : Jet Propulsion Laboratory. P. 166 (haut) : Walken Graphics. P. 166 (bas) : Jet Propulsion Laboratory. Pp. 167 à 172 : Walken Graphics. Pp. 177 à 183 : Jet Propulsion Laboratory. Pp. 184 à 186 : Allen Beechel. P. 188 : John A. Wood. Pp. 189 et 190 (droite) : A. Beechel. P. 190 (gauche) : Lick Observatory. P. 191 : A. Beechel. P. 193 : Lunar Science Institute. Pp. 194 et 195 : A. Beechel. Pp. 198 et 200 : Jet Propulsion Laboratory. Pp. 201 et 202 (bas) : Lorelle M. Raboni. Pp. 202 (haut) et 203 : Jet Propulsion Laboratory. Pp. 204 et 205 : L. Raboni. P. 207 : Jet Propulsion Laboratory. Pp. 208 et 209 : Ilil Arbel. Pp 210 217 : Jet Propulsion Laboratory. P. 218 : I. Arbel. P. 220 : Walken Graphics. P. 221 : Jet Propulsion Laboratory. Pp. 222 et 223 : Walken Graphics. Pp. 224 à 229 : Jet Propulsion Laboratory. Pp. 230 et 231 : U.S. Geological Survey, Arizona. P. 232 : Walken Graphics. P. 235 (haut) : R. McCrosky et Cheng-Yuan Shao, Harvard Observatory. P. 235 (bas) : E. Helin, California Institute of Technology. P. 236 : NASA. P. 237 : A. Tomko. Pp. 238 et 239 : D. Todd. P. 240 : A. Miller. P. 241 : Physique de la Terre, Département de l'Énergie, des Mines et des Ressources, Ottawa. Pp. 242 à 245 : A. Miller. P. 250 : A. Iselin. P. 251 : Naval Research Laboratory. P. 252 : Kitt Peak National Observatory. P. 253 : American Science and Engineering, Inc. Pp. 254 et 255 : A. Iselin. P. 256 : Brookhaven National Laboratory. Pp. 259 à 265 : Ilil Arbel. P. 268 : G. van Biesbroeck. Pp. 269 à 272 (haut) : Walken Graphics. P. 272 (bas) : G.-P. Bond. Pp. 273 et 274 : Walken Graphics. P. 277 : E. Rogers et D. Nelson, Aerospace Corp. Pp. 278 à 281 : D. Todd. P. 282 : Hale Obs. P. 283 : D. Todd.

IMPRIMERIE HÉRISSEY A ÉVREUX — N° 29513

Dépôt légal : Juillet 1982 - N° d'Éditeur 4561. - *Imprimé en France*